无机非金属材料工业机械与设备

张庆今 编著

華南理工大學出版社
SOUTH CHINA UNIVERSITY OF TECHNOLOGY PRESS
·广州·

内容简介

本书介绍无机非金属材料工业生产过程中常用的机械设备，其中包括粉碎理论及粉碎机械、筛分过程及筛分机械、颗粒流体力学及其设备、混合过程及混合机械设备、仓流过程及贮料喂料设备、起重运输机械等。此外，还编入现代生产中出现的新概念、新技术和新设备，如粉碎过程的机械力化学及极限比表面积理论、均化过程的预均化和均化设备、冲击粉碎原理及冲击式粉碎机、料层挤压粉碎原理及挤压式粉磨机、超细粉磨原理及超细粉磨机械等。

本书的写作特点是理论密切联系实际，在重点介绍机械过程的基本要领和理论的同时，详细介绍各类机械设备的构造、工作原理、主要工作参数计算、工作性能及用途，并附有适当的计算例题，使内容更新颖、系统、实用，对读者掌握这方面的理论、机械设备及其应用技术有所帮助。

本书可作高等院校无机非金属材料科学与工程专业的教材，亦可供科研、设计部门和生产厂矿的科技人员参考使用。

图书在版编目（CIP）数据

无机非金属材料工业机械与设备/张庆今编著. —广州：华南理工大学出版社，2011.9（2021.12 重印）

ISBN 978-7-5623-3410-1

Ⅰ.①无…　Ⅱ.①张…　Ⅲ.①无机非金属材料-工业生产-机械设备　Ⅳ. ①TB321

中国版本图书馆 CIP 数据核字（2011）第 097699 号

总 发 行：华南理工大学出版社（广州五山华南理工大学 17 号楼，邮编 510640）
营销部电话：020-87113487　87110964　22236386　87111048（传真）
E-mail: scutc13@scut.edu.cn　　http://www.scutpress.com.cn
责任编辑：张　颖
印 刷 者：佛山市浩文彩色印刷有限公司
开　　本：787mm×1092mm　1/16　印张：36　字数：945 千
版　　次：2011 年 9 月第 1 版　2021 年 12 月第 9 次印刷
印　　数：10 001～11 000 册
定　　价：55.00 元

前　言

工厂的每一条工艺生产线都要通过相应的机械设备来实现。工业生产的发展水平，很大程度上取决于机械设备的完善与否。工业生产的技术进步，总是反映在工艺设备的技术进步上。在无机非金属材料工业工厂中亦是如此。

本书介绍无机非金属材料工业生产过程中常用的机械设备，着重介绍机械过程的基本概念和典型的机械设备，包括粉碎理论及粉碎机械、筛分过程及筛分机械、颗粒流体力学及设备、混合过程及混合机械设备、仓流过程及贮料喂料设备、起重运输机械等。介绍这些机械设备的类型、构造、工作原理、主要工作参数计算及性能、用途，并附有计算例题。以便读者掌握这方面的知识和技能，并应用于实践，指导生产和科学实验。

本书编写尽量体现先进性、科学性和实践性。着重阐述机械过程的基本理论和原理，同时采用按理论线索带动具体机械设备的叙述方法。这样既保持学科内在联系，又照顾读者的认识规律，做到理论联系实际，培养分析问题和解决问题的能力，使具有从事一般科学研究的水平和进行技术革新的技能，以适应无机非金属材料工业现代化发展的需要。

本人从事硅酸盐工程、粉体工程及超微颗粒学教学、科研和设计五十多年。编写的《硅酸盐工业机械及设备》一书，自从1992年出版以来，得到广大读者的厚爱，已先后重印了9次。19年来，无机非金属材料科学与工程取得飞速发展，生产中的新工艺、新技术、新设备及操作控制手段日新月异。为了适应现代教学、科研和生产的需要，在该版本基础上进行编改，删去部分生产中少用的机械设备内容，将生产中出现的新概念、新技术和新设备作了补充。例如，粉碎过程的机械力化学及极限比表面积理论、混合过程的预均化和混合设备、冲击粉碎原理及冲击式粉碎机、料层挤压粉碎原理及挤压式粉磨机、超细粉磨原理及超细粉磨机械等，使内容更新颖、系统、实用，以期对读者在掌握这方面的新理论、新设备及其应用技术有所帮助。

本书可作为高等院校无机非金属材料科学与工程专业的教材，亦可供科研、设计部门和生产厂矿的有关技术人员参考使用。

由于本人水平所限，书中不妥或错误之处，敬请读者批评指正。

张庆今

2011年3月于广州

目 录

第一篇 粉碎机械

第1章 概 述

第一节 物料粉碎的基本概念

一 粉碎过程

固体物料在外力作用下，克服了内聚力，使之碎裂的过程，称为粉碎过程。

施加外力的方法可用人力、机械力、电力或采用爆破等方法。矿山采石多数采用爆破方法，而将大块物料碎裂为小颗粒物料多数采用机械方法。

随着粉碎的进行，大块物料碎裂为小块，小块物料碎成细粉，物料的总表面积在不断地增加。因此，固体物料的粉碎可以提高物理作用的效果及化学反应的速度。几种固体物料的混合，也必须在细粉状态下才能得到均匀的效果。固体物料经粉碎后，为烘干、混合、运输和储存等操作准备好有利条件。

在无机非金属材料工业中，数量很大的固体原料、燃料和半成品等需要经过各种不同程度的粉碎，使其块度达到各工序所要求的大小，以便操作加工。因处理物料尺寸大小的不同，可将粉碎分为破碎和粉磨两个阶段。将大块物料碎裂成小块的过程称为破碎；将小块物料碎裂为细末的过程称为粉磨。粉碎过程通常还按以下方法进一步划分：

- 粉碎
  - 破碎
    - 粗碎 —— 将物料破碎到100mm左右
    - 中碎 —— 将物料破碎到30mm左右
    - 细碎 —— 将物料破碎到3mm左右
  - 粉磨
    - 粗磨 —— 将物料粉磨到0.1mm左右
    - 细磨 —— 将物料粉磨到60μm左右
    - 超细磨 —— 将物料粉磨到5μm或更小

常用物料粉碎前的尺寸 D 与粉碎后的尺寸 d 之比来说明粉碎过程中物料尺寸变化情况，比值 i 称为粉碎度(或称粉碎比)，即

$$i=\frac{D}{d} \tag{1-1}$$

通常所说的粉碎度系指平均粉碎度，即粉碎前后物料的平均直径比值，它主要用来表明物料粉碎前后粒度变化的程度，并能近似地反映出机械的作业情况。另外，为了简易地

表示和比较各种破碎机械的这一主要特征，也可用破碎机的最大进料口宽度与最大出料口宽度之比来作为粉碎度，称为公称粉碎度(或称公称破碎比)。破碎机的平均粉碎度一般都较公称粉碎度低，这在破碎机选型时应特别注意。

每一种粉碎机械所能达到的粉碎度是有一定限度的。破碎机的粉碎度一般为 3 ～ 30；粉磨机的粉碎度可达 1000 以上。

由于破碎机的粉碎度较小，如果要求达到的粉碎度超出上述范围，就得接连使用两台或多台破碎机来进行破碎。接连使用几台破碎机的破碎过程，称为多级破碎。破碎机串联的台数叫破碎级数。这时原料尺寸与最后破碎产品尺寸之比，叫做总粉碎度。在多级破碎时，如果各级的粉碎度分别为 i_1，i_2，…，i_n 则总粉碎度为：

$$i_0 = i_1 \cdot i_2 \cdot \cdots \cdot i_n \tag{1-2}$$

即总粉碎度等于各级粉碎度之乘积。如果已知破碎机的粉碎度，即可根据总粉碎度求得所需的破碎级数。

粉碎机械工作的基本技术经济指标是单位电耗(即单位质量粉碎产品的能量消耗)和粉碎度。近来也有把粉碎度与产量的乘积称为质量系数，把它作为对粉碎机技术评价和对比的指标之一。单位电耗用以判别粉碎机械的动力消耗是否经济；粉碎度用来说明粉碎过程的特征及鉴定粉碎质量。两台粉碎机械单位电耗即使相同，但粉碎度不同，则这两台粉碎机械的经济效果还是不一样的。一般说来，粉碎度大的机械工作得较好。因此，要鉴定一台粉碎机械的好坏，应同时考虑其单位电耗及粉碎度的大小。

二 粉碎方法

虽然粉碎机械类型繁多，但按施加外力的方法不同，不外是通过下述几种方法使物料粉碎：

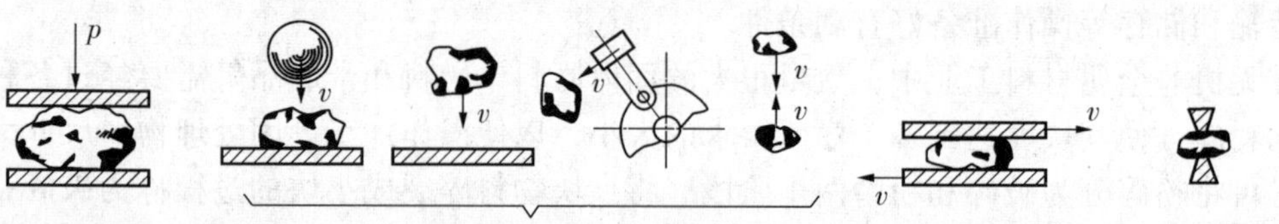

(a) 挤压　(b) 冲击　(c) 磨剥　(d) 劈裂

图 1-1　常用的几种粉碎方法

挤压法　如图 1-1a 所示，物料夹在两个工作面之间，由于工作面施加逐渐增大的静压力而粉碎。

冲击法　如图 1-1b 所示，物料受瞬间冲击力作用而粉碎。产生冲击力的原因是，运动的工作体对物料的冲击；高速运动的物料向固定的工作面冲击；高速运动的工作体向悬空的物料冲击；高速运动的物料互相冲击。

磨剥法　如图 1-1c 所示，物料夹在两个作相对运动的工作面之间，靠运动的工作面对物料摩擦时所施的剪切力，或者靠物料彼此之间摩擦时的剪切作用而使物料粉碎。

劈裂法　如图 1-1d 所示，物料搁在尖棱工作体间受尖劈楔入，物料因拉应力而粉碎。

除了上述用机械方法进行粉碎外，还有使用爆裂、电水锤、超声波和低声波、热力破碎和等离子破碎等粉碎方法，但目前尚未大规模使用。

不同形式的粉碎机，粉碎物料的方法各不尽同。在一台粉碎机中也不是单纯使用一种方法，通常都是由两种或两种以上的方法结合起来进行粉碎的。

应该根据物料的性质、尺寸以及需要粉碎的速度来选用恰当的粉碎方法。对于坚硬物料的粗、中碎，宜用挤压法；对于脆性和软质物料的破碎，宜用冲击法或劈裂法；对粉磨，一般采用磨剥法和冲击法；对于粘湿物料，如韧性物料那样采用磨剥法或配以挤压法。冲击法应用范围较广，可用于破碎和粉磨。

三 粉碎系统

粉碎作业可以通过不同的粉碎系统来完成。根据处理的物料性质、粒度大小、要求的粉碎度、生产规模以及使用的粉碎机等，可能有各种不同的粉碎系统。粉碎系统包括粉碎级数和每级中的流程两个方面。

1. 粉碎级数

就破碎作业而言，破碎系统的级数主要取决于物料要求的粉碎度和破碎机的类型。当选用一种破碎机就能满足粉碎度及生产能力的要求时，采用一级破碎系统；如果需要选用两种或三种破碎机，进行几级破碎才能满足要求时，采用二级或三级破碎系统。破碎的级数愈多，系统愈复杂，不仅设备和土建的投资增加，而且劳动生产率低，维护费用高，扬尘点也多，因此应力求减少破碎的级数。目前破碎系统不仅向减少破碎级数、简化生产流程的方向发展，而且在单一工序中同时进行破碎、烘干等多种作业。

2. 粉碎流程

粉碎系统中每级的流程也可以有不同的方式。破碎系统的基本流程如图 1-2 所示。图 1-2a 表示单纯的破碎，其流程简单，设备布置与车间的建筑也相应简化，操作控制也较为方便。但是，单纯的破碎没有充分发挥破碎机的生产能力，甚至有时还不能满足生产的工艺要求。

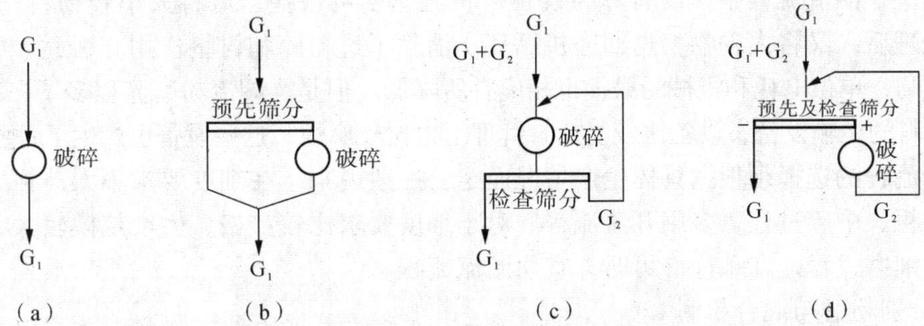

图 1-2 破碎系统的基本流程

带有预先筛分的破碎流程如图 1-2b 所示，由于预先除去物料中不需要破碎的细粒，使破碎系统的总产量有所增加，同时也减少了动力消耗、破碎机工作部件的磨损以及粉尘的形成，这在物料的细粒含量愈多的情况下就愈有利。

带有检查筛分的后两种破碎流程如图 1-2c 及 d 所示，采用这两种流程可以获得全部合乎要求粒度的产品，为下一阶段的粉碎作业创造有利条件。但是，这两种流程比较复杂，建筑投资较大，操作管理也比较麻烦。因此，第三种流程实际上极少采用；第四种流程往往由于必需的工艺要求才能采用，而且只用于多级破碎系统中的最后一级。

凡是不带筛分或仅有预先筛分的破碎流程，从破碎机卸出的物料全部作为产品，不再经破碎机循环，称为开流(或开路)流程(图 1-2a 及 b)。凡是有检查筛分的破碎流程，从破碎机卸出的物料要经过检查筛分，粒度合乎要求的颗粒作为产品，其余作为循环料重新送回破碎机，再次进行破碎，称为圈流（或闭路）流程（图 1-2c 及 d）。开流流程的优点是比较简单，设备少，扬尘点也比较少；缺点是当要求破碎产品粒度较小时，开流流程的破碎效率低，在用一级或二级破碎时产品有时会含有少数粒度大于合格产品的料块。圈流流程可以将大颗物料筛去，保证产品粒度合格，破碎效率较开流为高。但是，圈流流程需要的设备较多，流程较复杂。目前，我国水泥厂的石灰石破碎多数采用开流流程，有时在中碎机的入料溜槽处加设倾斜的固定格筛，起预先筛分、减轻堵塞与磨损、提高产量等作用。

与破碎作业相似，粉磨作业也有一级和二级（粗磨和细磨）粉磨。每级亦可分为开流和圈流两种主要流程(图 1-3)。使用开流粉磨流程时，从磨机卸出的物料全部作为产品，不再经磨机循环。使用圈流粉磨流程时，从磨机卸出的物料要经过一套分级设备。细度合乎要求的颗粒作为产品，其余作为循环料重新送回磨机，再次进行粉磨。

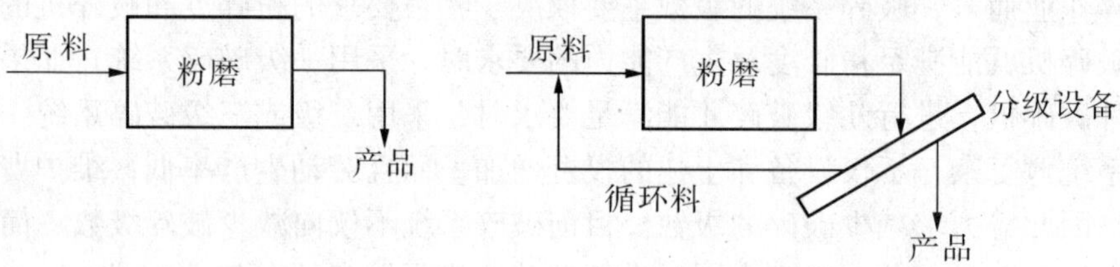

（a）开流粉磨流程　　（b）圈流粉磨流程

图 1-3　粉磨流程

开流粉磨流程比较简单，但要使只经过一次粉磨后的产品全部符合要求的细度，其中必然会有一部分物料成为过细的粉末，出现过粉碎现象。另外，已经粉碎的细小颗粒会把粗颗粒包围起来，构成弹性衬垫，使其不能直接受到粉磨介质的作用，因而使磨机的生产能力下降。在圈流流程中，设有分级设备，料流速度可快些，可将大小颗物料一起卸出，经分级处理后，又将大颗物料送回磨机循环，消除了过粉碎和衬垫作用。因此，磨机的生产能力较高，单位电耗和机械的磨损也相应有所降低。但是，圈流粉磨流程多了一套分级设备和循环料的运输设备，设备比较复杂，管理上也比较麻烦，这些设备也产生了一些电耗。

粉碎流程的选择须根据具体生产情况而定。一般说来，在细度要求不太严格，生产规模较小的粗、中碎过程，多用开流流程。对于细度要求比较严格、生产规模较大、消耗电力较多的细磨过程，在条件许可时，宜用圈流流程。

3. 分别粉磨与混合粉磨

工业生产中的粉磨通常是混合物料的粉磨。例如，制备水泥生料时是将石灰石、粘土、铁粉等原料一起粉磨。何况每种原料本身也是一种混合物，例如，石灰石中除了主成分石灰石（碳酸钙）之外，还有粘土、石英、燧石等。粉磨混合物料有两种方法：

（ⅰ）分别粉磨：分别将物料分开，单独地进行粉磨，然后再混合搅拌，使之均匀。

（ⅱ）混合粉磨或称共同粉磨：将混合物料一起投入磨机中进行粉磨，在粉磨过程中即可使物料混合均匀。值得注意的是，混合粉磨时某种物料会对另一些物料产生影响，可能使其他物料加速粉磨，起助磨作用；或者使其他物料延缓粉磨，起滞磨作用。反过来说，其他物料对该种物料也可能产生助磨或滞磨的作用。助磨或滞磨的影响来自物性和颗粒大小两方面。颗粒大小的影响可以是一次的或者二次的。原料某种组分颗粒大小的影响属于一次影响。由于物性的关系，使某组分的颗粒尺寸分布发生变化，这种变化后的尺寸大小对粉磨速度发生影响，这属于二次影响。因此，混合粉磨是复杂的过程，粉磨速度随混合物料各组分的配比及颗粒尺寸大小而异。总的来说，如果是两种物料的混合粉磨，它们之间的相互影响有四种类型(图 1-4)。图中横坐标是 A、B 两种物料的配合比，纵坐标是物料的易磨性。物料 A 的易磨性是 H_A，物料 B 的易磨性是 H_B；物料 B 比较难磨。直线 1 表示这两种物料混合粉磨时彼此的易磨性不受影响。曲线 2 表示这两种物料混合粉磨时两者的易磨性有所提高，可使粉磨速度加快。曲线 3 表示这两种物料混合粉磨时其中任一种物料都会使另一种物料的易磨性降低，两者都起滞磨作用。曲线 4 表示 B 的存在使 A 的粉磨加速，起助磨作用；A 的存在使 B 的粉磨速度减慢，起滞磨作用。

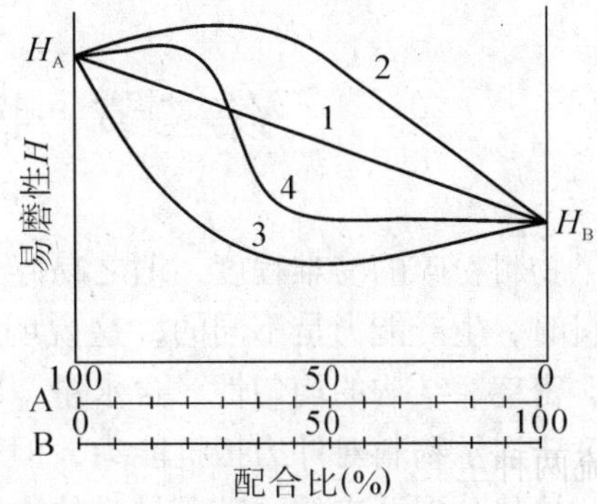

图 1-4　混合粉磨可能发生相互影响的几种情况

图 1-5 显示不同质量配比的水泥熟料和矿渣混合粉磨时对产品比表面积和功耗指标的影响。从图可以看出，矿渣的功耗指标较大，因为它比较难磨。水泥熟料掺入少量矿渣，功耗指标增大，但也可使产品的比表面积增大。必须指出，这时产品比表面积的增大是由于混合料难磨，从而使粉磨时间延长，熟料颗粒变得更细，提供更大的比表面积的缘故。所以这时产品比表面积的增大是以功耗指标的增大为代价换得的，粉磨要消耗更多的能量。

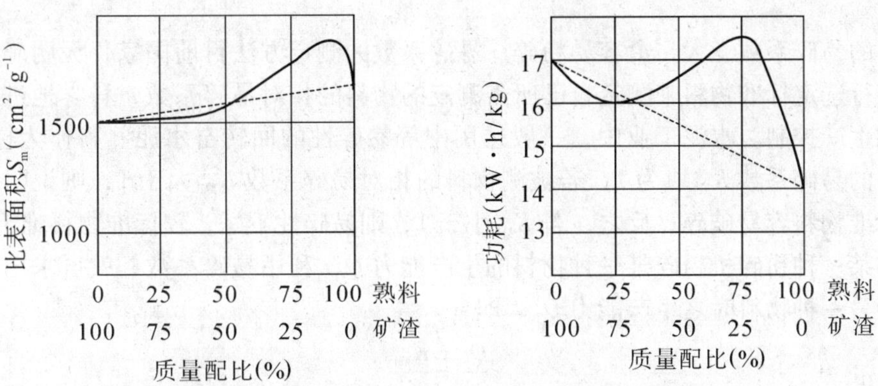

图 1-5　水泥熟料与矿渣混合粉磨时比表面积、功耗与配比的关系

由于混合粉磨会影响颗粒的尺寸，所以会引起某一物料富集于大的或小的粒级之内。图 1-6 表示这种现象。图中显示难磨的物料 A 与易磨的物料 B 在不同的质量配比时的混合粉磨情况。难磨的物料 A 配比增多时，组分 A 更加集中于粗粒级中。因此，粉磨水泥时，石膏等易磨性好的物料有富集于细粒级的倾向。

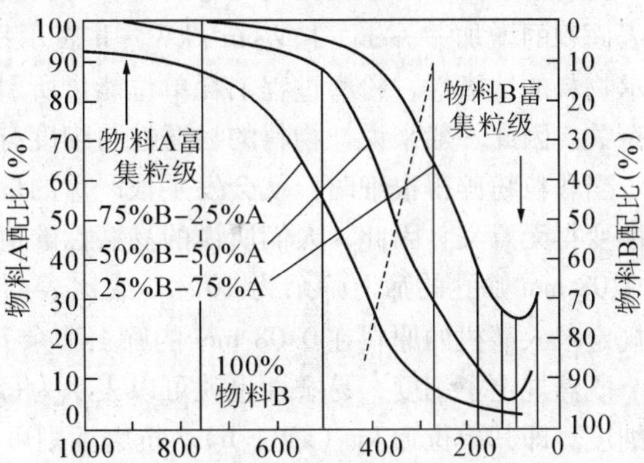

图 1-6　混合粉磨时物料成分的富集情况

第二节　物料的易碎性与易磨性

物料粉碎的易难程度，谓之易碎性。同一粉碎机械在相同的操作条件下，粉碎不同的物料时，生产能力是不同的，这说明各种物料的易碎性不同。易碎性与物料的强度、硬度、密度、结构的均匀性、含水量、粘度、裂痕、表面情况以及形状等因素有关。强度与硬度皆表示物料对外力抵抗能力，但是硬度大的物料并不一定很难粉碎，因为物料的破碎是一块块分裂开来的，破碎易难的决定因素是物料的强度。硬度大而强度不大的结构松弛的脆性物料比之强度大而硬度小的韧而软的物料易于破碎。虽然硬度大的物料不一定很难破碎，但是却难以粉磨，同时也使粉碎机的工作表面容易磨损，这是因为粉磨过程与破碎过程不同，前者是工作体在物料表面不断磨削而生成大量细粉的过程，故粉磨过程中硬度比强度的影响较大。

由于物料的易碎性与许多因素有关，一般用相对易碎系数来表示物料的易碎性。它是以标准物料单位产量的电耗为基准做相对比较而得出来的。某一物料的易碎系数 K_M 是指采用同一台粉碎机，同一物料尺寸变化条件下，粉碎标准物料的单位电耗 E_b(J/t)与粉碎风干状态下该一物料的单位电耗 E(J/t)之比，即

$$K_M = \frac{E_b}{E} \tag{1-3}$$

物料的易碎系数意大，愈容易粉碎。易碎系数的测定方法目前国家仍无明确规定，各部门可自行选定标准物料来测定自己所需测定的物料的相对易碎系数，科学地进行破碎工艺过程的生产控制。水泥工业中，一般选用中等易碎性的回转窑水泥熟料作为标准物料。标准物料的易碎系数 K_M 取为1，若被测物料的相对易碎系数 K_{M1} 大于1，则说明其易碎性好，比标准物料容易破碎；反之，若 K_{M1} 小于1，则易碎性不好，较标准物料难于破碎。

已知某一种粉碎机粉碎某一种物料的生产能力 Q，利用易碎系数，就可求出这台粉碎机在粉碎另一种物料时之生产能力 Q_1，即

$$\frac{Q_1}{Q} = \frac{K_{M1}}{K_M} \tag{1-4}$$

物料粉磨的易难程度，谓之易磨性。物料粉磨的易难程度往往用消耗单位能量时物料比表面积的增加——cm^2/J 或 $cm^2/kW \cdot h$ 表示易磨性。另外还用易磨性的倒数——J/cm^2 表示物料的抗磨性。粉磨过程消耗单位能量所引起的物料比表面积的增加与当时物料的细度有关。因此一般来说，物料的易磨性与细度有关。随着细度的提高，物料变得越来越难磨。当颗粒粉碎得很细时，就会发生很严重的聚结，有可能使易磨性变为负数，因而使易磨性变得无意义。因此，人们所说的易磨性的值，往往是指磨到中等细度时的值，即相当于0.08 mm筛孔的筛上筛余为10%，或比表面积为3000 cm^2/g(透气法)时的值；同时，还规定喂入磨机的原料在0.08 mm的筛上筛余 $R_{0.08} \approx 100\%$。比表面积≈0。

既然规定了细度，易磨性也就可以表示为每消耗单位能量能使多少千克物料达到规定的细度，即其单位为kg/(kW·h)。抗磨性则可以表示为每吨物料所消耗的能量，单位为kW·h/t。

粉磨时的能量消耗也与粉磨的方式，即磨机的种类有关。作为物料的一种性质去测定

物料的易磨性时，必须规定磨机的种类、尺寸及工作条件，也就是说，要求使用标准磨机在标准条件下进行粉磨。

某种物料的易磨性与标准物料的易磨性的比值叫易磨性系数。一般选用标准砂作标准物料，有时也用水泥厂的水泥熟料作标准物料。

与易磨性系数一样，粉磨功指数 W_i 也表示同样的内容——每吨物料从无限尺寸粉磨到一定细度(10 μm)时的能量消耗。它的值也必然受到物料易磨性的影响。它们之间的关系，人们曾作过试验，得出表示物料易磨性与粉磨功指数关系的经验式如下：

$$W_i = \frac{1.10 \times 16}{G^{0.82}}\sqrt{\frac{P}{100}} \quad (\mathrm{kW \cdot h/t}) \tag{1-5}$$

式中　P——试验用筛的筛孔尺寸(μm)；

G——试验磨机转一圈的平均产量(g/r)。

G值越大，物料愈容易粉磨，粉磨功指数也就越小，故 G 称为物料的易磨特性。

为了使上式的形式与功耗的计算式联系起来，特将其改造为如下形式：

$$W_i = \frac{1.10 \times 44.5}{P^{0.23}G^{0.82}\left(\frac{10}{\sqrt{P_{80}}} - \frac{10}{\sqrt{F_{80}}}\right)} \quad (\mathrm{kW \cdot h/t}) \tag{1-6}$$

式中　P——试验用成品筛的筛孔尺寸(80 μm)。

G——试验磨机每转一圈平均产生的成品量(g/r)；

F_{80}——入磨试样有 80% 通过时的筛孔尺寸(μm)；

P_{80}——粉磨产品有 80% 通过时的筛孔尺寸(μm)。

粉磨功指数的书写，应注明成品筛的筛孔尺寸，如 $W_i = 12.8\mathrm{kW \cdot h/t}(P = 80\ \mu\mathrm{m})$。国家标准规定以它代表被测物料的易磨性系数。粉磨功指数的物理意义是：被测物料从理论入磨粒度粉磨为成品时，所需要消耗的能量。其数值越大，物料越难粉磨；反之，数值越小，物料越易粉磨。这恰好与相对易碎系数相反，应用时宜注意。

第三节　粉碎物料的粒度特性

一　粒径表示方法

表示颗粒大小的尺寸，一般叫做粒径。对于球形颗粒，其直径也就是粒径。生产过程中所遇到的物料形状常是不规则的，但是也可以使用“粒径”一词来表示其大小。而对于粒径大小不同的颗粒所组成的颗粒群，则应选择一个“平均粒径”来表达全部颗粒的平均尺寸。

(一)单颗粒粒径

对于形状不规则的单颗粒，可以由各个方向不一致的尺寸加以平均，得到“平均径”，或是以在同一物理现象中与之有相同效果的规则体直径(即等效径)表示。如果在三个互相垂直的方向上，料块或颗粒的尺寸为 l、b 及 h(如图 1-7 所示)，则单颗粒粒径可用表 1-1 中各种计算公式来确定。

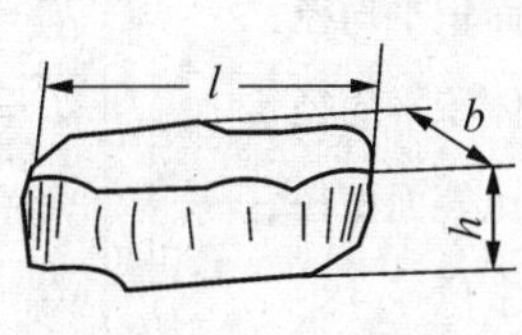

图 1-7　颗粒三度向尺寸

表 1-1　单颗粒粒径的计算方法

名　　称	计算公式	名　　称	计算公式
长轴径	l	三轴调和平均径	$3/\left(\frac{1}{l}+\frac{1}{b}+\frac{1}{h}\right)$
短轴径	b	三轴表面积平均径	$\sqrt{2lb+2bh+2hl}/6$
定向径	$l\sim b$	体面积平均径	$3l\cdot b\cdot h/(l\cdot b+b\cdot h+h\cdot l)$
二轴平均径	$(l+b)/2$	圆形等效径	$(4A/\pi)^{1/2}$
三轴平均径	$(l+b+h)/3$	球体等效径	$(4V/\pi)1/3$
二轴几何平均径	$(l\cdot b)^{1/2}$	等效径（斯托克斯径）	$\sqrt{18\mu u_0/(\rho_s-\rho)g}$
三轴几何平均径	$(l\cdot b\cdot h)^{1/3}$		
二轴调和平均径	$2/\left(\frac{1}{l}+\frac{1}{\mathrm{b}}\right)$		

注：A—颗粒投影面积；V—颗粒体积；μ—流体粘度；u_0—颗粒沉降速度；ρ_s—颗粒密度；ρ—流体密度；g—重力加速度。

当料块的三个方向皆可量度时，可用三轴平均径公式来定出物料的直径。显然，唯有大料块才能这样做。当颗粒只有两个方向可以量度，例如在显微镜下观测颗粒的大小时，就要用二轴平均径公式来定出颗粒直径。如果颗粒只有一个方向可以量度，就要用单轴径公式定出颗粒直径。例如用筛析法确定颗粒的大小时，是用筛孔尺寸来表示物料的尺寸。

（二）粒群平均粒径

对于一堆大小不同、形状不规则的颗粒群，除算出单颗粒的平均径外，还要将不同大小的单颗粒粒径再加以平均，确定一个能代表全部颗粒的平均尺寸。工业上多用筛析方法来确定物料的尺寸。用套筛将物料试样分成若干狭窄粒级，根据相邻两层筛面筛孔尺寸，算出残留在这两层筛面之间的颗粒平均径，再根据每一狭窄粒级的直径，算出颗粒群的平均直径。颗粒群的平均粒径计算公式见表 1-2。

表 1-2　颗粒群平均径的计算方法

平均粒径的名称	计算公式	物理意义
算术平均径	$\overline{d_a}=\sum nd/\sum n$	单一粒径的算术平均值
几何平均径	$\overline{d_g}=(d_1\cdot d_2\cdot\cdots\cdot d_n)^{1/m}$	几个粒径乘积的几次方根
调和平均径	$\overline{d_h}=\sum n/\sum(n/d)$	各粒径的调和平均值
体面积平均径	$\overline{d_{VS}}=\sum nd^3/\sum nd^2$	全部颗粒的体积除以总表面积
质量平均径	$\overline{d_m}=\sum nd^4/\sum nd^3$	质量等于总质量，数目等于总个数的等颗粒粒径
面积平均径	$\overline{d_S}=(\sum nd^2/\sum n)^{1/2}$	将总表面积除以总个数取其平方根
体积平均径	$\overline{d_V}=(\sum nd^3/\sum n)^{1/3}$	将总体积除以总个数取其立方根
比表面积径	$d_S=\varphi/\rho_s S_m$	由比表面积计算的粒径
中位径	d_{50}	以粒径分布的累积值为 50% 时的粒径表示
多数径	d_{mod}	以粒径分布中含量最高的粒径表示

注：S_m—比表面积；φ—比表面形状系数。

粒径有着多种表示方法，采用不同的测定方法，会得到不同的粒径。就是采用同一的测定数据，由于应用目的不同，采用不同的计算方法，其结果也不相同。各种平均粒径的具体应用，要视所讨论问题的性质，结合测定方法和生产操作过程来选用，否则会得出不正确的结果。一些平均粒径所适用的有关物理化学过程见表1-3。

表1-3 不同物理化学过程所采用的平均粒径

符号	平均粒径名称	适用的机械、物理、化学过程
$\overline{d_a}$	算术平均径	蒸发、各种尺寸的比较(筛分析)
$\overline{d_{VS}}$	体面积平均径	传质、反应、颗粒充填层的流体阻力
$\overline{d_m}$	质量平均径	气力输送、质量效率、燃烧、物料平衡
$\overline{d_S}$	平均面积径	吸收、粉磨
$\overline{d_V}$	平均体积径	光的散射、喷射的质量分布比较、破碎
d_S	比表面积径	蒸发、分子扩散
d_{50}	中位径	分离、分级装置性能表示
d_{sf}	等效径	气力输送、沉降分析

二 粉碎产品的粒度组成

在生产过程中，无论原料或粉碎产品，都是由大小不同、形状不规则的块状、粒状或粉状颗粒组成。为了表征它们的外形尺寸大小，经常使用“粒度”或“细度”这两个术语，它们没有明显区别，只是人们习惯对块粒状物料称为“粒度”，而对粉状物料称为“细度”。为了鉴定这些物料的粒度分布情况，通常将它们按一定粒径范围分成若干粒级。在一批物料中，各粒级颗粒的相对质量数值，称为这种物料的粒度组成(或称粒度特性)。

物料的粒度分布是通过各种粒度分析方法测定得出的。粒度分析所得数据可以整理在记录表上，用来说明物料的粒度组成特性。为了更明显地比较物料的粒度组成情况，通常将测得的数据作出物料的粒度组成特性曲线。一般是在普通的直角坐标上绘制曲线，用纵轴表示大于或小于某粒径的累积百分数，横轴表示相应的粒径(或筛孔尺寸)，所描绘的曲线称为粒度累积分布曲线(或称积分曲线)，如图1-8所示。曲线上任一点表示大于或小于某粒径的累积百分含量。根据粒度组成特性曲线可以清楚地判断物料粒度分布情况。如果曲线是直线(如图1-8中线2)，说明此物料全部大小颗粒是均匀分布的；如果得出凹形曲线(如图1-8中线1)，说明物料中含有较多的细小粒级；如果得出的曲线是凸形的(如图1-8中线3)，则说明物料中大颗粒占多数。

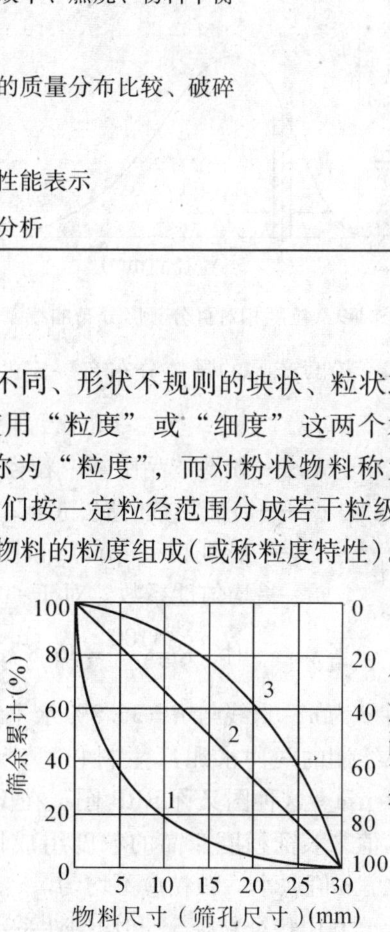

图1-8 粒度累积分布曲线

作出粒度累积分布曲线，不仅可以求得记录表中没有给出的任意中间粒级百分数，同时还可以检查和判断产品质量情况。为了比较各种物料的特性，可将两条、三条或更多条的曲线放在同一图中(如图1-8)，以便于比较研究。

以纵轴表示一定的粒径等差间隔范围内(例如以5 mm为一等差间隔)的颗粒百分含

量，横轴表示以相应的粒径所作得的曲线，称为相对百分频度分布曲线(或称微分曲线)，图1-9所示，表示在某一粒度下粒级质量变化的频度。曲线上任一点的纵坐标，表示以某粒径 X 为中心的颗粒在 $\mathrm{d}X$ 范围内占物料总量百分数的多少，此曲线可以表示出物料粒度分布的全貌，曲线以下所包围的面积为物料全部总量。

用普通直角坐标绘制粒度分布曲线的缺点在于，表示细粒级的一段曲线不易绘出，因为1 mm以下颗粒之间的各个间隔非常小，为了将曲线绘得更精确，必须采用较大的比例或对数坐标绘制。

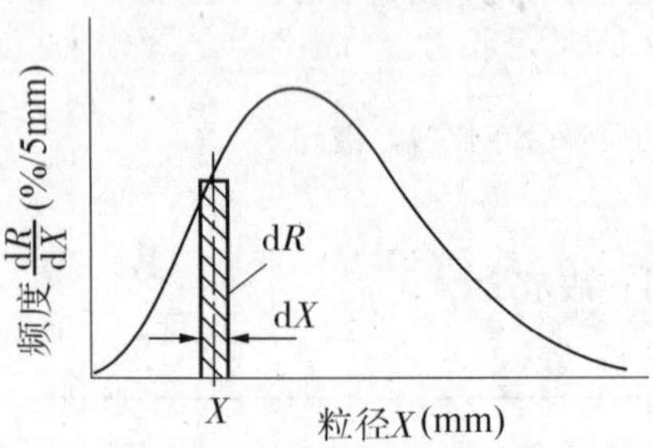

图1-9　粒度相对百分频度分布曲线

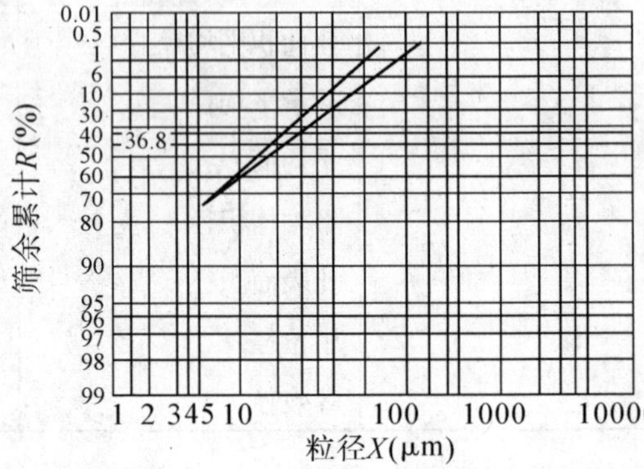

图1-10　表示粉磨产品粒度组成的RRB图

粉磨产品的颗粒分布有一定的规律性，可用RRB(Rosin Rammler Bennet)公式表示：

$$R = 100\mathrm{e}^{-\left(\frac{x}{x_e}\right)^n} \tag{1-7}$$

式中　R——粉磨产品中某一粒径 x μm的筛余(%)；

　　e——自然对数的底，$\mathrm{e}=2.718$；

　　x_e——特征粒径(μm)，对于一种粉磨产品，x_e 为常数；

　　n——均匀性系数，对于一种粉磨产品，n 为常数。

当 $x = x_e$ 时，$R = \frac{100}{\mathrm{e}} = 36.8$。在 $\lg\lg\left(\frac{100}{R}\right) - \lg x$ 坐标系中，式(1-7)为一直线，直线的斜率为 n，直线与 $R=36.8\%$ 水平线交点处的粒径为特征粒径 x_e。图1-10就是用这种坐标系绘制的两种水泥厂生料粉磨产品的粒度组成直线，其特征粒径 x_e 分别为20 μm和28 μm。这种图又称RRB图。在RRB图上，可应用 n(或直线的倾斜角 $\alpha = \arctan n$)和 x_e 两值来表征粉磨产品的粒度组成情况。n 值愈大，颗粒分布范围愈窄，颗粒愈均匀；反之，n 值愈小，颗粒愈不均匀。x_e 值愈小，粉磨产品愈细。

利用特征粒径 x_e 和均匀性系数 n 还可以计算粉磨产品的比表面积，计算公式如下：

$$S = \frac{36.8 \times 10^4}{x_e n \rho} \quad (\mathrm{cm^2/g}) \tag{1-8}$$

式中　x_e——特征粒径(μm)；

　　n——均匀性系数；

　　ρ——颗粒密度(g/mL)；水泥一般取3.0～3.2，生料取2.6～2.8。

上式适用范围为 $n=0.85 \sim 1.2$，且不能求得水泥的颗粒组成。试验表明，当均匀性系数的范围增大至0.7～1.3，相应的特征粒径与均匀性系数的乘积在6～24 μm时，比表面积和特征粒径与均匀性系数乘积的关系为

$$S = \frac{4238}{\rho(x_e n)^{0.4317}} \tag{1-9}$$

式中 S——比表面积(m^2/kg)；

x_e——特征粒径(μm)；

n——均匀性系数，无因次；

ρ——物料密度(g/cm^3)。

用此式计算表面积的误差可望小于6%，粉磨产品的颗粒含量也可利用特征粒径与均匀系数乘积的二次函数近似求得。因此，有可能通过简单的比表面积测定，就可以算出颗粒组成。因此，特征粒径与均匀系数乘积是比表面积与颗粒之间相互换算的桥梁，通过它可计算出比表面积，也可预先知道 $n>1$ 或 $n<1$ 时，估计有关颗粒的含量，为生产控制提供一条捷径。

第四节 粉碎理论

粉碎过程比较复杂，尽管如此，人们在生产实践和科学实验的基础上，仍然提出不少很有价值的理论，这些理论在一定程度上反映了粉碎过程的客观实际，因此具有一定的概括性和指导意义。下面介绍一些比较重要的粉碎理论。

一 能耗理论

粉碎过程是一种外力做功的过程，物料颗粒粒径减小与能量消耗之间存在怎样的关系，一直是粉碎理论研究的课题之一。

1. 表面理论

1867 年雷延智(P. R. Rittinger)提出了表面理论。根据这个理论，认为粉碎过程是物料表面积增加的过程。组成物体的内部粒子被相邻粒子包围着，它们彼此吸引，处在引力平衡状态。位于物体表面的粒子则不同，受到内部粒子较大的内向拉力的作用，使物体表面具有张力或表面能。要把物料粉碎，产生更多粒子从内部迁移到表面，使物料具有更多的表面能，所以粉碎功用以克服固体各质点之间的分子引力，消耗在产生新表面上，变为物料的表面能。因而，粉碎物料所需的功与粉碎过程中新增加的表面积成正比。

对于球形颗粒，单位质量物料的表面积，即比表面积为

$$S = \frac{\pi D^2 Z}{\frac{\pi}{6}D^3\rho Z} = \frac{6}{D\rho} \quad (m^2/kg) \tag{1-10}$$

式中 D——物料颗粒直径(m)；

Z——1kg 物料的颗粒数目；

ρ——物料密度(kg/m^3)。

对于 m kg 物料，粉碎前的直径为 D，比表面积为 S_1；经粉碎后直径为 d，比表面为 S_2。于是，在粉碎过程中物料表面积的增量为：

$$\triangle S_m = (S_2 - S_1)m = \frac{6}{\rho}\left(\frac{1}{d} - \frac{1}{D}\right)m \quad (m^2)$$

则粉碎功为

$$A = K'_S \frac{6}{\rho}\left(\frac{1}{d} - \frac{1}{D}\right)m = K_S\left(\frac{1}{d} - \frac{1}{D}\right)m \quad (\text{J}) \tag{1-11}$$

式中，比例系数 $K_S = K'_S \frac{6}{\rho}$。对于非球形物料，$K_S$ 的大小与物料的性质、密度及形状有关。K_S 值可以通过实验确定。式(1-11)即为表面理论的数学表达式。实践表明，表面理论比较符合于较细物料的粉碎过程，尤其是细磨作业。当粉碎物料及其产品粒度范围在 0.01 ～1 mm 时，用于粉碎过程能耗的计算比较适合。

2．体积理论

在 1874 年和 1885 年，基尔比切夫(В. Л. Кирипицев)和基克(F. Kick)先后提出了体积理论。把物体的粉碎当作弹性体的变形看待，认为由于物体的体积变形，导致了物料的粉碎，因而粉碎物料所做的功与物料的体积(或质量)成正比。

根据虎克(Hook)定律，对于弹性体作弹性变形时，应变与应力成正比，亦即

$$\varepsilon = \frac{1}{E}\sigma \tag{1-12}$$

式中　$\varepsilon = \frac{\Delta L}{L}$——物体的相对变形，$L$ 为物体在受力方向上的原始长度，ΔL 为物体的绝对变形；

$\sigma = \frac{P}{F}$——物体所受应力(Pa 或 kN/m^2)，P 为对物体的作用力，F 为物体的横截面积；

E——弹性模数(Pa 或 kN/m^2)。

粉碎物料时，物体的应力自零增大到强度极限 σ_{max} 而受到破坏，故所需的粉碎功为

$$A = \int_0^L P\text{d}(\Delta L) = \int_0^P P\frac{L}{EF}\text{d}P = \frac{LP^2}{2EF} = \frac{\sigma_{max}^2 FL}{2E} = \frac{\sigma_{max}^2 V}{2E} \quad (\text{N}\cdot\text{m}) \tag{1-13}$$

式中　$V = FL$——变形物体的体积。

由于每种物料的强度极限和弹性模数均有一定的值，故粉碎功与粉碎物料的体积成正比。据此也可以把粉碎功与粉碎前后物料尺寸的变化关系表示出来。设粉碎前尺寸为 D，粉碎后尺寸为 d，粉碎分 n 级进行，每级的粉碎度均为 i，则总粉碎度为

$$i_0 = \frac{D}{d} = i^n \tag{1-14}$$

根据体积理论，设有 m kg 物料，在每一级粉碎中，粉碎功均为

$$A_1 = Km \tag{1-15}$$

式中，K 为比例系数。于是，经 n 级粉碎后所需的功为

$$A = nA_1 = nKm \tag{1-16}$$

将式(1-14)两端取对数，则

$$\lg i_0 = n\lg i \quad 或 \quad n = \frac{\lg i_0}{\lg i}$$

将 n 值代入式(1-16)得

$$A = \frac{\lg i_0}{\lg i}Km = \frac{K}{\lg i}\lg i_0 m$$

令 $\frac{K}{\lg i} = K_V$，则

$$A = K_V \cdot \lg i_0 \cdot m = K_V\left(\lg\frac{1}{d} - \lg\frac{1}{D}\right)m \quad (\mathrm{J}) \tag{1-17}$$

式中，系数 K_V 与物料的物理机械性质有关，可以通过实验确定。式(1-17)即为体积理论的数学表达式。与表面理论不同，体积理论比较符合于粗大物料的粉碎过程，尤其是粗碎作业。实践证明，当粉碎物料及其产品粒径范围大于 10 mm 时，用于粉碎过程能耗的计算比较适合。

3．裂纹理论

1952 年邦德(F. C. Bond)提出了裂纹理论。他分析了较多的粉碎操作数据，将粉碎功同物料尺寸变化的关系整理成下式：

$$A = K_C\left(\frac{1}{\sqrt{d}} - \frac{1}{\sqrt{D}}\right)m \quad (\mathrm{J}) \tag{1-18}$$

式中，K_C 为比例系数，其他符号同前。K_C 值大小与物料性质及使用的粉碎机类型有关，可以通过实验确定。

因为物料比表面积的增加与其尺寸 d 成反比，因而 $1/\sqrt{d}$ 表示发展成为新表面的周界长度，亦即物料在该次粉碎时曾经生成的裂纹总长度。所以，式(1-18)表示粉碎功与物料在粉碎期间所生成的裂纹总长度成正比。于是，裂纹理论认为，当物体受外力作用时，产生应力，当应力超过着力点的强度时就产生裂纹，物体的变形能就聚集在裂纹附近，产生应力集中，使裂纹扩展，终于导致物体粉碎。粉碎功用在裂纹的生成和扩大上，而且与粉碎时所生成的裂纹总长度成正比关系。

裂纹理论虽普遍适用于各个粉碎阶段而不致产生重大误差，但对同一种物料在不同的粉碎阶段中要使用不同的 K_C 值。这点与裂纹理论的立论有所违背，所以仍有一定的缺陷。

4．综合理论

上述三种理论从不同角度出发，只是解释了粉碎现象的某些方面，不能全面反映粉碎过程的物理实质，故实际使用时都有局限性。事实上，在物料粉碎过程中，起先物料在外力作用下发生弹性或塑性变形，需要消耗一定的功变为物料的变形势能，及至物料破碎之时，这部分势能由于物体的振动而变成热能，散失在周围的空间；因为受力的着力点不同，物料有局部应力，引起裂纹生成；物料碎裂，内部粒子暴露在表面生成新表面，又涉及表面能的增加。上述各过程都需要消耗一部分功，因此，粉碎物料所做的功消耗在使物料变形、产生裂纹以及表面能增加三个方面。因为裂纹的生成，实际上也是在物体的局部产生新表面，所以，任何粉碎过程，粉碎功实际包括两部分：一是物料变形所消耗的功；另一是产生新表面所需要的功。根据能量守恒定律，列宾捷尔(П. А. Ребидер)提出下述公式：

$$A = \sigma_S \Delta S + K_V \Delta V \tag{1-19}$$

式中　σ_S——物体的比表面能；

ΔS——在粉碎时新生成的表面积；

K_V——单位体积变形功；

ΔV——经受变形的那部分物体的体积。

粉碎粗大物料时，物料表面较小，物体变形所消耗的功占主要地位，所以粉碎功与物料体积成正比。粉碎细小物料时，表面积较大，新表面形成所需要的功占主要地位，所以粉碎功与物料新生成的表面积成正比。一般来说，在不同的粉碎阶段，这两部分功所占分量之比是不同的。

另外，大块物料经风化、矿山开采及搬运的碰击存在着各种缺陷和裂纹，粉碎往往易从这些强度薄弱环节之处进行。随着粉碎进行，物料尺寸缩小，裂纹和缺陷减少，晶形结构趋于完善，粉碎从沿着晶体或质点的界面发生转变为从晶体或质点内部发生。同时比表面能增加，表面硬度随之增加，于是就变得难以粉碎。所以，粉碎功不仅与物料尺寸变化有关，还与物料的绝对尺寸有关。查尔斯(R. I. Charles)于1957年提出粉碎功的综合公式。为了使单位质量尺寸为 D 的物料粉碎，其尺寸缩减 $\mathrm{d}D$ 时所消耗的微量功为：

$$\mathrm{d}A = -CD^{-n}\mathrm{d}D \tag{1-20}$$

式中 C——系数；

n——指数。

当将质量为 m、尺寸为 D 的物料粉碎到尺寸为 d 时，如果令 $n=2$，1 或 3/2，将式(1-20)分别积分，便可分别得出表面理论、体积理论和裂纹理论的表达式。当指数大于1而小于2时，式(1-20)积分后可得下列实用公式：

$$A = \frac{C}{n-1}\left(\frac{1}{d^{n-1}} - \frac{1}{D^{n-1}}\right)m$$

令 $\frac{C}{n-1} = K_0$，则上式为

$$A = K_0\left(\frac{1}{d^{n-1}} - \frac{1}{D^{n-1}}\right)m \quad (\mathrm{J}) \tag{1-21}$$

式中，系数 K_0 及指数 n 的大小与物料的性质及尺寸大小等因素有关，可以通过实验确定。

【例】 某台粉碎机将平均直径为25 mm的物料粉碎到平均直径等于6 mm时，经实际测定，单位电耗为1.85 kW·h/t。再将平均直径为6 mm的这种物料粉碎到平均直径为2.5 mm时，单位电耗为2.41 kW·h/t。如果将平均直径为2.5 mm的这种物料粉碎到平均直径为0.25 mm时，单位电耗为多少？

【解】 粉碎单位质量的物料所需的功为

$$A_1 = K_0\left(\frac{1}{d^{n-1}} - \frac{1}{D^{n-1}}\right) \quad (\mathrm{kW \cdot h/t})$$

根据第一种粉碎情况：

$$1.85 = K_0\left(\frac{1}{6^{n-1}} - \frac{1}{25^{n-1}}\right)$$

根据第二种粉碎情况：

$$2.41 = K_0\left(\frac{1}{2.5^{n-1}} - \frac{1}{6^{n-1}}\right)$$

两式相除，得

$$0.769 = \frac{\left(\frac{1}{6^{n-1}} - \frac{1}{25^{n-1}}\right)}{\left(\frac{1}{2.5^{n-1}} - \frac{1}{6^{n-1}}\right)}$$

要从上式直接求得是有困难的，最好用尝试误差法。

n	$n-1$	25^{n-1}	6^{n-1}	2.5^{n-1}	$\frac{1}{6^{n-1}}-\frac{1}{2.5^{n-1}}$	$\frac{1}{2.5^{n-1}}-\frac{1}{6^{n-1}}$	比　值
1.5	0.5	5	2.45	1.58	0.208	0.225	0.925
1.6	0.6	6.9	2.93	1.73	0.196	0.237	0.825
1.7	0.7	9.5	3.5	1.90	0.180	0.239	0.752
2.0	1.0	25	6	2.5	0.127	0.233	0.545

从表中可知，当 $n=1.7$ 时，比值已逼近式中的 0.769（误差 2.20%）。因此，可当作 $n=1.7$，适用于本题的公式为

$$A_1=K_0\left(\frac{1}{d^{0.7}}-\frac{1}{D^{0.7}}\right)$$

因而
$$\frac{1.85}{A_1}=\frac{\left(\frac{1}{6^{0.7}}-\frac{1}{25^{0.7}}\right)}{\left(\frac{1}{0.25^{0.7}}-\frac{1}{2.5^{0.7}}\right)}=\frac{0.180}{2.235}$$

于是
$$A_1=1.85\times\frac{2.235}{0.180}=23.9\quad(\text{kW}\cdot\text{h/t})$$

5. 极限比表面积理论

由于超细粉磨越来越引起人们的注意，加上比表面积测定技术有了进展，用比表面积的增大来表示粉碎过程的进行，利用 Rittinger 理论来整理归纳粉碎现象的倾向就变得更为强烈。于是出现了这样的观点：粉碎的进行受到某一极限值的限制，这极限值就是极限比表面积 S_∞。同时，能量的利用率 $\mathrm{d}S/\mathrm{d}W$（即每消耗单位能量所产生的新的表面积）与该时刻表面积可能发展的潜力，或称粉碎势（$S_\infty-S$）成正比，即

$$\frac{\mathrm{d}S}{\mathrm{d}W}=K(S_\infty-S)\tag{1-22}$$

对应于 $S=S_1$、S_2，取 $W=W_{S_1}$、W_{S_2}，积分，得

$$\ln\frac{S_\infty-S_2}{S_\infty-S_1}=-K(W_{S_2}-W_{S_1})=-KW\tag{1-23}$$

在粉碎初期，当颗粒的表面积远未达到 S_∞ 值时，S 值可以忽略不计，于是式（1－22）变为

$$\frac{\mathrm{d}S}{\mathrm{d}W}\approx KS_\infty=\text{常数}\tag{1-24}$$

这就成为 Rittinger 公式。所以，用式(1-20)来衡量，式(1-23)与 $2>n>1$ 的条件相当。

在通常的情况下，$S_\infty\gg S_1$，可以将 S_1 忽略不计，于是式(1-23)可以简化为

$$S=S_\infty(1-\mathrm{e}^{-KW})\tag{1-25}$$

亦即物料的表面积可以表示为所消耗的能量的指数函数。S 趋近于 S_∞ 时，就达到粉碎平衡。

式(1-25)中的系数 K 值，因粉碎作用力方式的不同而异。在锤式冲击粉碎装置中粉碎时的系数 K 叫冲击粉碎系数 k_i；在转筒式磨剥粉碎装置中粉碎时的系数 K 叫磨剥粉碎系数 k_f。对于水泥熟料，$k_i=0.64$，$k_f=0.91$，而 $k_i/k_f=0.70$。从这些数值的大小比较，可以

看出采用哪种方式的粉碎较为有利。

二　粉碎机械力化学理论

机械力化学是研究所有聚集状态下的物质，包括固体、液体和气体在机械能的影响下化学和物理化学变化的一门学科。它泛指机械运动能量与化学能量的相互转换。

在机械力化学研究领域中，研究得特别深入的是，随着被粉碎的固体物料的微细化的机械力化学变化。在此，机械力化学的含义主要是指，固体物料在施加各种形式的机械能量之后，所诱发产生的物理、化学性质的变化。

固体物料在受到机械力(挤压、剪切、磨剥、拉伸、弯曲、冲击等)作用而被粉碎时，在粒度减小的同时，还导致自身物质结构及表面物理化学性质的变化。这些变化有：自由表面增大(即表面自由能的增加)、组合结构的变化(粒度分布、空隙等)、结晶结构变化(晶格缺陷、无定形化、游离基生成等)，以及颗粒相互作用的物理现象(组成分离、生成热、压力升高等)。这些机械力化学变化与下列现象有关：化学反应(溶解、氧化、还原、分解、合成等)、烧结、润滑、磨损、吸附等。实际上，这也就是粉碎物料机械力化学应用的各个方面。

这些变化并非在所有的粉碎作业中都显著存在，它与机械力的施加方式、粉碎时间、环境以及被粉碎物料的种类、粒度、物理化学性质等都有密切关系。研究表明，在粉碎能耗较高、机械力作用强度较大、物料粉碎过程时间较长、粉碎产品的比表面积较大时，这些变化才能出现或检测得到，如物料的粉磨过程，尤其是高细粉磨或超细粉磨过程。

材料加工中的机械力化学现象，主要发生在粉碎尤其是超细粉磨作业中。在粉碎过程中，物料在机械力作用下，直观的变化是物料颗粒微细化和比表面积增大。值得注意的是，在粉碎过程中，所施加的机械能，除消耗于颗粒细化外，还有相当一部分储聚在颗粒体系内部，导致颗粒晶格畸变、缺陷、无定形化、游离基生成、表面自由能增大、外激电子放射及出现等离子态等。粉碎过程还会使颗粒形成的断裂面上出现不饱和价键及带正的或负的结构单元，结果导致颗粒处于亚稳的高能状态。在条件适宜时，断裂面可能重新愈合，而颗粒也可能聚结起来。这种机械力作用引起的物料结构变化和物理化学性质变化的现象，就是粉碎过程的机械力化学效应。正是这种机械力化学效应，导致粉碎产品的活性提高，反应能力增强，从而赋予工业上新的应用。

近几十年来，粉碎过程的机械力化学研究格外引人注目，这方面的研究改变了人们对粉碎过程的传统评价。粉碎过程不仅是传统意义上的物料细化过程，而且伴有复杂的能量转换的机械力化学过程。人们发现，粉碎(尤其是细磨)过程的机械力化学变化，能赋予材料许多独特的性能。粉碎过程的机械力化学研究为材料开发利用开辟了新途径，运用机械力化学方法在材料加工、设计及工艺领域开发等方面可起到重要作用。

第五节　粉碎机械的分类

无机非金属材料工业常用的粉碎机械，根据处理物料尺寸的不同，可以粗略地分为破碎机和粉磨机两大类。破碎机又可分为粗碎机、中碎机和细碎机；粉磨机又可分为粗磨机、细磨机和超细磨机。但是这一分类方法很不严密，目前有许多粉碎机械介于几个粉碎阶段之间。例如，大型锤式破碎机和反击式破碎机等，在一个机械中可同时完成中碎和细碎操作。又如，近代使用的辊压机，既可作粗磨机又可作细磨机使用。

按照结构及工作原理的不同，无机非金属材料工业中常用的破碎机械有颚式破碎机、圆锥破碎机、辊式破碎机、锤式破碎机和反击式破碎机等。常用的粉磨机有轮碾机、笼式粉碎机、球磨机、辊式磨机、辊压机、辊筒磨机、搅拌磨、振动磨机和自磨机等。值得注意的是，其中有些破碎机是具有两种不同类型的破碎机的结构特征，或者是由两个同类型破碎机组合而成的，如颚旋式破碎机、颚辊式破碎机、反击-锤式破碎机、双转子锤式破碎机和双转子反击式破碎机等。

根据粉碎的方法不同，粉碎机械又可分成以下几类：

（ⅰ）以挤压粉碎为主的粉碎机：如颚式破碎机、圆锥破碎机及辊式破碎机等；

（ⅱ）以冲击粉碎为主的粉碎机：如锤式破碎机、反击式破碎机及笼式粉碎机等；

（ⅲ）以挤压兼施磨剥为主的粉碎机：如轮碾机、辊式磨机、辊压机及辊筒磨机等；

（ⅳ）以冲击兼施磨剥为主的粉碎机：如球磨机、振动磨机、搅拌磨及自磨机等。

粉碎机械的大致分类情况见表1-4。

表1-4　粉碎机械的分类

设备分类	粉碎程度	入料粒度（mm）	出料粒度（mm）	粉碎比	粉碎方式	常用设备举例
破碎机械	粗碎	300 ～ 1200	≤150	≤10	挤压、冲击	圆锥、颚式、锤式
	中碎	100 ～ 300	≤30	≤20	挤压、冲击	锤式、反击、辊式
	细碎	30 ～ 100	≤5	≤30	冲击、磨剥	锤式、轮碾、棒磨
粉磨机械	普通粉磨	5 ～ 30	≤0.08	≥300	冲击、磨剥	球磨、立式磨、辊压
	高细粉磨	1 ～ 30	≤0.05	≥600	冲击、磨剥	高细磨、立式磨、
	超细粉磨	≤1	≤0.01	≥1000	磨剥、自击	振动磨、气流磨、搅拌磨

为了与现代生产相适应，目前粉碎机械向着规格大型化、多功能复合粉碎、工作部件材质优化及提高环保和自动化水平方向发展。设备规格大、单机生产能力大、配套能力强，有利于矿山开发、简化工艺流程和物料粉碎环节的节能高产；粉碎机提高能量利用率，实现节能高产的重要途径在于，在物料被粉碎的有效时间和空间内，尽量多地实施粉碎作用，使粉碎机结构优化和功能整合；工作部件的使用寿命不仅直接影响粉碎机的产质量，而且对提高设备的运转率、降低维护费用起到重要作用，粉碎机设计和制造过程需注意工作部件合理选材、提高热处理水平和加工精度；为了发挥现代化科学管理和先进的技术装备作用，工艺生产控制系统要求粉碎机械要能进入可编程序自控网络；由于世界各国对环境保护要求越来越高，促使粉碎机的设计制造和装配必须重视消音除尘，以满足环境保护要求，使工厂企业实现文明生产。

第 2 章　颚式破碎机

第一节　工作原理及类型

颚式破碎机是无机非金属材料工厂广泛应用的粗碎和中碎机械。现有颚式破碎机按动颚的运动特征来分，主要有简单摆动型和复杂摆动型两种型式。

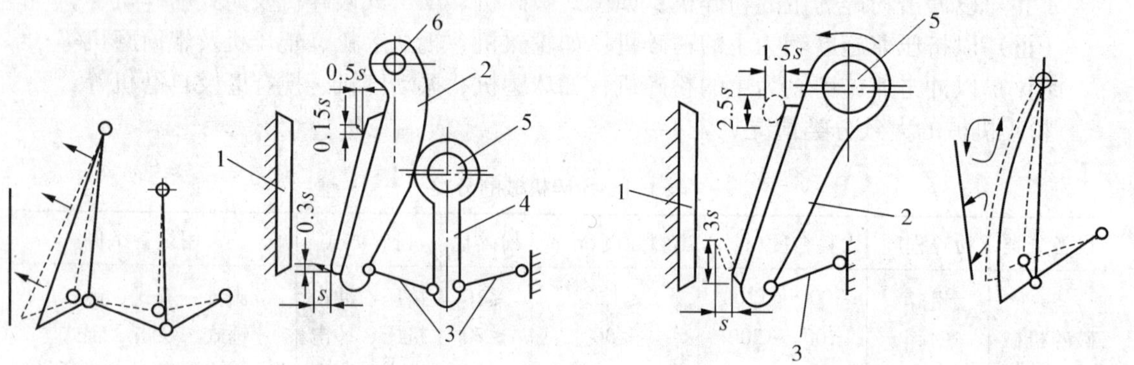

（a）简单摆动型　　（b）复杂摆动型

图 2-1　颚式破碎机的主要类型

1—定颚；2—动颚；3—推力板；4—连杆；5—偏心轴；6—悬挂轴

图 2-1a 为简单摆动型颚式破碎机工作示意图。颚式破碎机有两块颚板：定颚 1 和动颚 2。定颚 1 固定在机架的前壁上，动颚则悬挂在心轴 6 上可作左右摆动。当偏心轴 5 旋转时，带动连杆 4 做上下往复运动，从而使两块推力板 3 亦随之作往复运动。通过推力板的作用，推动动颚 2 绕悬挂轴 6 作左右往复摆动。如图 2－2 所示，当动颚摆向定颚时，落在颚腔的物料主要受到颚板的挤压作用而粉碎。当动颚摆离定颚时，已被粉碎的物料在重力作用下经颚腔下部的出料口自由卸出。颚式破碎机的工作是间歇性的，粉碎和卸料过程在颚腔内交替进行。这种破碎机工作时，动颚上各点均以悬挂轴为中心作圆弧摆动。由于运动轨迹比较简单，故称为简单摆动型颚式破碎机。

分析动颚运动轨迹可知，动颚摆动的距离上面小、下面大，颚板上部(进料口处)的水平位移和垂直位移都只有下部的 1/2 左右。进料口处动颚的摆动距离小，不利于对喂入物料的夹持和破碎，因而不能向摆幅较大、破碎作用比较强烈的颚腔底部供应充分的物料，这就限制了破碎机生产能力的提高。另外，颚板的最大行程在下部，而且卸料口宽度在破碎机运转中是随时变动的，因此卸出物料的粒度不均匀。但是，简摆颚式破碎机的偏心轴承受的作用力较小；由于动颚垂直位移很小，破碎时过粉碎现象小，物料对颚板的磨损小，所以简摆颚式破碎机可做成大、中型，主要用于坚硬物料的粗、中碎。

复杂摆动型颚式破碎机如图 2-1b 所示。动颚 2 直接悬挂在偏心轴 5 上，受到偏心轴的直接驱动。动颚的底部用一块推力板 3 支撑在机架的后壁上。当偏心轴转动时，动颚一方面对定颚做往复摆动，同时还顺着定颚有相当大距离的上下运动。动颚上每一点的运动轨

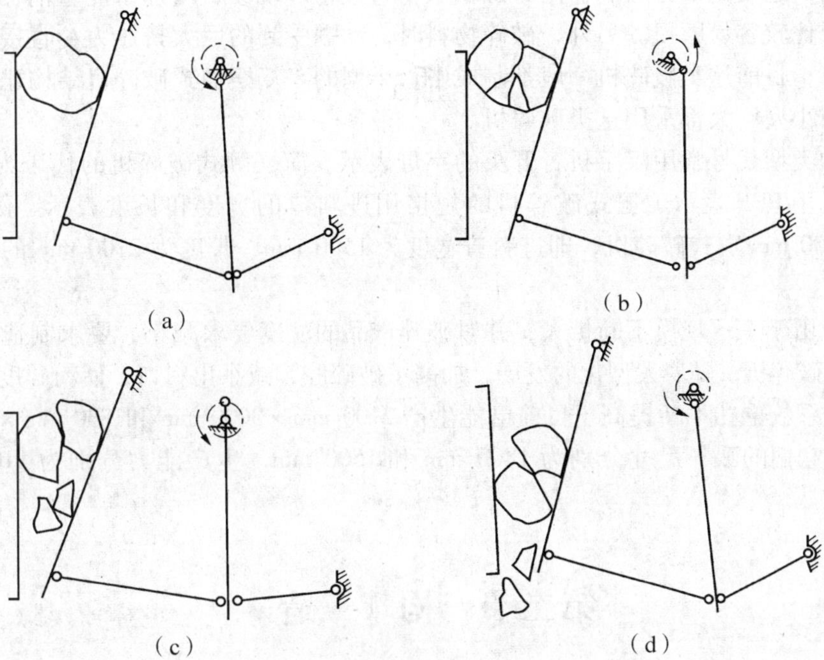

图 2-2　颚式破碎机的破碎过程

迹并不一样，如图 2-3 所示。顶部的运动受到偏心轴的约束，运动轨迹接近于圆形；底部的运动受到推力板的约束，运动轨迹接近于圆弧；在动颚的中间部分，运动轨迹介于上述两者之间的椭圆曲线，愈靠近下方椭圆愈偏长。由于这类破碎机工作时动颚各点上的运动轨迹比较复杂，故称为复杂摆动型颚式破碎机。

和简摆型相反，它在整个行程中，动颚顶部的水平摆幅约为下部的 1.5 倍，而垂直摆幅稍小于下部，就整个动颚而言，垂直摆幅为水平摆幅的 2 ～ 3 倍。由于动颚上部的水平摆幅大于下部，保证了颚腔上部的强烈粉碎作用，大块物料在上部容易得到破碎，整个颚板破碎作用均匀，有利于生产能力的提高。同时，动颚向定颚靠拢时，在挤压物料过程中顶部各点还顺着定颚向下运动，又使物料能更好地夹持在颚腔内，并促使破碎的物料尽快地排出。因此，在相同条件下，这类破碎机的生产能力较简摆颚式破碎机高 20% ～ 30%。

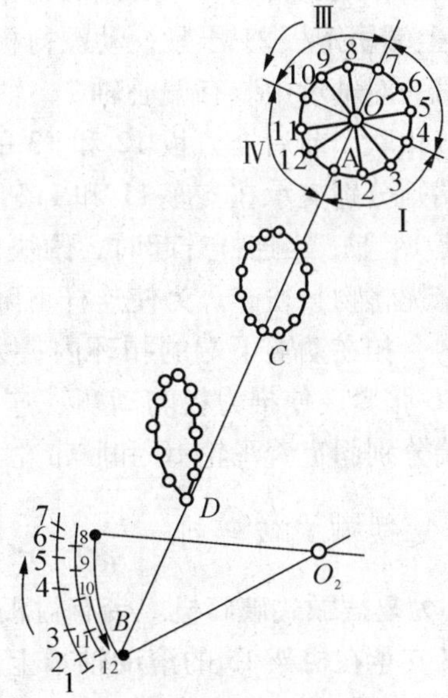

图 2-3　复摆颚式破碎机动颚上各点的运动轨迹

由于复摆颚式破碎机在动颚往复摆动的同时还有较大的上下运动，能将破碎的物料翻动，卸出的物料多为立方体块粒，大大减小了像简摆颚式破碎机中所产生的片状产品的现象。这类破碎机带有强制性卸料，故可用于粉碎一些稍为粘湿的物料。但是，由于动颚垂直行程较大，物料不仅受到挤压作用，还受到部分磨剥作用，加剧了物料过粉碎现象，增加了能量消耗，产生粉尘较大，颚板比较容易磨损。另外，破碎物料时，动颚受到的巨大挤压力，直接作用到偏心轴上，所以，目前这类破碎机一般都制成中、小型的。复摆颚式破碎机结构比较简单紧凑，因此目前小型厂大都采用这类破碎机。

粉碎机的类型代号常用汉字拼音开头的字母表示。简摆颚式破碎机的代号为 PEJ，复摆颚式破碎机用 PEF 表示。颚式破碎机的规格用进料口的宽度和长度表示。例如，PEJ 1500 mm × 2100 mm 颚式破碎机，即进料口宽度为 1500 mm、长度为 2100 mm 的简单摆动型颚式破碎机。

近年来，由于工厂规模不断扩大，并对破碎产品的粒度要求减小，要求制造生产能力高的大型颚式破碎机。随着大型化的发展，加高了破碎腔，减小出料口，使粉碎度增大，故破碎机的质量系数也在不断提高。目前已能生产 2100 mm × 3000 mm 和1830 mm × 2430 mm 颚式破碎机，它们的喂料尺寸分别为 1800 mm 和 1500 mm，生产能力分别为 1100 t/h 和 760 t/h。

第二节　构　　造

颚式破碎机在长期使用过程中，结构上有许多改革，种类很多，但基本结构和工作原理迄今无根本改变。在此介绍广泛应用的颚式破碎机的构造。

一　简摆颚式破碎机

图 2-4 所示为 1200 mm × 1500 mm 简摆颚式破碎机。机架 1 的上部装有两对互相平行的轴承，其中一对轴承安装悬挂轴 4，动颚 5 固定在悬挂轴上，通过悬挂轴及其轴承悬挂在机架 1 上。动颚、定颚和颚腔两侧的表面上都分别镶有耐磨衬板 6，2 和 19。为了防止衬板上下移动，定颚衬板 2 除了用螺栓紧固在机架上外，其下端还支承在焊于机架上的钢板 20 上，上端用钢板 21 压紧，动颚衬板 6 的下端支承在动颚下端凸台上，上端用楔块 22 压紧。在另一对轴承中装有偏心轴 7，轴的偏心部分悬挂着连杆 9，连杆经推力板与动颚和机架铰接相联。前后推力板 12 和 13 的一端，分别支承在连杆下端两侧凹槽的支座 11 上，另一端则分别支承在支座 11′和 11″上。支座 11″固定在动颚的后壁下端，而支座 11′则支承在顶座 14 上。当连杆升起时，两块推力板间夹角增大，后方顶在顶座 14 上，迫使动额向定颚靠拢将物料粉碎。为使连杆下降时铰接的推力板不致松脱，装有拉杆 15，拉杆的一端有环钩，扣在动颚下端的扣环内；另一端穿过机架后壁，用支持在机架后壁凸耳 23 上的弹簧 16 张紧，使推力板与动颚、连杆、顶座之间经常保持紧密接触，防止松脱。偏心轴的两端分别固定着飞轮 10 和胶带轮 17，偏心轴通过胶带轮带动。

二　复摆颚式破碎机

图 2-5 为复摆颚式破碎机。带有衬板的动颚 14 通过滚动轴承直接悬挂在偏心轴 13 上，而偏心轴又支承在机架 15 的滚动轴承上。动颚的底部用推力板 5 支撑在位于机架后壁的推力板座 6 上。调节座 7 是出料口的调节装置，利用调节螺栓来改变楔铁的相对位置，从而使出料口的宽度得到调节。和简摆颚式破碎机一样，这种破碎机还具有拉杆、弹簧及调

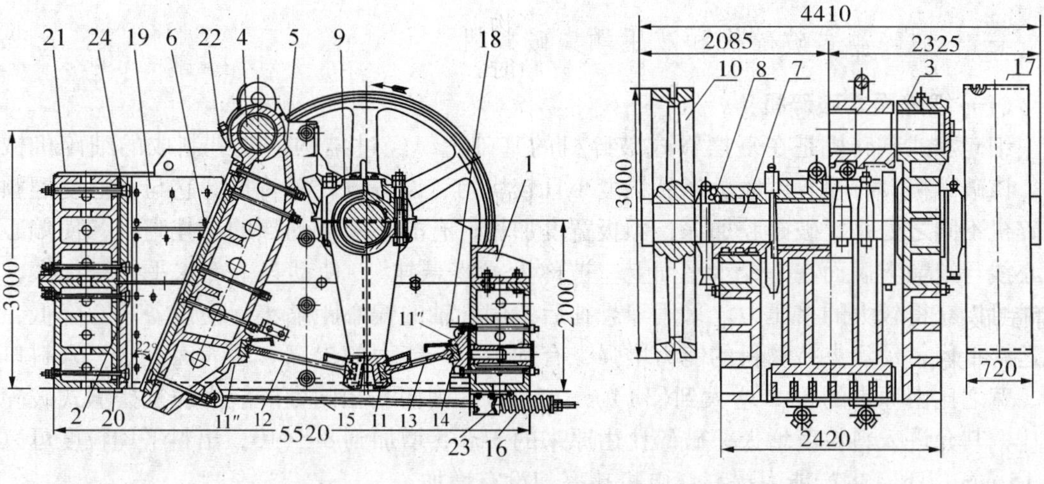

图 2-4　1200 mm × 1500 mm 简摆颚式破碎机

1—机架；2—定颚衬板；3—悬挂轴轴承；4—悬挂轴；5—动颚；6—动颚衬板；
7—偏心轴；8—偏心轴承；9—连杆；10—飞轮；11，11′及 11″—推力板支座；
12，13—前后推力板；14—顶座；15—拉杆；16—弹簧；17—胶带轮；18—垫板；
19—侧壁衬板；20，21—固定钢板；22—楔块；23—凸耳(弹簧支承板)；24—衬垫

节螺栓组成的拉紧装置 8。电动机 10 带动胶带轮 16 使偏心轴转动，动颚就被带动作复杂摆动，实现粉碎物料动作。

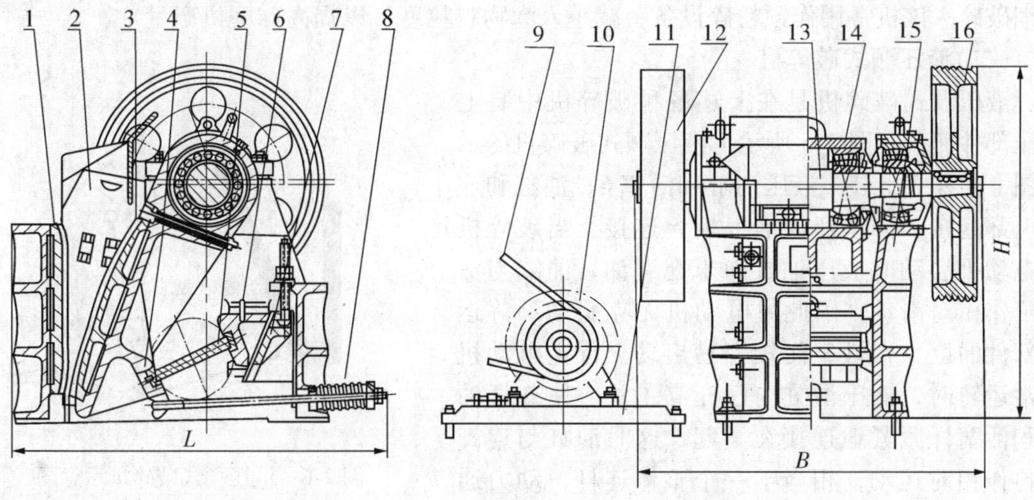

图 2-5　复摆颚式破碎机

1—定颚衬板；2—侧壁衬板；3—动颚衬板；4—推力板座；5—推力板；
6—推力板座；7—调节座；8—拉紧装置；9—三角胶带；10—电动机；
11—导轨；12—飞轮；13—偏心轴；14—动颚；15—机架；16—胶带轮

三 细碎颚式破碎机和液压颚式破碎机

（一）细碎颚式破碎机

细碎颚式破碎机是在复摆颚式破碎机的基础上，经过结构上改进制成的细碎机械产品。该破碎机具有粉碎度大、产品粒度小且较均匀、设备较轻等特点。它与普通复摆颚式破碎机不同之处是：破碎腔加深，颚板宽度加长；有的还降低动颚的悬挂高度，使偏心轴中心线与定颚上表面在一个水平面上，被称为"零悬挂"，使动颚上部水平行程加大，破碎时可以获得较大的挤压力。采用零悬挂后，偏心轴的偏心距缩小，使设备重心降低，整机运转平稳；动颚夹持物料的能力增强，有利于生产能力的提高。从表面上看，入料口的长、宽之比由原来的3∶2增大到(3∶1)～(5∶1)，因而与相同生产能力的复摆颚式破碎机相比，其允许入料粒度增大，破碎比由原来的3～5增加到8～10，出料平均粒度可以达到15 mm以下，生产能力提高，电机功率却没有增加。

另一种代号为PEXD型的倒悬挂细碎颚式破碎机，是将动颚固定端的悬挂轴置于机架下部，动颚活动端放在机架上部，从而实现出料口尺寸大小保持不变；需要调节产品细度时，只需通过增减定颚与机架之间的垫片数量(或厚度)，就可调整破碎腔的宽度。该机将定颚表面设计为"直线－曲线"型，动颚表面为直线型，使破碎腔出料端形成30～60mm的平行区，破碎产品在被卸出前受到进一步的细化和均整。这样既提高了能量利用率，又保证了产品质量。

细碎颚式破碎机的代号用PEX表示。在水泥生产中，常被广泛用于石膏、水泥熟料的细破碎。该机常用作预粉碎设备，减小入磨物料粒度，以提高球磨机产量。

（二）液压颚式破碎机

液压颚式破碎机是在上述各种破碎机中装上液压部件而成。图2-6所示为液压颚式破碎机的示意图。连杆3上装一液压油缸和活塞6，油缸和连杆上部连接，活塞杆与推力板5连接。当破碎机主电动机启动时液压油缸尚未充满油，油缸与活塞可作相对滑动，因此主电动机无克服动颚等运动部件的巨大惯性，而较容易启动。待主电动机正常运转时，液压油缸内已充满了油，使连杆油缸和活塞杆紧紧地连接在一起，这时油缸与连杆不再作相对运动，相当于一个整体连杆，动力通过连杆、推力板等使动颚摆动。当颚腔内掉入难碎物体(如铁块等)时，连杆受力增大，油缸内油压急剧增加，从而推开溢流阀，油缸内的油被挤出，活塞与油缸松开，连杆和油缸虽然随偏心轴的转动而上下运动，但连杆与活塞不动，于是推力板和动颚也不动，从而保护了破碎机的其他部件免受损坏，起到保险装置的作用。出料口间隙的调整也采用液压装置7，调整简单方便。由于液压颚式破碎机具有启动、调整容易和保护机器部件不受损坏等优点，国内外已开始制造和采用。

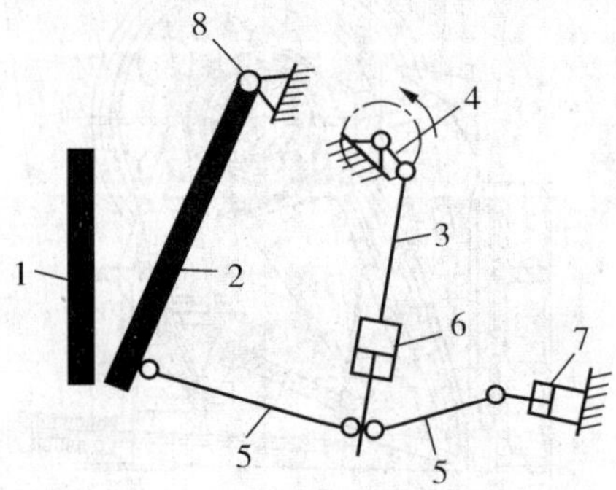

图2-6　液压颚式破碎机示意图

1—定颚；2—动颚；3—连杆；4—偏心轴；5—推力板；6—连杆液压油缸和活塞；7—出料口调整器液压缸；8—悬挂轴

四 主要工作部件

从上述可见，颚式破碎机主要由机架和支承装置、破碎部件、传动机构、拉紧装置、保险装置和润滑冷却系统等部分组成。

1. 机架和支承装置

机架是由两个纵向侧壁和两个横向侧壁组成的刚性框架，机架在工作中承受很大的冲击载荷，要求它具有足够的强度和刚度，中小型一般用铸钢整体铸造，小型的也可用优质铸铁代替。大于 1200 mm × 1500 mm 的颚式破碎机都采用组合机架形式，把机架做成上下两部分或几部分(见图 2-4 序号 1)。上机架和下机架用螺栓牢固地连接起来，结合面之间还用键和销钉承受破碎物料时传给机架的强大剪切力，同时在上下机架装配时还起着定位作用。由于焊接工艺的发展，机架也逐步采用钢板焊接结构，并用箱形结构代替筋板加强结构。它的优点是质量轻、承受力大、制造周期短，特别对大型单件生产更为优越。

破碎机的支承装置主要用于支承偏心轴和悬挂轴，使它们固定在机架上。支承装置采用滑动轴承和滚动轴承两种，目前已逐步采用滚动轴承代替滑动轴承，这不仅减少摩擦损失，还具有维修简单、润滑条件好和不易漏油等优点。

2. 破碎部件

破碎机的破碎部件是动颚和定颚。动颚直接承受物料的破碎力，要求有足够的强度，同时要求轻便，以减小往复摆动时所引起的惯性力。因此，动颚应用优质钢铸成。大型破碎机一般用铸钢做成空心的箱形体(如图 2-4 序号 5)，小型的则做成肋条结构(如图 2-5 序号 14)。

颚板用于直接破碎物料，为了避免磨损，提高颚板使用寿命，在颚板和颚腔两侧都镶有衬板。衬板用耐磨材料做成，一般小型的用白口铸铁，大型的用高锰钢制造。所有衬板均用埋头螺栓固定，报废后可以随时拆换。为了使衬板各点受力均匀，常在衬板和颚板之间垫以塑性衬垫(见图 2-4 序号 24)，如铅板、铝板、锌合金板、低碳钢板或灌注水泥砂浆等，以保证衬板与颚板紧密结合。

衬板的表面通常铸成波浪形或三角齿形(图 2-7)，安装时两衬板的齿谷和齿峰正好凹凸相对。这样的衬板对物料不仅施予挤压作用，还兼施弯曲和劈裂作用，使物料易于破碎。衬板的齿峰角 α 一般为 $90° \sim 120°$。粗碎时宜采用波浪形表面，夹角 α 取大些。齿距 t 的大小取决于破碎粒度，通常 t 接近于破碎粒度。齿高 h 和齿距之比一般取 $1/2 \sim 1/3$。颚腔两侧因为不起破碎作用，采用光滑衬板。衬板的工作面有平面和曲面两种（如图 2-8 所示）。设两者的转数、进料口和卸料口大小都相同，带有箭头的虚线表示物料在颚板后退时落下的高度；实线表示颚板闭合时的位置，虚线表示颚板后退最远时的位置；许多水平线表示物料在陆续向下运动所占据的区域，这些水平线表示在两颚闭合时物料的位置和两颚张开到最大时物料下落的位置。从图可看出，平面衬板的破碎机各连续的水平线间形成的梯形断面面积向下依次递减，因而造成一种随着物料降落而向下递增的堵塞倾向，这种倾向在物料达到出料口时最大，这是造成破碎机过载和衬板下端磨损的主要原因。带平面衬板的破碎机的生产能力，随卸料区的加深而大大减少。采用曲面衬板时，已破碎的物料在容积大的破碎区向下降落，这不仅使所有的大块物料容易移动，而且也可以使细小的物料有可能从破碎区内自由卸出，因而不易发生堵塞，衬板磨损减少，生产能力大；同时，动颚和定颚末端有一段平行带，在较长期工作之后仍可保持平行，故破碎产品较均匀。目前仍有不少破碎机采用平面衬板，因为它的制造和修理都较方便。

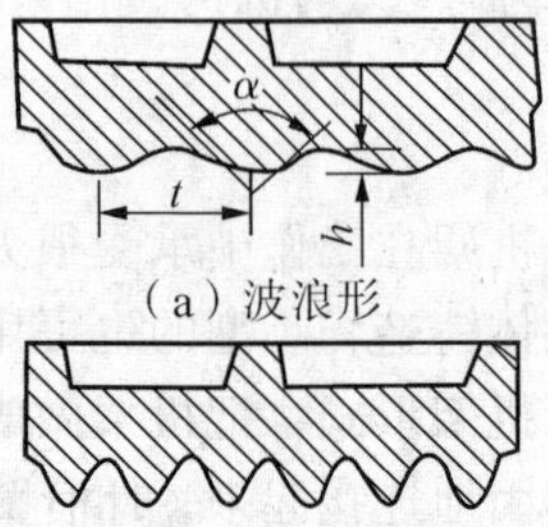

图 2-7　衬板工作表面的齿形

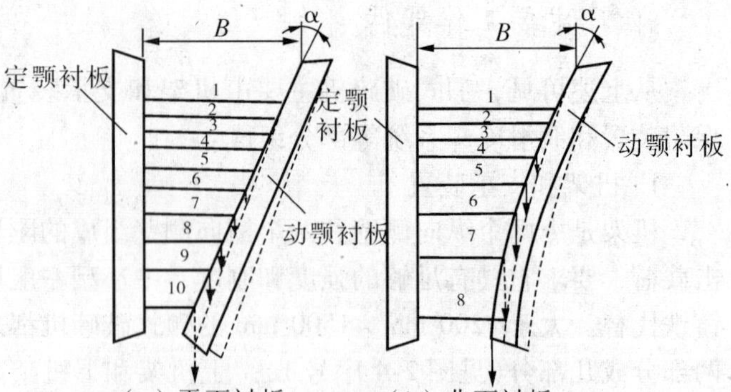

图 2-8　两种衬板的工作比较

衬板各部位的磨损是不均匀的，通常下部磨损较快，为了延长其使用寿命，常做成上下对称的，待下部磨损后调换使用。大型颚式破碎机的衬板是用几块拼成的，各块间均可互换，这不仅节省材料，而且给安装和运输带来方便。

3. 传动机构

偏心轴是带动连杆(或动颚)作上下运动的主要零件。大、中型破碎机的偏心轴通常用合金钢制造，小型破碎机可采用优质碳素钢制造。悬挂轴采用合金钢或优质碳素钢制造。

偏心轴的偏心部分悬挂连杆(或动颚)，两端分别装有飞轮和胶带轮，胶带轮除了起传动作用外，还兼起飞轮的作用。它们都具有较大的直径和质量，其作用在于促进破碎机稳定运转，使动力负荷均匀。

连杆采用铸钢制造。连杆作上下运动，为了减小其惯性力，应尽可能减轻连杆的质量，所以连杆下部的断面常制成工字、十字或箱形结构。1200mm × 1500mm 简摆颚式破碎机的连杆就是采用两个工字形的断面。连杆体有整体的和组合的，前者适合于中、小型，后者适用于大型破碎机。对于液压颚式破碎机，连杆体内装有一个液压油缸。大型破碎机为了散出连杆轴承发出的热量，连杆头往往铸有冷却水套。

推力板是连接连杆、动颚和机架的中间连接构件，起着传递连杆作用力的作用。推力板工作时承受压力，通常用铸铁铸成整体的，也有制成组合式的。推力板有一定角度的摆动，它与其他部件采用活铰连接。为了避免磨损，顶座、连杆和动颚的底部有沟槽，内部都镶嵌有容易更换的衬套，叫做推力板支座或支承滑块。推力板支座用高锰钢制造。为了增加推力板的耐磨性，常在端头部分作冷硬处理。大型破碎机的推力板两端装上可拆换的耐磨钢制造的肘头，或采用滚柱式推力板。为了减少推力板和推力板支座的磨损，除了经常在其结合处注入润滑剂外，还要防止灰尘和细粒物料进入结合处，所以在结合处的上部应加装挡灰板。

4. 拉紧装置

拉紧装置由拉杆、弹簧及调节螺母等零件组成。拉杆的一端铰接在动颚底部的耳环上；另一端穿过机架壁的凸耳，用弹簧及螺母张紧。当连杆驱动动颚向前摆动时，动颚和推力板将产生惯性力矩，而连杆回程时，由于此惯性力矩的作用，使动颚不能及时回程摆动，有使推力板跌落的危险，因而要用拉紧机构使推力板与动颚、顶座之间经常保持紧密的接触。在动颚工作行程中弹簧受到压缩，在卸料行程中弹簧伸张，拉杆借助弹簧张力来平衡动颚和推力板向前摆动时的惯性力，使动颚及时向反方向摆动。

5. 调整装置

为了得到所要求的产品粒度，颚式破碎机都有出料口调整装置。大、中型破碎机出料口宽度由使用不同长度的推力板来调整，通过在机架后壁与顶座之间垫上不同厚度的垫片来补偿颚板的磨损。小型颚式破碎机通常采用楔铁调整方法，如图 2-5 所示。这种调整装置是在推力板 5 和机架 15 后壁之间设有楔形的前后顶座，借助拧动调节螺栓，使后顶座上下移动，于是前顶座在导槽内作水平移动，这样可以调节出料口的宽度。

近年来，液压调整装置越来越多地用于颚式破碎机出料口的调整。用于 1200mm × 1500 mm 简摆颚式破碎机的液压调整装置如图 2-9 所示，机架后壁上装一油缸 4，高压油从油管 6 进入油缸推动柱塞 3，柱塞又推动推力板顶座 2，使出料口缩小。这时根据需要增减顶座和机架后壁之间的垫片 8 的数量，然后停止给油，推力板顶座与机架 7 等马上贴紧，上紧顶座固定螺栓 5 就完成了调整工作。较小型的破碎机是用手动液压千斤顶来调整出料口宽度，如图 2-10 所示。

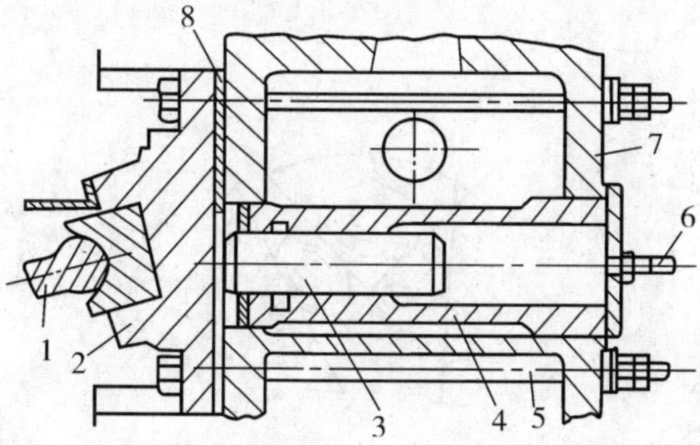

图 2-9　1200 mm × 1500 mm 简摆颚式破碎机的液压调整装置

1—推力板；2—推力板顶座；3—柱塞；4—油缸；5—顶座固定螺栓；6—油管；7—机架；8—垫片

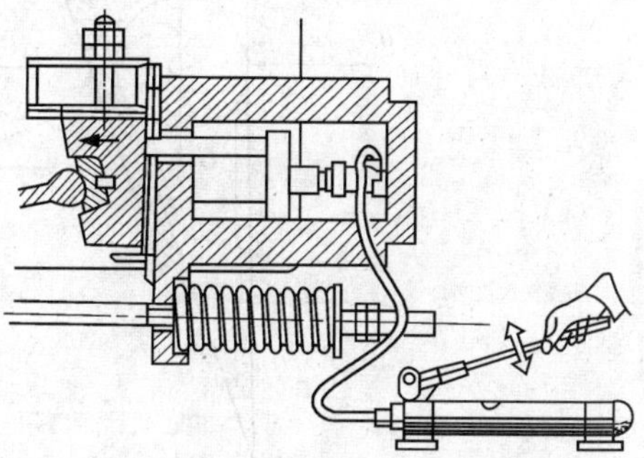

图 2-10　出料口的液压调整装置

6. 保险装置

颚式破碎机的保险装置，是当颚腔内进入不能破碎物体(如电铲耙齿、钎头等金属块)时，使破碎机停止工作，从而保护了动颚、机架、偏心轴等大型贵重部件免受损坏。一般颚式破碎机的安全装置是将推力板分成两段，中间用螺栓连接，设计时故意减弱螺栓的强度；也有在推力板上开孔或采用铸铁制造，推力板的最小断面尺寸是根据破碎机在超负荷时能自行断裂而设计的。这样，当破碎机过载时，螺栓即行切断，或推力板折断，动颚即停止摆动。液压颚式破碎机连杆处的液压装置也具有这种保险作用。

7. 润滑装置

颚式破碎机的偏心轴轴承通常采用润滑油实行集中循环润滑。悬挂轴和推力板的支承面通常采用润滑脂用手动润滑油枪供油。

动颚的摆动角度很小，这使悬挂轴和轴瓦之间的润滑非常困难，因此它和一般的轴瓦不同，在轴瓦的底部开了许多轴向油沟，中间再开一条环向油槽使许多轴向油沟能串通起来，同时采用干油泵强制注入黄干油来改善润滑条件。

第三节 工作参数的确定

一 钳角

颚式破碎机动颚与定颚间的夹角 α 称为钳角，如图 2-11 所示。减小钳角，可使破碎机的生产能力增加，但会导致粉碎度的减小；相反，增大钳角，虽可增加破碎比，但会降低生产能力，同时落在颚腔中的物料不易夹牢，有被推出机外的危险。因此，破碎机的钳角应有一定的范围。钳角的大小可以通过物料的受力分析来确定。

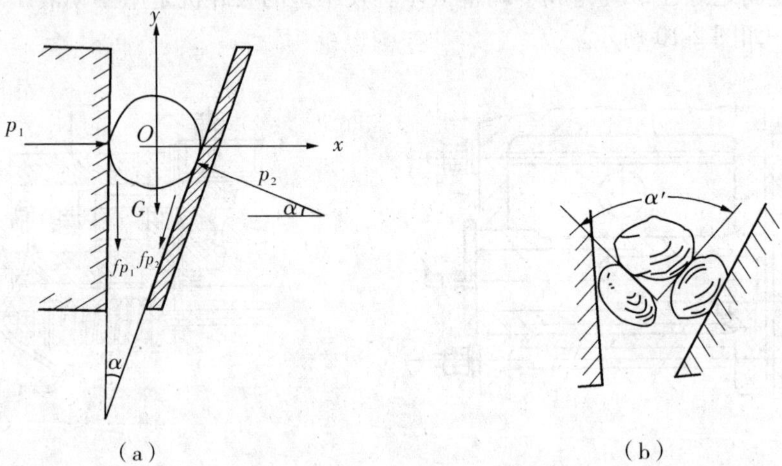

图 2-11 颚式破碎机的钳角

设夹在颚腔中的球形物料质量为 G，见图 2-11a，由 G 产生的重力比物料的破碎力小很多，可以忽略不计。在颚板同物料接触处，颚板对物料的作用力为 p_1 和 p_2，两者均与颚板垂直。由这两个力所引起的摩擦力为 fp_1 和 fp_2，其方向向下。其中 f 为物料与颚板之间的摩擦因数。

当物料夹在颚腔内，不致被推出机外时，这几个力应互相平衡，在 x、y 方向的分力之和应分别等于零。于是

$$\sum p_x = 0 \qquad p_1 - p_2\cos\alpha - fp_2\sin\alpha = 0$$

$$\sum p_y = 0 \qquad -fp_1 - fp_2\cos\alpha - p_2\sin\alpha = 0$$

将第一式乘以摩擦因数 f 之后，与第二式相加，消去 p_1、p_2，得

$$-2f\cos\alpha + (1-f^2)\sin\alpha = 0$$

或

$$\tan\alpha = \frac{2f}{1-f^2} \tag{2-1}$$

因摩擦因数 f 与摩擦角 φ 的关系为：

$$f = \tan\varphi$$

则

$$\tan\alpha = \frac{2\tan\varphi}{1-\tan^2\varphi} = \tan 2\varphi$$

为了使破碎机工作可靠，必须令

$$\alpha \leqslant 2\varphi \tag{2-2}$$

即钳角应小于物料与颚板之间的摩擦角的 2 倍。

一般摩擦因数 $f=0.2 \sim 0.3$，则钳角 α 的最大值为 $22° \sim 33°$。实际上，当破碎机喂料粒度相差很大时，虽然 $\alpha<2\varphi$，仍有可能产生物料被挤出情况。这是由于大块物料楔塞在两个小块物料之间，如图 2-11b 所示，这时物料的钳角 α' 必然大于两倍物料与颚板间的摩擦角。所以，一般颚式破碎机的钳角取 $18° \sim 22°$。

二 偏心轴的转速

偏心轴转一圈，动颚往复摆动一次，前半圈为破碎物料，后半圈为卸出物料。为了获得最大的生产能力，破碎机的转速 n 应根据这样的条件确定：当动颚后退时，破碎后物料应在重力作用下全部卸出，而后动颚立即返回以破碎物料。转速过高或过低都会使生产能力不能达到最大值。

由于颚板较长，摆幅不大，因此，可设动颚摆动时钳角 α 值不变，亦即动颚作平行摆动。令出料口宽度为 e，动颚行程为 s。破碎后的物料在颚腔内堆积成一梯形体（如图 2-12）。BC 线以下的物料尺寸皆小于出料口宽度，因而每次所能卸出的物料高度为：

$$h=\frac{s}{\tan\alpha} \tag{2-3}$$

物料在重力的作用下自由落下。破碎后物料卸料高度应为：

$$h=\frac{1}{2}gt^2$$

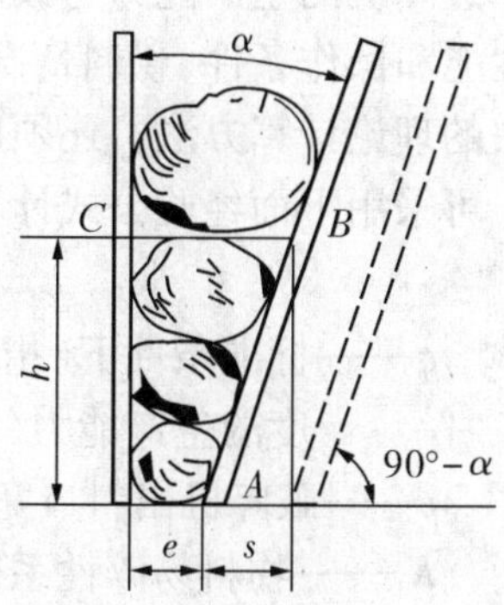

图 2-12 偏心轴转速计算简图

则要使高度 h 的梯形体全部物料自由卸出所需时间为：

$$t=\sqrt{\frac{2h}{g}} \quad (\mathrm{s}) \tag{2-4}$$

式中，g 为重力加速度。为了保证已达到要求尺寸的物料能及时地全部卸出，卸料时间应等于动颚空转行程经历的时间 t'。而

$$t'=\frac{60}{2n}=\frac{30}{n} \quad (\mathrm{s}) \tag{2-5}$$

即有

$$\sqrt{\frac{2h}{g}}=\frac{30}{n}$$

得

$$n=\frac{30}{\sqrt{\frac{2h}{g}}}=\frac{30}{\sqrt{\frac{2s}{g\tan\alpha}}}=665\sqrt{\frac{\tan\alpha}{s}} \quad (\mathrm{r/min}) \tag{2-6}$$

式中 n——偏心轴转速（r/min）；

s——动颚行程（cm）；

α——钳角（°）。

实际上，由于在动颚空转行程的初期，物料仍处于压紧状态，不能立即落下，因此偏心轴的转速应比式(2-6)算出的值低 30% 左右。于是

$$n = 470\sqrt{\frac{\tan\alpha}{s}} \quad (\text{r/min}) \tag{2-7}$$

式(2-7)未考虑物料性质和破碎机类型等因素的影响，因此只能用来粗略地确定颚式破碎机的转速。一般对于破碎坚硬物料，转速应取小些；对于破碎脆性物料，转速可适当取大些；对于较大尺寸的破碎机，转速应适当降低，以减小惯性振动，节省动力消耗。

偏心轴的转速还可用如下经验公式确定：

进料口宽度 $B \leqslant 1200$ mm 时

$$n = 310 - 145B \quad (\text{r/min}) \tag{2-8}$$

进料口宽度 $B > 1200$ mm 时

$$n = 160 - 12B \quad (\text{r/min}) \tag{2-9}$$

式中 B 为破碎机进料口宽度(m)。

三 生产能力

破碎机的生产能力与被破碎物料的性质(物料强度、节理、喂料粒度组成等)、破碎机的性能和操作条件(供料情况和出料口大小)等因素有关，目前还没有把所有这些因素包括进去的理论计算方法，还须广泛采用实际资料和经验公式。

可采用下面经验公式计算颚式破碎机的生产能力：

$$Q = K_1 K_2 K_3 qe \quad (\text{t/h}) \tag{2-10}$$

式中 q——标准条件下(指开流破碎堆积密度为 1.6 t/m^3 的中等硬度物料)的单位出口宽度的生产能力(t/mm·h)，见表 2-1；

e——破碎机出料口宽度(mm)；

K_1——物料易碎性系数，见表 2-2；

K_2——物料堆积密度修正系数，$K_2 = \frac{\rho_s}{1.6}$，ρ_s 为堆积密度(t/m^3)；

K_3——进料粒度修正系数，见表 2-3。

表 2-1 颚式破碎机单位出料口宽度的生产能力 q

规格(mm)	250×400	400×600	600×900	900×1200	1200×1500	1500×2100
q (t/mm·h)	0.4	0.65	0.95～1.0	1.25～1.3	1.9	2.7

表 2-2 物料易碎性系数 K_1

物料强度	抗压强度(MPa)	K_1
硬质物料	157～196	0.9～0.95
中硬物料	79～157	1.0
软质物料	<79	1.1～1.2

表 2-3 进料粒度修正系数 K_3

进料最大粒度 D_{max} 和进料口宽度 B 之比 $a = \frac{D_{max}}{B}$	0.85	0.60	0.4
K_3	1.0	1.1	1.2

上述公式并未考虑到破碎机工作特性对生产能力的影响。事实上，复杂摆动型颚式破碎机的生产能力比之简单摆动型的提高 20%～30%。

四 功率

颚式破碎机的功率消耗可以根据体积理论，按照破碎物料需要的破碎力算出。

实验表明，颚式破碎机破碎不规则物料时所需要的破碎力，与被破碎物料的纵向断面尺寸成正比，与物料的抗拉强度极限成正比。因此，在颚式破碎机中，破碎单块物料所需的破碎力为

$$p=\sigma bh \quad (\text{N}) \tag{2-11}$$

式中 σ——料块断裂面上的破碎应力(Pa)。一般为物料抗拉强度极限的1.2倍，破碎单块不规则形状的花岗岩时，$\sigma=10.8\times10^6$ Pa；

b——料块的纵向长度(m)；

h——料块的厚度(m)。

为了计算方便，假设颚式破碎机工作时整个颚腔内充满物料；且沿颚腔长度 L 方向成平行圆柱体排列(图2-13示)。每个圆柱体沿作用力方向劈开时所需的破碎力为：

$$p_1=\sigma D_1 L$$
$$p_2=\sigma D_2 L$$
$$p_3=\sigma D_3 L$$
$$\vdots$$
$$p_n=\sigma D_n L$$

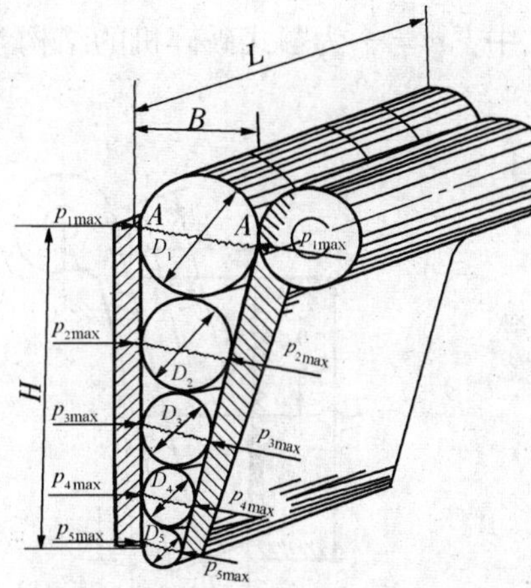

图2-13 在颚式破碎机中物料劈裂图

则破碎整个颚腔内的物料所需的总破碎力 p_c 为

$$p_c=p_1+p_2+p_3+\cdots+p_n=\sigma L(D_1+D_2+D_3+\cdots+D_n)$$

但因 $D_1+D_2+D_3+\cdots+D_n\approx H$，于是

$$p_c=\sigma LH \quad (\text{N}) \tag{2-12}$$

式中 L——颚口的长度(m)；

H——颚膛高度(m)。

实际上，由于物料形状的不规则，颚板表面并非完全与物料接触，而只是颚板的一部分承受破碎力。因此，上式还须乘以颚板利用系数 f_0。这样，实际上最大破碎力为

$$p_{\max}=\sigma f_0 LH \quad (\text{N}) \tag{2-13}$$

一般取 $f_0=0.25$，$\sigma=10.8\times10^6$ Pa 来计算，则

$$p_{\max}=10.8\times10^6\times0.25LH=2.7\times10^6 LH \quad (\text{N}) \tag{2-14}$$

动颚在每一工作循环期间，对物料所施加的作用力是变化的。动颚摆向定颚破碎物料时，作用力从零逐渐增大，及至物料发生破碎的瞬间增至最大值 $p_{\max}$，然后又降至零。因此，主轴每一转颚板对物料的平均作用力 p_m 为

$$p_m=\beta p_{\max} \tag{2-15}$$

根据实验测定，$\beta=0.2\sim0.21$。

颚式破碎机破碎物料时，主轴每一转需要的破碎功为

$$A=p_m s' \quad (\text{J}) \tag{2-16}$$

式中 s'——平均作用力合力的着力点行程(m)。

颚式破碎机破碎物料时需要的功率则为

$$N = \frac{p_m s' n}{1000 \times 60\eta} \quad (\text{kW}) \tag{2-17}$$

式中　n——偏心轴转速(r/min)；

η——机械效率，一般 $\eta = 0.60 \sim 0.75$。

其他符号意义同前。

由于作用力垂直于定颚表面，合力着力点 C 通过定颚中部的水平线(见图 2-14)，行程 s'约等于该点的位移 CC'，即

$$s' \approx CC' = \frac{l_c}{l_A} \cdot s = ms \tag{2-18}$$

式中，$m = \frac{l_c}{l_A}$为颚式破碎机的结构参数。

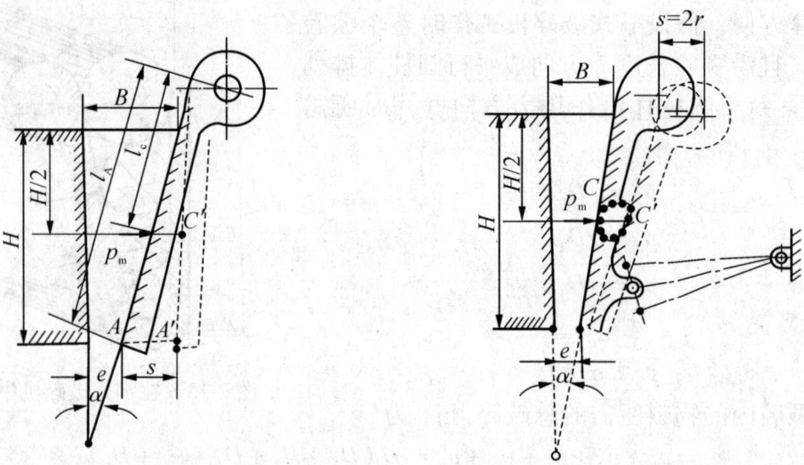

图 2-14　确定结构参数 m 的图

对于简摆颚式破碎机，$m = 0.56 \sim 0.60$。取 $m = 0.57$，$\eta = 0.75$，$\beta = 0.2$，代入式(2-17)，得到简摆颚式破碎机破碎物料时需要的功率为

$$N = \frac{0.2 \times 2.7LHsn \times 0.57 \times 10^6}{1000 \times 60 \times 0.75} = 6.8LHsn \quad (\text{kW}) \tag{2-19}$$

对于复摆颚式破碎机

$$s' \approx CC' = ms = m \times 2r$$

式中，r 为偏心轴的偏心距(m)。取 $m = 0.5$，则

$$s = 0.5 \times 2r = r \tag{2-20}$$

于是复摆颚式破碎机破碎物料时需要的功率为

$$N = \frac{0.2 \times 2.7LHrn \times 10^6}{1000 \times 60 \times 0.75} = 12LHrn \quad (\text{kW}) \tag{2-21}$$

式中符号意义同前。

至于颚式破碎机需要的电动机功率，考虑到破碎物料时可能过载以及启动的需要，一般应有 50% 的储备功率。

对于简摆颚式破碎机的电动机功率为

$$N_M = 1.5 \times 6.8LHsn = 10.2LHsn \quad (\text{kW}) \tag{2-22}$$

对于复摆颚式破碎机的电动机功率为

$$N_M = 1.5 \times 12LHrn = 18LHrn \quad (kW) \tag{2-23}$$

此外，尚可用下列经验公式来确定颚式破碎机电动机功率：

$$N_M = CBL \quad (kW) \tag{2-24}$$

式中 L——进料口的长度(cm)；

B——进料口的宽度(cm)；

C——系数，对于小于250 mm×400 mm的破碎机，$C=\frac{1}{60}$；对于250 mm×400 mm～900 mm×1200 mm的破碎机，$C=\frac{1}{100}$；对于900 mm×1200 mm以上的破碎机，$C=\frac{1}{120}$。

【例】 用400 mm×600 mm复摆颚式破碎机破碎中硬石灰石，最大进料块为340 mm。已知该破碎机的钳角$\alpha=20°$，偏心轴的偏心距$r=10$ mm，动颚行程$s=13.3$ mm，出料口宽度为$e=100$ mm。试计算偏心轴转速、生产能力及功率。

【解】 1. 偏心轴的转速

按公式(2-7)，得

$$n = 470\sqrt{\frac{\tan\alpha}{s}} = 470\sqrt{\frac{\tan 20°}{1.33}} = 470\sqrt{\frac{0.364}{1.33}} = 246(r/min)$$

按公式(2-8)，得

$$n = 310 - 145B = 310 - 145 \times 0.4 = 252(r/min)$$

实际转速 $n = 250(r/min)$

2. 生产能力

按公式(2-10)，石灰石的堆积密度$\rho_s = 1.6$ t/m^3，于是$K_2 = \frac{\rho_s}{1.6} = 1.0$；由表2-1得$q = 0.65$t/(mm·h)；由表2-2得$K_1 = 1.0$；由表2-3得$K_3 = 1.0$。则

$$Q = K_1K_2K_3qe = 1 \times 1 \times 1 \times 0.65 \times 100 = 65(t/h)$$

3. 功率

$$H = \frac{B-e}{\tan\alpha} = \frac{0.4-0.1}{\tan 20°} = \frac{0.3}{0.364} = 0.824(m)$$

按公式(2-21)计算破碎物料所需要的功率

$$N = 12LHrn = 12 \times 0.6 \times 0.824 \times 0.01 \times 250 = 15(kW)$$

按公式(2-23)计算电动机功率

$$N_M = 18LHrn = 18 \times 0.6 \times 0.824 \times 0.01 \times 250 = 22.5(kW)$$

按公式(2-24)计算电动机功率

$$N_M = CBL = \frac{1}{100} \times 40 \times 60 = 24(kW)$$

实际配用的电动机功率为28kW。

第四节 性能及应用

颚式破碎机的优点是：构造简单，管理和修理方便，工作安全可靠，适用范围广。其缺点是：工作间歇性，有空转行程，增加了非生产性的功率消耗；由于动颚和连杆作往复运动，工作时产生很大的惯性力，使零件承受很大的负荷，对基础的要求也很高；在破碎粘湿的物料时，会使生产能力下降，甚至会发生堵塞现象；在破碎干片状物料时，片料易沿颚板宽度方向通过而达不到破碎目的，造成出料溜子或下级破碎机进料口堵塞；粉碎度不大。尽管有这些缺点，颚式破碎机仍是工业中广泛应用的粗、中碎设备，在无机非金属材料工业中用来破碎石灰石、长石、石英、熟料和石膏等物料。在实验室中也使用小型颚式破碎机，破碎尺寸较小的物料。

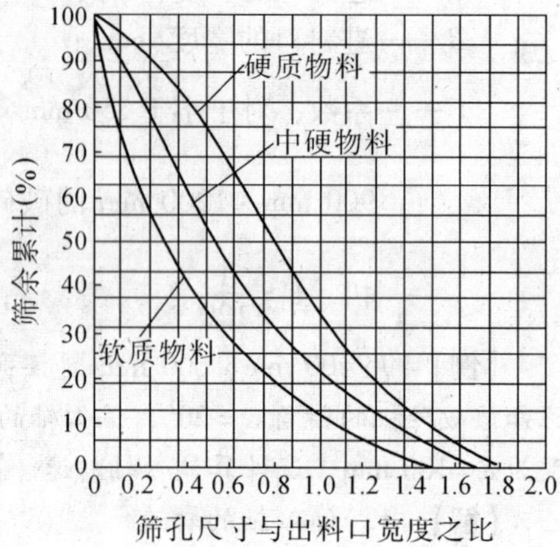

图 2-15 颚式破碎机的产品粒度特性曲线

选用颚式破碎机时，务使其进料口尺寸适合于物料的尺寸，通常喂入料块的尺寸不能超过破碎机进料口的 0.85 倍。

图 2-15 为颚式破碎机的产品粒度特性曲线。破碎后产品粒度主要决定于出料口的尺寸大小，也和物料的性质和喂料粒度有关。由图可看出，产品中 15% ～ 35% 的物料，其尺寸超过出料口尺寸，其中最大料块尺寸相当于出料口的 1.6 ～ 1.8 倍。这在颚式破碎机选型及考虑下一工序的作业时，必须特别注意。

第 3 章　圆锥破碎机

第一节　工作原理及类型

在圆锥破碎机中，破碎料块的工作部件是两个截锥体，见图 3-1。动锥（又称内锥）固定在主轴上，定锥（又称外锥）是机架的一部分，是静置的。主轴的中心线 O_1O 与定锥的中心线 $O'O$ 于点 O 相交成 β 角。主轴悬挂在交点 O 上，轴的下方则活动地插在偏心衬套中。衬套偏心距 r 绕着 $O'O$ 旋转，使得动锥沿着定锥的内表面作偏旋运动。靠拢定锥的地方，该处的物料受到动锥挤压和弯曲作用而破碎；偏离定锥的地方，已经破碎的物料由于重力作用就从锥底落下。因为偏心衬套连续转动，动锥也就连续转动，故破碎过程和卸料过程也沿着定锥的内表面连续依次进行。

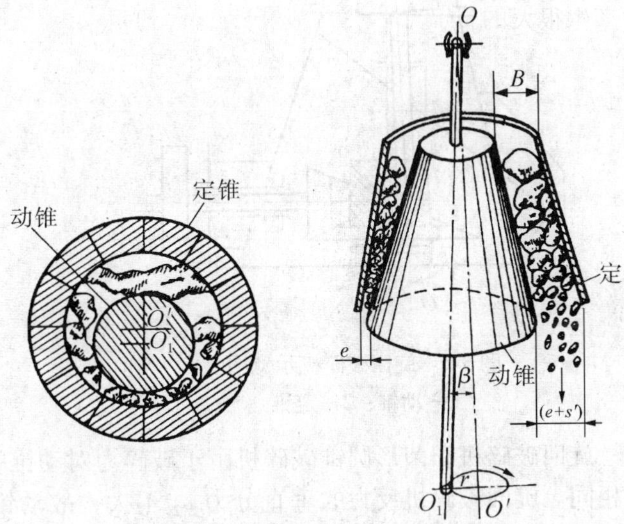

图 3-1　圆锥破碎机工作示意图

在破碎物料时，由于破碎力的作用，在动锥表面上产生了摩擦力，其方向与动锥运动方向相反。因为主轴上下方都是活动连接的，这一摩擦力对于 O_1O 所形成的力矩，使动锥在绕 OO_1 作偏旋运动的同时还作方向相反的自转运动。这种自转运动可促使产品粒度更加均匀，并使动锥表面的磨损也均匀。

由上述可知，圆锥破碎机的工作原理与颚式破碎机有相似之处，而对物料都是施予挤压力，破碎后自由卸料。不同之处在于圆锥破碎机的工作过程是连续进行的，物料夹在两个锥面之间同时受到弯曲力和剪切力的作用而破碎，故破碎较易进行。因此，其生产能力较颚式破碎机大，动力消耗较低。

圆锥破碎机按用途可分为粗碎和中细碎两种；按结构又可分为悬挂式和托轴式两种。

用作粗碎的圆锥破碎机，又称旋回破碎机，如图 3-2 所示。因为要处理尺寸较大的料块，要求进料口宽大，因此动锥是正置的，而定锥是倒置的。

用作中细碎的圆锥破碎机，又称菌形圆锥破碎机，如图 3-3 所示。处理的是经过初次破碎后的料块，故进料口不必很大，但要求加大卸料范围，以提高生产能力，且要求破碎产品具有比较均匀的粒度，所以动锥和定锥都是正置的。动锥制成菌形，在卸料口附近，动、定锥之间有一段距离相等的平行带，以保证卸出物料的粒度均匀。这类破碎机因为动锥体表面斜度较小，卸料时物料沿着动锥斜面滚下。因此，卸料就会受到斜面的摩擦阻力作用，同时也会受到锥体偏转、自转时的离心惯性力的作用，故这类破碎机并非自由卸料的，因而工作原理和计算上均与粗碎圆锥破碎机有些不同。

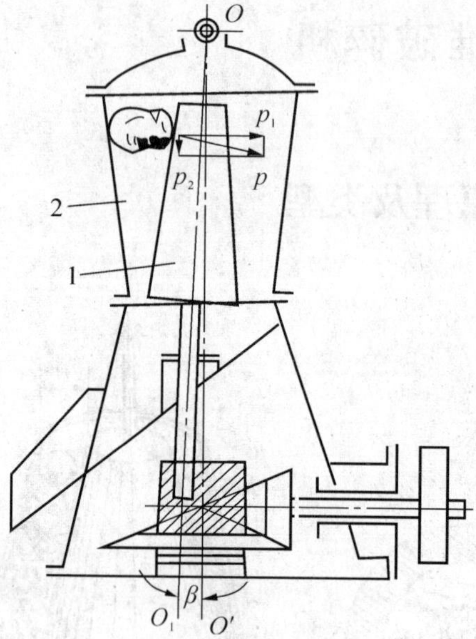

图 3-2　旋回破碎机示意图

1—动锥；2—定锥

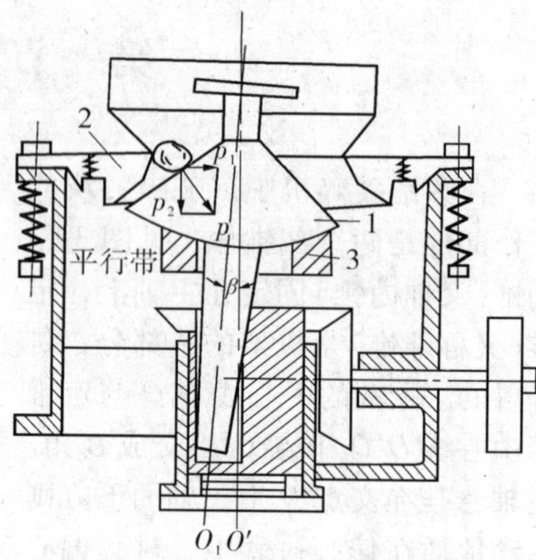

图 3-3　菌形圆锥破碎机示意图

1—动锥；2—定锥；3—球面座

旋回破碎机和菌形圆锥破碎机由于破碎力对动锥的反力方向不同，动锥的支承方式也不相同。旋回破碎机反力的垂直分力 p_2 不大，故动锥可以用悬吊方式支承，支承装置在破碎机的顶部。因此，其支承装置的结构比较简单，维修也比较方便。菌形圆锥破碎机反力的垂直分力 p_2 较大，故用球面座在下方将动锥支托起来，支承面积较大，可使压强降低。不过这种支承装置正处于破碎室的下方，粉尘较大，要有完善的防尘装置，因而构造比较复杂，维修也比较困难。

第二节　粗碎圆锥破碎机

常见的粗碎圆锥破碎机是旋回式圆锥破碎机，简称旋回破碎机。旋回破碎机有侧面卸料(图 3-2)和中心卸料两种。前者由于机身高度大、卸料容易堵塞等缺点，目前已基本淘汰，普遍采用矮机架的中心卸料结构。

图 3-4 所示为 1200/180 mm 旋回破碎机。定锥 2 用螺栓紧固在机架 1 上。动锥的工作表面镶有高锰钢衬板 3，上面连接着弧形横梁 4。主轴 5 通过锥形螺母 6、锥形压套 7、衬套 8 和支承环 9 悬挂在横梁上，并用楔形键 10 防止锥形螺母退扣。横梁的中心装有主轴的悬吊轴承，轴承内有衬套 11，螺母即支持在衬套上，通过螺母将轴悬吊在横梁上。为了防止喂入料块落在轴承内，用高锰钢制成的顶罩 12 将其遮盖，顶罩可以随时拆换。主轴上装有动锥 13，其工作表面也镶有高锰钢衬板，为了使衬板与锥体紧密接触，在两者中注锌，并用螺栓压紧。轴的下端插在偏心衬套 14 的侧斜孔中，衬套的内外面都嵌有耐磨的轴承合金衬层，它们装在中心套筒 15 中。大圆锥齿轮 16 固定在衬套上，与小圆锥齿轮 17 啮合，后者通过传动轴 18 和减速装置用电动机带动，因此衬套内的主轴即作偏心的旋回

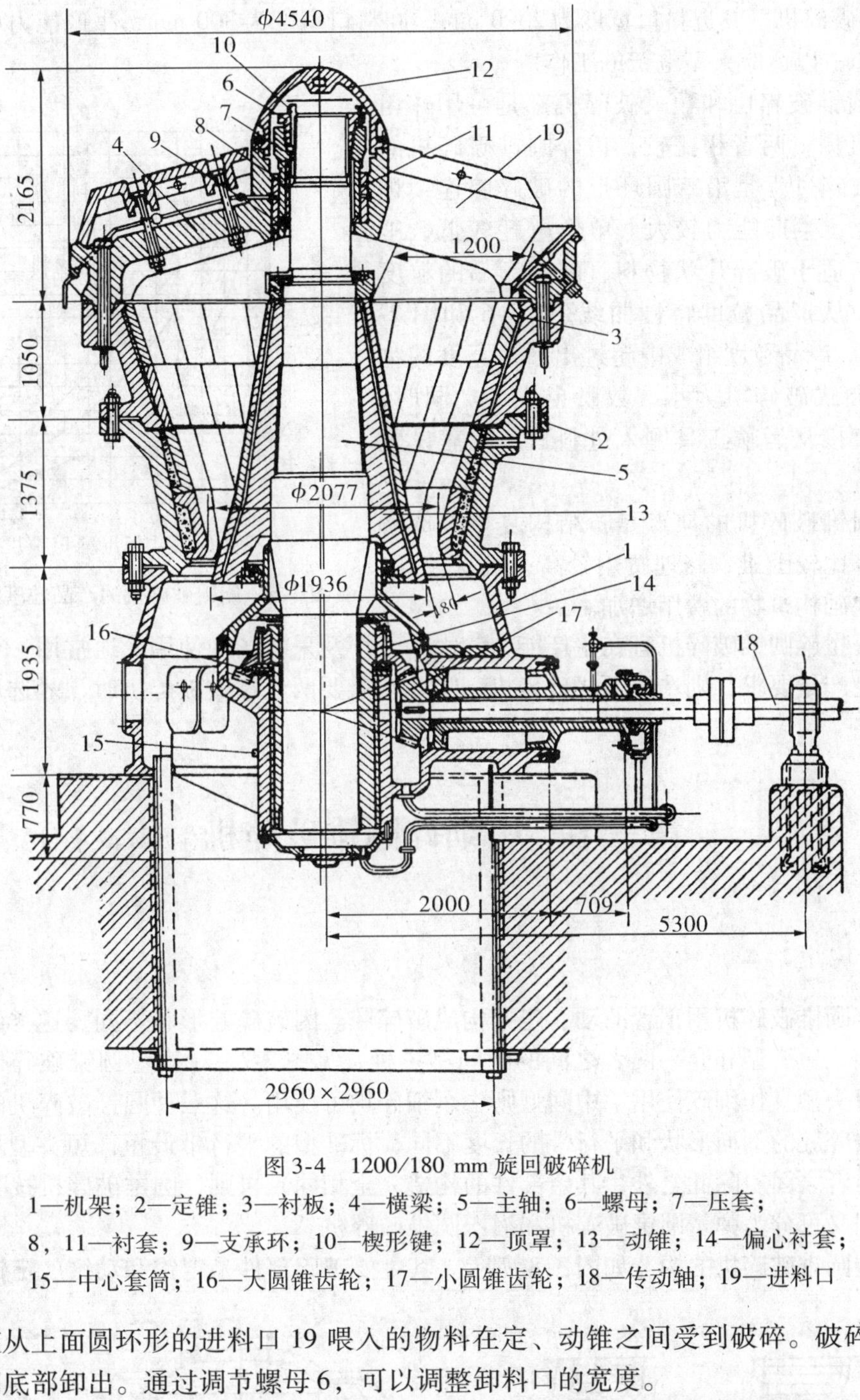

图 3-4 1200/180 mm 旋回破碎机

1—机架；2—定锥；3—衬板；4—横梁；5—主轴；6—螺母；7—压套；
8，11—衬套；9—支承环；10—楔形键；12—顶罩；13—动锥；14—偏心衬套；
15—中心套筒；16—大圆锥齿轮；17—小圆锥齿轮；18—传动轴；19—进料口

运动，使从上面圆环形的进料口 19 喂入的物料在定、动锥之间受到破碎。破碎后物料直接由锥间底部卸出。通过调节螺母 6，可以调整卸料口的宽度。

大型破碎机的机架多数采用铸钢制造，由于制造费用和运输费用均较高，有被焊接结构代替的趋势。为了便于启动，进料口宽度大于 1200 mm 的破碎机配备两台电动机，启动时两台电动机同时运转，正常工作时一台电动机运转。采用液力联轴器时，可改为一台电动机传动。大型破碎机多数应用了液压调整和液压保险装置，卸料口可利用液压装置调整，破碎机进入难碎物块时可自动处理，当物料发生堵塞时也可通过液压装置自动排除。

旋回破碎机的代号是 PX，粗碎圆锥破碎机的规格是以进料口的最大宽度 B 和卸料口的最大宽度$(e+s)$来表示的。目前各国生产的旋回破碎机均向大型发展。现已有 PX 2300/300 mm 的旋回破碎机，其进料口宽度为 2300 mm，卸料口宽度为 300 mm，生产能力可达 5000 ～ 6000 t/h，以适应大型电铲的工作。

粗碎圆锥破碎机和颚式破碎机都是可用作粗碎的破碎机械，两者相比较，粗碎圆锥破碎机的优点是：破碎过程是沿着圆环形的破碎腔连续进行的，因此，生产能力较大，单位电耗较低，工作较平稳，适于破碎片状物料，破碎产品的粒度比较均匀。从产品粒度特性曲线（图 3-6 和图 2-15）可看出，产品粒度组成中超过出料口宽度的物料粒度较颚式破碎机为小，数量也少些。同时，料块可以直接从运输工具倒入进料口，无需设置喂料机。

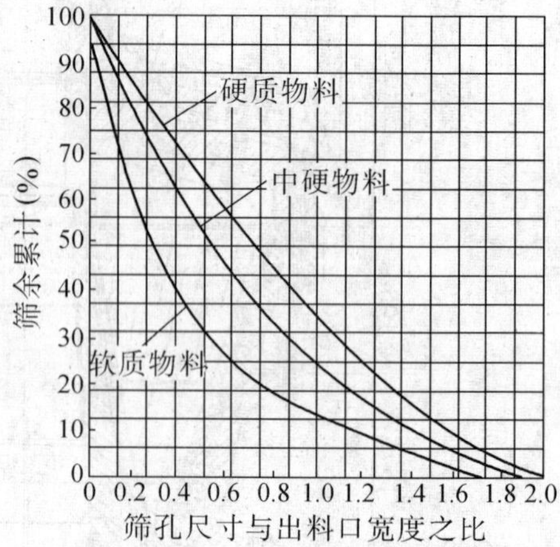

图 3-6　旋回破碎机的产品粒度特性曲线

粗碎圆锥破碎机的缺点是：结构复杂，价格较高；检修比较困难，修理费用较高；机身较高，使厂房、基础构筑物的费用增加。

因此，粗碎圆锥破碎机宜在生产能力较大的工厂及采掘场中使用。通常用一台颚式破碎机能满足产量要求，则选用颚式破碎机，除非在需要两台颚式破碎机时，才选用旋回破碎机。

第三节　中细碎圆锥破碎机

一　构造

中细碎圆锥破碎机用正置的动、定锥构成破碎腔。因破碎腔形状不同，这类破碎机可分为标准型、短头型和介乎两者之间的中间型三种，见图 3-7。标准型圆锥破碎机宜作中碎使用，短头型宜作细碎使用，中间型则中、细碎均可使用。这三种圆锥破碎机的主要区别在于，破碎腔的剖面形状和平行带的长度不同，标准型的平行带最短，短头型最长，中间型介于两者之间。除此之外，其余部件的构造完全相同。再则，圆锥破碎机按其采用保险装置不同又可分为弹簧圆锥破碎机和液压圆锥破碎机。

标准型圆锥破碎机的构造如图 3-8 所示。其主要破碎部件是定锥和动锥。定锥主要由

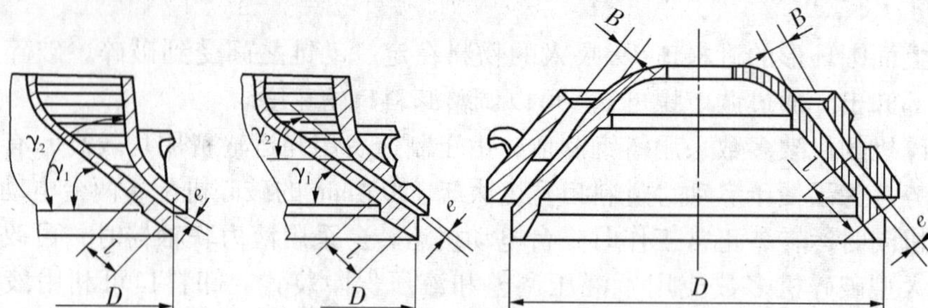

（a）标准型　　（b）中间型　　（c）短头型

图 3-7　圆锥破碎机破碎腔的类型

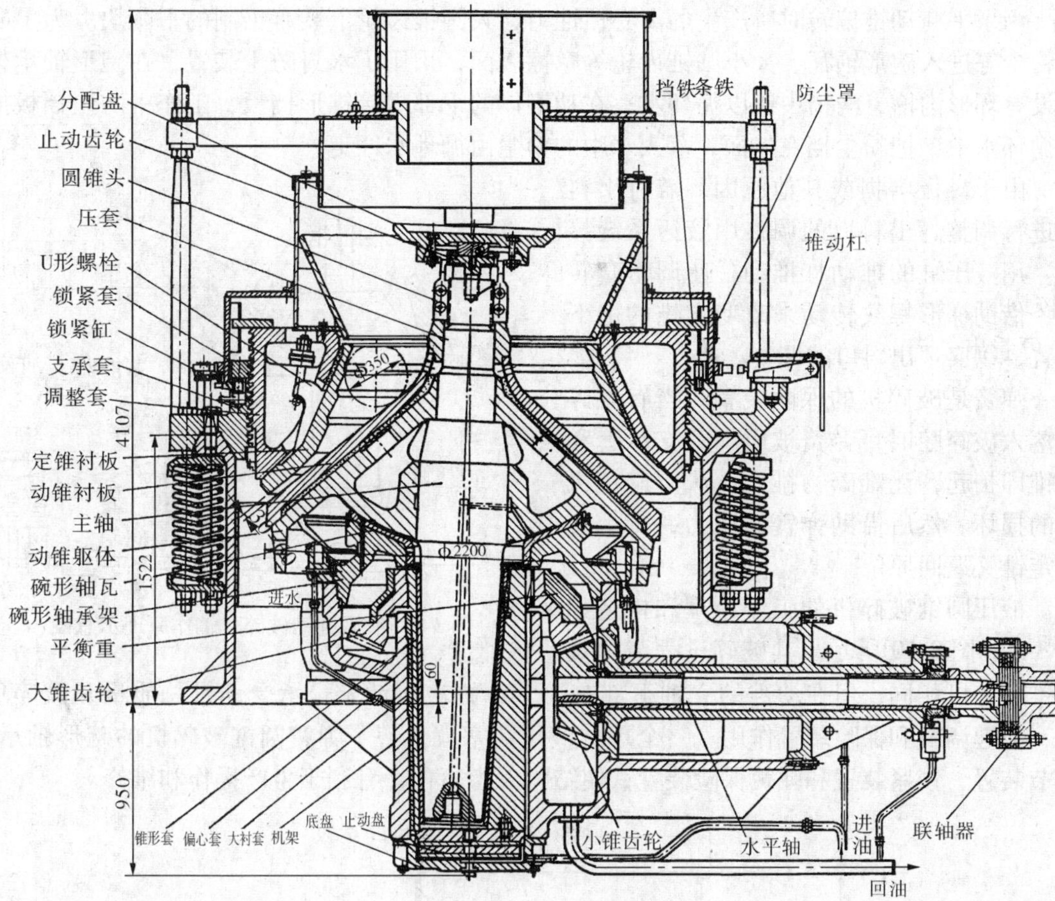

图 3-8　标准型圆锥破碎机

调整套和定锥衬板组成。定锥衬板连同吊钩一起用高锰钢铸出，用 U 型螺栓悬挂在调整套的筋上，它们之间浇注锌合金，使之紧密结合。接料漏斗用螺钉固接在调整套上。调整套和支承套用梯形螺纹连接，而支承套又用弹簧螺杆压紧在机架上。

动锥主要由动锥躯体、主轴、动锥衬板和分配盘组成。动锥躯体压装在主轴上，动锥衬板为高锰钢铸件，用压套和圆锥头压在动锥躯体上。动锥躯体与动锥衬板之间亦浇注锌合金，使之紧贴。主轴头上安装分配盘。主轴下部呈锥形，插入偏心衬套的锥形孔中，当偏心套转动时，就带动动锥作偏旋运动。为了保证动锥的偏旋运动，动锥躯体下部加工成球面，并支承在碗形轴承上。碗形轴承由碗形轴瓦和轴承架组成，轴承架用方销固定在机架套筒上，动锥所受的全部力量都由机架承受。

偏心套支承在几个垫件组成的端轴承(或称止推盘)上，端轴承又坐落在机架的底盘上。为了减轻摩擦，最上面的钢垫随偏心衬套旋转，最下面的青铜垫和机架连接，中间的青铜垫和钢垫自由转动。垫件的接触面上有油槽，以便送入润滑油，减轻磨损。偏心套在大衬套内旋转，后者装在机架中心的套筒内。在偏心套锥形膛孔内还有锥形套，内锥的主轴在锥形套内旋转。

破碎机用电动机通过弹性联轴器、水平轴、小圆锥齿轮带动大圆锥齿轮，而使偏心套旋转，迫使动锥以其球面中心为悬点绕破碎机的中心线旋转。喂入的料块经漏斗落到分配盘上，然后分布到破碎腔中，破碎后物料沿锥面卸出。

为了平衡动锥偏转时所产生的离心惯性力，大圆锥齿轮上装有铅制的平衡块。为了防止粉尘等进入碗形轴瓦、大小圆锥齿轮等摩擦表面，采用了水封防尘装置，在碗形轴承架上设有环形沟槽，沟槽中通以循环水；在动锥体的下部焊接锥形挡板，工作中防尘挡板插入循环水中，把粉尘挡在外面，落入水中的粉尘由循环水冲走。

由于衬板磨损或其他原因，需对出料口进行调整。出料口的调整用液压系统控制。用液压缸的推动杆推动，使调整套转动，借助梯形螺纹传动来改变定锥的上下位置，以实现出料口的调整。

弹簧是破碎机的保险装置。当有难碎物落入破碎腔时，弹簧被压缩，支承套和定锥即抬起，让难碎物排出，从而避免机件的损坏。然后借助弹簧的张力，支承套和定锥又返回原位。

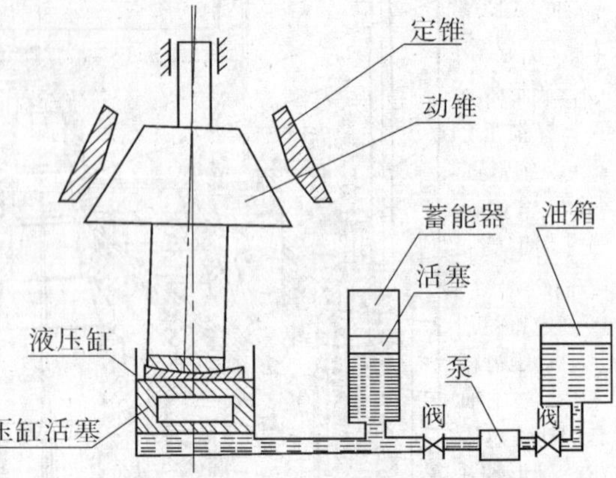

图 3-9　液压圆锥破碎机工作原理示意图

液压圆锥破碎机的工作原理和构造如图 3-9 和图 3-10 所示。其破碎过程与弹簧圆锥破碎机相同，但在动锥的立轴下部有一个单缸液压活塞，承受动锥总质量和破碎负荷，兼起调节和保险装置作用。一个单缸液压活塞就代替了弹簧圆锥破碎机的碗形轴承、调节装置、锁紧装置和弹簧保险装置，使结构大为简化，有利于生产操作和维修。

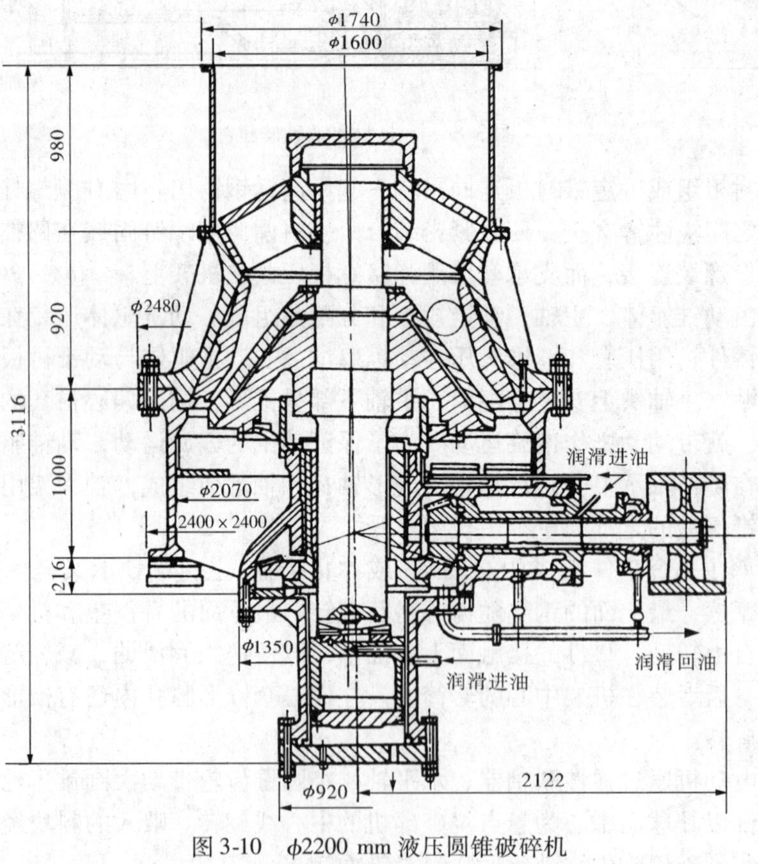

图 3-10　ϕ2200 mm 液压圆锥破碎机

出料口的大小用液压装置调节。当油从油箱压入液压缸下方时，促使动锥上升，出料口缩小；若将液压缸活塞下方的油放回油箱时，动锥下降，出料口增大。

在正常情况下，蓄能器活塞上方氮气的压力要等于破碎所需的压力。当给料过多或遇有难碎物落入破碎腔时，高压油路中的油压大于蓄能器中氮气的压力时，蓄能器的活塞将压缩氮气而上升，液压油进入蓄能器，则液压缸活塞下降，动锥随之下降，出料口增大，可让难碎物卸出，起到保险的作用。难碎物卸出后，氮气压力高于油压，进入蓄能器的油被压回油路，促使油缸活塞上升，动锥恢复到正常工作位置。

圆锥破碎机的代号是PY。标准型菌形圆锥破碎机的代号是PYB；短头型菌形圆锥破碎机的代号是PYD；中间型菌形圆锥破碎机的代号是PYZ。菌型圆锥破碎机的规格用镶衬板的动锥底部直径D来表示。例如，PYB 2200 mm圆锥破碎机，表示其动锥底部直径D等于2200 mm的标准型菌形圆锥破碎机。

二 工作参数的确定

（一）钳角

为了提高破碎效率，对于标准型和中间型圆锥破碎机，两锥各段的钳角α（图3-7）都必须小于两倍物料与衬板的摩擦角φ，即$\alpha=\gamma_2-\gamma_1\leqslant 2\varphi$，$\gamma_2$、$\gamma_1$为定锥和动锥与水平线的夹角，一般$\gamma_1=38°\sim41°$。对于短头型破碎机则无需考虑钳角，一般都能满足$\alpha\leqslant 2\varphi$。

（二）动锥转速

动锥的转速即偏心衬套的转速，与粗碎圆锥破碎机不同，它是根据另一种原则算出。因为这类破碎机用于物料的中细碎，为了保证产品粒度的均匀性，使卸出料块的尺寸都小于出料口宽度，工作时应该使每块物料在平行带上起码能够受到一次破碎作用，亦即物料经过平行带的时间应不少于动锥偏转一次所需时间。

由于内锥母线的倾斜角较小，近出料口处，定、动锥之间又有一平行带（图3-7），所以料块卸下时，是沿着动锥斜面滑下。因此不免要受到动锥斜面摩擦阻力以及动锥偏转和自转的惯性离心力的影响。但因为惯性离心力较小，故可以忽略不计。由于摩擦阻力的作用，物料沿动锥斜面滑下时的加速度a必定小于重力加速度g。

物料在锥体平行面的情况可看作物料在斜面运动，如图3-11所示。设料块重力为G，动锥体底部倾角为γ，则与斜面垂直的分力为$G\cos\gamma$，沿斜面方向的分力为$G\sin\gamma$。此外，沿斜面与料块运动相反的方向作用有摩擦力为$fG\cos\gamma$。故使料块沿斜面下滑之力为

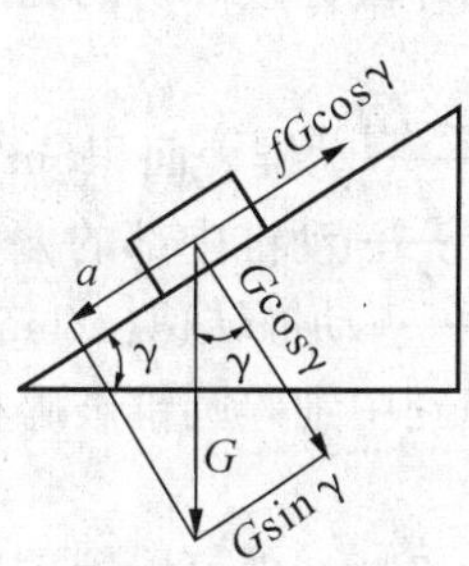

图3-11 料块在动锥上的作用力分析

$$P=\frac{G}{g}a=G\sin\gamma-fG\cos\gamma$$

即
$$a=g(\sin\gamma-f\cos\gamma) \tag{3-7}$$

式中 f——物料与锥面间的摩擦系因数，一般取$f=0.35$；

γ——动锥母线与水平面方向之夹角。

设平行带长度为l（见图3-7），物料从平行带的起点滑下时，初速为零，则物料通过平行带的时间t可依下述关系求出：

$$l=\frac{1}{2}at^2=\frac{1}{2}gt^2(\sin\gamma-f\cos\gamma)$$

则 $$t=\sqrt{\frac{2l}{g(\sin\gamma - f\cos\gamma)}}\quad (\mathrm{s})$$

另一方面，设动锥每分钟的转速为 n，则每转所需时间为

$$t'=\frac{60}{n}\quad (\mathrm{s})$$

为了使卸出料块的尺寸都小于破碎机的出料口宽度 e，就必须使料块通过平行带的时间不少于动锥每转所需时间，即 $t \geqslant t'$，故

$$n \geqslant 133\sqrt{\frac{\sin\gamma - f\cos\gamma}{l}}\quad (\mathrm{r/min}) \tag{3-8}$$

式中 l——平行带的长度(m)。

为了简化计算，亦常采用下述经验公式来估算：

$$n = 340 - 66D\quad (\mathrm{r/min}) \tag{3-9}$$

式中 D——动锥锥底直径(m)，也即是破碎机的规格尺寸。

(三)生产能力

中细碎圆锥破碎机的生产能力 Q 也可按经验公式(2-10)计算，即

$$Q = K_1K_2K_3qe\quad (\mathrm{t/h})$$

破碎机单位出料口宽度的生产能力 q 从表 3-2 查出。

表 3-2 圆锥破碎机 q 值

规 格		φ600	φ900	φ1200	φ1650	φ1750	φ2100	φ2200
q (t/mm·h)	标准型、中间型	1.0	2.5	4.0 ～ 4.5	7.0 ～ 8.0	8.0 ～ 9.0	13.0 ～ 13.5	14.0 ～ 15.0
	短头型		4.0	6.5	12.0	14.0	21.0	24

当出料口宽度小时 q 取高值，出料口大时取低值；硬质物料 q 取低值，软质物料取高值。表 3-2 为开路流程时的生产能力，当采用闭路流程时一般还须乘以修正系数 1.15 ～ 1.4。

(四)功率

中细碎圆锥破碎机的功率消耗，可按下式进行计算：

$$N = 6F\gamma_{\mathrm{m}}n\quad (\mathrm{kW}) \tag{3-10}$$

式中 F——动锥表面积(m^2)；

γ_{m}——动锥中部的偏心距(m)；

n——动锥转速(r/min)。

考虑到中细碎圆锥破碎机的尖峰负荷较大，故电动机的功率为

$$N_{\mathrm{M}} = 3N = 18F\gamma_{\mathrm{m}}n\quad (\mathrm{kW}) \tag{3-11}$$

电动机功率也可以用下述经验公式来估算

$$N_{\mathrm{M}} = 50D^2\quad (\mathrm{kW}) \tag{3-12}$$

式中 D——动锥锥底直径(m)。

三 性能及应用

同粗碎圆锥破碎机一样，中细碎圆锥破碎机的优点是：生产能力大，粉碎度较大，单位电耗低。缺点是：构造复杂，投资费用大，检修维护比较困难。

标准型和短头型圆锥破碎机的产品粒度特性曲线如图 3-12 和图 3-13 所示。从图可看

出，产品粒度组成中，粒度均匀，但大于出料口的料块含量较高，而且产品的料粒过大系数 K_e，亦即最大出料料块的尺寸 d_{max} 与出料口宽度 e 的比值也是比较大的。对于硬质物料，在标准型破碎机中，$K_e = \frac{d_{max}}{e} = 2.8 \sim 3.0$；在短头型破碎机中，$K_e = \frac{d_{max}}{e} = 3.8$。这是由于破碎机动锥底部之行程超过出料口宽度好几倍的缘故。

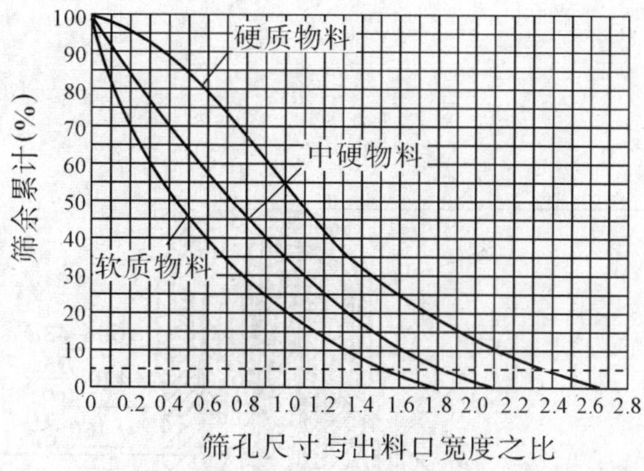

图 3-12　标准型圆锥破碎机的产品粒度特性曲线

在无机非金属材料工业中，圆锥破碎机主要用来粉碎熟料、矾土、矿渣等，有时也作硬质原料第二级破碎用（如石灰石的中细碎）。

对于物料的中碎和细碎而言，圆锥破碎机在要求产品粒度较小情况下，还能提供很高的生产能力，并能得到较为均匀的产品。在用一台圆锥破碎机便能代替两台颚式破碎机，或者省去以后的工序时，选用圆锥破碎机是合理的，特别在能够满载运转的情况下更为有利。

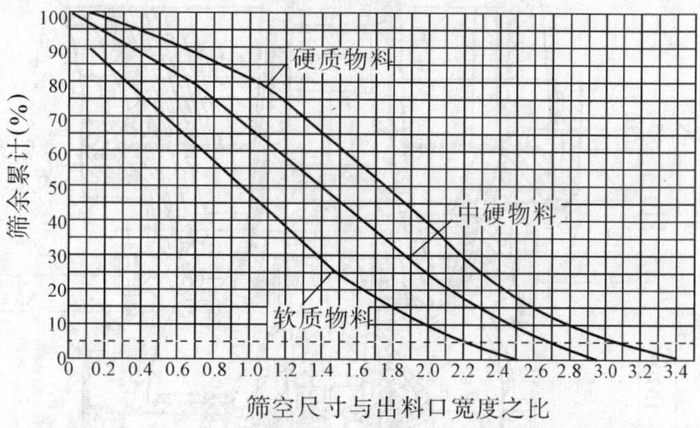

图 3-13　短头型圆锥破碎机的产品粒度特性曲线

第四节　颚旋式破碎机

颚旋式破碎机是在旋回破碎机基础上改进的破碎机。它是将旋回破碎机的圆形进料口改成长方形，从而克服了旋回破碎机喂料粒度与生产能力不相适应的缺点，综合了颚式和旋回式破碎机的优点。

如图 3-14 所示，颚旋式破碎机的主体结构为旋回式，但横梁上盖一半是封闭的，一半是敞开的，改为一侧进料，并且改变进料口底板的角度，使进料口扩大如颚式破碎机，使允许的喂料尺寸较旋回破碎机增大一倍。该破碎机的工作原理与颚式破碎机及圆锥破碎机相似。上部破碎腔如同颚式破碎机的定颚和动颚的作用。动锥主轴围绕破碎机中心线作偏旋运动，对破碎腔内的料块进行挤压和弯曲使之破碎。该破碎机上部破碎腔可视为初碎腔，下部破碎腔可视为二次破碎腔，能同时完成二级破碎。因此，喂料尺寸较大，破碎效率较高，粉碎度和生产能力都有所提高，简化了破碎工艺流程。

颚旋式破碎机的规格如同旋回破碎机一样表示。

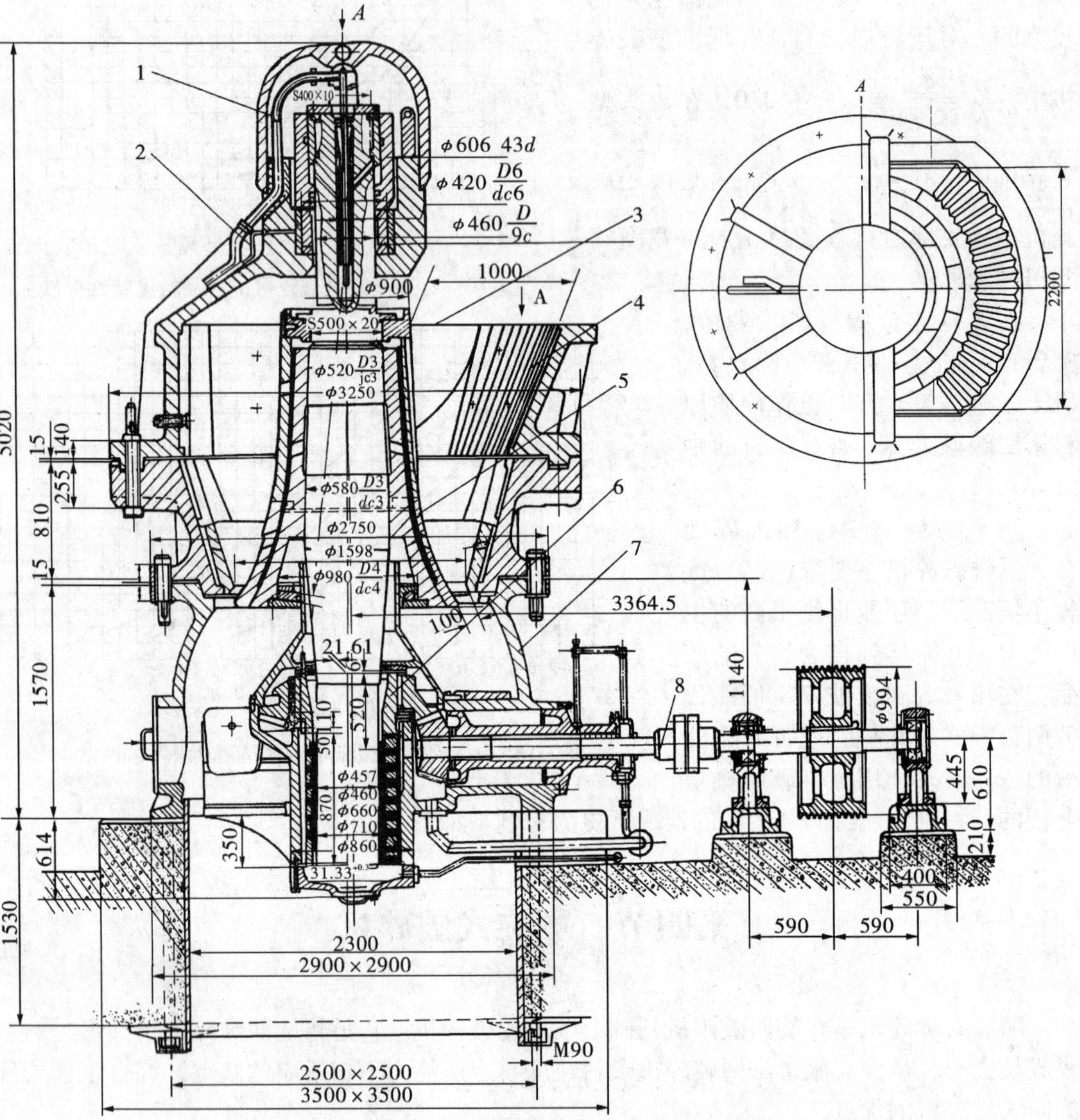

图 3-14 1000/100 mm 颚旋式破碎机

1—液压部分；2—干油润滑部分；3—主轴；4—颚式定锥；5—动锥；6—偏心衬套；7—机架；8—传动部分

第 4 章　辊式破碎机

在无机非金属材料工业中，辊式破碎机广泛用于中硬质或软质物料中、细碎。辊式破碎机有双辊式和单辊式两种基本类型。

第一节　双辊破碎机

一　工作原理及构造

常用的一种辊式破碎机是双辊破碎机，它的破碎机构是一对圆柱形辊子(见图 4-1)，辊子互相平行水平安装在机架上，前辊和后辊做相向旋转。

物料加入到喂料箱，落在转辊的上面，在辊子表面的摩擦力作用下，被扯进转辊之间，受到辊子的挤压而粉碎。粉碎后的物料被转辊推出，向下卸落。因此，破碎机是连续操作的，且有强制卸料的作用，粉碎粘湿的物料也不致堵塞。

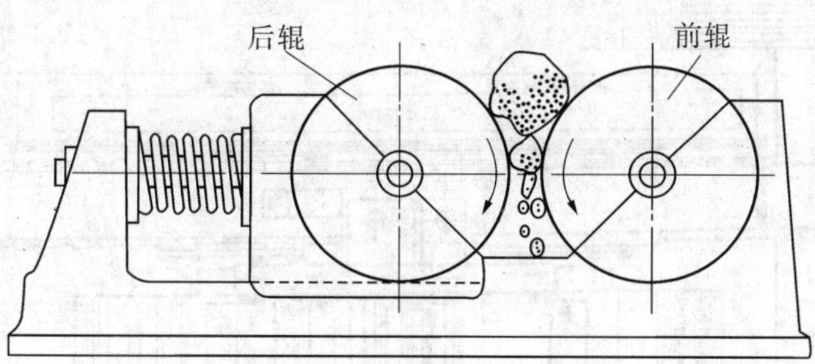

图 4-1　辊式破碎机工作示意图

如图 4-2 所示，辊子安装在焊接的机架 3 上，由安装在轴 11 上的辊芯 4 以及套在辊芯上的辊套 7 组成。两者之间通过锥形环 6，用螺栓 5 拉紧，以使辊套紧套在辊芯上(当辊套的工作表面磨损时，容易拆换)。前辊 1 的心轴安装在滚柱轴承中，轴承座 18 固定安装在机架上。后辊 2 的轴承 19 则安装在机架的导轨中，可以在导轨上前后移动。此对轴承用强力弹簧 14 压紧在顶座 12 上。当转辊之间落入难碎物时，弹簧被压缩，后辊后移一定的距离，让硬物落下，然后在弹簧张力作用下又恢复原来位置。弹簧的压力可用螺母 15 调整。在轴承 19 与顶座 12 之间放有可以更换的钢垫片 13，通过更换不同厚度的垫片，即可调节两转辊的间距。

前辊通过减速齿轮 9 和 10、传动轴 8 以及胶带轮 20 用电动机带动，后辊则通过装在辊子轴上的一对传动齿轮 17 由前辊带动作相向转动。为了使后辊后移时两齿轮仍能啮合，齿轮采用非标准长齿齿形。

辊子的工作表面根据使用要求可以选用光面(如后辊 2)、槽面(如前辊 1)或齿面(图 4-3)。齿面辊子由一块块带有齿 5 的钢盘 1 拼合而成，钢盘用键 3 装在轴 2 上，螺栓 4

图 4-2 双辊破碎机

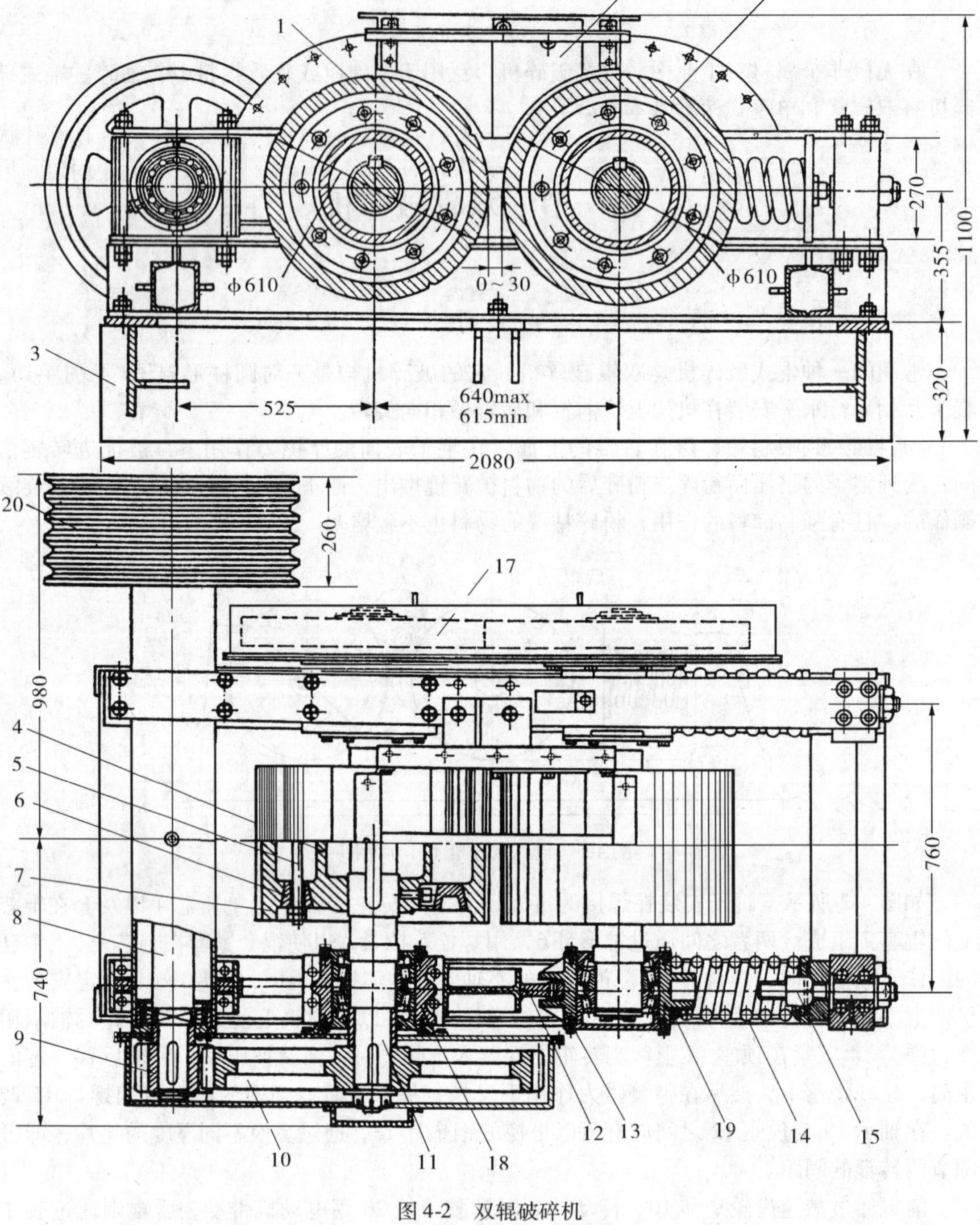

图 4-2 双辊破碎机

1—前辊；2—后辊；3—机架，4—辊芯；5—螺栓；6—锥形环；7—辊套；8—传动轴；9、10—减速齿轮：11—辊子心轴；12—顶座；13—钢垫片；14—强力弹簧；15—螺母；16—喂料箱；17—传动齿轮；18—轴承座；19—轴承；20—胶带轮

将各块钢盘串联起来拉紧成为一整体。

光面辊子主要以挤压方式粉碎物料，它适于破碎中硬或坚硬的物料。为了加强对物料的粉碎，两辊子的转速也可以不一致。此时对物料还兼施磨剥作用，宜用于粘土及塑性物料的细碎，产品粒度小且均匀。

带有沟纹的槽型辊子破碎物料时，除施以挤压作用外，还兼施剪切作用，故适于强度不大的脆性或粘湿性物料的破碎，产品粒度均匀。槽面辊子可以帮助料块的扯入，当需要取得较大的破碎比时，宜采用槽面辊子。

齿面辊子破碎物料时，除了施以挤压作用外，还兼施劈裂作用，故适于破碎具有片状节理的软质和低硬度的脆性物料，如煤、干粘土、页岩等，破碎产品粒度也比较均匀。齿面和槽面辊子都不适于破碎坚硬物料。

辊式破碎机的代号：单辊破碎机用 PG 表示，双辊破碎机用 2PG 表示；光面辊式破碎机用 PG 表示，齿面辊式破碎机用 PGC 表示。辊式破碎机的规格用辊子直径和长度 D mm × L mm 来表示。因为辊子表面磨损得不均匀，因此辊子的长度 L 应小于辊子直径 D，一般取 $L=(0.3\sim0.7)D$。

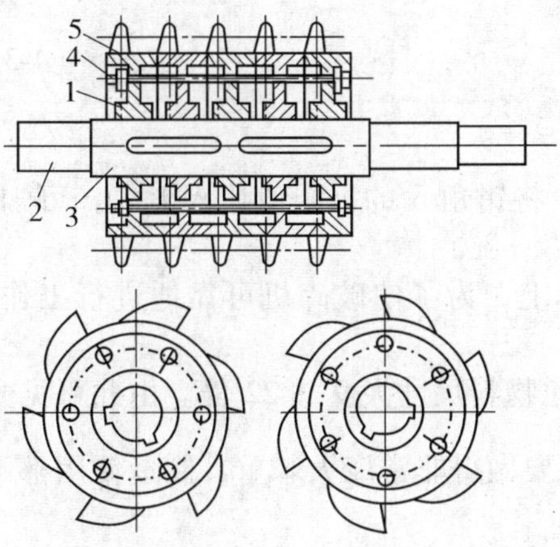

图 4-3　齿面辊子

1—钢盘；2—辊子心轴；3—键；4—螺栓；5—辊齿

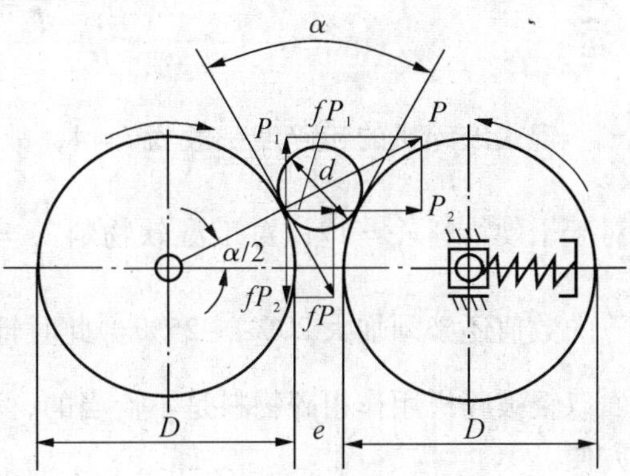

图 4-4　辊式破碎机的钳角

二　工作参数的确定

(一)钳角

物料与两辊子接触点的切线夹角 α 称为辊式破碎机的钳角(图 4-4)。

与颚式破碎机一样，为了能钳住物料进行破碎，要求辊式破碎机有一定的钳角。钳角的极限值可以从作用力的平衡关系求得。

为了简化计算，设料块为球形，作用于料块上的外力有：料块的重力 G，辊子对料块的作用力 P 以及由它所引起的摩擦力 fP。其中 f 为料块与辊子间的摩擦因数。由于重力 G 较之作用力小得多，故可忽略不计。

将作用力 P 及摩擦力 fP 分解为垂直和水平方向的分力。为了能将物料钳进转辊间隙，必须使向下拉扯物料的力大于排挤物料的力，即必须满足以下条件：

$$2fP\cos\frac{\alpha}{2}\geqslant 2P\sin\frac{\alpha}{2} \tag{4-1}$$

$$f \geqslant \tan \frac{\alpha}{2}$$

物料与辊面间的摩擦角为 φ，

$$\tan\varphi = f$$

则

$$\alpha \leqslant 2\varphi \tag{4-2}$$

即钳角应小于或等于物料与辊子之间的摩擦角的两倍。

干硬物料（石灰石、砂岩等）在金属表面上的摩擦因数 $f=0.3$；湿软物料（粘土等）的 $f=0.45$。与此相应的最大钳角分别为 33°20′和 48°40′。实际上采用的钳角要小些。

为了使钳角能满足式(4-2)的关系，喂入破碎机的料块尺寸 d 与辊子直径之比值大小应受到一定的限制。从图 4-4 可知，

$$\left(\frac{D}{2}+\frac{d}{2}\right)\cos\frac{\alpha}{2}=\left(\frac{D}{2}+\frac{e}{2}\right)$$

以 $\frac{d}{2}$ 除全式，整理得

$$\frac{D}{d}=\frac{\cos\frac{\alpha}{2}-\frac{e}{d}}{1-\cos\frac{\alpha}{2}} \tag{4-3}$$

辊式破碎机的粉碎度一般为 $i=4$，故 $\frac{e}{d}=0.25$。将钳角 α 的极限值代入上式，可知，对于干硬物料 $\frac{D}{d}=17$；对于湿软物料 $\frac{D}{d}=7.5$。实际上，为了使破碎机可靠地进行工作，$\frac{D}{d}$ 的数值还必须加大 20% ~ 25%。此时辊子直径要比物料尺寸大 9 ~ 22 倍。由此可见光面双辊破碎机用作粗碎物料是不恰当的，否则破碎机要做得非常庞大笨重，制造使用都不方便。

对于槽面或齿面辊子，料块不仅靠摩擦力扯入转辊之间，还有凸棱或齿条间的牵扯力作用，故可取较低的 $\frac{D}{d}$ 值。对于破碎干硬物料，槽面辊子 $\frac{D}{d}=10 \sim 12$；齿面辊子 $\frac{D}{d}=2 \sim 6$。

（二）辊子转速

提高辊子的转速，可使生产能力提高。但是转速的提高应有一定的限度，超过此限度，落在转辊上的料块在较大的惯性离心力作用下，就不易钳进转辊之间。这时，生产能力非但没有提高，反而引起电耗增加、辊子表面的磨损以及机械的振动增大。根据物料在辊子上的惯性离心力与各作用力的平衡条件，可得出当 $i=4$ 时，光面辊式破碎机的极限转速为：

$$n_{\max}=616\sqrt{\frac{f}{\rho d D}} \quad (\text{r/min}) \tag{4-4}$$

式中 f——物料与辊子表面的摩擦因数；

ρ——物料的密度（kg/cm^3）；

d——喂入破碎机的物料直径（cm）；

D——辊子直径(cm)。

实际上，为了减小破碎机的振动与辊子表面的磨损，取

$$n=(0.4\sim0.7)n_{\max}\quad(\text{r/min})\tag{4-5}$$

辊子的合理转速一般通过实验确定。光面辊子取上限值，槽面和齿面辊子则取下限值。对于硬质物料，取3～6 m/s；而对于软质物料可达6～7m/s。一种快速细碎双辊破碎机，对辊表面圆周速度可达26.2m/s，机座考虑了消振问题，使振动减小。

(三)生产能力

假设物料连续均匀地填满整个辊子长度，则破碎后物料将构成一连续扁带从破碎机卸出。料带的宽度等于辊子长度L，厚度等于辊子的间距e，卸出速度等于辊子圆周速度ν。因此，破碎机的体积生产能力为

$$Q_T=3600Le\nu\quad(\text{m}^3/\text{h})\tag{4-6}$$

实际上，喂入物料并不能布满整个长度，同时卸出物料是松散的，故必须乘上系数K加以修正，因为辊子的圆周速度$\nu=\dfrac{\pi Dn}{60}$，则

$$Q_0=188KLeDn\quad(\text{m}^3/\text{h})\tag{4-7}$$

$$Q=188KLeDn\rho_s\quad(\text{t/h})\tag{4-8}$$

式中 D——辊子直径(m)

L——辊子长度(m)；

e——卸料口宽度(m)；

n——辊子转速(r/min)；

K——利用率系数，对于干硬物料，$K=0.2\sim0.3$，对于湿软物料，$K=0.4\sim0.6$；

ρ_s——物料堆积密度(t/m^3)。

当粉碎硬质物料时，在破碎力的作用下，后辊弹簧受压缩，使转辊之间距增大，通常间距约增大1/4，故

$$Q_0=188KL(e+0.25e)Dn=235KLeDn\quad(\text{m}^3/\text{h})\tag{4-9}$$

(四)功率

目前尚无可靠的理论公式计算辊式破碎机功率，一般采用经验公式来估算。粉碎中硬物料时，破碎机所需功率：

$$N=0.794KLv\quad(\text{KW})\tag{4-10}$$

式中 v——辊子圆周速度(m/min)；

L——辊子长度(m)；

K——系数，等于$0.6\dfrac{d}{d_e}+0.15$，其中d与d_e分别是喂料和卸料粒度。

粉碎煤时，

$$N=0.1iQ\quad(\text{kW})\tag{4-11}$$

式中 i——粉碎度；

Q——生产能力(t/h)。

粉碎煤用的齿面辊式破碎机的功率可按下式计算：

$$N=KLDn\quad(\text{kW})\tag{4-12}$$

式中 D——辊子直径(m)；

L——辊子长度(m)；

n——辊子转速(r/min);

K——系数，破碎煤时，$K=0.85$。

为了准确地估算辊式破碎机的电动机功率，有时也采用从实际测得的单位功率消耗的数据。表4-1和表4-2列出了每吨产品的功率消耗。

表4-1　辊式破碎机破碎不同物料的单位功率消耗

物　　料	辊子间距(mm)	每破碎1吨物料的功率(kW/t)
硬质物料	30～100	0.92～1.36
硬质石灰石、矿渣、水泥熟料	5～6	1.47～2.23
粗碎粘土(用齿面辊子)	8～10	0.55～0.66
石膏，白垩、焦炭	5～6	0.88～1.03
细碎粘土(或用除石式辊碎机)	2～3	0.66～0.92

表4-2　辊式破碎机的单位功率消耗与辊子间距及辊子直径的关系

辊子间距(mm)	辊　子　直　径(mm)			
	400	600	750	1000
	单位功率消耗(kW/t)			
6	2.23～1.76	1.63～1.47	1.63～1.57	2.45～1.84
8	0.81～0.66	0.52～0.29	0.46～0.27	0.74～0.33

三　性能及应用

辊式破碎机的主要优点是：结构简单，机体不高，紧凑轻便，造价低廉，工作可靠，调整粉碎度方便，能粉碎粘湿物料。

其主要缺点是：生产能力低，要求将物料均匀连续地喂到辊子全长上，否则辊子磨损不均，且所得产品粒度不易均匀，需要经常修理。对于光面辊式破碎机，喂入料块的尺寸要比辊子的直径小得多，故不能破碎大块物料，也不宜破碎坚硬物料，通常用作中硬或松软物料的中、细碎。齿面辊式破碎机虽然可以钳进较大的料块，但也限于在中碎时使用，否则齿棱很易折断。

在无机非金属材料工业中，辊式破碎机用来破碎石灰石、硬质粘土、煤块、泥灰岩、白垩、页岩、砂岩、砖块、矿渣和熟料等。在破碎作业中，往往用作第二或第三级的破碎机械。一般来说，辊式破碎机的使用性能不如菌形破碎机，但对于要求破碎机处理量小，或不需精密安装和熟练操作并可搬动的作业，这种破碎机仍被广泛采用。

辊式破碎机的辊子间距不同时的产品粒度曲线如图4-5所示。从图可看出，产品中有15%～20%的物料超过间隙的尺寸。这数值可以通过调节弹簧的松紧度得到变更。实践证明，当要求破碎产

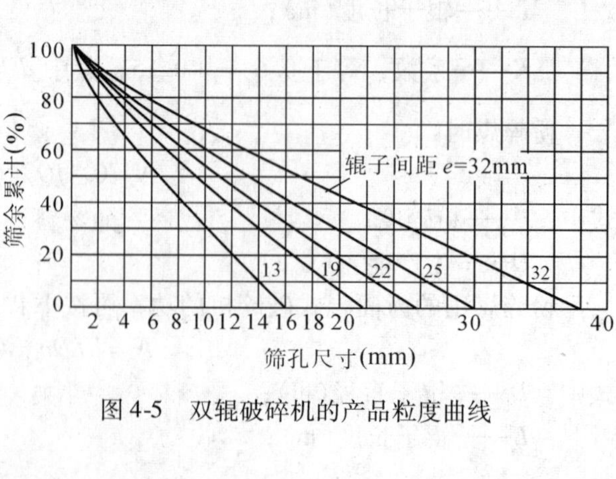

图4-5　双辊破碎机的产品粒度曲线

品中保持一定数量的粗粒，不希望有过多的细粒级产生时，能使辊式破碎机更有效地工作。

第二节　单辊破碎机

单辊破碎机又称颚辊破碎机，构造如图 4-6 所示。破碎机构是由一个转动辊子 1 和一块颚板 4 组成。带齿的衬套 2 用螺栓安装在辊心上，齿尖向前伸出如鹰嘴状。衬套磨损后可以拆换。辊子面对着颚板。颚板挂在心轴 3 上，它的上面镶有耐磨的衬板 5。颚板通过两根拉杆 6 借助于顶在机架上的弹簧 7 的压力拉向辊子，使颚板与辊子保持一定的距离。辊子轴支承在装于机架两侧壁的轴承上。工作时只有辊子旋转，料块从加料斗喂入，在辊子与颚板之间受到挤压作用，并受到齿尖的冲击和劈裂作用而粉碎。如遇有难碎物掉入，所产生的作用力就会使弹簧压缩，颚板离开辊子而增大出料口，使难碎物排出而避免机件的损坏。辊子轴上装有沉重的飞轮，以平衡破碎机的动载荷。

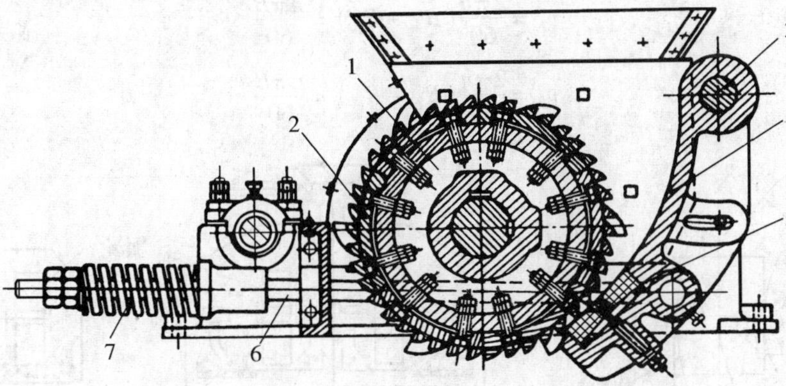

图 4-6　单辊破碎机

1—辊子；2—衬套；3—悬挂轴；4—颚板；5—衬板；6—拉杆；7—弹簧

这种破碎机实际上是将颚式破碎机和辊式破碎机的部分结构组合在一起，因而具有这两种破碎机的特点。单辊破碎机具有较大的进料口，另外辊子表面装有不同的破碎齿条，当大块物料喂入时，较高的齿条将大块物料钳住，并以劈裂和冲击方法将其破碎，然后落到下方，由较小的齿将其进一步破碎到要求的尺寸。在一台破碎机中有着预碎区和二次破碎区，所以可用于粗碎物料，而且粉碎度较大，可达 15。破碎时，料块受到辊子上的齿棱拨动而卸出机外，因此是强制卸料。粉碎粘湿物料也不致发生堵塞。

单辊破碎机的优点在于，较小直径的辊子能处理较大块的物料，并有较大粉碎度，产品粒度也比较均匀。这是一般大型的双辊破碎机所不能做到的。

单辊破碎机宜用来粉碎中硬或松软的物料，如石灰石、硬质粘土及煤块等。当物料比较粘湿（如含土石灰石等）时，它的粉碎效果比使用颚式破碎机和圆锥破碎机都好，特别是对于破碎片状粘土物料，与颚式或圆锥破碎机相比，在性能与机体紧凑方面均有优越之处。

单辊破碎机的规格是用辊子直径和长度来表示。

第5章　轮　碾　机

第一节　工作原理及类型

轮碾机的主要工作部件是碾轮及碾盘。利用碾轮与碾盘之间的相对运动，以挤压兼施磨剥方式将物料粉碎。它用于中硬质和软质物料的细碎和粗磨作业。粉碎的同时还起着物料混合作用。

如图5-1所示，当碾轮对碾盘作相对转动时，由于圆柱形碾轮不管距离主轴远近，均以同一线速度转动，这样除了在轮宽的中心线$O'O'$附近处是纯滚动外，碾轮中线附近的内外侧均有滑动，内外侧处向后或向前的滑动速度为

$$v_A = \frac{2\pi n}{60}(R_m - R_A) = \frac{n\pi B}{60} \tag{5-1}$$

$$v_B = \frac{2\pi n}{60}(R_B - R_m) = \frac{n\pi B}{60} \tag{5-2}$$

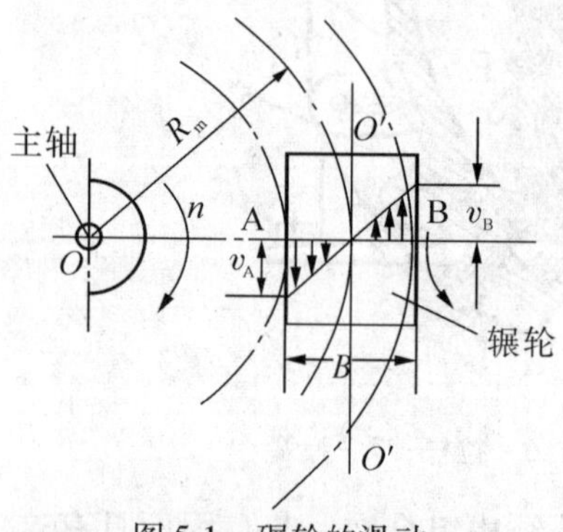

图5-1　碾轮的滑动

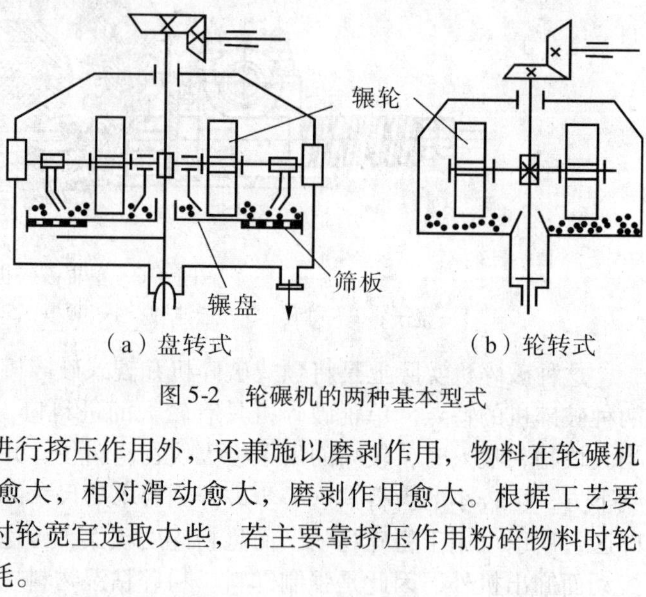

图5-2　轮碾机的两种基本型式

可见，轮碾机在工作时，除了对物料进行挤压作用外，还兼施以磨剥作用，物料在轮碾机中受到反复的粉碎和混炼作用。轮宽愈大，相对滑动愈大，磨剥作用愈大。根据工艺要求，当需获得较大磨剥作用进行粉碎时轮宽宜选取大些，若主要靠挤压作用粉碎物料时轮宽宜选取小些，这样还可节省动力消耗。

轮碾机可按其结构型式、工艺用途及工作方式来分类：

（i）按结构特点可分为盘转式和轮转式两类（图5-2）。轮转式轮碾机的碾轮既绕主轴公转，又绕水平轴自转，碾盘则固定不动。盘转式轮碾机的碾盘由驱动装置带动作等速回转，碾轮受到盘面的摩擦带动只绕本身的水平轴自转。

盘转式轮碾机工作较平稳，转速可高些。因此，产量较高，动力较省，但是结构较复杂；碾盘中物料会受到惯性离心力作用，容易散开。轮转式轮碾机工作时有很大的惯性离心力产生，有使碾轮甩脱的倾向。当惯性离心力不平衡时，主轴很易损坏。因此，限制了主轴转速的提高。但是其结构简单，主轴轴承负荷较小，物料不易散开。

(ⅱ) 按传动方式可分为顶部传动式和底部传动式两类。顶部传动式轮碾机装拆和维修方便，易于防尘，但传动齿轮磨损时铁屑和油垢易落入碾盘中，使物料污染。这对陶瓷、玻璃以及耐火材料的生产都是不利的。底部传动式轮碾机无此弊病，结构比较紧凑稳固，但维修比较困难。

(ⅲ) 按碾轮材料可分为金属轮式和石轮式两类。金属轮式轮碾机的碾轮由铸铁轮毂和外面的金属轮圈组成，轮圈通常用白口铸铁或锰钢制造，并用金属(或柞木)楔块和拉紧螺栓固定在轮毂上。石轮式轮碾机的碾轮及碾盘的衬板均用石质材料制成，石轮圈套在铁质轮毂上，用涨紧或夹紧方法刚性联接。陶瓷和玻璃工业主要采用石轮式轮碾机，可避免铁质污染原料。

(ⅳ) 按工艺用途可分为干碾机和湿碾机两类。干碾机用于处理含水量低于10%的物料；湿碾机则用于处理含水量超过15%的物料。

(ⅴ) 按操作方式可分为连续式和间歇式两类。连续式轮碾机加料和卸料连续进行。间歇式轮碾机每次加入一定量物料，使破碎后卸出。混练作业使用间歇式轮碾机。

可见，轮碾机的种类很多，它们都具有不同的特点，应根据不同的工艺要求来选用。轮碾机的代号用 LN 表示，规格用碾轮的直径和宽度($D \times B$)来表示。例如，代号 LN 2000 × 500 表示：轮碾机，其碾轮直径为2000 mm，碾轮宽度为500 mm。

第二节 构 造

一 湿式轮碾机

图5-3 所示为底部传动、连续作业的轮转式湿式轮碾机。机架1上面装有固定的碾盘2，机架底部用横梁3连接，横梁中部装有主轴5的轴承4。圆锥齿轮6用键固定在主轴中部，电动机7通过减速器8及圆锥齿轮9、6带动主轴转动。主轴顶部装有带曲柄轴的套环10，碾轮11装在曲柄轴上。碾盘2的底部镶有带孔的筛板，已破碎物料由孔连续卸出。紧扣圆锥齿轮6上面有一个带刮板12的回转盘(见图5-3 左上)。经筛孔落下的物料在此盘中被刮板刮到卸料槽中卸出。碾盘的工作面呈梯形，下端面较大，这样可避免堵塞。

碾盘上还装有2～3块可调整角度的刮板。刮板和碾轮一样由主轴带动旋转，以便将碾盘上被碾轮压离的物料重新刮到轮子下面进行破碎。当破碎粘湿物料时，还要安装1～2只能耙松压实物料层的耙子。

两只碾轮安装在离主轴中心不同距离(R_1、R_2)的地方(通常 $R_1/R_2 \approx 1.2$)，以增大碾轮在碾盘上的液压面积。为了平衡惯性离心力，通常用将距主轴较近的碾轮轮毂空隙填充混凝土的方法来调整其质量。

轮碾机的碾轮转轴通过曲柄与主轴相连(如图5-4 所示)，碾轮在碾盘上的高度可以调节。当遇到过厚的料层或坚硬料块时，碾轮自动升起，可避免碾轮零件的折断及主轴的扭弯。

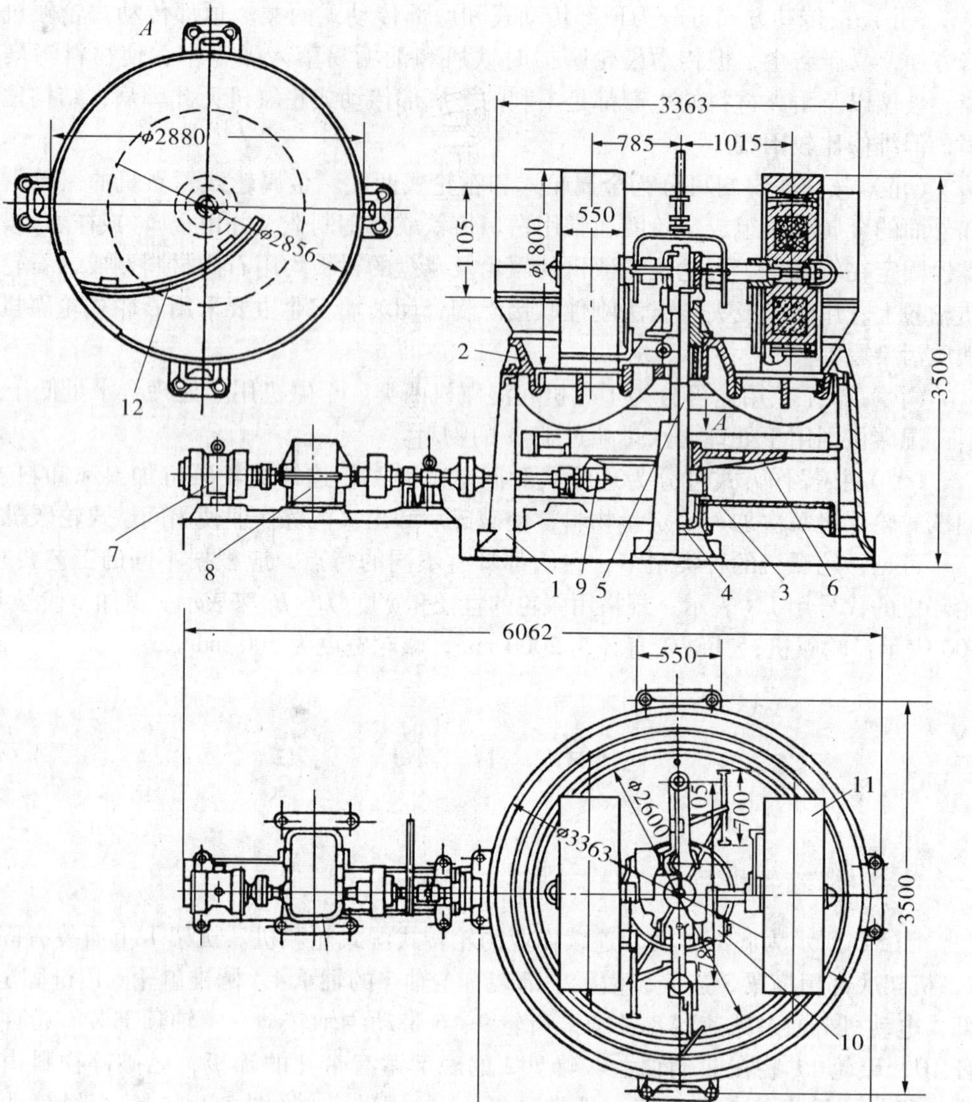

图 5-3　湿式轮碾机

1—机架；2—碾盘；3—横梁；4—轴承；5—主轴；6，9—圆锥齿轮；7—电机；8—减速器；10—套环；11—碾轮；12—刮板

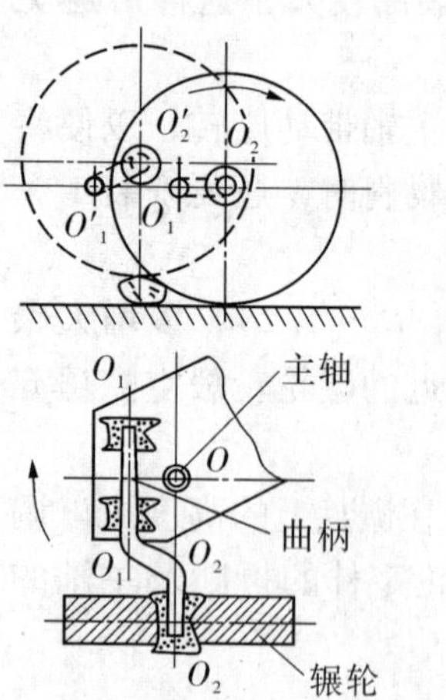

图 5-4　碾轮自动升起机构

二　干式轮碾机

图 5-5 所示为顶部传动连续作业的盘转式干式轮碾机。碾盘 1 固装在主轴 2 上，由电动机 3 通过胶带轮 4 和圆锥齿轮 5 减速后带动旋转。碾盘上两个碾轮 6 分别活动套装在水平轴 7 上。水平轴两端支承在两侧机架 10 的两个轴承 8 上，中部则通过活动套 11 装在主轴上。轴承的箱体 9 可沿机架里侧的导槽上下滑动，从而可以自动地上下调整碾轮的高度，起到保安作用。

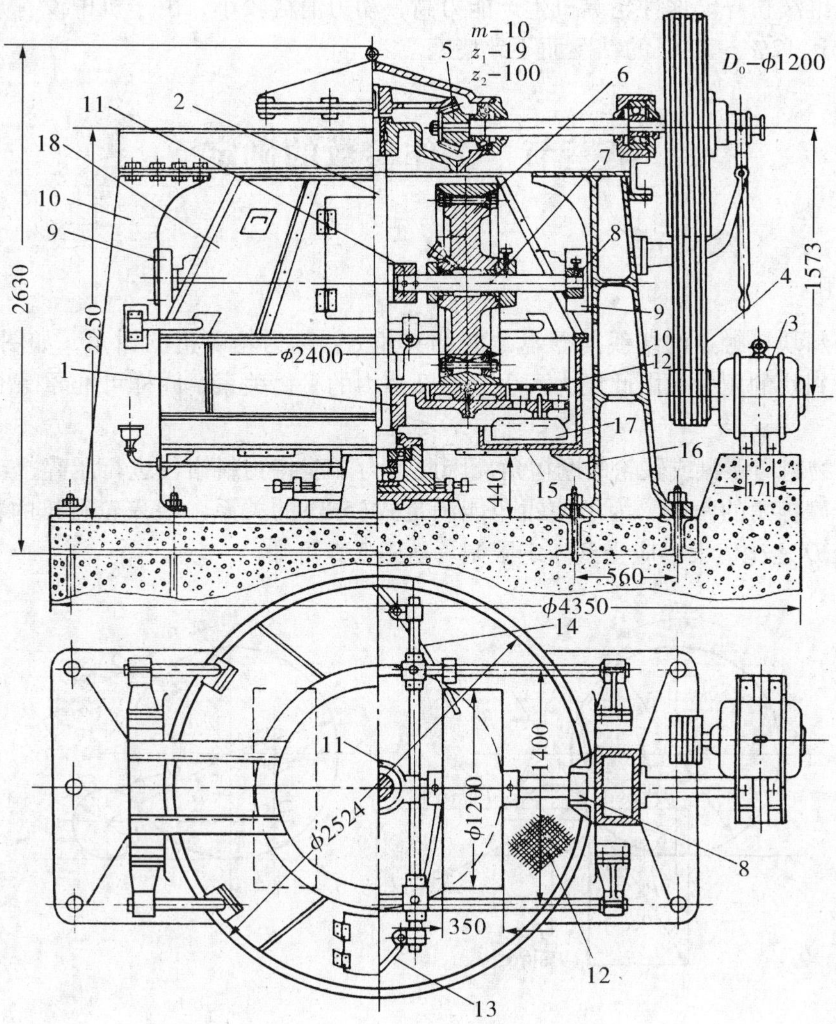

图 5-5　干式轮碾机

1—碾盘；2—主轴；3—电动机；4—胶带轮；5—圆锥齿轮；6—碾轮；7—水平轴；8—轴承；9—轴承箱体；10—机架；11—活动套；12—筛板；13，14—刮刀；15—环形受料槽；16—固定底盘；17—卸料刮刀；18—机罩

轮碾机工作时，喂入物料被装在梁上的刮刀 13 及 14 刮到碾轮下面，进行反复粉碎。碾盘外圈装有钢制卸料筛板 12，筛孔直径为 5 ～ 10mm。粉碎的物料由于惯性离心力和挤压作用，被甩到碾盘的周边筛面上，通过筛孔落到下面固定底盘 16 上的环形受料槽 15 内，被与碾盘一起转动的卸料刮刀 17 刮送到出料口卸出。筛板上未能通过筛孔的物料，又被刮刀送到碾轮下继续粉碎。为了防止粉尘逸出，整个轮碾机用机罩 18 封闭起来。

产品的细度可以通过调节筛孔大小和给料量来控制。但是轮碾机不宜细磨物料，因为细磨时产量显著下降，而单位电耗急剧增加。

盘转式轮碾机的转速也有一定限制，当转速太大时，惯性离心力会将物料抛向盘边。为了解决轮碾机转速太低的缺点，有一种离心卸料盘转式高速轮碾机。旋转的碾盘与固定边缘之间有缝隙，缝隙大小可根据产品粒度要求进行调整。物料在碾盘上受到惯性离心力的作用甩向边缘，通过缝隙的物料落入机下的受料斗中排出；不能通过缝隙的粗粒被刮板刮回碾轮下继续粉碎。这种轮碾机生产能力高，动力消耗较小，由于机中没有筛板，可以处理含水量达 12% ~ 14% 的粘土而不致堵塞。

第三节　工作参数的确定

一　钳角

碾轮与料块接触点的切线与碾盘之间的夹角 α，称为轮碾机的钳角，如图 5-6 所示。根据碾轮对料块的压力和由此压力而引起的摩擦力的平衡关系，同样可推导得出：

$$\alpha \leqslant 2\varphi \tag{5-3}$$

式中，φ 为物料与碾盘或碾轮的摩擦角。因此，为了能将物料钳住进行压碎，轮碾机的钳角也应小于摩擦角的两倍。为了使钳角能满足式(5-3)的关系，喂入轮碾机的料块尺寸 d 与碾轮直径 D 之比值大小应受到一定限制。从图 5-6 可知，

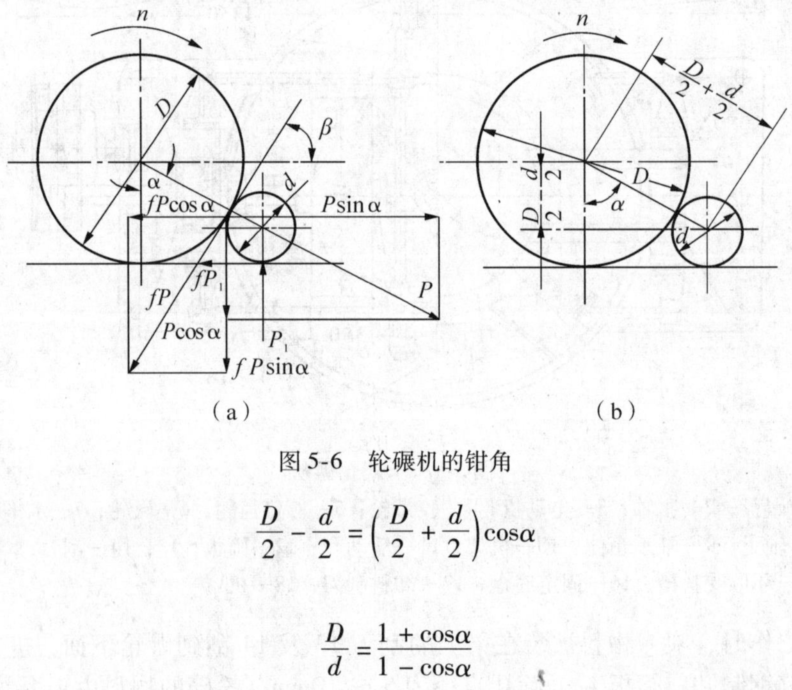

图 5-6　轮碾机的钳角

$$\frac{D}{2}-\frac{d}{2}=\left(\frac{D}{2}+\frac{d}{2}\right)\cos\alpha \tag{5-4}$$

由上式得

$$\frac{D}{d}=\frac{1+\cos\alpha}{1-\cos\alpha} \tag{5-5}$$

对于干硬物料，料块与碾轮之间的摩擦系数 $f=0.3$，$\alpha=33°40'$，故 $\frac{D}{d}=11$。对于湿粘土，$f=0.45$，$\alpha=48°40'$，故 $\frac{D}{d}=5$。上述结果是按角 α 的极限算出的。为了安全起见，D/d 值宜增大 10% ~ 20%。即在粉碎干硬物料或湿粘土时，应分别使 $D \geqslant 14\ d$ 及 $D \geqslant 6\ d$。由于粉碎大块物料时，碾轮直径需很大，故轮碾机多被选用于细碎或粗磨。

二　转速

对于盘转式轮碾机，其转速必须保证物料停留在碾轮下受压而不被甩向边缘。因此，应使物料所受的惯性离心力小于或等于物料与碾盘的摩擦力。

设物料质量为 m，物料与盘面摩擦因数为 f，碾轮中心点的平均线速度为 v，物料至盘中心的平均距离为 R_m，则要求

$$mgf \geqslant \frac{mv^2}{R_m} \tag{5-6}$$

将 $v = \pi R_m n/30$ 代入式(5-6)，解得

$$n \leqslant 30\sqrt{\frac{f}{R_m}} \quad (\text{r/min}) \tag{5-7}$$

式中　n——轮碾机的转速(r/min)；

R_m——物料至盘中心的平均距离(m)；

f——物料与盘面的摩擦因数。

为了保证操作可靠，还应将上式计算结果减小10%。对于轮转式轮碾机，主轴转速还应低些。至于离心卸料的高速轮碾机，其转速则应加大1～1.5倍。

三　生产能力

影响轮碾机生产能力的因素很多，如物料的物理性质、料块尺寸、粉碎度，碾轮的尺寸及质量、碾盘结构，加料方式和主轴转速等。目前都是用经验公式来估算轮碾机的生产能力。

对于干碾破碎硬质物料和干燥粘土时，可用下列经验公式来估算：

$$Q = \frac{mDn}{28} \quad (\text{t/h}) \tag{5-8}$$

式中　m——每个碾轮的质量(t)；

D——碾盘的直径(m)；

n——主轴或碾盘的转速(r/min)。

对于带有筛板的轮碾机，湿碾泥料时的生产能力可用下式来估算：

$$Q = 60LF(a+b)n \quad (\text{m}^3/\text{h}) \tag{5-9}$$

式中　L——碾轮每滚压一次，从筛孔中挤进的泥条长度(m)，与泥料的水分、可塑性以及筛孔大小有关，湿度为20%～22%的粘土为20～25 mm；

F——筛孔的截面积(m^2)；

a，b——主轴每转一转时，两个碾轮分别压过的筛孔数；

n——主轴转速(r/min)。

四　功率

无论是盘转式或轮转式轮碾机，碾轮与碾盘之间都有相对运动。轮碾机所需功率主要用来克服相对运动时的阻力，包括碾轮的滚动摩擦阻力、滑动摩擦阻力、刮板的摩擦阻力及传动的摩擦阻力等。可用下式做概略计算：

$$N = K\frac{mBnZ}{24\eta}\left(\frac{f_1}{D}+\frac{f_2}{16}\right) \quad (\text{kW}) \tag{5-10}$$

式中　K——校正系数，常取1～1.5；

m——每个碾轮的质量(t)；

B——碾轮宽度(m)；

Z——碾轮个数；

n——主轴转速(r/min)；

D——碾轮直径(m)；

f_1——滚动摩擦因数，常取0.01 ~ 0.03；

f_2——滑动摩擦因数，常取0.3 ~ 0.45；

η——总效率，常取0.6 ~ 0.8。

第四节 性能及应用

轮碾机是一种古老、低效率的粉碎机械，单位时间内碾轮对物料作用次数较少，因此单位电耗较高，而且生产能力低。其之所以仍被采用，主要是因为它构造简单，操作可靠，粉碎适应性强，特别是它具有混炼作用的工艺特点，控制产品细度方便，以及可以采用石质材料，能避免铁质掺入物料等优点。

轮碾机是介乎细碎与粗磨之间的粉碎机械。轮碾机用来破碎硬质物料是不大适合的。不过，如果把它作为粉磨设备使用，倘使将物料粉磨到0.2 ~ 0.5 mm，则单位电耗将比使用其他粉磨设备低，所以还是有利的。

在无机非金属材料工业中，轮碾机用于粉碎粘土、长石、石英、粘土熟料等物料，亦可用在制备石棉水泥制品时松解石棉，以及作为陶瓷及耐火材料工业中混合物料之用。

第 6 章　冲击式粉碎机

第一节　冲击粉碎原理

冲击式粉碎机按其冲击粉碎物料作用的方式(见图 1-1b)可分为两类：一类是利用高速旋转的工作体(棒、锤或叶片等)冲击或打击物料颗粒，使其粉碎；另一类是依靠高速气流或过热蒸汽使物料颗粒加速，相互冲击碰撞或与器壁冲击碰撞而粉碎。

在冲击式粉碎机中，物料的粉碎是通过颗粒的冲击碰撞作用来进行的，因此，冲击粉碎的原理可以通过碰撞原理来理解。根据力学原理，冲击式粉碎机中物料颗粒的碰撞原理可以通过恒定的冲击来导出。

设有两个质量分别为 m_1、m_2 的物料颗粒，碰撞前和碰撞后的速度分别为 v_1、u_1 和 v_2、u_2，则有

$$m_1 v_1 - m_1 u_1 = \int_0^{\tau} p\mathrm{d}t \tag{6-1}$$

$$m_2 v_2 - m_2 u_2 = \int_0^{\tau} p\mathrm{d}t \tag{6-2}$$

式中，p 为冲击力。由上两式得

$$m_1 (u_1 — v_1) = m_2 (v_2 — u_2) \tag{6-3}$$

在碰撞时，碰撞的颗粒因受到压缩作用要产生变形。对于理想的弹性体，它们最初变形时不损失能量；对于理想的刚性体，则要损失能量。对于脆性物料(大多数矿物是脆性物料)，可以说碰撞的能量几乎都损失了，这一能量损失正是物料粉碎的原因。如果碰撞的能量超过了粉碎所需的能量，物料颗粒将被粉碎。

碰撞中的能量或者粉碎能可以通过以下公式来计算，设碰撞后，两个物料颗粒具有相同的速度，则速度 u 为

$$u = \frac{m_1 v_1 + m_2 u_1}{m_1 + m_2} \quad (\mathrm{m/s}) \tag{6-4}$$

碰撞后，两颗粒的动能为

$$W_{\mathrm{u}} = \frac{1}{2}(m_1 + m_2) u^2 \tag{6-5}$$

碰撞前的动能为

$$W_1 = \frac{1}{2} m_1 {v_1}^2 + \frac{1}{2} m_2 {u_1}^2 \tag{6-6}$$

能量损失，即破碎能为

$$W = W_1 - W_{\mathrm{u}} = \frac{m_1 m_2}{m_1 + m_2} \frac{(v_1 - u_1)^2}{2} \tag{6-7}$$

如果物料颗粒被粉碎，则式(6-4)中的速度表示碎裂的颗粒的质量中心的速度。

对于机械旋转冲击式粉碎机，问题还可以简化。这里，旋转工作部件的质量相对于颗

粒可视为无限大($m_1=\infty$)，而且被粉碎物料颗粒冲击前的速度相对于高速旋转的工作部件来说可以视为0(即 $u_1=0$)，则

$$W=\frac{1}{2}m_2u_1^2 \quad (\text{J}) \tag{6-8}$$

如前所述，颗粒的相对速度决定破碎能，根据体积理论及式(6-8)，导致物料颗粒粉碎的速度 v 可通过下式来计算：

$$\frac{1}{2}mv^2=\frac{m}{\rho}\ \frac{\sigma^2}{2E} \tag{6-9}$$

式中 E——弹性模量；

σ——粉碎强度；

ρ——物料颗粒密度；

m——物料颗粒质量。

因此，可得

$$v=\frac{\sigma}{\sqrt{\rho E}} \tag{6-10}$$

引进材料中声速的通用公式 $a=\sqrt{\dfrac{E}{\rho}}$，得

$$v=a\frac{\sigma}{E} \quad (\text{m/s}) \tag{6-11}$$

公式(6-11)表明，能够导致物料颗粒粉碎的冲击速度 v 似乎与颗粒的大小无关。但是，实际情况是，物料颗粒的强度随颗粒粒度的减小而增大，因为粒度减小后，颗粒中的缺陷减少，这一点在超细粉碎中尤为重要。

1959 年，林夫(Rumpf)对冲击粉碎作了重要分析，对于碰撞速度，推荐用下式表示：

$$\frac{\sigma}{E}=f\left(\frac{\sigma v^2}{E}\right) \tag{6-12}$$

特殊情况下：

$$\frac{\sigma}{E}=0.328\left(\frac{v}{a}\right)^{0.4} \tag{6-13}$$

由于物料颗粒的相互碰撞以及空气阻力，在冲击作用过程中，冲击速度要下降。图6-1所示为不同初始冲击速度下，颗粒减速路程 s 与颗粒大小 d 的关系。

由于相互碰撞，物料颗粒的自由运动路径受到限制。林夫根据麦克斯威速度分布定律计算的平均自由路程如下：

$$\lambda=\frac{d}{10(1-\varepsilon)} \tag{6-14}$$

式中 λ——颗粒的平均自由路程；

$1-\varepsilon$——磨矿时，固体体积分数，一般在千分之一至百分之一之间，即 $1-\varepsilon=10^{-3}\sim10^{-2}$。

从上式得 $\lambda=10d\sim100d$。因此，随着粉碎的进行，在物料颗粒粒度 d 减小的同时，颗粒的平均自由运动路程 λ 也减小。

物料颗粒的减速路程 s 及平均自由路程 λ 与粒度的关系如图 6-2 所示。显然，多数情况下 λ 具有决定性作用。例如，$d=100\ \mu\text{m}$ 时，λ 介于 $1\sim10\ \mu\text{m}$ 之间；$d<10\ \mu\text{m}$ 时，物料颗粒的碰撞将很频繁，这时，碰撞作用是主要的。

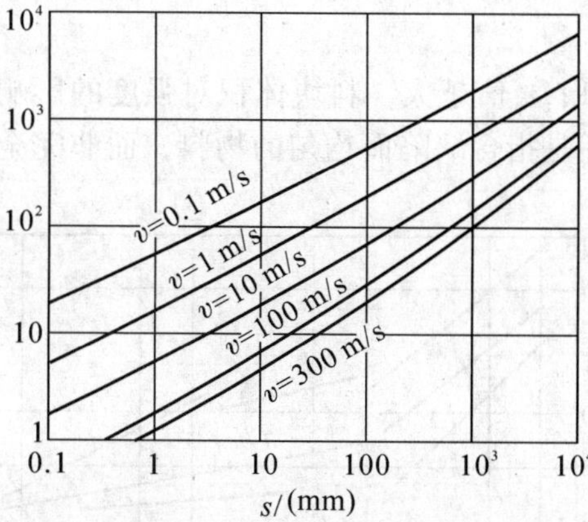

图 6-1　颗粒减速路程与粒度的关系

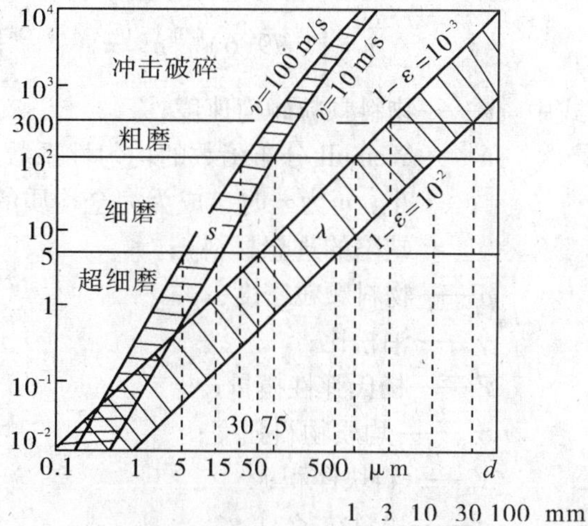

图 6-2　颗粒的减速路程和平均自由路程的关系

由图 6-3，林夫还研究了冲击粉碎能耗与冲击速度等之间的关系，可知冲击粉碎的能耗与冲击或碰撞的速度成正比。林夫认为第 1 次碰撞只导致物料颗粒的疲劳，只有继续碰撞后，物料颗粒才被粉碎；能量不足的碰撞以及已被粉碎合格的细颗粒留在粉碎机中将浪费能量。因此，应及时采取相应措施将合格的细粒产品及时分出。

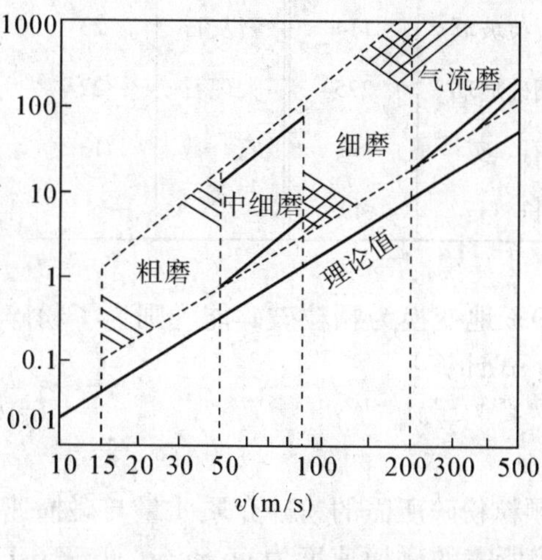

图 6-3　比能耗与冲击速度的关系

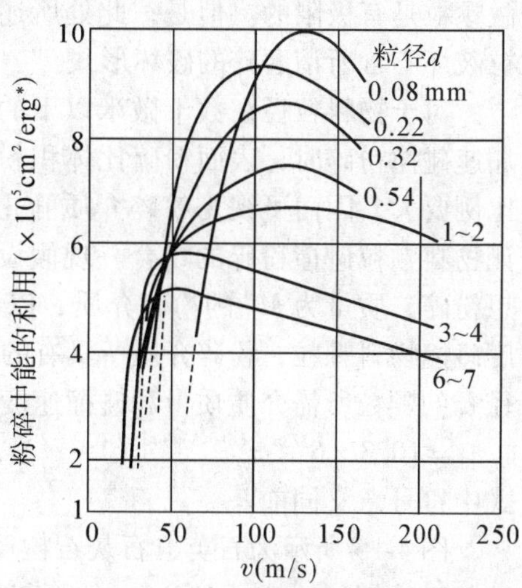

图 6-4　石灰石的冲击粉碎与能量利用

但是，从能量利用的角度来说，并非冲击或碰撞速度越高越好，不同物料以及不同粒度的同一物料都有一个最佳的冲击速度。在该冲击速度下，能量的利用率或粉碎效率最高。图 6-4 所示就是一个例子。

冲击粉碎机是使物料颗粒加速碰撞而粉碎的。一般粉碎时所处理的物料形状是不规则的，但由于破碎是以点载荷状态开始的，因而它近似于球体的压碎，假设粉碎处在最大粉碎效率状况下，即粒子具有的运动能完全转变为破碎能，则粒径 d 的单个颗粒粉碎所需的碰撞速度 v 按下式求算：

---

* erg 为废弃单位，1erg = 10^{-7} J。

$$v=\left\{1.79(6)^{5/3n}\rho^{-1}\pi^{(2n-5)/3n}\left(\frac{1-v^{2}}{E}\right)^{2/3}(\sigma_{s0}V_{0}^{\ 1/n})^{5/3}\right\}^{1/2}d^{-5/2n} \tag{6-15}$$

式中 v——物料颗粒碰撞速度；

n——Weibull 分布函数的均匀性系数，$n>1$；n 值越大，料块体积对强度的影响越小，n 为∞时，成为完全均质的物料(是指含缺陷而均匀的物料，而非完全无缺陷的理想材料)；

ρ——物料颗粒密度；

γ——泊松比；

E——杨氏弹性模量；

σ_{s0}——均质物料强度；

V_0——料块体积；

d——物料粒径。

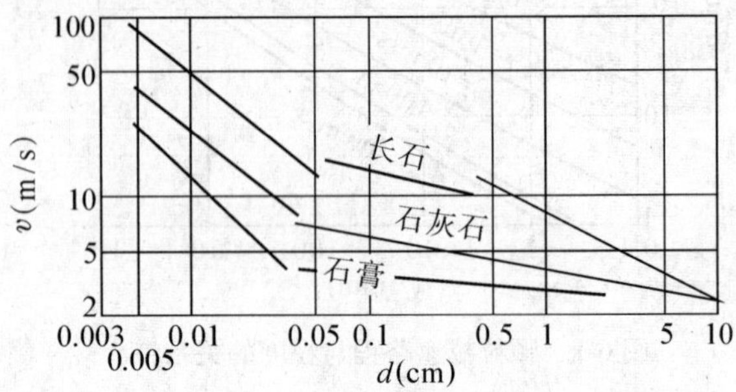

图 6-5　颗粒粉碎所需的碰撞速度与粒径的关系

用式(6-15)计算长石、石灰石、石膏等的结果如图 6-5 所示。表 6-1 列举了粒径 100 μm 颗粒粉碎所需的碰撞速度。随着物料粒径减小，碰撞速度显著增大，因此，采用加速碰撞物料颗粒的方法制备超微颗粒是有极限的。但是，此处所述的颗粒破坏不含所谓磨碎的破坏形式。

表 6-1　粒径 100 μm 颗粒粉碎所需碰撞速度

试　料	v(m/s)	试　料	v(m/s)
石英玻璃	114	石灰石	23
硼硅玻璃	225	大理石	22
石　英	66	石　膏	13
长　石	49		

对于物料粒径在数十微米以下的颗粒加速碰撞粉碎时，表面粉碎比体积粉碎的比例要大，因而可视为粉碎介质静止，而让物料颗粒碰撞粉碎的场合。现假设为理想粉碎，质量为 M_B 的粉碎介质，以 v_B 速度碰撞物料颗粒，粉碎介质所具有的运动能被 100% 地变换为颗粒破碎能，则为了粉碎粒径 d 的颗粒所需介质质量和碰撞速度的关系可按下式计算：

$$v_B=\{0.3\times6^{5/3n}\pi^{(5n-5)/3n}[(1-v^{2})/E]^{2/3}(\sigma_{s0}V_{0}^{\ 1/n})^{5/3}\}^{1/2}M_B^{\ -1/2}d^{(3n-5)/2n} \tag{6-16}$$

式中符号意义同前。

图 4-15 所示为石英、石灰石粒径 100 μm 的颗粒粉碎所需的粉碎介质质量与碰撞速度的关系。例如，粒径 100 μm 的石英粒子自击粉碎所需的碰撞速度为 66 m/s(见 表6-1)，但采用质量 1 g 的介质碰撞粉碎所需的碰撞速度 $v_B=0.1$ m/s 已足够了(见图 6-6)。图 6-7 以粉碎介质质量为参数，表示粒径为 220 ～ 45 μm 范围的石灰石颗粒粉碎时所需的介质碰撞速度。由图 6-7 可知，以质量 0.1 g 的粉碎介质(氧化铝球直径约 3.8 mm，钢球直径约 2.9 mm)粉碎粒径 50 μm 的石灰石时，所需的碰撞速度仅为 5 cm/s。

以上为理想状态下的计算结果，实际上还需更快的速度。尽管如此，不难断定，在超微颗粒制备中，采用粉碎介质对物料颗粒进行碰撞粉碎的方法比加速物料颗粒碰撞破碎方式更合理。由于物料颗粒个数是按粒径减小的 3 次方增加，因此，必须增加粉碎介质和物料颗粒单位时间的碰撞概率。

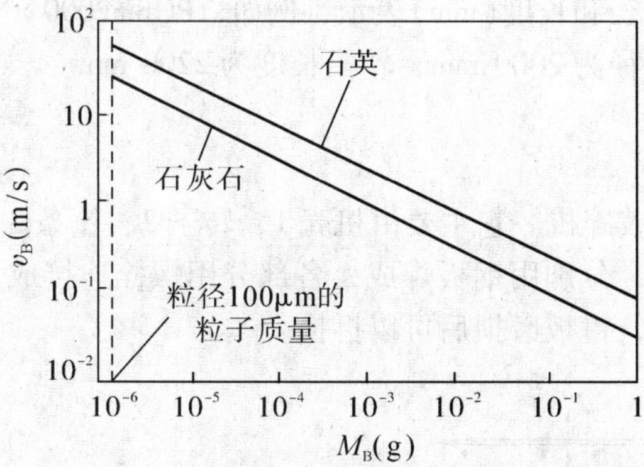

图 6-6　粉碎粒径 100 μm 的石英、石灰石颗粒所需的粉碎介质质量与碰撞速度的关系

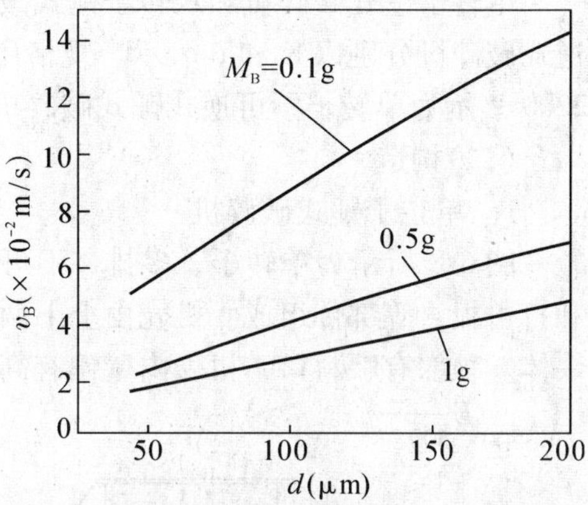

图 6-7　粉碎石灰石颗粒所需的粉碎介质的碰撞速度（M_B 为粉碎介质质量）

第二节　冲击式粉碎机

冲击式粉碎机是工业中广泛使用的粉碎机械。这类机械的特征是机内都有旋转的工作部件——转子，通过工作体（棒、锤或叶片等）对料块的冲击或使料块彼此冲击而进行粉碎。由于主要是利用高速冲击能量的作用，使物料在自由状态下沿其脆弱面破碎，因而特别适于粉碎石灰石等脆性物料，粉碎效率高，产品粒度多呈方块状。

属于这类粉碎机的有锤式破碎机、反击式破碎机、反击-锤式破碎机、立式冲击破碎机、笼式粉碎机和锤磨机等。这类机械使用范围很广，可供物料粗碎、中碎、细碎和粉磨使用。

冲击式粉碎机与其他型式的粉碎机比较，具有单位功率粉碎能力大，易于调节粉碎粒度，应用范围广，机械安装占地面积小，且可进行连续、闭路粉碎等优点。但是，由于机件的高速运转及与颗粒的冲击碰撞、摩擦，不可避免会产生磨损，因而不适于处理硬质物料。

一　锤式破碎机

（一）工作原理及类型

锤式破碎机的主要工作部件为带有锤子的转子，通过高速旋转的锤子对料块的冲击进行粉碎。锤式破碎机的种类很多，可以按照下述结构特征进行分类：

按转子的数目，分为单转子和双转子两类。

按转子的回转方向，分为不可逆式及可逆式两类。

按锤子的排列方式，分为单排式和多排式两种。前者锤子安装在同一回转平面上，后者锤子分布在好几个回转平面上。

按用途的不同，分为一般用途的和特殊用途的两类。

按锤子在转子上的连接方式，还可以分为固定锤式和活动锤式两类。固定锤式主要用于软质物料的细碎和粉磨。用于粉磨的称为锤磨机。

单转子锤式破碎机和双转子锤式破碎机的代号分别以 PC 和 2PC 表示；可逆式和不可逆式破碎机分别以 K 和 B 表示。规格用转子的直径和长度(mm)表示，例如，PCBϕ2000 × 2200 表示为单转子不可逆式锤式破碎机，转子直径为 2000 mm，转子长度为 2200 mm。

(二)构造

1. 单转子锤式破碎机

图 6-8 所示为单转子、多排、不可逆式锤式破碎机。它主要由机壳 1、转子 2、篦条 3 和打击板 4 等部件组成。机壳由上下两部分组成，分别用钢板焊成，各部分用螺栓连接成一体。顶部有喂料口，机壳内壁镶有高锰钢衬板，衬板磨损后可以拆换。

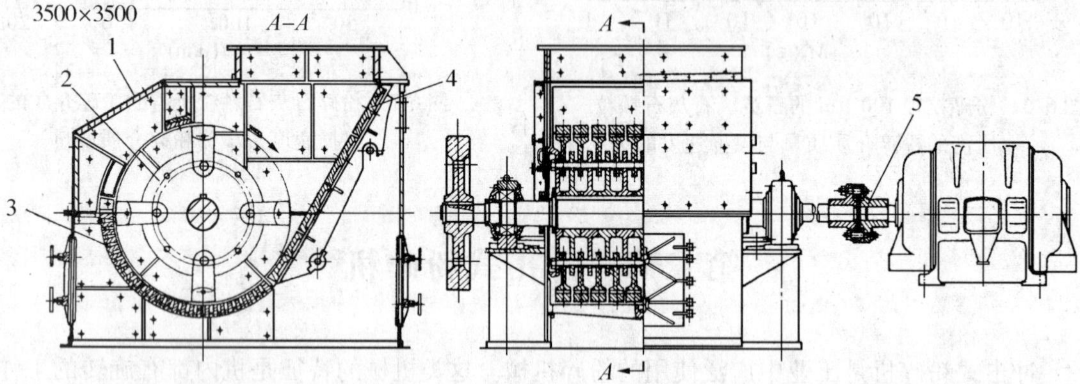

图 6-8　单转子锤式破碎机

1—机壳；2—转子；3—篦条；4—打击板；5—弹性联轴器

为了便于检修、调整和更换篦条，机壳的前后两面均开有检修孔。为了检修时更换锤子方便，两侧壁也开有检修孔。

破碎机的主轴上安装数排挂锤体，在其圆周的销孔上贯穿着销轴，用销轴将锤子铰接在各排挂锤体之间。锤子磨损后可调换工作面。挂锤体上开有两圈销孔，销孔中心至回转轴心之半径距离是不同的，用来调整锤子与篦条之间的间隙。为了防止挂锤体和锤子的轴向窜动，在挂锤体两端用压紧锤盘和锁紧螺母固定。转子两端支承在滚动轴承上，轴承用螺栓固定在机壳上。主轴与电动机用弹性联轴器 5 直接联接。为了使转子运转平稳，在主轴的一端还装有一个飞轮。

圆弧状卸料篦条筛安装在转子下方，篦条的两端装在横梁上，最外面的篦条用压板压紧，篦条排列方向与转子运动方向垂直。篦条间隙由篦条中间凸出部分形成。为了便于物料排出，篦条之间构成向下扩大的筛缝，同时还向转子回转方向倾斜。

在进料部分还安装有打击板，是首先承受物料冲击和磨损的地方。它由托板和衬板等部件组装而成。托板是用普通钢板焊接的，上面的衬板是高锰钢铸件，组装后用两根轴架装在破碎机的机体上。进料角度可用调整丝杆进行调整，磨损后可以更换。

转子静止后，由于重力关系，锤子下垂。当转子转动时，锤子在惯性离心力的作用下作辐射状向四周伸开。进入机内的料块受到锤子打击而破碎，继而由于料块获得动能以较高的速度向打击板冲击或互相冲击而破碎。小于篦缝的物料通过篦缝向下卸出；少部分尚未达到要求尺寸的料块仍留在筛面上，继续受到锤子的冲击和磨剥作用，直至达到要求尺寸后从篦缝卸出。

由于锤子是自由悬挂的，当遇上难碎物件时能沿销轴回转，从而避免机械损坏，起着保护作用。另外，在传动装置上还装有专门的保险装置，利用保险销钉在过载时被剪断，使电动机和破碎机转子联接脱开，而起保护作用。

这种锤式破碎机的转子只能沿一个方向运转进行破碎，故称不可逆式。锤式破碎机主要以冲击兼施磨剥作用粉碎物料。由于设置有篦条筛，不能破碎粘湿物料，物料水分超过15%时就会出现堵塞现象。

为了将物料破碎到 10 mm 以下，需采用高速单转子锤式破碎机。它与传统的单转子锤式破碎机的最大区别在于：将回转转子的线速度提高到 40 ～70 m/s，用于破碎煤时最高达到 117 m/s；锤头材质有较大改进，淘汰锰钢锤头，采用各种耐磨、耐冲击的合金钢(如钴基硬质合金钢等)代替；机壳内的破碎腔也进行了改进，腔内具有破碎作用的破碎带一般延长到主轴中心水平线以下 45°，即机内主要破碎带的抱角 $\gamma_{max}=\alpha+45°$，物料在机内受打击、碰撞破碎的机会增多，粉碎度提高，能量利用率也有所提高。这种锤式破碎机的产品粒度较小，故又称为细碎锤式破碎机，代号以 PCX 表示。

2. 双转子锤式破碎机

双转子锤式破碎机如图 6-9 所示。在机壳 6 内平行安装有两个转子。转子由臂形的挂锤体 4 及铰接在其上的锤子 3 组成，挂锤体安装在方轴 7 上。锤子是多排式排列，相邻的挂锤体相互交叉成十字形。两转子由单独的电动机带动做相向旋转。

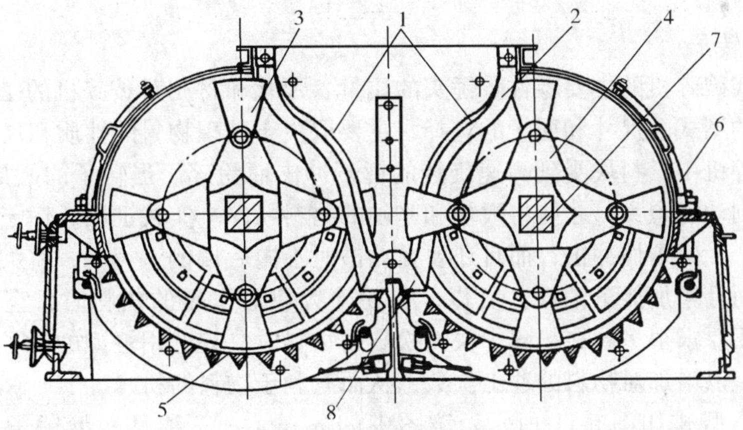

图 6-9　双转子锤式破碎机

1—篦篮；2—篦条；3—锤子；4—挂锤体；5—篦条筛；6—机壳；7—方轴；8—砧座

破碎机的进料口设在机壳上方正中，进料口下面在两转子中间设有弓形篦篮 1，篦篮由一组互相平行的弓形篦条 2 组成。各排锤子可以自由通过篦条之间的间隙。篦篮底部有凸起成马鞍状的砧座 8。

料块由进料口喂入到弓形篦篮后，落在弓形篦条上的大块物料受到从篦条间隙扫过的锤子冲击粉碎。预碎后落在砧座及两边转子下方的篦条筛 5 上，连续受到锤子的冲击成为小块物料，最后经篦缝卸出。

双转子锤式破碎机由于分几个破碎区，同时具有两个带多排锤子的转子，所以粉碎度较大，可达 40；生产能力相当于两台同规格单转子锤式破碎机。

3. 粉碎粘湿物料的锤式破碎机

上述各种锤式破碎机由于容易堵塞，都不能粉碎粘湿物料。为了提高锤式破碎机对粘湿物料的适应性，有一种粉碎粘湿物料的锤式破碎机，如图 6-10 所示。破碎机的外壳 1 内装有转子2，转子前面装有作为破碎板用的履带式回转承击板3。这种回转承击板可以防止物料在破碎腔进口处堆积起来，粘结在承击板上的物料则被锤头扫除。承击板由单独的电动机经传动轴4带动。承击板的底部有垫板5，以承受锤子的冲击力。

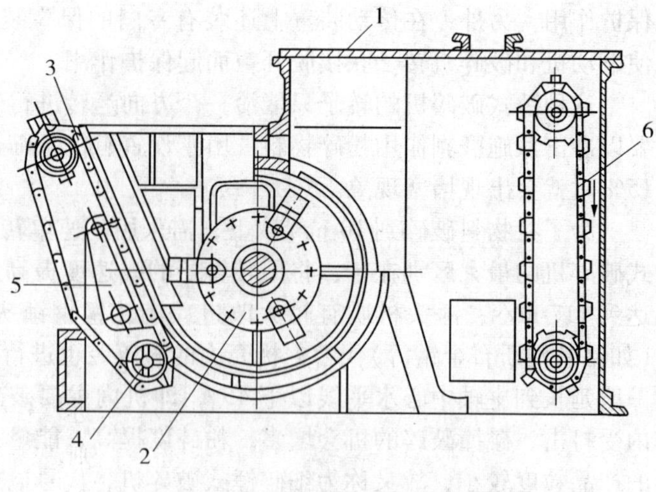

图6-10　粉碎粘湿物料的锤式破碎机

1—机壳；2—转子；3—回转承击板；4—传动轴；5—垫板；6—清理装置

料块喂到回转承击板上，被强制喂到转子的作用范围内。为了避免堵塞，转子下面一般不设篦条筛。

转子的后面还有清理装置6，它是一条垂直的闭合链带，其上装有横向刮板。链带也用单独的电动机带动，能将破碎后堆积在转子后方的物料耙松，以便卸出，同时可将粘附在外壳壁面上的物料刮下。

4. 锤子和转子

锤子是锤式破碎机的主要零件。锤头的质量、形状和材质对破碎机的工作性能有很大影响。而锤子的型式、尺寸和质量的选择，主要取决于处理物料的性质和尺寸。

在锤式破碎机中，料块受到高速旋转的锤子冲击而粉碎。当转子的圆周速度一定时，锤子质量愈大则动能愈大，才能将大块和坚硬的物料粉碎。实践证明，锤子的有效质量不但需能对料块产生碎裂性冲击，而且还要在冲击时不向后偏倒，否则，将大大降低破碎机的生产能力，而且增加能量消耗。所以，在粉碎大块而坚硬的物料时，宜选用重型的锤子，但个数并不要求很多。在粉碎小块而松软的物料时，宜选用轻型的锤子，这时锤子的数目不妨多些，以增加对物料的冲击次数，从而有利于物料的粉碎。

常用的锤子型式如图6-11所示，该图中的a、b、c三种是轻型锤子，质量通常为3.5～15 kg。多用来粉碎粒度为100～200 mm的软质和中等硬度的物料。其中a、b两种是两端带孔的，磨损后可以调换4次使用；而c只能调换两次。图6-11d为中型锤子，质量为30～60 kg，且重心距悬挂中心较远，多用来粉碎800～1000 mm的中等硬度物料，磨损后可以调换使用两次。图6-11e、f是重型锤子，质量达50～120 kg，主要用来粉碎大块而坚硬的物料，磨损后它只能调换使用两次。

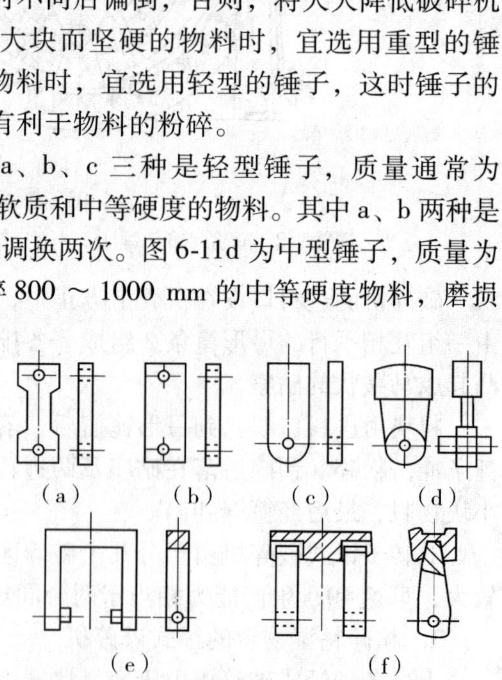

图6-11　锤式破碎机的锤子型式

锤子用高碳钢锻造或铸造，也可以用高锰钢铸造。用高碳钢制造锤子时，锻造的质量较高。为了提高锤子的耐磨性，有时在它的工作面上涂焊上一层硬质合金或焊上一薄层高锰钢，或者进行热处理。用高锰钢铸造的锤子最好经过水硬热处理以提高锤子的质量，延长使用时间。锤头磨损后，可以采用高锰钢堆焊进行修补，这样可以大大节省金属的消耗。

锤式破碎机的转子是一个回转速度较高的部件，质量又大，平衡问题就显得非常重要。为了使破碎机能正常工作，首先必须使它的转子获得平衡。

如果转子的重心偏离转轴的几何中心，则产生静力不平衡现象，若转子的回转中心线和其主惯性轴中心线不重合而呈交叉状态，则将产生动力不平衡现象。转子产生不平衡时，则破碎机的轴承除了承受转子质量之外，还受到其惯性离心力、惯性离心力矩作用，以致轴承很快磨损，功率消耗增加，机械产生振动。因此，转子制造与修理后，还要精确地进行平衡。

锤式破碎机的 L/D 比值不大，转子速度多数在1500 r/min 以下，一般只进行找静平衡。通常找静平衡是在平行导轨式的平衡架上进行。这种平衡架只能用于平衡两端轴径相等的转子。若要平衡两端轴径不相等的转子，则用滚动式的平衡架。滚动式的平衡架有滚柱式和圆盘式两种。进行转子找静平衡时，对于铰接悬挂的锤子不应安装上去，待平衡后用称量法将锤子的质量搭配好，保证每支锤轴上锤子的总质量与直径相对锤轴上的锤子总质量相等。

通常当锤子磨损以后，破碎机的破碎效果显著降低，生产能力下降，此时则需更换其中一部分锤子。当锤子磨损而需要调换工作面或更换新锤子时，更要把锤头的质量选配好。更换新锤子时，在径向要对称成对地更换，使破碎机运转起来平衡，减少振动。

（三）工作参数的确定

1. 转子转速

随着圆周速度的增加可使粉碎度以及产品中细粒级含量增加。但是圆周速度过大，将显著地增加功率消耗，同时会引起锤子、篦条和衬板的强烈磨损。转子圆周速度的大小与破碎机尺寸、产品粒度和物料的性质有关。欲使破碎产品粒度愈小，转子的速度应愈大，锤子数目也应愈多。破碎脆性物料时，转子速度可比粉碎粘性物料大40%。欲得到均匀的中等尺寸的产品，转速应低些，锤子数目应少些。

转子的圆周速度一般在 30 ～ 50 m/s。转子直径为 300 ～ 600 mm 的锤式破碎机，转子转速 $n=1000\sim3000$ r/min；转子直径为 600 ～ 1000 mm 的锤式破碎机，$n=600\sim1500$ r/min；转子直径为 1000 ～ 3000 mm 的锤式破碎机，$n=300\sim1000$ r/min。通常把圆周速度大于 30 m/s 的称为快速锤式破碎机，小于 30 m/s 的称为慢速锤式破碎机。

2. 生产能力

为了确定锤式破碎机的生产能力，假设当锤子扫过卸料篦条筛面时，从所有篦条间隙同时卸出已粉碎的物料体积为

$$V=Led_eZ\mu \quad (\mathrm{m}^3) \tag{6-17}$$

式中 L——卸料篦条间隙长度（m）；

e——卸料篦条间隙宽度（m）；

d_e——产品粒度（m）；

Z——卸料篦条间隙数目；

μ——物料松散及卸料不均匀系数，一般取 0.015 ～ 0.07；小型破碎机取较小值，大型破碎机取较大值。

为了避免篦条筛堵塞，两筛条间的已粉碎物料通过筛条间隙所需时间，应等于锤子扫

过两排锤子间弧长所需的时间 t，即

$$t=\frac{\frac{2\pi R}{k}}{\frac{\pi Rn}{30}}=\frac{60}{kn}\quad (\mathrm{s}) \tag{6-18}$$

式中 k——转子圆周方向的锤子排数，一般 $k=3\sim6$；

n——转子转速(r/min)；

R——转子中心到锤子顶端的半径(m)。

因此，破碎机的体积生产能力为

$$Q_0=3600\frac{V}{t}=60ZLed_{\mathrm{e}}\mu kn\quad (\mathrm{m^3/h}) \tag{6-19}$$

或

$$Q=60ZLed_{\mathrm{e}}k\mu n\rho_{\mathrm{s}}\quad (\mathrm{t/h}) \tag{6-20}$$

式中 ρ_{s}——破碎产品的堆积密度($\mathrm{t/m^3}$)。

事实上，锤式破碎机的生产能力与破碎机的规格、转速、卸料篦条间隙的宽度、喂料粒度、喂料情况(喂料的均匀程度)以及物料的性质等因素有关。用理论方法推导的公式计算较麻烦，计算结果比实际产量低，一般多采用经验公式计算。

当破碎中硬石灰石的粒度到 15 ～ 25 mm 时，单转子锤式破碎机的实际生产能力可用下式计算：

$$Q=DLe\quad (\mathrm{t/h}) \tag{6-21}$$

式中 D，L——分别为转子的直径和长度(m)；

e——卸料篦条间隙宽度(mm)。

粉碎煤时的生产能力可按下式计算：

$$Q=\frac{KLD^2n^2}{3600(i-1)}\quad (\mathrm{t/h}) \tag{6-22}$$

式中 D，L——分别为转子的直径和长度(m)；

n——转子转速(r/min)；

i——粉碎度；

K——考虑到物料性质和破碎机结构形式影响的系数，对于煤，$K=0.12\sim0.22$。

3. 功率

至今仍无比较准确的公式可用于计算锤式破碎机的功率消耗。在选配电动机时，可以根据以下经验公式来估算：

$$N_{\mathrm{M}}=KD^2Ln\quad (\mathrm{kW}) \tag{6-23}$$

式中 L——转子长度(m)；

D——转子直径(m)；

n——转子转速(r/min)；

K——系数，$K=0.1\sim0.15$。

(四)性能及应用

锤式破碎机的优点是：生产能力高，粉碎度大，电耗低，机械结构简单，紧凑轻便，投资费用少，管理方便。其缺点是：粉碎坚硬物料时，锤子和篦条磨损大，消耗较多金属和检修时间；需要均匀喂料；粉碎粘湿物料时会减产，甚至由于堵塞而停机。为了避免堵塞，被破碎物料的含水量不应超过15%(特殊用途的锤式破碎机例外)。

在无机非金属材料工业中，锤式破碎机广泛用来破碎石灰石、白云石、长石、莹石、泥灰石、煤、石膏等。用于细碎的锤式破碎机可以获得 0 ～ 10 mm 的产品粒度；用于粗碎的锤式破碎机，喂料尺寸可达 2500 mm，一般为 500 ～ 600 mm，可以获得 25 ～35 mm 之间的产品粒度。

锤式破碎机的产品粒度组成与转子圆周速度及篦缝宽度等参数有关。表 6-2 列出几种锤式破碎机的技术性能，其产品粒度特性曲线见图 6-12 和图 6-13（图上的曲线序号与表 6-2 中序号是对应的）。从这些图表可以看出：

表 6-2　几种锤式破碎机的技术性能

序号	规格 $D \times L$（mm）	转子转速（r/min）	锤端线速 C_u（m/s）	锤数×锤质量（kg）	篦缝宽（mm）	总篦缝面积（m^2）	生产能力 Q（t/h）	电动机功率 N_M（kW）	设备质量（t）	备注
1	$\phi2000 \times 2200$	200	21	40×56	30	1.84	300	275	63.5	用于 A、B 和 C 厂的第二级破碎
2	$\phi1270 \times 1270$	735	49	27×50	19 13	0.729	200 140	200	19	用于 D 厂的第二级破碎
3	$\phi1400 \times 1200$	585	49	39×50	21.3 28.5	0.39 0.9	250 300	430	35	用于 E 和 F 厂的第二级破碎
4	$\phi1600 \times 1600$	730	53.6	44×29.5	40	0.57	180	280	23.5	用于 C 厂的第二级破碎
5	$\phi1430 \times 1230$	755	53.8	70×12	15 ～ 20		120 ～ 200	370	15.22	用于 H 厂的第三级破碎
6	$\phi1600 \times 1250$	485	40.6	80×50	34		300 ～ 340	2×294	50	用于 I 厂（双转子）的二级破碎
7	$\phi1000 \times 800$	725	38	24×17.5	10		40 ～ 50	110	67	用于 C 厂的第三级破碎

注：序号 3 的篦缝宽尺寸为算术平均值。

（ⅰ）转子圆周速度较高的，其曲线较凹，产品中的细粒较多。快速锤式破碎机兼有中、细碎的作用；慢速锤式破碎机产品中的粗粒较多，且同一种破碎机破碎三种石灰石，其曲线形状相似，图 6-12 曲线 1a、1b 和 1c 接近于一条直线（见图中双点划线），说明同一台破碎机的产品粒度与石灰石变化的关系不大。

（ⅱ）对同一台锤式破碎机减小卸料篦缝宽度后，曲线下凹，产品粒度较细，生产能力也随之降低（如图 6-12 中 3a、3b、3c 和 3d）。如果把图 6-12 上的横坐标换为相对粒度（即筛孔尺寸与篦缝宽度之比），则 $2a$、$2b$、$3a$ 和 $3c$ 均可用一条曲线代表，如图 6-13 所示，说明相对粒度特性曲线与篦缝改变关系不大。

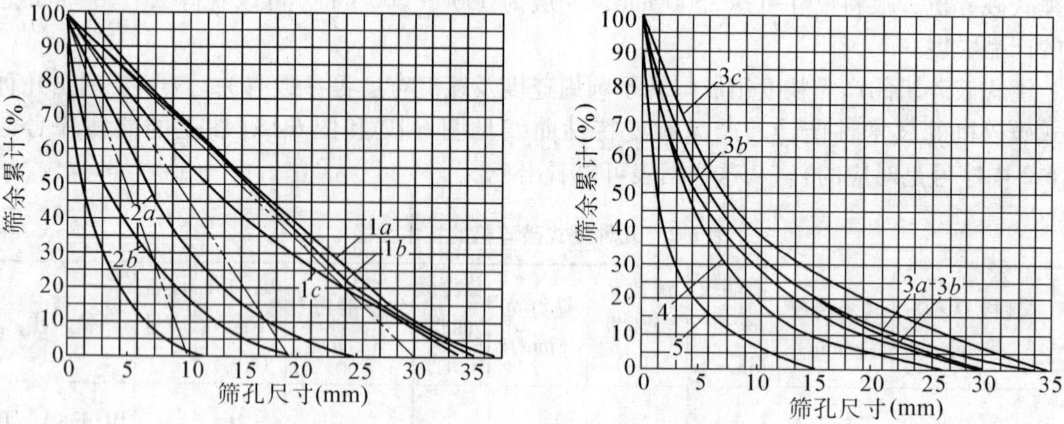

图 6-12　锤式破碎机的产品粒度特性曲线

1a—A 厂石灰石，篦缝 30 mm；1b—B 厂石灰石，篦缝 30 mm；1c—C 厂石灰石，篦缝 30 mm；2a—C 厂石灰石，篦缝 19 mm；2b—D 厂石灰石，篦缝 13 mm；3a—E 厂石灰石，篦缝 0.39 m^2，253 t/h；3b—E 厂石灰石，篦缝 0.39 m^2，432 t/h；3c —E 厂石灰石，篦缝 0.9 m^2，306 t/h；3d—E 厂石灰石，篦缝 0.9 m^2，504 t/h；4—G 厂石灰石，篦缝 40 mm；5—H 厂石灰石，篦缝 15 ～ 20 mm；7—C 厂石灰石，篦缝 10 mm

可以看出，快速锤式破碎机兼有中、细碎的作用，一般不必另设细碎机。但是，为了在现有快速锤式破碎机上降低产品粒度和提高生产能力，可以考虑较大地放宽快速锤式破碎机的卸料篦缝宽度，增加卸料篦缝面积，使卸料经过筛分，细料作为产品，粗料由增加的一级小型细碎机处理，或作为循环料返回锤式破碎机作闭路流程处理。

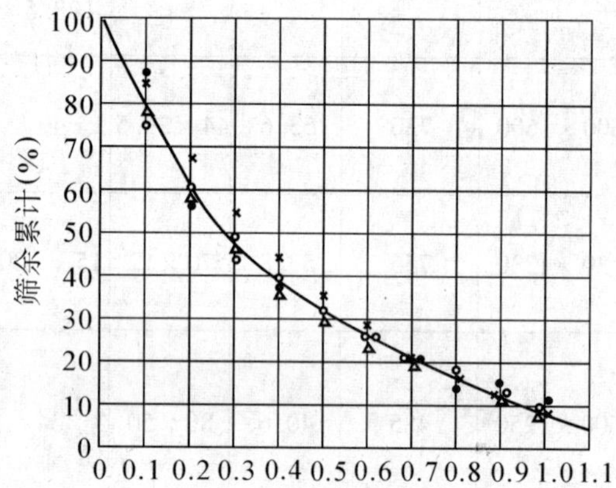

图 6-13　锤式破碎机的产品相对粒度特性曲线

×—曲线 $2a$，篦缝 19 mm；●—曲线 $2b$，篦缝 13 mm；○—曲线 $3a$，篦缝 28.5 mm；△—曲线 $3c$，篦缝 21.3 mm

二　反击式破碎机

（一）工作原理及类型

反击式破碎机是在锤式破碎机基础上发展起来的。其主要工作部件为带有板锤的高速旋转的转子（见图 6-14）。喂入机内料块在转子回转范围（即锤击区）内受到板锤冲击，并被高速抛向反击板，再次受到冲击，然后又从反击板反弹到板锤，继续重复上述过程。在往返途中，物料间还有互相碰击作用。由于物料受到板锤的打击与反击板的冲击以及物料相互之间的碰撞，物料不断产生裂缝，松散而致粉碎。当物料粒度小于反击板与板锤之间的缝隙时，就被卸出。

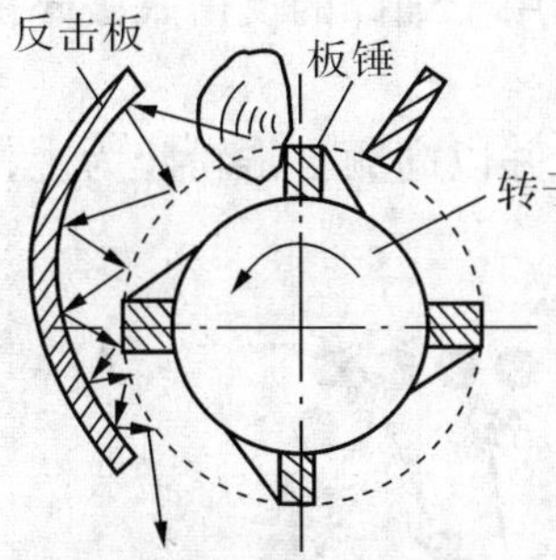

图 6-14　物料在破碎腔内运动示意图

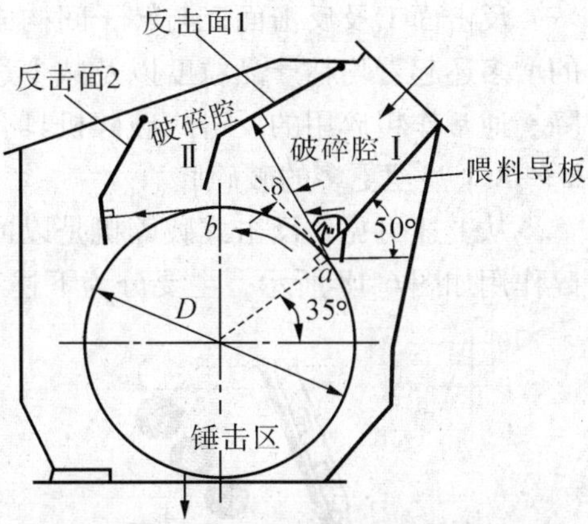

图 6-15　反击式破碎机结构原理示意图

图 6-15 所示为一种典型的反击式破碎机结构原理示意图。物料的破碎过程主要是在转子的第一象限上部进行的，在那里，对反弹回来物料的重复冲击条件最佳。物料经导板喂入锤击区 a 点，有两种不同工况：小块物料受到板锤冲击后，将按板锤运动的切线方向抛出，此时接触角 $\varphi = 90°$（图 6-16），料块所受的冲击力可近似地认为是通过料块的重心，这是最佳工况；大块物料接触角 $\varphi < 90°$（图 6-17），由于偏心冲击而产生力矩，导致物料与切线抛掷方向成 δ 角的明显偏斜而被抛出，同时由于与摩擦有关的切向冲击，物料又绕重心自转。在冲击时物料若产生破碎，粉碎的物料就构成锥形碎片群飞溅出去（图 6-16b 及图 6-17b）。为了消除偏心冲击产生的力矩，使物料更好地导入破碎腔，而将喂料导板下端折成一定角度，同时调整第一块反击装置的反击面 1，使它与抛射上去的物料群的中心飞行方向近似于垂直。

图 6-16　锤头通过中心的冲击

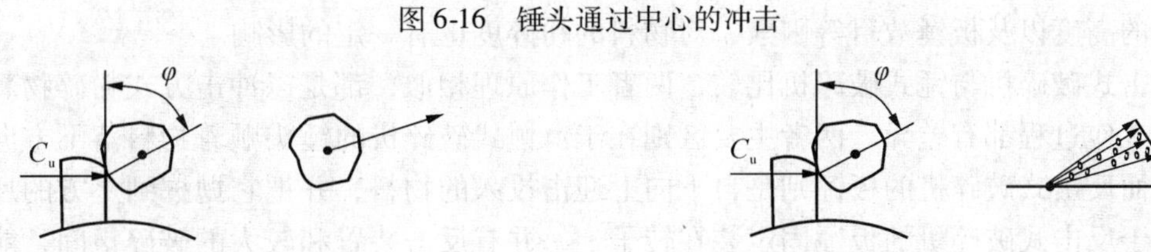

图 6-17　锤头偏离中心的冲击

物料受到第一次冲击后，在机内反复地来回抛掷。此时，物料由于局部的破坏和扭转，已不再按预定轨迹作有规则的运动，而是在第一象限上部破碎腔Ⅰ的不同位置反复冲击，而后物料进入第二象限上部的破碎腔Ⅱ，进一步冲击粉碎。最后，粉碎的物料从机体下部卸出。

反击面 1 及反击面 2 与转子间构成的缝隙大小对产品粒度组成具有一定影响。破碎腔的增多还起着均整产品粒度以及减少过大颗粒的作用，但会引起电耗增加以及生产能力下降。通常作粗碎用的反击式破碎机具有 1 ～ 2 个破碎腔，而用于细碎的反击式破碎机则有 2 ～ 3 个甚至更多的破碎腔。

从上述可见，反击式破碎机是以冲击方式粉碎物料的，并以高频自击粉碎为主，其破碎作用如图 6-18 所示，主要分为下述三个方面：

（a）单转子的破碎作用　　（b）双转子的破碎作用

图 6-18　物料在反击式破碎机内的破碎过程

（ⅰ）自由破碎。进入破碎腔内的物料立即受到高速板锤的冲击，以及物料之间相互撞击，同时板锤与物料之间有摩擦作用。在这些外力作用下，使破碎腔内物料在自由状态下沿其脆弱面破碎。

（ⅱ）反弹破碎。被破碎的物料，实际上并不是无限制地分散的，而是被集中在箱形体区间里。由于高速旋转的转子上的板锤冲击作用，使物料获得很高的运动速度，然后撞击到反击板上，使物料得到进一步的粉碎，这种破碎作用叫做反弹破碎。

（ⅲ）铣削破碎。经上述两种破碎作用未破碎的大于出料口尺寸的物料，在出料口处被高速旋转的锤头铣削而破碎。

实践表明，其中以物料受板锤的冲击作用为最大。反击板与板锤间的缝隙、板锤露出转子体的高度以及板锤数目等因素，对物料的粉碎度也有一定的影响。

反击式破碎机与锤式破碎机比较，两者工作原理相似，都是以冲击方式粉碎物料，但结构和工作过程都有差异。两者主要区别在于：锤式破碎机的锤头顺着物料落下方向打击物料，而反击式破碎机的板锤则是自下向上迎击投入的物料，并把它抛掷到上方的反击板上。由于反击式破碎机的板锤固定装在转子上，并有反击装置和较大的破碎空间，能更多地利用冲击作用，充分利用转子能量，因而其单位电耗和金属消耗均比锤式以及其他破碎机为少。由于反击式破碎机主要利用物料所获得的动能（$E=\frac{1}{2}mv^2$）进行选择性冲击粉碎，因而工作适应性较大。因为物料的破碎程度直接与本身质量 m 成正比，所以大块物料受到较大程度的粉碎，而小块物料则不致被粉碎得更小，产品粒度均匀，粉碎度较大，可作为物料的粗、中和细碎机械。在相同的喂料粒度和生产能力的条件下，其质量系数远比其他破碎机为大。同时，调整转子的速度就会很灵敏地影响产品的粒度。反击式破碎机没有上下篦条筛，所以产品粒度一般均为 5 mm 以上。而锤式破碎机则大都有底部篦条，因而产品粒度较小，较均匀。

反击式破碎机按其结构特征可分为单转子和双转子两大类，其详细分类见图 6-19。

单转子反击式破碎机如图 6-19A ～ E 所示，结构简单，适合于中、小型厂使用。在转子下方设置有均整篦板的反击式破碎机，可控制产品粒度，因而过大颗粒少，产品粒度分布范围较窄，粒度较均匀。这主要是细颗粒容易通过均整篦板的缝隙排出，过大颗粒则在均整篦板上受剪切和磨剥的作用得以进一步破碎。均整篦板起着分级和破碎过大颗粒的作用。均整篦板的悬挂点能够水平移动，以适应各种破碎工况，它的下端可借调整均整篦板与转子间的夹角，从而补偿因篦板和板锤磨损后而引起卸料间隙的变化。

双转子反击式破碎机按转子回转方向又可分为以下三类：

（ⅰ）两转子同向旋转的双转子反击式破碎机如图 6-19F 及 H 所示。它相当于两个单转子反击式破碎机串联使用，粉碎度大，粒度均匀，生产能力大，但电耗较高。这种破碎机可同时作为粗、中和细碎机械使用，可以减少破碎次数，简化生产流程。

（ⅱ）两转子反向旋转的双转子反击式破碎机如图 6-19G 所示。它相当于两个单转子反击式破碎机并联使用，生产能力大，可破碎较大块物料，作为大型粗、中碎破碎机使用。

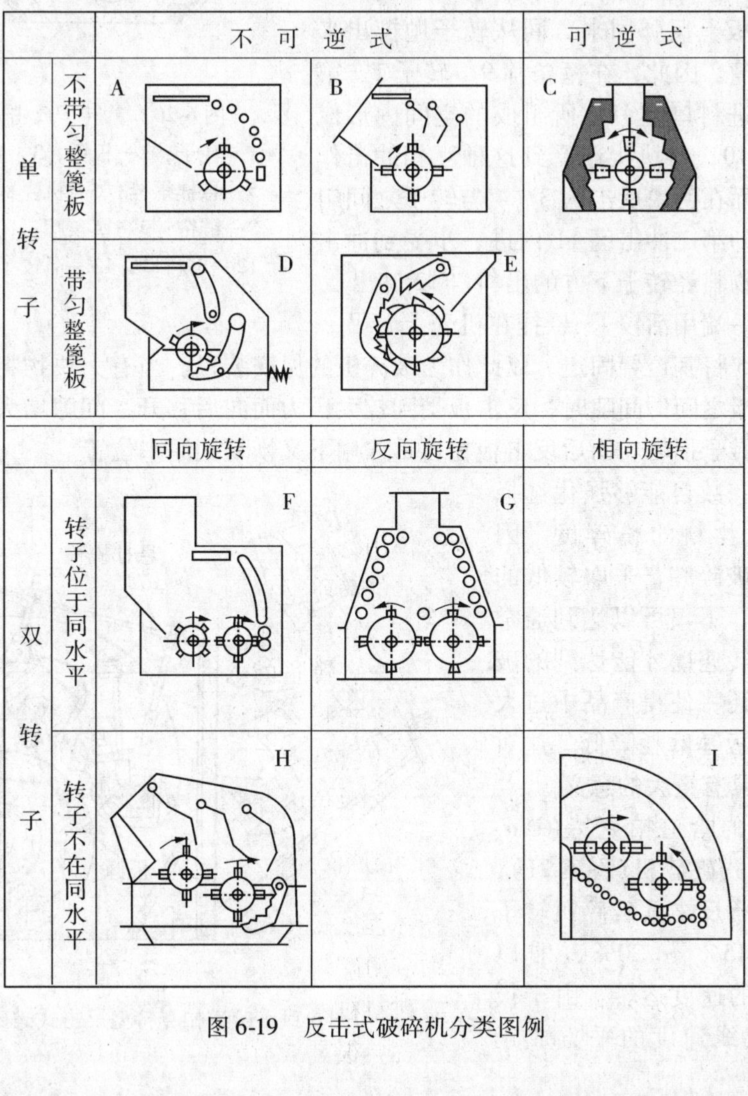

图 6-19　反击式破碎机分类图例

（ⅲ）两转子相向旋转的双转子反击式破碎机如图 6-19I 所示。它主要利用两转子相对抛出物料时的自相撞击进行粉碎，所以粉碎度大，金属磨损较少。

单转子和双转子反击式破碎机分别用代号 PF 和 2PF 表示，规格用转子直径和长度（mm）表示。例如，代号 2PF 是 $\phi1250\times1250$ 的含义是双转子反击式破碎机，其转子直径 D 为 1250 mm，转子长度 L 为 1250 mm。

（二）构造

1. 单转子反击式破碎机

单转子反击式破碎机的构造如图 6-20 所示。料块从进料口 7 喂入，为了防止料块在破碎时飞出，装有链帘 8。喂入料块落到装在机壳 6 内的篦条筛 9 的上面，把细小的料块筛出，大块的物料沿着筛面落到转子 1 上。在转子的轴向上固定安装着凸起一定高度的板锤2，转子由电动机经三角胶带带动转动。落在转子上面的料块受到高速旋转的板锤冲击，获得动能，以高速向反击板撞击，接着又从反击板上反弹回来，同从转子抛掷出来的料块彼此碰撞。因此，在篦条筛 9、转子 1、第一反击板 3 及进料口链帘 8 所组成的空间内形成强烈的冲击区 10，料块接连受到这种互相冲击作用而粉碎。继而在两块反击板 3、4 与转子之间组成的破碎腔，即第二冲击区 11 内进一步受到冲击粉碎。破碎后物料经转子下方的出料口 12 卸出。

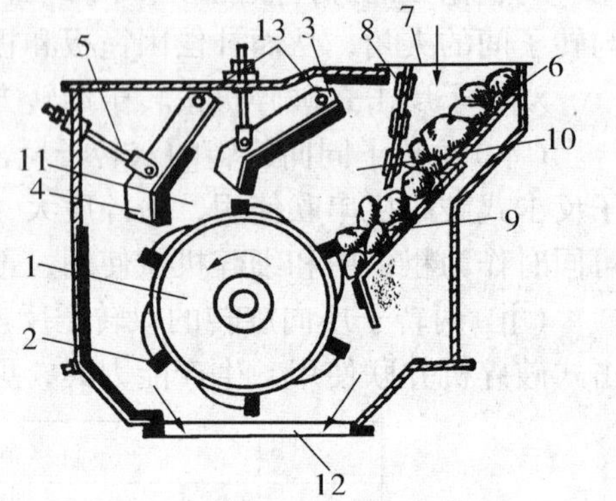

图 6-20　单转子反击式破碎机

1—转子；2—板锤；3，4—反击板；5—悬挂螺栓；6—机壳；7—进料口；8—链帘；9—篦条筛；10，11—破碎腔；12—出料口；13—活铰

反击板的一端用活铰 13 悬挂在机壳上，另一端用悬挂螺栓 5 将其位置固定，以此作为破碎机的保安装置。当有大块物料或难碎物件夹在转子与反击板之间的间隙时，反击板受到较大压力而向后移开，间隙增大，可让难碎物通过，不致使转子损坏。而后反击板在自重作用下又恢复到原来位置。

增加破碎腔数目能够强化选择性破碎，增大物料的粉碎度。因此，通过增设破碎腔，采取较低的转子回转速度，不仅可以达到通常需要较高的回转速度才能达到的破碎效果，而且还将使得产品中过大粒度减少以及板锤磨耗降低。这对破碎硬质物料具有重大的意义。

德国生产的哈道帕克特（Hardopact）型反击式破碎机（图 6-21），就是采用较通常反击式破碎机转子回转速度低 15% ～ 20%，即以 22 ～26 m/s 的速度运转。由于板锤的磨耗与其线速度的平方成正

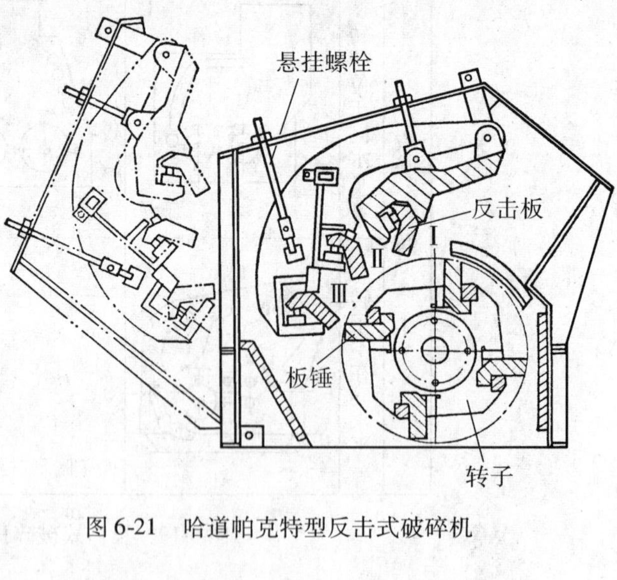

图 6-21　哈道帕克特型反击式破碎机

比，因此，降低板锤的线速度可使板锤的磨损减小。此外，相应地改进了板锤结构，采用了特厚的、无需加工的合金钢板锤。整个工作期间一次使用，无需换向调边，从而节省了辅助时间，降低了生产费用，板锤利用率高达2/3(按质量计)。为了在低速运转时仍能保证产品粒度，采用三个反击板构成的三个破碎腔的结构，其结果是以低能耗获得较高的生产能力。这类破碎机适用于硬物料的破碎，可将喂料粒度 400 mm 的物料一次破碎到 35 mm以下，生产能力为 30 ～ 240 t/h。

2. 双转子反击式破碎机

图 6-22 所示为 ϕ1250 mm × 1250 mm 双转子反击式破碎机。机体 1 内装有两个平行排列的转子，并有一定的高度差。第一级转子 2 位置稍高，与第二级转子 5 两中心连线的水平夹角约为 12°。第一级转子为重型转子，用于粗碎；第二级转子的转速较快，能满足最终产品的要求。第一级转子用螺栓固装着 8 块板锤，分布成 4 排；第二级转子同样用螺栓固装着 12 块板锤，分布成 6 排。板锤均用高锰钢铸造，形状有利于冲击粉碎和出料。转子固装在主轴上，两端用滚动轴承支承在机体上。两转子分别由两台电动机连接液力联轴器、挠性联轴器，经三角胶带传动作同向高速旋转。采用液力联轴器，既可降低启动负荷，减少电动机容量，又可起到保安作用。

第一和第二反击板 3、6 的一端，通过悬挂轴铰接于上机体两侧板上，另一端分别由悬挂螺栓或调节弹簧部件 7 支挂在机体上部或后侧板上。分腔反击板 4 通过支挂轴与装在机体两侧面的连杆及压缩弹簧 8 相联结，悬挂在两转子之间，将机体分成两个破碎腔。分腔反击板与第一反击板联结成圆弧状反击破碎腔。在分腔反击板和第二反击板的下半部安装有不同排料尺寸的篦条衬板，使达到粒度要求的料块及时排出，以减少不必要的能量损耗。篦条衬板用高锰钢铸造。

为了充分利用物料排出时的动能，避免个别大块物料排出，确保产品粒度的质量指标，在第二级转子的卸料端设置有均整篦板 9 及固定反击板 12，在物料接触的表面装有高锰钢铸造的篦条和防护衬板。如果对产品粒度的均齐性要求较高，还可以在第一转子下部装置均整篦板。

根据产品粒度的要求，或板锤等零件磨损后，都需要对破碎机进行适当调整。主要是调整分腔反击板、第二反击板和均整篦板与转子上板锤端点的间隙。第一反击板用来配合分腔反击板的调节，以便保持近似的圆弧形反击破碎腔。调整分腔反击板时，拧动定位螺母即可改变与转子板锤端点的间隙。调整间隙时，必须相应地调整弹簧预应力。第二反击板、均整篦板与第二转子板锤端点间隙的调整，是通过调整相应的弹簧而达到目的。

上下机体在物料破碎区域内壁装有衬板，机体上设有便于安装检修用的后门和侧门。机体进料口处设置有链帘 13，以防止物料在破碎时飞出。

该破碎机的喂料导板位置比较低，因而板锤对喂入料块的冲击起点比较低，增大了冲击空间，有利于冲击粉碎。同时采用分腔集中冲击粉碎，且两转子具有一定高度差，使第一转子具有强迫给料可能，因而扩大了两转子的工作角度，使两转子得到充分利用，第二转子的线速度可以提高。由于两转子具有不同的线速度、不同的板锤数和板锤高度，破碎机能根据破碎要求使物料得以充分破碎，使一次开路破碎产品能直接入磨。

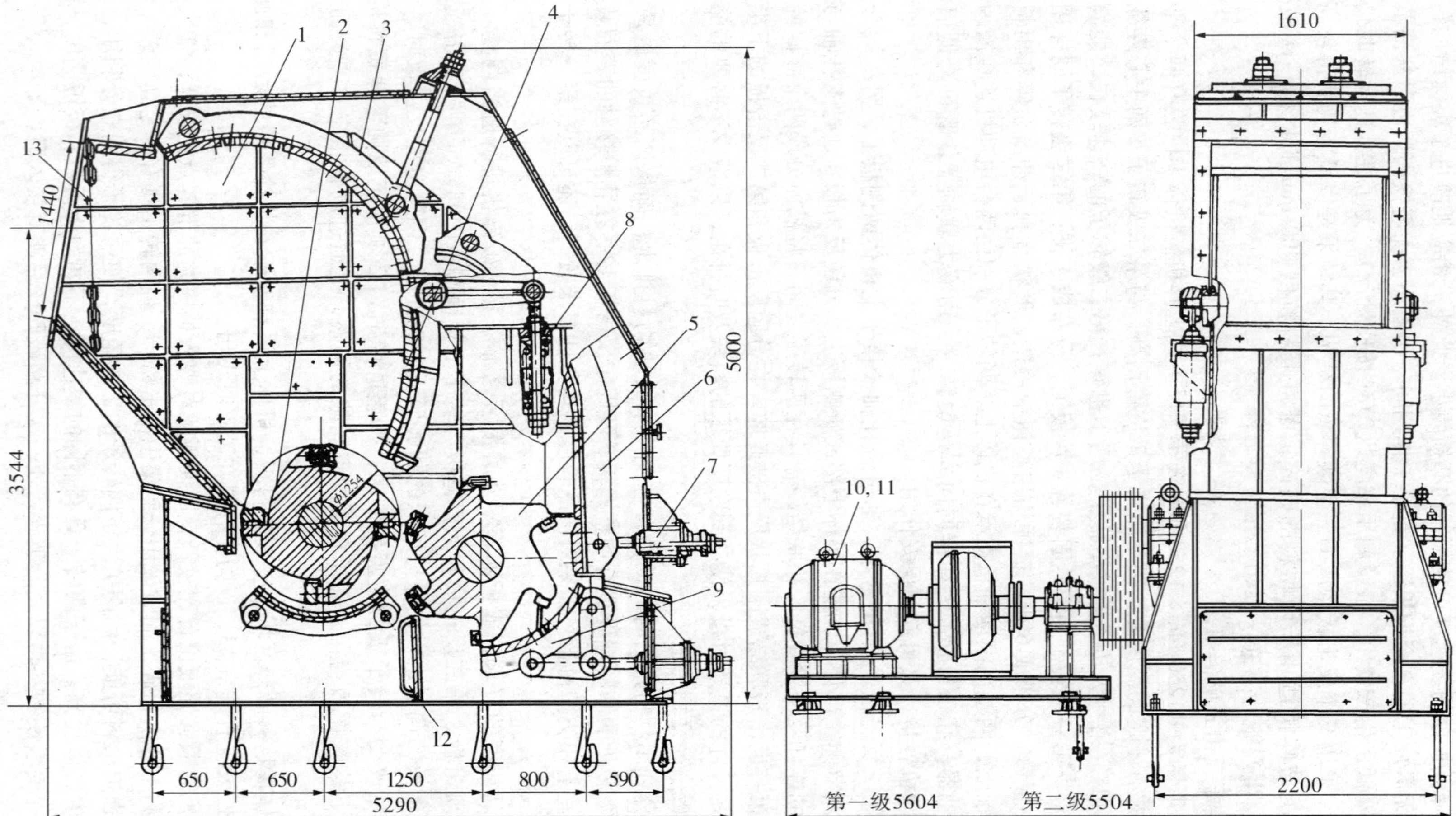

图6-22　ϕ1250 mm × 1250 mm双转子反击式破碎机

1—机体；2—第一级转子；3—第一反击板；4—分腔反击板；5—第二级转子；6—第二反击板；7—调节弹簧部件；8—压缩弹簧部件；9—均整篦板；10—第一级传动装置；11—第二级传动装置；12—固定反击板；13—链帘

通常双转子反击式破碎机在两转子之间易漏过大粒度产品。图 6-23 所示曲线 2、3 为通常的 ϕ1250 mm × 1250 mm 双转子反击式破碎机产品粒度特性曲线。最大喂料尺寸为 700 mm，产品粒度绝大部分小于 20 mm，生产能力为 120 t/h 左右。因产品中细粒较多，曲线大部分呈凹形，但含有少数大块，个别达 60 mm，所以曲线的右下方均渐趋平缓。为了消除大块，改为有高差的双转子，增加部分下篦条，并在下篦条切线方向增加反击板。改进后的破碎机消除了产品中的大块，产品粒度特性曲线为图中的曲线 1。虽然破碎的石灰石抗压强度较高，曲线 1 的右下方仍然较陡，说明改进取得一定效果。

大型双转子反击式破碎机能把 1590 mm × 1828 mm 的料块破碎到小于 152 mm，生产能力可达 2000 t/h。大型反击式破碎机采用了液压启动装置，能快速将机体打开，便于板锤等易损件的安装和更换。

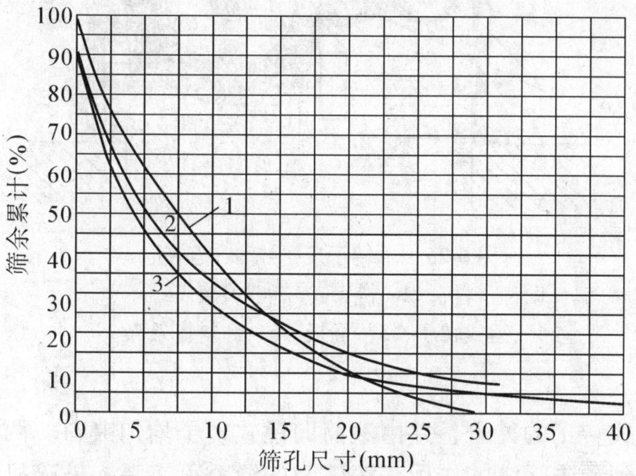

图 6-23　ϕ1250 mm × 1250 mm 双转子反击式破碎机产品粒度特性曲线

1—破碎抗压强度 89.3 ～ 103 MPa 的石灰石；

2—破碎抗压强度 90.1 MPa 的石灰石；

3—破碎抗压强度 49.1 ～ 78.5 MPa 的石灰石

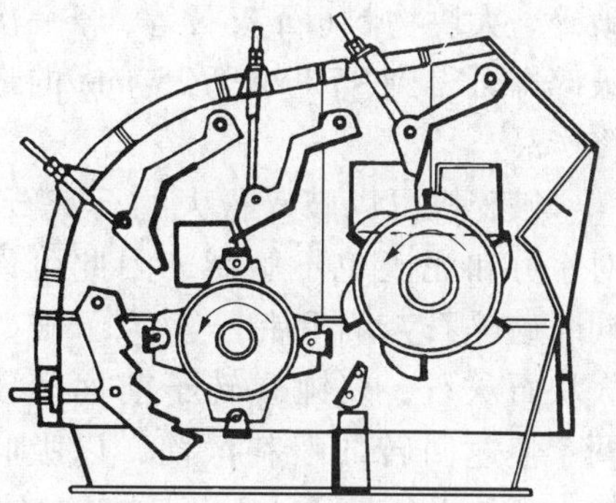

图 6-24　复合反击式破碎机

3. 复合反击式破碎机

复合反击式破碎机(图 6-24)是因为在一个机壳内组合了两种形式的破碎机而得名。机壳内装有两个转子，两个转子中心连线与水平线的夹角成 30°。第一级转子为重型转子，用于粗碎，转子的圆周速度为 30 m/s；第二级转子的转速较快，圆周速度为 50 m/s，以满足最终产品的要求。破碎机具有三个破碎腔，转子的卸料端装置有可调节的均整篦板和固定的反击板。破碎机如此配置，可以克服通常双转子反击式破碎机在两个转子之间易漏出过大粒度产品的缺点。

复合反击式破碎机用于大、中型水泥厂石灰石单级破碎。它允许的最大喂料为 1 ～ 1.5 m^3，可将边长 1000 ～ 1500 mm 的料块一次破碎至入磨要求粒度，产品粒度小于 25 mm 的占 97%。其生产能力为 600 ～ 1000 t/h。该机对易于粘料的部件(如喂料导板、机壳侧壁和反击板等)上装置有加热设备，当石灰石中夹土较多，物料含水量超过 8% 时，采用热油(或电热)将粘料部件加热到 180°左右，即可防止破碎机堵塞。实践表明，这种破碎机在破碎中硬石灰石时，第一级转子的电耗为 0.75 kW · h/t；第二级转子的电耗为

0.9 kW·h/t。

4. 反击-锤式破碎机

反击-锤式破碎机是一种反击式和锤式相结合的破碎机。按其结构特征亦有单转子和双转子两种。

图6-25所示EV型破碎机是单转子反击-锤式破碎机的一种。其结构特点是，机内装设有喂料滚筒3，一块可调节的颚板5和一个可调节的卸料篦条筛6。破碎机具有较大的反击腔，只使用一个中等圆周速度的锤式转子4就能进行接连几次的破碎。大块物料(石灰石等)经一次破碎即可得到95%小于25 mm的最终产品。

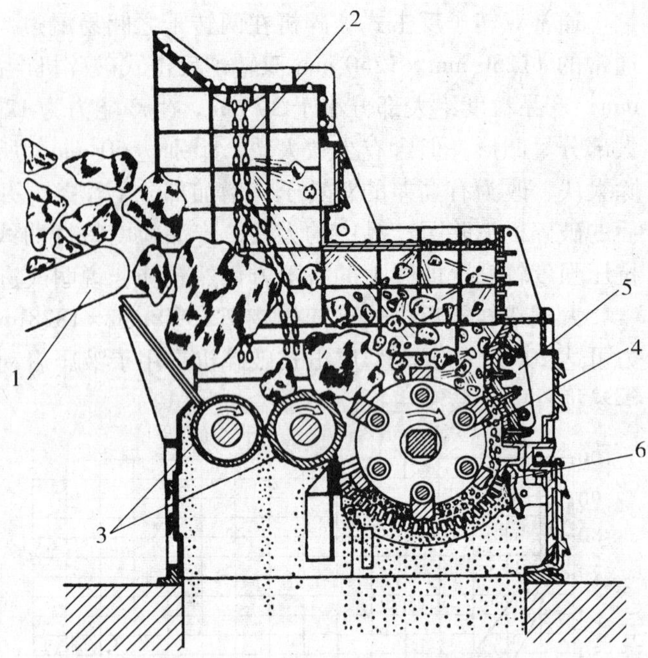

图6-25　单转子反击-锤式破碎机

1—喂料机；2—链帘；3—喂料滚筒；4—锤式转子；5—颚板；6—卸料篦条筛

破碎机可以破碎很大的石灰石，对水分和泥土也不敏感，因此可以同时破碎石灰石和粘土。为了破碎大块石灰石，在锤式转子前面装设两个慢速回转的喂料滚筒，以吸收喂入的粗大物料的冲击，从而减轻对锤式转子的冲击，并由滚筒向锤式转子均匀喂料。两个滚筒不仅保护了锤式转子，而且还起到预先筛分的作用。滚筒间的缝隙可将喂入破碎机中的细小粒级碎料及泥土预先选出，因此破碎机无需喂料篦条筛。破碎机的特殊设计，使得它能够处理含有粘土的物料。

这种破碎机的锤子是活动悬挂的，以38～40 m/s的圆周速度旋转，每个锤子质量在90～230 kg之间。破碎机可以喂入1～2 m^3 大小、边长达2 m的物料，生产能力可达1250 t/h。

通过调节颚板、卸料篦条与转子的距离以及篦条之间的篦缝，可以调整破碎机的产品粒度。当然，这将引起生产能力的变化。这种变化可以从EV型破碎机的生产能力曲线图(图6-26)中看出。

适当调整卸料篦缝，从EV型破碎机出来的产品可以直接喂入磨机。根据制造厂数据，单转子反击-锤式破碎机的单位电耗，当粉碎到95%物料均小于25 mm的细度时，在0.3～0.4 kW·h/t范围变化。

使用单转子反击-锤式破碎机只需一级破碎就可解决问题。破碎车间的操作费用低廉，破碎机占地面积小，车间的布置大为简化。

国产的单转子反击-锤式破碎机，如PCF2002的主要技术性能：进料口尺寸2280 mm×2380 mm，最大喂料尺寸为1000 mm×1000 mm×1500 mm，转子回转速度为300 r/min，电动机功率为800 kW，生产能力为700 t/h。

双转子反击-锤式破碎机如图6-27所示。破碎机装设了两个锤式转子，其粉碎度可达50左右，用于大型水泥厂的石灰石的单级破碎。

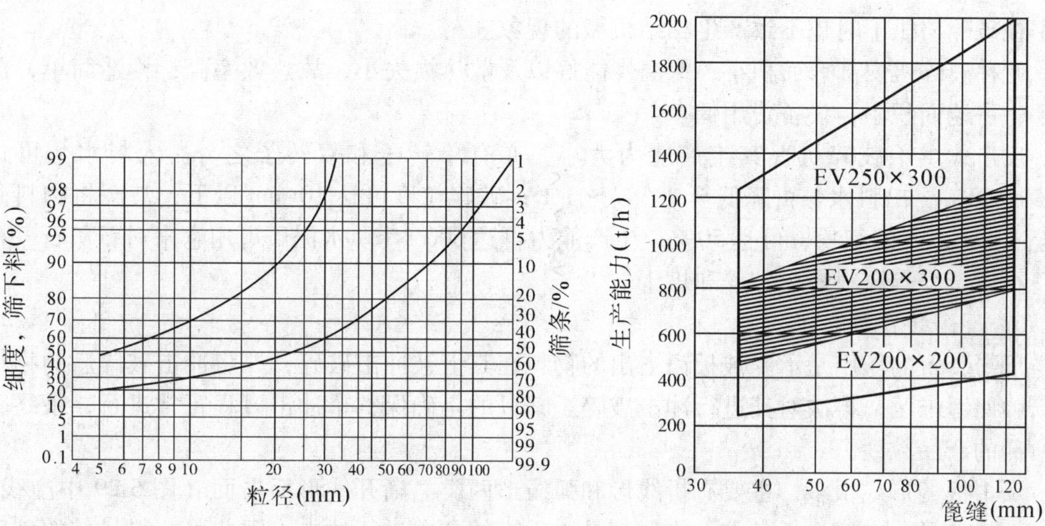

图 6-26　EV 型破碎机的产品粒度与生产能力关系

5. 反击式烘干破碎机

反击式破碎机破碎粘湿物料时，生产能力将降低，甚至产生堵塞。为了解决粘湿物料的破碎，出现了破碎与烘干同时作业的反击式烘干破碎机，构造如图 6-28 所示。这种破碎机无出料篦条，转子及其上部反击板等结构与一般反击式破碎机相同。物料的破碎过程与前述单转子反击式破碎机相同。从出料斗下部的侧向及喂料板侧向进风口通入高温气体烘干物料，废气由出风口排出，产品由出料口卸出。

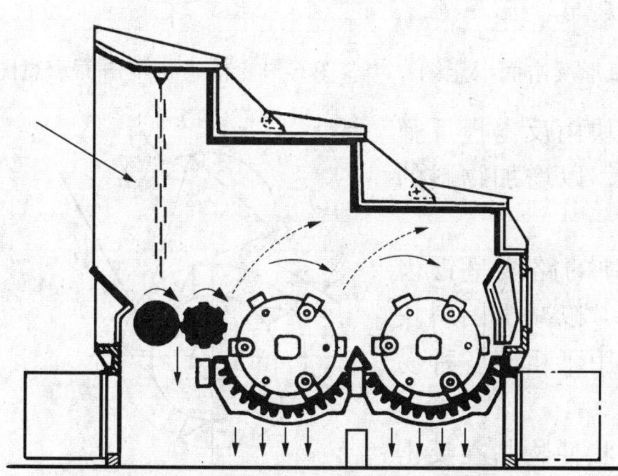

图 6-27　双转子反击-锤式破碎机

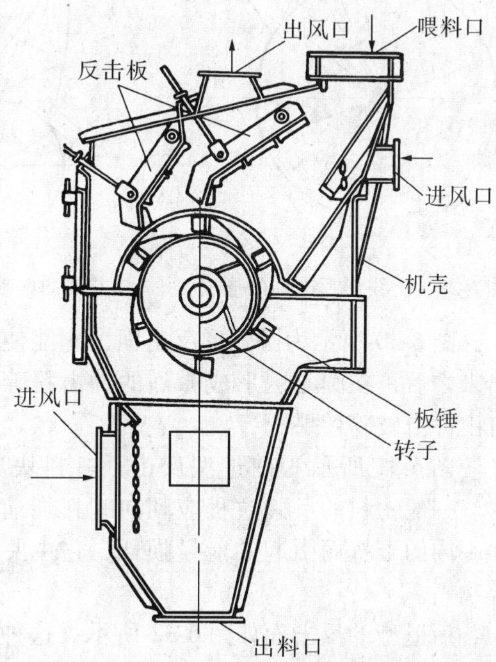

图 6-28　反击式烘干破碎机

破碎机可利用煤、重油或高温废气等各种热源，热风入口温度 300 ~ 700 ℃。破碎机的粉碎度很大，可达 70 ~ 80。被粉碎物料与通入的热气体逆流接触，强烈地冲击粉碎使物料与热气体互相干涉而形成涡流，接触良好，因而烘干的能力很强，即使含水量高的粘土，在破碎与烘干时也不致产生粘结机械的现象。

此种破碎机内部表面积小，保温性能好以及散热损失小，故热效率高；构造简单，体积小，占地面积小，设备费用低。

反击式烘干破碎机视其生产能力大小，亦有单转子和双转子之分。入料水分可达25%～30%，出料水分可降低至0.5%～1%；破碎粒度可达10 mm以下，甚至将物料破碎至1 mm以下的细粉，可达50%；生产能力可达600 t/h。水泥厂可用它来对石灰石、粘土、页岩、煤等原料进行破碎和烘干。

6. 反击装置和转子

反击装置的作用是承受被板锤击出的物料在其上被冲击破碎，并将冲击破碎后的物料重新弹回锤击区，再次对其进行冲击破碎。其目的是确保整个冲击过程正常进行，最终获得所需的产品粒度。

反击板的形式很多，主要有折线形和弧线形两类。渐开线形反击面（图6-29中虚线）的主要特点是：在反击板各点上物料都是以垂直的方向进行冲击，因此可获得最佳的破碎效果。但是由于渐开线形反击面制作困难，而且实际破碎时，由于料块在腔内相互间干扰，其运行轨迹已不规则，渐开线形反击面也失去实用意义，故通常采用近似渐开线的折线形反击面代之。

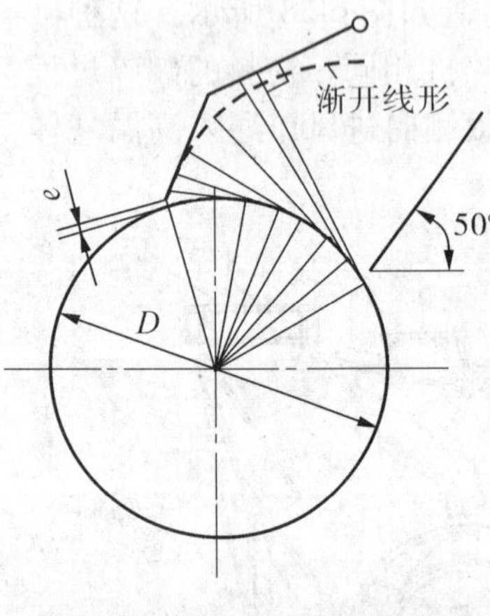

图6-29　折线形反击面的形成

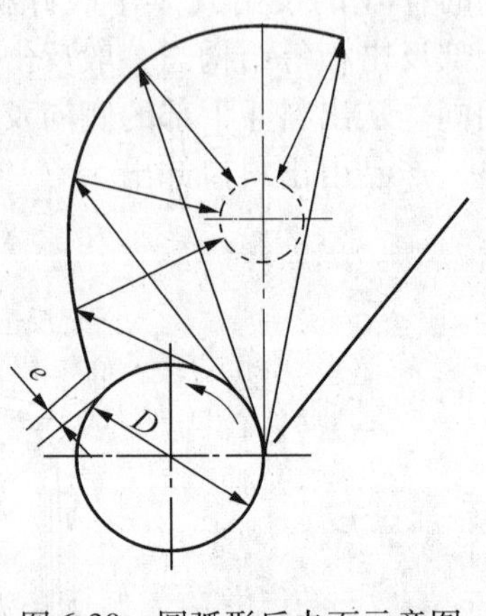

图6-30　圆弧形反击面示意图

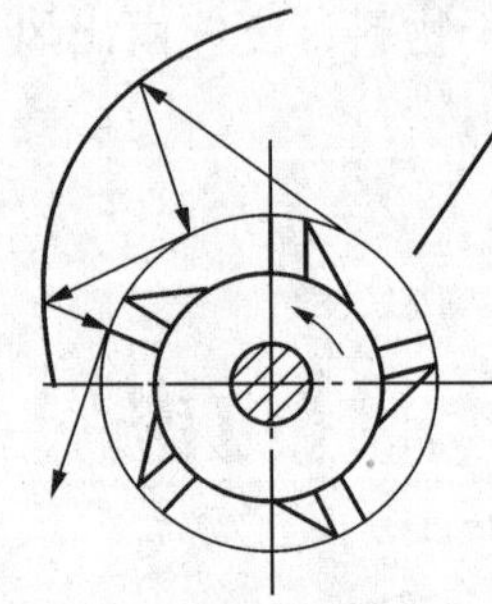

图6-31　前进型反击面示意图

图6-30所示为圆弧形反击面，它能使料块由反击板反弹出来之后，在圆心区形成激烈的冲击粉碎区，以增加物料的自由冲击破碎效果。

图6-31所示为前进型反击面。料块反弹的路线呈锯齿形。一般物料的反弹过程应朝向卸料端前进，以减少因料块在腔内的干扰而引起的能量损耗。它主要适用于粗碎各种易碎物料。

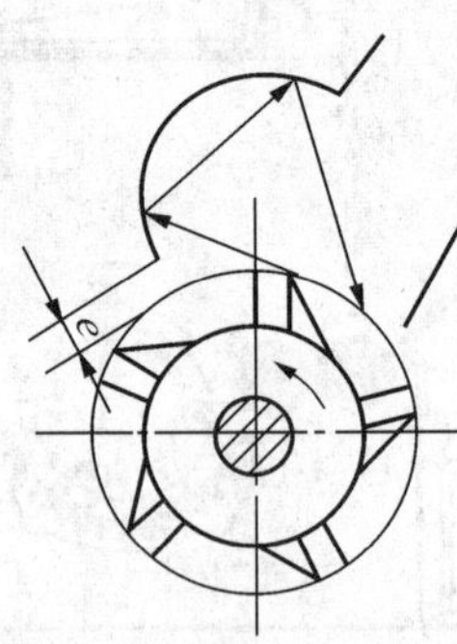

图6-32　后退型反击面示意图

后退型的反击面如图6-32所示。这种形状使物料在反击过程以后退的方式回到冲击点，这样可增加物料承受冲击的次数，获得较细粒级的产品。

反击装置一般为反击板，采用钢板焊成，其反击面装有耐磨的衬板，但也可用反击辊（图6-18a）或篦条板（图6-18b）组成。反击辊或篦条板的间距按产品最大粒度而定。篦条板的缝隙呈倒锥形，以防被物料堵塞。带有缝隙的反击面，其产品中细粒含量较少，设备生产能力提高，电耗较少，但存在结构复杂，反击面磨损后更换困难，耐磨材料利用率低等缺陷。

反击装置通常带有卸料间隙调整机构。通过卸料间隙的调整，可以改变冲击次数的多少，从而在不同程度上影响产品粒度的组成。在破碎腔内进入不可破碎的异物(如铲齿、钎头、链板和锤头等)时，反击板可绕悬挂点作适量的摆动，一旦难碎物通过后，它又迅速恢复至原来位置。因此，这种机构还起着保安作用。十分重要的一点是，反击装置只有在超过其自重(或某一已知力)很大的力作用时，才会出现位移，而在正常工作情况下，反击装置对被破碎物料来说，犹如一块固定的平板。反击板摆动角度不宜过大，否则，对破碎机的正常工作是有害的。

反击装置的结构形式大致有四种：

(ⅰ)自重式。破碎机工作时，反击板借自重保持其正常位置。当遇有难碎物时，反击板迅即抬起，难碎物排出后又重新返回原处。其间隙大小通过悬挂螺栓进行调整。

(ⅱ)重锤式。利用重锤维持反击板的工作位置。其平衡力大小可以通过重锤在杠杆上位移进行调整，并用螺钉固定。

(ⅲ)弹簧式。反击板在工作时的位置是通过弹簧的预压力保持的。遇有难碎物时，难碎物克服弹簧的预压力，从腔内排出。弹簧的压缩变形量应与可能进入腔内的难碎物大小相适应。

弹簧调整机构兼起保安作用，可以采用螺旋弹簧，也可采用板簧与杠杆组合形式。后者可以用较小的压缩变形量，获得较大的通过异物间距，但结构显得不够紧凑，占空间较大。

合理的弹簧保险机构应能保证在卸料间隙调整时，弹簧预压力无须重新调整，简化卸料间隙的调整过程，便于推广应用。国内煤用反击式破碎机应用的反击装置的弹簧调整与保安装置，就具有上述结构特点。

(ⅳ)液压式。利用油压装置调节反击板的位置，同时也作为保安装置。通常这种形式应用于大型反击式破碎机，与液压启闭机壳共同使用一个油压系统。

上述四种结构形式，目前以自重式和弹簧式应用最广。前者结构简单可靠，调节简便，但产品粒度均匀性差，结构也较笨重；后者产品粒度均匀性较好，但结构较为复杂。

反击式破碎机大都采用整体铸钢转子，结构坚固耐用，易于安装板锤，它的质量大，能满足破碎要求。此外，也有用数块厚钢板或铸钢板与间隔套并叠而成。小型和轻型反击式破碎机也可采用钢板焊接的空心转子（见图6-33)，易于制作，便于推广使用。国内煤用反击式破碎机多数采用钢板焊制的转子。

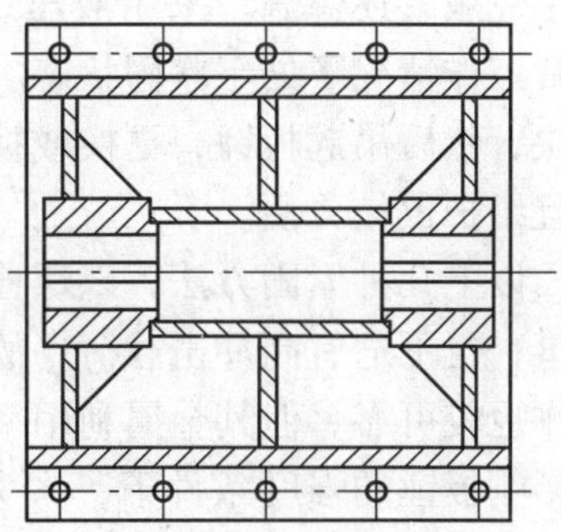

图6-33　钢板焊接的空心转子结构简图

为了防止细粒物料通过转子两端与机壳间缝隙时引起转子端部磨损，通常在其端部镶嵌有护板。

板锤的形状与其紧固方式及工作载荷情况密切相关。板锤设计应满足工作可靠、装卸简便和提高板锤金属利用率的要求。板锤紧固形式有以下几种(图6-34)。

(ⅰ)螺栓紧固法。板锤借助螺栓紧固于转子的板锤座上(图6-34a)。板锤座带榫状，可以利用榫口承受工作时板锤的冲击力，避免螺栓受剪，提高螺栓连接的可靠性。

（ⅱ）嵌入紧固法。板锤从转子侧面轴向插入转子的相应槽孔内，为了防止轴向窜动，两端采用压板定位（图6-34b）。由于去掉了紧固螺栓，提高了板锤工作的可靠性。利用板锤回转时产生的惯性离心力与撞击破碎时的反力紧固自锁，而对转子易受磨损处都制成可更换的结构形式，因此装卸简便，制作容易。

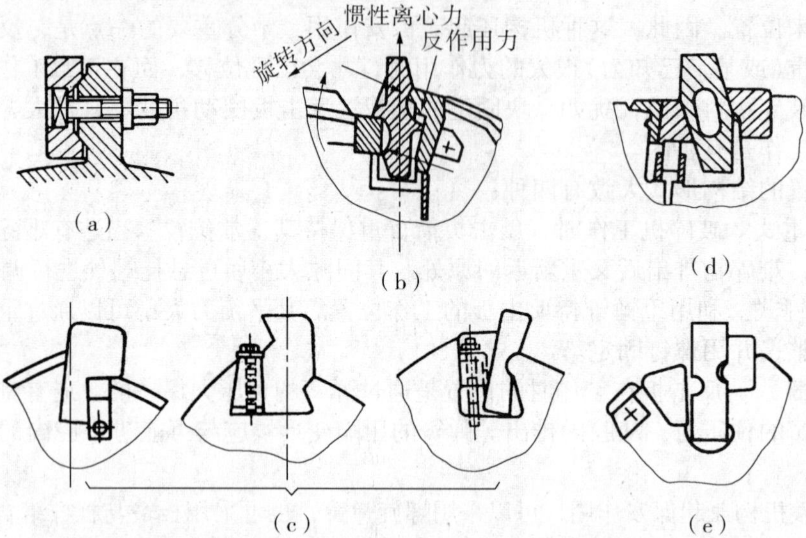

图6-34　板锤的紧固形式

（ⅲ）楔块紧固法。用楔块塞入板锤与转子间的相应槽孔内，使之紧固。根据楔块作用力的方向与位置，此类紧固方法可归纳为图6-34c所示的三种形式。楔块紧固法工作较为可靠，装卸也较方便，由于消除了板锤与转子间的相对窜移，转子磨损减轻。但采用螺栓拉紧楔块，螺纹容易变形受损，甚至断裂。螺纹变形时，给板锤的拆装也造成很大困难。为了克服上述弊病，采用液压式楔块紧固法（图6-34d）。它利用油缸内的柱塞压紧楔块，正常工作情况下处于紧固状态。更换板锤或换向时，首先松弛油缸内的柱塞，卸掉支座与楔块，然后吊起板锤，更换或换向板锤。这种紧固方法安全可靠，更换简便，需时也少，而且维护也较方便。

以上几种紧固方法，以螺栓紧固法的板锤利用率较高，通常可达50%左右。但它更换费事，也不适宜高冲击载荷，故一般用于较小规格。嵌入法和楔块紧固法虽然更换方便，工作也较可靠，但其金属利用率普遍较低。为了克服上述缺陷，采用空心板锤结构，它在不影响板锤的强度条件下，大大提高了板锤的金属利用率，但它并不延长使用寿命。图6-34e则为改进后的嵌入紧固法，采用带槽式板锤，板锤面上带有纵向槽，因而金属耗量大为减少，而且工作面可以调换四次，使用寿命相应地有所增加。

板锤采用高锰钢等耐磨材料制成。板锤的形状很多，有长条形、T形、工形、S形、斧形和带槽式板锤等。

（三）工作参数的确定

1. 转子的直径与长度

反击式破碎机主要是用带有数个板锤的转子高速冲击物料进行破碎的。冲击破碎物料的能量与转子质量有关。为了使破碎机具有足够大的冲击能量，转子应具有足够大的质量，并且要具有足够大的转子直径。同时，还必须满足转子结构强度(特别是嵌入式和楔块固紧板锤的转子结构)和合理的破碎腔设计的需要。

喂入机内料块与转子直径间的比值大小对反击式破碎机性能有影响。实践表明：比值越小，粉碎度越小，生产能力越高，电动机负荷越趋于均匀，相应机械效率也就越高；反之，粉碎度增大，生产能力降低，机械效率也随之下降。根据实践资料统计，喂料块与转子直径的关系可按下列经验公式来确定：

$$d = 0.5D - 60 \qquad (\mathrm{mm}) \tag{6-24}$$

式中 d——喂料块尺寸(mm)；

D——转子直径(mm)。

上式用于单转子反击式破碎机计算时，其计算结果还得乘以2/3。事实上，由于物料破碎过程错综复杂，上式将料块与转子直径间的关系简单地按直线增长的关系处理是不够准确的。因此，按式(6-24)计算小型破碎机时，处理的料块偏大；计算大型破碎机时，处理的料块又过小。故上述计算结果仅供参考使用。

转子体的长度主要视破碎机的生产能力的大小而定。转子体长度 L 与直径 D 的比值 L/D，一般取0.5～1.2。

2. 转子转速

转子的圆周速度对破碎机的生产能力、产品粒度和粉碎度影响很大。而转子的圆周速度又随破碎机的结构、物料性质和粉碎度等因素的变化而有所不同。

质量为 m 的料块进入锤击区后，物料以实际反击速度 C_e 冲击到反击面上被粉碎。部分被粉碎了的物料被反击面反弹出去，以平均的绝对剩余速度 C_0 进入自由空间。破碎物料的动能$\frac{1}{2}m({C_u}^2 - {C_0}^2)$主要转化为破碎功和热量。实际上，只是在超过一定的能量界限时，才开始破碎的，此时相应的临界速度为 C_k，亦即是物料破碎时所需的最小冲击速度。

物料的粉碎粒度与反弹时的破碎特性、喂料粒度、反击强度以及平均反击次数 λ 等因素有关。实践表明，转子圆周速度愈大，反击速度愈大，细颗粒的成分也愈多。粉碎单位质量物料的比表面积 S 与反击速度的关系如下：

$$S = (\lambda a^2)^{0.65} \cdot \alpha\left(C_u - \frac{C_k}{a}\right)^{1.3} \qquad (\mathrm{m^2/kg}) \tag{6-25}$$

式中 λ——物料被冲击次数；

a——破碎机的结构常数；

α——物料特性常数($\mathrm{m^{0.7} \cdot s^{1.3}/kg}$)；

C_u——转子的线速度(m/s)；

C_k——物料的临界破碎速度(m/s)。

式(6-25)称为反击式破碎机的速度方程式。

比表面积 S 可按表面理论的计算式求得：

$$S = K\left(\frac{1}{d_{90}} - \frac{1}{D_{90}}\right)$$

式中 D_{90}——90%喂料通过相应筛孔时的当量粒度；

d_{90}——90%产品通过相应筛孔时的当量粒度；

K——系数，$K = 1$。

临界破碎速度 C_k 值大小因物料的性质的差异而各不相同，C_k/a 的数值可以根据试验

所得的 $S=f(C_u)$ 曲线(图6-35)，利用外插法，令 $S=0$ 时，近似地推算求得。冲击次数 λ、结构常数 a 以及物料特性常数 α 亦须试验确定。试验得到的各项数据见表6-3。

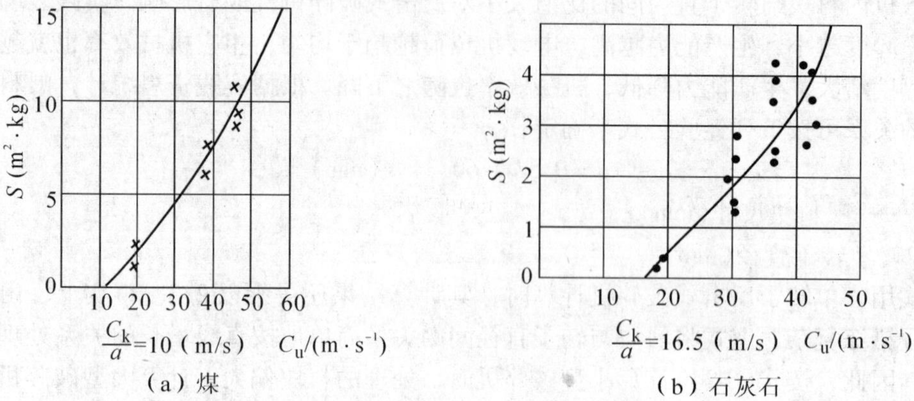

图6-35　临界破碎速度 C_k 的试验测定

表6-3　反击式破碎机的反击常数

破碎物料	a	C_k (m/s)	$\frac{C_k}{a}$ (m/s)	α ($m^{0.7}\cdot s^{1.3}/kg$)	ρ (kg/m^3)	λ	$(\lambda a^2)^{0.65}\cdot\alpha$
煤	0.7	7	10	2.41×10^{-3}	1400	18	99×10^{-3}
石灰石	0.7	11.5	16.5	14.2×10^{-3}	2500	18	58.5×10^{-3}

从式(6-25)可知，转子的圆周速度随破碎机的结构、物料性质和粉碎度等因素的变化而有所不同，变动范围很大。通常粗碎时转子圆周速度取15～40 m/s；细碎时则取40～80 m/s。转速愈高，产品中细粒级含量愈多，粉碎度愈大。

式(6-25)考虑了物料性质、粉碎度以及破碎机结构等主要因素的影响，是比较完善的计算公式。然而，式中一系列数值必须通过试验获得，故使用时不甚方便。目前一些制造厂主要是根据用户要求，将所需破碎的物料通过试验以求得所需的合理的线速度。

3．板锤数目

确定板锤数目的原则，应是能确保喂入机内料块借自由落体重力加速度或沿喂料导板下滑的速度，尽可能地深入锤击区，而又不与转子体表面接触。板锤数目少了，可能造成转子体表面的磨损；反之，物体冲击效果显著下降，并增加板锤不应有的磨损。

转子运转时，两个相邻板锤通过喂料点的间隙时间 t 可由下式计算：

$$t=\frac{\pi D-Z(\delta_1+\delta_2)}{\frac{\pi DnZ}{60}}\quad(s)\tag{6-26}$$

式中　Z——板锤数目；

δ_1——板锤厚度(m)；

δ_2——板锤座厚度(m)，嵌入式和楔块压紧板锤时，$\delta_2=0$；

n——转子转速(r/min)

D——转子直径，是指作用圆的直径(m)。

物料在时间 t 内，应深入锤击区深度 h(即板锤露出转子体的高度)，故

$$t = \frac{h}{\sqrt{2gH}} \quad (\mathrm{s}) \tag{6-27}$$

式中　h——板锤高度(m)；

g——重力加速度($\mathrm{m/s^2}$)；

H——料块落下的高度(m)。

物料若是沿45°导板滑下，则 H 应乘以系数1.7；同时考虑到料块与导板的摩擦，还得乘以系数1.2。

将式(6-27)代入式(6-26)并经整理，即可求得板锤数目的计算式：

$$Z = \frac{1}{\dfrac{hn}{60\sqrt{2gH}} + \dfrac{\delta_1 + \delta_2}{\pi D}} \tag{6-28}$$

从上式可见，板锤数目与转子直径有关，转子直径 D 不大时，板锤的数目可以少些，通常转子直径小于1 m时，可以只装设3个板锤；直径为1～1.5 m时可以装设4～6个；直径为1.5～2 m时，可以装设6～10个。对于硬质物料或要求粉碎度较大时，板锤数目应该多一些。

4. 生产能力

反击式破碎机的生产能力，可以根据下述见解确定(图6-36)。物料被板锤拨动通过转子与反击板之间的间隙时，物料带的宽度等于转子的长度 L，物料的高度等于板锤的高度 h 加上转子与反击板之间的间隙 e，物料的厚度等于物料破碎后的粒度 d_e。因此转子转一周每一板锤所拨动的物料体积为

$$V = (h + e)Ld_e \quad (\mathrm{m^3}) \tag{6-29}$$

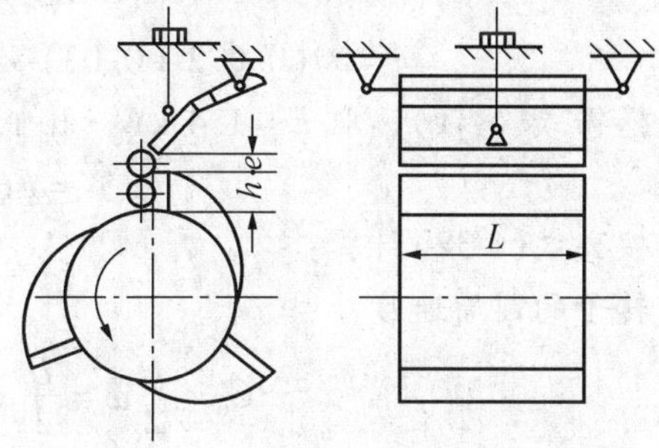

图6-36　反击式破碎机生产能力的计算

式中，h、e、L 和 d_e 的单位均为m。

该转子上共有 Z 个板锤，则破碎机的生产能力为

$$Q = 60(h + e)Ld_eZnK\rho_s \quad (\mathrm{t/h}) \tag{6-30}$$

式中　n——转子转速(r/min)；

K——修正系数，一般取0.1；

ρ_s——物料的堆积密度($\mathrm{t/m^3}$)。

实际上，影响反击式破碎机生产能力的因素很多，除了转子的尺寸、转子的圆周速度外，物料的性质(喂料的种类及尺寸、粒度分布及含水量)及粉碎度等都具有较大的影响。目前虽然还有许多计算生产能力的公式，但计算结果与实际都有些出入。

5. 功率

反击式破碎机所需功率大小，与物料的性质、粉碎度和生产能力等有关。而影响粉碎度和生产能力的因素很多，诸如转子的转速、物料对板锤的伸入深度、反击腔的形式以及喂料粒度等等。由于物料破碎过程情况复杂，目前在理论上尚无比较完善的计算式，通常是利用经验公式或根据实测的单位电耗来确定的。

根据单位电耗确定反击式破碎机功率的公式如下：

$$N = EQ \quad (\mathrm{kW}) \tag{6-31}$$

式中　E——破碎单位质量物料需要的电耗(kW·h/t)，视破碎物料性质与粉碎度而定。对于中等硬度石灰石：粗碎时 $E=0.5\sim1.2$ kW·h/t；细碎时 $E=1.2\sim2$ kW·h/t。

Q——破碎机的生产能力(t/h)。

反击式破碎机所需功率亦可按下式计算：

$$N=0.0102\frac{Q}{g}\cdot C_u^{\ 2}\quad(\text{kW})\tag{6-32}$$

式中　Q——开路破碎的生产能力(t/h)；

g——重力加速度(m/s²)；

C_u——转子的圆周速度(m/s)。

【例】 ϕ1000 mm×700 mm 反击式破碎机的板锤数目 $Z=3$，板锤高度 $h=72$ mm，宽度 $L=700$ mm，板锤与反击板间的距离 $e=30$ mm，转子转速 $n=675$ r/min。使用该破碎机破碎石灰石，石灰石的堆积密度 $\rho_s=1.6$ t/m³，产品粒度 $d_e=20$ mm。计算其生产能力和功率。

【解】 根据式(6-30)，破碎机的生产能力为

$$Q=60(h+e)Ld_eZnK\rho_s$$
$$=60(0.072+0.03)\times0.7\times0.02\times3\times675\times0.1\times1.6=28(\text{t/h})$$

根据式(6-31)，取 $E=1.4$ kW·h/t，则破碎机的功率为

$$N=EQ=1.4\times28=39.2(\text{kW})$$

按公式(6-32)计算：

转子的圆周速度

$$C_u=\frac{D}{2}\omega=\frac{D}{2}\cdot\frac{\pi n}{30}=\frac{1}{2}\times\frac{\pi\times675}{30}=35.4(\text{m/s})$$

破碎机所需功率

$$N=0.0102\frac{Q}{g}C_u^{\ 2}=0.0102\times\frac{28}{9.8}\times35.4^2=36.5(\text{kW})$$

因此选用的电动机功率为 40 kW。计算结果与产品目录中所列数据基本符合。

(四)性能及应用

反击式破碎机结构简单，制造维修方便，工作时无显著不平衡振动，无需笨重的基础。它比锤式破碎机更多地利用了冲击和反冲击作用，进行选择性破碎，料块自击粉碎强烈，因此粉碎效率高，生产能力大，电耗低，磨损少，产品粒度均匀且多呈立方块状。反击式破碎机的粉碎度大，为 40 左右，最高可达 150。粗碎用反击式破碎机喂料尺寸可达 2 m³，产品粒度小于 25 mm，可直接入磨；细碎用反击式破碎机的产品粒度小于 3 mm。选用一台合适的反击式破碎机就能代替二级或三级的破碎工作，减少破碎级数，简化生产流程，还可以提高磨机产量。

但是不设下篦条的反击式破碎机不能控制产品粒度，同时难于生产单一粒度的产品，产品中有少量大块，用作粗碎或单级破碎时须严格控制最大进料粒度，以免损坏转子。另外，防堵性能较差，不适宜破碎塑性和粘性物料，在破碎硬质物料时，板锤和反击板磨损较大，运转时噪音较大，产生粉尘也大。

由于反击式破碎机具有许多优点，在无机非金属材料工业中已获得日益广泛的应用，用来粉碎石灰石、砂岩、水泥熟料、烧粘土、石膏及煤等。

三 立式冲击破碎机

(一) 构造和工作原理

经改进的立式冲击破碎机，以物料自击粉碎为主，并利用物料形成自衬，解决破碎机工作部件在高速下的磨损问题。自衬型立式冲击破碎机的外部和内部结构分别如图 6-37 和图 6-38 所示。

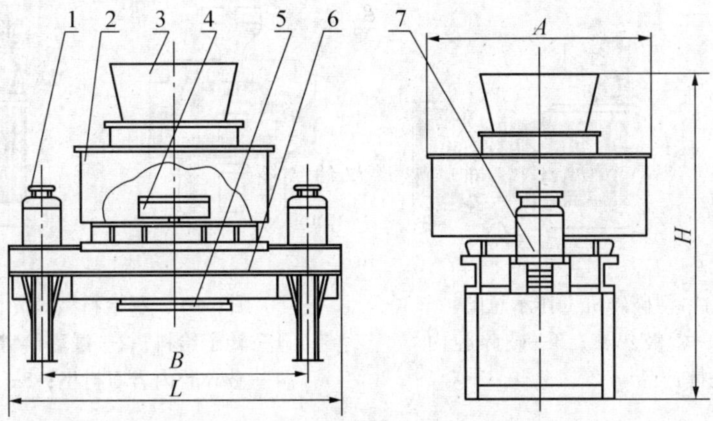

图 6-37　立式冲击破碎机外部结构图

1—电动机；2—涡动破碎腔；3—给料口；4—叶轮；5—排料口；6—机架；7—主轴装置

立式冲击破碎机的转子主轴为直立设置。破碎机均采用“模块化”焊接结构，在保证机器整体强度和刚性的同时减少设备质量和体积。

叶轮是物料的加速器，也是破碎机的主要部件(如图 6-39 所示)。这种叶轮近似于一个以转轴为中心的等边三角形，叶轮中央的分配器用耐磨合金铸造。叶轮上有三个排料口，用以抛射物料，在每个排料口前面装置有称为冲击板的保护板，它可以阻止大部分物料颗粒在破碎腔物料衬垫上弹跳，这样既保护了叶轮表面，同时又可改善物料的形状系数。叶轮结构可使物料在叶轮内部形成物料衬，其作用是当物料在叶轮内被加速时，用以防止物料对叶轮体的大面积磨损。叶轮的线速度一般取 45 ～ 100 m/s，叶轮转速的选取与物料性质(硬度、脆性、易碎性等)有关，应以不同叶轮转速区别对待。

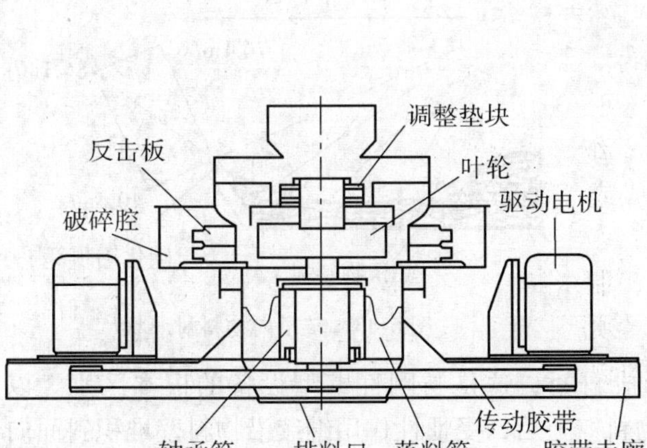

图 6-38　立式冲击破碎机内部结构图

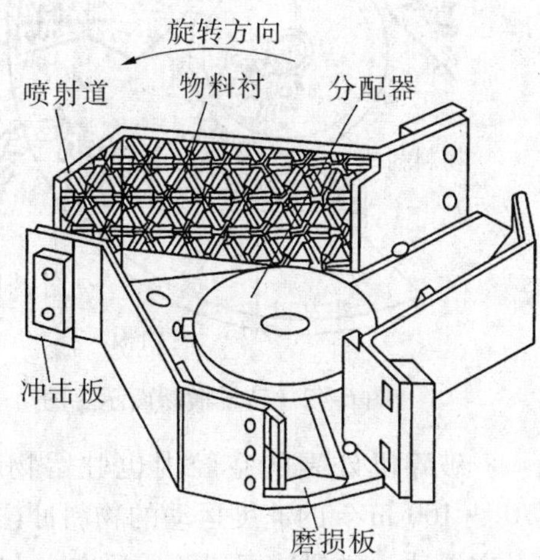

图 6-39　立式冲击破碎机的叶轮

立式冲击破碎机按驱动方式可分为单电机驱动和双电机驱动两类；按结构形式分为单层式和多层式两类，多层式主要用于脆、软质物料粉碎；按给料方式又分为单给料和双给料两类(见图 6-40 和图 6-41)，双给料破碎机加大了破碎腔内的物料密度，从而大大强化了撞击的剧烈程度，粉碎效率显著提高，其生产能力较单给料破碎机可提高 35% ～ 60%。立式冲击破碎机的代号用 PL 表示，其中双电机驱动式用 SD 表示。

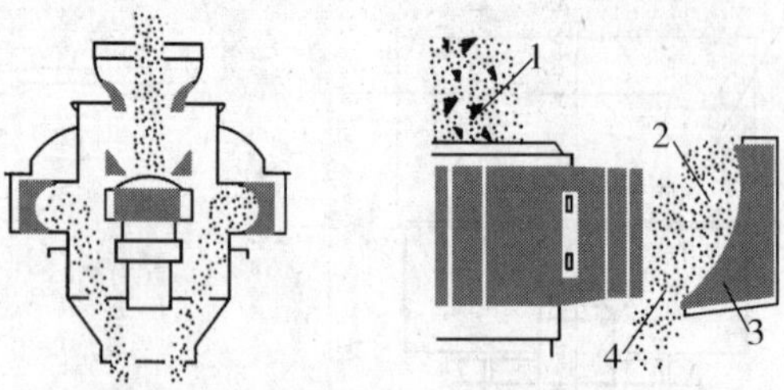

图 6-40　单给料型破碎机工作示意图

1—转子给料；2—微粒集聚；3—破碎腔内岩石衬里；4—破碎产品

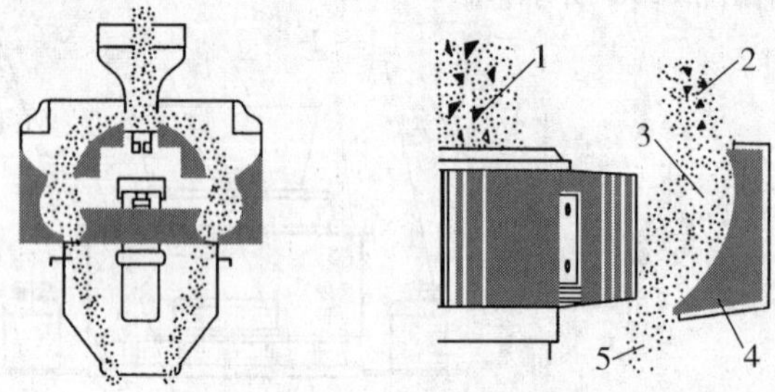

图 6-41　双给料型破碎机工作示意图

1—转子给料；2—瀑落给料；3—微粒集聚；4—破碎腔内岩石衬里；5—破碎产品

从图 6-38 ～图 6-41 可看出立式冲击破碎机的基本工作过程，电动机通过 V 型胶带带动转子高速旋转，物料从转子中心的给料管上方给入转子，最大给料粒度为 57 mm。改进的设备可从转子周围的破碎腔上方直接加入第二给料，其最大粒度可达 100 mm。转子沿圆周方向有 2 ～ 4 个排料口，最常见的是 3 个排料口，每个排料口内的物料通道处设有内挡板，排料口处设有外挡板(见图 6-42)。进入转子的物料在摩擦力和惯性离心力作用下沿切向和径向运动，接触内挡板后其切向运动受到控制，在内挡板前形成手臂状驻留物料衬。物料衬按安息角形成，与离心加速度方向(半径方向)约成 55°(见图 6-43)。转子底面结构也适于形成自衬。进入转子的物料在惯性离心力作用下，沿驻留物料斜面下滑和径向运动的同时，速度从接近零迅速增加到 70 ～ 100 m/s，离心加速度高达重力加速度的数百倍以至数千倍，使物料受到最初的粉碎，然后从转子出口抛出。

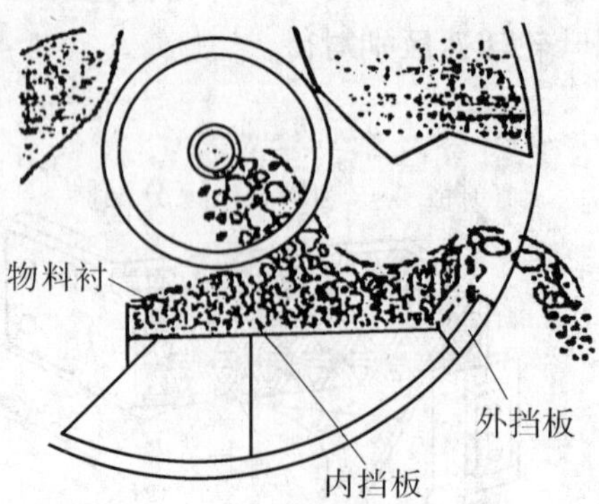

图 6-42　转子横断面示意图

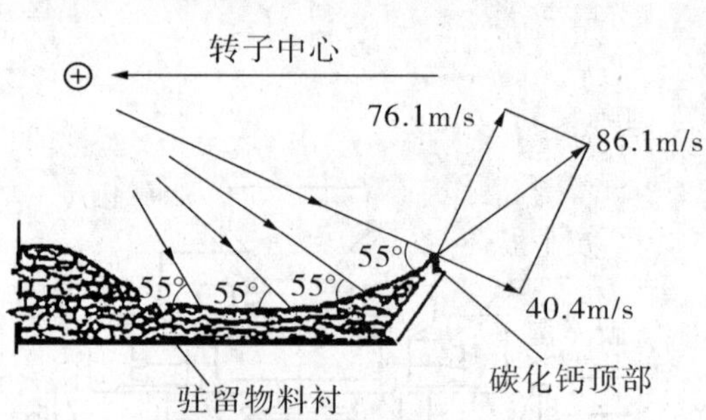

图 6-43　转子内物料衬形状

破碎机外壳的空腔内也驻留物料形成自衬，这是与刚性壁型设备的根本区别。以 70 ～ 100 m/s 的速度运动的物料冲击到物料壁上后，受惯性作用继续沿物料壁堆积斜面向上方运动，碰到外壳顶壁后反向抛起下落，在下落到破碎腔中时与转子抛出的物料相遇，并在空中再次发生剧烈碰撞，最后失去能量的物料从破碎腔内排出(见图 6-44)。带有第二给料的设备将增加破碎腔内的自由下落物料密度，从而强化了冲击粉碎过程。

由于在立式冲击破碎机中物料颗粒冲击动能极高，而且粉碎过程几乎完全在物料颗粒间发生，因此是一种高强度自粉碎机。它与传统的自磨机相比，自磨机的粉碎过程仅依赖物料本身的重力，因而冲击强度较低，而且物料会在一定程度上打击筒体衬板造成金属磨损。而立式冲击破碎机转子与外壳都可形成自衬，自击粉碎过程更完全。

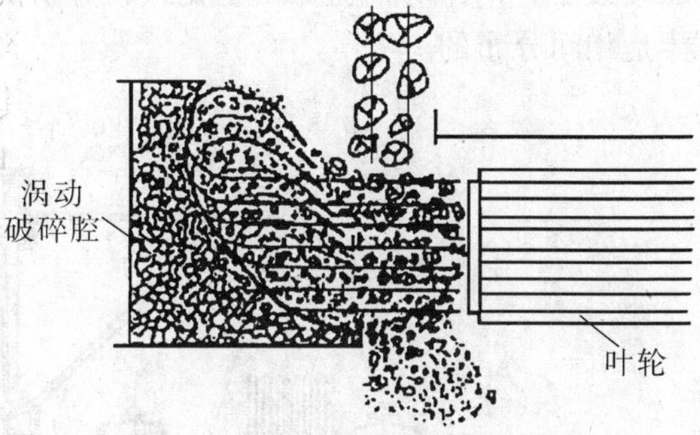

图 6-44　破碎腔内物料碰撞过程简图

立式冲击破碎机的产品粒度分布与给料性质、转子转速、破碎腔空间物料颗粒密度以及第二给料量与转子给料量的比例等因素有关。所给物料越脆，转子转速越高，产品越细。在一定限度内，第二给料量越多，产品中细粒的比例越低，但绝对量则越多。

（二）性能及应用

自衬型立式冲击破碎机的主要特点是：粉碎过程以冲击粉碎为主，兼施磨剥和挤压作用，具有选择性自击粉碎特点，粉碎过程强烈，粉碎效率高；具有细碎、超细碎和粗磨能力；自衬覆盖率高，金属磨损较轻，通过流失金属的能力较强，受给料温度的影响较小；结构简单，造价低廉，安装维修方便；质量轻，运转平稳，适用于移动式装备。

自衬型立式冲击破碎机与圆锥破碎机、棒磨机比较，在相同的物料种类、给料粒度、产品粒度和处理量下，立式冲击破碎机分别比圆锥破碎机和棒磨机单位电耗约低 17.4% 和 31.6%，单位金属磨损分别约低 8.6% 和 43.9%，设备质量约轻 71.3% 和 88.3%，设备价格低 67.5% 和 77.9% 左右。因此，自衬型立式冲击破碎机可在新建生产流程中作为细碎、超细碎和粗磨设备，取代常规短头圆锥破碎机、棒磨机或第一级球磨机，也可在原有流程改造中用于细碎之后，进一步降低入磨粒度，提高磨机产量，降低流程的单位电耗和金属消耗。

立式冲击破碎机有时称作制砂机，是因其性能特点非常适合制砂而得名。其实它并非专门用来制砂，还可用于石英、刚玉、碳化硅、石榴石、红柱石、水泥熟料、混凝土骨料、玻璃、钢渣、铁矿、金矿等高硬度高腐蚀性物料的加工，尤其适用于脆性物料破碎。通过简单更换少量零件，可以实现一机多功能使用，既可满足不同用户需求，又方便用户使用。产品可在冶金、化工、矿山、玻璃、陶瓷、耐火材料、磨料、水利水电、公路桥梁、建筑等行业应用。

四　笼式粉碎机

笼式粉碎机又称笼形碾，它是利用高速旋转笼子的钢棒对物料进行冲击粉碎。它主要用于脆性和软质物料的细碎和粗磨。

笼式粉碎机按其结构特征可分为双转子和单转子两类。笼式粉碎机的规格以转笼的最外圈直径和长度来表示。

（一）构造和工作原理

双转子笼式粉碎机如图 6-45 所示。它主要由两个做相向转动的转子构成。每个转子都有一个固定在轮毂 3 及 4 上的钢盘 6 及 9。在每个钢盘上固装有两或三圈钢棒 7，钢棒分布在不同直径的同心圆上，并和钢盘垂直。每圈钢棒的另一端用钢环5及10固接，以增加其强度。钢棒与钢盘构成了笼式粉碎机的笼子。两个笼子套在一起，两个钢盘上各圈钢棒是相间分布的。

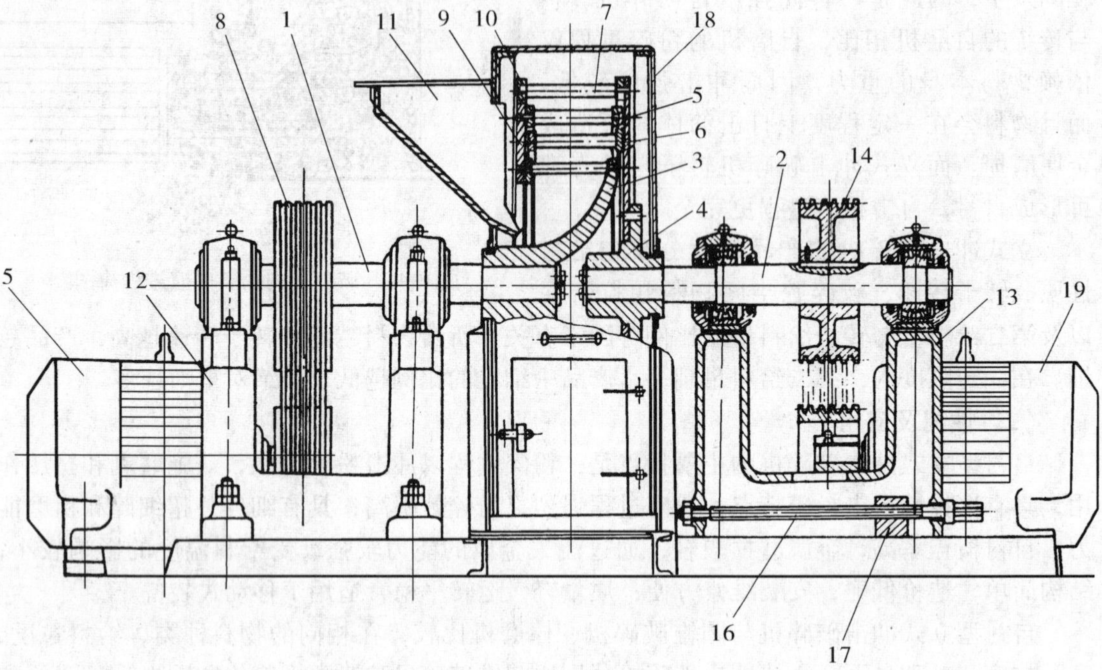

图6-45　双转子笼式粉碎机

1，2—传动轴；3，4—轮毂；5，10—钢环；6，9—钢盘；7—钢棒；8，14—胶带轮；11—进料口；12，13—支架；15，19—电动机；16—螺杆；17—螺母；18—机壳

转子安装在传动轴1及2上，通过轴承支承在支架12及13上。两轴装有胶带轮8及14，分别用电动机15及19带动，使两个转子作相向转动。转子装在机壳18内，机壳的上部有进料口11。整个粉碎机安装在沉重的铸铁底板上。

物料从进料口喂入到做相向转动的转子的中心部分(图6-46)，首先落入最里圈的钢棒上。由于笼子高速转动，物料受到钢棒的猛烈冲击粉碎。在惯性离心力和重力作用下，当料块向笼子的外缘甩出时，接连受到以反方向旋转的相邻环钢棒的碰击和剪切等作用而粉碎，直到物料通过所有各圈钢棒为止。粉碎的物料落到机壳的底部卸出。

钢棒是笼式粉碎机中易磨损的部件，采用锰钢并作及时修补，以延长使用寿命。钢棒直径3 cm左右，最内层一圈的钢棒制得较粗。由于钢棒的磨损主要是沿运转方向的内侧，所以钢棒断面做成椭圆形。钢棒磨损超过3/4时，应及时修补或更换，否则转子运转会失去平衡。

为了便于检修，设有方便装卸笼体的装置(见图6-45)。支架13内装着螺杆16。螺杆套在固定于底板上面的螺母17内。转动螺杆，就可使支架12及安装在其上的轴1及转子一起在底座上左右移动，使易于磨损的转子零件容易拆换及修理。

单转子笼式粉碎机比较小型，构造如图6-47所示。它与双转子笼式粉碎机不同之处在于，左边的笼子是固定在机壳上的。

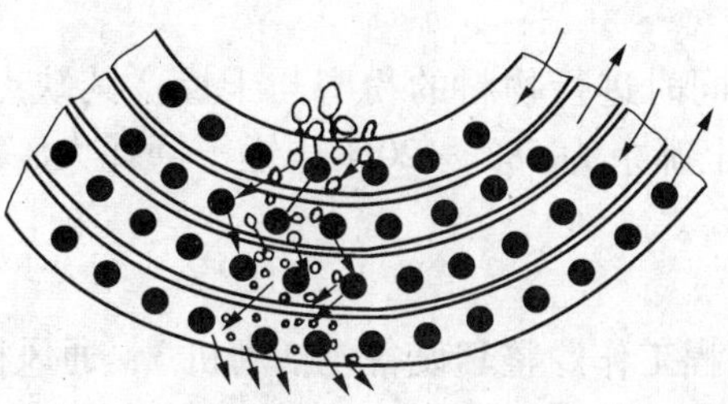

图 6-46　笼式粉碎机工作示意图

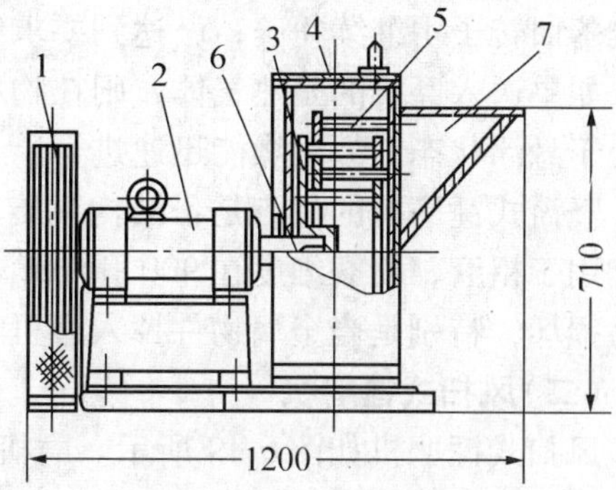

图 6-47　单转子笼式粉碎机

1—传动装置；2—轴承座；3—转子；4—机壳；5—固定笼体；6—主轴；7—加料口

(二)性能及应用

笼式粉碎机的生产能力与喂料的均匀程度、转子转速、转子直径及喂入料块尺寸等因素有关，可以在很大范围内变动。若要提高产品细度，可以增加钢棒圈数或转子转速来达到。当转子转速加快时，产品粒度变细，在一定范围内，生产能力也会增加。但当转速增加很大时，物料难以从转子中心甩出外周，生产能力反而下降。因此，通过增加转子转速的办法来提高产品细度是不合理的，这样会导致生产能力急剧下降，转子的磨耗增加。比较合理的方法是借增加钢棒的圈数来提高粉磨细度。

通常认为笼式粉碎机转子的适宜转速在 25 ～ 40 m/s 范围。一般进料粒度为宽度的 1/4 ～ 1/3。

笼式粉碎机用来粉碎含水量在 11% 以下、尺寸在 25 ～ 90 mm 之间的松软物料，如粘土、石灰块、硅藻土、白垩、软质石灰石、砂岩、苦灰石、纯碱、芒硝等。较之其他细碎及粗磨机械，笼式粉碎机的构造简单轻便，对物料湿度变化反应较小，故在玻璃及陶瓷工业中用得较多。其缺点是：钢棒容易磨损，电耗大，而且产品粒度不能随意调节。

五　锤磨机

锤磨机用来粗磨和细磨松软或中硬物料。在磨机内送入热空气时，还可以同时干燥和粉磨潮湿物料。在无机非金属材料工业中主要用来粉磨粘土、石膏、煤和石棉等物料。或者用来粉磨并同时煅烧石膏，此时入磨气体温度 300 ～ 400 ℃。较常使用的锤磨机有竖筒式和风扫式两种。

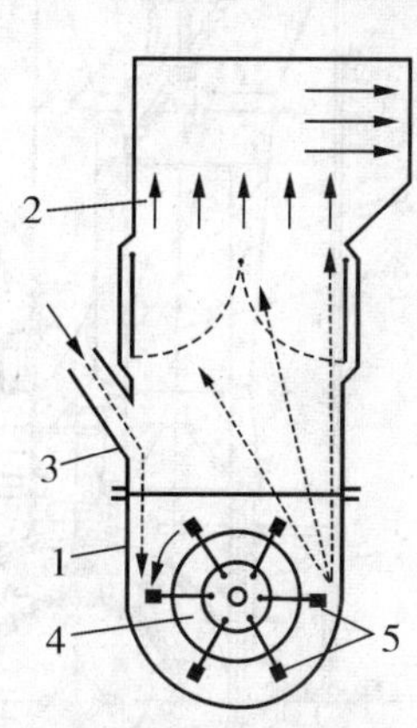

图 6-48　竖筒式锤磨机工作示意图

1—机壳；2—竖筒；3—喂料溜槽；4—转子；5—锤子

(一)竖筒式锤磨机

竖筒式锤磨机的工作原理见图 6-48。在机壳 1 中安装着转子 4。转子由一排转盘及活动悬挂在转盘上的锤子 5 组成。机壳的上面有直立的竖筒 2。空气用通风机自机壳的端面吹入内部，以将粉碎后的物料带起。

物料经溜槽 3 喂入，顺着转子转动方向落到转子内部，受到转子的冲击和磨剥等作用而粉碎。接着沿着转子的转动方向甩出，被送进磨机内的气流带起到竖筒中进行选粉，粗颗粒落回转子中继续粉碎；已达到要求细度的细颗粒则被气流带出竖筒，在收尘设备中回收。如果送入磨机的是热气体，则在物料粉磨的同时，还进行着干燥或煅烧过程。因为物料处于悬浮状态，故干燥能迅速进行。

竖筒式锤磨机的优点是：结构紧凑轻便，能同时进行物料的粉磨与干燥。其缺点是：只能用于粗磨，粉磨细度在900孔/cm^2，方孔筛上筛余为5%～20%，锤子磨耗大，磨机容易损坏，特别是当金属物件掉入磨机时尤为危险。

（二）风扫式锤磨机

风扫式锤磨机如图6-49所示。磨机以圈流流程工作。整套设备包括磨机3、通风机11及空气选粉机10等，都安装在铸铁底板上。磨机内悬臂轴的末端装有转盘1，转盘上固装着板锤2。物料用圆盘喂料机4经电磁吸铁器5、溜槽6及7送入磨机内。转子以35～80 m/s的锤端线速度旋转，将喂入的物料粉碎。粉碎后的物料在转子本身所产生的空气压头的作用下，以及在选粉机10和通风机11系统抽风的影响下，经风管9进入选粉机内进行分级，使粗细颗粒分离。粗粒经选粉机的内壳13及溜管8回到磨机中继续粉磨，细粒经风管12抽吸到通风机内，送到收尘设备中回收。

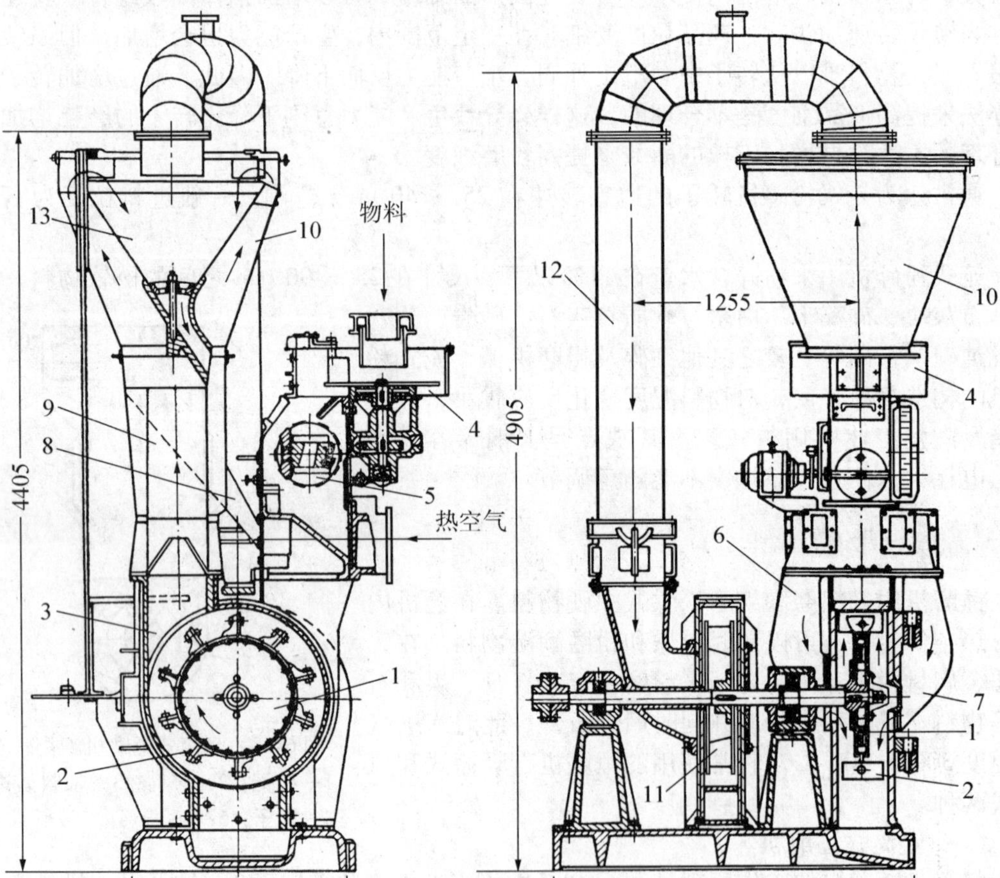

图6-49　风扫式锤磨机

1—转盘；2—板锤；3—磨机；4—圆盘喂料机；5—电磁吸铁器；6，7—溜槽；8—溜管；9，12—风管；10—空气选粉机；11—通风机；13—选粉机内壳

第 7 章　球磨机

第一节　工作原理及类型

球磨机是无机非金属材料工业中广泛使用的一种粉磨机械，主要工作部件为圆筒体，内装载粉磨介质(棒、球及段等)，依靠筒体回转时介质的冲击和磨剥等作用使物料粉碎。在球磨机粉磨配合料时，还兼起混合作用。

图 7-1 所示为球磨机的工作示意图。机身为一个水平放置的回转筒体 1，筒体两端用端盖 2、3 封闭，这两个端盖分别与喂料空心轴及卸料空心轴连成一体。筒体借助于端盖及空心轴支承在轴承 4 上，筒体内部装载有粉磨介质或称研磨体(棒、球、段或其他物体)。电动机借助于减速传动装置，通过装在筒体一端的大齿环 5，使筒体回转。物料经过喂料空心轴加入到筒体内，当磨机回转时，物料与粉磨介质混合，介质在惯性离心力和筒体内壁产生的摩擦力的作用下，贴附在筒体内壁与筒体一起回转，并被带到一定的高度，由于介质本身重力的作用，产生自由泻落或抛落，冲击筒体底部物料，同时，粉磨介质在磨机筒体回转过程中还有滑动和滚动，使介于其间的物料受到磨剥作用，这样不断地冲击和磨剥而将物料粉磨成细粉。由于进料端不断加入物料，进料端和出料端之间存在料位高差，并且介质下落时冲击物料造成轴向推力，因此，磨机筒体虽然是水平放置，但物料却由进料端缓慢地流向出料端，完成粉磨作业。

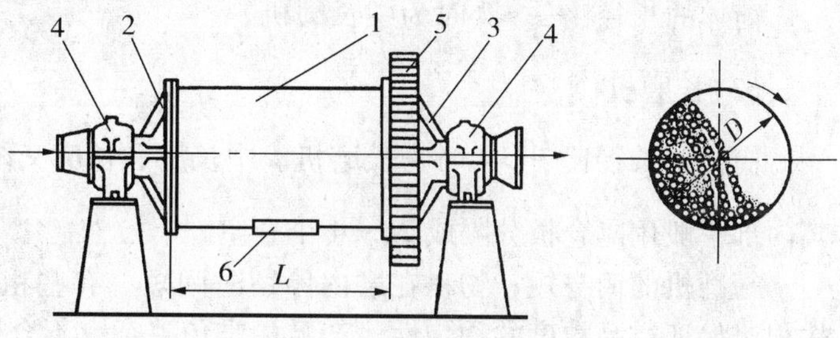

图 7-1　球磨机简图

1—筒体；2，3—端盖；4—轴承；5—大齿环；6—磨门

为了保护筒体及端盖，在其内表面均镶有衬板。筒体上开有磨门 6，停机时可以打开磨门，装卸粉磨介质及入内进行检修。这种磨机是连续工作式球磨机，物料经一端的空心轴连续喂入，经另一端的空心轴连续卸出。

球磨机的类型很多，主要类型如图 7-2 所示。其共同点是都有一个水平放置的回转筒体，差别在于筒体的形状、装载的粉磨介质、进卸料的方法、支承与传动方式、操作与生产方法的不同。球磨机的分类归纳如下：

1. 按筒体形状来分

(1) 短磨机

筒体的长径比 $\frac{L}{D}<2$ 时称为短磨机，简称球磨机，如图 7-2b 所示。一般只有一个仓室，用于粗磨或一级粉磨，或将 2 ～ 3 台球磨机串联使用。

(2) 中长磨机

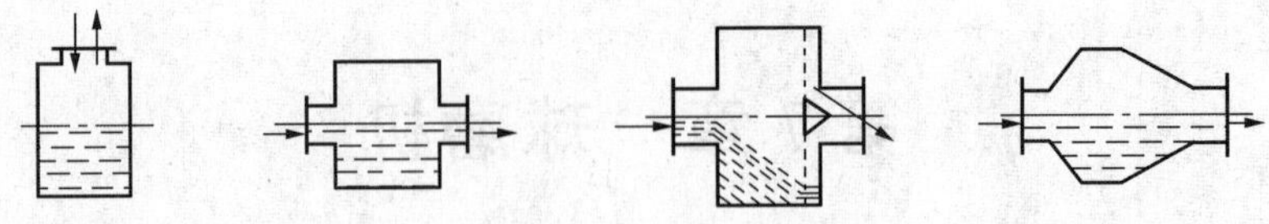

（a）间歇磨机　（b）溢流式球磨机　（c）箆板卸料球磨机　（d）圆锥球磨机

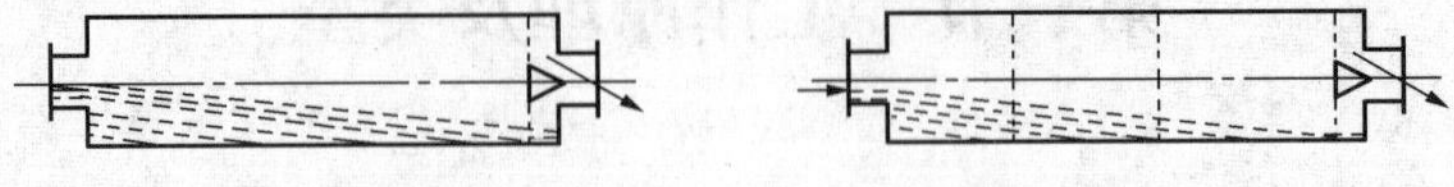

（e）单仓管磨机　（f）多仓管磨机

图 7-2　球磨机的主要类型

筒体的长径比$\frac{L}{D}\approx 3$时为中长磨机。

（3）长磨机

筒体的长径比$\frac{L}{D}>4$时为长磨机。中长磨和长磨又统称为管磨机，如图 7-2e 及 f 所示。其内部一般用隔仓板分隔成 2 ～ 4 个仓室。

短磨机的筒身短，物料在磨内停留时间短，有些粗大颗粒还未经粉碎就从末端排出，故很难保证产品粒度的均匀性，产品中难免夹杂有不合格的颗粒。短磨机一般配上分级设备，组成圈流粉磨系统。物料在管磨机内经历的时间较长，能获得较大的粉碎度，生产能力也较高，适用于对物料进行细磨。

2．按筒内仓室数目来分

有单仓球磨机（图 7-2a ～ e）和多仓球磨机（图 7-2f）两种。在单仓磨机内，同样的粉磨介质既用来粉磨靠近喂料端处的粗料，又用来粉磨卸料端附近较细的物料，这就降低了粉磨介质的工作效率。尤其是单仓管磨机，粉磨介质在筒体内分布与物料粉磨过程不相适应的情况更加严重。为了消除这些缺点，将单仓管磨机用隔仓板分隔成几个仓室，构成多仓管磨机。从喂料端开始，各个仓装入的粉磨介质的尺寸依次缩小，以与物料粒度的变化相适应。头几仓使用钢球，以冲击兼磨剥方式粉碎物料；最后一仓使用钢段，扩大与物料的接触面积，以磨剥兼冲击的方式进一步将物料磨碎。多仓管磨机除了具有单仓管磨机的优点外，还具有能使粉磨介质合理分布的优点，提高单位电耗的产量。

3．按筒体形状来分

有圆筒球磨机和圆锥球磨机两种。与圆筒球磨机不同，圆锥球磨机筒体的两端做成圆锥状（图 7-2d）。圆锥的锥度在喂料端比较陡直，在卸料端比较平缓。如果筒体内装进大小不同的粉磨介质，圆锥球磨机回转时，由于质量的不同，大的介质将会集中在喂料端，小的将会集中在卸料端。介质这样分布能与物料的粒度的变化相适应，故这种磨机较同样长度的短筒磨产量较高，单位电耗较低，产品粒度也比较均匀。

4．按筒体数目来分

有单筒和多筒球磨机两种（图 7-3）。无机非金属材料工业大多数采用各种规格的单筒球

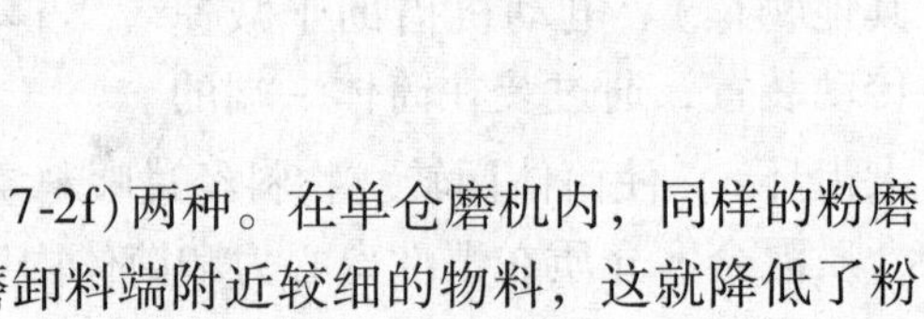

（a）单筒球磨机　（b）多筒球磨机

图 7-3　球磨机筒体断面图

磨机。虽经多年的改进，这种磨机仍存在着严重缺点：效率低，单位电耗高，噪音大，卸出粉磨产品温度高（大型磨机更是如此）等。多筒球磨机主要是把单一筒体改为均衡配置的多个筒体。它一般由 4 ～ 13 个筒体组合而成，并使各个筒体内的负载均衡。由于将磨内介质偏向一边的运动改变为分散到各个筒体的均衡运动，故具有较高的粉磨效率。图 7-4 是介质在单筒磨机和多筒磨机内的重力作用图。从图中明显看出，两种磨机的容积和介质的填充率相同时，多筒球磨机内介质和物料对磨机中心的合成转矩小于单筒球磨机。多筒球磨机的转速和介质填充率都比单筒球磨机高，可以提高粉磨细度和产量，降低磨机拖动功率 45% ～ 50%；降低粉磨温度 40 ～ 60 ℃；减少单位产品钢球消耗量 20%；而且可大大降低噪声。

5. 按装入粉磨介质种类来分

粉磨介质采用钢球和钢段的磨机称为球磨机，这种磨机使用最为普遍。

在短筒磨机中，采用长度较筒体长度短 50 ～ 100 mm 的棍棒作介质，这种磨机称为棒磨机。有些管磨机的第一仓改装钢棒，以后各仓仍装入钢球或钢段，这种磨机又称棒球磨机。棒磨机的粉磨过程是利用筒体内棒与棒之间的线接触来进行。钢棒的冲击作用较钢球强烈，而且钢棒兼起篦条作用，对物料进行选择性粉磨，先粉磨大块物料，然后逐步将物料按粒度的大小依次粉磨。因此，过粉碎现象较小，而且产品粒度比较均匀。棒磨机用在将 25 mm 左右的物料粉碎到 1 mm 左右的时候，细碎效率高，电耗低。

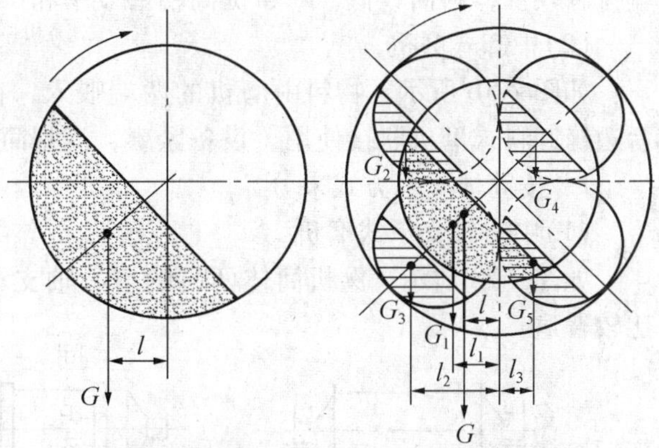

（a）单筒球磨机　（b）多筒球磨机

图 7-4　球磨机粉磨介质作用力关系图

介质采用砾石、卵石、瓷球等的磨机称为砾石磨机。这种磨机用花岗岩或瓷料等做衬板，用于生产白色或彩色水泥以及用于陶瓷工业。

6. 按卸料方式来分

（1）尾卸式磨机

物料由磨机的一端喂入，由另一端卸出，称为尾卸式磨机。有边缘卸料式磨机（图 7-5a）和中心卸料式磨机（图 7-2b ～ f）两种。中心卸料式又可分为溢流卸料式（图 7-2b、d）和篦板卸料式（图 7-2c、e 及 f）两种。

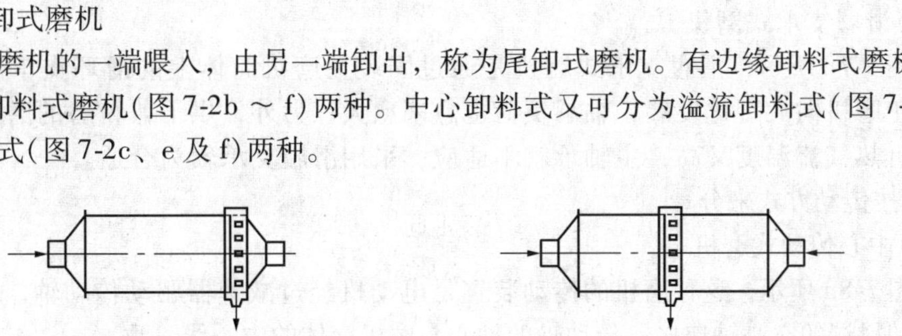
（a）边缘卸料式　（b）中间卸料式

图 7-5　磨机的卸料方式

在溢流式球磨机中，物料通过喂料机或溜槽从左方的空心轴喂入筒体，由于筒体的旋转和介质的运动，堆积于左端的物料向右端扩散，最后从右方的空心轴溢流排出。这种磨机结构简单，可连续操作。不过磨机用排代法卸料，磨中料面要高出空心轴才能使物料溢流排出，料面过高削弱了粉磨介质在磨内的冲击效应，故粉磨效率较低。

篦板卸料式磨机又称格子型磨机，如图 7-6 所示。在靠近卸料端装有一套卸料篦板 1。卸料篦板由若干块扇形板组成，板上有筛孔或筛缝，篦板背面有辐射状布置的扬料板 2。篦板随着筒体旋转，篦板阻隔着介质，磨细的物料通过筛缝进入背面扬料板之间的空间，被随同筒体一起旋转的扬料板带起，倒落在导料锥 3 上，从而引入卸料空心轴中卸出。这种磨机筒内卸料端排料较快，料面较低，对于提高粉磨效率和产量都有利。

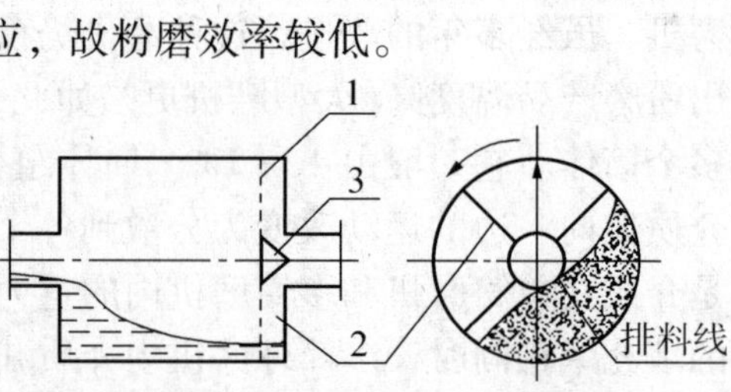

图 7-6　篦板卸料球磨机示意图

1—卸料篦板；2—扬料板；3—导料锥

(2) 中卸式磨机

如图 7-5b 所示，物料由磨机的两端喂入，在筒体中部的周壁开孔卸出。它相当于两台边缘卸料式磨机联接使用，设备紧凑，流程简化。

7. 按筒体支承方式来分

(1) 中空轴支承式磨机

如图 7-7a 所示，磨机筒体两端的空心轴支承在两端的主轴承上。这种支承方式使用比较普遍。

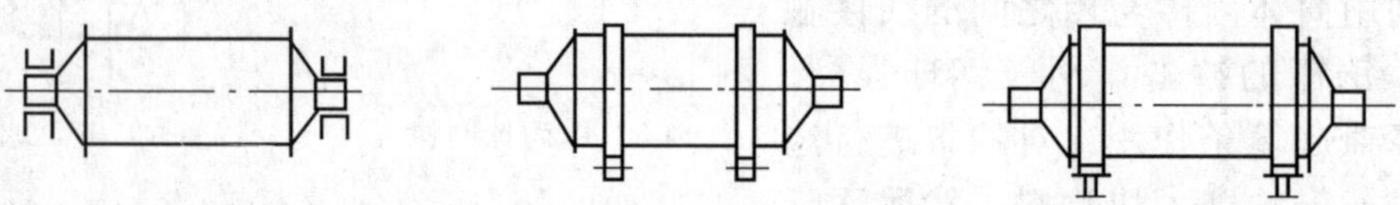
（a）中空轴支承方式　（b）托轮支承方式　（c）滑履支承方式

图 7-7　磨机筒体的支承方式

(2) 托轮支承式磨机

如图 7-7b 所示，两个轮带套装在筒体上，并为两对托轮所支承。这种磨机只是在小型工厂中有时还采用。亦有一个轮带支承在一对托轮上，另一个空心轴则支承在主轴承上的磨机，但较少使用。

(3) 滑履支承式磨机

如图 7-7c 所示，滑履支承式磨机是通过固装在磨机筒体上的滑环支承在滑履上运转。由于磨机向大型化发展，轴承负荷也愈来愈大；另外，烘干兼粉磨的磨机其进料口大，而且热气流温度又高，主轴承就不适应，采用滑履支承较为合适。

8. 按传动方式来分

(1) 中心传动式磨机

如图 7-8a 所示，这种磨机的传动装置是电动机经过减速器驱动传动轴，传动轴直接与磨机卸料端的空心轴连接，传动轴的轴心与磨机筒体的中心线一致。

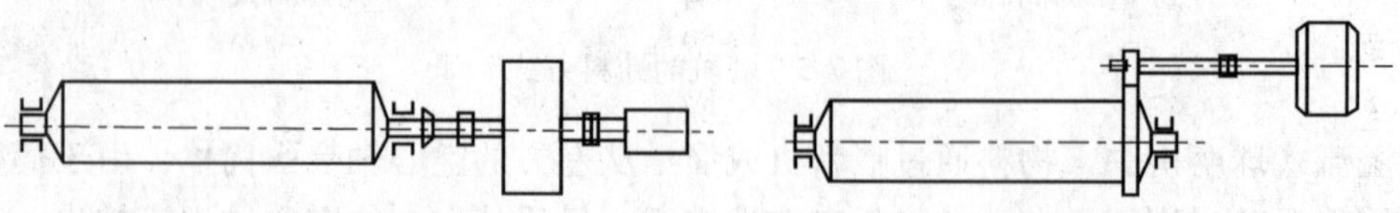
（a）中心传动　（b）边缘传动

图 7-8　磨机的传动方式

(2)边缘传动式磨机

如图 7-8b 所示，这种磨机的传动装置是电动机经过减速器驱动，其传动轴与磨机筒体中心线平行，通过这根轴上的齿轮带动固装在磨机筒体端盖上的大齿环，使磨机筒体回转。

(3)行星传动式磨机

图 7-9 为行星式球磨机，工作原理如图 7-10 所示。圆筒绕中心 O_2 自转，与此同时整个磨机绕中心 O_1 公转。磨内装填物受到磨筒围绕主轴回转产生的惯性离心力以及磨筒绕本身轴回转产生的惯性离心力的共同作用。因此，粉磨介质在离心力场内产生的惯性离心力较其重力大得多，就可使筒体和介质的尺寸大为缩小。行星磨机的优点是：粉磨介质大小可比普通球磨机的小至 1/4，磨机质量小，制造和安装费用低，调节转速可以方便地控制产品细度。其缺点是：粉磨介质和磨机衬板磨损较大，粉磨水泥时磨机的粉磨温度往往过高，需进行强制冷却。

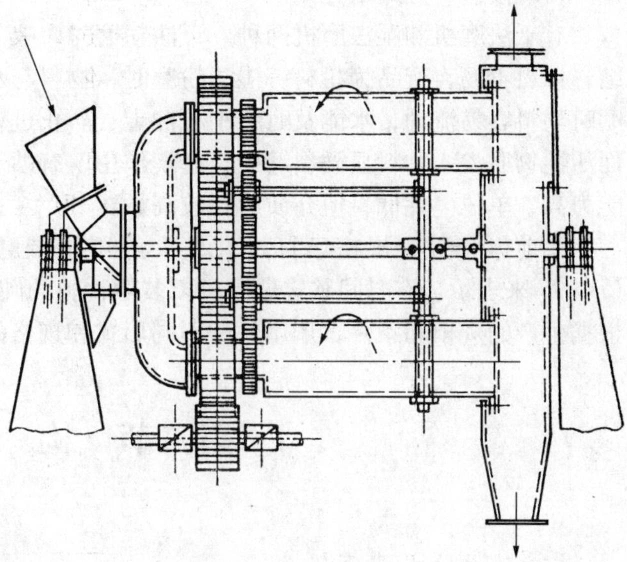

图 7-9　行星式球磨机

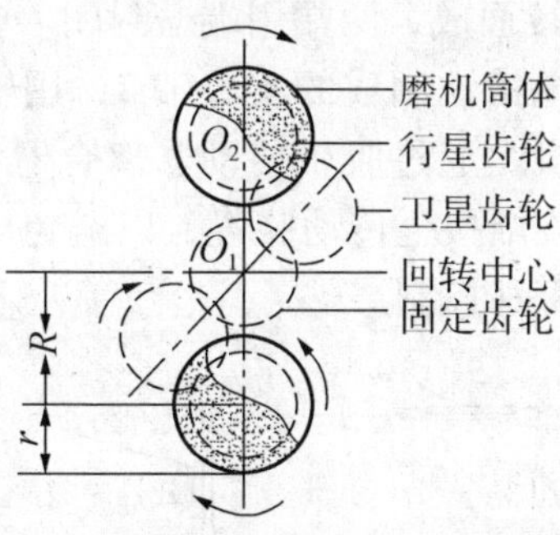

（a）二筒行星磨机

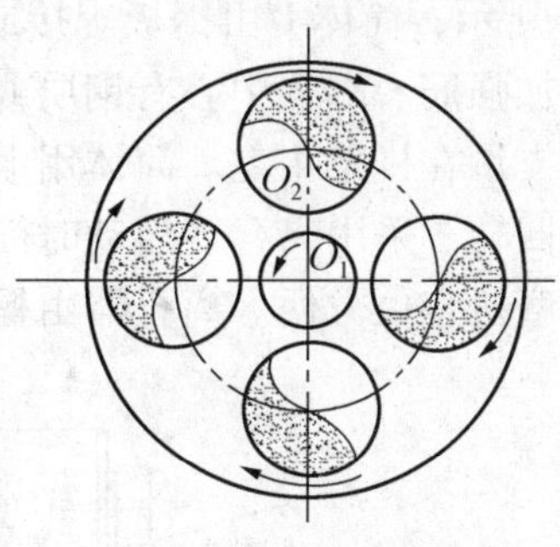

（b）四筒行星磨机

图 7-10　行星式球磨机工作示意图

(4)无齿轮传动式磨机

这种磨机是将同步变速电动机的转子直接安装在磨机筒体上，筒体本身相当于电动机的转子部分，中间不必经由减速器或齿轮减速，即可达到磨机要求的转速。由于取消了减速传动装置，磨机占地面积小，运转与维修费用小。这种磨机的转速是可变的，故可以不要辅助传动，且有利于实现工艺过程最佳化操作。但这种磨机的制造精度要求高，电动机结构及控制系统较复杂，制造费用高。

9. 按操作方式来分

有间歇操作式磨机(图 7-2a)和连续操作式磨机两类。间歇式球磨机构造简单，装卸料间歇进行。因此，其粉磨效率和生产能力都较低，在大规模生产部门已很少使用，但在陶瓷工业还是普遍用来粉磨坯料和釉料。因为它投资费用较低，而且在间歇操作条件下能够准确配料。装卸料连续进行的称为连续式球磨机，水泥工业生产使用的都是连续式球磨机。

10. 按生产方式来分

有干法磨机和湿法磨机两种。干法粉磨时，喂入物料的水分不能高，否则物料发生粘结，排料不畅，产品为粉料。湿法粉磨时，物料与水混合一起粉磨，粉磨产品为料浆。湿磨时物料容易流动，水能及时将细粒冲走，防止过粉碎现象。另外，水和溶解在水中的表面活性物质渗入物料显微裂缝中，起楔作用，有助于物料的细磨。因此，湿磨较干磨生产能力高，单位电耗低，但介质磨耗较高。

目前球磨机的规格已标准化，一般用不带磨机衬板的筒体内径和筒体有效长度$(D \times L)$来表示。有时间歇式球磨机以装填物料的吨数来表示。在无机非金属材料工业中，根据生产的规模和条件，采用各种不同形式和规格的球磨机。

第二节 构　　造

一　间歇式球磨机

(一)构造

间歇式球磨机在陶瓷、玻璃、搪瓷工业较多使用。在陶瓷工业使用时，一般均为湿法操作。如图7-11所示，筒体1由钢板焊接或铆接而成，两端用端盖封闭。端盖用铸铁铸造加工而成，带有加强筋。端盖中心有钢质或球墨铸铁制成的实心轴2，用轴承3通过实心轴、端盖将筒体支承在机架4上。筒体用电动机5通过胶带传动、离合器6、减速器7及减速齿轮8带动回转。采用离合器启动时筒体逐渐接上传动装置，以避免电动机发生过大的超负荷，并使磨机定位方便。离合器由操纵杆9控制。

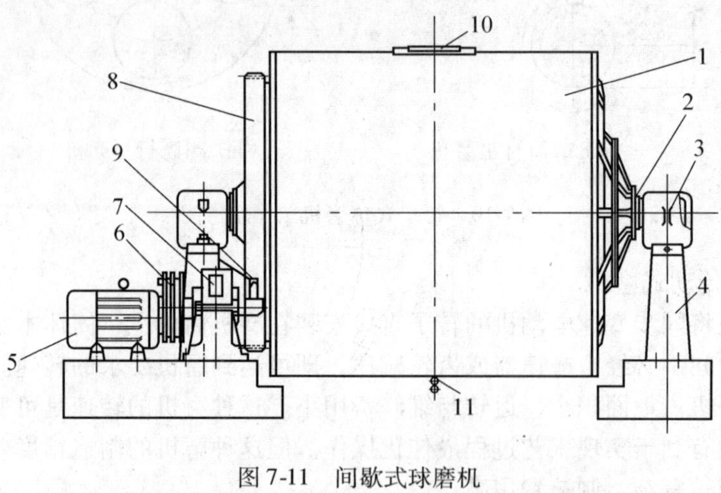

图7-11　间歇式球磨机

1—筒体；2—实心轴；3—轴承；4—机架；5—电动机；6—离合器；7—减速器；8—齿轮；9—操纵杆；10—喂料口；11—卸料口

筒体 1 中部有兼作喂料和人孔的磨门 10 和卸料孔 11，也有喂料、卸料及人孔合为一个开口的。筒体内壁衬以石板、瓷板、橡胶板或工程塑料板，并使用砾石或瓷球作粉磨介质。陶瓷工业在粉磨特种坯料时，为了保证坯料的洁净，衬板和介质都用成分与坯料相同的材料制成。刚玉球和锆质球的相对密度较砾石或瓷球大很多，可以提高磨机的生产能力，同时这种球的硬度甚大，使用寿命较长。

(二)主要工作部件

间歇式球磨机的构造比较简单，其主要由一个筒体、两个主轴承和一套传动装置组成。

1. 筒体

筒体是磨机的工作部件，应有足够的强度、刚度和同心度，要求质量平衡。如图 7-12 所示，它由筒身、磨头、衬板、磨门等组成。端盖两外侧中心带轴颈将筒体支承在机架的轴承上。筒身主要承受筒体自重和粉磨介质、物料的重量以及其在运动时产生的惯性离心力。筒体在外力作用下产生弯曲力矩、扭转力矩和剪切力，其中由扭转力矩和剪切力产生的应力变形很小，因此，一般只需计算最大弯曲应力和校核径向刚度。

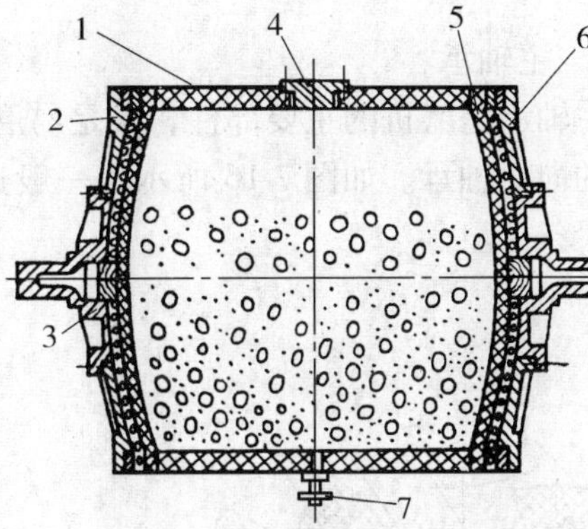

图 7-12　间歇式球磨机的筒体

1—筒身；2，6—端盖；3—轴盘；4—磨门；5—衬板；7—卸料旋塞

筒身的两侧内头焊上通常由锻造或铸件加工成的法兰圈，作为安装端盖的对中基准。近来也有将筒身和端盖焊成整体式的筒身。筒身的长径比为 0.88 ～ 1.2。筒身钢板的厚度，小型磨机取其直径的 0.5% ～ 1%，较大型磨机则取 0.5% 左右。

磨头通常用铸铁件。小型磨机用整体式(图 7-13)；大型磨机采用组合式，由端盖和轴盘装配而成(图 7-14)。端盖和轴盘、端盖和筒身都采用双头螺栓紧固连接。

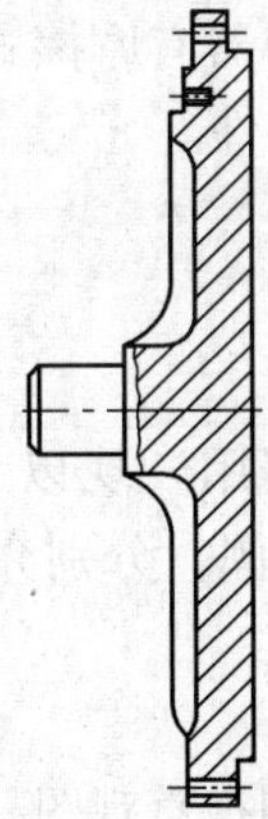

图 7-13　整体式磨头

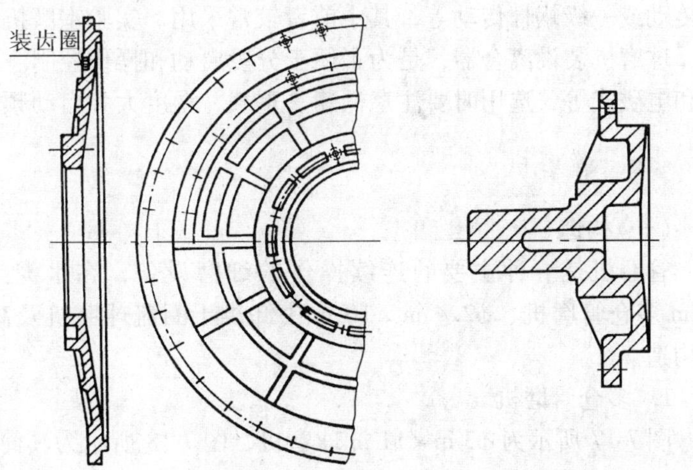

（a）端盖　　（b）轴盘

图 7-14　组合式磨头

衬板的作用是保护筒身和防止污染原料。衬板的材料有燧石、瓷砖和橡胶等。石板的形状和大小以搬动方便和砌筑牢靠为宜，厚 100 ～ 150 mm，通常用标号 42.5 以上的快硬水泥砌筑，接缝要相互错开，而且愈窄愈好；橡胶衬板厚 25 ～ 40 mm(图 7-15)，用带 T 型槽的压条压紧，压条用 T 型螺栓紧固在筒身上。也可用 T 型螺栓直接将带有 T 型槽的衬板紧固在筒身上。小型磨机亦可用整体式衬套直接套装在筒身上。橡胶衬板质量轻、厚度小，因而可增加筒体的有效容积，使用寿命长(可用 7 ～ 10 年)，噪音小，但是投资费用较大。选用橡胶衬板时，要考虑到铁锈、橡胶杂质以及粘结剂等对原料的污染问题。另外，橡胶衬散热性差，耐热性也差，工作温度不能超过 70 ～ 80 ℃，否则橡胶会失去弹性，变硬变脆，加剧磨损。近年出现聚氨酯耐磨内衬，耐磨寿命较瓷质内衬和橡胶内衬长。

2. 主轴承

主轴承是磨机的主要部件，又是易磨损件。它承受磨机工作部分的全部载荷，属低速重载的向心轴承。如图 7-16 所示，一般选用自动调心的球面滑动轴承，并注意保持良好的润滑条件。

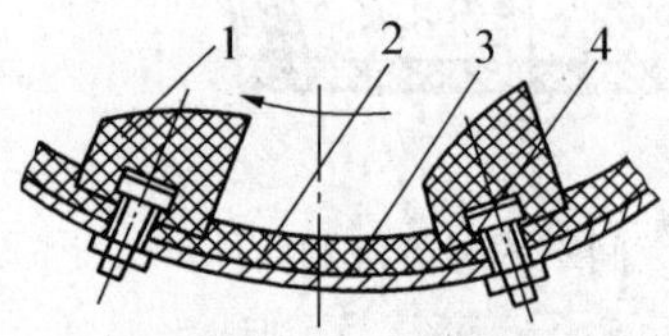

图 7-15 橡胶衬板安装图

1—橡胶压条；2—橡胶衬板；3—筒体；4—连接螺栓

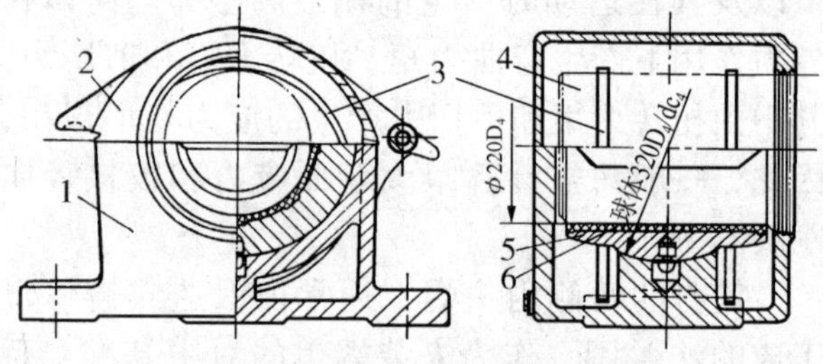

图 7-16 球磨机轴承

1—轴承座；2—轴承盖；3—油环；4—轴；5—球面轴瓦；6—轴瓦衬

3. 传动装置

传动装置的传动比一般在 30 ～ 70 之间，通常采用的传动方式有胶带 - 齿轮、两级胶带传动或一级蜗杆传动等，其中前者较常采用。实验室磨机亦有采用托轮摩擦传动。

球磨机装设离合器，是为了便于分段启动和操作控制。常用的离合器有摩擦式、液压式和电磁式等，选用时要注意低速、重载、湿度大和启动频繁等工作条件。

二 管磨机

(一)构造

管磨机是一种主要的连续操作的细磨设备，在水泥工业广泛使用。现以 ϕ3 m × 11 m 多仓管磨机、ϕ2.4 m × 10 m 中卸烘干圈流球磨机及高细磨机为例，分别介绍其主要构造。

1. 多仓管磨机

图 7-17 所示为 ϕ3 m × 11 m 球磨机，图 7-18 所示为其筒体部分的剖视直观图，属中心传动、中心卸料、三仓管磨机。一、二仓之间装设提升式双层隔仓板，二、三仓之间装设单层隔仓板。一、二仓内安装阶梯衬板，三仓内镶砌小波纹衬板。装填粉磨介质 100 t。筒体 8 支承在主轴承 7 及 9 上，由功率为 1250 kW 的 JRZ 1250 - 8 的主电机 1 通过胶块联

轴器 2、减速器 3、中间轴 4、刚性联轴器 5 和磨机卸料空心轴驱动，以 17.7 r/min 速度回转。物料由喂料装置 10 送入磨内，经过三个仓室粉磨之后，由传动接管上的椭圆孔落入卸料装置 6 内。

磨机的主轴承除了设有循环润滑装置外，还设有专用水循环冷却装置。在传动系统中，还设有辅助传动装置，由功率为 17 kW 的电动机 12 驱动，这时筒体以 0.2 r/min 的速度慢速回转。

该磨机粉磨水泥时，因磨机直径较大，磨内温度较高，故设有雾化喷水装置 11。压缩空气和水由水管 18 通过喂料空心轴从端盖进入磨内第三仓喷出，利用水蒸气带走磨内热量，使温度降低，可使磨机产量提高 5% ~ 10%，同时防止石膏脱水假凝，又可以提高水泥质量。

2. 中卸烘干圈流球磨机

图 7-19 所示为 ϕ2.4 m × 10 m 球磨机，属边缘传动、中间卸料、带烘干仓的圈流磨机。水泥工业用作原料磨机，主要用于烘干粉磨含水分小于 8% 的中硬石灰石和粘土原料，如另设高温热源可烘干含水分 12% ~ 14% 的物料。

筒体 1 的两端是喂料斗 2，该处装设直径为 1 m 的进风管 3，可从磨体两端同时鼓进热风。物料由密闭的喂料设备经喂料斗进入喂料螺旋筒 4 中，与热风一起进入磨体的烘干仓。喂料螺旋筒用螺栓与空心轴 5 上的法兰连接，并随磨机筒体一起回转。整个回转部分依靠两个空心轴支承在两个主轴承 6 上。两主轴承由压力润滑系统进行润滑和用水冷却。

磨机由功率为 570 kW 的 JRQ 1512 – 8 型主电动机通过减速器 9、中间轴 10 和小齿轮 13 带动固定在卸料端的大齿轮转动，驱动磨机筒体以 20.2 r/min 回转。电动机与减速器之间以弹性柱销联轴器 8 相联接，减速器和中间轴用刚性联轴器 11 相联，中间轴与小齿轮之间用胶块联轴器 12 相联。中间轴的作用是使磨体和动力部分分处两室，以免高温热风影响电动机和减速器的正常运转，并使电动机室保持清洁。

磨机筒体如图 7-20 所示。其上有两个磨门 2，磨门处用与筒体相等厚度的加强板铆合加固。筒体内分为烘干仓Ⅰ、粗磨仓Ⅱ和细磨仓Ⅲ，在粗磨仓和细磨仓之间用卸料篦板 3 分隔成卸料仓Ⅳ。在烘干仓中装设有三段长各为 500 mm 的扬料板 4，第三段扬料板末端有强制排料的扬料装置 5，用螺栓固定在筒体。扬料板和筒体间垫 15 mm 厚的石棉板以隔热。粗磨仓装有以螺栓固定的高锰钢阶梯衬板 6。细磨仓镶砌表面白口化的灰铸铁制的小波纹衬板 7。

为了适应不同性质和湿度的物料，提高磨机的热效率和粉磨效率，可按实际需要来调整烘干仓和粗磨仓的长度。

筒体两端焊接有平端盖 8，用螺栓分别与两端空心轴的法兰联接。端盖上分别用螺栓连接磨头衬板 9。

在卸料仓筒体上开设 10 个卸料孔。为了保证该段筒体强度，采用厚 40 mm、长 2400 mm 的钢板制作。其余各段钢板厚度采用 25 mm。卸料孔用卸料罩 19 密闭(见图 7-19)。卸料罩顶部用管道与选粉机相接；底部装有锁风卸料装置(翻板阀等)，与输送提升设备相连。

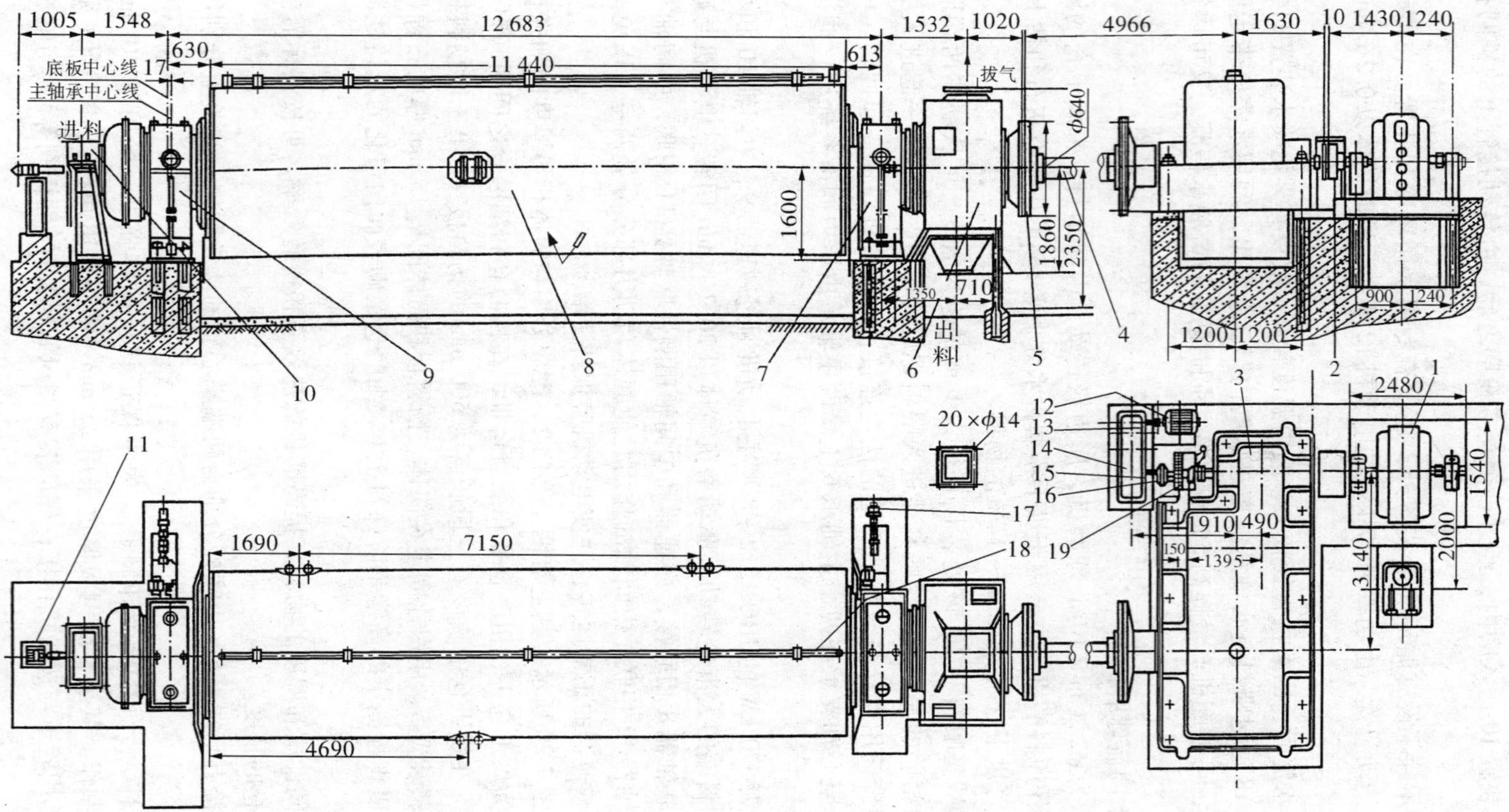

图7-17 ϕ3 m×11 m水泥磨

1—主电动机；2, 13, 15—联轴器；3—主减速器；4—中间轴；5—刚性联轴器；6—卸料装置；7—出料端主轴承；8—筒体；9—主轴承；10—喂料装置；11—喷水装置；12—辅助电动机；14—辅助减速器；16—斜齿离合器；17—润滑装置；18—水管；19—操纵杆

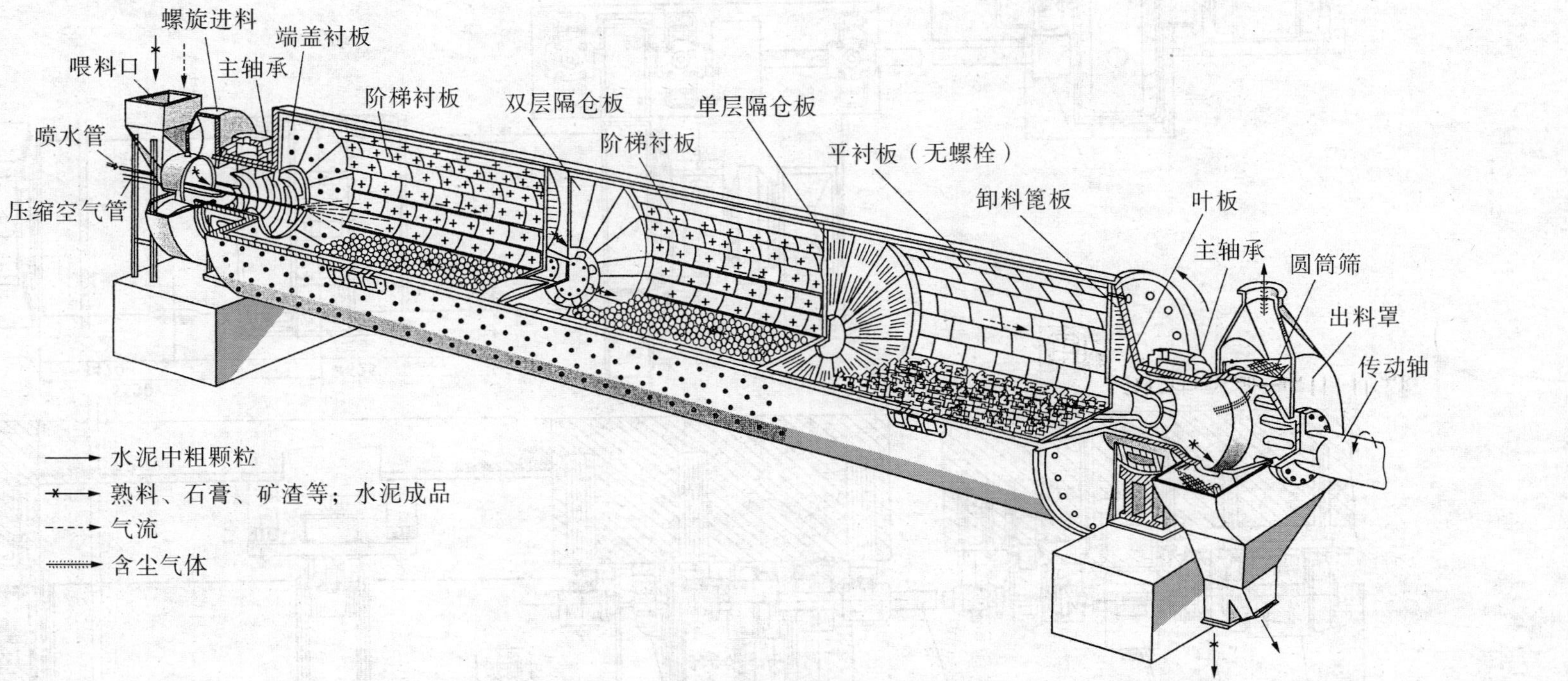

图7–18　ϕ3 m×11 m水泥磨（中心传动）筒体部分剖视直观图

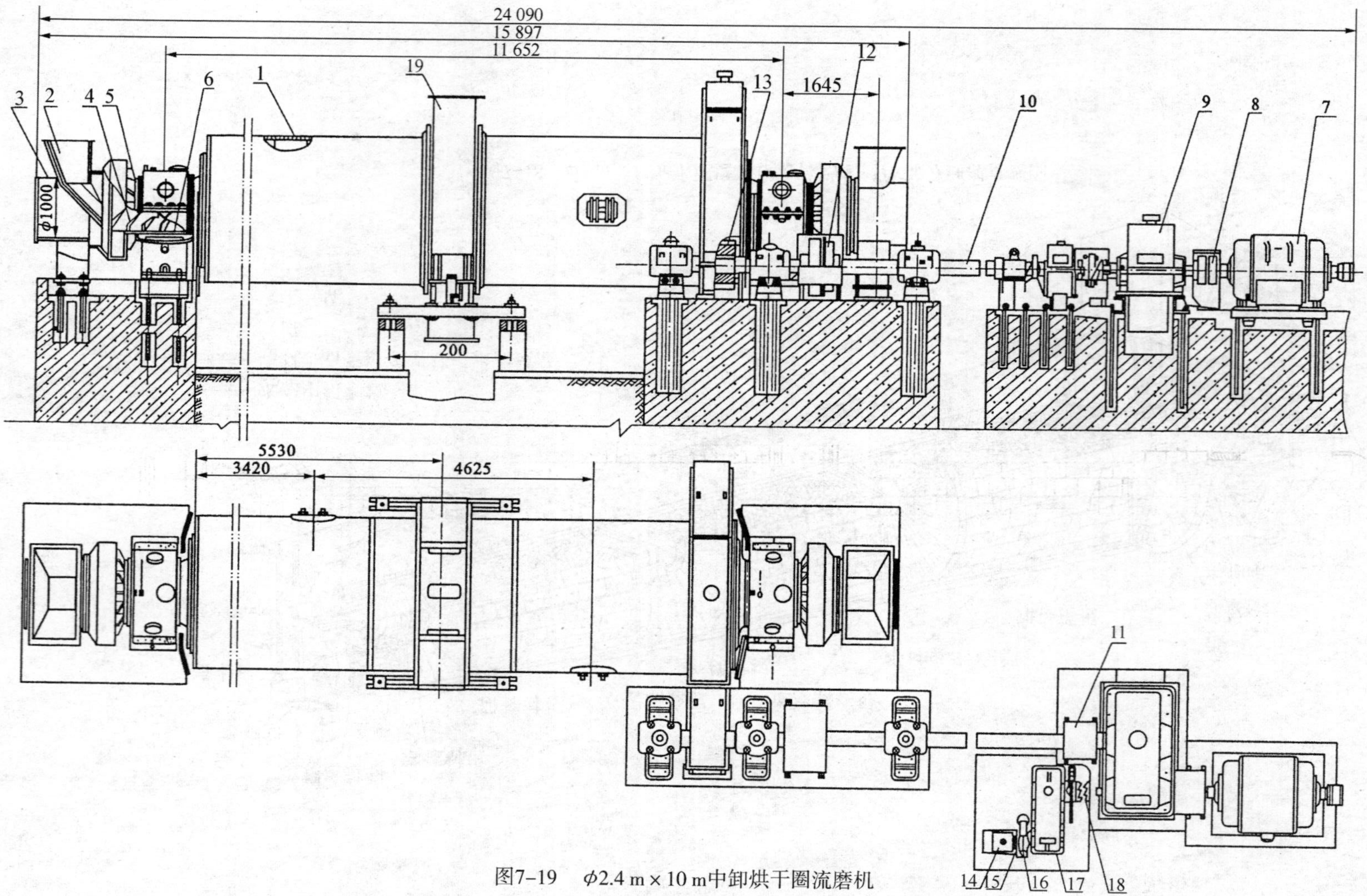

图7-19　ϕ2.4 m×10 m中卸烘干圈流磨机

1—筒体；2—进料漏斗；3—进风管；4—进料螺旋筒；5—中空轴；6—主轴承；7—电动机；8—弹性柱销联轴器；9—减速器；10—中间轴；11—刚性联轴器；12—胶块联轴器；13—小齿轮；14—辅助电动机；15—联轴器；16—液压制动装置；17—辅助传动减速器；18—手动斜齿离合器；19—出料罩

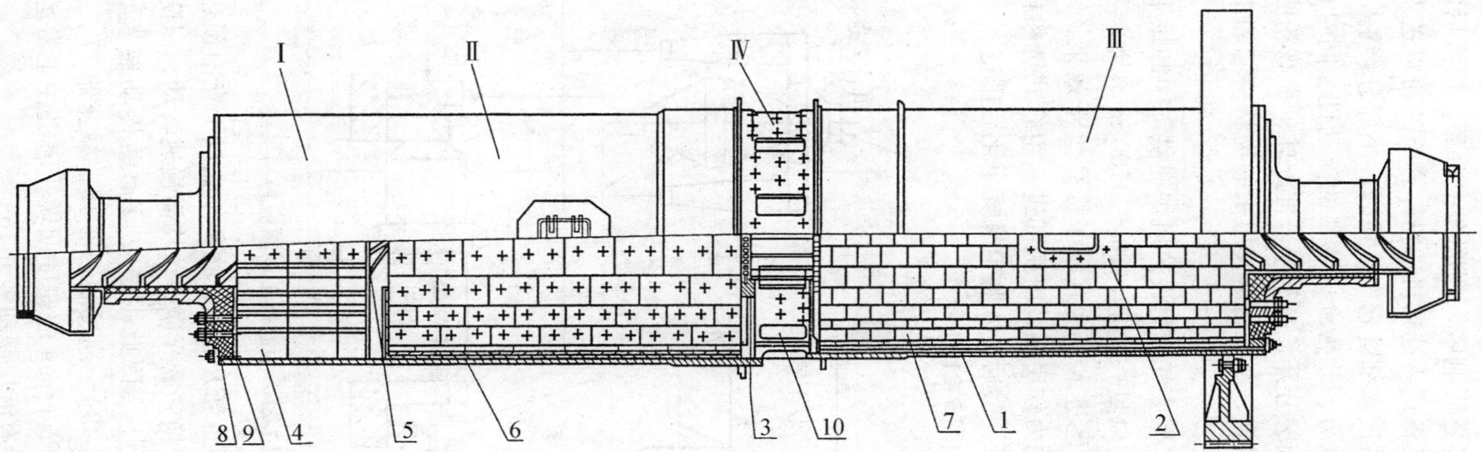

图7-20　ϕ2.4 m×10 m原料磨的回转部分

1—筒体；2—磨门；3—出料篦板；4—扬料板；5—杨料装置；6—阶梯衬板；7—小波纹衬板；8—平端盖；9—磨头衬板；10—卸料孔

磨机工作时，进入烘干仓的物料被扬料板提升扬撒，并与进入烘干仓的热气流接触而被烘干。烘干后的物料由扬料装置强制喂入粗磨仓中粉磨，粗磨后的物料通过卸料篦板、卸料口、锁风装置和输送提升设备进入选粉机选粉。合格的粉料送入料库储存，粗粉大部分经回料端喂料斗和回料螺旋筒进入细磨仓中再粉磨，小部分(约占 1/3)回粗磨仓中重新粉磨，以提高料温和降低物料水分，改善仓内物料的流动性，同时也便于磨内物料平衡，利于烘干与粉磨作业。粗磨和细磨分开，有利于最佳配球，提高粉磨效率。经细磨仓磨细的物料，通过卸料篦板进入卸料仓，与从粗磨仓出来的物料一起卸出，按上述循环，从而组成闭路循环粉磨系统。

磨内物料的烘干热源，由窑尾废气或另设热风炉提供。中卸烘干磨通风量较大，根据磨机生产能力配备系统主风机的风量一般是 1400 ～ 1700 m^3/t 生料。大部分热风(80% ～ 90%)从磨头进入，小部分从磨尾进入，这有利于提高烘干效果，减少磨内过粉碎现象。出磨含尘气体在系统主风机的抽力作用下，由底部进入组合式选粉机(或笼式选粉机)内，利用余热参与物料的烘干和分级，最后进入收尘系统净化后排空。

中卸烘干磨圈流粉磨系统如图 7-21 所示。

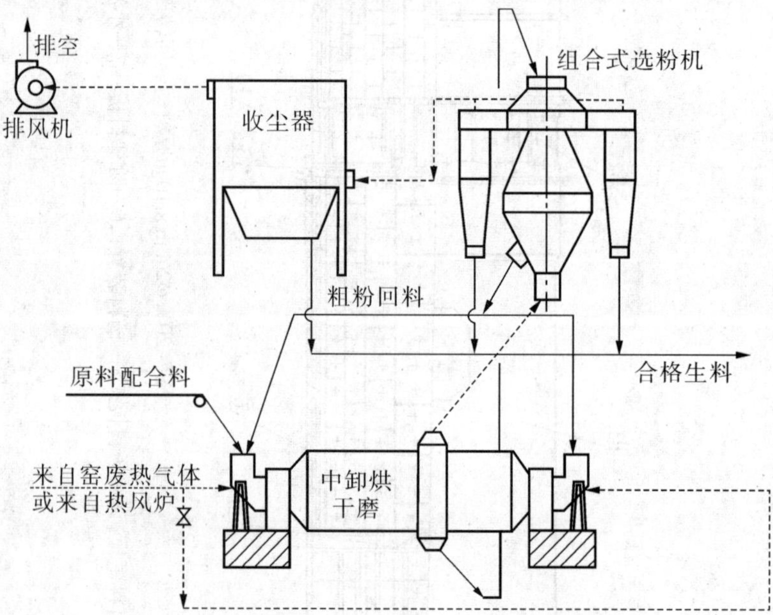

图 7-21　中卸烘干磨圈流粉磨系统

新安装的磨机或磨机大修后重新开磨时，物料须在烘干仓中预热，待烘干至适当程度再进入粗磨仓。停磨、检修或更换粉磨介质等，均需慢速转动，以防磨机筒体产生热变形以及使筒体停止在所需的位置上。因此，需装设辅助传动装置。辅助传动由功率为 7. 5 kW 的辅助电动机 14(见图 7-19)，通过联轴器 15、减速器 17、手动斜齿离合器 18 与主减速器相联，驱动磨体以 0. 195 r/min 的速度回转。磨机在正常运转时，斜齿离合器处于脱离状态。辅助传动装置还设有液压制动装置 16。

3. 高细磨机

高细磨机或称微介质磨机，系指在细磨仓采用不大于 ϕ15 mm 的微钢球或小于 ϕ12 mm 的微钢段作为粉磨介质，并装有组合式隔仓板及卸料篦板的球磨机。它是对多仓管磨机内的篦板、隔仓板及研磨体等部件改造后开发出来的。

在对物料进行细磨时，管磨机的能量利用率极低。高细磨机在外表上与普通球磨机没有明显区别，只是在内部结构和研磨体的使用上有所改进。图 7-22 所示的二仓室高细磨机为康必丹(Combidan)磨机；图 7-23 所示为三仓室高细磨机。高细磨机与普通磨机内部结构不同之处，主要有如下几个方面：

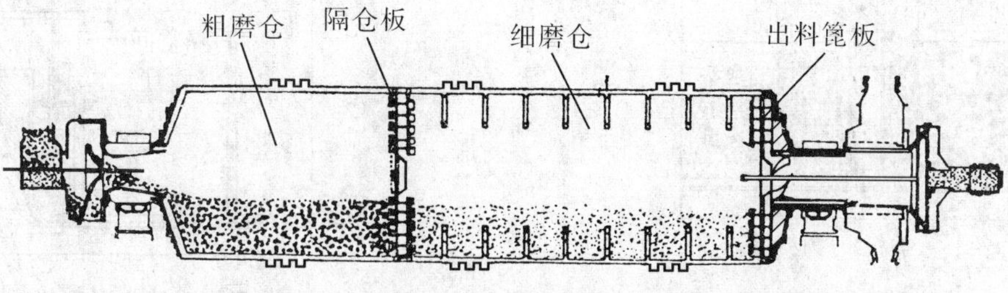

图 7-22　ϕ4. 6 m×13 m 康必丹磨机

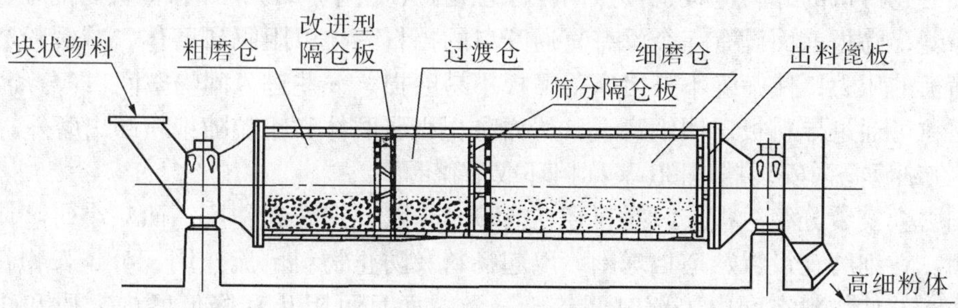

图 7-23　开流三仓高细磨机

(1)采用高硬耐磨的小直径钢球或钢段

在普通球磨机中，由于使用小研磨体容易造成卸料篦板堵塞，也难以磨细通过隔仓板篦孔的粗粒物料，因此细磨仓实际使用研磨体平均单体质量往往高达 20 ～ 40 g。试验表明，为了获得最佳粉磨效果，磨机细磨仓的研磨体尺寸应当远小于目前一般球磨机所用的研磨体尺寸，研磨体平均单体质量不应超过 10 g。研磨体规格从 ϕ12mm ～ ϕ25 mm 减小到 ϕ12 mm 以下，应选用抗冲击和耐磨性能极好的材料制成。由于研磨体的磨损随粉磨物料的比表面增加而增加，故这种微介质的特殊耐磨性能对高细磨更为重要。

(2)采用组合式隔仓板和卸料篦板

对于普通球磨机，要选用小钢段，有碍于隔仓板和卸料篦板上的篦缝过大，细钢段会嵌塞其中，造成堵塞。要减小筛缝尺寸，为了保证磨机截面通风，势必要增加筛缝的数目，这样又会削弱隔仓板和卸料篦板的强度。为了解决这些矛盾，特为使用微粉磨介质设计出专用的隔仓板和卸料篦板。

粗磨仓与细磨仓之间设置筛分隔仓板(如图 7-24 所示)，物料在两仓间的隔仓装置处可以获得良好的筛分，可防止超大颗粒穿过隔仓板进入细磨仓内。中心装有双向导料锥，篦板两侧均有扬料板。隔仓板内装置的小孔筛板厚 4 ～ 6 mm，筛孔系冲压而成，孔径只有 2 ～ 5 mm。筛缝虽小，但数目很多，所以通风面积比传统的隔仓板大 1 倍。由于筛板较薄，经不起粗磨仓钢球的冲击和磨损，故在筛板前、后都有坚固的护板保护，无磨损之虞。护板为大孔篦板，在小孔筛板之前设有大孔篦板，以防止粗磨仓中的钢球对小孔筛板的冲击，且起粗筛作用。在两者之间留有足够距离，以利通风和物料流通，并借助该空间内的扬料板将粗粒物料返回粗磨仓。后护板(挡料圈)与筛板之间的扬料板将通过筛的物料扬起，倾倒在导料锥上，引入细磨仓内。

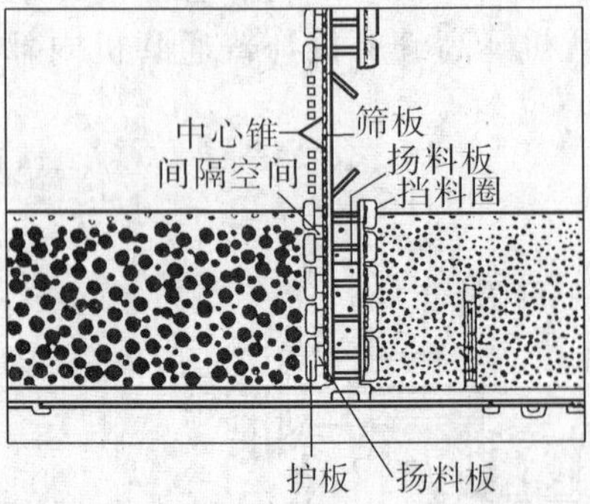

图 7-24　康必丹磨机的隔仓板

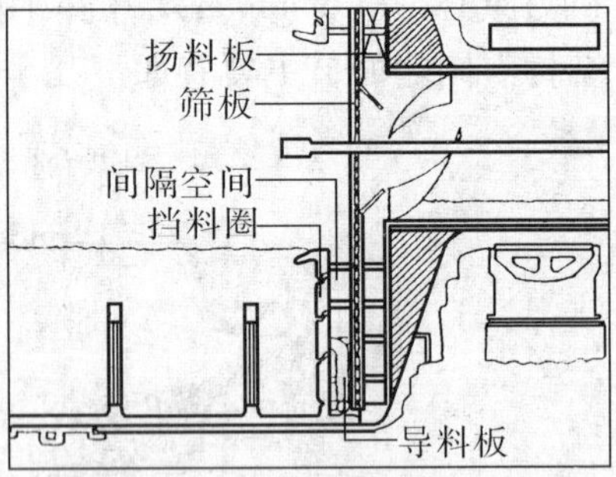

图 7-25　康必丹磨机的卸料筛板

在细磨仓出口的卸料篦板也按照同样原理设计(见图 7-25)，卸料篦板内的筛板也开着很小的筛缝，筛板前面设有一个没有直通开口的挡料圈，以阻隔研磨体，减缓粉磨介质和物料对筛板的压力，使筛缝不易堵塞，筛板不易磨损。一些进入间隔空间(即分离室)的研磨体和粗粒可通过导料板送回细磨仓，从而防止小研磨体和粗粒随细粉卸出磨外。

(3)在细磨仓内安装挡球圈(又称挡环或活化圈)

在细磨仓安装分级衬板，只对直径在 ϕ50 mm 以上钢球起作用，而对小研磨体只能采用挡球圈。在细磨仓设置数道挡球圈，以起扬料及防止物料倒流作用，可延长物料在磨内停留时间，并使物料在磨内停留时间趋于一致；而且可阻止和降低磨内介质和物料的压力，使篦板不致发生堵塞。

(4)磨尾卸料罩中的回转筛用于高细磨最后一级检查筛分，与普通球磨机不同

它不是用于筛出细粉中的大颗粒，而主要是筛出磨损后的小研磨体等残渣。这些杂物粒径都小于 2 mm，因此，高细磨的回转筛应采用钢丝小孔径筛网或双层筛。

使用高细磨机时，为了与微介质相匹配，应尽量减少入磨物料粒度。为了控制粉磨温度，粗磨仓及细磨仓可采用喷水冷却，并使用助磨剂以提高细磨效率。由于小研磨体的表面积增加，研磨体消耗的费用有所增加，但高细磨机的粉磨效率高，从总体来看，这种磨机的生产费用还是有所降低。

(二)主要工作部件

管磨机的类型和规格较多，但是它们的结构基本相同，主要由筒体、衬板、隔仓板、轴承、进卸料装置和传动装置等组成。

1. 筒体

筒体是管磨机的主要工作部件，物料在筒体内被粉磨介质冲击和磨剥而成细粉。

筒身是一个空心圆筒，用钢板卷焊而成。筒身的两端与磨头联结组成筒体。筒体工作时，除了承受自身和粉磨介质等的静载荷外，还受到介质的冲击及筒体回转产生的交变应力。因此，它必须具有足够的强度和刚度。这就要求制造筒体的金属材料的强度要高，塑性和可焊性要好。一般采用普通结构钢 A3，大型磨机的筒体，采用 16Mn 钢制造。

为了检修磨内零部件和装卸粉磨介质，筒身的每个仓室都设有磨门，各仓磨门的位置在筒身两边的直线上交错排列。这样以便平衡磨门重量产生的惯性离心力和保证筒体强度。

磨头承受整个磨机的动载荷，要求长期安全可靠。有三种结构形式：一种是整体磨

头，如图 7-26a 所示。这种形式结构简单，安装方便，适合于中小型磨机。对于大型磨机，由于磨头端盖的平展面积较大，铸造容易产生缺陷，不易保证铸造质量。另一种磨头是把端盖和空心轴分别铸造(图 7-26b)，加工后再组装在一起。这样，可减少铸造缺陷，但原材料消耗和加工安装工作量增多。图 7-26c 所示的磨头是采用钢板焊接结构，原材料消耗少，制造工艺简单，端盖与筒体连接牢靠，磨头质量可得到保证。

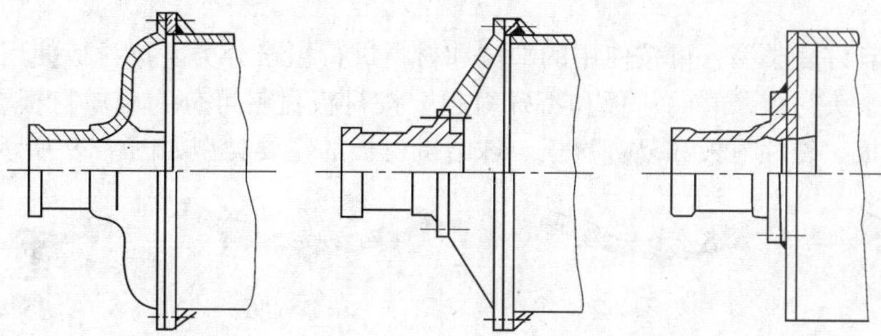
(a) 整体结构　　(b) 装配结构　　(c) 焊接结构

图 7-26　磨头的结构形式

一般大、中型磨机采用铸钢 ZG35 作为空心轴材料，小型磨机采用铸铁或球墨铸铁作为磨头材料。

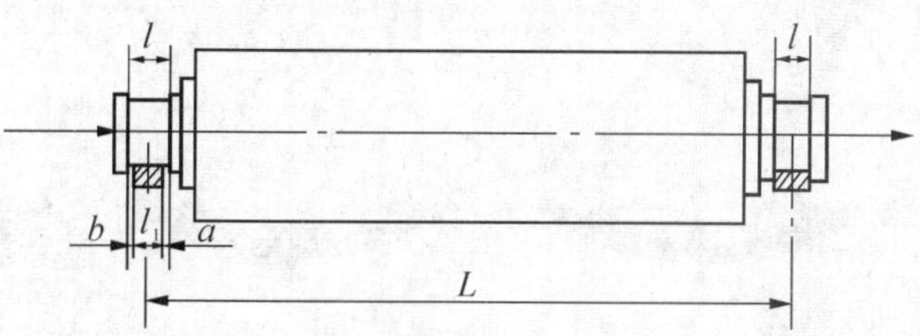

图 7-27　球磨机筒体轴向热变形的预留间隙

磨机运转时与长期停磨时有很大温差，筒体会产生伸缩。在制造安装磨机筒体时，必须考虑磨机的轴向热变形。磨机的传动装置一般靠近卸料端，为了保证齿轮的正常啮合，卸料端不允许有任何轴向窜动，考虑适应轴向热变形的结构都设在进料端。它有两种形式：一种是在空心轴颈的轴肩与轴承间预留间隙(图 7-27)；另一种是在轴承座与底板之间水平安装数根钢辊(图 7-28)。当筒体热胀冷缩时，进料端主轴承底座可沿辊子移动。

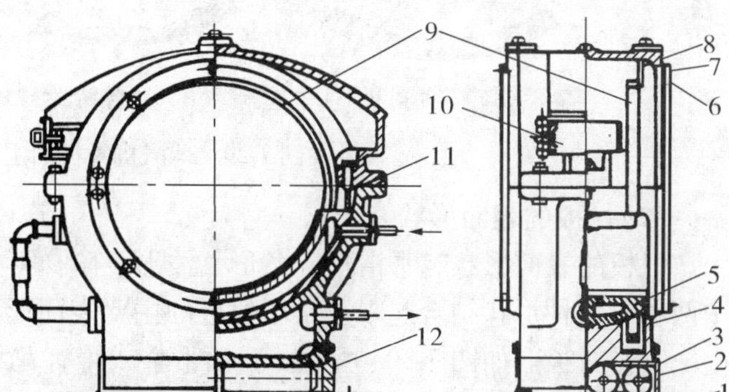

图 7-28　球磨机进料端活动式主轴承

1—轴承底座；2—钢辊；3—密封板；4—轴承座；5—球面轴瓦；6—轴承盖；7—压板；8—刮油杆；9—油环；10—检查门；11—定位螺栓；12—连接板

2．衬板

(1)衬板的作用和类型

衬板用来保护筒体免受粉磨介质和物料的直接冲击和摩擦，同时也可利用不同形式的衬板来调整各仓内粉磨介质的运动状态。

磨机头仓内物料粒度较大，要求粉磨介质以冲击粉磨为主，应呈抛落状态运动；以后各仓内的物料粒度依次递减，要求介质也应依次增强磨剥作用，加强倾泻状态运动。在磨机直径和转速相同的情况下，利用不同形状表面的衬板，使与粉磨介质产生不同的摩擦系数，来改变介质的运动状态，以适应物料粉磨过程的要求，提高粉磨效率。例如，在粗磨仓中装设能增加提升摩擦角的阶梯形、凸棱形和压条等衬板；在细磨仓中为了增加介质的磨剥能力，增加介质的循环次数，使介质呈倾泻状态运动，而装设花纹形、波浪形和平衬板；为了使同一仓内大小不同介质能按被粉磨物料的粒度大小而分开，采用锥形分级衬板和角螺旋衬板等。

磨机衬板有许多类型，可按使用的部位和材料进行粗略分类。按衬板使用的部位可分为筒体衬板、磨头衬板、磨门衬板和特殊衬板。按衬板材料可分为金属衬板、橡胶衬板、石质或铸石衬板、磁性衬板和复合衬板。球磨机衬板的主要类型如图 7-29 所示。

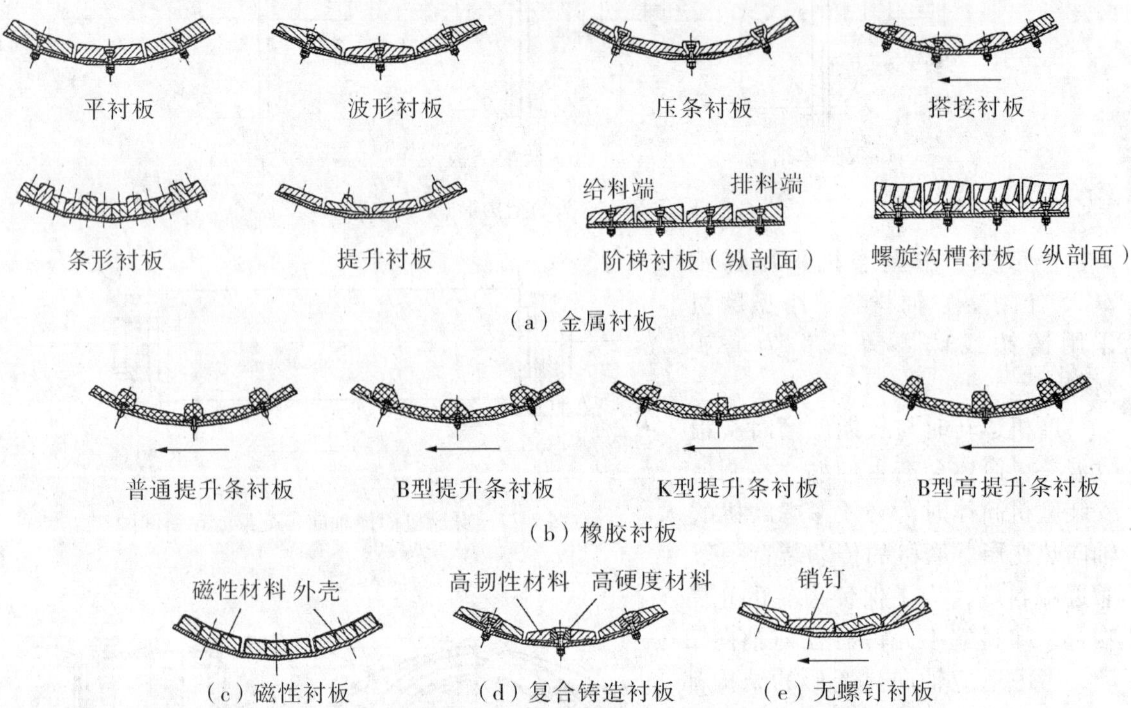

图 7-29　球磨机衬板的主要类型

(2)衬板的表面形状

衬板的表面形状有平滑形、条形、波形、阶梯形、环沟形等，也可在一种衬板上将其中两种或数种形状结合起来。常用衬板的主要表面形状如图 7-30 所示。

①平衬板。如图 7-30a 所示，表面平整或铸有花纹。它对介质的作用主要是依赖其与介质之间的静摩擦力，对介质起一定提升作用。它们之间的摩擦系数小，会增加滑动现象，降低介质的上升速度和提升高度，增加衬板和介质的磨损，且增加了介质的磨剥作用，故平衬板用于细磨仓较为适宜。

②压条衬板。如图 7-30b 所示。它由平衬板和压条组成，压条上有螺栓通孔，通过压条将衬条固定。衬板的边缘和压条下侧都设计成斜面，便于楔紧，使衬板不致松动。

这种衬板依靠其平板部分与介质间的摩擦力和压条侧面对介质的直接推力的联合作用，使介质升得较高，具有较大的冲击能力。所以压条衬板适于用作第一仓衬板，尤其对粒度大的硬质物料更为适合。压条衬板的缺点是提升能力不均匀，压条前侧面附近的介质

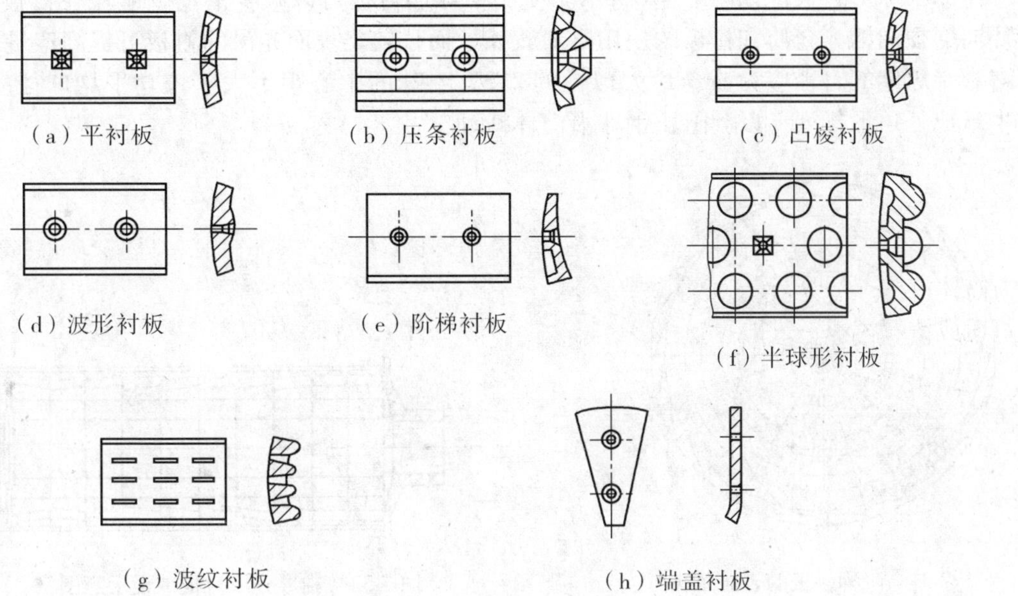

(a) 平衬板　(b) 压条衬板　(c) 凸棱衬板

(d) 波形衬板　(e) 阶梯衬板　(f) 半球形衬板

(g) 波纹衬板　(h) 端盖衬板

图 7-30　常用衬板的表面形状

被带得很高，而远离压条的地方又似平衬板那样出现局部滑动。当磨机转速过高时，被压条前侧带得过高的介质抛落到对面衬板上，打不着物料，不但粉碎作用小，而且增加了介质与衬板的磨损，因此对于转速较高的磨机不宜安装压条衬板。

压条衬板的高度一般不超过本仓最大球的半径，否则将带球过高。压条边坡角度在 40°～45°为宜。为了减少带球的不均匀性，压条的排数不宜过多或过少。两压条的间距等于该仓最大球径的三倍为宜。

③凸棱衬板。如图 7-30c 所示。它是在平衬板上铸成断面为半圆的或梯形的凸棱。凸棱的作用与压条相同，结构参数与压条衬板相仿。由于是铸成整体的，凸棱磨损后就要整块更换，故不经济。但是这种衬板的刚性大，不易变形。

④波形衬板。如图 7-30d 所示。使凸棱衬板的凸棱平缓化就形成了波形衬板。这种衬板的带球作用不及压条衬板，对于一个波节，上升部分有带球作用，而下降部分却对带球起不利作用，会使介质产生一些滑动，但可避免将介质抛得过高。因此，它适用于球磨机中的棒仓，可防止过大的冲击力而损伤衬板。

⑤阶梯衬板。如图 7-30e 所示。衬板表面呈一倾角，安装后形成许多阶梯，可以增大衬板对介质的带动能力。平衬板的缺点是摩擦因数 $f=\tan\varphi$（φ 为摩擦角）太小，摩擦力不足以防止介质沿其表面滑动。若衬板表面形成一个倾角 $\Delta\varphi$（见图 7-31），使之与原有的摩擦角合成，则牵制系数 K 可增加为 $K=\tan(\varphi+\Delta\varphi)$，这样就可加大衬板对介质的带动能力。

工作表面呈阿基米德对数螺线的衬板能够均匀地增加提升介质的能力。因为它的各点厚度增量与转角成正比，沿衬板表面均形成相同的倾角 $\Delta\varphi$，所以沿整个衬板表面的牵制系数必然相等。对同一球层被提升的高度均匀一致；衬板表面磨损均匀，磨损后不致显著地改变其表面形状；衬板的牵制能力能作用到其他层次的介质，因为各层次的介质的排列也会形成相当于 $\Delta\varphi$ 的倾角，这样不只减少了衬板与最外层介质之间的滑动和磨损，而且还防止了不同层次的介质之间的滑动和磨损。阶梯衬板常用于磨机的粗磨仓。

⑥半球形衬板。如图 7-30f 所示。使用半球形衬板可以减少滑动，避免在衬板上产生环向磨损沟槽，介质和衬板的使用寿命较长，而且较之表面光滑的衬板可提高产量 10% 左右。半球体的直径应为该仓最大球径的 2/3，半球的中心距不大于该仓平均球径的两倍，半球成三角形排列，以利阻止钢球沿筒体滑动。

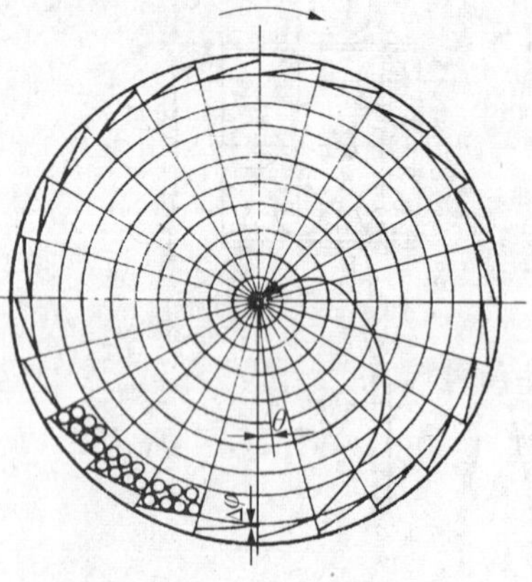

图 7-31　阶梯衬板的表面曲线

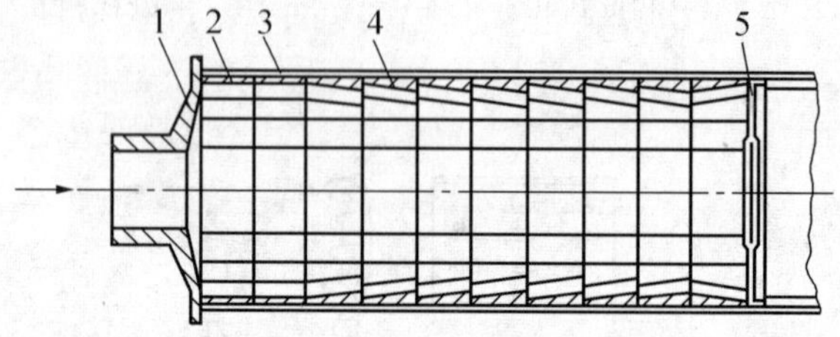

图 7-32　锥形分级衬板铺设示意图

1—磨头；2—平衬板；3—筒体；4—分级衬板；5—隔仓板

⑦波纹衬板。如图 7-30g 所示。这是一种适合细磨仓铺设的无螺栓衬板。为了适应细磨仓内介质尺寸较小和提升高度较低的需要，衬板波峰和节距都做得较小。

⑧锥形分级衬板。衬板断面形状及其在仓内的铺设如图 7-32 所示。衬板沿轴向具有 8°～10°的斜度，衬板镶衬到筒体后，内表面形成一节节的截锥形状，锥顶朝向磨机的卸料端，这样就可以使到磨内的粉磨介质按其大小自动分级，介质尺寸沿料流方向逐渐减小。由于大小不同的介质的分布与磨内物料尺寸的变化相适应，故可以提高粉磨效率。同时，当磨机采用自动分级衬板后，就可取消一些隔仓板，使磨机有效容积增加，并改善磨机物料的流动及通风条件，这又相应地提高了磨机的粉磨效率。

分级衬板一般安装在磨机的一、二仓内，因为钢球被分级后，对物料的粉碎作用较大。为了避免进料端大球、大料堆积过多，可在靠进料端装两排平衬板。为了防止出料端小球或物料堵塞隔仓板篦孔，靠近隔仓板装一圈方向相反的衬板。

⑨角螺旋分级衬板。增加粉磨介质和物料的接触和混合，可提高粉磨效率。这可通过改变在单位时间内粉磨介质在磨内的循环次数来达到。角螺旋衬板就具有这种特性。这种衬板最大特点是在磨机回转一周时，介质的脱离角在一个区域内发生多次变化，而降落点也相应发生变化 。安装带角螺旋衬板的磨机的工作断面为圆角的方形断面（见图 7-33），衬板的工作表面形成一节节圆角方形截锥空间。若安装圆角方形直筒衬板时，磨内介质同时发生四次大冲击，为了避免这种弊病，每隔两圈衬板沿轴向相互错开一定角度，使筒体内壁由四个圆角形成一个断续的四头内螺旋。这样，在磨机回转的任意瞬间，沿磨机轴向每一

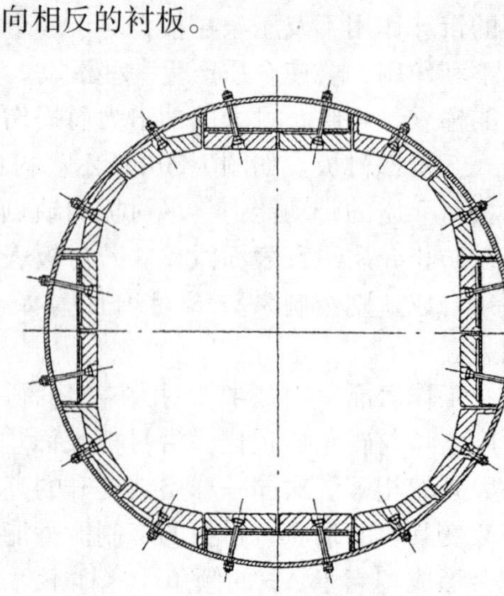

图 7-33　带角螺旋衬板的筒体横断面图

组衬板上的粉磨介质的起落时间都不一样，因此使磨机的冲击负荷均匀一致。

转角的方向应使在既定的磨机转向条件下，粉磨介质及物料获得向出料端运动的推力，粉磨介质及物料沿磨机轴向产生相对运动。这种作用除增加了介质对物料的磨剥作用外，还促使粉磨介质实现自动分级。衬板转角还使方形断面在磨机内部形成与磨机轴线相垂直的附加剪切面。当粉磨介质降落时，产生对物料的剪切作用，同时粉磨介质产生相对滑动，也增加了粉磨介质对物料的磨剥作用。由于这些原因提高了磨机的粉磨效率。改变衬板转角的大小，还能调节物料在磨内的停留时间，从而控制产品的细度。上述这些附加作用是普通圆断面衬板和不转角圆角方形直筒衬板所没有的。

普通磨机改装角螺旋衬板后，运转平稳，可延长传动装置寿命；减少物料过粉碎现象，使磨机产量提高 10% ～ 20%；单位电耗降低 10% ～ 25%；单位产量球耗降低 10% ～ 20%；可降低噪音 4 ～ 5dB。实践表明，直径 2.4 ～ 4 m 的磨机改装角螺旋衬板，取得的经济效益较佳。磨机规格越大，改装角螺旋衬板所取得的经济效益越大，粉磨成本下降的幅度与磨机直径的 3.5 次方成正比。

⑩沟槽衬板。使用球形介质时，球磨机长期工作会在衬板表面形成圆周方向的半圆形沟槽，沟槽半径与钢球尺寸有关。这反映衬板使用时与钢球点接触造成较强的磨损。为了减少这一磨损，将衬板表面预先制成一定半径的环向半圆形沟槽，这就是环沟形衬板。这种衬板的特点是使衬板与钢球之间产生线接触，这除了可减轻衬板磨损外，还可提高粉磨效率。

磨机安装普通衬板时，钢球降落或贴着筒体上升时的接触为点接触，物料从钢球的两侧挤出，钢球与衬板之间几乎不起研磨作用，如图 7-34 所示。安装沟槽衬板时，钢球与衬板是圆弧线接触，物料不能从沟槽内挤出，在钢球与衬板之间总有一层物料，外层钢球与衬板之间无金属接触现象，因此在沟槽中存在着附加研磨作用。钢球与衬板沟槽的接触包角约为 120°，即每个钢球在 120°角的范围内增加了附加研磨，如图 7-35 所示。这样就提高了磨机的粉磨能力。

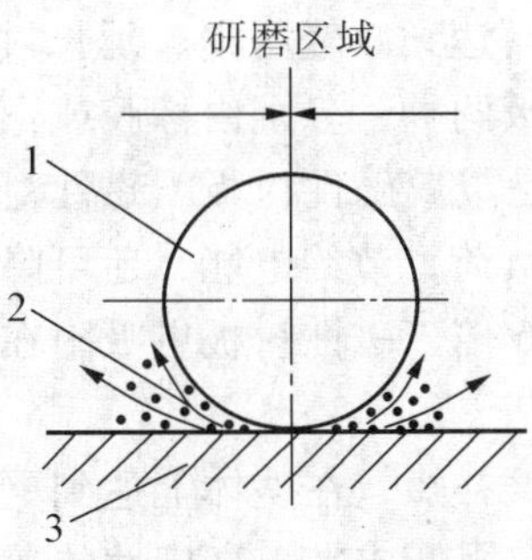

图 7-34　普通衬板与钢球接触
1—球；2—物料；3—衬板

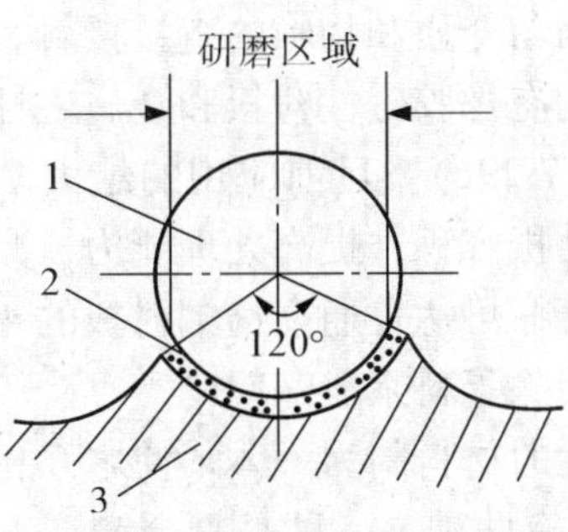

图 7-35　沟槽衬板与钢球接触
1—球；2—物料；3—衬板

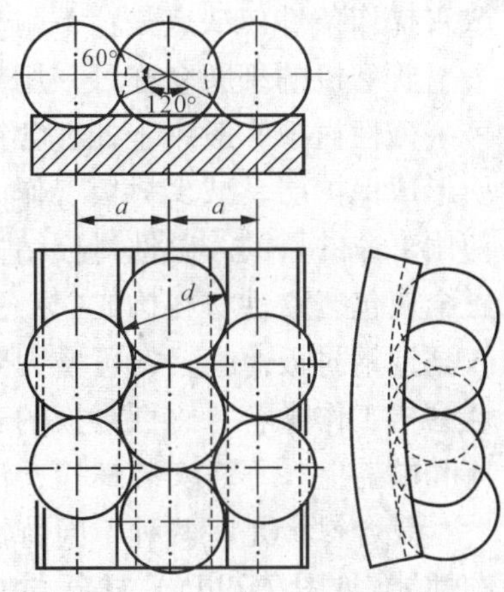

图 7-36　磨球在沟槽衬板上的六角形堆积

沟槽衬板设计成与自然磨出的环向沟相同，并且当磨机运转时最大直径的钢球在衬板上以密集形式自行组合，构成六角形排列，如图 7-36 所示。相邻两列球的间距 a 与钢球直径 d 之间关系为

$$a = \frac{\sqrt{3}}{2}d \tag{7-1}$$

钢球两侧重叠60°，因此球在衬板上的有效接触弧度为120°。在沟槽衬板上的这种紧密排列，使磨内物料不易从研磨体堆积中逃逸，且可避免研磨体与衬板的直接接触。

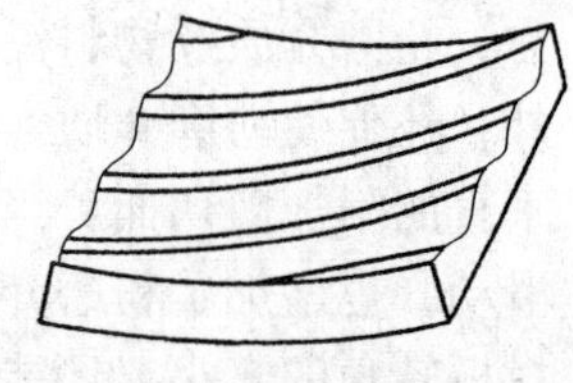

图7-37　螺旋沟槽衬板

衬板磨损后的沟槽形状和新衬板的沟槽一样，这就从沟槽结构上保证了沟槽衬板从安装到更换的整个使用期，始终可保持最佳粉磨效率。

将沟槽制成多头螺旋状的衬板，称为螺旋沟槽衬板，如图7-37所示，其旋向沿卸料端送料方向，以促使研磨体向卸料端运动，且对研磨体产生分级作用，这种衬板应用在细磨仓内，可进一步提高粉磨效率。

⑪端盖衬板。如图7-30h所示。其表面是光滑的，用螺栓固定在磨机的端盖上，以保护端盖免受粉磨介质和物料的磨损。

(3)衬板的材料和规格

管磨机的衬板大多数采用金属材料制造，也有少量用非金属材料制造。

粗磨仓的衬板应具有良好的抗冲击性，多数采用高锰钢制造，亦有采用镍硬质合金钢、高铬硬质合金钢或铬、锰、硅合金钢制造，它们的强度和耐磨性更好。细磨仓的衬板应具有良好的耐磨性，可采用耐磨白口铁、冷硬铸铁、中锰稀土球墨铸铁等材料制造。

使用金属衬板时，因衬板更换较困难，通常衬板的硬度较介质高HRc 3～5，介质的硬度较物料高HRc 5～8，以延长衬板寿命，减少衬板更换次数。在介质抛落运动的球磨机中，衬板的韧性须高于介质，介质的韧性须高于物料。

湿法球磨机采用橡胶衬板，与高锰衬板相比，其优点是：节省钢材，负荷减轻，动力消耗下降；可大大减轻安装的劳动强度，缩短检修时间；使用寿命长(为高锰钢衬板的两倍)，粉磨介质消耗降低，可保护筒体免受料浆磨损，延长筒体使用寿命；降低工业噪音，改善操作条件。缺点是：不耐高温，不宜用于干法磨机。

管磨机的细磨仓亦可采用辉绿岩铸石衬板，费用较白口铁低，但镶砌技术要求较高。

磁性衬板一般用于处理含铁磁性物质的物料，靠磁力在衬板工作区吸附一层铁磁性物质形成保护层，减少衬板工作面与介质和物料的直接接触，从而达到减轻磨损、延长衬板使用寿命的目的。磁性衬板结构有橡胶磁性衬板和金属磁性衬板两种，分别由橡胶或不导磁金属包裹磁性材料构成(见图7-29c)。目前应用的绝大多数是金属磁性衬板。磁性衬板较高锰钢衬板薄且轻，可增大磨机容积，提高处理能力，减轻负荷，节约电能，还可降低球磨机工作噪音。磁性衬板的寿命可达普通高锰钢衬板的4～6倍。磁性衬板可吸附在筒体和端盖上，不需安装螺栓，消除了料浆泄漏问题。

复合衬板是将两种不同特性的材料制为一体，使之互相取长补短，在整体上达到更高的性能(见图7-29d)。复合方法有两种，一种是复合铸造方法，用低成本、高韧性的普通铸铁作基底，用较昂贵、韧性差、高耐磨性的金属材料作表面耐磨层。另一种是将高硬度、高成本的材料镶嵌到低成本、高韧性材料中的高磨损位置上。

衬板规格的大小取决于磨门的大小和搬运、装卸的方便。衬板尺寸已统一，它的宽度为314 mm，整块衬板长为500 mm，半块衬板长为250 mm，平均厚度为50 mm左右。

(4)衬板的安装

各种衬板的安装见图7-29。安装衬板时，应考虑到衬板铸件的尺寸和形状误差，金属衬板还应考虑衬板的受热膨胀，衬板的四周都应预留间隙5 ～ 15 mm。衬板排列时环向缝不能贯通，要互相交错(图7-38)，以防止粉磨介质残骸及物料对筒体内壁的冲刷。为此，衬板分为整块和半块两种。

衬板的固定方法有螺栓固定法、无螺栓固定法和镶砌法三种。球仓的衬板一般都是用螺栓固定法，其优点是：抗冲击，耐振动，比较可靠。缺点是：需在筒体上钻孔，耗费人力，削弱筒体强度，而且容易漏料。因此，一般每块衬板的安装螺栓不宜超过两个。螺栓固定衬板的方法如图7-39所示。采用椭圆锥形孔的衬板1及相应形状的螺栓4，可以保证拧紧螺母时不会转动。安装衬板时，要使衬板紧贴筒体3内壁。为了防止料浆或料粉进入冲刷筒体，在衬板与筒体间装设衬垫2。为了防止沿螺栓孔漏料，配有带锥形面的垫圈7，内填塞浸过铅油的麻线6包容压紧。为了防松，螺栓要求配双螺母或防松垫圈。

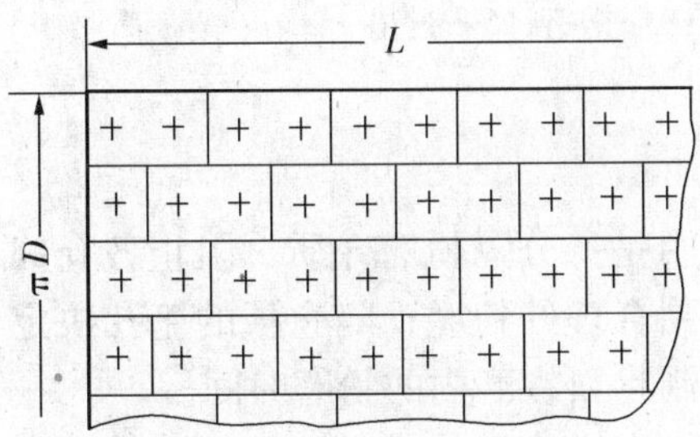

图7-38　衬板的铺设示意图

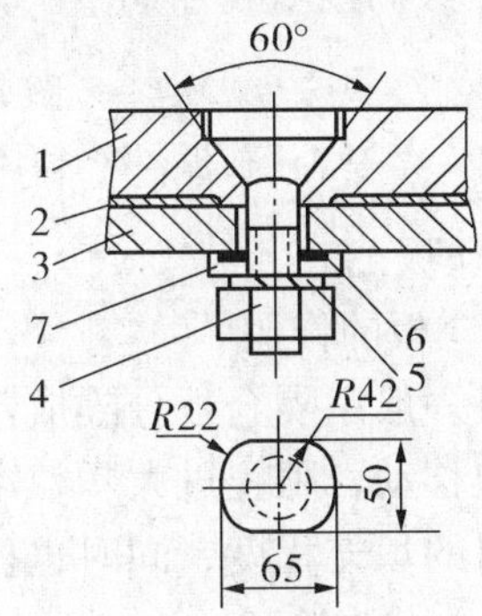

图7-39　金属衬板的螺栓固定方法

1—衬板；2—衬垫；3—筒体；4—螺栓及螺母；5—弹簧垫圈；6—密封麻圈；7—锥面垫圈

橡胶衬板的安装方法如图7-40所示。橡胶压条8安放在橡胶衬板3的凹槽内，利用夹板螺栓7使之与筒体牢固连接。

为了克服螺栓连接衬板的缺点，在球仓也采用无螺栓衬板，其安装方法如图7-41所示。衬板1的两侧皆带有半圆形销孔，当衬板彼此挤紧时，在销孔内打入楔形销钉3。在每圈首尾衬板相接时，其销钉孔打入特殊楔形销钉4。在衬板1和筒体2之间加有衬垫5。

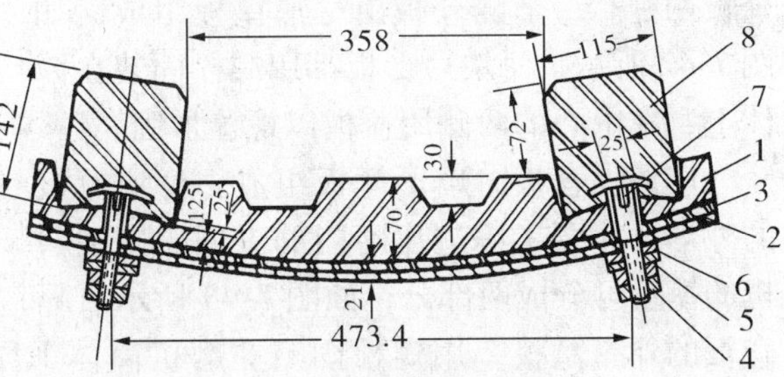

图7-40　橡胶衬板的安装方法

1—橡胶衬垫；2—筒体；3—橡胶衬板；4—螺母；5—垫圈；6—橡胶垫圈；7—夹板螺栓；8—橡胶压条

镶砌法固定衬板操作方便、安装快，但衬板不能承受大的冲击力，多数在细磨仓的衬板采用，要求衬板的底面大于工作表面宽度。镶砌时衬板的底面与筒体接触处应加一层水泥砂浆，以使衬板砌筑平稳牢靠。当砌完一圈衬板，由于衬板彼此挤紧，就形成“拱”的结构。为了加固，还在衬板环向缝隙中用铁板楔紧。铸石衬板一般镶砌在10 mm左右厚的一层粘合材料上，并应交替环砌安装。磁性衬板则借助磁性吸附固定在筒体和端盖上。

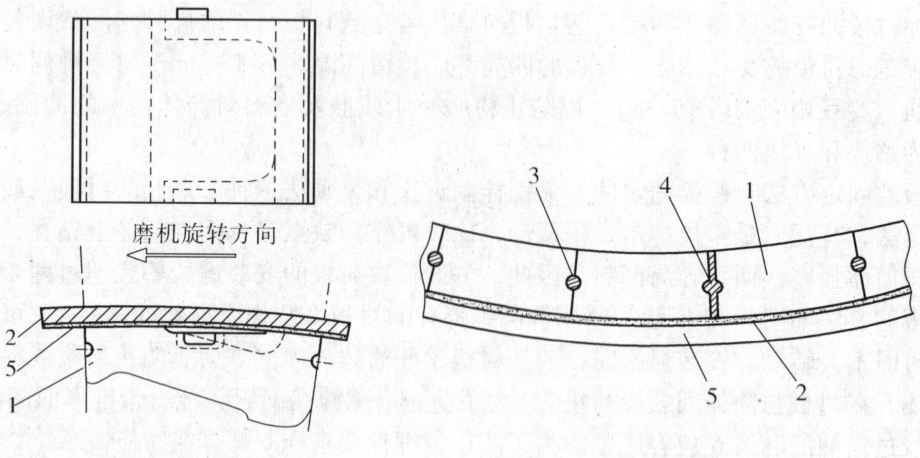

（a）无螺栓衬板结构

（b）无螺栓衬板的固定方法

图 7-41　无螺栓衬板及其固定方法

1—衬板；2—筒体；3—楔形销钉；4—特殊楔形销钉；5—衬垫

3．隔仓板

(1)隔仓板的作用

管磨机一般用隔仓板分隔成几个仓室。隔仓板的作用是：分隔粉磨介质，阻止各仓间介质的轴向移动，阻止过大颗粒窜入下一仓，使物料得到合理的粉磨；隔仓板的篦孔决定了磨内物料的填充程度，同时也控制料流速度，从而控制物料在磨内的粉磨时间。

(2)隔仓板的类型

隔仓板按结构可分为单层隔仓板和双层隔仓板两种。

①单层隔仓板。有弓形隔仓板和扇形隔仓板两种。弓形隔仓板由弓形篦板组成，如图 7-42 所示，每块弓形板都用螺栓固装在筒体上，在中心的两侧用盖板以螺栓加固。

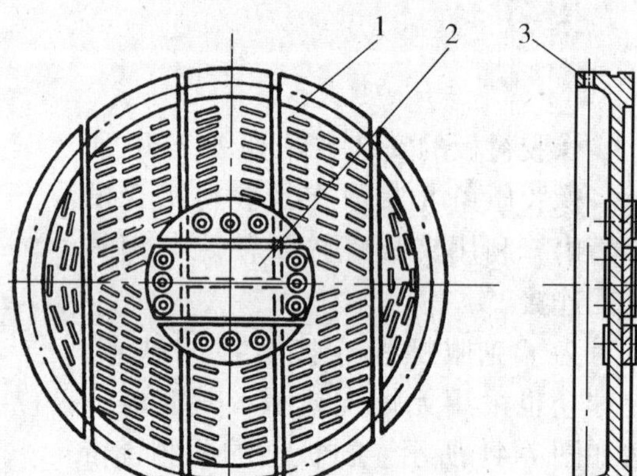

图 7-42　弓形单层隔仓板

1—弓形篦板；2—盖板；3—螺孔

扇形隔仓板由扇形篦板组成。每块篦板的外形尺寸要考虑进出磨门的方便，大型磨机的篦板可分成两部分，如图 7-43 所示。隔仓板的外圈篦板 2 用螺栓固定在磨机筒体 1 的内壁上。内圈篦板 3 装在外圈篦板的止口里。中心圆板 5 和环形固定圈 4 用螺栓与内圈篦板固定在一起，把这些扇形板连成一个整体。扇形单层隔仓板的牢固程度不及弓形隔仓板，但安装较方便。

单层隔仓板结构简单，占磨内容积少，且通风阻力小，适用于溢流式过料，前仓料位要高于后仓，料面以下的细料通过时阻力较大，料流速度慢，物料前进时受下一仓料面高度的影响。单层隔仓板一般用于双仓短磨或管磨机的后几仓中。

②双层隔仓板。在磨机一、二仓之间，常采用双层隔仓板，有过渡仓式、提升式和筛分式多种。图 7-44 所示为过渡仓式双层隔仓板，它只用于湿法磨机。隔仓板由一组盲板 2

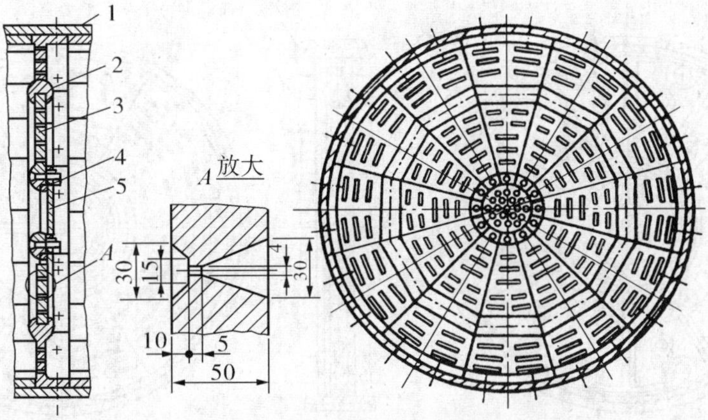

图 7-43 扇形单层隔仓板

1—筒体；2—外圈篦板；3—内圈篦板；4—环形固定圈；5—中心圆板

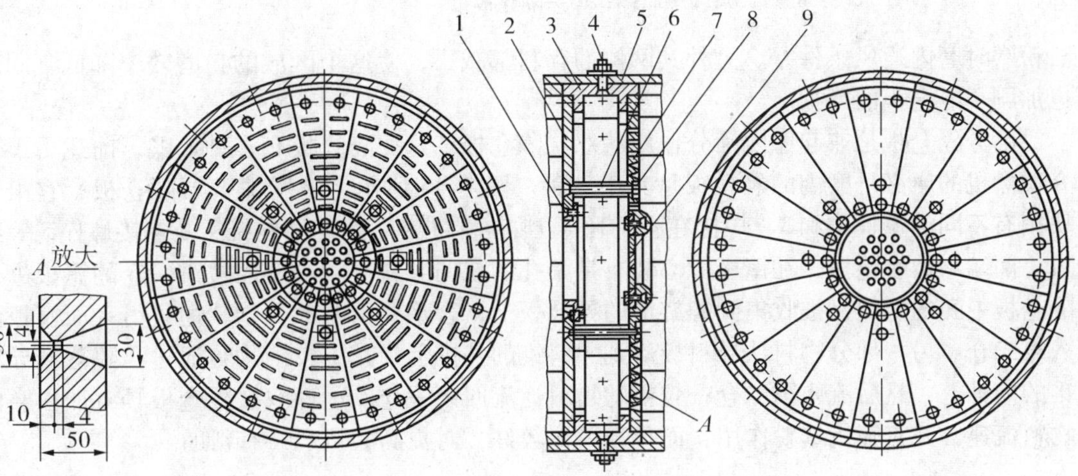

图 7-44 过渡仓式双层隔仓板

1—环形固定圈；2—盲板；3—仓板座；4—固定螺栓；5—筒体；
6—定距管；7—篦板；8—螺栓；9—中心圆板

和一组篦板 7 组成。仓板座 3 用螺栓 4 固定在磨机筒体 5 上，盲板和篦板分别装在仓板座两侧，环形固定圈 1 装在盲板上，中心圆板 9 装在篦板上，盲板与篦板中间有定距管 6 用螺栓拧牢。靠一仓进料的一面是盲板，当一仓内料浆面高于环形固定圈时，料浆就流进双层隔仓板中间，然后再经过篦板进入二仓。

提升式双层隔仓板如图 7-45 所示，盲板 8 和扬料板 4 用螺栓固定在隔仓板架 10 上，隔仓板座 6 及木块 7 用螺栓固定在磨机筒体 9 内壁上，篦板 3 及盲板装在隔仓板座上，导料锥 2 装在双层板中间，其上装有中心圆板 1。物料通过篦板进入双层隔仓板中间，由扬料板 4 将物料提升倒入导料锥 2 上，随着磨机回转进入下一仓。

提升式双层隔仓板有强制物料流通的作用，通过的物料量不受相邻两仓物料水平面的限制，甚至在前仓的料面比后仓料面尚低的情况下，仍可照常通过物料。因此它适用于粗磨仓，尤其适合于圈流生产的磨机。因为粗磨仓以冲击作用为主要工作形式，要求该仓有较少的存料，以利冲击力的发挥。但是，双层隔仓板结构复杂，减小了磨机有效容积，干

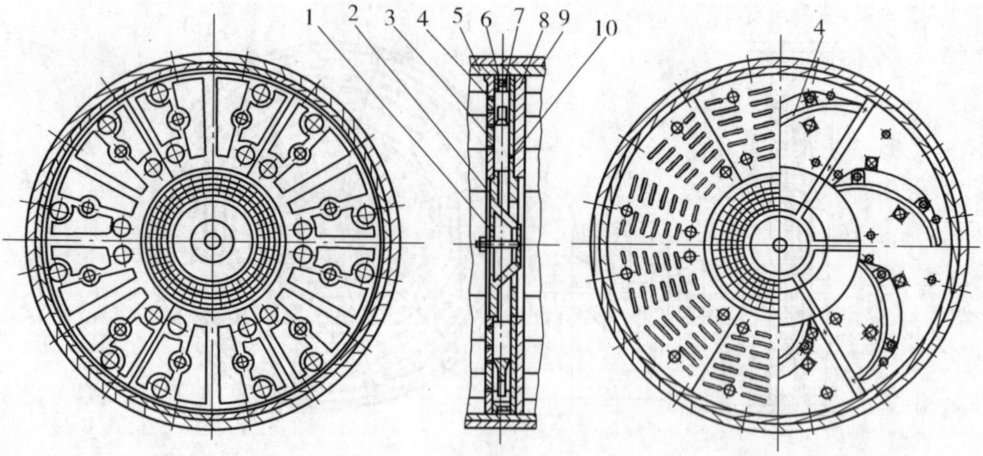

图 7-45　提升式双层隔仓板

1—中心圆板；2—导料锥；3—篦板；4—扬料板；5—衬板；6—隔仓板座；7—木块；8—盲板；9—筒体；10—隔仓板架

法粉磨时磨内通风条件差。另外其两侧的存料都减小，使这个区域的粉磨效率降低，同时也加剧了隔仓板的磨损。

筛分隔仓板是兼起磨内筛分作用的双层隔仓板。这类隔仓板有多种形式，前述用于微介质磨机的康必丹磨内的隔仓板是其中一种。图 7-46 所示为选粉式双层隔仓板，它由两块稍有不同的篦板 2 和 3、焊接在支持环 1 上的导料板 6、双向导料锥 4 及连接螺栓 5 等组成。两端均装有篦板，在篦板中心装有带筛孔的双向导料锥。物料通过靠一仓的篦板进入隔仓板中间的空间，被收集到螺旋形的导料板上，合乎要求的部分物料通过另一面篦板流入第二仓。另一部分物料从导料板落到导料锥的外锥上，其中较细物料通过孔隙落到导料锥的内锥上，然后流入第二仓；较粗的物料返流回第一仓。这种双层隔仓板具有加快磨内物料流速，并有筛析选粉作用，而且通风比较好，对提高磨机产量有帮助。

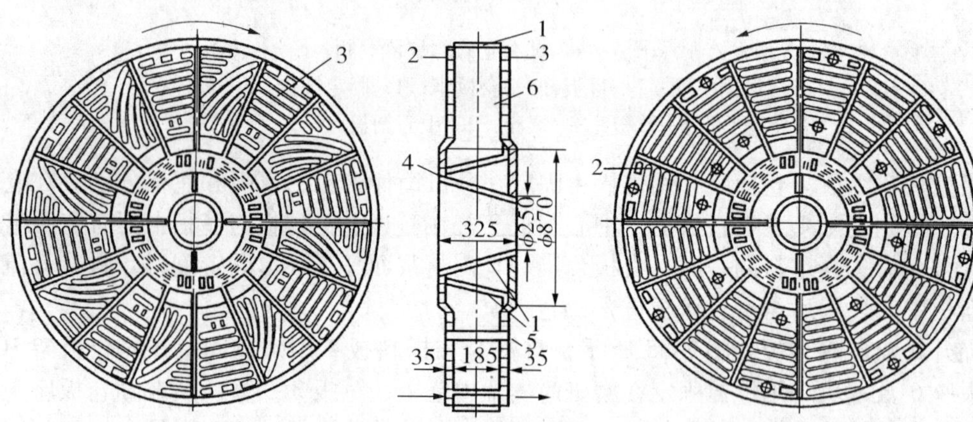

图 7-46　选粉式双层隔仓板装置

1—支持环；2，3—篦板；4—双向导料锥；5—螺栓；6—导料板

图 7-47 所示为筛分式双层隔仓板。这种双层隔仓板一侧装有粗孔篦板 1，其后还装有一层约 2 mm 孔眼的薄筛板 2，篦板中心装有一个双向导料锥 3，篦板 1 与薄筛板 2 距离很小，约 75 mm。在薄筛板 2 与出料端侧的盲板 4 之间有扬料板。当磨机工作时，在第一仓

被粉磨的物料通过粗孔篦板 1，然后细物料穿过薄筛板 2 落到扬料板上，被扬料板 5 提升到上部，经过双向导料锥的出料端泻落到第二仓；粗物料也被类似于扬料板的小抄板带到高处，然后经过进料端的导料锥返回到第一仓，继续粉磨。由于粗孔篦板保护着小孔薄筛板不受钢球的冲击，所以薄筛板的寿命很长。

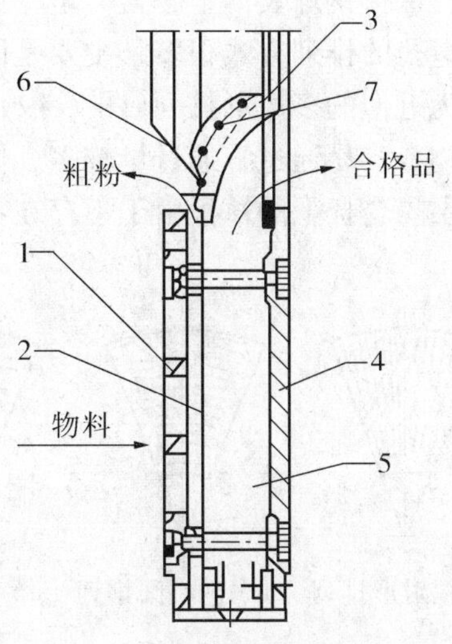

图 7-47 筛分式隔仓板工作原理

1—粗孔篦板；2—薄筛板；3—双向导料锥；4—隔仓盲板；5—扬料板；6—回料锥套；7—导料锥套

(3)隔仓板的篦板

篦板是隔仓板的主要部件，而篦孔又是关键，必须满足控制流速，有利于通风，防止堵塞，而且耐磨。常见篦板孔的形状和尺寸如图 7-48 所示。篦孔的几何形状要使物料容易通过，且篦板经一定磨损后篦孔有效宽度仍保持不变。篦孔的宽度控制着物料的通过量和最大颗粒尺寸，一般一仓为 8 ～ 15 mm，二仓为 6 ～ 10 mm，三仓为 5 ～ 8 mm。篦孔面积一般为隔仓板面积的 3% ～ 15%，干法磨机的通孔率不小于 7% ～ 9%。在保证篦板有足够机械强度条件下，应尽可能多开孔。生产中如发现不适，亦可堵塞部分篦孔，首先堵塞外圈篦孔，以进行调节。

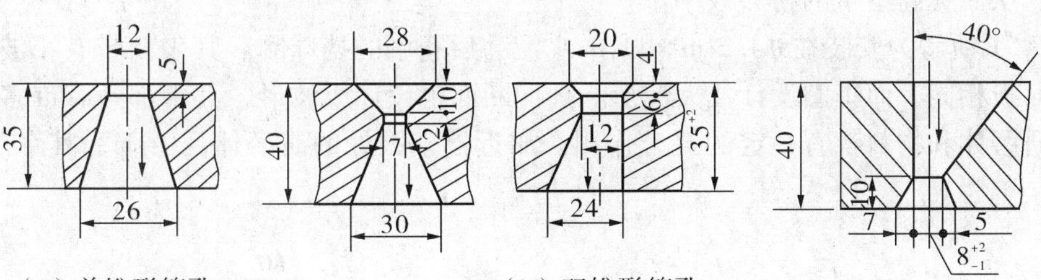

（a）单锥形篦孔 （b）双锥形篦孔

图 7-48 篦孔的形状

根据经验，适宜的篦缝尺寸和开孔率见表 7-1，后仓篦缝尺寸可略大于前仓。

表 7-1 适宜篦缝尺寸和开孔率

磨机类型	适宜篦缝（mm）	开孔率（%）
湿法开流	4 ～ 5	
干法开流	5 ～ 7	6 ～ 8
圈流水泥磨	低 Cl 8 ～ 10，高 Cl 10 ～ 12	8 ～ 12
烘干中卸磨	12 ～ 14	12 ～ 18

筛分隔仓板是高细磨机的关键部件，篦板采用铸钢材质，篦缝宽度一般为 12 ～18 mm。为了严格控制粗颗粒进入细磨仓，篦板后面设有细筛板，细筛板的布置形式有两种，弧形布置和立式布置。当用于圈流粉磨时，细筛板的筛缝宽为 3. 5 ～ 5 mm；而用于开流粉磨时，筛缝宽度为 1. 5 ～ 2. 5 mm。与此同时，还应该适当缩短扬料板的长度，以降低物料

流速，保持钢球表面上覆盖一定厚度的物料，减少研磨体对机件的磨损，提高粉磨效率。

篦孔的排列方式很多，主要是同心圆和辐射形排列两类，为了便于制造，同心圆排列常改为近似的多边形排列(图 7-49)。同心圆排列的篦孔平行于粉磨介质和物料的运动路线，物料容易通过，通过量较多，但通过的物料容易返回。而辐射状篦孔则与此相反。对于双层隔仓板上的篦板由于不存在物料返回问题，篦孔通常都是同心圆排列的。

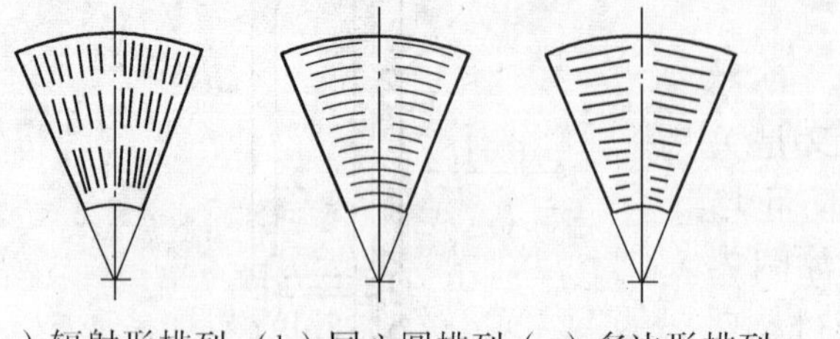

图 7-49　篦孔的排列形式

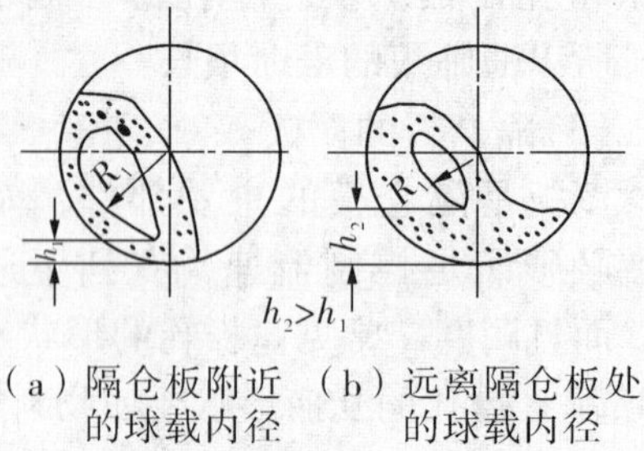

图 7-50　隔仓板附近的球载分布

辐射状篦板对靠近篦板附近的粉磨介质有较大的提升作用，隔仓板附近有较大的球载内径 R_1(图 7-50)，这样在空腔中出现球面的高差，使聚集于球载轮廓中部为数较多的大的介质优先移向隔仓板，而将小介质排挤到另一端。所以，卸料篦板不宜采用辐射状篦孔。

4．挡球圈和挡料圈

挡球圈的作用：分隔研磨体，防止其反分级；阻止物料流速过快；起扬球、扬料和分级作用，从而提高磨机的粉磨效率。

图 7-51 所示为安装在 ϕ4. 2 m×11 m 水泥磨后仓中的挡球圈。其表面带有小波纹，与小波纹衬板相同，而里圈设计成大波形。环向断面也设计成波形，其中部开有许多径向长孔，对研磨体和物料都有一定的提升作用。靠近挡球圈处的研磨体，由于受其牵制作用，

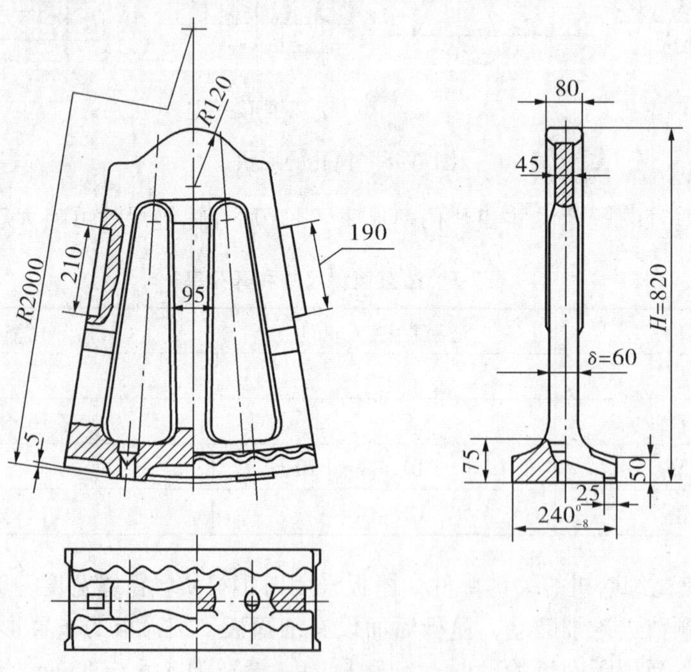

图 7-51　挡球圈的构造

被提升较高，致使研磨体最内层半径较大，在挡球圈附近形成凹窝，大钢球容易运动，便向凹窝集聚，同时将小钢球挤走，而产生分级作用。

挡球圈的结构参数可按下列关系估算出：

挡球圈内孔直径　$D_a=(0.55\sim0.60)D$，式中 D 为球磨机的规格直径；

挡球圈高度　$H=(0.20\sim0.23)D$，研磨体填充率低时取小值；

挡球圈有效通孔面积　$S_i=(0.72\sim0.84)S$，式中 S 是磨机筒体的横断面积 $S=\frac{\pi}{4}D^2$；

挡球圈厚度　$\delta=(0.06\sim0.08)H$；

挡球圈间距　$t=(0.23\sim0.35)D$，装多圈挡球圈时，最后一圈与卸料篦板的间距应比其他间距大。

挡球圈的材料和加工方法应与双层隔仓板的盲板和篦板一致。挡球圈用螺栓直接固定在筒体上，如图 7-52a 所示；也有通过支撑环用螺栓固定在筒体上，如图 7-52b 所示。挡球圈对镶砌衬板产生止动作用，使镶砌稳固，衬板不易塌落，但挡球圈磨损快。更换挡球圈时，镶砌衬板也得同时拆除，增加了检修工作量，所以现在多采用图 7-52b 所示的固定方式。

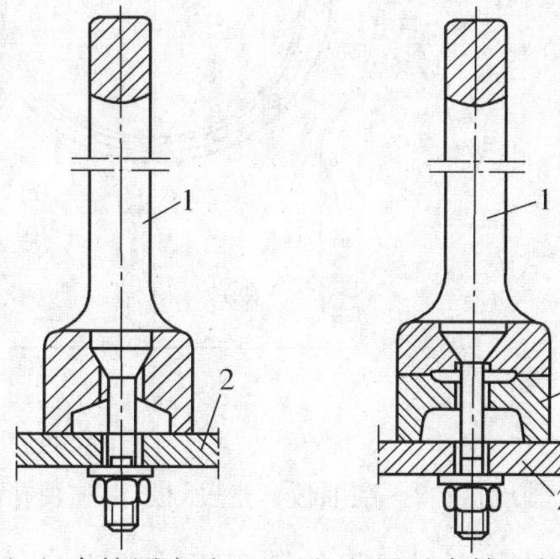

（a）直接固定法　　（b）通过支撑环的固定法

图 7-52　挡球圈的固定方法

1—挡球圈或挡料圈；2—筒体；3—支撑环

通常在装有小于 ϕ50 mm 钢球的细磨仓内装置挡球圈，一般在仓内等距分布 3 个挡球圈。试验表明，在尾仓装 2 ～ 3 个挡球圈，可控制物料流速；靠近进料端只装前 2 个挡球圈的分级效果较好。挡球圈不适合装在筒体直径小于 ϕ2.2 m 的磨机内。因为小直径磨机反分级现象不严重，如装挡球圈反而增加维修工作量，而且装卸研磨体等也比较困难。

多仓管磨机在必要时还装置 1 ～ 2 个附加隔板，称作挡料圈。挡料圈用在长细磨仓中，使料面沿整个仓长保持恒定，并延缓物料在细磨仓中停留时间。它的形状与挡球圈类似，与挡球圈主要的区别是没有孔，起附加隔板作用。

5. 支承装置

主轴承是磨机的支承部件，承受磨机回转部分的质量和粉磨介质的冲击载荷，工作环境恶劣，灰尘大。支承装置有中空轴支承、滑履支承和托轮支承等方式。

最常见的支承结构是中空轴支承。主轴承采用滑动轴承或滚动轴承，通过喂料端和卸料端的中空轴支承球磨机筒体。由于这种轴承位于中空轴外部，因此直径较大。

应用最多的是滑动轴承，其支承能力强，成本较低，但滑动摩擦损失较大，还需要一套润滑装置。由于磨机回转时各力合力近似垂直向下，因此，这种滑动轴承的特点是：只有下部 120°～ 180°的半圆形轴瓦，内衬有巴氏合金或灰铸铁等材料，轴瓦外壳底部为球面，可自动调心。轴承上部为半圆形轴承盖。

主轴承有固定式和活动式两种形式。活动式轴承只用于磨机进料端（图 7-28）。固定式轴承如图 7-53 所示，轴承座 6 用螺栓牢固地安装在磨机两端的基础上。轴瓦 7 的底面呈球面形，装在轴承座的凹面上。在球面瓦的内表面浇注一层瓦衬，一般用铅基轴承合金制成。将轴瓦制成球面，它可以在轴承座的球窝里自由转动，这样就可使轴承衬表面均匀地承受载荷。轴承座上装有钢板焊成的轴承盖1，其上设有视孔4供观察供油及中空轴、轴瓦运转情况。为了测量轴瓦温度，装有温度计5。中空轴与轴承盖、轴承座之间的缝隙用压板3将毡垫压紧加以密封，以防漏油、漏料。

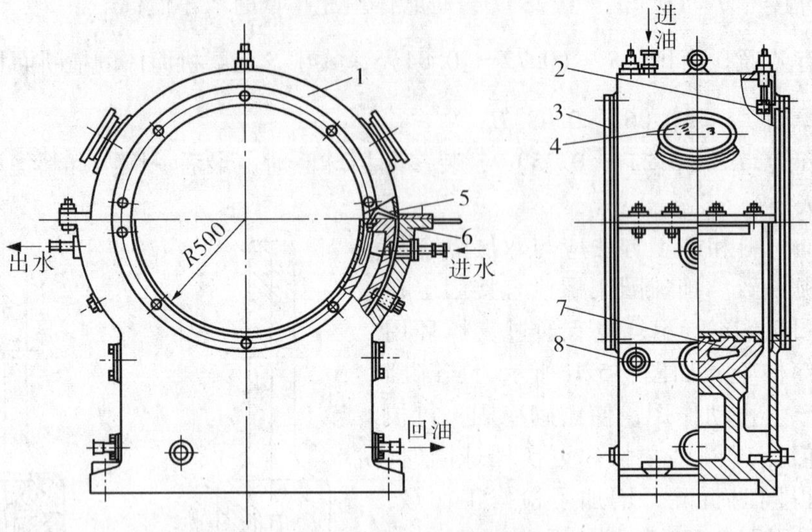

图7-53　球磨机的主轴承

1—轴承盖；2—刮油板；3—压板；4—视孔；5—温度计；6—轴承座；7—球面轴瓦；8—油位孔

主轴承润滑的目的主要是减少摩擦和更好地散热。轴承的润滑采用动压润滑与静压润滑两种方式。动压润滑靠专设的油泵供油，润滑油从进油管进入轴承内，经刮油板2将油分布在轴颈和轴瓦衬的表面上。轴承座内的润滑油从回油管流回，构成闭路循环润滑。油位孔8供检查油箱中的油量。由于磨机转速低，动压润滑形成的油膜很薄，达不到液体摩擦润滑，而只是半液体摩擦润滑。这样不但易于擦伤轴衬，而且启动亦较困难，增加磨机传动功率消耗。因此，近年设计的磨机，除了采用上述动压润滑系统外，还采用静压润滑系统。在轴瓦的内表面上对称布置开设数对油囊(图7-54)，由专设的高压油泵往油囊供高压油，靠油的压力形成一层较厚的油膜，将轴浮起。这样轴承在工作时处于纯液体摩擦润滑状态，克服了动压润滑的缺点。但是，静压润滑要求油的压强达数十兆帕，油泵及管易出现故障。上述动压润滑系统用作备用润滑系统，当静压润滑系统发生故障时，自动投入工作。

小型磨机主轴承常用油圈带油润滑，结构简单，但是润滑效果较差，润滑油也得不到过滤。

中空轴内较热的物料及气体向轴承传热，以及空心轴与轴承衬接触表面摩擦产生的热量使轴承升温，当轴承衬温度超过允许温度70 ℃时，就要发生烧瓦，影响磨机正常运转，因此必须排热降温。常用的方法是直接引水入

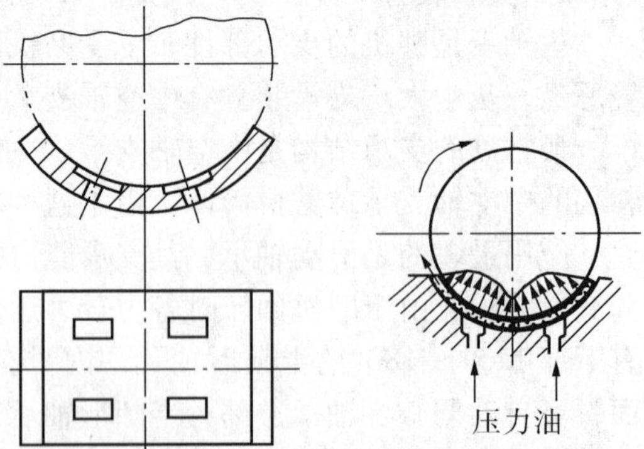

（a）油囊布置示意图　（b）静压润滑油膜示意图

图7-54　主轴承的静压润湿

轴瓦内部，或间接用水冷却润滑油，或两种方法同时使用。直接引水入轴瓦内部效果明显，这又有两种形式：一种是通过球面瓦内的铸孔（见图7-53）；另一种是通过铸在瓦体内的蛇形管。前者制造简单，工作可靠。

滚动轴承的摩擦因数远小于滑动轴承，可大幅度降低磨机安装功率，减少润滑油和冷却水用量，节约电能和运转费用。但滚动轴承的承载能力较低，外形尺寸较大，价格较贵，其单件加工费用高，与轴承配合部分加工精度要求也高，安装维修较困难，且其使用寿命有限，还要求有过滤和冷却用的循环供油系统。因此，较大磨机不采用这种轴承，而多数采用滑动轴承。

球磨机大型化后，磨机自重太大，若采用中空轴支承和传动时，对磨机端盖和中空轴的制造增加了难度，因而出现用滑履轴承支承的球磨机。其支承的方式是在磨机的两端或一端采用滑履支承。图7-55所示为磨机一端用中空轴主轴承支承，而另一端采用滑履支承的混合支承装置。

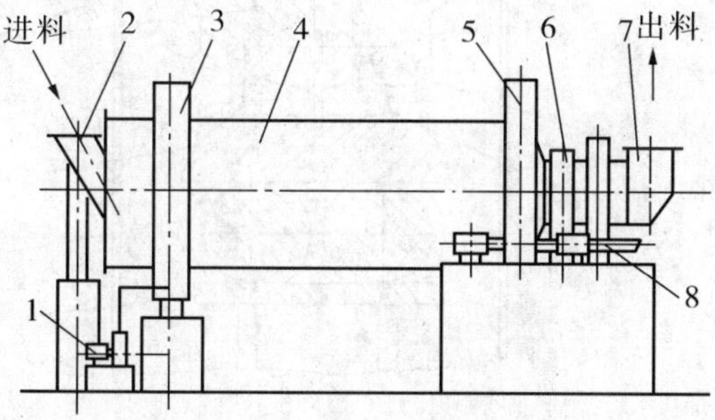

图7-55　混合支承装置

1—静压润滑装置；2—进料装置；3—滑履支承装置；4—筒体；5—大齿轮；6—动压滑动主轴承；7—出料管；8—传动轴

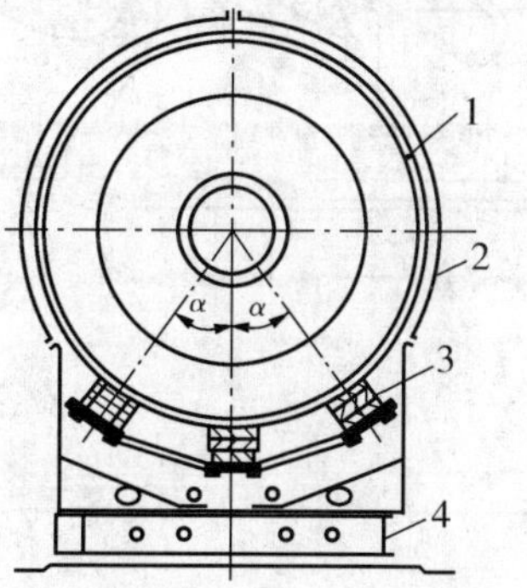

图7-56　三履瓦的滑履支承装置

1—滑环；2—滑环罩；3—履瓦；4—滑环罩支座

支承磨机滑环的滑履可以有两个、三个或四个。因此，其结构不受磨机规格限制，还可在特大型磨机上采用。图7-56所示是滑环放在具有三个履瓦的滑履支承装置，图7-57是滑环放在具有两个履瓦的滑履支承装置。

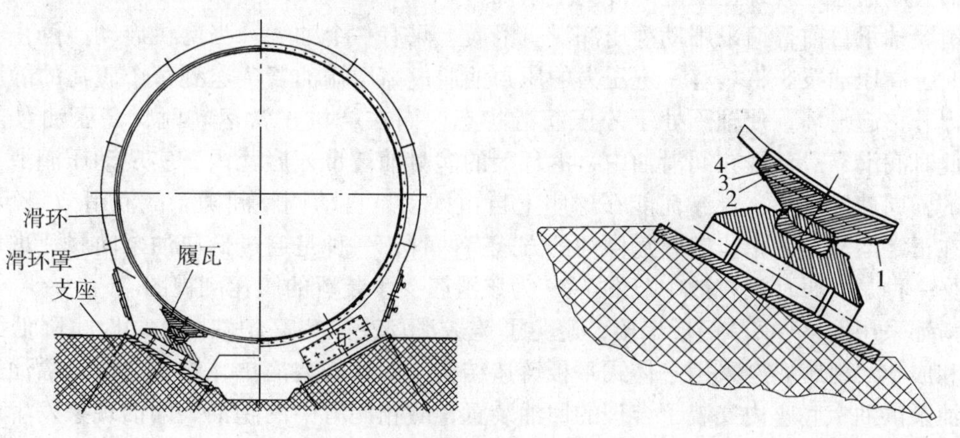

图7-57　两履瓦的滑履支承装置

1—冷却水入口；2—冷却水出口；3—高压油入口（磨机启动时用）；4—循环润滑油入口（运转时间润滑油用）

滑履支承装置的结构如图7-58所示。表面浇铸轴承合金的钢制履瓦2放在带有凸球面的支块3上，两者之间用圆柱销定位，凸球面支块置于凹球面支块4中，而凹球面支块4放在滑履支座的底座5上，两者之间也是通过圆柱销定位。滑履支座的每个履瓦都能自动调心，这样就可以弥补由于滑环安装误差所造成的滑环与履瓦的接触不良。

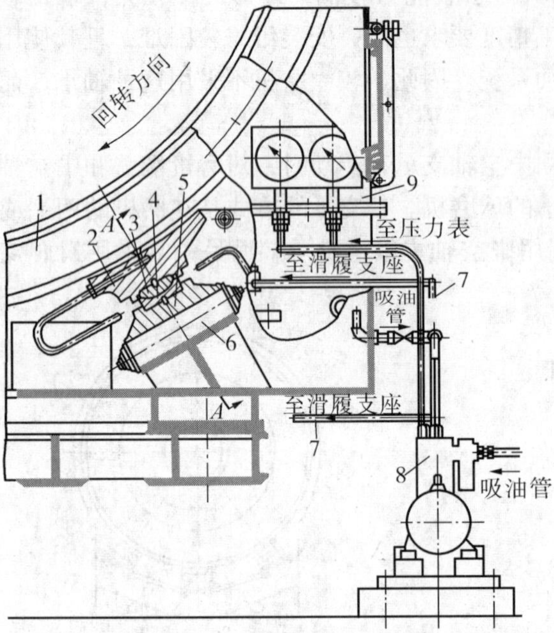

图7-58 滑履支承装置的结构

1—滑环；2—履瓦；3—凸球面支块；4—凹球面支块；5—底座；6—托轮；7—高压输油管；8—高压油泵；9—滑环罩

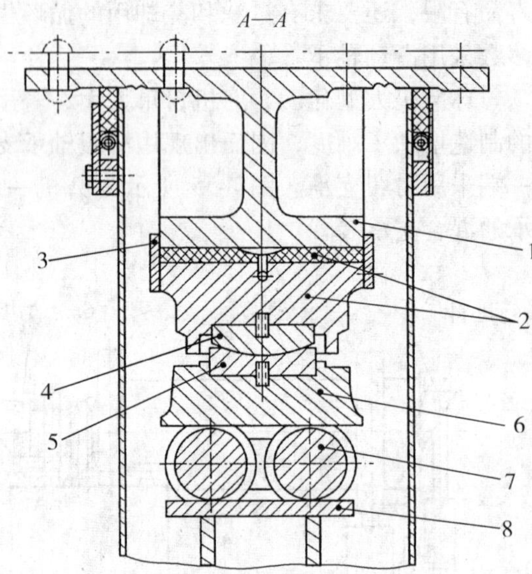

图7-59 履瓦剖视图

1—滑动环；2—具有轴承合金表面的滑瓦；3—导轨；4—球形轴瓦块；5—球形支承座；6—止推支承块；7—滚柱；8—基座

滑履支座的底座5的下边放置两个能沿磨机轴向自由滚动的滚柱6，滚柱安装在滑环罩9的底座上。

滑环罩除了起到防尘的作用外，还起到油箱作用。整个滑环罩放在焊接结构的底座上，而底座通过地脚螺栓固定的混凝土基础上。

滑履轴承目前普遍采用动静压润滑。滑履上只有一个油囊，当磨机启动、停止和慢速运转时，高压油泵8将具有一定压力的压力油通过高压输油管7送到每个履瓦的静压油囊中，浮升抬起滑环，使轴承处于静压润滑状态，而在磨机正常运转时，高压油泵停止供油，此时润滑靠滑环浸在润滑油中，滑环上的润滑油被带入履瓦内，实现动压润滑。由于滑环的圆周速度较大，且履瓦能在球座上自由摆动，自动调整间隙，故润滑效果也较好。磨机在正常运转过程中，向履瓦供油的方式有两种，一种是通过低压油泵向履瓦进口处喷油，另一种是将履瓦浸在油中。图7-59为该滑履支承装置的履瓦剖视图。

滑环采用Q235-C厚钢板焊接，避免了铸造滑环废品率高的缺陷，同时也降低了设备重量和成本。滑履底座采用一体式平板铸造结构，使其安装简单，维护方便。稀油站采用两台油泵供油，底座内安装了合理的回油装置，防止润滑中的跑油、漏油现象发生。在滑履端面安装有热电阻测温装置，监测运行温度不超过70℃；在细磨仓衬板与筒体之间用6 mm厚的橡胶石棉板作为隔热层，增大了筒体热阻，使滑环温度可降低6～8℃，有效地减轻了磨内温度对滑履轴承的影响，提高了运行的可靠性。同时要求用户尽量降低出磨物料温度，尤其是水泥磨，出磨水泥温度应保证在100℃以下，不仅有利于滑履磨机正常运行，而且防止二水石膏脱水，以保证出磨水泥质量。

如果磨机规格较小，采用滑履支承，滑环线速度过小，就不一定能保证油膜的形成；同时筒体质量有限，弯矩不大，采用滑履支承的优势比起中空轴支承并不明显。所以，中、小型球磨机不宜采用滑履支承。

采用滑履轴承具有如下优点：采用滑履支承结构，可取消大型磨机上易于损坏的磨头端盖(包括中空轴)和主轴承，运转比较安全，并且可以缩短磨机长度，减少占地面积；因为磨机两端支承间距缩短，减小了磨机筒体的弯矩和应力，筒体钢板厚度可以减薄，相应降低了磨机质量(约10%)和制造成本；对于烘干兼粉磨的磨机，由于取消了中空轴，进料更通畅，有利于物料和热气流通过，并减少通风阻力；由于取消了中空轴主轴承，物料入磨和出磨距离和时间缩短，而粉磨过程及其工艺参数没有改变，因此磨机产量可提高10%以上，物料流动耗能减少。

滑履轴承由于对滑环和履瓦的加工精度要求较高，因而较用中空轴主轴承支承磨机的成本高。滑履轴承的结构和维护比较复杂，一旦系统中某个环节出现故障，要求及时发现和修复，否则将影响磨机的正常运转，因此要装设相应的监测和自控仪表。

6. 进料和卸料装置

(1)进料装置

进料装置的作用是将物料顺利地送入磨内。通常采用的有如下三种：

①溜管进料装置。如图7-60所示，物料经椭圆形溜管1进入磨机空心轴颈3里面的锥形套筒2内，沿着旋转的筒壁滑入磨机内。

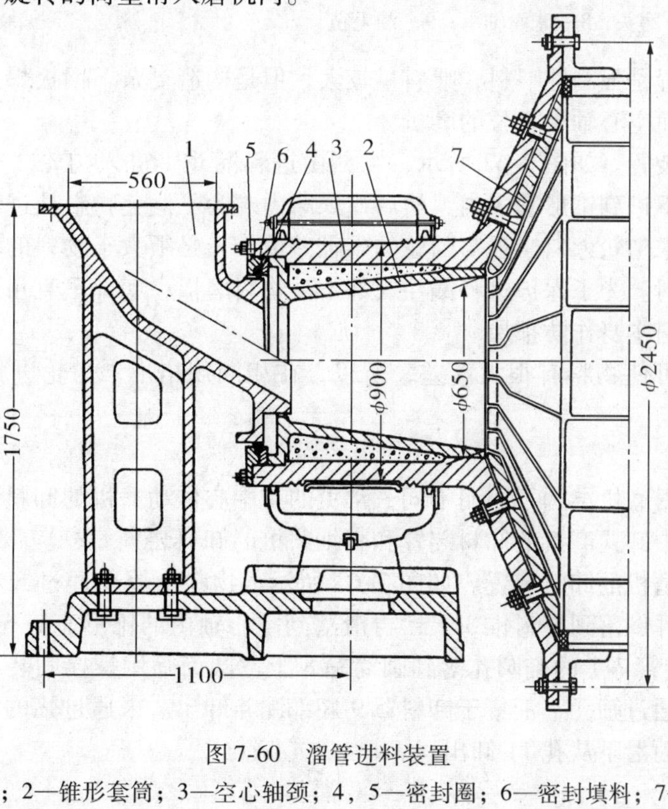

图7-60 溜管进料装置

1—进料溜管；2—锥形套筒；3—空心轴颈；4，5—密封圈；6—密封填料；7—磨头衬板由于物料靠自溜作用进入磨内，所以溜管的倾角必须大于物料的休止角，才能确保物料的畅通。为了保护空心轴不被物料冲刷，在锥形套筒与空心轴之间充填混凝土。这种进料装置结构简单，但是喂料量较小，适用于空心轴颈较大而长度较短的磨机。

②螺旋进料装置。如图 7-61 所示，装料接管 2 由钢板制成，内装有螺旋叶 3 和隔板 4，接管用螺钉固定到空心轴颈的端部，随之一起转动。空心轴颈内装有套筒 5，套筒内焊有螺旋叶片 6。当磨机旋转时，由进料漏斗 1 进入接管的物料，在螺旋叶 3 的推动下进入隔板 4 中，并由隔板带起流入套筒中，进入套筒的物料在螺旋叶片 6 的作用下被推入磨筒中。在进料漏斗和接管之间，装有毛毯密封圈 9 以防止漏料。

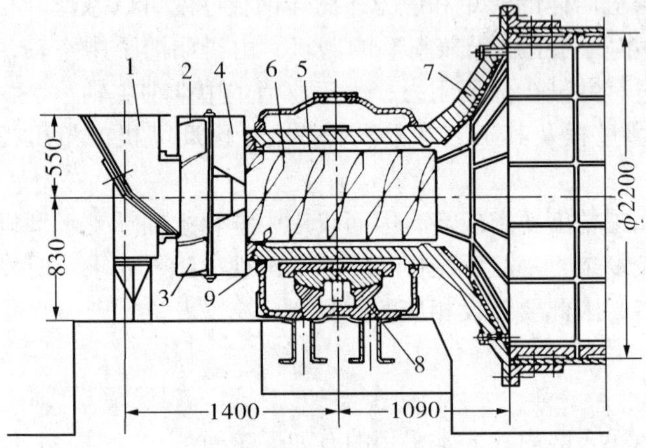

图 7-61　螺旋进料装置

1—进料漏斗；2—装料接管；3—螺旋叶；4—隔板；5—套筒；6—螺旋叶片；7—磨头；8—球面轴承；9—油毛毡

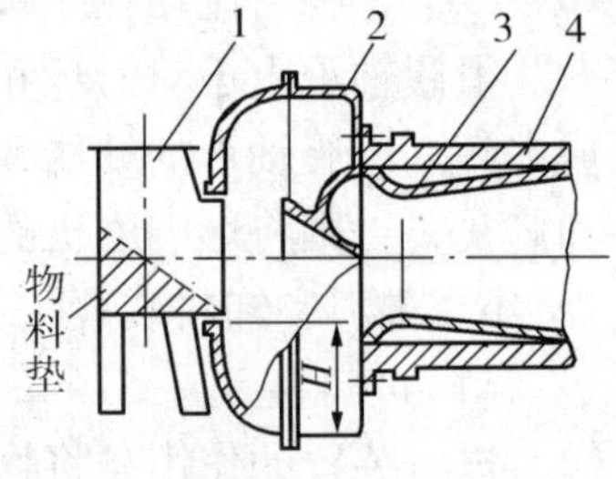

图 7-62　勺轮进料装置

1—进料漏斗；2—勺轮；3—锥形套；4—空心轴

螺旋进料装置是强制性喂料，喂料量较大，但是构造复杂，钢板焊接件容易磨损。它适用于喂料量大而空心轴小且长的磨机。

③勺轮进料装置。如图 7-62 所示，物料由进料漏斗 1 进入勺轮 2 内，由勺轮轮叶提升，转由中心卸下进到锥形套 3 内，然后溜入磨内。为了避免物料从进料漏斗与勺轮之间的间隙漏出，要求勺轮入口半径与勺轮的半径差值 H，必须大于物料的堆积高度，并在环形间隙外加设密封。为了保护进料漏斗底部不被物料磨损，底部呈直角形，使在此处堆积一些物料，用物料本身作防护层。

由于锥形套可使物料有很大落差，所以，在相同规格下，勺轮进料比溜管进料喂料量大。

(2) 卸料装置

卸料装置根据磨机结构不同而不同，常见的有中心传动磨机的卸料装置、边缘传动磨机的卸料装置、中卸式磨机的卸料装置和高细磨机的卸料装置。

①中心传动磨机的卸料装置。如图 7-63 所示，物料由尾仓通过卸料篦板 1 后，扬料板 4 将物料提升并倒落到导料锥 3 上，再滑落到空心轴内的锥形套筒 6 内(亦有采用螺旋套筒)，从传动接管 7 上的椭圆孔落到圆筒筛 8 上。圆筒筛用螺栓固装在传动接管上一起旋转。细小物料通过筛孔，汇集于卸料罩 9 底部漏斗卸出。未通过筛的难磨粗颗粒及粉磨介质残渣，沿筛面滑下从孔 11 卸出。

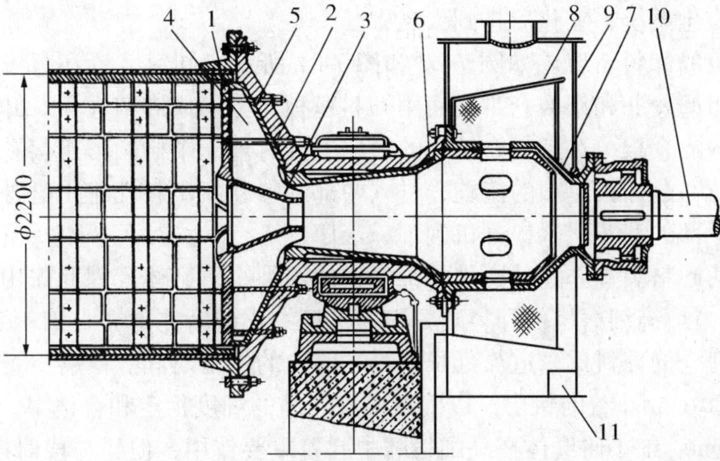

图 7-63　中心传动磨机的卸料装置

1—卸料篦板；2—磨头；3—导料锥；4—扬料板；5—螺栓；6—出料套筒；
7—传动接管；8—圆筒筛；9—卸料罩；10—传动轴；11—粗渣管

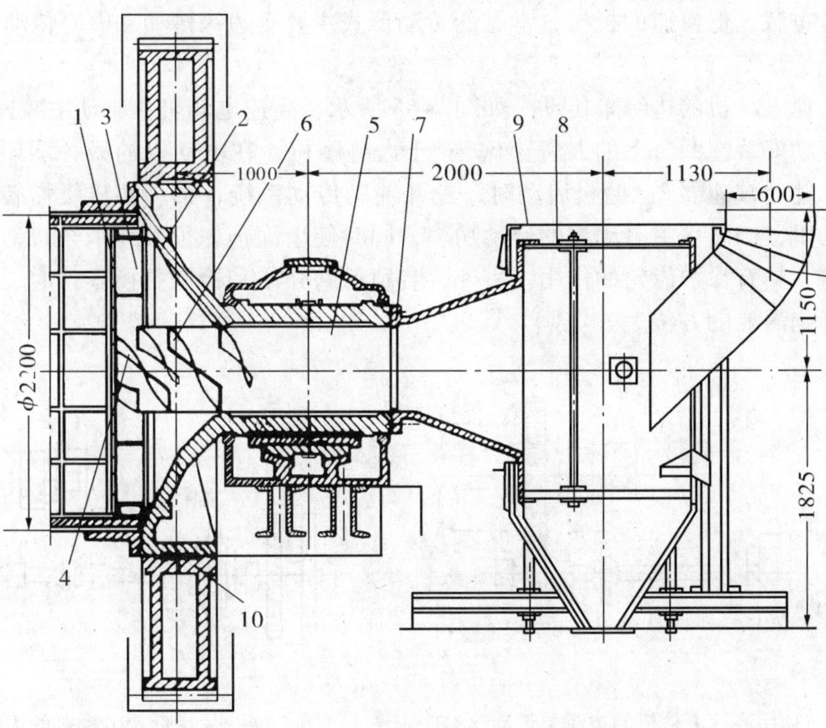

图 7-64　边缘传动磨机的卸料装置

1—卸料篦板；2—磨头；3—扬料板；4，6—螺旋桨叶；7—扩大管；
8—圆筒筛；9—卸料罩；10—大齿环；11—抽风管

②边缘传动磨机的卸料装置。如图 7-64 所示，卸料篦板 1 和磨头 2 之间有扬料板 3，篦板中部装有螺旋桨叶 4，扬料板将物料提升并撒落在桨叶上，通过桨叶 4 和装在套筒 5 里的螺旋桨叶 6 将物料从空心轴中卸出，进入固定装在空心轴端面上的扩大管 7，落到圆筒筛 8 上。卸料罩 9 上的抽风管 10 与抽风机和收尘系统联结。磨内排出的含尘气体和水

汽经抽风管送至收尘系统，净化后排到大气中。

③中卸式磨机的卸料装置。如图 7-20 和图 7-21 所示，卸料装置在磨机筒体中部，结构比较简单。在粗磨仓Ⅱ和细磨仓Ⅲ之间用卸料篦板 3 分隔成卸料仓Ⅳ。卸料篦板为装在两边仓位带篦缝的隔仓板，在卸料仓部位的筒体上开有若干个椭圆形出料孔。经粉磨的物料分别从两边仓位通过卸料篦板的篦缝，进入中部卸料仓经出料孔排出磨外，落到卸料罩中，再从卸料罩下部的漏斗喂入提升机到下一工序。

④高细磨机的卸料装置。这种磨机的细磨仓使用细小研磨体，因此需用专门的卸料装置(如图 7-25 所示)。高细磨机的卸料装置必须保证细小研磨体不会与细粉一同排出机外，并且能够控制细磨仓的球料比，适当延长物料在磨内的停留时间。停磨检查时，细小研磨体表面应覆盖厚 20 mm 左右的料层，以确保出磨产品的细度稳定和合格率。卸料篦板的篦缝宽度一般为 5 mm。细小研磨体在高细粉磨中起着重要作用，但经一段时期的粉磨磨损，有相当一部分细小研磨体直径会小于 5 mm，容易随细粉排出机外，因此，在不影响磨机通风和物料流动的前提下，可考虑适当缩小篦缝宽度 1 ～ 2 mm，以提高粉磨效率和研磨体的利用率。

7. 传动装置

管磨机是重载、低恒速的机械，常见的传动形式主要有边缘传动和中心传动两种。

(1)边缘传动

①采用高速电动机的边缘单传动。如图 7-65 所示，高速电动机 3 驱动主减速器 4，再由小齿轮 5 带动安装在磨身上的大齿轮 6。对于大型磨机，在电动机的另一端还安装有辅助电动机 1 和辅助减速器 2。磨机启动时，先开辅助传动系统，带动磨机缓慢转动，然后再启动主电动机，以减少主电动机的启动功率，同时使齿面预先很好地啮合，避免由于齿隙而产生冲击，具有保护齿轮的作用。另外，装填粉磨介质和检修更换零件时，它可以方便地把磨机转到需要的方位上。

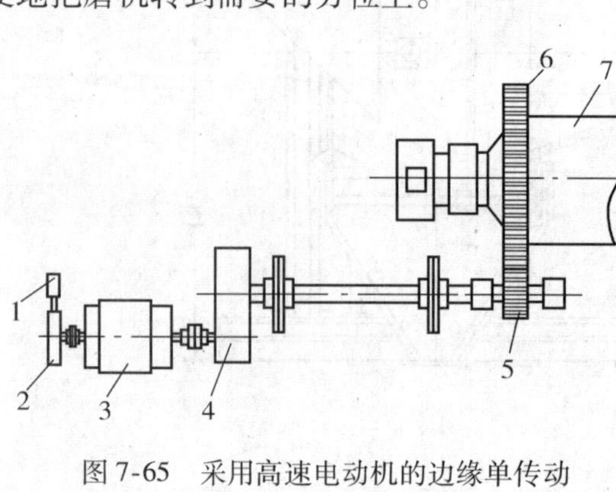

图 7-65 采用高速电动机的边缘单传动

1—辅助电动机；2—辅助减速器；3—高速电动机；4—主减速器；5—小齿轮；6—大齿轮；7—磨机筒体

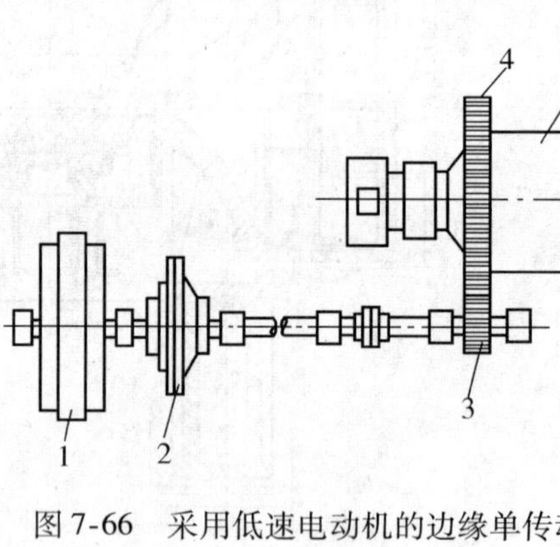

图 7-66 采用低速电动机的边缘单传动

1—低速电动机；2—离合器；3—小齿轮；4—大齿轮；5—磨机筒体

②采用低速电动机的边缘单传动。如图 7-66 所示，这种传动形式省去了主减速器，但电动机造价较高。

以上两种传动方式都可以用高转矩电动机直接与减速器或齿轮轴联接；也可以用低转矩电动机，此时在电动机与减速器或电动机与小齿轮轴之间应用离合器，使电动机能够空载启动。

边缘单传动磨机的小齿轮布置角和转向如图 7-67 所示，布置角 β 常取 20°左右，相当于齿形压力角。这时小齿轮的正压力 p_1 的方向垂直向上，使转动轴承受垂直向下的压力影响，对小齿轮轴承的联接螺栓和地脚螺栓的工作有利，运转平稳；同时，减小了磨机传动端主轴承的受力，减小主轴承轴衬的磨损。另外，减小磨机横向占地面积，可使传动轴承与磨机主轴承的基础表面在同一平面上，便于更换小齿轮。磨机不宜反转，以免传动轴承受拉力，致使联接螺栓松脱和折断；同时，避免粉磨介质抛落的冲击区在齿轮啮合一边，而致运转不平稳。

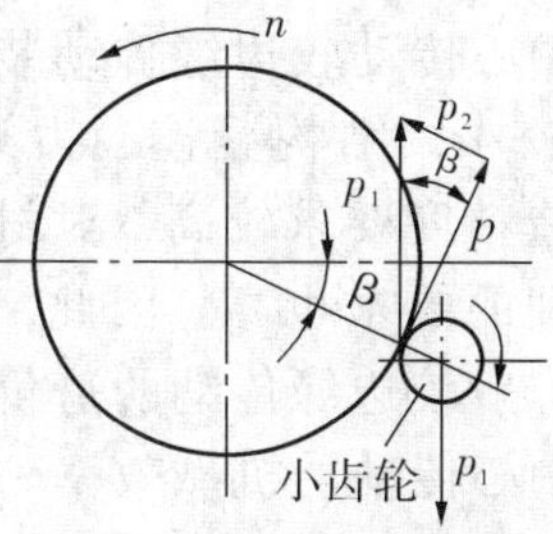

图 7-67　磨机小齿轮安装角度和转向

③边缘双传动。亦可采用高速电动机与低速电动机两种形式，如图 7-68 及图 7-69 所示。

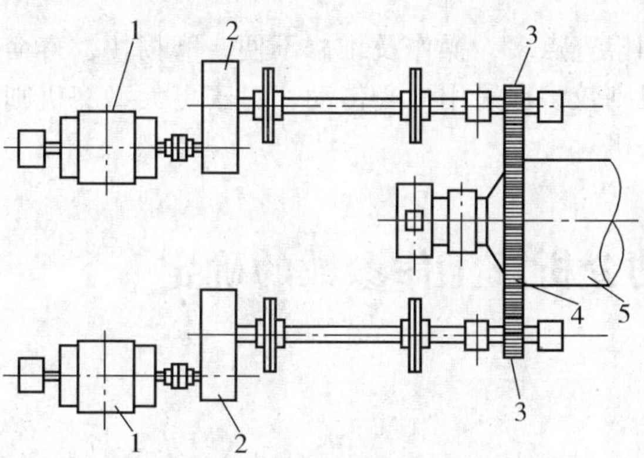

图 7-68　采用高速电动机的边缘双传动
1—高速电动机；2—减速器；3—小齿轮；4—大齿轮；5—磨机筒体

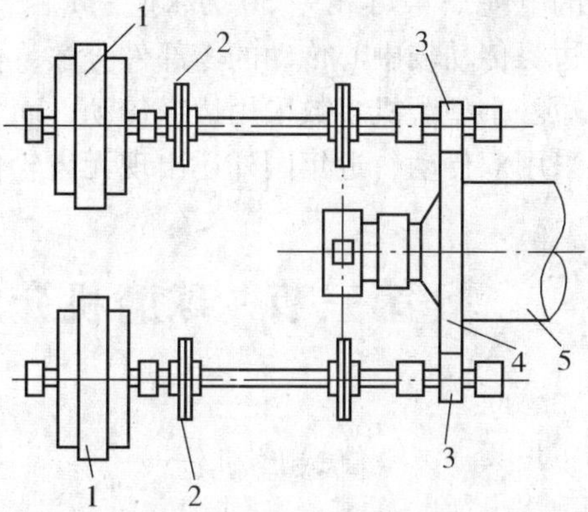

图 7-69　采用低速电动机的边缘双传动
1—低速电动机；2—离合器；3—小齿轮；4—大齿轮；5—磨机筒体

双传动与单传动比较，其优点是：由于双传动的传动装置是按磨机功率的一半设计的，因此传动部件较小，制造较易，便于选用通用零部件；双传动的大齿轮同时与相互错开$\frac{1}{2}$节距的两个小齿轮啮合，传力点增多，运转平稳。双传动的缺点是：零件较多，安装找正较难，维修工作量较大。另外，要使两个主动小齿轮平均分配负荷比较困难。因此，只有在大功率磨机上，当采用单传动比较困难时才考虑采用双传动方式。

(2) 中心传动

亦有单传动和双传动两种，如图 7-70 及图 7-71 所示。在中心传动中，如采用低转矩电动机，在电动机与减速器之间必须用离合器联接，否则就要用高转矩电动机。我国中心传动的磨机通常采用高转矩电动机。

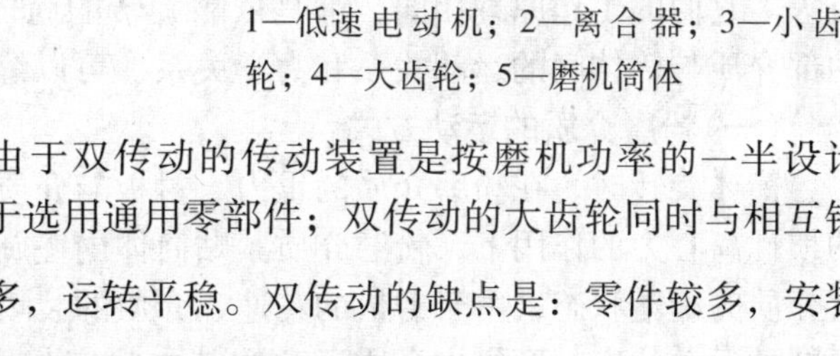

图 7-70　磨机中心单传动
1—主电动机；2—联轴器；3—辅助电动机；4—主减速器；5—联轴器；6—磨机筒体

边缘传动与中心传动比较：边缘传动磨机的大齿轮直径较大，制造困难，占地大，但齿轮精确度要求较低。中心传动较边缘传动装置总质量较小，结构紧凑，占地小，但制造精度要求较高，对材质和热处理的要求也高。因此，中心传动一般较边缘传动的造价要高些；中心传动的机械效率一般为0.92 ～ 0.94，边缘传动的机械效率一般为0.86 ～ 0.90。对于大型磨机，由于机械效率的差异，电耗相差很大，例如功率为1000 kW的ϕ3 m × 9 m磨机，两种传动方式的电耗一年可相差30万kW · h。边缘传动较中心传动的零部件分散，供油点和检查点多，操作及维修不便，磨损快，寿命短。小型磨机多数采用边缘传动，而大型磨机则较多地采用中心传动，对于更大型磨机则采用双传动，近年国外还出现无齿轮传动的磨机。

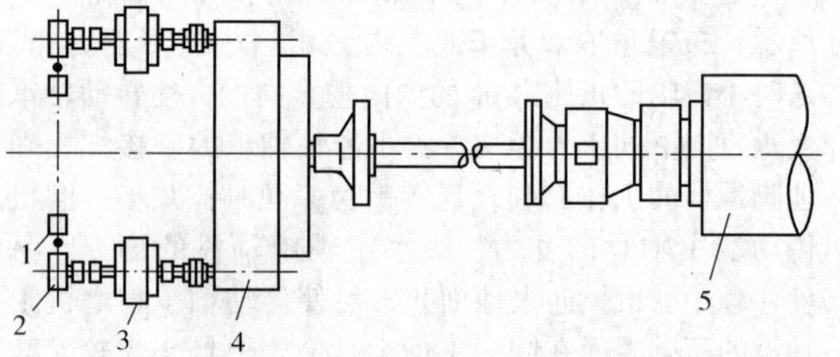

图 7-71　磨机中心双传动

1—辅助电动机；2—辅助减速器；3—主电动机；4—主减速器；5—磨机筒体

第三节　球磨机介质运动分析及工作参数的确定

一　转筒球磨机

转筒球磨机是指具有水平旋转筒体的粉磨机，如球磨机、棒磨机、管磨机、无介质磨机等。它们的工作原理相同，都是依靠旋转的筒体对粉磨介质的作用，从而使物料粉磨。内部介质与筒体间的运动关系和力学关系，可以统一推导出来。

(一) 粉磨介质的运动方式

筒体旋转时，在粉磨介质的重力、衬板与介质之间的摩擦力以及由于磨机旋转而产生的惯性离心力的作用下，粉磨介质紧贴筒体内壁旋转并提升一段距离，然后向下卸落。粉磨介质的卸落状态，由于磨机的转速、介质的装填量、衬板的类型等因素的影响，而产生不同的运动状态。磨机内介质运动的基本状态如图 7-72 所示，有泻落式、抛落式和离心式三种。

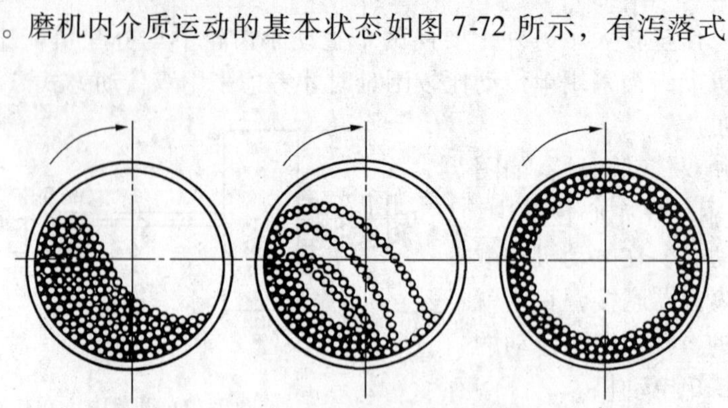

(a) 泻落状态　　(b) 抛落状态　　(c) 离心状态

图 7-72　球磨机内粉磨介质的运动方式

磨机筒体的回转速度决定着粉磨介质产生的惯性离心力的大小，对介质的运动状态影响很大。筒体转速较低时(图 7-72a)，靠摩擦力的作用，介质随同筒体沿同心圆轨迹升高。当面层介质的斜度超过自然休止角时，介质就沿着斜面一层层地泻落下来，周而复始地进行循环，这种状态称为泻落状态。这时物料主要是由于介质互相滑滚运动产生的磨剥作用而粉碎。

筒体转速较高时(图 7-72b)，介质受到较大的惯性离心力作用，紧贴在筒壁上沿圆弧轨迹提升，超过自然休止角时介质仍不滚下，直至介质的重力与惯性离心力平衡时，介质才从空间抛下，这种状态称为抛落状态。抛落的介质，对筒体下部的介质或筒体衬板上物料产生冲击作用，使之粉碎。同时，筒体回转过程中，介质的滚动和滑动对物料兼施磨剥作用。通常球磨机以这种运动状态工作。

筒体转速过高时(图 7-72c)，介质受到的惯性离心力超过了重力，不能脱离筒体而随同筒体一起转动，介质由外层至内层都达到离心状态，形成一个紧贴筒体内壁的圆环，随同筒体一起旋转，称为离心状态。这时，介质既不抛落，介质之间又无相对运动，对物料不起任何粉磨作用。因此，球磨机转速不能太高，有一定限制。开始出现这种情况时的转速，称为球磨机的临界转数。球磨机应在低于临界转数之下工作。

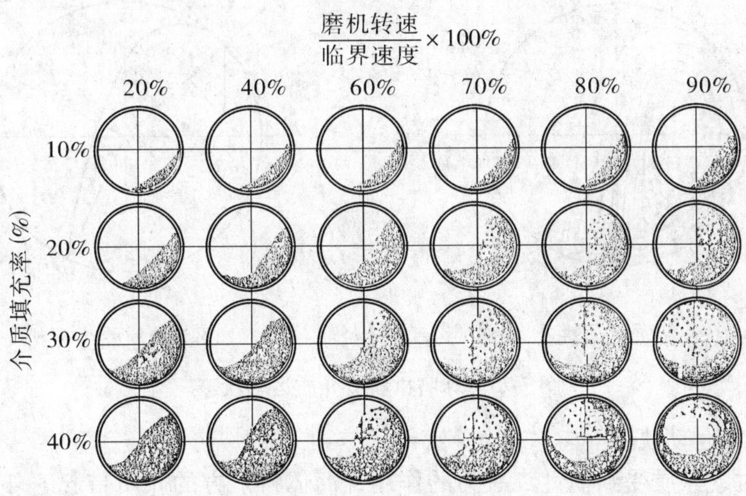

图 7-73　不同转数和填充率对介质运动状态的影响

必须指出，上述三种介质运动状态是彼此有联系的，这些运动状态的改变，取决于粉磨条件(介质装填量、磨机转速、衬板和介质的状况、物料的性质等)的变化。图 7-73 表明磨机在不同的介质填充率和转速时，介质运动状态的变化。另外，上述分析并未考虑介质中的内摩擦力的影响，而且还忽视了微动核心的蠕动肾形区的存在。实际上，靠近磨机中心部分，介质的运动并不明显，仅作蠕动，粉磨作用较弱。蠕动肾形区的大小在很大范围内变动，它取决于磨机的工作状态(图 7-74)。在某些情况下，它的质量相当于沿圆形的、倾斜的或抛行状态运动的介质质量。可见这是不可忽视的。

(二) 以抛落方式工作的球磨机中介质的运动轨迹

为了便于研究，将筒体内的介质看成是一"质点系"，并假设质点间没有摩擦。取其最外层的一个介质 A 作为质点来分析(图 7-75)。因介质直径与筒体有效内径相比甚小，故可近似认为介质中心在筒体内壁的圆周线上。

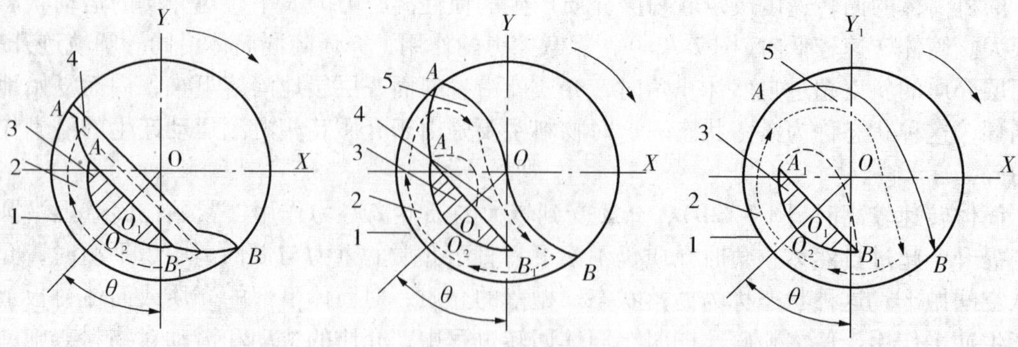

（a）泻落运动状态　　（b）混合运动状态　　（c）抛落运动状态

图 7-74　磨机不同工作状态下的蠕动肾形区

1—磨机筒体；2—沿圆形轨迹运动着的介质层；3—蠕动肾形区；

4—滑落的介质层；5—抛落的介质

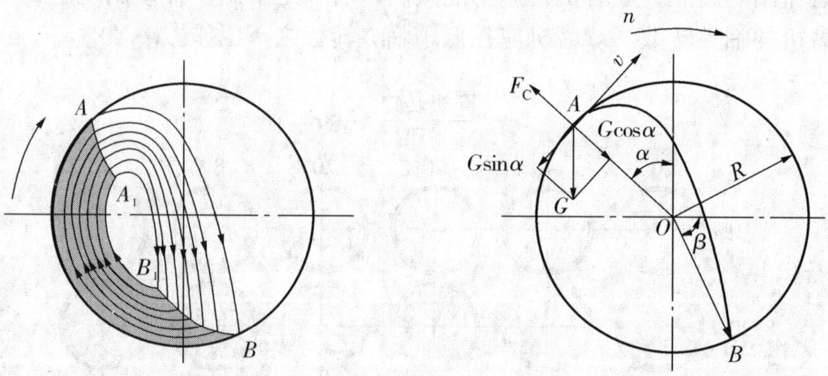

（a）介质运动轨迹　　（b）介质受力分析

图 7-75　球磨机粉磨介质运动轨迹

1. 介质上升运动轨迹

筒体转动时，介质受到惯性离心力的作用，筒体将下方的介质带起。外层介质贴在筒体内壁上升，内层介质贴附在外层介质上升。每个介质起先在空间经历一段以筒体中心为圆心的圆弧轨迹。这些介质堆叠在一起，分布在圆弧 BA、B_1A_1 和曲线 BB_1、AA_1 所围绕的面积上（图 7-75）。

2. 介质运动的脱离点轨迹

对于一定质量的介质，其对物料的冲击力取决于筒体把介质带起的高度。筒体回转时，介质受到惯性离心力 F_C 和重力 G 的作用，沿圆弧轨迹上升，当惯性离心力与重力的径向分力平衡时，介质不再贴紧在它所依附的外层介质上，开始脱离圆弧轨迹，沿着切线方向抛出，向下跌落。开始脱离圆弧轨迹之点 A 称为脱离点；而通过 A 点的回转半径与铅垂线之间的夹角 α 称为脱离角，它表示介质的上升高度。这时

$$F_C = G\cos\alpha \tag{7-2}$$

由于 $F_C = Gv^2/gR$，而介质运动的线速度 $v = \pi Rn/30$，代入上式得

$$\frac{n^2 R}{900} = \cos\alpha \tag{7-3}$$

式中　n——磨机转速(r/min)；

R——介质所在位置的回转半径(m)。

式(7-3)称为介质运动基本方程式。从上式可看出：介质上升的高度由筒体转速和介质所在层的回转半径所决定，而与介质的质量无关。可见，对于同一层介质，大小介质均上升同一高度，在同一位置上脱离筒壁。而磨机内各层介质的上升高度各不相同，其中以外层介质上升高度较大。根据式(7-3)，有

$$R=\frac{900}{n^2}\cos\alpha=2\rho\cos\alpha \tag{7-4}$$

式中，磨机转数 n 为一常数。如图 7-76 所示，式(7-4)是以筒体中心 O 为极点，OY 为极轴的圆的方程式。可见，各层介质脱离点的轨迹为一段圆弧 AA_1。这个圆弧的圆心在通过筒体中心的垂直轴 OY 上，圆弧的半径 $\rho=\frac{450}{n^2}$，圆周通过坐标原点 O。

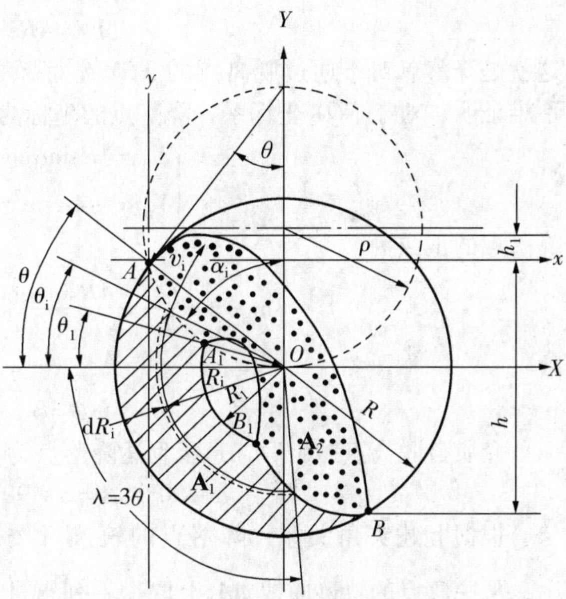

图 7-76　介质脱离点和降落点轨迹

3．介质抛落的轨迹

介质脱离筒壁或者它所依附的介质层以切线速度 v 抛出后，受到重力作用，在空间经历抛物线轨迹自由降落。介质分布在抛物线 AB、A_1B_1 及曲线 AA_1、BB_1 所包围的面积上。以脱离点为原点，以降落时间 t 为参数的降落轨迹的方程式为

$$\begin{cases}x=(v\cos\alpha)t\\ y=(v\sin\alpha)t-\frac{1}{2}gt^2\end{cases} \tag{7-5}$$

消去参数 t 后，抛物线方程式变为

$$y=x\tan\alpha-\frac{1}{2}g\frac{1}{v^2\cos^2\alpha}x^2 \tag{7-6}$$

4．介质运动的降落点轨迹

介质抛出后，跌落到下方，再度与筒体或其他介质层接触之点，称为降落点 B。通过降落点的筒体半径与水平半径的夹角，称为降落角 β(见图 7-75b)。介质仍降落在原来介质层的圆弧轨迹上，又被筒体带起，因此降落点应该是抛物线轨迹与圆弧轨迹的交点。

对于通过筒体中心的 XOY 坐标系来说，半径为 R 的圆的方程式为

$$X^2+Y^2=R^2 \tag{7-7}$$

脱离点 A 对于 X、Y 轴的坐标为($-R\sin\alpha$，$R\cos\alpha$)。如果将 X、Y 轴的平移到脱离点，则圆的方程式变为

$$(X-R\sin\alpha)^2+(Y+R\cos\alpha)^2=R^2 \tag{7-8}$$

将式(7-6)代入式(7-8)，化简后得出

$$\frac{X^3}{R\cos^4\alpha}\left(\frac{X}{4R\cos^2\alpha}-\sin\alpha\right)=0 \tag{7-9}$$

式中，$\frac{X^3}{R\cos^4\alpha}=0$ 的三个根 $X_1=X_2=X_3=0$，即两轨迹相交于坐标原点 A。第四个根是 $\frac{X}{4R\cos^2\alpha}-\sin\alpha=0$ 的解，即点 B 的 X 的坐标 $X_B=4R\sin\alpha\cdot\cos^2\alpha$，代入式(7-6)，得出点 B 的纵坐标 $Y_B=-4R\sin\alpha\cdot\cos\alpha$，即

$$\begin{cases}X_B=4R\sin\alpha\cos^2\alpha\\ Y_B=4R\sin^2\alpha\cos\alpha\end{cases} \tag{7-10}$$

这就是降落点对于通过脱离点的 XOY 坐标系的方程式，可以确定各层介质的降落位置。不难证明，对于 XOY 坐标系，降落点的坐标为

$$\begin{cases}X_B=4R\sin\alpha\cos^2\alpha-R\sin\alpha\\ Y_B=-4R\sin^2\alpha\cos\alpha+R\cos\alpha\end{cases} \tag{7-11}$$

降落点的正弦为

$$\sin\beta=\frac{|Y_B|}{R}=\frac{4R\sin^2\alpha\cos\alpha-R\cos\alpha}{R}=-\cos3\alpha$$

故

$$\beta=3\alpha-90^\circ \tag{7-12}$$

介质自脱离点抛出后，直至到达降落点为止，在空间总共扫过的角度为

$$\alpha+90^\circ+\beta=\alpha+90^\circ+3\alpha-90^\circ=4\alpha$$

根据上述夹角关系，降落点的轨迹可按以下方法求出：从脱离点的轨迹曲线 $\overset{\frown}{AA_1}$ 上取一系列点 A_i，由各点与筒体中心 O 连线，作出一系列角 α_i，再按筒体回转方向作一系列的角 4α，夹角边线与脱离点对于 O 之同心圆的交点轨迹 $\overset{\frown}{BB_1}$，即为降落点的轨迹曲线。显然，降落点轨迹曲线应通过筒体中心，与脱离点轨迹汇交在一起，如图7-77所示。

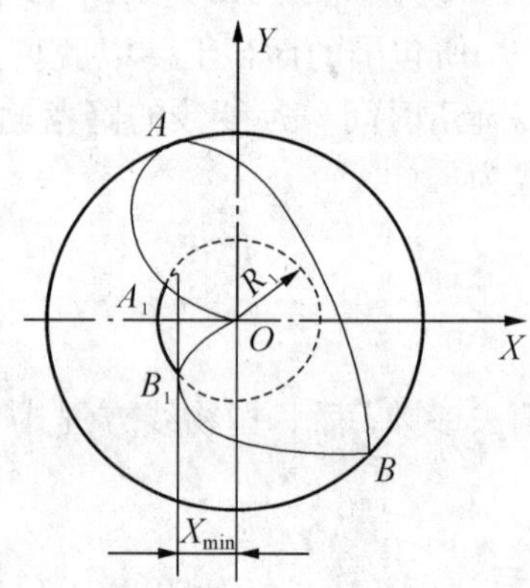

图 7-77　最内介质层的最小半径

5. 介质运动的最内层轨迹

为了保证介质跌落时对物料的冲击效应，介质在空间应作自由降落，彼此不能互相碰撞和干扰。这就要求介质的装填量应限制在一定的范围内，最内层介质的回转半径 R_1 应不小于某一极限值。

从图 7-77 可看出，越接近筒体中心的介质层，介质的脱离点轨迹和降落点轨迹就越靠近，它的圆周运动和抛落运动相互干扰就越厉害，以致两者几乎不可分。若要求各层介质恒在其同一轨迹线上作循环周转运动，而不产生相互干扰，就必须先确定 $\overset{\frown}{A_1B_1}$ 至 O 点的最小距离 R_1。

从降落点轨迹曲线可以看出，当 R_1 小至一定程度时，曲线的斜率为无穷大，此半径值即为介质层的最小半径。如果 R_1 更小，则理论上的降落点轨迹将在圆心 O 点附近的一段曲线上。但这在实际中是不可能的，因为各层介质都由它下面的各层介质支托着，而在

筒体中心附近的那一段曲线所示的落点，下面是悬空，没有介质支托，因而实际上不可能存在。只有在轨迹曲线的斜率为无穷大的这一转折点 B_1 以下降落点才能存在。斜率为无穷大的这一点所对应的半径，即为介质的最小半径。

因为当降落点的轨迹曲线斜率为无穷大时，横坐标 X_B 的值为极小值 X_{min}。根据 X_B 的极小值，就能求出最内层的半径。根据式(7-11)，即

$$X_B = 4R\sin\alpha\cos^2\alpha - R\sin\alpha$$

将式(7-4)代入上式得

$$X_B = \frac{900}{n^2}\cos\alpha\sin\alpha(4\cos^2\alpha - 1)$$

为了求得 X_B 的最小值，取导数 $\frac{dX_B}{d\alpha}=0$，解得 $\alpha = 73°50'$时，X_B 为极小值。与其对应的半径即为介质层的最小半径 R_1。从式(7-4)得

$$R_1 = \frac{900}{n^2}\cos\alpha_1 = \frac{900}{n^2}\cos73°50' = \frac{250}{n^2} \tag{7-13}$$

因此，在确定介质装填量时，务使介质最内层半径小于 $R_1 = \frac{250}{n^2}$。如果介质层最内层半径小于$\frac{250}{n^2}$，介质降落时就会相互干扰碰撞，造成能量损失，降低粉磨效率。

6. 介质运动的循环次数

由于介质有一段期间离开筒体自由降落，所以它循环一次的时间并不等于筒体转一转的时间。设筒体每分钟转数为 n，则每转一转的时间为

$$t = \frac{60}{n}\ (\mathrm{s})$$

至于介质，当其附在筒体上被带起时，在空间扫过的角度为(见图 7-75b)

$$\begin{aligned}\psi &= 90° + (90° - \alpha) + (90° - \beta)\\ &= 90° + (90° - \alpha) + (90° - 3\alpha + 90°) = 4(90° - \alpha)\end{aligned}$$

所以，介质经过这一区域所需的时间

$$t_1 = \frac{\psi}{360°}t = \frac{90 - \alpha}{1.5n}\quad (\mathrm{s})$$

介质作抛物线降落时，所经历的时间为

$$t_2 = \frac{x}{v\cos\alpha} = \frac{4R\sin\alpha\cos^2\alpha}{\frac{\pi Rn}{30}\cos\alpha} = \frac{19.1\sin2\alpha}{n}\quad (\mathrm{s})$$

因此，介质每循环一次所需的时间为

$$t_0 = t_1 + t_2 = \frac{90 - \alpha + 28.6\sin2\alpha}{1.5n}\quad (\mathrm{s}) \tag{7-14}$$

于是，当磨机每转一转的时候，介质的循环次数为

$$i = \frac{t}{t_0} = \frac{90}{90 - \alpha + 28.6\sin2\alpha} \tag{7-15}$$

从上式可知，因为各层介质的脱离角不同，所以循环次数也不相同。i 值恒大于 1，说明介质呈抛落状态运转时，介质周转一周所需时间恒比磨机筒体运转一周时间为短。

以上对转筒式球磨机内粉磨介质的运动分析，可以作为确定球磨机工作参数的理论

基础。

（三）工作参数的确定

1. 转速

(1)临界转速

开始发生离心运动状态的筒体转速，称为临界转速。磨机转速达到临界转速时，介质的惯性离心力 F_c 等于介质本身的重力 G(见图 7-75b)，介质提升至顶点仍无法降落，介质将紧贴附筒壁，随筒体一起回转。

磨机在某一转速下工作时，由于各层介质运动的脱离角各不相同，在确定磨机筒体转速时一般均以最外层介质为基准，也即取筒体的有效内径 D 作为基准进行参数的计算。令 $\alpha = 0°$，代入式(7-3)，算出的 n 值便是磨机的理论临界转速 n_c，亦即

$$n_c = \frac{30}{\sqrt{R}} = \frac{42.4}{\sqrt{D}} \quad (\text{r/min}) \tag{7-16}$$

式中 R——磨机筒体的内半径(m)；

D——磨机筒体的有效直径，等于筒体内径减去两倍衬板厚度(m)。

上式忽略了介质滑动及物料对介质运动的影响。如果衬板较光滑，介质填充率较低，介质与筒体之间将发生相对运动，使介质的实际线速度低于筒内壁的线速度，磨机转速达到或超过临界转速，介质仍能产生抛射运动，进行超临界转速工作。同时，从上式可知，临界转速与介质回转半径有关。越接近筒体中心的介质层，其临界转速越高。如果磨机的工作转数等于上式计算的 n_c 值，虽然外介层已停止抛射，但里面各层介质仍继续抛射，可以将物粉磨。因此，磨机实际临界转速要较理论计算的临界转速大些。

(2)工作转数

以抛落方式工作的磨机，希望介质能从最高的位置处抛下，从而获得最大的动能，以将物料冲击粉碎。从图 7-76 可以看出，任一介质的降落高度

$$H = h_1 + h$$

式中 h_1——抛物线顶点与脱离点的垂直距离；

h——降落点与脱离点的垂直距离。

因为介质脱离筒体抛出时的垂直速度 $v_0 = v\sin\alpha$，而以初速 v_0 向上抛出的物体所能到达的高度等于 $v_0^2/2g$，故

$$h_1 = \frac{v^2\sin^2\alpha}{2g}$$

因为 h 等于降落点对于脱离点的纵坐标，所以，

$$h = 4R\sin^2\alpha\cos\alpha$$

因此，

$$H = \frac{v^2\sin^2\alpha}{2g} + 4R\sin^2\alpha\cos\alpha$$

根据介质运动基本方程式，$n^2 = \frac{900}{R}\cos\alpha$，而 $v = \frac{2\pi Rn}{60}$，所以 $v^2/2g = 0.5R\cos\alpha$，代入上式，得

$$H = 0.5R\sin^2\alpha\cos\alpha + 4R\sin^2\cos\alpha = 4.5R\sin^2\alpha\cos\alpha$$

由此可见，介质降落高度是脱离角 α 的函数。为了求得降落高度 H 的极大值，取导数 $dH/d\alpha = 0$，即

$$\frac{dH}{d\alpha}=4.5R(2\sin\alpha\cos^2\alpha-\sin^3\alpha)=4.5R\sin\alpha(2\cos^2\alpha-\sin^2\alpha)=0$$

根据介质脱离筒体的条件，角 α 不应等于零，故必定

$$2\cos^2\alpha-\sin^2\alpha=0$$

或

$$\tan^2\alpha=2$$

于是

$$\alpha=54°40'$$

这一脱离角称为有利脱离角。介质若以此脱离角抛出，则其降落高度将为极大。

在球磨机内，各层介质的脱离角各不相同。因为最外层的介质个数最多，在各层介质中，降落高度又以此层为最大，如果这层介质能以有利脱离角抛出，则对磨机生产能力的提高将产生显著的影响。可以认为，外层介质的回转半径等于筒体半径 R，将 $\alpha=54°40'$ 代入基本方程式(7-3)，则得

$$n=\frac{30\sqrt{\cos54°40'}}{\sqrt{R}}=\frac{22.8}{\sqrt{R}}=\frac{32}{\sqrt{D}}\quad(\mathrm{r/min})\tag{7-17}$$

式中　R，D——分别为磨机的内半径和内直径(m)。

为了表示方便，通常把磨机的工作转速与临界转速的比值 $\lambda=\frac{n}{n_c}$ 称为磨机的转速率。所以磨机的有利工作转数

$$n=\lambda n_c=\frac{\frac{32}{\sqrt{D}}}{\frac{42.4}{\sqrt{D}}}n_c=0.76n_c\tag{7-18}$$

也即球磨机的工作转数大约为理论临界转数的76%。

上述公式没有考虑到介质随筒体内壁上升过程中部分介质有向下滑动和滚动现象，这将影响介质提升高度。为了能获得真正的最大降落高度，实际转速应略大于理论转速。但是，物料在磨机内的细磨过程是介质的冲击和磨剥综合作用的结果，为了使磨机具有最佳粉磨效果，应注意冲击和磨剥作用的平衡关系，同时还应考虑磨机的规格、生产方式、衬板形状、介质种类和装填量、粉磨物料的性质、入磨粒度和粉磨细度等因素影响。

对于大直径的磨机，介质的冲击力较强，为了使物料能粉磨到较高的细度，需要一定的磨剥作用，尤其对于开流长磨的后仓作用更为重要。所以，对于大直径的磨机，实际工作转数低于理论工作转数；对于小直径磨机的转速则可高些。磨机圈流操作时，具有较高的生产能力，因此，圈流操作的磨机转速可比开流操作的高些。衬板表面与介质的摩擦因数较大者(凸棱衬板等)，转速可低些；平衬板的磨机转速可高些。磨机内介质填充率越小，相对滑动越大，则转速应高些；反之则低些。对于棒磨机，为了避免沉重的钢棒对磨体冲击过于剧烈，并防止乱棒，转速应稍低些。粉磨小块软质物料，磨机转速可低些；粉磨大块硬质物料，磨机转速可适当提高。粉磨细度要求较高时，磨机转速可低些。对于水泥工业使用的干法磨机，其实际工作转数可按下列经验公式来计算。

当 $D_a>1.8$ m 时：

$$n=\frac{32}{\sqrt{D}}-0.2D_a\quad(\mathrm{r/min})\tag{7-19}$$

当 $1.8\leqslant D_a\leqslant 2$ m 时：

$$n=\frac{32}{\sqrt{D}}\quad(\mathrm{r/min})\tag{7-20}$$

当 $D_a < 1.8$ m 时：$$n = \frac{32}{\sqrt{D}} + (1 \sim 1.5) \quad (\text{r/min}) \tag{7-21}$$

式中　D——磨机筒体的有效内径(m)；

D_a——磨机筒体的规格内径(m)。

湿法操作磨机，由于水的润湿，从而降低了介质之间、介质与衬板之间的摩擦因数，产生较大的相对滑动。因此，湿法磨机可比干法磨机的转速高5%左右。但是，制造厂考虑到同一磨机既能用于湿法也可用于干法，有时就放弃这一修正的必要性。

2. 粉磨介质的选择及装填量

球磨机是通过粉磨介质对物料进行粉磨。能否正确选用粉磨介质，对磨机的粉磨细度及生产能力影响很大。

(1)粉磨介质的种类

目前普遍使用的粉磨介质有球形、短柱形和棒形等三种。

球形介质向物料冲击时，接触于一点，应力集中，使物料容易粉碎。大颗物料用冲击方式粉碎比较有效，故球形介质多用在粗磨机或管磨机的头几仓中。柱形介质称段，彼此之间是线接触，接触面积较大，能够加强磨剥效应，所以宜用于细小物料的磨剥方式粉磨，例如用在细磨机或管磨机的最后一仓中。棒形介质质量较大，宜于粉碎大块物料，产品粒度均匀，用于棒磨机或棒球磨机的头仓中。

粉磨介质通常采用金属材料制成。如有特殊需要，也可采用非金属材料。实践表明，磨机的生产能力随着介质相对密度的增加成正比，故在条件许可的情况下，宜用相对密度较大的介质。

由于球形介质工作时不断冲击和磨剥物料，故需用耐磨、坚硬而不碎裂的材料，常用合金钢或碳素钢。如用高碳钢或高铬钢(含铬12%～18%)铸造的钢球，耐磨性很高。钢棒多用45号圆钢截成。短柱形介质的材料应是耐磨的，常用锰钢或铸铁。近年来，亦有使用硬质合金钢，如镍合金钢和各种高铬铸铁，效果较好。在生产陶瓷、玻璃或白水泥时，要采用砾石等非金属材料作粉磨介质。

(2)粉磨介质的装填量

球磨机内，介质的装填量可用填充率 φ 表示。如图7-78所示，如果磨机静止时，筒体截面上介质的填充面积为 A，筒体的内半径为 R，则填充率为：

$$\varphi = \frac{A}{\pi R^2} \tag{7-22}$$

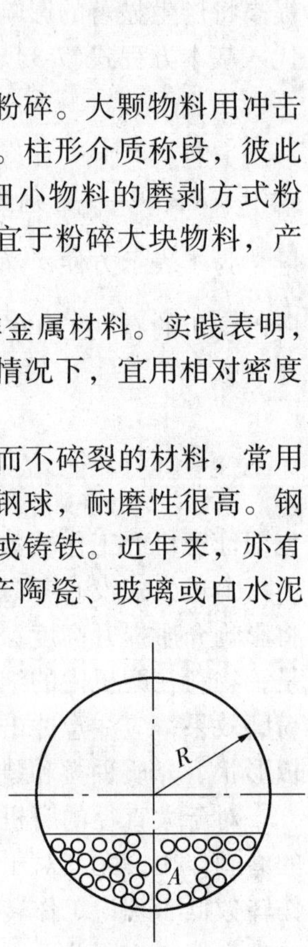

图7-78　球磨机的填充率

填充率也可以用磨机实际装入的介质质量与磨机完全装满时的介质质量之比来确定，即

$$\varphi = \frac{m}{\pi R^2 L \rho_s} \tag{7-23}$$

式中　m——磨机装入介质的质量(t)；

R——磨机的内半径(m)；

L——磨机的有效长度(m)；

ρ_s——介质的堆积密度(t/m³)；对于钢球和段，$\rho_s = 4.5$ t/m³。

确定了介质的填充率，就可算出介质的装填量。介质装填量的多少，对粉磨效率有很大影响，它不但直接影响着粉磨过程的冲击次数和研磨面积，而且还影响着介质本身的提升高度，即对物料的冲击力。装填量少，粉磨效率低；装填量过多，磨机运转时，内层介质易产生干扰，破坏了介质的正常运动，粉磨效率也要降低。

用抛落方式工作的磨机，填充率不能太大，否则介质在空间互相干扰。用抛落方式工作的磨机运转时，介质在筒体横截面上分为两部分（见图7-76）：一是附着筒体一起回转部分 A_1；另一为介质抛落部分 A_2。介质在磨机筒体横截面上的分布，可采用微量概念进行分析计算：

$$\mathrm{d}A_1=(\theta_i+\lambda)R_i\mathrm{d}R_i=(\theta_i+3\theta_i)R_i\mathrm{d}R_i=4\theta_iR_i\mathrm{d}R_i$$

因为 $R_i=2\rho\cos\alpha_i=2\rho\cos(90°-\theta_i)=2\rho\sin\theta_i$，故 $\mathrm{d}R_i=2\rho\cos\theta_i\mathrm{d}\theta_i$，代入上式得

$$\mathrm{d}A_1=8\rho^2\theta_i\sin2\theta_i\mathrm{d}\theta_i$$

进行积分得

$$A_1=8\rho^2\int_{\theta_1}^{\theta}\theta_i\sin2\theta_i\mathrm{d}\theta_i=8\rho^2\left|\theta_i\sin\theta_i-\frac{\theta_i}{2}+\frac{\sin2\theta_i}{4}\right|_{\theta_1}^{\theta} \tag{7-24}$$

介质在时间 t 内以 v_i 抛出速度抛出的微面积为

$$\mathrm{d}A_2=tv_i\mathrm{d}R_i$$

根据式(7-5)，介质抛落曲线上任一点的 x 坐标为 $x_i=tv_i\cos\alpha_i$。因为 $\alpha_i=90-\theta_i$，所以

$$x_i=tv_i\cos\alpha_i=tv_i\sin\theta_i$$

根据式(7-10)，任一层介质从脱离点落到降落点的 x 坐标为 $x_i=4R_i\sin\alpha_i\cos^2\alpha_i=4R_i\cos\theta\sin^2\theta_i$，代入上式，则得

$$t=\frac{4\cos\theta_i\sin^2\theta_i}{v_i\sin\theta_i}R_i=\frac{4\cos\theta_i\sin\theta_i}{v_i}R_i$$

于是

$$\mathrm{d}A_2=tv_i\mathrm{d}R_i=\frac{4\cos\theta_i\sin\theta_i}{v_i}\cdot2\rho\sin\theta_iv_i\cdot2\rho\cos\theta_i\mathrm{d}\theta_i=16\rho^2\sin^2\theta_i\cos^2\theta_i\mathrm{d}\theta_i \tag{7-25}$$

进行积分得

$$A_2=\int_{\theta_1}^{\theta}16\rho^2\sin^2\theta_i\cos^2\theta_i\mathrm{d}\theta_i=\rho^2\left|2\theta_i-\sin2\theta_i\cos^2\theta_i\mathrm{d}\theta_i\right|_{\theta_1}^{\theta} \tag{7-26}$$

磨机里介质的填充率为

$$\varphi=\frac{A_1+A_2}{\pi R^2}=\frac{\rho^2\left|8\theta_i\sin^2\theta_i-2\theta_i+\sin2\theta_i(2-\cos\theta_i)\right|_{\theta_1}^{\theta}}{\pi R^2}$$

因为 $\rho=\dfrac{R}{2\sin\theta}$，代入上式得

$$\varphi=\frac{\left|8\theta_i\sin^2\theta_i-2\theta_i+\sin2\theta_i(2-\cos\theta_i)\right|_{\theta_1}^{\theta}}{4\pi\sin^2\theta} \tag{7-27}$$

介质截面分布情况与筒体转速及填充率有关，当取工作转速 $n=\dfrac{32}{\sqrt{D}}$ 时，由基本方程式(7-3)可得出 $\alpha=54°40'$，则 $\theta=90°-\alpha=35°20'$。当最内层介质仍能保持有规律的分层循环运动，这时的极限条件为 $\alpha_1=73°50'$，相应的 $\theta_1=90°-\alpha_1=16°10'$。代入式(7-27)中，就可算出最大填充率的理论值为

$$\varphi_{max} \approx 0.42$$

应用公式计算麻烦，亦可采用图解法简便地进行计算。令

$$Z = 8\theta_i \sin^2\theta_i - 2\theta_i + \sin 2\theta_i (2 - \cos 2\theta_i) \tag{7-28}$$

则式(7-27)化简为

$$|Z|_{\theta_1}^{\theta} = 4\varphi\pi\sin^2\theta \tag{7-29}$$

取 Z 为纵坐标轴，θ 为横坐标轴。将 θ 分别以 5°，10°，15°，…，50°代入式(7-28)中，求出相应的 Z 值，便可将坐标上的各点连成一条曲线，如图 7-79 所示。这 Z-θ 曲线能适应于一般情况下的磨机转速及介质填充率的变化。由 $\theta = 35°20'$ 和 $\theta_1 = 16°10'$，可从该图中查出 $Z = 1.98$ 和 $Z_1 = 0.25$，代入式(7-29)得：

$$\varphi_{max} = \frac{Z - Z_1}{4\pi\sin^2\theta} = \frac{1.98 - 0.25}{4\pi\sin 35°20'} \approx 0.42$$

由于磨机的类型和规格不同，磨机实际转数并非都是 $n = \frac{32}{\sqrt{D}}$，因而 φ_{max} 也有所变动。合理的填充率应与筒体转速和衬板提升力以及粉磨工艺特点相适应，才能得到较好的综合技术经济指标。适宜的填充率与磨机长径比有关，随长径比的减少而增大。对于短筒球磨机，介质的填充率一般为 $\varphi = 0.4 \sim 0.5$，这是由于介质最内层在实际上存在局部向下滑落的缘故。对于水泥厂的管磨机，由于筒体较长，介质的填充率可选小些，通常取 $\varphi = 0.25 \sim 0.35$。开流磨取低值，圈流磨取高值。

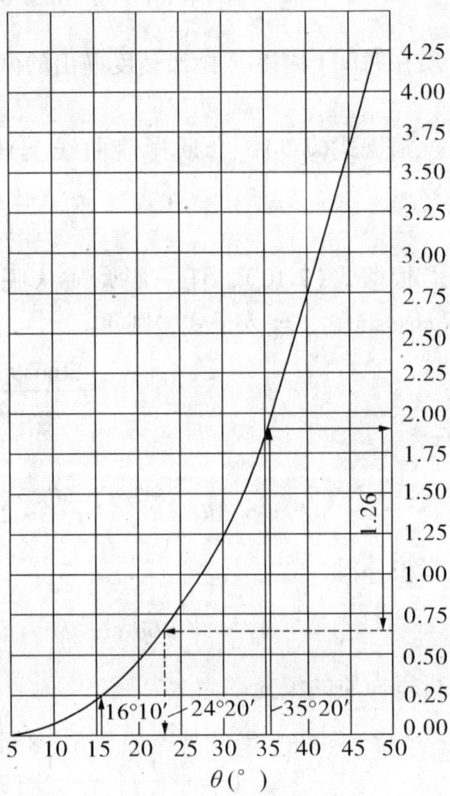

图 7-79　Z-θ 计算图线

上述所指是一台磨机的填充率平均值。多仓磨各仓的填充率是不一样的。对于长磨，填充率的分配一般从入料到出料逐仓依次递减成阶梯状；小型磨机由于长径比小，不易达到产品细度要求，所以，水泥工业的一般水泥磨，其后仓的填充率比前仓高 2% ~ 3%，生料磨，其后仓的填充率比前仓高 1% 或两仓相等。对于一级闭路磨机的填充率，可前仓高于后仓；开路磨机则一般后仓高于前仓。棒磨机的填充率可达 35% ~ 45%，棒仓的填充率主要取决于后面各仓的粉磨能力的平衡，也可沿用钢球仓的填充率。

【例】 已知磨机筒体转速为 $n = \frac{32}{\sqrt{D}}$，介质的填充率为 $\varphi = 0.3$。分析介质在筒体横截面的分布。

【解】 当 $n = \frac{32}{\sqrt{D}}$ 时，根据式(7-3)，有

$$\cos\alpha = \frac{Rn^2}{900} = \frac{R\left(\frac{22.8}{\sqrt{R}}\right)^2}{900} = 0.58$$

得 $\alpha=54°40'$，而相应的 $\theta=90°-\alpha=90°-54°40'=35°20'$。根据式(7-29)，即有

$$|Z|_{\theta_1}^{\theta}=4\varphi\pi\sin^2\theta=4\times0.3\pi\sin^2 35°20'\approx1.26$$

在图7-79中，由 $\theta=35°20'$ 作垂线交于曲线，再由交点向下取 $Z=1.26$ 作水平线交于曲线，由此交点作垂线交于 θ 轴，即得 $\theta_1=24°20'$(见图7-79中的虚线)。

根据式(7-4)，有

$$\frac{R_1}{R}=\frac{2\rho\sin\theta_1}{2\rho\sin\theta}=\frac{\sin24°20'}{\sin35°20'}=0.71$$

即 $R_1=0.71R$。这说明在 $n=\frac{32}{\sqrt{D}}$ 及 $\varphi=0.3$ 时，介质的最内层半径 R_1 为磨机筒体有效半径 R 的0.71倍。

由式(7-13)可知：

$$R_{1\min}=\frac{250}{n^2}=\frac{250}{\left(\frac{22.8}{\sqrt{R}}\right)^2}=0.48R$$

即有 $R_1=0.71R>0.48R=R_{1\min}$，因此在 $n=\frac{32}{\sqrt{D}}$ 及 $\varphi=0.3$ 时，介质最内层仍能作分层运动，不致发生互相碰撞和干扰。

如图(7-76)所示，据式(7-24)和式(7-26)，有

$$\frac{A_1}{A_1+A_2}=\frac{8\rho^2\left|\theta_i\sin^2\theta_i-\frac{\theta_i}{2}+\frac{\sin2\theta_i}{4}\right|_{\theta_1}^{\theta}}{4\varphi\pi\rho^2\sin^2\theta}$$

将 $\theta=35°20'$ 和 $\theta_1=24°20'$ 代入上式可得 $\frac{A_1}{A_1+A_2}=55\%$；而 $\frac{A_2}{A_1+A_2}=45\%$。说明在 $n=\frac{32}{\sqrt{D}}$ 及 $\varphi=0.3$ 时，随筒体一起回转上升的介质占全部加入介质的55%；而处于抛落状态的介质则占45%。

(3)粉磨介质的级配

在粉磨过程中，单纯考虑介质的装填量是不全面的，还必须考虑不同规格的介质的配合使用，以提高粉磨效率。

物料粉磨过程中，开始粒度较大，需用较大直径的介质的冲击。随着物料粒度变小，就需小直径的介质进行研磨，使物料和介质很好地接触。在介质装填量不变的情况下，减小介质的尺寸，便能增加物料与介质的接触，提高粉磨效率。因此，选配介质的原则应是：在能将物料粉碎的前提下，尽量选用尺寸小的介质，而且大小介质作适当配合，使填充密度增大。这样，既能保证具有一定的冲击能力，又有一定的磨剥能力。

介质级配时应考虑物料性质、磨机规格及工艺要求等。粗粒和硬质物料，应选用较大的球，细粒和软脆性物料可用较小的球；球在磨机中的冲击次数随着球径的减小而增多，介质间的研磨间隙随球径的减小而密集因此最好选用质量较大而直径较小的球为介质；要求粉磨产品越细，磨机筒体直径越大，小直径球占比越大。

球的大小主要取决于待磨物料的粒度，其次适当考虑磨机的直径和转速。加入钢球的最大直径可用经验公式来估算。只考虑喂料粒度的计算公式：

$$d_B=28\sqrt[3]{d} \tag{7-30}$$

式中　d_B——加入的钢球直径(mm)；

d——入磨物料的最大粒径(mm)。

考虑了喂料粒度、物料易磨性、磨机筒体直径及转速的公式:

$$d_B = 20.85\left[\frac{d_{80}W_i}{K\lambda}\left(\frac{\delta}{\sqrt{D}}\right)^{\frac{1}{2}}\right]^{\frac{1}{2}} \quad (\text{mm}) \tag{7-31}$$

式中 d_{80}——按细粒累计含量为80%的喂料粒径(μm);

W_i——功指数(kW·h/t),软质物料 W_i = 7.72 ~ 12.13 kW·h/t;中硬物料 W_i = 12.13 ~ 18.75 kW·h/t;硬质物料 W_i > 17 kW·h/t;

δ——物料相对密度;

λ——转速率(%);

D——磨机筒体直径(m);

K——常数,对于溢流型球磨机,湿法粉磨时 K = 350;对于格子型球磨机,湿法粉磨时 K = 330,干法粉磨时 K = 335。

目前球磨机使用的钢球尺寸多数为 ϕ30 ~ 100 mm,一般级差为 10 mm。棒的尺寸为 ϕ50 ~ 75 mm;细磨仓钢段尺寸为 ϕ16 ~ 25 mm;段的长径比为 1.0 ~ 1.3。一般单仓球磨机全部都用钢球;双仓磨机的头仓用钢球,后仓用钢段;三仓以上磨机一般前两仓装钢球,三仓或四仓装钢段。

同一仓内的介质级配,钢球一般采用 4 ~ 5 种规格,钢段用 1 ~ 2 种规格。圈流磨机第一仓钢球尺寸比同规格开流磨机要大一些,一般相差 10 mm。对于中长磨机,头仓的最小球径就是二仓的最大球径。各仓介质的级配,一般大球和小球少些,中间规格的球应多些。如果物料的粒度和硬度都大,则应增加大球的数量而减少小球的数量。表 7-2 列出各种球磨机各仓常用介质尺寸。

表 7-2 球磨机各仓常用粉磨介质尺寸 (单位:mm)

磨机形式	仓序	钢球直径	钢段直径	钢棒直径
长磨或中长磨	1	60 ~ 100		
	2	30 ~ 60		
	3		16 ~ 25	
短磨	(一级磨)	60 ~ 100		
	(二级磨)	30 ~ 60		
湿法棒球磨	1			50 ~ 75
	2	30 ~ 50		
	3	<30	或<30	

通常用平均球径表示磨机各仓装入钢球的大小,它是分析球仓工作能力好坏的主要依据之一。配球后的钢球平均球径可按下式计算:

$$d = \frac{N_1 m_1 d_1 + N_2 m_2 d_2 + \cdots + N_i m_i d_i}{N_1 m_1 + N_2 m_2 + \cdots + N_i m_i} \quad (\text{mm}) \tag{7-32}$$

式中 d_1, d_2, …, d_i——各级球径(mm);

m_1, m_2, …, m_i——分别为直径 d_1, d_2, …, d_i 的钢球质量(t);

N_1, N_2, …, N_i——分别为直径 d_1, d_2, …, d_i 钢球每吨个数。

平均球径也可以用下面简便公式计算：

$$d=\frac{d_1m_1+d_2m_2+\cdots+d_im_i}{m_1+m_2+\cdots+m_i}\quad(\text{mm})\tag{7-33}$$

表 7-3 列出入磨物料平均粒径与钢球平均球径的关系，可供配球参考。

表 7-3　入磨物料平均粒径与钢球平均球径的关系

物料平均粒径（mm）	钢球平均球径（mm）	物料平均粒径（mm）	钢球平均球径（mm）
0.075 ～ 0.10	12.5	2.40 ～ 3.30	40.0
0.15 ～ 0.20	16.0	4.70 ～ 6.70	49.0
0.30 ～ 0.42	20.0	6.70 ～ 9.50	57.0
0.60 ～ 0.80	25.0	13.0 ～ 19.0	70.0
1.20 ～ 1.70	31.0	27.0 ～ 38.0	89.0

(4)粉磨介质的调整及补充

粉磨介质的装填与配合是否适宜，应通过生产实践来检验。检验的方法有：计算磨机产量、听磨音、检查磨内物料量、检验产品细度和绘制筛余曲线等。

当磨机出现产量低及产品细度变粗时，说明介质装填量不足或磨耗大，此时须添加介质。有时磨机产量很高，但产品较粗，这可能由于磨内介质的冲击力过强，磨剥能力不足，料流过快所致。这时应适当减少大球，增加小球和钢段，从而增加磨剥能力。如果磨机出现产量低及产品细度变细，可能是大球太少，小球过多，填充率太高，致使冲击作用减弱，这时应适当增加大球，减少小球及填充率。

若球仓钢球冲击声强，说明破碎能力大；细磨仓的声音弱而发闷，说明磨剥能力不足，此时应减小球仓的填充率或减小钢球平均球径。反之，则应当提高其填充率或加大钢球平均球径。

磨机正常运转情况下，钢球应露出半个球于料面外为宜，若钢球外露太多，说明球径过大，装填量过多；反之，则说明球径过小，装填量不足。在细磨仓中，介质上应覆盖 10 ～ 20 mm 的薄料层为宜，若存料过厚，说明介质装填量不足，反之说明装填量过多。

磨内介质的级配是否合理，还可用筛析曲线来检查。在磨机正常运转情况下，同时停磨和停料，打开磨门入内取样。从进料端开始沿磨长每隔 0.5 m 为一取样点，而磨头、隔仓板则为必须取样点。在每一取样点截面上又 取 3 ～ 5 个试样，其中在两边衬板处必须取样。将每个取样点截面所取的试样混合均匀，并编好仓号和点的记号，即作为该取样点的平均试样。然后将各试样分别在 0.08 mm 及 0.20 mm 方孔筛上进行筛析，得到各取样点的筛余百分数。以筛余百分数为纵坐标，沿筒体长度各取样点的距离为横坐标，作出筛析曲线，如图 7-80 所示。根据筛析曲线斜率的变化来分析介质的级配和调整是否合理。

介质级配合理、操作良好的磨机，其筛析曲线的变化应当是：在第一仓内表示粗粒变化的曲线 1 应当急剧下降，第三仓内曲线 1 已逼近横坐标轴，斜度无变化；表示细粒变化的曲线 2 还是继续下降至达到要求细度。这样，第一、二仓就能起到预磨作用，第三仓起着细磨作用。各个仓都能发挥最大的效用，使磨机生产能力提高。如果曲线中出现斜度不大或有较长的一段接近水平线，则表明磨机的操作情况不良，物料在这一段较长距离过程中细度变化不大。其原因可能是由于介质的级配、装填量和平均球径大小等不恰当，也可能由于磨机各仓的长度比例不当，而造成前后仓粉磨能力不平衡。这时就应根据线段出现的水平位置，调整磨内相应地段介质的数量与级配。若调整后效果仍不显著，则应适当改变仓的长度。

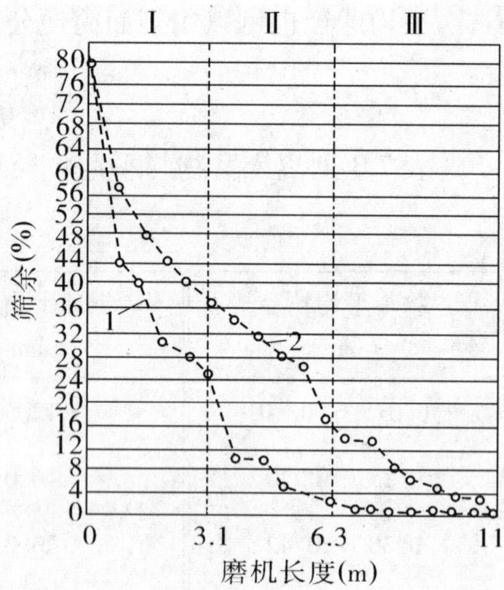

图 7-80 球磨机的筛析曲线
1—在 0.20 mm 方孔筛上的筛余曲线；
2—在 0.08 mm 方孔筛上的筛余曲线

磨机在运转过程中，介质会逐渐磨耗，因而改变了原来的装填量和级配，如不及时添加新的介质，就会降低粉磨效率。常用的添补介质的方法有如下几种：

①根据磨机产量和介质消耗量添补。单位产量的介质消耗量可用下式计算：

$$m = \frac{A + \sum B - C}{M} \quad (\text{kg/t 物料}) \qquad (7\text{-}34)$$

式中 A——磨机第一次装入的介质质量(kg)；

$\sum B$——每隔一定操作时间，向磨内补充介质的总质量(kg)；

C——更换介质时，由磨内倒出的介质质量(不包括碎球，过小的球和铁渣等)(kg)；

M——磨机从开始操作至介质这一段时间内所粉磨物料的质量(t)。

在计算单位产品介质消耗时，应把球和段分开。补充钢球时，根据过去某一阶段生产的产品吨数乘以单位产品的介质消耗量，就可得出每一仓该补充的介质量。

②根据磨机主电动机的电流表读数降低情况添补。每次添补介质的前后，都应记录电流表读数，以便算出增添每吨介质所升高电流的数值。在介质调整后，磨机运转正常时，记下电流表读数，作为电动机负荷的标准值。磨机运转一段时间后，由于介质的磨损而减轻了电机的负荷，应继续补充介质，使电动机电流达到原来的基准负荷值为止。

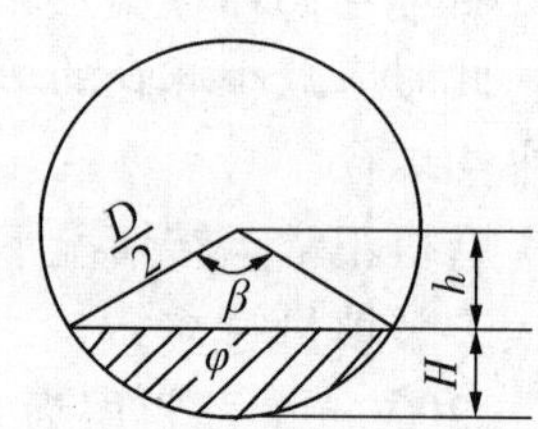

图 7-81 介质填充率的测量

③根据磨内介质面降低添补。磨机内介质表面对磨机中心的中心角 β 与磨机中心至介质表面的距离 h 和磨内球面高度 H 的几何关系如图 7-81 所示：

$$h = \frac{D}{2}\cos\frac{\beta}{2}$$

$$H = \frac{D}{2} - h = \frac{D}{2}\left(1 - \cos\frac{\beta}{2}\right) \qquad (7\text{-}35)$$

磨机内介质填充率为

$$\varphi = \frac{\beta}{360} - \frac{\sin\beta}{2\pi} \qquad (7\text{-}36)$$

式中 φ——磨机内介质填充率(以小数表示)；

β——介质表面对磨机中心的圆心角(°)；

D——磨机内径(m)；

H——磨内介质表面高度(m)。

当测出 h 或 H 值时，从上述关系式便可求出 β 和 φ 值，从而可算出该仓需要添补的介质量；也可用图解法简便查出，如图 7-82 所示。例如，外径为 $D_a=2.2$ m 的磨机，测得 $y=1500$ mm，则 $h=y-\frac{D_a}{2}=1500-\frac{2200}{2}=400$(mm)。在图中，由 $h=400$ mm 向右作水平线与 $D_a=2.2$ m 曲线相交，自交点向下对横轴作垂线得 0.91 m^3/m(磨长)；由此交点向上作垂线与 $D_a=2.2$ m 直线相交，再向右作水平线，查得 $\varphi=0.263$。

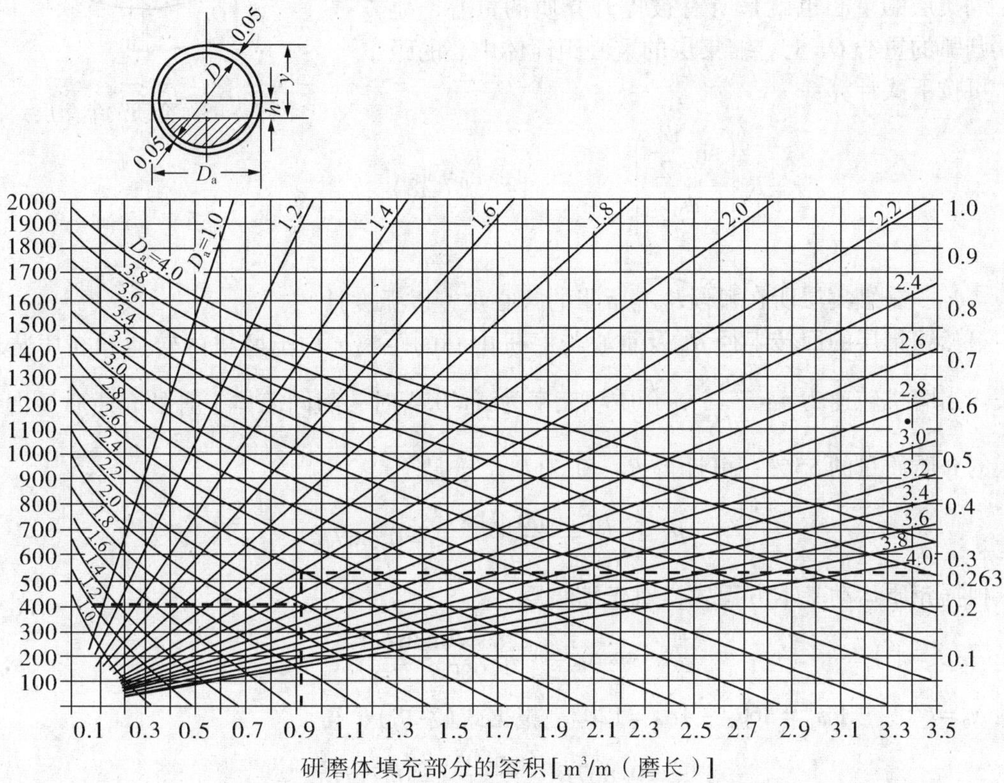

图 7-82　磨机的介质填充率算图

在生产实际中，往往是几种补球方法结合起来使用。考虑到介质在粉磨过程中逐渐磨损变小，所以每次只添补最大直径的介质。另外，由于长时间的磨损，其中积存的过小的球和碎球有碍于粉磨效率，因此，磨机运转 3 个月左右需进行清磨，将所有介质倒出，然后重新配球。

3. 功率

驱动球磨机的电动机功率主要消耗在两个方面：一是用来提升介质及物料，并使之具有一定速度抛射出去，这部分能量主要用于粉碎物料；二是用于克服轴承及传动装置的机械摩擦上。

介质起先随同筒体一起上升到一定的高度，这部分介质的重力在与磨机旋转相反的方向上形成一反作用力。要使磨机运转，将介质带起并抛出，就必须克服此反作用力对于磨机的旋转中心所形成的力矩。

为了便于计算，假想随同筒体上升介质都聚集在半径为 R_0 的某一中间圆弧层上，这一介质层可以代表全部介质动力学特性，称为缩集层(图 7-83)。根据回转体动力学，缩集层半径为

$$R_0=\sqrt{\frac{R^2+R_1^2}{2}}\quad(\mathrm{m}) \tag{7-37}$$

式中　R——磨机内径(m)；

R_1——最内层介质的回转半径(m)。

缩集层的重心也就是所有被提升介质的重心，位于其圆弧的重心 O_1 上。缩集层的重心距筒体中心的距离，可按下式计算：

$$r=R_0\left(\frac{\sin\frac{\psi_0}{2}}{\frac{\psi_0}{2}}\right) \tag{7-38}$$

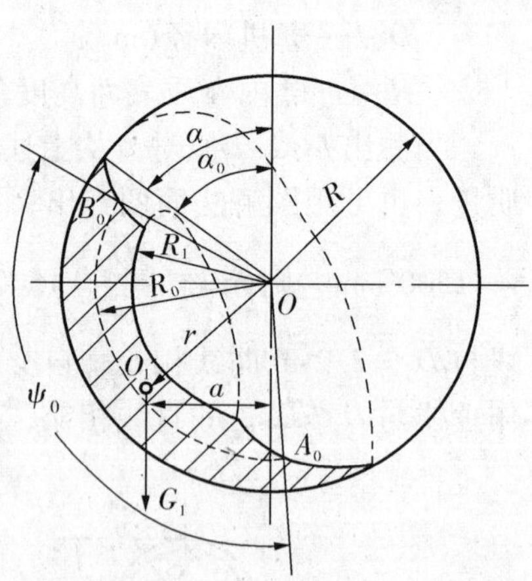

图 7-83　介质的缩集层

式中　ψ_0——缩集层所在弧段$\widehat{B_0A_0}$所张的圆心角，以弧度计。

显然缩集层的回转半径 R_0 及重心与磨机中心的距离 r 均与磨机的转速和介质装填率有关。当磨机转速为 $n=\frac{22.8}{\sqrt{R}}$、介质填充率为 $\varphi=0.3$ 时，随同筒体上升的介质质量占总共装入的介质质量的55%，可计得 $R_1=0.71R$ 。于是

$$R_0=\sqrt{\frac{R^2+(0.71R)^2}{2}}=0.867R$$

根据介质运动基本方程式，对于缩集层：

$$\cos\alpha_0=\frac{22.8^2\times0.867R}{900R}$$

于是 $\alpha_0=60°$，则 $\psi_0=360°-4\alpha_0=120°$。根据式(7-38)，得

$$r=0.867R\left(\frac{3\sin60°}{3.14}\right)=0.717R$$

从图 7-83 可看出，当 $\alpha_0=60°$时，缩集层重心 O_1 对于筒体中心的力臂为

$$a=r\sin\alpha_0=0.717R\sin60°=0.62R \tag{7-39}$$

因此，被提升介质和物料在缩集层重心 O_1 上的垂直向上分速度为

$$v_0=\frac{\pi an}{30}=\frac{\pi\times0.62Rn}{30} \tag{7-40}$$

考虑到在磨机中物料质量约占介质质量的14%左右，于是，提升介质和物料到一定高度并使其获得动能所消耗的功率，亦即有用功率为

$$N_1=G_1v_0=\frac{0.55\times1.14G\times1000\times\pi\times0.31Dn}{102\times30}=0.2GDn \tag{7-41}$$

考虑到因轴承及传动装置的摩擦而消耗的功率，于是球磨机所需的功率为

$$N=\frac{0.2GDn}{\eta}\quad(\mathrm{kW}) \tag{7-42}$$

式中　G——装入磨内的介质总质量(t)；

D——磨机的有效直径(m)；

n——磨机转速(r/min)；

η——考虑轴承及传动装置的摩擦损失的机械效率。对于中心传动式磨机，$\eta=0.90\sim0.94$；对于边缘传动式磨机，$\eta=0.85\sim0.90$。在选用高速电动机时，η取低值；选用低速电动机时，η取高值。

考虑到磨机启动时介质有较大的惯性力和运转时的可能过载，球磨机配用的电动机功率应增加10%～15%，即

$$N_M = k\frac{0.2GDn}{\eta} \quad (\text{kW}) \tag{7-43}$$

式中 k 为备用功率系数，$k=1.10\sim1.15$；其他符号意义同前。

式(7-41)适用于填充率 $\varphi=0.3$、转数 $n=\frac{32}{\sqrt{D}}$的磨机。将 n 值代入式(7-41)，得

$$N_1 = 6.4G\sqrt{D} \quad (\text{kW})$$

当磨机填充率不等于0.3，而且以其他转数工作时，电动机所需功率可表示为

$$N_M = CG\sqrt{D} \quad (\text{kW}) \tag{7-44}$$

式中 G——介质装填量(t)；

D——磨机内径(m)；

C——系数，与介质种类及装填量有关，见表7-4。

表7-4 各种介质及装填量的 C 值

介 质	装 填 率				
	0.1	0.2	0.3	0.4	0.5
>60 mm 的大钢球	8.75	8.09	7.28	6.25	5.15
<60 mm 的小钢球	8.46	7.79	6.99	6.03	5.00
钢 段	8.16	7.50	6.76	5.88	4.41
介质平均数	8.46	7.79	7.01	6.05	5.00

4. 生产能力

影响球磨生产能力的因素很多，除了物料性质(粒度、硬度、温度和湿度等)、粉磨细度、喂料均匀程度和磨内介质装填程度外，尚有磨机结构形式(长径比、仓数、隔仓板和衬板形状等)、粉磨方法和操作条件、磨机通风等。目前尚无完整的理论计算公式，一般是根据试验，采用类比方法来计算。

在同一生产条件下，不同磨机的生产能力和粉磨介质所具有的有用功率成正比，亦即：

$$Q_T = N_1 q \quad (\text{t/h}) \tag{7-45}$$

式中 q——单位电耗产量(t/kW·h)；

N_1——磨机的有用功率(kW)。

磨机的有用功率可以用式(7-41)计算。但是，为了使式中反映出筒体体积 V 以及筒体单位体积的介质装填量 G/V 这两个重要参数对生产能力的影响，将式改写为：

$$N_1 = 0.2VDn\left(\frac{G}{V}\right) \quad (\text{kW})$$

实践表明，球磨机的有用功率与$\left(\frac{G}{V}\right)$不是一次方的关系，而是 0.8 次方的关系。因此，磨机的有用功率应为

$$N_1 = 0.2VDn\left(\frac{G}{V}\right)^{0.8} \quad (\mathrm{kW}) \tag{7-46}$$

磨机的产量受到磨机的生产流程、入磨物料的粒度、易碎性和粉磨细度的影响。式(7-45)应乘以流程系数 η_c、易碎系数 K_M、粒度系数 K_d 和细度系数 K_c 进行校正。

当入磨物料粒度发生变化时，磨机的产量也随之发生变化，粒度系数的计算如下：

$$K_d = \frac{Q_1}{Q_2} = \left(\frac{d_2}{d_1}\right)^x \tag{7-47}$$

式中 d_1——当产量为 Q_1 时的入磨物料粒度，以 80% 通过的筛孔孔径表示；

d_2——当产量为 Q_2 时的入磨物料粒度，以 80% 通过筛孔孔径表示；

x——与物料性质、成品细度、粉磨条件等有关的指数，通过试验确定。

x 的变化范围较大，一般变化在 0.1 ～ 0.25 之间。对于水泥磨，尤其是对于粗磨能力较大的大直径圈流磨机，或是软质物料如石膏、粉砂岩、页岩等，入磨物料的变化对产量影响较小，x 可取低值；对于棒球磨机，由于钢棒的粉磨能力较强，故 x 亦可取低值；对于水泥生料开流长磨，或是硬质物料如石灰石、熟料、砂岩等，入磨粒度对产量影响较大，故 x 可取高值。

当粉磨产品的细度变化时，磨机的产量亦发生变化，可按下式算出细度系数：

$$K_c = \left(\lg\frac{R_0}{R}\right)^{-\frac{1}{m}} \tag{7-48}$$

式中 R_0——入磨物料细度，以某一尺寸筛余表示(%)；

R——出磨产品细度，以同一筛的筛余表示(%)；

m——指数，与物料性质和粉磨条件有关，可通过实验求出，一般为 0.8 ～ 1.2。

对于开流长磨，$m=1$；对于圈流磨机，出磨物料细度对产量影响较小，m 应取大于 1；对于棒球磨机，出磨细度对产量影响较大，m 应取小于 1。若设进磨物料细度在 0.08 mm 方孔筛的筛余为 100%，取 $m=1$，则

$$K_c = \left(\lg\frac{100}{R}\right)^{-1} \tag{7-49}$$

根据上式可算出不同细度的细度系数值，列于表 7-5 中。计算磨机生产能力时，可算出或从表查出相应的细度系数。

表 7-5　不同细度的细度系数值

细度 R(0.08 mm方孔筛筛余)(%)	2	3	4	5	6	7	8	9	10	11	12	13	14	15	16	17	18	19	20
细度系数 K_c	0.59	0.66	0.72	0.77	0.82	0.87	0.91	0.96	1.00	1.04	1.09	1.13	1.17	1.21	1.26	1.30	1.34	1.39	1.43

于是，球磨机的生产能力

$$Q = 0.2VDn\left(\frac{G}{V}\right)^{0.8} q\eta_c K_M K_d K_c \quad (\mathrm{kW}) \tag{7-50}$$

式中 V——磨机有效容积(m^3)；

D——磨机有效直径(m)；

n——磨机转速(r/min)；

G——粉磨介质装填量(t)；

q——单位电耗的产量(t/kW·h)，见表7-6；

η_c——流程系数，开流流程 $\eta_c=1.0$，圈流流程 $\eta_c=1.15\sim1.5$；

K_M——相对易碎系数，见表7-6；

K_d——粒度系数；

K_c——细度系数。

表7-6　单位电耗的产量及物料的易碎系数

物料名称		单位电耗产量 q(kg/kW·h)		易碎系数 K_M
		湿　磨	干　磨	
回转窑水泥熟料	易　磨	—	44	1.1
	中　等	—	40	1.0
	难　磨	—	32 ～ 36	0.8 ～ 0.9
石灰石与粘土水泥生料	易　磨	100 ～ 150	80 ～ 100	1.2 ～ 1.8
	中　等	70 ～ 90	70 ～ 80	
	难　磨	50 ～ 70	50 ～ 60	
立窑水泥熟料		—	40	1.12
煤		—	—	0.7 ～ 1.34
石英砂		—	30	0.6 ～ 0.7

二　间歇式湿法球磨机

装入间歇式湿法球磨机的物料一般都能通过25孔/cm² 或36孔/cm² 的筛子，且要求粉磨后的物料绝大多数能通过10 000孔/cm² 的筛子。对于这样细度的物料，磨机主要应以磨剥方式工作。同时，磨机的水量应加以控制。适当的水量可使料粒成为一薄层粘附在介质上，当介质滚动时，就能将这层物料磨碎。水量过多过少都不适宜，过少时介质就被物料粘连起来，结成一整块，不能滚动；过多时又会使物料从介质表面上洗下，结果介质滚动时就作用不到物料。这两种情况都会导致生产能力的下降。

转速也是影响磨机工作的一个重要因素，转速过高，介质作抛落方式运动是不大合理的。因为，当磨机中有多量的水存在时，介质跌落在水面上就不能对物料产生冲击作用；即使水量不多，物料也是成泥浆状的，使介质的冲击效应大为削弱。

介质的大小和装填量也应加以注意。由于这种磨机主要以磨剥方式工作，故应该选用表面积较大的介质。

正因为这种磨机工作上有其特点，故不能使用一般的球磨机公式进行计算，而多是采用从工厂实践中总结出来的经验公式。

(一)转速

实际使用的球磨机，受到物料的性质和装填量、介质的装填量及级配、料球水的配比、衬板形状等因素的影响，其工作转速波动范围较大。湿法间歇磨机的转速要比干法磨机高些，转速率一般在0.75 ～ 0.85之间。加水量多时，转速应取高些；采用橡胶衬板的磨机，转速应取低些。考虑到介质的滑动，间歇式湿法球磨机的工作转速应按下式计算：

磨机内径 $D<1.25$ m时，

$$n = \frac{40}{\sqrt{D}} \quad (\text{r/min}) \tag{7-51}$$

磨机内径 $D = 1.25 \sim 1.70$ m 时，

$$n = \frac{35}{\sqrt{D}} \quad (\text{r/min}) \tag{7-52}$$

磨机内径 $D > 1.70$ m 时，

$$n = \frac{32}{\sqrt{D}} \quad (\text{r/min}) \tag{7-53}$$

式中符号意义同前。

另外，采用变转速球磨机，在合适的变转速制度下，有效地粉磨性质不同的物料和适应粉磨过程中物料粒度及泥浆粘度不断变化的粉磨环境，能获得较高粉磨效率，并能控制粉磨产品的粒度分布。

（二）粉磨介质的级配和装填量

（1）粉磨介质的级配

在间歇式以磨剥方式工作的湿法球磨机中，在介质表面上粘有一层料浆，形成了有利于磨剥的条件。因此，应选用尺寸较小的介质，以增加磨剥表面，使粉磨更加有效进行。通常装入磨机的介质（瓷球或砾石）的直径都小于 60 mm，但大于 25 mm。介质的直径可按筒体的直径来确定：

$$d = 1.2\sqrt{D} \quad (\text{mm}) \tag{7-54}$$

式中 D——筒体外径（mm）。

同一台磨机内，装入介质的大小一般有 3 ～ 5 级，搭配量一般是两头大中间小，具体按生产实践来确定。

实践表明，介质的质量密度大，粉磨效率高。但考虑到物料的污染，对某些特殊原料的粉磨，粉磨介质只好选用成分与物料相同或相近的材料，如瓷球、砾石等。瓷球虽较洁净，不致将陶瓷坯料污染，但磨损较大。砾石的机械强度较好，不易磨损，所含氧化铁量不大时，对陶瓷坯料无大影响，故较常采用。

（2）粉磨介质的装填量

在湿法磨机内，除了装有介质和物料外，还要加入一定数量的水。介质、物料及水的装填比例按工艺要求优选确定。综合工厂实践的经验数据，磨机内装载物符合下述规定时，生产能力为极大。对于日用瓷坯料：

$$\frac{\text{介质质量}}{\text{物料质量}} = 1.6 \sim 1.7; \qquad \frac{\text{水质量}}{\text{物料质量}} = 0.5 \sim 0.6;$$

对于电瓷坯料则为

$$\frac{\text{介质质量}}{\text{物料质量}} = \frac{1.0}{1.6}; \qquad \frac{\text{水质量}}{\text{物料质量}} = 1;$$

实际上，在一般陶瓷厂中，介质、物料及水的质量比均采用 1∶1∶0.85。

装入介质的质量可用下式算出：

$$m_{介} = (0.45 \sim 0.55)V_0 \quad (\text{t}) \tag{7-55}$$

式中 V_0——筒体的有效容积（m^3）。

通常筒体有效容积 V_0 与筒体外部体积之比 $\frac{V_0}{V} = 0.67 \sim 0.7$，故若以筒体外部体积计

算时，取

$$m_{介} = (0.30 \sim 0.35)V \quad (\text{t}) \tag{7-56}$$

当介质、料及水的质量比为 1∶1∶0.85 时，磨机的总共装填量为

$$m_{总} = (0.45 \sim 0.55)2.85V_0 \quad (\text{t}) \tag{7-57}$$

式中 V_0——筒体的有效容积(m^3)。

为了确定磨机内的总填充率，首先算出介质所占的体积：

$$V_{介} = \frac{m_{介}}{\rho_s} \quad (\text{m}^3)$$

式中 ρ_s——介质的堆积密度，对于砾石，$\rho_s = 1.5\ \text{t/m}^3$。令 $m_{介} = 0.5V_0$，可得 $V_{介} = 0.33V_0\ \text{m}^3$。于是介质的填充率 $\varphi_{介} = 0.33$。装入磨中的介质填充截面为

$$A_{介} = \pi R^2 \varphi_{介} = 3.14 \times 0.33R^2 = 1.05R^2 \quad (\text{m}^2)$$

当介质与料的质量比为 1∶1 时，物料的质量为 $m_{料} = 0.5V_0$(t)。如果物料的堆积密度为 1.6 t/m^3，则物料在磨内所占的体积为

$$V_{料} = \frac{0.5V_0}{1.6} = 0.31V_0$$

因此，物料的填充率为 $\varphi_{料} = 0.31$。

当介质与水的质量比为 1∶0.85 时，水的质量为

$$m_{水} = 0.85 \times 0.5V_0 = 0.425V_0 \quad (\text{t})$$

于是水所占体积为

$$V_{水} = 0.425V_0 \quad (\text{m}^3)$$

设磨内介质的松散系数为 0.6，则介质间的空隙体积为

$$(1 - 0.6)0.33V_0 = 0.132V_0 \quad (\text{m}^3)$$

又设物料之间的空隙体积占物料体积之 10%，即等于 $0.1 \times 0.31\ V_0 = 0.031V_0(\text{m}^3)$。故介质和物料中的全部空隙为

$$0.132V_0 + 0.031V_0 = 0.163V_0 \quad (\text{m}^3)$$

所以未能容纳在介质及物料之间的空隙中的水的体积为

$$V'_{水} = 0.425V_0 - 0.163V_0 = 0.26V_0$$

因此，介质、料及水三者在磨内总共占有的体积为

$$V_{总} = 0.33V_0 + 0.31V_0 + 0.26V_0 = 0.9V_0$$

故磨机的总填充率 $\varphi_{总} = 0.9$。实验表明，这样的装填量最有利于磨机的工作。目前，国内一般日用瓷厂通常取介质填充率 $\varphi_{介} = 0.4 \sim 0.55$。

(三)生产能力

间歇式球磨机的生产能力取决于在磨机的每一操作周期内所获得的达到一定细度的物料量，可按下式计算：

$$Q = K\frac{m}{t} \quad (\text{t/h}) \tag{7-58}$$

式中 m——每次装入物料量(t)；

t——每次粉磨周期的时间(h)，包括装卸时间、粉磨时间和其他各种辅助时间；

K——考虑到各种损失的系数，$K < 1$。

陶瓷泥浆的要求细度通常是在 10 000 孔/cm^2 的筛上的筛余在 0.5% ～ 2% 之间。磨机

在刚开始操作时，粉磨过程进行得较为迅速，然后逐渐减慢，最后甚至完全停顿下来。在制备陶瓷泥浆时，物料通常在磨内经历约9000转的粉磨之后即可达到要求的细度。因磨机的直径不同，工作时间为6～10 h。制备釉浆时，物料要在磨内经历60 000～70 000转的粉磨。粉磨石英和长石时，磨机的生产能力可按下式来估算：

$$Q = 55(V_0 + 1) \quad (\mathrm{kg/h}) \tag{7-59}$$

式中 V_0——筒体的有效容积(m^3)。

（四）功率

间歇式湿法球磨机的功率消耗可按下式来计算：

$$N = Cm\sqrt{D} \quad (\mathrm{kW}) \tag{7-60}$$

式中 m——筒体装载物料量(t)；

D——筒体直径(m)；

C——系数，与介质装填量有关，见表7-7。

表7-7 各种装填量的C值

介质填充率φ	0.1	0.2	0.3	0.4	0.5
C值	9.8	9.0	8.3	7.0	5.8

亦可采用经验公式来估算：

$$N = \frac{m\sqrt{D}\,n}{27.2} \quad (\mathrm{kW}) \tag{7-61}$$

式中 m——磨机内介质、料和水的总共装填量(t)；

D——磨机筒体外径(m)；

n——磨机转速(r/min)。

在实际操作中，应尽量使磨机在满载条件下工作。

第四节 性能及应用

球磨机是无机非金属材料工业广泛应用的一种粉磨设备，其优点是：结构比较简单，工作安全可靠，操作、维修方便；对生产的适应性强，可干磨、湿磨也可干燥和粉磨同时进行，可间歇或连续操作，可开流或圈流工作，可粗磨、细磨或超细粉磨；能适应各种性质物料的粉磨，如硬的、软的、脆的、韧性的物料等；可制成各种大小磨机，适应各种生产规模的需要；可获得较高的粉磨细度，粉碎度可达300以上，能将入磨粒度为25～40 mm的物料粉磨到1.5～0.07 mm以下，而且细度比较稳定，容易调节。缺点是：机身庞大、笨重，启动力矩大；工作时噪音大；介质和衬板磨耗大；筒体有效利用率在50%以下，粉磨效率低，能耗高，能量利用率一般只有1%～3%，近代球磨机也只提高到5%～7%。

目前球磨机广泛应用于矿物加工、选矿、冶金、化工、建材、煤炭、水利、电力、医药等行业的物料粉磨。水泥工业常用于生料、煤粉和水泥粉磨。陶瓷工业用于粉磨和混合陶瓷粉料和浆料、粉磨坯、釉料等。

第8章　挤压式粉磨机

第一节　料层挤压粉碎原理

球磨机一直是工业生产的主要粉磨设备。球磨机的粉磨过程存在以下问题：

首先，磨机并非直接对物料粉磨。球磨机通过旋转筒体对粉磨介质施力，使之产生运动，再通过粉磨介质对物料施力，以冲击及磨剥作用而实现粉磨（图8-1a）。在粉磨过程中，球磨机不是直接对物料施力，而是以粉磨介质为中介间接使物料粉碎的。在磨内介质与物料相遇的机会远少于介质本身相遇的机会，在这种情况下，不管粉磨介质是否将其获得的能量用于粉碎，球磨机始终要耗费能量使粉磨介质运动，于是大部分能量消耗于粉磨介质的互相碰撞之中。

其次，粉磨介质对物料的施力是盲目的，而且冲击力的大小是无法控制的。虽然调整粉磨介质的平均尺寸可以调节冲击力，但却不能按照每次冲击的实际需要调节冲击力的大小，无法做到冲击力恰如其分。过大的冲击力固然会造成浪费，过小的冲击力由于对物料的粉碎无效也是浪费。因此，在粉磨过程中，介质的提升、冲击、震动、发声、金属磨损、发热、糊球、结块等现象，使球磨机消耗大量无用功，有害的能量过多是很难消除的。

另外，在破碎过程中，物料是以单颗粒粉碎为主，外力直接作用于单一颗粒，一旦超过它的强度极限就被粉碎。而在粉磨过程中，物料是以料层粉碎为主，粉碎力不是作用在单颗粒上，而是作用在颗粒群体上。它是以一种物料床层（颗粒群）的堆积方式接受外力，直接受外力作用的颗粒很少，大部分是通过颗粒之间的传递或相互作用使所受应力集中而被粉碎。但在球磨机中，物料层四周不限，无法形成稳定料层，除粉碎做功外，还要在物料压缩、流动等方面消耗能量。积聚在物料中的变形能，由于颗粒的粉碎而急速释放，无法回收。变形能的急速释放造成颗粒碎屑和碎块的飞溅，同时产生噪音，这些动能和声能的损失，可高达输入总能量的45%。因此，粉磨过程的能量利用率一般都低于破碎过程。

由于以上原因，球磨机的粉磨效率很低，仅有1%～3%，浪费了大量能量。在近代断裂力学和实验技术基础上发展起来的料层挤压粉碎技术，能够免除上述缺点，提供较为合理的粉碎环境，以较高的效率进行粉碎。

料层挤压粉碎技术或称粒间挤压粉碎技术，其粉碎原理如图8-1b所示，是基于沉重的磨辊对物料层的滚压作用，进行有效的选择性粉碎。物料层中大块物料直接被压碎，细粒物料受挤压后形成料层，进行粒间粉碎。在颗粒层中间，一个颗粒对着另一个颗粒挤压、摩擦而过，引起棱角和边缘的掉落，并被粉碎或产生裂纹。料层粉碎时，直接接触外力的颗粒数量很少，物料在高压下形成料层，各个颗粒均被邻近颗粒所限，应力的传递主要靠颗粒本身，颗粒和邻近颗粒相互作用而产生裂缝、断裂、劈裂、粉碎。

料层挤压粉碎技术的要点是：对物料直接施加静压力，压强高达140～180 MPa，以挤压方式在致密的料层中将物料粉碎。形成料层粉磨的条件是满料、高压、慢速和具有稳

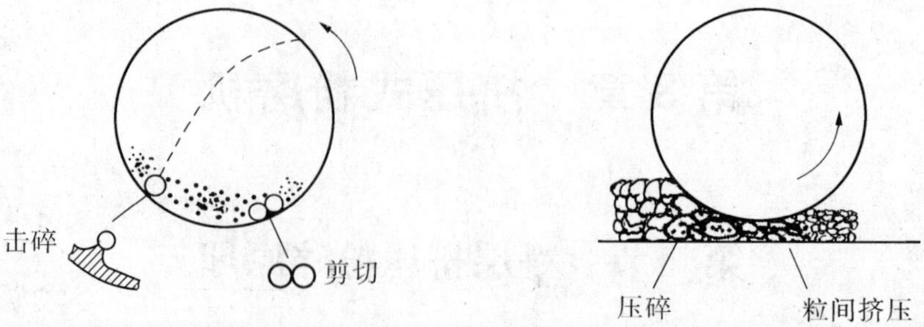

（a）球磨粉磨　　（b）料层粉磨

图 8-1　粉磨原理对比

定的料层粉磨空间。物料在高压下形成料层，是在受限的料层上、高压下被粉碎的。物料在压碎之前有一个逐渐压实的过渡区，避免物料突然受压而急骤释放应变能。顶部必须强制喂料并有密封装置形成一段密实的料柱，使碎片的动能来不及飞溅就被料层内部吸收，部分地回收转化为挤压能。

实施料层挤压粉碎时，由于是直接对物料施力，不需要以粉磨介质为中介，所以无中间损失，而且施加的力是可能控制的。挤压力的施加十分有效，通过颗粒的互相接触，将压力传到整体料层，能保证物料的碎裂或产生足够的裂纹，为进一步的处理创造条件。由于施加静压力，而且在致密的料层中发生粉碎时应变能(即变形能)的释放缓慢，可以通过颗粒之间的位移、填隙和致密化取向而得以积聚在料层中。物料碎裂时，碎块和碎屑不能飞溅，其动能被吸收在料层内部，可以转化成压力能，同时还减轻声能的损失，因此，料层挤压粉碎大大降低了粉碎无用功，料层挤压粉碎技术是一种节能的粉碎技术。

典型的料层挤压粉磨设备有辊磨机、辊压机和筒辊磨机，它们的特征是分别依靠相对运动的辊－盘、辊－辊、辊－筒碾磨装置来粉磨物料。料层挤压设备的技术特性见表 8-1。

表 8-1　料层挤压粉磨设备的技术特性

粉磨设备		辊压机	筒辊磨	辊磨机
粉碎机理	施力体形状	圆柱—圆柱	圆筒—内圆柱	板—圆柱
	料床特征	侧面四周受限	侧面基本受限	侧面不受限
	粉碎级别	一次辊压通过	多次辊压	大量重复辊压
工艺参数	钳角	约 6°	约 18°	约 12°
	工作压强(MPa)	100 ～ 180	50 ～ 100	10 ～ 35
	线速度(m/s)	1.0 ～ 1.8	3.7 ～ 7.5	3.0 ～ 7.5

料层挤压粉碎效果与施压设备的特性有关：

（ⅰ）料层挤压粉磨的粉碎效果受料层特征的影响。料层特征关系到料层的稳定性和能量的吸收。B. Buss 等人于 1982 年进行了试验(见图 8-2)，结果表明：全面受限料层随供能水平的增加，比表面积继续增长，能量利用率基本保持不变；对于侧面不受限料层随供能水平的增加，比表面积不再增长，能量利用率下降。

近代的辊磨机的辊压使用液压取代以往的弹簧，产生较大压力，从而主要以挤压方式将物料粉碎。因此，近代的辊磨机的粉碎作用具有料层挤压粉碎的特点，因而较球磨机节省动力消耗。然而辊磨机毕竟不是完善的料层挤压粉碎设备，因为料层的物料受到磨辊挤压时，会从磨辊两侧逸出，不能形成稳定的料层，也不能保证颗粒之间传递挤压力，因此节能效果并不十分理想。辊压机的料层侧面被限定，由此说明辊压机优于辊磨机，筒辊磨则介于其间。辊压机更适于供能水平要求高的粉磨场合。

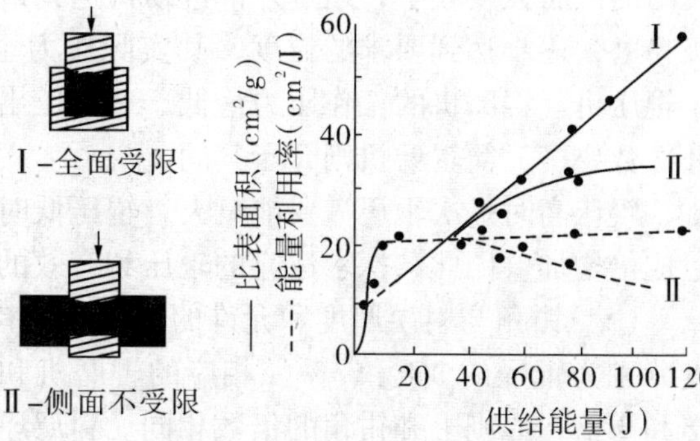

图 8-2　不同料层（石英）的挤压粉碎试验结果

(ⅱ)料层挤压粉磨的粉碎效果与施力体几何形状有关。施力体的形状将影响料层内部应力的传递和应力强度的分布，从而使能量利用率有所差别。H. Schubert 对不同形状施力体进行了试验(见图 8-3)，得出辊磨机的板－柱结合较辊压机的柱－柱结合的能量利用率高。可以预期筒辊磨机的筒－柱结合的能量利用率将更高。

(ⅲ)多级粉碎有利于节能。物料粉碎用小粉碎比分段逐步完成，要比大粉碎比一次完成更为有利。小粉碎比便于工艺参数的优化，使设备有效地工作。大粉碎比颗粒相差悬殊，供能要求更大，这将增加过粉碎和小颗粒的衬垫作用，降低能量利用率。物料的料层挤压粉碎，辊压机是一次辊压完成，筒辊磨是多次辊压完成，而辊磨机是多次辊压分段逐步完成，就此而言，能量利用率以辊磨机较高，其次为筒辊磨机，而辊压机较低。

此外，在料层粉磨中，颗粒受压情况随其所处位置而有很大变化，应力的作用与料层的堆砌结构有关。在不利位置的颗粒需要更高的压力才能得到粉碎，能量利用率将随过高的应力增加而降低。所以，要达到高的能量利用率，应该在下一次受压前重新分散、混合，组成新的料层结构，避免压实的料层有较大的能量损失。对此，辊压机是一次辊压通过，因而无法办到，筒辊磨和辊磨机则有可能做到。

循环粉磨在一定意义上相当于增加粉磨级数，物料在重复粉碎的过程中，其料层结构也有所改变，因此无论是预粉磨用的辊压机或是筒辊磨和辊磨机，一般均采用物料循环的方法以提高能量利用率。

(ⅳ)料层挤压粉磨是借助对料层施以高压而粉碎的。随着压力的增加，产品粒度变小，但压力达到某一临界值后，粒度不再变化。该临界值取决于物料性质和喂料粒度，也与料层特征有关。侧面受限料层临界压力要高于侧面不受限料层临界压力。相应的各自临界值时的产品粒度亦是前者小于后者。

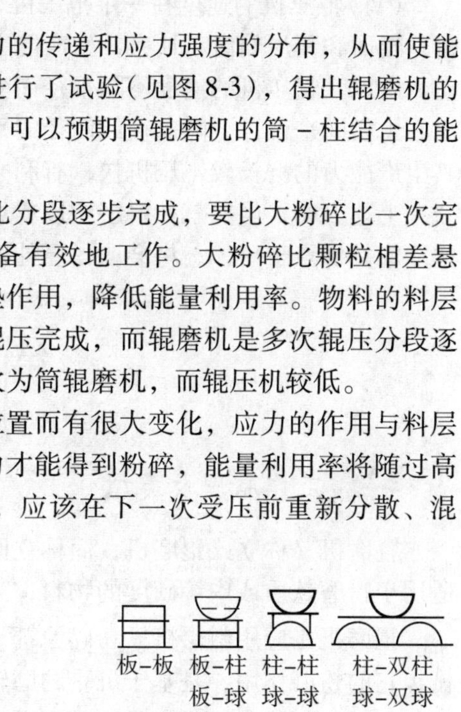

图 8-3　不同形状施力体的试验结果

1—板－板；2—球－球；3—板－球；4—球－双球；5—柱－柱；6—板－柱；7—柱－双柱

辊压机是一次辊压，一般在近于临界压力条件下工作，辊压较高，为 100 ～ 180 MPa。一次压出的产品粒度较小，通过外部选粉机达到最终成品粒度的总循环次数要少。辊磨机是多级粉磨，逐步达到要求的粒度，其实际压力也未达到临界值，一般为 10 ～ 35MPa，远低于辊压机。辊磨机的工作压力最低，一次压出的产品粒度较大，达到最终成品粒度的总循环次数要多。筒辊磨机则介于其间。

辊压高时一次辊压需要能量大，辊压低时一次辊压需要能量低，但辊压次数多又使能量成倍增加。因此，探求适宜的辊压和有效的分选、循环方式是进一步节能的关键。

（ⅴ）钳角与料层厚度和允许的喂料粒度有关。根据计算，辊压机的料层厚度和喂料粒度分别为辊径的 2% 和 3%。相应的辊磨机和筒辊磨机料层厚度和喂料粒度较辊压机大 2 倍和 3 倍，原则上和钳角的倍数相同。料层厚度大有利于生产能力提高，喂料粒度大有利于粉磨工艺的处理。

（ⅵ）辊压机的速度在一定范围内，其生产能力随速度的增加而增加。但当超过临界值时，辊面和料层间滑动加大，生产能力变化不大，而压缩区排出空气过多，会发生剧烈震动。所以，辊压机的速度不随辊径而变，基本保持常数。辊磨机和筒辊磨机的速度按惯性离心力相同来设计，随盘径或筒径的平方根变化，随着规格的增大，线速度增加。这说明其生产能力的增长较辊压机快，有利于大型化。

上述表明，虽然三种料层挤压粉磨设备的粉碎机理没有本质的区别，但各有优缺点，如能集其优点于一体，将会取得更佳效果。

第二节　辊磨机

一　工作原理及类型

辊磨机又称立式辊磨机，简称立磨，是无机非金属材料工业较为广泛使用的磨机。它适用于粉磨软质或中等硬度的物料，当磨机内通入热空气时，物料同时得到烘干和粉磨。

辊磨机是应用料层挤压粉碎原理来粉磨物料的机械，它的粉磨作用，是基于沉重的磨辊对物料层的滚压作用而实现的。辊磨机的主要工作部件为磨盘（圆盘或圆环）及在其上作相对滚动的磨辊（辊子或圆球）。磨辊依靠惯性离心力和机械压力的作用压在磨盘上，以挤压和磨剥方式将物料粉碎。磨机旋转部件的转速在 50 ～ 300 r/min，属于中速磨机。

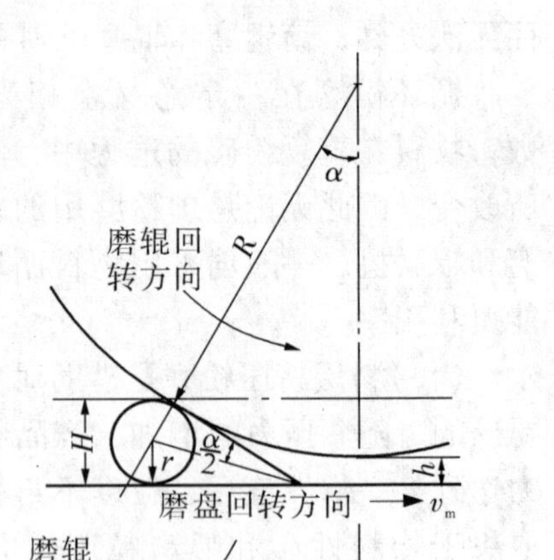

图 8-4　物料在磨辊和磨盘间的粉磨过程

物料在磨辊和磨盘之间的粉磨过程如图 8-4 所示。在喂入物料形成的环形料层上，物料被咬入磨辊和磨盘之间，大块料首先受到磨辊的滚压作用，研磨压力先集中在大块物料上，物料受到挤压很快地、大幅度地被粉碎。然后，磨辊施加的压力很快地传到次一级的大块料上，如此延续下去。伴随物料粒度减小的挤压过程，在滚压作用下，各物料颗粒在密集空间重新组合。随之所产生的挤压和剪切力，进一步将较小料粒粉磨。磨辊和磨盘间一定的相对运动，还有助于防止粘湿物料引起的堵塞。

辊磨机是按风扫磨的工作原理研制的，内部装有空气分级装置(即分离器)，而构成圈流粉磨操作。粉磨物料从磨盘边缘溢出，由于磨盘的惯性离心力和高速气流的作用，使物料扬起进行初分级，粗粉返回磨盘再粉磨，这种连续循环粉磨是很有效的，可得到所需的细度而不发生结块现象。同时，喂入物料在研磨室停留时间短，因而料床中实际上不存在已磨细的物料，磨机没有多余负荷以及结块形成的威胁。由于辊磨与球磨粉磨原理的不同，决定了两者在粉磨效率和节能方面的差别。前者的粉磨效率比后者高，因而节能。

辊磨机的种类很多，尽管它们的工作原理相同，但其工作部件的几何形状、加压机构和分离器却各有特点。

(一)按磨辊的结构形式分类

1. 辊子式

如图 8-5 所示，圆盘 1 通过底部的圆锥齿轮用电动机带动旋转。辊子 2 安装在轴 3 上，依靠弹簧 4(或液压)的作用压紧在圆盘上。由于圆盘摩擦力的作用，辊子也绕自身的轴旋转。物料从侧旁加入到圆盘中心，受到辊子的挤压和磨剥作用而粉碎。由于惯性离心力的作用，物料从圆盘周边甩出，被自下而上的从外间送入的空气卷起，带到顶部的分离器 5 中分级。粗粉跌落圆盘中，与新喂入的物料一起重新粉磨，细粉则被空气从顶部带出，用收尘器回收。

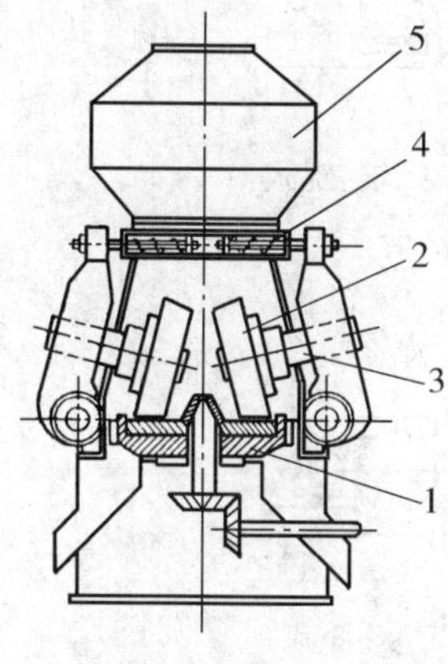

图 8-5 辊子式辊磨机(弹簧压力式)

1—圆盘；2—辊子；3—轴；4—弹簧；5—分离器

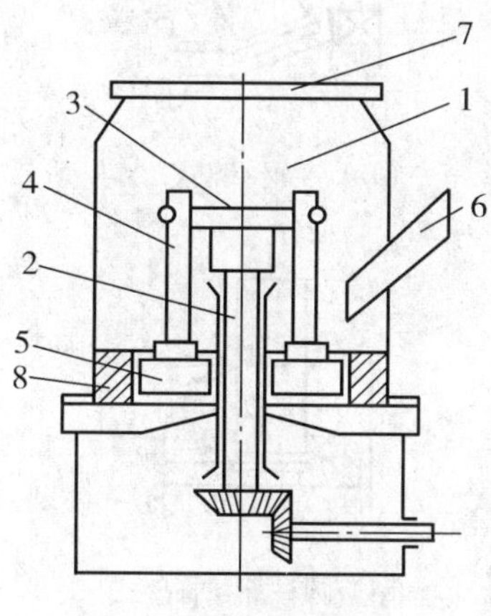

图 8-6 摆辊式辊磨机

1—机壳；2—主轴；3—横梁；4—摆；5—辊子；6—喂料管；7—排料口；8—圆环

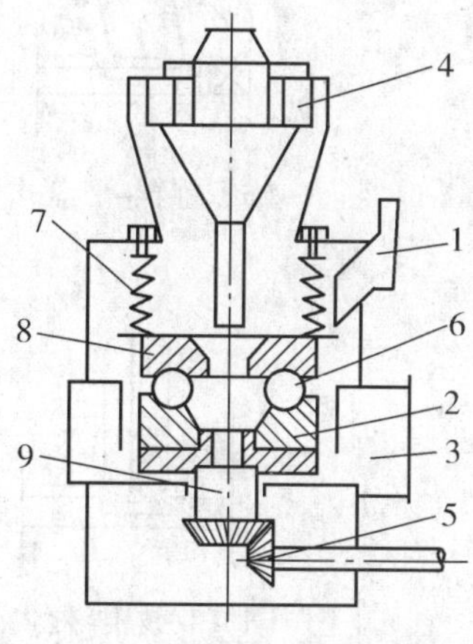

图 8-7 滚球式辊磨机(弹簧压力式)

1—喂料管；2—下圆环；3—进风管；4—分离器；5—圆锥齿轮；6—圆球；7—弹簧；8—上圆环；9—主轴

2. 摆辊式

又称悬辊式或离心式。如图 8-6 所示，主轴 2 借助于装在底部的圆锥齿轮用电动机带动旋转。主轴上装有横梁 3。摆 4 铰接于横梁上，摆的数目通常在 3 ～ 5 个。当主轴旋转时，因惯性离心力的作用，使得安装在摆的下方的辊子 5 压在圆环 8 的内表面上滚动。物料经喂料管喂入磨中，受到摆辊的挤压和磨剥作用而粉碎。粉碎后的物料被空气带起，在摆辊上方的机壳 1 内部发生分级作用，细粉经排料口 7 随同空气一起送出，在收尘器中回收。粗粉则沉降回粉磨室中，继续受到粉磨。

3. 滚球式

如图 8-7 所示，研磨体由上圆环 8、下圆环 2 及放置在圆环滚道中的一些金属圆球 6 组成。圆球直径 200 ~ 550 mm。下圆环经过主轴 9、圆锥齿轮 5 用电动机带动旋转，转速在 130 ~ 300 r/min 之间。上圆环用弹簧 7(或液压)向下压紧。物料从喂料管 1 加入，在圆球与滚道之间受到挤压和磨剥作用而粉碎。空气以 25 ~ 30 m/s 速度从周边的风管 3 吹入，将物料卷起，从周边进入分离器 4 内，将大小颗粒分离。粗粉从分离器的中心管落下，再次在圆球及滚道之间粉磨。细粉在磨机上方随同空气一起排出，用收尘器回收。

(二)按研磨体的组合形式分类

1. 锥辊 - 平盘式(图 8-8a)

如莱歇(Loesche)磨机。该磨的研磨体组合形式为锥辊与平盘。因规格大小不同，装有 2 ~ 4 个截锥形辊子。锥辊轴线与水平倾角 15°，磨盘为简单的平盘。磨辊形状不对称，辊套磨损后不能调转使用，所以研磨体消耗大。磨辊与磨盘间有预留间隙，启动时虽无直接磨损，但随研磨体逐渐磨损，必须及时调整间隙，否则就会降低对物料的研磨力，使电耗上升，产量下降。这种磨机用于粉磨煤、石灰石、水泥生料和熟料等。

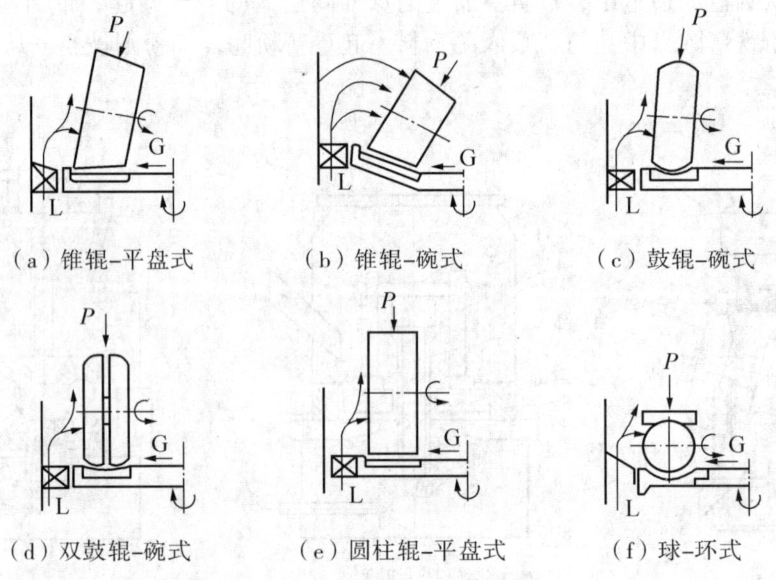

(a) 锥辊-平盘式　(b) 锥辊-碗式　(c) 鼓辊-碗式

(d) 双鼓辊-碗式　(e) 圆柱辊-平盘式　(f) 球-环式

图 8-8　磨辊和磨盘的几种组合形式

L——气流；G——喂入磨机的物料

2. 锥辊 - 碗式(图 8-8b)

如雷蒙(Reymond)磨机。其研磨体为锥辊与斜盘组合，磨辊形状不对称，不能调转使用，影响使用寿命。由于磨盘呈碗形，无论制造和检修均不方便，近年来已趋于淘汰。这种磨机用来粉磨煤，也可用来粉磨石灰石和水泥生料等。

3. 鼓辊 - 碗式(图 8-8c)

如非凡(Pfeiffer)磨机。磨辊为轮胎形的鼓辊，磨盘上带有与辊子相适应的圆弧状环形沟。磨辊形状对称，当辊套一侧磨损到一定程度时，可把辊套调转使用，这样使用寿命可增加一倍。磨辊与磨环之间没有预留间隙，启动虽有直接磨损，但对物料的研磨力不随其磨损而变化，而且磨辊套与磨盘环形衬板是分散组装，热应力和机械应力小，维修方便。

这种磨机广泛用于粉磨煤、粘土、泥灰岩、重晶石、水泥生料和熟料等。

4. 双鼓辊－碗式(图8-8d)

如伯力鸠斯(Polysius)磨机。该磨有可摆动的鼓形辊子，磨盘工作表面有弧形凹槽。磨辊既绕磨中心轴线运动，又绕自身轴线旋转。每个磨辊由两个辊轮组合而成，内外轮均可分别适应磨盘转速，减少滑动摩擦，较能适应物料中突然出现大块。这种磨机可用于粉磨煤、石灰石和水泥生料等。

5. 圆柱辊－平盘式(图8-8e)

如史密斯(F. L. Smidth)磨机。该磨是在非凡磨的基础上发展的，从机械结构看，它具有非凡磨的大部分优点，并在研磨体的组合形式上作了改进。磨辊是圆柱形，平磨盘易于衬垫分段组合的衬板。现已有大型磨机用于粉磨煤、水泥生料和熟料等。

6. 球－环式(图8-8f)

如E型磨机。研磨体设计成巨型止推滚珠轴承的形状，通常有10～12个大球，夹在带弧形沟的回转圆环与固定压环之间，以钢球在磨盘的环形槽内自由滚动而粉磨物料。钢球磨损均匀，但有无效滚动和磨损。上磨环与钢球之间金属磨损严重。一般用于粉磨煤等。

7. 圆柱辊－环式(图8-6)

它是雷蒙磨机的另一种类型。磨辊在圆环内壁作纯滚动把物料粉磨。无机非金属材料工业用来粉磨石灰石、长石、瓷土、焦炭和煤等。

除了以上几种外，尚有其他形式，但以锥形和鼓形磨辊的辊磨机应用最广。

(三)按磨辊的加压机构分类

一般小型辊磨机采用弹簧压力式，如图8-5及图8-7所示。近年来大型辊磨机多数采用液压式加压机械。液压加压机构又有两种：

一种是磨辊及其定位支架等机构全部密闭在磨体内，只有连接油缸活塞杆的拉杆从底部穿过机壳，对磨辊施加研磨力。由于拉杆只有轴向运动，穿过机壳的孔很小，密封很好，但开机时要有辅助的慢速驱动装置启动，检修辊子比较困难，需要开设大检修门。

另一种磨辊的轴伸出机壳外面，研磨力通过油缸、杠杆和摇臂传给磨辊(图8-9)。其优点是可以在磨机启动时把辊子抬起，检修时可利用液压装置把辊子翻到机外，缺点是辊子的摇臂与机壳之间密封不严，漏风较大。

(四)按配置分离器的形式分类

按配置分离器的形式，可分为带静止型惯性分离器的和带变速转子分离器的两类，前者(图8-7)结构简单，造价较低，没有运动部件，故障和维修量少，但分级效率低，调整不如后者(图8-9)灵活，更不能适应粉磨高细度物料的要求，故多数采用后者。

常见的辊磨机一般以制造公司命名，例如德国的莱歇磨(LM型)、非凡磨(MPS型)、伯力鸠斯磨(RM型)，丹麦的史密斯磨(ATOX型)，美国的雷蒙磨(RP型)等。辊磨机的规格通常以辊子个数及磨盘的尺寸来表示。

二 构造

辊磨机的主要形式有10余种，虽然它们的粉磨机理类同，但其研磨体(磨辊和磨盘)、加压装置、分离装置、润滑装置等却有差别，下面介绍几种常用的辊磨机。

(一)莱歇磨机

图8-9所示辊磨机为锥辊－平盘式、液压式，又称莱歇磨机。它由上机壳1、分离器

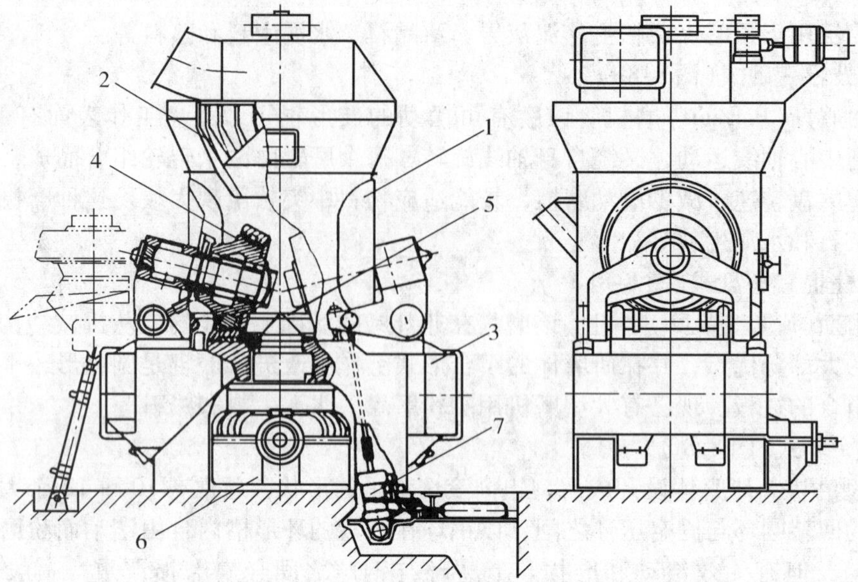

图 8-9　辊子式辊磨机（液压式）

1—上机壳；2—分离器；3—下机壳；4—磨辊；5—磨盘；6—减速器；7—液压装置

2、下机壳 3、磨辊 4、磨盘 5 以及与磨盘联接的立式减速器 6 等组成。磨辊与磨盘间的压力由液压装置 7 产生。物料在辊磨机内的粉磨过程如图 8-10 所示，物料经三道锁风阀门 10、下料溜子 11 喂入磨内，落到磨盘 5 中间。物料在惯性离心力作用下甩向磨盘边缘，磨盘周边的挡料圈把物料形成一研磨料层。由于磨盘的旋转带动磨辊 4 转动，物料被钳入磨辊底部而粉碎，并被推向外缘，越过挡料圈落入风环 8，被上升的高速气流带到磨机上部的分离器 2 内进行分级。

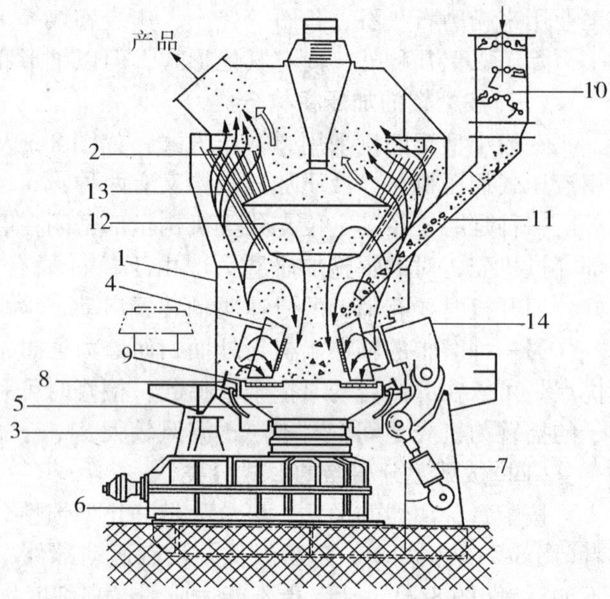

图 8-10　物料在辊磨机内的粉磨过程

1—上机壳；2—分离器；3—下机壳；4—磨辊；5—磨盘；6—立式减速器；7—液压缸；8—风环；9—磨盘衬板；10—锁风阀门；11—下料溜子；12—转子；13—风叶；14—摆臂

分离器为锥形离心式，有一个截锥转子，周围有竖向风叶，控制着上升气流。转子作低速回转，气流中的粗粉撞到壳体内壁后滑下，落回粉磨室中央再行粉磨。细粉则通过分离器的旋转格条，随气流自上部排出。分离器可控制产品细度在 400 ～ 40 μm。产品细度可通过变换分离器转子的转速得到调节。难磨料块及意外入磨的金属件将穿过风环孔沉落，并通过刮料板由出渣口排出磨外。

磨辊的加压装置如图 8-11 所示，它由油缸、储油器、蓄能器及电动油压装置组成。液压装置和蓄能器使辊子以一定压力压在磨盘上。在启动或遇到大块难磨物料时，可使辊子升起，蓄能器内气囊受压，异物排出后，辊子返回正常工作位置。辊子表面装配耐磨损的辊套，更换时利用液压装置使辊子翻到外面，便于检修(图 8-9 双点画线所示)。

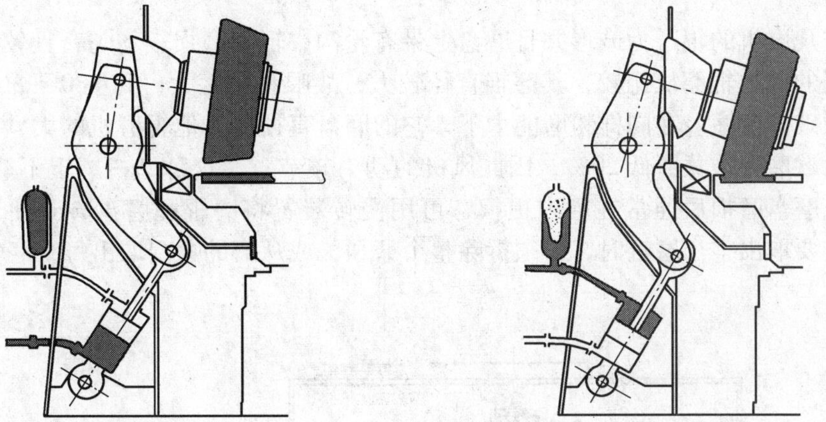

（a）启动时　　（b）运转时

图 8-11　磨辊的液压式加压装置

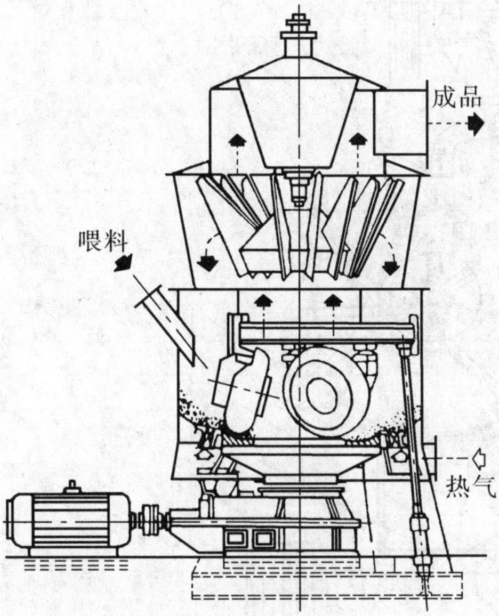

图 8-12　非凡磨机

气体；带有细粉的出磨气体；
细粉和粗粉物料；喂料；粗料

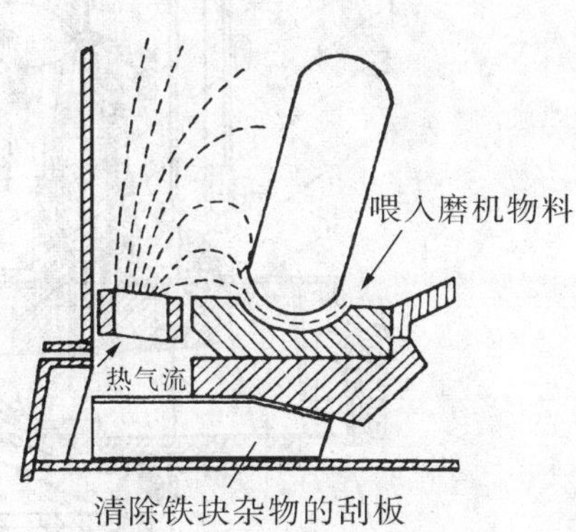

图 8-13　粉磨室

(二)非凡磨机

图 8-12 所示辊磨机为鼓辊－碗式，液压式，又称非凡（MPS 型）磨机。有三个鼓辊，辊子轴是倾斜安装的，压在带环形凹槽的磨盘上。一组液压气动的预应力弹簧系统对三个磨辊同时施加压力，以便产生必要的研磨压力。电动机通过减速传动装置带动磨盘转动。由于物料与磨盘间摩擦力的作用，使磨辊绕本身轴自转。物料咬入磨辊与磨盘之间，受到挤压和磨剥作用而粉碎。气流通过围绕磨盘周围的一圈风嘴吹入粉磨室内(图 8-13)，将磨细的物料带入上部分离器内。分离器为旋转叶轮式，细粉通过叶片自上部排出，进入收尘

器收下。粗粉被叶片阻留落回磨盘上，与新喂入物料一起粉磨。碎铁屑等杂物则从风嘴掉下排出磨外。对于潮湿物料，可以通入热风，在粉磨的同时可将物料烘干至水分含量0.5%以下。

由于非凡磨机的辊子为鼓形并且磨盘上带有轮沟，辊套磨损较均匀，且较耐磨。与磨盘尺寸相同的其他辊磨机比较，其磨辊直径较大，故喂料粒度大(可达80 ~300 mm)，省去磨前的预破碎工序。在同样粉磨能力下，它的磨盘直径比其他辊磨机的大，使得磨机的压强降较莱歇磨和雷蒙磨低20%，因此风机的动力较节省。这种磨机磨辊不能翻出磨盘，各个磨辊或磨盘磨损后通常在磨内更换，可用慢转装置将磨辊和磨盘转到便于维修的位置。如果需要取出整个磨辊时，必须拆除整个磨顶，或从磨的边门取出每个磨辊。

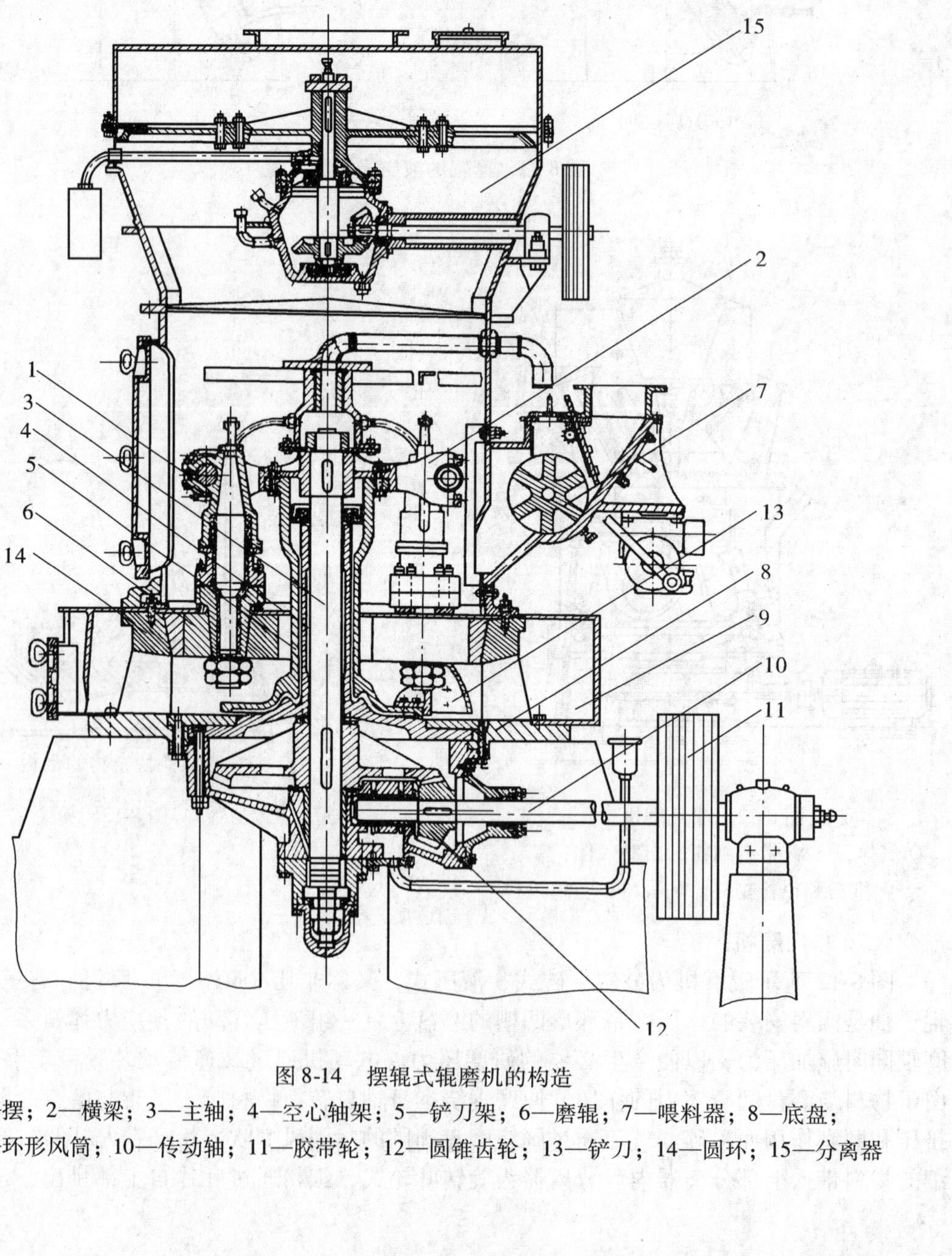

图8-14　摆辊式辊磨机的构造

1—摆；2—横梁；3—主轴；4—空心轴架；5—铲刀架；6—磨辊；7—喂料器；8—底盘；9—环形风筒；10—传动轴；11—胶带轮；12—圆锥齿轮；13—铲刀；14—圆环；15—分离器

（三）雷蒙磨机

图 8-14 所示为摆辊式辊磨机，又称雷蒙磨机。底盘 8 固定在混凝土机座上，底盘上面装有空心轴架 4，轴架套有轴衬，主轴 3 安装于轴衬内。主轴下端装有一对圆锥齿轮 12，主轴的上端装有横梁（又称梅花架）2，其上铰接摆 1，用于悬挂磨辊 6。电动机通过胶带轮 11、传动轴 10、圆锥齿轮 12 带动与主轴连接的横梁旋转。磨辊在惯性离心力作用下，绕铰接中心向外摆动而压紧在圆环 14 内壁公转，在摩擦力作用下又绕悬轴中心自转，使喂入物料受到挤压和磨剥作用而粉碎。

在底盘下缘开有许多长方形的孔洞，外围为环形风筒 9。风机鼓入的空气经风筒由底盘下缘的孔洞吹入磨内。气流把磨细的物料带起，在经过顶部分离器 15 时，粗粒被分出，落回底盘 8 上，然后被装在铲刀架 5 上随同横梁转动的铲刀 13 刮起，重新撒在底盘的圆环上，再次粉磨，直至达到要求的细度为止。

磨机顶部装有旋叶式分离器，可以自由调节产品细度。机侧磨盘上方装有分格轮自动喂料器 7，并装有空气控制器，可以根据磨内空气的条件自动调节喂料量，使磨机保持正常的产量。

（四）主要工作部件

辊磨机的类型和规格较多，但是它们的结构基本相同，主要由机壳与机座、磨辊与磨盘、加压装置、分级装置、传动装置和润滑系统等部分组成。

1. 磨辊与磨盘

磨辊是对物料进行挤压粉碎的主要部件，它由辊套、辊芯、轴、轴承及辊子支架等组成，每台磨机有 2 ～ 4 个磨辊。磨辊的辊轴紧固在摆杆上，使磨辊在磨盘上碾压。磨盘一般由盘座、衬板、挡料圈等组成。磨盘固定在减速器的主轴上，由减速器带动磨盘转动。辊磨机的结构差异主要在于磨辊和磨盘的形状不同。表 8-2 所示为常见的五种主要类型辊磨机的辊盘结构特点比较。

表 8-2　五种辊磨机的辊盘结构特点比较

磨机类型	LM 型	MPS 型	RM 型	ATOX 型	RP 型
辊盘组合形式	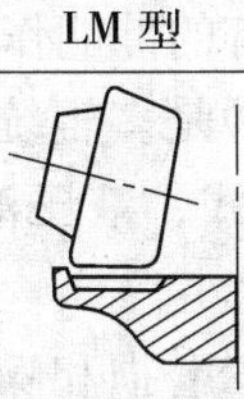	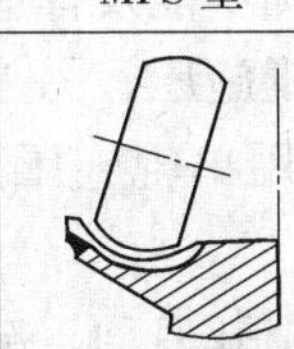	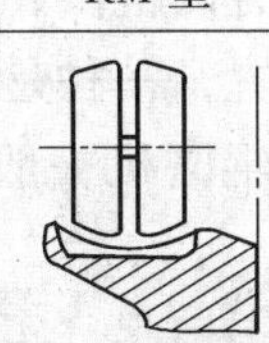	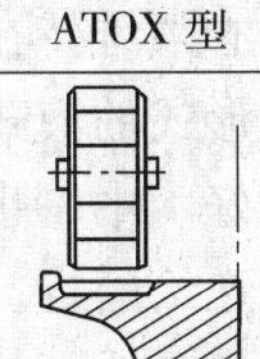	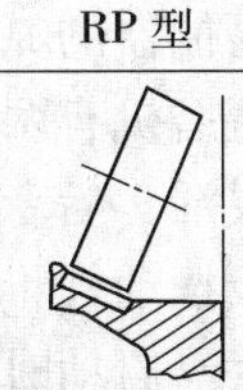
磨辊形式	锥形磨辊	鼓形磨辊	两个窄辊组成的鼓形磨辊	多边形磨辊镶有弧形衬板	圆柱形磨辊
磨盘形式	水平磨盘，镶有扇形衬板	与磨辊形式相适应的曲面磨盘，镶有分片衬板	与磨辊形式相适应的碗形磨盘	水平磨盘，段节衬板	带 15° 倾角的碗形磨盘
磨辊数及加压方式	两辊弹簧式及二、四辊液压式	三个磨辊，用液压气动预应力弹簧加压系统压紧	具有两对磨辊，用液压气动装置压紧	三个磨辊，液力压紧	传统型为 2 ～ 3 个磨辊，弹簧压紧；新型为三磨辊，液压系统

各种形式的辊盘配置，各有优缺点，国内水泥生产使用的辊磨机以“锥辊－平盘”和“鼓辊－碗盘”的配置较多。

由于辊磨机工作时磨辊外侧面和内侧面的线速度不同，外侧面磨损快的现象普遍存在，关键是选用耐磨材质和磨损后要更换方便。为了保护盘座和辊芯，减少部件的磨损，磨盘上装有分瓣的合金衬板，磨辊上装有整体或分瓣的合金辊套。磨盘衬板有平衬板和带辊道的凹形衬板，它取决于磨辊的形状。磨辊的辊套有锥形、鼓形和圆柱形。锥形辊套初期粉磨效率高，锥角部分磨损严重，造成整体磨损不均匀，使后期粉磨效率下降；鼓形和圆柱形的辊套对称，在单边产生磨损后可调换面使用，反复调换面使用可保证辊套外形磨损均匀，因此可一直维持较高的粉磨效率，直至辊套报废。通常磨盘衬板和磨辊辊套同时更换，以保证其发挥较好的粉磨效果。

2．加压装置

加压装置是提供研磨压力的重要部件。老式或小型的辊磨机的磨辊是靠连接在摆杆上的钢盘弹簧加压（如图 8-5 和图 8-7 所示）。通过改变弹簧的压缩量来调整压力。弹簧加压对电机启动不利，工作时磨辊压力很难调节，随着辊盘表面磨损，弹簧压力逐渐减小，产量降低，而且弹簧压力有限，不适应大型化生产。近代大、中型辊磨机都改用液力加压（如图 8-9 所示）。液压装置由高压油站、液压油缸、拉杆、蓄能器等组成，向磨辊施加足够的压力使物料粉碎。液压油站实施压力传递，通过调整油缸的压力大小进行压力控制。系统靠蓄能器稳压，可缓解操作中的冲击波动，并吸收磨机事故过载产生的压力，为磨辊提供稳定的研磨压力。

液压系统除了为辊磨机提供稳定的研磨压力外，还用于磨机大、中修时压力框架的提升和降落，以及液压油添加、排放和循环过滤等。

为了确保液压系统安全稳定运行，各液压元件及蓄能器的压力必须进行正确设定与调整。每当加入新油或运行一段时间，循环泵必须运行数小时，对液压油进行循环过滤，从而延长液压缸密封圈的使用寿命，降低液压系统的故障率。液压站应具备良好的保压功能。蓄能器的氮气压力必须维持在适合的范围，否则不能发挥应有的储能作用。

辊磨机有两种不同形式的液式装置，一种是单辊施压，另一种是多辊统一施压。前者调整灵活，后者稳定性好。中、小型辊磨机一般采用单辊施压方式，液压油缸通过拉杆、摇臂及摆动杆将压力传递给磨辊。

磨盘启动时，液压换向器可使磨辊抬起，实现空载启动，减少磨损和噪音，降低电机启动力矩；工作过程中一旦出现断料，磨辊也能够自动抬起，避免辊盘磨损。需要增加产量和出磨物料细粉含量时，磨辊加压调节十分方便。

3．分级装置

分级装置是保证粉磨产品细度的重要部件。辊磨机大部分是风扫式操作，分离器设于磨机内部，虽然辊磨机配置的分级装置形式很多，但根据分级原理可分为静态分级、动态分级和组合式分级三类。

（1）静态分离器

静态分离器的静态分级过程如图 8-15 所示。经辊压粉磨物料由气流携带经过内外锥壳之间的环形通道上升，并通过圆周均布的导向叶片切向折入内分离室使气流旋转，再经分离室折进内筒。在旋流及两次折返过程中，粗颗粒受惯性离心力作用撞击到器壁而沉降，落回磨盘重新被粉磨。细颗粒随气流排出磨外，进入细粉收集装置。

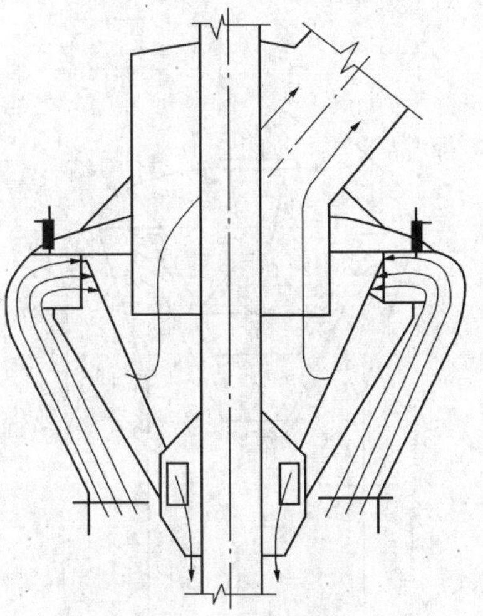

图 8-15　静态分离器

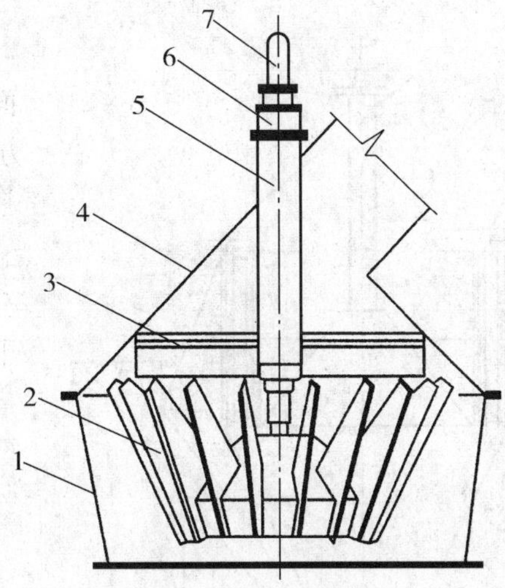

图 8-16　动态分离器

1—下部壳体；2—叶片；3—支承定位装置；4—上部壳体；5—转动轴组件；6—减速器；7—调速电机

通过调节导向叶片的角度，可以改变气流速度而调节沉降颗粒的大小，实现粉磨产品的细度调节。但是调整的幅度不大，产品细度仍较粗。

(2)动态分离器

动态分离器如图 8-16 所示。分离器下部壳体 1 为倒锥体，由钢板焊接而成，下部壳体与磨机上部壳体 4 用法兰连接。上部壳体为正锥体，由钢板焊接而成，传动部分支承在其内部。

动态分离器是一个高速旋转的笼子。转子风叶片设计成倾斜状，自底部至顶部逐渐扩大。下部叶片回转半径小，惯性离心力的增强作用小；上部风叶回转半径大，惯性离心力的增强作用大。磨内气流经过风环旋流上升，动态分级是利用高速旋转的笼形转子的叶片与上升气流中的粗颗粒碰撞，使其落下。没有碰撞的粗颗粒继续上升，也会受到叶片对气流的加速旋转作用，产生较大的惯性离心力而沉落下来。细小的颗粒穿过叶片随气流带出磨外，被收集为粉磨产品。

静态分离器因颗粒浓度增加而减少了气体流量造成切向速度降低。这种分离器避免了这一问题，其切向速度可通过转子的调速来保证。分级转子一般采用变频电机无级调速，细度调节比较方便，改变转子转速就可实现产品细度调节。分离器的转速越高，产品粒度就越细，反之变粗。

(3)组合式分离器

组合式分离器是将静态分级和动态分级组合在一起的分离器，进一步提高分级效率，同时又可将粗粉直接送回磨盘中央重新粉磨，减少粗粉在磨内的循环次数，从而提高粉磨效率，降低磨内压力损失。

常见的圆柱形组合式分离器如图 8-17 所示。它带有圆柱形分布导向叶片机构，同心地装有回转的圆柱形笼形转子。四周均布的导风叶片，使气流上下均匀进入分离器，分级效率提高，但阻力增加，叶片磨损快。

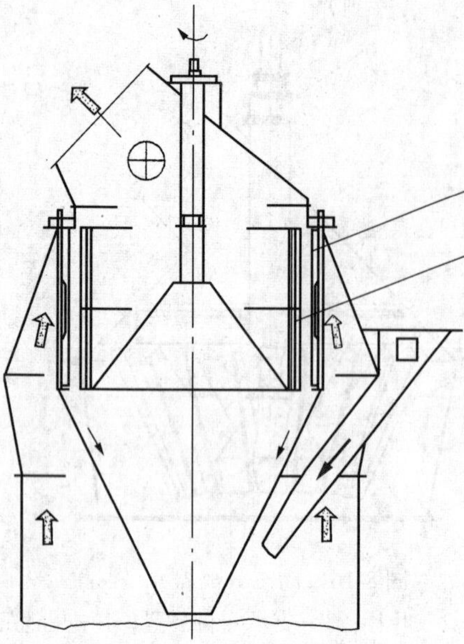

图 8-17　圆柱形组合式分离器

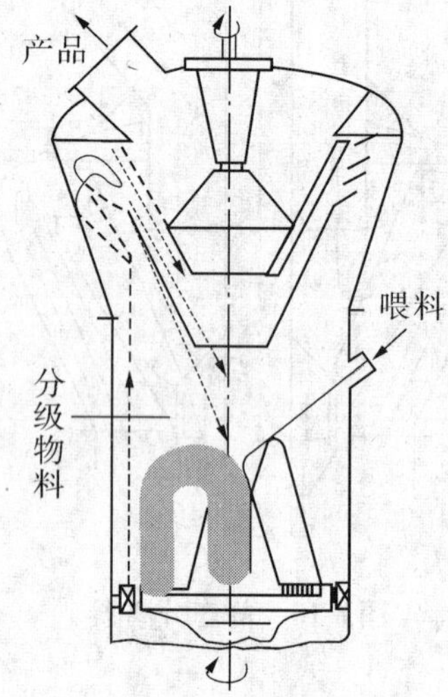

图 8-18　百叶窗组合式分离器

图 8-18 所示为百叶窗组合式分离器。磨机风道内安装有导向叶片，气流通过环形风道进入磨盘四周就产生旋转上升，经粉磨物料在上升过程中受到惯性离心力作用，撞击机壳内壁或分离器而被预分级。百叶窗是不同直径的截锥体，使上升气流改变方向而水平向下折转，部分粗颗粒由此而被分离出来。百叶窗的叶片有一定转角，以静态分级形式对气流中的物料再分级。经过几次分级后，气流进入中部高速旋转的笼形转子经受动态分级，使分级效率进一步提高。由于百叶窗有较大通风面积，所以其压力损失和叶片磨损都低于圆柱形组合式分离器。

不少类型的辊磨机在分离器上均作了较大改进，把高效选粉机移植到辊磨机中来。如丹麦史密斯公司的 ATOX 磨，已用 Sepax 选粉机取代静态惯性分离器。日本神户制钢所将 O-Sepa 选粉机用于辊磨机，取名 OK 磨，用于粉磨水泥。

辊磨机原来都是风扫式的，但近年为了进一步挖掘节电潜力，不少制造厂正进一步研制利用机械方法在磨外循环的辊磨机系统。磨后物料绝大部分下落至机外，由外部选粉机分选，不采用风扫操作，磨内通风的目的主要为了烘干和排尘，因此可不设风环，这样可减少磨机风量，降低电耗，也更适合于粉磨硬质或易磨性差别较大的物料。

4. 传动装置

辊式磨的传动装置安装在磨机的底部。它既要驱动磨盘转动，又要承受磨盘、物料、磨辊的重力以及加压装置施于磨辊的压力。由于垂直压力和冲击载荷都非常大，所以传动装置采用立式减速器，用滑块止推轴瓦与磨盘连接。

辊磨机的减速器按照其传动额定功率大小可分成四代：第一代为首级锥齿轮加两级圆柱齿轮副的立磨减速器，其传动额定功率为 0 ～ 1000 kW；第二代是首级锥齿轮加一级行星齿轮副的立磨减速器，其传动额定功率为 500 ～ 3600 kW；第三代是首级锥齿轮加一级圆柱齿轮副、一级行星齿轮副的立磨减速器，其传动额定功率大于 3600 kW；第四代采用开式齿轮单边双传动，同时减速器机壳不用承担磨盘压力，其传动额定功率可达

3600 ~ 11 000 kW。

目前采用较多的是螺旋锥齿－圆柱齿轮传动装置和螺旋锥齿－行星齿轮传动装置。前一种传动方式，其箱体受力状况不好，体积笨重。后一种传动方式，其结构紧凑、体积小、质量轻、传动效率高、减速比大、噪音小，箱体呈圆柱形封闭结构，直径可与止推轴承的中径相近，箱体外壁只承受压力，受力合理。德国目前生产的最大螺旋锥齿－行星齿轮传动装置，可与生产能力为600 t/h 的辊磨机配套，传动功率为4100 kW。

随着辊磨机规格不断增大，配套的减速器额定功率也不断加大，其结构形式也要与之适应，大型减速器的制造更加困难。日本近年来生产了立式电动机驱动的立式平行轴减速器，与生产能力为550 t/h 的辊磨机配套，传动功率为4100 kW。目前有些厂家正在研制用环形电机来驱动辊磨机。

三 工作参数的确定

(一)钳角

辊磨机的钳角又称啮入角，用物料与研磨体(磨辊与磨盘)接触点的切线夹角 α 表示，如图 8-19 所示。与辊式破碎机一样，钳角 α 可根据作用力的平衡关系求得。

喂入的物料被啮入磨辊和磨盘之间，受到滚压力和摩擦力的作用。气力在磨盘上对料层的影响较小，可忽略不计。为了能钳住物料进行粉磨，沿着 $O'O'$方向上的各力应处于平衡，即

$$fp\cos\frac{\alpha}{2}+f\cos\frac{\alpha}{2}\geqslant 2p\sin\frac{\alpha}{2} \tag{8-1}$$

式中 f——物料与研磨体之间的摩擦因数；

α——钳角；

p——磨辊作用在物料上的滚压力。

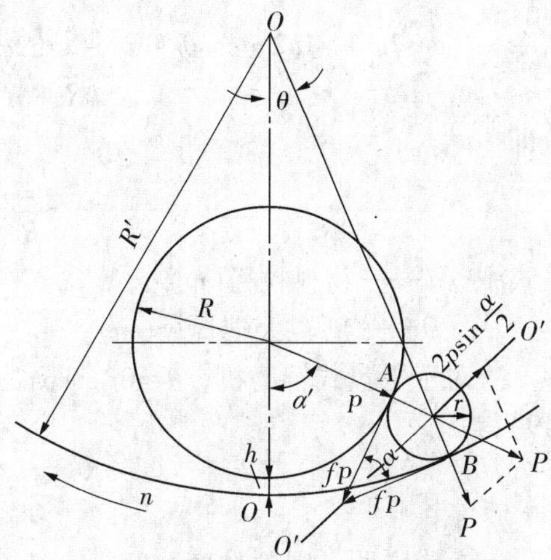

图 8-19　物料在磨辊与磨盘之间的啮入

于是

$$f\geqslant \tan\frac{\alpha}{2} \tag{8-2}$$

由于摩擦因数等于摩擦角 φ 的正切，$f=\tan\varphi$，代入上式则得

$$\alpha\leqslant 2\varphi \tag{8-3}$$

式(8-3)表明，为了使辊磨机工作可靠，钳角应小于或等于物料与研磨体之间的摩擦角的两倍。

从图 8-19 可知，$\alpha=\alpha'-\theta$，因此，

$$\alpha'-\theta\leqslant 2\varphi \tag{8-4}$$

对于平盘式辊磨机，$\alpha\approx\alpha'$，物料与钢的摩擦因数$f\approx 0.24$，则与此相应的最大钳角为27°。实际采用的钳角应小于此值。对于粗块物料，最大允许钳角为16°40′；粉磨水泥生料时，钳角在8°～10°之间。

(二)喂料粒度和料层高度

正如辊式破碎机那样，辊磨机的研磨体(磨辊与磨盘)的直径与允许的最大喂料粒度之间，存在着一定的几何关系。从图 8-19 可看出

$$R' = (R + r)\cos(\alpha' - \theta) + r + (R' - h - R)\cos\theta \quad (\mathrm{m}) \tag{8-5}$$

式中　R——磨辊半径(m)；

r——物料颗粒半径(m)；

h——磨层厚度，即磨盘与磨辊之间的间隙(m)，$h = kR$，系数 $k = 0 \sim 0.06$；

R'——磨盘半径(m)

$$R' - h - R = \frac{(R + r)\sin(\alpha' - \theta)}{\sin\theta} \quad (\mathrm{m}) \tag{8-6}$$

将 R' 代入式(8-5)得

$$h + R + r = (R + r)\left[\cos(\alpha' - \theta) + \frac{\sin(\alpha' - \theta)\cos\theta}{\sin\theta} - \frac{\sin2\varphi}{\sin\theta}\right] \quad (\mathrm{m}) \tag{8-7}$$

将 $2\varphi = \alpha' - \theta$ 及 $h = kR$ 代入上式得

$$kR + R + r = (R + r)\left[\cos2\varphi + \frac{\sin2\varphi\cos\theta}{\sin\theta} - \frac{\sin2\varphi}{\sin\theta}\right] \quad (\mathrm{m}) \tag{8-8}$$

令　$[\cos2\varphi + \sin2\varphi\ \cos\theta/\sin\theta - \sin2\varphi/\sin\theta] = \varepsilon$，则上式简化为

$$kR + R - r = \varepsilon R + \varepsilon r \quad (\mathrm{m})$$

即

$$\frac{r}{R} = \frac{d}{D} = \frac{1 + k - \varepsilon}{1 + \varepsilon} \tag{8-9}$$

式中　d——物料粒径(m)；

D——磨辊大端直径(m)。

对于平盘式辊磨机，$\theta \approx 0°$，$\cos2\varphi = \cos27° = 0.891$，则 $\varepsilon = \cos2\varphi = 0.891$，代入式(8-9)得

$$\frac{d}{D} = 0.0576 \sim 0.061 \tag{8-10}$$

上式说明，喂料粒度与磨辊直径有一定比值范围，喂料粒度大，磨辊直径也需相应增大。辊磨机允许的最大喂料粒度为磨辊(辊子或圆球)直径的$\frac{1}{20}$～$\frac{1}{15}$之间。如果喂入物料粒度大于这个范围，则物料不能被磨辊啮入，而只是被磨辊推移，影响到磨机运转平稳性，振动和噪音也会相应增加。喂料在允许的最大粒度范围内，啮入作用则取决于喂入物料的粒度组成和物料与研磨体之间的摩擦因数，磨辊周边与物料之间要有足够大的摩擦力，从而确保磨辊在料层上滚动而不是滑动，使料层有适当的稳定性。

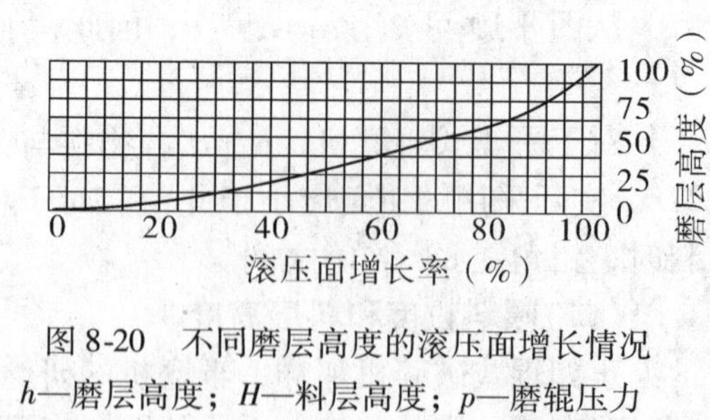

图 8-20　不同磨层高度的滚压面增长情况

h—磨层高度；H—料层高度；p—磨辊压力

在辊磨机中，粉磨达到产品粒度实质上是靠互磨作用，即当物料在料层上进行各自位置的重新组合时，发生挤压和剪切作用而使物料相互粉磨。如果料层厚度增加，在给定的磨辊压力下，料层受到的单位压力变小；如果料层厚度减薄，则单位压力增加，但物料间相对运

动幅度受到限制，而且，相互接触点和接触面积减少。因此，在辊磨机中，粉磨料层必须兼顾实现粉磨物料所需的单位研磨压力和得到产品粒度所需的料层厚度。图 8-20 所示为同一磨辊压力下的不同磨层高度的情况比较。可以看出，磨层高度增加时，产生的压力锥相对滚压量变小。这说明粉磨效果下降，能量消耗将增加。适宜的磨层高度 $h=0.041D$ 或 $h=0.02D\pm20$，D 为磨轴大端直径。

从图 8-4 可看出，磨层高度 h 和最大啮入颗粒半径 r 之间有一定的比例关系：

$$\cos\alpha = \frac{R+h}{R+r+\dfrac{r}{\cos\alpha}} \tag{8-11}$$

则磨层高度为

$$h = R(\cos\alpha - 1) + r(\cos\alpha + 1) \quad (\mathrm{m}) \tag{8-12}$$

式中　α——钳角；

R——磨辊半径(m)；

r——最大颗粒半径(m)。

由上式可知，如果磨盘上的物料相同时，由于$\frac{r}{h}$的比值较大，故大的磨辊易于啮入，从而可使磨机单位电耗下降。

（三）辊压

辊磨机是借助磨辊对料层施以高压而粉碎物料。辊压增加，产品粒度变小，但辊压达到某一临界值后，粒度不再变化。该临界值决定于喂料粒度和物料性质。喂料粒度大，临界值高，而粒度小则临界值低。粉磨水泥熟料，临界值高，而粉磨石灰石则临界值低。

辊磨机是多级粉碎，循环粉磨，逐步达到要求的粒度，其实际使用工作压力并未达到临界值，一般为 10 ～ 35 MPa。理论上磨辊与磨盘是线接触，物料所受真实辊压很难计算，一般用相对辊压来表示，在同一基准条件下比较不同型式辊磨机的辊压。

不同型式辊磨机相对辊压见图 8-21。从图中可看出，LM 型相对辊压最高，MPS 型最低，RM 和 ATOX 型介于其中。从配用限压来看，LM 型为 MPS 型的 1.5 倍。

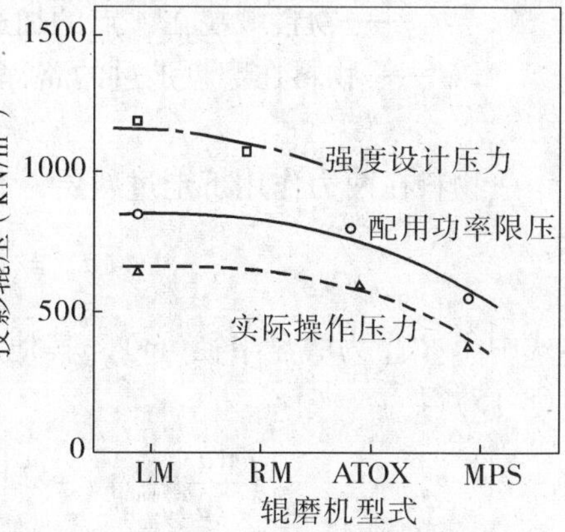

图 8-21　不同型式辊磨机相对辊压

辊压对磨机的产量和功率起决定作用。辊压增加，产量增加，但功率也相应增加。实际操作时，应尽量调整到适宜的辊压。该值取决于物料性质、入磨粒度、磨机的结构形式和其他工艺参数。适宜辊压时的磨机功率称为磨机需用功率，而磨机配用电动机时应留有储备，一般储备系数为 1.15 ～ 1.20。配用功率时的压力就是最大操作限压，实际操作时的压力有可能比操作限压低 25% 以上。在机械强度设计时，还需考虑到一些特殊原因(如掉入铁件、强烈振动等)引起的超压，因此设计压力取值还要更高。

（四）磨盘转速

磨盘转速不能过低或过高。磨盘的转速过低，惯性离心力小，物料难以很好地均匀分布在磨盘上，磨机产量低；转速也不能太大，否则物料会因惯性离心力过大而不经磨辊研磨就直接甩出磨盘，得不到充分粉磨，这样也将使磨机产量降低，电耗升高。合理的转速应使处于磨盘内边缘的物料能靠惯性离心力滑入磨槽内，使物料在磨盘内获得合理的接触面积承受磨辊的研磨。

如图8-22所示，物料在转动的磨盘中受到两种力的作用：一种为惯性离心力 F_c，使物料抛向磨盘的边缘；另一种为物料对磨盘的摩擦力 F_d，此力阻止物料向外排出。物料在盘内 B 处，在两力处于平衡时才不发生径向移动，以便更好地送入磨辊下面滚压。两力平衡即

$$m\left(\frac{\pi n_c}{30}\right)^2 R_{min} = mgf \tag{8-13}$$

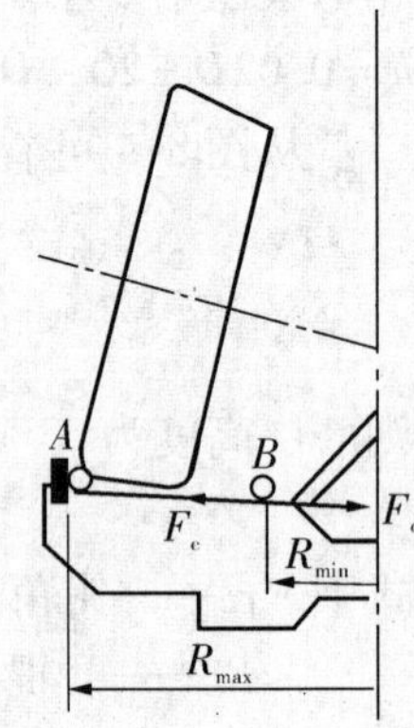

图8-22　磨盘转速计算

式中　m——物料质量(kg)；

n_c——磨盘理论转速(r/min)；

R_{min}——磨盘内半径(m)；

g——重力加速度，$g = 9.8\ m/s^2$；

f——物料的摩擦因数，$f = 0.3 \sim 1$。

于是

$$R_{min} = \frac{gf}{\left(\frac{\pi n_c}{30}\right)^2} \tag{8-14}$$

对于处于磨盘边缘 A 点的物料颗粒的速度 v_A，有

$$v_A^2 = 2a_A s \tag{8-15}$$

式中　v_A——磨盘边缘 A 点速度(m/s)，$v_A = \frac{\pi n_c}{30} R_{max}$；

R_{max}——磨盘半径(m)；

a_A——物料颗粒在 A 点的加速度(m/s^2)；

s——物料在磨盘走过的路程(m)。

$$s = R_{max} - R_{min} \tag{8-16}$$

物料在两力作用下走过料层，有 $F_c - F_d = ma$，于是处于 A 点的物料颗粒的加速度为

$$a_A = \left(\frac{\pi n_c}{30}\right)^2 R_{max} - gf \quad (m/s^2) \tag{8-17}$$

式中　R_{max} 为磨盘半径(m)，其他符号同前。将式(8-14)、式(8-16)、式(8-17)代入式(8-15)得

$$\left(\frac{\pi n_c}{30} R_{max}\right)^2 = 2\left[\left(\frac{\pi n_c}{30}\right)^2 R_{max} - gf\right]\left[R_{max} - \frac{gf}{\left(\frac{\pi n_c}{30}\right)^2}\right] \tag{8-18}$$

从上式可求得磨盘的理论转速为

$$n_c = 55.24 R_{max}^{-0.5} \quad (r/min) \tag{8-19}$$

磨盘的实际转速则为

$$n_c = 78.12 K_v D^{-0.5} \quad (r/min) \tag{8-20}$$

式中　D——磨盘外径(m)，$D = 2R_{max}$；

K_v——速度修正系数，见图 8-23。

上式可简化为

$$n = K_1 D^{-0.5} \quad (\mathrm{r/min}) \tag{8-21}$$

式中，K_1 为系数，其他符号意义同前。不同磨机的 K_1 值大约为：LM 型立磨 $K_1 = 58.5$，ATOX 型立磨 $K_1 = 56.0$，RM 型立磨 $K_1 = 54.0$，MPS 型立磨 $K_1 = 51.0$。用于粉磨水泥和矿渣的 K_1 值一般要比粉磨水泥生料的低 10% ~ 20%。不同型式辊磨机的转速和盘径的关系见表 8-3。

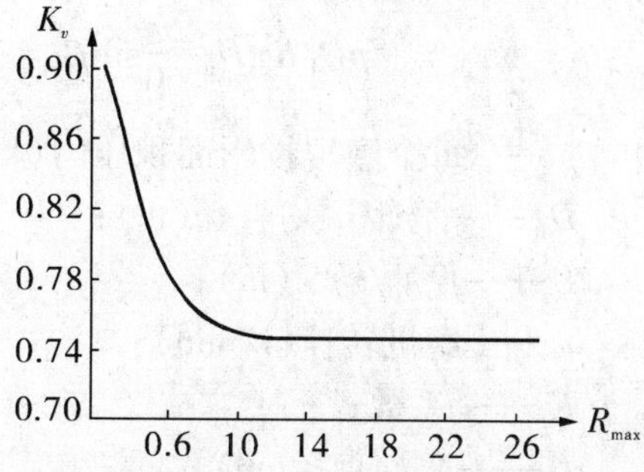

图 8-23　磨盘尺寸与速度修正系数的关系

表 8-3　辊磨机的转速和盘径的关系

磨机名称	LM	ATOX	RM	MPS	球磨机
n 和 D 的关系式	$n = 58.5D^{-0.5}$	$n = 56.0D^{-0.5}$	$n = 54.0D^{-0.5}$	$n = 51.0D^{-0.5}$	$n = 32.0D^{-0.5}$
相当于球磨机的百分数(%)	182.8	175.0	168.8	159.4	100.0

从上表可看出，同样的磨盘外径情况下，RM 型和 MPS 型辊磨机的转速比其他辊磨机低很多。已知磨盘外径即可求得磨盘转速。磨盘转速亦可采用下式来估算：

$$n = \frac{57}{D} \quad (\mathrm{r/min}) \tag{8-22}$$

式中　D——磨盘直径(m)。

（五）功率

辊磨机所需功率主要消耗在克服磨辊与物料间的滑动和滚动以及机械传动摩擦上。辊磨机的功率可由每个磨辊的力矩和角速度的乘积求得。辊磨机的辊压过程见图 8-24，每个磨辊对磨盘中心的力矩为

$$M = F\frac{D_m}{2}\sin\beta \quad (\mathrm{kN \cdot m}) \tag{8-23}$$

式中　F——每个磨辊所受的总力(kN)；

β——作用角(°)；

D_m——磨辊平均辊道直径(m)。

辊磨机的总需用功率为

$$N_0 = ZF\frac{D_m}{2} \times \frac{2v}{D_m}\sin\beta = ZFv\sin\beta$$

$$= ZF\pi D_m \frac{n}{60}\sin\beta \quad [(\mathrm{kN \cdot m})/\mathrm{s}] \tag{8-24}$$

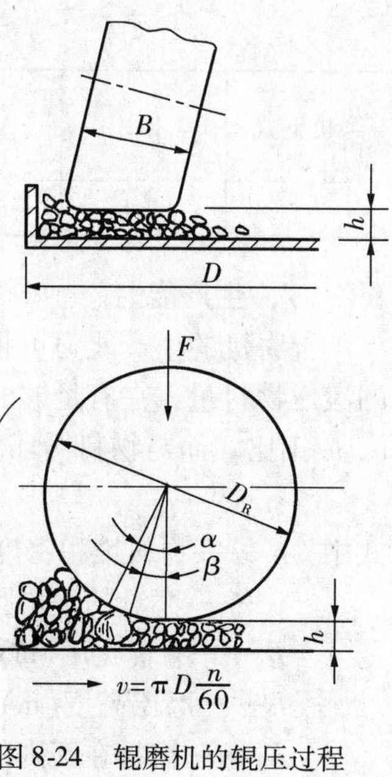

图 8-24　辊磨机的辊压过程

式中　v——磨机的圆周速度(m/s)；

Z——磨辊数；

其余符号同前。

若以磨辊的投影面积压力代替总力，则

$$N_0 = ZpD_R B\pi D_m \frac{n}{60}\sin\beta = ZpD_R B\pi D_m \frac{K_1}{\sqrt{D}} \times \frac{1}{60}\sin\beta \quad [(\text{kN}\cdot\text{m})/\text{s}] \tag{8-25}$$

式中　p——每个磨辊投影面积压力(kN/m^2)；

D_R——磨辊平均直径(m)；

B——磨辊宽度(m)；

n——磨机转速(r/min)；

K_1——系数；

D——磨盘直径(m)。

式中，D_R、B、D_m 均与 D 有一定正比关系，代入上式并归并得

$$N_0 = k_1 Zp\sin\beta D^{2.5} \quad (\text{kW}) \tag{8-26}$$

式中，k_1 为磨机的动力系数，其他符号意义同前。磨机配用电动机时，应有必要的储备系数，因此磨机的配用功率为

$$N = k_1 k_2 Zp\sin\beta D^{2.5} \quad (\text{kW}) \tag{8-27}$$

式中，k_2 为功率储备系数，一般为 1.15 ~ 1.20。

对于同一型式磨机，其适宜的操作压力 p 值，对一定的物料相差不大，因此每一种规格磨机有其相当的需用功率及适宜的配用功率，而配用功率确定后，也规定了磨机的最大操作限压。因此，上式可简化为下式：

$$N = K_2 D^{2.5} \quad (\text{kW}) \tag{8-28}$$

式中，K_2 为系数。上式表明，驱动功率与磨盘直径的 2.5 次方成正比。几种辊磨机功率计算的 K_2 值列于表 8-4。

选取电动机时，上式还需除以传动系统的机械效率，并圆整为电动机的功率值。

表 8-4　几种辊磨机的功率计算的 K_2 值

磨机型式	LM	ATOX	RM		MPS	
			$D<5100$ mm	$D<5400$ mm	$D_m<3150$ mm	$D_m<3450$ mm
K_2	87.8	63.9	42.2	49.0	64.5	52.7

(六)生产能力

辊磨机的生产能力可根据从磨辊下逸出的物料量来估算。如图 8-25 所示，一个磨辊的滚压物料量，在有足够的滚压力前提下，与磨辊宽度 B、磨层高度 h 以及平均磨盘速度 v_m 成正比，而与物料循环次数 K_d 成反比。于是，辊磨机的生产能力为

$$Q = 3600\rho_s v_m BhZ/K_d \quad (\text{t/h}) \tag{8-29}$$

式中　ρ_s——物料堆积密度(t/m^3)；

v_m——磨盘的平均圆周速度(m/s)；

B——磨辊宽度(m)；

h——磨层高度(m)；

K_d——物料在磨内的循环次数，与磨辊在料层上的压紧程度有关，$K_d \approx 30$。

由于
$$v_m = \frac{\pi D_w n}{60} \quad (\text{m/min})$$

于是

$$Q = 240\rho_s n V_w \varepsilon Z/K_d \quad (\text{t/h}) \tag{8-30}$$

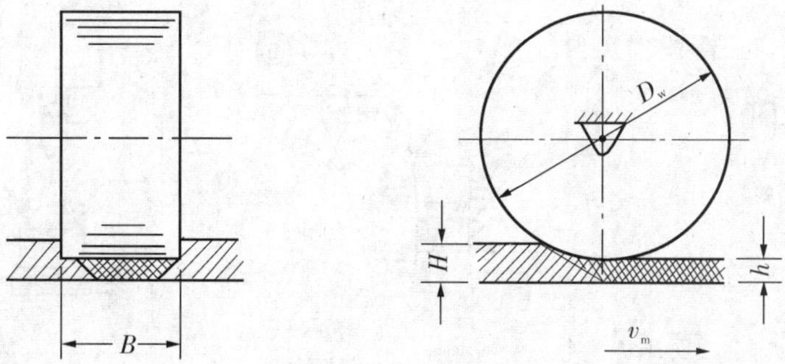

图 8-25 物料的滚压过程

式中 n——磨盘转速(r/min);

ε——磨机结构形状系数，$\varepsilon=\dfrac{h}{D_w}$;

D_w——磨辊直径(m);

V_w——磨辊体积(m^3)，$V_w=\dfrac{\pi D_w^2}{4}B$;

其他符号意义同前，上式可简化为

$$Q = KnV_wZ \quad (t/h) \tag{8-31}$$

式中，K 为系数，其值可从图 8-26 查出。

磨辊体积 V_w 与磨盘直径 D 有一定的 3 次方比例关系，而 $n=K_1D^{-0.5}$，代入上式可进一步简化为

$$Q = K_3D^{2.5} \quad (t/h) \tag{8-32}$$

式中，D 为磨盘直径(m)。上式表明，生产能力与磨盘直径的 2.5 次方成正比。比例系数 K_3 与粉磨物料性质、磨机型式及选用压力有关。LM 型立磨 K_3 取 9.6，D 取磨盘碾磨区外径；MPS 型立磨 K_3 取 6.6，D 取磨盘碾磨区中径。

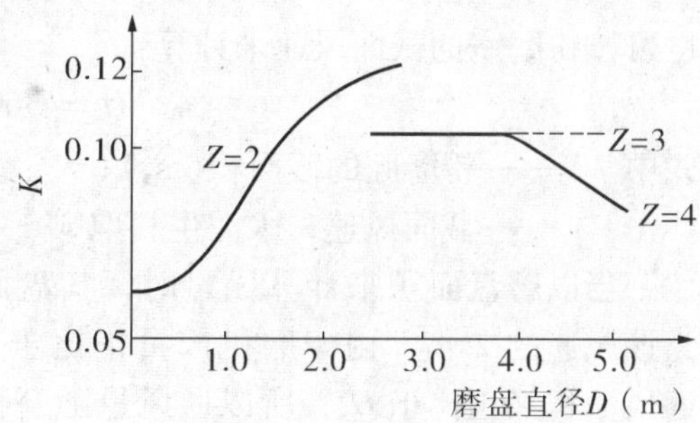

图 8-26 磨盘直径与 K 值的关系

(七)通风量

辊磨机按物料外循环量的大小可分为风扫式、半风扫式和机械提升式三种。

风扫式辊磨是最早应用的方式(如图 8-27a 所示)，它无外循环装置，外循环量等于零，物料依靠气体被提升到磨机上部的分离器进行分级。用风量大，内循环量也大。为了防止较大颗粒穿过风环沉落，风环处风速高达 60 ～ 90 m/s。因此，磨机的压降很大，风环处压损就占整个磨机的60%左右，致使通风电耗很高。

为了降低压损，出现了半风扫式部分外循环的辊磨机(如图 8-27b 所示)，其特点是磨后物料除一部分由气力提升至内部分离器外，让部分物料穿过风环落入机外，经提升机提至磨机上部与新喂料混合一起喂入磨内粉磨。风环处的风速可降至 30 ～ 50 m/s，用风量较少，被折回的粗粒量也相对减少，因此通风电耗可大大减少。

物料全部外循环的机械提升式辊磨机是近年开发的(如图 8-27c 所示)，磨内不设风环，也没有分离器，磨机主要起预粉磨作用，磨后物料绝大部分下落至机外，由提升机提至外部选粉机或下一级粉磨设备中。因为不是风扫操作，磨内通风主要为了烘干和排尘，

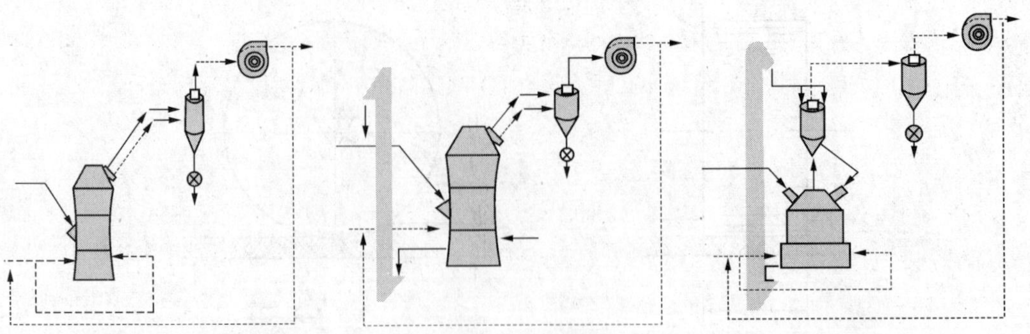

（a）风扫式　　（b）半风扫式　　（c）机械提升式

图 8-27　辊磨机物料流动系统图

因此用风量很少，从而磨机压降很小，整个系统的阻力也比半风扫式大为降低。

三种不同粉磨系统的系统压降比值为 1∶0.69∶0.43。

前两种辊磨机的通风量可通过出磨废气含尘浓度来计算：

$$Q = \frac{G}{C} \times 10^3 \quad (m^3/h) \tag{8-33}$$

式中　C——出磨废气含尘浓度，水泥生料为 500 ～ 700 kg/m^3，水泥取 400 ～ 500 g/m^3；

G——磨机产量(kg/h)。

也可按粉磨室的截面风速来计算：

$$Q = 3600\ v_f S \quad (m^3/h) \tag{8-34}$$

式中　S——粉磨腔的截面积(m^2)；

v_f——截面风速，水泥生料取 3 ～ 6 m/s。

当以磨盘面积来计算风量时，其盘面风速约为该风速的 2 倍。由于磨机产量正比于 $D^{2.5}$，而通风面积又正比于 D^2，所以通风量随磨机规格的增大而按 $D^{0.5}$ 增大。

图 8-28 所示为不同型式辊磨机的盘径和风速的关系。从图可看出，随着磨盘增大而磨内风速增大。在相同盘径条件下，LM 型立磨风速最大，ATOX 型立磨次之，MPS 型立磨最小。由于 MPS 型立磨的计算基准为辊道直径，而其他立磨均为盘外径，因此，实际上磨内风速 MPS 型立磨将更小。

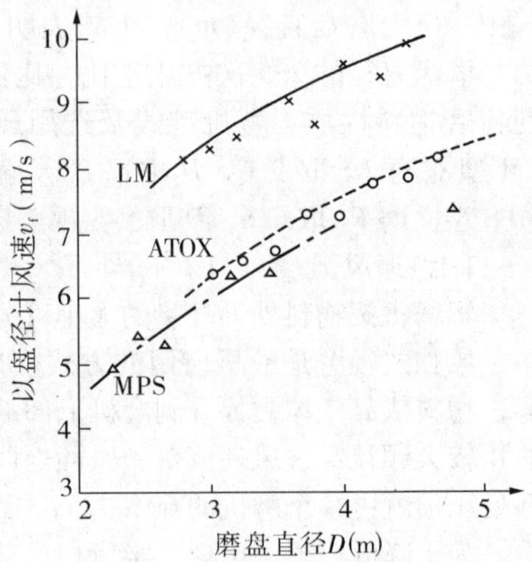

图 8-28　不同型式立磨的盘径和风速关系

磨机通风量还可按单位装机功率所需标准状况下的通风量(L_0)计算。对于 MPS 型和 ATOX 型立磨 L_0 大致波动在 135 ～ 165 $m^3/(kW \cdot h)$之间。

用于烘干兼粉磨作业的辊磨机，烘干能力可按下式计算：

$$G_d = K_d D^{2.5} \quad (t/h) \tag{8-35}$$

式中　D——磨盘直径(m)；

K_d——系数，与物料水分、热风温度及热风量有关。

而配备的单位风量(标准状况下)，LM 型立磨为 1.16 m^3/kg，ATOX 型立磨为 1.30 m^3/kg，MPS 型立磨为 1.25 m^3/kg。单位风量相同表示可烘干的水分相同。在相同烘干条件下，LM 型立磨的通风阻力较高，电耗略大，而 ATOX 型和 MPS 型立磨相对较小。

上述风量指磨机出口处的工况风量，包括烘干用热风、循环风、磨机漏风和密封用风。在选用风机时，风量应增加 15% ~ 20% 作为储备。

表 8-5 列出根据风量、产量和盘径计算出的辊磨机出口含尘浓度和截面风速。从表中可看出，MPS 型立磨比 LM 型和 ATOX 型立磨的风速要小，但是粉磨水泥生料时三种磨机的出口浓度比较接近。

表 8-5　辊磨机出口含尘浓度和截面风速

磨机规格	产量 G (t/h)	风量 L_0 (m^3/h)	含尘浓度 C (g/m^3)	截面风速 v_f (m/s)	备注
LM35.4	190	370 000	514	10.7	水泥生料
LM50.4		520 000		7.4	水泥生料
LM59.4				5.9	粉磨腔风速
ATOX50	351	593 114	592	8.4	水泥生料
ATOX37.5	174	302 965	575	7.6	水泥生料
MPS3450	152.8		350 ~ 500		水泥生料
ZGM95	35	63 943	541	6.3	电厂用煤
TRM25	80	127 000	630	7.2	水泥生料

四　性能及应用

近年来，辊磨机得到迅速的发展和应用。与球磨机比较，它具有以下优点：

1. 电耗低

辊磨机采用料层挤压粉碎方式粉磨物料，同时本身带有选粉装置，能及时排出细粉，避免了过粉碎现象，因而粉磨效率高，节能效果非常显著。辊磨机较球磨机可节电 20% ~ 35%，随着物料水分的增加，节能效果更加显著。

2. 烘干能力大

辊磨机采用气体作为烘干和输送物料的介质，因此特别适于烘干兼粉磨作业。可充分利用预热器和煅烧窑排出的 300 ~ 350 ℃低温废气，来烘干与粉磨水分为 8% ~ 10% 的物料。而采用同样低温废气作热源的各种烘干球磨机，只能烘干与粉磨水分为 3.5% ~ 5% 的物料。如果另设辅助热风炉，辊磨机入磨气温升高到 450 ℃左右，则可烘干与粉磨水分为 15% ~ 20% 的物料，因而可省去烘干系统。

3. 入磨粒度较大

球磨机的入磨粒度一般要求小于 30 mm。而辊磨机的入磨粒度可达磨辊直径的 5% 左右，一般在 50 ~ 150 mm 之间，大型辊磨机可达 200 mm，因此可省去二级破碎设备。

4. 产品粒度较均齐，调整产品细度和成分容易，便于自动控制

由于辊磨机粉磨与选粉均在同一机壳内进行，产品粒度均齐。而且，调节分离器转子

转速或导风叶开度，能够很快得到需要的产品细度，对生产不同细度的产品很有利。物料在磨内停留时间很短(2 ～ 3 min)，易于自动控制配料和调整产品的化学成分，从粉磨一种物料改变为粉磨另一种物料仅需几分钟即可实现。而物料在球磨机内停留时间则需15 ～ 20 min。辊磨机尤其适用于立窑水泥厂粉磨全黑生料或半黑生料。

5. 工艺流程简单，占地面积小

在辊磨机内可完成粉磨、烘干、分级和输送等多项作业，不需要外加提升机、选粉机和烘干机等设备。所以工艺流程简单、布局紧凑，且可露天设置，需要的建筑面积和空间约为球磨机的50%，基建投资约为球磨机的70%。

6. 噪声低，扬尘少，操作维修方便

辊磨机在结构上能防止磨盘和磨辊接触，没有球磨机中钢球相互碰撞、钢球撞击衬板的金属撞击声，故运转平稳，震动较小，噪声比球磨机低 20 dB 以上。辊磨机采用整体密封，漏风小(约为10%)。系统简单，扬尘点少，而且一般采用负压操作，环境清洁。而尾卸式烘干球磨机漏风量约为50%，中卸式烘干球磨机则为60%以上，扬尘严重。

辊磨机的磨损件少，主要是辊子衬套和磨盘衬板，更换方便，仅数小时即可更换完毕。而球磨机磨损件很多，更换衬板、隔仓板、倒球、清仓、配球等需数天，劳动强度大。

7. 易损件寿命长，运转率高

由于辊磨机在运行过程中没有金属间的直接接触，所以金属磨耗小，运转率高。粉磨水泥生料时，磨损件消耗一般为6 ～ 12 g/t。衬板寿命可达8000 h 以上，故设备运转率可达90%。金属磨损量较管磨机低约25%。

辊磨机的缺点在于不适于粉磨硬质和磨蚀性的物料，使用寿命较短，维护工作量大，而且它的磨损件比球磨机的贵，维修费用增高。但与其所取代的球磨机、提升机、选粉机等设备的总维修量相比，仍显得维修简单、容易，工作量小。

目前已投入生产的辊磨机的生产能力，可达1000 t/h。在国外辊磨机已逐渐取代球磨机，广泛用于粉磨各种软质和中硬物料(如硅酸盐原料、水泥熟料和煤等)，而且多数作烘干粉磨设备使用，是水泥、陶瓷、化工、煤炭、电力等部门广泛使用的粉磨机械。

第三节　辊压机

一　工作原理

工业粉磨作业通常都是用球磨机来完成的，球磨机能量利用率很低。用辊磨机代替球磨机粉磨物料，使能耗大幅度降低，但粉磨电耗仍居高不下。辊压机又称挤压磨机或高压辊磨机，是20 世纪 80 年代发展起来的一种粉磨机械。它的主要工作部件是两个在高压下做相向转动的圆柱辊子。物料通过两辊之间时，受高压挤压作用而粉碎。

辊压机是根据料层挤压粉碎原理设计的，工作原理如图 8-29 所示。两个辊子做慢速相向转动。其中一个为固定辊；另一个为活动辊，可以在机架中做水平滑动，并接受液压系统传递的挤压力。物料由辊压机上部沿整个辊子宽度连续而均匀地喂入，随着两个辊子运转，物料受到辊面摩擦力的牵引，被钳入双辊的缝隙，通过液压系统对活动辊施以高达

50 ～ 300 MPa 的挤压力，在辊压机上部物料首先进行类似于辊式破碎机的单颗粒破碎。随着物料向下运动，物料颗粒间隙越来越小，挤压强度越来越大，直至双辊的缝隙最窄处，压力强度达到最大值，使物料压实，进入料层粉碎。物料颗粒在料层内受到挤压而粉碎，即使一时还没有碎开的颗粒，也能使颗粒内产生大量的裂纹。当作进一步处理时，就很容易粉碎。辊子之间的高压，使两辊间隙的物料成为料饼或成为一条连续的料带排出。料带的强度很低，用手就可以捻碎。料带中大部分是细粉，其中小于 90 μm 的细粉占 20% ～ 30%，小于 2 mm 的物料占 70% ～ 80%，而且颗粒中还有很多微裂纹，使物料的易磨性得到改善。活动辊的挤压力是通过料层传递给固定辊的，不存在球磨机那样的无效碰撞和摩擦，大部分能量都用于物料粉碎，因而能量利用率很高。

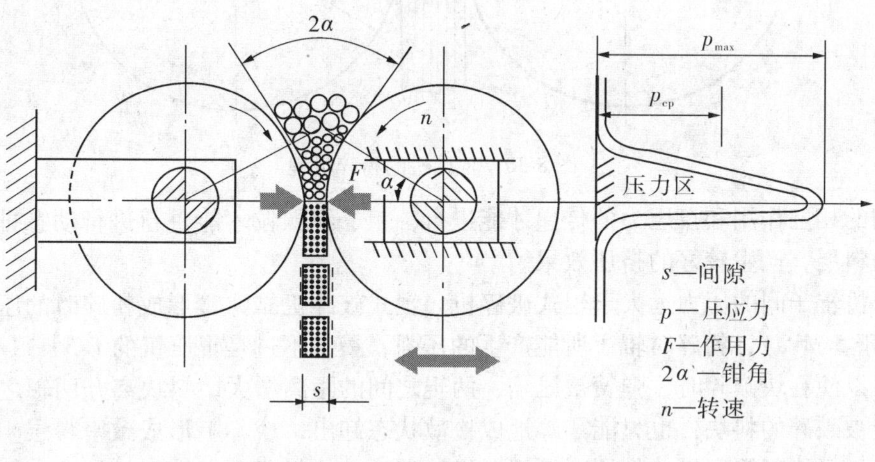

图 8-29　辊压机的工作原理

辊压机的粉碎过程见图 8-30。物料由料仓喂到两辊间隙，形成高度为 H 的料柱。物料到达水平面 A_1A_2 与辊面接触，在该处间隙宽度为 b，颗粒层的相对体积密度为 δ。在此处的颗粒层受两辊表面上摩擦力的作用，开始被钳入并加速垂直向下，到达平面 B_1B_2 时，其间隙宽度为 h_0。A_1A_2 ～ B_1B_2 区为加速区。在加速区，颗粒层的相对体积密度都是 δ_0。在 B_1B_2 平面，假设颗粒层的速度等于辊子表面线速度，从此处颗粒层开始被两辊压缩，直至达到平面 C_1C_2，该处间隙宽度为 s，颗粒层的相对体积密度 δ_s 达到最大。在该处，压实料饼通过 C_1C_2 平面，其速度与辊子的 C_1 和 C_2 点的圆周速度相同。B_1B_2 ～ C_1C_2 区为压缩区，在压缩区的颗粒层和辊表面之间没有滑动，颗粒层仅在水平面发生变形。压缩区的垂直压力被加速区 B_1B_2 平面中压力所平衡。压缩区的终点处在间隙最小点 C_1C_2 平面内。在 C_1C_2 平面以下，料饼膨胀，当压实料饼相对体积密度在 D_1D_2 平面变成 δ_r 时，料饼从辊上分离成为产品，所以 C_1C_2 ～ D_1D_2 是膨胀区。整个粉碎过程大致分为“压紧—粉碎—结饼”三个阶段，这三个阶段是动态作用过程，不存在严格的界限，具有一定的交互性。

工业上使用的辊式破碎机的辊压方式虽然与辊压机相似，工作机构也是一对辊子，但粉碎过程有着本质的区别。辊压机的工作特点是满料、慢速、高压、料层粉碎。而辊式破碎机破碎腔内的物料不满、转速较快、压力较低，以单颗粒破碎为主。辊压机对物料进行挤压粉碎的基本前提是喂料装置必须过饱和喂料，保证两辊之间连续充满物料，以保持一定的料位和料压。保持稳定的喂料压力，这是辊压机振动小、平稳运行的先决条件。辊压机的粉碎作用主要取决于料层的密实程度。在物料颗粒间的空隙几乎接近于零的条件下，

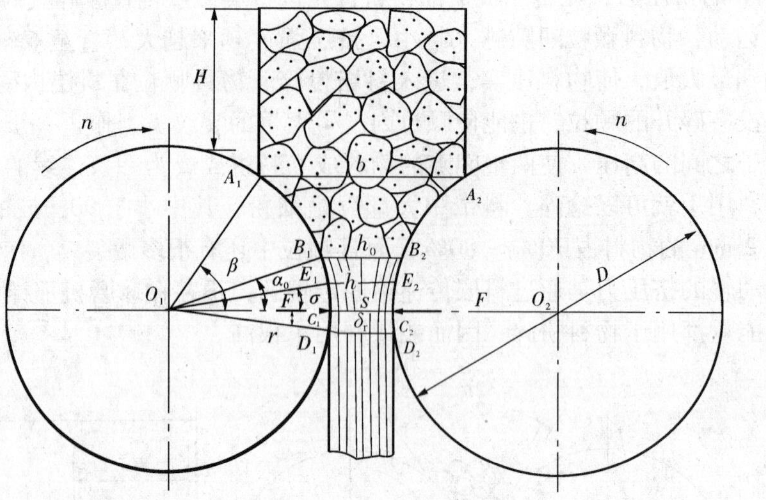

图 8-30　辊压机的粉碎过程

颗粒之间的相互作用和挤压力的传递才能进行，粗、细颗粒才能重新进行动态排列，以形成连续的料层，产生较好的挤压效果。

辊压机辊子间的压力远大于辊式破碎机。辊式破碎机靠弹簧形成粉碎时的压力，力量有限(低于 5 MPa)，粉碎时辊子所能产生的压强，最大不过是辊压机的 1/5 ～ 1/10。当破碎力不足以使料块破碎时，弹簧被压缩，两辊之间的距离增大，料块离开两辊之间的空间落下。能被破碎的料块，也只能零碎地成松散状态卸出，谈不上形成致密料层。所以，辊式破碎机不可能起辊压机的作用，经辊压机处理过的物料所含有的细粉量远比辊式破碎机多。由此可知，保证辊压机液压系统的压力，是能否成功使用辊压机的关键。

辊压机的品种较少，目前还没有分类，只有规格大小不同。辊压机的规格一般以磨辊直径和宽度表示，有的还标出辊压。例如，RP12.5/140 - 105，表示辊压为 12 500 kN、辊径 ϕ1400 mm、辊宽 1050 mm 的辊压机。

二　构造

(一) 辊压机的构造

辊压机的结构如图 8-31 所示，它主要由喂料装置、磨辊、传动装置、液压装置、润滑装置、机架、检测与安全保护装置等部分组成。辊压机的两个磨辊分为固定辊和活动辊。除小型辊压机外，两个辊子均由单独的传动装置带动。辊子通过轴承和轴承座水平平行安装在机架上。辊轴两端装有调心滚动轴承。固定辊的轴承用螺栓固定在机架上，活动辊的轴

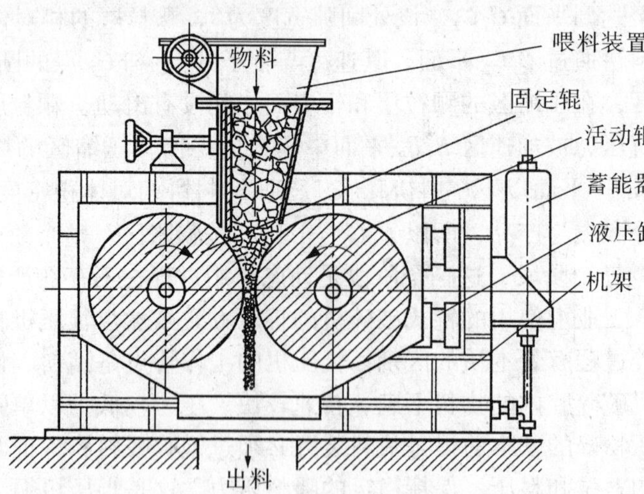

图 8-31　辊压机的构造

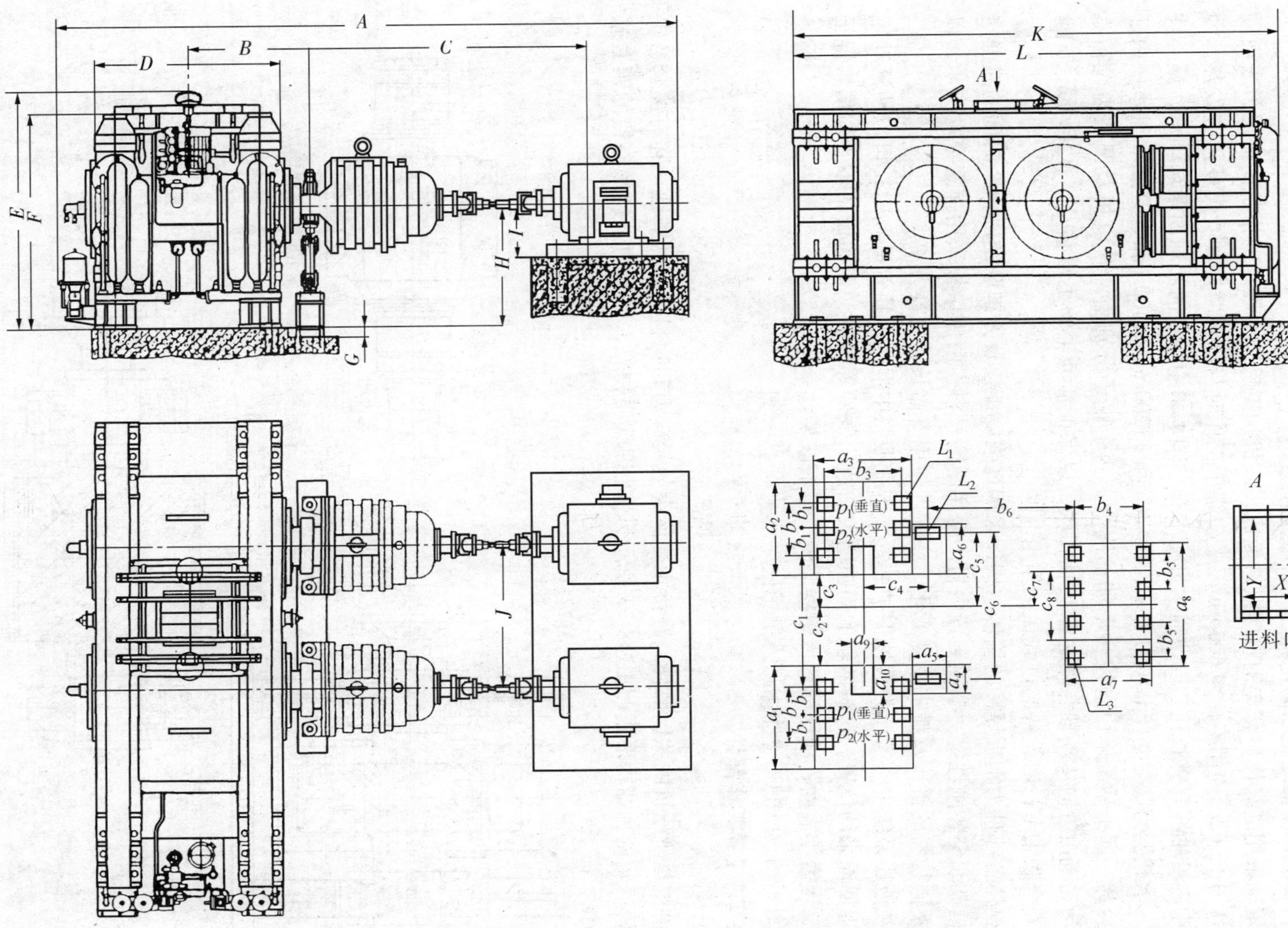

图8-32 HFCG型辊压机装配图

承装在滑块上，以便按喂料量和物料性质随时调节辊子的间隙。活动辊的两端轴承座与液压油缸相联，粉磨压力由液压系统通过滑块施加于活动辊，在高压作用下使轴承座在机体上平行移动，使活动辊与固定辊之间产生挤压力。

辊轴采用高级优质合金钢整体锻造而成，经机加工后表面堆焊网格状耐磨层，表面硬度可达 HRC 62，使用寿命在6000 h 以上。辊子工作时与物料摩擦和受力变形会发热，因此其中心沿轴线开有长孔，以便通水进行冷却。轴承采用双列向心球面滚珠轴承，调心性能好，承载能力高。对于 ϕ1000 mm × 300 mm 和 ϕ1200 mm × 400 mm 辊压机，轴承座内部通水冷却，润滑系统采用电控自动加油润滑。两个辊子分别由两台电机及圆柱齿轮箱驱动，活动辊由万向传动轴与减速器出轴相联，以保证活动辊的正常移动。在传动系统中，设有安全联轴节，对设备起过载保护作用。

机体各部件为钢板焊接的箱形结构，采用高强度螺栓及方键联结成一个封闭的超静定力学框架，整体刚性好。喂料装置内衬均采用耐磨材料，两侧堵板采用弹簧浮动支承，以适应不同物料的挤压及料饼厚度变化。磨损件使用寿命长，更换方便。

在液压系统中，有压力缓冲保护装置，若在喂料中混进铁块等硬物时，可以使活动辊瞬时退回原来的位置，这时两辊的间隙增大，放出铁件等硬物，保护设备不受损伤。辊子间隙、压力、温度、油压都有传感器监测，电液联控。

图 8-23 为 HFCG 型辊压机装配图。

(二)主要工作部件

1. 磨辊

磨辊是辊压机的关键部件，直接承受巨大的粉碎力和物料的强烈磨蚀。它有镶套磨辊和整体磨辊两种结构形式(如图 8-33 所示)。处理软质物料，可采用带楔形连接的镶套式

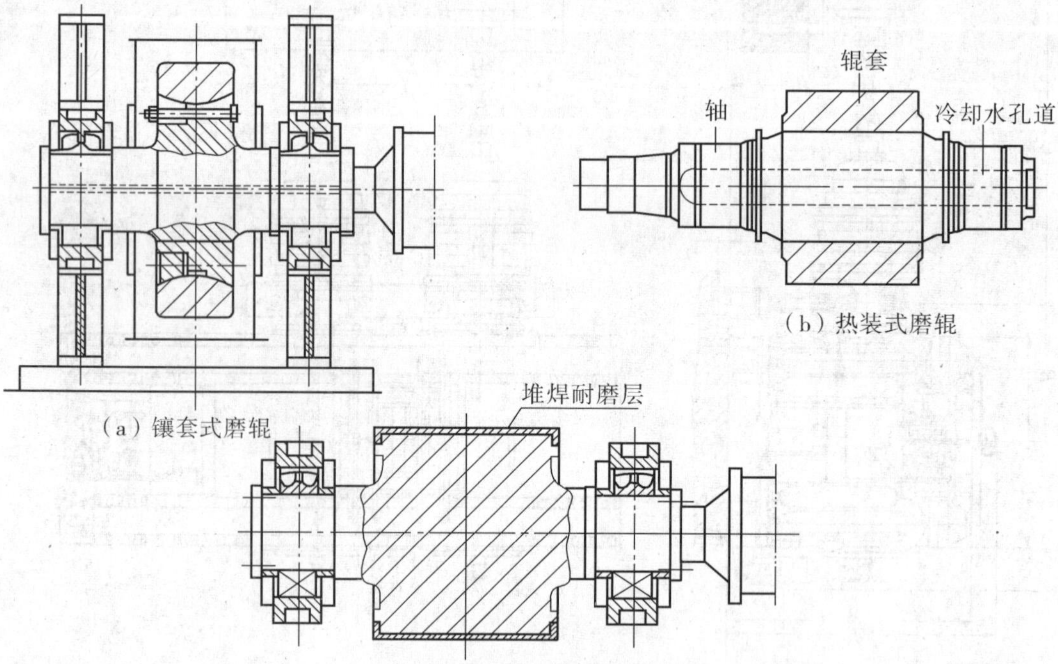

(a) 镶套式磨辊

(b) 热装式磨辊

(c) 整体锻造表层堆焊式磨辊

图 8-33　磨辊的结构形式

磨辊。如图 8-33a 表示出镶套式磨辊的两种结构形式，水平中心线的上半部表示辊芯与轴为整体，下半部表示多加了一个实心辊芯，与轴热装。它不能承受高压力，故很少采用。图 8-33b 所示为热装结构，把轴和轴套热压配合。图 8-33c 所示为整体锻造表面堆焊式磨辊，轴和轴芯为整体，表面堆焊耐磨层，焊后表面不加工，硬度可达HRC52 ～ 63。此种结构可承受较高压力，耐磨层磨损后可多次堆焊修补。一般辊面磨损 8 ～ 10 mm 后修补一次，可将辊子卸出堆焊，也可采用专门配备的焊接设备在辊压机上堆焊。当辊面磨损厚度达 60 mm 即报废。

辊面耐磨性对辊压机的应用有重要影响。由于辊面直接与物料接触，负荷大，磨损剥落是主要失效现象。辊面护层的形成，一般采用多层合金堆焊法，使辊面具有高强、高硬耐磨性。辊面形状通常采用沟槽辊面结构形式，都是通过堆焊来实现。堆焊有多种突棱条纹，如线形、锯齿状、网状、块状、柱钉状等。

(1)平行线形纹棱堆焊护层

①轴向平行直线纹棱堆焊护层。如图 8-34 所示，在辊面轴向堆焊多条平行线形成“一”字形纹棱保护层。当辊径在 1600 mm 左右时，堆焊纹棱高为 6 ～ 10 mm，宽10 ～ 20 mm，间距 30 ～ 60 mm。这种纹棱护层的优点是增加物料啮入角和辊面摩擦力，便于进料和挤压，可以提高辊压机的单位处理量；在纹棱之间形成料饼，对辊面起保护作用，延长辊面寿命；直线堆焊纹棱工艺简单，操作容易。其缺点是直线纹受垂直挤压力在横向产生弯曲拉力，使纹棱容易产生裂纹或剥落，因此纹棱不能过高、过窄或太薄。

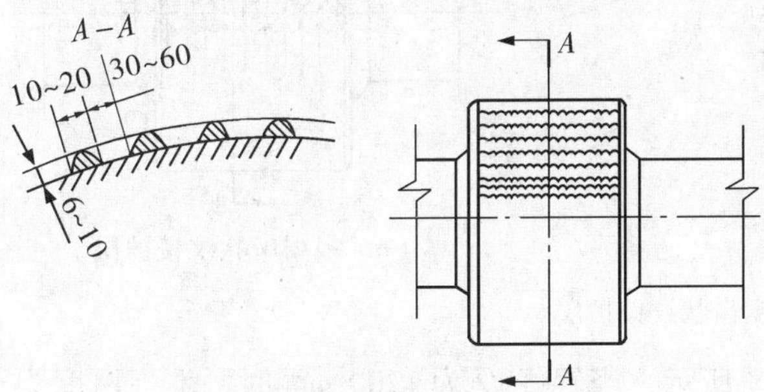

图 8-34　轴向平行直线纹棱护层

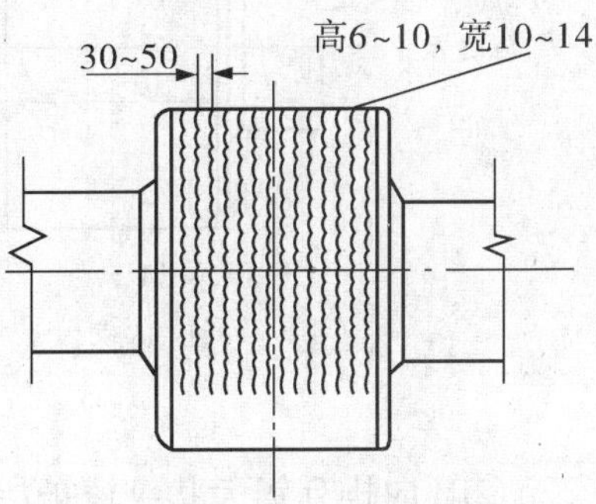

图 8-35　环形纹棱护层

②环形纹棱护层。如图 8-35 所示，纹棱绕辊面圆周堆焊成封闭环状，并在轴向平行布满辊面。纹棱高 6 ～ 10 mm，宽 10 ～ 14 mm，间距 30 ～ 50 mm。这种形状纹棱的优点是使物料辊压成竖条料饼，较横条料饼容易折断打散；堆焊操作简单，通过调整辊子转动速度可直接堆焊；环形纹棱强度较横条纹棱强度高。其缺点是环形纹棱与物料的钳角小，因此要求喂料连续，料柱高，压力大。

③“人”字形纹棱护层。如图 8-36 所示，“人”字纹棱与“人”字齿轮类似，具有轴向和环向两种纹棱的特点，其水平夹角一般为 15° ～ 35°，纹棱高 6 ～ 8 mm，纹棱间距约 15 mm。物料接触受力在斜面有一定的分力，对斜纹棱减弱了弯曲负荷，有充分发挥纹棱硬度和抗压强度的优势，对破碎物料有利。斜向纹棱与物料接触较直线纹棱长，减弱了纹棱垂直受力引起的剥落，又容易啮入物料，既减少了圆周方向的滑移，又减少了环向滑移，使辊面磨损减少，工作寿命较长。其缺点是堆焊工艺复杂，要求技术较高，同时辊子运行时纹棱会推动物料向内或向外滑动，引起辊中部或两侧板磨损加快。为此，两辊纹棱

采用同向安装逆向运行，可减少两侧板的压力和磨损。

(2)锯齿状纹棱护层

该护层是将“人”字形纹棱按轴向或环向排列而成的两种类型护层。

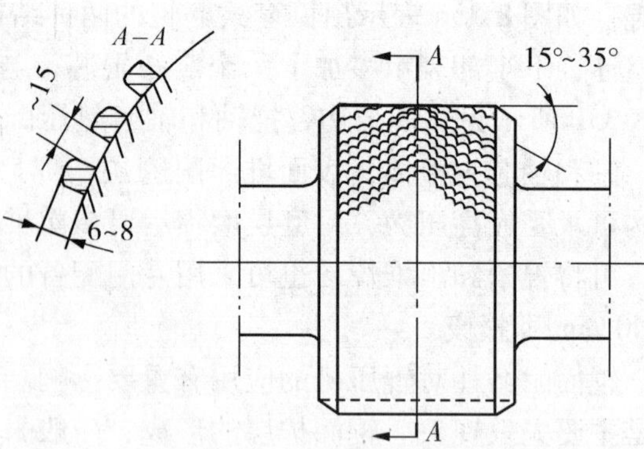

图 8-36 “人”字形纹棱护层

①轴向排列锯齿状纹棱护层。图 8-37 所示为双锯齿形纹棱护层，各齿尖角一般为 90°～150°。锯齿越多纹棱越密，堆焊面越大，越耐磨，辊面寿命越长。它除具有“人”字形纹棱优点外，还由于物料受到多个锯齿限制而减少旁移滑动，辊压受力更加均匀，两侧挡板压力减小，其磨损也小，压出的不规则料饼也容易打散。多锯齿状纹棱护层是轴向排列更多的“人”字纹，人字纹轴向间距为 50～80 mm，大密度的护层使用寿命长，但堆焊工艺复杂，工作量大，投资较高。

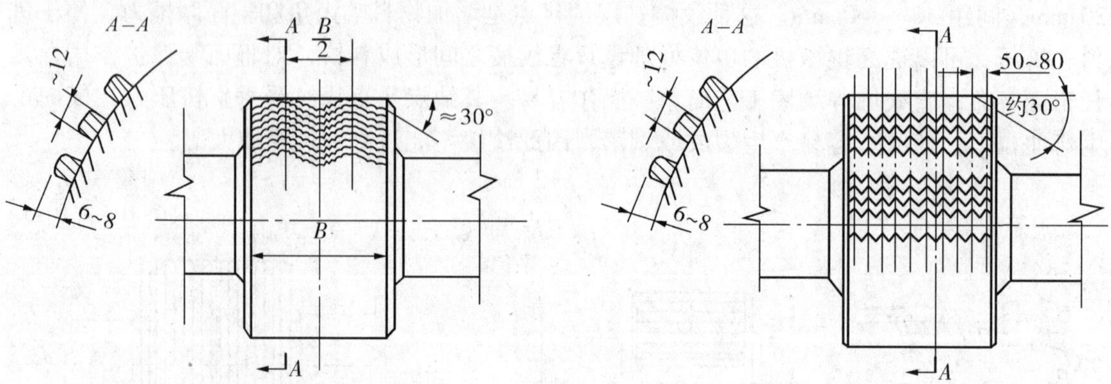

(a) 双锯齿状纹棱护层　　(b) 多锯齿状纹棱护层

图 8-37 锯齿状纹棱护层

②环向排列锯齿状纹棱护层。如图 8-38 所示，当辊径 D 为 1200 mm 时，堆焊厚度为 6～8 mm，宽度为 12 mm 左右，间距由齿尖夹角和齿尖距离确定，辊面硬度为 HRC56～63。这种纹棱拐点多，工作时摩擦力大，环向排列锯齿状纹棱较环形无锯齿纹棱接触物料更长，使物料更容易啮入，克服了环向滑动的缺点，减少了辊面磨损，使用寿命延长。其缺点是堆焊工艺复杂，工作量大，堆焊材料消耗较多。

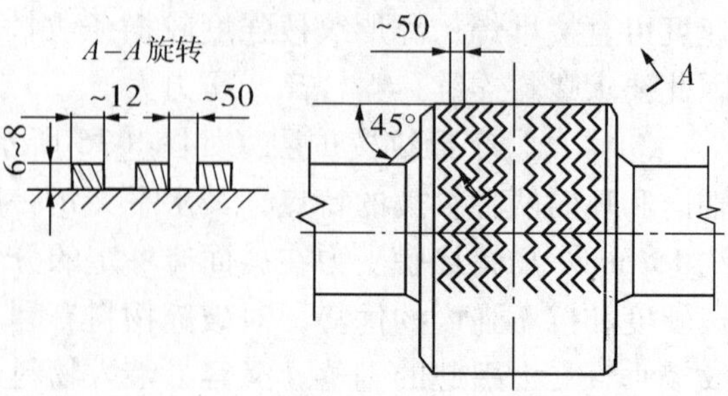

图 8-38 环向锯齿状纹棱护层

(3)网状纹棱护层

网状纹棱护层有方格网状、网点状和网段状等，它们各有特点和使用效果，制造难度和功耗也有差别。

①方格网状纹棱护层。如图 8-39 所示，纹棱交叉角为 90°，形成直角方格网状。当辊径为 1200 mm 时，堆焊纹棱厚度为 6～8 mm，宽度为 12 mm 左右。堆焊敷面较锯齿

状更大，不仅具有锯齿状纹棱的特点，而且交叉角增加了摩擦力，可提高辊压机的通过能力。特别是辊压形成的方块料垫更加牢固，对辊面起到更好的保护作用，提高了辊面寿命。由于辊面和堆焊纹棱是弧形的，辊压机运行中，料垫会不断掉落和形成更新，只因堆焊纹棱或网格不同，而更新周期不同。方格越大，料垫越容易掉落，因此方格的选择应考虑物料性质和堆焊复杂程度来决定。

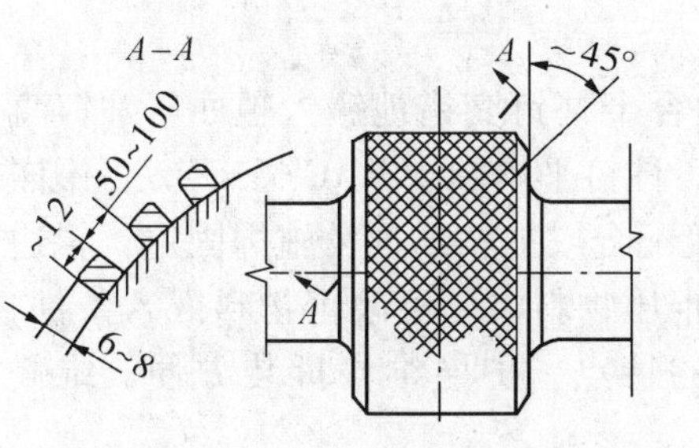

图 8-39　方格网状纹棱护层

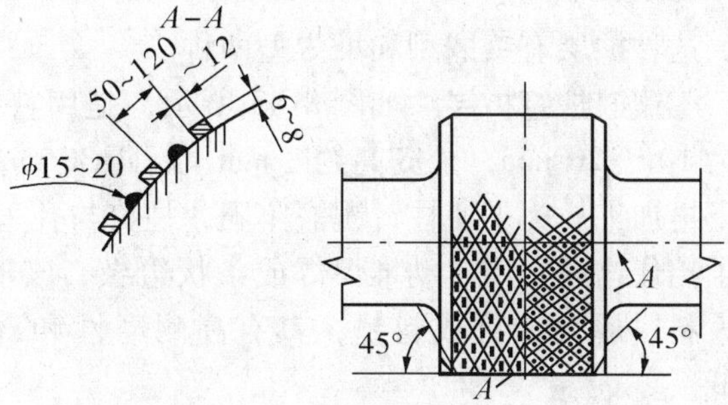

图 8-40　网点(段)纹棱护层

②网点(段)纹棱护层。以不同角度的斜纹棱堆焊成不同的网格，图 8-40 所示为两种不同网格，格内加焊“点”或“段”。焊“点”的网格一般是正方形，斜纹棱与水平夹角为 45°；焊“段”的网格一般为菱形，斜纹棱与水平夹角大于 45°。“点”和“段”的高度与斜纹棱相同，高度为 6 ～ 8 mm，宽度约 12 mm，斜纹棱间隔 50 ～ 120 mm。“点”的直径为 15 ～ 20 mm，“段”的长度占环向两顶点间距的 1/3 ～ 1/2。这种护层除具有方格网状纹棱特点外，由于网格中加有焊“点”或“段”，增加了耐磨护层面积，而且料垫形成更加牢固，延长了料垫更新周期，因此护层寿命可以延长。但是增加了施焊工序和堆焊成本。

(4)块状护层

①方块护层。如图 8-41 所示，是将预先制好的合金硬块焊在辊面上，合金硬块用离心浇注方法制成，高 10 ～ 20 mm，边长约 80 mm，排列有序，间距较大。方块护层具有前述各护层的特点，但制造复杂，没有广泛应用。

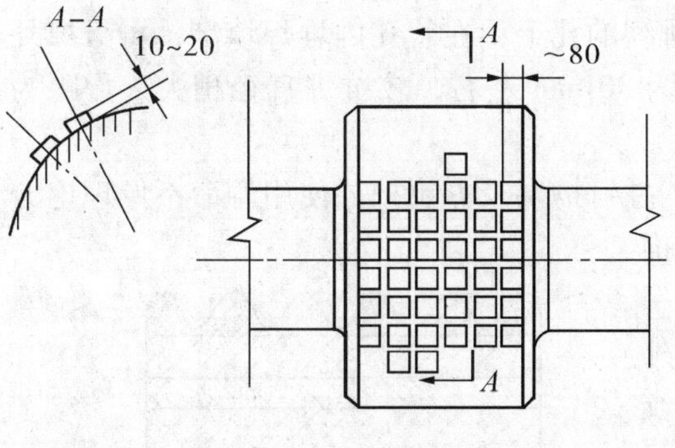

图 8-41　方块护层

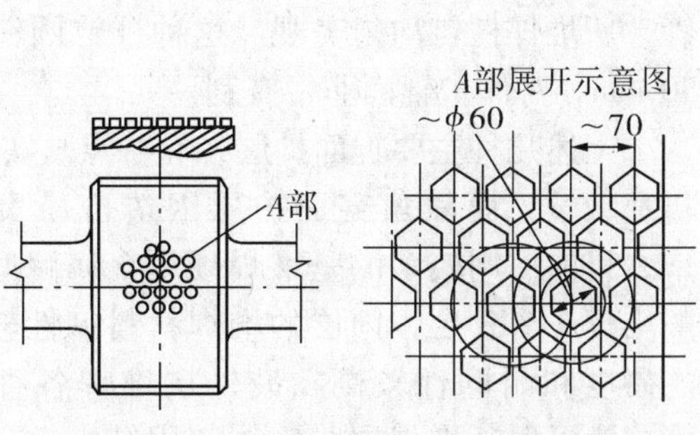

图 8-42　六角突面护层

②六角突面护层。如图 8-42 所示，是根据辊压料饼时，因多种受力损坏护层的情况开发的。这种护层最厚可达 50 mm，其沟槽面积约占辊面的 35%，是辊压时部分物料外移

的空间。六角突面是采用硬度较高材料混合于粉末冶金内，采用复合铸造结构，用离心铸造方法，铸成辊面的整体套筒，用热胀冷缩原理热压固定在辊面上。这种护层耐压、抗剪、耐磨，韧性较好。磨耗约为 0.06 g/t(水泥熟料)，较堆焊 HRC 58 硬度的辊面磨耗 1.6 g/t(水泥熟料)低很多。其缺点是制造工艺复杂，制造成本远大于堆焊护面，但使用寿命长，综合经济效益还是好的。

(5)柱钉护层

这种护层有镶嵌型和堆焊型两种。

①镶嵌柱钉护层。如图 8-43 所示，是用特殊硬质合金柱钉交错地镶入辊面。柱钉直径为 10 ~ 20 mm，外露高约 8 mm，行距 30 mm 左右，柱钉平均硬度 HRC 65 ~ 67，镶嵌后不再加工。为了使柱钉镶嵌牢固，柱钉与孔采用过渡配合或加粘结剂及施焊固定。辊边为了挡住物料，用自动堆焊焊成条状边缘。该辊面在辊压物料时，可改善物料嵌入条件，增大料饼厚度，自成料垫，具有高耐磨性和寿命长的特点。护层维修拆装方便，维修费低。

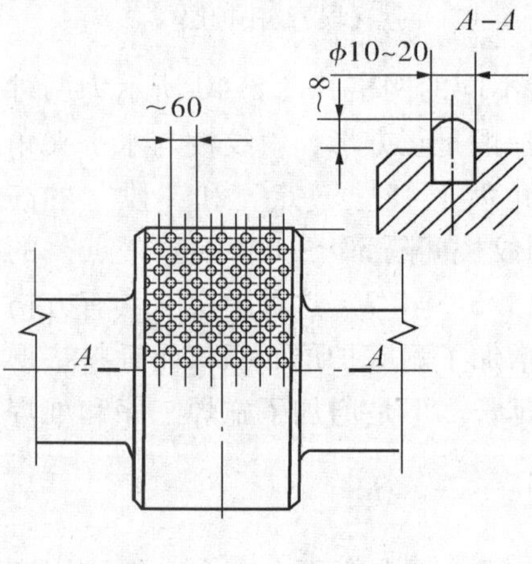

图 8-43　镶嵌柱钉护层

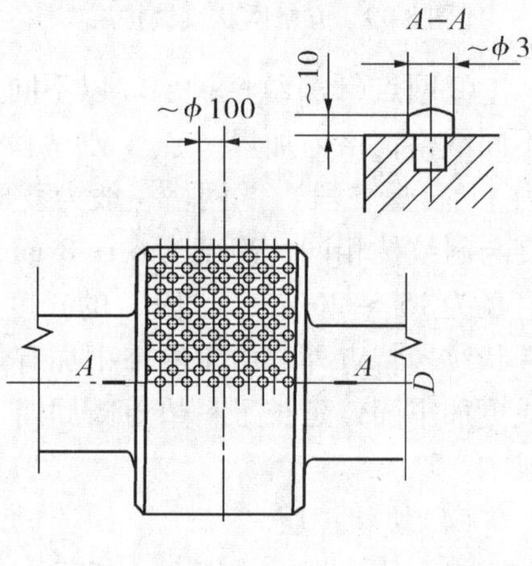

图 8-44　堆焊柱钉护层

②堆焊柱钉护层。如图 8-44 所示，是预先在辊面钻交替排列孔，在孔内堆焊生根，逐步堆成焊柱，故又称坑焊柱钉辊面。排列和尺寸与镶嵌柱钉相似。为了保证堆焊柱钉质量和外形尺寸，有些厂用细钢管先固定在辊面排列的孔上，在管孔内堆焊填满，再敲掉外管，所堆焊柱钉均匀美观。这种柱钉圆钉直径为 30 mm 左右，较坑焊直径稍大，行距为 50 mm，对保护辊面非常有利。

上述几种主要辊面护层各有特点。实际上，柱钉护层及方块护层使用寿命不像理论分析那么长，而六角突面护层因造价昂贵较难推广，目前使用较多的是堆焊硬质金属耐磨层。一般堆焊 2 ~ 3 层，内层的堆焊材料韧性较好，外层硬度和耐磨性较高，最外层堆焊各种花纹纹棱。为了保证堆焊层与辊体牢固结合，一般要对辊面预热到一定温度，然后依次堆焊各层。先在母材上焊一层过渡层，再焊上耐磨层。各层焊丝材质不同，由内向外硬度一层比一层高，相邻内

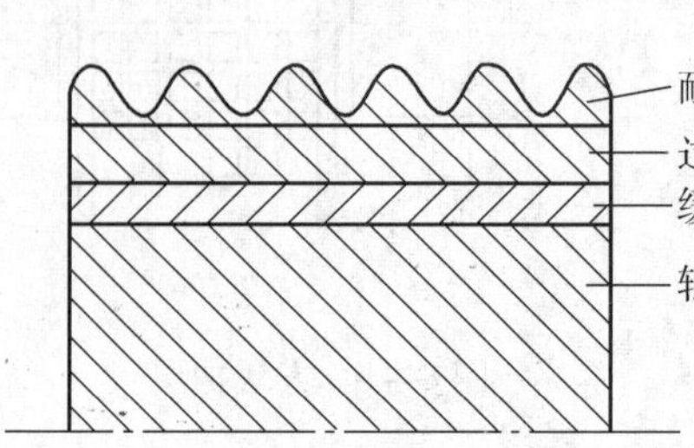

图 8-45　辊面堆焊层示意图

外层的硬度差 HRC 6 ～ 10。为了结合牢固，每层采用多次薄层堆焊，每层均采用倾斜螺旋交叉纹理进行覆盖，使辊面硬且韧。图 8-45 所示倾斜交叉堆焊层工艺为三层堆焊。在辊芯表面堆焊一层锰硅合金的缓冲层，在缓冲层表面再堆焊一层铬铜锡合金的过渡层，其硬度为 HRC 52 ～ 55，最外表层堆焊硬度为 HRC 60 的倾斜交叉纹理的耐磨层。

近年开发出一种易装拆的耐磨扇形块组合式磨辊（如图 8-46 所示）。组成磨辊的扇形块被卡紧到辊体上，而又不用螺钉或热压固联。扇形块是冷硬铸造材料制成的耐磨件，高度为 400 mm，允许磨损厚度可达 60 ～ 120 mm，使用寿命可达 20 000 h 以上。与整体式和装有辊套的磨辊相比，这种组合式结构的优点是更易铸造，而且可在不加任何预应力情况下将扇形块安装在辊体上；辊面的修补和更换可直接在辊压机现场进行，因修理、换件所需停机时间可以从 1 ～ 2 周缩短为 1 ～ 2 日；备件数量和所需费用可减少。

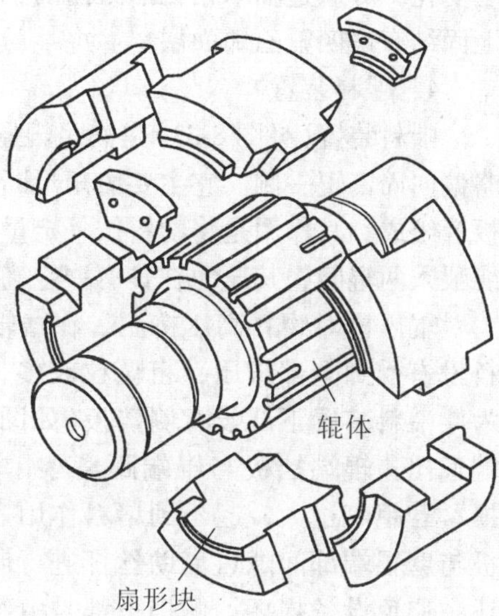

图 8-46　扇形块组合式磨辊的结构示意图

2. 机架

机架是形成和承受巨大粉碎力的部件，必须有足够的强度。机架采用焊接结构，如图 8-47 所示，由下机架（底座）1、上机架（顶板）5、端部件（立柱）3 和 6、剪力销 2 等零部件组成。这些结构件用螺栓连接，构成轴承箱的刚性框架体。轴承座安装在底座和顶板之间，活动辊轴承座可在其间滑动。机架中部设有中间件（调节垫板）4，以保证最小辊间隙。辊子间的巨大作用力由连接面的剪力销承受。连接螺栓只受拉力，不承受剪力。固定辊的轴承座与底座端部件之间衬有橡胶支承板，起缓冲减震作用。活动辊的轴承底部衬以聚四氟乙烯，支承活动辊轴承座处铆有光滑镍板。

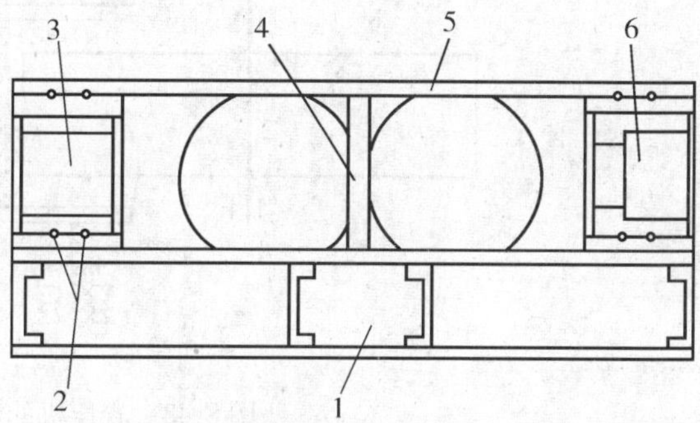

图 8-47　辊压机机架结构示意图

1—下机架；2—销；3—端部件（固定磨辊）；4—中间件；5—上机架；6—端部件（活动磨辊）

3. 支承装置

辊轴两端支承在滚动轴承上。小型辊压机采用双列球面滚珠轴承；大型辊压机用多排圆柱轴承，也有采用多列圆柱滚子轴承与推力轴承相结合的支承结构。轴承分别装入用优质合金钢铸成的轴承箱内。轴承座安装在机架内，固定辊轴承固定在机架一端；活动辊轴承座可在机架间滑动，以调节两辊之间的间隙。活动辊两端的轴承座各由 1 ～ 2 个液压缸顶紧，以对两辊间的物料层施加巨大的挤压力。轴承座内设有冷却水通道，以对轴承进行冷却。轴承壳体设有滚子，可沿框架外侧的滑键滚动而导向。在轴承设计时，磨辊轴向力按总压力的 4% 考虑，并允许一侧的轴承箱留有轴向移动量。由于温度变化引起的磨辊长度变化，可通过轴承箱在框架内的轴向滑动得以补偿。为了减小滑动摩擦，在机架导轨面上固结有聚四氟乙烯面层。

4. 喂料装置

喂料装置(见图8-31)是满足辊压机满料操作的重要装置。喂料装置位于辊间隙上方，略偏向固定辊一侧。它主要由矩形断面的料仓、弹性支承的侧挡板和调整喂料量的调节插板等组成。其作用是将物料按一定量均匀、连续地喂入两辊间。物料必须具有一定压力才能喂入两辊间，其压力在具有一定高度的喂料仓内形成。

辊压机对物料高压挤压，在磨辊的两端及两侧辊隙处的物料极易被挤出，这部分物料没有受到全部挤压，粗颗粒较多，影响粉磨效率，尤其对窄辊的辊压机影响更严重。为此喂料装置下部设有侧挡板(如图8-48所示)，其作用是封住辊端面，防止物料从辊端逸出。辊端挡板与辊端距离小，堵料效果好，但当挤压辊偏斜时容易碰撞，加剧磨损；若距离过大，起不到堵料作用。因此，采用可调节的弹簧支撑结构。这样，辊端挡板与磨辊端部间隙可借助丝杆进行调整，在磨辊发生偏斜或硬物进入时侧挡板可弹性退让，避免设备损坏。侧挡板都是由经表面处理的钢板制成，下端装有耐磨衬板，磨损后可堆焊或更换。

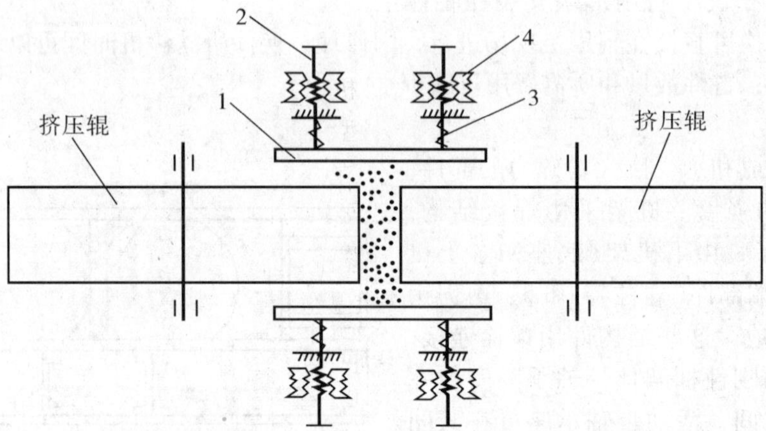

图8-48 辊压机的辊端挡板结构示意图

1—侧挡板；2—丝杆；3—弹簧；4—固定丝母

喂料仓下部的调节插板可以调节磨辊对物料的啮入角以及物料在辊面上的分布，以达到控制磨辊轴向载荷均匀和辊压机生产能力的目的，通过调节喂料量以与出磨料饼厚度相适应。

图8-49所示为带调节插板的喂料仓，通过螺杆旋转推动插板前进和后缩，以调整物料柱的厚薄来调整物料通过量。

喂入回料细粉时会带入大量空气，使得很难控制喂料速度，同时在挤压带空气的物料时，会使辊压机振动，因此最好采用带组合闸门的喂料装置(如图8-50所示)。该喂料装置装有两个闸门，即用于粗粒物料的控制阀门和用于细粒物料喂料的定量阀门，根据喂入物料特性调节定量阀门和控制阀门，以改善辊间隙挤压情况和通气。这种喂料装置还设有一个巨大的膨胀箱，可以保证辊间隙通气和很好地挤压，使辊压机平稳地运转，并得到良好的操作结果；膨胀箱具有耐磨衬板和设有观察门。喂料装置可作水平移动，使得很容易更换耐磨件和前壁的底板。

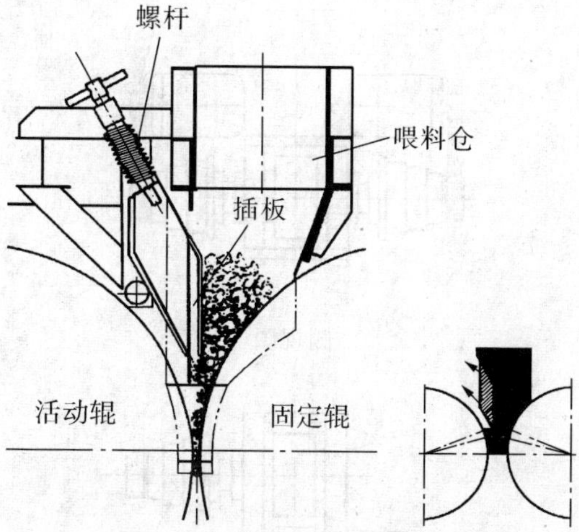

图 8-49　带调整插板的喂料仓

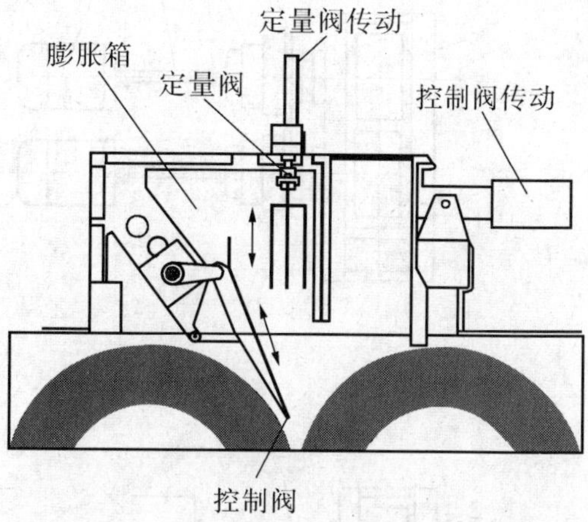

图 8-50　带组合闸门的喂料装置

有些辊压机是不设喂料装置的，而是将料柱直接压在辊隙上，通过改变磨辊的转速来适应细粉料啮入和排气，以达到最佳喂料量。由于细颗粒的排气需要一定时间，所以挤压细物料较挤压粗物料(例如预粉磨操作下)的转速要慢；为了使辊压机能够平稳运行和不引起振动，喂入物料含有的空气越多，磨辊的圆周速度需越低；辊面纹棱形状有助于物料排气，因此可以在较高的磨辊圆周速度下运行，而不会产生振动。故此，对于喂料细度有变化的辊压机，采用能变速的驱动装置可以使系统达到最大的生产能力。

5. 传动装置

传动装置由电动机、减速器、传动轴、胶带传动装置等部件组成。电动机可为鼠笼式、绕线式三相交流电动机或直流电动机。为了使设备生产能力可在较大范围内调节，一般直流电机配用可控硅直流调速装置拖动，使两个磨辊的转速可以集中调节，也可以分别调节，以达到改变两辊的绝对转速和相对转速的目的。

为了满足活动辊的水平移动，又要保持两辊平行，主电机与减速器的联接方式有两种：一种是电动机置于地上基础，通过万向联轴节、减速器与磨辊相接，由万向联轴节来适应两辊之间的摆动(见图 8-51a 及 b)；另一种是磨辊用联轴节与减速器直接相联在一起，电动机悬挂在减速器上，通过三角胶带传动使磨辊转动(见图 8-51c)。

传动系统的配置形式有多种，按电动机驱动大致可分为两种：一种是双传动；另一种是单传动。图 8-51a 及 c 所示为双传动；图 8-51b 所示为单传动，由一台电动机经一台双路圆柱齿轮减速器通过联轴器与两个辊轴相接。

国产辊压机多数采用行星减速器悬挂传动装置。它充分利用行星减速器速比高、功率大、体积小和重量轻的特点，通过缩套联轴器将行星减速器的输出轴刚性地固定在磨辊的主轴上，减速器可以随主轴作水平移动。对于悬挂于轴端的行星减速器，需采用专门的扭力支承装置使扭力平衡。扭力支承包括一个四连杆机构和一个弹性系统，安装在机架底座上。该扭力支承可以满足活动磨辊的水平移动，同时又起到均载、吸震和缓冲的作用，可以使制造加工、安装维护简易方便。采用行星减速器悬挂安装传动方式，可以用较为简单的传动结构满足活动磨辊水平移动的要求。由于把低速大扭矩的减速器输出轴直接与磨辊轴连接，使扭矩传递的距离缩短，通过的零部件减少，可靠性提高，同时避免了用万向联轴节传递扭矩带来的弊病。

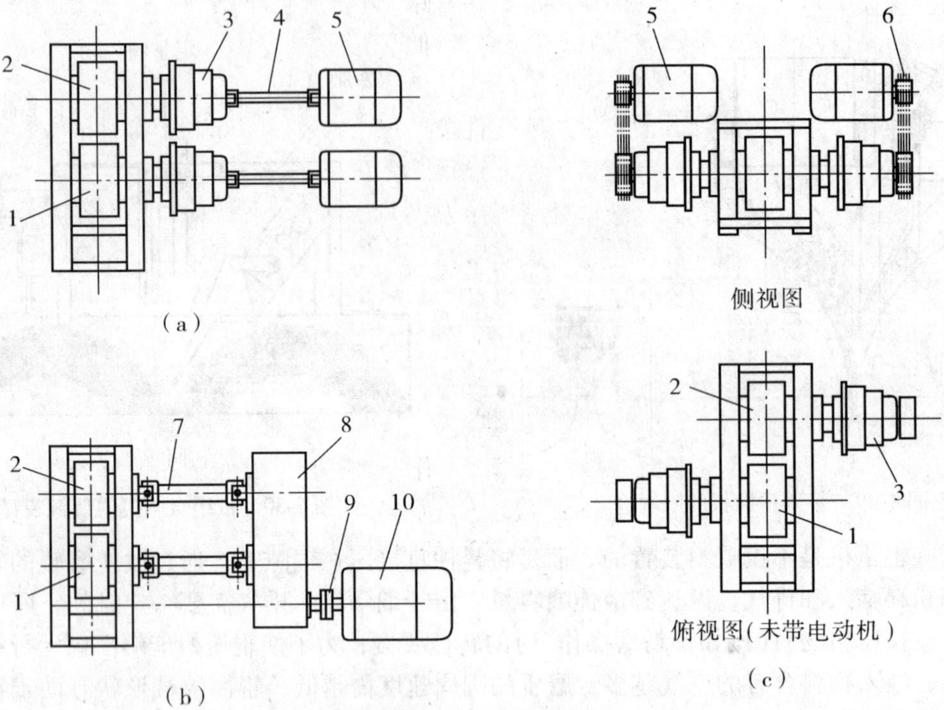

图 8-51　辊压机传动系统配置形式

1—活动辊；2—固定辊；3—行星减速器；4—小规格万向轴；5—小规格电动机；6—胶带传动装置；7—大规格万向轴；8—双输出轴齿轮减速器；9—中规格联轴器；10—大规格电动机

6. 液压及润滑装置

辊压机所需压力由液压系统提供。液压系统主要由油泵、蓄能器和液压缸、控制阀件等组成。液压系统采用四个液压缸(小型辊压机采用两个液压缸)，安装在活动辊轴承座与立柱之间(见图 8-31)。四个油缸直接作用于活动辊的轴承座上，每个活动辊轴承座对应两个液压缸，上下毗邻。液压缸根据工艺要求及时提供适当的挤压力。这种油缸为双向作用油缸，不仅提供磨辊的挤压力，而且一旦磨辊之间压力过载，油缸还能及时将活动辊拉回，增大缝隙，排除异物，保护机件。当异物排除后，两辊重新保持原来间隙，辊压机继续工作。液压缸由一个液压站供油，但分两个系统驱动。这样，当喂料不均匀而使活动辊发生偏移时，它能够使其尽快恢复到与固定辊保持平行的状态。

蓄能器(见图 8-31)起缓冲和保护双重作用。蓄能器使用前预先充入氮气，预先充压至小于正常操作压力，当系统压力达到一定值时喂料，活动辊后退，继续供压至操作设定值时，油泵停止工作。正常情况下，油泵不工作；如果系统中压力过大，液压油排至蓄能器内，使压力降低以保护设备；如果压力继续上升超过上限值，安全阀将会开启，使系统中的油返回油箱而自动卸压；操作中系统压力低于下限值时，则自动启泵增压。辊压机的液压系统采用两个大的及两个小的充氮蓄能器。小蓄能器承受活动辊因物料性质波动而产生的压力变化。当辊间进入异物，液压系统压力骤增至很大值时，则大的蓄能器工作，避免了频繁开启，也克服了单一蓄能器突然关闭时产生的巨大峰值压力。

润滑系统由润滑油泵、减压阀、分配器、管路和检测与报警装置等零部件组成，用于保障主轴承的润滑、密封及活动辊轴承座水平移动的正常工作。减压阀使油泵泵出的润滑油达到要求的压力，通过机架两侧的分配器和管路分布到各个润滑点。如果分出的油路中任何一路受阻，润滑点润滑不良或储油罐油位过低时系统会发出声光报警，必要时停车。

7. 检测与安全保护装置

检测系统分布在各部件之中，由检测元件按工艺要求适时检测各部工艺参数，以实现各系统之间的连锁、指示、报警和粉碎工艺过程的自动控制。检测内容主要包括：磨辊之间的缝隙检测；主轴承温度检测；液压系统压力检测；润滑系统工作检测及润滑油储油最低容量检测；液压泵站滤油器压差报警等。

三 工作参数的确定

(一)磨辊尺寸及辊隙

磨辊的直径 D 与宽度 B 之比是一个重要参数，与辊压机的工作性能有着密切关系，涉及喂料粒度、粉碎力和设备结构强度。在相同工作压力和相同磨辊转速的条件下，辊压机的生产能力与磨辊直径及宽度的乘积成正比，即 $Q \propto DB$。也就是说，对于一定生产能力的辊压机，在设计和使用磨辊尺寸上有两种不同的搭配方式：一为采用大直径小宽度($D/B > 2.5$)磨辊；另一为采用小直径大宽度($D/B = 2.5 \sim 1.0$)磨辊。但它们的工作特点是不一样的。

大直径小宽度磨辊有利于物料的啮入，允许喂料粒度较大，卸出料饼厚度也增大，同时物料向上反弹情况较少，可减少设备的负荷波动，有利于其运转率的提高；辊子直径大，惯性大，运转较平稳；较大的辊径可以使两辊之间形成粉碎区的范围扩大，物料受压过程较长，料层内部受压均匀，料饼颗粒组成较稳定，对提高粉碎度和产品细度有利；辊径大，则轴承大，轴承及机架受力情况较好，使用寿命可延长，而且由于两辊的中心距增大，给传动装置的布置、安装、检修都提供方便，尤其是采用同侧驱动方案时极为有利；辊面寿命相对较长。但是这种磨辊的重量和体积较大，整机重量较小直径大宽度磨辊重约15%，而且生产中“边缘效应”较显著，辊子两端粉碎压力迅速减弱，未被挤压而从磨辊两边逸出的物料较多(10% ~ 15%)；辊子与物料层之间的作用面积较大，在一定粉碎力下粉碎压强较小，为了达到一定的粉碎压强，需施加较大的粉碎力。

小直径大宽度磨辊的优缺点恰与大直径小宽度磨辊相反。整机质量较轻，“边缘效应”较小，辊子与物料层之间的作用面积较小，在一定粉碎力下粉碎压强较大，施加较小的粉碎力就可达到同样的粉碎压强。但这种磨辊对喂料粒度的反应比较敏感，允许喂料粒度小，卸出的料饼中细颗粒含量较少，运转稳定性较差。

辊压机是一种高压粉碎设备，磨辊的弯曲变形与其宽度的 3 次方成正比，如果磨辊的径宽比过小，磨辊容易产生弯曲变形，从而引起辊面压力分布不均，降低粉碎效果，加快辊面磨损。因此，磨辊必须保证适当的径宽比，需根据生产具体情况选用。

当辊压机生产能力较大($Q \geqslant 200$ t/h)时，应适当增加辊宽，径宽比应大于 1，适宜范围是 $D/B = 1.1 \sim 1.2$；当要求生产能力较低($Q \leqslant 60$ t/h)时，可适当减小辊宽，径宽比应小于 3，适宜范围是 $D/B = 2.0 \sim 2.5$；喂料粒度较大，易磨性较差时，可选择 D/B 较大的磨辊；物料易磨性较好，要求设备产量较大时，可选择 D/B 较小的磨辊。在选择辊压机规格时，应先确定磨辊直径，以满足入磨粒度要求，然后再适当增加宽度，以减少边缘效应。

辊隙对辊压质量、料饼厚度、适宜喂料粒度及辊压机通过能力等都有影响。保持一定的辊间隙是形成料层粉碎的必要条件。其实辊隙 s 是辊径 D 的函数，设挤压前后物料的堆积密度分别为 ρ_1、ρ_2，辊隙分别为 s_1、s_2，α 为压力角，根据质量平衡原理：

$$s_1\rho_1 = s_2\rho_2 \tag{8-36}$$

由于

$$s_1 = s_2 + D(1-\cos\alpha)$$

于是

$$s_2 = \frac{\rho_1}{\rho_2-\rho_1}(1-\cos\alpha)D \tag{8-37}$$

可见辊径越大，在同样压力角下啮合的物料层越厚，辊间隙越大。

辊间隙也可按下式来估算：

$$s = \frac{qD}{3.6\rho_s} \quad (\mathrm{m}) \tag{8-38}$$

式中 q——单位处理能力，q 与喂料粒度、喂料水分和辊面特性等因素有关，由实验室测定，一般取 $q=130(\mathrm{t\cdot s})/(\mathrm{m^3\cdot h})$；

D——磨辊直径(m)；

ρ_s——料饼堆积密度($\mathrm{t/m^3}$)，约为质量密度的 80%，单位辊宽粉碎力为 9～10 t/cm 时，$\rho_s=2.4\ \mathrm{t/m^3}$。

磨辊间隙宽度 s 与磨辊直径 D 之比值称为相对间隙宽度，一般 $s/D=0.01\sim0.02$，它与处理量密切相关。两辊中心连线上的辊隙为最小辊隙 $s_{\min}$，设计时可按下式来确定：

$$s_{\min} = K_s D \tag{8-39}$$

式中 K_s——最小辊隙系数，因物料性质不同而异，水泥熟料取 $K_s=0.016\sim0.024$，水泥原料取 $K_s=0.020\sim0.030$；

D——磨辊外径。

在实际操作中，为了保证料饼的厚度，应该设定合适的操作辊隙。一般最小辊隙设定在原始辊隙值增加 1～2 mm，最大辊隙设定为 25 mm。即最小辊隙时减压，最大辊隙时加压，并随时根据实际料饼厚度及喂料粒度调节导料插板的位置。

（二）钳角及喂料最大粒度

物料与两辊子接触点的切线夹角 α 称为辊压机的钳角(如图 8-52 所示)。与辊式破碎机一样，为了能钳住物料进行粉磨，要求辊压机有一定的钳角。钳角的极限值同样可以从作用力的平衡关系求得。

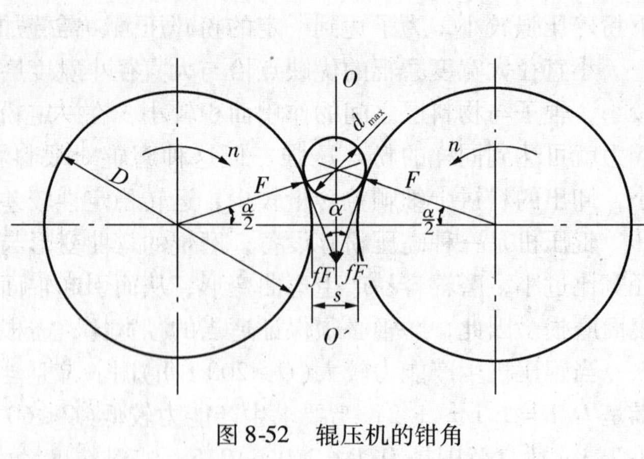

图 8-52　辊压机的钳角

喂入物料在受到两个磨辊压力 F 和磨辊回转时产生的摩擦力 fF 作用下啮入两磨辊之间。为了能钳住物料进行粉磨，沿 OO' 轴向的分力必须满足以下条件：

$$2fF\cos\frac{\alpha}{2} \geqslant 2F\sin\frac{\alpha}{2} \tag{8-40}$$

上式简化得：$f\geqslant\tan\frac{\alpha}{2}$。而物料与辊面间的摩擦角 φ 的关系为 $f=\tan\varphi$，则

$$\alpha = 2\varphi \tag{8-41}$$

也即为了使辊压机能啮入物料，钳角应小于或等于物料与磨辊之间的摩擦角的两倍。一般物料与钢的摩擦系数为$f \approx 0.24$，与此相应的最大钳角为27°。实际采用的钳角应小些。

为了使钳角能满足上式的关系，喂入辊压机的最大料块尺寸 d_{max} 与磨辊直径 D 的比值大小应受到一定的限制，从图 8-52 可知：

$$\left(\frac{D}{2} + \frac{d_{max}}{2}\right)\cos\frac{\alpha}{2} = \frac{D}{2} + \frac{s}{2} \tag{8-42}$$

式中 D——磨辊直径(m)；

d_{max}——喂料最大粒度(m)；

s——料层厚度(m)，水泥熟料 $s = (0.016 \sim 0.024)D$，石灰石$s = (0.02 \sim 0.03)D$；

α——钳角，为了能牢靠啮入物料，一般取 18°。

将上述数据代入可求得：对于水泥熟料$\frac{D}{d_{max}} = 27.1 \sim 34.8$；对于石灰石$\frac{D}{d_{max}} = 23.3 \sim 30.5$。所以，喂料最大粒度与磨辊直径有关，$d_{max} = (0.029 \sim 0.043)D$。在一定辊径下，喂料最大粒度不能大于辊子直径的$\frac{1}{20} \sim \frac{1}{15}$。允许喂料最大粒度约为 0.05 D，最佳喂料粒度为 1.3 s。最好不要喂入过大粒度物料，$d > 25$ mm 的物料要求少于 10%，否则会引起辊压机振动。

辊压机稳定操作的重要前提条件是要严格控制喂料粒度，为了满足辊压机料层粉碎的粒度要求，也应控制喂料粒度。如果喂料大颗粒过多，则单颗粒破碎有可能占为主导地位，破碎产品也满足不了后面料层满料挤压的要求，料层粉碎功能削弱，较小颗粒得不到有效的粉碎即通过辊压机，总的粉碎效果大幅度降低，而且破碎机的单颗粒破碎能耗比辊压机低得多。因此，大颗粒的破碎应主要由破碎机完成，只有严格控制破碎机的破碎粒度，才能保证辊压机的挤压粒度。另外，喂料粒度太大，容易引起辊压机剧烈振动。这是由于大颗粒破碎时，因应力集中的突然消失而造成的。大颗粒在被破碎之前还可能产生与辊面的相对滑动，加速辊面的磨损。但是，如果喂料粒度太细或含有较多选粉机粗粉，对辊压机的运转也不利。这是因为细粉对粗颗粒会起着衬垫作用，降低了粉碎效果；物料挤压成料饼时，其中的气体外溢时遇到了阻力增大，容易引起喷灰或小爆炸；粒度太细时料饼变薄，通过量降低。所以，只有当喂料粒度大小适中、级配均匀时，才能使辊压机运转平稳，出料成饼率高，粉碎效果好，辊隙容易控制。

（三）辊压

辊压机使用压力的高低直接影响其能量消耗、粉碎效果和运转的稳定性。压力低时，蓄能器的作用削弱，辊压机振动加剧，辊压粉碎效果差；压力较高时，能耗升高，辊面磨损严重，液压系统及机械使用寿命缩短。因此，辊压机应有一个适宜的辊压值。

辊压机的粉碎作用主要取决于物料颗粒间的压力，而不取决于两辊的间隙。大于磨辊间隙 s 的颗粒在上部钳角 2α 处先经挤压（见图 8-29），然后进入压力区 A（即钳角 α 的范围内）时，即被压紧并受到不断加大的压力 p，直至两辊间的最小间隙 s 处，压力达到最大值 p_{max}。受到压力的料层从进入 α 角开始，随着向下移动而密实度逐渐增大，料层中每个颗粒不可避免地受到来自各个方向的相邻颗粒的挤压，不断加大的压力使颗粒之间空隙逐渐减少，颗粒在受到巨大的压力时发生应变，出现微裂纹和粉碎。

相应辊面上挤压应力状态见图 8-53。作用在物料上的压力取决于作用力 F 和受力面积

A，其平均压力为 F/A。实际压力分布是一条曲线（见图 8-29 和图 8-53），挤压应力增加是在 α_0 范围内，在 γ 角度范围内，压实料逐渐膨胀，压力逐渐下降，在中间达到最大值。实际上真正起作用的是最大压力区，一般最大压力 p_{max} 在压力角 $\alpha=1.5°\sim2.2°$ 范围内，而平均压力 p_{cp} 在压力角 $\alpha_0+\gamma=7°\sim9°$ 范围内。最大压力区压力是平均压力的 2 倍左右。

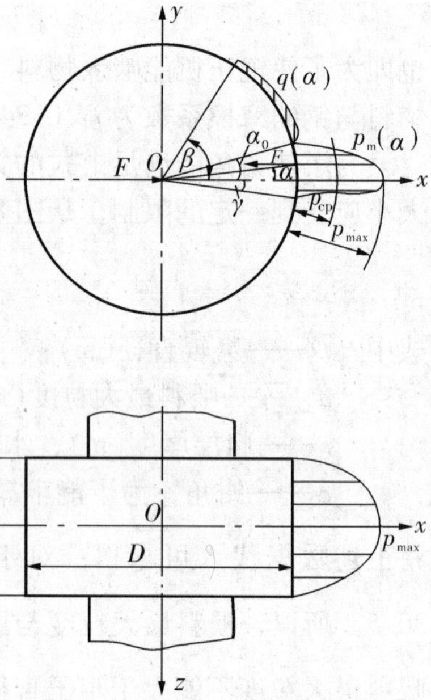

图 8-53　辊面上挤压应力状态

试验表明，粉碎效果是料层压力的函数，在一定范围内效率最高，超过此压力，效率变化不大（见图 8-54）。从图可看出，平均料层压力在 80 ~ 120 MPa 之间细颗粒增加速度最快，粉碎效率较高，超过 150 MPa 则不再增加。平均料层压力达到 180 MPa，产品中小于 80 μm 的颗粒含量增至 30% 时，基本达到极限。再增大压力，料饼很坚硬，会使细粉重新团聚结硬，或使颗粒中已形成的微裂纹部分重新癒合，反而不经济。

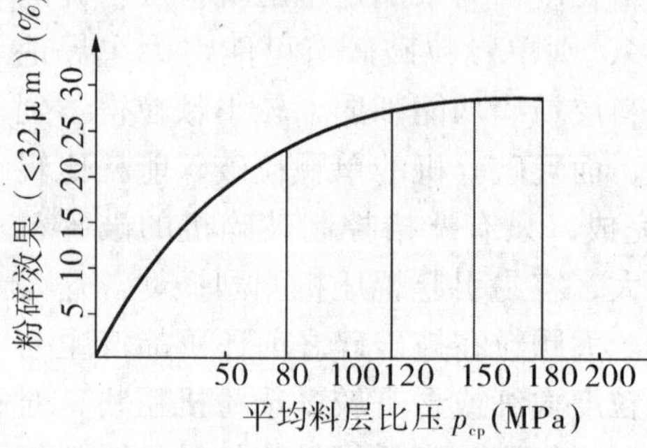

图 8-54　挤压效果与压力关系

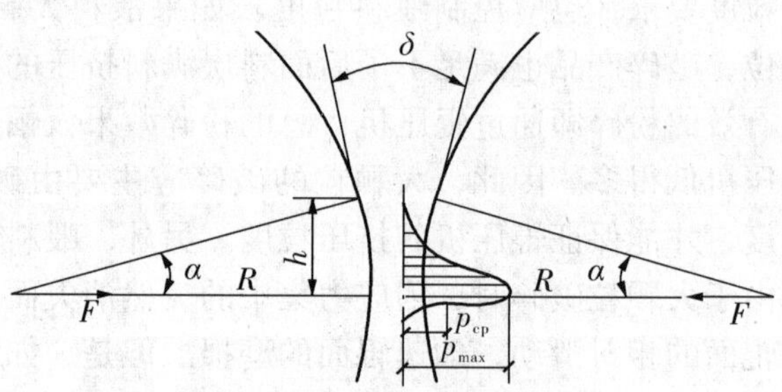

图 8-55　辊压机受力情况

压力临界值取决于物料性质和喂料粒度。辊压水泥熟料的临界值高而石灰石低；喂料粒度小临界值高，粒度大则临界值低。辊压机是一次辊压，一般在近于临界压力条件下工作，辊压较高，一般为 50 ~ 150 MPa，因此要确保粉碎区内最大粉碎压力达到 50 ~ 300 MPa。

如图 8-55 所示，平均辊压 p_{cp} 可按下式计算：

$$p_{cp}=\frac{F}{Bh}=\frac{F}{BR\sin\alpha}=\frac{2F}{BD\sin\alpha}\quad(\mathrm{kN/m^2})\tag{8-43}$$

式中　F——辊压机的总压力（kN）；

h——压力区高度（m）；

B——辊宽（m）；

R——磨辊半径（m）；

D——磨辊直径（m）；

α——压力角或称啮入角（°）。

平均压力与啮入角有关，而啮入角在一定范围内随辊面和物料性质而变。因此，对于设计参数亦有采用投影压力 p_r 来计算：

$$p_r = \frac{F}{BD} \quad (\mathrm{kN/m^2}) \tag{8-44}$$

符号意义同前。若取压力角 $\alpha = 8°$时，则 $p_{cp} = 1.44\ p_r$。早期用于预粉磨的辊压机磨辊的投影压力波动于8500 ～ 10 000 kN/m²，相当于平均压力为120 ～ 150 MPa。目前联合粉磨的辊压机的投影压力已降至5000 ～ 6000 kN/m²，相当于平均压力为70 ～85 MPa。对于石灰石和水泥熟料，平均压力控制在 140 ～ 180 MPa 之间比较经济，设计最大工作压力宜取200 MPa。

理论上磨辊与物料间是线接触，辊压机的压力亦有采用单位辊宽具有的粉碎力(即线压力)F_m(kN/cm)来表示，一般取80 ～ 160 kN/cm，小辊径取小值，大辊径取大值。

(四)辊速

辊压机磨辊的转速与生产能力、功率消耗和运行的平稳性有关。转速增加使生产能力增加，但超过一定范围，辊面与料层之间的滑动加大，磨辊磨损加剧，辊压机动力增加，而生产能力变化很小。当转速超过某一临界值，由于操作中从压缩区排出空气过多而发生剧烈振动。该转速称为临界转速，它取决于料层的颗粒结构和排出气体时的流体阻力。

图8-56所示为辊压三种不同水泥熟料的生产能力与辊速关系。从图可看出，磨辊圆周速度在0 ～ 1.5 m/s之间时，辊压机的生产能力与磨辊转速是线性关系，超过此值，变化不大。在同一速度下，不同水泥熟料的生产能力也相差很大，波动为30%。水泥熟料3的临界速度可达1.8 m/s。

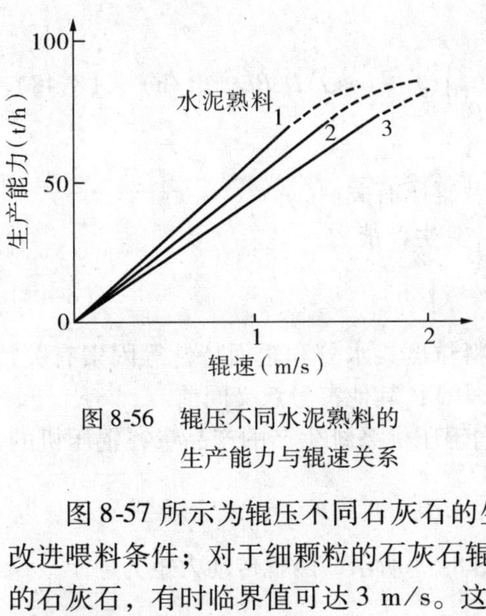

图8-56　辊压不同水泥熟料的生产能力与辊速关系

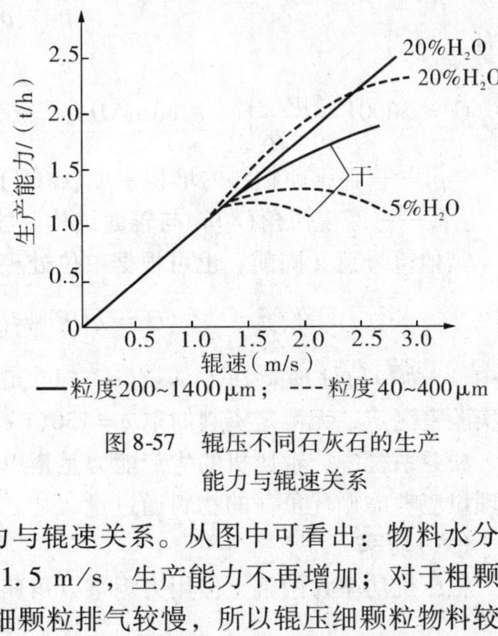

图8-57　辊压不同石灰石的生产能力与辊速关系

图8-57所示为辊压不同石灰石的生产能力与辊速关系。从图中可看出：物料水分可改进喂料条件；对于细颗粒的石灰石辊速超过1.5 m/s，生产能力不再增加；对于粗颗粒的石灰石，有时临界值可达3 m/s。这是因为细颗粒排气较慢，所以辊压细颗粒物料较辊压粗颗粒物料的转速要慢。

料层粉碎过程要求辊速不能过高，在满足生产能力情况下，应尽量采用低转速。一般辊压机的圆周速度控制在0.5 ～ 2.0 m/s，辊速的选取与物料性质和辊面粗糙度有关。对于水泥熟料 $v \leqslant 1.5$ m/s；石灰石 $v \leqslant 2$ m/s。圆周速度也不随辊径而变化。在一定辊面圆周速度要求下，辊径越大，磨辊转速可越低。

转速可用下式估算：

$$n \leqslant \sqrt{\frac{K}{D}} \quad (\mathrm{r/min}) \tag{8-45}$$

式中 K——与物料性质有关的系数，回转窑水泥熟料 $K=660$；

D——磨辊外径(m)。

过去有的辊压机设计采用变速驱动，以适应生产能力改变的要求。现在一般均设计为恒速驱动，为了适应生产能力改变的需要，可用调节物料循环量来满足。

(五)生产能力

辊压机的生产能力可按连续通过两辊间隙的料饼量来计算：

$$Q = 3600\, Bsv\rho_2 = 60\pi DBsn\rho_2 \quad (\mathrm{t/h}) \tag{8-46}$$

式中 B——辊宽(m)；

s——辊间隙(m)；

v——辊面圆周速度(m/s)；

ρ_2——辊压后的料饼堆积密度(t/m³)，约为物料质量密度的80%；实验测得水泥生料为2.3 t/m³，水泥熟料为2.5 t/m³；磨辊线压力为9～10 t/cm 时，$\rho_2=2.4$ t/m³；

D——辊径(m)；

n——磨辊转速(r/min)。

由于

$$s = \left(\frac{\rho_1}{\rho_2 - \rho_1}\right) D(1 - \cos\alpha) \tag{8-47}$$

于是

$$Q = 3600\left(\frac{\rho_1\rho_2}{\rho_2 - \rho_1}\right)(1 - \cos\alpha)DBv = 60\pi\left(\frac{\rho_1\rho_2}{\rho_2 - \rho_1}\right)(1 - \cos\alpha)D^2Bn \quad (\mathrm{t/h}) \tag{8-48}$$

式中 ρ_1——辊压前物料的堆积密度(t/m³)；

α——磨辊钳角(°)，与辊面结构、物料性质及辊压有关。

其他符号意义同前。也可根据单位处理能力来计算生产能力：

$$Q = qDBv = \frac{\pi}{60}qD^2Bn \quad (\mathrm{t/h}) \tag{8-49}$$

式中，q 为单位处理能力（t·s/(m³·h)），q 与喂料粒度、水分和辊面特性等因素有关，由实验室测定，无测定资料时取 $q=130$(t·s)/(m³·h)；其他符号意义同前。

粉磨系统中，辊压机的生产能力是指单位时间内辊压机系统生产的产品量，辊压机的处理量应考虑循环负荷的物料通过量。

(六)功率

辊压机功率为两辊上作用力矩乘以角速度。如图 8-53 所示，两辊传动力矩为

$$T = 2F\sin\alpha \cdot \frac{D}{2} \quad (\mathrm{kN \cdot m}) \tag{8-50}$$

式中 F——作用总压力(kN)；

α——作用角，一般为钳角的1/3，通常取1.8°～2.2°；

D——辊径(m)；

两辊的功率为

$$N_0 = T\omega = Tv/\frac{D}{2} \quad (kW) \tag{8-51}$$

式中 ω——磨辊角速度(s^{-1});

v——磨辊圆周速度(m/s)。

将式(8-48)代入,得

$$N_0 = 2F\sin\alpha \cdot v \quad (kW) \tag{8-52}$$

若以投影辊压 $p_r = \frac{F}{DB}$(kN/m^2)计算,则

$$N_0 = 2DBp_r\sin\alpha \cdot v \quad (kW) \tag{8-53}$$

因为辊压机操作时有波动,辊压机的驱动功率 N 应在 N_0 基础上乘上储备系数1.2,即

$$N = 1.2N_0 \quad (kW) \tag{8-54}$$

辊压机的驱动功率亦可以理论公式计算:

$$N = \mu Fv \quad (kW) \tag{8-55}$$

式中 μ——磨辊与物料间的动摩擦因数,由实验得出,水泥熟料为0.05~0.10;

F——磨辊粉碎力(kN);

v——磨辊圆周速度(m/s)。

式中 μ 值较难精确确定,计算误差较大,故仅作参考。由于驱动功率与粉碎单位电耗、生产能力和传动效率有关,而单位电耗与物料性质和粉碎压力有关,故一般根据经验来确定辊压机的装机功率。表8-6列出辊压机的单位产量电耗。

表8-6 辊压机的单位产量电耗

被粉碎物料	需用功率(kW·h/t)	装机功率(kW·h/t)
水泥熟料	3.5	4.0
矿 渣	6.0	8.0
石灰石	3.0	3.5

四 性能及应用

辊压机采用的是高压下的料层挤压粉碎,因此,具有以下特点:

1. 粉磨效率高,增产节能

在球磨机中物料受到压力和剪力的综合作用,而在辊压机中物料基本上只受到压力作用。试验表明,在物料粉碎过程中,施加纯粹的压力所产生的应变相当于剪力所产生的应变的5倍。在辊压机中,粉碎力通过物料层传递,物料在传递力的过程中,相互挤压而被粉碎。因此,辊压机的能量利用率较高,从而可使粉磨系统大幅度地节能,比传统的粉磨系统节能20%~50%。

由于辊压机粉碎施加的挤压力较大,料层所受的压力也相当高,一般高达50~300 MPa(用于水泥工业一般为150~200 MPa)。料饼中含有相当分量的成品,而且经挤压过的颗粒含有大量微裂纹,有利于下道粉磨工序,这样可使粉磨系统大幅度增产节能,提高

处理量最多可达1倍以上。

2. 结构简单、紧凑，占地面积小

辊压机体形小，质量小，容易安装，甚至可以整体安装。生产过程可实现自动控制，维护方便。

3. 金属消耗少

因两磨辊作同步相向转动，物料与磨辊间的相对滑动较小，而且辊面上又堆焊了一层较厚的耐磨合金，因此辊面的磨损很小。粉磨水泥时球磨机的磨耗为300 ~ 1000 g/t，而采用辊压机粉磨系统的磨耗仅为0.5 g/t，所以它可以满足粉磨白水泥的要求。

4. 工作噪音低，粉尘少，有利于环境保护

球磨机噪音在110 dB以上，而辊压机约为80 dB。

辊压机不足之处是：投资高；对喂料的粒度分布、含水量、稳定性、不含金属异物等工艺操作条件要求高，要求喂料料柱密实、充满，并保持一定的喂料压力，回料量控制要恰当，粉磨工艺系统配置要合适，否则它的优越性不能发挥；由于磨辊作用力大，存在辊面材料剥落及磨损，磨辊和轴承容易损坏，减速器齿轮过早溃裂等设备问题，维修耗费大。近年来正在从工艺、结构、材质等方面进行改进，辊压机的机械结构如辊面材质和特性、轴承等都有改善，辊压机粉磨系统仍是粉磨系统的可选方案。

由于辊压机采用料层挤压粉碎方式粉碎物料，因而特别适用于脆性物料的粉磨。它不仅可应用于水泥工业，同时在矿山、冶金、化工、电力、煤炭等凡涉及干法粉磨领域的工业部门都可使用。例如，适用于粉磨水泥原料(石灰石、砂岩、页岩等)、水泥熟料、矿渣、石膏、煤、石英砂以及金属矿石(铁矿石、铜矿石、金矿石、铝土矿石)等。

第四节　筒辊磨机

一　工作原理及构造

筒辊磨机又称水平辊磨机或卧式辊磨机。筒辊磨机是一种中等压力、薄料层、筒体内物料循环挤压的粉磨机。它组合了球磨机和辊压机的构造特点，是圆柱形筒体与内装圆柱压辊相结合的机械，采用料层挤压粉碎原理，利用中等压力、物料一次喂入多次挤压粉磨。它综合了辊磨机和辊压机的特点，兼具辊压机的粉磨效果和球磨机的运转可靠性。

辊压机在高压下一次辊压粉磨方法，给粉磨工艺过程带来许多限制。例如，高压带来对机械制造的苛求(如磨辊表面耐磨、磨辊支承轴承寿命等问题)；喂料速度对运转速度的限制(限制在0.5 ~ 2.0 m/s)；对要求磨细的硬质物料要有很高循环负荷和产生薄片颗粒等。辊压机设计时，早期取料层平均压力 p_{cp} = 150 MPa(相当投影压力 p_r = 10 MPa)，随着使用经验积累，可将 p_{cp} 降至100 MPa(相当于 p_r = 6.5 MPa)。而辊磨机设计时取料层平均压力 p_{cp} = 6 ~ 15 MPa(相当于 p_r = 0.6 ~ 1.5 MPa)，在低压下经过多次辊压，同样也可达到很好的粉磨效果。为此，如莱歇磨机随着规格加大而采用3、4、6个磨辊，伯力鸠斯磨机生产大型磨机则把磨辊数由原来的4个增多到8个，增加料层辊压次数，但辊磨机制造成本高。

筒辊磨机设计时，采用中等辊压(p_r = 1.5 ~ 2 MPa)和料层多次辊压。试验证明，高

压下一次辊压和中等压力下多次辊压在施加同样总能量、粉磨相同物料下，获得的粉磨效果非常接近(见图 8-58)。

筒辊磨机的构造如图 8-59 所示，主要由回转筒体、双滑履轴承、水平磨辊、磨辊两端支承轴承、固定在筒体上的齿圈和液压缸等组成。水平圆柱形筒体 2 的壳体很短，其长度约为直径的$\frac{2}{3}$。筒体用双滑履 6 支承，主滑履安置在受辊压的筒体下部。圆筒内部有一根水平支撑的磨辊 4，它由两个大液压缸加压。筒体的回转类似球磨机，采用大小齿轮、减速器、电动机驱动。其旋转速度一般高于球磨机的临界转速。筒壁与球磨机一样镶有衬板 1，在粉磨区筒体内镶有凹形磨槽 3。磨辊与辊压机一样镶有辊套，磨损后更换。磨辊表面呈凸形，借助筒体外部的加压装置 5，使磨辊向下施压于磨槽。

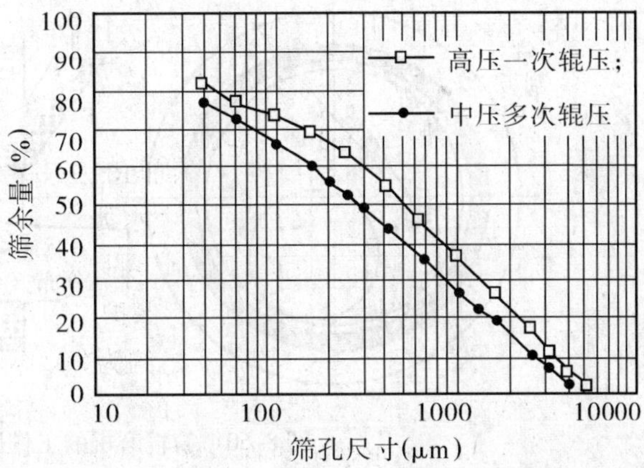

图 8-58　高压下一次辊压和中等压力下多次辊压在同样能耗试验的粒度分布曲线比较

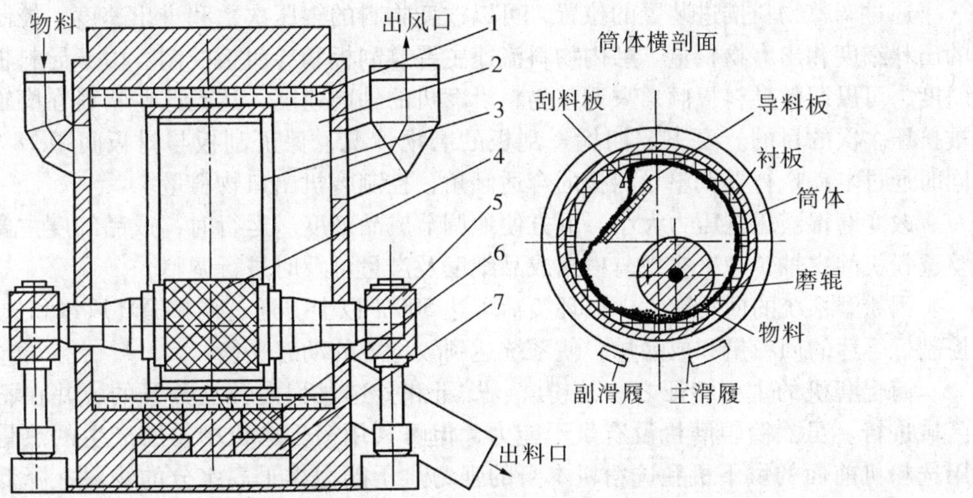

图 8-59　辊筒磨机的构造

1—衬板；2—筒体；3—磨槽；4—磨辊；5—加压装置；6—滑履；7—滑履底座

筒辊磨机的工作原理如图 8-60 所示。通过大小齿轮传动使筒体回转，而磨辊在液压油缸作用下向筒体内物料施加压力，并借助受挤压物料的摩擦力作用被动地自由回转。物料由筒体一侧喂入，筒体在超临界转速下回转，物料受到较大的惯性离心力作用而紧贴于筒体内壁，保证物料连续均匀地平布于筒壁，可以很好地控制物料流分布。筒内设置带有一定螺旋角度的刮板，将粘结于筒壁的物料刮离筒体，降落到导料板上，通过这些布料装置在宽度方向上均匀地落到下部筒体上，随着筒体的回转进入磨槽与磨辊间隙中，与该处粉磨区物料重新混合排列，在磨槽随筒体转动形成的料层粉磨区，依靠磨辊的压力受到类似辊压机的高效率挤压粉磨。物料在磨槽内完成一次粉磨后，被挤压的物料仍贴壁，被提

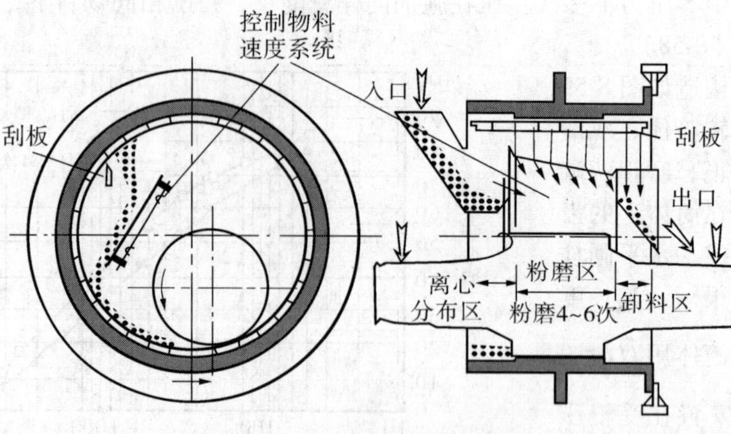

图 8-60　筒辊磨机的工作原理

升并经由刮板和导料装置实现向出口方向运动，接受下一次挤压粉磨。经过多次挤压粉磨后，物料按螺旋线前进，离开粉磨区进入卸料区排出磨机外。

与球磨机一样，磨机外部接有选粉机和收尘设备。与辊压机的高压粉磨不一样，物料是经 4 ～ 6 次挤压完成，压力要低得多，啮入角要大些。物料在粉磨区所受的挤压力，一般为辊压机的 0. 15 ～ 0. 25 倍，是辊磨机的 2 ～ 3 倍。出磨物料不结饼，无需打散机，可直接进入选粉机分级。

通过调整物料推进装置的位置，可以改变物料的辊压次数和进出速度，控制筒辊磨机的出料细度和出磨物料量。磨内物料流速主要靠刮板和导料板控制。由于导料板有一定倾斜度，可以调整导料板倾角来调整物料沿磨机的轴向速度，达到这些物料在磨辊和筒体间被挤压多次的目的。要求定期检查刮板的磨损情况，保证刮板与衬板间距 18 ～ 24 mm，同时通过电动执行器调整导料板的合适倾角，控制磨机出口物料量。

改变磨辊液压缸压力大小，可方便地调节成品细度。运行时，成品细度主要是通过调整选粉机的主轴转速来实现。根据成品细度及产量可及时进行调整。

因粉磨系统的回粉较大，循环负荷可达 500% 以上。通过调整循环风量和选粉机转速，控制好合适的回粉量和成品量，使系统达到较稳定的动态平衡。

筒辊磨机的主要特征之一是粉磨、烘干和分选过程是独立分开的，并在不同的特定区域进行。虽然筒辊磨机没有烘干能力，但可利用筒辊磨机中粉磨产生的热量，充分利用选粉机前面的烘干机和选粉机本身的强力烘干能力烘干高水分的物料，降低相应风机功率。

为了保证磨内轻微的空气负压，以达到除尘的目的，通过控制风门使磨机出口气流压力保持恒定。只要有少量的空气通过磨机，就可以消除磨内“喷砂效应”。当原料中石英含量高时，这种现象经常出现在立磨粉磨的过程中。

目前已制造出筒辊磨机的规格直径为 2 ～ 3. 8 m，粉磨水泥原料可达 250 t/h，粉磨水泥的产量达 130 t/h 以上。HORO 3800 筒辊磨机的技术性能见表 8-7。

表 8-7　HORO3800 筒辊磨机的技术性能

项　目	数　值	项　目	数　值
产量(t/h)	120	筒体转速(r/min)	36
水泥细度(m^2/kg)	310	磨辊线压(N/cm)	180
筒体直径(m)	3.64	物料喂入角(°)	18
磨辊直径(m)	1.82	与临界转速比(%)	160
磨辊宽度(m)	1.36	循环负荷(%)	700 ～ 900
磨电机功率(kW)	2500		

二　工作参数的确定

(一)钳角及喂料最大粒度

筒辊磨机需控制适宜的入磨物料粒度，否则磨机振动过大，会引起磨机保护停车。如图 8-61 所示，喂入物料受到磨辊压力 F 及筒体回转时产生的摩擦力的作用，被钳入磨辊与筒体内壁之间。为了能钳住物料进行粉磨，沿 $O'O'$方向上的各力要处于平衡状态，即

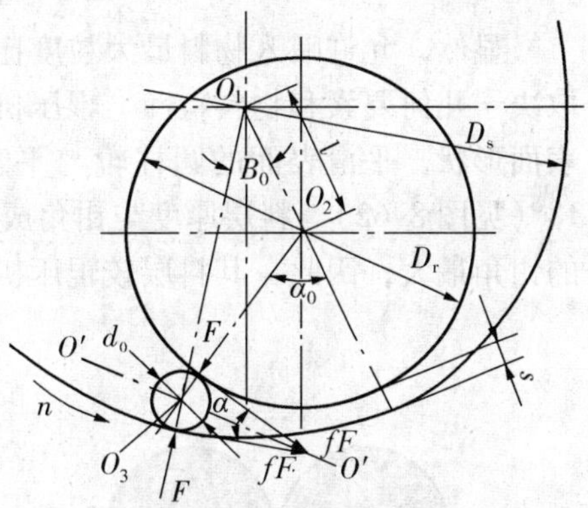

图 8-61　筒辊磨内物料受力状态

$$2fF\cos\frac{\alpha}{2} \geqslant 2F\sin\frac{\alpha}{2} \tag{8-56}$$

式中　f——物料与磨辊及筒体内壁间的摩擦因数；

F——磨辊作用在物料上压力；

α——钳角。

将上式简化得

$$\alpha \leqslant 2\varphi \tag{8-57}$$

亦即为了使筒辊磨机能正常工作，钳角 α 应小于或等于物料与研磨体之间摩擦角 φ 的两倍。物料与钢的摩擦系数一般为 $f \approx 0.24 = \tan\varphi$，则 $\varphi = 13.5°$，与此相应的最大钳角为 $\alpha \leqslant 2 \times 13.5° = 27°$。实际应用筒辊磨的钳角为 18°进行喂料最大粒度计算。

从图 8-61 可知：

$$\frac{D_s}{2} = \left(\frac{D_r}{2} + \frac{d_{max}}{2}\right)\cos(\alpha_0 - \beta_0) + \frac{d_{max}}{2} + l \cdot \cos\beta_0 \tag{8-57}$$

式中　D_s——筒辊磨的筒体内径；

D_r——磨辊直径，设计取$\frac{D_r}{D_s} = 0.4 \sim 0.5$；

d_{max}——喂料最大粒度；

l——筒体中心相对磨辊中心的偏心值。

从图可知：

$$l = \frac{D_s}{2} - \frac{D_r}{2} - s = D_r - \frac{D_r}{2} - 0.03D_r = 0.47\,D_r \tag{8-58}$$

式中，s 为料层厚度，一般取 $s=0.03\ D_r$。

在$\triangle O_1O_2O_3$ 中，依余弦定理得

$$\left(\frac{D_r}{2}+\frac{d_{max}}{2}\right)^2=\left(\frac{D_s}{2}-\frac{d_{max}}{2}\right)^2+l^2-\left(\frac{D_s}{2}-\frac{d_{max}}{2}\right)l\cos\beta_0 \tag{8-59}$$

将上述数值代入并简化得

$$\cos\beta_0=\left(\frac{3}{4}D_r^2-\frac{3}{2}D_rd_{max}+l^2\right)\Big/\left[2l\left(D_r-\frac{d_{max}}{2}\right)\right] \tag{8-60}$$

将上式代入式(8-57)，并将 $\cos(\alpha_0-\beta_0)=\cos\alpha=\cos2\varphi=\cos18°$和 $l=0.47D_r$，$s=0.03\ D_r$，$D_s=0.5\ D_r$ 代入简化得

$$0.078\ D_r^2-0.9755\ D_rd_{max}+0.9755\ d_{max}^2=0 \tag{8-61}$$

解上式得

$$D_r=11.4\ d_{max}\quad 或\quad d_{max}=0.088D_r \tag{8-62}$$

显然，允许喂入物料最大粒度比辊压机大得多，比辊磨机也大。挤压式粉磨机的钳角取决于几何要素和物料特性。辊压机的钳角一般为 6°。辊磨机的钳角取决于磨辊与磨盘的表面形状，平滑表面的圆柱辊与平盘的钳角一般只有 12°。筒辊磨机的磨辊钳角一般为 18°(见图 8-62)。料层厚度与钳角成正比，钳角越大，料层的厚度也越大。由于筒辊磨机的钳角最大，因此，其料层较辊压机和辊磨机的料层厚，有效提高了产量。

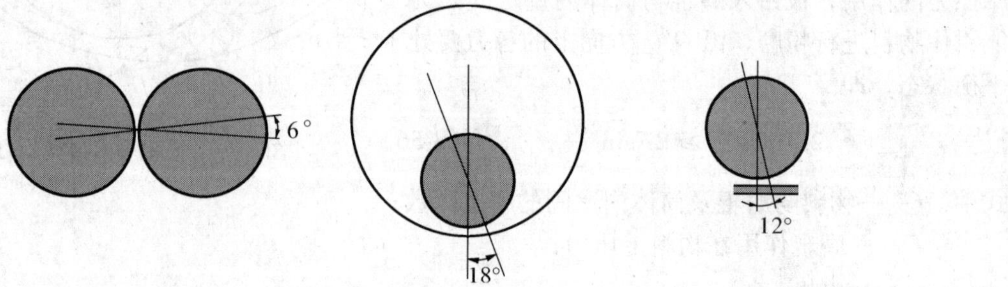

（a）辊压机　　（b）筒辊磨　　（c）立磨

速度：1~1.5m/s　　速度：不受物料离心力所限　　速度：受限于物料离心力

间隙：小　　间隙：大，比辊压机大两倍　　间隙：中等

图 8-62　三种挤压式磨机的钳角和料层厚度比较

（二）辊压

在以料层挤压粉磨原理操作的磨机中，辊压机是高压操作，其工作压力高达 300 MPa。高压操作虽然能取得较好的粉磨效果，但是容易带来设备本体振动，液压系统操作不灵活，自动控制不协调，液压部件寿命相对较短，辊面磨损，金属探测器频繁动作导致入磨物料不稳引起振动等问题。另外，在高压下物料被辊压粉碎后形成料饼需要二次粉磨，有的还需设置打散机，这样会增加系统设备，影响粉磨效果，并且增加电耗；辊磨机一般在 15 MPa 压力下工作，约相当于筒辊磨机的 1/7，其操作安全可靠，而且不会因压成料饼而影响粉磨效率，但工作压力较低，难以获得较好的粉磨效果。物料在磨内进行分选，循环量高，靠气力输送消耗一定能量。

筒辊磨机的液压系统属中压操作范围，工作压力一般在 50 ～ 100 MPa，约相当于辊压

机的1/3，工作压力介于辊压机和辊磨机之间，操作易于控制，在系统出现过压状态时，液压系统的蓄能器可以吸收卸压。生产实践表明，采用中压操作也可获得较高的节能和粉磨效果。

由于工作压力与钳角有关，而钳角在一定范围内随辊面和物料性质而变。因此，对于设计参数亦有采用投影压力 p_r 来计算：

$$p_r = \frac{F}{D_r L_r} \quad (\mathrm{kN/m^2}) \tag{8-63}$$

式中 F——磨辊对料层的压力(kN)；

D_r——磨辊直径(m)；

L_r——磨辊辊压面长度(m)，$L_r = (0.75 \sim 1.00)D_r$。

设计时可取 $p_r = 1.5 \sim 2.0$ MPa。

(三)筒体转速

为了保证物料能连续均匀地分布并紧贴于筒内壁，跟随筒体一起运动，筒辊磨机应在超临界转速状态下工作。筒辊磨机筒体转速为

$$n = Kn_c \quad (\mathrm{r/min}) \tag{8-64}$$

式中 K——富裕系数，一般取1.5～2.0；

n_c——磨机临界转速(r/min)。

将式(7-16)，即 $n_c = \dfrac{42.4}{\sqrt{D}}$ 代入得

$$n = K\frac{42.4}{\sqrt{D_s}} \quad (\mathrm{r/min}) \tag{8-65}$$

式中 D_s——磨机筒体内径(m)。

(四)生产能力

筒辊磨的生产能力可按料饼通过磨辊与筒体内衬的间隙 s 的物料量来计算：

$$Q = 3600\, L_r s v \rho_s = 60\pi(D_s - s)L_s s n \rho_s \quad (\mathrm{t/h}) \tag{8-66}$$

式中 s——磨辊与筒内壁的间隙(m)；

v——料饼中心的圆周速度(m/s)；

ρ_s——料饼堆积密度(t/m³)，石灰石为1.3～1.4 t/m³，水泥熟料为1.4～1.5 t/m³。

其他符号意义同前。

(五)功率

筒辊磨机大小齿轮的传动功率用于克服物料受磨辊压力后筒体所产生的摩擦力 fF 对筒体产生的阻力矩 T，由图8-61可知：

$$T = fF\frac{D_s}{2} \quad (\mathrm{kN \cdot m}) \tag{8-67}$$

筒体传动功率为

$$N_0 = T\omega = Tv \Big/ \frac{D_s}{2} = fFv \quad (\mathrm{kW}) \tag{8-68}$$

或

$$N_0 = \frac{\pi}{60} fFD_s n \quad (\mathrm{kW}) \tag{8-69}$$

式中　ω——筒体角速度(rad/s)；

F——磨辊压力(kN)；

f——物料与磨辊及筒体内壁间的摩擦因数，$f=\tan\varphi=0.24$。

其他符号意义同前。筒辊磨机的驱动功率则为

$$N = KN_0 \quad (\text{kW}) \tag{8-70}$$

式中　K——储备系数，一般取 1.15 ～ 1.20。

三　性能及应用

在挤压式粉磨机中，辊磨机机械结构复杂，系统通风费用高；辊压机辊压高，结构复杂，振动大，维护费用高，系统烘干能力低。筒辊磨机是一种兼具球磨机的可靠性、辊磨机的紧凑结构、辊压机的低能耗等良好性能于一体的新型粉磨机械，具有良好的应用前景。

与球磨机相比，筒辊磨机结构紧凑，安装方便；研磨介质对产品污染少，产品质量相同，甚至更佳；噪音非常低；节能 30% ～ 50%。

与辊压机相比，筒辊磨机由于采用中压粉磨，机械可靠性更高；可粉磨含水量高达 20% 的湿物料；可直接用于终粉磨；辅助设备的规格小，具有相当的节能效果。

与辊磨机相比，由于筒辊磨机内部无轴承，也无以减速器兼作支承装置，机械可靠性高；非风扫式粉磨系统，磨内通风量小，压损小，粉磨系统节能 30% 以上。

几种粉磨机械的主要工作性能比较见表 8-8。

表 8-8　几种粉磨机械的主要工作性能比较

比较项目	管磨机	辊磨机	辊压机	筒辊磨机
粉磨介质	球、段	辊 - 盘	辊 - 辊	辊 - 筒
粉磨方式	冲击 + 磨剥	料层挤压	料层挤压	料层挤压
喂料最大粒度(mm)	25	60	25	100
粉磨料层厚度	<1 mm	中等	薄	厚
物料被粉磨次数	无限	不确定多次辊压	一次辊压	有序多次辊压
物料移动方式	自然流动	惯性离心力	重力	可调整
物料循环负荷(%)	50 ～ 600	100 ～ 250	500 ～ 600	500 ～ 700
粉磨效率	1	1.5 ～ 2.5	1.0 ～ 2.5	1.5 ～ 4.0
相对电耗(%)	100	75	75	70
相对投资(%)	100	125	120	115
粉磨经验(年)	100	50	20	5

筒辊磨机可用于水泥、生料、原煤、矿渣及各种矿石的预粉磨和终粉磨，是适于各种干法粉磨工艺的粉磨机械。筒辊磨机作为水泥终粉磨机械具有以下特点：工艺流程简单，占地少，土建工程费用较低；机械故障率低，运转率高，检修维护方便，劳动强度小；整个系统处于负压操作，无粉尘污染；设备运转平稳，噪音较小；自动化水平高，整个系统

在中控室集中控制，设备操作方便、控制灵活，操作人员少，生产成本较低；单位产品的电耗较低，系统节电效果明显，与相同产量的球磨机相比，节电可达 30% ~ 70%；磨机对物料的适应性强，品种更换容易，细度容易调整，颗粒级配合理，产品质量稳定，水泥强度与球磨机相比略有提高。

筒辊磨机是新开发的粉磨机，在投入实际应用中，存在一些机械和工艺操作等方面的问题。例如，磨机振动、轴承发热漏油、辊面磨损、刮料板断裂和磨损、物料循环量波动瞬时峰值特大时造成系统堵塞等。以上问题可在实际使用过程中不断改进，在设计方面寻求解决。例如，在物料输送过程设置除铁器及金属报警器，发现金属异物及时清除；刮料板安装在支架上，支架通过无键联结及安全装置固定在进出料端，刮板与筒体内表面距离可以根据情况调节，刮板磨损后可换面，以延长使用寿命；在不显著影响粉磨效果前提下，将粉磨压力适当减小，减轻磨辊对筒体压力，防范强度过于集中，以减轻磨辊及筒体衬板磨损，同时降低滑履轴承负荷，以免轴承温度过高；采用机械式两端进料与风扫式两端卸料，使磨辊两端受力平衡，磨机平稳运转，以利消除诸多机械故障；加大磨辊轴承规格，使其能在 130 ℃情况下运行，使能承受粉磨物料温度 100 ℃以上，当粉磨水泥时，有利于二水石膏脱水生成半水石膏，保证水泥成品的凝结时间等。经过不断改进，筒辊磨机将获得广泛的应用。

第五节　使用挤压式粉磨机的粉磨系统

一　预粉碎技术

预破碎和预粉磨总称为预粉碎，它是粉磨系统大幅度增产的主要措施。预破碎和预粉磨虽然都服从共同的粉碎规律，但在粉碎机理上有所差别。预破碎是单颗粒粉碎，效率高，但产品粒度不可能太小，单位吸收功率也较少。预粉磨则是料层粉碎，能耗高，效率低，产品粒度可以很小，单位吸收功率可较大。

预破碎一般是指在磨前增设一台细碎机，使入磨粒度大幅度降低，可取得磨机增产，单位电耗降低的效果。“多破少磨”从机理上讲是合理的。单颗粒粉碎的功耗主要消耗在粉碎能，而料层粉碎除了消耗粉碎能外，还要附加料床压缩、流动的能量，所以功耗更大。但是要达到粉磨粒度的范围，单颗粒粉碎是办不到的。细碎机仅能吸收单位电耗 1 ~ 2(kW · h)/t，破碎产品粒度目前也只能到 5 mm 左右，因此要期望其达到预粉磨那样成倍增产是不现实的。

预粉磨是指磨前增设一台料层粉磨设备，使原来球磨机粉磨系统大幅度增产节能的技术。根据料层特征分析，球磨机中料层四周不受限，料层很不稳定；辊磨机和筒辊磨机的料层是部分受限，侧面自由；辊压机的料层基本全部受限，能量利用率将随料层受限程度提高而提高。另外，辊压机压力大，不仅使粒度减小，还将破坏物料颗粒内部结构，改善物料易磨性；筒辊磨机和辊磨机压力较小，主要作用是减小粒度，易磨性稍有改善；细碎机是冲击粉碎，只能减小粒度，而且减小不大。增设短筒球磨机或棒磨机作为预粉磨设备，虽然亦能提高产量，但由于料层性质未变，节能很少。目前应用较多的是使用挤压式粉磨机的预粉磨系统的流程。

采用预粉碎对磨机的增产节能效果，可用以下方法来计算。增设预粉碎设备后球磨机需要的单位电耗为

$$E_m = E_o - KE_p \quad (kW \cdot h/t) \tag{8-71}$$

式中 E_o——球磨机原先的单位能耗(kW·h/t)；

E_p——预粉碎设备的单位能耗(kW·h/t)；

K——增效系数。

增设预粉碎设备后球磨机的产量为

$$Q = Q_o \frac{E_o}{E_m} \quad (t/h) \tag{8-72}$$

式中，Q_o 为球磨机原先的产量(t/h)，其他符号意义同前。Q/Q_o 为增产比值。

一般可用增效系数来计算节能效果：$K = \frac{E_o - E_m}{E_p}$，$K$ 值是一个变数，它决定于预粉碎设备的性能、吸收的单位功率、物料性质和粉碎流程等，一般波动于 1.7～2.5 之间。

粉碎设备的共同规律是能量利用率随供能水平的提高而降低，也即随预粉碎设备吸收功率的增加而降低。根据实际生产数据和有关资料分析，K 值可按图 8-63 求得。根据相关的 K 值和不同情况计算得出的增产效果见表 8-9。

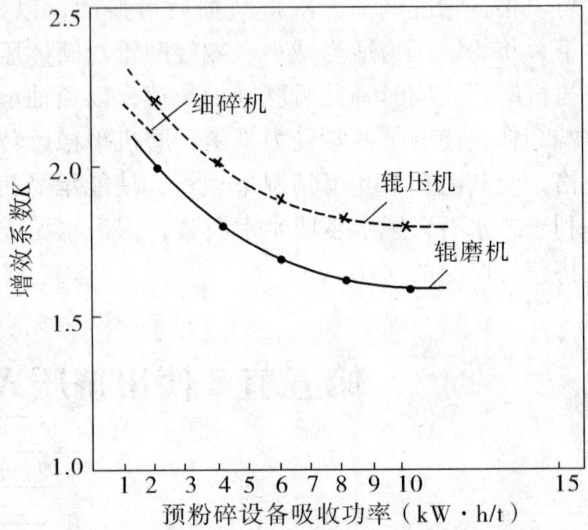

图 8-63 K 值与预粉碎功率的关系

表 8-9 预破碎和预粉磨的增产比值

	预粉碎设备	辊压机						辊磨机						细碎机		
	吸收功率 (kW·h/t)	2	4	6	8	10	12	2	4	6	8	10	12	1	1.5	2
	增效系数 K	2.2	2.0	1.9	1.83	1.80	1.80	2.0	1.8	1.7	1.62	1.60	1.60	2.2	2.15	2.1
粉磨物料	42.5 号水泥 (E_0 = 34kW·h/t)	1.15	1.31	1.50	1.76	2.13	2.74	1.13	1.27	1.43	1.62	1.89	2.30	1.07	1.10	1.14
	32.5 号水泥 (E_0 = 28kW·h/t)	1.19	1.40	1.69	2.10	2.80		1.17	1.39	1.57	1.86	2.33		1.09	1.13	1.18
	水泥生料 (E_0 = 15kW·h/t)	1.42	2.14					1.36	1.92					1.17	1.27	

从表可知，细碎机吸收的单位功率较小，增产幅度较小。要大幅度增产，只能采用挤压式粉磨机预粉磨。

二 使用挤压式粉磨机的粉磨系统

在粉磨系统中，就配备挤压式粉磨机在系统中所起的作用来分，有以下五种粉磨系统：预粉磨系统、混合粉磨系统、部分终粉磨系统、联合粉磨系统和终粉磨系统（见图8-64）。从广义言，前四种均属预粉磨系统，这是区别于终粉磨系统而言的总称。

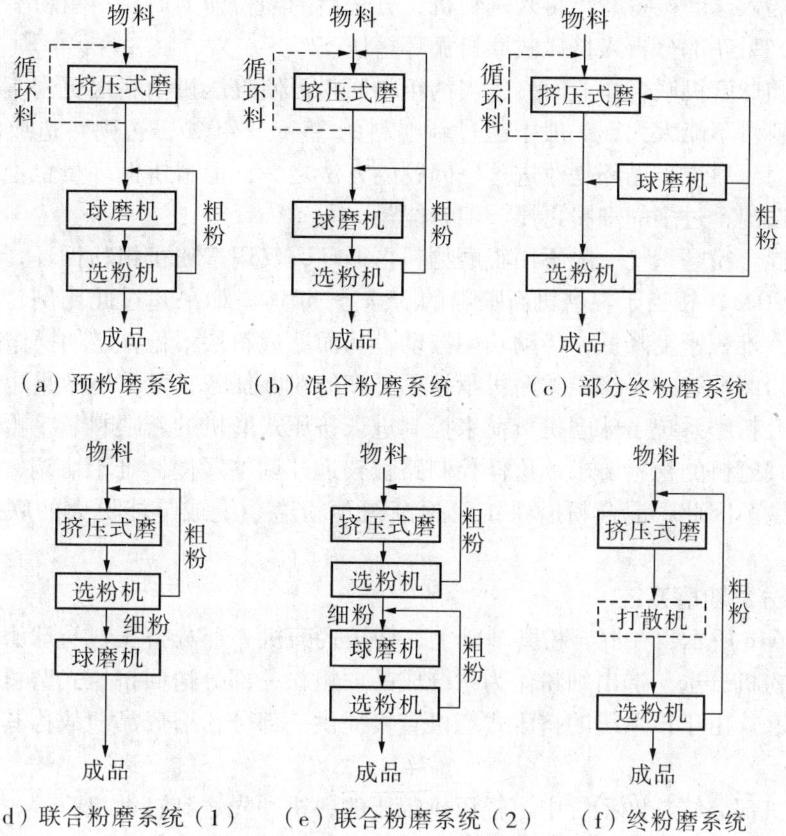

图8-64 使用挤压式粉磨机的粉磨系统流程图

（一）预粉磨系统

在这种系统中，将挤压式磨机作为球磨机的前置磨机，物料在其中进行预粉磨。将球磨机作为挤压式磨机的后续磨机，在其中进行终粉磨，完成粉磨作业（见图8-64a）。磨机可采用开流或圈流操作。

辊压机预粉磨是最早应用的粉磨系统。辊压机可以单独操作，料饼用中间储仓储存，供一台或几台球磨机粉磨。仅经一次挤压的物料粒级分布较宽，不利于球磨机粉磨；辊压机亦可与一台球磨机联合操作，此时其能力必须与后续球磨机能力相平衡。辊压机如开流运转必须调速，如圈流则不必调速，可通过调节部分料饼（一般是边料）的再循环量（一般少于25%）来达到。料饼循环虽然增加辊压机处理量，但可以减少“边缘效应”所造成粗颗粒多的不利影响，使入磨粒度均匀，并可提高料饼易磨性，同时运转中可适当降低辊压，有利于系统稳定运转，对磨机操作有利。

辊磨机预粉磨最初也是开流操作，但当入磨物料的性能（如粒度、易磨性等）变动时，可导致磨机功率波动，振动增加。将部分出磨物料循环（一般为20%～60%），则可改善上述不利影响，使操作平稳。因此，目前主要应用循环粉磨方式。

预粉磨系统的特点是流程比较简单，适于原有粉磨系统改造采用。但挤压式磨机担负的粉磨任务小，故系统节能也小。

（二）混合粉磨系统

在这种系统中，将挤压式磨机组合到球磨机的圈流粉磨系统中（见图8-64b）。物料经挤压粉碎后送入球磨机粉磨，再入选粉机，分选后的细粉即为产品；粗粉一部分送回球磨机继续粉磨，另一部分再入挤压式磨机循环挤压。

辊压机和球磨机联合作业时，适当的粗粉回料可使辊压机内料层更密实，辊压效果更好。但是回料量不能太大，一般不超过新喂料的35%～40%，否则将造成辊压时排气困难，操作不稳。料饼再循环是改进这一问题的方法之一，但料饼循环量也不宜太大，因其中的细粉未选出，过多的细粉再压，浪费能量。

辊磨机混合粉磨系统一般不用辊磨物料再循环，仅用选粉机粗粉循环，循环量一般小于粗粉量的20%，相当于辊磨机新喂料的35%～40%。如果超过此比例，在磨盘上将引起物料离析，堆积密度降低，传动功率波动，从而造成料层不稳，增加操作困难。

在混合粉磨系统中，挤压式磨机承担了更多的粉磨任务，其节能效果也就较预粉磨系统稍大。混合粉磨系统由球磨机负荷来控制进入挤压式磨机的新喂料量，再由选粉机粗粉来满足挤压式磨机的稳料要求，这样控制路程较远，调整缓慢，难于协调，该系统也较预粉磨系统复杂。因此，混合粉磨系统已逐渐被预粉磨系统或节能更大的联合粉磨系统所代替。

（三）部分终粉磨系统

如图8-64c所示，在混合粉磨基础上，挤压式磨机一部分挤压料与球磨机出磨料混合一起喂入选粉机分选。选出细粉作为系统成品，粗粉一部分送回挤压式磨机，另一部分喂入球磨机粉磨。由于该系统的挤压式磨机直接提供一部分粉磨成品，故称其为部分终粉磨系统。

在辊压机部分终粉磨系统中，辊压机辊压的料饼须先送到打散机打碎，成为不结团的松散料，然后喂入选粉机分选。这种系统一般用于水泥生料粉磨，很少用于水泥粉磨。因为生料成品粒度要求小于80 μm，料饼中细粉含量可达30%以上，而水泥成品粒度要求小于30 μm，料饼中细粉含量很少，喂入选粉机前还要打散，得不偿失。

辊磨机部分终粉磨系统目前还没有实际应用。部分终粉磨系统实质上与混合粉磨系统相差不大，粗粉颗粒较细，不能更多地返回挤压式磨机。挤压式磨机总负担的粉磨任务和节能效果与混合粉磨系统也没多大差别，因此，该系统实际应用越来越少。

（四）联合粉磨系统

在联合粉磨系统中，挤压式磨机与选粉机自成闭路系统。选粉机粗料返回挤压式磨机再粉碎，细粒料送往后续球磨机粉磨。后续球磨机可以开流或圈流工作（如图8-64d及e所示）。开流适于成品比表面积较低的场合，圈流则用于成品比表面积要求较高的场合。中间成品的细度随最终成品要求可以变更。如果成品比表面积高，则中间半成品的比表面积相对控制也高，挤压式磨机的循环量大，相应担负的粉磨工作量大，节能也多。一般对于成品比表面积为3200 cm^2/g左右的水泥，中间半成品比表面积大致控制在1800～2000 cm^2/g，此时使用辊压机的循环负荷为200%～300%。

联合粉磨系统是当今辊压机应用的主要粉磨系统。辊压机辊压的料饼经粗选粉机分选，粗料全部返回辊压机再辊压。因为颗粒粗不需要料饼再循环就能大大提高辊压机的循环量；由于回料部分的细粉已被选出，使辊压机辊压更为有效；避免了上述系统入磨料饼含有部分未被压碎粗粒，分选后的细粉部分作为半成品喂入后续球磨机，因为粒度小而且均匀，有利于磨机配球，球径小，粉磨效率高。

联合粉磨中，用于分选的料饼须经打散后进入选粉机，而且其中尚含有较大粗粒，选粉机磨损比较严重。为了简化流程，可采用打散分级机。

在联合粉磨系统中也曾采用振动筛将辊磨机辊压料进行预筛分，大于2.5 mm的颗粒返回辊磨机粉磨，小于2.5 mm的颗粒进入后续球磨机的粉磨系统，但这种系统只是形式上类似联合粉磨，实质仅起预粉磨作用，因此，目前还没有实际应用。

联合粉磨系统比较复杂，但是可以充分发挥辊压机的节能效果。在整个系统中，辊压机可以吸收大部分能量，承担的粉磨工作量远较前述几种系统增加，节能效果更大。一般用于新厂建设。

(五)终粉磨系统

在这种粉磨系统中，仅使用挤压式磨机来完成粉磨的最终成品(见图8-64f)。这一系统可以最大限度地发挥挤压式磨机的作用。

在辊压机终粉磨系统中，物料经辊压机粉磨后，由打散机将料饼打散，然后经选粉机分选，细粉即为最终成品，粗料则送回辊压机再粉磨；也可以用打散分级机同时进行料饼松散和分选工作。由于辊压机终粉磨的选粉机粗料粒度较粗，可以直接大量回料，故辊压机不再需要边料料饼循环。但是因为循环量大，辊压机的辊压能力需大大提高，同时物料必须经多次循环挤压，方能保证细粉产量及具有较好的颗粒级配，在一定生产能力情况下，系统产量较低，这就限制了该系统的大量应用。

挤压式磨机用于水泥终粉磨的水泥颗粒级配，与球磨机磨制的水泥不一样，而且存在操作不稳，水泥粒度分布过窄，水泥颗粒圆度较差，使需水量增加和产生急凝。这些问题可以通过改变粒度分布，调节选粉机参数或用两种不同比表面积的成品相混解决。当前料层终粉磨技术已经成熟，实践证明，辊磨机、辊压机、筒辊磨机三种挤压式粉磨机均能适应水泥工业终粉磨的需求。作为水泥生料粉磨，由于需要烘干与粉磨而且物料的易磨性较好，因此广泛地应用辊磨机。

料层预粉磨只是部分代替了球磨机的工作，依然保留了球磨机，所以节能幅度受限。采用料层终粉磨，节能幅度更大，此技术进入了实质性发展阶段。从传统的球磨机系统到20世纪80年代的料层预粉磨再到90年代的料层终粉磨，粉磨技术登上了三个台阶，促进了粉磨工艺的增产节能发展。

因新建或改建粉磨生产线使用目的和使用条件等的不同，粉磨系统有不同的类型。以上三种挤压式粉磨机均可组成不同的粉磨系统。不同的粉磨系统，挤压式磨机在整个系统中承担的粉磨任务不同，相应的节能效果也不一样。从预粉磨、混合粉磨、部分终粉磨、联合粉磨到终粉磨系统，其中挤压式磨机在这些系统中所起作用依此顺序增加，其节能效果也依此顺序扩大。就水泥粉磨而言，当采用传统的球磨机时，主机电耗在35(kW·h)/t左右；采用辊压机循环预粉磨时，主机电耗可降至30(kW·h)/t左右；辊压机联合粉磨系统的主机电耗在25(kW·h)/t左右；半终粉磨时23(kW·h)/t左右；终粉磨时20(kW·h)/t左右，而且可使粉磨系统产量提高。

为了清楚比较各种使用辊压机的粉磨系统的增产节能效果，图8-65绘出各粉磨系统选粉机回粉入辊压机的百分比与增产节能的百分比关系。根据有关系统的实际生产数据，图8-66绘出各种粉磨系统的单位电耗关系。

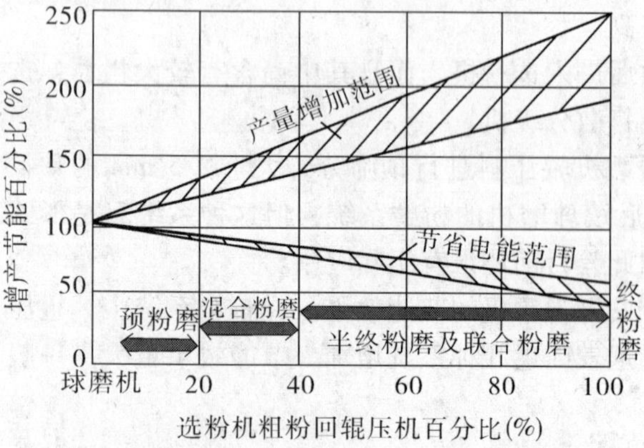

图 8-65　各种带辊压机粉磨系统的增产节能比较

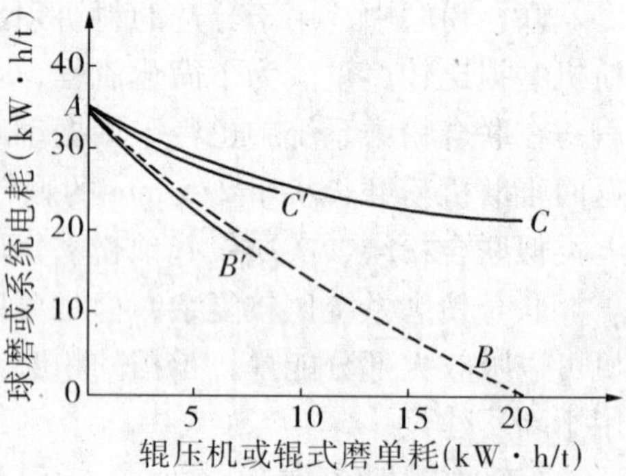

图 8-66　不同粉磨系统的单位电耗关系

在图 8-66 中，*AB* 线是根据辊压机系统的球磨机单耗作出，*AC* 线是根据球磨机和辊压机的单位总耗作出，*AB′*和 *AC′* 由辊磨机的数据作出。从图可以看出，随着预粉磨设备吸收功耗的增加，球磨机能耗减少，整个球磨机加预粉磨设备的总能耗降低。直至终粉磨时，预粉磨设备承担全部能耗，球磨机能耗降为 0。

比较辊压机和辊磨机预粉磨系统的节能效果，必须在同样的流程、预粉磨设备相同的能耗条件下进行。不同系统预粉磨设备可以吸收的能耗没有严格的规定，这与成品比表面积和设备的配置有关。就粉磨比表面积 3200 cm^2/g 的水泥而言，一般预粉磨(包括混合粉磨)系统可吸收能耗小于 7.0 kW·h/t，部分终粉磨系统可吸收能耗可达 12.0 kW·h/t。从图中可以看出，在预粉磨(或混合粉磨)范围内，两种预粉磨设备的系统能耗基本相当，辊磨机系统还略有降低。

第9章 超细粉磨设备

第一节 超细粉磨原理

超细粉磨是粉体深加工技术之一。超细粉磨技术的进展，不仅有利于废渣、废料的利用，亦有利于提高粉磨产品的性能和附加值。超细粉体作为一种新材料，在化工、建材、冶金、电子、轻工、医药、农业、航空、航天等领域的应用有较大发展，特别是一些高科技领域，具有广泛应用前景。

现代粉磨技术对普通粉磨、高细粉磨、超细粉磨的产品粒度界限，目前尚无统一的分类方法。在非金属矿加工中，一般将 10 μm 以下的粉体称为超细粉体，物料粒度小于 1 μm 以下时，称为超微粉。在水泥粉磨中，如下分类可供参考。

普通粉磨：产品粒度 $d_{80}<80$ μm，比表面积 250 ～ 350 m^2/kg

高细粉磨：产品粒度 $d_{80}<50$ μm，比表面积 350 ～ 600 m^2/kg

超细粉磨：产品粒度 $d_{80}<10$ μm，比表面积 600 ～ 800 m^2/kg

通常使用的水泥，比表面积为 300 ～ 600 m^2/kg，最大颗粒约为 100 μm，平均粒径 20 ～ 30 μm，这样的水泥用于普通用途。"超细水泥"一般是指比表面积为 500 ～ 1000 m^2/kg，平均粒径为 2 ～ 5 μm 的产品，是水泥产品的一个开发方向。球磨机、挤压式粉磨机等是细磨设备，粉磨产品平均约为 20 μm，比表面积最大不过 500 ～ 600 m^2/kg，想要进一步提高细度便有困难。物料粉磨越细，其粉磨加工难度越大，加工能耗也越大，相应地需要采用特殊的工艺和设备。

粉碎是一种可逆过程：一方面是大颗粒在机械力的作用下，颗粒原子或分子的化学键折断，解除键合，从而碎裂成为小颗粒，同时比表面积增大；另一方面由于生成的小颗粒之间的物理作用，例如 Vander Waals 引力的作用，更主要的是由于断裂后在新表面上产生的剩余价键、带有正电荷或负电荷的结构单元以及化学游离基等的作用，使小颗粒又再附聚及聚结而成为大颗粒。这种可逆过程可以概括为下式：

$$\text{大颗粒} \underset{\text{附聚及聚结,粗大化}}{\overset{\text{粉碎,微细化}}{\rightleftharpoons}} \text{小颗粒} \tag{9-1}$$

在粉碎进行期间，当正向过程的速度大于逆向的速度时，颗粒得以粉碎而微细化；反之，当逆向过程的速度大于正向的速度时，颗粒附聚及聚结而粗大化。当相反的两种作用进行速度相等时，则出现粉碎平衡。此时，即使继续进行粉碎，物料颗粒不再变小，比表面积不再增大，达到粉碎极限。这时的尺寸就是平衡尺寸，也就是粉碎的极限尺寸。实验证明，在球磨机中的粉磨电解铜粉，粉磨 100 h 之后，将铜粉分为两种粒级。将 60 μm 以下的细粒级继续粉磨时，颗粒变粗；将 60 μm 以上的粗粒级继续粉磨时，颗粒变细。经过 48 h 以上的继续粉磨，两者的尺寸接近，达到极限尺寸。

根据极限比表面积理论得出的表达式(1-25)，即

$$S = S_{\infty}(1 - e^{-KW})$$

可知粉碎颗粒细度的比表面积 S 可以表示为粉碎所耗费掉的能量 W 的指数函数，当趋近于极限比表面积 S_∞（亦即颗粒的极限细度）时，就达到式(9-1)所表示的粉碎平衡。由于某一时间粉碎所耗费掉的能量与粉碎所经过的时间 t 成正比，将式(1-25)绘在 $S-t$ 坐标轴上，得出图9-1所示的曲线。

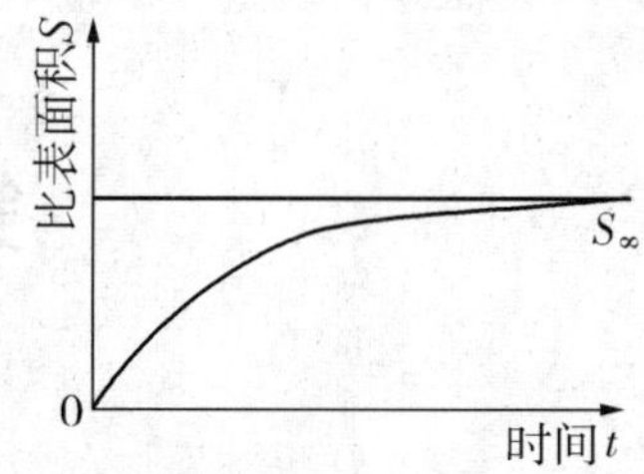

图9-1　粉碎动力学曲线

从图可知，粉碎速度 dS/dt 的大小取决于极限比表面积 S_∞ 与该时刻颗粒所具有的比表面积 S 的差值($S_\infty-S$)。此差值表示该时刻的比表面积可能发展的潜力，称为粉碎势。因此，超细粉磨受到极限尺寸的限制。在接近极限尺寸时，粉碎势很小，粉碎进展很慢，能量的利用率也很低，经济上并不合算。

然而，平衡尺寸是可以通过改变操作环境而使之变更的。超细粉磨技术是设法将平衡点往尺寸较小的一方推移，以创造一种适合于超细粉磨的环境，从而有条件获取尺寸更小的颗粒。操作环境主要通过两方面去改变：一是使粉碎设备的能量高度密集；二是使用助磨剂优化粉碎环境。

能量高度密集包含两个因素：一是质的因素，也就是强度因素，要求增强粉碎作用力；二是量的因素，要求增加单位时间内粉碎的作用次数，亦即增大粉碎的作用频率。

颗粒的断裂通常是脆性断裂，依靠颗粒中的裂纹的伸延和扩展而发生断裂。粗颗粒结晶结构中的缺陷，如位错等会使颗粒的强度下降。颗粒中存在的结构不均匀会使施加到颗粒上的应力的均匀分布受到干扰，引起应力集中，于是沿着初次裂纹发展起一连串的新的变形峰，有可能产生新的裂纹。可是，随着粉碎的进行，这些有利于粉碎的条件逐渐消失，颗粒的结构趋于更加完整。当颗粒的尺寸变得很小时，颗粒中的裂纹的尺寸也变得很小，需要更大的应力才能引起裂纹的伸延和扩展。因此，小颗粒的强度大于大颗粒。其次，细小颗粒由于裂纹稀少，结构均匀，在受力作用时不是产生脆性断裂，而是产生永久性的塑性变形，颗粒微塑性的出现使粉碎很难进行。凡此种种，都使微颗粒的强度升高，需相应地增强作用力才能使之粉碎。

当颗粒尺寸变小时，颗粒的数目增加很快，数目众多的颗粒需要逐个进行粉碎，甚至需要在每个颗粒上用磨剥法逐点进行粉碎。所以，没有高频的作用力就无法保证粉碎的进行。高频作用力还保证每次力的有效作用，避免因应力的弛豫而造成损失。

然而，质和量这两个因素又往往存在着矛盾。例如，在球磨机中可以通过增大粉磨介质的直径来增强作用力，但这样又会使装入的球体数目减少，以致减少作用力频率。何况能量高度密集是对于单位体积空间来说的，使用大的球体，每个球体占了很大的空间，在单位体积的空间内的作用强度也不见得增大。因此，对于球磨机等一类磨机来说，不可能通过增大球体的直径来做到能量高度密集。超细磨技术就是要想法创造能量高度密集的粉碎环境，以利于超细粉磨的进行。

粉碎不单纯是颗粒细化的物理过程。粉碎过程中有化学键的折断和重新组合，也有能量的积聚，使颗粒的表面自由能增大，并产生晶格变形、结构缺陷、无定形化，生成表面游离基，放射外激电子和出现等离子态等，从而使正在粉碎中和经过粉碎后的颗粒处于亚稳的高能状态。因此，粉碎是由机械力诱发的物理化学现象，是可逆的机械力化学效应过程，所以可以用机械力化学方法去影响粉碎的进行，使用助磨剂就是一种机械力化学方法。通过助磨剂在颗粒表面上的物理化学作用，发挥力学效能，消除或延缓颗粒的聚结，同时提高颗粒的易碎性，从而抑制粉碎的可逆进程，使平衡点向尺寸较小的方向推移，这样就可以提高粉碎的细度和粉碎效率。

助磨剂起助磨作用，主要是基于下述两种机理：

(ⅰ)助磨剂加入量不多，一般为物料质量的千分之几到万分之几。但是助磨剂多数是表面活性剂，所以能分散地吸附在颗粒的表面上或与颗粒的表面发生化学反应，使表面上的新生不饱和价键趋于饱和；在表面上形成吸附膜时又能遮断颗粒之间的范德华(Vander Waals)引力或静电力，起表面屏蔽作用。所以，助磨剂能避免颗粒之间的贴合，防止或延缓聚结的发生。因此，助磨剂在粉磨过程中起着平衡颗粒表面上剩余价键和屏蔽颗粒表面的作用，避免颗粒聚结，抑制粉碎的逆过程，从而有利于粉碎过程的进行。在这种意义上，助磨剂是一种防聚结剂或分散剂。

(ⅱ)粉碎过程也是颗粒积聚能量的过程，不仅表面自由能增大，而且由于颗粒晶格变形、无定形化等原因也取得能量。而当颗粒表面形成一层吸附膜时，不仅减小表面自由能，而且还会使颗粒晶格畸变程度降低。从能量平衡角度看，由于避免过多的能量消耗在表面自由能升高和晶格变形上，所以能以更高的效率进行粉碎。另外，助磨剂吸附在裂纹表面上时，就能使裂纹的表面自由能降低，并能平衡裂纹新表面上剩余价键及电荷，起尖楔作用，防止裂纹的愈合，从而使裂纹更加容易扩展，使物料的易碎性提高。因此，助磨剂在粉磨中起着降低固体强度的作用，使粉碎过程容易进行，从而有利于粉磨细度和粉磨效率的提高。在这种意义上，助磨剂是一种强度削弱剂或软化剂。

可见，使用助磨剂是一种行之有效的增产节能措施。特别是在进行超细粉磨时，更需要使用助磨剂来延缓颗粒的聚结，以使颗粒微细化；同时需要助磨剂来提高颗粒的易碎性，以减少粉磨的能耗。

目前大宗超细粉体的制备主要依靠机械粉碎方法，其生产工艺较简单，产量大，成本低，生产的微粉无团聚。超细粉磨系统通常包含粉磨和分级组合的工艺流程。超细粉磨设备与精细分级设备组成圈流粉磨系统，可达到更高的粉磨效率。为了提高粉磨效率，除了强化分级外，有时还添加助磨剂及其他添加剂。超细粉磨系统可分为干法和湿法两种类型。湿法是采用超细粉磨设备湿法粉磨，水力分级后将产品脱水、干燥，从而获得超细粉体。

第二节　超细粉磨设备

常用的超细粉磨设备大致可归纳为以下几类：

(ⅰ) 机械冲击式超细磨机。通过高速回转的转子上的锤头、棒体、叶片等对物料进行激烈撞击，并使颗粒间产生高频强力冲击、磨剥而粉碎。其速度可达 50 ~ 55 m/s，产品细度对于软质物料可达 $d_{97} < 10$ μm，硬质物料可达 $d_{97} < 20$ μm。如冲击式超细粉磨机等。

(ⅱ) 介质运动式超细磨机。利用细小粉磨介质的高速运动对物料进行冲击和磨剥作用使物料粉碎。产品细度可达 $d_{97} < 10$ μm。如振动磨机、行星振动磨机、搅拌磨机等。

(ⅲ) 气流式超细磨机。利用高速气流(300 ~ 500 m/s)或过热蒸汽(300 ~ 400 ℃)的能量，使颗粒相互冲击、磨剥而实现超细粉磨。产品细度也可达 $d_{97} < 10$ μm。如管道式、

圆盘式、流化床对喷式气流磨机等。

一　冲击式超细粉磨机

冲击式超细粉磨机是利用高速旋转的冲击部件（叶片、棒、锤等）对物料施以激烈的冲击，并使其与定子以及物料之间产生高频的强力冲击、磨剥等作用而粉碎的设备。冲击式超细粉磨机按其转子的设置，可分为立式和卧式两种类型。

（一）立式冲击超细粉磨机

立式冲击超细粉磨机的转子都是竖直设置，而且都内附分级轮。图 9-2 所示为立式冲击超细粉磨机。物料由喂料机喂入粉碎室，在高速回转的转子与带齿衬套的定子之间受到冲击和磨剥作用而粉碎。然后在气流的带动下进入分级区，微粉随气流通过分级涡轮排出机外，由收尘装置捕集而获得产品。粗粉在重力作用下落回粉碎室内再次进行粉磨。

粉碎转子和分级涡轮分别由两根同心轴通过三角胶带轮单独驱动。分级涡轮的转速可调，用以得到不同细度的产品。螺旋喂料机的转速亦可调，以适应不同的喂料量需要。

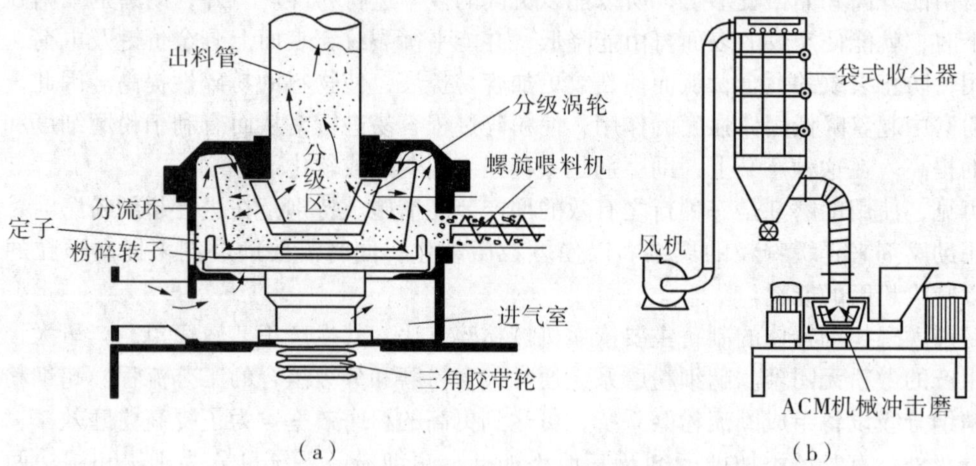

图 9-2　ACM 型立式冲击磨机及其流程

这种冲击磨采用特种陶瓷制作的工作部件具有高耐磨性，可用于粉磨高品质的材料。机盖为可掀开式，便于清扫，更换粉磨物料时不致被污染。机内气流的流动可降低磨机的温升，同时也可采用惰性气体进行循环粉磨，因此适用于涂料、树脂、食品、医药等软化点低的热敏性材料的粉磨，也可用于具有潜在粉尘爆炸危险的防爆粉磨系统。

立式冲击超细粉磨机的产品细度 d_{50} 一般在 10 ～ 100 μm 之间，产品粒度分布范围较窄，颗粒球形化好。通过不同形状的转子工作体与定子衬套的组合，可获得最佳冲击速度和冲击能量，并利用内设的高效分级装置及时分离出合格产品，避免过粉碎现象。同时可方便调节产品细度。因此，它是一种结构紧凑、产量高、能耗低的超细粉磨设备，特别适用于方解石、滑石、云母、大理石、石墨等软质物料的超细粉磨。

（二）卧式冲击超细粉磨机

卧式冲击超细粉磨机的转子都是水平设置的，而且配有分级装置。分级机与粉磨机之间用管道直联。图 9-3 所示为卧式冲击超细粉磨机。可更换的圆形隔环 7 将机壳 3 内分隔为第一、二粉碎室和风机室。粉碎室由带冲击叶片的转子的粉碎叶轮 4 和定子衬套 5 及分级叶轮 6 组成。在每个转子的顶部，装有高硬度耐磨材料制成的可更换的叶片。两个粉碎室内壁镶有经过特殊处理的高耐磨细齿衬板。水平轴由两端轴承支承。装在轴上有位于第一、二粉碎室内的两组转子的粉碎叶轮 4、分级叶轮 6 和在风机室内的风机叶轮 8，通过胶带轮 11 带动进行高速旋转。第一、二转子粉碎叶轮的五个叶片分别与轴向有 30°、40° 扭转角，旋转时形成风压。而相应的第一、二分级叶轮则为径向直叶片，旋转时形成风阻。两者旋转时，便形成旋转循环气流，使物料颗粒在粉碎室受到反复强烈的冲击、磨剥作用而粉碎。为了连续加料，在磨机入口处装有螺旋喂料机 2，喂料速度可根据磨机负荷大小自动进行调节，并控制喂料最大粒度不超过 8 mm。在第一、二粉碎室内，分级叶轮下方还装有排渣装置(见图 9-4)。

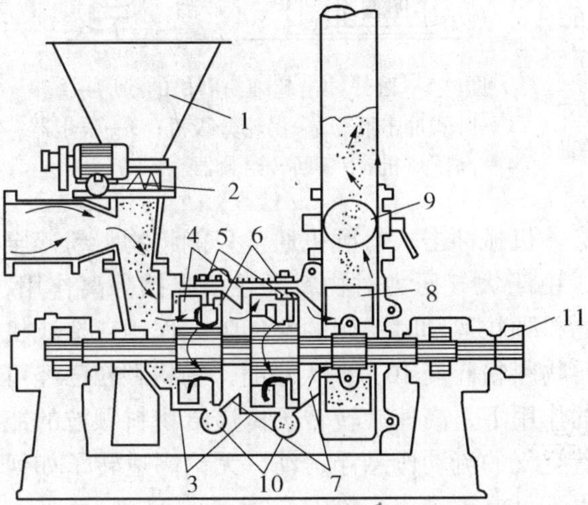

图 9-3 卧式冲击超细粉磨机(Seper Micron Mill)

1—料斗；2—喂料装置；3—机壳；4—粉碎叶轮

5—衬套；6—分级叶轮；7—隔环；8—风机叶轮；

9—阀；10—排渣装置；11—胶带轮

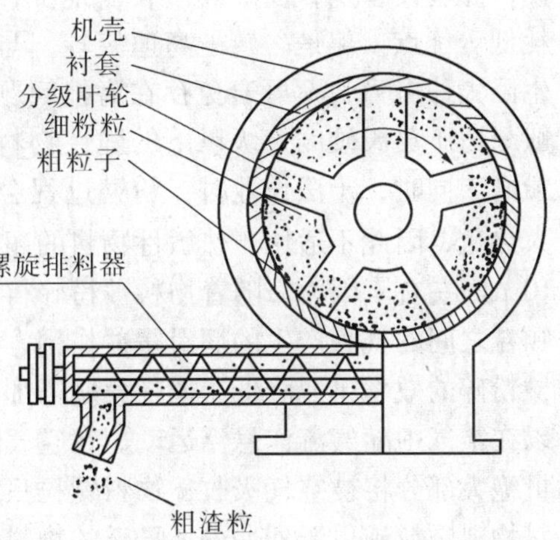

图 9-4 排渣原理示意图

如图 9-3 所示，物料由料斗 1 经螺旋喂料机 2 连续定量地喂入粉磨机第一粉碎室内。由于叶轮高速旋转(圆周速度为 50 m/s)，物料受到急剧撞击和搅动而粉碎。特别是在粉碎叶轮 4 和分级叶轮 6 之间的滞留区内，随气流旋转的颗粒之间互相冲击、磨剥，同时受惯性离心力的作用，颗粒冲向内壁受到冲击、磨剥等作用，被反复地粉碎成细粉。细粉在分级叶轮 6 端部的斜面和衬套 5 锥面之间的间隙内继续被粉碎。分级叶轮还具有分级作用，颗粒粗细分级由分级叶轮所产生的惯性离心力和隔环内径之间所产生的气流吸力来决定。粗颗粒受到的惯性离心力大于气流吸力，则留下继续被粉碎；细颗粒受到的惯性离心力小于气流吸力，就被吸向中心随气流进入第二粉碎室。由于第二粉碎室的叶轮直径比第一粉碎室的叶轮大，其旋转圆周速度更高(55 m/s)，而且粉碎叶轮叶片的扭转角也大，造成的风压更大，因此第二粉碎室的粉碎力更大，粉碎效果增强。同时因粉碎室直径增大，而使风速减慢，分级精度提高，这样可使细颗粒粉磨至数微米。超细颗粒被气流吸出经风机室排出机外捕集。

Seper Micron Mill 超细粉磨机配有分级机，如图 9-5 所示，粉磨后物料经风叶沿导管送至涡轮分级机进行分级。合格的细粉送至袋式收尘器捕集，粗颗粒返回磨机再粉磨。

该类型超细粉磨机由于采用两级串联粉碎装置，故粉碎效率高，能耗较低，产品粒度细（平均粒径 3 ～ 100 μm）；机内设有排渣装置，可将沉降到粉碎室底部难于粉碎的杂质通过排渣孔和排渣装置的螺旋不断地排出机外，故产品纯度高；粉磨系统负压操作，可减少粉尘对环境的污染，该类型粉磨机一般适用于莫氏硬度 5 级以下物料，如非金属矿、化工原料、颜料、涂料、农药等的超细粉磨加工。

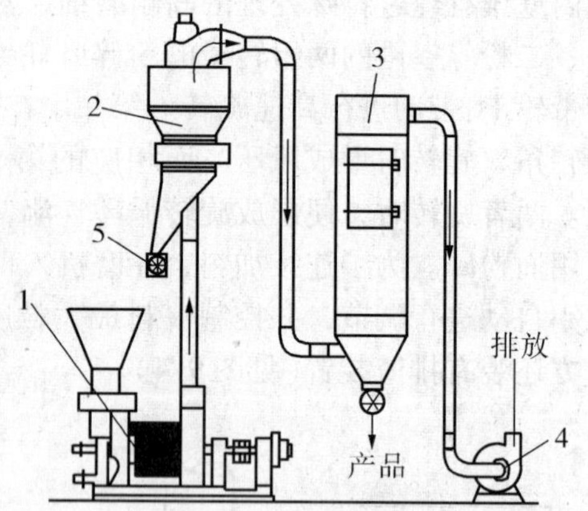

图 9-5　卧式冲击超细粉磨机的粉磨系统

1—卧式冲击磨；2—涡轮分级机；3—收尘器；4—高压风机；5—回转给料器

冲击式超细粉磨机与分级设备组合的超细粉磨系统，具有粉碎度大，结构简单，操作方便，配套设备少，安装紧凑，占地少，单位能耗低等优点。但是，转子高速旋转，与物料产生巨大冲击力，不可避免存在磨损问题，故一般只适于莫氏硬度 5 级以下的脆性物料的超细粉磨。同时，干法作业时，粉磨过程会产生巨大热量，因此不适用于热敏性物料的超细粉磨。机械冲击式粉磨机通常只能将物料粉碎至 10 μm 左右。因为，随着物料被粉碎得越小，由于大气压力对物料颗粒的阻挡分离作用，颗粒之间的气膜产生的润滑缓冲作用，以及物料颗粒运动时受到的空气阻力作用，造成机械粉碎的效率迅速降低，能耗急剧增加；当将物料粉碎至 10 μm 大小时，物料颗粒已经可以在空气中随气流作悬浮运动，在空气阻力的作用下，高速旋转转子传递给物料颗粒的能量绝大部分将被空气吸收，物料颗粒只能随着空气的流动作悬浮运动，无论高速转子如何对物料颗粒施以激烈冲击，悬浮的物料颗粒也不可能被进一步粉碎。

二　振动磨机

（一）工作原理、类型及构造

振动磨机是借助筒体的振动，使粉磨介质获得加速度运动，而以冲击和磨剥方式对物料进行细磨和超细磨。使用振动磨机粉磨物料时，细度可达 60 ～ 1 μm，而且具有较高的粉磨效率。

振动磨机按照筒体数目可分为单筒的和多筒的；按照激振形式可分为惯性式和偏旋式；按照是否加水粉磨可分为干法和湿法；按照操作方法可分为间歇式和连续式。目前普遍采用的是惯性振动磨机。

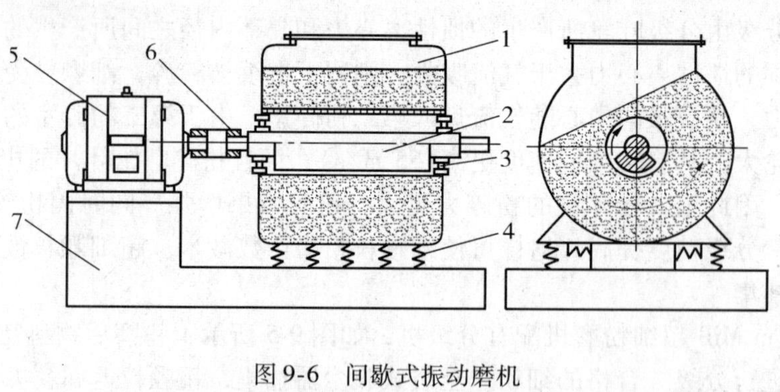

图 9-6　间歇式振动磨机

1—筒体；2—激振器；3—滚动轴承；4—弹簧；5—电动机；6—弹性联轴器；7—机架

图 9-6 所示为间歇式惯性振动磨机。圆柱形筒体 1 内装有粉磨介质及物料，筒体支承在弹簧 4 上。在筒体中心管内装有滚动轴承 3，轴承内安装着激振器 2。激振器由偏心轴及安装在其上的偏心重物组成。当激振器由电动机与经弹性联轴器 6 带动旋转时，由于惯性离心力的作用，使得支承在弹簧 4 上的筒体发生振动，磨内的介质也跟着振动。当振动频率较大时，引起介质自转、抛动及互相冲击。夹在介质中间的物料受到冲击和磨剥作用而粉碎。当磨机振动时，介质及物料不断绕着筒体的中心轴循环，循环的方向恰与磨机振动方向相反。这种循环能使物料不断翻动，有利于粉磨的进行。

图 9-7 所示为连续式振动磨机。它的主要结构是带冷却或加热夹套的上筒体 4 和下筒体 2，两圆筒上下串联，依靠支撑板 12 装置在主轴 6 上，并坐落在支座 13 上，而支座又通过弹簧 14 装置在机座 15 上。主轴通过万向联轴节 8、联轴器 10 与电动机 11 联接。上筒体出口与下筒体入口由上下筒体连接管 9 相连，上下两个筒体出口端均有带孔篦板。物料由喂料管 5 加入上筒体内进行粗磨，经粉磨的物料通过带孔篦板由连接管进入下筒体，在下筒体内继续被粉磨成超细粉体。产品通过带孔篦板经出料管 1 排出。

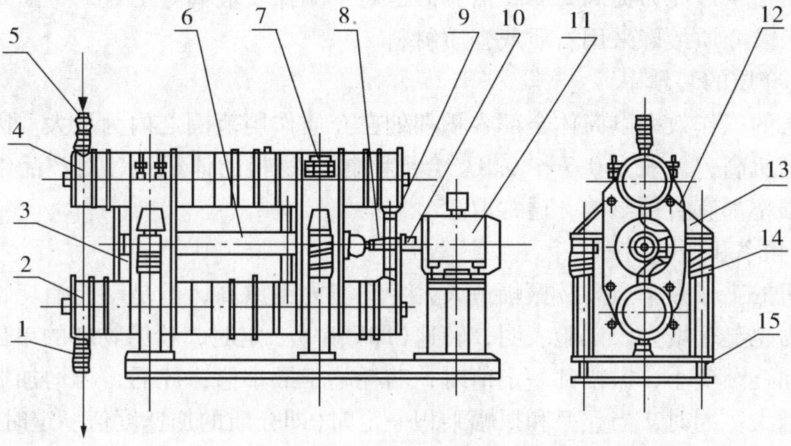

图 9-7　连续式振动磨机

1—出料管；2—下筒体；3—冷却或加热管；4—上筒体；5—加料管；
6—轴；7—紧固带；8—万向节；9—连接管；10—联轴器；
11—电动机；12—支撑板；13—支座；14—弹簧；15—机座

振动磨机是以高频率低振幅的振动方式粉碎物料的。磨机的振动频率较高(可达 3000 次/min)，同时磨内介质的填充率也很高(可达 0.8)，而且介质的尺寸不必很大(平均直径约 12 mm)。所以，在单位时间内对物料的冲击及磨剥次数多，而冲击力却不大。这时虽然每次对物料的作用都不足以使物料粉碎，但在频繁的外力作用下，会使物料表面上原有的裂纹扩大，并产生新的裂纹。待裂纹贯穿颗粒的整个截面时，或等到颗粒的表面上生成纵横交错的裂纹，表皮剥落时，都能使物料粉碎。这种以比较小的但频率很高的作用力使物料粉碎的方式，称为高频振动粉碎。它实质上是使物料发生疲劳损坏的粉碎方法。这种方法的每次作用力都直接用在扩大物料的表面积上，所以是一种效率较高的粉碎方法，也是进行超细粉磨的有效方法。

目前，中小型振动磨机的支承装置已采用橡胶弹性垫，以避免弹簧疲劳折损。另外，将电动机直接装在弹性支座上，在电机轴头上装偏心重物产生振动，省去了主轴联轴器和轴承，简化了结构。

（二）主要工作参数的确定

1．粉磨介质的选择及装填量

（1）粉磨介质的选择

粉磨介质的形状，以采用球形或长径比$\frac{L}{D}\approx 1$的短圆柱体粉磨效率较佳。但当物料粉磨至细度会产生“衬垫”作用时，则不能采用球或段，而要选用钢棒。在粉磨产品中对某一特定粒级要求其含量较高时，有时也需采用钢棒。

介质的大小影响到对物料的冲击力和磨剥力及介质装填的个数。粉磨介质尺寸必须同喂料粒度相适应，球与料的直径比一般不小于5～6。由于振动磨机主要用于细磨和超细磨，通常喂料粒度小于10 mm，球径一般为10～25 mm。当粉磨大粒或硬质物料时，宜用较大的球。

粉磨介质的材料密度愈大，介质的冲击力和磨剥力愈大。例如，粉磨石英时，用钢球代替瓷球，可使生产能力提高2～3倍。但是对于陶瓷及玻璃等工业，考虑到对原料的污染，磨机衬板及介质最好采用石质或瓷质材料。

（2）粉磨介质的装填率

振动磨机的工作效率以筒体全部容积都处在介质作用范围之内为最大。因此，其介质填充率比球磨机高，一般为0.7～0.8。介质和被磨物料的体积比，对产品细度、生产能力和介质磨损率都有直接影响，通常取25。

2．工作频率和振幅

振动磨机的工作频率愈高，振幅愈大，生产能力也愈高，但是动能消耗也愈大，磨机机构内的应力也显著增大。试验表明，转速（即频率）一定时，粉磨物料的单位电耗开始随振幅的增加而逐渐变小，振幅到一定值时，功耗趋于最小值；此后，再增加振幅，则单位电耗又逐渐增大。同时，当频率和振幅乘积一定时（即介质的加速度值一定时），频率大振幅小的磨机效率大于频率小振幅大的磨机。因此，振动磨机是以高频率低振幅的振动方式粉碎物料的。工作频率一般为1000～1500 r/min，通常采取磨机直接与电动机连接，省去了减速装置。振幅一般为3～20 mm。

应根据被磨物料的物理性质、粒度及所要求的产品细度来选择适宜的频率和振幅。振幅λ与喂料最大粒度d_{max}的关系大致为$d_{max}<\lambda<2d_{max}$。喂料粒度大，则应采用较大的振幅。

3．激振器的动力矩

当振动磨机的频率一定时，改变动力矩的大小，可以直接改变磨机的振幅，从而调整磨机的操作。

当激振器以角速度ω旋转时，如果偏心重的质量为m_1，则所引起的惯性离心力为

$$F_C = m_1\omega^2 r \tag{9-2}$$

式中　r——偏心距，即偏心重的重心到旋转轴心的距离。

激振器的惯性离心力引起磨机筒体及装在其内部的物料振动。这时振动力的大小为

$$P = m_2\omega^2\lambda \tag{9-3}$$

式中　m_2——发生振动的物体的质量；

λ——振幅。

目前使用的振动磨机，绝大多数都在远超共振的情况下工作，弹簧刚度不大，可以将

振动过程中弹簧压缩或拉伸所需的力忽略不计，故可认为 $F_C \approx P$。于是：

$$m_1 r = m_2 \lambda \tag{9-4}$$

或

$$G_1 r = G_2 \lambda \tag{9-5}$$

式中 G_1——偏心重的重力，$G_1 r = M$，为激振器的偏心力矩，即动力矩；

G_2——发生振动的物体的重力。

从式(9-4)可以看出，对于一定的振动磨机，装入一定质量的介质和物料，亦即 m_2 为一定时，要使其以某一振幅 λ 振动，激振器就必须具有相应的动力矩。

由于振动磨机工作时，介质运动激烈，间隙扩大，磨内部分介质及物料处在悬浮状态，使磨机发生振动的物体的质量减少。故

$$M = [m_3 + K(m_4 + m_5)] g\lambda \quad (\mathrm{N \cdot m}) \tag{9-6}$$

式中 m_3——磨机筒体及附着于筒体上的激振器的质量(kg)；

m_4——粉磨介质的质量(kg)；

m_5——物料的质量(kg)；

K——考虑到实际附着在筒体上的介质及物料质量的修正系数，$K<1$，见表9-1；

g——重力加速度(m/s^2)；

λ——磨机振幅(m)。

表9-1　质量修正系数 *K* 值

粉磨方法	激振器转速		
	$n=3000$ (r/min)	$n=1500$ (r/min)	$n=1000$ (r/min)
干　法	0.10 ～ 0.15	0.25 ～ 0.40	0.60 ～ 0.80
湿　法	0.20 ～ 0.40	0.60 ～ 0.80	

应用式(9-5)便可概略计算偏心质量。从式中可知，当激振器的动力矩一定时，若磨内未装填介质和物料，在空载情况下如使磨机启动运转，必将引起较大的振幅，而可导致弹簧损坏，故振动磨机应避免空载开机。

4. 功率

由于影响功率消耗的因素很多，至今尚无比较准确的理论计算公式。计算振动磨机电动机功率的经验公式为：

$$N = 6 \times 10^{-8} \omega^3 \lambda^2 m_c \quad (\mathrm{kW}) \tag{9-7}$$

式中 ω——激振器的转速(rad/s)；

λ——磨机振幅(cm)；

m_c——粉磨介质及物料的质量(kg)。

也可参照表9-2中数据来选配电动机功率。

表9-2　振动磨机的功率

振动磨机的容积（L）		5	10	50	200	400	1000
电动机功率（kW）	激振器转速 $n=3000$ r/min	—	4.5	14	20	50	—
	激振器转速 $n=1500$ r/min	2.8	—	—	14	32	70

(三)性能及应用

振动磨机与其他磨机比较，它的优点是：由于高速工作，可以直接与电动机相连，设

备质量及占地面积都小；由于介质填充率和振动频率都高，单位容积产量高，电耗低；粉磨适应性强，可干磨或湿磨、可间歇或连续作业，可用于各种物料的细磨和超细磨。其缺点是：对机械上的要求高，特别是大规格磨机中弹簧及轴承等零件易于损坏；喂料粒度不能过大，应小于 30 mm，对于某些物料（韧性或热敏性物料等）粉磨困难，但近年来采用超低温粉磨技术，已得到解决；单机的生产能力低，不能满足大型企业的需要。

在无机非金属材料工业中，振动磨机用于粉磨铝矾土、锆英砂、石英、焙烧白云石、珐琅原料、水泥熟料及煤等。

三 行星振动磨机

行星振动磨机是组合行星磨和振动磨结构特点的一种新型超细磨机。如图 9-8 所示，它由驱动装置、行星转筒机构和振动执行机构组成。磨机装置有几个磨筒，磨筒内装有粉磨介质。磨筒既作行星运动，同时又发生振动。磨筒绕本身的轴心自转，同时又绕主轴公转，所以磨筒作行星运动。磨筒装置在振动机架上，主轴装有偏心重，转动时产生惯性离心力，使整个磨机系统在弹簧上振动。于是，磨机系统产生行星振动运动。磨筒中的粉磨介质处于行星振动力场中，既能在一定高度上抛落或泻落，又不断发生振动撞击。在这种作用过程中，对物料施加冲击和磨剥作用而粉碎。

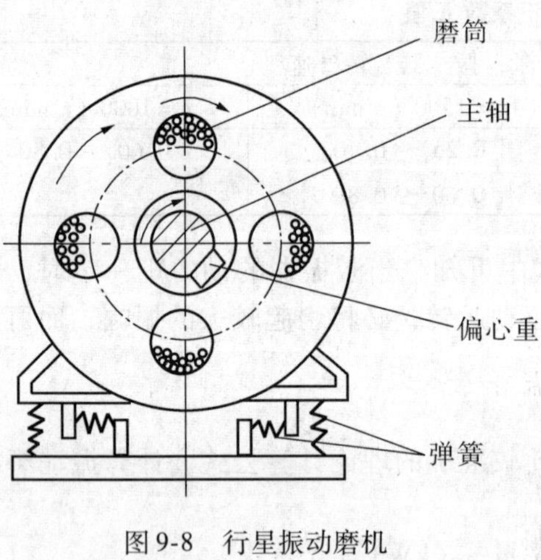

图 9-8 行星振动磨机

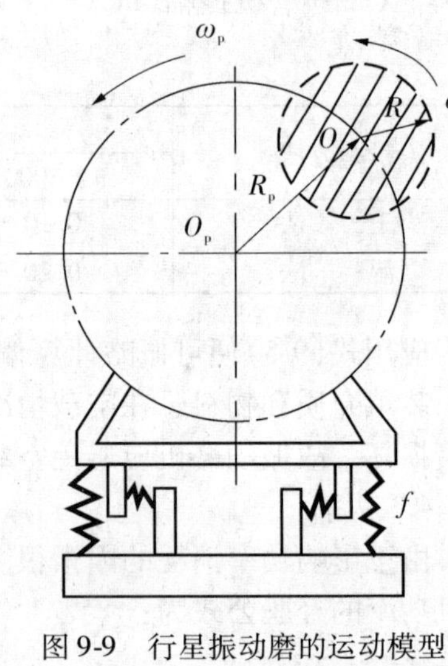

图 9-9 行星振动磨的运动模型

行星振动磨机是在行星磨和振动磨作用原理基础上组合设计的，磨筒具有复杂的多元运动。若删除某些运动元，便出现一些相应的磨机。如图 9-9 所示，设磨筒自转角速度为 ω，公转角速度为 ω_p，偏心重的角速度（磨机的振动频率）为 ω_v，于是：

$\omega_v=0$，$\omega_p=0$，$\omega\neq0$　　球磨机
$\omega_v=0$，$\omega_p\neq0$，$\omega=0$　　离心磨机
$\omega_v=0$，$\omega_p\neq0$，$\omega\neq0$　　行星磨机
$\omega_v\neq0$，$\omega_p=0$，$\omega=0$　　振动磨机
$\omega_v\neq0$，$\omega_p\neq0$，$\omega=0$　　离心振动磨机
$\omega_v\neq0$，$\omega_p=0$，$\omega\neq0$　　转筒振动磨机
$\omega_v\neq0$，$\omega_p\neq0$，$\omega\neq0$　　行星振动磨机

由于行星振动磨机组合了各种磨机的特点，是具有多功能效应的磨机。前节介绍了振

动粉磨的特点和作用，现分析行星运动的作用。图 9-10 表示行星力场中粉磨介质的受力情况。磨筒分布在公转半径为 R_p 的圆周上。在磨筒中跟随筒壁一起旋转的某一粉磨介质受到径向离心力 K_r 和切向离心力 K_t 的作用。径向离心力为：

$$K_r = Z_{rel} + P_{cor} - Z\cos(\alpha+\varphi) \quad (N) \tag{9-8}$$

式中 $Z_{rel} = mR\omega^2$，为相对旋转（自转）的离心力，m 为粉磨介质的质量，ω 为自转角速度，R 为磨筒半径；$P_{cor} = 2mR\omega \cdot \omega_p$，为 Corlolis 力（互补力），$\omega_p$ 为公转角速度；$Z = ma\omega_p^{\ 2}$ 为主旋转（公转）的离心力，$a = \dfrac{R_p\cos\alpha - R}{\cos(\alpha+\varphi)}$，为粉磨介质与固定轴心的距离，$R_p$ 为磨筒的公转半径；α、φ为角度。

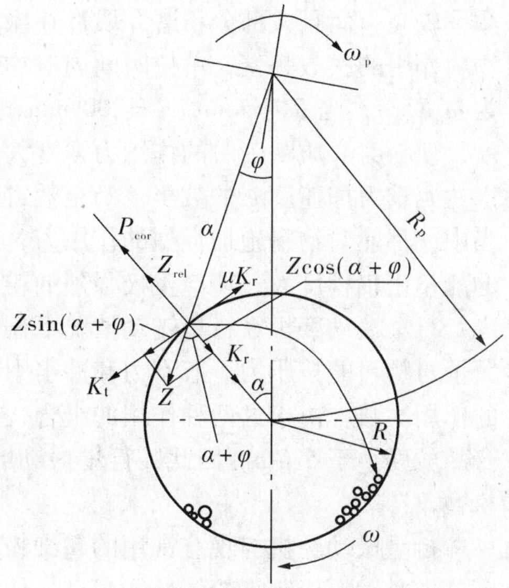

图 9-10　行星力场中粉磨介质的受力分析

当 $K_r = 0$ 时，粉磨介质便像球磨机中的介质一样，脱离磨筒壁面抛落。令式(9-8)的 $K_r = 0$，便可求得脱离位置：

$$\cos\alpha = \frac{R}{R_p}\left[\left(\frac{\omega}{\omega_p}\right)+1\right]^2 \tag{9-9}$$

在临界状态下，必有 $\alpha = 0$。这时粉磨介质开始不能脱离磨筒壁面落下。于是

$$1 = \frac{R}{R_p}\left[\left(\frac{\omega}{\omega_p}\right)+1\right]^2 \tag{9-10}$$

或

$$R_p\omega_p^2 = R(\omega+\omega_p)^2 \tag{9-11}$$

令行星力场中的磨筒自转速度与公转速度之比为转速比 i，即

$$i = \frac{\omega}{\omega_p} = \frac{n}{n_p} \tag{9-12}$$

式中，n 及 n_p 分别为自转和公转的每分钟转数（r/min）。i 值当公转与自转方向相同时为正值，相反时为负值。

实际上，由于行星运动使磨筒多转一周，故转速比有下述关系：

$$n = (i+1)n_p \tag{9-13}$$

当 $i = -1$ 时，即当公转与自转的转速相同，但方向相反时，磨筒某点上的绝对转速为零。此时临界状态的条件为

$$\pm\sqrt{\frac{R_p}{R}} = 0 \tag{9-14}$$

在这种情况下，除非是 $R_p = 0$，即相当于普通球磨机，或 R 变得无穷大，才会出现临界状态。

因此，行星力场中的临界状态与磨筒转速 ω 的大小无关，而取决于公转与自转半径之比 R_p/R 及公转与自转角速度之比 ω_p/ω 之间的关系，所以可以提高磨筒转速，使粉磨介质的循环次数增加。因此，行星力场下的工作状态比起普通球磨机能出现较多的作用次数。由于是行星运动，磨筒的自转速度较高，加快了粉磨介质的循环。又是振动磨，振动

频率较高，而且大部分粉磨介质都在振动，使不起作用的惰性区缩小。因此，粉磨介质对物料作用的次数频繁，单位时间内对物料作用的次数很多；加上在行星力场下加速度倍数为 $\omega_p^2 R_p/g$，当 $R_p=1$ m，$R=200$ mm，$n_p=150$ r/min 的时候，大约可以获得 30 g 的加速度，使粉磨介质跌落时的作用力强度大大提高。粉磨介质处在离心力场中作用，加速度可以达到重力加速度 g 的数十倍乃至数百倍。无论在抛落循环或在泻落循环中，或者在振动当中，都能对物料施加强烈的作用力，促使颗粒粉碎。因此，行星振动磨机比普通球磨机的能量密集程度大，能产生极强烈的粉碎作用。

行星振动磨机在行星转动情况下振动，实现高频冲击——离心研磨。离心旋转运动加大了对物料的挤压力、磨剥力和冲击力。由于高频振动运动，又增加了单位时间内对物料的作用次数。由于这两种作用的组合，使物料颗粒迅速碎解，达到超细粉磨的要求，粉磨产品粒度小于 5 μm。因此，行星振动磨机是一种能量高度集中的粉磨设备，能进行超细粉磨。

行星振动磨机与现有常用的超细粉磨设备相比，具有结构简单、可靠，超细粉磨效率高，省时省电，制得粉体性能优良，使用方便，应用范围广等优点，适用于精细陶瓷、粉末冶金、矿业、精细化工、电子、建材、光学、医药、生物工程、食品、涂料和印染等行业。

四 搅拌磨机

搅拌磨机又称旋转摩擦式磨机。它主要由静置的磨筒(内装小直径粉磨介质)、旋转的搅拌器、物料循环泵送系统、冷却系统和动力传动及电气控制等系统组成。由于最初使用的粉磨介质是玻璃砂，故有时又称砂磨机。

其工作原理如图 9-11 所示，磨筒 1 内设置搅拌器 2，电动机驱动主轴带动搅拌棒旋转，从而拨动粉磨介质 4 和物料作剧烈的多维循环和自转运动。由于惯性离心力作用，粉磨介质被甩向周壁，沿着周壁上升，然后返回中心部分。介质和物料在磨筒内不断地上下、左右相互置换位置，物料受到粉磨介质重力和搅拌器回转产生的挤压力，产生高频的冲击和磨剥作用而粉碎。

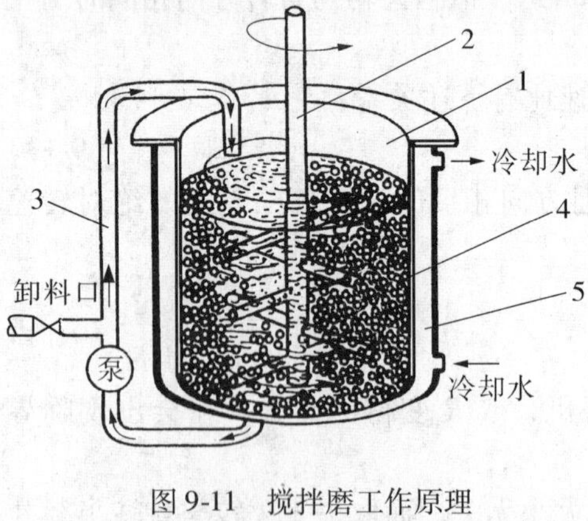

图 9-11 搅拌磨工作原理
1—磨筒；2—搅拌器；3—循环卸料装置；
4—粉磨介质；5—冷却系统

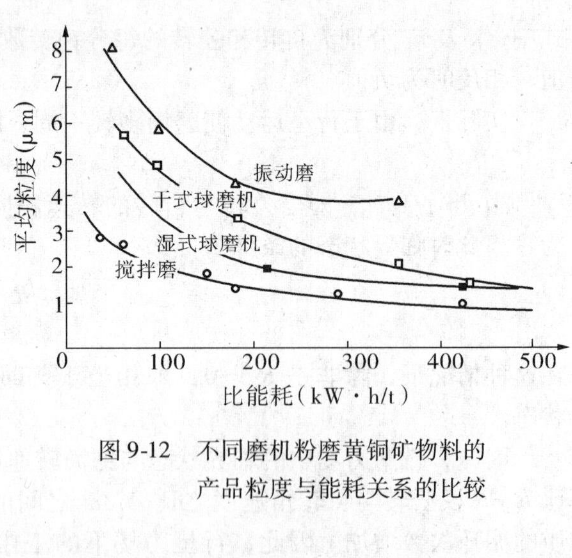

图 9-12 不同磨机粉磨黄铜矿物料的
产品粒度与能耗关系的比较

搅拌磨中粉磨介质的运动，不像球磨机那样受到临界转速的限制，搅拌器可以在高转速下工作，粉磨介质具有较大的动能，单位时间内有较多的作用次数。几种介质运动式磨机比较见表 9-3。由于其综合了动量和冲量的作用，因此，搅拌磨内能量密集，能有效地进行超细粉磨。细度可达到亚微米级，如果添加助磨剂甚至可制备纳米粉体或浆料。而且，它们能量绝大部分用于直接搅动介质，而非虚耗于转动或振动笨重的磨筒，因此，能耗比球磨机、振动磨机低(见图 9-12)。此外，从工作原理可知，搅拌磨除了有超细粉磨作用外，尚有强烈的搅拌混合和分散作用。所以它是一种兼具多功能的粉磨设备。

表 9-3　介质运动式磨机比较

分　　类	机种名称	介质驱动机构	介质运动加速度 （g——重力加速度）
	回转圆筒式磨	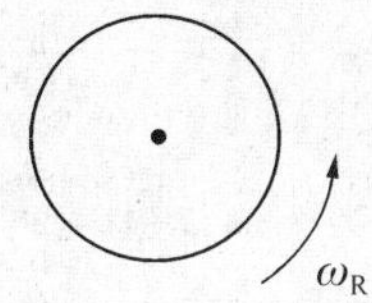	$1g$
容器驱动式	振动磨	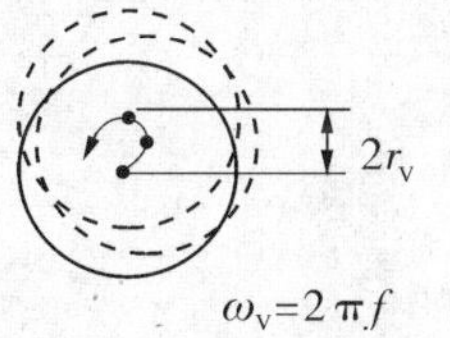	～30 g
	行星磨	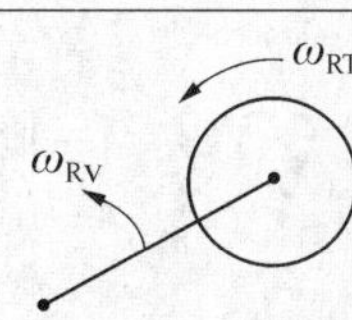	～150 g
介质搅拌式	介质搅拌磨	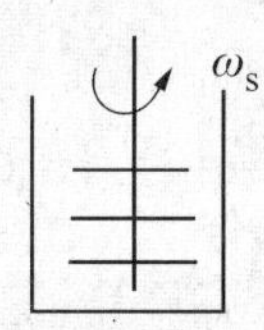	数百 g

搅拌磨机的种类较多，按磨筒设置来分，有立式和卧式两类，立式适用于粉磨高粘度浆料，卧式适用于粉磨容易沉积的浆料；按磨筒结构来分，有槽式、流通管式、环式和塔式等；按搅拌器结构来分，有盘式、螺旋式和棒式等；按生产方式来分，有干法和湿法两类；按操作方式来分，有间歇式、循环式和连续式搅拌磨机等。

图 9-11 所示为湿法间歇式搅拌磨机，主要由带冷却套的槽形磨筒 1、搅拌器 2 和循环卸料装置 3 组成。循环卸料装置既可保证在粉磨过程中物料循环，又可保证最终产品及时卸出。操作期间，循环泵不断使浆料经过循环管作连续循环粉磨，直到达到要求的细度为止。每批物料粉磨后，经卸料口排出。搅拌槽外面包有夹套，用冷却水在其间循环，以带走由于粉磨介质激烈运动产生的热量。

这种磨机如果与一个大容积料罐配套组成快速循环系统，则成为循环式搅拌磨。循环罐的容积是磨机容积的 10 倍左右。

图 9-13 所示为湿法连续立式搅拌磨机。磨筒为圆筒形，高径比较大，形状像倒立的塔体，筒体上下装有格栅。浆料由泵从磨筒底部喂入，经筒内介质粉磨后，细颗粒从磨筒

顶部卸出。卸料端的筛板用以分离粉磨介质，使之不随浆料卸出。磨筒内粗颗粒在重力作用下，从上至下粒度逐渐增大，介质压力也是从上至下逐渐增大，这就使各粒度层被磨物料始终处于最佳粉磨位置，大大提高了溢出物料的粒度均匀性，降低了粉磨能耗。产品的最终细度是通过调节进料流量从而控制物料在磨筒内的停留时间来保证。

搅拌磨一般采用湿法粉磨，湿磨时料浆粘度是一个重要控制参数。料浆粘度最高可达 3Pa·s，最佳值为 1 ~ 2 Pa·s。

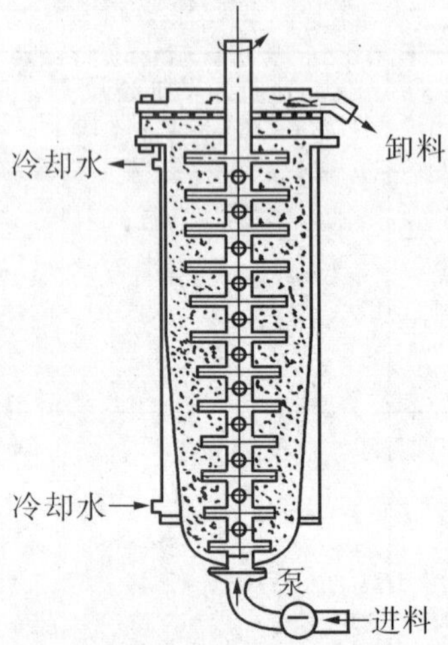

图 9-13　湿法连续立式搅拌磨机

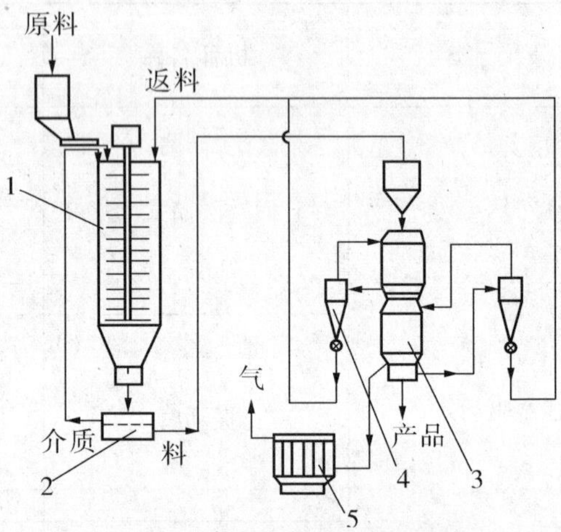

图 9-14　干法连续立式搅拌磨粉磨系统

1—搅拌磨；2—介质分离筛；3—空气选粉机(二段选粉)；4—旋风收尘器；5—袋式收尘器

图 9-14 所示为干法连续立式搅拌磨系统。立式搅拌磨与空气选粉机组成闭路循环粉磨系统。出磨的物料与粉磨介质经筛分分离，物料进选粉机选粉，细粉为产品，粗粉返回磨内重新粉磨。粉磨介质分离后返回磨内循环使用。该系统适用于软质及中等硬度物料的超细粉磨，粒度可达 3 μm 以下。

对于不宜采用湿磨的物料，可以采用干磨。其粉磨原理与湿磨相同，但干法操作效果不如湿磨。

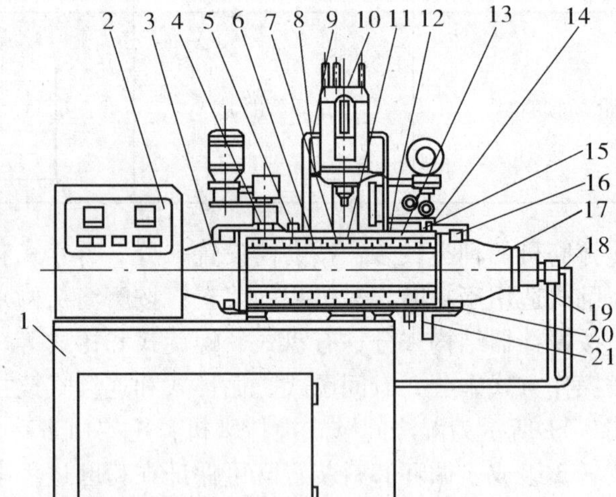

图 9-15　湿法连续卧式搅拌磨机

1—机座；2—仪表盘；3—机械密封；4—物料出口管；5，18—冷却水出口管；6，7—销轴；8，9，16，20—密封液进出口管；10—压力罐；11—轴内管；12—轴外套；13—夹套；14—容器；15—物料入口管；17—磨筒体；19，21—冷却水入口管

图 9-15 所示为湿法连续卧式搅拌磨机。为了强化粉磨介质运动且不随轴同步旋转，搅拌器为交错式销棒型(见图 9-16)。由于轴上的销棒与筒内壁的销棒交错

设置，使磨筒被分成若干个环区，增大了粉磨介质相互冲击和回弹冲击力，强化了粉磨作用。

搅拌轴制成空心轴通冷却水。在一般的搅拌磨机中，容器内壁与搅拌器外圆周之间是强化研磨区，物料颗粒在该区被有效地研磨。而靠近搅拌轴却是不活动的研磨区，物料颗粒在该区可能没有研磨就通过。所以，搅拌轴设计成有冷却作用的空心粗轴，以保证搅拌轴周围粉磨介质的撞击速度，同容器内壁区域的粉磨介质撞击速度相近，使粉磨介质均处于强化的研磨区，密度和运动强度均匀，均化了整体粉磨介质运动，因此，粉磨效率高，产品粒度细而且均匀。搅拌轴采用机械密封，磨筒为密闭型，故适用于粉磨低流动性、高粘度或容易沉积的浆料，而且可避免溶剂挥发和汽化，适用于含有机溶剂浆料的超细粉磨。卧式搅拌磨的粉磨介质填充率为磨筒容积的70%～90%，磨筒容器能充分利用，粉磨介质密度大，剪切力较强。与立式搅拌磨相比，粉磨效率高，能耗低，运转平稳，但是由于搅拌轴是水平安装，因此轴承、密封装置容易磨损。

图 9-16　交错式销棒型搅拌器

图 9-17 所示的双锥形搅拌磨机是一种新型搅拌磨机。带有冷却水腔的内外锥体的纵截面呈 W 型，两者的间隙宽 6～20 mm，构成环形粉磨室，直径 0.5～3.0 mm 的粉磨介质填充其中。浆料由底部连续泵入，被粉磨后经分离器与粉磨介质分离，由上部出口排出。

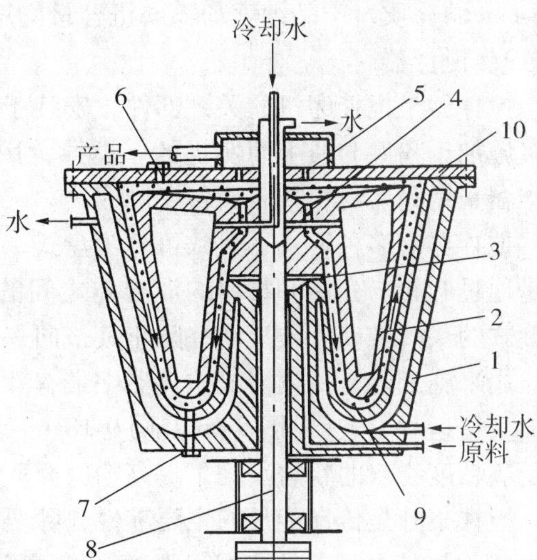

图 9-17　双锥形搅拌磨机

1—磨筒；2—转子；3—粗磨盘；4—分离室；5—出料环缝；6—介质加入口；7—介质排放口；8—立轴；9—介质；10—筒盖

外锥体为定子，内锥体为转子，两锥间隙宽度与介质直径相适应，介质直径大，间隙则大。内锥体回转时，粉磨介质受惯性离心力作用，沿半径大的方向运动，不但形成循环运动，而且粉磨能量从进料口至出料口也逐渐递增，以适应粉磨过程的要求。因为随着物料细度的增加，必须使其获得更高的能量，才能进一步磨细。因此，通过锥形粉磨区可以达到渐进的粉磨效果，是一种高能量密集的搅拌磨机。这种搅拌磨的特点是，由于采用高能量密集粉磨，能使每一物料颗粒都得到相同的粉磨效果，故产品粒度小且均匀，粉磨效率高，可将物料由 100～200 μm 粉磨至 1～2 μm 占 99%；在相同处理量和产品细度下，其容积仅占传统搅拌磨的$\frac{1}{3}$～$\frac{1}{5}$，因而粉磨介质填充量也只占$\frac{1}{3}$～$\frac{1}{5}$，粉磨介质少，故可减少损耗，降低生产成本；冷却面积大，清洗容易，在密闭系统下作业，粉磨时不会吸入空气，物料和溶剂亦不致泄漏与蒸发，可减少环境污染，可适用于热敏性材料的超细粉磨。

（二）主要工作部件

1．磨筒

磨筒结构有圆形、多边形和带销钉或挡板形式。筒体用钢板制成，内衬耐磨材料，常用工程陶瓷、耐磨的高分子材料或不锈钢等。筒体的设置可采用立式或卧式。

粉磨介质压强是搅拌磨粉磨效率的重要因素，粉磨介质压强愈高，则粉磨能耗愈低。但存在一个临界点，如果超过这个临界点，粉磨效率并不提高。为了增加粉磨介质压强，立式搅拌磨筒体常设计成细长形，筒体的高径比一般为 3 ～ 6，这样可提高粉磨介质的压强，提高粉磨效率。湿法连续立式搅拌磨的磨筒要更高些，因为其顶部排料方式要求在磨内上方留一沉降区，以便将粉磨介质与浆料分离开来。

试验证明，同类型的卧式搅拌磨所粉磨的产品细度仅与所需能耗有关，而与容量大小无关。这说明大型搅拌磨机可根据同类型小型机所获得产品粒度与所需能耗的关系来进行相似放大。但是容量大小对产品细度的影响与所用介质尺寸大小有关，当其他条件相同时，填充直径小于 0.5 mm 介质于不同容量的同类磨机中，产品细度随磨机容量增大而降低；若填充直径为 0.5 ～ 0.6 mm 的介质，磨机容量的影响不明显；但若填充直径大于 0.6 mm 的介质，产品细度却随磨机容量的增加而增大。

2．搅拌器

搅拌器是搅拌磨机的关键部件，安装于磨筒的中轴部。粉磨作用是通过搅拌器把动力直接施加于粉磨介质上而实现的。搅拌臂用工程陶瓷、不锈钢、耐磨高分子材料等制成，搅拌器采用耐磨材料或表面包层制成。

搅拌器有多种形式，大致可分为盘式、螺旋式和销棒式三大类（见图 9-18）。盘式搅拌器是通过叶轮与介质和物料的混合体之间的粘附力来施加能量，其中叶片型多用于卧式；螺旋式的桨叶推动介质运动并防止其挤向一端；而销棒式搅拌器则是通过粉磨介质相互交替作用来施加能量。销棒式搅拌器中最有效的结构是交错式，采用搅拌器的销棒与筒壁的销棒交错运动形式（见图 9-16 及图 9-18 n），这种搅拌器可采用密度大的介质（如钢球等）用于高粘度物料的粉磨。为了提高粉磨介质运动强度，改进搅拌器形式并引入行星运动。

搅拌桨叶是传递能量的主要零件，除要求具有足够强度外，其长度关系到磨机能否正常运转。其基本要求是棒（盘）与磨筒壁之间以及两层棒（盘）之间不发生介质卡塞现象。故棒的长度取决于磨筒内径和选用粉磨介质的最大直径。可按以下经验式求得：

$$L = D - 6\, d_{max} \quad (\mathrm{m}) \tag{9-15}$$

式中 D——磨筒内径（m）；

d_{max}——粉磨介质的最大直径（m）。

3．粉磨介质

搅拌磨机通常采用微珠、小球或短圆柱棒作为粉磨介质，常用的有天然砂、玻璃珠、氧化铝球、氧化锆球、莫来石球、钢球、氮化硅球等，某些与粉磨物料成分相同的粗颗粒也可选作粉磨介质。选用粉磨介质时，不但要考虑介质尺寸、密度、硬度、耐磨程度及成本，而且还要考虑待磨物料的物化性质和所用磨机的工作性能。

粉磨介质的形状会影响搅拌磨的粉磨效率。试验发现，短圆柱形介质比球形介质的粉磨效果好。其主要原因是由于短圆柱形介质之间是线接触，而球形介质之间是点接触，同时在相同质量情况下，短圆柱形介质比球形介质的比表面积大 14.5%，因此，在其他条件相同的情况下，短圆柱形介质所具有的接触和粉碎物料的概率明显为高。

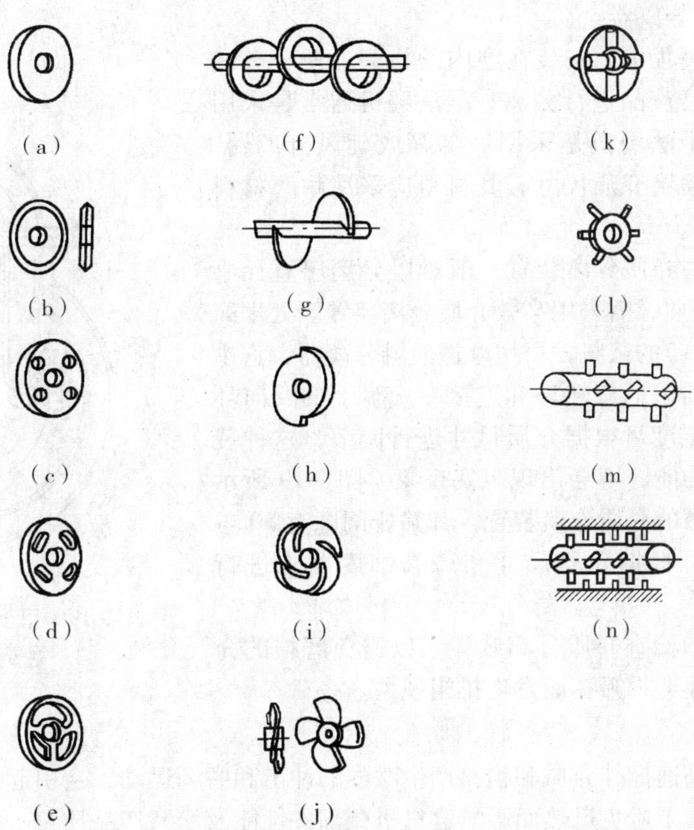

图 9-18　搅拌器类型

粉磨介质大小直接影响粉磨效率和产品粒径。常用介质直径一般在 0.1 ~ 25 mm 范围，用于超细粉磨的介质球径一般小于 1 mm，最小直径可为 0.03 mm。所用介质大小要根据被磨物料粒度和产品粒度大小来确定。为了取得最大粉磨效率，所用介质尺寸 d 与喂料粒度 d_f 之间存在一最佳比值。试验表明，为了保证介质的有效粉磨，介质的粒径应大于 10 倍的喂料平均粒径，d/d_f 值宜为 10 ~ 20，介质的粒度分布愈均匀愈好。另外，还可根据介质尺寸 d 与产品粒度 d_p 的比值关系来选用介质。当介质用于物料粉磨时，d/d_p 值宜为 10^2 ~ 10^3；当用于物料分散或解离团聚时，d/d_p 值宜为 10 ~ 10^4。因此，应根据待磨物料特性和所获产品要求，经试验来确定适宜的粉磨介质尺寸和形状。

粉磨介质的密度大小会影响搅拌磨粉磨产品细度和所需能耗。使用密度小的介质容易产生漂流现象，而使用密度过大的介质不易得到充分搅拌。因此，使用密度过小或密度过大的介质都会降低粉磨效率。介质的密度应比待磨物料的密度大，对于粉磨粘度较大的浆料，应选择密度较大的介质，以避免漂流现象发生。

粉磨介质的硬度必须高于被磨物料，以增大粉磨强度。实践表明，介质的莫氏硬度最好比被磨物料大 3 以上。粉磨软质物料时，可采用密度较小、硬度较低的介质(如硅砂等)；在粉磨硬质物料时，要用密度大、较硬的介质(如钢球、氧化铝球或氧化锆球等)。陶瓷行业通常选用坚硬、耐磨又不污染物料的高纯度氧化铝球等。

试验证明，搅拌磨的介质填充率大小直接影响粉磨效率。粉磨产品细度和所需能耗均随介质填充率增加而增加。搅拌磨的填充率一般在 50% ~ 90%。为了减小介质和其他机械部件(如筒壁和搅拌器等)的磨损并避免过热现象发生，粉磨介质的填充率应小于 90%。

4．粉磨介质分离器

在连续粉磨过程中，安装在磨内的粉磨介质分离装置可将介质与粉磨产品进行分离。湿法磨机通常是采用篦板和筛网，而干法磨机是采用底部筛或旋风分离器，筛孔尺寸应小于粉磨介质尺寸，其材料应采用耐磨材料（如碳化钨硬质合金等）。

采用常规粉磨介质分离装置一般难以分离出直径小于0.2 mm的微介质，需采用高效介质分离装置。处理高粘度（高达5 Pa·s）的浆料，可用摩擦间隙分离器，它主要由固定在搅拌器上的旋转环和连接在底盘上的反向环组成，摩擦间隙宽度可根据介质尺寸进行调节，这种装置具有自动清洗功能，不会出现阻塞现象。图9-19所示为用于卧式搅拌磨的介质分离装置，其筛栅间隙有50～1500 μm规格，可根据介质尺寸和产品细度要求进行选用。

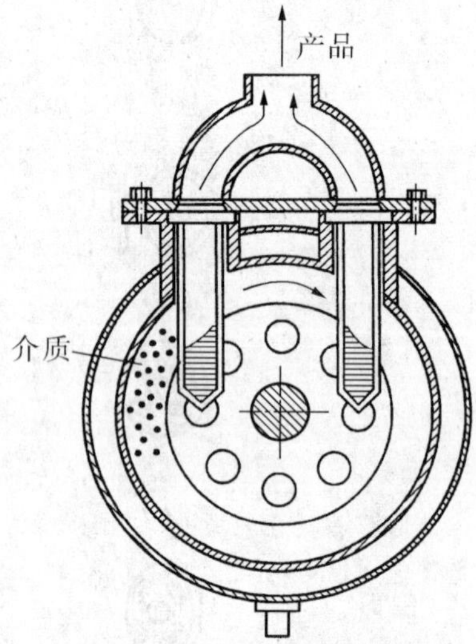

图9-19　用于卧式搅拌磨的粉磨介质分离装置

要定期清洗和检查介质分离装置，以避免磨损的介质堵塞筛孔，或因磨损筛孔而发生排粗现象。

5. 冷却系统

搅拌磨机因高速搅拌介质和物料产生激烈的冲击和磨剥运动，会引起磨机机体和粉磨物料温度升高。为了避免过热而影响磨机机械部件性能及粉磨产品质量，一般搅拌磨机体内安装有冷却系统。简单的冷却系统仅是在磨筒夹套导入冷却液（如水）进行冷却。若采用叶轮式搅拌磨加工热敏性物料（如金属氧化物涂料等），除冷却筒壁外，搅拌器轴和叶轮都需要进行冷却。在交错式销棒型搅拌磨内，由于介质与物料在搅拌棒与筒壁销棒相互交替作用下产生激烈置换运动使磨机内产生较大的能量密集，因此除对筒体、轴和叶轮冷却外，还需冷却磨机底盘，以增加散热面积来达到有效冷却。

用于散热降温的冷却液流量大小要根据粉磨造成的热量多少以及待磨物料性质来确定。磨机粉磨物料所产生的热量大小，可以间接地通过测量粉磨物料的温度来估计。一般粉磨物料温度应控制在70 ℃以下为宜。

（三）主要工作参数的确定

1．喂料粒度及喂料速率

用于超细粉磨的搅拌磨机的喂料粒度通常为60～300 μm，产品粒度为0.5～60 μm。确定喂料粒度大小，首先应考虑所用粉磨介质的大小，一般尺寸较大的介质适于粉磨粒度较粗的物料，尺寸较小的介质适于粉磨粒度较细的物料。其次要考虑所要求的产品细度，如需获得超细产品，在选择较小尺寸介质的同时，应相应降低喂料粒度。另外，喂料粒度还与所用磨机结构和取向有关。立式搅拌磨机的喂料粒度上限可达5～10 mm，而卧式搅拌磨机的喂料粒度一般均小于200 μm。

单位时间喂入搅拌磨机的物料量为喂料速率，通常用L/min或kg/min表示。喂料速率的大小直接影响被磨物料在磨内的停留时间，从而影响到产品粒度分布和磨机生产能力。提高喂料速率，磨机生产能力提高，能耗降低，但产品细度降低；降低喂料速率可提高产品细度，但磨机生产能力降低，能耗提高。

粉磨物料时，单位能耗所产生的比表面积称为能量利用指数($\Delta s/E_m$)。通过试验可对所获得结果采用指数来综合评价和确定适宜的喂料速率。一般来说，搅拌磨机的喂料速率不宜过高，因为喂料速率超过某一临界值时，会造成磨内介质粉磨物料分布不均，降低能量利用指数，还会使磨内卸料端因介质过于密集而造成堵塞并引起端部筒壁及介质磨损。另外，确定喂料速率临界值还要考虑介质尺寸、填充率及搅拌器转速等参数的影响。

2. 搅拌器转速

搅拌器的转速常用中轴的每分钟转数或桨叶末端切线速度来表示。图 9-20 所示为粉磨介质沿搅拌器中轴至筒壁的切线速度分布示意图。从图可知，粉磨介质的线速度在搅拌器轴中心位置较低，随着离轴中心距离的增加而增大，到桨叶末端处达到最大值。在桨叶末端与筒壁间隙内，由于搅拌器难以施加介质所需的动能，所以介质的线速度急剧下降。在贴近筒壁处，较低的线速度有利于降低介质与筒壁的相互磨损。

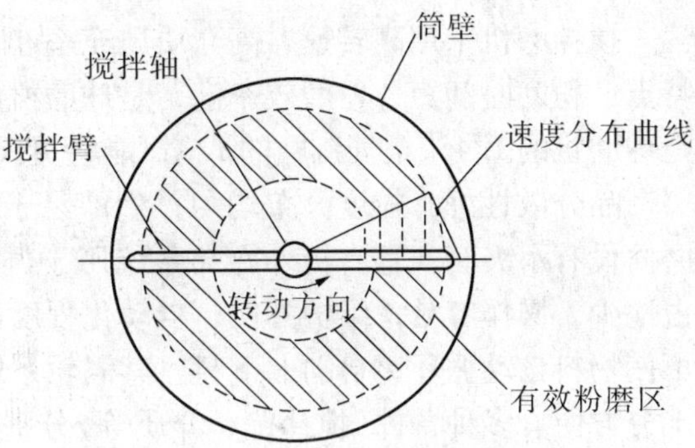

图 9-20　粉磨介质沿搅拌器轴中心至筒壁的切线速度分布

搅拌磨机能有效进行超细粉磨，主要是借助于搅拌器高速搅拌细小粉磨介质来实现的。搅拌器的转速影响到粉磨产品细度和能耗。粉磨时间与搅拌器主轴转速及粉磨介质尺寸之间有以下概略关系：

$$t = K\frac{d^3}{\sqrt{n}} \quad (\text{min}) \tag{9-16}$$

式中　K——系数，通过实验确定；

d——粉磨介质直径(m)；

n——搅拌器转速(r/min)。

增加搅拌速度可提高粉磨所需的转动动量，也就是说，可提高粉磨产品细度和产出率，缩短粉磨时间，但会增加介质磨损和能耗；而降低搅拌器转速，则会降低粉磨产品细度和产出率，增加粉磨时间，从而可降低介质磨损和能耗。搅拌磨的转速受惯性离心力和回转半径的限制。一般情况下，转速在 200 ～ 3000 r/min 或圆周速度在 3 ～ 25 m/s 范围内可调。最高转速可达 4000 r/min。转速过小，能量不足，粉磨时间延长，但是搅拌速度过大(大于 2000 r/min 或大于 10 m/s)时，驱动能量大，由于惯性离心力作用在主轴附近形成空穴区而减少粉磨有效容积，同时会加剧介质磨损和产生过热，尤其在粉磨高浓度浆料或高介质填充率时，情况会更严重。对于顶部排料的搅拌磨机，若转速过高会导致顶部沉降区破坏，介质会随同产品一起溢出。

3. 生产能力

搅拌磨机的生产能力与物料性质(粒度大小、可磨性等)、粉磨介质(密度、形状、大小、级比等)、磨机操作条件(湿磨或干磨，间歇或连续等)及要求的产品细度等诸多因素有关，目前尚无可靠的计算公式。但在给定条件下，要求的产品细度影响到物料通过磨机的粉磨效率，直接决定物料在磨筒内的滞留时间。搅拌磨的生产能力一般可用下式来估算：

$$Q = K\frac{V_o \gamma C}{t} \quad (\text{t/h}) \tag{9-17}$$

式中　K——系数，通过试验确定；

V_o——磨筒的实际有效容积，指筒内的净空容积减去介质、轴、桨叶所占的容积(m^3)；

γ——物料重度(t/m^3)；

C——浆料质量分数(%)；

t——物料在磨筒内的停留时间(h)。

(四)性能及应用

搅拌磨机采用高转速、高介质填充率和微介质，是能量密集的超细粉磨机，具有以下特点：粉磨时间短，粉磨效率高，是球磨机的10倍以上，高出振动磨5倍以上；能耗低，是球磨机的1/4，是气流磨的1/3；能将莫氏硬度2～10之间的各种物料粉磨到1 μm，粉磨产品分散性好，粒度分布均匀；生产易于监控，可以随时检测被磨物料。温控也极好，磨筒设有水夹套，且有机外冷却系统用于调控温度，确保磨机连续运转；设备结构简单，占地少，操作容易，维护方便；自动化程度高，可以不停机随时添加其他物料，泵送系统可使物料自动循环，自动上下料。其涡轮系统可轻易使磨筒翻转，更换搅拌臂、粉磨介质十分方便。多种备件(搅拌壁、介质等)分别可用不同材料制作，以满足用户的各种特殊需求；操作安全、环境好，设备无振动，低噪音，可配置防爆及气动隔膜泵装置。搅拌磨在工业上的应用主要存在处理量较小和粉磨介质易磨损、成本过高等问题。近几年在解决有关磨机大型化和磨损问题方面，已获得很大进展。

五　气流磨机

气流磨机又称流能磨机或喷射磨机，是利用空气、蒸汽或其他气体以一定压力喷射入磨内，随同喷射气流运动的物料，在旋流过程中，颗粒之间发生互相冲击和磨剥而将物料粉碎。它通过增大气流喷射速度来使磨机达到能量高度密集，从而创造超细粉磨的条件。

气流磨机是一种自磨机，主要是利用物料本身之间的互相冲击和磨剥作用来达到粉碎目的。在单位时间内物料互相冲击和磨剥的次数非常之多，而作用力并不大，具有振动粉磨的特征。这种通过物料本身互相冲击和磨剥来进行振动粉磨的粉磨方式，粉磨效率较高，可以对物料进行超细粉磨。同时，磨内没有粉磨介质，不但可以减少磨机工作时的金属损耗，而且也免除了介质对物料作用时的变形、磨损所消耗的能量，因而降低了粉磨电耗，节省了操作费用。

气流磨机是一种把物料的粉磨、分级和烘干组合在一起的粉磨设备，适于5～15 mm物料的细磨和超细磨。其设备简单，磨机无运动部件，选择性粉磨作用强，粉磨效率高，产品粒度均匀，金属消耗量少，但需配置一套压缩空气机。

图9-21所示为管道式气流磨机。尺寸小于15 mm的物料用胶带输送机1送到磨机的料斗中，物料经喂料管2溜入文丘里管3内，将物料吹入磨机的粉磨室5中。粉磨室是截面呈椭圆形的环形管，常用材料有白口铁、刚玉和不锈钢等，管的直径25～200 mm，高度1000～2500 mm。管的底部有一排喷嘴6，压缩空气经喷嘴喷入，在喷嘴内的速度超过声速，斜向喷入室内的射流将物料带起，迫使物料在环形管内循环，使得气流内的颗粒互相冲击和磨剥而粉碎。工作后的气体连同已达要求细度的颗粒经选粉挡板7排出，接着经排出管8进入收尘器中，将带出的细粉回收。选粉挡板的斜度可以调节，以控制粉磨细度。粗粉由于惯性离心力的作用，贴在环形管的外侧运动，在粉磨室内继续循环粉磨，直至达到要求的细度时，才跟随气流排出机外。气流磨的粉磨细度可达1.42 μm左右。

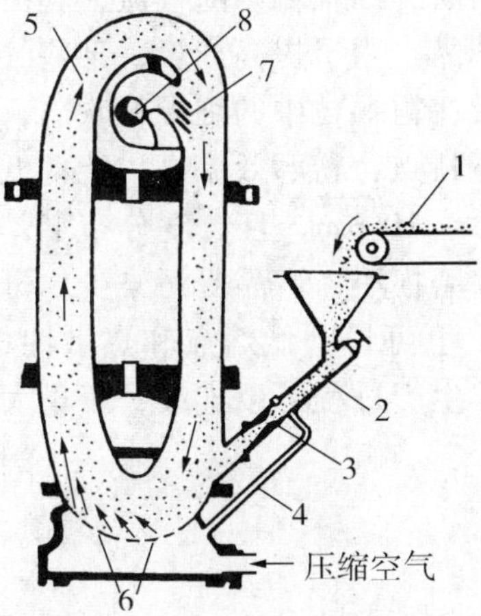

图 9-21　管道式气流磨机

1—胶带输送机；2—喂料管；3—文丘里管；4—压缩空气管；5—粉磨室；6—喷嘴；7—挡板；8—排出管

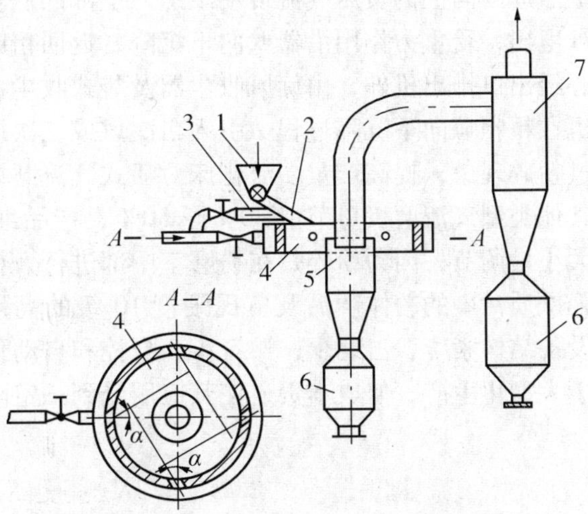

图 9-22　圆盘式气流磨机系统图

1—料斗；2—喂料管；3—引射器；4—粉磨室；5—收尘管；6—料仓；7—二级收尘器

图 9-22 所示为圆盘式气流磨机。粉磨室 4 为扁平圆盘状，四周装设若干个与圆周成一定倾角的喷嘴，高速气流经喷嘴斜向喷入粉磨室内，在室内产生旋转射流。料斗 1 的物料由喂料管 2 借助来自引射器 3 的气流被带入粉磨室。由于各层的流速不等，使物料颗粒间产生冲击和磨剥而粉碎。细粉自圆盘中心的收尘管 5 向下排出，落入料仓 6 内。气流则向上逸出，经二级收尘器 7 排出。

图 9-23 所示为流化床对喷式（或汇聚式）气流磨机。它是目前应用较多的一种气流磨机。其粉磨室的结构特点是，在平面或空间设置有数个喷嘴（3 ～ 7 个）。喷嘴布置的原则是，多股射流在汇聚中心点的速度矢量和等于零。物料喂入粉磨室，压缩空气通过喷嘴喷入粉磨室，超音速喷射流在下部形成向心对喷射流场，使磨底物料流态化而悬浮翻腾。多股射流携带粉磨室中的物料一起加速，并一起射向中心碰撞点，在各喷嘴交汇点汇合，物料颗粒因互相冲击、磨剥而粉碎。粉碎后的物料在交

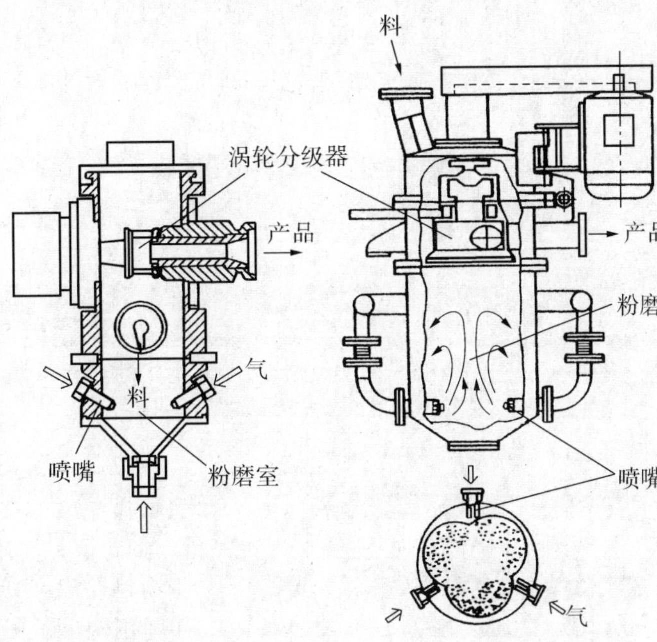

图 9-23　流化床对喷式气流磨机

汇点周围向上的负压气流带动下送入上部的涡轮分级器中，在惯性离心力作用下，粗颗粒被甩出，受重力作用沿器壁向下沉降，返回粉磨室继续粉磨。细颗粒则随气流一起由器中心经出口排出机外，由旋风收尘器及袋式收尘器捕集为产品。为了提高产量，某些气流磨机在粗颗粒向下沉降过程中引入二次风或三次风，把夹带在粗颗粒中的细颗粒吹出，减少过粉碎现象，提高产量。流化床对喷式气流磨机具有以下特点：粉磨效率高，能耗低，比其他类型气流磨机可节能 30% ～ 50%；产品细度 d_{97} 达3 ～ 10 μm，且粒度分布窄，粒度大小易调节；因为粉碎是在粉磨室中部进行，粉磨室器壁磨损小，产品受污染少，可加工无铁质污染的粉体产品及莫氏硬度 10 级的高硬度物料，也可粉磨低熔点和热敏性材料；设备结构紧凑，占地少，噪音小，自控和自动化程度高；生产过程可以连续，产量大，适于大型化生产，但成本贵，使其应用受到一定限制。

第二篇 筛分机械

第10章 概　　述

第一节 筛分及其类型

将固体物料通过具有一定孔眼或缝隙的筛面而分成不同粒级的作业称为筛分。通过筛孔的物料称为筛下料，截留在筛面上的物料称为筛上料或筛余。筛分粒级以筛下料的最大粒度和筛上料的最小粒度表示。通常假定都等于所用筛面的筛孔尺寸来表示。例如，通过筛孔为2.5 mm的筛面，而留在筛孔为1.25 mm筛面上的物料粒级，以 $-2.5+1.25$ mm或1.25～2.5 mm表示。筛面数为 n，则可筛分成 $(n+1)$ 个粒级。

筛分一般适用于较粗的松散物料。工业筛分粒度范围为100～0.05 mm。一般1 mm以下的细粒由于凝聚粘筛而难以筛分，所以50～5 μm的物料改为应用流体力学原理的分级器，颗粒在流体介质(水或空气)中因沉降速度不同而分成不同的粒级。筛分除用于物料的分级外，还用于脱水、脱泥和脱除介质等。

筛分操作按物料含水分的不同，分为干法筛分和湿法筛分两种。一般采用干法筛分。但对于粘湿物料，进行干法筛分困难，需要采用湿法筛分，在筛面上喷水，将细粒级及泥质冲洗下去，或将筛面和物料都浸在水中进行筛分。

按筛分用途不同，主要可分为独立筛分和辅助筛分两类。筛分后所得的产品即为成品的筛分称为独立筛分。在工业生产中，有时需要将物料分为若干级别的产品，有时需要将物料中过大或过小的颗粒除去，此时采用独立筛分。与粉碎作业配合的筛分称为辅助筛分。在粉碎前进行的辅助筛分称为预先筛分，它可在粉碎前分出已符合粒度要求的产品，提高粉碎作业的生产能力，降低电耗；在粉碎后对所得产品进行筛分，这种辅助筛分称为检查筛分，它可保证产品的粒度，改善产品质量。

为了把物料分成若干粒级，使用一系列筛孔不同的筛面，它们的排列次序称为筛序。按筛出颗粒粗细的顺序可分为三种基本形式，如图10-1所示。

(ⅰ)由细到粗的筛序(图10-1a)：其优点是操作和更换筛面方便，各级筛下料分别从不同处排出，运送方便。其缺点是粗颗粒都需要经过细筛网，不仅筛网易磨损，而且常被粗粒堵塞，降低筛分质量。

(ⅱ)由粗到细的筛序(图10-1b)：其优点是可将筛面由粗到细重叠布置，占地面积小。粗颗粒不接触细筛网，减少了细筛网的磨损。较为难筛的细粒能很快地通过上层筛面，有利于提高筛分质量，但这样配置不便于维修。

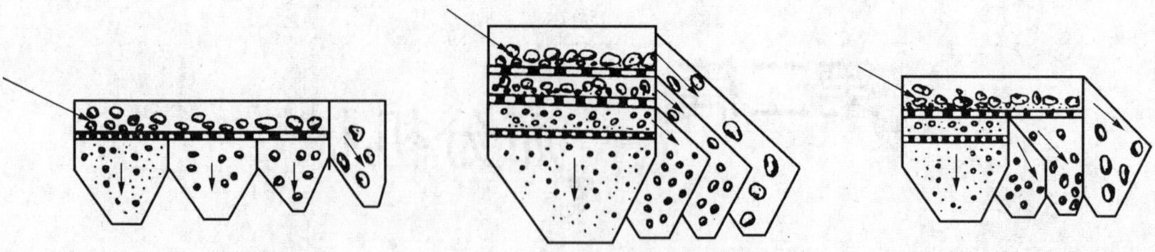

（a）由细到粗筛序　　（b）由粗到细筛序　　（c）混合筛序

图 10-1　筛分顺序

（ⅲ）混合筛序（图 10-1c）　是上述两种筛序的组合，兼有两者的优缺点。

无机非金属材料工业中用得较多的是由粗到细的筛序。

第二节　筛分过程及筛分效率

一　筛分过程

筛分过程就是把不同大小的固体颗粒混合物通过筛面，部分小于筛孔的颗粒通过筛孔而落下，其余颗粒截留在筛面上然后排出的过程。物料的筛分过程分为两个阶段：首先是易于穿过筛孔的颗粒通过，不能穿过筛孔的颗粒所组成的颗粒层到达筛面；其次是易于穿过筛孔的颗粒通过筛孔而分出。要使这两个阶段能够实现，物料在筛面上应具有适当的运动，一方面使筛面上的物料呈松散状态，物料产生粒度分层，大颗粒处于上层，小颗粒位于筛面上，进而透过筛孔；另一方面，物料和筛子的运动促使堵在筛孔上的颗粒脱离筛面进入物料层上部，让出细粒透过的通道。

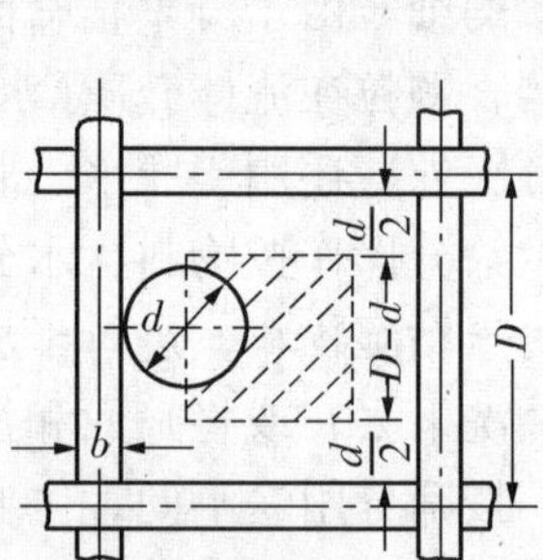

图 10-2　颗粒通过筛孔的概率

只有尺寸小于筛孔的颗粒才有通过筛孔的可能，至于可能性的程度如何，用通过概率 P 来表示。如图 10-2 所示，设筛孔为方形，筛孔每边净长为 D，筛丝的粗细为 b，如果一个直径为 d 的球形颗粒，在筛分时垂直地向筛孔下落，要能顺利通过筛孔，其重心的位置则应在 $(D-d)^2$ 范围之内。而颗粒在该筛孔上可能出现的位置为 $(D+b)^2$ 的面积。因此。颗粒通过筛孔的概率为

$$P=\frac{(D-d)^2}{(D+b)^2}=\frac{D^2}{(D+b)^2}\left(1-\frac{d}{D}\right)^2 \tag{10-1}$$

上式表明，筛孔尺寸愈大，筛丝和颗粒直径愈小，则颗粒通过筛孔的可能性愈大。表 10-1 列出两种 b/D 比值筛面通过不同 d/D 比值颗粒的概率值。从表可看出，当 $d/D>0.8$ 时，P 值迅速减少，也即很难过筛。因此，常把 $d<0.8D$ 的颗粒称为易筛粒，而把 $d>0.8D$ 的颗粒称为难筛粒。当难筛粒级含量较多时，可适当增大筛孔尺寸并相应降低筛分效率，以提高生产能力。经验表明，由于筛子不断运动，筛孔尺寸可选择比所要求筛分粒度大一些，对于方形筛孔，可以增大 10% 左右；对于圆孔可增大 12.5% 左右；橡胶筛面的筛孔尺寸比相应的筛板或筛网的筛孔尺寸应增加 10% ～ 20%。

表 10-1　颗粒通过筛孔的概率

d/D	P(%)	
	b/D = 0.25	b/D = 0.5
0.1	51.92	36.00
0.2	41.00	28.44
0.3	31.41	21.77
0.4	23.08	16.00
0.5	10.10	11.11
0.6	10.24	7.14
0.7	5.76	4.00
0.8	2.56	1.77
0.9	0.64	0.45
1.0	0.00	0.00

如果筛面倾斜设置(图 10-3)，则筛孔的通过大小将由 D 减小为 $D' = D\cos\alpha$，因而颗粒通过筛孔的机会势必减少。筛面虽水平放置而颗粒的运动方向不垂直筛面，也同样会产生类似的影响。另外，颗粒不是球形，而是正方形、长方形或其他不规则形状，其通过筛孔的概率也会减少。

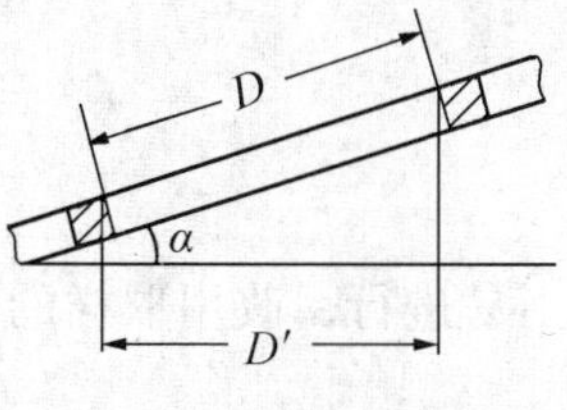

图 10-3　倾斜筛面对通过的影响

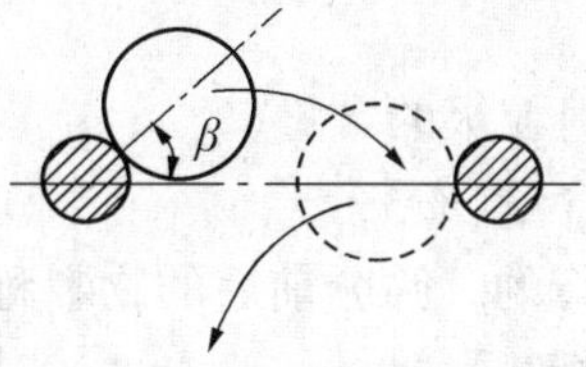

图 10-4　颗粒弹跳通过筛孔

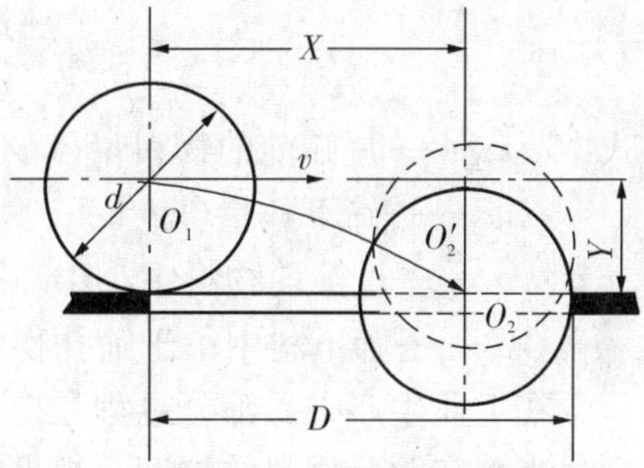

图 10-5　颗粒运动速度对通过筛孔的影响

实际上，颗粒通过筛孔的概率要比理论分析的为大。从图 10-4 可看出，颗粒重心虽在$(D-d)^2$之外，但颗粒与筛丝碰撞后，其重心有可能落在筛孔面积内而落下；即使此时其重心仍不在筛孔内，颗粒经与筛丝碰撞而弹跳起来，当其第二次落到筛面时又有可能落入筛孔而通过。

如图 10-5 所示，设球形颗粒以速度 v 沿筛面运动，由于重力作用，颗粒的运动轨迹为抛物线，运动方程为

$$\begin{cases} X = vt \\ Y = \dfrac{1}{2}gt^2 \end{cases} \tag{10-2}$$

当 $X = D - \dfrac{d}{2}$时，如果 $Y < \dfrac{d}{2}$，则颗粒不能通过筛孔；$Y \geqslant \dfrac{d}{2}$，则颗粒可以通过筛孔。颗粒在垂直方向下落 $Y = \dfrac{d}{2}$的距离所需时间为

$$t = \sqrt{\frac{2Y}{g}} = \sqrt{\frac{d}{g}} \tag{10-3}$$

将式(10-2)代入上式，得到颗粒能通过筛孔的最大允许速度为

$$v = \left(D - \frac{d}{2}\right)\sqrt{\frac{g}{d}} \quad (\mathrm{m/s}) \tag{10-4}$$

式中 D——筛孔尺寸(m)，方孔为边长，圆孔为直径；

d——颗粒直径(m)；

g——重力加速度($\mathrm{m/s^2}$)。

当颗粒的水平速度大于计算值时，颗粒不能通过筛孔，而从筛孔上越过。式(10-4)计算的是近似值，未考虑空气阻力和碰撞影响。

二 筛分效率

物料筛分时，筛上料(粗粒群)中常混有未被筛下的细颗粒，因此实际筛下的细颗粒始终少于给料中细颗粒的数量。筛分效率是评定筛分过程的重要质量指标，它表示筛分过程进行的完全程度和筛分产品的质量。筛分效率有总筛分效率和分级筛分效率两种表示方法。

总筛分效率是指筛下级别的筛分效率，以筛下料质量 m_b 与给料中筛下粒级质量 m_a 的比值表示：

$$\eta = \frac{m_b}{m_a} \times 100\% = \frac{m_2 a_2}{m_1 a_1} \times 100\% \tag{10-5}$$

式中 m_1——过筛前的物料量(kg/h)；

m_2——筛下料量(kg/h)；

a_1——过筛前物料中小于筛孔物料粒级的含量(%)；

a_2——筛下料中小于筛孔物料的含量(%)。

在工业生产中，筛分过程是连续进行的，筛分前后的物料称量不易进行，改用取样的方法来测定筛分物料的粒度。根据物料衡算：

$$m_1 = m_2 + m_3 \tag{10-6}$$

$$m_1 a_1 = m_2 a_2 + m_3 a_3 \tag{10-7}$$

式中 m_3——筛上料量(kg/h)；

a_3——筛上料中筛下粒级的含量(%)。

其他符号意义同前。

两式联立可解得

$$\frac{m_2}{m_1} = \frac{a_1 - a_3}{a_2 - a_3} \tag{10-8}$$

将上式代入式(10-5)得

$$\eta = \frac{(a_1 - a_3)a_2}{(a_2 - a_3)a_1} \times 100\% \tag{10-9}$$

在正常操作中，筛面没有破损，则 $a_2 = 100$，故上式可改写为

$$\eta = \frac{a_1 - a_3}{(100 - a_3)a_1} \times 10^4\% \tag{10-10}$$

分别对筛分给料及筛上料取样，筛析测出 a_1 及 a_3，应用式(10-10)就可算出总筛分效率。工业用筛的平均筛分效率一般为 60% ～ 70%；振动筛的筛分效率较高，可达 95% 以上。

分级筛分效率或称部分筛分效率，用 η_x 表示，是指筛下料中某一粒级的分离效率。仍可沿用式(10-9)来计算，但此时 a_1、a_2 及 a_3 不是指筛下级别的含量，而是指筛下料中某一粒级的含量。

用同一筛机筛分两种物料，它们的筛下料的总含量相同，但粒度分布不同，所测得的分级筛分效率将不同。此时采用总筛分效率和部分筛分效率，将有助于正确全面评定筛机的操作情况。

三 影响筛分效果的因素

影响筛分效率和生产能力的因素很多，主要有三个方面：

(一)物料性质的影响

1. 颗粒的形状

球形颗粒容易通过方孔和圆孔筛；条状、片状以及多角形物料难以通过方孔和圆孔筛，但较易通过长方形孔筛。

2. 物料的堆积密度

筛分能力与物料的堆积密度成正比，但在堆积密度较小情况下，尤其是轻质物料，由于微粒的飘扬，上述正比关系便不易保持。

3. 物料的粒度组成

含易筛粒多的物料容易筛分；含难筛粒多的物料则较难筛分。若含直径为 1 ～ 1.5 倍筛孔尺寸的颗粒，易卡在筛孔中，形成料层，影响细颗粒通过筛孔；而直径大于 1.5 倍筛孔尺寸的颗粒形成的料层，对颗粒的穿过能力影响并不大。因此，把粒度为 1 ～ 1.5 倍筛孔尺寸的颗粒叫做阻碍粒。物料含难筛粒和阻碍粒愈多，则筛分效率愈低。通常认为物料中最大颗粒不应大于筛孔尺寸的 2.5 ～ 4 倍。当物料中筛下粒级含量较少时，可采用筛孔较大的辅助筛网预先排出过粗的粒级，然后对含有大量细级别的物料进行最终筛分，以提高筛分能力。

4. 物料的含水量和含泥量

干法筛分时，若物料含有水分，筛分效率和筛分能力都会降低。在细筛网上筛分时，水分的影响更大。物料表面的水分使细粒互相粘结成团，并附着在大颗粒上，这种粘性物料将堵塞筛孔。另外，附着在筛丝上的水分，因表面张力作用，可能形成水膜，把筛孔掩盖起来，这样，阻碍了物料的分层和通过。应当指出，影响筛分过程的并不是物料所含的全部水分，而只是表面水分，化合水分和吸附水分对筛分并无影响，因此吸湿性好的物料允许水分含量可高一些(见 图 10-6)。

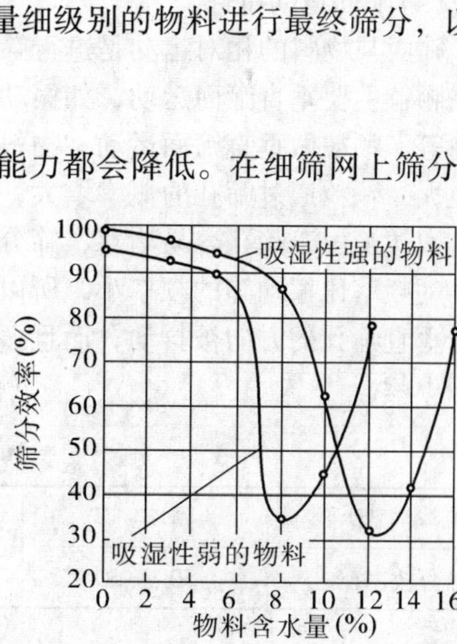

图 10-6　物料含水量与筛分效率的关系

物料中若含有泥质混合物，当含水量达到 8% 时就会使细粒物料粘结在一起，再经筛面摇动即滚成球团，很快堵塞筛孔，筛分困难。为了筛分这类物料，可采用湿法筛分，在筛分时不断向筛面物料喷水。从图 10-6 可见，物料含水量超过某一值后，筛分效率反而提高，因为这时已有部分水分开始沿着颗粒表面流动，流水有冲洗颗粒和筛网的作用，改善筛分条件。

(二)筛面结构参数及运动性质的影响

1. 筛面结构参数

(1)筛孔形状

筛孔形状不同，物料的通过能力相差较大。一般采用方形筛孔，筛面开孔率较大，筛分效率较高。在选择筛孔形式时，应与物料的形状相适应。对于块状物料应采用正方形筛孔；当筛分粒度较小且水分较高时，可采用圆孔，以避免方形孔的四角发生颗粒粘连堵塞；对于条状、片状物料应采用长方形筛孔。

(2)筛面开孔率

筛孔面积与整个筛面面积之比值称为开孔率。开孔率大的筛面筛分效率和生产能力都高，但会降低筛面强度和使用寿命。

(3)筛面尺寸及倾角

筛面的宽度主要影响生产能力，筛面长度则影响筛分效率。筛面宽度越大，料层厚度越薄；长度越大，筛分时间越长。料层厚度减小及筛分时间加长都有助于提高筛分效率。但是筛面过长，筛分效率提高不多，而筛机构造笨重。筛面的长宽比 $\frac{L}{B}$ 应在适当的范围内。筛面长宽比过大，筛面上料层厚，细粒难于接近筛面通过筛孔；筛面长宽比过小，筛面料层厚度可减小，但颗粒在筛面上停留时间短，物料通过筛孔的机会减少。这两种情况都会使筛分效率降低，因此通常取 $\frac{L}{B}=2.5\sim3$。

筛子倾斜安装可以提高送料速度，便于排出物料。倾角过小，生产能力减小；倾角过大，物料沿筛面运动速度过高，物料筛分时间缩短，筛分效率降低。因此，筛子倾角要选择合适，固定筛的倾角一般为 40°～45°，振动筛的倾角一般为 0°～25°。

(4)筛面运动特性

筛面与物料的相对运动是进行筛分的必要条件。按相对运动方向可分为两种类型：一种是颗粒主要垂直筛面运动，如振动筛；另一种是颗粒主要平行筛面运动，如筒形筛、摇动筛等。颗粒做垂直筛面运动，物料堵塞筛孔的现象减轻，物料层的松散度增大，离析速度也大，颗粒通过筛孔的概率增大，筛分效率得以提高。各类筛中，固定筛的筛分效率最低；回转筛由于筛孔容易堵塞，筛分效率也不高；摇动筛上的物料主要是沿筛面滑动，而且摇动频率比振动筛的频率小，所以筛分效率也较振动筛低；振动筛上的物料在筛面以接近于垂直筛孔的方向被抖动，而且振动频率高，所以筛分效率最高。各种筛机的筛分效率见表 10-2。

表 10-2　各种筛机的筛分效率

类　型	固定筛	回转筛	摇动筛	振动筛
筛分效率(%)	50～60	60	70～80	90 以上

筛面的运动频率和振动幅度影响到颗粒在筛面上的运动速度和通过筛孔的概率，对筛分效率影响很大。筛分效率主要是依靠振幅与频率的合理调整来得到改善。对于粒度较小

的物料筛分，宜用小振幅高频率的振动。

（三）操作条件的影响

1. 给料的均匀性

连续均匀的给料，使单位时间的加料量相同，而且入筛物料沿筛面宽度分布均匀，才能使整个筛面充分发挥作用，有利于提高筛分效率和生产能力。在细筛筛分时，加料的均匀性影响更大。

2. 加料量

加料量少，筛面料层厚度薄，可提高筛分效率，但生产能力降低；加料量过多，料层过厚，容易堵塞筛孔，增加筛子负荷，不仅降低筛分效率，而且筛下料总量也并不增加。

第三节　筛面及筛制

一　筛面

筛分机械主要由筛面和造成筛面运动的机构两部分组成。筛面是筛分机的主要工作部件，筛分过程在筛面上进行。合理选用筛面对完成筛分作业有着重要意义。按被筛物料的粒度和筛分作业的工艺要求，筛面主要有筛栅、筛板和筛网三种。

1. 筛栅

筛栅又称格栅或蓖条，由按一定间隙平行排列的钢质棒条组成。筛孔尺寸由棒条间的缝隙宽度决定。棒条断面的形状有多种，如图 10-7 所示。断面形状呈上大下小，以避免物料堵塞。

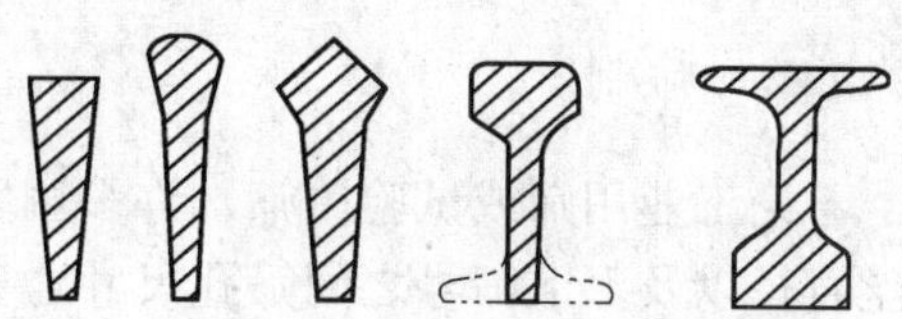

图 10-7　棒条的断面形状

筛栅的机械强度大，损坏后检修也较简单。这种筛面通常用在固定筛或重型振动筛上。固定格筛倾斜放置，筛面与水平面夹角呈 30° ~ 60°。筛栅的筛孔尺寸一般大于 50 mm，主要用作粗筛，例如用在粗中碎前的预筛分上。

2. 筛板

筛板通常由厚度为 5 ~ 12 mm 的钢板冲孔制成，筛孔的形状有圆形、方形或长条形等（图 10-8），其中以长形筛孔的筛分效率最高。筛孔稍呈锥形，向下逐渐扩大，圆锥角 7° ~ 14°，以减少筛孔堵塞。筛孔多采用交错排列，以提高筛分效率。筛板上孔间距离应考虑筛板强度和筛面有效面积的变化，一般由经验确定。

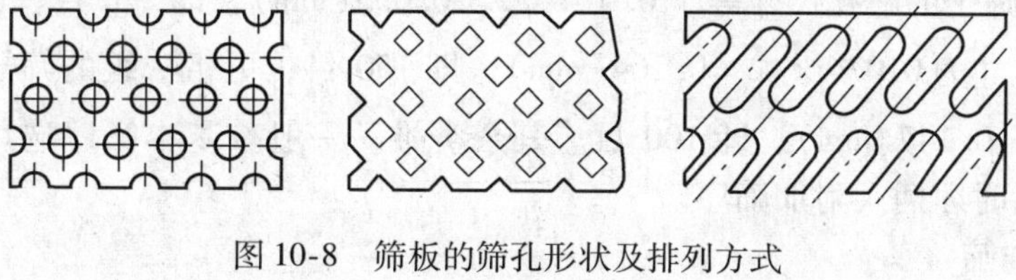

图 10-8　筛板的筛孔形状及排列方式

筛板的机械强度较高，刚度较大，使用寿命较长。但筛面质量较大，开孔率较小（40% ~ 60%），筛孔尺寸不能做得太小，一般为 10 ~ 50 mm，因此，通常用于中等粒级物料的筛分。

3. 筛网

筛网又称编织筛，由金属丝编织而成。筛网分为工业筛网和试验筛网两种。试验筛的筛孔都是正方形，工业筛的筛孔有正方形和长方形两种(如图 10-9 所示)。筛网的筛孔尺寸幅度很大，从几十微米至几十毫米。工业筛网用钢丝制成，筛孔直径不小于0.4 mm；用黄铜丝和青铜丝制成的筛网，其筛孔直径为0.4 ～ 0.04 mm；用合成纤维或绢丝制成的筛网，其筛孔直径可在0.2 mm以下。

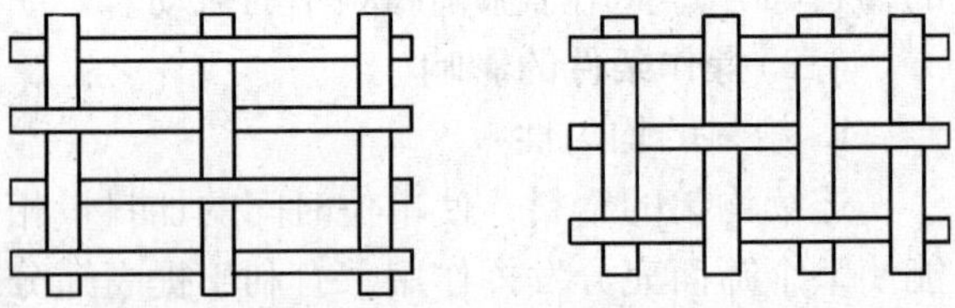

（a）长方形筛孔　（b）方形筛孔

图 10-9　编织筛网

筛网的开孔率较高(可达75%)，质量轻，制造方便，但使用寿命较短，通常用于中细粒级物料的筛分。一般筛孔在2 mm以下时采用筛板不太适合，宜用筛网。

筛面一般用金属材料制作，亦有非金属筛面。非金属筛面有天然橡胶、合成橡胶和尼龙几种。橡胶筛面的厚度一般为12 ～ 20 mm，筛孔尺寸比要求筛分的物料粒度大10% ～ 25%。橡胶筛面的优点是耐磨，抗折能力强，使用寿命较一般筛板长6 ～ 7倍，较编织筛面长13 ～ 20倍，而且防堵，减少噪音，维修方便。它的缺点是开孔率较低，不适于细粒级物料的筛分。

筛面安装在筛箱上，固定的方法有：用拉钩拉紧；用木楔条压紧；用压板和螺钉固定等。

二　筛制

不论工业用筛或试验用筛，许多国家都制定有系列标准，规定了筛孔的系列、相应的筛丝直径以及上下筛号之间筛孔尺寸之比(即筛比)，有些标准筛还设有一个作为基准的筛子叫基筛。

在各种筛系标准中，用不同方法表示筛孔大小。例如，英美泰勒制标准中用每吋长筛网上所含正方形筛孔目数来表示筛号；德国标准中用1 cm^2 筛面上筛孔的个数表示筛号；原苏联标准中以筛孔尺寸相对应的筛号表示；日本标准中用筛孔公称尺寸表示。目前使用较广的标准筛有泰勒标准筛、德国标准筛和国际标准筛。

1. 泰勒标准筛

泰勒筛制有两个序列：一是基本序列，其筛比为$\sqrt{2}=1.414$；另一是附加序列，其筛比为$\sqrt[4]{2}=1.189$。基筛为200网目的筛子，其筛孔的尺寸为0.074 mm。对于基本筛序，比200目细一级的筛子的筛孔尺寸等于$0.074/\sqrt{2}=0.053$(mm)，即270目；比200目粗一级的筛子的筛孔尺寸为$0.074\times\sqrt{2}=0.104$(mm)，即150目；更粗一级的筛子的筛孔尺寸为$0.074\times\sqrt{2}\times\sqrt{2}=0.147$(mm)，即100目。其余类推。一般按基本筛序选用，只有要求得到更窄粒级产品时才插入附加筛序。

2. 德国标准筛

德国筛制的特点是筛网目数与筛孔尺寸(mm)的乘积约等于6，并规定筛丝直径等于筛孔尺寸的$\frac{2}{3}$，各层筛的开孔率等于36%。

3. 国际标准筛

基本筛比为 $\sqrt[10]{10}=1.259$，对于要求得到更窄粒级的筛析，还插入附加筛比 $(\sqrt[40]{10})^6=1.41$ 和 $(\sqrt[40]{10})^{12}=1.99$。

各种标准筛系规格可查阅有关手册。标准试验筛与筛目制筛之间的关系大致如下：

标准筛（μm）	筛目制（目/英寸）	标准筛（μm）	筛目制（目/英寸）	标准筛（μm）	筛目制（目/英寸）
90 ≈	166	71 ≈	210	45 ≈	330
80 ≈	187	63 ≈	235	32 ≈	423
75 ≈	203	56 ≈	270		

第四节 筛分机械分类

工业上使用的筛分机类型很多，按筛面的运动方式可分为如下四类：

1. 固定筛

固定筛的筛面固定，构造简单，动力小或不需要动力，可用作破碎作业的预先筛分。有固定格筛和滚轴筛等。

2. 回转筛

回转筛是由筛网或筛板制成筒形筛面作回转运动的筛机。有圆筒筛、圆锥筛、角柱筛和角锥筛等。

3. 摇动筛

摇动筛是依靠曲柄连杆传动机构使筛面产生往复运动。有单筛箱摇动筛和双筛箱摇动筛等。

4. 振动筛

振动筛是依靠激振器使筛面产生振动的筛机。按传动方式可分为机械振动筛和电磁振动筛两类。根据筛面运动轨迹不同，又可分为圆振动筛和直线振动筛两类。

目前，振动筛应用较多，尤其是机械振动筛使用更为普遍。

第 11 章　筛分机械

第一节　回　转　筛

一　工作原理、类型及性能

回转筛是以筒形筛面做回转运动的筛机。回转筛按筛面形状的不同(图 11-1)，可分为圆筒筛、圆锥筛、多角筒筛(或称角柱筛)和角锥筛四种。锥筛水平安装。筒筛呈稍微倾斜安装，筒体倾角为 5° ~ 11°。

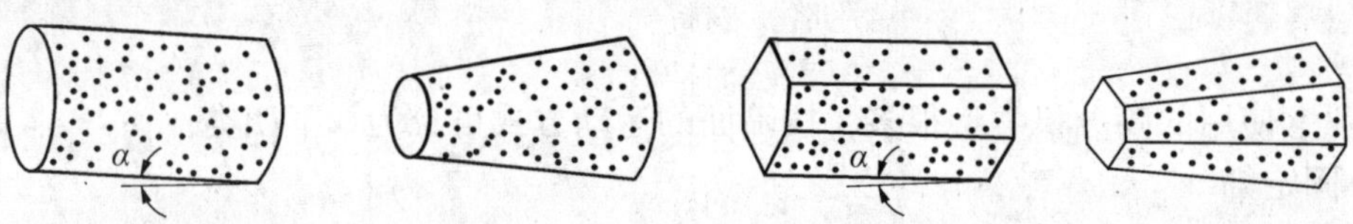

(a) 圆筒筛　(b) 圆锥筛　(c) 角柱筛　(d) 角锥筛

图 11-1　回转筛的类型

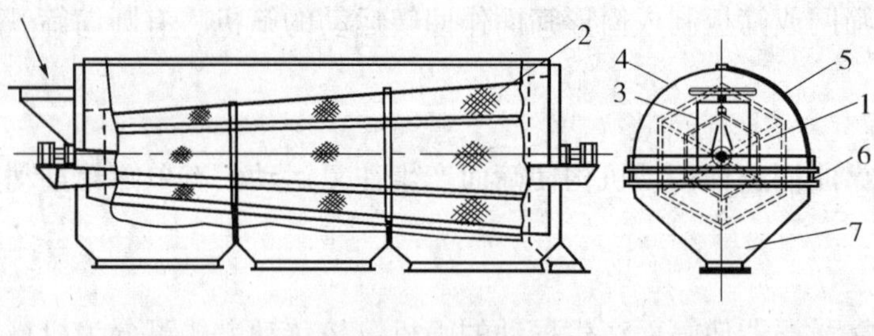

图 11-2　角锥筛

1—中心轴；2—六角筛面；3—进料口；4—机壳；5—机壳开盖；6—机架；7—料斗

角锥筛以六角形截面较多，又称为六角筛。图 11-2 所示为角锥筛。电机经减速器带动筛机的中心轴 1，从而使筛面 2 做等速旋转。物料由进料口 3 加入，在筒内由于摩擦力作用被带至一定高度，然后因重力作用沿筛面向下滚动，随之又被带起，物料在筒内的运动轨迹为螺旋形。这样一边进行筛分，一边沿倾斜的筛面逐渐移向卸料端。细粒通过筛孔落入料斗 7，粗粒由筛筒的卸料端排出。

多角筛与圆筒筛相比，由于物料在筛面上有一定的翻动，产生轻微的抖动，故筛分效率较高。

回转筛的优点是：转动均匀缓慢，冲击和振动小，工作平稳；不需特殊基础，可以安装在楼面上或料仓下面，易于密闭收尘；维修方便，使用寿命较长。其主要缺点是：筛面利用率低，工作面积仅为整个筛面的$\frac{1}{6}$~$\frac{1}{8}$；设备庞大，金属用量多；筛孔容易堵塞，筛分效率低，动力消耗大；不适于筛分含水量较大的物料。

在无机非金属材料工业中，回转筛主要用于筛分碎石、砂子、粘土、石英、长石、熟料以及水泥在包装前筛除粉磨介质残渣和粗粒等。

二 工作参数的确定

(一)筒筛尺寸和喂料粒径

通常筒筛直径 D 应大于最大喂料粒径 d_{max} 的 14 倍，即

$$D \geqslant 14d_{max} \tag{11-1}$$

而筒筛的长度通常选取

$$L = (3 \sim 5)D \tag{11-2}$$

增加筛体长度，可延长物料在筒内下滑的路程，提高筛分效率。但是实践证明，多数筛下料在进料端 0.6 m 之内已大部分被筛除，故筒体不宜过长，一般取 1640 ～ 2100 mm 之间。

(二)筒筛的转速

回转筛的转速适当提高，物料在筒体内提升较高，物料下滑的路程较长，有利于筛分能力的提高。但是转速不能过高，否则，惯性离心力过分增加会使筛内物料贴附筛面一起转动，使筛分不能进行。

筒筛的轴线倾角不大，可近似认为筒体水平安装，物料在筒内的受力分析如图 11-3 所示。

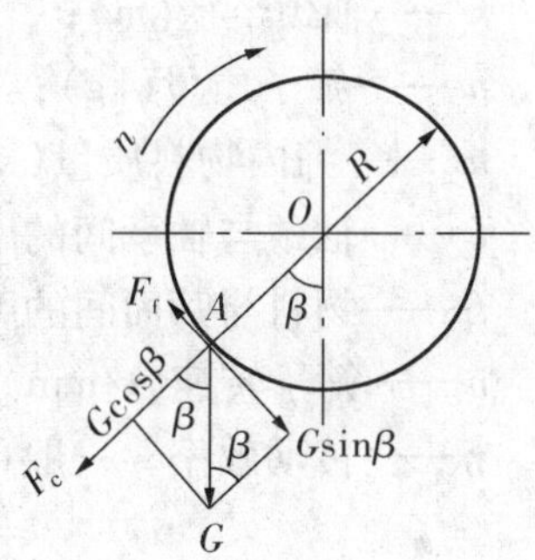

图 11-3 物料在筒筛中的受力分析

物料颗粒与筛面一起回转时，所具有的惯性离心力为

$$F_c = \frac{G}{g} \cdot \frac{v^2}{R} \quad (\text{N}) \tag{11-3}$$

式中 G——颗粒的重力(N)；

R——筒体内半径(m)；

g——重力加速度(m/s²)；

v——颗粒的线速度，$v = \frac{\pi nR}{30}$(m/s)；

n——筒体转速(r/min)。

当物料颗粒沿筒体切线方向之重力分力等于物料与筒体的摩擦力时，颗粒将开始向下滚动，此时，

$$G\sin\beta - f(G\cos\beta + F_c) = 0 \tag{11-4}$$

将式(11-3)代入式(11-4)得

$$n = 30\sqrt{\frac{\sin\beta - f\cos\beta}{fR}} \quad (\text{r/min}) \tag{11-5}$$

式中 β——颗粒升角(°)；

f——物料对筛面的摩擦因数；

其他符号意义同前。

实践证明，当 $\beta = 40° \sim 45°$时，筛分才能顺利进行，取 $f = 0.7$，则

$$n = \frac{8}{\sqrt{R}} \sim \frac{14}{\sqrt{R}} \quad (\text{r/min}) \tag{11-6}$$

式中　R——筒体内半径(m)。

回转筛的圆周速度一般为0.6～1.25 m/s，通常取0.7～1 m/s。

(三)回转筛的生产能力

回转筛的生产能力与筛机的规格、筛孔尺寸、筛子的倾角、物料的含水量、单位时间内加入的物料量以及筛子的转速等有关。目前还没有完善的计算公式，一般可按下式来估算：

$$Q = 0.6 n \rho_s \tan 2\alpha \sqrt{R^3 h^3} \quad (t/h) \tag{11-7}$$

式中　n——回转筛的转速(r/min)；

ρ_s——物料的堆积密度(t/m^3)；

α——筛子倾角，一般为5°～11°；

R——筛子内半径(m)；

h——物料层厚度(m)，一般为5～50 mm，当$h=10$～25 mm时筛分效率最高。

(四)回转筛的功率

回转筛所需功率主要消耗于轴颈在轴承中的摩擦、物料在筛面滑动的摩擦以及提升物料等。回转筛的电动机功率可按下式计算：

$$N_M = [f_2 r(m + m_o) + 2f_1 m_o R] \frac{n}{\eta} \quad (kW) \tag{11-8}$$

式中　r——轴颈半径(m)；

m——筛子质量(kg)；

m_o——筛内物料质量(kg)；

f_2——轴颈与轴承间的摩擦因数，一般可取$f_2=0.1$；

f_1——物料与筛面间的摩擦因数，可取$f_1=0.7$；

n——筛子转速(r/min)；

η——传动效率，一般可取$\eta=0.8$。

第二节　摇　动　筛

一　构造、工作原理、类型及性能

摇动筛通常用曲柄连杆传动机构使支承在铰链上的筛箱做往复摆动。由于筛面的不均匀运动，使筛面上的物料产生惯性力，克服物料与筛面的摩擦力，因而使物料与筛面间产生相对运动，并使物料以一定速度沿卸料端移动，从而得以筛分。所以，摇动筛的特点是：筛面的位移和运动轨迹都由传动机构确定，不会因筛面的载荷等动力因素的不同而变化。

摇动筛的筛面宽度一般为0.5～3 m，长度为1.5～8 m，通常长宽比为2～3。筛面可为单层或多层；筛面设置可为水平或倾斜(图11-4)，倾斜度视物料的性质而异，一般为10°～20°，湿筛的斜度可减少至5°～10°。

工业上应用的摇动筛有单筛箱摇动筛和共轴双筛箱摇动筛两类。单筛箱摇动筛只有一个筛箱，筛箱可以设置单层或双层筛网。因支承形式的不同，可分为滚轮支承的(图11-4a)，吊杆悬挂的(图11-4b)及弹性支杆的(图11-4c)三种。单筛箱摇动筛的结构比较简单，安装高度不大，检修方便。其缺点是会将振动传给厂房建筑，筛子质量愈大、转速愈

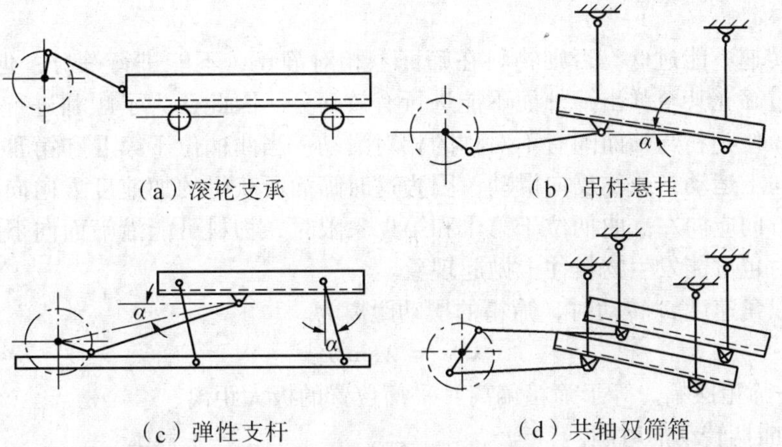

（a）滚轮支承　（b）吊杆悬挂

（c）弹性支杆　（d）共轴双筛箱

图 11-4　摇动筛的主要类型

高时更为严重；即使在筛机传动轴的偏心轮上加上平衡重，也不可能完全消除动力不平衡现象。所以，筛机的工作转速较低，一般为 250 r/min 左右。

共轴双筛箱摇动筛如图 11-4d 所示。它有两个筛箱，用吊杆相互平行地悬挂在筛架上。两筛箱的驱动连杆都与同一偏心轮连接，连接铰链互成 180°配置，使两个筛箱总是互做反向摆动，于是筛箱的惯性力得到一定的平衡。两筛箱连同筛上物料的总量不可能完全相同，因此动力不可能完全平衡，但与单筛箱摇动筛相比，已有很大改善，工作转速可得以提高，可达 400 ～ 600 r/min，故这种筛机又称为快速摇动筛。

摇动筛与回转筛比较，它的筛面可全部利用，运动特性也较好，因此筛分能力和筛分效率较高。但它的动力不能完全平衡，筛孔容易堵塞，效率不如振动筛高。

二　工作参数的确定

（一）转速

摇动筛的类型虽然很多，但各种摇动筛的构造和传动机构都可归纳为图 11-5 所示。筛箱或者是悬挂在铰链吊杆 AB 上，或者是支承在铰链支架 AF 上。吊杆或支架与铅垂方向成 β 角，筛面与水平方向成 α 角。曲柄 OE 装在传动轴 O 上，曲柄经连杆 $O'E$ 使筛箱做往复摆动。连杆与筛箱铰接于 O' 上，OO' 联线与水平方向成 γ 角。当筛箱运动时，活铰 A 及 A' 的中心以 AB（或 AF）为半径做弧线摆动。由于半径远较摆幅为大，筛箱可近似看成做直线的往复移动，故弧线可以用通过活铰中心 A 且与吊杆 AB（或支架 AF）垂直的线段 DD 代替。显然 DD 与水平方向的夹角也等于 β。连杆长度也远较曲柄长度 r 为大，故可认为当曲柄转动时连杆在空间做平行移

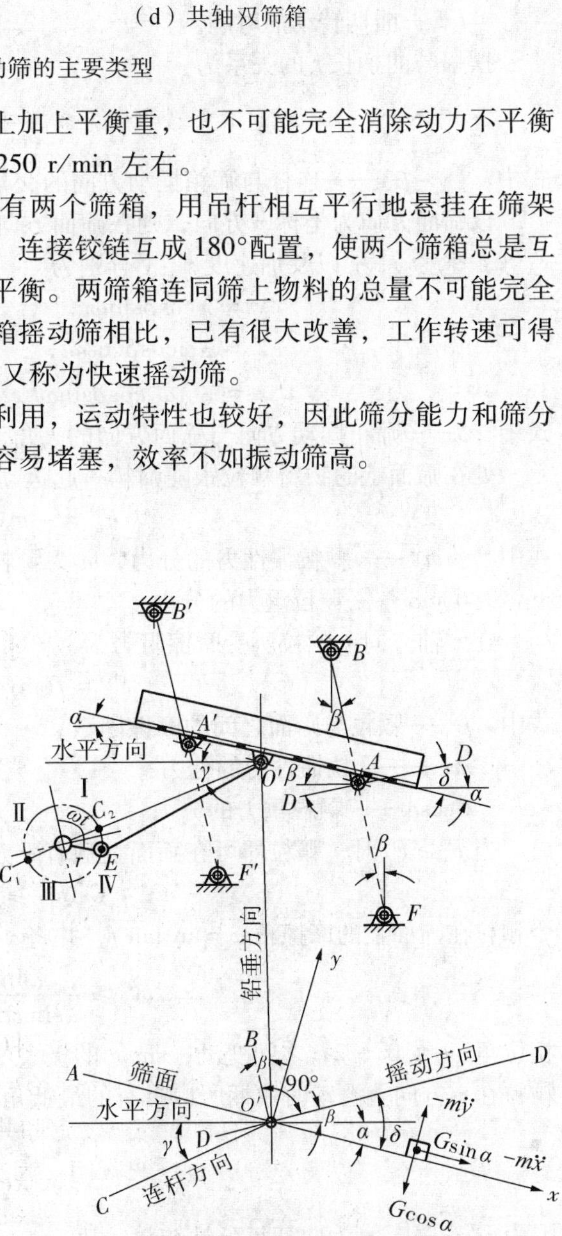

图 11-5　摇动筛的工作示意图

动，即 r 为一定。

曲柄的转速不能过低，否则物料在筛面上相对静止，不能进行筛分；但也不能过高，以免物料跳过筛孔甚至弹出筛外而不能进行有效筛分。因此，为了顺利进行筛分，曲柄的转速应适宜，使物料与筛面间有不对称的相对滑动。当曲柄位于第Ⅱ和第Ⅲ象限时，物料可能沿筛面向上运动，或称反向滑动，因为这时筛面所获得的加速度方向向右，相对的物料惯性力的方向应向左。曲柄位于第Ⅰ和第Ⅳ象限时，物料可能沿筛面向下运动，或称正向滑动，同时也可能发生物料往上抛起现象。

当曲柄以角速度 ω 转动时，筛箱的摆动距离为

$$s = \lambda\sin\omega t \tag{11-9}$$

式中 λ——筛箱摆幅，等于筛箱偏离其平衡位置的极大距离；

t——曲柄转动的时间。

摆幅与曲柄长 r 的关系为

$$\lambda \approx \frac{r}{\cos(\gamma-\beta)} \tag{11-10}$$

式中 $(\gamma-\beta)$——连杆与筛箱摆动方向的交角。

以筛面方向为坐标 x 方向，则在筛面方向以及在垂直于筛面的方向上筛箱运动的位移 x、y，速度 $\dot{x}$、$\dot{y}$ 以及加速度 $\ddot{x}$、$\ddot{y}$ 分别为

$$x = \lambda\cos\delta\sin\omega t, \qquad y = \lambda\sin\delta\sin\omega t$$

$$\dot{x} = \lambda\omega\cos\delta\cos\omega t, \qquad \dot{y} = \lambda\omega\sin\delta\cos\omega t$$

$$\ddot{x} = -\lambda\omega^2\cos\delta\sin\omega t, \qquad \ddot{y} = -\lambda\omega^2\sin\delta\sin\omega t$$

式中 δ——筛箱摆动方向与筛面方向的夹角。

处在筛面上的物料颗粒跟随筛箱一起运动时，在 x 轴方向上所受作用力为

$$F_x = -m\ddot{x} + G\sin\alpha$$

式中 $-m\ddot{x}$——颗粒惯性力的分力，m 为颗粒质量；

$G\sin\alpha$——颗粒重力的分力。

在 x 轴方向上颗粒所受摩擦阻力为

$$F_f = f(m\ddot{y} + G\cos\alpha)$$

式中 f——颗粒与筛面之间的摩擦因数；

$m\ddot{y}$——颗粒惯性力的分力；

$G\cos\alpha$——颗粒重力的分力。

当 $F_x \geqslant F_f$ 时，颗粒即可在筛面上顺着 x 方向滑动，此时，

$$-m\ddot{x} + G\sin\alpha \geqslant f(m\ddot{y} + G\cos\alpha)$$

令颗粒在筛面上的摩擦角 $\varphi = \arctan f$，并将 $\ddot{x}$ 及 $\ddot{y}$ 值代入上式得

$$\omega^2 \geqslant \frac{g\sin(\varphi-\alpha)}{\lambda\sin\omega t\cos(\varphi-\delta)}$$

相位角 ωt 在 $0 \sim 2\pi$ 之间变动，$\sin\omega t$ 的极大值为 $+1$。当 $\sin\omega t = 1$ 时，上式的 ω 即表示使颗粒在 x 方向上滑动时曲柄所应具有的最低角速度。于是，

$$\omega_{\min} = \sqrt{\frac{g\sin(\varphi-\alpha)}{\lambda\cos(\varphi-\delta)}}$$

因为 $\omega = \dfrac{2\pi n}{60}$，$n$ 为曲柄每分钟转数，故

$$n_{\min_1} = 30\sqrt{\frac{\sin(\varphi - \alpha)}{\lambda\cos(\varphi - \delta)}} \quad (\mathrm{r/min}) \tag{11-11}$$

式中，摆幅 λ 用 m 表示。用此式确定的转数称为摇动筛的第一转速。

在反 x 方向上，颗粒所受作用力为

$$F_{-x} = m\ddot{x} - G\sin\alpha$$

如果 $F_{-x} \geqslant F_f$，则颗粒将在筛面上逆着 x 方向滑动。此时，

$$m\ddot{x} - G\sin\alpha \geqslant f(m\ddot{y} + G\cos\alpha)$$

于是可推导出与此情况相应的曲柄最低转数

$$n_{\min_2} = 30\sqrt{\frac{\sin(\varphi + \alpha)}{\lambda\cos(\varphi + \delta)}} \quad (\mathrm{r/min}) \tag{11-12}$$

用此式确定的转数称为摇动筛的第二转速。

最后，如果

$$-m\ddot{y} \geqslant G\cos\alpha$$

这时颗粒将从筛面上抛起。于是可推导出与此情况相应的曲柄最低转数

$$n_{\min_3} = \sqrt{\frac{\cos\alpha}{\lambda\sin\delta}} \quad (\mathrm{r/min}) \tag{11-13}$$

式中，摆幅 λ 仍以 m 表示。用此式确定的转数称为摇动筛的第三转速。

通常摇动筛的工作转速介于第一和第二转速之间。对于细筛，宜取较小的振幅和较高的转速；粗筛则相反。

（二）生产能力

喂到摇动筛上的物料不断沿着筛面运动。因此，对于喂入物料来说的生产能力为

$$Q_0 = 3600KBhv \quad (\mathrm{m^3/h}) \tag{11-14}$$

式中 B——筛面宽度(m)；

h——刚喂到筛面上的物料层厚度(m)，$h=(1\sim2)d_{\max}$，$d_{\max}$ 为物料中最大颗粒的直径；

K——松散系数，$K=0.4\sim0.6$；

v——筛上料平均移送速度(m/s)。

筛上料平均送料速度 v 的大小与筛面倾斜角的大小有关，也与筛面运动的加速度 $a=\omega^2\lambda=\frac{\pi^2n^2\lambda}{900}$ 或动力系数 $n^2\lambda$ (m/min) 大小有关。这两者愈大，则 v 也愈大，通常 $v=0.05\sim0.25$ m/s。

（三）功率

摇动筛的功率消耗在使筛箱获得动能以及消耗在克服各种运动阻力上。从理论上来说，由于筛箱做往复摆动，在摆动的前半周期产生动能所消耗的功率，在后半周期能够回收。不过事实表明，由于能量的散失以及摩擦阻力的关系，在后半周期也还得消耗一定的功率才能使筛箱摆动。因此，每次摆动的能量消耗为

$$E = 2\frac{mv^2}{2} = \frac{m\pi^2\lambda^2n^2}{900} \tag{11-15}$$

所以功率消耗为

$$N = \frac{En}{1000\times60} = \frac{m\lambda^2n^3}{5.48\times10^6} \quad (\mathrm{kW}) \tag{11-16}$$

式中 m——摇动筛摆动部分(包括物料)的质量(kg);

λ——筛箱摆幅(m);

n——曲柄转速(r/min)。

筛的传动效率约为0.7，则电动机功率消耗为

$$N_M = \frac{m\lambda^2 n^3}{3.8 \times 10^6} \quad (kW) \tag{11-17}$$

式中符号意义同前。

第三节 振 动 筛

一 工作原理、类型及性能

振动筛是依靠激振器使筛面产生高频率振动进行筛分的机械。各种振动筛结构上的共同特点是筛箱用弹性支承以及带有激振器。筛箱在激振器的作用下，产生圆形(及椭圆形)或直线轨迹的高频振动。

振动的目的在于使筛面上颗粒不致卡住筛孔，使物料层松散，细粒更有机会透过料层通过筛孔落下，使物料沿筛面向前移动进行筛分。振动的条件应以不致使料粒弹跳出筛面为限。因此，振动筛一般处于小振幅、高频状态下工作，振幅大致在0.5～5 mm范围，振动频率在600～3000 min^{-1}之间，有时可达3600 min^{-1}。有些振动筛由于筛面没有给予物料向前运动的分力，因此它的安装倾角要比摇动筛大，通常在8°～40°之间，以使物料能在筛分中向前移动。

振动筛与其他筛分机比较，振动筛筛箱的运动参数(轨迹形状、振幅大小等)与动力因素(筛箱负荷、激发力大小等)有关，前者随后者而变化。但摇动筛却相反，由于连杆长度、摆动次数和摆动距离不变，故连杆与筛箱虽是铰接，但是刚性联系，故筛箱的运动参数与动力因素无关；摇动筛等的筛分运动方向基本上平行于筛面，而振动筛振动方向与筛面互为垂直或接近垂直，并进行高频的强烈振动。振动筛的这种运动特性有助于强化筛分过程，使筛机具有很高的生产能力和筛分效率，筛分效率为60%～90%，最高可达98%。筛分粘湿物料时，其工作指标也比其他类型的筛机为高。这种高效率的振动对提高细筛的筛分效率特别有利，因此使用范围比其他筛机广。筛孔尺寸0.25～100 mm，不仅可用于粗、中、细颗粒的筛分，而且还可用于脱水和脱泥等分离作业。单位质量的筛分能力大，动力消耗小，结构简单，操作、调整、维修都方便。

激振器激振的方法有使用不平衡重旋转、偏心轴旋转产生的机械力以及电磁的间歇吸力等。因此，振动筛按驱动方式可分为机械振动筛和电磁振动筛两类。机械振动筛有偏心振动筛、惯性振动筛、自定中心振动筛和共振筛等，电磁振动筛有电振筛和概率筛等。

振动筛按筛面运动轨迹不同，又可分为圆振动筛和直线振动筛两类。圆振动筛包括偏心振动筛、纯振动筛、自定中心振动筛等；直线振动筛包括双轴振动筛和共振筛等。直线振动筛在筛分工艺上与摇动筛性能相似，但具有结构简单可靠、隔振好和便于调节等优点，故有取代摇动筛的趋势。

二 构造

(一)偏心振动筛

偏心振动筛的结构原理如图11-6所示。筛的传动轴3支承于固装在筛架1上的滚动轴承2内。传动轴的偏心轴颈套上另一对轴承4，这对轴承的外壳固定在筛框6的中部。筛箱的两端则弹性支承，用弹簧5支撑在筛架上。筛箱可装单层或多层筛网7。筛箱倾斜摆放，与水平成20°的倾角，可在±5°范围内调整。

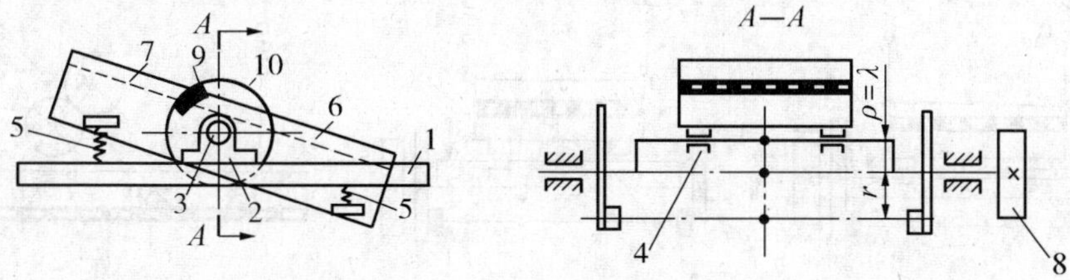

图11-6 偏心振动筛

1—筛架；2，4—轴承；3—传动轴；5—弹簧；6—筛框；7—筛网；8—胶带轮；9—偏心对重；10—转盘

电动机通过胶带驱动胶带轮8，使偏心轴旋转，与偏心轴颈相连的筛箱中部就跟着作圆周振动。筛箱两端由于受到弹簧的牵连，作椭圆振动(见图11-7)，使得喂入物料在筛面上产生相对运动而筛出。

偏心轴的中部用套管保护。在传动轴的非偏心部分还装有一对带偏心对重9的转盘10，用来平衡筛子工作时的惯性力。应该使

$$m\omega^2\rho = m_0\omega^2 r$$

或是

$$m\rho = m_0 r \qquad (11\text{-}18)$$

式中 m——筛的振动部分质量(kg)；

ω——偏心轴的角速度(rad/s)；

ρ——偏心轴的偏心距(m)；

m_0——偏心对重质量(kg)；

r——偏心对重重心与转动中心的距离(m)。

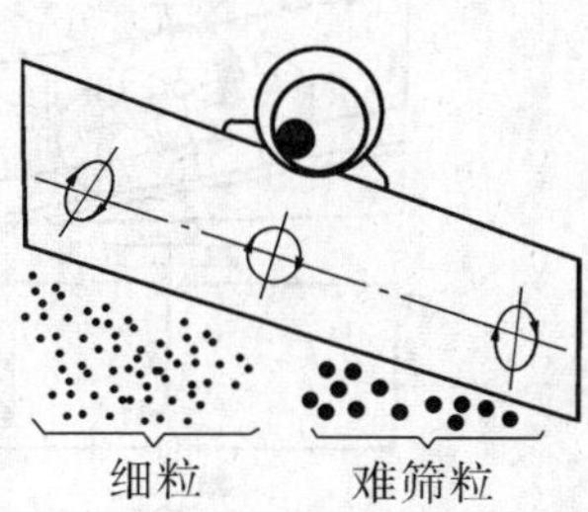

图11-7 偏心振动筛的振动轨迹

事实上，筛机工作时，由于喂料不均匀或其他原因，筛机振动部分的质量会经常发生波动，筛体的惯性力不能得到完全平衡，会引起支承轴承及建筑物振动。

偏心振动筛有多种结构形式，它们的差别主要是采用不同类型的支承装置，如用板弹簧、螺旋弹簧或弹性吊杆等。

偏心振动筛的中部，振幅的大小以及运动轨迹的形状完全是由偏心轴的偏心距所确定，不受动力因素(筛面载荷等)的影响，这点与后面所述的纯振动筛不同，故又称为半振动筛。

偏心振动筛的特点是靠振动工作，而且靠近筛的中部的运动特性不受筛箱载荷等因素影响，故适用于粗中粒度物料的筛分。这种筛机的主要缺点是：当喂料不均匀时，不平衡的惯性力使轴承磨损快以及引起建筑物振动。而且，它的偏心传动轴结构也较复杂，需设

置两对轴承。

（二）惯性振动筛

惯性振动筛是靠固装在其中部的带偏心重的惯性激振器驱动，而使筛箱产生振动的。按激振器的不同，可分为单轴振动筛（图 11-8a、b）和双轴振动筛（图 11-8c）。单轴振动筛又分为纯振动筛和自定中心振动筛，是由单轴激振器回转时产生的惯性力驱使筛箱振动，筛箱运动轨迹为圆形或椭圆形，属圆振动筛。双轴振动筛则属直线振动筛。

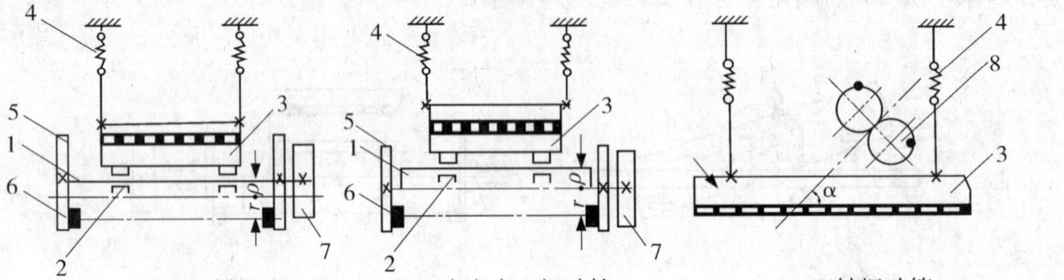

(a) 纯振动筛　　(b) 自定中心振动筛　　(c) 双轴振动筛

图 11-8　惯性振动筛的类型

1—传动轴；2—轴承；3—筛箱；4—吊杆弹簧；5—转盘；6—偏心重；7—胶带轮；8—双轴激振器

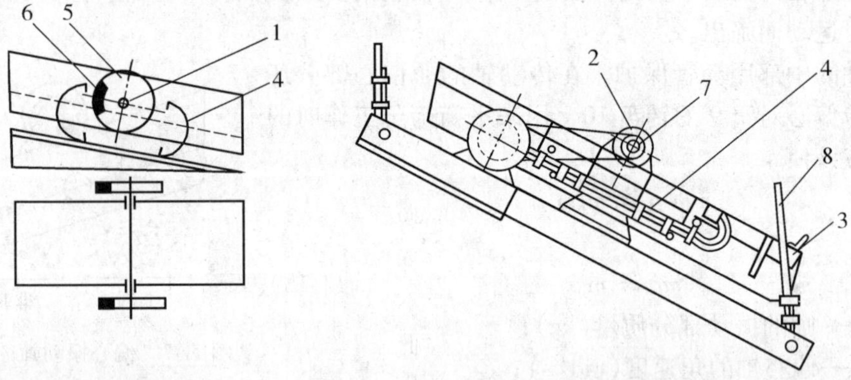

（a）原理图　　（b）结构简图

图 11-9　纯振动筛

1—传动轴；2—轴承；3—筛箱；4—板簧；5—转盘；6—偏心重；7—胶带轮；8—挠性吊杆

纯振动筛如图 11-8a 及图 11-9 所示。筛箱内铺有筛网，筛箱通过吊杆弹簧 4 悬挂起来，或用板簧 4 弹性固定在筛架上，筛架既可安放在刚性支承上，也可用挠性吊杆 8 悬挂起来。传动轴 1 的轴承 2 固定在筛箱 3 上，轴承中心与胶带轮 7 中心位于同一直线上。传动轴的转盘 5 上挂有偏心重 6，当传动轴经三角胶带用电动机带动时，由于偏心重惯性力的关系，使得筛箱产生圆周振动。

纯振动筛结构简单，筛箱振动时的惯性力经过弹簧消振，不易传给筛架，这些是它的优点。

惯性振动筛工作时，偏心重所产生的激振力与筛重的关系为

$$m_0 r = m\lambda \tag{11-19}$$

式中　m_0——偏心重质量(kg)；

r——偏心重的重心与旋转中心的距离(m)；

m——筛的振动部分质量(kg)；

λ——筛箱的振幅(m)。

所以，筛箱的振幅随着筛面载荷而变。每因喂入物料不均匀，筛面负荷过重，振幅减小，致使筛孔发生堵塞，影响筛分效率。另外，工作时胶带轮也跟随筛箱一起振动，使得胶带跳动不已，不但胶带容易松脱损坏，而且还使电动机轴受到冲击，影响使用寿命。因此，纯振动筛的振幅较小，一般不大于 3 mm。这些都是纯振动筛的缺点。

为了改善纯振动筛的工作条件，可以在传动轴上与轴承配合的地方车出偏心轴颈，这就成为自定中心振动筛(图 11-8b)。如果这种筛转盘上的平衡对重能满足下述关系：

$$m_0 r = m\rho \tag{11-20}$$

式中，ρ 为偏心轴的偏心距(m)，其他符号意义同前。则在工作时，对传动轴的转动中心来说，处于动力平衡状态。所以，可以保持传动轴在空间的位置几乎不变，筛箱遂以一定的振幅 ρ 振动。设若偏心对重 m_0' 不能满足动力平衡条件时，且 $\frac{m_0'}{m_0}=k$，则由于传动轴受到惯性力的作用，将引起其空间位置的变化，以振幅 R 振动达到新的平衡状态。此时

$$m_0' r = m(\rho + R) \tag{11-21}$$

将式(11-20)与式(11-21)相除，经整理得

$$R = \rho(k - 1) \tag{11-22}$$

设 $\rho=2$ mm，而 $k=1.5$，则 $R=1$ mm，可以认为传动轴的空间位置几乎不变。故这种筛称为自定中心振动筛。

自定中心振动筛胶带轮的中心有着固定的空间位置，工作时传动胶带不会跳动，可以用较大的振幅工作，这是它优越于纯振动筛之处。另外，它的运动特性与偏心振动筛相似，但不像偏心振动筛那样需要两对轴承，构造比较简单；同时，筛箱的振动不需要精确平衡，这是它优越于偏心振动筛之处。因此，自定中心振动筛在无机非金属材料工业中广泛使用，主要用于物料的中细粒度的筛分作业。

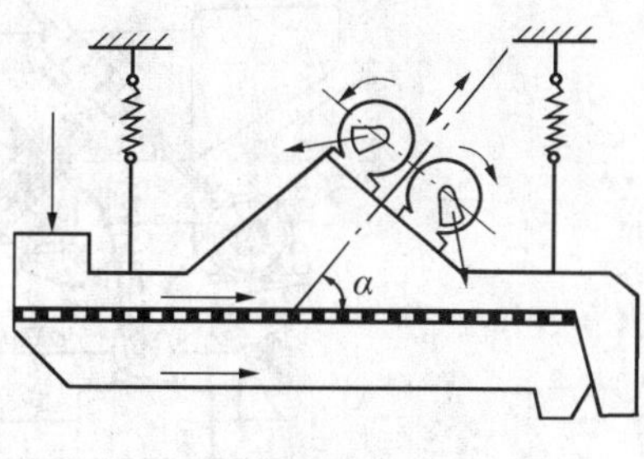

图 11-10　双轴惯性振动筛

上述两种惯性振动筛属圆振动筛，惯性振动方向不定。目前无机非金属材料工业生产中广泛应用的是定向振动的双轴惯性振动筛，如图 11-8c及图 11-10 所示。双轴惯性振动筛的筛箱振动由双轴激振器来实现。双轴激振器如图 11-11 所示，它有两根主轴，两轴上都装有质量和偏心距均相同的偏心重，两轴彼此用齿轮副传动，做等速反向转动。两不平衡轴的相位相反，偏心重 A 和 A' 无论在什么位置上，它们所产生的合力总是沿着 X 轴的方向(图 11-11b)，而惯性离心力在 Y 方向上的分力相互抵消，使筛箱沿 X 轴直线方向振动，因此是一种直线振动筛。激振器的激振力变化范围从零到最大值，转盘每转 180°，合力的方向改变一次。由于激振器与筛面成 35°～55°交角安装，振动方向线与水平面有一定的倾角，因此，这类筛机不需倾斜安装。

双轴惯性振动筛的转速计算可按摇动筛原理导出。

双轴惯性振动筛的激振器比较复杂，制造成本较高，因此不如单轴振动筛应用普遍，

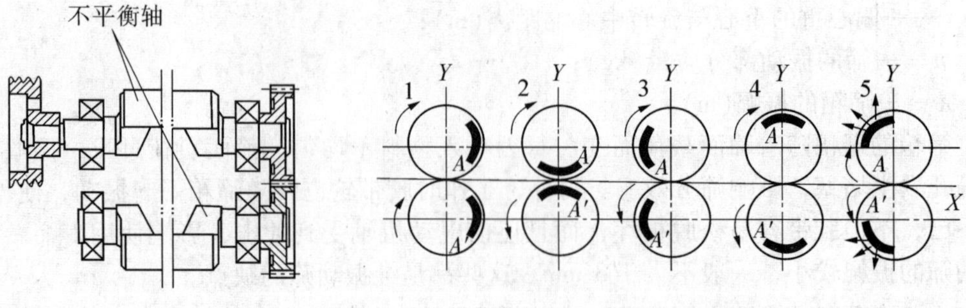

（a）结构简图　　　　　　　　　　（b）工作原理图

图 11-11　双轴激振器

工业上主要用于中细筛的作业。

（三）共振筛

共振筛是基于接近共振状态下进行工作的一种振动筛。图 11-12 所示为最常用的两质量系统共振筛。它由两个振动质量接近相等的振动系统组成，这样可使振动机体作用在基础上的负荷得到平衡。筛箱 1 由弹性支杆所支承，筛箱的末端由弹性连杆 2 驱动。弹性连杆和筛箱都安装在对重 3 上。对重由弹簧 4 支承于基础 5。在对重上有若干个弹性框架 6。这些弹性框架与对重制成一体，与筛箱相联，构成振动系统。筛箱由偏心轴套 7 带动头部装有弹簧的连杆驱动，迫使上下筛箱在 45°振动方向上做相对运动。此时，筛箱是在接近共振的低临界状态下工作。

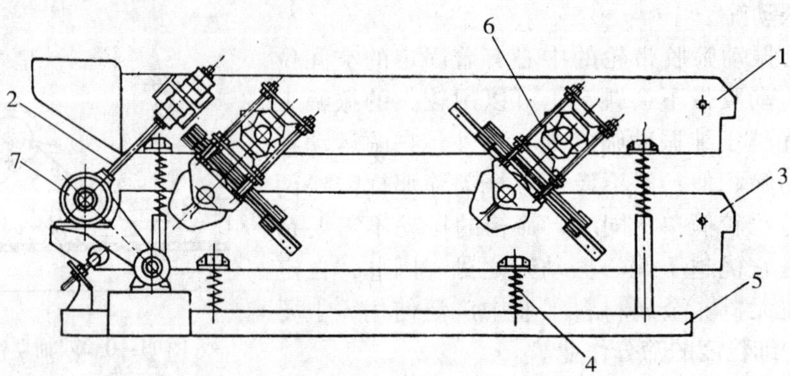

图 11-12　双质量系统共振筛

1—筛箱；2—弹性连杆；3—对重；4—弹簧；5—基础；6—弹性框架；7—偏心轴套

共振筛是一种直线振动筛，它的优点是耗电量少，传给基础的动负荷小，生产能力和筛分效率高，适用于中细粒级的物料筛分以及脱水、脱泥作业。它的缺点是结构复杂，筛箱构件要承受较大的冲击载荷，容易损坏，调整较复杂，因此限制了其推广使用。

（四）电磁振动筛

电磁振动筛是利用电磁激振器来使筛面实现振动的。筛机处于共振状态下工作，筛箱做直线振动，它的运动特性与双轴惯性振动筛相似。

电磁振动筛如图 11-13 所示，筛箱 1 和筛箱上的激振器衔铁 2 组成的振动机体为筛机的工作质量 m_1，辅助重物 3 和激振器的电磁铁 4 组成筛机的对衡质量 m_2，两质量机体间用弹簧 5 联接。整个系统用弹簧吊杆 6 悬挂在固定的支架结构上。激振器通入交变电流时，衔铁2和电磁铁4的铁芯交替地相互吸引和排斥，使两质量机体产生振动。如果机体的质量和弹簧5的刚度选择适合，就可使振动系统调节到接近共振状态下工作。激振器倾斜安装在筛箱上，筛面水平或稍微倾斜安装，筛箱的振动使物料跳动，并沿筛面移动，使物料得到筛分。

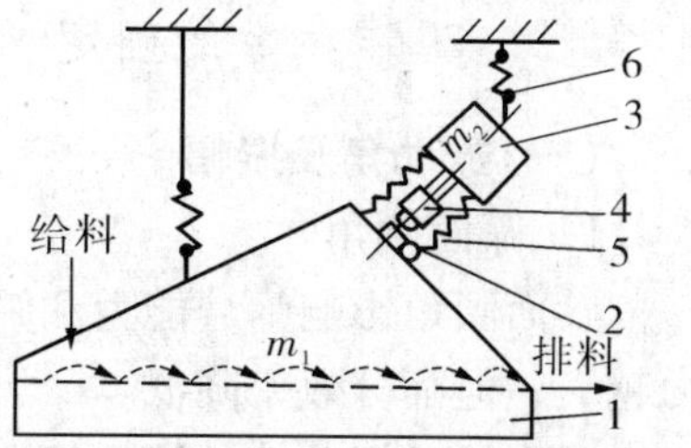

图 11-13 电磁振动筛

1—筛箱；2—衔铁；3—辅助重物；4—电磁铁；5—弹簧；6—弹簧吊杆

电磁振动筛无传动部件，结构简单紧凑，耗电少，筛分效率可达98%，适宜于作密封筛分，便于自动控制。它的振幅小（2～4 mm），振动频率高（可达3000 min^{-1}），比较适宜于细粒级物料的筛分。

（五）概率筛

筛分方法的共同特点是筛分粒度与筛孔尺寸紧密配合。这种传统的筛分方法存在主要问题是：筛面磨损厉害；单位面积筛分能力低，筛面经常堵塞；许多细粒掺杂在筛上产物里。

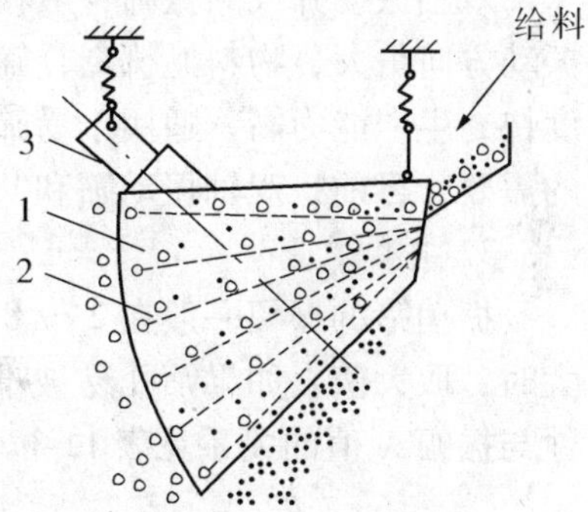

图 11-14 概率筛示意图

1—筛箱；2—筛面；3—电磁激振器

概率筛又称摩根森（Mogensen）筛，它虽然也是一种振动筛，但其工作原理与惯用的振动筛完全不同。它利用大筛孔、多层筛面、大倾斜角的原理进行筛分，因而大大减少了难筛临界粒度以及筛上搭桥等现象。

概率筛如图11-14所示，筛箱1通常用弹簧吊装在楼板或钢架上，筛箱上安置3～6层筛面2，最上层筛面的筛孔尺寸最大，依次往下缩小（亦可采用同样筛孔的筛面）。各筛面以不同倾角排列，倾角依次扩大。激振器3可采用偏心重式惯性激振器或电磁激振器，可安装在筛箱左上部或后壁下方。物料从上部喂入，当筛机振动工作时，物料被各层筛网所分级，筛下料自下方卸出，各筛面的筛上料可汇集在一起排出（要求筛分两种级别时），或分别排出（要求筛分多种级别时）。

概率筛的筛分粒度远小于筛孔尺寸，原因是筛面倾角大，有效筛孔尺寸小于实际筛孔尺寸，概率筛利用筛网的不同倾角其筛孔投影面积不同，而使大小不同颗粒通过筛孔的概率不等来进行分级。另外，粗颗粒通过筛孔的概率较小，而细颗粒的概率较大，当它们通过多层筛网时，细颗粒通过的层数较多，而粗颗粒则被中间筛网所截留，于是不同粒级的颗粒就被依次分开。合理布置筛网的倾角，可使概率变化的幅度进一步加大，于是筛下物的粒度又能进一步得到控制，可按要求筛分出两种以上粒度产品，而筛分精度很高。

由于概率筛的筛孔较大，细粒级能迅速通过筛孔排出，因而不致形成阻碍过筛的料层，粗颗粒可以迅速散开并向卸料端运动，从而使筛分效率和筛分能力很高。

概率筛的特点是：筛丝直径较大，强度大，寿命长；筛孔大，不易堵塞，因而单位面积的筛分能力高，为一般筛机的数倍至十多倍；筛分粘湿物料时，筛分效率也比一般筛机高很多；调节性高，可根据筛分物料的粒度组成和筛分粒度要求，适当选择各层筛面的筛孔尺寸，调整筛面的倾角以及调节激振器的频率和振幅来调节筛下产品的粒度，而不必像一般筛机只能更换筛网；概率筛结构紧凑，筛箱可全封闭操作，功率消耗及工作噪音都小，是一种有发展前途的筛机。

三 工作参数的确定

（一）振动角及振幅

1. 筛面倾角

筛面倾角影响筛分能力和筛分效率。当筛机其他参数确定后，筛面倾角越大，筛分能力越大，但筛分效率降低。

圆形轨迹振动筛的筛面倾角取15°～25°。用于破碎车间时，多数选取$\alpha=20°$；对于潮湿物料的筛分取大值；偏心振动筛取$\alpha=20°$。

直线轨迹振动筛及共振筛取$\alpha=0°\sim8°$。特殊情况下，还可取负值，即筛面沿物料运动方向略为上倾，上倾角小于2°。用于脱水时，取$\alpha=-5°\sim0°$。

2. 振动方向角

双轴振动筛或共振筛一般接近水平安装，为了保证物料的移动，必须有振动方向角。振动方向角大，物料抛掷高，筛分效率高，适用于难筛物料；振动方向角小，物料运动速度快，生产能力高，适用于易筛物料。振动方向角一般取30°～65°，为了适应各种筛分的需要，目前，双轴振动筛和共振筛多采用45°的振动方向角。

3. 振幅

振动筛的振幅一般在2～8 mm之间。当筛孔较小或用于脱水时，取小值；当筛孔较大时，取大值。如果筛孔易被难筛颗粒卡住时，可取较大值，有利于颗粒的跳出。筛孔尺寸与振幅λ值的关系见表11-1。

表11-1 筛孔尺寸与振幅λ的关系

筛孔尺寸(mm)	1	2	6	12	25	50	75	100
振幅(mm)	1	1.5	2	3	3.5	4.5	5.5	6.5
转速(r/min)	1600	1500	1400	1000	950	900	850	800

用作预先筛分的单轴振动筛的振幅通常取$\lambda=2.5\sim3.5$ mm，用作最终筛分的单轴振动筛取$\lambda=3\sim4$ mm，双轴振动筛取$\lambda=3.5\sim5.5$ mm，共振筛取$\lambda=6\sim15$ mm。

（二）振动频率

做圆周振动的振动筛的运动分析见图11-15。筛面上任一点的运动方程式为

$$\begin{cases} x=-\lambda\cos\omega t \\ y=\lambda\sin\omega t \end{cases} \tag{11-23}$$

式中 λ——筛面振幅；

ω——圆周运动的角速度；

t——振动时间。

于是，筛面运动某一时刻的速度、加速度分别为

$$\dot{x}=\omega\lambda\sin\omega t,\ \dot{y}=\omega t\cos\omega t \tag{11-24}$$

$$\ddot{x}=\omega^2\lambda\cos\omega t,\ \ddot{y}=-\omega^2\lambda\sin\omega t \tag{11-25}$$

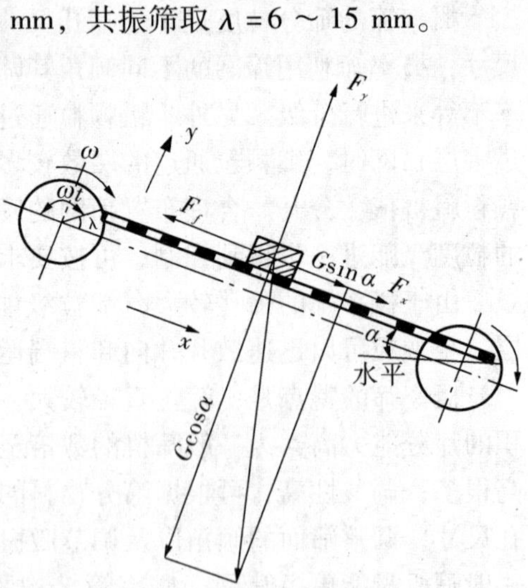

图11-15 圆振动筛的运动分析

在筛上的物料颗粒受到重力、筛面加速度运动时所引起的惯性力以及筛面摩擦力的作用。当

这三者之间成如下关系时，颗粒就顺着筛面、逆着筛面滑动，或在筛面上被抛起：

$$G\sin\alpha + F_x \geqslant F_f$$

$$-F_x \geqslant F_f + G\sin\alpha$$

$$F_y \geqslant G\cos\alpha \tag{11-26}$$

式中 F_x，F_y——在筛面方向上和垂直于筛面的方向上颗粒的惯性力；

F_f——筛面的摩擦力；

G——颗粒重量。

因为

$$F_x = -m_1\ddot{x} = -m_1\omega^2\lambda\cos\omega t$$

$$F_y = -m_1\ddot{y} = m_1\omega^2\lambda\sin\omega t$$

$$F_f = f(G\cos\alpha - F_y) = f(G\cos\alpha - m_1\omega^2\lambda\sin\omega t)$$

式中 m_1——颗粒质量；

f——颗粒与筛面之间的摩擦系数，$f=\mathrm{arc\,tan}\varphi$，$\varphi$ 为摩擦角；

α——筛面倾斜角。

将 F_x、F_y 及 F_f 等值代入式(11-26)，且因 $\omega=\frac{\pi n}{30}$，其中 n 为筛面每分钟振动次数。经整理可得出颗粒顺着筛面方向、逆着筛面方向滑动及在筛面上被抛起时的筛面最小振动次数：

$$n_{\min_1} = \sqrt{\frac{\sin(\varphi-\alpha)}{\lambda}} \quad (\mathrm{r/min}) \tag{11-27}$$

$$n_{\min_2} = \sqrt{\frac{\sin(\varphi-\alpha)}{\lambda}} \quad (\mathrm{r/min}) \tag{11-28}$$

$$n_{\min_3} = \sqrt{\frac{\cos\alpha}{\lambda}} \quad (\mathrm{r/min}) \tag{11-29}$$

式中，振幅 λ 以 m 表示。上述各式所表示的振动次数分别称为振动筛的第一、第二和第三转速。

目前工厂中使用的振动筛的工作转数大多数都超过第三转速，即

$$n = (45 \sim 54)\sqrt{\frac{\cos\alpha}{\lambda}} \quad (\mathrm{r/min}) \tag{11-30}$$

振动频率还可在选定抛掷强度 K_v 和振幅 λ 后按以下公式计算，对于单轴振动筛：

$$n \approx 950\sqrt{\frac{K_V\cos\alpha}{\lambda}} \quad (\mathrm{r/min}) \tag{11-31}$$

对于双轴振动筛和共振筛：

$$n \approx 950\sqrt{\frac{K_V\cos\alpha}{\lambda\sin\beta}} \quad (\mathrm{r/min}) \tag{11-32}$$

式中 K_V——抛掷强度；

α——筛面倾角；

β——振动方向角；

λ——振幅(mm)。

为了保证振动筛在较高的筛分效率和筛分能力下工作，必须选择合理的 K_V 值。当 $K_V=2.8\sim3$时，筛面的一个振动周期几乎等于物料的一个跳动周期。这时物料与筛面接

触的时间最短，对减少筛面的磨损有利。为了获得较高的筛分效率，最好使物料颗粒在筛子的每一个振动周期能接触筛孔，故一般情况下，$K_V<3.3$。K_V 值还需按筛机的机械强度、寿命和工作可靠性等因素来选定。单轴振动筛一般取 $K_V=3\sim3.5$；双轴振动筛取 $K_V=2.2\sim3$；共振筛取 $K_V=2\sim3.3$。相应的单轴振动筛的振动频率一般为 800 ~ 1200 min^{-1}；双轴振动筛为 700 ~ 900 min^{-1}；共振筛为 400 ~ 800 min^{-1}。

（三）生产能力

筛机的生产能力可以根据喂料量或筛下产品量计算；用于脱水作业时，可以根据脱水量计算。根据喂料量计算的生产能力可按下式计算：

$$Q = qA\rho_s K_1 K_2 \eta K_3 K_4 K_5 \quad (t/h) \tag{11-33}$$

式中 q——单位筛面面积的生产能力（$m^3/m^2\cdot h$），见表 11-2；

A——筛面面积（m^2）；

ρ_s——物料的堆积密度（t/m^3）；

K_1、K_2、η、K_3、K_4、K_5——修正系数，见表 11-3。

表 11-2　筛孔尺寸与单位筛面面积的生产能力的关系

筛孔尺寸（mm）	0.16	0.2	0.3	0.4	0.6	0.8	1.17	2.0	3.15	5
$q(m^3/(m^2\cdot h))$	1.9	2.2	2.5	2.8	3.2	3.7	4.4	5.5	7.0	11
筛孔尺寸（mm）	8	10	16	20	25	31.5	40	50	80	100
$q(m^3/(m^2\cdot h))$	17	19	25.5	28	31	34	38	42	56	63

表 11-3　系数 K_1、K_2、η、K_3、K_4、K_5 的值

<table>
<tr><th>系数</th><th>考虑因素</th><th colspan="11">筛 分 条 件 及 各 系 数 值</th></tr>
<tr><td rowspan="2">K_1</td><td rowspan="2">细粒级含量的影响</td><td>给料中粒度小于筛孔之一半的粒级含量(%)</td><td>0</td><td>10</td><td>20</td><td>30</td><td>40</td><td>50</td><td>60</td><td>70</td><td>80</td><td>90</td></tr>
<tr><td>K_1 值</td><td>0.2</td><td>0.4</td><td>0.6</td><td>0.8</td><td>1.0</td><td>1.2</td><td>1.4</td><td>1.6</td><td>1.8</td><td>2.0</td></tr>
<tr><td rowspan="2">K_2</td><td rowspan="2">粗粒级含量的影响</td><td>给料中大于筛孔尺寸的粗粒含量（%）</td><td>10</td><td>20</td><td>25</td><td>30</td><td>40</td><td>50</td><td>60</td><td>70</td><td>80</td><td>90</td></tr>
<tr><td>K_2 值</td><td>0.94</td><td>0.97</td><td>1.0</td><td>1.03</td><td>1.09</td><td>1.18</td><td>1.32</td><td>1.55</td><td>2.0</td><td>3.36</td></tr>
<tr><td rowspan="2">η</td><td rowspan="2">筛分效率</td><td>筛分效率（%）</td><td>40</td><td>50</td><td>60</td><td>70</td><td>80</td><td>90</td><td>92</td><td>94</td><td>96</td><td>98</td></tr>
<tr><td>η 值</td><td>2.3</td><td>2.1</td><td>1.9</td><td>1.6</td><td>1.3</td><td>1.0</td><td>0.9</td><td>0.8</td><td>0.6</td><td>0.4</td></tr>
<tr><td rowspan="2">K_3</td><td rowspan="2">颗粒形状的影响</td><td>颗粒形状</td><td colspan="4">一般物料（除煤外）</td><td colspan="4">球形颗粒（如砾石）</td><td colspan="2">煤</td></tr>
<tr><td>K_3 值</td><td colspan="4">1.0</td><td colspan="4">1.25</td><td colspan="2">1.5</td></tr>
<tr><td rowspan="3">K_4</td><td rowspan="3">湿度影响</td><td rowspan="2">物料的湿度</td><td colspan="6">筛孔小于 25 mm</td><td colspan="4" rowspan="2">筛孔大于 25 mm</td></tr>
<tr><td colspan="2">干的</td><td colspan="2">湿法</td><td colspan="2">结团的</td></tr>
<tr><td>K_4 值</td><td colspan="2">1.0</td><td colspan="2">0.75 ~ 0.85</td><td colspan="2">0.2 ~ 0.6</td><td colspan="4">0.9 ~ 1.0</td></tr>
<tr><td rowspan="3">K_5</td><td rowspan="3">筛分方法的影响</td><td rowspan="2">筛分方法</td><td colspan="6">筛孔小于 25 mm</td><td colspan="4" rowspan="2">筛孔大于 25 mm</td></tr>
<tr><td colspan="2">干的</td><td colspan="4">湿的（喷水筛分）</td></tr>
<tr><td>K_5 值</td><td colspan="2">1.0</td><td colspan="2">1.25 ~ 1.4</td><td colspan="2">10</td><td colspan="4"></td></tr>
</table>

根据筛下产品量计算的生产能力为

$$Q' = qAKK_\eta K_s K_\delta K_a K_W \quad (t/h) \tag{11-34}$$

式中 q——单位筛面面积的生产能力（$t/m^2 \cdot h$），等于图 11-16 的 q_1 值乘以 9.82。该数值适于堆积密度 $\rho_s = 1.6\ t/m^3$ 的物料；

K_1——细粒影响系数，见表 11-4；

K_η——筛分效率影响系数，见表 11-5；

K_s——筛孔形状系数，见表 11-6；

K_δ——多层筛面的筛面位置系数，最上层 $K_\delta = 1$；中间层 $K_\delta = 0.9$；最下层 $K_\delta = 0.8$；

K_a——有效面积修正系数，图 11-16 的横坐标列出了各种筛孔下的筛面有效面积，如果选用的筛面有效面积与图中所示相差甚大，则应修正；例如，筛孔为 25.4mm 时，有效面积为 58%，如果选用的筛面的有效面积为 36%，则系数 $K_a = \frac{36}{58} = 0.62$。

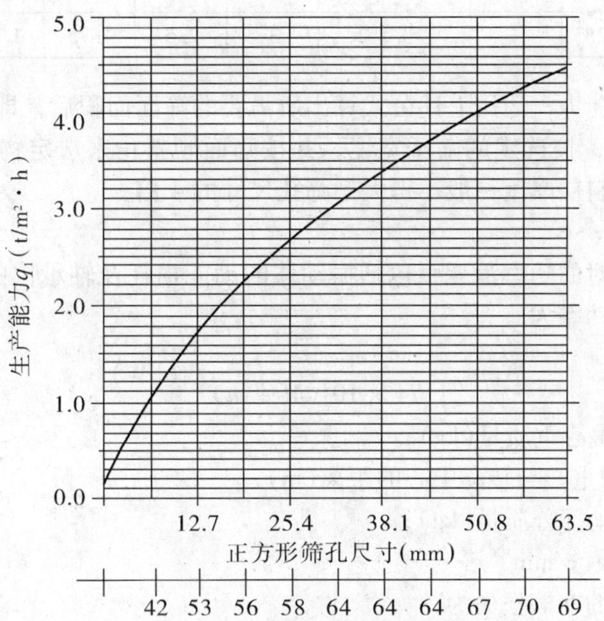

图 11-16 筛下产品单位筛面面积的生产能力

K_W——有喷水的湿法筛分系数，见表 11-7。

表 11-4 细粒影响系数 K_1 值

给料中粒度小于筛孔尺寸一半的细粒级含量（%）	0	10	20	30	40	50	60	70	80	85	90	95
系数 K_1	0.44	0.55	0.7	0.8	1	1.2	1.4	1.8	2.2	2.5	3	3.75

表 11-5　筛分效率影响系数 K_η 值

筛分效率 η(%)	70	80	85	90	95
系数 K_η	2.25	1.75	1.5	1.25	1.00

表 11-6　筛孔形状系数 K_s 值

筛　孔　形　状	长边与短边比值	系数 K_s
方孔或长孔	<2	1.0
长孔	=2 ～ 4	1.15
	=4 ～ 25	1.2
	>25，长边顺物料运动方向	1.4
	>25，长边垂直于物料运动方向	1.3

表 11-7　湿法筛分系数 K_W 值

筛孔尺寸(mm)	<0.79	1.59	3.18 ～ 4.76	7.94	9.53	12.7	19.1	25.4	750.8
K_W 值	1.25	3	3.5	3	2.5	1.75	1.35	1.25	1.00

根据要求的生产能力，运用上述公式算出所需要的筛面面积后，即可选定筛子的规格(长度和宽度)。然后，按选定的筛子宽度，并按筛面倾斜角来选定物料沿筛面运动的速度，验算料层厚度。料层厚度一般不得大于筛孔尺寸的 4 倍。

(四)功率

惯性振动筛工作时的功率消耗，包括振动体的动能损耗及轴承内的摩擦损耗两部分。因动能损耗而消耗的功率为

$$N_1 = \frac{m^2 n^3 r^2}{1.74 \times 10^6 (M + m)} \quad (\text{kW}) \tag{11-35}$$

式中　m——激振器偏心重质量(kg)；

r——偏心重的重心与转动中心的距离(m)；

M——筛的振动部分质量(kg)；

n——振动次数(r/min)。

激振器在轴承中的摩擦损失为

$$N_2 = \frac{f m_0 r n^3 d}{1.72 \times 10^6} \quad (\text{kW}) \tag{11-36}$$

式中　m_0——激振器偏心重的质量(kg)；

f——轴承中的摩擦系数，对于滚柱轴承 $f = 0.0025 \sim 0.01$，对于滚珠轴承 $f = 0.001 \sim 0.004$；

d——轴颈直径(m)。

其他符号意义同前。

因此，惯性振动筛的功率为

$$N = \frac{N_1 + N_2}{\eta} \quad (\text{kW}) \tag{11-27}$$

式中　η——传动效率。

第三篇 颗粒流体力学及设备

第 12 章　颗粒流体力学的基本原理

第一节　概　　述

多相流体力学是近期发展起来的一门流体力学分支。在流体力学中，只研究单一相态的均质流体的流动问题。但是，在自然界的许多工程中，常遇到处理许多不同相态物质的混合流动问题，通常把这种流动体系称为多相流动。最普通的一种多相流动为两相流动，它是由四种相态(即固体、液体、气体和等离子体)物质中的任意两种相态结合组成。有关这些两相流体问题的结论和分析，亦可以推广应用到多相流动的情况。本章就各种两相流动问题给出颗粒-流体(气体或液体)这一个系统，主要介绍颗粒流体的两相流动在工程中的实际应用。

在无机非金属材料工业生产过程中，常常遇到流体与固体颗粒相接触并发生相对运动的过程。例如，气固系统的分离、分级、混合以及粉状物料的输送，气流中颗粒的干燥、预热、分解、煅烧以及冷却；液固系统(悬浮液)的洗选、浓缩(脱水、增稠)、搅拌以及过滤等。上述各过程中，有的单纯是流体与固体颗粒相对运动的力学问题，有的还牵涉传热、传质以及化学反应等问题。性质虽然各不相同，但是这些操作过程都是基于处在流体介质中的固体颗粒因受外力(重力、惯性力、磁性吸引力、浮力、电力等)的作用，对介质产生不同的相对运动而得以实现的。从力学上研究固体颗粒与流体之间发生相对运动的规律，以及它们之间相互作用的规律，并应用这些规律来解决实际问题，这就是颗粒流体力学的内容。掌握颗粒流体力学的知识，进一步研究与之密切相关的热工学、化学方面的问题，从而可以有效地控制、改进和设计生产过程。

颗粒流体是包含固体颗粒和流体的两相流动系统，这些系统的各个过程均具有以下的共同特点：

(ⅰ)系统中除了固体颗粒外，至少另有一种流体(气体或液体)同时存在；

(ⅱ)系统中除了颗粒与流体的运动外，往往还存在着其他传递过程(相内或相界面的能量与质量的传递)以及同时进行着的化学反应过程；

(ⅲ)系统中至少存在着一种力场(重力场、惯性力场、磁场或电力场等)；

(ⅳ)系统中颗粒的粒径范围为 10^{-5} ～ 10 cm(大致介乎烟雾中最大颗粒或微尘中最小颗粒和水泥立窑的粒料之间)。

颗粒流体的两相流动按其本身系统性和作用过程可分为三种典型情况：

(ⅰ)流体穿过固定的颗粒层(即固定床)的流动，如立窑中粒料的煅烧、移动式炉箅上熟料的冷却、料浆的过滤脱水以及过滤层收尘等过程；

（ⅱ）当流体速度增加到一定程度，固定颗粒层呈现较疏松的活动（假液化）状态（即流化床）的流动，如流态化烘干预热、粉状物料的空气搅拌以及空气输送斜槽的气力输送等过程；

（ⅲ）流体与固体颗粒相对运动速度更高，颗粒在流体中呈更稀的悬浮态运动（即连续流态化）的流动，如悬浮预热分解、沉降、收尘、分级分选、气力输送等过程。

第二节　颗粒在流体内做相对运动时的阻力

无论颗粒在静止的流体中运动，或是流动的流体从静止的颗粒流过，只要有相对运动就有阻力存在。颗粒在流体中作相对运动时，所遇到的阻力 F_d 的大小，与下述因素有关：垂直于运动方向的颗粒横截面积，对于球形颗粒则为颗粒的直径 d_p；颗粒在流体中的相对运动速度 u；流体的粘度 μ 和密度 ρ 等。因此，阻力的变化，可用下述函数式表示：

$$F_d = f(d_p,\ \mu,\ \rho,\ u)$$

使用因次分析法将上述关系整理为无因次数群之间的关系：

$$\frac{F_d}{d_p^2\rho u^2} = f\left(\frac{d_p u\rho}{u}\right) = f(Re_p)$$

或

$$F_d = d_p^2\rho u^2 f(Re_p) \tag{12-1}$$

习惯上，往往将式(12-1)改写成

$$F_d = \zeta A\rho\frac{u^2}{2}\quad (\mathrm{N}) \tag{12-2}$$

式中　A——颗粒在垂直于运动方向的平面上的投影面积，对于球形颗粒，$A=\frac{\pi}{4}d_p^2(\mathrm{m}^2)$；

u——颗粒在流体中的相对运动速度(m/s)；

d_p——球形颗粒直径(m)；

ρ——流体密度(kg/m³)；

ζ——阻力系数，无因次，$\zeta=\frac{\sigma}{\pi}f(Re_p)$，为颗粒雷诺数 $Re_p=\frac{d_p u\rho}{\mu}$ 的函数；

μ——流体粘度(Pa·s)。

阻力系数 ζ 与 Re_p 的关系要通过实验确定。因颗粒在流体中相对运动的情况不同，与流体在管道中的流动一样，也有着几种不同的流态。在不同的流态下，阻力的性质不同，因而阻力系数 ζ 与 Re_p 的关系也就不同。当 Re_p 值较小时，流体能一层层地平缓绕过颗粒，在后面合拢，流线不致受到破坏，层次分明，呈层流状态（图 12-1a）。这时颗粒在流体中运动的阻力，主要是各层流体以及流体与颗粒之间相互滑动时的粘性阻力，阻力大小与雷诺数 Re_p 有关。当 Re_p 值较大时，由于惯性关系，紧靠颗粒尾部边界发生分离，流体脱离了颗粒的尾部，在后面造成负压区，吸入流体而产生漩涡，引起了动能损失，呈过渡流状态（图 12-1b）。这时，颗粒在流体中运动的阻力就包括颗粒侧边各层流体相互滑动时的粘性摩擦力和颗粒尾部动能损失所引起的惯性阻力，它们的大小按不同的规律变化着。当 Re_p 值甚大时，颗粒尾部产生的涡流迅速破裂，并形成新的涡流，以致达到完全湍动，处于湍流状态(12-1c)。此时粘性阻力已变得不大重要，阻力大小主要决定于惯性阻力，因

而阻力系数与 Re_p 的变化无关，而趋于一固定值。当 Re_p 值更高时，流速很大，颗粒尾部产生的涡流迅速被卷走，仅在紧靠颗粒尾部表面残留有一层微小的小湍流，总阻力随之减小，这一状态在工业中一般很少遇到。根据实验研究，ζ 与 Re_p 的关系如图 12-2 所示。对于球形颗粒(形状系数 $\varphi_s=1$)，ζ-Re_p 关系曲线大致可以划分为四个区域。

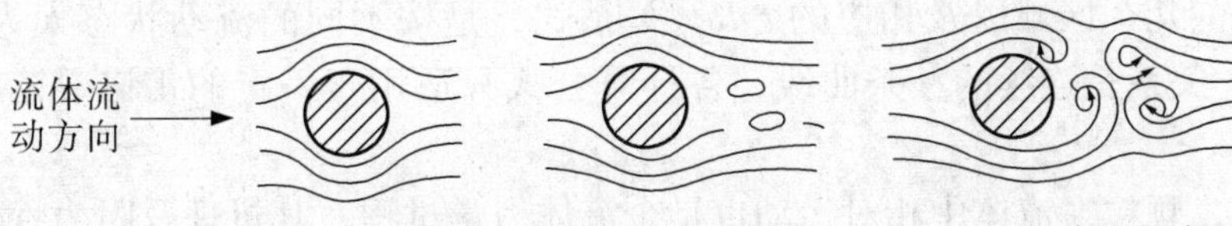

图 12-1　颗粒在流体中产生相对运动时的流动状态

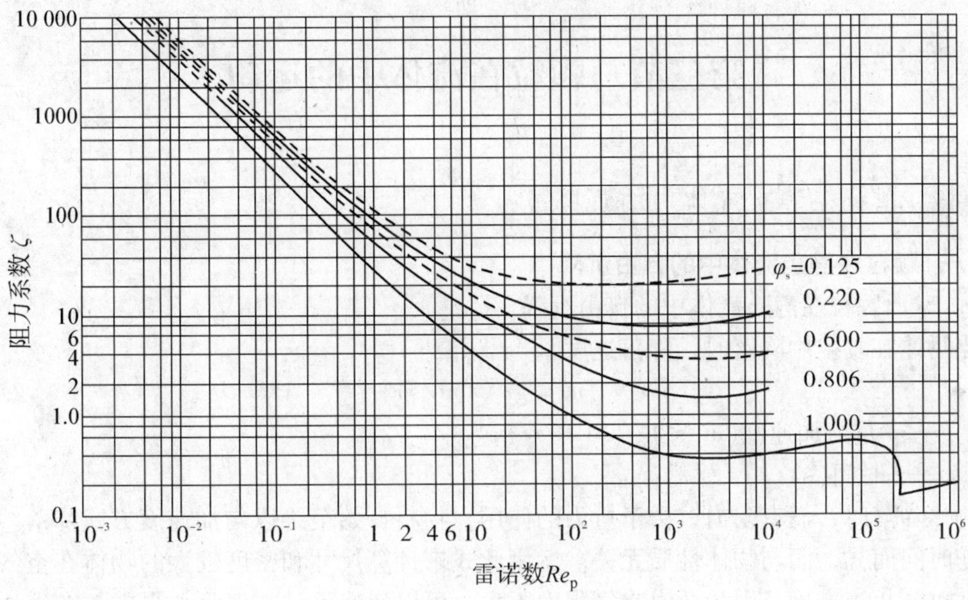

图 12-2　ζ-Re_p 关系曲线

(ⅰ) $Re_p<1$ 时，属层流区。此时

$$\zeta=\frac{24}{Re_p}\tag{12-3}$$

而阻力

$$F_d=3\pi\mu d_p u\quad(\text{N})\tag{12-4}$$

上式称为斯托克斯(Stokes)公式。

(ⅱ) $1<Re_p<1\,000$ 时，属过渡流区。这一区域推荐的 ζ-Re_p 公式较多，适用范围也很不一致，计算误差也比较大，有的可达 10% ~ 25%。其中较为准确的公式为

$$\zeta=\frac{24}{Re_p}(1+0.15Re_p^{0.687})\tag{12-5}$$

或

$$\zeta=\frac{24}{Re_p}+\frac{3}{16}\tag{12-6}$$

也可用下列简便公式来计算：

$$\zeta=\frac{30}{Re_p^{0.625}}\tag{12-7}$$

(ⅲ) $1000<Re_p<2\times10^5$ 时，属湍流区。此时

$$\zeta = 0.44 \tag{12-8}$$

阻力系数ζ为一常数，此关系式又称为牛顿(Newton)定律。

(ⅳ)$Re_p > 2 \times 10^5$时，属高度湍流区。这时边界层本身也变为湍流，实验结果显示不规则现象。阻力系数变小，$\zeta \approx 0.1$。这一区域在工业生产中一般很少遇到。

以上划分的几个区域以及相应的ζ-Re_p关系式，是按不同的流动状态人为地划分的。实际上，ζ-Re_p关系是连续的一条曲线，各计算公式只适用于一定的雷诺数范围内，但又应当互相衔接。

以上可见，颗粒在流体中相对运动也是个流体力学过程，其机理及阻力性质也与流体力学一样，但因为具体情况(单值条件)不同，故处理的参数值会不同，而利用具体数值亦可计算其阻力大小。

第三节　颗粒在流体中的运动

一　颗粒在静止流体内的沉降

(一)颗粒在静止流体中的自由沉降

1. 球形颗粒在静止流体中的自由沉降

当物体在真空中降落时，降落速度

$$u = gt \quad (\mathrm{m/s}) \tag{12-9}$$

式中　g——重力加速度($\mathrm{m/s^2}$)；

t——时间(s)。

物体降落时，没有阻力，由于重力的作用，物料自始至终以匀加速度方式降落。降落速度随时间而异，而与物体性质无关。运用此式来计算尺寸和密度较大的物体在空气中的降落，也能相当准确。因为此时空气阻力不大，可以忽略不计。但是如果颗粒在液体中降落，或者细小的颗粒(小于100 μm)在空气中降落时，流体的阻力较大，此时便不能不考虑流体阻力对颗粒的作用，上式便不适用。

设有一表面光滑的球形颗粒，在无限广阔的静止流体空间内，颗粒不会受到其他颗粒及容器壁的影响而作自由沉降。实际上，在有限的流体空间内，当颗粒群的体积分数较低，各颗粒之间既不直接也不通过流体间接地影响彼此的沉降时，也可以当作是自由沉降。

颗粒在静止流体内自由沉降时，不仅受到重力而且还受到浮力和阻力的作用，在诸力共同作用下，颗粒的运动方程式为

$$\sum F = G_0 - F_d = m\frac{\mathrm{d}u}{\mathrm{d}t} \tag{12-10}$$

式中　$\sum F$——合力(N)；

G_0——剩余重力(又称有效重力)，为颗粒重力减去浮力(N)；

F_d——流体阻力(N)；

m——颗粒的质量(kg)；

u——颗粒在时间t时的运动速度(m/s)。

对于球形颗粒

$$m = \frac{\pi}{6} d_p^3 \rho_p \quad (\text{kg}) \tag{12-11}$$

$$G_0 = \frac{\pi}{6} d_p^3 (\rho_p - \rho) g \quad (\text{N}) \tag{12-12}$$

$$F_d = \zeta \frac{\pi d_p^2}{4} \rho \frac{u^2}{2} \quad (\text{N}) \tag{12-13}$$

式中 d_p——颗粒直径(m)；

ρ_p——颗粒密度(kg/m^3)；

ρ——流体密度(kg/m^3)。

其他符号意义同前。

将 G_0、F_d、m 等值代入式(12-10)，经整理得

$$\frac{du}{dt} = g \frac{(\rho_p - \rho)}{\rho_p} - \zeta \frac{3}{4} \frac{u^2}{d_p} \frac{\rho}{\rho_p} \tag{12-14}$$

从运动方程式可看出，颗粒在静止流体中沉降的加速度取决于剩余重力和流体阻力。对于一定尺寸的颗粒在一定流体中沉降时，有效重力 G_0 为常数，而流体阻力则随着运动速度之提高而增大。如果重力大于浮力，开始沉降瞬间，颗粒将受到其本身重力作用而加速降落。沉降时由于流体与颗粒表面的摩擦而产生与运动方向相反的阻力，同时阻力随降落速度的增加而增大。经过片刻，当流体阻力增大到等于颗粒剩余重力时，颗粒受力处于平衡，加速度为零，以后颗粒即以此时的瞬时速度作匀速向下降落。可见，颗粒的沉降过程分为两个阶段，起初为加速阶段，而后为等速阶段。等速阶段的颗粒相对于流体的运动速度 u_0 称为沉降速度。它就是加速阶段终了时的速度，故又称为末速。颗粒在静止流体内降落时，它等于颗粒的绝对速度。

严格来讲，颗粒从变速运动阶段过渡到等速运动阶段所需时间是无穷大的，对于密度大的粗大颗粒，当其沉落器底时，尚未达到等速阶段，整个过程是变速沉降，这就应当考虑变速阶段。但是，对于细小颗粒，通常在开始沉降瞬间，即能以非常接近于末速的速度在流体中沉降。例如，直径为 50 μm 的水泥生料颗粒，在空气中沉降达到99%的末速时，所需时间小于0.1 s，沉降距离不到1 cm。所以，对于细小的颗粒，一般可以不考虑变速阶段，整个降落过程基本上可以看作是以匀速 u_0 进行的。

根据前述，当 $F_d = G_0$ 时，$\frac{du}{dt} = 0$，颗粒做匀速运动，$u = u_0$。于是从式(12-14)可求出

$$u_0 = \sqrt{\frac{4 g d_p (\rho_p - \rho)}{3 \rho \zeta}} \quad (\text{m/s}) \tag{12-15}$$

当 $Re_p < 1$，将式(12-3)的 ζ 值代入式(12-15)，则得

$$u_0 = \frac{d_p^2 (\rho_p - \rho) g}{18 \mu} \quad (\text{m/s}) \tag{12-16}$$

此式适用于层流时球形颗粒的自由沉降，称为斯托克斯(Stokes)公式。

当 $1 < Re_p < 1000$ 时，将式(12-7)的 ζ 值代入式(12-15)，则得

$$u_0 = 0.104 \left[\left(\frac{\rho_p - \rho}{\rho} \right) g \right]^{0.73} \frac{d_p^{1.18}}{\left(\frac{\mu}{\rho} \right)^{0.45}} \quad (\text{m/s}) \tag{12-17}$$

此式适用于过渡流时球形颗粒的自由降沉，称为阿纶(Allen)公式。

当$1000 < Re_p < 2 \times 10^5$时，将式(12-8)的$\zeta$值代入式(12-15)，则得

$$u_0 = 1.74\left[\left(\frac{\rho_p - \rho}{\rho}\right)g\right]^{0.5} \cdot d_p^{0.5} \quad (m/s) \tag{12-18}$$

此式适用于湍流时球形颗粒的自由沉降，称为牛顿(Newton)公式。

要使用上述各式计算沉降速度，首先需要知道Re_p的数值，可是$Re_p = \frac{d_p u_0 \rho}{\mu}$中又包括有待求的沉降速度之值，所以在计算时需要用试差法求解。往往先根据颗粒尺寸的大小估计出颗粒沉降属层流范围或湍流范围，用比较简单的式(12-16)或式(12-18)算出沉降速度u_0，然后再用Re_p值复验结果是否正确。

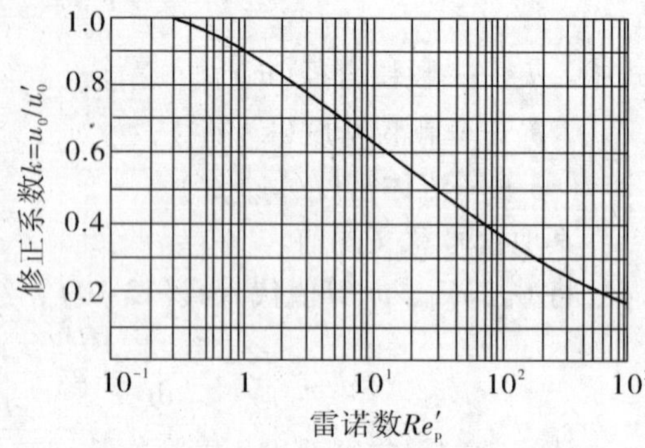

图 12-3　不适合斯托克斯公式时的修正系数(球形颗粒)

用理论公式计算遇到的问题是决定选用哪一区域的公式进行计算较为麻烦，同时在接近临界雷诺数附近的理论公式本身误差也较大。较简便的方法是先设颗粒沉降处于层流区(对于一般颗粒多数情况如此)，应用式(12-16)计算出初步沉降速度u'_0，根据u'_0算出初步雷诺数$Re_p' = \frac{d_p u_0' \rho}{\mu}$，查图 12-3 求得修正系数$k = \frac{u_0}{u_0'}$之值，最后算出沉降速度$u_0 = ku_0'$。

上述三种关系式(12-16)～式(12-18)也可以用图解来表示(图 12-4)。在图 12-4 中，颗粒处于层流和湍流的沉降，分别显示在图中左下方和右上方的直线系。层流线系向上延伸至相当于Re_p为 1 的状态，诸状态由不同的$\frac{\mu}{\rho}$值确定。Re_p在 1～1000 间为过渡区，在图中过渡区表示为光滑曲线系，它们从每条层流线末端延伸到相应的湍流线开始处止。用此光滑曲线比用理论公式(12-17)准确(此式为一直线)。为了比较，图中用一条点画线表示理论公式的沉降线，其条件为$(\rho_p - \rho)/\mu = 1000$ s/cm^2，$\mu/\rho = 0.01$ cm^2/s 及$(\rho_p - \rho)/\rho = 10$。当$Re_p = 1$和$Re_p = 1000$时，该线显然是不连续的。图 12-4 改进了过渡区的表达公式，消除了尝试和误差。运用图 12-4，只要知道颗粒直径和流体性质，便可立即确定颗粒与流体相对运动的流型，并查出沉降速度u_0的数值。

【例 12-1】 求直径为 30 μm 的球形石英颗粒在 20 ℃的空气中的沉降速度。石英颗粒的密度为 2650 kg/m^3。

【解】 标准状况下空气的密度为 1.293 kg/m^3。故 20 ℃时，空气密度为$\rho = 1.293 \times \frac{273}{273+20} = 1.205$(kg/m^3)，而粘度为$1.85 \times 10^{-5}$Pa · s。假设斯托克斯公式可以应用，则

$$u_0 = \frac{d_p^2(\rho_p - \rho)g}{18\mu} \approx \frac{d_p^2 \rho_p g}{18\mu} = \frac{(30 \times 10^{-6})^2 \times 2650 \times 9.8}{18 \times 1.85 \times 10^{-5}}$$
$$= 0.0702(m/s) = 70.2(mm/s)$$

复核

$$Re_p = \frac{d_p u_0 \rho}{\mu} = \frac{30 \times 10^{-6} \times 0.0702 \times 1.205}{1.85 \times 10^{-5}} = 0.0137 < 1$$

故沉降遵从斯托克斯公式。

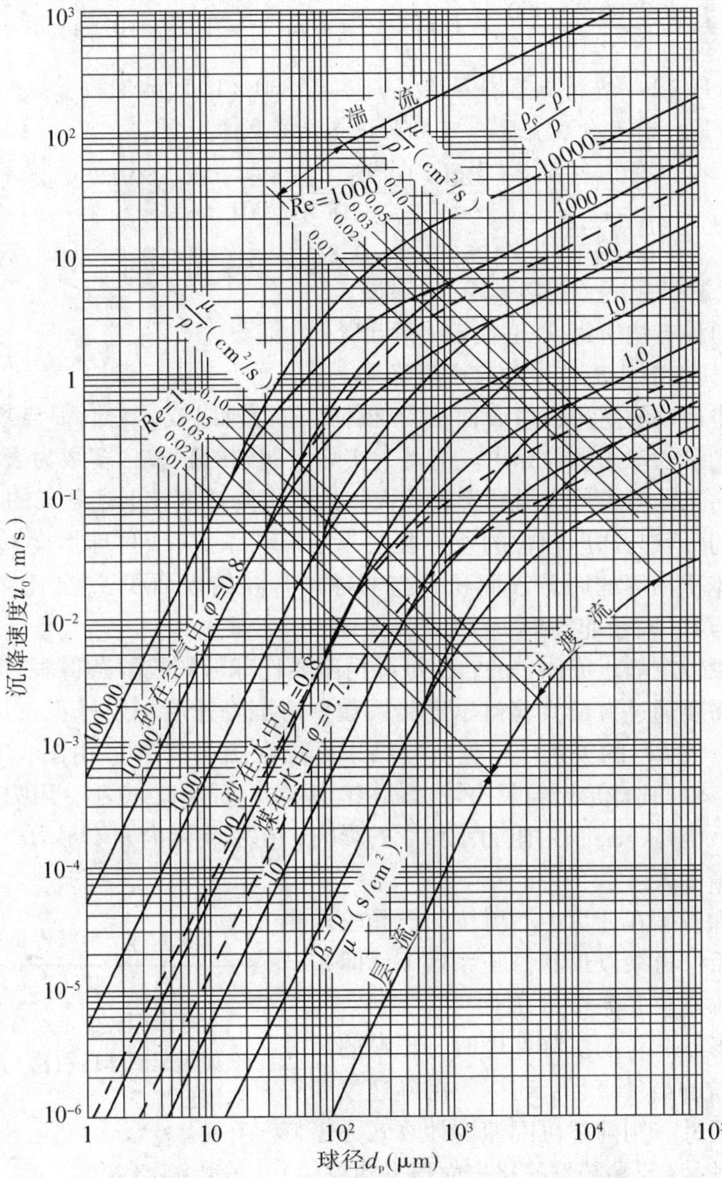

图 12-4　颗粒自由沉降速度与球粒直径的关系

本题亦可先求出颗粒沉降的临界直径，然后确定使用哪一个计算沉降速度的公式来求解。

层流区与过渡区的临界直径，亦即斯托克斯公式所能适用的当 $Re_p=1$ 时的最大直径：

$$d_{p_{max}} = 2.62\sqrt[3]{\frac{\mu^2}{(\rho_p-\rho)\rho g}} = 2.62\sqrt[3]{\frac{(1.85\times10^{-5})^2}{(2650-1.205)\times1.205\times9.8}}$$

$$= 2.62\times2.22\times10^{-5} = 5.82\times10^{-5}(m) = 58.2(\mu m)$$

颗粒的直径(30 μm)较临界直径为小，于是可用斯托克斯公式求沉降速度。

【例 12-2】　求直径为 80 μm 的玻璃球在 20 ℃水中的沉降速度。已知玻璃球的密度 $\rho_p=2500$ kg/m³，水的密度 $\rho=1000$ kg/m³，水在 20 ℃的粘度 $\mu=0.001$ Pa · s。

【解】　(1)用图解法：由

$$\frac{\rho_p - \rho}{\mu} = \frac{2500 - 1000}{0.001} = 1.5 \times 10^6 (\mathrm{s/m^2}) = 1.5 \times 10^2 (\mathrm{s/cm^2})$$

和 $d_p = 80\ \mu\mathrm{m}$。从图 12-4 查得点落在层流区，$u_0 = 5.30 \times 10^{-3}\ \mathrm{m/s}$。

(2)用公式计算：由于在层流区，可用斯托克斯公式来计算：

$$u_0 = \frac{d_p^2(\rho_p - \rho)g}{18\mu} = \frac{(80 \times 10^{-6})^2(2500 - 1000) \times 9.8}{18 \times 0.001}$$

$$= \frac{6.4 \times 10^{-9} \times 1.5 \times 10^3 \times 9.8}{18 \times 10^{-3}} = 5.25 \times 10^{-3} (\mathrm{m/s})$$

查图和计算两种方法所得 u_0 值比较接近。

2．非球形颗粒在静止流体中的自由沉降

颗粒在流体中运动的阻力，由表面阻力与体形阻力所组成，它们都与颗粒形状有关。上述各式是根据光滑的球形颗粒导出。但是，实际上遇到的颗粒，多数为表面粗糙的非球形颗粒。沉降时的流体阻力比光滑球形颗粒大，故其沉降速度较上述各式的计算值低。

非球形颗粒的形状与球形颗粒的差异程度，用形状系数(或称球形度)φ_s 来表征。它是与非球形颗粒体积相等的圆球表面积 S 与非球形颗粒的表面积 S_p 之比，即 $\varphi_s = S/S_p$。对于球形颗粒 $\varphi_s = 1$；对于非球形颗粒 $0 < \varphi_s < 1$。

由于非球形颗粒在静止流体中的自由沉降情况要比球形颗粒复杂得多。若要作较为准确的计算，往往需要通过大量实验得出经验系数，对沉降速度加以修正。几种 φ_s 值下的阻力系数 ζ 与雷诺数 Re_p 的关系已根据实验结果标绘在图 12-2 中。由图 12-2 可见，不规则形状的颗粒($\varphi_s < 1$)比球形颗粒具有较大的阻力系数。而且 φ_s 愈小，阻力系数愈大，因而沉降速度愈小。但是，φ_s 值对阻力系数 ζ 的影响，在层流区内并不显著，随着 Re_p 的增大，这种影响逐渐变大。

对于非球形颗粒，在计算中亦可按球形颗粒求得阻力系数 ζ 值之后，再乘以形状修正系数 C，即 $\zeta' = C\zeta$。根据实验，形状修正系数 C 值列于表 12-1。

表 12-1　形状修正系数 C 值

形　状	系数 C 值
当量球形颗粒	1.0
表面粗糙的球形颗粒	2.42
椭圆形颗粒	3.08
片状颗粒	4.97
不规则形状颗粒	2.75 ～ 3.5

计算不规则形状颗粒的沉降速度时，颗粒的尺寸需代之以该类颗粒的当量直径。若以等沉降速度粒径表示非球形颗粒尺寸，则前述沉降速度计算式无需修正。若以等体积球径(或颗粒群的比表面积平均粒径)来计算非球形颗粒的沉降速度，一般计算结果均较实际值偏高。因此，按球形颗粒公式求得的沉降速度应乘上校正系数 k 加以修正，即非球形颗粒的沉降速度 $u'_0 = ku_0$。当颗粒的沉降属于层流区时，非球形颗粒的沉降速度可以不要校正，直接以球形颗粒沉降速度公式计算，误差不大。当沉降速度较大时，则需加以校正。沉降速度校正系数 k 与阿基米德(Archimedes)准数 Ar 的关系见表 12-2。

表 12-2　沉降速度系校正系数 k 与 Ar 的关系

$\frac{4}{3}Ar = \zeta Re_p^2$	颗　粒　形　状				
	球　形	圆柱形	角　形	长　形	片　形
2×10^4	1	0.805	0.680	0.610	0.450
2.5×10^4	1	0.800	0.678	0.595	0.441

$\frac{4}{3}Ar=\zeta Re_p^2$	颗粒形状				
	球形	圆柱形	角形	长形	片形
5×10^4	1	0.790	0.672	0.590	0.433
12.5×10^4	1	0.755	0.650	0.564	0.420
25×10^4	1	0.753	0.647	0.562	0.408
50×10^4	1	0.740	0.635	0.560	0.392

$$\frac{4}{3}Ar=\frac{4}{3}\cdot\frac{d_p^3(\rho_p-\rho)\rho g}{\mu^2}=\zeta Re_p^2$$

反之，当已知沉降速度求粒径时，则按球形颗粒沉降算得的粒径 d_p 必较非球形颗粒的当量粒径 d_e 为小，亦需以另一校正系数 k' 进行修正，即 $d_e=k'd_p$。

粒径校正系数 k' 与列辛科（Ляшенко）准数 Ly 的关系见表 12-3。

表 12-3　粒径校正系数 k' 与 Ly 的关系

$\frac{4}{3}Ly=\frac{Re_p}{\zeta}$	颗粒形状				
	球形	圆柱形	角形	长形	片形
10	1				2.090
100	1	1.210	1.495	1.865	2.920
200	1	1.340	1.640	2.030	3.340
400	1	1.440	1.700	2.180	3.680
2000	1	1.610	1.960	2.500	
4000	1	1.760			

$$\frac{3}{4}Ly=\frac{3u_0^3\rho^2}{4\mu(\rho_p-\rho)g}=\frac{Re_p}{\zeta}$$

最后应指出，以上关于沉降速度的分析，都是假设颗粒粒径大于流体分子的自由行径，即流体考虑为一连续介质，并且无布朗运动发生的情况。如果粒径 d_p 小于 3 μm，计算结果便不可靠。

（二）颗粒在静止流体中的干扰沉降

在工业生产过程中，常遇到颗粒群在有限流体空间内的沉降。沉降时，各个颗粒不但会受到其他颗粒直接摩擦、碰撞的影响，而且还受到其他颗粒通过流体而产生的间接影响，这种沉降称为干扰沉降。

在干扰沉降情况下，颗粒是在有效密度与有效粘度都比纯流体为大的悬浮体系中沉降，所受浮力与阻力都比较大；另一方面，颗粒群向下沉降时，流体被置换向上，产生垂直向上股流，使得颗粒不是在真正静止的流体中沉降。因而，干扰沉降增加了颗粒的沉降阻力，使沉降末速降低。显然，这种影响随着系统中颗粒体积分数的增大而增大。

实验证明，当悬浮体的体积分数不太大时（小于 3%），可按自由沉降公式进行计算，误差不大；当颗粒体积分数超过 3% 时，干扰沉降的末速 u_{0t} 的大小随流体中颗粒的体积分数之不同而异。

根据实践，干扰沉降时的末速：

$$u_{0t} = u_0 \sqrt{\varepsilon^n} \quad (\mathrm{m/s}) \tag{12-19}$$

式中　ε——孔隙率；

n——指数，其值在 5 ～ 7.6 之间，平均取 6。、

颗粒在有限容器内沉降时，尚须考虑容器器壁对颗粒沉降的阻滞作用。考虑到器壁效应，沉降速度可乘以壁效应因子 f_w 加以修正。壁效应因子是实际沉降速度与自由沉降速度之比，f_w 的经验关系式如下：

$$f_w = 1 - \left(\frac{d_p}{D}\right)^n \tag{12-20}$$

式中　d_p——颗粒直径；

D——容器直径；

n——指数，层流时，$n = 2.25$；湍流时，$n = 1.5$。

显然，当颗粒较小时，例如小于容器直径的 1/5，则误差不大于 10%，往往可以不加修正。

（三）等降颗粒

从沉降公式可以看出，沉降速度与颗粒尺寸及密度有关。应用这一关系，可将同一种物料按尺寸大小不同进行分级（如工业生产中应用的沉降池、降尘室、选粉机及水力分级机等）；或将同一粒径的不同物料按密度不同进行分选，以使固体颗粒中的有用物质同有害物质或惰性物质分离。但是也会有这样的情况发生：对于一批粒径范围较广的不同物料，尺寸大但密度小的颗粒会和尺寸小而密度大的颗粒有着同样的沉降速度，这样就会影响分级或分选作业的精确度。只有当密度相同的颗粒混合物进行离析时，才能将其准确地按粒径大小分成各个级别；只有当尺寸相同的颗粒混合物进行离析时，才能将其准确地按密度大小进行分选。因此，对于流体动力分级设备，则应创造这样的条件，使密度的影响极小；而对于流体动力分选设备，则应进行筛分控制，使粒径的影响极小。

在流体内以同一沉降速度沉降的不同密度的颗粒称为等降颗粒。等降颗粒中密度小（ρ_{p_a}）的颗粒的直径 d_{p_a} 与密度大（ρ_{p_b}）的颗粒的直径 d_{p_b} 之比称为等降系数 K。等降系数值恒大于 1。

因为

$$u_0 = \sqrt{\frac{4gd_{p_a}(\rho_{p_a} - \rho)}{3\rho\zeta_a}} = \sqrt{\frac{4gd_{p_b}(\rho_{p_b} - \rho)}{3\rho\zeta_b}}$$

故等降系数

$$K = \frac{d_{p_a}}{d_{p_b}} = \frac{(\rho_{p_b} - \rho)}{(\rho_{p_a} - \rho)} \cdot \frac{\zeta_a}{\zeta_b} \tag{12-21}$$

当颗粒在湍流范围内沉降时，$\zeta_a = \zeta_b = 0.44$，则

$$K = \frac{d_{p_a}}{d_{p_b}} = \frac{\rho_{p_b} - \rho}{\rho_{p_a} - \rho} \tag{12-22}$$

当颗粒在层流范围内沉降时，$\zeta = \frac{24}{Re_p}$，则

$$K = \frac{d_{p_a}}{d_{p_b}} = \sqrt{\frac{\rho_{p_b} - \rho}{\rho_{p_a} - \rho}} \tag{12-23}$$

在一般情况下

$$K = \frac{d_{p_a}}{d_{p_b}} = \left(\frac{\rho_{p_b} - \rho}{\rho_{p_a} - \rho}\right)^n \tag{12-24}$$

式中，n 为指数，$\frac{1}{2} \leqslant n \leqslant 1$。所以等降系数并不是常数。

从式(12-24)可以看出，当流体密度与较轻的颗粒的密度相等时，等降系数为无穷大。此时，无论尺寸多大，密度较轻的颗粒均不能与较重颗粒有着同一沉降速度，这样就能使任何粒度范围内的颗粒都能按密度的不同进行分选。因此，分选操作应该在重悬浮介质中进行离析，而分级操作则要减小密度的影响，宜用密度较轻的悬浮介质进行离析。

二 颗粒在流动着的流体中的运动

分级和分选操作大多数在流动着的流体中进行。常见的情况有以下三种：

(一)颗粒在垂直流动的流体中在重力作用下的运动

假设流体对于固定空间以匀速度 u_f 向上运动，处于流体中的颗粒在重力作用下以速度 u_p 对于固定空间向下运动，则颗粒对于流体的相对运动速度将为

$$u = u_p + u_f \tag{12-25}$$

由于颗粒与流体相对运动产生阻力，因此颗粒在剩余重力和流体阻力共同作用下产生运动。设颗粒呈球形，则流体对颗粒的阻力可表达为式(12-13)，即

$$F_d = \zeta \frac{\pi d_p^2}{4} \rho \frac{u^2}{2}$$

因而颗粒的运动方程式为

$$m \frac{du_p}{dt} = G_0 - F_d = \frac{\pi}{6} d_p^3 (\rho_p - \rho) g - \zeta \frac{\pi d_p^2}{4} \rho \frac{u^2}{2} \tag{12-26}$$

因为 $m = \frac{\pi d_p^3}{6} \rho_p$，故

$$\frac{du_p}{dt} = \frac{\rho_p - \rho}{\rho_p} g \left[1 - \frac{3\rho\zeta u^2}{4d_p(\rho_p - \rho) g}\right]$$

根据式(12-15)，上式又可写成

$$\frac{du_p}{dt} = \frac{\rho_p - \rho}{\rho_p} g \left[1 - \frac{u^2}{u_0^2}\right] \tag{12-27}$$

式中 u_0——该种颗粒在同样的静止流体中的沉降速度。

由于 $u = u_p + u_f$，而 u_f 为常数，故 $du = du_p$，于是上式又可写成

$$\frac{du}{dt} = \frac{\rho_p - \rho}{\rho_p} g \left[1 - \frac{u^2}{u_0^2}\right] \tag{12-28}$$

式中，$\frac{\rho_p - \rho}{\rho_p} g$ 相当于流体静止时颗粒降落之最初加速度，仅与颗粒及流体的密度有关，而与颗粒尺寸无关，为一常数；其余符号意义同前。

如果流体运动速度较小，则开始时产生的摩擦力小于颗粒的剩余重力，颗粒在重力作用下，除了克服摩擦力外，还有余力使之以正加速度向下沉降，摩擦力随着运动速度增加而增大，直至等于颗粒剩余重力为止。若流体运动速度较大，则起始时产生的摩擦力除了

能克服使颗粒向下降落的剩余重力外，还有余力使颗粒随同流体一起运动，此时摩擦力成为推动颗粒运动的携带力。从运动方程式可知，颗粒是以负加速度向上运动，随着运动的进行，摩擦力减小，直至等于剩余重力为止。可见，颗粒在垂直流动着的流体中受到重力和摩擦力的作用，开始时无论两力平衡与否，经若干时间后，两力始终会达到平衡，$\frac{du}{dt}=0$，$u=u_0$。将此关系式代入式(12-25)，得

$$u_p = u_0 - u_f \tag{12-29}$$

因此，颗粒受重力的作用在垂直方向上流动的流体中运动时，起始亦作加速运动，经过若干时间之后，当流体的摩擦力等于颗粒在流体中的剩余重力时，则颗粒做匀速运动。此时，颗粒对于流体的相对运动速度 u 是一个定值，其值大小将与其在静止的同一种流体中沉降时的沉降速度相等，而颗粒的运动方向以及绝对速度 u_p 则取决于此值与流体速度之差。

当流体速度 u_f 等于定值 u_0，则 $u_p=0$，颗粒将停留在空间内悬浮不动。出现这种情况的流体速度称为对于该尺寸颗粒的悬浮速度。悬浮速度在数值上与该颗粒在静止流体的沉降速度相等。

当 $u_f>u_0$ 时，u_p 为负值，则颗粒运动方向与流体一致，向上沉降。

当 $u_f<u_0$ 时，u_p 为正值，则颗粒运动方向与流体相反，向下沉降。

(二)颗粒在水平流动的流体中在重力作用下的运动

处在水平流动的流体中的颗粒，一方面受到流体流动影响产生水平的横向运动，另一方面又受重力的影响发生纵向沉降。

首先讨论颗粒的横向运动情况，设流体对于固定空间以匀速度 u_f 作水平运动。处在流体中的颗粒对于固定空间在水平方向上的运动速度为 u_p，则在水平方向上颗粒对于流体的相对运动速度为

$$u = u_f - u_p$$

设颗粒呈球形，则在水平方向上流体对颗粒的作用力为

$$F_d = \zeta \frac{\pi d_p^2}{4} \cdot \frac{(u_f - u_p)^2}{2} \cdot \rho \quad (\mathrm{N}) \tag{12-30}$$

在颗粒运动过程中，作用力是变化的，颗粒的运动速度也是变化的。如果起初颗粒速度大于流体速度，则作用力为阻力，颗粒将受到流体对它的阻力而减速运动；反之，作用力则为流体对颗粒的牵引力，颗粒受到流体对它的推动力而加速运动，经过一段时间后，颗粒水平速度即接近流体速度(譬如，尺寸 100 μm 的球形颗粒，在 75 ℃的气体中运动，经过 0.64 s 后，其运动速度已是气体速度的 0.9 倍)，从而使流体对颗粒的作用力 F_d 等于零，颗粒在水平方向将做匀速运动。颗粒在水平方向经历时间 t 后所走的路程为

$$s = u_f t \quad (\mathrm{m}) \tag{12-31}$$

至于颗粒的纵向运动，由于流体在垂直方向没有任何分力，因此颗粒在垂直方向上相当于静止流体中受重力作用而向下沉降。在开始瞬间，颗粒作加速沉降，以后很快以接近于沉降速度 u_0 作等速沉降。经历 t 时间后，颗粒在流体内降落的高度为

$$H = u_0 t \quad (\mathrm{m}) \tag{12-32}$$

因此，在水平流动的流体中，颗粒是在横向流动和重力场的共同作用下，沿着颗粒的水平运动速度 u_p 和沉降速度 u_0 的合速度的方向运动的。根据速度图就可求得颗粒降落到

某一深度所需时间及降落时的运动路程。

（三）颗粒在旋转流体中的运动

颗粒在旋转流体中运动时，受到离心力场和重力场的共同作用。在重力作用下，使颗粒沿垂直方向降落；而在平面上与旋转流体一起做圆周运动；因而产生惯性离心力，使颗粒沿径向向外甩出。颗粒是在这三个方向上力的共同作用下运动。

设在半径 R 处流体的圆周速度为 u_f，则处在该半径上的球形颗粒所受到的剩余惯性离心力为

$$F_{c_0} = \frac{G_0}{g} \cdot \frac{u_f^2}{R}$$

式中，$G_0 = \frac{\pi}{6} d_p^3 (\rho_p - \rho) g$ 为颗粒的剩余重力。

由于剩余惯性离心力的作用，颗粒与流体有相对运动，就产生了反向的流体阻力 F_d。因而，颗粒在径向的运动方程式为

$$m \frac{du_p}{dt} = F_{c_0} - F_d \tag{12-33}$$

式中　m——颗粒的质量；

$\frac{du_p}{dt}$——颗粒在半径方向上的加速度；

F_d——径向上的流体阻力。

将 F_d 及 F_{c_0} 值代入上式，得

$$\frac{du_p}{dt} = \frac{u_f^2}{R} \frac{(\rho_p - \rho)}{\rho_p} - \zeta \frac{3}{4} \frac{u_p^2}{d_p} \frac{\rho}{\rho_p}$$

在离心力场的作用下，颗粒运动的加速度 $\frac{du_p}{dt}$ 随着颗粒所在位置的半径 R 而异。不过，在工业用的设备中，上式的 $\frac{du_p}{dt}$ 项比起其余两项要小得多，故可认为 $\frac{du_p}{dt} = 0$。于是颗粒在半径方向上的沉降速度：

$$u_{0r} = \sqrt{\frac{4 d_p (\rho_p - \rho)}{3 \zeta \rho} \cdot \frac{u_f^2}{R}} \quad (\text{m/s}) \tag{12-34}$$

所得 u_{0r} 就是惯性离心力作用下颗粒沿径向的沉降速度。应该注意的是这个速度并不是颗粒运动的绝对速度，而是它的径向分量。当流体带着颗粒旋转时，颗粒在惯性离心力作用下沿着切线方向通过运动中的流体甩出，逐渐离开旋转中心。因此，颗粒在旋转流体中的运动，实际上是沿着半径逐渐增大的螺旋形轨道前进的。

比较式（12-34）与式（12-15）可知，在式（12-34）中以离心加速度 u_r^2/R 代替了式（12-15）中重力加速度 g。颗粒所受的重力是一定值，然而工业上可以通过各种方法使颗粒的离心加速度远远超过重力加速度，使得颗粒的沉降速度比在重力场作用下的沉降速度大很多。因此，可以利用惯性离心力来加快颗粒的沉降及分离比较细小的颗粒，而且设备的体积也可以缩小。将式(12-34)与式(12-15)相比，可得离心沉降速度与重力沉降速度之比为

$$K = \frac{u_{0r}}{u_0} = \sqrt{\frac{u_f^2}{Rg}} \tag{12-35}$$

比值 K 称为离析因数，它等于惯性离心力与重力之比。K 值大小与旋转半径成反比，与切线速度的二次方成正比。减小旋转半径，增加切线速度，都可使 K 值增大。

第四节　流体通过颗粒层的流动

流体在松散堆积的固定颗粒床层中流动时，流体是在床层颗粒之间的空隙中流动，床层颗粒间空隙所形成孔道是不规则的、弯曲的而且互相交错联通的。孔道的特性与颗粒的粒径、形状系数、表面粗糙度、床层颗粒的排列装置及孔隙率等因素有关。床层颗粒的粒度愈小，则构成床层的孔道数目愈多，孔道截面积也愈小；颗粒粒度分布愈不均匀，表面愈粗糙，则构成的孔道形状愈不规则，各个孔道间的差异也就愈大。流体通过颗粒床层所产生的压强降 Δp，可以仿照流体在管道内流动的情况写成：

$$\Delta p = \lambda \cdot \frac{L'}{d_e} \cdot \frac{\rho u_f'^2}{2} \tag{12-36}$$

式中　λ——孔道的摩擦系数；

L'——流体流过的孔道长度；

d_e——床层孔道的当量直径；

u_f'——流体在床层孔道中的流速；

ρ——流体密度。

上式使用不便，将 L'、d_e 和 u'_f 等参数进行换算。流体流过床层孔道的长度要比床层厚度 L_0 为大，而且成正比关系，则

$$L' = CL_0 \tag{12-37}$$

式中　C——比例常数。

床层孔道的当量直径 d_e 以床层孔道的体积与床层颗粒的全部表面积之比表示，即

$$d_e = \frac{\text{床层孔道的体积}}{\text{床层的全部颗粒表面积}} = \frac{\text{床层的孔隙率}}{\text{床层的比表面积}} = \frac{\varepsilon_0}{S_v} \tag{12-38}$$

单个颗粒的体积比表面积为

$$S_v' = \frac{\pi d_p^2/\varphi_s}{\dfrac{\pi}{6}d_p^3} = \frac{6}{\varphi_s d_p} \quad (\mathrm{m^2/m^3}) \tag{12-39}$$

对于颗粒床层的比表面积则为

$$S_v = \frac{Z\pi d_p^2/\varphi_s}{Z\dfrac{\pi}{6}d_p^3/(1-\varepsilon_0)} = \frac{6(1-\varepsilon_0)}{\varphi_s d_p} = S_v'(1-\varepsilon_0) \quad (\mathrm{m^2/m^3}) \tag{12-40}$$

式中　Z——床层中颗粒的数目；

ε_0——孔隙率；

φ_s——颗粒的形状系数；

d_p——颗粒群的平均直径(m)。

因此

$$d_e = \frac{\varepsilon_0}{S_v} = \frac{\varepsilon_0}{S_v'(1-\varepsilon_0)} \quad (\mathrm{m}) \tag{12-41}$$

床层任一截面积上的平均自由截面为总截面积的 ε_0 倍，则流体流经截面积为 A 的床层时，有如下的关系：

$$u_f'\varepsilon_0 A = u_f A$$

因此

$$u_f' = \frac{u_f}{\varepsilon_0} \tag{12-42}$$

式中 u_f——流体流经床层的净空速度。

将式(12-37)～式(12-42)代入式(12-36)，得

$$\Delta p = \frac{\lambda C}{2}\cdot\frac{S_v'(1-\varepsilon_0)L_0}{\varepsilon_0^3}\rho u_f^2 = \lambda'\frac{6(1-\varepsilon_0)}{\varphi_s\varepsilon_0^3}\cdot\frac{L_0}{d_p}\rho u_f^2$$

或

$$\lambda' = \frac{\Delta p\varepsilon_0^3}{S_v'(1-\varepsilon_0)L_0\rho u_f^2} \tag{12-43}$$

式中，$\lambda'=\dfrac{\lambda C}{2}$称为修正摩擦系数。它是流体在床层孔道中流动的雷诺数 $Re_p'=\dfrac{d_e u_f\rho}{u}$的函数，即 $\lambda'=f(Re_p')$。Re_p' 称为修正雷诺数。

$$Re_p' = \frac{d_e u_f'\rho}{\mu} = \frac{\dfrac{\varepsilon_0}{S_v'(1-\varepsilon_0)}\cdot\dfrac{u_f}{\varepsilon_0}\cdot\rho}{\mu} = \frac{u_f\rho}{S_v'(1-\varepsilon_0)\mu}$$

$$= \frac{\varphi_s d_p u_f\rho}{6(1-\varepsilon_0)\mu} = \frac{1}{6}\cdot\frac{\varphi_s}{(1-\varepsilon_0)}Re_p \tag{12-44}$$

流体通过颗粒床层的流速和孔道的尺寸通常都很小，故雷诺数较低，流动情况属于层流状态，床层流速与压强降之间成直线关系。根据流体在圆管中层流时的平均速度计算公式，流体通过床层孔道层流时的速度可写为

$$u_f' = \frac{d_e^2}{K'\mu}\cdot\frac{\Delta p}{L'} \tag{12-45}$$

式中 K'——无因次常数，与床层的结构有关。

其余符号意义同前。

将式(12-37)～式(12-42)代入则得

$$u_f = \frac{1}{K''}\cdot\frac{\varepsilon_0^3}{S_{v^2}'(1-\varepsilon_0)^2}\cdot\frac{\Delta p}{\mu L_0} \tag{12-46}$$

上式称为卡门－康采尼关系式。式中 K''称为康采尼(Kozeny)常数，它是孔隙率、颗粒形状、颗粒排列形式及粒度分布的函数。根据实验，通常 $K''=5$。

将式(12-46)移项得

$$\frac{\Delta p\varepsilon_0^3}{S_v'(1-\varepsilon_0)L_0 u_f} = K''S'_v(1-\varepsilon_0)\mu$$

上式两边除以 ρu_f，则可整理成

$$\lambda' = K''(Re_p')^{-1} = 5(Re_p')^{-1} \tag{12-47}$$

上式只适用于修正雷诺数 $Re_p' < 2$ 的层流情况。

流体通过任意填充的固体颗粒层的修正摩擦系数 λ' 与修正雷诺数 Re_p' 的关系如图 12-5 所示。图中曲线也可以下式表示

$$\lambda' = 5Re_p'^{-1} + 0.4Re_p'^{-0.1} \tag{12-48}$$

实际上，流体通过颗粒层时所遇到的阻力主要包括两个部分：一是由于流体与颗粒表面间摩擦而产生的粘性阻力；另一是在流动过程中，因孔道截面积的突然扩大和收缩，以及流体对颗粒的撞击和流体的再分布而产生的惯性阻力。福希海麦(Forchheimer)提出：

$$\Delta p = au_f + a'u_f^n \tag{12-49}$$

在低流速(层流)时，式(12-49)右端第一项占主要；在高流速(湍流)及在薄的床层中流动时，式(12-49)右端第二项占主要。当流速很高时，粘性阻力可以忽略不计。

式(12-48)与式(12-49)形式相似。在 $Re_p' < 2$ 的层流情况下，式(12-48)右端第二项可以忽略不计，所得结果与式(12-47)一致；$Re_p' = 2 \sim 100$ 时，式(12-48)右端第二项不能忽略；当 $Re_p' > 100$ 时，式(12-48)右端第一项可忽略不计。

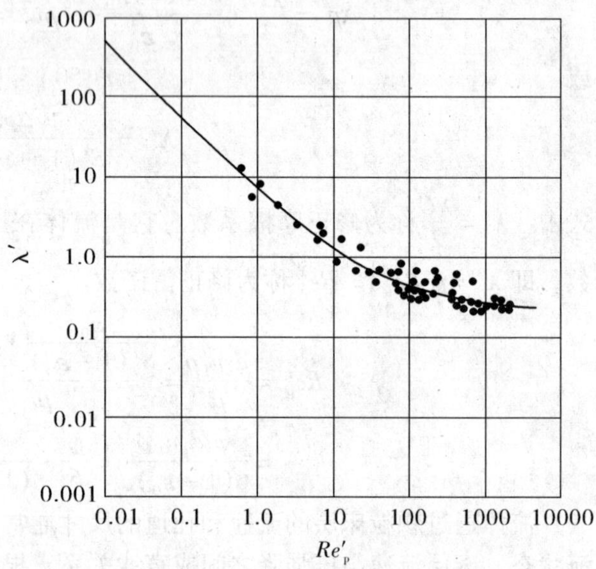

图 12-5　修正摩擦系数 λ' 与修正雷诺数 Re_p' 的关系

将图 12-5 与圆形管道中流动的情况比较：因为颗粒层中阻力较大，其摩擦系数数值比在管道中的为大；层流与湍流无明显的转折点，曲线变化非常缓慢，也即层流转为湍流之间有一个较大的过渡区，而且当 Re_p' 值较大时，曲线不像在管道中流动那样平直趋近于常数。这是由于颗粒层中有无数截面大小不同的孔道，在 Re_p' 值很大时，也不可能全部变为湍流，某些很小孔道即使在很高流速下仍为层流，在各种大小不同的孔道中层流和湍流产生平均效应之故。

在大量试验基础上，还归纳出不少计算固定的颗粒层压强降的经验公式。对于均匀粒度颗粒的固定床层，较常用欧根(Ergun)实验公式来计算：

$$\frac{\Delta p}{L_0} = 150\,\frac{(1-\varepsilon_0)^2}{\varepsilon_0^3}\cdot\frac{\mu u_f}{(\varphi_s d_p)^2} + 1.75\,\frac{1-\varepsilon_0}{\varepsilon_0^3}\cdot\frac{\rho u_f^2}{\varphi_s d_p}\quad (\mathrm{Pa/m}) \tag{12-50}$$

式中　Δp——固定颗粒层的压强降(Pa)；

L_0——固定床层高度(m)；

ε_0——固定床层的孔隙率；

μ——流体粘度(Pa·s)；

u_f——流体净空速度(m/s)；

φ_s——固体颗粒的表面形状系数；

d_p——固体颗粒直径(m)；

ρ——流体密度(kg/m^3)。

若对于非均匀直径颗粒，式中 d_p 则以颗粒的平均直径$\overline{d_p}$代替。

将 $d_p = \dfrac{6}{\varphi_s S_v'}$代入上式，整理后得

$$\frac{\Delta p \varepsilon_0^3}{S_v'(1-\varepsilon_0)L_0 \rho u_f^2} = 4.17\frac{S_v'(1-\varepsilon_0)\mu}{\rho u_f} + 0.29$$

即

$$\lambda' = 4.17(Re_p')^{-1} + 0.29 \tag{12-51}$$

式(12-51)与式(12-48)、式(12-49)形式相似。式中右端第一项表示粘性阻力损失，第二项表示惯性阻力损失。此式可用于较宽范围的 Re_p' 值。

当 $Re_p = \frac{d_p \rho u_f}{\mu} < 20$ 时，粘性阻力损失占主要，式(12-50)右端第二项可忽略不计；当 $Re_p > 1000$ 时，仅需考虑其惯性阻力损失，则式(12-50)右端第一项可忽略不计；当雷诺数在 20 ～ 1000 之间时，则式中右端两项均需计入。

对于随意充填的颗粒床层，由式(12-50)求出数据准确度可在 ±25% 范围内；但对于不是随意充填的床层，或具有异常孔隙率的固定颗粒床层，或高度多孔性的床层(如纤维床层 $\varepsilon_0 = 0.6 \sim 0.98$)的情况下，均不宜延伸应用。在这高孔隙率的情况下，其压强降值将比用式(12-50)计算的数值大得很多。

【例 12-3】 某固定的颗粒床层内径为 2.2 m，床层高度为 4.5 m，颗粒的当量直径为 5 mm，床层孔隙率为 0.35，通过床层的气体在操作条件下的流量为 0.5 m^3/s，气体的平均密度为 37.1 kg/m^3，平均粘度为 1.7×10^{-5} Pa · s，试计算气体通过床层的压强降。

【解】 气体通过床层的净空速度

$$u_f = \frac{V}{A} = \frac{V}{\pi\left(\frac{D}{2}\right)^2} = \frac{V}{0.785D^2} = \frac{0.5}{0.785 \times 2.2^2} = 0.1315 (m/s)$$

将已知各值代入式(12-50)得

$$\frac{\Delta p}{L_0} = 150\frac{(1-\varepsilon_0)^2}{\varepsilon_0^3} \cdot \frac{\mu u_f}{(\varphi_s d_p)^2} + 1.75\frac{1-\varepsilon_0}{\varepsilon_0^3} \cdot \frac{\rho u_f^2}{\varphi_s d_p}$$

$$= 150\frac{(1-0.35)^2}{0.35^3} \times \frac{1.7 \times 0.1315}{100\,000 \times 0.005^2} + 1.75\frac{(1-0.35)}{0.35^3} \times \frac{37.1 \times 0.1315^2}{0.005}$$

$$= 132 + 3404 = 3536 \ (Pa/m) = 3.54 kPa/m$$

因此，床层高度为 4.5 m 的压强降为

$$\Delta p = 3.536\, L_0 = 3.536 \times 4.5 = 15.9 \quad (kPa)$$

第五节　固体流态化

固体流态化简称流态化，是固体颗粒通过与流体接触而转变成类似流体状态的操作。利用流态化技术，可使某些工艺过程简化和强化。目前，这种技术已被日益广泛地应用于无机非金属材料工业的生产过程中。

一　固体流态化过程

固体流态化过程可以通过实验观察到(图 12-6)。中空透明的流化管 1，下部设有多孔板(或称多孔流体分布板)2，用来支承固体颗粒，并使流体沿截面分布均匀。将松散的固体颗粒 3 置于其上，使流体从多孔板的下面入口 4 通入容器中，穿过松散的颗粒层向上流

出。因流体以容器净空截面计的净空流速 u_f 大小的不同，颗粒层将出现不同的状态，发生不同的流体动力过程。

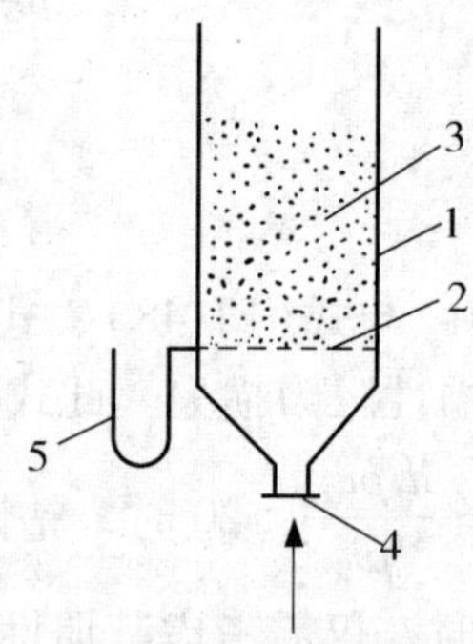

图 12-6　流化管示意图

1—流化管；2—多孔板；3—固体颗粒；4—流体入口；5—压强计

当流速较低时，颗粒层静止不动，颗粒彼此相互接触，流体从颗粒之间的孔道流过，这种状态的颗粒层称为固定床。这时流体在孔道中实际流速 u_f' 和流动的阻力损失 Δp 均随着流体净空速度 u_f 的增加而增加。固定床的孔隙率 ε 等于颗粒自然堆积时的空率隙 ε_0。在图 12-7 中，用线段 AF、AF'、BF''分别表示这时的 u_f'、Δp 及 ε 的变化情况。气体穿过水泥立窑料粒层的流动，可以作为这种过程的例子。

当流速提高到 u_{mf}之后，流体穿过颗粒层产生的压强降与床层颗粒的剩余重力相等，床层开始膨胀和变松，孔隙率比固定床增大许多，固体颗粒被流体吹起而浮动于流体之中，在一定的空间作无规则的飞翔运动，具有流动性。这时整个床层具有类似液体的性质，固体进入了流态化状态。这种状态的颗粒层称为流态化床(简称流化床)。在流化床阶段，固体颗粒上下翻动，犹如液体的沸腾现象，故又称沸腾床。流态化床内的固体颗粒运动得十分激烈，有助于流体与固体之间的传质、传热过程的进行，为强化生产创造有利条件。所以，近年来无机非金属材料工业中已广泛使用流化床干燥物料和煅烧水泥熟料。

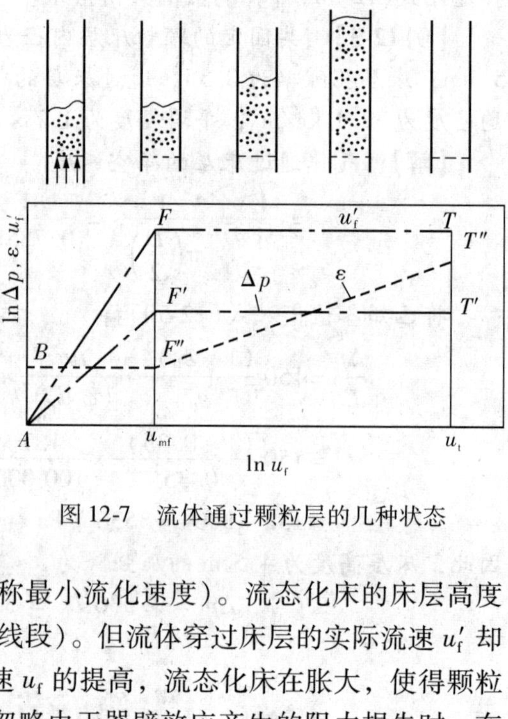

图 12-7　流体通过颗粒层的几种状态

固定床与流态化床的分界点 F 称为流态化临界点。相应的流速 u_{mf}称为流态化临界速度(或称最小流化速度)。流态化床的床层高度和孔隙率 ε 随流速 u_f 的升高而增大(如图中 $F''T''$线段)。但流体穿过床层的实际流速 u_f' 却维持不变(图中 FT 线段)。这是因为随着净空流速 u_f 的提高，流态化床在胀大，使得颗粒之间的流通截面也跟着增大的缘故。因此，如果忽略由于器壁效应产生的阻力损失时，在流态床内的流体阻力损失 Δp 并不因流速 u_f 的提高而变化(如图中 $F'T'$线段)。因而，在这一较大的范围内增加流体的速度并不增加流体流动需要的功率。

流态化床内流体的实际流速 u'_f 远较床层上方的流体流速 u_f 为大，所以几乎全部的颗粒都会从床层上方的空间跌回床层中。不过当流速增大到某一 u_f 值，超过悬浮速度时，流化床上界面消失，颗粒将被流体陆续带出容器之外。固体颗粒便开始进入连续流态化状态，此时系统中固体质量分数降低得很快，使流体和颗粒间的摩擦损失大为减少，床层压强显著下降，系统由类似液体性质的密相流态化进入更类似于气体性质的稀相流态化。工业上利用这种性质，把固体颗粒像流体一样用管道输送，所以该阶段称为气流输送阶段。

无论是气体作为介质的流态化或液体作为介质的流态化，只要流化床有一清晰的上界面，都可认为是密相流态化。若当流速超过流态化的极限速度时固体颗粒被流体带走，上界面消失，这种情况称为呈现气力输送现象的分散相或稀相流态化。

开始进入连续流态化状态的 T 点，称为连续流态化临界点。T 点所具有的流体速度 u_t 称为流化极限速度（带出速度或最大流化速度）。显然，流化床的形成需在流化临界速度 u_{mf} 和带出速度 u_t 之间。在连续流态化临界点上，床层的高度为无穷大，孔隙率达到 1。

以上叙述的是理想的流态化情况，实际的流态化与理想状况有些差异。液体流态化床较接近于理想流态化。床内颗粒均匀地分散，床层均匀而平稳地流化，而且有一个平稳的上界面，这样的流态化称为散式流态化（均一流态化或平稳流态化），简称液体流态化。图 12-8 是液体流态化的典型例子。曲线 AB 为未流态化前的固定床，其中压强降与流速的关系如前所述。在将近流态化速度的 B 点时，固定床先开始膨胀而不流态化。膨胀的床层的空隙率也随着增加，因此压强降的增加率较前减少。在 B 点以后，颗粒可以在小范围内重新排列，使液流有最大流动截面，这时床层高度和孔隙率略有增大。在 D 点以后，则全部床层流态化，流化床的压强降即床层阻力，基本上不随流体流速而变化。

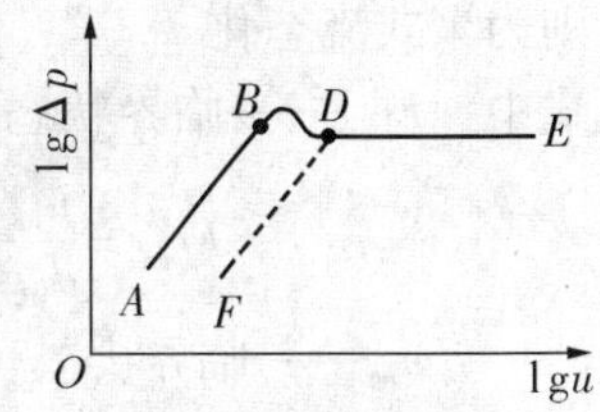

图 12-8　散式流态化

若将已流态化的床层的流速逐渐降低，床层的高度也逐渐下降，在达到 D 点以后流态化就停止。若再将流速降低，床层的压强降和流速沿 DF 曲线下降，这是因为从流态化减速而得到的固定床，具有固定床中最高孔隙率的颗粒排列。若将床层加以震动，仍可回复到原有的 AB 曲线，甚至达到 AB 曲线的左边。

气体作为介质的流态化过程如图 12-9 所示。从 A 经 B 到 D 的曲线基本上与液固系统的流态化相同，曲线 DF 也相差无几。但大于 D 点后的情况就大不相同，出现很大的不稳定性。床层没有一个固定的上界面，界面以每秒好几次的频率上下波动，因而压强也在一定范围内波动，介乎图中 DE_1 及 DE_2 两曲线之间，平均值用 DE 表示，基本上与液固系统流态化相同，仍可近似地认为其床层压强降（或阻力）不随流速而变化。但是床层中气固两相的流动状态和液固系统相差很多，床内颗粒成团地湍动，气体主要以气泡形式通过床层而上升，在这些气泡内，可能夹带有固体颗粒，因而床层内分为两种聚集状态，一种是近似固定床的低孔隙率区域，称为密相区；另一种是稀散固体颗粒的高孔隙率区域，称为稀相区。高于临界流化速度的气体大部分由稀相区短路而流过。因有大量气泡存在，气泡生成后沿床层上升，在上升过程互相合并并逐渐长大，气泡越来越大，到床面时即破裂，因此床层上的界面很不稳定，上下波动，因此通过床层的压强降也波动很大。床层内部不像散式流态化那样均匀稳定，床层内部颗粒聚集成团地运动。这种流态化称为聚式流态化（非均一流态化或鼓泡流态化），简称气体流态化。

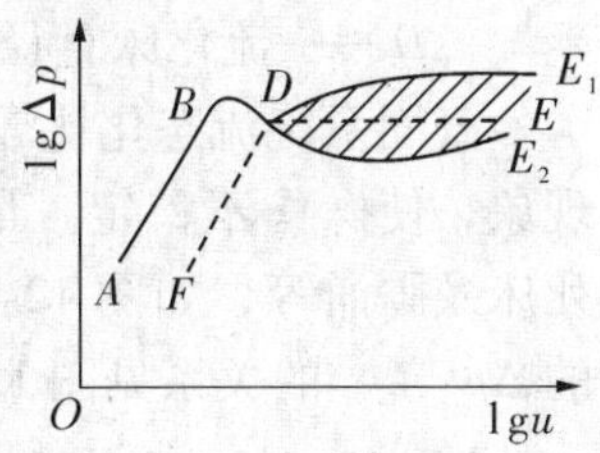

图 12-9　聚式流态化

综合许多经验数据，曾建议以弗劳德（Froude）数 $Fr=\dfrac{u_f^2}{d_p g}$ 判别这两种流态化状态，$Fr<1$ 时为散式流态化；$Fr>1$ 时为聚式流态化。

尽管普遍认为液固相形成的流态化为散式流态化，气固相形成的流态化为聚式流态化，它们的差异在于流体密度差别甚大的缘故。但是当在高压气体作介质所形成的流态化系统中，这种差别就不明显，这时可用下式作为判别流化形态的依据。当

$$Fr_{mf}\cdot(Re_p)_{mf}\left(\frac{\rho_p-\rho}{\rho}\right)\left(\frac{L_{mf}}{D}\right)<100 \qquad (12\text{-}52)$$

则为散式流态化。当

$$Fr_{mf}\cdot(Re_p)_{mf}\left(\frac{\rho_p-\rho}{\rho}\right)\left(\frac{L_{mf}}{D}\right)>100 \qquad (12\text{-}53)$$

则为聚式流态化。

式中 Fr_{mf}——临界状态下弗劳德数，

$$Fr_{mf}=\frac{u_{mf}^2}{d_p g};$$

u_{mf}——临界状态下流体净空速度(m/s)；

d_p——固体颗粒直径(m)；

g——重力加速度(m/s^2)；

$(Re_p)_{mf}$——临界状态下的雷诺数，

$$(Re_p)_{mf}=\frac{d_p u_{mf}\rho}{\mu};$$

ρ——流体的密度(kg/m^3)；

μ——流体粘度(Pa·s)；

ρ_p——固体颗粒密度(kg/m^3)；

L_{mf}——临界状态下颗粒层高度(m)；

D——流化床直径(m)。

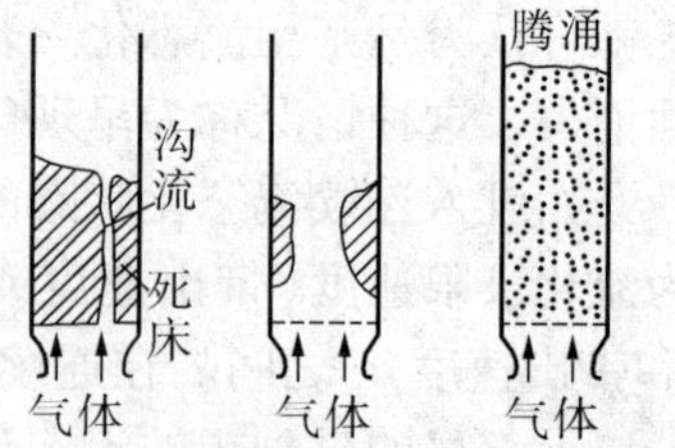

(a)沟流 (b)腾涌

图 12-10 流化床中的不正常现象

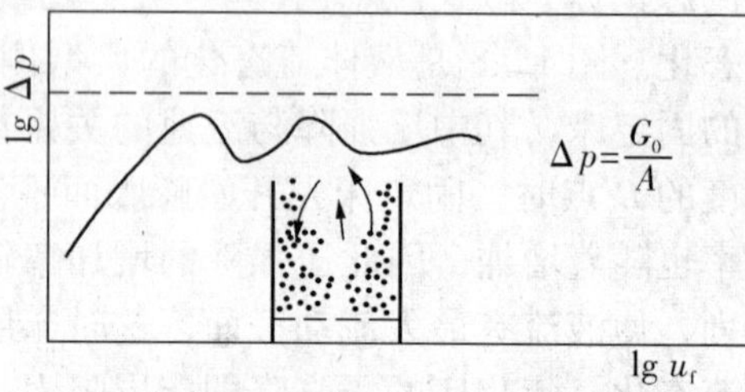

图 12-11 发生沟流时的 Δp 与 u_f 的关系

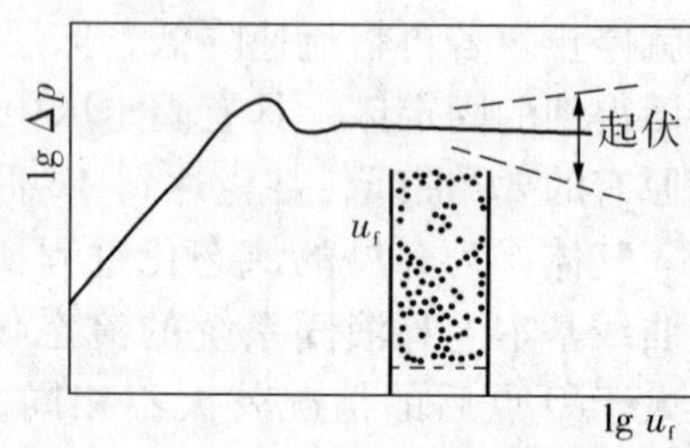

图 12-12 发生腾涌时的 Δp 与 u_f 的关系

气固系统流态化比较复杂，经常出现一些不正常现象，使操作不稳定。最常见的不正常现象有沟流、死床及腾涌等，如图 12-10 所示。发生沟流和腾涌时的 Δp 与 u_f 的关系见图 12-11 及图 12-12。

【例 12-4】 试确定下述状况高压气体所形成流态化的形态。数据如下：$\rho_p=2500\ kg/m^3$；$\rho=100\ kg/m^3$；$d_p=0.015$ cm；$\mu=0.024\times10^{-3}$ Pa·s；$u_{mf}=0.019\,27$ m/s；$L_{mf}/D=3$。

【解】 因为

$$(Re_p)_{mf}=\frac{d_p u_{mf}\rho}{\mu}=\frac{0.015\times10^{-2}\times0.019\,27\times100}{0.024\times10^{-3}}=12.04$$

$$Fr_{mf}=\frac{u_{mf}^2}{gd_p}=\frac{0.019\,27^2}{9.8\times0.015\times10^{-2}}=0.2526$$

于是

$$Fr_{mf}\cdot(Re_p)_{mf}\left(\frac{\rho_p-\rho}{\rho}\right)\left(\frac{L_{mf}}{D}\right)=0.2526\times12.04\times\frac{2500-100}{100}\times3=220>100$$

因此，该流化床属聚式流态化状态。

二 流化床工作参数的计算

(一)流化床的压强降

流体通过流化床的压强降 Δp，可以根据床层受力分析求出。在平衡时，作用于流化

床的剩余重力等于流体对流化床的压力，即

$$L_0A(1-\varepsilon_0)\rho_p g - L_0A(1-\varepsilon_0)\rho g = \Delta pA$$

简化为

$$\Delta p = L_0(1-\varepsilon_0)(\rho_p-\rho)g \quad (\text{Pa}) \tag{12-54}$$

如果床层膨胀，$L_0(1-\varepsilon_0)=L(1-\varepsilon)$，因此对于流化床，上式也可写成

$$\Delta p = L(1-\varepsilon)(\rho_p-\rho)g \quad (\text{Pa}) \tag{12-55}$$

式中 L_0，L——分别为固定床及流化床的高度(m)；

A——床层截面积(m^2)；

ε_0，ε——分别为固定床及流化床的孔隙率；

ρ_p，ρ——分别为固体颗粒及流体的密度(kg/m^3)；

g——重力加速度，$g=9.8\ m/s^2$。

对于气体流化床，由于$\rho_p \gg \rho$，则式(12-54)及式(12-55)可简化为

$$\Delta p = L_0(1-\varepsilon_0)\rho_p g \quad (\text{Pa}) \tag{12-56}$$

及

$$\Delta p = L(1-\varepsilon)\rho_p g \quad (\text{Pa}) \tag{12-57}$$

由上式可以看出，床层压强降近似等于单位面积床层的重力，而与气流速度无关。通过上式也可以间接计算出流化床内物料的厚度。

式(12-54)～式(12-57)只用来概略计算，适用于小颗粒和床层高度不大($d_p/D<\frac{1}{20}$及$L/D<2$)的情况。若床层高度小于0.3 m，计算结果与实际之间也有很大出入。实际上，由于固体颗粒之间和颗粒与器壁之间存在有碰撞和摩擦，随着气流速度的增加，床层压强降略有上升，而高于床层的静压强。所以还需考虑到床层高度、流速以及流体粘度等因素的影响。

流化临界速度是固定床和流化床的分界速度，相应的床层压强降既是固定床终止时的又是流化开始时的床层压强降，而且在整个流化阶段，床层压强降近似维持不变。因此，可用流化临界速度时固定床的压强降代替流化床的压强降。计算固定床压强降的公式(式(12-46)及式(12-50)等)也适用于固定床与流化床的分界点。即当达到流态化临界点时的压强降为

$$\frac{\Delta p_{mf}}{L_{mf}} = 150\frac{(1-\varepsilon_{mf})^2}{\varepsilon_{mf}^3}\cdot\frac{\mu u_{mf}}{(\varphi_s d_p)^2} + 1.75\frac{1-\varepsilon_{mf}}{\varepsilon_{mf}^3}\cdot\frac{\rho u_{mf}^2}{\varphi_s d_p} \quad (\text{Pa/m}) \tag{12-58}$$

式中 $\Delta\rho_{mf}$——流化床临界状态的压强降(Pa)；

L_{mf}——流化床临界状态的床层高度(m)；

μ——流体粘度(Pa·s)；

ε_{mf}——流化床临界孔隙率；

u_{mf}——流体的流化临界速度(m/s)；

ρ——流体密度(kg/m^3)；

φ_s——固体颗粒的表面形状系数；

d_p——固体颗粒的直径(m)。

当$20<Re_p<1000$时，按式(12-58)计算；当$Re_p<20$时，式中右端第二项可忽略不计；当$Re_p>1000$时，式中右端第一项可忽略不计。

(二)流化床的流体速度

正确选用流体的速度，使流化床达到一定的孔隙率，是流态化技术中一项重要问题。

通过流化床的流体速度，一方面受流化临界速度 u_{mf} 的限制；另一方面又受固体颗粒被流体夹带的带出速度 u_t 所限制。在确定流化床的操作速度时，首先要了解该流化床的流化临界速度及极限速度，然后按实践或经验公式求取操作速度。

1. 流化临界速度

影响流化临界速度的因素很多，有许多用于计算流化临界速度的半经验公式及图解法，这里只介绍几种常用的计算方法。

根据式(12-55)临界流化状态下流化床的压强降为

$$\frac{\Delta p_{mf}}{L_{mf}} = (1-\varepsilon_{mf})(\rho_p-\rho)g \tag{12-59}$$

将式(12-59)和式(12-58)合并，经整理后得

$$\frac{1.75}{\varphi_s\varepsilon_{mf}^3}\left(\frac{d_p u_{mf}\rho}{\mu}\right)^2+\frac{150(1-\varepsilon_{mf})}{\varphi_s^2\varepsilon_{mf}^3}\left(\frac{d_p u_{mf}\rho}{\mu}\right)=\frac{d_p^3\rho(\rho_p-\rho)g}{\mu^2} \tag{12-60}$$

当 $Re_p<20$ 时，式(12-60)整理为

$$u_{mf}=\frac{(\varphi_s d_p)^2}{150}\cdot\frac{\rho_p-\rho}{\mu}g\left(\frac{\varepsilon_{mf}^3}{1-\varepsilon_{mf}}\right) \tag{12-61}$$

当 $Re_p>1000$ 时，式(12-60)整理为

$$u_{mf}^2=\frac{\varphi_s d_p}{1.75}\cdot\frac{\rho_p-\rho}{\rho}\cdot g\varepsilon_{mf}^3 \tag{12-62}$$

如果缺乏 ε_{mf} 和 φ_s 数据时，也可用下述修正公式进行近似计算。从实验发现许多不同的系统均有

$$\frac{1}{\varphi_s\varepsilon_{mf}^3}\approx 14 \quad 和 \quad \frac{1-\varepsilon_{mf}}{\varphi_s^2\varepsilon_{mf}^3}\approx 11 \tag{12-63}$$

将上式代入式(12-60)中，便可得到对于所有雷诺数范围适用的计算式：

$$\frac{d_p u_{mf}\rho}{\mu}=\left[(33.7)^2+0.0408\times\frac{d_p\rho(\rho_p-\rho)g}{\mu^2}\right]^{\frac{1}{2}}-33.7 \tag{12-64}$$

$Re_p<20$ 时(对于小颗粒)，则

$$u_{mf}=\frac{d_p^2(\rho_p-\rho)g}{1650\,\mu} \tag{12-65}$$

$Re_p>1000$ 时(对于大颗粒)，则

$$u_{mf}^2=\frac{d_p(\rho_p-\rho)g}{24.5\rho} \tag{12-66}$$

式(12-64)至式(12-66)是以常见的密度、粒度和流体粘度来计算流化临界速度的，计算简便。但是，根据实践表明，它们有 ±34% 的误差。因此，最好能取得有关 ε_{mf} 和 φ_s 的数据，应用式(12-60)至式(12-62)来进行计算比较可靠。

若将式(12-59)和式(12-46)合并，经整理可得出流化临界速度计算式为

$$u_{mf}=\frac{\varepsilon_{mf}^3}{K''(1-\varepsilon_{mf})}\cdot\frac{(\rho_p-\rho)g}{S_v'^2\mu} \tag{12-67}$$

式中，K'' 取平均值5；对于不规则形状颗粒，$S'_v=\dfrac{6}{\varphi_s d_p}$。代入上式得

$$u_{mf}=\frac{\varepsilon_{mf}^3\varphi_s^2}{180(1-\varepsilon_{mf})}\cdot\frac{d_p^2(\rho_p-\rho)g}{\mu}\quad(m/s) \tag{12-68}$$

式中　ε_{mf}——流化临界速度时的孔隙率；

μ——流体粘度(Pa·s)。

其余符号同前。

令 $\dfrac{\varepsilon_{mf}^3\varphi_s^2}{180(1-\varepsilon_{mf})}=C_{mf}$，则上式为

$$u_{mf}=C_{mf}\frac{d_p^2(\rho_p-\rho)g}{\mu} \tag{12-69}$$

上式中的 C_{mf} 称为最小流化系数。对于光滑球形颗粒，ε_{mf} 取平均值为 0.4，$\varphi_s=1$，则 $C_{mf}=0.000\ 59$。对于具有不规则形状的颗粒层，如果能取得 ε_{mf} 和 φ_s 的数据，可以直接代入式(12-68)中进行计算。但是实际上这些数据难于确定，因此限制了此式的应用。实验证明，C_{mf} 为 Re_p 的函数，即 $C_{mf}=f(Re_p)$。当 $Re_p<5$ 时，

$$C_{mf}=0.0007\,Re_p^{-0.063} \tag{12-70}$$

将 C_{mf} 值代入式(12-69)，整理得

$$u_{mf}=0.009\ 23\frac{d_p^{1.82}(\rho_p-\rho)^{0.94}}{\mu^{0.88}\rho^{0.06}}\quad (\mathrm{m/s}) \tag{12-71}$$

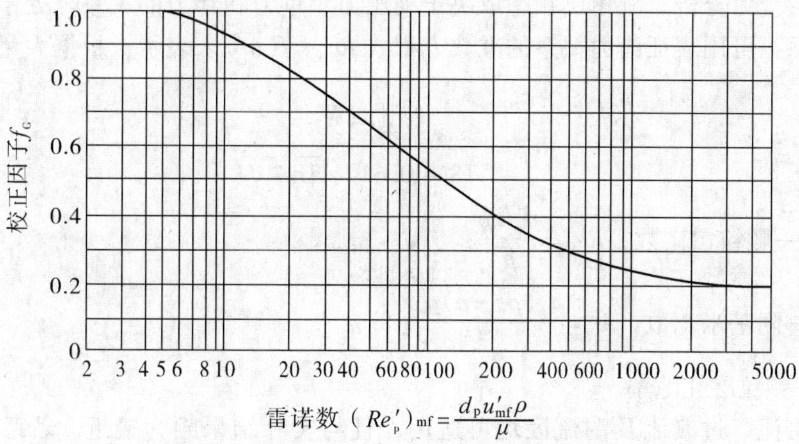

图 12-13　雷诺数 $(Re_p')_{mf}$ 与校正因子 f_G 的关系

当 $Re_p>5$ 时，所得的 u_{mf} 值须加以修正。方法是先按式(12-71)算出 u_{mf} 作为初算值 u_{mf}'，由 $(Re_p')_{mf}=\dfrac{d_p u_{mf}'\rho}{\mu}$ 的数值查图 12-13 得校正因子 f_G 值，按 $u_{mf}=f_G u_{mf}'$ 计算得 u_{mf} 值。

式(12-71)中具有较多非整数的指数，计算比较麻烦。亦可按下法进行计算：先假设为层流，$C_{mf}=10^{-3}$，按式(12-69)计算流化临界速度的初算值 u_{mf}'。由 $(Re_p')_{mf}=\dfrac{d_p u_{mf}'\rho}{\mu}$ 的值，查图 12-14 得校正系数 f_f 值，按 $u_{mf}=f_f u_{mf}'$ 计算得 u_{mf} 值。用这种方法求得的 u_{mf} 值较以式

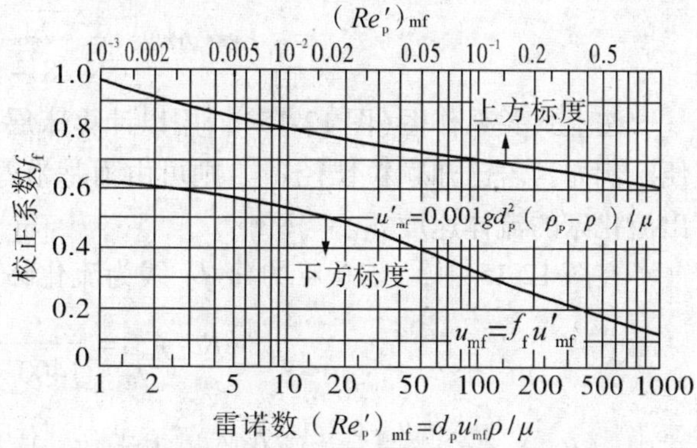

图 12-14　雷诺数 $(Re_p')_{mf}$ 与校正系数 f_f 的关系

(12-71)计算得的数值稍低，但更接近于实测值，而且计算比较简便。

关于流态化临界速度的计算，还有许多经验公式，但是这些公式大都在一定条件下经过大量试验归纳而得，都有一定的局限性，所以在流化床设计中，最好采用同类型流化床的实际测定数据。实际测定不受计算式精确度和使用条件的限制，所得数据比较准确可靠。实际测定是利用颗粒流体系统的 Δp-u_f 关系，将数据标绘如图 12-8 或图 12-9 的曲线，以确定流化临界速度。如果实验条件与使用系统有差异，例如模型实验时通常采用常温空气作流化介质，所得的结果用于使用系统(如非空气的其他气体或不同的温度条件)还须校正。

2. 流化极限速度

它是连续流态化的临界速度，当流体速度达到流化极限速度以上时，便转入连续流态化状态，大量固体颗粒被流体带走。因此，流化极限速度在数值上等于颗粒的自由沉降速度($u_t=u_0$)。关于颗粒沉降速度的计算，前面已作了介绍。必须注意，在计算 u_{mf}时，用实际存在于床层中粒度分布的平均直径来计算；但在计算 u_t 时，则以具有相当数量的最小粒径来计算。

确定颗粒层孔隙率为 ε 时的流化床中流体速度 u_f，也可以采用下述简便的公式来计算。根据床层受力分析，流化层状态取决于动压力、重力和浮力的关系。处于流态化床状态的这些关系，可用表征诸力关系的准数方程式 $Re_p=f(Ar)$来表示。根据大量实验数据整理得出：

$$Re_p=\frac{Ar\varepsilon^{4.75}}{18+0.61\sqrt{Ar\varepsilon^{4.75}}} \tag{12-72}$$

式中 Re_p——颗粒雷诺数，$Re_p=\dfrac{d_p u_t \rho}{\mu}$；

Ar——阿基米德数，$Ar=\dfrac{d_p^3(\rho_p-\rho)\rho_g}{\mu^2}$；

ε——颗粒层孔隙率。

上式在层流、过渡流及湍流区均可适用，且与实际结果颇为接近。若已知流化床的 Re_p 及 Ar 数值，应用上式，也可算出床层的孔隙率 ε。

若以列辛科数 $Ly=\dfrac{u^3\rho^2}{\mu(\rho_p-\rho)g}$代替 Re_p，则上式可写成

$$(Ly\cdot Ar)^{\frac{1}{3}}=\frac{Ar\varepsilon^{4.75}}{18+0.61\sqrt{Ar\varepsilon^{4.75}}} \tag{12-73}$$

按上式关系作图(图 12-15)，用以计算床层孔隙率、流体速度或床层颗粒直径都较方便。例如，若已知颗粒粒径 d_p，则可由阿基米德数 Ar 查出相应孔隙率 ε 的 Ly 值，从而算出流化床的流体速度 u_f。

在图 12-15 中，$\varepsilon=0.4$ 的 Ar-Ly 线为流化临界线，这时式(12-72)成为

$$(Re_p)_{mf}=\frac{Ar}{1400+5.22\sqrt{Ar}} \tag{12-74}$$

式中，$(Re_p)_{mf}=\dfrac{d_p u_{mf}\rho}{\mu}$为流化临界雷诺数，应用此式也可以计算流化临界速度。

$\varepsilon=1.0$ 时的 Ar-Ly 线为连续流化临界线，也是流化极限线。这时式(12-72)成为

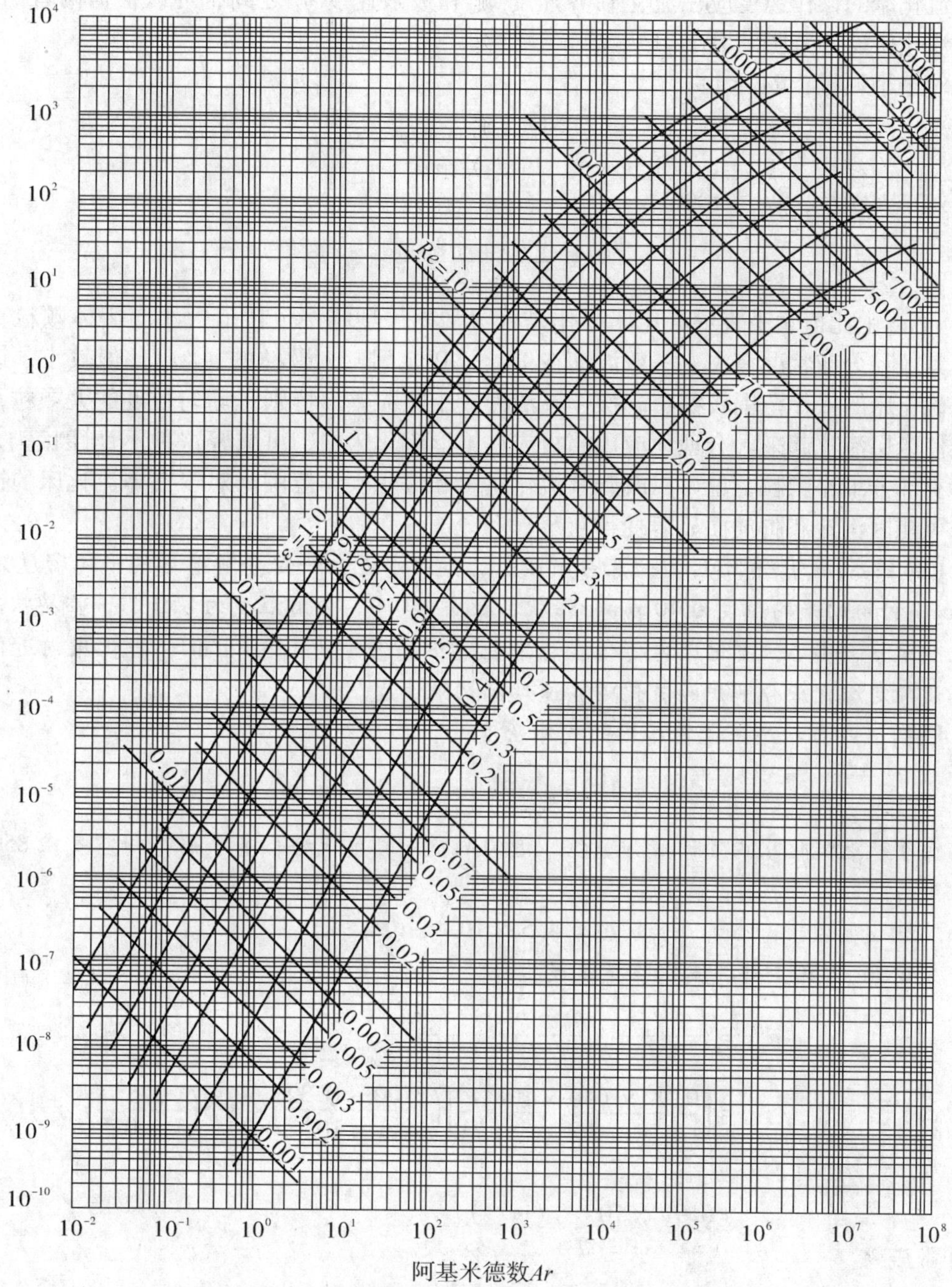

图 12-15　各种孔隙率 ε 时 Ly 和 Ar 的关系

$$(Re_p)_t = \frac{Ar}{18 + 0.61\sqrt{Ar}} \tag{12-75}$$

式中，$(Re_p)_t = \dfrac{d_p u_t \rho}{\mu}$ 为连续流化临界雷诺数(或称流化极限雷诺数)。应用此式可计算出流化极限速度。

在 $\varepsilon = 0.4 \sim 1.0$ 的两线间为各种孔隙率 ε 的全部流化区。图中 135°斜线为各相应的等雷诺数 Re_p 线。

流化床的操作速度应在流化临界速度 u_{mf} 和极限速度 u_t 之间，可以根据两者的比值，判定流化床操作范围的大小。

对于小颗粒，$Re_p < 1$：

$$\frac{u_t}{u_{mf}} = \frac{(u_t)_{\text{用式(12-16)}}}{(u_{mf})_{\text{用式(12-65)}}} = 91.6$$

对于大颗粒，$Re_p > 1000$：

$$\frac{u_t}{u_{mf}} = \frac{(u_t)_{\text{用式(12-18)}}}{(u_{mf})_{\text{用式(12-66)}}} = 8.72$$

u_t/u_{mf} 中比值大小表示流化床操作是否灵活的一项指标。比值大小与固体颗粒直径大小及其粒径分布状况有关，一般波动在 10 ~ 90 之间。大颗粒的 u_t/u_{mf} 比值较小，说明它形成流化床的操作范围较狭窄，操作灵活性较小颗粒差。特别是均匀粒度的大颗粒，常常很难使床层流化起来。合理地应用挡板或在锥形流化床中，可减轻这种不良性状。大颗粒中掺有部分细小颗粒，也可以改善其流化质量和流化操作范围。对于气体流化床的操作范围，可能因沟流和腾涌而显著变得狭窄。

【例 12-5】 有一 MFC 流化床分解炉，已知：水泥生料粉分解前后的平均密度为 2100 kg/m³，料粉的平均粒度为 40 μm，形状系数 $\varphi_s = 0.9$，分解温度为 850 ℃，临界状态下床层孔隙率 $\varepsilon_{mf} = 0.5$，流化床内气体在标准状况下的密度为 1.3 kg/m³，流化床内近似于常压。试确定溶化床分解炉的流化临界速度和极限速度。

【解】 工作状态下流化床内的气体密度：

$$\rho = 1.3\,\frac{273}{850 + 273} = 0.32(\text{kg/m})^3$$

由于缺乏流化床内气体成分数据，近似取空气粘度代替，查手册得知空气在 850 ℃时的粘度为

$$\mu = 4.5 \times 10^{-5} \quad (\text{Pa}\cdot\text{s})$$

先设 $Re_p < 20$，则其流化临界速度为

$$u_{mf} = \frac{(\varphi_s d_p)^2}{150} \cdot \frac{\rho_p - \rho}{\mu} \cdot g \cdot \frac{\varepsilon_{mf}^3}{1 - \varepsilon_{mf}}$$

$$= \left[\frac{0.9^2 \times (40 \times 10^{-6})^2}{150}\right]\left(\frac{2100 - 0.32}{4.5 \times 10^{-5}}\right) \times 9.8\left(\frac{0.5^3}{1 - 0.5}\right)$$

$$= 0.99 \times 10^{-3} \quad (\text{m/s})$$

验算雷诺数

$$Re_p = \frac{d_p \rho u_{mf}}{\mu} = \frac{40 \times 10^{-6} \times 0.32 \times 0.99 \times 10^{-3}}{4.5 \times 10^{-5}} = 2.81 \times 10^{-4} < 20$$

与原设相符，则流化临界速度为 $u_{mf} = 0.99 \times 10^{-3}$ m/s。

设 $Re_p < 1$，根据式(12-16)，流化极限速度为

$$u_t = \frac{d_p^2(\rho_p - \rho)g}{18\mu} = \frac{(40 \times 10^{-6})^2(2100 - 0.32) \times 9.8}{18 \times 4.5 \times 10^{-5}} = 4.1 \times 10^{-2}(\text{m/s})$$

验算雷诺数：

$$Re_p = \frac{40 \times 10^{-6} \times 4.1 \times 10^{-2} \times 0.32}{4.5 \times 10^{-5}} = 1.17 \times 10^{-2} < 1$$

与原设相符，故 $u_t = 4.1 \times 10^{-2}$ m/s。对于 $\varphi_s = 0.9$ 的不规则形状的颗粒的流化临界速度为

$$u_t = 4.1 \times 10^{-2} \times 0.9^2 = 3.32 \times 10^{-2}(\text{m/s})$$

【例 12-6】 已知粒状矿渣流态化烘干机的平均粒径为 0.7 mm，矿渣密度为 1200 kg/m³，热气体的密度为 0.4kg/m³，温度为 600 ℃，粘度为 40×10^{-6} Pa·s。试求流态化烘干机的流化临界速度和极限速度。

【解】 (1)图解法：先计算阿基米德数：

$$Ar = \frac{d_p^3(\rho_p - \rho)\rho g}{\mu^2} \approx \frac{d_p^3 \rho_p \rho g}{\mu^2} = \frac{(0.7 \times 10^{-3})^3 \times 1200 \times 0.4 \times 9.8}{(40 \times 10^{-6})^2} = 1008$$

设开始流态化时，$\varepsilon_{mf} = 0.4$。查图 12-15，当 $\varepsilon_{mf} = 0.4$、$Ar = 1008$ 时，列辛科数 $Ly = 2 \times 10^{-4}$，则流化临界速度

$$u_{mf} = \sqrt[3]{\frac{Ly\mu g(\rho_p - \rho)}{\rho^2}} \approx \sqrt[3]{\frac{Ly\mu g\rho_p}{\rho^2}} = \sqrt[3]{\frac{2 \times 10^{-4} \times 40 \times 10^{-6} \times 9.8 \times 1200}{0.4^2}}$$
$$= 0.08(\text{m/s})$$

从图 12-15 查出当 $\varepsilon = 1.0$ 及 $Ar = 1008$ 时，$Ly = 16$，再由 Ly 算出流化极限速度：

$$u_t = \sqrt[3]{\frac{Ly\mu g(\rho_p - \rho)}{\rho^2}} \approx \sqrt[3]{\frac{Ly\mu g\rho_p}{\rho^2}} = \sqrt[3]{\frac{16 \times 40 \times 10^{-6} \times 9.8 \times 1200}{0.4^2}}$$
$$= 3.62(\text{m/s})$$

(2)计算法：应用式(12-71)先算出流化临界雷诺数，为此可将式(12-71)整理成如下特征数关系式来计算：

$$(Re_p)_{mf} = 0.001\,07\, Ar^{0.94} = 0.001\,07 \times 1008^{0.94} = 0.708$$

再由 $(Re_p)_{mf}$ 求出流化临界速度：

$$u_{mf} = \frac{(Re_p)_{mf}\mu}{d_p \rho} = \frac{0.708 \times 40 \times 10^{-6}}{0.7 \times 10^{-3} \times 0.4} = 0.10(\text{m/s})$$

亦可从图 12-15 直接查出 $Ar = 1008$ 与 $\varepsilon_{mf} = 0.4$ 交点处的雷诺数，即为流化临界准雷诺数 $(Re_p)_{mf}$。再由它求出临界速度 u_{mf}。

应用式(12-75)算出连续流化临界雷诺数：

$$(Re_p)_t = \frac{Ar}{18 + 0.61\sqrt{Ar}} = \frac{1008}{18 + 0.61\sqrt{1008}} = 27$$

因此，流化极限速度

$$u_t = \frac{(Re_p)_t \mu}{d_p \rho} = \frac{27 \times 40 \times 10^{-6}}{0.7 \times 10^{-3} \times 0.4} = 3.86(\text{m/s})$$

此结果与按颗粒沉降速度计算公式(12-15)所得结果基本一致。但按式(12-15)计算繁杂，而且愈接近过渡区域两端，误差愈大。采用图解法比较简便，而且误差在工程允许范围内。

(三)流化床功率消耗

功率消耗是流化床操作的一个重要因素。设计流化床时，往往因其功率消耗较大，在经济上的不合理性以致可能抵消流化床所具备的其他优点，导致在工业上难以推广。因此，在设计流化床时，应对所需功率进行估算。

在无机非金属材料工业中常见的是气体流化床。如图12-16所示，为了使气体具有足够的压强 p_3 进入流化床层，必须将大气压强 p_1 压缩至 p_2。流化床所需功率即为将这些气体由大气压强 p_1 压缩到 p_2 的数值。这可从风机前后的机械能量衡算求得。风机对气体所作功为

$$H = g\,\Delta z + \int_{p_1}^{p_2} \frac{1}{\rho}\mathrm{d}p + \frac{u_{f_2}^2 - u_{f_1}^2}{2} + g\sum h_w \quad (\mathrm{J/kg}) \tag{12-76}$$

式中　Δz——压缩前后的几何压头(m)；

p_1，p_2——压缩前后的气体强度(Pa)；

ρ——气体密度($\mathrm{kg/m^3}$)；

u_{f_1}，u_{f_2}——压缩前后的气体流速(m/s)；

g——重力加速度，$g = 9.8\ \mathrm{m/s^2}$；

$\sum h_w$——压头损失(m)。

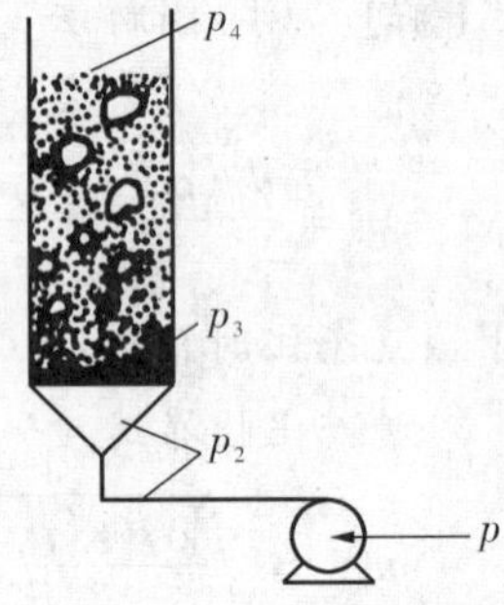

图12-16　流化床的功率计算图

若压缩比较小($p_1/p_2 < 1.2$)，而且速度不超过声速时，可将气体近似当作不可压缩流体，则式(12-76)可写成

$$H = g\Delta z + \frac{p_2 - p_1}{\rho} + \frac{u_{f_2}^2 - u_{f_1}^2}{2} + g\sum h_w \quad (\mathrm{J/kg}) \tag{12-77}$$

若经压缩后，气体压强变化很大，此时的位能、动能变化以及压头损失均可忽略不计，则式(12-76)可写成

$$H = \int_{p_1}^{p_2} \frac{1}{\rho}\mathrm{d}p = \int_{p_1}^{p_2} v_p \mathrm{d}p \quad (\mathrm{J/kg}) \tag{12-78}$$

式中，$\frac{1}{\rho} = v$ 为比容($\mathrm{m^3/kg}$)。

根据热力学第一定律，加入系统的热能，等于气体内能的变化与气体所作之功的总和。在这种具体情况，加进气体的热能，只是由于气体粘性摩擦损失造成的。由于 $\sum h_w \approx 0$，因此可以近似认为绝热可逆过程，$pv^K =$ 常数。将此关系代入式(12-78)积分，并以每秒的体积流量 V 代替比容 v，则得理论功率为

$$N_0 = \frac{K}{K-1}p_1 V_1\left[\left(\frac{p_2}{p_1}\right)^{\frac{K-1}{K}} - 1\right]\times 10^{-3} \quad (\mathrm{kW}) \tag{12-79}$$

或

$$N_0 = \frac{K}{K-1}p_2 V_2\left[1 - \left(\frac{p_1}{p_2}\right)^{\frac{K-1}{K}}\right]\times 10^{-3} \quad (\mathrm{kW}) \tag{12-80}$$

式中　p_1，p_2——压缩前后的气体压强(Pa)；

V_1，V_2——分别为风机前后两个截面上的体积流量($\mathrm{m^3/s}$)；

K——绝热指数。

$K = c_p/c_V$，c_p 为质量定压热容(J/(kg·K))；c_V 为质量定压热容(J/(kg·K))。

对具有摩擦损失和热效压的实际操作，风机的实际功率为

$$N = \frac{N_0}{\eta} \quad (\mathrm{kW}) \tag{12-81}$$

式中 η 为风机效率。对于离心式鼓风机 $\eta=0.55\sim0.75$；对于罗茨鼓风机 $\eta=0.6\sim0.8$；对于轴流式鼓风机或二级活塞式压缩机 $\eta=0.8\sim0.9$。

【例 12-7】 已知 MFC 分解炉的直径 $D=4$ m，床层高度 $L=2$ m，分解炉出口负压为 3360 Pa，空气进出鼓风机温度均为 250 ℃，床层温度均匀且为 850 ℃，多孔板压强降设为床层压强降之 10%，水泥粉料的密度为 2100 kg/m³，气体在标准状态下的密度为 1.3 kg/m³，床层的孔隙率 $\varepsilon=0.5$，床内气体净空速度 $u_f=0.01$ m/s，鼓风机效率 $\eta=0.8$。试估算分解装置动力消耗。

【解】 根据式(12-57)，床层的压强降为

$$p_3-p_4=\Delta p=L(1-\varepsilon)\rho_p g=2(1-0.5)\times2100\times9.8=20\,580(\mathrm{Pa})$$

$$p_2-p_3=0.1\times20\,580=2058(\mathrm{Pa})$$

$$p_2=100\,000-3360+20\,580+2058=119\,278(\mathrm{Pa})$$

床层的净空体积流量为：

$$V_2=u_fA=0.01\times0.785\times4^2=0.1\,256(\mathrm{m^3/s})$$

空气的绝热指数 $K=1.4$，按式(12-80)，鼓风机的理论功率为

$$\begin{aligned}N_0&=\frac{K}{K-1}p_2V_2\left[1-\left(\frac{p_1}{p_2}\right)^{\frac{K-1}{K}}\right]\times10^{-3}\\&=\frac{1.4}{1.4-1}\times119\,278\times0.1256\times\left[1-\left(\frac{0.1\times10^6}{119\,278}\right)^{\frac{2}{7}}\right]\times10^{-3}\\&=2.58(\mathrm{kW})\end{aligned}$$

则实际功率为

$$N=\frac{N_0}{\eta}=\frac{2.58}{0.8}=3.22(\mathrm{kW})$$

【例 12-8】 如图 12-17 所示，在内径为 4 m、床层高度为 8 m 和内径为 2 m、床层高度为 32 m 的两个床层中，床层颗粒的平均粒径为 98 μm，固体颗粒的物理性质：颗粒密度 $\rho_p=1000$ kg/m³，形状系数 $\varphi_s=1$，流化床临界孔隙率 $\varepsilon_{mf}=0.4$，整个床层孔隙率 $\varepsilon=0.5$。流化空气在大气压下进入，进入气体的温度为 20 ℃，净空速度为 $u_f=0.01$ m/s；空气在 20 ℃和 1 大气压下离开床层，其性质为：粘度 $\mu=1.78\times10^{-5}$ Pa·s，在 1 大气压下空气密度 $\rho=1.204$ kg/m³。空气绝热指数 $k=1.4$。试比较这两个床层固体颗粒流化所需功率。鼓风机效率为80%。

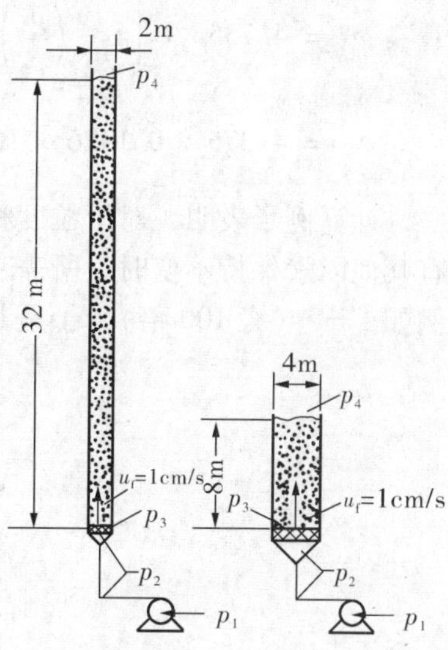

图 12-17 不同流化床层的功率计算

【解】 所需功率

$$\begin{aligned}N&=\frac{1.4}{1.4-1}p_2V_2\left[1-\left(\frac{p_1}{p_2}\right)^{\frac{1.4-1}{1.4}}\right]\frac{1}{\eta}\times10^{-3}\\&=4.375\,p_2V_2\left[1-\left(\frac{p_1}{p_2}\right)^{\frac{2}{7}}\right]\times10^{-3}(\mathrm{kW})\end{aligned}$$

然后分别计算两床层的 p_2 和 V_2。

(1)床层1的压强降：

$$p_3 - p_4 = \Delta p = L(1-\varepsilon)(\rho_p - \rho)g = L(1-\varepsilon)\rho_p g$$
$$= 32 \times (1-0.5) \times 1000 \times 9.8 = 156\ 800(\text{Pa})$$

设通过多孔板的压强降为通过床层压强降的10%，即

$$p_2 - p_3 = (p_3 - p_4) \times 10\% = 156\ 800 \times 10\% = 15\ 680(\text{Pa})$$

因此多孔板进口处气体压强为

$$p_2 = 0.1 \times 10^6 + 0.1568 \times 10^6 + 0.015\ 58 \times 10^6 = 0.272\ 48(\text{MPa})$$

已知压强为 p_3 时的 u_f，假设通过多孔板为等温过程(此近似表示尚可满意)，则可算出 p_2 下相应的体积流量：

$$V_2 = u_f A \frac{p_3}{p_2} = 0.01 \times \frac{\pi}{4} \times 2^2 \times \frac{0.2568 \times 10^6}{0.272\ 48 \times 10^6} = 0.029\ 592\ 9(\text{m}^3/\text{s})$$

则功率消耗为

$$N = 4.375 \times 0.272\ 48 \times 10^6 \times 0.029\ 592\ 9 \times \left[1 - \left(\frac{0.1 \times 10^6}{0.272\ 48 \times 10^6}\right)^{\frac{2}{7}}\right] \times 10^{-3}$$
$$= 8.78(\text{kW})$$

(2)床层2：按同样程序，可算出：

$$p_3 - p_4 = 0.0387(\text{MPa})$$
$$p_2 - p_3 = 0.003\ 87(\text{MPa})$$
$$p_3 = 0.1387(\text{MPa})$$
$$p_2 = 0.1426(\text{MPa})$$
$$V_2 = 0.1222(\text{m}^3/\text{s})$$

$$N = 4.735 p_2 V_2 \left[1 - \left(\frac{p_1}{p_2}\right)^{\frac{2}{7}}\right] \times 10^{-3}$$
$$= 4.375 \times 0.1426 \times 10^6 \times 0.1222 \times \left[1 - \left(\frac{0.1 \times 10^6}{0.1426 \times 10^6}\right)^{\frac{2}{7}}\right] \times 10^{-3} = 7.35\ (\text{kW})$$

计算例子表明，对于粒度相同而床层几何尺寸不同的流化床，其功率大致相同。当所有其他因素保持不变时，所需功率与流量成正比。因此，大颗粒床层需要较高流化速度，例如1 m/s(大100倍)，于是其功率需要也达约800 kW(大100倍)。

第 13 章　流体分级设备

在无机非金属材料工业生产过程中，往往需要将固体颗粒在流体中按其粒径大小进行分级。应用空气做分散介质进行分级的设备，称为空气选粉机；应用水做分散介质进行分级的设备，称为水力分级机。

第一节　空气选粉机

空气选粉机是一种通过气流的作用使颗粒按尺寸大小进行分级的设备，这种设备用于干法圈流的粉磨系统中。其作用是使颗粒在空气介质中分级，及时将小于一定粒径的细粉作为成品选出，避免物料在磨内产生过粉碎以致产生粘球和衬垫作用，从而提高粉磨效率；同时将粗粉分出，引回磨机中再粉磨，从而减小成品中的粗粉，调节产品细度，保证粉磨质量。在产品细度相同情况下，一般产量可提高 10% ～ 20%。

在粉磨工艺中使用选粉机已有一百多年历史，至今有了很大发展，出现许多类型的选粉机。按机内是否有运动部件来分，有静态选粉机和动态选粉机两类；按分级机理来分，有离心式、旋风式、笼式(或称涡流式)、组合式、打散分级机等；按气体流通方式来分，有通过式和密闭式选粉机两类。通过式选粉机是让气流将颗粒带入选粉机中，在其中使粗粒从气流中析出，细颗粒跟随气流排出机外，在附属设备中回收。密闭式选粉机是将物料喂入机内，物料颗粒遇到该机内部循环的气流，分成粗粉及细粉，从不同的孔口排出。选粉机的结构形式虽然各尽不同，但其工作过程主要包括分散、分级和分离三个部分。空气选粉机的大小一般用圆筒外径来表示。

一　通过式选粉机

通过式选粉机又称粗粉分离器或静态选粉机。常见的结构如图 13-1 所示。它由两个内外套装着的锥形筒 2 和 3 组成。外壳 2 上有顶盖，下接粗粉出口管 5 和稍插入的进风管 1。内壳 3 下方吊装着反射棱锥体 4。外壳顶盖和内壳上边缘之间装有导向叶片 6，装在顶盖外面的调节环用于调节叶片的导向角度。顶盖中部装有排气管 7。携带颗粒的气流以 15 ～ 20 m/s 的速度经进风管 1 进入选粉机内外锥壳体之间的空间。气流首先撞到内锥壳体下部的反射棱锥体，气流中所夹带的粗大颗粒由于惯性力的

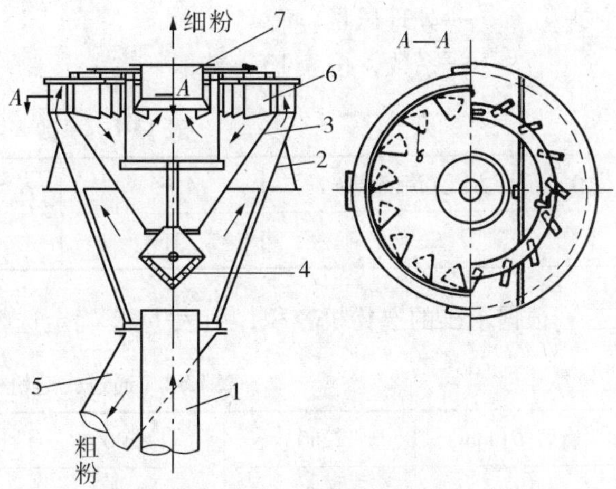

图 13-1　通过式选粉机

1—进风管；2—外锥壳体；3—内锥壳体；4—反射棱锥体；5—粗粉出口管；6—导向叶片；7—排气管

作用，撞落到外壳 2 的下部。同时，由于通道截面积扩大，气流上升速度降低到 4 ~ 6 m/s，因此又有一部分较大颗粒受重力作用陆续向下沉降，顺着筒壁滑下，经粗粉出口管5 排出。气流在环形空间中上升至顶部之后，进入导向叶片 6 时，由于运动方向突变，撞到叶片上，又有部分粗颗粒落下。气流通过与径向成一定角度的导向叶片后，产生向下旋转运动，进入内锥壳体 3 中，因此又有一部分颗粒在惯性离心力的作用下甩向内锥壳体的内壁，沿着其内壁落下，跟着又落入粗粉出口管5；此时，细小的颗粒则跟随气流一起，经排气管 7 离开选粉机，送入收尘设备，以便将这些细粉颗粒收下。

可见，在通过式选粉机中存在两个分离区，一个是在内外锥壳体之间的粗选粉区，颗粒主要是在重力作用下沉降，能分出的最小粒径可按式(12-16)来估算；另一个是在内锥壳体中的细选粉区，颗粒是在惯性离心力作用下沉降作进一步分级。当颗粒作离心沉降的离心速度与气流向心方向流速在数值上相等时，颗粒粒径就是最小分级粒径，可从式(12-34)得出的下式来估算：

$$d_{p_i} = \frac{3\zeta\rho r}{4(\rho_p - \rho)} \cdot \cot^2\alpha \tag{13-1}$$

式中 r——旋转半径；

α——叶片的径向夹角。

其余符号意义同式(12-34)。

从式(12-34)及式(13-1)可知，分级界限尺寸(即分离最小粒径)与选粉机的直径、气流速度和叶片的导向角度有关。分离最小粒径随设备直径和风速的增大而增大，随叶片的径向夹角增大而变小。因此，通过式选粉机可以用下述方法调整细粉细度：①改变气流速度。气流速度愈低，细粉的细度就愈高。②改变叶片的导向角度。叶片与径向夹角愈小，气流旋转速度愈小，细粉细度下降。此外，有些通过式选粉机尚可适当升降反射棱锥体的位置，以控制产品粒度分配。

通过式选粉机的型号以其直径 D 来表示。选型时首先按下式确定选粉机的容积：

$$V = KQ \quad (m^3) \tag{13-2}$$

式中 Q——处理风量(m^3/s)；

K——系数，按表 13-1 选取。

表 13-1 系数 K 与筛余关系

0.08mm 方孔筛筛余 R(%)	4 ~ 6	>6 ~ 15	>19 ~ 28	>28 ~ 40
K	1.8	1.44	1.03	0.8

根据求出的选粉机容积，由表 13-2 确定选粉机直径。

表 13-2 通过式选粉机的直径和容积

直径 D(mm)	2250	2500	2850	3420	4000
容积 V(m^3)	4.2	5.5	8.4	14.3	22.0

通过式选粉机结构简单，操作方便，没有运动部件，不易损坏。使用这种选粉机可以得到细度相当于0.080 mm 方孔筛上筛余为 10% ~ 20% 的细粉，生产能力可达 7 ~ 8 t/h。

不过使用这种选粉机时，必须另设通风机产生气流，以将粉料带入选粉机；另外还需设置收尘设备回收细粉，使设备复杂。通过式选粉机宜配用风扫式磨机系统。

二 离心式选粉机

(一)构造及工作原理

离心式选粉机如图13-2所示。选粉机由外壳体5和内壳体4套装而成。壳体上部为圆柱形，下部为圆锥形。内壳体用支架3和7固定在外壳体内部，内外壳体之间形成环形空间。内壳中部有一垂直漏斗，粉料经此漏斗送入选粉机内。漏斗中心的垂直轴上装有转子。转子由撒料盘10、小风叶2和大风叶1组成。在大小风叶之间和内壳体顶边装有一圈可以调节的挡风板11。内壳中部装有一圈可以调节进风角度和空隙的回风叶6。回风叶之间隙为内外壳气流循环通道。选粉机的顶部用盖板封闭。

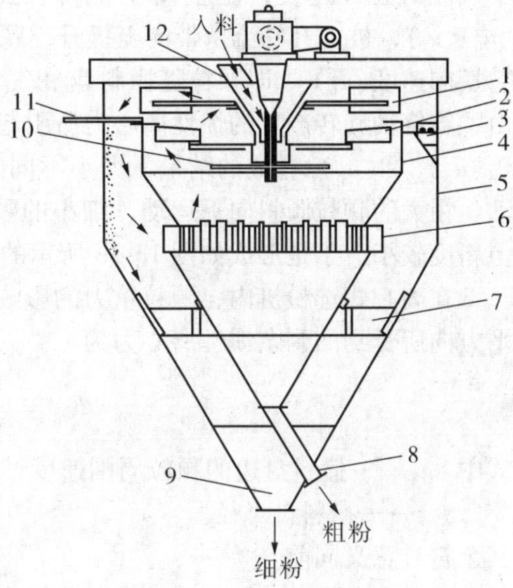

图13-2 离心式选粉机

1—大风叶；2—小风叶；3—支架；4—内壳体；5—外壳体；6—回风叶；7—支架；8—粗粉出口；9—细粉出口；10—撒料盘；11—挡风板；12—加料管

依靠大风叶旋转产生的循环气流，经过内壳体中部切向装置的回风叶之间的罅隙，进入内壳体4后，形成旋转上升的气流，然后又从内外壳之间的环形空间下降，返回内壳体，因此在选粉机的内部形成一股循环的气流。小风叶用来帮助气流的循环，并且形成一道旋转的栅栏，使较粗的颗粒下沉，以提高细粉的细度。

粉料由加料管12送入，经漏斗落到旋转着的撒料盘10上，受到惯性离心力的作用，甩向内壳体4的周壁，并在旋转气流的作用下，较粗大的颗粒撞到内壳体的壁面时，失去动能，沿着壁面滑下，作为粗粉经粗粉出口8排出。其余较小颗粒被旋转上升的气流卷起，经过小风叶的作用区时，在小风叶的碰击作用下，又有一部分颗粒抛到内壳体周壁被收下。气流经过挡风板时，发生部分折流，在惯性力作用下，也有一部分颗粒被分离下来。当含有细小颗粒的气流进入内外壳体之间的环形空间时，由于运动方向急剧改变，通道截面扩大，气流速度减慢，于是气流中的细小颗粒便落下，沿着外壳体内壁滑到细粉出口9，作为细粉排出。而气流则受到风叶的抽吸，重新返回内壳循环使用。

从上述工作过程可知，选粉机内的颗粒在环流气体作用力 F_d、惯性离心力 F_c 和重力 G 的共同作用下进行分级（图13-3a）。颗粒的运动速度可分解为如下三个互相垂直的分速度来分析：①轴向速度 $(u_p)_L$。这是由于颗粒的重力和上升气流对颗粒的作用力所引起的。由于两力的方向相反，故 $(u_p)_L$ 的方向可能向上，也可能向下。对于粗大的颗粒，其沉降速度大

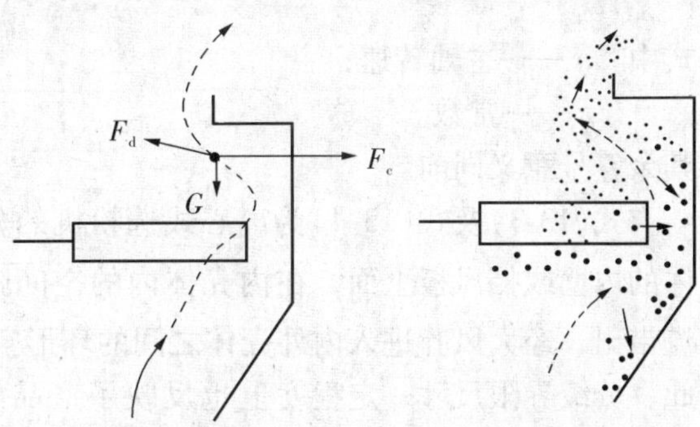

(a)颗粒受力情况　(b)颗粒运动情况

图13-3 颗粒在选粉机内的运动

于气流的上升速度，产生向下沉降；而细小颗粒，其沉降速度小于气流的上升速度($u_0 < u_f$)，被上升气流携带向上提升，颗粒愈小，其向上提升速度愈接近上升气流速度。②切向速度$(u_p)_t$。即颗粒随撒料盘和气流一起绕轴旋转的圆周速度。③径向速度$(u_p)_r$。由颗粒绕轴旋转产生的惯性离心力所引起。显然，颗粒在随同气流做圆周运动的同时，由于$(u_p)_L$和$(u_p)_r$合成的结果，大小不同的颗粒将以不同的运动轨迹倾斜地向上或向下运动。粗大的颗粒倾斜向下运动，细小的颗粒倾斜向上运动；中等颗粒虽也倾斜向上运动，但斜度较小。于是形成如图 13-3b 所示的颗粒运动情况 。

在离心式选粉机内，颗粒重力的影响可略去不计。由于撒料盘的旋转作用，颗粒在水平方向所受到的剩余惯性离心力为

$$F_{c0} = \frac{\pi}{6} d_p^3 (\rho_p - \rho) \frac{v_p^2}{r}$$

式中　v_p——撒料盘边的颗粒周围速度；

　　　r——撒料盘半径。

其余符号意义同前。

在垂直方向上，气流对颗粒的作用力为

$$R = \zeta \frac{\pi}{4} d_p^2 \rho \frac{u_f^2}{2}$$

式中　u_f——空气向上流速；

　　　ζ——阻力系数。

其余符号意义同前。

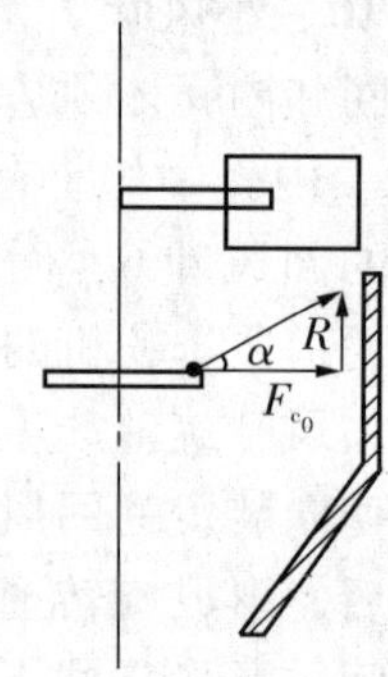

图 13-4　粉料在选粉机内的分级

合力方向决定颗粒走向，如图 13-4 所示。

$$\frac{R}{F_{c0}} = \tan\alpha$$

当颗粒的运动走向角为 α 时，颗粒刚能飞出内壳体筒口边，这种颗粒的粒径 d_{p_i} 即为颗粒分级界限尺寸，又称选粉机的切割粒径。从上述三式可解得

$$d_{p_i} = \frac{3\zeta\rho r u_f^2}{4(\rho_p - \rho) v_p^2} \cdot \cot\alpha \tag{13-3}$$

对于一定的选粉机处理一定物料时，式(13-3)尚可简化为

$$d_{p_i} = k \frac{\zeta u_f^2}{r n^2} \tag{13-4}$$

式中　n——主轴转速；

　　　k——常数。

其余符号意义同前。

式(13-3)及式(13-4)为离心式选粉机的分级界限公式。大于 d_{p_i} 的颗粒将碰撞于内壳体的内壁或挡风板上面，在内壳体内的空间降落，作为粗粉排出。小于 d_{p_i} 的颗粒则被气流带出，经大风叶进入内外壳体之间的环形空间，在重力作用下沉降，成为细粉排出。因此，分级界限尺寸一定程度上也反映了产品细度。显然，分级界限尺寸增大，则产品变粗；反之，则产品变细。

分级界限尺寸 d_{p_i} 的大小主要通过调整气流的上升和旋转速度以及增减小风叶的作用来实现。增加转子转速或增多大风叶，都会使上升气流速度增大，使细粉的细度下降；反

之，则可提高细粉的细度。改变回风叶的角度，会影响到旋转气流速度，回风叶片偏向内筒壁时，叶片之间通道缩小，旋流速度增加，则可提高细粉的细度；反之，则会降低细粉的细度。增加小风叶数目，旋转栅栏的作用加强，可增加碰击颗粒次数，有利于颗粒分离出来，可提高细粉的细度。当增加转子转速时，亦会使小风叶碰击颗粒的次数增加，但是大风叶所引起的上升气流速度增加较为显著，因而总的还是使得细粉的细度下降。当挡风板往里推时，上升气流的折流增大，可提高细粉的细度；反之，细粉的细度则降低。

增减大小风叶时，必须按直径方向成对增减，以保持转子的平衡。改变转子转速和大小风叶的数目，对细度调整幅度较小。调整挡风板位置比较方便且效果较好。至于正确的调节幅度要通过实际生产经验来决定。

在选粉机中，存在着两个分离区：一是在内壳体中的选粉区，颗粒主要是在惯性力作用下沉降；另一个是在内外壳体之间的环形空间的细粉沉降区，颗粒主要是在重力作用下沉落。选粉区还可细分为选粉区和细粉提升区（图 13-5），这两个区的高度比例对于选粉机的工作具有重要的意义。延长细粉在气流中的停留时间可能使物料更好地分级，故选粉空间应尽可能高。细粉提升区的细粉越过内壳体的边棱，其输出速度必须尽可能快。一台好的选粉机，其两个区的高度比例应相适应。为了得到较好的选粉效率，其选粉区的高度 L_1 和细粉提升区的高度 L_2 之比 L_1/L_2 应大于 1，一般可取 $L_1/L_2=2$。选粉机的各部分尺寸比例可参考采用如下数值：

$$b = 0.1d \qquad d_i = 0.7d$$
$$d_1 = 0.7d \qquad d_2 = 0.5d$$
$$d_3 = 0.33d \qquad L_1/L_2 = 2 \sim 1.82$$

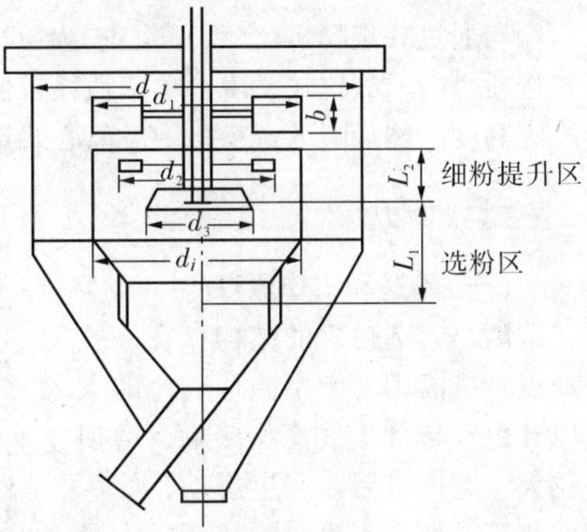

图 13-5　离心式选粉机的各部分尺寸

（二）工作参数的确定

1. 生产能力

影响选粉机生产能力的因素较多，例如选粉机的结构尺寸、转速、物料性质和产品细度等。可按下列经验公式计算：

$$Q = KD^{2.65} \quad (\mathrm{t/h}) \tag{13-5}$$

式中　D——选粉机外壳直径(m)；

K——系数，与物料的性质、产品细度及选粉效率有关。

对于水泥生料，当选粉效率为 70% ~ 80%，产品在 0.080 mm 方孔筛上的筛余为 6% ~ 8%时，$K=0.85$；对于 42.5 号水泥，当选粉效率为 50% ~ 60%、筛余为 5% ~ 8%时，$K=0.56$；对于 52.5 号水泥，筛余为 2% ~ 5%时，$K=0.42$。

离心式选粉机的直径可达 10 m，生产能力达 2500 t/h。

2. 主轴转速

选粉机主轴转速快慢，影响到循环风量的改变及选粉区气流上升速度，从而影响到选粉机的生产能力、功率和选粉效率。一般离心式选粉机的转速 n 和直径 D 的乘积在 600 ~ 900 m · r/min 范围，即

$$nD = 600 \sim 900 \ \mathrm{m \cdot r/min} \tag{13-6}$$

表 13-3 列出国内几种规格离心式选粉机的转速与直径乘积值。

表 13-3　离心式选粉机的转速与直径乘积值

选粉机直径(m)	1.5	3.0	3.5	4.2	5.0	5.5
nD(m·r/min)	600	725	805	840	900	918

3. 功率

离心式选粉机的功率可按下列经验公式计算：

$$N = KD^{2.4} \quad (kW) \tag{13-7}$$

式中　D——选粉机直径(m)；

　　　K——系数，一般取 1.58。

(三)性能及应用

与通过式选粉机比较，离心式选粉机具有以下优点：分级、鼓风及收尘设备全部包含在选粉机内，故比较紧凑，功率消耗较低。缺点是要使用提升机等输送设备将粉料提升到一定高度，然后喂入选粉机中。离心式选粉机宜配用于机械卸料的磨机的圈流系统中。

三　旋风式选粉机

(一)构造和工作原理

离心式选粉机的结构存在一些缺点，机内用来产生循环气流的大风叶由于与含尘气流相接触，磨损较大。磨损以后，产生震动，给厂房建筑物带来不良影响。而且大风叶转速较低，风叶间隙较大，故空气效率较差。同时，细粉的内外壳体之间的细粉沉降区中依靠重力很难完全沉降，循环气流返回选粉区时总会带有部分细粉，影响选粉效果，降低选粉效率。因此，对离心式选粉机作了改进，设计了一种外部循环气流的旋风式选粉机。这种选粉机取消大风叶，采取专用风机外部鼓风；取消内外壳体间的细粉沉降区，采取专用旋风分离器外部回收细粉的形式。

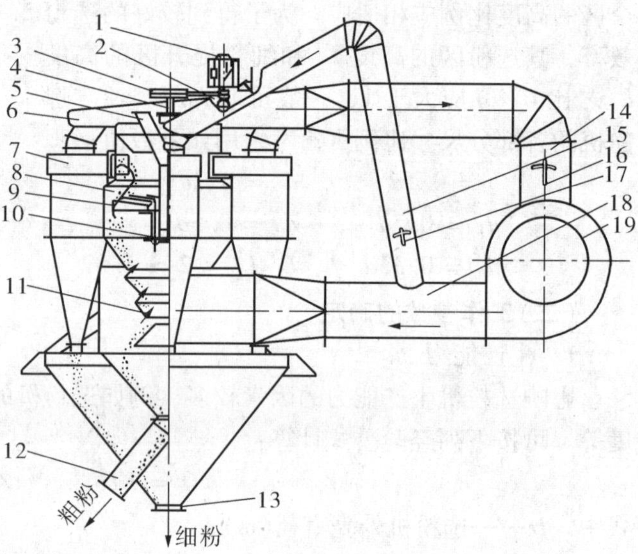

图 13-6　旋风式选粉机

1—电动机；2，3—传动装置；4—垂直轴；5—进料管；6—集气管；7—旋风分离器；8—选粉室；9—小风叶；10—撒料盘；11—滴流装置；12—粗粉管；13—细粉管；14—导风管；15—支风管；16，17—调节阀；18—进风管；19—风机

旋风式选粉机如图 13-6 所示。选粉机的选粉室 8 是一个用钢板制成的圆柱形外壳。选粉室的周围均匀布置有几个旋风分离器 7。在选粉室内，小风叶 9 和撒料盘 10 一起固定在垂直轴 4 上，由电动机 1 经过胶带传动装置 2、3 带动旋转。离心通风机 19 代替了前述离心式选粉机的

大风叶，产生循环气流。通风机把空气以切线方向送入选粉机，经滴流装置 11 的缝隙旋转上升，进入选粉室。粉料由进料管 5 落到撒料盘 10 后，立即向四周甩出，撒布到选粉区中，与上升的旋转气流相遇。粉料中的粗粒，质量较大，受撒料盘、小风叶和旋转气流作用产生的惯性离心力也较大，被甩到选粉室的四周边缘。当它与壁面相碰撞后，失去动能，便被收集下来，落到滴流装置 11 处。在该处被上升气流再次分选，然后落到内下锥处，作为粗粉经粗粉管 12 排出。粉料中的细颗粒，质量较小，在选粉室中被上升的气流带入旋风分离器 7 中。气流是以切线方向进入旋风筒的，在筒内形成一股猛烈旋转气流。处在气流中的颗粒受到惯性离心力的作用，甩向四周筒壁，向下落到下部的外锥体中，作为细粉经细粉管 13 排出。清除细粉后的空气则由旋风分离器中心的排风管经集气管 6 和导风管 14 再返回通风机，形成了气流闭路循环。

循环风量可以用导风管 14 上的调节阀 16 来调节。若不改变循环风量，而要改变选粉室的气流上升速度时，可以改变支风管 15 上的调节阀 17 的开度。经过支风管的气流不经选粉室而直接进入旋风分离器，调节直接进入旋风分离器的风量与经过滴流装置和选粉室的风量之比，就可以大幅度调节细粉的细度。改变垂直轴转速和小风叶的数目也能调节产品细度。这种选粉机采用变速电动机，因此撒料盘的回转速度可以调整，对细粉的细度要求容易控制。通常主要使用调节阀来控制产品细度，调节方便，而且控制产品细度也较稳定。

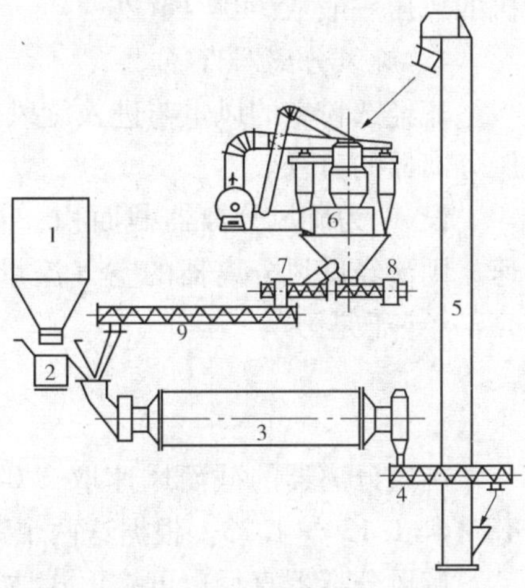

图 13-7　使用旋风式选粉机的粉磨系统

1—磨头仓；2—喂料机；3—球磨机；4—螺旋输送机；5—斗式提升机；6—旋风式选粉机；7，8—锁风螺旋；9—螺旋输送机

使用旋风式选粉机的粉磨系统见图 13-7。物料从磨头仓 1 经喂料机 2 喂入球磨机 3 中，经过粉磨后从磨尾排出，用螺旋输送机 4、斗式提升机 5 运送到旋风式选粉机 6 中进行选粉。由于使用旋风分离器收集细粉，因此选粉机下部的卸料口使用锁风螺旋 7、8 来锁风。粗粉经过锁风螺旋 7 用螺旋输送机 9 送回磨机再磨；细粉经过锁风螺旋 8 用适当的运输设备送往料仓。

（二）工作参数的确定

1．生产能力

实践表明，旋风式选粉机的生产能力与选粉室面积大小成比例。其生产能力可用下列公式来估算：

$$Q = KD^2 \quad (t/h) \tag{13-8}$$

式中 D——选粉机直径(m)；

K——系数，对生产 32.5 号及 42.5 号水泥时，K 取 5.35；对于生产在 0.08 mm 方孔筛余为 8% 的水泥生料时，K 取 7.12。

亦可采用如下经验数据来计算：对于生产 32.5 号和 42.5 号水泥时，选粉室单位面积产量为 6 ~ 7t/(m^2 · h)。此与式(13-8)计算结果相符。

2．主轴转速

旋风式选粉机的主轴转速可按下式来估算：

$$nD = 300 \sim 550 \quad (\mathrm{m \cdot r/min}) \tag{13-9}$$

式中 n——选粉机主轴转速(r/min)；

D——选粉机直径(m)。

选粉机直径愈大，所取 nD 值也应愈大。对于直径为3.5 m以上的选粉机，nD 值宜取550 m · r/min左右。

3. 风量

根据生产实践，当操作温度为100 ℃、成品在0.080 mm方孔筛上筛余为6%～8%时，一般选粉室截面气流上升速度取3.4～4.0 m/s，选粉浓度取500 g/m^{3}较为适合。

根据选粉室截面风速算出风量后，考虑到漏风量，增加10%即可作为风机的风量。风机的风压一般取2400 Pa(20 ℃)。

4. 旋风分离器直径

流经选粉室的风量与进入旋风分离器的风量可视为相等，根据这一关系，可以算出旋风分离器的直径。

设 A_1 为旋风分离器截面积，u_1 为其截面风速；A_2 为选粉室截面积，u_2 为其截面风速。则流经旋风分离器的空气流量 $q_1 = A_1u_1$，而流经选粉室的空气流量 $q_2 = A_2u_2$。如果 $q_1 = q_2$，于是

$$\frac{A_1}{A_2} = \frac{u_2}{u_1} \tag{13-10}$$

旋风分离器的截面风速取3.0 m/s，选粉室内截面风速取3.4～4.0 m/s计算，则 $A_1/A_2 = 1.13 \sim 1.33$。根据这两个截面的比值关系，则可确定旋风分离器的直径。

旋风分离器直径也可按下式估算：

$$d = 0.438D \tag{13-11}$$

式中 d——旋风分离器直径(m)；

D——选粉机直径(m)。

(三)性能及应用

旋风式选粉机的抛料分级过程主要在选粉室上部进行，分级原理与离心式选粉机相同，但与离心式选粉机比较，它具有以下优点：选粉室单位面积的选粉能力较大，处理量一般比离心式选粉机高2～2.5倍，大型磨机本来要用2～3台离心式选粉机的，采用一台旋风式选粉机即可；相同循环负荷率下选粉效率较高，选粉效率一般比离心式选粉机提高8%左右，因而可使磨机生产能力提高10%左右，单位电耗节省21%左右。产品细度易于调节，而且调节范围广；使用调节阀控制产品细度，无需停机，可以根据生产情况随时调整；用体外风机代替大风叶，故传动部分结构简单，机体磨损小，震动小，对基础要求较低。其缺点是：由于采用旋风分离器和外部鼓风，密封要求较高，出料口要设置锁风设备，而且选粉机占地面积较大。与离心式选粉机一样，旋风式选粉机宜配用于机械卸料的磨机的圈流系统中。

四 笼式选粉机

(一)构造及工作原理

选粉机从第一代的离心式选粉机发展为第二代的旋风式选粉机，以后发展为第三代的

笼式选粉机。笼型转子的结构形式根本改变了分级机理，突破了离心式和旋风式选粉机的分级模式，主要特征是选粉气流是涡旋气流。

自从 1885 年英国人 Mumford 和 Moody 发明了选粉机以来，人们对离心式选粉机进行了局部改进，但还是无法消除其存在的三个根本性的缺点：

（ⅰ）循环气流中粉尘多，致使选粉区内物料的实际浓度大，扩大了干扰沉降的影响；

（ⅱ）选粉区内存在着较大的风速梯度，使分离粒径不均，粗颗粒会被其遭遇到的高速风带出；

（ⅲ）存在着边壁效应问题，使细小颗粒随粗颗粒碰撞而降落。

到了 20 世纪 60 年代，西德的 WEDAG 公司开发了旋风式选粉机，采用外部循环风机供风来取代离心式选粉机的内部供风，用小旋风筒取代离心式选粉机的大直径外筒来收集细粉，提高了收尘效率，从而使循环气流中含尘浓度大为降低。这虽然改进了离心式选粉机的第一项根本性缺点，但是无法消除离心式选粉机存在的第 2、3 项的缺点，故其分离效率仍偏低。

直到 1979 年日本的小野田公司开发了 O-Sepa 选粉机，才消除了离心式选粉机存在的第 2、3 项缺点，形成了较理想的高效分选设备。O-Sepa 选粉机保留了旋风式选粉机外部供风，循环气流高效净化，利用了平面涡旋气流选粉的原理，以笼式转子取代小风叶，通过导向叶片的作用，使气流在横截面上以与切向成一定角度稳定均匀地穿越整个选粉区，这样就消除了离心式选粉机存在的第 2、3 项缺点。

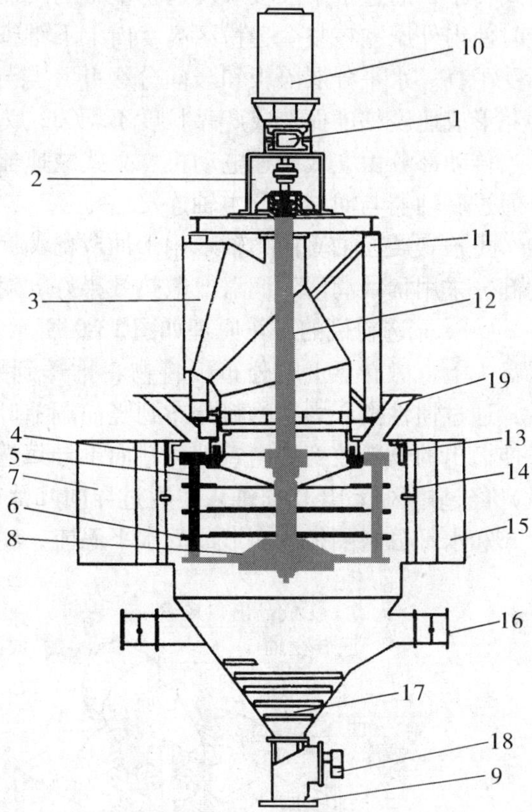

图 13-8　O-Sepa 空气选粉机的剖面图

1—减速机；2—减速机支座；3—排风管道；4—分布板；5—涡流调节叶片；6—分层隔板；7—一次风进风管道；8—转子；9—粗粉出口；10—电动机；11—传动支座；12—主轴；13—缓冲板；14—导向叶片；15—二次风进风管道；16—三次风进风管道和风门；17—粗粉料斗；18—翻板阀门；19—喂料斗

O-Sepa 选粉机又称水平涡流式选粉机，是笼式高效选粉机的代表，其结构如图 13-8 所示。它由壳体部分、回转部分、传动部分和润滑系统等部件组成。壳体部分由机壳、集料斗、喂料斗、弯管等组成。在机壳内装有导向叶片 14、缓冲板 13，在机壳侧面及顶盖开有一、二次进风口。由于机内气流速度高，含尘浓度大，对机体磨损严重，壳体及弯管内壁贴有耐磨瓷片，喂料斗 19、导向叶片和缓冲板均喷涂耐磨材料或由耐磨钢板制成。集料斗内设有迷宫式挡料圈，可形成料衬以防止集料斗磨损。

从一次风或二次风水平引进的气流，经导向叶片 14 进入选粉区。转子周围的导向叶片改进了气流分布和物料在气流中的分散状态，为其选粉创造了良好条件。导向叶片的角度控制气流的方向，蜗壳截面不变，则气流速度随导向叶片间隙的增加而逐渐降低。因此，导向叶片与蜗壳配合，通过增加导向叶片间通风面积、减少蜗壳面积来平衡，确保气流、风速稳定。

回转部分由转子 8、主轴 12、轴套等组成。转子用键或法兰与主轴连接，主轴通过传动装置驱动旋转。转子由撒料盘、分层隔板（水平隔板）、涡流调节叶片（竖向叶片）、转子轴套连接而成。撒料盘用耐磨材料制成，其上设有凸棱，其高度对物料的分散、能耗、选粉效率及颗粒级配都有影响，高度与内径比为 0.037 时，分级精度最高。撒料盘与缓冲板配合，具有撒料、打散功能，保证物料被气流充分分选。由竖向叶片和水平隔板组成的笼式转子，通过水平隔板可使选粉室中的气流的螺旋流线维持着几乎水平的状态，转子回转时使内外压差在整个选粉区高度内上下维持一定，从而使气流稳定均匀，在垂直方向上不受干扰。水平分层隔板和竖向分级叶片与导向叶片共同整合气固两相，延长分选时间，避免形成速度梯度而造成产品粒度不均匀，为精确选粉创造了良好条件。

传动部分由立式调速电动机、立式减速器、弹性联轴器、减速器底座等组成。传动部分通过联轴器与回转部分主轴连接。

主轴安装在轴套内，轴承用干油或稀油润滑，采用橡胶骨架油封及气封进行密闭。传动部分采用稀油润滑，润滑、散热效果好，对环境适应性强，运转率高。

O-Sepa 选粉机的工作原理如图 13-9 所示。物料通过喂料管 9 送到位于转子顶端的撒料盘 1 上，撒料盘上的分布板将物料推送到撒料盘边缘。经撒料盘和缓冲板 4 充分分散后，通过惯性离心力把物料分布到竖向调节叶片 3 和导向叶片 5 之间的环形间隙中，缓冲板使撒出的物料改变方向，把物料向下导入选粉区内。从通风机送来的选粉主气流（一次风）经过进风管 10 切向进入，通过导向叶片引入选粉室。由于笼式回转竖向涡流调节叶片 3 和水平分料隔板 2 而形成的水平涡流，物料首先在此进行粗选。因粗、细颗粒所受惯

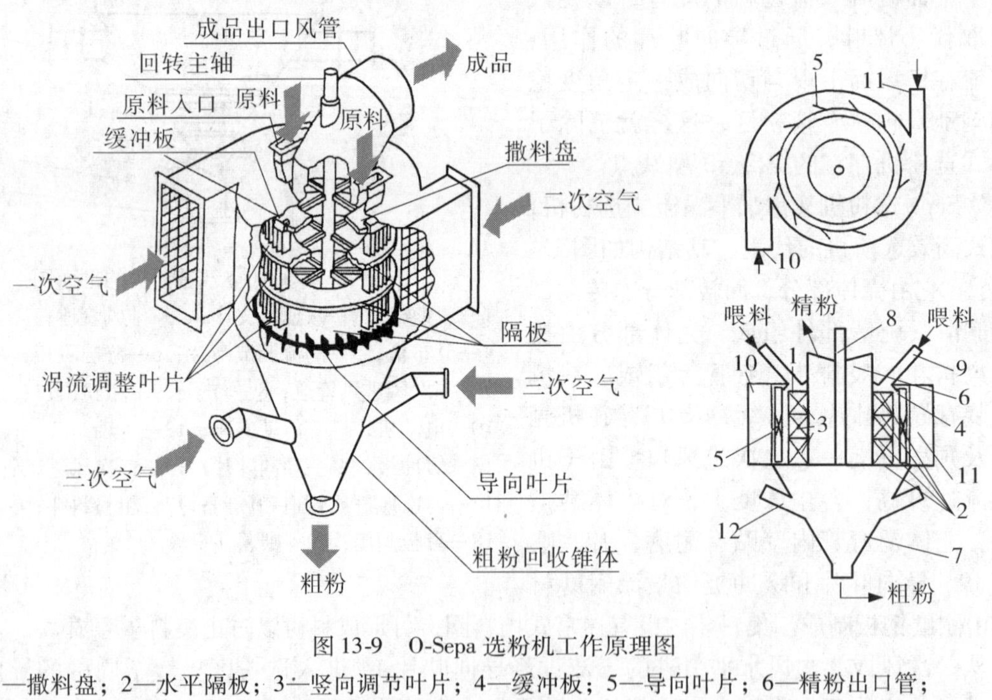

图 13-9　O-Sepa 选粉机工作原理图

1—撒料盘；2—水平隔板；3—竖向调节叶片；4—缓冲板；5—导向叶片；6—精粉出口管；7—粗粉出口料斗；8—回转轴；9—喂料管；10—一次进风管；11—二次进风管；12—三次进风管

性离心力大小的不同，受到由进风管进入选粉室的旋转气流的径向速度的影响，粗颗粒集中在周边，小颗粒则集中在中部，这样就完成了初次分级。二次风经进风管 11 切向送入，用以加强气流的旋转，以维持设计要求的颗粒所受离心力与径向速度作用力之间的平衡关系。接着悬浮在气流中的细颗粒由于转子回转的竖向叶片的作用而再次分级。粗粉在导向叶片涡旋向下运动时，受到来自一次进风管 10 及二次进风管 11 下部空气的漂洗。为了进一步清出夹杂在粗粉中的细颗粒，特从三次进风管 12 引入三次风再次分选。最后粗颗粒沉落到选粉室下面的粗粉出口料斗 7，从机底部卸出。细粉通过涡流调节叶片被气流从上部排风管带出，送往收尘器回收。

在 O-Sepa 选粉机中，每个颗粒都经过三次的大小分选(见图 13-10)。第一次是在进入选粉室时，第二次是通过转子的竖向叶片时，第三次是由于三次风的漂洗作用。物料颗粒自上而下贯穿空气选粉全过程，选粉距离较长，为每个颗粒提供了多次重复分选的机会。细粉从外向内克服了边壁效应的不利影响，而且每次分选都在精确的惯性离心力和水平风力的平衡条件下进行，最后落入锥体部分的颗粒又经过三次风再次分选，选粉效率大为提高。

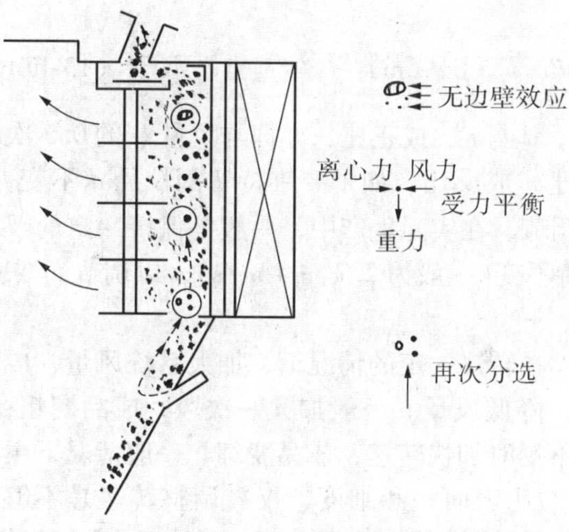

图 13-10　O-Sepa 选粉机选粉原理

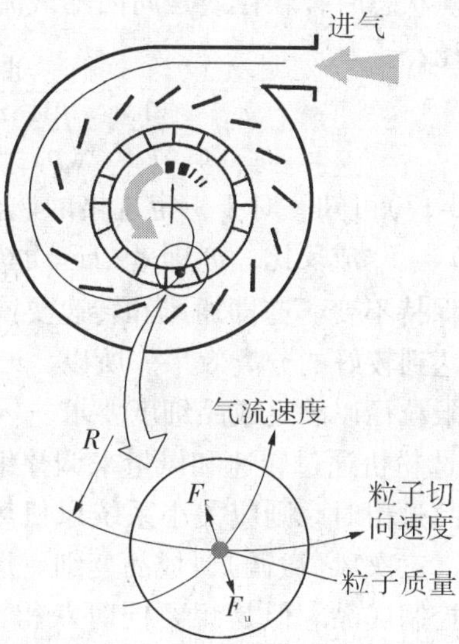

图 13-11　O-Sepa 选粉机内颗粒受力情况

物料颗粒在 O-Sepa 选粉机中的运动和受力情况如图 13-11 所示。在选粉机内，物料颗粒受转子的回旋随气流作涡旋运动，其切向分速度为 v_u，产生向外的惯性离心力为 F_u；另一方面气流从切线方向流入转子，从中心管排出，作回旋运动时，保持向心分速度 v_r，气流对颗粒产生一种向内的压力 F_r。

$$F_u = \frac{1}{6}\pi d^3(\rho_p - \rho)\frac{v_u^2}{R} \quad \text{(N)} \tag{13-12}$$

$$F_r = \zeta \frac{\pi}{4} d^2 v_r^2 \frac{\rho}{2} \quad \text{(N)} \tag{13-13}$$

式中　d——颗粒直径(m)；

v_u——颗粒的切向速度，相当于转子的回转速度(m/s)；

v_r——气流径向分速度(m/s)；

R——气流回转半径，相当于转子半径(m)；

ρ_p——颗粒密度(kg/m^3)；

ρ——气体密度(kg/m^3)；

ζ——阻力系数，决定于颗粒雷诺数 Re_p 值，基本上可按 $\frac{24}{Re_p}$计算。

当 $F_u = F_r$ 时，可求出颗粒的沉降速度 v_0。颗粒在没有加速度的情况，实际的运动速度为

$$v = v_r - v_0 \tag{13-14}$$

处在平衡状态时，$v=0$，亦即 $v_r = v_0$。代入式(13-13)，得

$$F_r = \frac{24\nu}{dv_0} \cdot \frac{\pi}{4} d^2 \cdot v_0^2 \cdot \frac{\rho}{2} \quad (\mathrm{N}) \tag{13-15}$$

于是，颗粒的沉降速度为

$$v_0 = \frac{d^2(\rho_p - \rho) v_u^2}{18 R \nu \rho} \quad (\mathrm{m/s}) \tag{13-16}$$

式中，ν 为气体的运动粘度(m^2/s)，其他符号意义同前。

处在平衡状态时，颗粒或是向内随气流被带出，或是向外被沉落，此时的颗粒粒径为分级界限粒径：

$$d = \frac{1}{v_u} \cdot \sqrt{\frac{18\nu}{\rho_p - \rho} \cdot R \cdot v_r \cdot \rho} \quad (\mathrm{m}) \tag{13-17}$$

从式(13-17)可知，对于一定规格的选粉机，d 与 $v_r^{0.5}$ 成正比，亦即与风量 Q 的 0.5 次方成正比；d 与 v_u 成反比，亦即 d 与选粉机转速 n 成反比；如果要维持切割粒径 d 不变，则 Rv_r/v_u^2 要保持不变，亦即通风和转速要同时调节。在实际生产中，一般是保持一定的喂料浓度，以达到较好的分离效果。所以，v_r 维持不变(一般为 2.7 ～ 4 m/s)，以调节 v_u 来改变分级界限粒径以满足成品细度要求。

O-Sepa 选粉机通过转速和风量来调整细度。在转速一定的情况下，加大系统风量，成品变粗；成品过粗时，则应关小系统风机风门，降低风量。一般加大一次风，成品变粗；加大二次风、三次风(微调)，成品变细。风量不变时加快转速，成品变细。一般情况下主要由转速来控制成品。但是想要同时获得满意的比表面积和细度，仅靠调整转速是不够的。转速的调节，要结合实际情况，在磨机工况、选粉风量的配合下，适当控制转子转速，才能达到满意的效果。O-Sepa 选粉机的成品比表面积和细度的调整方法见表 13-4。

表 13-4　O-Sepa 选粉机比表面积和细度的调整方法

比表面积	过　小			正　常			过　大		
细度	过粗	正确	过细	过粗	正常	过细	过粗	正常	过细
调节方法	提高转速 降低风量	提高转速	提高转速 增加风量	降低风量		增加风量	降低转速 降低风量	降低转速	降低转速 增加风量

O-Sepa 选粉机的规格用风机通风量来表示。例如，N-4500 表示选粉机配置风量为 4500 m^3/min。

(二)工作参数的确定

1. 喂料量

选粉机的喂料量可按下式计算：

$$Q_f = Q_p(1 + L) \quad (\mathrm{t/h}) \tag{13-18}$$

式中　Q_p——粉磨系统产量(t/h)；

L——选粉机的循环负荷，合适范围一般为100%～200%。

2. 风量、系统阻力及生产能力

选粉机的用风量可根据喂料浓度或选粉浓度来计算。

(1)按喂料浓度计算

$$Q_1 = \frac{1000Q_f}{60C_s} \quad (m^3/min) \tag{13-19}$$

式中，C_s 为料气比，亦即选粉机的喂料浓度(kg/m^3)，其他符号意义同前。对于水泥粉磨系统，其最大喂料浓度取2.5 kg/m^3；对于水泥生料粉磨系统，由于生料细度较粗，而且生料的分散性能较好，最大喂料浓度可增大至3 kg/m^3。

(2)按选粉浓度计算

$$Q_2 = \frac{1000Q_p}{60C_f} \quad (m^3/min) \tag{13-20}$$

式中，C_f 为选粉机的选粉浓度(kg/m^3)，其他符号意义同前。各种O-Sepa选粉机的选粉浓度一般为0.6～1.0 kg/m^3，计算时可取平均值0.8 kg/m^3。

O-Sepa选粉机规格的匹配，以喂料浓度 $C_s=2.5\ kg/m^3$ 和选粉浓度 $C_f=0.8\ kg/m^3$ 两个指标来核算。如果计算结果与规格不一致，则选取规格较大的配套。

风机规格根据选粉机的排风量和粉磨系统阻力来选取。排风量根据通过选粉机的风量、进入系统的其他风量以及温度等有关因素来决定。而通风量的分配，一次风、二次风、三次风的比例一般控制在7∶2∶1。系统阻力主要包括以下四个部分：磨机阻力约50 mm H_2O；O-Sepa选粉机阻力约250 mm H_2O；袋式收尘器约200 mm H_2O；管道及其他阻力约100 mm H_2O。于是，总阻力约为600 mm H_2O。

3. 功率

选粉机在稳定状态下的运转功率包括两方面：一是撒料功率，可按每小时喂料量从撒料盘上水平零速达到最大滑离速度的动能来计算；二是克服转子叶片回转时料幕的阻力所消耗的功率，该阻力亦可认为是流体运动对阻碍物的推力。O-Sepa选粉机的驱动电机功率可按下式计算：

$$N_0 = \frac{Q_f v_r^2}{7200}(1+f_1) + \frac{\zeta_0(C_s+a)}{18\ 200}v_r^3 S \quad (kW) \tag{13-21}$$

式中　Q_f——选粉机喂料量(t/h)；

v_r——撒料盘转速(m/s)；

f_1——选粉机型号系数，见表13-5；

ζ_0——转子阻力系数，见表13-5；

C_s——分级腔内料气浓度(kg/m^3)，见表13-5；

a——选粉气体单位体积质量(kg/m^3)；

S——涡旋叶片总面积(m^2)。

表13-5　不同型号选粉机系数选取

选粉机型号	f_1	ζ_0	C_s
N-750	2.8	1.38	2.9
N-1000	2.7	1.4	3.9
N-1500	2.0	1.5	5.9
N-2000	1.6	1.56	8.2
N-2500	1.4	1.6	11.3

电动机的装机功率为

$$N = \frac{N_0(1+K)}{\eta} \quad (kW) \tag{13-22}$$

式中　N_0——电动机功率(kW)；

K——电动机储备系数，取0.2～0.3；

η——机械效率，直接耦合时取1.0；液力耦合时取0.95～0.97；齿轮箱(一级斜齿轮)取0.95～0.97；齿轮箱(一级直齿轮)取0.93～0.96。

【例13-1】 某厂水泥磨机拟选用O-Sepa选粉机组成圈流粉磨系统，要求生产能力为120 t/h，试选取配套的O-Sepa选粉机规格。

【解】 选型计算主要是确定选粉机规格。

按喂料浓度计算：

$$Q_1 = \frac{1000Q_p(1+L)}{60C_s} = \frac{1000 \times 120(1+2)}{60 \times 2.5} = 2400(m^3/min)$$

按选粉浓度计算：

$$Q_2 = \frac{1000Q_p}{60C_f} = \frac{1000 \times 120}{60 \times 0.8} = 2500(m^3/min)$$

可选N－2500的选粉机。该选粉机的生产能力为

$$Q_p = \frac{60QC_f}{1000} = \frac{60 \times 2500 \times (0.6 \sim 1)}{1000} = 90 \sim 150(t/h)$$

选粉机除满足系统产量要求外，还要满足最大喂料量要求。最大喂料量包括新喂入物料量(系统产量)和循环负荷量。O-Sepa选粉机的循环负荷在100%～200%之间波动，为了保证生产，确定选粉机规格最大喂料量时宜取循环负荷200%，最大喂料浓度取2.5 kg/m^3。N-2500选粉机的最大喂料量为

$$Q_f = \frac{60QC_s}{1000} = \frac{60 \times 2500 \times 2.5}{1000} = 375(t/h)$$

以上是指水泥粉磨系统而言，对于水泥生料粉磨系统，最大喂料浓度可增大至3 kg/m^3，产量可增加20%。

(三)性能及应用

O-Sepa选粉机由于分级机理的改进，因此与离心式和旋风式选粉机相比，具有以下特点：

(ⅰ)选粉效率高，分级精度高。由于最终成品粒度分布较窄而得到较好的粉磨效率，可使磨机产量提高22%～24%，节能8%～20%。

(ⅱ)采用可变速转子转动系统，产品细度很容易调节，操作、控制简单。可在较大范围内控制产品细度，并且改进了粒度分布，有利于提高水泥质量。

(ⅲ)单位处理量大，且适应在高料气比下工作。

(ⅳ)降低了对辅助设备的要求，只需一个通风和输送系统。与磨机配合使用时，磨机可采取强力通风，并将含尘气体作分选气流使用，而不影响选粉性能。并且选粉机内可引入大量冷风，有利于降低系统温度，提高磨机效率。

(ⅴ)产品温度低，有利于水泥粉磨，不需要水泥冷却器，简化了工艺流程。

(ⅵ)机体小，叶片和轮片磨损率低。由于只有通常选粉机的1/2～1/6大小，从而节约了空间，布置紧凑，维护简单。

在O-Sepa选粉机的基础上，不少国家开发了有关型号的高效选粉机。如丹麦史密斯公司的Sepax选粉机，德国伯力鸠斯公司的Caropol型和SD型选粉机，日本三菱公司的MDS型选粉机，我国合肥水泥研究设计院的HES高效选粉机等。

五 组合式选粉机

组合式选粉机是将静态和动态选粉机两者结合在一起，既起粗粉分离器的作用，又起

正常选粉机的作用，而且均可用于烘干作业，可用于生料、矿渣、煤等含水量较高的物料粉磨系统中。典型的组合式选粉机有以下几种。

（一）MDS 选粉机

MDS 选粉机又称三菱双重选粉机，是日本三菱重工为适于中卸磨而开发出来的，当然亦适于尾卸磨配套使用。其结构如图 13-12 所示，下半部好比粗粉分离器，上半部好比离心式选粉机的内选粉室。出磨含尘气体从选粉机底部进入，出磨物料经提升机等输送设备从机顶部喂入，分选后的粗粉从机内锥体返回磨机粉磨，细粉则随气流被风机抽出，经旋风收尘器收集成为成品，气流则经收尘器净化后排出。该选粉机具有选粉效率高、动力消耗少的优点。一方面可以简化粉磨系统，另一方面提高了选粉效率。因为带尘气体已经进行了粗选粉，同时选粉区内没有带尘的气体循环，降低了选粉区的细粉浓度，单位气体的细粉量高，因此压强降低。

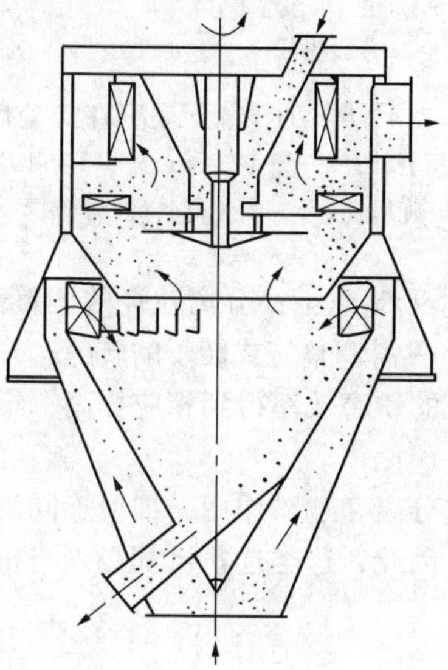

图 13-12　MDS 选粉机

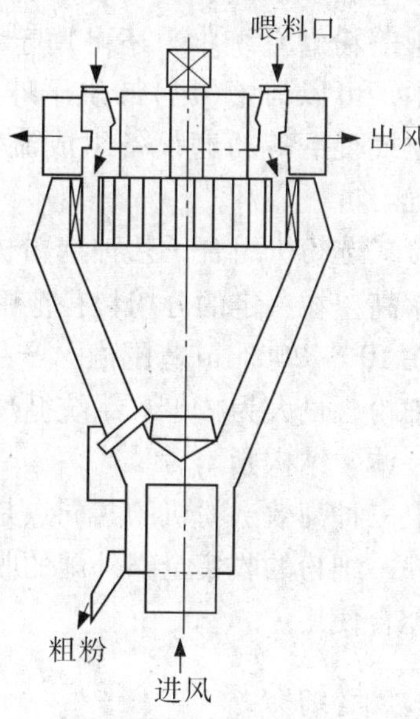

图 13-13　SKS-L 选粉机

（二）SKS 选粉机

SKS 选粉机是由德国洪堡公司开发制造的，有不同的结构形式，适用于不同的工艺流程。SKS-L 选粉机是 KHD 公司开发的产品。其结构示意图如图 13-13 所示。从图中可以看出，该选粉机是粗分离器和笼式选粉机的组合，主要用于生料粉磨系统，成品细度主要靠调节转子速度来实现。

（三）TLS 组合式选粉机

天津水泥工业设计研究院于 1997 年推出了 TLS 系列组合式选粉机。如图 13-14 所示，它是笼式高效选粉机和粗粉分离器的紧凑组合，分为上下两部分，上部为笼式选粉机，下部为粗粉分离器，周围是细分离器。出磨物料由提升机提至顶部，经喂料管喂入选粉机，自上而下穿过选粉区，自下而上的气流在导向叶片的作用下，以与切向成一定角度稳定均匀地横向穿越整个选粉区，由不同颗粒组成的物料在气流驱动力和回转笼子产生的离心力的相互作用下得到了分离。从磨内或窑尾来的含尘气体首先自下而上进入下部的粗粉分离器内，当上升气流中含有的粉尘和粗颗粒物料遇到反击锥时均受到碰撞冲击作用，而且随着上升风速的降低，粗颗粒因受碰撞冲击较大及气流对其提升力变小，反向下落掉入粗粉出口，细颗粒随气流继续上升到达位于导向风环与回转的笼式转子之间的选粉区，与上部喂入的物料一并分选。两部分粗粉混合后经锁风阀排出。细粉由气流带出，通过周围的旋风筒分离收集，排出的气体部分循环或全部进入最终收尘器。

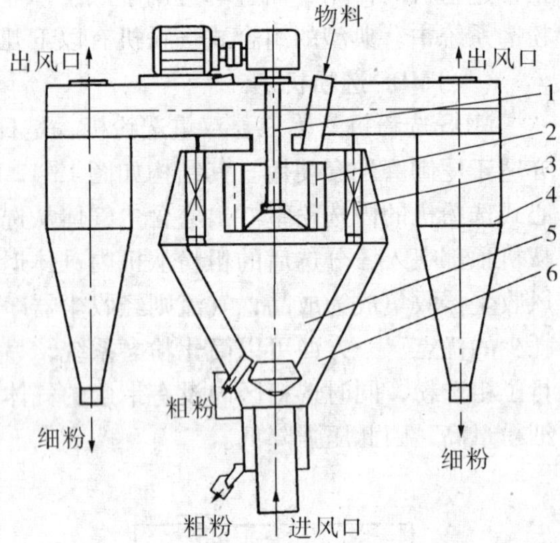

图 13-14　TLS 组合式选粉机示意图

1—主轴；2—笼型转子；3—导向叶片；4—旋风筒；5—内锥筒；6—外锥筒

TLS 系列组合式选粉机（包括其变型）不仅可用于生料、矿渣、煤等含水分较高的物料的烘干兼粉磨系统中，还可用于水泥的粉磨系统中，可以与中（尾）卸烘干球磨机、辊压机、立式辊磨等粉磨设备组成流程简单的粉磨系统。

组合式选粉机组合了几种选粉机的优点，分离效率高，在一定的分离粒径范围内选粉效率高达 90% 以上；分离粒径的调整范围广，一般可在 10 ～ 200 μm 范围内；产品细度调整方便，只需调整笼式转子的转速；分选后的粗粉中细粉含量大为减少，系统循环负荷降低，磨机的粉磨效率得到相应提高；集选粉和烘干于一体，结构紧凑。

以上三种高效选粉机的共同点是选粉机本体只起分离和选粉作用，细粉连同废气同时排出机外，细粉的收集全靠外配的收尘设备来完成。因此，这类选粉机都必须与排风机和收尘器配合使用。

六　超细分级机

干法超细分级设备结构设计比较简单，容易形成超细的分级流场，但颗粒的分散比较困难。实践表明，物料中粒径在 1 μm 以下的颗粒的质量占 30% ～ 50% 时，物料的凝聚性显著增强，分散性变差。因此，对于超细分级来讲，分散是决定分级效果的重要因素。

超细分级的关键问题是物料在进入分级区之前使之单粒子化。分级机内部具有分散结构被认为是高效分级机的基础。为了使物料充分分散，可采用物理方法或化学方法。化学方法中常用的是在粉碎过程中或分级前在物料中添加粉碎助剂。大量的物理分散方法试验表明，机械法和高速气流法都是有效的分散方法。高速气流法相对较简单，多数是采用分散喷嘴，利用气流分散器能够使凝聚的物料基本单粒子化。机械分散方法主要是采用高速旋转的轮子。在分级过程中，细颗粒总是容易吸附在粗颗粒或设备内壁上，使细颗粒得不到分离，可采用增加设备内部空气通过速度、改变接粉装置的材质、采用刮取装置和改变分级装置的结构等方法来解决颗粒附着问题。

喂料浓度对超细分级效果有着重要影响，如果喂料和输入气体的量发生变化，对物料的浓度就会发生变化，从而影响分级的精度和效率。因此，超细分级必须选取精确的喂料设备，使喂料尽可能准确，才能达到良好的分级效果。

矿渣无论用做水泥大掺量混合材还是高性能混凝土细掺料，其基本条件是具备足够的细度，要求45 μm筛的筛余≤2%，3 ～ 30 μm的颗粒含量要达到65%～70%，5 μm以下的颗粒含量要≥20%等。因此，矿渣微粉分级机就是矿渣粉磨系统中的关键设备。由于矿渣微粉中超细粉含量较多，容易产生团聚、附壁现象，分级设备除要具备组合式选粉机的优点之外，还必须具备适应超细粉的分散、分级和分离功能。

矿渣微粉分级机如图13-15所示，它由机壳部分、回转部分、传动装置和出风管等组成，细粉收集系统由机外袋式收尘器、主风机及其管路组成。选粉机内的循环风主要来自细粉收集系统的主风机。

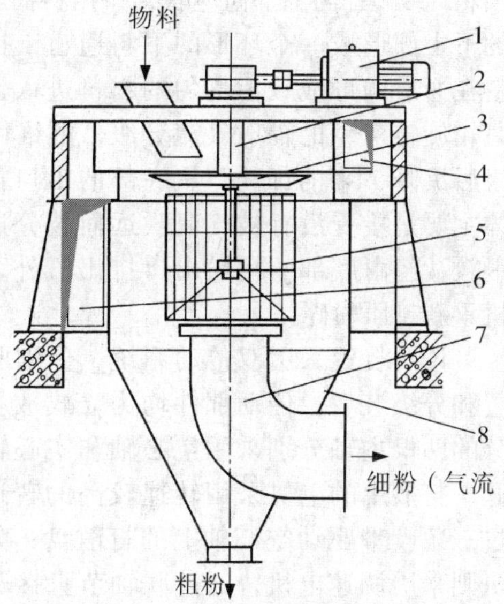

图13-15　矿渣微粉分级机

1—调速电机；2—主轴；3—撒料盘；4—上蜗壳进风口；5—笼型转子；6—下蜗壳进风口；7—出风管；8—下锥体

机壳部分主要由上蜗壳、下蜗壳和下锥体组成。上蜗壳设有进料口和进风口及其导向叶片。下蜗壳侧面设有切向进风口，以增加选粉室内的悬浮分散能力。

传动装置由调速电机、联轴节和减速器组成。回转部分由主轴、撒料盘和笼型转子组成，笼型转子中心下部正对出风管的入口，分级后含细粉的气流由出风管抽出，进入细粉收集系统过滤分离，细粉被收集。主风机的出风口及其管道与上蜗壳和下蜗壳的进风口相连，给选粉机提供足够的循环气流。细粉收集系统也是物料粉磨的除尘系统，出磨含尘气体也可以与下蜗壳进风口相接，同时相应减小主风机对选粉机的回风量。

粉磨后的矿渣由上部喂入选粉机，经下料溜管落到撒料盘上。传动装置驱动主轴回转，固定在主轴上的撒料盘和笼型转子随之旋转，撒料盘上的矿渣粉被加速并均匀地撒开；与此同时，上蜗壳切向进入的气流在导向叶片的作用下旋转吹向撒料盘，加速物料的分散和下落料幕的均匀性，也提高了选粉机对矿渣粉的处理能力。下落料幕在下蜗壳切向进入旋转气流的作用下，减缓了下落速度，延长了悬浮分散的时间，在笼型转子回转产生的平面涡流的作用下逐步分级。粗颗粒由于自重或被转子击落沉降到下锥体内，从底部粗粉出口排出，返回磨机重新粉磨；细颗粒随气流穿过笼型转子边缘，进入中心部位，被出风管的负压抽力带入细粉收集系统捕集下来。由于主轴转速可调，使撒料盘和笼型转子的转速发生变化，不仅提高了对矿渣微粉的适应性，而且对选粉机的产量和成品细度可以实现工艺要求的调控。

七　打散分级机

打散分级机是辊压机的配套设备，是集料饼打散和颗粒分级于一体并兼有烘干功能的设备。这些打散分级机上部为打散部分，类似水平冲击式破碎机，下部为涡流式高效选粉机，必要时可引入热风对物料进行烘干作业。打散分级机如图13-16所示，它由壳体部分、回转部分、传动装置和热风管等组成。内部分级循环气流由机外热风系统提供。

壳体部分由上部筒体、外锥体和内锥体组成。上部筒体的顶盖设有两个对称方向的物料入口，有利于缓解、平衡喂料时的冲击力和打散后的物料均匀地进入分级区。上部筒体内壁装有反击板4，与打散盘5构成粉碎腔，用于打散物料。外锥体的圆柱筒体与风轮7构成选粉室，对打散后的物料进行分级。筒体上盖设有出风口和挡料筒6，并与上部筒体联结；挡料筒与上部筒体的下半部形成一个环形的下料通道，打散后的物料在通道内形成较为均匀的料幕进入选粉区，被风轮旋转产生的辐射气流分级，倒锥筒体收集分级后沉降下来的细粉，从底部的出口排出。内锥体主要是接受没有被气流吹远而被分选下来的粗颗粒，经由底部的粗粉出口排出机外，返回辊压机重新挤压粉碎。

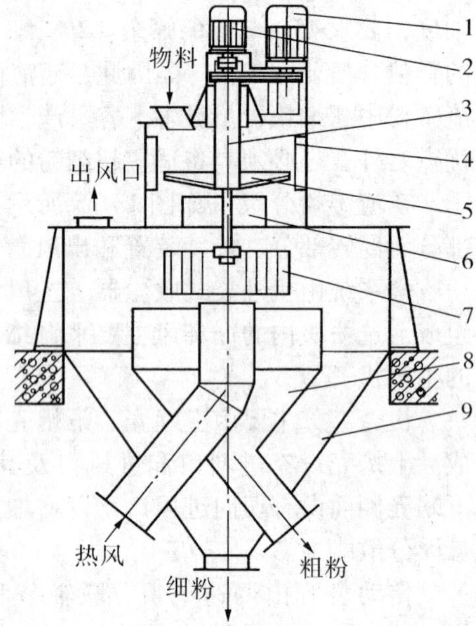

图13-16　打散分级机

1—打散电机；2—分级电机；3—主轴；4—反击板；5—打散盘；6—挡料筒；7—风轮；8—内锥体；9—外锥体

传动装置采用双传动系统，分别驱动打散装置和分级装置。传动部件均为立式放置。回转部分的两根主轴分别采用空心轴和实心轴套装在一起。打散用的电机采用转速较高的普通电机，通过三角胶带驱动空心轴上的打散盘；分级用的电机则采用调速电机，通过联轴节直接驱动实心轴上的风轮分级装置。这样不仅可以满足打散物料强力、高速的要求，也可满足分级物料的变速和能耗的需要。

料饼从顶部两个进料口喂入，落到高速旋转的打散盘上，在惯性离心力的作用下迅速获得动能并加速，抛向四周的反击板而被打散粉碎，从反击板反弹回来的物料还会受到后续抛出物料的撞击而继续粉碎。这种打散方式，充分地利用了粉碎能量和打散空间，避免了喂料时对打散盘锤头的直接冲击，减少了物料的磨损，延长了锤头的使用寿命。同时，由于分级风轮的转速调节方便，为产品细度的调控创造了有利条件，对辊压机粉磨系统循环负荷率的调控也提供了可能。

当粉磨系统物料水分较大时，可以将热风引入打散分级机内，边打散、分级，边烘干物料。热风由外锥体下部的热风管引进风轮中心，随旋转的风轮向四周喷出。打散后的物料在下落过程中与热风进行悬浮热交换。水分蒸发，得以烘干，含湿气流从外锥体顶盖上的出风口排出。

打散分级机具有以下特点：打散分级机集打散与分级于一体，结构简单，维修方便，打散效果好，分级效率高，处理能力大；打散与分级装置采用两台电机分别驱动，既满足提高打散能力的需要，又可以调控产品细度；打散分级机兼有烘干功能，可以充分利用废气余热，在打散、分级的同时具有悬浮烘干能力，热效率高，出料水分低；与辊压机配套使用，可以清除辊压机边缘漏料、开停机过程中未被充分挤压粉碎的大块物料对后续磨机系统产生的不利影响。打散分级机既控制细粉达到入磨粒度均匀，又将粗颗粒返回辊压机，使辊压机运行稳定，联合粉磨系统得以大幅度提高产量，降低电耗。

打散分级机一般以外锥体圆柱筒体的直径/打散盘直径(cm)表示。例如，SF650/140表示打散分级机外筒体直径为6500 mm，打散盘直径为1400 mm，处理能力为180 ~ 280 t/h，打散用电机功率为75 kW，分级用电机功率为45 kW。

八 选粉机的主要工艺参数

选粉机是干法圈流粉磨系统的辅助设备，但是选粉机的工作情况对粉磨设备起着重大的影响。选粉机的作用是将粉磨过程中合格产品及时分离出，以提高磨机产量，降低电耗。粉磨成品的数量和质量很大程度取决于选粉机性能，选粉机特性即使只有相当小变化，都将会在各方面对圈流粉磨过程有明显影响。

圈流粉磨的优点固然很多，但毕竟粉磨流程比开流复杂，要求有较高的管理水平和做到正确运用对粉磨成效有影响的参数值去控制粉磨和选粉过程，才能获得预期的效果。在圈流粉磨系统中，选粉机及其附属提升输送设备的运转毕竟需要消耗能量，通常这部分能量大约相当于磨机所需能量的10%～20%。所以，如果粉磨效率没有提高，或者粉磨效率的提高而节省下来的能量抵偿不了选粉机及其附属设备的运转而增加的能量时，圈流粉磨在能量消耗方面就会变得无利可图。因此，圈流粉磨不能貌似圈流，实质是开流的粉磨。

在开流粉磨中，可以变更的操作条件通常是磨机的喂料量。可是为了满足对产品的细度要求而调节喂料量的结果，会使磨内的料面发生变化，使料球比发生变化，因而会破坏磨内原有的合理工作制度，导致磨机温度上升和粉磨介质的损耗增加。圈流粉磨对粉磨过程的控制比较灵活，可以通过对选粉机的工作条件的调节来控制粉磨过程而不至于改变磨内的操作环境。在圈流粉磨中，选粉机的操作条件，例如离心式选粉机的小风叶数目、大风叶直径、挡板角度等，大体上可以相对于磨机喂料量独立选定。当需要变更细度，要对圈流系统进行调节时，为了稳定磨机的运转条件，不应该变更磨机的喂料量，而是调节选粉机的工作条件。新一代的选粉机主轴的转速是可以变动的，而且是由外部的风机送风，主轴的转速与风量的大小无关，使得圈流系统的调节具有更大的灵活性。

由此可知，在开流粉磨系统中，新喂入磨机的物料量是与产品的细度一一对应的；而在圈流粉磨中，则不是这样，磨内物料量可以维持不变，通过改变选粉条件也可以改变细度。以函数的形式表示这种关系，则有：

以产品的细度作为目标变数时，

开流：细度 $=f$(新喂入物料流量)

圈流：细度 $=f$(新喂入物料流量，分级条件)

或者

细度 $=f$(磨内物料流量，分级条件)

以单位时间产量作为目标变数时，

开流：产量 $=f$(产品细度)

圈流：产量 $=f$(磨内物料流量，产品细度)

为了使干法圈流粉磨系统在最佳状态下运转，应使磨机和选粉机合理匹配，其中循环负荷和选粉效率是表征圈流粉磨状态的重要参数。

(一)循环负荷

磨内物料流量是决定圈流粉磨成效的一个极为重要的参数。圈流粉磨操作的特点就是大流量，圈流粉磨适宜在磨内大流量的条件下操作。没有磨内的大流量，就没有圈流粉磨的实效，结果必须是将圈流粉磨系统当作开流粉磨系统使用。对于圈流粉磨系统，即使产生的细度相同，每因磨内物料流量取值的不同，产量也会有很大的变化。因此，寻求最适宜的磨内物料流量是优化圈流粉磨运转条件的首条，必须特别注意。确定最适宜的磨内物料流量之后，便要将圈流系统的运转稳定在这一点上。最简单的做法是凭借选粉机喂料提升机电动机电流的大小来监控物料流量的稳定情况。磨内物料流量可以通过循环负荷这一参数反映出来。循环负荷 L 是指选粉机的粗粉量（即回粉量）和细粉量（即成品量）之比，它与粒径大小无关。

在圈流粉磨系统中（图 13-17），设 F 为出磨物料量，亦即选粉机的喂料量（t/h），其细度（以通过某一控制筛的百分数表示）为 f；P 为粉磨产品量，亦即选粉机的细粉量（t/h），其细度为 p；R 为磨机回料量，亦即选粉机的粗粉量（t/h），其细度为 r；G 为新喂入磨机的物料量（t/h）。显然，它应等于粉磨产品量，亦即 $G=P$。循环负荷为

$$L = \frac{R}{P} \times 100\% \tag{13-23}$$

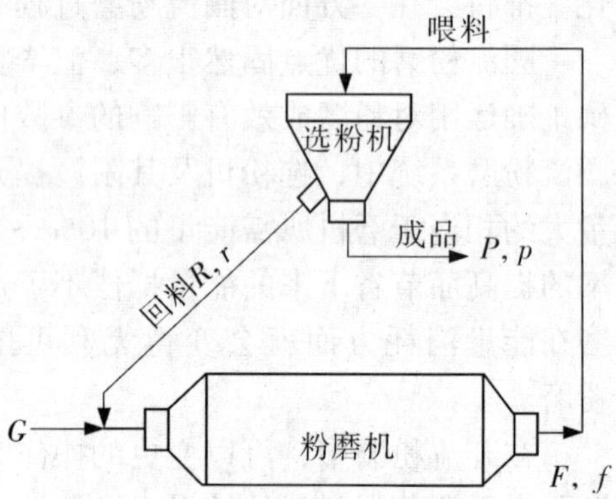

图 13-17　圈流粉磨系统流程图

此外尚有一个性质与循环负荷相近的参数为循环系数：

$$U = \frac{F}{P} \times 100\% \tag{13-24}$$

L 与 U 的关系为

$$L = U - 1 \tag{13-25}$$

在实际操作中，物料流量 F、P、R 不易测出，改用筛分方法，通过三种料流在某一任意选定的筛上作筛析时的筛下料量 f、p、r 来计算比较方便。当圈流系统在稳定状态下工作时，根据物料平衡：

$$F = P + R \tag{13-26}$$

对于筛下料来说，有

$$Ff = Pp + Rr \tag{13-27}$$

两式联立，就可得出循环负荷：

$$L = \frac{R}{P} \times 100\% = \frac{p-f}{f-r} \times 100\% \tag{13-28}$$

$$U = \frac{F}{P} \times 100\% = \frac{p-r}{f-r} \times 100\% \tag{13-29}$$

应注意，上述的 f、p、r 必须是同一尺寸的筛孔上的筛下料量，但筛孔尺寸是任意选定的。不管选定的筛孔尺寸为多大，计算出来的结果，即 L、U 的值始终一样。因此，理论上只需用一种筛孔尺寸的筛，例如 80 μm 的筛同时测定三种料流的筛下料量，便可求得循环负荷率。但事实上，由于取样误差和测量误差，特别是当使用孔径较大的筛时，L 值的计算式中分母的值 $(f-r)$ 显著变小，微小的取样误差都会对计算结果产生重大的影响。因此循环负荷的值不能单靠一种筛的筛下料量测定值来计算，而应该在各种筛孔尺寸的筛上，取每个筛的 f、p、r 数次测定的平均值。而且，并不是直接用式（13-28）计算出相应于这些平均值的 L 值，而是先根据每一种筛的筛析结果用下式计算出粗粉回收率：

$$E_{TR} = \frac{R}{F} \times 100\% = \frac{p-f}{p-r} \times 100\% \tag{13-30}$$

或精粉回收率：

$$E_{TP} = \frac{P}{F} \times 100\% = \frac{f-r}{p-r} \times 100\% \tag{13-31}$$

然后根据这些用不同筛孔的筛取得的数据计算出来的 E_{TR} 值的平均值 $(E_{TR})_m$ 通过下式求出循环负荷的平均值：

$$L_m = \frac{(E_{TR})_m}{1-(E_{TR})_m} \tag{13-32}$$

之所以不直接计算 L，而是以 $(E_{TR})_m$ 为中介，是因为 $(E_{TR})_m$ 的计算式中分母 $(p-r)$ 的值较大，E_{TR} 的误差分布不会有很大的偏离的缘故。

在式(13-28)～式(13-31)中，若 f、p、r 代表筛余量，则计算结果仍然一样。

当圈流粉磨系统中的选粉机的工作条件不变时，循环负荷的大小主要取决于磨机新喂入的物料量。由于在稳定操作的条件下，圈流粉磨系统的精粉产量也就是磨机新喂入的物料量。磨机的喂料量少，产量必然低，循环负荷也必然处于较低的水平 。因此，要提高圈流粉磨系统的产量，必须加大喂料量，使循环负荷维持在较高的水平上。增大喂料后，产品细度出现的问题则通过调整磨机的仓位、钢球的级配、各仓的填充系数、隔仓板的形式、隔仓板和卸料筛板篦缝大小等措施加以解决。必要时，还得改变磨机后面的输送装置和提升机的工作参数。

因选粉机性能、磨机规格、粉磨流程及对产品质量要求的不同，最适宜的循环负荷值可分布在相当广阔的范围内。使用通常尺寸的粉磨介质的球磨机，恰当的循环负荷的范围由选粉机的性能决定；要求的产品粒度越细，越要用大的循环负荷；当要求尖峰的颗粒尺寸分布时，要采用大的循环负荷；粉磨易磨性不良的物料时，虽然循环负荷值大，但磨内流量也是较低的。

(二)选粉效率

实际操作中，选粉机不可能将粉磨物料中的合格产品全部分离出。由于种种原因，例如颗粒之间的撞击粘结，局部涡流、小风叶对各个颗粒的撞击机会并非均等以及细粉沉降区的收集效率不高，在回磨粗粉中总会混有一部分未分离出的合格产品，粗颗粒亦可能落入细粉中。选粉效率是衡量选粉机工作的重要指标。

1. 细粉回收率

细粉回收率或称选粉效率 η 是指经过选粉后成品中实际选出的某一粒级的物料量与选粉机喂料中该一粒级含量之比，即

$$\eta = \frac{Pp}{Ff} \times 100\% = \frac{p}{f}\left(\frac{1}{1+L}\right) \times 100\% = \frac{p(f-r)}{f(p-r)} \times 100\% \tag{13-33}$$

根据上述定义，细粉选出额就是喂入选粉机物料中小于某一尺寸的颗粒被选入精粉中的百分率。因此，人们往往习惯于将此参数称为选粉效率，并有不少人将其看成是评价选粉过程或选粉机工作好坏的重要参数或甚至是唯一的参数，从而在操作控制中追求高的“选粉效率”。其实，这种做法有欠妥之处。

选粉效率会随粒度大小而变化的。它的大小是因所指定的筛孔尺寸而变化的(图 13-18)。随着所选用的测试工具(分析筛)筛孔尺寸的变大，选粉效率降低。对于同一选粉过程，同一选粉机在同一条件下工作，其效率竟然会因测试时所选用的筛孔尺寸的不同而变

化，可见仅凭这种“选粉效率”实在无法窥知选粉质量的高低和选粉机工作的好坏。

其次，既然选粉效率可以使用各种筛孔尺寸的筛来测定，为了达成共识，最好选用筛析得最完全的筛，亦即筛孔尺寸相当于物料中最大颗粒的尺寸 d_{max}。这样，精粉和喂入选粉机的物料都能全部通过筛孔，即 $p = 100\%$，$f = 100\%$。根据式(13-33)，选粉效率

$$\eta = \frac{P \times 100}{F \times 100} \times 100\% = \frac{P}{F} \times 100\%$$

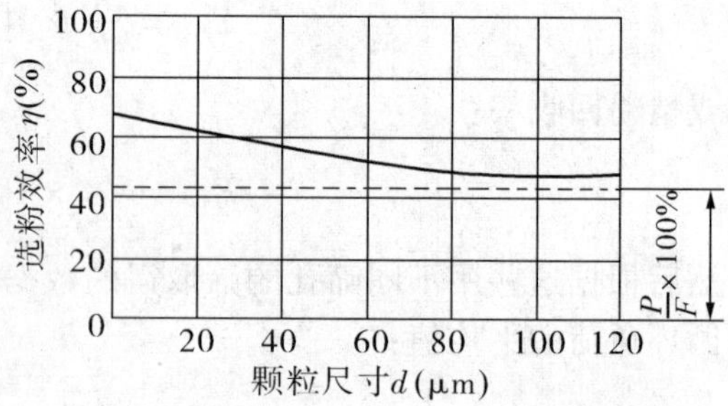

图 13-18　选粉效率与所指定的筛孔的关系

这就是遍计全部颗粒的“总选粉效率”，其值是所有选粉效率中的最小者(见图 13-18)。

再次，前已述及，圈流粉磨系统的产量随循环负荷的增大而增大。选粉效率对 80 μm 以下的颗粒而言，则具有一峰值。循环负荷过高或过低，都会使选粉效率下降。所以，要把产量维持在较高的水平上，选粉效率不一定高。

2．部分分级效率和选粉曲线

在实践中，人们逐渐认识到细粉回收率并非是评价选粉机工作性能的好方法，因而越来越多采用部分分级效率和选粉曲线。

部分分级效率用物理化学成分一类的连续变量表示分级性质，对于诸如粒径、密度或化学成分等特性值为连续变量的场合，将特性值划分为若干区间，各区间的回收率称为部分分级效率，它表示各组成部分的分离结果。在这里只限于用粒径进行讨论，把连续变化的粒径分成几个区间，计算各区间的回收率。

在圈流粉磨系统中，着眼于细颗粒的取出回收，故将精粉回收率 E_{TP} 看做选粉机的总效率，而将各种尺寸的颗粒能够进入精粉侧的份数看做是部分分级效率(部分回收率)或粒级效率(粒级回收率)。于是第“i”种尺寸的颗粒的粒级效率为

$$\Delta\eta = \frac{\text{精粉中尺寸为 } d_i \sim (d_i + \Delta d) \text{ 的颗粒量}}{\text{喂入选粉机物料中尺寸为 } d_i \sim (d_i + \Delta d) \text{ 的颗粒量}} \times 100\%$$

$$= \frac{P\Delta p_i}{F\Delta f_i} = \frac{1}{L+1}\left(\frac{\Delta p_i}{\Delta f_i}\right) \times 100\% \tag{13-34}$$

或

$$\Delta\eta_i = \frac{P\Delta p_i}{P\Delta p_i + R\Delta r_i} \times 100\% = \frac{\Delta p_i}{\Delta p_i + L\Delta r_i} \times 100\% \tag{13-35}$$

式中，Δf_i、Δp_i 及 Δr_i 分别为喂入选粉机物料、精粉及粗粉中尺寸范围在 $d_i \sim (d_i + \Delta d)$ 之间的颗粒质量分数(%)。在计算时循环负荷 L 之值应为按照前述方法求得的全粒径平均共同值。

将 $\Delta\eta$ 值对于颗粒尺寸绘出的曲线 $T(d)$ 称为部分分级效率曲线、粒级效率曲线、粒级回收率曲线、选粉曲线或 Tromp 曲线(见图 13-19)。

如图 13-19a 所示，理想分级为垂直直线 1，随着分级精度变差变成曲线 2、3。高效选粉机的选粉曲线接近于实际理想曲线，曲线呈 S 状，曲线的两端十分接近于经过效率为 0% 和 100% 的点的横坐标线。理论上的完善选粉，选粉曲线为一折线(图 13-19a 中实线所示)。粗大的颗粒，粒级效率全部为零。小至某一尺寸 d，粒级效率迅猛上升到 100%。比 d_c 小的颗粒，粒级效率也都是 100%。这意味着，粗颗粒出现在精粉中的机会为零，精粉中全部是细颗粒，无粗颗粒存在。细颗粒则全部进入精粉中，无一漏入粗粉中，因为它们

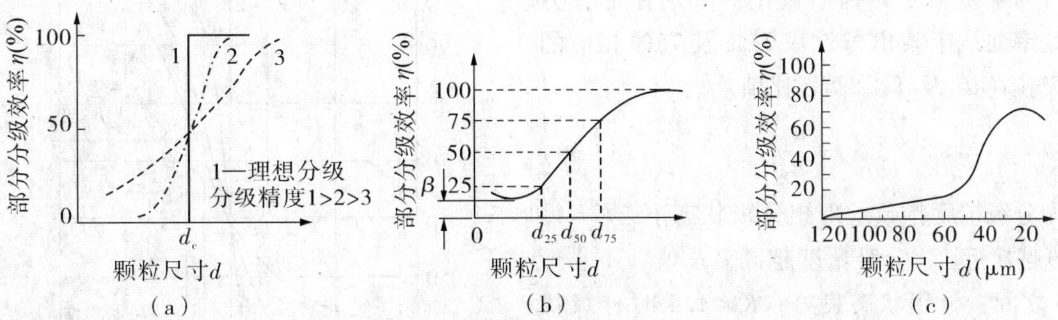

图 13-19　部分分级效率曲线

在精粉中出现的机会为 100%。这时，选粉机俨然以 d_c 为界，将颗粒划分为两个部分。因此，d_c 称为分割尺寸。S 形的实际选粉曲线的拐点的横坐标，就是实际选粉机的分割尺寸。所谓分级点通常是指相当于分级效率 50% 的粒径，即在粗、细粉中数量相等的颗粒粒径，称为切割粒径或分级粒径 d_{50}。该粒径的颗粒进入内侧和外侧的概率相同，并且较 d_{50} 大的颗粒易进入外侧，较 d_{50} 小的颗粒易进入内侧。

图 13-19b 所示为选粉曲线的一般形状。曲线下部有一个最低值 β 称为旁路值或短路值，指的是曲线端部向上的一定量细颗粒进入粗粉，其原因是分散效果差，这部分物料未能得到良好的分级。选粉效率越高，旁路值应越小。

图 13-19c 所示为选粉欠佳时的选粉曲线。工作不良的选粉机选粉曲线的两端不可能接近于 0 和 100% 效率线。特别是细颗粒端，与 100% 效率线有较大的距离，而且选粉曲线末端呈弯钩状。之所以有这样的结果，是由于：

(ⅰ)粉碎效应——在选粉机内部，结构有缺陷的大颗粒彼此碰击时发生粉碎，致使原来的粗颗粒不是完全不能进入精粉中，从而使曲线下部的渐近线偏离 0% 效率线。通常粉碎效应不明显，偏离的程度也就显得很微弱。

(ⅱ)旁路效应——细颗粒夹杂在粗颗粒之间，受到遮掩，不能接受选粉作用力，从而逃脱选粉，进入旁路逸出的粗粉中，致使细颗粒在精粉中的量减少，粒级效率不能等于 100%，选粉曲线的顶部的渐近线位置降低。

(ⅲ)鱼钩效应——在选粉机内部，当粗粉流与精粉流交会时，粗颗粒表面包衬有一层极细的颗粒；或者当撒料不匀时，出现小颗粒聚集体，成为粗颗粒进入粗粉侧。两者都使细颗粒的粒级效率急剧下降，以致选粉曲线顶部弯曲成鱼钩状。新一代的选粉机，颗粒受到气流的多次冲刷，可消除鱼钩效应。

(ⅳ)受到控制手段的限制，颗粒尺寸细小处数据不足。

由此可知，选粉机的工作性能可以从部分分级效率曲线上反映出来。工作性能良好的选粉机必须是：部分分级效率曲线的斜度要大，走势要陡峭。曲线的两端渐近于 0 和 100% 效率线，特别是细颗粒端无鱼钩出现。凭渐近线与 100% 效率线的距离可判断选粉效能。

为了比较各种形式选粉机的选粉效率，画出如图 13-20 所示的典型选粉曲线。可以看出，用 O-Sepa 选粉机选出 3 ～ 30 μm 细粉进入粗料的比例比传统选粉机低得多。

3. 分级精度指数

部分分级效率曲线难以得到确定的值，因此又提出了关于该曲线的各种指数，目前经常采用的是分级精度指数。

为了使斜度的判断量化，分别在部分分级效率曲线上找出与效率 25% 及 75% 相应的分级粒径 d_{25} 及 d_{75}。两者比值

$$K = \frac{d_{75}}{d_{25}} \tag{13-36}$$

称为分级精度指数。理想分级状态下，$K=1$。K 值越接近 1，分级精度越高。K 值在 1.4 ~ 2.0 之间，分级状态良好；$K<1.4$ 时分级状态很好。

也有用 $K=d_{25}/d_{75}$ 表示的，此时 $K<1$。K 值越小，分级精度越差；K 值越接近于 1，则选粉曲线斜度越大，分级精度越好(见图 13-19a)。

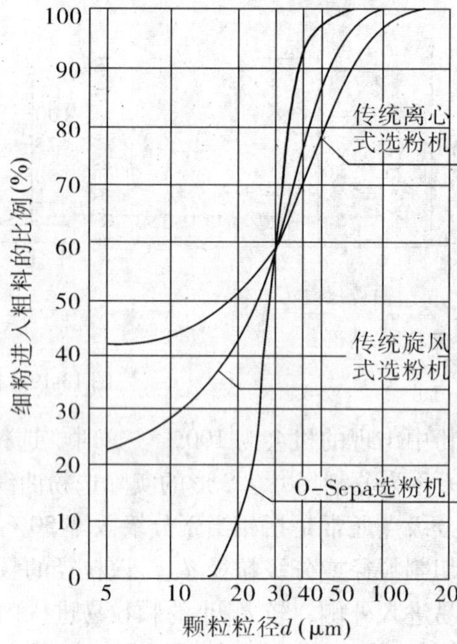

图 13-20　各种型式选粉机的选粉曲线

(三)粉磨效率与循环负荷和选粉效率之间的关系

在圈流粉磨系统中，当某一粉磨设备操作制度一定(如填充系数、转速等不变)，选粉效率 η、循环负荷 L 与磨机生产能力 Q 之间关系可按下式决定：

$$\frac{Q_2}{Q_1} = \frac{(1+L_1)\ln\dfrac{(2+L_1)-1/\eta_1}{(1+L_1)-1/\eta_1}}{(1+L_2)\ln\dfrac{(2+L_2)-1/\eta_2}{(1+L_2)-1/\eta_2}} \tag{13-37}$$

粉磨效率随循环负荷的增加而增加，随选粉效率的提高而提高。但选粉效率又随循环负荷的增加而降低(见式(13-33))。

采用圈流粉磨系统时，应将磨机和分级设备视为一个有机的结合体。虽然分级设备没有粉碎物料作用，产品中细粉量的多少取决于磨机的粉磨效率。然而，分级设备的选粉效率也会影响到磨机的粉磨效率。分级设备的分级能力必须与磨机的粉磨能力互相适应，正确选择操作参数，尤其要把循环负荷与选粉效率控制在合理范围内。

在圈流粉磨操作中，在磨机的粉磨能力与选粉机的选粉能力基本平衡的条件下，适当提高循环负荷可使磨内物料流速加快，增大细磨仓的物料粒度，减少衬垫作用和过粉碎现象，使整套粉磨系统的生产能力提高。如果是粉磨水泥，当循环负荷增加时，也增加了回粉中所含的水化较慢的 30 ~ 88 μm 的颗粒。经过磨机的再粉磨，就能增加水泥中小于 30 μm 的微粒的含量，以提高水泥的强度。因此，适当增大循环负荷是有好处的。但是，当循环负荷过大，会使磨内物料的流速过快，因而粉磨介质来不及充分对物料作用，反而使水泥的颗粒组成过于均匀，小于 30 μm 颗粒的含量少，以致水泥的强度下降。当循环负荷太大时，选粉效率会降低过多，甚至会使磨内料层过厚，出现球料比太小的现象，粉磨效率就会下降，结果使磨机产量增长不多，而电耗由于循环负荷增长而增长，使经济上不合算(见图 13-21)。

因此，循环负荷应有一合理数值。圈流粉磨系统只有当循环负荷控制在适当大小的情况下操作，才能获得优质高产的效果。

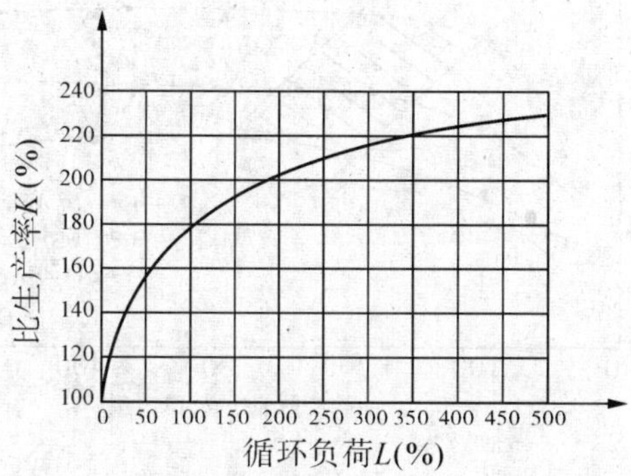

图 13-21　磨机生产能力与循环负荷的关系

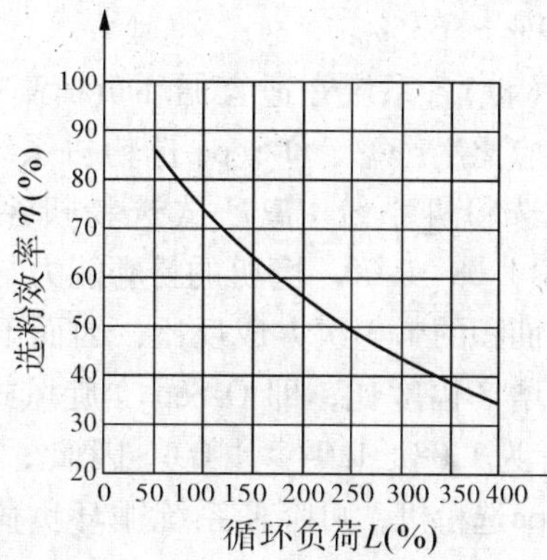

图 13-22　选粉效率与循环负荷的关系

选粉效率的高低与选粉机的分级性能和循环负荷的大小有关。对于同一台选粉机来说，选粉效率随着循环负荷的增加而降低（见图 13-22）。必须指出，在圈流粉磨系统的操作中，并不像其他单纯以离析为目的操作那样，追求较高的选粉效率。如果选粉效率不适当地提高，而循环负荷却不适当地降低，物料在磨内被磨得相当细之后才能卸出，这时开流粉磨系统所有的垫衬作用和过粉碎现象就严重起来，导致产量降低。如果选粉效率太低，则循环负荷太大，同样造成磨机粉磨效率降低，产质量也下降。因此，选粉效率也应当控制在适当范围。根据生产统计资料，粉磨水泥生料或水泥时，选粉效率一般控制在 50% ～ 70% 为宜。当循环负荷较大时，甚至低于 50% 也可以。

为了比较采用不同选粉机的粉磨系统生产率，以 K 值表示比生产率。设 $L = 50\%$、$\eta = 100\%$ 时，其生产率为 1，根据生产数据可算出不同型式选粉机循环负荷 L 和选粉效率 η 与磨机比生产率之间的关系（见表 13-6）。

表 13-6　不同型式选粉机循环负荷和选粉效率与磨机比生产率之间的关系

型　式	循环负荷 L（%）	50	100	200	300	400	500
离心式	选粉效率 η（%）（88 μm）	80.0	66.5	50.5	41.0	33.5	28.0
	比生产率 K 值	0.681	0.746	0.804	0.831	0.817	0.796
旋风式	选粉效率 η（%）（88 μm）	84.5	72.5	55.0	44.0	37.0	32.0
	比生产率 K 值	0.770	0.858	0.895	0.902	0.912	0.920
O-Sepa	选粉效率 η（%）（50 μm）	90.0	79.0	63.0	50.0	42.0	36.0
	比生产率 K 值	0.863	0.999	1.026	1.016	1.019	1.016

为了更清楚地分析比较，按表 13-6 绘出图 13-23。从图可看出：

（ⅰ）对于带离心式选粉机的圈流粉磨系统，循环负荷低于 200% 时比生产率迅速下降，高于 300% 则带来提升机电耗高，因此适宜的循环负荷为 200% ～ 300%，此时比生产率 K 值最高。由表 13-6 可知，相应的选粉效率为 50.5% ～ 41.0%。

（ⅱ）对于带旋风式选粉机的圈流粉磨系统，循环负荷超过 250% 时，比生产率增加不多，而输送设备和选粉机电耗增高。因此，该系统适宜的循环负荷为 150% ～ 250%，其比生产率最高。循环负荷 250% 时，相应的选粉效率为 44%。

（ⅲ）对于带 O-Sepa 选粉机的圈流粉磨系统，比生产率最高点位于循环负荷为 200% 处，小于 100% 时则降低较快。因此，适宜的循环负荷为 100% ～ 200%，相应的选粉效率为 79% ～ 63%。

（ⅳ）各系统在适宜循环负荷高限时，其相应比生产率，O-Sepa 选粉机系统：旋风式选粉机系统：离心式选粉机系统为 1.17：1.08：1.00。磨机的粉磨能力与成品比表面积的 1.3 次方成反比，因而不同选粉机增产幅度比，即 O-Sepa：旋风式：离心式为 1.08：1.04：1.00。因此，采用 O-Sepa选粉机，可降低系统循环负荷，提高选粉效率，提高系统比生产率。

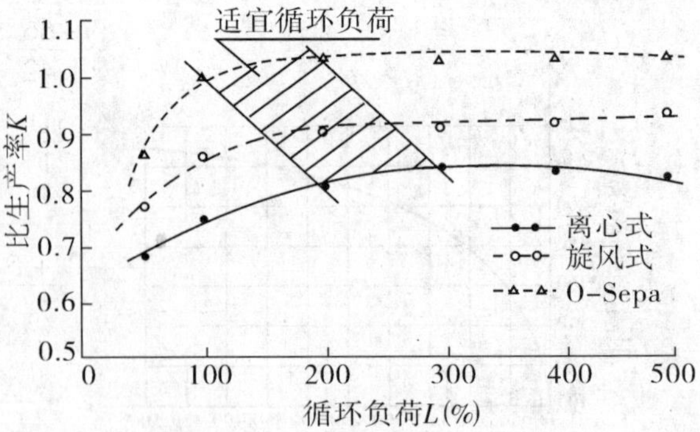

图 13-23　不同型式选粉机的循环负荷与磨机比生产率的关系

此外，比生产率最高点的循环负荷和选粉效率值还随设备条件、粉磨物料性质、粉磨方法和流程、对产品质量要求等具体情况变化。当使用 ϕ17 ～ 20 mm 微介质粉磨普通水泥时，要求磨内的料面尽量降低，受这方面的制约，最佳循环负荷取 100% ～ 250%。对直径小、长度长的磨机和选粉能力偏小的机组，比生产率值最高点时循环负荷宜适当取小；磨机直径大、长度短，选粉机能力有富裕，则循环负荷可适当加大。在实际操作中，各种不同粉磨系统的循环负荷，一般可取：

一级圈流水泥磨	L = 150% ～ 300%
二级圈流水泥磨（短磨）	L = 300% ～ 600%
一级圈流干法水泥生料磨	L = 200% ～ 450%
风扫式水泥生料磨	L = 50% ～ 150%
一级圈流湿法水泥生料磨	L = 50% ～ 300%

由于循环负荷和选粉效率都影响到粉磨系统的产量，也影响到产品的质量。因此，当考虑循环负荷和选粉效率是否恰当时，不仅要注意到产量，而且也要注意到产品的质量。在水泥粉磨情况下，细粉应尽可能多含 3 ～ 30 μm 粒级部分，这对水泥强度的发展尤其重要，这意味着粉磨系统应生产一种级配尽可能窄的产品。O-Sepa 选粉机成品中平均 3 ～ 30 μm 粒级含量高于旋风式和离心式选粉机的成品中平均 3 ～ 30 μm 粒级含量。也就是在粉磨相同比表面积细度情况下，用 O-Sepa 选粉机选出的水泥强度更高。或在保证同等水泥强度情况下，降低比表面积可提高产量。

【例 13-2】　在球磨机圈流粉磨水泥的系统中，用筛孔尺寸为 200 μm、100 μm 及 60 μm 的筛对喂入选粉机物料、粗粉及精粉的试样进行筛析，筛析结果（数次平均值）列于下表。试计算其循环负荷及选粉效率，绘出选粉曲线并求出分级精度指数。

筛孔尺寸（μm）		200	100	60
筛余（筛下料）（%）	粗粉	18(82)	58(42)	79(21)
	喂入选粉机物料	10(90)	34(66)	49(51)
	细粉	0.1(99.9)	5(95)	13(87)

【解】　(1)粗粉回收率

根据 200 μm 筛的结果计算：$E_{TR}=\dfrac{R}{F}\times100\%=\dfrac{99.9-90}{99.9-82}\times100\%=55.30\%$

根据 100 μm 筛的结果计算：$E_{TR}=\dfrac{95-66}{95-42}\times100\%=54.72\%$

根据 60 μm 筛的结果计算：$E_{TR}=\dfrac{87-51}{87-21}\times100\%=54.55\%$

(2) 平均粗粉回收率

$$(E_{TR})_{\mathrm{m}}=\frac{55.30+54.72+54.55}{3}\times100\%=54.86\%$$

(3) 循环负荷

$$L_{\mathrm{m}}=\frac{(E_{TR})_{\mathrm{m}}}{1-(E_{TR})_{\mathrm{m}}}=\frac{0.5486}{1-0.5486}\times100\%=121.5\%$$

为了绘制部分分级效率曲线，所得的实际数据尚不足，特别是缺乏 60 μm 以下的微细颗粒的测试结果。为了取得详尽的数据，可使用外推法。根据喂入选粉机物料、粗粉和细粉各自在200 μm、100 μm 和 60 μm 筛上筛余量的演变，推算其在更小筛孔上的筛余量。这种外推必须满足两个条件：①根据 *RR* 颗粒分布定律，某一种粉体，其在不同尺寸 d 的筛上筛余量 R 的变化关系，如果在 lglg$R$ 对 lg$d$ 坐标上绘出，将为一直线。②在整个粒度范围内算出的所有循环负荷的值都相同。

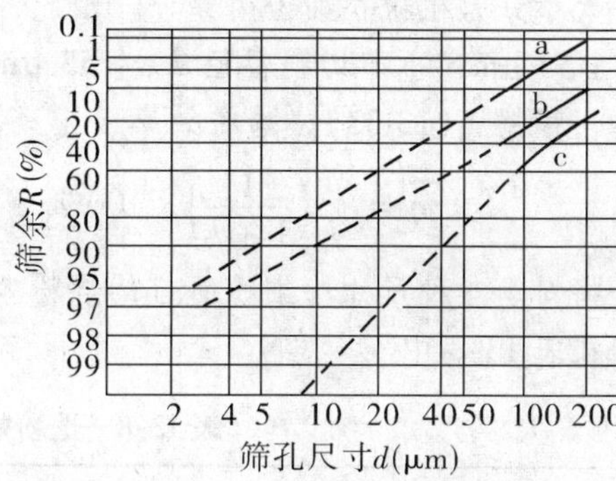

图 13-24　选粉机三种物料的颗粒尺寸分布

a—细粉；b—喂入选粉机物料；c—粗粉

外推结果如图 13-24 所示。图中实线得自筛析结果的测定值，虚线是其外推值。

用式(13-34)计算部分分级效率，这时循环负荷 $L_{\mathrm{m}}=1.215$：

$$\Delta\eta_i=\frac{1}{L+1}\left(\frac{\Delta p_i}{\Delta f_i}\right)\times100\%=\frac{1}{2.215}\left(\frac{\Delta p_i}{\Delta f_i}\right)\times100\%$$

计算的过程如表 13-7 所示。根据表中的部分分级效率，将选粉曲线绘在图 13-25 上。

表 13-7　部分分级效率的计算(平均循环负荷 $L_{\mathrm{m}}=1.215$)

筛孔尺寸 d (μm)		1	3	4	5	7.5	10	15	20	30	40	50	60	80	100	150	200
筛余(筛下料)(%)	粗粉(r)		100 (0)		99.6 (0.4)		99 (1)		96.8 (3.2)		90 (10)		79 (21)		58 (42)		18 (82)
	喂入选粉机物料(f)		96.8 (3.2)		94.7 (5.3)		89 (11)		78 (22)		83 (37)		49 (51)		34 (66)		10 (90)
	细粉(p)		93 (7)		88.5 (11.5)		77 (23)		55 (45)		30 (70)		13 (87)		5 (95)		0.3 (99.7)
循环负荷 L			1.19		1.216		1.20		1.223		1.222		1.20		1.206		1.213
Δp(%)		7		4.5		11.5		22		25		17		6		4.7	
Δf(%)		3.2		2.1		5.7		11		15		14		15		24	
2.215Δf(%)		7.088		4.873		12.63		24.37		33.23		31.01		33.23		53.16	
$\Delta\eta$		0.99		0.92		0.91		0.90		0.75		0.55		0.24		0.084	

根据选粉曲线，查得相应于效率 25% 及 75% 的颗粒尺寸为 78 μm 及 30 μm，因此分级精度指数

$$K = \frac{d_{25}}{d_{75}} = \frac{78}{30} = 2.6$$

又查得相应于效率50%的颗粒尺寸为55 μm，这意味着在选粉过程中尺寸为55 μm的颗粒落入细粉的机会为50%，落入粗粉的机会也是50%。选粉的进行可看做是以55 μm为界线，将颗粒按大小分为粗粉和细粉两部分。因此，分割尺寸d_c=55 μm，也即切割粒径d_{50}为55 μm。

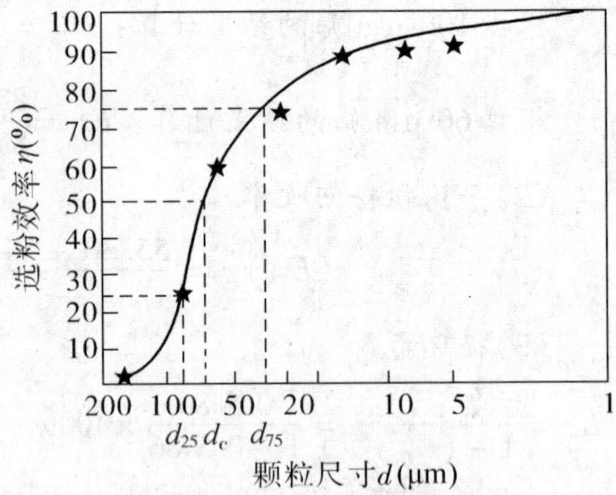

图13-25　选粉曲线

根据式(13-33)，选粉效率

$$\eta = \frac{p}{f}\left(\frac{1}{1+L}\right) \times 100\%$$

今将对于各种尺寸的细粉而言的选粉效率的计算列在表13-8中。

表13-8　选粉效率(平均循环负荷 L_m = 1.215)

颗粒尺寸 d (μm)	3	5	10	20	40	60	80	100	200
尺寸小于 d 的细粉中的细粒分量 p (%)	7	11.5	23	45	70	87	91	95	99.7
喂入选粉机物料中的细粒分量 f (%)	3.2	5.3	11	22	37	51	58.5	66	90
选粉效率 η (%)	98.8	98.0	94.4	92.3	85.4	77.0	70.2	65.0	50.1

第二节　水力分级机

水力分级机大多数用来使处在液体介质中的固体颗粒按照粒径大小的不同进行分级。无机非金属材料工业中使用的水力分级机有耙式分级机、浮槽分级机、水力旋流器以及弧形筛等。前两种分级机主要借助于重力的作用来工作，分级速度慢，已经逐渐被淘汰。水力旋流器是借助于惯性离心力的作用来工作，离析过程比用重力作用的快得多，处理能力大，设备简单紧凑，可供分级、分选、脱泥及增稠等用途使用。但是，功率消耗较大，容易磨损，操作不大稳定，目前也使用不广。

弧形筛是近年发展起来的流体动力分级设备。它本是一种筛分设备，但利用流体的压头和料浆做圆周运动时的惯性离心力将颗粒送到筛面上，使单位面积筛面的筛分能力大为提高。弧形筛是一种有效的浓浆细分级设备，适于配置在湿法圈流粉磨系统中使用。

弧形筛的工作部件是一个固定的弧形筛面。筛面的面层用薄铜板、薄铁板冲孔制成，或用筛条编织成。筛条要求有一定的强度和耐磨性，可用不锈钢、铁丝或尼龙等材料制造。筛条的排列与物料运动方向相垂直。筛条具有矩形或略具梯形的断面。这样可使条形筛板的缝隙不致被物料堵塞。筛孔的直径或筛缝的宽度为0.3～0.6mm。为了增加筛面的强度，可将面层支承在较粗的铁丝网底层上。

弧形筛有自流弧形及压力弧形筛两种。自流弧形筛又称无压力弧形筛，如图13-26所示。料浆自流到装在机架上的受料箱1中，由溢流板2边缘倾流而出并落入下部逐渐收缩的槽 3 中，通过该槽的排出口 4，料浆沿筛曲面内壁切线流到筛面 5 上。排出口 4 保证料浆均匀地平均分布在弧形筛网的整个宽度上。筛上产品（粗浆）沿箭头 6 从筛网排出，而通过筛孔的筛下产品（细浆）集中在接收器 7 中，通过排出管 8 排出。

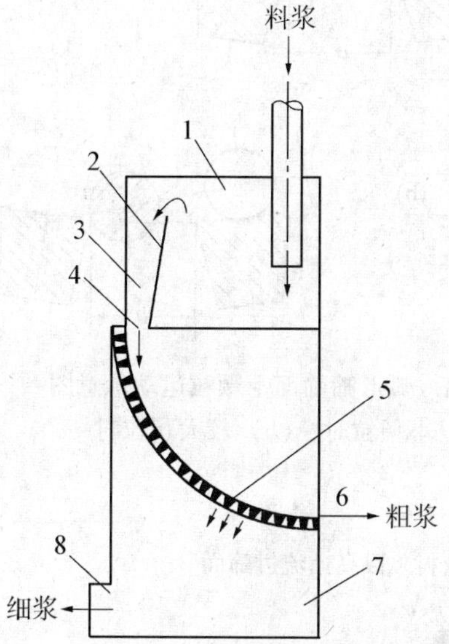

图 13-26　自流弧形筛

1—受料箱；2—溢流板；3—收缩槽；4—排出口；5—筛面；6—粗浆排出口；7—接收器；8—细浆排出管

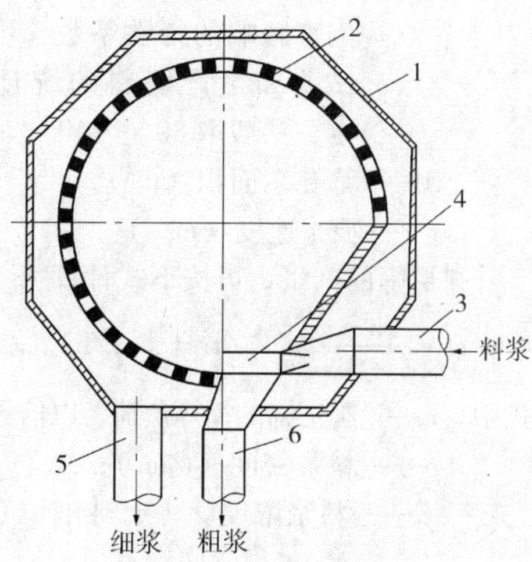

图 13-27　压力弧形筛

1—外壳；2—弧形筛面；3—进浆管；4—喷浆口；5—细浆管；6—粗浆管

压力弧形筛如图 13-27 所示，主要由弧形筛面和喷嘴两部分组成。外壳 1 内固装着一个弧形筛面 2。料浆用泵经过进浆管 3 送入，从扁平的喷浆口 4 以高速喷出。于是，料浆成一股扁平的浆流贴在筛面上做圆周运动。在送浆压力及惯性离心力的作用之下，细颗粒和一部分水分穿过料浆层及筛孔筛出，汇集到外壳，经细浆管 5 送到料浆库中。较粗的颗粒和一部分水分则沿着弧形筛面运动，然后经粗浆管 6 作为循环料送回磨机再进行粉磨或送到下一级弧形筛中再次分级。

弧形筛按弧度所张的圆心角，目前常用的有 135°、180°和 270°三种。弧形筛按弧形的形式和所起的作用可分为两类：一种用作剔除（去掉粗粒）筛分的 180°压力弧形筛，另一种起圈流筛分作用的弧形筛。后者又分两种：一种是 270°压力筛，另一种是在 270°压力筛后加 135°自流筛串联型式，料浆经 270°压力筛筛分后，粗浆靠高差（一般约 6m）进入 135°自流筛，进行第二次筛分，以提高筛分效率。

实践证明，弧形筛的分级准确度与各种筛分设备相近。但是使用普通筛机时，筛孔就是分级粒度的极限。而在使用弧形筛的情况下，筛条的间隙可比分级粒度大 0.5 ～1 倍。从图 13-28 及图 13-29 中可以看出，由于颗粒运动速度很快，只有直径比筛孔尺寸 a 小 1/1.5或 1/2 的颗粒才能通过筛孔。如果颗粒大小与筛孔大小相接近，那么在惯性力的影响下，颗粒碰到下面筛条的边缘后，翻转到筛条的上面来（图 13-28b），从而可以防止筛孔堵塞。

弧形筛的处理能力可按下列经验公式计算：

$$Q = KAv \quad (m^3/h) \tag{13-38}$$

式中 Q——弧形筛的处理能力，在圈流粉磨系统中，它等于磨机产量及循环量之和；

K——考虑到喂浆条件（压强、浓度等）、分级精度和筛面结构等因素影响的特性系数，可通过试验和生产资料的统计来确定，一般取 80 ～ 140；

A——筛孔总面积（m^2）；

v——喂浆速度（m/s）。

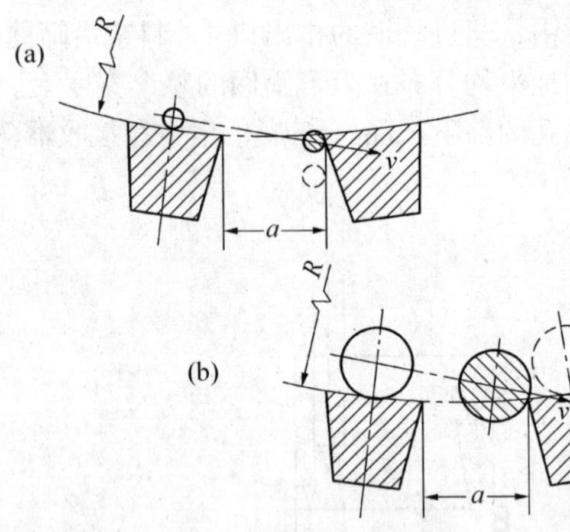

图 13-28 弧形筛筛面上颗粒运动示意图

（a）小颗粒时；（b）较大颗粒时

弧形筛的产量，可按下式计算

$$W = Q \cdot \frac{1}{L+1} \cdot \rho C \quad (\text{t(干料)/h}) \qquad (13\text{-}39)$$

式中 L——弧形筛的循环负荷，以倍数表示；

ρ——料浆密度（t/m^3）；

C——料浆浓度（t（干料）/t（料浆））。

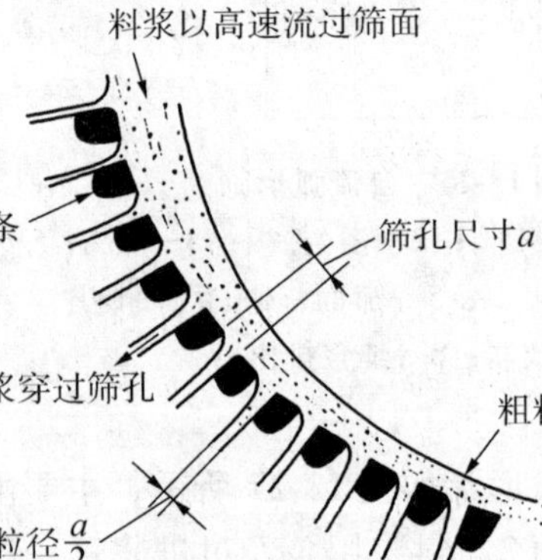

图 13-29 弧形筛筛面上的料浆分级过程

对于 180°的低压弧形筛，喂浆速度 $v = 3 \sim 6$m/s，工作压力 $p = 50 \sim 81$kPa（表压）；对于 270°压力筛和 135°自流筛串联型式，$v = 12 \sim 16$m/s，$p = 152 \sim 235$kPa（表压）。循环负荷随工作压强、料浆流速而定，用作剔除筛分的低压慢速喂浆的弧形筛，取 $L = 50\% \sim 100\%$；用作圈流筛分的压高快速喂浆的弧形筛，取 $L = 150\% \sim 300\%$。

图 13-30 所示为用弧形筛组成的一级湿法圈流粉磨系统。磨机采用棒球磨或一般长磨。原料喂入磨机 1 中，经粉磨后卸至料浆坑 2，用泵 3 把料浆送入一级弧形筛 4 中分级，粗浆流入二级弧形筛 5，细浆为成品。二级弧形筛为自流筛，从二级弧形筛分离出的粗浆重新入磨粉磨，细浆则为成品。粗浆用回浆管从磨头送入，可能会使磨内有满料现象产生，同时磨机第一、二仓有过粉碎现象。亦有将粗料回浆管从磨尾进入。带弧形筛的湿法圈流粉磨系统的单位电耗为 43.2 ～ 50.4MJ/t，比开流粉磨系统一般可降纸 15% 左右。

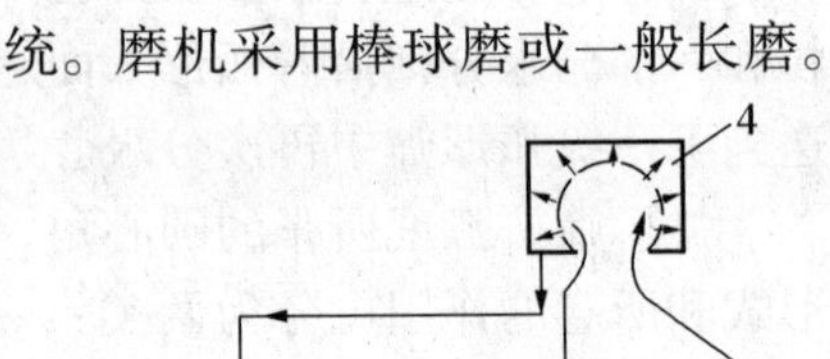

图 13-30 带弧形筛的一级湿法圈流粉磨系统

1—磨机；2—料浆坑；3—泵；4—一级弧形筛；5—二级弧形筛

与其他分级设备比较，弧形筛无运动部件，结构简单，占地面积较少，容易制造和安装，生产能力和效率都很高。湿法粉磨配上弧形筛作圈流粉磨时，能提高磨机的产量和降低电耗。但是筛面比较容易磨损，需要经常更换修理，因而影响了弧形筛的正常使用。

第 14 章　料浆脱水设备

在无机非金属材料工业生产中，用湿法粉磨所得到的料浆，往往要脱除一部分水分，才能作进一步的加工。例如，用可塑成形法生产细陶瓷制品时，水分在 55%（均以质量计）以上的料浆需要脱水，变成水分在 20% ~ 25% 的泥饼。湿法生产水泥时，送入回转窑的料浆要求水分在 40% 以下；半湿法生产水泥时，还需进一步将料浆脱水，使其残余水分为 16% ~ 19%。常用的脱水的方法有：

（ⅰ）重力沉降法。所用的设备有沉降厚浆池。脱水后的料浆所含水分可缩减至 40% ~ 69%。

（ⅱ）离心力沉降法。所用的设备有水力旋流器等。

（ⅲ）过滤法。所用的设备有各种过滤机，可使料浆水分降至 18% ~ 25%。

若要制取含水分更少的坯料，还得采用干燥法（喷雾干燥器等）脱水。

第一节　厚 浆 池

厚浆池是一个带有锥底的圆柱形容器（图 14-1），其中悬吊着一根立轴 1，轴下端有几个径向的倾斜浆耙 2。稀料浆连续由池中心的喂料管 3 喂入，在重力的作用下固体颗粒沉到池底，澄清液向上升起，连续不断地由池边缘溢出，经环形溢流槽 4 排走。浆耙随立轴作极缓慢的转动，每转一周为 20 ~ 50 min，以免影响颗粒的沉降。当浆耙转动时，就将已沉降的较稠厚料浆拨至池底中心处的排出口 5 排出。

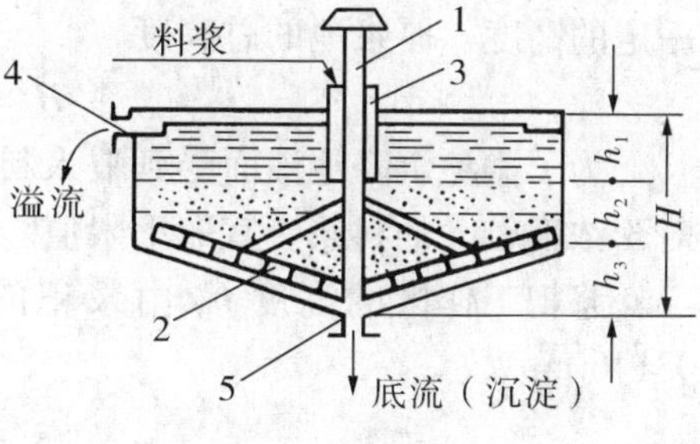

图 14-1　厚浆池

1—立轴；2—浆耙；3—喂料管；4—溢流槽；5—排出口

沿着厚浆池的高度有几个作用不同的区域。池的上部，浆料中的固体颗粒发生沉降，称为沉降区。在沉降区下面，固体颗粒互相叠置堆积在一起，在颗粒本身重力作用下产生了增稠作用，称为增稠区。再下面是浆耙工作区，由于浆耙将稠厚料浆拨动，减少料浆颗粒之间的结拱等现象，沉淀的浓度更加有所提高。

喂入厚浆池的料浆所含水分，除了一部分随同稠厚料浆从池底排走之外，其余都通过沉降区作为溢流排出。因此，在池内出现一股上升的液流。要使固体颗粒不致在溢流中排出，液流上升的平均速度就不能大于固体颗粒的沉降速度，所以厚浆池必须具有足够的横截面积。

设要求厚浆池每小时能处理含有 W'(kg) 固体（干料计）的料浆。原始料浆和增稠后的料浆所含水分分别为 C_1 和 C_2（kg（水）/kg（固体））。厚浆池的截面积为 A(m^2)。于是池中液流上升的平均速度为

$$\bar{u}_f = \frac{W'(C_1 - C_2)}{3600A\rho} \quad (m/s) \tag{14-1}$$

式中　ρ——液体密度(kg/m^3)。

对于水，$\rho = 1000\ kg/m^3$，代入上式得

$$\bar{u}_f = \frac{W(C_1 - C_2)}{3600A} \quad (m/s) \tag{14-2}$$

式中　W——每小时能处理的干计固体量(t/h)。

或者

$$A = \frac{W(C_1 - C_2)}{3600\bar{u}_f} \quad (m^2) \tag{14-3}$$

令液流上升的速度等于颗粒的沉降速度 u'_0，且考虑到截面上液流速度的不均匀，则

$$A = K\frac{W(C_1 - C_2)}{3600u'_0} \quad (m^2) \tag{14-4}$$

式中，K 为考虑截面上液流速度不均匀的系数。对试验室湿法磨制的料浆，取 $K = 1.15 \sim 1.25$；对工业废渣或其他取自现场的料浆，取 $K = 1.25 \sim 1.35$；一般取 1.33。式(14-4)可用以计算厚浆池的截面积。

对于直径较小的球形颗粒，在沉降区内自由沉降时，沉降速度可用斯托克斯公式算出。但由于料浆中颗粒形状不规则，实际沉降速度与按上式计算结果有很大差异。实际沉降速度 $u'_0 = ku_0$，在概略计算时，可取 $k = 0.5$。

从上述公式的推导可看出，厚浆池的生产能力与其横截面积大小有关，而与其高度无关。但是为了使厚浆池操作稳定，以及使增稠的料浆达到所要求的浓度，厚浆池必须具有一定的高度。厚浆池的总高度

$$H = h_1 + h_2 + h_3 \quad (m) \tag{14-5}$$

为了避免沉降池液面受到喂入料浆的骚扰，沉降区的高度 h_1 应等于 0.45 ～ 0.75 m。对于浓度较大的料浆，宜取上限值。

浆耙工作区的高度 h_3 由浆耙的倾斜度决定。通常浆耙的斜度为每 1 m 长度升高 0.146 m，故

$$h_3 = 0.146 \times \frac{D}{2} = 0.073D \quad (m) \tag{14-6}$$

式中　D——厚浆池直径(m)。

至于增稠区的高度 h_2，应根据固体在池中所需停留的时间决定。停留的时间愈长，增稠时间也愈长，所得沉淀的浓度便较大。通常，厚浆池的总高度为 3 ～ 4 m。

为了确定厚浆池的面积和容积，以便选择厚浆池的规格和台数，可进行沉降实验，测定物料在厚浆池中的沉降速度和停留时间。

通常用量筒来测定物料的沉降速度。试验在 1000 mL 的量筒中进行。按生产上可能遇到的料浆水分的变化范围，配制 3 ～ 5 种水分的料浆，在恒温器中测定物料在一定温度和水分时的临界点平均沉降速度。料浆颗粒沉降过程如图 14-2 所示。所谓临界点平均沉降速度是指自由沉降带消失时的澄清带高度除以从沉降开始到自由沉降带消失所需的时间。然后用式(14-4)计算所需的厚浆池面积。

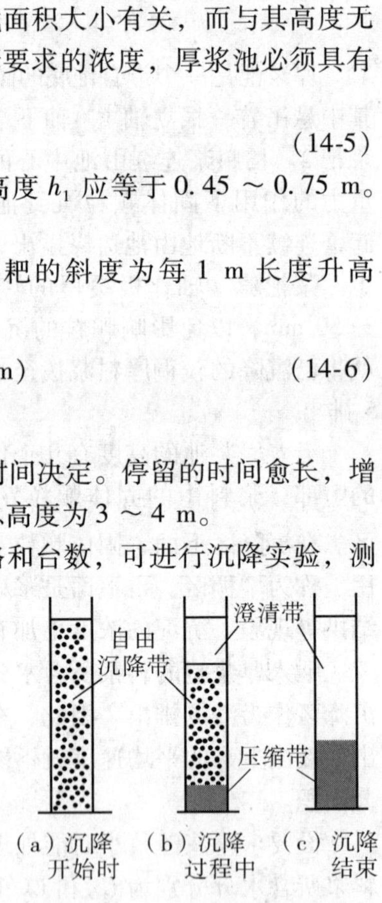

图 14-2　料浆中颗粒沉降过程

第二节　过滤设备

一　料浆过滤过程

料浆过滤是使料浆中固体颗粒与液体分离的脱水过程。当料浆中的固体颗粒不能在适当时间内以沉降方法得到分离时，过滤将是普遍使用而有效的方法。同时，利用沉降方法仅能将料浆所含水分缩减至 40% ~ 60%，利用过滤方法，则可使料浆水分降到 18% ~ 25%，而形成可塑性的泥料。湿法制造陶瓷的坯料，就是用过滤方法制成的。在水泥工业中，也有将生料浆经过过滤脱水制成泥饼，再送入窑煅烧。制造石棉水泥制品也需要将石棉水泥料浆过滤成制品。因此，过滤操作在无机非金属材料工业中有一定的地位。

过滤过程的原理见图 14-3。将料浆放到过滤介质的上面，过滤介质为多孔的过滤间壁，料浆中的水分能通过间壁中的孔隙，成为澄清的滤液流出。颗粒则为间壁所截留，堆积在间壁上面，成为滤饼。滤饼生成后，它也是过滤介质，水分必须通过滤饼颗粒之间的孔隙方能流出。间壁和滤饼对水分的流出均有阻力。随着过滤的进行，滤饼的厚度逐渐增加，过滤阻力增大。为了使过滤得以持续下去，大多数情况下要用泵或真空泵来使过滤介质的两侧维持一定的压差，以克服阻力，使滤液易于流出。

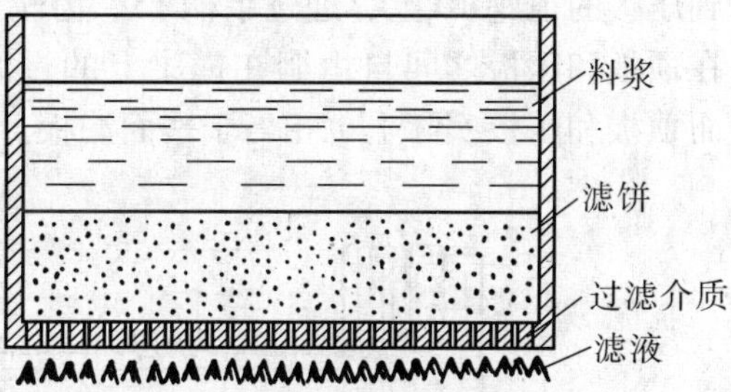

图 14-3　过滤过程示意图

过滤操作进行到一定时间之后，随着滤饼的增厚，过滤速度越来越小，再继续进行下去是不经济的，须将滤饼移走，重新开始过滤方为合理。在移去滤饼之前，为了进一步排除残存在滤饼空隙中的水分，有时还要进行滤饼的去湿。去湿的办法是将空气在正压或负压下通过滤饼，使滤饼空隙中存留的滤液尽量排挤出来。最后将滤饼由滤布上卸下。为了尽可能卸除滤饼和清净滤布，以降低下次过滤的阻力，可采用压缩空气从过滤介质后面进行反吹。

可见，过滤操作包括过滤、去湿及卸料等阶段。这些阶段周而复始交替循环进行。

过滤介质应具有多孔性，阻力小，能耐腐蚀及耐热，并具有足够的机械强度。过滤介质过去多用帆布，近年改用合成纤维布。合成纤维布具有寿命长，易于洗涤、脱饼，不易腐烂等优点。滤布使用一定时期后，其小孔会被细小颗粒堵塞，使过滤阻力大大增加，此时应取下滤布进行清洗（或称再生）。

对于处理难以过滤的料浆，例如过滤含有胶性颗粒或很易变形的颗粒的料浆时，滤孔往往易被其堵塞。可在料浆中掺入一些颗粒均匀、性质坚硬及不可压缩的颗粒状物料作为助滤剂（如硅藻土、活性炭、纸粕等）。助滤剂构成滤饼的骨架，形成较疏松的滤饼，使滤液容易滤出。也可以在滤布上预涂上一层助滤剂。

二　过滤机的类型及构造

过滤机的种类很多，按操作方法不同，可分为间歇式的和连续式的过滤机；根据滤液流出这一面的压强有正压和负压的不同，又可分为压滤机和真空滤机两大类。

（一）压滤机

对于粘性较大，难以过滤的料浆，一般采用压滤机脱水。压滤机在陶瓷工业又称榨泥机，通常有箱式(或称滤板式)和板框式两类。箱式压滤机结构比较简单，同时陶瓷工业的料浆中各组分的密度相差较大，为了避免偏析沉降，陶瓷工业多用它来制取泥饼，供可塑成形使用。

箱式压滤机如图 14-4 所示，主要由许多块两面凹下的滤板 12 排列组成。滤机的两端有支架 1 和机座 2。支架上固装有顶板(或称固定堵头)3，其一侧是过滤工作面，和滤板完全一样；另一侧为非工作面，中心开有进浆孔，过滤的料浆从此导入。机座上有机头 4 及压紧机构。两侧的顶板和机头用两条横梁(或称滑竿)5 连接起来。重型的压滤机还用拉杆 6、7 及支杆 8 将横梁加固。靠近机头的一端有压板 9，它用耳件 16 支搁在横梁上，能在横梁上面自由滑动，故又称活动堵头。其一侧是过滤工作面，但中间不开孔；另一侧为压紧面，外加压紧力就作用在这个面上，推动滤板 12 合拢和压紧，因此压板比滤板厚得多。机头的内部有梯形阴螺纹，用丝杆 11 配在一起作为滤机的压紧机构。丝杆的头部压到压板的顶座 10 上，通过手柄 15、齿轮 14、13 使丝杆转动，从而使压板向前推进，将处在顶板和压板之间自由搁在横梁上的过滤元件——滤板 12 压紧，使紧密地贴合在一起。而顶板和压板实际上也相当于一面滤板。

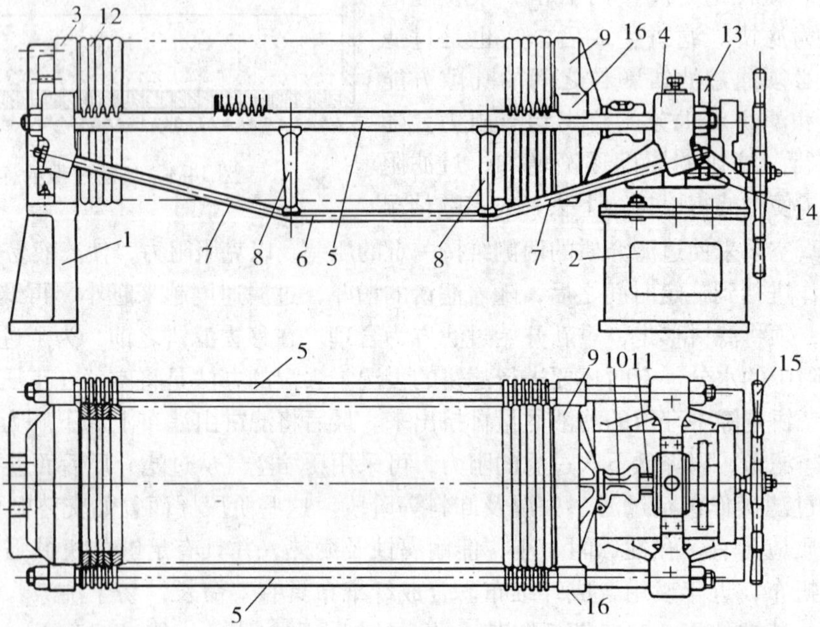

图 14-4　压滤机的构造

1—支架；2—机座；3—顶板；4—机头；5—横梁；6，7—拉杆；8—支杆；9—压板；10—顶座；11—丝杆；12—滤板；13，14—齿轮；15—手柄；16—耳件

滤板的构造如图 14-5 所示。滤板用铸铁、不锈钢、铝、橡胶或塑料等材料制成。滤板有圆形和正方形两种形式。在圆形的直径与正方形边长相同的条件下，方形有较大的过滤面积，但是从进浆的中心到周边是不等距的，边角易沉积瘠性料，并且较易翘曲变形，因此，目前国内一般多制成圆形的。滤板上端直接刨出或镶上木条的水平顶面，用于悬挂滤布。滤板两面周边凸起，此环形凸缘面 4 要求表面光滑，且应具有较高的平直度。同时周边一侧有一环形槽，装有橡胶密封圈 6，以保证可靠密封，防止料浆的泄漏。若取消橡

胶圈，则必须加宽凸面的面积，提高制造加工精度，并且应用防漏涂料。滤板中部凹下，中心有圆孔 2，表面有沟纹。板上两面做成各种凹凸纹路，凸出部分用以支撑滤布，凹下部分形成环形和几条径向的排液通路。靠近下方有滤液排出孔 3，可以通到外面的旋塞 5。滤板上面有耳件 1，借助于耳件就可将滤板搁置在滤机的横梁上。

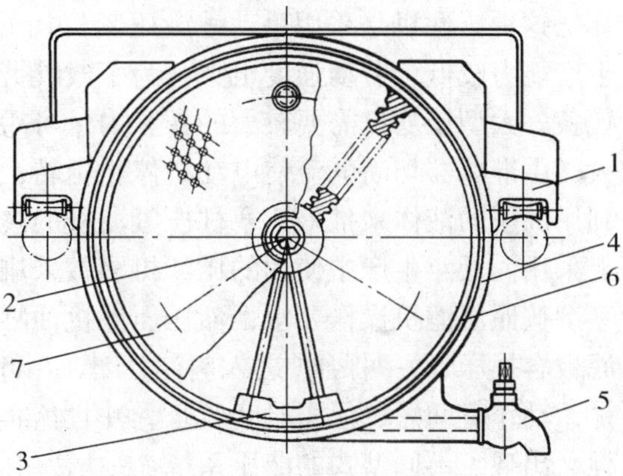

图 14-5　滤板

1—耳件；2—圆孔；3—滤液排出口；4—凸缘面；5—旋塞；6—密封圈；7—圆形筛板

滤板两侧盖上中间开孔的圆形筛板 7 用不易锈蚀材料（铝片或塑料板等）冲孔制成。这样可以避免滤布堵塞沟纹，使滤液排出畅通，且可延长滤布寿命。

操作时用滤布将滤板的两面盖好，滤布的中心留出与滤板相应的圆孔，并用中空的阴阳螺母夹环将滤布和筛板夹紧在圆孔上。中空部分便是进料浆的通道。螺母用耐锈蚀的铜合金制成。滤布用合成纤维布或在铜的铵溶液（$CuSO_4$ 和 NH_4OH）浸渍过的帆布，均可增长使用寿命。滤布破损后应及时补好或更换，以防漏浆。

工作时将滤板并列装在横梁上，将各滤板靠紧并用螺旋压紧。当两块滤板压紧贴合在一起时（图 14-6），滤板周边互相贴紧，里面形成一厢室，各个圆孔就构成了一条连贯各块滤板的通道。料浆用泥浆泵从通道末端压送入滤机，经过通道进入两块滤板之间的厢室内，清液能穿过滤布流至滤布与滤板之间凹入处，成为滤液，经滤板表面上的沟纹流到开在滤板下端的滤液排出孔排出。各滤板流出的滤液汇集于明槽中排去。操作过程中，如发现某一滤液出口处的滤液不清，说明滤布安装不好或有破损，则应将该处的滤液出口阀关闭，以免损失滤浆。固体颗粒截留在厢室内，形成滤饼。待滤板间厢室的颗粒积满，过滤速度变得很慢时，则停止供浆。过滤时间一般为 20 ～ 60 min，回笼泥过滤时间则要长些。将压紧机构的丝杆松开，拆开滤板，卸下滤饼。然后再将滤板装好压紧，开始下一次操作。

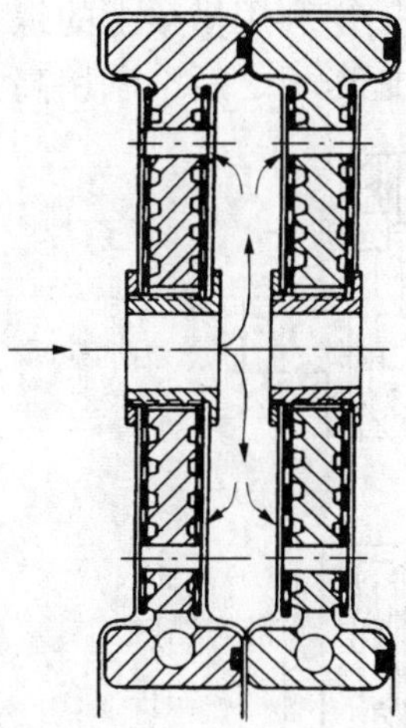
图 14-6　滤板的装并

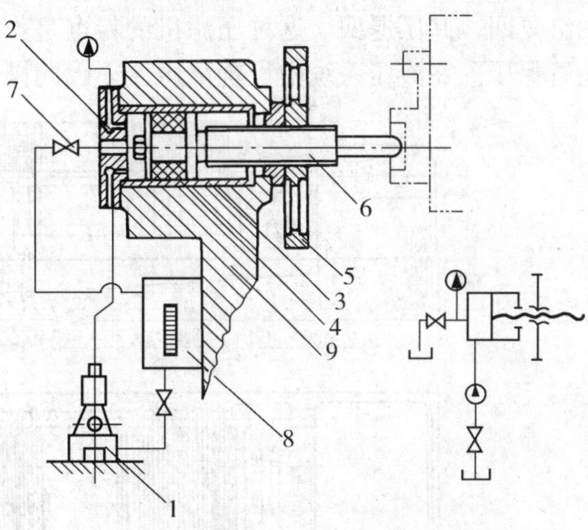

图 14-7　SZ40 型液压压滤机的液压系统图

1—柱塞泵；2—缸盖；3—油缸；4—活塞；5—手轮；6—螺杆；7—回流阀；8—油箱；9—机座

这种压滤机是采用手动螺旋压紧机构的，滤机的装拆和滤饼的卸出需花费不少时间，生产能力较低，劳动强度也大。为了改善劳动条件，压紧滤板的装置可用电动或液压装置代替。大型压滤机需要较大的压紧力，可用电动机代替手动，当压紧至一定程度后电流增大，由继电器切断电流使电动机停止运转；在放松时，可使电动机反转。液压压紧装置是利用高压的液体来推动活塞柱压紧滤板的。手动螺旋压紧装置只在小型滤机或实验室液机上采用。近年生产中使用的压滤机多数采用液压传动压紧装置。

按照压滤机操作要求，液压压滤机油缸的工作过程是：升压(压紧杆快速推进压板将滤板合拢压紧)→保压(送入料浆压滤)→卸压(压紧杆退回卸出滤饼)。整个过程的特点是，动作时间短，保压时间较长，并且负载随着过滤压强的变化而变化。为了实现这个过程，出现了不同型式的液压系统。

图 14-7 所示为 SZ40 型液压压滤机的液压系统原理图。操作程序是：在关闭进浆阀的状态下，油缸压紧杆推进压板直至将滤板压紧，上好保压装置，打开旋阀让压力料浆进浆，水穿过滤布经流水孔流出，颗粒被截留于厢室逐渐形成泥饼后停止进浆，压板退回卸出滤饼。这种滤机由一个油缸内径为 12 mm 的单缸径向柱塞泵(9MPa)1 供油，经缸盖 2 输入油缸 3 推动活塞 4 右移直至将滤板压紧。为了不使液压缸在整个过滤时间都受到压力，保压是利用手轮 5 与螺杆 6 的螺旋装置，当活塞柱移动到压紧位置时，就利用活塞柱上的螺旋把活塞柱位置固定下来。要油缸退回时，打开回流阀 7，仍利用螺旋装置使活塞左移，油液流回油箱 8 中。

压滤机的油箱、油缸及泵均安装在机座 9 上，因此，压滤机较为简单紧凑。但是压滤机的滤板装拆、开闭进浆阀门、卸出泥饼等还是手工操作，仅以液压传动代替手工或机械传动来实现滤板的压紧，保压退回都要人工操作，不甚方便。为了安全起见，最好并联一个安全溢流阀。

ϕ800 mm 液压压滤机如图 14-8 所示，其液压压紧装置采用液压压紧、机械方法保压。液压系统原理如图 14-9 所示。选用 6.3 MPa 的叶片泵或齿轮泵为液压泵，并采用增压油缸，手动三位六通阀操作。左位时，油缸差动联接，在 5.0 MPa 压强下工作，快速推进；中位时，增压油缸工作，在 15 ~ 17 MPa 高压下将滤板压紧，扳紧螺母保压，压紧杆和增压油缸复回，卸压退回。这种压滤机的特点是：靠液压传动压紧和退回，利用横梁上的螺旋装置保压。在液压系统中设置增压器，因此操作时活塞低压快速接近压板之后，利用高

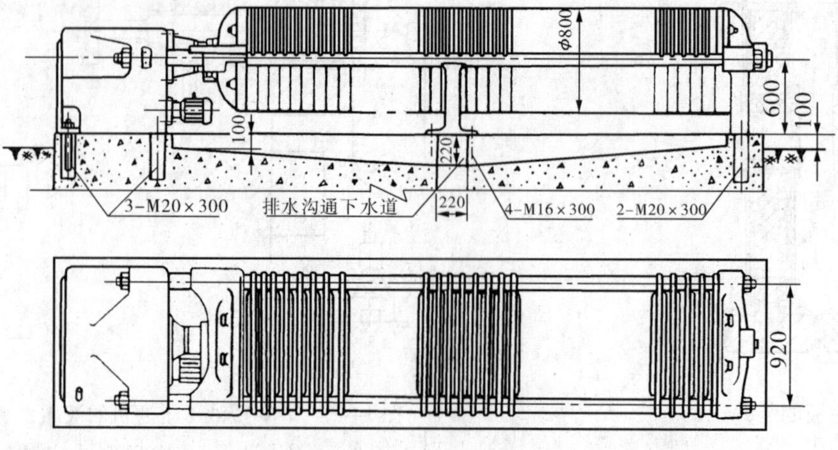

图 14-8　ϕ800 mm 液压压滤机装配图

压将滤板压紧。同时，增压器能用低压泵产生高压，可避免选用昂贵的高压泵。本机将油箱等全部液压系统置于机座内面，设备紧凑。油缸可做正反向运动，操作方便。

自动压滤机能自动压紧、自动退回拉开滤板、自动卸料和自动洗刷转换滤布，并在整个操作过程可进行半自动控制和远距离操作。一般的自控方式是：采用电动液压压紧闭合装置，由时间继电器控制开启和闭合；用电动侧装式移板器作为拆板装置；用气动装置抖震滤布以卸落滤饼。当要洗涤滤布时，只要同时按动洗涤滤布及洗涤水阀门的按钮，滤布通过洗涤箱即可达到自动洗涤的目的。压滤机装在较高的机座上，在压滤机的下面或一侧安装带式输送机，将滤饼直接输送到指定地点。与手动压紧式压滤机比较，能减轻操作劳动强度，减少环境污染，并能缩短生产周期和加快生产速度，在相同情况下，自动压滤机较手动压滤机可提高生产能力将近一倍。

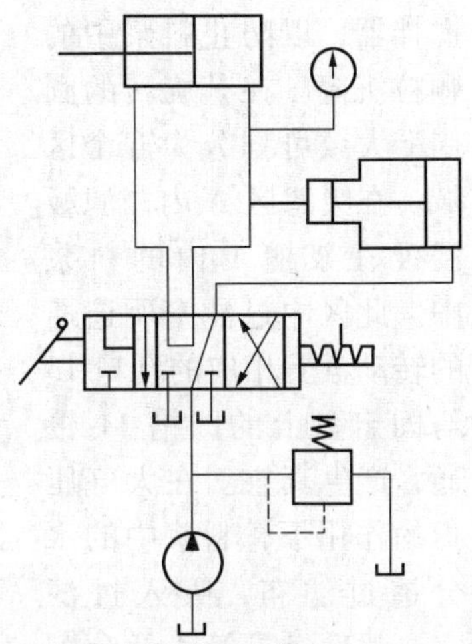

图 14-9　ϕ800 mm 液压压滤机的液压系统原理图

压滤机的规格国内尚无统一的系列标准，通常以滤板的有关尺寸(滤饼或滤板的尺寸)或滤板数目来表示。例如 YL735 压滤机，其滤饼直径为 735 mm；ϕ800 压滤机，其滤板直径为 ϕ800 mm；SZ40 压滤机，其滤板共 40 块。

压滤机滤板的数目一般为 25 ～ 120 块，大多数为 40 ～ 60 块。滤饼厚度一般为 25 ～ 35 mm，而以 30 mm 居多。压滤的操作参数通常为：进浆压强为 0.7 ～ 7.5 MPa，一般为 0.7 ～ 2.1 MPa；过滤时间为 30 ～ 60 min，操作周期为 60 ～ 90 min；滤饼含水率 15.5% ～ 25%，通常取 20% ～ 25%。

上述压滤机是间歇式滤机，生产能力较低，同时滤饼内层常较外层有较多的水分和较多的大颗粒，滤饼的厚度和截面积愈大则分层现象愈显著。为了进一步降低滤饼的含水率，除了工艺上采取一些改进料浆的过滤性能，如添加助滤剂、蒸汽、热料浆等措施外，还要提高料浆的进浆压强，以增大过滤的推动力。国内外研究使用管式过滤机、真空过滤机和用喷雾干燥等方法来替代滤板式压滤机进行料浆脱水制泥，以提高生产能力，实现料浆脱水工序的自动化。

(二)连续式真空滤机

因工作表面形状的不同，真空滤机分转筒式及盘式两类。转筒真空滤机广泛用于工业生产上，现以其为例来说明真空滤机的工作原理。

如图 14-10 所示，转筒真空滤机主体为一个转动的圆筒 3。转筒安装在水平轴 5 上，用齿轮 9 等传动机构带动，做缓慢旋转。转筒的表面是多孔滤板，其上面蒙上金属网和滤布；滤板下面的转筒用径向肋分隔为若干个过滤室 2，每个过滤室都单独以导管 4 连通至轴颈端面。分配头则平压在该端面上，它包括转动盘 6、固定盘 7 两个圆盘(图 14-10b)。转动盘装在转筒端部，随转筒一起旋转，转动盘上的每一个孔道 13 相应与转筒内部的一个过滤室相通；固定盘装在水平轴的一端，并靠弹簧的压力紧密地压在转动盘上。固定盘中有着凹槽 11 和 12，分别与真空装置及压气装置相通。所以，当随同转筒一起旋转的转动盘 6 上的某些孔口同这些凹槽接通时，就可以通过导管 4 使滤室处于真空或有压缩空气吹入。

当操作时，转筒是部分地浸在浆槽 1 的悬浮液中，连续不断地旋转。槽内设有摆动式搅拌器，以防止料浆中的颗粒沉降。在其旋转的圆周上大致可划分为五个区域。在吸滤区 A 内，滤板浸没在浆槽 1 内的料浆中。此区内过滤室所连通的转动盘上相应的孔口 13 与固定盘上的凹槽 11 接通，产生真空。在大气压力的作用下，料浆中的水分透过滤布，吸入过滤室，然后经导管 4 及分配头中的真空接管 10 作为滤液流出。料浆中的颗粒则沉积在滤布表面，形成一层滤饼。转到干燥区 B 内的滤板，已离开料浆液面进入大气中，滤板内部的过滤室通过导管 4 同分配头的固定盘的另一真空凹槽 11 接通，仍然处于真空状态。滤饼孔隙中残余的水分经导管 4 导入到真空接管 10 中，遂使滤饼水分降低，于是滤饼层在继续回转的进程中被吸干。转到吹气区 C 内的滤板下面的滤室，正好通过导管 4 与分配头的凹槽 12 接通，所以有压缩空气经滤板和滤布自内向外吹出，迫使滤饼与滤布分离。在卸料区 D 内，被压缩空气吹松后的滤饼碰到刮刀 8，被铲刮到外面。转到清理区 E 内的滤板又复与分配头的另一凹槽 12 接通，压缩空气再次从滤布背面吹出，使粘附在滤布表面上的颗粒吹下，以疏通滤布的孔隙，为下一周期的过滤做好准备。滤布清理后，复又浸入料浆中，开始下一循环。

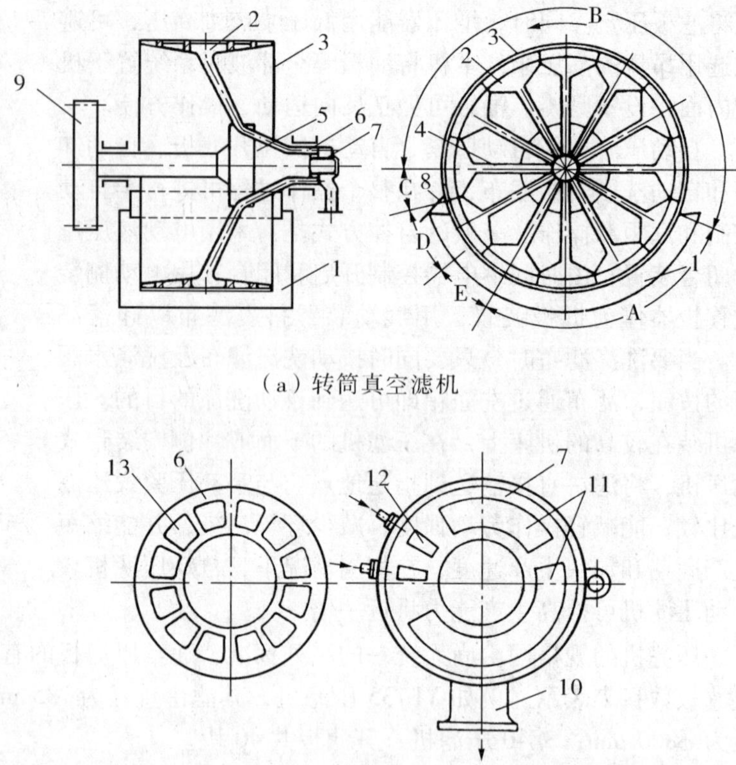

(a) 转筒真空滤机

(b) 分配头

图 14-10　转筒真空滤机工作示意图

1—浆槽；2—过滤室；3—转筒；4—导管；5—水平轴；6—转动盘；7—固定盘；8—刮刀；9—齿轮；10—真空接管；11，12—固定盘上凹槽；13—转动盘上孔道

转筒连续运转，当转筒上的每一个过滤室转完一周后，依次经过上述区域，完成上述各个操作。所以，过滤是连续进行的，操作可完全自动，同时，改变滤机转速可以调节滤饼层的厚度。其生产能力较大，劳动生产率高。不过这种滤机的构造较为复杂，且要有一系列的附属设备才能工作，故设备投资费用较大；过滤时所使用的压差只能在一个大气压以下，所以滤饼较湿，含水量常在30%左右，为了得到较干滤饼，需将转筒的一部分用盖罩住，通热空气加以干燥。在陶瓷工业中，使用这种滤机时，尚需把滤饼运送到蒸汽干燥转筒的表面加热，进一步脱水，才能制得含水分较低的滤饼。

三　压滤机的工艺计算

（一）过滤方程式

单位时间在单位面积上滤出的滤液体积，即$\frac{dV}{Adt}$，称为过滤速度。过滤介质内部的空隙连贯成为一条条细小的孔道，滤液通过过滤介质的流动属层流状态。因此，在过滤的任何瞬间，流体通过过滤介质的流动速度 u_f 可以根据式(12-46)算出：

$$\frac{dV}{Adt}=\frac{\varepsilon^3}{5S_v'^2(1-\varepsilon)^2}\cdot\frac{\Delta p}{\mu L} \tag{14-7}$$

上式等号右面数群$\frac{\varepsilon^3}{5S_v'^2(1-\varepsilon)^2}$表征过滤介质的结构特性。在一定的过滤压差下，对于过滤一定的物料应为常数。令$\frac{\varepsilon^3}{5S_v'^2(1-\varepsilon)^2}=\frac{1}{r}$，于是上式可写成

$$\frac{dV}{Adt}=\frac{\Delta p}{\mu rL}=\frac{\Delta p}{\mu R} \tag{14-8}$$

上式表明，过滤速度的大小，由两个彼此相抗衡的因素所决定：一个是促进滤液流动的因素 Δp，称为过滤推动力；另一个是阻碍滤液流动的因素 μrL，称为过滤阻力。过滤速度等于过滤推动力与过滤阻力之比。

过滤阻力中的因子 r 称为过滤介质的体积比阻，

$$r=\frac{\Delta p}{\frac{dV}{Adt}\cdot\mu L}$$

体积比阻在数值上等于粘度为 1 Pa·s 的滤液以 1 $m^3/(m^2\cdot s)$的过滤速度经过 1 m 厚的过滤介质时的压强降。它表示在 1 m^2 的过滤表面上体积为 1 m^3 的过滤介质的阻力，亦即每 1 m 厚的过滤介质的阻力，其单位是 $1/m^2$。体积比阻的大小与过滤介质的结构特性有关。

过滤阻力的大小，由两方面的因素所决定：一是滤液的性质，即与滤液的粘度 μ 有关；另一是过滤介质的性质，即与 rL 有关。显然过滤介质的厚度 L 愈大，结构愈紧密，流通的截面积愈小，亦即比阻 r 愈大，则过滤的阻力也愈大。因此，$rL=R$ 可视为过滤介质的阻力。

过滤介质包括滤布及滤饼两个部分。对于滤布及滤饼分别为

$$\frac{dV}{Adt}=\frac{\Delta p_1}{\mu r_1L_1},\quad \frac{dV}{Adt}=\frac{\Delta p_2}{\mu r_2L_2}$$

式中，Δp_1 和 Δp_2 分别为在滤布和滤饼两侧的压差；L_1 和 L_2 分别为滤布和滤饼的厚度。显然，过滤介质两侧的压强降为

$$\Delta p=\Delta p_1+\Delta p_2=\frac{dV}{Adt}\mu(r_1L_1+r_2L_2)$$

或

$$\frac{dV}{Adt}=\frac{\Delta p}{\mu(r_1L_1+r_2L_2)}=\frac{\Delta p}{\mu(R_1+R_2)} \tag{14-9}$$

式中，R_1 和 R_2 分别表示滤布及滤饼的阻力。为了计算方便，特用当量滤饼阻力来表示滤布阻力的大小。令

$$r_1L_1=r_2L_e$$

式中，L_e 为当量滤饼厚度。于是

$$\frac{dV}{Adt}=\frac{\Delta p}{\mu r_2(L_2+L_e)}\quad (m^3/(m^2\cdot s)) \tag{14-10}$$

式中滤饼的厚度 L_2 在过滤进行时不断增加。如果每滤出 1 m^3 的滤液，在滤机中将有 x m^3 的滤饼沉积出来，则

$$L_2 = \frac{xV}{A}, \quad L_e = \frac{xV_e}{A} \tag{14-11}$$

于是式(14-10)变为

$$\frac{dV}{Adt} = \frac{\Delta pA}{\mu r_2 x(V + V_e)} \quad (m^3/(m^2 \cdot s)) \tag{14-12}$$

式中，V_e 表示当量滤液体积，此体积滤液所含的滤渣足以组成当量厚度 L_e 的滤饼。

对于大多数滤饼，比阻 r_2 随着 Δp 而变。这是因为压强的改变会引起滤饼作不同程度的压缩，滤饼的结构也跟着起变化的缘故。根据实践得知，滤饼受压缩而引起的阻力变化，可以用压差的指数函数来表示，即

$$r_2 = r'_2 \Delta p^s \tag{14-13}$$

式中 r_2——在任一压差 Δp 之下滤饼的比阻；

s——滤饼的压缩指数，可由实验测得，其值恒小于 1；

r'_2——比例系数，为单位压强差下的滤饼比阻。

对于一定的滤饼，r'_2及 s 均为常数。不难看出，系数 r'_2相当于 $\Delta p = 1$ Pa 时该种滤饼的比阻。压缩指数 s 的大小由滤饼的压缩性决定。由结晶颗粒构成的压缩性较小的滤饼，s 接近于零，例如硅藻土 $s = 0.02 \sim 0.05$；由胶体颗粒构成的压缩性较大的滤饼，s 接近于 1，例如氢氧化铝，$s = 0.56 \sim 0.88$，水泥生料 $s = 0.5 \sim 0.85$。考虑到滤饼的压缩性，将式(14-13)中的 r_2 值代入式(14-12)，可得

$$\frac{dV}{dt} = \frac{A^2 \Delta p^{1-s}}{\mu r'_2 x(V + V_e)} \tag{14-14}$$

上式表示过滤过程中任一瞬间的过滤速率，称为过滤的基本微分方程式。过滤方程式指出过滤速度与料浆的性质、过滤介质的结构特征以及过滤时使用的压强差等一系列因素有关。

要将过滤的基本方程式用于实际计算仍有困难，还需根据具体操作情况进行积分计算。

1. 恒压过滤

在过滤过程中，压差自始至终维持不变，这种过程称为恒压过滤。随着过滤的进行，由于滤饼逐渐加厚，阻力增大，操作过程的过滤速度必然逐渐减小。

恒压过滤时，压差 Δp 不变，压缩指数 s 亦为常数。对于一定的料浆，μ、r'_2及 x 均为常数。令 $k = \frac{1}{\mu r'_2 x}$，代入上式得

$$\frac{dV}{dt} = \frac{kA^2 \Delta p^{1-s}}{V + V_e} \tag{14-15}$$

因为在过滤之前已有滤布阻力存在，设想预先有一段虚拟的过滤过程，以形成一层阻力与滤布相当的滤饼。形成这样一层滤饼所需的过滤时间为 t_e，所通过的滤液量即为 V_e。假设形成一层阻力与滤布相等的滤饼时，所通过的滤液量由 0 至 V_e，相应的虚拟的过滤时间由 $-t_e$ 至 0，将上式进行积分，即

$$\int_0^{V_e} (V + V_e) dV = kA^2 \Delta p^{1-s} \int_{-t_e}^0 dt$$

得

$$V_e^2 = 2k\Delta p^{1-s} A^2 t_e = KA^2 t_e \tag{14-16}$$

式中

$$K = 2k\Delta p^{1-s}$$

实际过滤过程中，滤出滤液量为由 0 至 V，现按 $V+V_e$ 计，则积分极限应自 V_e 至 $V+V_e$；而相应的过滤时间应为 0 至 t，将式(14-15)积分，即

$$\int_{V_e}^{V+V_e}(V+V_e)\mathrm{d}V=\frac{K}{2}A^2\int_0^t\mathrm{d}t$$

得

$$\frac{(V+V_e)^2-V_e^2}{2}=\frac{K}{2}A^2t$$

即

$$V^2+2V_eV=2k\Delta p^{1-s}A^2t=KA^2t \tag{14-17}$$

将式(14-16)和式(14-17)相加，则得

$$(V+V_e)^2=KA^2(t+t_e) \tag{14-18}$$

若令 $\frac{V}{A}=q$，$\frac{V_e}{A}=q_e$，则可将式(14-18)简化为

$$(q+q_e)^2=K(t+t_e) \tag{14-19}$$

式中，q 为过滤时间 t 时，单位过滤面积所通过的滤液量；q_e 为虚拟过滤时间 t_e 时，设想形成一层阻力与过滤介质相等的滤饼时，单位过滤面积所通过的滤液量(m^3/m^2)。式(14-18)和式(14-19)称为恒压过滤方程式。式中系数 K、q_e 及 t_e 称为过滤常数，可以通过实验确定。

恒压过滤方程式表明，滤出滤液体积与过滤时间成抛物线关系。在坐标轴($V+V_e$)、($t+t_e$)中，过滤的进行可以用顶点在原点的抛物线来表示(图 14-11)。因为有一层滤布，将坐标轴平移一段距离 V_e 及 t_e，就可以在新坐标 V、t 中用曲线 AB 表示恒压过滤的进行，实际过滤过程中 V 与 t 的关系是图中曲线上的 AB 段。

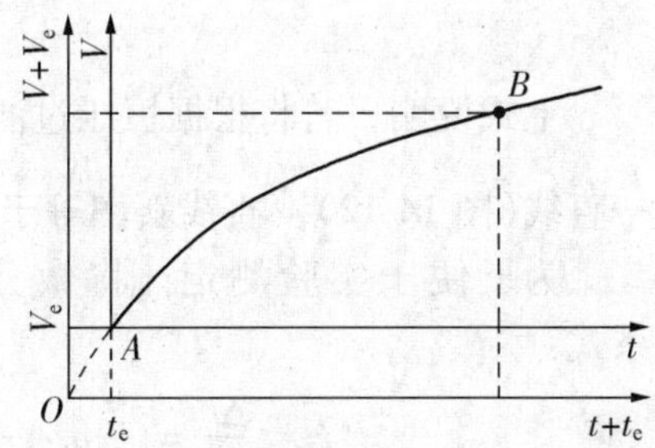

图 14-11　恒压过滤曲线

2. 恒速过滤

在过滤过程中，使过滤速度自始至终维持不变，则这种过程称为恒速过滤。由于随着过滤过程的进行，滤饼阻力不断增大，要保持恒定的过滤速度，就必须持续地提高过滤压强，以克服不断增大的过滤阻力。

对于恒速过滤，$\frac{\mathrm{d}V}{\mathrm{d}t}=\frac{V}{t}=$ 常数，这时式(14-15)中的 $\frac{\mathrm{d}V}{\mathrm{d}t}$ 可直接表示为 $\frac{V}{t}$。于是式(14-15)可写成

$$\frac{V}{t}=\frac{kA^2\Delta p^{1-s}}{V+V_e} \tag{14-20}$$

则恒速过滤方程为

$$V^2+V_eV=k\Delta p^{1-s}A^2t=\frac{K}{2}A^2t \tag{14-21}$$

3. 分两阶段的过滤

实际上，过滤操作并不宜于整个过程都在恒速或恒压下进行。若整个过程都在恒速条件下进行，则到操作末期，过滤压强必然升得很高，容易使设备发生故障。恒压过滤是比较简单的过滤操作，不过在过滤开始时，滤布表面还没有滤饼形成，每因过滤速度过大，会使较细的颗粒穿过滤布而使滤液浑浊。或堵塞滤布的孔隙，跟着又在滤布表面形成比较致密的初期滤饼，使过滤阻力增大，给以后的过滤带来困难。故此，工业上通常采用先升

压后恒压的过滤操作，即过滤的开始阶段采用低压，然后逐渐升压，达到要求的压差之后，遂以此恒压继续进行过滤。过滤在升压阶段既非恒压也非恒速。设在升压阶段过程时间 t_1 内有 V_1 体积的滤液通过。因此，可将式(14-15)在恒压阶段的时间内进行积分，得到紧接升压过程之后的恒压过滤阶段的过滤方程式：

$$\int_{V_1}^{V}(V+V_e)\mathrm{d}V = kA^2\Delta p^{1-s}\int_{t_1}^{t}\mathrm{d}t$$

得

$$(V+V_e)^2-(V_1+V_e)^2 = 2k\Delta p^{1-s}A^2(t-t_1) = KA^2(t-t_1)$$

或

$$(V^2-V_1^2)+2V_e(V-V_1) = KA^2(t-t_1) \tag{14-22}$$

上式即为两阶段操作的过滤方程式。如果无恒速阶段，即 $V_1=0$，$t_1=0$，则式(14-22)与恒压过滤方程式相同。

上述各种操作方式的过滤方程式，表征了在该种过滤过程中所得到的滤液体积 V 与相应的过滤时间 t 之间的关系。利用上述过滤方程式可以算出在一定的过滤时间 t 内所能得到的滤液量 V，或算出为获得一定量的滤液 V 所需要的过滤时间 t。当滤液量 V 和过滤时间 t 为生产任务所规定时，则可应用过滤方程式求出过滤设备所需的过滤面积 A。

应用上述过滤方程式进行计算时，还需求出过滤常数 K、V_e 和 t_e。这些常数可以通过实践确定。为此，先对式(14-19)微分，得

$$\frac{\mathrm{d}t}{\mathrm{d}q} = \frac{2}{K}q+\frac{2}{K}q_e \tag{14-23}$$

上式说明，若将根据恒压过滤的实际数据在坐标轴上将 $\frac{\mathrm{d}t}{\mathrm{d}q}$ 与 q 的关系绘出，就可得到一直线(图 14-12)。直线斜率等于 $2/K$，直线在横坐标轴上的截距的绝对值等于 q_e。

为了便于实验测定，将微分方程式改变为增量关系式：

$$\frac{\Delta t}{\Delta q} = \frac{2}{K}q+\frac{2}{K}q_e \tag{14-24}$$

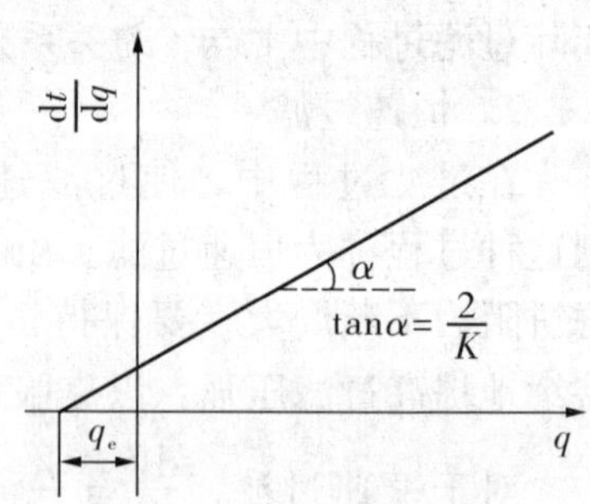

图 14-12 $\frac{\mathrm{d}t}{\mathrm{d}q}$ 与 q 的关系

根据实验数据绘出式(14-24)所表示的直线并无多大困难。如果在恒压实验时，测出某一时间 t_n 内总共得到的滤液体积为 q_n，另一时间 t_{n+1} 内总共得到的滤液体积为 q_{n+1}，将这些值分别代入式(14-24)后相减，经整理得

$$\frac{t_{n+1}-t_n}{q_{n+1}-q_n} = \frac{2}{K}\left(\frac{q_{n+1}+q_n}{2}\right)+\frac{2}{K}q_e$$

根据式(14-24)，上式左端是与获得体积为 $(q_{n+1}+q_n)/2$ 的滤液时的过滤速度倒数相应的 $\Delta t/\Delta q$ 值。于是

$$\frac{t_{n+1}-t_n}{q_{n+1}-q_n} = \left(\frac{\Delta t}{\Delta q}\right)_{\frac{q_{n+1}+q_n}{2}} \tag{14-25}$$

这样，就不难根据各个 $(t_{n+1}-t_n)/(q_{n+1}-q_n)$ 值绘出 $\Delta t/\Delta q$ 对 q 的关系，得到一直线，从而求出直线之斜率及截距，确定过滤常数 K 及 q_e 之值。至于 t_e 值，可由式(14-16)，即 $t_e=\frac{q_e^2}{K}$ 算出。

对于可压缩滤饼，过滤常数 K 会随过滤压强而变。为了求得 s 和 K 值，需在不同的过滤压差 Δp 下进行实验，以定出不同的 K 值。由于 $K=2k\Delta q^{1-s}$，将其两边取对数，得

$$\lg K = (1 - s)\lg\Delta p + \lg(2k)$$

以 K 为纵坐标，Δp 为横坐标，在对数坐标上进行标绘，由此可得到一直线，其斜率为 $(1-s)$，截距为 $\lg(2k)$，从而求出 s 与 K 之值。而 r_2' 则等于 $\Delta p = 1$ Pa 时的比阻值。

【例 14-1】 某种料浆的恒压过滤实际数据整理如下表，试确定过滤常数 K、q_e 和 t_e 之值。

序号	时间 (min)	单位过滤面积通过的滤液量 q (L/m²)	$\Delta t = t_{n+1} - t_n$ (min)	$\Delta q = q_{n+1} - q_n$ (L/m²)	$\frac{\Delta t}{\Delta q} = \frac{t_{n+1} - t_n}{q_{n+1} - q_n}$ (min·m²/L)
1	6.10	3	$6.10 - 0 = 6.10$	$3 - 0 = 3$	$\frac{6.10}{3} = 2.03$
2	19.38	6	$19.38 - 6.10 = 13.28$	$6 - 3 = 3$	$\frac{13.28}{3} = 4.43$
3	41.05	9	$41.05 - 19.38 = 21.67$	$9 - 6 = 3$	$\frac{21.67}{3} = 7.22$
4	70.00	12	$70.00 - 41.05 = 28.95$	$12 - 9 = 3$	$\frac{28.95}{3} = 9.65$

【解】 根据实验的时间及单位过滤面积通过的滤液量，整理所得的 $\Delta t/\Delta q$ 值，绘出如图 14-13所示的增量的梯度曲线。

因为 $\Delta t/\Delta q$ 值是一段时间内始末两点 $(q_{n+1} - q_n)$ 这一范围的近似平均值，故此一比值落在此一段线 $(q_{n+1} - q_n)$ 中点所作竖直线上，取各段增量之中点连成直线，并延长使其与横轴相交于点 E。

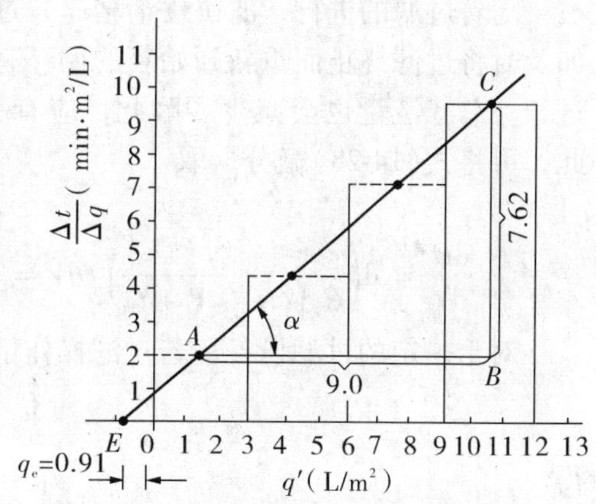

图 14-13　用图解法确定过滤常数

从直角三角形 ABC 可以确定直线的斜率

$$\tan\alpha = \frac{CB}{AB} = \frac{7.62}{9.00} = 0.847$$

因此

$$K = \frac{2}{\tan\alpha} = \frac{2}{0.847}$$
$$= 2.36 (\mathrm{L^2/(m^4 \cdot min)})$$
$$= 3.93 \times 10^{-8} (\mathrm{m^2/s})$$

过滤常数 q_e 可直接从 OE 线段量出：

$$q_e = 0.91\ (\mathrm{L/m^2}) = 0.91 \times 10^{-3} (\mathrm{m^3/m^2})$$

因而

$$t_e = \frac{q_e^2}{K} = \frac{0.91^2}{2.36} = 0.35\ (\mathrm{min}) = 21.1\ (\mathrm{s})$$

于是，对于这样的料浆在实验所用压强下的过滤方程式为

$$(q + 0.91 \times 10^{-3})^2 = 3.93 \times 10^{-8}(t + 21.1)$$

（二）压滤机的生产能力

压滤机的生产能力通常以单位时间所能滤出的滤液量（$\mathrm{m^3/h}$）来表示。有时亦以单位面积所能沉积的滤饼量来表示。

间歇式滤机的操作，虽然可以在恒压、变压、恒速和变速各种不同条件下进行，但工

业上通常采用先升压后恒压的过滤方式，其中以恒压过滤为主。下面主要讨论恒压过滤情况。

在滤机的操作过程中，仅有一部分时间用于过滤，另一部分时间消耗于滤机的装拆、整理和准备等辅助工作。故在计算滤机的生产能力时，须考虑到过滤时间与一个操作周期的总时间的关系。间歇式滤机的生产能力可以表示为

$$Q = \frac{V}{t + t_D} = \frac{V}{\sum t} \quad (m^3/h) \tag{14-26}$$

式中 V——每一操作周期中所得到的滤液量(m^3)；

$\sum t$——一个操作周期的总时间(h)，为过滤时间 t 及辅助工作时间 t_D 之和。

根据式(14-17)，恒压过滤所需时间为

$$t = \frac{1}{KA^2}V^2 + \frac{2V_e}{KA^2}V = C_1V^2 + C_2V \tag{14-27}$$

式中，$C_1 = 1/KA^2$，$C_2 = 2V_e/KA^2$。则滤机的生产能力为

$$Q = \frac{V}{C_1V^2 + C_2V + t_D} \quad (m^3/h) \tag{14-28}$$

随着过滤的进行，滤饼逐渐增厚，过滤速度则逐渐下降，过分延长过滤时间，往往不如及时将过滤终止而重新开始新的循环有利。但如果过滤时间过短，则拆装所需时间相对过长，总滤液量也会减少。因此，应有一合理的周期时间，使滤机的生产能力最大。为此，可将式(14-28)微分，取

$$\frac{dQ}{dV} = d\left(\frac{V}{C_1V^2 + C_2V + t_D}\right)/dV = 0 \quad 或 \quad \frac{dQ}{dV} = \frac{d\left(\frac{1}{C_1V_1 + C_2 + t_D/V}\right)}{dV} = 0$$

对于一定的过滤设备，若过滤操作情况一定时，则 C_1、C_2 及 t_D 均为常数。于是，

$$C_1 - t_DV^{-2} = 0$$

得

$$t_D = C_1V^2 = \frac{V^2}{KA^2} \tag{14-29}$$

若要获得较大的生产能力，过滤辅助时间应满足上式要求。如果滤布阻力可忽略不计时，由式(14-27)可知

$$t = \frac{V^2}{KA^2}$$

于是

$$t_D = t$$

即当过滤时间与辅助时间相等时，可使滤机获得最大的生产能力。因为要考虑到滤布阻力的影响，实际上恒压过滤时间总是应略大于辅助时间。

在进行滤机设计时，可根据过滤周期定出滤板的厚度，并求出过滤面积 A。滤板数多则拆卸时间增多，金属消耗量增多。但板数少则板的截面积增大，此时压紧力也将增大，使压紧装置及机座变得过于笨重。因此，可作出几种方案权衡决定。

【例 14-2】 在实验室中进行某种铺地砖坯浆的恒压过滤性能试验，以便取得建厂的设计数据。当过滤压强差为 10.13 MPa 时，整理实验结果，得出过滤方程为

$$q^2 + 6.36 \times 10^{-7}q = 8.1 \times 10^{-8}t$$

式中 q——单位过滤面积所通过的滤液量(m^3/m^2)；

t——过滤时间(s)。

试验时坯浆含水量为55%，滤饼含水量为22%(均以质量计)；滤饼中干燥固体的密度为2630 kg/m^3。

在筹建的新厂中，采用的坯浆成分和性能与试验时一样，拟使用箱式压滤机以两阶段操作方式进行生产，在恒速阶段的过滤速度为7.28×10^{-6} m/s，要求滤机每天能供应62 m^3 滤饼，问应选用多大尺寸的滤机，箱室厚度应多少？设滤机每一工作周期的辅助操作时间为10 min。

【**解**】 (1)求生产能力

料浆中每1 kg固体的含水量为 $\dfrac{55}{100-55}=1.222$(kg(水)/kg(固体))

滤饼中每1 kg固体的含水量为 $\dfrac{22}{100-22}=0.282$(kg(水)/kg(固体))

故每得出1 kg干燥固体时应除去的水分为

$$1.222-0.282=0.940(\text{kg(水)/kg(固体)})$$

但是每1 kg干燥固体组成的滤饼体积为

$$\frac{1}{2.630}+0.282=0.662(\text{L(滤饼)/kg(固体)})$$

所以，每滤出1 m^3 滤液时相应生成的滤饼体积为

$$\frac{0.662}{0.940}=0.704(\text{m}^3\text{(滤饼)/m}^3\text{(滤液)})$$

按照生产任务，要求滤机每日滤出的滤液体积为

$$\frac{62}{0.704}=88.07(\text{m}^3\text{(滤液)/d})$$

(2)求滤机的最大生产能力

根据实验整理的过滤方程式，单位过滤面积的过滤常数为

$$q_e=\frac{6.36\times10^{-7}}{2}=3.18\times10^{-7}(\text{m}^3/\text{m}^2)$$

此值甚小，可以忽略不计。于是，恒速阶段过滤方程式可以写成

$$V_r^2=\frac{K}{2}A^2t_r$$

恒速过滤阶段规定的过滤速度为7.28×10^{-6}m/s，故

$$t_r=\frac{K}{2\left(\dfrac{V_r}{t_rA}\right)^2}=\frac{8.1\times10^{-8}}{2(7.28\times10^{-6})^2}=764\ (\text{s})=12.7(\text{min})$$

为了使滤机获得最大的生产能力，应使恒压过程时间等于辅助操作的时间，即

$$t_p=t_D=10(\text{min})$$

因此，整个过滤过程经历的时间为

$$t=t_r+t_p=12.7+10=22.7(\text{min})$$

当$q_e\approx0$时，恒压阶段过滤方程式可以写成

$$q^2-q_r^2=K(t-t_r)$$

因此，在每一过滤周期终了时，单位过滤面积所滤出的滤液量为

$$q=\sqrt{K(t-t_r)+q_r^2}=\sqrt{8.1\times10^{-8}\times10\times60\times(7.28\times10^{-6}\times764)^2}$$

$$= 89.2 \times 10^{-4}(m^3/m^2)$$

(3) 求滤机获得最大生产能力时所需的过滤面积

每天每单位面积的生产能力为

$$Q = \frac{q}{t + t_D} = \frac{89.2 \times 10^{-4} \times 24 \times 3600}{(22.7 + 10) \times 60} = 0.393(m^3/(m^2 \cdot d))$$

要求每天滤出 88.07 m^3 滤液，故需过滤面积为

$$A = \frac{88.07}{0.393} = 224.1(m^2)$$

若采用 ϕ800 mm 箱式压滤机，滤框直径为 730 mm，则每个过滤箱室的过滤面积为

$$A_1 = 2 \times \frac{\pi D^2}{4} = 2 \times \frac{\pi}{4} \times 0.73^2 = 0.84(m^2)$$

此时，总共需要的过滤箱室的数目为

$$n = \frac{A}{A_1} = \frac{224.1}{0.84} = 266.8$$

若采用 6 台滤机，则每台滤机需有箱室数为

$$n_1 = \frac{267}{6} = 44.5 \approx 45$$

因此，每台滤机需有 45 - 1 = 44 块滤板。

(4) 当滤机生产能力为最大时其箱室厚度的计算

滤机的滤板箱室厚度应与过滤时间相适应，以使滤饼的含水量达到要求值。在每一过滤周期，每一过滤箱室滤出的滤液体积为

$$qA_1 = 89.2 \times 10^{-4} \times 0.84 = 74.9 \times 10^{-4}(m^3)$$

于是，相应生成的滤饼体积为

$$74.9 \times 10^{-4} \times 0.704 = 85.74 \times 10^{-4}(m^3)$$

滤饼的面积为

$$\frac{\pi D^2}{4} = \frac{\pi}{4} \times 0.73^2 = 0.42(m^2)$$

故箱室厚度为

$$\frac{52.74 \times 10^{-4}}{0.42} = 12.6(mm)$$

(5) 求滤机在最经济的条件下工作时过滤面积及箱室厚度

使滤机的生产能力为最大的操作制度，往往不能使滤机工作得最经济，因为根据此一原则定出之过滤时间往往过短，相对地增加了拆装的次数，而这些辅助性操作又要消耗较多的劳动力、动力和材料，操作费用也就提高了。所以，唯有当滤机的生产能力接近于最大，而辅助操作的次数又比最大生产能力的操作制度为少的时候，滤机才能工作得最经济。根据统计分析，当采用比生产能力为最大时的过滤时间大 4 ～ 5 倍，可使滤机的工作费用为最少。当滤布阻力很小时，应使恒压阶段的过滤时间为辅助操作时间的 5 ～ 6 倍，就可使滤机能在最经济的条件下工作。

因为滤布阻力可以忽略不计，取 $t - t_r = 6t_D = 6 \times 10 = 60(min)$。于是，在每一过滤周期终了时，单位过滤面积上所滤出的滤液体积为

$$q = \sqrt{8.1 \times 10^{-8} \times 60 \times 60 + (7.28 \times 10^{-6} \times 762)^2} = 179.6 \times 10^{-4}(m^3/m^2)$$

每天单位面积的生产能力为

$$Q = \frac{179.6 \times 10^{-4} \times 24 \times 3600}{(60 + 12.7 + 10) \times 60} = 0.313(m^3/(m^2 \cdot d))$$

因此，要求具有的过滤面积为 $A=\dfrac{88.07}{0.313}=281.4(\mathrm{m}^2)$

采用与上述相同的滤机时，需要的过滤箱室为

$$n=\frac{281.4}{0.84}=335(\text{个})$$

如果还是采用 6 台箱室滤机，则每台滤机的箱室数为 56 个，或者每台滤机应有 $56-1=55$ 块滤板。所需箱室厚度为

$$\frac{179.6\times10^{-4}\times0.84\times0.704}{0.42}=253\times10^{-4}(\mathrm{m})\approx25(\mathrm{mm})$$

（三）压滤机的压紧力计算

压滤机的压紧装置完成的工序包括：将压板和滤板推移至闭合并将其压紧；保压过滤时，使压力料浆输入后不会松开并且确保各滤板密封环上有必要的密封压力；卸压松开。

工作过程中，压紧装置必须对压板施加相当大的推力，以使滤板之间的周边压紧闭合形成密封的过滤室，而防止输入料浆后产生泄漏。

闭合时所需推力

$$P_s=P_1+P_2\quad(\mathrm{N})\tag{14-30}$$

式中 P_1——推移滤板沿支承横梁运动所需的推力(N)；

P_2——滤板密封所必需的预紧力(N)。

上式可写成

$$P_s=fG+mA_1P_{max}\quad(\mathrm{N})\tag{14-31}$$

式中 G——移动件的总重(N)；

f——摩擦系数；

P_{max}——最大的进浆压强(Pa)；

A_1——密封面(即滤板之间的接触面)面积(m^2)；

m——系数，一般取 $m=0.25\sim1.00$。

至于恒压时所需的压紧力 P_K 的计算，与法兰的压紧力计算相同，即

$$P_K=P_3+P'_2\quad(\mathrm{N})\tag{14-32}$$

式中 P_3——内压引起的力，即压力料浆对滤板的作用力(N)；

P'_2——进浆后滤板接触面密封应有的残余压紧力(N)。

在实际计算时，上式可写成

$$P_K=K(A+A_1)P_{max}\quad(\mathrm{N})\tag{14-33}$$

式中 A——过滤面积，对于圆形滤饼，$A=\dfrac{\pi}{4}d^2(\mathrm{m}^2)$，其中 d 为滤饼的直径(m)；

K——考虑所需残余压紧力的系数，一般取 $K=1.1\sim1.2$。

其余符号意义同前。

上述系数 K 和 m 与滤板数、密封面的材料、滤板的加工精度等因素有关。滤板数多、加工精度低时应选取较大数值。

关于液压压紧装置所应产生的压紧力与操作条件及保压方法有关。对于带有机械保压装置(如螺旋保压)的液压系统的保压力，按式(14-31)计算已足够；对于液压保压的压紧力，应选取按式(14-31)和式(14-33)计算的最大数值；对于螺旋压紧机构，压紧力按式(14-31)计算。

第15章 收尘设备

第一节 概 述

一 收尘定义及收尘设备分类

在生产过程中，能在气体中分散或悬浮一定时间的固体颗粒，叫做粉尘。将含尘空气中的粉尘分离出来并收集的过程，叫做收尘。收尘操作不限于除去有害物质这一消极的意义，而往往通过回收粉尘直接用于工业生产，因此收尘操作将有着更大的发展。

收尘设备简称收尘器，是用来收集生产过程中排放出来的粉尘，以适应生产工艺过程的需要或者满足环境的卫生条件。收尘设备种类很多，目前尚无统一的分类方法。按是否用水(或其他液体)作为介质捕集粉尘，分为干式和湿式两类。按工作方式的不同，收尘设备又可分为：

(1)重力收尘设备

靠重力的作用使气流中的粉尘分离，如降尘室等。最小收尘粒径为50 μm。

(2)惯性力收尘设备

靠气流运动方向改变时的惯性力使粉尘分离，如旋风收尘器等。最小收尘粒径为5 μm。

(3)过滤作用收尘设备

利用过滤的方法使气流中的粉尘分离，如袋式收尘器等。最小收尘粒径为1 μm以下。

(4)电收尘设备

靠电场作用使粉尘分离，如电收尘器等。最小收尘粒径可达1 μm以下。

为了提高某些收尘设备在处理微细尘粒时的收尘效率，近年来开始使用超声波聚结法或湍流聚结法，使尘粒在未进入收尘设备之前先行聚结成为较大的颗粒，最小收尘粒径可达1 μm以下。

二 收尘性能

收尘设备的收尘性能一般用流体阻力与收尘效率来表示。但是，也应综合考虑设备费、运转费、处理风量、占地面积、工作可靠性及操作管理繁简等指标。

收尘设备的流体阻力，是指含尘气体为了克服收尘设备阻力所损失的压头，以测定设备的进、出口全压差来表示。若设备进、出口的截面相同，则可用差压计所测量的静压之差来表示。含尘气体在收尘设备内引起的压头损失，一般为几百至几千帕。此值愈小，动力消耗就愈小，因而降低了生产费用。

收尘效率是用于评价收尘设备工作的重要技术指标。它有两种表示方法：

(1)总收尘效率，简称收尘效率

以从气体中分离收集出来的粉尘量(G_c)与原来含有粉尘量(G_i)的比率表示。由于通

过收尘设备的粉尘量不易直接测定，所以，通常用测定进入收尘设备前后的气体含尘浓度来计算，即

$$\eta = \frac{G_c}{G_i} \times 100\% = \frac{C_1Q_1 - C_2Q_2}{C_1Q_1} \times 100\% = \left(1 - \frac{C_2Q_2}{C_1Q_1}\right) \times 100\% \tag{15-1}$$

式中 C_1，C_2——分别为进入收尘设备前和经过收尘设备后的气体含尘浓度(g/Hm^3)；

Q_1，Q_2——分别为进入收尘设备和排出收尘设备的风量(Hm^3/h)。

当收尘设备本身没有漏风，则 $Q_1 = Q_2$，上式可简化为

$$\eta = \frac{C_1 - C_2}{C_1} \times 100\% = \left(1 - \frac{C_2}{C_1}\right) \times 100\% \tag{15-2}$$

(2) 部分收尘效率(又称分散度收尘效率)

由于粉尘中含有大小不同的颗粒，通过收尘器之后，各种粒径的分离质量分数各不相同。部分收尘效率是对其中某一定尺寸的粉尘而言的收尘效率，为已收集某一粒级的粉尘量与原来气体中含该尺寸粉尘量之比，即

$$\eta_x = \frac{G_{c_x}}{G_{i_x}} \times 100\% = \frac{G_c \cdot R_{c_x}}{G_i \cdot R_{i_x}} \times 100\% = \eta \times \frac{R_{c_x}}{R_{i_x}} \tag{15-3}$$

式中 G_{c_x}——收下粉尘中某一粒级的粉尘量(g)；

G_{i_x}——气体中原含有某一粒级的粉尘量(g)；

R_{c_x}——收下粉尘中某一粒级的粉尘质量分数(%)；

R_{i_x}——气体中原含有某一粒级的粉尘质量分数(%)。

其余符号意义同前。

当已知各粒级的部分收尘效率时，总收尘效率可按下式算出：

$$\eta = \frac{1}{100}(R_1\eta_1 + R_2\eta_2 + \cdots + R_n\eta_n) \quad (\%) \tag{15-4}$$

式中 η_1，η_2，…，η_n——各粒级的收尘效率(%)；

R_1，R_2，…，R_n——各粒级占总粉尘量的质量分数(%)。

收尘效率的高低与收尘设备的种类、结构、粉尘种类、分散度、浓度和空气的流量、温度、湿度等因素有关，而很大程度上决定于粉尘的分散度，即使在同一收尘设备、同一操作条件下，由于粉尘分散度不同，其性能也有显著差别。一般来说，粉尘愈小，愈难收下，收尘效率也就愈低。因此，以总收尘效率和部分收尘效率两个指标同时来判别收尘设备的好坏，才能得到较全面的结论。

有时也以通过率(或称通过系数)作为收尘性能的另一表示方法。所谓通过率 ε，它表示净化后的气体中残余粉尘的含量 G_0 与气体中原含有粉尘量 G_i 之比，即

$$\varepsilon = \frac{G_0}{G_i} \times 100\% \tag{15-5}$$

通过率和收尘率的关系如下：

$$\varepsilon = 1 - \eta \tag{15-6}$$

在工程上，评价收尘设备时，通常采用收尘效率表示方法。因为它不仅反映出收尘设备的工作效率，而且便于计算粉尘回收量。从卫生学角度评价收尘设备时，则常采用通过率表示方法，因为从卫生学观点来看，要紧的是排放出去多少粉尘，对周围大气的污染程度如何。当评价两台收尘效率比较高的收尘设备时，用收尘效率表示不够简便，而且在数

值的区别上也不明显，此时也宜采用通过率来评价其性能。

当两台收尘设备串联安装时，总收尘效率可按下式计算：

$$\eta = \eta_1 + \eta_2(1 - \eta_1) \quad (\%) \tag{15-7}$$

式中 η_1，η_2——分别为第一和第二级收尘设备的收尘效率(%)。

第二节 降 尘 室

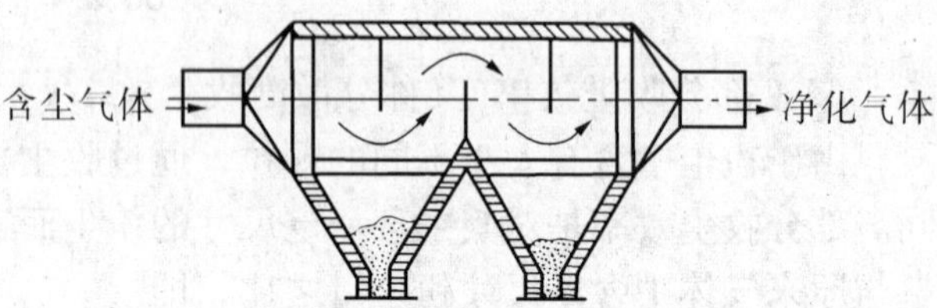

图 15-1 降尘室

降尘室又称重力沉降室或烟室，是最简单的收尘设备(图 15-1)。它是一个截面较大的空室，含尘气体经过空室时，气流速度降低，粉尘便在重力的作用下沉降到空室底部的灰仓中。

在设计适合于沉降某种尺寸粉尘的降尘室时，应该使随同气流进入到降尘室而处在顶部的该种粉尘，能在气流经过降尘室的时间内降落到灰仓中。

设降尘室高度为 Hm，长度为 Lm，宽度为 Bm(图 15-2)，需要收集的最小尘粒的沉降速度为 u_0 m/s，气体在水平方向上的流速为 v m/s。降尘室端部截面最高点 O 处的颗粒以与气体相同的水平流速 v 向右运动，同时以沉降速度 u_0 向下降落。为了能够收集某种尘粒，则应该使

$$\frac{H}{u_0} \leqslant \frac{L}{v} \tag{15-8}$$

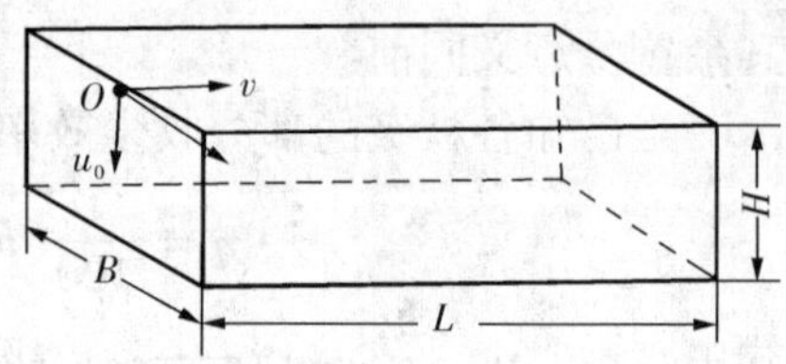

图 15-2 降尘室计算

气体中的尘粒粒径在 3 ~ 100 μm 范围内时，尘粒沉降时只受到气流的粘性阻力。因此，尘粒的沉降速度 u_0 可用斯托克斯公式算出。根据式(15-8)和斯托克斯公式，就可求出降尘室能够全部离析出来的界限粒径：

$$d_k = \sqrt{\frac{18\mu H v}{L(\rho_p - \rho)g}} \tag{15-9}$$

式中符号意义同前。上式表明，L 愈大或 v 和 H 愈小时，就愈能沉降微小颗粒。

如果含尘气体的流量为 Q m³/s，则气体经过降尘室的水平流速为

$$v = \frac{Q}{HB} \quad (\text{m/s}) \tag{15-10}$$

将 v 值代入式(15-8)，则

$$Q = LBu_0 \quad (\text{m}^3/\text{s}) \tag{15-11}$$

式(15-11)表明，降尘室的生产能力与室的水平面积以及尘粒的沉降速度成正比，而与室的高度无关。

为了提高降尘室的收尘效率，有时在降尘室中插入若干上下交错的垂直挡板，使气流折流，利用惯性作用可以提高收尘效率。

降尘室结构简单，容易建造，流体阻力小，一般为 20 ~ 100 Pa。但因占地面积大，收尘效率低，故一般只用于收集 500 μm 以上的粗大尘粒，适于高浓度和腐蚀性大的粉尘作初次收尘设备使用，用于减轻第二级收尘设备的负荷。

第三节 惯性收尘器

由于运动气流中尘粒与气体质量不同，具有不同的惯性力。含尘气体急速转弯或与某种障碍物碰撞时，尘粒的运动轨迹将偏离气体的流线。利用这种惯性作用，将粉尘从气体中分离收集下来的设备叫做惯性收尘器，或称惰性收尘器。

图 15-3 所示是使含尘气体冲击在两块挡板上时，尘粒分离的机理。在冲击到挡板 B_1 上的尘粒中，沉降力较大的粗大尘粒 d_{p_1} 被分离捕集下来。气流绕过挡板 B_1 后，由于挡板 B_2 使气流方向转变，其中跟随气流的尘粒 d_{p_2} 借惯性离心力的作用碰撞挡板 B_2，又被分离捕集下来。假设气流越过挡板 B_1 后的急速转弯半径为 R_2，此点的圆周速度为 v_θ，这时尘粒 d_{p_2} 的分离速度与 $d_{p_2}^2 \cdot v_\theta^2/R_2$ 成正比。气流方向转变角度越小，转变次数越多，则压头损失越大，收尘效率越高。

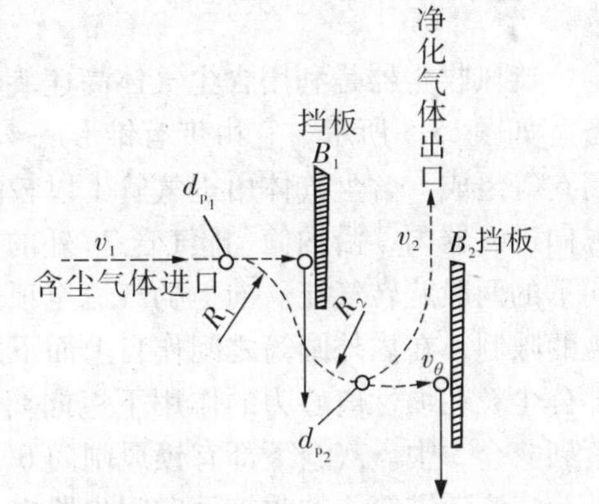

图 15-3 冲击和气流方向转变导致尘粒的分离

惯性收尘的分离效果是受分离系数 ψ 这个无因次值和到达固体表面的尘埃有无再飞散所控制的，有

$$\psi = \frac{d_p^2 u \rho_p}{18\mu D} \tag{15-12}$$

式中 D 为障碍物的直径或通路的宽度，其他称号意义同前。分离系数小，则碰撞效率就减小，惯性收尘的效率也降低。

图 15-4 列出四种惯性收尘器型式。图 15-4a 及 b 适合于管网的自然转弯处，可在阻力不大的情况下将粗颗粒粉尘除掉。图 15-4c 为百叶式惯性收尘器，是单独作为粗收尘设备的一种型式。这种收尘器的缺点是百叶片磨损较快，收尘效率不高，所以应用不广。但是百叶板做成粉尘浓缩器，与其他收尘设备(如旋风收尘器、旋风水膜收尘器或过滤器等)组合成机组，则可获得较高的收尘效率，而且能够降低设备造价。图 15-4d 为多排碰撞式惯性收尘器。根据这种原理，可以在管网内设计出各式各样的碰撞式惯性收尘器。

惯性收尘器一般用于收集 20 μm 以上干的非纤维性的粗大颗粒粉尘。收尘器流速可采

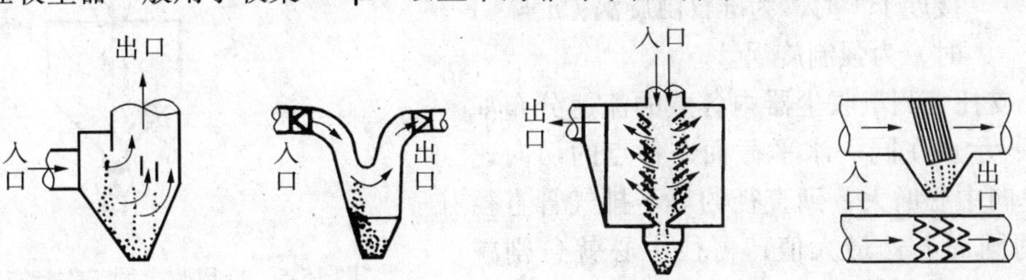

(a) 碰撞式 (b) 逆转式 (c) 百叶窗式 (d) 多排碰撞式

图 15-4 惯性收尘器的型式

用20～30 m/s，压头损失因其型式不同而有很大差异，通常为100～1000 Pa。这种收尘器收尘效率不高，只能用于多级收尘系统的初级收尘，或用于管网的转弯处。

第四节　旋风收尘器

一　工作原理及性能

旋风收尘器是利用含尘气体高速旋转产生的惯性离心力而使尘粒与气体分离的收尘设备。如图15-5所示，它由带有锥形底4的外圆筒2、进气管1、排气管7、灰仓5和锁风闸门6等组成。含尘气体由进气管1以较高的速度(一般为12～25 m/s)沿外圆筒2的切线方向进入器内，沿内筒(排气管7)外的环形空间产生强烈的旋转运动的同时，分成向上、向下的两股旋转气流。向上的气流至顶盖3后复向下回旋；向下的气流由于内外圆筒及顶盖的限制，在内外圆筒之间作自上而下的螺旋运动，形成一股外旋流。在旋转过程中，大部分尘粒在惯性离心力的作用下甩向筒体的周边，撞击到器壁，失去动能而沿器壁滑下，落到灰仓5中。灰仓下部有锁风闸门6，积集在灰仓内的尘粒经过闸门卸出。旋转下降的外旋气流随锥筒4的收缩而向收尘器中心靠拢，脱除尘粒后的气流接近锥筒底部时便折回旋转上升，形成一股自下而上的螺旋运动的内旋流，并经过中心的排气管7从顶部作为净化气体排出。

可见，气流在旋风收尘器内呈复杂的三维流动，器内任一点上都有切向、径向和轴向速度。切向速度是控制气流稳定，使含尘气体产生惯性离心力的主要因素，它与由惯性离心力产生的分离性能及压头损失关系最大。旋风收尘器内旋流质点的切向速度分布可用旋涡方程式来表征：

$$v_t r^n = K \tag{15-13}$$

式中　v_t——旋流质点的切向(或圆周)速度(m/s)；

r——旋流质点与轴心的距离(m)；

K——常数；

n——指数，当$n=1$时，为自由旋涡；n接近于1时，为准自由旋涡；$n=-1$时，为强制旋涡。

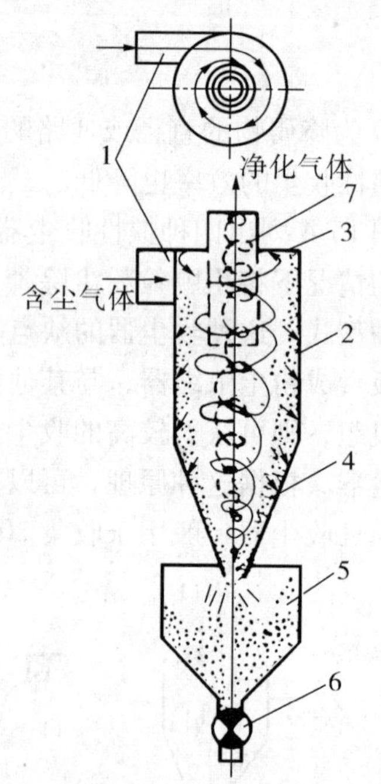

图15-5　旋风收尘器工作示意图

1—进气管；2—外圆管；3—顶盖；4—锥筒；5—灰仓；6—锁风闸门；7—排气管

用小皮托管测量收尘器内各点的流速分布如图15-6所示。在同一水平截面，各点的切向速度由器壁向中心增大，到直径约等于排气管直径0.65倍的圆周上达最大值，再往中心就急剧减小。切向速度最大的圆周内有一般轴向速度很大的向上内旋气流，又称核心气流。核心气流以内的气流为强制旋涡，气流切向速度随与轴心的距离减小而降低，其值按下式表示：

$$v_t = Kr \tag{15-14}$$

式中，$K=\omega$，ω 为角速度。核心气流以外的气流为准自由旋涡，气流切向速度随与轴心的距离的减小而增大，并大致成以下关系：

$$v_t = Kr^{-n} \tag{15-15}$$

在各种情况下，式中 n 为 0.5 ～ 0.8；大型旋风收尘器，n 接近于1，形成近于自由旋涡的气流。而即使在同一旋风收尘器内，沿着圆锥下降，n 值也具有减小的倾向。

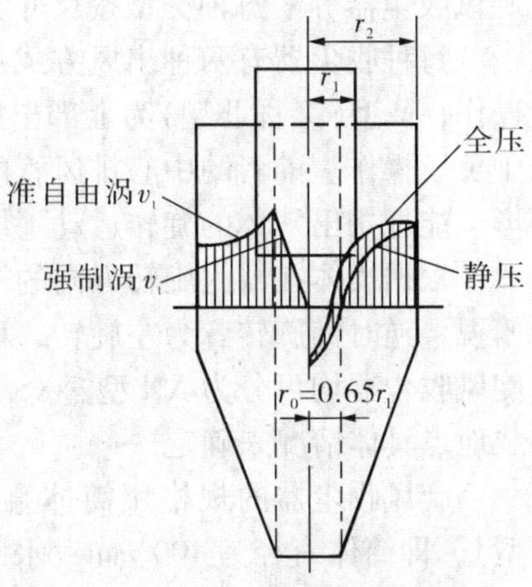

图 15-6 旋风收尘器内切向速度及压强分布

测量器内各点压强表明，由于旋流的存在，收尘器内气体沿径向的压强分布曲线似抛物线状（图 15-6）。器壁附近压强最高，只稍低于气体进口处的压强，往中心逐渐降低，到核心气流处降为负压，低压核心气流一直延伸到最下面的排灰口，即使收尘器在正压下工作并直接排往大气时也如此。因此，筒壁有漏孔时，含尘气体向外喷出；当收尘器灰仓或底部接近轴心处有漏孔时，外界空气将以高速吸入收尘器，使已沉降的粉尘重新卷入净化气流，严重降低收尘效率。处于负压下操作的旋风收尘器，只要在卸料闸门处吸入的空气速度达到 0.5 m/s，就会使已经沉下的 15 μm 左右的尘粒重新飞起，经排气管逸出。

上述是一般旋风收尘器内气流运动的概况，实际情况要比这复杂得多。如图 15-7 所示，除上述旋流外，还有由下返卷而上的二次旋流、短路气流及散乱涡流等。由于锥筒的内旋流以及这些运动的存在，会将已降落的粉尘再次夹带出收尘器，从而降低了收尘效率。

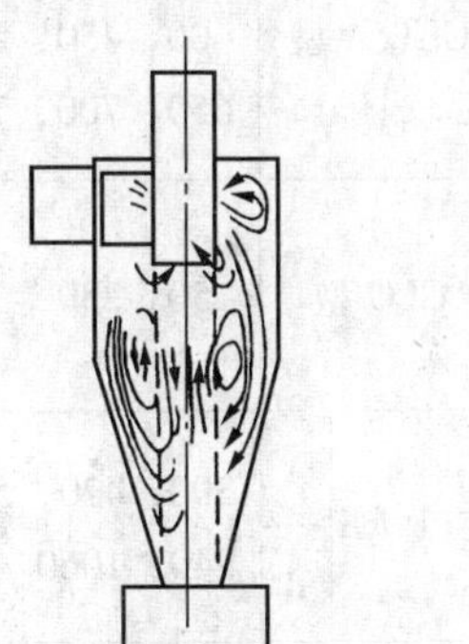

图 15-7 旋风收尘器内实际气体流线图

从式（12-34）可知，尘粒沿径向甩出的离心沉降速度，随粒径和圆周速度的增大或旋转半径的缩小而增大。我们可以人为地控制圆周速度和器筒半径，使获得的离心沉降速度 u_{0r} 较之重力沉降速度 u_0 大很多倍。因此，与降尘室相比，旋风收尘器可以做到小型和高效率，但能量消耗要相应增加。

旋风收尘器的主要优点是：结构简单，容易制造，尺寸紧凑，操作管理方便；在处理含 10 μm 以上尘粒的气体时，可以有比较合理的收尘效率，而且可以处理含尘浓度较高的气体，例如含尘浓度在 300 ～ 500 g/Hm^3 时，收尘效率也很高。缺点是：流体阻力损失较其他的收尘设备大，因而电耗高；壳体容易磨损；要求处理气体量稳定，每因气体流量降低，收尘效率下降得很厉害；要求卸料闸门不漏风，否则就难于保证较高效率操作。

旋风收尘器在无机非金属材料工业中广泛应用，一般作为初级的收尘器使用。

二 类型

旋风收尘器在许多工业中广泛采用，经过多次改进，有着许多类型。按结构及各部分尺寸比例的不同，有螺旋型、蜗旋型、扩散式、旁路式、组合式旋风收尘器以及其他专用旋风收尘器等。每种类型按尺寸大小不同又各成系列。

每种收尘器有两种出风方式：X 型（又称Ⅰ型）为水平出风，一般为吸入式，用于负压操作；Y 型（又称Ⅱ型）为上部出风，一般为压入式，用于正压操作，但也可为吸入式，用于负压操作。前者的中心排风管的顶部装有水平出风蜗壳帽。蜗壳为渐开线或对数螺旋线形，能把排出气体的旋转运动平缓地改为直线运动，从而减小气流排出时的阻力损失。

根据气体在器内旋转方向的不同，旋风收尘器又可分为左旋转和右旋转两种。从器顶俯视，逆时针旋转者为左旋转，称 N 型；顺时针旋转者为右旋转，称为 S 型。因此，各种旋风收尘器均可分为 XN 型、XS 型、YN 型和 YS 型四种。在设计和选用时，应当根据安装地点具体情况来确定。

旋风收尘器的规格用筒体直径（分米）来表示。例如 CLT/A—4.0 型旋风收尘器（XS 型），即筒体直径为 400 mm，水平出风，右旋转的 CLT/A 型旋风收尘器。

在无机非金属材料工业中，常用的旋风收尘器主要有 CLT/A 型旋风收尘器、CLG 型多管旋风收尘器、CLP 型旁路式旋风收尘器、CLK 型扩散式旋风收尘器等。这些收尘器的规格和性能见表 15-1。

表 15-1　几种旋风收尘器的规格和性能

<table>
<tr><th colspan="2" rowspan="2">型　式</th><th rowspan="2">旋风筒直径 D(mm)</th><th rowspan="2">旋风筒组合情况(筒数)</th><th rowspan="2">处理风量 Q (m^3/h)</th><th colspan="2">流体阻力 Δp_e(Pa)</th></tr>
<tr><th>X(Ⅰ)型</th><th>Y(Ⅱ)型</th></tr>
<tr><td colspan="2">CLT/A 型</td><td>150，200，250，300，350，400，450，500，550，600，650，700，750，800</td><td>单筒、双筒、三筒、四筒、六筒</td><td>170 ～ 42780</td><td>490 ～ 1100</td><td>440 ～ 990</td></tr>
<tr><td colspan="2">CLG 型</td><td>150，250</td><td>9 管、12 管、16 管</td><td>1980 ～ 9980</td><td colspan="2">660 ～ 900</td></tr>
<tr><td rowspan="2">CLP 型</td><td>A</td><td rowspan="2">300，420，540，700，820，940，1060</td><td rowspan="2">单　筒</td><td>830 ～ 13 900</td><td>700 ～ 1400</td><td>600 ～ 1260</td></tr>
<tr><td>B</td><td>700 ～ 14 300</td><td>500 ～ 1450</td><td>420 ～ 1150</td></tr>
<tr><td colspan="2">CLK 型</td><td>150，200，250，300，350，400，450，500，600，700</td><td>单　筒</td><td>210 ～ 9200</td><td colspan="2"></td></tr>
</table>

（一）螺旋型旋风收尘器

螺旋型是较早使用的一种旋风收尘器（图 15-8），其结构特点是：进风管的截面是矩形，筒体的顶盖弯曲成一圈螺旋型导向板，螺距恰好等于进风管的高度，进风管与水平成一定倾角沿切向向下引入。因此，可消除引入气体向上流动而形成的上旋涡，减小能量消耗，提高收尘效率。

螺旋型导向板角度一般采用 8°～ 24°，可根据不同需要来确定。倾角取较大，则阻力小，生产能力较大，但收尘效率降低，适合于处理粉尘浓度较高、尘粒较大的气体；倾角小，则收尘效率高，但阻力大。

CLT/A 型旋风收尘器属螺旋型一种，其进风管倾角做成 15°。筒体细而长，锥筒的锥度较小，因而阻力并不很大，但收尘效率高，适合于一般使用，目前应用比较广泛。

（二）蜗旋式旋风收尘器

蜗旋式旋风收尘器如图 15-9 所示。其结构的主要特点是：进口装置做成蜗壳状，其外缘曲线通常为渐开线或对数螺旋线。进口位置一般与顶盖平齐或接近顶盖。直筒部分较短，锥体较长。

蜗壳形进口结构是比较合理的进口形式。其显著优点是引入气流径向厚度减薄，尘粒移向筒壁的路程短，而距排风管较远，从而缩短尘粒径向分离距离，减少短路，可避免没有充分分离的含尘气体由排风管排出。同时气流沿涡旋式流线引入，很快形成较大的惯性离心力，减少含尘气体进入时对内部气流的干扰和撞击，因而收尘效率较高。

按蜗壳外缘与筒体相切的角度（即气流引入角）的不同，这类收尘器又可分为三种型式。图 15-9a 为半圆周型蜗壳，蜗壳外缘外包半圆周后与筒体相切，气流引入角 180°；图 15-9b 为全圆周型蜗壳，蜗壳外缘外包一周后与筒体相切，气流引入角为 360°；图 15-9c 为带环状进气室的全圆周型蜗壳，气流经环状进气室旋转 360°后引入器内，试验表明，蜗旋式收尘器的气流引入角为 180°时收尘效率较高，若引入角大于 180°时，效率不增加，却使收尘器结构复杂。

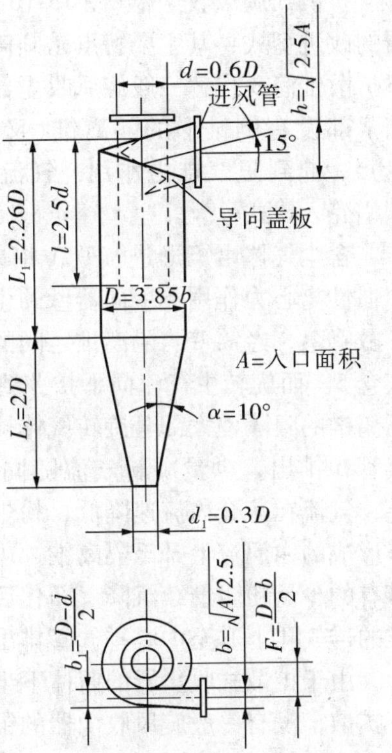

图 15-8　螺旋式旋风收尘器（CLT/A）

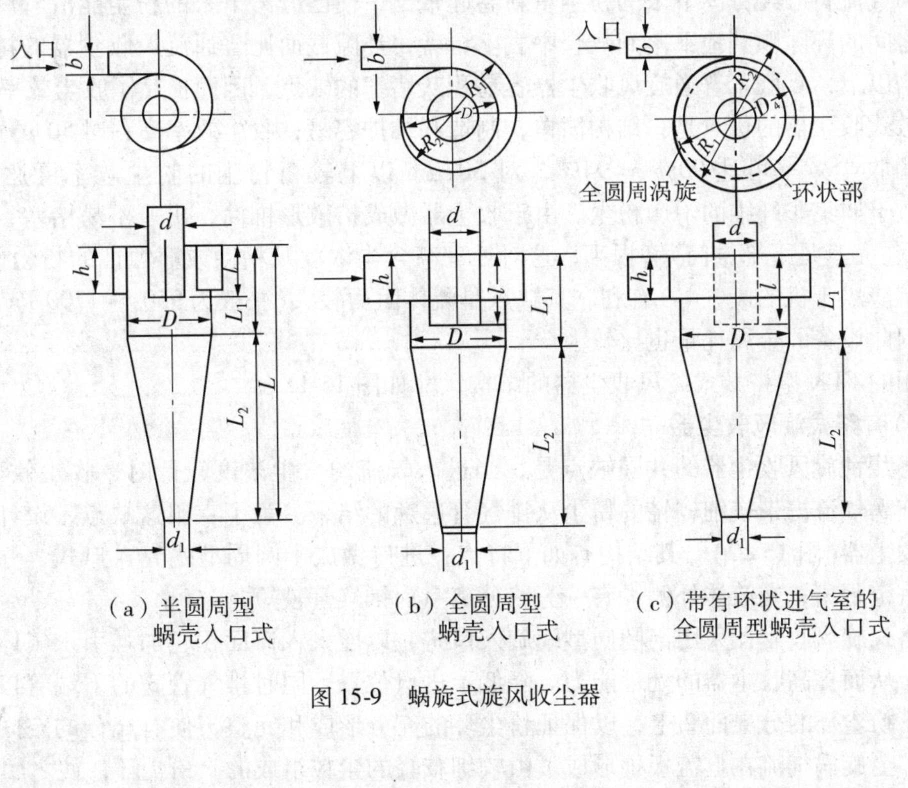

（a）半圆周型蜗壳入口式　（b）全圆周型蜗壳入口式　（c）带有环状进气室的全圆周型蜗壳入口式

图 15-9　蜗旋式旋风收尘器

（三）扩散式旋风收尘器

扩散式旋风收尘器（图 15-10）是一般旋风收尘器的改进型式：其主要特点是圆筒 2 下面以自上向下扩散锥筒 3 代替一般旋风收尘器的收缩锥筒；锥筒下部设有倒锥形的隔离锥（又称反射屏或挡灰盘）4，起到阻气排尘作用；气流进口采用半圆周型蜗壳入口式。

含尘气体由矩形进气管 1 沿蜗旋面引入器内，在惯性离心力作用下甩向器壁的尘粒沿圆筒壁向下扩散降落，经筒壁与隔离锥之间的环隙向下沉降至灰仓 5。而旋转主气流向下扩张到倒锥体时，由于隔离锥的阻隔使大部分旋转气体被反射，经中心排气管 6 排出。少量旋转气流随同尘粒一起进入灰仓，气流在灰仓内流速降低，粉尘坠落。在灰仓中心形成的内涡流上升至隔离锥，进一步使气流中尚带有的少量粉尘继续沉降。净化后的空气通过隔离锥的透气孔上升至中心排气管排出管外。

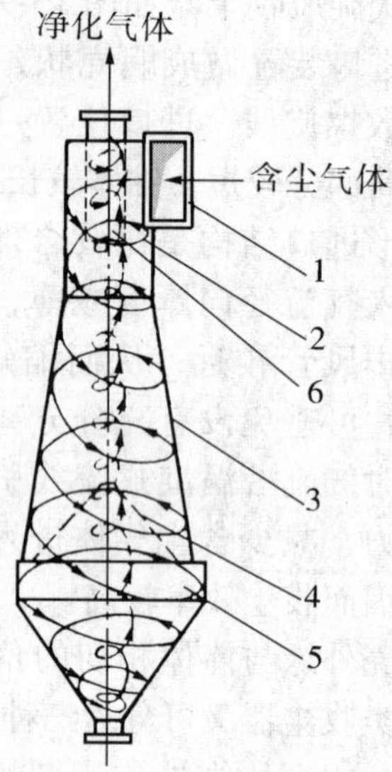

图 15-10　扩散式旋风收尘器气流示意图
1—进气管；2—圆筒；3—扩散锥筒；4—隔离锥；5—灰仓；6—排气管

由于扩散式收尘器的筒体下半部呈倒圆锥形向下扩散，没有一般旋风收尘器的锥形收缩旋流，这样可以减少含尘气体从筒身中部短路到出口去的可能性，粉尘不易被内旋流带走。同时，由于装设有隔离锥，将内外旋流加以隔离，在屏顶又无粉尘聚积，这样便有效地防止了底部的返回气流将已经分离下来的粉尘重新卷起带出，使已分离下来的粉尘能沿着反射屏与扩散锥之间的环隙顺利地下落到灰仓中去。再者，环隙截面比普通旋风收尘器的排出口截面大 5 倍以上，克服了普通旋风收尘器容易积灰堵塞的缺点，因而提高了收尘效率。

扩散式收尘器的优点是：结构简单，制造和维护容易；收尘效率高，对 50 μm 以下较细粉尘的收尘效率可达 90% ～ 94%，对 50 μm 以上较粗粉尘的收尘效率可达 95% ～ 99%；适于捕集非纤维的干燥粉尘。由于收尘器做成扩散形锥筒，出口不易堵塞，含尘气体对器壁（尤其是下部锥筒）磨损小，这对处理高含尘浓度及粘性或磨蚀性的粉尘（如处理粘土或矿渣烘干机的废气等）有利。其缺点是流体阻力较大（一般为 950 ～ 1700 Pa），体型高大，因此设备的金属耗量也比较大。

常用的 CLK 型扩散式旋风收尘器的结构尺寸如图 15-11。

（四）旁路式旋风收尘器

上述几种旋风收尘器的共同缺点是，当进入气流的含尘浓度较低时，收尘效率降低，这是上旋涡气流携带较细较轻的粉尘从排气管逃逸的结果。为了克服这缺点，设计了旁路式旋风收尘器（图 15-12）。其结构有如下特点：进口做成半圆周型蜗壳入口式，并低于筒体顶盖一定距离；在筒体外侧设有一旁路分离室；排气管较短。

旁路式旋风收尘器采用半圆周型蜗旋入口式，以增大入口面积，加强引入气体的惯性离心力，从而提高收尘器的处理能力。降低了进口位置，同时排气管 3 的下端管口恰好位于上、下粉尘环的分界面 2 上，以保证粉尘环的充分形成和完整，使有充分的空间形成上部旋涡。上旋涡气流在上盖板处形成了由较细较轻的尘粒组成的上粉尘环，使之团聚，而

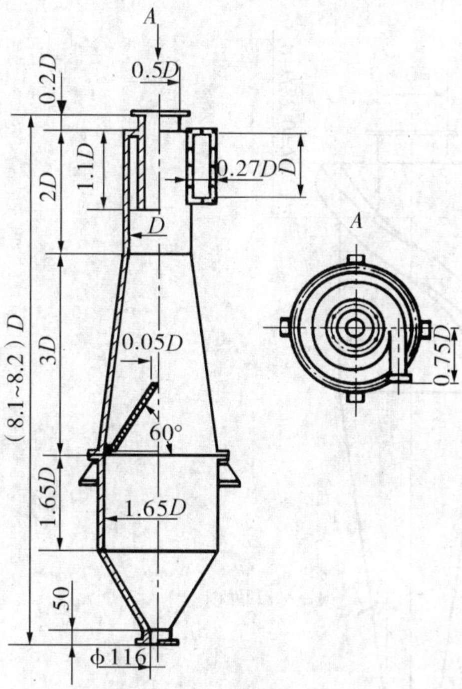

图 15-11　CLK 型扩散式旋风收尘器的结构尺寸

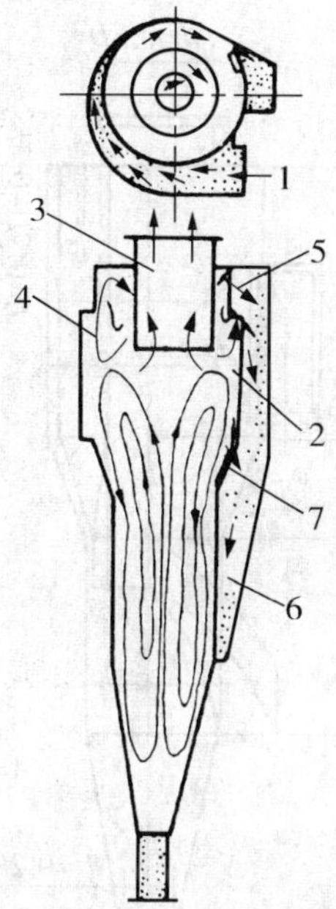

图 15-12　旁路式旋风收尘器工作原理示意图
1—进气口；2—粉尘环分界面；3—排气管；4—上旋流；5—窄缝口；6—回风口；7—锥筒旁路口

后经在接近上部顶盖的圆筒上特设的切向窄缝洞口 5 处引出，进入筒体外侧的旁路分离室，与主气流分离，避免沿内筒外壁下流而被二次旋涡气流卷走，从而减少粉尘由排气管口逸出的机会。下旋涡气流在筒体内壁处形成较粗较重的尘粒组成的粉尘环，沿筒壁随同向下旋转气流带向底部，降落至灰仓排出。进入旁路室的含尘气体经由收尘器外壁下部的回风口 6 引入器内，与下旋的主气流汇合，将粉尘带向灰仓分离出来。采用了螺旋线形旁路，可以使旁路的回风沿圆筒的切线方向引入器内，避免扰动内壁气流，同时也可改善旁路的气流状况。采用旁路分离室使影响收尘效率的向上二次气流变为有利因素，利用上旋涡的粉尘集聚作用通过旁路分离室将粉尘分离出来，以提高收尘效率。

CLP 型旋风收尘器是在实践基础上设计的一种旁路式旋风收尘器。按旁路及筒体形式的不同，可分为 CLP/A 型与 CLP/B 型两种(图 15-13)。

CLP/A 型的特点是筒体做成两段圆筒锥形，上端旁路室为直形，下端为螺旋形。这样处理是为了让气流充分地形成上部旋涡，并由旁路有效去除旋涡形成的回灰环，以提高效率。上锥体圆锥角较大，形成突缩，有利于生成粉尘环从锥筒旁路口(图 15-12 中 7)引至分离室内，可避免已分离出的粉尘再次卷入核心气流带出。另外，采用双锥体可降低最大圆周速度值，减小设备阻力，同时，有利于使整个锥筒更加细长，使气流的径向速度降低，也可避免将已分离出来的粉尘带入中心区核心气流，从而提高效率。使在低含尘浓度下效率仍无显著下降。

CLP/B 型的筒体外形与 CLP/A 型相似，为了进一步提高效率和降低阻力，将双锥改用锥角较小的单锥，同时全部旁路皆做成螺旋线形。

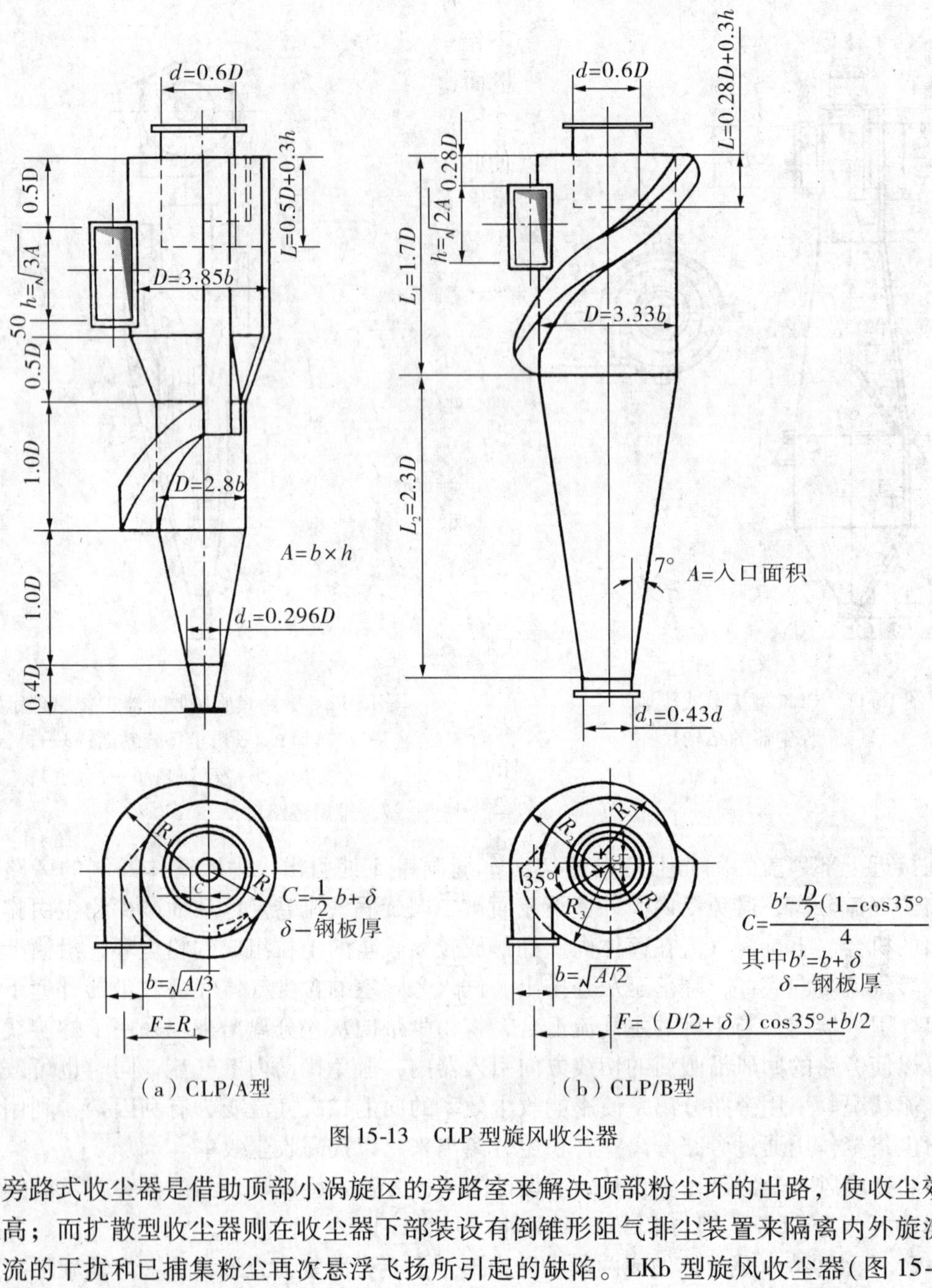

（a）CLP/A型　　（b）CLP/B型

图 15-13　CLP 型旋风收尘器

旁路式收尘器是借助顶部小涡旋区的旁路室来解决顶部粉尘环的出路，使收尘效率有所提高；而扩散型收尘器则在收尘器下部装设有倒锥形阻气排尘装置来隔离内外旋流，克服气流的干扰和已捕集粉尘再次悬浮飞扬所引起的缺陷。LKb 型旋风收尘器（图 15-14）为具有旁路分离室的扩散型旋风收尘器，具有上述两种优点，是一种结构新颖的旋风收尘器，就其进出口与圆筒体结构及分离机理而言，也属旁路式旋风收尘器类。根据试验测定，这种收尘器收尘效果良好。

（五）组合式旋风收尘器

为了处理较大量气体时也能获得较高收尘效率，可采用几个旋风收尘器组合起来使用。为了便于彼此连接和均匀分配风量，通常采用同直径的旋风收尘器组合使用。组合的方式很多，常见的有以下几种。

1．旋风收尘器组

将若干个单筒旋风收尘器并联组合起来，所有旋风收尘器共用一个灰仓来收集沉积的粉尘。有上下错列并联和平列并联两种(图 15-15)，筒数根据气体处理量而定。实际应用上，旋风收尘器组中并联单筒个数一般为 2 ～ 8 个，因为单筒越多，就越容易使气流分配不均匀，致使收尘效率降低。

这种组合的优点是装置比较紧凑，风量分布均匀，既可处理大量的含尘气体，又可获得较高的收尘效率，实际应用效果好。其主要缺点是收尘器之间的壁面难于检修。

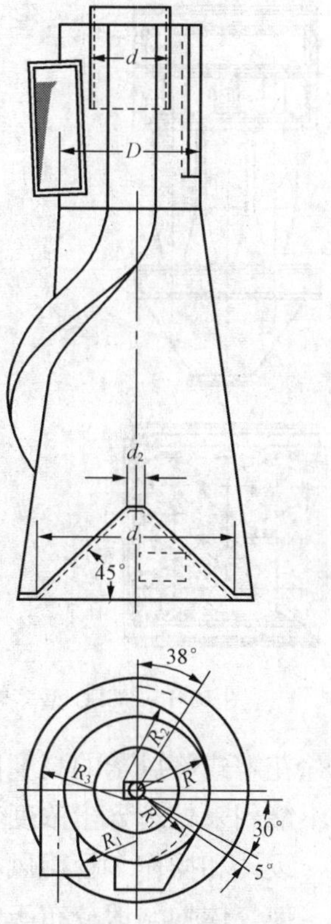

图 15-14　LKb 型旋风收尘器

2. 多管旋风收尘器

为了提高旋风收尘器捕集微细尘粒时的收尘效率，收尘器的直径不宜过大。当处理的气体量过大时，收尘器的数目太多，又会使组合发生困难，这时可使用多管旋风收尘器，它由许多简化后的小型旋风收尘器并联组合而成，如图 15-16 所示。组合中的单体称为旋风子。旋风子使用共同的进风口、排风口和卸灰口。旋风子的进风由轴向入口，旋流运动由安装在旋风筒内的导向叶片产生。

按导向装置的不同，旋风子有螺旋式和花瓣式两种类型。图 15-17a 为螺旋式旋风子，共有两圈螺旋，螺旋的导角 α 有 25°、30°及 35°三种。图 15-17b 为花瓣式旋风子，导向装置由几块叶片构成，叶片对水平方向的倾斜角为 25°或 30°。这两种旋风子的直径有 100、150 及 250 mm 三种，直径小容易造成堵塞，因此目前采用直径 250 mm 的较多。旋风子用钢制或耐磨铸铁铸成，后者多用于烘干机及窑尾热烟气收尘。

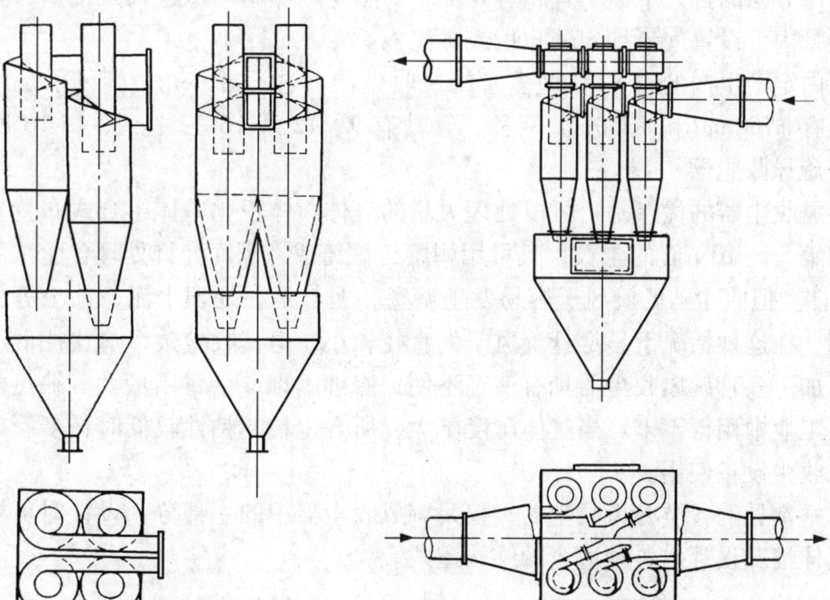
（a）错列式　　（b）平列式

图 15-15　旋风收尘器组

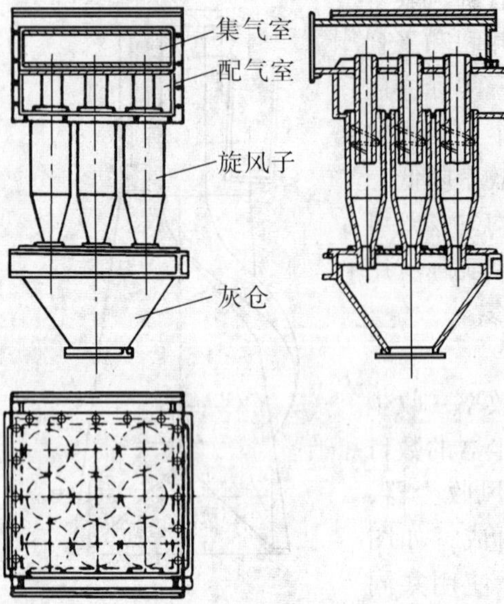

图 15-16　CLG 型多管旋风收尘器

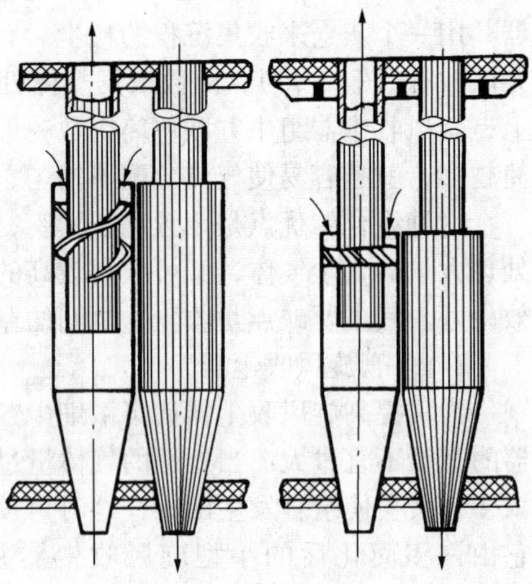

（a）螺旋式　（b）花瓣式

图 15-17　旋风子的型式

花瓣式旋风子的高度比螺旋式旋风子短些，但因气体通路狭窄，容易被粉尘堵塞，因而不能用来处理含尘浓度较高、尘粒容易粘结的气体。

设计和操作多管旋风收尘器时，要使气体进出口、配气室和集气室尽可能达到阻力平衡，使气体均匀地分布于每个旋风子。在操作过程中要严防漏气和串风，这是确保高效率的关键，因为当各个旋风子的流体阻力不同时，气流就会从阻力较小的旋风子经过灰仓进入另一些旋风子，造成短路串风。串风和漏风都会使收尘效率大大降低。为了使各个旋风子的阻力尽量接近，在垂直于气流的横阔方向上旋风子的排列个数不宜超过 12 个；平行于气流的纵深方向的排列个数不宜超过 8 个。为了使气体均匀地进入配气室，在连接气体进口的连接管内可设置气流均匀分布板或导流板。

目前国内定型生产的有 CLG 型多管旋风收尘器，它不带外壳，旋风子是用钢板卷焊而成，管径有 ϕ150mm 和 ϕ250mm 两种，管数有 9、12 及 16 三种。图 15-16 所示为 9 管 CLG 型多管旋风收尘器。

多管旋风收尘器的优点是：可以处理大量的气体，体积比单体组合式布置更紧凑，更能有效地捕集 5 ～ 10 μm 的尘粒，且可用耐磨铸铁铸成，因而允许处理含尘浓度较高（100 g/m^3）的气体。但收尘器的旋风子容易发生堵塞，尤其是在处理水泥、粘土等粘性粉尘时更容易堵塞。在这种情况下，尽管旋风子的直径较小，但其收尘效率却往往低于一般旋风收尘器。再加上多管旋风收尘器具有清理不便、修理困难、金属用量大等缺点，故在无机非金属材料工业中用得不多。当气体湿度不大，所含尘粒的粘性较低时，多管旋风收尘器可作为初级收尘设备使用。

上面列举常见的各类旋风收尘器，仅是旋风收尘器中的一部分，设计时可根据基本原理，结合具体情况设计出各种适合的结构型式。

三　旋风收尘器的排灰装置

排灰装置包括灰仓和锁风闸门，是旋风收尘器不可或缺的一部分，它对收尘器的操作及收尘效率有很大影响。在生产实际中，往往由于排灰装置漏风而使收尘器操作恶化。例如，排灰口漏风1%，效率降低5%～10%；漏风5%，效率约降低50%；漏风15%，效率趋于零。故此，旋风收尘器下部不能直接与泄灰装置连接，常用储灰仓以形成灰封，同时还必须由专用密封性良好的排灰装置将灰仓中的粉尘自动排出。

常用的锁风阀门有重力式及机动式两种。重力式又分为翻板式和闪动阀式(图15-18)。它比较简单，靠重锤压住翻板或锥形阀，当上面积灰重量超过重锤平衡作用时，翻板或锥形阀动作，将粉尘卸出，之后又回复原位，将排灰口封住。机动式是由专用电动机经减速器带动卸料设备，如各种叶轮卸料机、螺旋卸料机等。

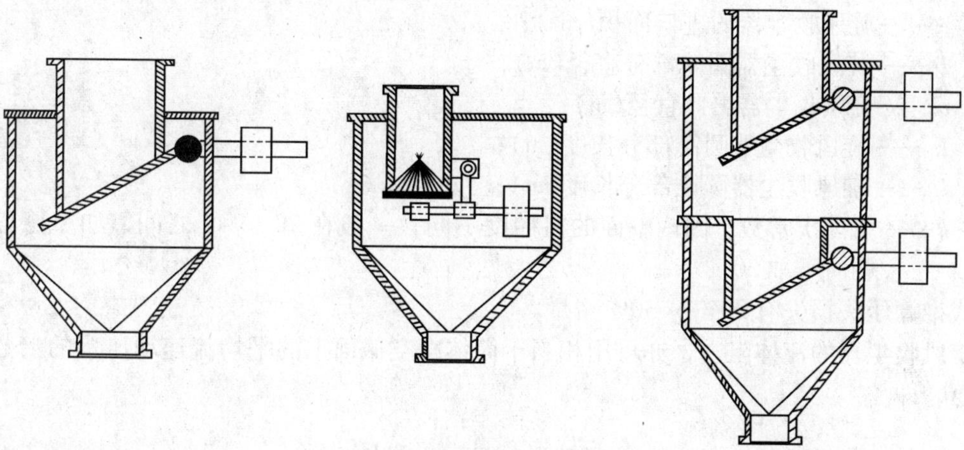

(a) 翻板式　　(b) 闪动阀式　　(c) 两级翻板式

图15-18　重力式锁风阀门

四　选型计算

(一)流体阻力

估算旋风收尘器的压头损失有不少方法，但一般推荐以局部阻力通用式来计算。在忽略进出口的动压差时，气体通过旋风收尘器的压头损失。由

$$\frac{\Delta p}{\gamma_t} = \zeta \frac{v^2}{2g} \quad (\text{m})$$

得

$$\Delta p = \zeta \frac{\rho_t v^2}{2} \quad (\text{Pa}) \tag{15-16}$$

式中　Δp——气体通过收尘器前后的压力降(Pa)；

γ_t，ρ_t——分别为在操作温度和操作压强之下含尘气体的重度(N/m^3)和密度(kg/m^3)，$\rho_t = \rho_t' + C_t$，其中ρ_t'为操作状态下清洁空气的密度，C_t为操作状态下气体的含尘浓度(kg/m^3)；

v——收尘器的进口气流速度(m/s)；

g——重力加速度(m/s^2)；

ζ——与气流速度v相应的阻力系数，通过实际确定。

各种旋风收尘器的阻力系数值见表15-2。

表 15-2　各种旋风收尘器的阻力系数

型　式	CLT/A		螺旋型	CLK	CLP/A		CLP/B		LKb	CLG
	X	Y	X		X	Y	X	Y		
阻力系数ζ	5.5	5.0	10.6	9.0	8.0	7.0	5.8	4.8	7.0～7.2	8.5

ζ 值亦可用以下的实验式来估算：

$$\zeta = \frac{kA\sqrt{D}}{d^2\sqrt{L_1 + L_2}} \tag{15-17}$$

式中　A——旋风收尘器的进口面积(m^2)；

D——旋风收尘器圆筒部分直径(m)；

d——旋风收尘器出口直径(m)；

L_1——旋风收尘器圆筒部分长度(m)；

L_2——旋风收尘器圆锥部分长度(m)；

k——无因次常数，因内壁面的粗糙度不同，一般在 20 ～ 40 之间，如摩擦程度不明时可取 30。

用此式推算压头损失有 20% ～ 30% 裕量。

旋风收尘器的流体阻力，亦可用相当于筒体净空截面上的平均流速动压头的倍数形式来计算，即

$$\frac{\Delta p}{\gamma_t} = \zeta' \frac{w^2}{2g} \quad (\mathrm{m})$$

或

$$\Delta p = \zeta' \frac{\rho_t w^2}{2} \quad (\mathrm{Pa}) \tag{15-18}$$

式中　w——气体在旋风收尘器筒体净空截面上的平均流速，又称假想速度(m/s)；

ζ'——与气流假想速度 w 相应的阻力系数，对于 CLT/A 型，根据试验一般近似取 $\zeta'=105$；对于 CLG 型，花瓣式旋风子，$\alpha=25°$时 $\zeta'=90$，$\alpha=30°$时 $\zeta'=65$；螺旋式旋风子，$\alpha=25°$时 $\zeta'=85$；旋风预热器 $\zeta'=100$ ～ 300。

其余符号意义同前。

从式(15-16)及式(15-18)可知，对于一定型式的收尘器，压头损失随气流速度增加而增大。气流速度愈大，收尘效率提高，但是压头损失也大，动力消耗增大。故$\frac{\Delta p}{\gamma_t}$值不能过大或过小。一般选取收尘效率 $\eta=80\%$ 左右，相应的 $\frac{\Delta p}{\gamma_t}=55$ ～ 75 m 较经济。若低于 55 m 时，收尘效率降低；大于 75 m 时，收尘效率增加很少，但就会使非生产性的动力消耗增加较大。

对于组合起来的旋风收尘器，考虑到收尘器连接处的附加阻力，压头损失比单独使用增加 10% ～ 20% 。

(二)选型计算

旋风收尘器的选型计算主要包括收尘器类型的选择、直径及个数的确定。

首先根据所需处理气体的含尘浓度、粉尘性质及安装条件等选择收尘器的类型，接着根据允许的压头损失$\frac{\Delta p}{\gamma_t}$及收尘器的阻力系数 ζ'按式(15-18)算出收尘器筒体净空截面平均

气流速度 w，然后根据需要处理的含尘气体量从下式算出收尘器的直径：

$$D = \sqrt{\frac{Q}{3600 \times \frac{\pi}{4} w}} \tag{15-19}$$

式中　Q——在操作温度和操作压强之下的气体流量（m^3/h）。

或根据允许的压头损失$\frac{\Delta p}{\gamma_t}$及收尘器的阻力系数 ζ，按式（15-16）算出收尘器的进口气流速度 v（一般在 12 ～ 25 m/s 范围）。当选定含尘气体进口速度后，由需要处理的含尘气体量算出收尘器的入口截面积。再由收尘器各部分尺寸比例关系算出收尘器直径。若直径过大，可选用几个收尘器并联使用。

当气体含尘浓度较大时，应选用较大直径的旋风收尘器（见表 15-3）；当要求净化程度高时，应选用较小直径的收尘器并联使用；当要求捕集的粉尘粒度较大时，可选取直径较大的收尘器；当收集微细尘粒时，应该尽可能选用尺寸较小的旋风收尘器。如果处理的气体流量较大，就得选用好几个收尘器组合在一起，并联使用。此时根据选取的收尘器直径，按下式计算出单个收尘器的处理风量。

表 15-3　旋风收尘器对粘性小的粉尘的允许含尘浓度

旋风收尘器直径 D（mm）	允许含尘浓度 C（g/Hm^3）	多管旋风收尘器单体直径（mm）	允许含尘浓度 C（g/Hm^3）	
			螺旋式导向装置	花瓣式导向装置
800	400			
600	300	250	100	75
400	200			
200	150	150	50	35
100	60			
60	40	100	25	15
40	20			

$$q = 3600 \frac{\pi}{4} D^2 w \quad (m^3/h) \tag{15-20}$$

根据需要处理风量 Q（m^3/h），就可算出需要收尘器的个数：

$$n = \frac{Q}{q} \tag{15-21}$$

将计算个数值圆整，最后按选定型号计算阻力，核算$\frac{\Delta p}{\gamma_t}$值，应处在推荐值 55 ～ 75 m 之间。也可直接查到有关收尘器技术性能表选用收尘器，或将表中数据与所得计算结果核对。

【例 15-1】　某水泥厂使用 ϕ2.2 m × 13m 管磨机粉磨水泥，已知磨机出口处的气体温度为 180 ℃，气体的含尘浓度为 160 g/Hm^3，尘粒密度为 3000 kg/m^3。要求选配适合的旋风收尘器作为初级收尘设备。

【解】 磨机采用机械通风，其通风量按下式计算：

$$Q = \frac{\pi(D-2\delta)^2}{4}(1-\varphi)w \times 3600(\mathrm{m^3/h})$$

磨机衬板平均厚度 $\delta = 50$ mm，取磨机的填充系数 $\varphi = 0.30$，磨内通风速度 $w = 1.2$ m/s，于是

$$Q = \frac{\pi(2.2-2\times0.05)^2}{4}\times(1-0.30)\times1.2\times3600 = 10\,469(\mathrm{m^3/h})$$

选用 CLT/A 型旋风收尘器，它的特点是结构较完善，能在阻力损失较小的条件下具有较高的收尘效率。收尘器的阻力系数 $\zeta' = 105$。根据气体流量和含尘浓度大小暂时选用直径为 550 mm 的 CLT/A 型旋风收尘器。

由于收尘器用于处理温度较高、含尘浓度较高的气体，风量及其密度发生较大变化，需要进行换算。

含尘气体由磨机的抽风罩进入旋风收尘器时，温度降低到 95 ℃，故进入旋风收尘器的气体流量应为 $$10\,469\times\frac{273+95}{273+108} = 10\,112(\mathrm{m^3/h})$$

在设计时，抽风管道的漏风量可根据管道系统的长短以及漏风的可能情况而确定，一般为通过收尘器的风量的 10%～30%，现取 10%，则实际进入收尘器的气体流量为

$$Q = 10\,112\times1.1 = 11\,123(\mathrm{m^3/h})$$

在操作温度下清洁空气的密度为 $$\rho'_t = \frac{1.29\times273}{273+95} = 0.957(\mathrm{kg/m^3})$$

在温度为 95 ℃的 1 m^3 空气中粉尘质量为 $$C_t = \frac{0.16\times0.957}{1.29} = 0.119(\mathrm{kg})$$

因此，在温度为 95 ℃下含尘空气的密度为 $$\rho_t = 0.957+0.119 = 1.076(\mathrm{kg/m^3})$$

如果希望旋风收尘器具有比较合理的收尘效率，则$\frac{\Delta p}{\gamma_t}$应在推荐值 55 ～ 75 m 之间。因此，筒体截面上的气体假想速度相应为

$$w' = \sqrt{\frac{\Delta p\times2g}{\gamma_t\zeta'}} = \sqrt{\frac{(55\sim75)\times19.6}{105}} = 3.20\sim3.74(\mathrm{m/s})$$

因为处理的含尘气体量较大(在 5000 m^3/h 以上时)，估计要用收尘器组，每个收尘器的气体流量为

$$q' = 3600\times\frac{\pi D^2}{4}w' = 3600\frac{\pi}{4}\times0.55^2\times(3.20\sim3.74) = 2736\sim3197(\mathrm{m^3/h})$$

所以收尘器的个数为

$$n = \frac{Q}{q'} = \frac{11\,123}{(2736\sim3197)} = 4.07\sim3.48$$

选用 4 个收尘器，此时每个收尘器的气体流量为

$$q = \frac{Q}{n} = \frac{11\,123}{4} = 2781(\mathrm{m^3/h})$$

气体的假想流速为 $$w = w'\frac{q}{q'} = 3.74\times\frac{2781}{3197} = 3.25(\mathrm{m/s})$$

于是每个收尘器的阻力损失为 $$\Delta p = \zeta'\frac{\rho_t w^2}{2} = 105\times\frac{1.076\times3.25^2}{2} = 597(\mathrm{Pa})$$

验算$\dfrac{\Delta p}{\gamma_t}$值，此时每个收尘器 $\dfrac{\Delta p}{\gamma_t}=\dfrac{597}{1.076\times9.8}=56.6(\mathrm{m})$

此值在推荐值55～75 m之间。因此，选用4个直径为550 mm的CLT/A型旋风收尘器作为初级收尘之用，不但能满足生产要求，而且还获得比较合理的收尘效率。

整个旋风收尘器组的阻力损失一般比单筒的收尘器大10%左右，因此，将4个收尘器组合使用时的阻力损失为

$$\Delta p_e=1.1\times597=657(\mathrm{Pa})$$

或根据对进口风速而言的阻力系数$\zeta=5.0$，算出进口风速

$$v'=\sqrt{\frac{\Delta p\times2g}{\gamma_t\cdot\zeta}}=\sqrt{\frac{(55\sim75)\times19.6}{5.0}}=14.7\sim17.2(\mathrm{m/s})$$

选取含尘气体进口流速v为17 m/s，则进口面积为

$$A'=\frac{Q}{3600\times v}=\frac{11123}{3600\times17}=0.18(\mathrm{m}^2)$$

进口宽度为 $b'=\sqrt{\dfrac{A'}{2.5}}=\sqrt{\dfrac{0.18}{2.5}}=0.27(\mathrm{m})$

则筒体直径为 $D'=3.85b'=3.85\times0.27=1.04(\mathrm{m})$

直径计算值超过常用规格，同时直径过大效率低。为了提高收尘效率，试选用4个直径较小的收尘器并联组合，则每个收尘器的进口面积为

$$A'_1=\frac{A'}{4}=\frac{0.18}{4}=0.05(\mathrm{m}^2)$$

进口宽度为 $b'_1=\sqrt{\dfrac{A'}{4\times2.5}}=\dfrac{0.27}{2}=0.14(\mathrm{m})$

每个筒体直径为 $D'_1=3.85b_1=3.85\times0.14=0.54(\mathrm{m})$

圆整取$D_1=0.55$ m，则

$$b_1=0.26D_1=0.26\times0.55=0.143(\mathrm{m})$$

$$A_1=2.5b_1^2=2.5\times0.143^2=0.051(\mathrm{m}^2)$$

$$v=\frac{Q}{3600\times4\times A_1}=\frac{11123}{3600\times4\times0.051}=15.15(\mathrm{m/s})$$

进口风速v在要求的12～25 m/s范围内。采用上部出风，阻力系数$\zeta=5.0$(见表15-2)。四筒旋风收尘器的流体阻力为

$$\Delta p_e=1.1\zeta\frac{\rho_t v^2}{2}=1.1\times5.0\times\frac{1.076\times15.15^2}{2}=679(\mathrm{Pa})$$

第五节 袋式收尘器

一 工作原理

袋式收尘器是一种利用多孔纤维滤袋将气体中的粉尘过滤出来的收尘设备。袋式收尘器的工作原理如图15-19所示。把顶部封闭的圆筒形滤袋3朝上并排悬吊在过滤室2内，含尘气体从下面送进滤袋内，气体穿过滤袋经排风口排出，尘粒被滤袋截留积聚在滤袋内

壁上形成尘粒层。为了使滤袋保持通畅，在适当的间隔时间内进行清理一次，通过清灰机构 1 使积聚在滤袋内表面上的尘粒振落到灰仓 4 后排出。过滤和清灰依次交替进行。

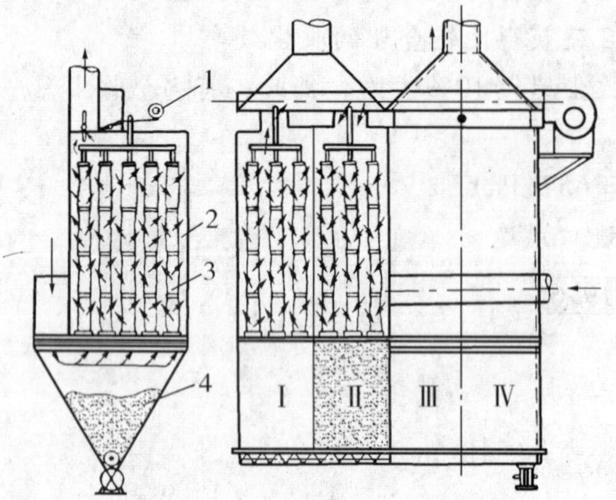

图 15-19　袋式收尘器工作原理图

1—清灰机构；2—过滤室；3—滤袋；4—灰仓

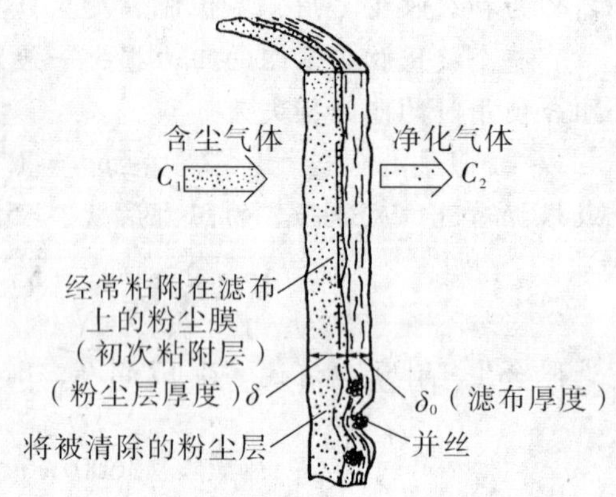

图 15-20　滤布的过滤作用原理示意图

袋式收尘器的过滤机理如图 15-20 所示，气体中大于滤布网孔的尘粒被滤布阻留，小于滤布孔径的尘粒（1 ～ 10 μm）沿着曲折的织物毛孔通过时，尘粒由于本身惯性作用撞击于纤维上失去能量而贴附在滤布上；对于极微细的尘粒（小于 1 μm），则由于尘粒本身的扩散与静电作用，通过滤布孔道时，因孔径小于微细尘粒的热运动自由径，使尘粒与滤布纤维碰撞而粘附于滤布缝隙间，使微细的尘粒也能捕集下来。

在过滤过程中，由于滤布表面及内部粉尘搭拱不断堆积，使在滤布进气的一面形成一层由尘粒组成的孔径很小的粉尘层。初次粉尘粘附层也是过滤介质，显著地改善了过滤作用，使气体中粉尘几乎全部被捕集下来。

随着粉尘层的加厚，滤布阻力增加，使过滤进行困难，为了使滤布通畅，保持稳定的处理能力和收尘效率，延长滤布使用寿命，必须定期清除滤布上的部分粉尘层。由于滤布绒毛的支承作用，滤布粉尘的初层仍然残留下来成为滤布外的第二过滤介质，所以清灰后收尘效率几乎没有降低。

从上述可见，袋式收尘器的收尘效率及其稳定性主要取决于过滤介质、清灰方式和收尘器的结构形式。

气体经过滤介质滤出时的阻力 Δp 包括滤布阻力 Δp_0 和积聚在滤布表面的粉尘层阻力 Δp_d 两部分，即

$$\Delta p = \Delta p_0 + \Delta p_d \quad (\mathrm{Pa}) \tag{15-22}$$

由于滤布上及尘粒间的孔隙狭窄，气流穿过滤布时呈层流状态。其阻力可根据流体在管道中层流流动的阻力公式写成

$$\Delta p_0 = \frac{32L_e}{D_e^2}\mu u'_f = \frac{K_1\delta_0}{D_e^2}\mu u_f \quad (\mathrm{Pa}) \tag{15-23}$$

式中　L_e——滤布孔道的当量长度（m）；

D_e——滤布孔道的当量直径（m）；

μ——气体的粘度（Pa · s）；

u'_f——滤布孔道中气流速度（m/s）；

δ_0——滤布厚度(m);

u_f——表观平均流速,又称滤袋引力或过滤速度,$u_f=\dfrac{Q}{A}$($m^3/(m^2\cdot s)$或m/s),其中,Q 为处理的含尘气体量(m^3/s),A 为滤袋的有效过滤面积(m^2)。

对于一定的滤布,孔道结构一定,L_e、δ_0 及 D_e 为常数,则

$$\Delta p_0 = R_0 \mu u_f \quad (Pa) \tag{15-24}$$

式中,R_0 为滤布的阻力系数(m^{-1}),根据实验确定,见表15-4,工业滤布为 $10^7 \sim 10^9 m^{-1}$。其余符号意义同前。

表15-4 滤布的阻力系数

滤布名称	阻力系数 R_0 (m^{-1})	织 法	滤布名称	阻力系数 R_0 (m^{-1})	织 法
棉帆布 №11	9×10^7	平织	涤纶 DD - #9	4.8×10^7	斜织
维尼纶#282	26×10^7	斜织	901 工业涤纶绒布	39×10^7	斜织
尼龙 9A - #100	8.9×10^7	斜织	尼毛特#2	21×10^7	斜织
尼龙 161#B	46×10^7	平织	尼棉特 4A	60×10^7	
涤纶#602	7.2×10^7	斜织	羊毛绒布(新旧适中)	3.6×10^8	

根据流体通过固定颗粒层时的压强降公式(12-46),粘附粉尘层的阻力可写为

$$\Delta p_d = \frac{36K''\delta(1-\varepsilon)^2\mu u_f}{\varphi_s^2 d_p^2 \varepsilon^3} \quad (Pa) \tag{15-25}$$

式中 δ——粉尘层厚度(m);

ε——粉尘层的孔隙率,一般在外表过滤方式中为 $\varepsilon=0.80\sim0.95$,到达稳定状态后的孔隙率 ε 值,对于长纤维滤布可视为 $0.6\sim0.8$,对于短纤维滤布为$0.7\sim0.9$;

φ_s——粉尘的形状系数;

d_p——粉尘粒径(m);

K''——常数,根据实验一般 $K''=4\sim5.5$,对于尘粒均匀的尘层,其值接近于5。

将上式用类似式(15-24)的形式表示:

$$\Delta p_d = \left[\frac{36K''(1-\varepsilon)}{\rho_p\varphi_s^2 d_p^2\varepsilon^3}\cdot\rho_p\delta(1-\varepsilon)\right]\mu u_f = \alpha_m\frac{G_d}{A}\mu u_f = \alpha_m m\mu u_f = R_d\mu u_f \quad (Pa) \tag{15-26}$$

式中 G_d——滤袋上的粉尘的堆积量(kg);

A——过滤面积(m^2);

m——滤袋上的粉尘负荷,$m=\dfrac{G_d}{A}$,一般 $m=0.2\sim1.0$(kg/m^2);

α_m——粉尘堆积层的平均比阻,

$$\alpha_m = \frac{36K''(1-\varepsilon)}{\rho_p\varphi_s^2 d_p^2\varepsilon^3} \quad (m/kg)$$

R_d——粉尘层的阻力系数(m^{-1})。

其余符号意义同前。

α_m 非定值，与滤布的织孔、表面状态以及孔的堵塞情况、粉尘的形状和粒径有关，实际上不易测定，通常用实际值或经验值来确定。实用上，当 $m=0.1\sim0.3(\text{kg/m}^2)$ 时，取 $\alpha_m\approx10^{10}\ \text{m/kg}$。当处理从破碎机、磨机、运输设备等的密闭装置抽出的空气中的粉尘时，$\alpha_m=8.5\times10^8\ \text{m/kg}$。

将式(15-24)和式(15-26)代入式(15-22)，于是在过滤阶段终了时，气体流经滤袋的总阻力为

$$\Delta p = (R_0+\alpha_m m)\mu u_f = R\mu u_f \quad (\text{Pa}) \tag{15-27}$$

式中，R 为总阻力系数，一般 $R=10^8\sim10^9\text{m}^{-1}$，其余符号意义同前。

从上式可知，袋式收尘器的压头损失与气体的过滤速度和粘度成正比，而与气体的密度无关。式中第一项是滤布的阻力，第二项表示粉尘层的阻力。滤袋本身的阻力较小，在堆积的粉尘层刚坠落时，阻力迅速减小，随着粉尘的重新堆积，几乎按直线增大(图15-21)。

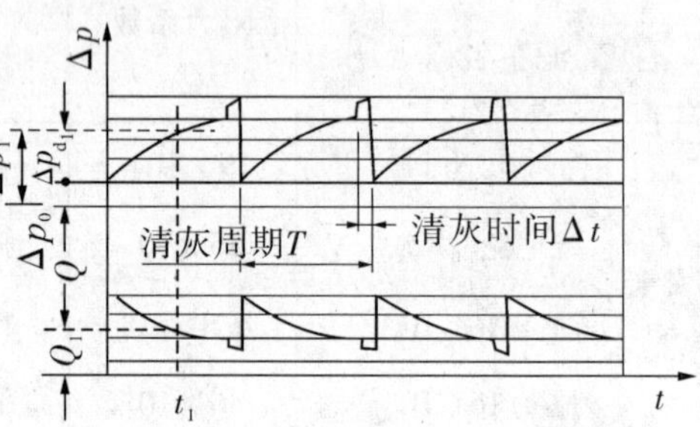

图 15-21　袋式收尘器周期清灰的压头损失与流量的变化关系

因为袋式收尘器的收尘效率高，则经 t s 在滤袋每平方米面积上的积尘质量为

$$m = C_1 u_f t \quad (\text{kg/m}^2) \tag{15-28}$$

式中　C_1——气体的含尘浓度(kg/m^3)；

t——过滤阶段所经历时间(s)。

其余符号意义同前。

将 m 值代入式(15-27)得

$$\Delta p = R_0\mu u_f + \alpha_m C_1 t\mu u_f^2 \quad (\text{Pa}) \tag{15-29}$$

从上式可知，过滤阻力和滤袋的材质、滤袋的收尘量、气体含尘浓度、过滤速度及清灰周期等因素有关，给定 Δp_d 值时，C_1 值大则 t 值就变小，清灰次数增加，滤袋的寿命就会缩短。进口的含尘浓度一般要求宜在 $0.2\sim10\ \text{g/Hm}^3$ 范围内。当需要处理高浓度的含尘气体时，一般应在袋式收尘器之前，先用惯性收尘器或其他收尘器进行初级收尘。

过滤速度对初次粘附层的形成情况及收尘器运动操作起主要作用，它是收尘器的重要参数。从式(15-29)可解出过滤风速。

$$u_f = \left[\left(\frac{R_0}{2\alpha_m C_1 t}\right)^2 + \left(\frac{\Delta p}{\alpha_m C_1 \mu t}\right)\right]^{0.5} - \frac{R_0}{2\alpha_m C_1 t} \tag{15-30}$$

令 $\dfrac{R_0}{2\alpha_m C_1 t}=K$，得

$$u_f = \left(K^2 + \frac{2\Delta p K}{R_0\mu}\right)^{0.5} - K \tag{15-31}$$

过滤速度与滤袋材质、清灰方式、气体的含尘浓度、湿度、粉尘颗粒组成等有关。其中，气体尘浓度和滤袋的过滤风速是影响袋式收尘器的主要因素，两者密切相关。在一定的过滤阻力下，滤袋的收尘效率随着过滤风速的增加而逐渐下降，因而各种袋式收尘器都规定了允许的气体含尘浓度和一定的过滤风速范围，见表15-5及表15-6。根据过滤风速便可估算出所需滤袋的过滤面积或袋的大小及数量。

表 15-5　各种滤袋的过滤风速

滤布材料	毛织品或棉织品	人造纤维	玻璃纤维
过滤风速 u_f(m/min)	0.3 ～ 1.8	0.5 ～ 1.3	0.3 ～ 0.9

表 15-6　各种型式袋式收尘器的过滤风速

收尘器型式	含尘浓度 C_1(g/m^3)	过滤风速 u_f(m/min)
中部振打袋式收尘器	50 ～ 70	1 ～ 1.5
气环反吹风袋式收尘器	15 ～ 30	2 ～ 4
脉冲袋式收尘器	3 ～ 5	3 ～ 4
玻璃纤维袋式收尘器	<100	0.3 ～ 0.9

二　滤布材料

袋式收尘器的主要器件是滤袋，滤袋材料为滤布。作为收尘使用的滤布，织法与一般布匹不同。有些毛织滤布和化学纤维滤布还进行起绒和缩绒处理，所以在滤布表面上就有无数相互交错的纤维绒毛和覆盖层。近代出现的一些收尘设备(如脉冲袋式收尘器)还采用没有经纬线的毛毡滤布。

滤布既要均匀致密，又要有一定的孔径(一般为 20 ～ 50 μm，表面绒毛孔为 5 ～ 10 μm)，使其具有一定的透气性和抗拉、抗剪等机械强度，流体阻力要小。当处理高温气体或含腐蚀性介质的气体时，还要求具有良好的耐热和耐腐蚀性能，这样才能延长滤袋的使用周期，保持较高的收尘效率。

常用的滤布有天然纤维(棉布、柞蚕丝、羊毛等)、合成纤维(如尼龙、奥纶、涤纶等)、无机纤维(玻璃纤维等)及几种纤维的混合织品等。每一种滤布都有一定的优缺点，应根据含尘气体性质(温度、湿度、含尘粒度及化学性质等)和清灰机构型式等具体情况来选择使用。常用的几种滤布的主要性能和使用范围见表 15-7。

表 15-7　常用滤布的主要性能和使用范围

<table>
<tr><th colspan="2" rowspan="2">滤袋材料</th><th rowspan="2">密度
(kg/dm^3)</th><th rowspan="2">抗拉强度
(MPa)</th><th colspan="2">耐腐蚀性</th><th colspan="2">耐热性(℃)</th><th rowspan="2">耐磨性</th><th rowspan="2">吸湿率
(%)</th><th rowspan="2">大致使用范围</th></tr>
<tr><th>耐酸</th><th>耐碱</th><th>经常</th><th>最高</th></tr>
<tr><td rowspan="2">天然纤维</td><td>棉</td><td>1.5 ～ 1.6</td><td>345</td><td>差</td><td>好</td><td>60 ～ 85</td><td>80</td><td>好</td><td>8 ～ 9</td><td>非腐蚀性气体</td></tr>
<tr><td>毛</td><td>1.28 ～ 1.33</td><td>110</td><td>好</td><td>差</td><td>80 ～ 90</td><td>95</td><td>好</td><td>10 ～ 16</td><td>弱酸气体</td></tr>
<tr><td rowspan="3">合成纤维</td><td>尼龙类</td><td rowspan="3">1.14</td><td rowspan="3">300 ～ 660</td><td>中等</td><td>好</td><td>75 ～ 85</td><td>96</td><td>好</td><td>4 ～ 4.5</td><td>腐蚀性粉尘</td></tr>
<tr><td>奥纶类</td><td>中等</td><td>中等</td><td>125 ～ 135</td><td>150</td><td>好</td><td>1.3 ～ 2.0</td><td>腐蚀性气体</td></tr>
<tr><td>涤纶类</td><td>中等</td><td>好</td><td>140 ～ 160</td><td>170</td><td>好</td><td>0.4</td><td>腐蚀性气体</td></tr>
<tr><td>无机纤维</td><td>玻璃纤维
(硅酮涂层)</td><td>2.4 ～ 2.7</td><td>1000 ～ 3000</td><td>好</td><td>好</td><td>200 ～ 260</td><td>280</td><td>差</td><td>0</td><td>高温及腐蚀性气体</td></tr>
</table>

应当指出，滤布表面经过芳香族基有机硅、聚四氟乙烯、石墨等处理，能显著地改善

其物理性能及抗腐蚀性能。例如，经有机硅处理后，除能提高耐磨性外，还提高了柔软性，吸湿率降低，表面光滑易于清灰，延长使用寿命；经聚四氟乙烯和石墨处理后，提高了耐热性，而且防腐蚀性能也明显提高。这些措施已在我国许多工厂广为应用，收到很好效果。

滤袋形状可做成各种各样，随收尘器的结构型式而定。目前成品滤袋有圆形和扁形两种。扁形滤袋排列紧凑，体积小，但滤袋对流体阻力大，使用寿命短，检修不便。圆形滤袋又称袖袋，较为常用，它受力均匀，与支架连接较简单。就地除尘的非标准型袋式收尘器，还可根据具体地点和条件做成各种形状的滤袋。

三 清灰方式

清灰机构是袋式收尘器结构的一个重要部分，清灰方式将影响收尘器的性能。在袋式收尘器操作中，滤袋内壁的积灰如不及时清除，随着过滤时间的增长，粉尘层加厚，使滤袋的阻力不断增加，风机的风量也因之下降(图 15-21)，从而妨碍收尘器的正常工作。所以，袋式收尘器必须进行定时清灰，使滤袋保持通畅，从而不断而有效地进行过滤。凡有清灰装置的收尘器都有一定的清灰周期，最高过滤阻力在一定数值时(在抽风过滤时为1.5 kPa 左右，在反吹风时为 0.3 ~ 0.4 kPa)，即要对捕集的粉尘层进行清灰，才能保持一定的过滤阻力和通风量。

清灰方式按其工作原理及结构特点，可分为机械振打式和气体反吹式两类(图 15-22)。

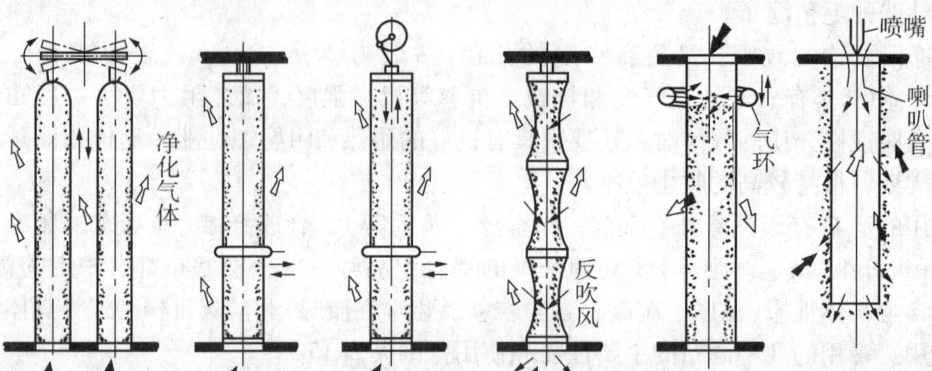

图 15-22 清灰方式

机械振打式是靠机械的振动来抖落滤袋上的粉尘。振打方式有人工振打和机械自动振打两种。振打方向有水平或垂直方向。图 15-22a 是在顶部进行上下振动，15-22b 是在中间附近按水平方向进行振动，15-22c 是上下方向和中间附近按水平方向同时给予机械振动。顶部振打袋式收尘器由于振打装置结构复杂，部件容易磨损，事故多，维修量大，滤袋寿命短，收尘效率低，现不多使用。中部振打袋式收尘器的振打装置比较简单，运转可靠，容易维修，多年来使用情况良好，已成为我国袋式收尘器定型产品之一。采用机械振打方式的袋式收尘器，滤袋的损失较严重。

气体反吹式是用气体(空气、加热后的空气或高压的压缩空气)从与滤袋的粉尘粘附面相反方向往滤袋鼓风或抽风，使积尘脱落。反吹风式又可分为真空反抽风式(图 15-22d)、气环鼓风反吹式(图 15-22e)和脉冲鼓风反吹式(图 15-22f)。采用真空反抽风式的收尘器是负压操作的。在气环鼓风反吹式中，喷射压缩空气的隙缝气环沿圆筒形滤袋外侧上下移动，把捕集的粉尘清除下来。在脉冲鼓风反吹式中，其圆筒形滤袋的上端设置文丘里管，每隔一定时间顺序地从喷嘴喷出压缩空气，以清除捕集的粉尘。后两种反吹风式均具有不停止气流、能够经常有效地利用全部过滤面积的优点。

此外，尚有采取超声波之类的高频振动办法，使整个滤布进行振动，以达到均匀堕落粉尘。

清灰方式按清灰机构进行方式又可分为间歇式和连续式两类。间歇式是将除尘室分隔成若干个，并逐室切断处理含尘气体，顺次进行清灰。清灰时必须间歇地停止收尘，这就等于必须有额外的过滤室。一般，机械振打式、真空反抽风式及反吹风振打式的清灰操作采用间歇式。它没有伴随清灰而产生粉尘外逸的现象，可获得较高的收尘效率。

连续式则无需切断处理含尘气体，连续地对滤布进行清灰。气环鼓风反吹式和脉冲鼓风反吹式一般采用这种方式。连续式由于过滤阻力稳定，所以适宜处理含尘浓度较高的气体。

中部振打袋式收尘器的清灰周期为每 6 min 振打一次，气环反吹风袋式收尘器为每 1 min 气环箱由上到下喷吹一次，脉冲袋式收尘器为每 30 ～ 60 s 喷吹一次。而清灰所需时间，即振动持续时间，根据清灰方法和粉尘的粘附状态，大体在 15 ～ 60 s 的范围。但是用反向压力气流清灰时，则在 1 s 之内。

四　类型及构造

袋式收尘器的类型很多，按滤袋形式分，有扇袋式收尘器和圆袋式收尘器；按入袋气流形式分，有正压鼓入式和负压抽吸式；按清灰方式分，有机械振打袋式收尘器（包括顶部振打式和中部振打式）、气环反吹风袋式收尘器和脉冲袋式收尘器。下面介绍常用的袋式收尘器。

（一）中部振打袋式收尘器

中部振打袋式收尘器又称 ZX 型收尘器，属机械自动振打袋式收尘器，其构造如图 15-23 所示。袖套状的滤袋 2 装在过滤室 1 的内部。滤袋的上端是闭口的，悬挂在支架 8 上，下端是开口的，用套环张紧在多孔底板 9 的各个孔口上面。过滤室根据收尘器的规格不同，用隔板分隔成 2 ～ 9 个分室，每个分室内挂有 14 个滤袋。过滤时，排气管阀门 6 打开，回风管阀门 7 关闭。含尘气体靠抽风机的抽吸作用由进风口 3 进入，经过隔风板 4，分别进入各室的滤袋中，气体经过滤袋后通过排气管 5 排出；气体

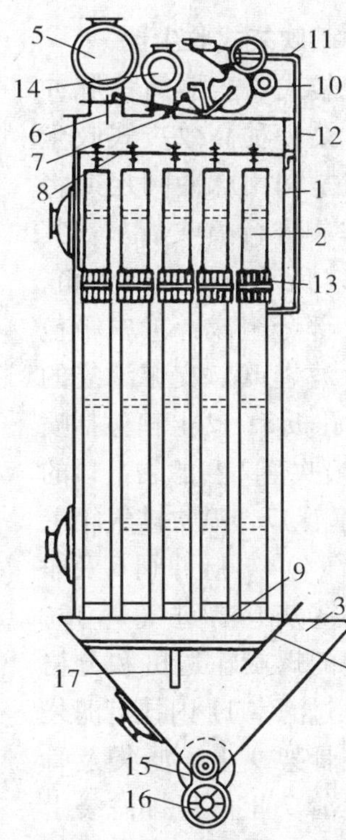

图 15-23　中部振打袋式收尘器

1—过滤室；2—滤袋；3—进风口；4—隔风板；5—排气管；6，7—阀门；8—支架；9—底板；10—振打传动装置；11—摇杆；12—振打棒；13—框架；14—回风管；15—螺旋输送机；16—分格轮；17—电热器

中的粉尘大部分截留在滤袋的内壁上，有一小部分粉尘滞留在滤袋纤维缝中。为着使滤袋通畅，各分室滤袋每经一定的振打周期，进行清灰一次。各室滤袋的振打是交错进行的，在其中的一室振打清灰时，含尘气体通过其他各室。因此，每室的滤袋虽然间歇地进行振打，但整个收尘器是在连续地工作。

振打传动装置10设在顶部，通过摇杆11、振打棒12与框架13，在收尘器的中部摇晃滤袋以达到清灰的目的。每室各有一套振打装置。当某一室滤袋正在进行清灰时，振打传动装置10上的拉杆就将该室的排气阀门关闭，切断该室滤袋同抽风机之间的通路。同时回风管阀门打开，回风管14内有一部分回风从滤袋的外面反吹入滤袋里面，将滤袋纤维内滞留的粉尘吹松或吹出。这时，振打机构也开始动作，摇杆11通过振打棒12带动框架13不断前后摇动，附着于滤袋上被吹松后的尘粒随之脱落，落入下部的尘仓中，由螺旋输送机15和分格轮16送走。振打结束后，回风管阀门自动关闭，排气管阀门自动启开，该室滤袋又开始过滤工作。

收尘器中还装有电热器17，在气温低或气体湿度大时使用。

ZX型袋式收尘器的规格用过滤面积及袋数表示。例如：ZX150 - 84，ZX表示抽吸式中部振打的收尘器，袖袋有效面积为150 m^2，袖袋84个。

ZX型袋式收尘器构造简单，故障少，维修容易，为水泥工业普遍选用的收尘设备。但是，这种收尘器的机械振打装置易损坏滤袋，近年来已逐渐为脉冲袋式收尘器所取代。

（二）脉冲喷吹袋式收尘器

脉冲喷吹袋式收尘器简称脉冲袋式收尘器，是一种高效袋式收尘器。它的特点是利用脉冲阀定期将压缩空气对滤袋进行喷吹清灰。其构造如图15-24所示，机体由中箱、上箱和灰仓三部分组成：①中箱包括过滤室11、滤袋10、支撑滤袋的骨架9以及多孔板3；②上箱包括喷吹排气箱1、喷吹管2和滤袋上口的喇叭管（文丘里管）7，喷吹排气箱上部附有压缩空气包4，脉冲阀6及净气出口管8；③灰仓有进气管13，下部为排灰用的螺旋输送机和分格轮排灰阀15。过滤室11内挂有滤袋10，滤袋套在骨架9上，滤袋及骨架固定在喇叭管7上。每排滤袋上部都装有一根直径为20 mm的喷吹管2，喷吹管上开有与滤袋数量相同、直径为6.4 mm的喷孔，与滤袋中心相对应。喷吹管前装有与压缩空气相连的脉冲阀6，脉冲阀与压缩

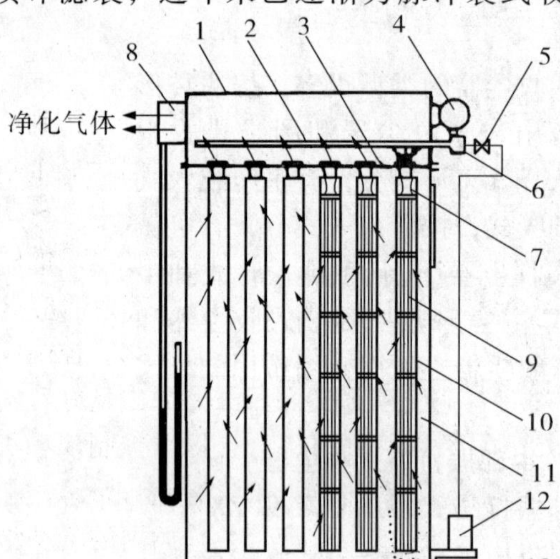

图15-24　脉冲袋式收尘器

1—喷吹排气箱；2—喷吹管；3—多孔板；4—压缩空气包；5—控制阀；6—脉冲阀；7—喇叭管；8—净气出口管；9—骨架；10—滤袋；11—过滤室；12—脉冲控制仪；13—进气管；14—灰仓；15—螺旋输送机和排灰阀

空气包 4 相连接，脉冲控制仪 12 不断发出短促的脉冲信号，通过控制阀 5 控制各脉冲阀按程序启闭。

含尘气体由进气管 13 进入灰仓，分散进入过滤室中，在通过滤袋时气体穿过滤袋经上部喇叭管 7 进入排气箱 1，从出口 8 排出；粉尘阻留在滤袋外侧，一部分由于重力掉落，其余则每隔一定时间用压缩空气进行喷吹使之脱落下来。粉尘落到灰仓 14，用螺旋输送机和排灰阀 15 排出。

清灰时，脉冲阀开启，与该脉冲阀相连的喷吹管即与气包相通，高压空气从喷射孔中以极高的速度向喇叭管喷射，在喇叭口部位形成更高的流速，从其周围引入相当于喷射空气量 5 ～ 7 倍的二次气流，冲进滤袋内，因此滤袋急剧膨胀，引起一次冲击振动，同时在瞬时内产生由里向外的逆向气流。由于冲击和逆向气流的作用，附着在滤袋外层的粉尘被抖落，同时，处于滤布孔隙中的粉尘也被吹掉，达到了滤布的再生。

图 15-25 为一个清灰周期的分解图，该图中的 a 为滤袋过滤初期，滤袋表面吸附的粉尘甚少，b 为过滤末期，滤袋表面吸附着一层较厚的粉尘。由于气流通过滤袋向内流动，滤袋收缩，因有骨架支持而成多角星状。图 15-25c 为喷吹清灰状态，气流反吹，由里向外，滤袋膨胀成圆形，将滤袋表面吸附的粉尘层吹落。由于收尘器内有几排到几十排滤袋，而每次只有一排滤袋受到喷吹，所以对每一排滤袋喷吹是间歇的，但对整个收尘器则是连续工作的，从而使收尘器的工作状况稳定。收尘器阻力一般均能保持在 1 ～ 1. 2 kPa 范围内。

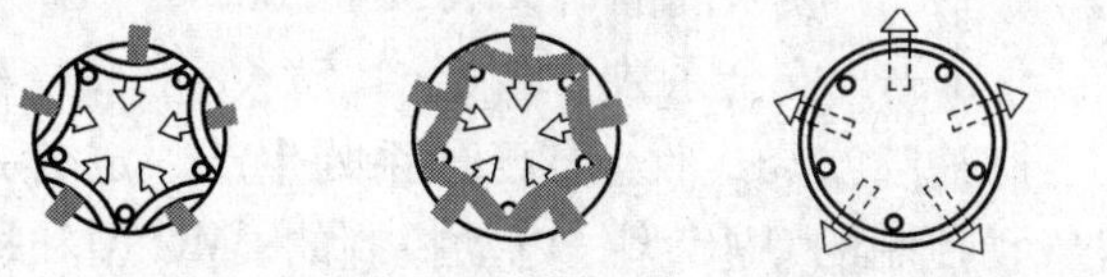

（a）过滤初期　（b）过滤末期　（c）喷吹清灰状态

图 15-25　清灰周期分解图

脉冲收尘器每排滤袋有一个执行喷吹清灰的脉冲阀，要求按程序进行喷吹。每次脉冲时间为 0. 1 ～ 0. 2 s，周期为 30 ～ 60 s，为适应这样迅速、准确、频繁的动作，要配有专用的脉冲控制仪 12(见图 15-24)进行控制。控制仪以一定的周期发出信号，使在一个周期内每排滤袋都得到喷吹，因而可保持滤袋良好的透气性及收尘效果。目前国内使用的脉冲控制仪有气动脉冲控制仪、无触点脉冲控制仪和机械脉冲控制仪。

脉冲喷吹机构的基本构造如图 15-26 所示。它由脉冲阀和控制阀两部分组成。控制阀为排气阀，依控制仪的不同，分为气控用的气动阀、电控用的电磁阀和电控用的机控阀三种。脉冲阀是脉冲气流的控制设备，其一端的进气管 1 接压缩空气包，另一端的出气管 2 接喷吹管。由波纹膜片 5 将进气管、出气管与背压室 3 隔开，进气管和背压室之间有一节流孔 7 沟通，背压室与控制阀 8 相接。脉冲阀的活动挡板 6 靠弹簧压力压着排气喷嘴。

当程序控制仪无信号发来时，控制阀的活动挡板处于封闭排气孔的位置，此时，高压空气由进气管 1 进入气室 4，又经节流孔进入背压室 3。此时背压室与气室的气压均等于气源压强。由于背压室的作用面积大于气室，加上弹簧的压力，使波纹膜片封着脉冲阀的出气管。当控制阀得到控制仪的输出信号时，控制

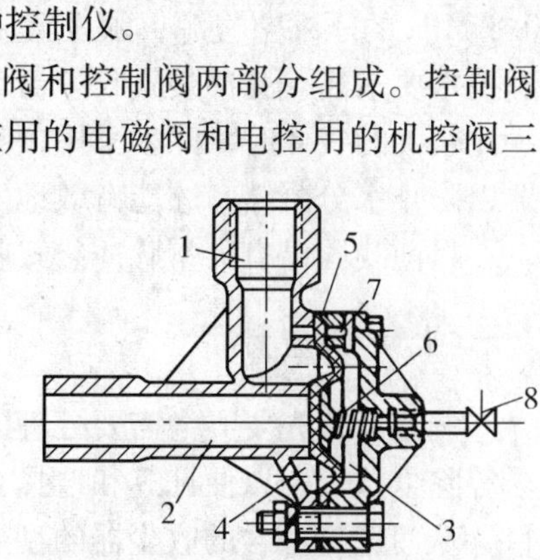

图 15-26　脉冲喷吹机构

1—进气管；2—出气管；3—背压室；4—气室；5—波纹膜片；6—活动挡板；7—节流孔；8—控制阀

阀的活动挡板即抬起，使背压室与大气接通，背压室的气体经控制阀排出而迅速卸压。因而，气室压力大于背压室，波纹膜片被压向右侧，喷吹口打开，高压空气从气包出来，由进气管通过出气管和喷吹管抽滤袋喷吹。当控制仪的信号消失后，控制阀的活动挡板恢复至原来封闭排气孔的位置上，背压室的压力又回升气源压力，波纹膜片重新封闭住喷吹口，喷吹即行停止。如此完成一次喷吹动作。

脉冲喷吹所需的气源为不小于0.6 MPa的压缩空气，用气量按下式计算：

$$q = 0.06\frac{q_0 n\alpha}{T} \quad (\mathrm{m^3/min}) \tag{15-32}$$

式中 q_0——每条滤袋喷吹一次所需的空气量，对于尼毛特2号及尼棉特4A、901涤纶绒布等滤布为2～2.5 L；

n——滤袋总数；

T——喷吹间隔，选取30～60 s；

α——安全系数，取$\alpha=1.5$。

脉冲喷吹袋式收尘器已成系列生产，定名为MC型脉冲喷吹袋式收尘器，每种型号均有气动控制的QMC型、电动控制的DMC型和机动控制的JMC型数种。收尘器的规格用袋数表示。例如QMC－24A－Ⅰ型，表示24个滤袋、有灰仓(B为无灰仓的，专用于料仓及气力输送斜槽的收尘)，安装方式为Ⅰ型的气动脉冲袋式收尘器。

脉冲袋式收尘器滤袋的直径为120 mm，长度为2000 mm。允许气体含尘浓度为3～5 g/m³，过滤风速为3～4 m/min。当含尘浓度超过此值时，应降低过滤风速使用。当含尘浓度达20～70 g/m³时，过滤风速取2.5～1.5 m/min。喷吹压强为0.6～0.7 MPa，脉冲周期为30～60 s，脉冲宽度(即脉冲喷吹时间)为0.1 s。收尘器的流体阻力为1～1.2 kPa。

脉冲袋式收尘器可以通过调节脉冲周期和宽度，使滤袋保持良好的过滤性能，所以收尘效率高，可达99%以上。而且由于清灰周期较短，过滤风速可以提高，较机械振打式高1倍多(3～6 m/min)，从而提高了滤袋的单位面积净化能力，因而体型可缩小。同时内部无运动部件，滤袋不受机械力作用，滤袋寿命长，安全可靠。其主要缺点是需要0.6～0.8 MPa的压缩空气源，须设置压缩空气供气设备，还需要一套较复杂的脉冲控制仪，管理技术要求高。脉冲袋式收尘器对高浓度及潮湿粉尘效果不佳，当需处理含尘浓度和含湿量比较大的气体时，除须采用预收尘以降低含尘浓度和降低过滤风速外，还要增设保温装置以防止水分凝结，才能有效地发挥其性能。

目前我国已有大量脉冲袋式收尘器投产。在无机非金属材料工业中广泛应用。

五 选型计算

选型前首先要弄清需要处理的含尘气体量、含尘浓度、温度、湿度和对收尘效率的要求等除尘条件，以便计算和选择合理的过滤速度，计算收尘器的过滤面积，确定滤袋的数目，从而选择适合的收尘器的型号和台数。

(一)确定过滤面积

收尘器的滤袋面积$\sum A$按下式计算：

$$\sum A = A + A_0 = \frac{Q}{60u_\mathrm{f}} + A_0 \quad (\mathrm{m^2}) \tag{15-33}$$

式中 A——滤袋工作部分的过滤面积(m^2)；

A_0——滤袋清灰部分的过滤面积(m^2)；

Q——处理风量(m^3/h)；

u_f——过滤速度(m/min)。

处理风量包括设备的通风量和系统的漏风量。漏风量一般为设备通风量的10%～30%。处理风量还应包括反吹布袋时所引入的风量，这部分风量约占进风总管抽入的含尘气体体积的20%～30%；对于气环反吹风式及脉冲反吹风式则为4%～10%。

设备通风量 Q 可以计算或从有关手册查出。过滤速度 u_f 的选择需根据气体的含尘浓度、滤袋的材质、滤袋清灰的方式、气体温度及湿度、对收尘效率的要求、气体的腐蚀性质、尘粒性质等因素来确定。若尘粒较粗，含尘浓度较低，或浓度虽然较高但清灰方式较为可靠，能保证滤袋一直处于较佳工作状况，温度较低但无结露可能，在这种情况下，过滤速度可选得大一些，反之则要选取低值，一般主要根据气体含尘浓度来确定。过滤速度按式(15-31)计算，并参考表15-5及表15-6来确定。

(二)确定滤袋数量

根据总的过滤面积，即可从产品目录查出所需要滤袋的大小及数量。亦可根据每个滤袋的过滤面积 A_1，按下式计算所需滤袋的数量：

$$n = \frac{A}{A_1} \tag{15-34}$$

式中，A_1 为每个滤袋的过滤面积(m^2)。对于中部振打袋式收尘器，$A_1 = 1.79\ m^2$；对于脉冲袋式收尘器，$A_1 = 0.75\ m^2$；对于气环反吹风袋式收尘器，$A_1 = 1.15\ m^2$。

当计算出袋式收尘器的面积和选型号后，应核算粉尘负荷 m 值，使 m 值不超过最大允许粉尘负荷(又称聚尘能力)。否则应调整过滤速度，增加过滤面积。

(三)阻力计算

袋式收尘器的阻力 Δp_T 包括滤袋过滤阻力 Δp 和整机附加阻力 Δp_m 两部分，即

$$\Delta p_T = \Delta p + \Delta p_m \tag{15-35}$$

过滤阻力 Δp 可按式(15-27)计算，或根据所定过滤速度 u_f 及聚尘能力 M(即单位过滤面积上的最大允许堆积量)从表15-8查出。整机附加阻力 Δp_m 取决于过滤速度，可从表15-9查出。

表15-8 过滤风速聚尘能力与滤袋阻力的关系

过滤风速(m/min)	聚尘能力(g/m^2)					
	100	200	300	400	500	600
	滤袋阻力(Pa)					
0.5	300	360	410	460	500	540
1.0	370	460	420	580	630	690
1.5	450	530	610	680	750	820
2.0	520	620	710	790	880	970
2.5	590	700	810	900	1000	
3.0	650	770	900	1000		

表 15-9　整机附加阻力

过滤风速 u_f(m/min)	1.0	1.5	2.0	2.5
整机附加阻力 Δp_m (Pa)	80	100	150	250

已知收尘器阻力和管道阻力，就可确定风机的风压；已知收尘器出口的风量和收尘器到风机管道上的漏风量(一般为25%左右)，就可确定风机的风量；根据风压和风量就可选择风机型号。

【例15-2】 试为例15-1的磨机配用适合的袋式收尘器作为第二级收尘设备。

【解】 管磨机采用强力通风时最好采用二级收尘的方式，第一级采用旋风收尘器捕集大部分颗粒较大的粉尘。第二级采用袋式收尘器捕集其余的粉尘(图15-27)。

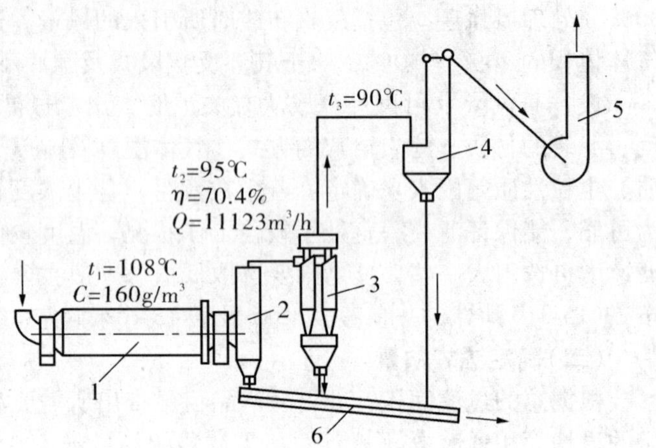

图15-27　磨机的二级收尘流程

1—磨机；2—抽风罩；3—旋风收尘器；4—袋式收尘器；5—抽风机；6—空气输送斜槽

在收尘系统中，CLT/A-55旋风收尘器的收尘效率 $\eta=70.4\%$，则进入袋式收尘器的气体中的含尘量为 $C_1=160\times(1-0.704)=47.34(\mathrm{g/Hm^3})$

气体由旋风收尘器进入袋式收尘器温度降低到90 ℃，因此气体在90 ℃时的含尘浓度为

$$47.34\times\frac{273}{273+90}=35.6(\mathrm{g/m^3})$$

考虑抽风管道的漏风系数为1.1时，90 ℃气体进入袋式收尘器的空气量为

$$Q'_p=\frac{1.1\times11\,123\times(273+90)}{273+95}=12\,007(\mathrm{m^3/h})$$

选用ZX型袋式收尘器，由于振打清灰时使用空气反吹布袋，会有一部分额外空气进入收尘器内，引起流经布袋的风量增加，通常比经进风管送入的风量大20%～30%。在此取23%，因此实际流经滤袋的气体体积为

$$Q_p=12\,007(1+0.23)=14\,769(\mathrm{m^3/h})$$

过滤速度按式(15-31)计算。其中系数 R_0 及 α_m 之值可根据生产实践数据确定，系数 R_0 的大小与残留尘粒数量、滤袋的材料等因素有关，采用羊毛绒布袋且新旧适中的时候，从表15-4查得 $R_0=3.6\times10^8\ \mathrm{m^{-1}}$；在处理从磨机的密闭装置抽出气体中的粉尘时，$\alpha_m=8.5\times10^8\ \mathrm{m/kg}$。气体的含尘浓度 $C_1=35.6\ \mathrm{g/m^3}=0.0356\ \mathrm{kg/m^3}$。收尘器每隔6 min振打一次，振打时间为10 s，则过滤时间 $t=6\times60-10=350(\mathrm{s})$。因此

$$K=\frac{R_0}{2\alpha_m C_1 t}=\frac{3.6\times10^8}{2\times8.5\times10^8\times0.0356\times350}=1.7\times10^{-2}(\mathrm{m/s})$$

ZX型袋式收尘器滤袋的阻力一般为700～900 Pa，取 $\Delta p=700$ Pa。空气在90 ℃时的粘度 $\mu=0.0216\times10^{-3}\mathrm{Pa\cdot s}$。因此，过滤风速

$$u_f' = \left(K^2 + \frac{2\Delta pK}{R_0\mu}\right)^{0.5} - K$$

$$= \left[(1.7\times10^{-2})^2 + \frac{2\times700\times1.7\times10^{-2}}{3.6\times10^8\times0.0216\times10^{-3}}\right]^{0.5} - 1.7\times10^{-2}$$

$$= 4.09\times10^{-2}(\text{m/s}) = 2.45(\text{m}^3/(\text{m}^2\cdot\text{min}))$$

滤袋的过滤面积 $$A' = \frac{Q_p}{60u_f'} = \frac{14\ 769}{60\times2.45} = 100.5(\text{m}^2)$$

查产品目录得知，ZX 型袋式收尘器中每一过滤室有 14 个滤袋，每个滤袋的过滤面积为 1.79 m^2，则清灰部分的过滤面积

$$A_0 = 14\times1.79 = 25.1(\text{m}^2)$$

得袋式收尘器的滤袋过滤面积

$$\sum A' = A' + A_0 = 100.5 + 25.1 = 125.6(\text{m}^2)$$

参考表 15-5 及表 15-6 得知，计算所得的过滤风速较大，因此宜选取规格较大的收尘器。从产品目录选取具有 84 个滤袋、过滤面积为 150 m^2 的 ZX150－84 袋式收尘器 1 台。工作部分的过滤面积为

$$A = \sum A - A_0 = 150 - 25.1 = 124.9(\text{m}^2)$$

实际的过滤风速为

$$u_f = \frac{Q_p}{60A} = \frac{14\ 769}{60\times124.9} = 1.97\ (\text{m/min}) = 3.28\times10^{-2}(\text{m/s})$$

袋式收尘器的过滤阻力按式(15-29)计算：

$$\Delta p = R_0\mu u_f + \alpha_m C_1 t\mu u_f^2$$

$$= 3.6\times10^8\times0.0216\times10^{-3}\times3.28\times10^{-2} + 8.5\times10^8\times35.6\times10^{-3}\times 350\times0.0216\times10^3\times(3.28\times10^{-2})^2$$

$$= 255.1 + 246.2 = 501.3(\text{Pa})$$

收尘器的聚尘能力

$$M = C_1u_ft = 35.6\times10^{-3}\times3.28\times10^{-2}\times350 = 0.41(\text{kg/m}^2) = 410(\text{g/m}^2)$$

根据 u_f 及 M 查表 15-8 得出的过滤阻力 $\Delta p = 790$ Pa 较计算值偏大些。查表 15-9，得出收尘器外壳、进风口及排风口等处的整机附加阻力 $\Delta p_m = 150$ Pa。因此，气体流经袋式收尘器的总阻力损失约为

$$\Delta p_T = \Delta p + \Delta p_m = 501.3 + 150 = 651.3(\text{Pa})$$

磨机收尘系统中收尘设备的阻力为

$$\Delta p = \Delta p_e + \Delta p_T = 679 + 651.3 = 1330.3(\text{Pa})$$

连接收尘设备的抽风管道及抽风机的排风筒的阻力可按管道计算的方法加以计算，从而求得整个收尘系统的阻力。

风机所需产生的静压等于收尘系统的阻力损失之和。考虑到管道在工作过程中由于管壁沉积尘粒而使阻力增加，风机应该具备 20% 的储备压头。根据风压和风量便可选择风机。

六 性能及应用

袋式收尘器广泛用于各个工业部门，以捕集非粘结性、非纤维粉尘，是捕集微细粉尘

的高效设备。其优点是收尘效率高，在正常工作时可达 98% 以上，且可用来捕集小至 1 μm 左右的粉尘，这是旋风收尘器所不及的。与高效的电收尘器相比，袋式收尘器结构简单、操作简单可靠，维修方便，管理技术要求不高，投资费用低，因此，作为高效收尘器来说，是一种简单便宜的收尘器。其缺点是耗费较多的织物，同时所允许处理的气体温度较低(尤其是棉毛织物)，对气体中含湿量高和易吸水的亲水性粉尘会造成堵塞，任何情况下，含尘气体的温度都应高于露点 15 ～ 20 ℃，因此使用受到一定限制。自从使用合成纤维滤布以来，这方面性能有所改善。

第六节　电收尘器

一　工作原理及性能

电收尘器是利用电力场作用来捕集含尘气体中粉尘的设备。其工作原理见图 15-28。导线借助于绝缘子吊装在金属圆管的中心，将圆管和导线分别接到高压直流电源的正负极上，则圆管与导线之间的空间将产生非均匀的电场，电场强度自导线电极向圆筒电极逐渐降低。如果电极之间的电压升高到某一程度，导线附近的电场强度达到一定值，电极之间的空气中已存在的少量离子在电场引力的作用下，就会以较高的速度向电极运动。在途中当它碰到中性的原子时，就会将原子中的电子轰击出来，产生新的离子。这些新的离子在电极之间运动时，又再使另一些中性原子电离，在短时间内产生大量离子。这种现象称为气体的自激电离。当电极之间的电压限制在一定的范围内时，自激电离只能在导线附近产生。离导线稍远，电场强度已经降低到不能使离子做高速运动，当离子碰击到中性原子时，就无法使后者电离。这时，在导线附近产生电离的地方出现了电晕，这区域叫电晕区(图 15-29)，导线电极又称电晕电极(或放电电极)，电晕区的半径通常只有 2 ～ 3 mm。电

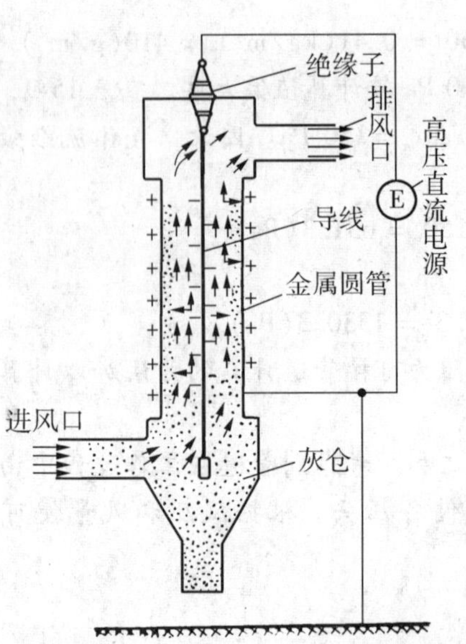

图 15-28　电收尘器的工作原理示意图

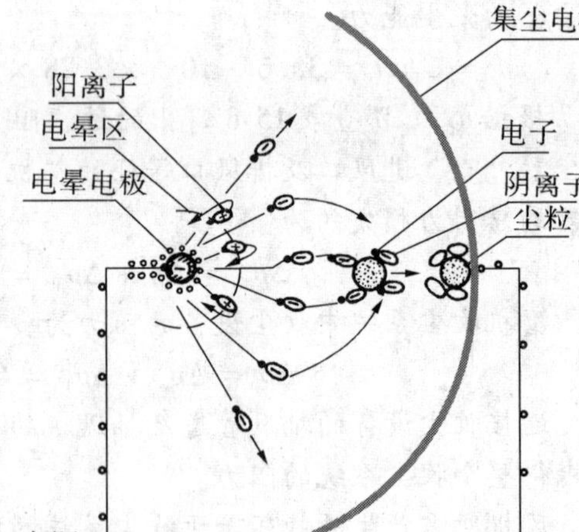

图 15-29　静电收尘过程示意图

晕的外面叫晕外区，在晕外区并无新的离子产生，只有从电晕电极发出的做单向运动的离子流经过。从进风口 7 进入到收尘器的含尘气体自下而上经过电极空间时，所含尘粒就与这股离子接触而带上电荷。由于在电晕电极附近的阳离子走向电晕电极(负极)的路程极短，速度低，碰上粉尘的机会很少，只有极少量粉尘沉积于电晕电极。因此，绝大部分粉尘与飞翔的阴离子相撞，带负电后也跟着离子流向圆管电极运动，沉积在圆管电极的表面，所以，圆管电极又称集尘电极(或沉淀电极)。经一定周期，将集尘电极及电晕电极振打，就可使沉积在其上的尘粒振落到下面的灰仓 4 中，向外卸出。清除尘粒以后的净化空气，经收尘器顶部的排风口 5 排出。

电收尘器的电极设计要造成非均匀电场，使器内分成两个区间。若为均匀电场，一旦发生电离，则整个空间空气都产生电离，绝缘空间被击穿，大量电流通过将引起电弧放电，会把电极烧毁。非均匀电场只在极小区间内产生电晕放电，不致烧毁电极。为了造成非均匀电场，正负极的表面积要相差悬殊。除了上述采用一根导线、一个圆管做电极外，亦可如图 15-30 所示，用平板代替圆筒电极(集尘电极)，将导线(电晕电极)置于两平板的中央，也可以产生非均匀电场。

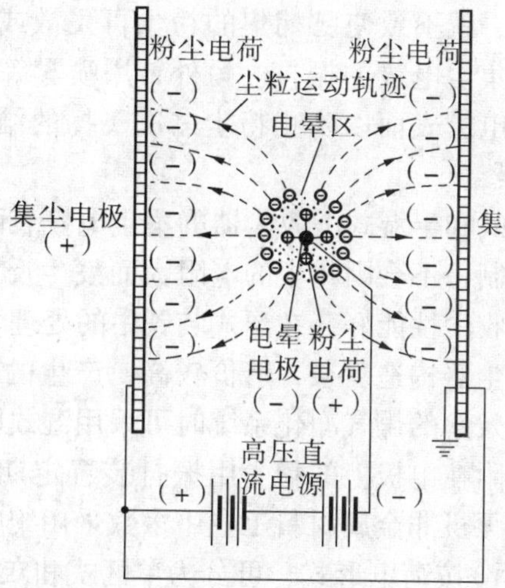

图 15-30　平板和导线之间的非均匀电场

通常，收尘器的集尘电极是正极，并且接地；电晕电极是负极，同地绝缘。经验证明，使用负电晕的收尘效率比使用正电晕的高。这是因为从负电晕发生的负离子流的运动速度比正电晕发出的正离子流大，而且负电晕比较稳定，火花击穿电压较高。

电收尘器两电极之间的电压达到一定值时，才能有电晕产生。当电晕产生后，电极之间出现空间电流。电收尘器的工作电压多处在 50 ～ 70 kV 之间，为临界电压的 2 ～ 3 倍。至于两极间的电流强度，若以每米电晕电极长度作为计算单位时，对于管极式电收尘器为 0.3 ～ 0.4 mA/m，对于板极式电收尘器为 0.1 ～ 0.35 mA/m。

电收尘器是一种高效收尘设备，已广泛用于各工业生产中。它的优点是：收尘性能好，能捕集 0.1 μm 以下微细尘粒，并可获得较高收尘效率(达 99%)；由于电场力直接作用在粉尘上，所以流体阻力小(一般不超过 200 Pa)，因而动力消耗少，维持费用低；可以处理不同性质粉尘，如较高压强(达 3 kPa 表压)、较高温度(达 500 ℃)、高湿度(达 100%)以及有化学腐蚀性的气体；处理大量气体时能适应广泛、快速变化着的进气状况，可使电收尘器经常在最佳状况下运行，操作可自动化。缺点是：要配置比较复杂的高压直流供电系统；设备笨重，初次投资费用高；对粉尘电阻率有一定要求，一般低于 10^4 Ω · cm 或高于 2×10^{10} Ω · cm 时，收尘效率不高；另外，需要较高的管理技术水平，同时不适用于处理含尘浓度大的气体(一般不超过 40 g/m^3)，否则需在电收尘器前添置预处理装置除去粗颗粒。

电收尘器在无机非金属材料工业中获得广泛使用，常用于烘干机、水泥磨、回转窑及熟料冷却机等的收尘。

二 类型及结构

电收尘器的形式多种多样，分类各不相同，可按清灰方式、荷电的形式、集尘电极形式和气流运动方向等进行分类。

(ⅰ)按清灰方式，可分为湿式、半湿式和干式。粘附于集尘电极上的粉尘连续用水冲走的结构叫湿式电收尘器。如图 15-31 所示，使集尘电极表面经常形成连续的水膜，就不致使已捕集的粉尘再飞散或堆积，也不需要进行集尘电极的振打。另外，用喷雾等方法间歇地润湿集尘电极表面以防止粉尘二次飞扬的结构，叫半湿式电收尘器。

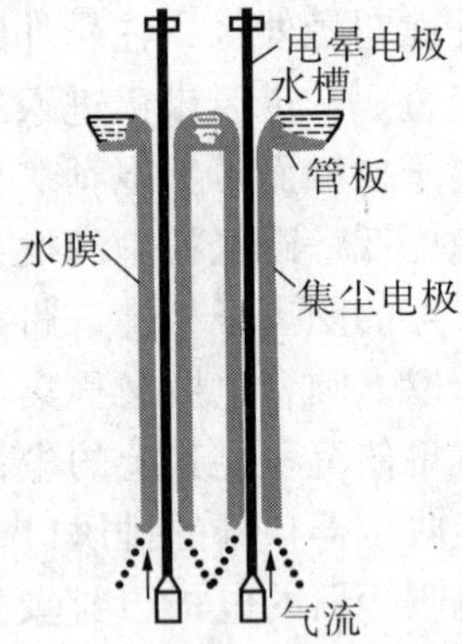

图 15-31　湿式电收尘器的电极部分

湿式和半湿式电收尘器的集尘电极表面经常被清洗，能够得到强电场，而且粉尘电阻不受限制；不会因粉尘的电阻大而发生反电晕，也不会因粉尘的电阻小而发生二次飞扬。因此，收尘性能好，在湿式装置中的处理含尘气体速度可比在干式中的高出一倍。但是湿式电收尘器构造复杂，造价较高，产生的大量泥浆处理困难。在无机非金属材料工业中，要求高效率的煤气净化系统时可采用湿式电收尘器，收尘效率可达 98% 以上。

粘附在电极上的粉尘用振打装置定期抖动或敲打极板使其脱落的设备叫干式电收尘器。在无机非金属材料工业中多数采用干式电收尘器。

(ⅱ)按荷电形式，可分为单区式和双区式两种。上述的电收尘器属于单区式。它的特点是，电荷给予尘粒的荷电作用和荷电尘粒的收尘作用这两个过程是在同一电场中进行的。这种形式已在工业中广泛采用。

双区式电收尘器的特点是荷电部分和收尘部分两个过程分别在前后两个区间进行(图 15-32)。荷电部分是产生电晕放电和使含尘气体电离的部分，包括正负两组电极。收尘部分也装有正负两组电极，都用平板做成一正一负交替排列，平行极板之间形成均匀电场，两极板间距为 6 ～ 7 mm。由于极间距离小，电场强度还是很大的，粉尘沉积的运动速度也是很快的。当含尘气体进入收尘器以后，尘粒在经过荷电区时首先获得电荷，通过电晕外区时获得正电荷，通过电晕区部分时获得负电荷。然后随气流进入收尘区域的均匀电场中，这时带不同电荷的粉尘就分别沉积到不同极性的正负极板上。这种电收尘器能捕集 0. 25 μm 以上的微细颗粒，收尘效率达 85% ～ 95%，主要用于空气的微细颗粒的净化，处理含尘浓度较低的气体。用于空调的双区式电收尘器，采用正电晕并采用低电压(10 kV 左右)收尘。这是因为正电晕产生的臭氧等有害气体比负电晕少得多，不会使工作室内有难闻的气味；为了弥补性能下降，可将集尘部分做得长一些。

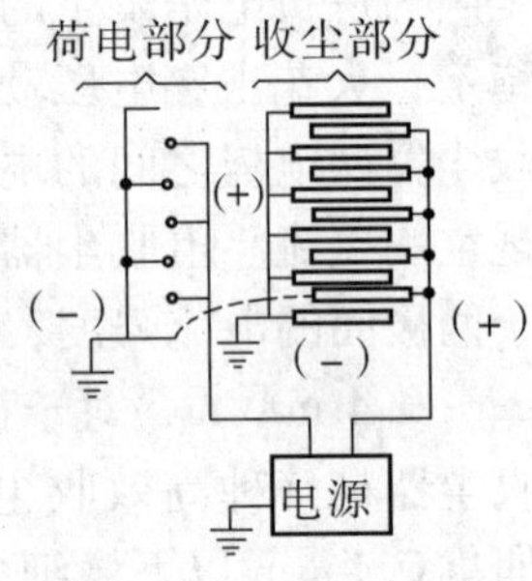

图 15-32　双区式电收尘器工作示意图

(ⅲ)按集尘电极形式，大致可分为平板式、管式、圆筒式和格栅式等。管式又可分为圆形和多角形横截面管。目前使用较多的是平板式和管式两种。带圆管集尘电极的叫管极式电收尘器。工业使用的电收尘器里面并排地装有许多圆管与导线构成的电极组。如果用一些平行配置的平板代替上述的圆管，在每两块平板之间放置一排与平板平行的导线，这种收尘器叫板极式电收尘器。

管式收尘器多用于较小型的电收尘器。板式集尘电极形式较多，常用于大型的电收尘器。

（ⅳ）按气流的运动方向，可分为立式和卧式两种。管极式电收尘器一般为立式，板极式则可有立式和卧式。

含尘气体由下部垂直向上经过电场的称为立式电收尘器。图 15-33 所示为 $60m^2$ 立式电收尘器，含尘气体从机身下部进入，经过气体均匀分布装置后，均匀地进入电场，净化后的气体经收尘器上部，从烟囱排入大气。

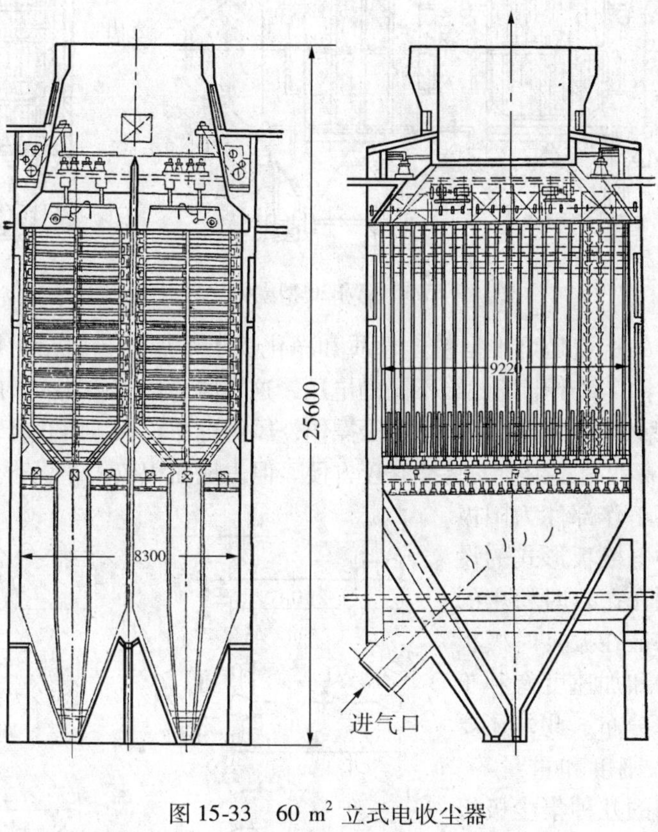

图 15-33　60 m^2 立式电收尘器

立式电收尘器的优点是占地面积小，由于电场竖向布置，可利用电收尘器本身加设一段钢烟囱进行排气，因而可以省去修建专设的排气烟囱。但气流方向与尘粒自然沉降方向相反，收尘效率较差，设备较高，安装及维修不便，且常用正压操作，风机只能布置在电收尘器之前，磨损较快，故较少采用。

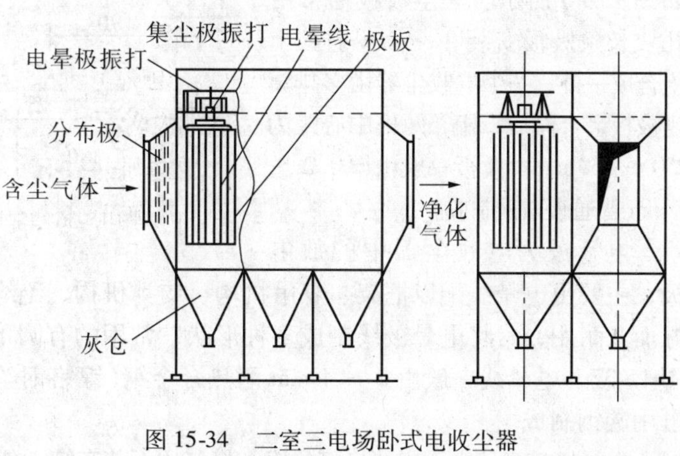

图 15-34　二室三电场卧式电收尘器

含尘气体水平通过电场的称为卧式电收尘器。这种电收尘器可根据需要任意加长和延伸，分为几个分开的通路(一般为2个)和几个供电压不同的区域，前者称为收尘室，后者称为电场。图15-34为二室三电场卧式电收尘器。图15-35为国产WB20型电收尘器，是单室双电场卧式电收尘器。

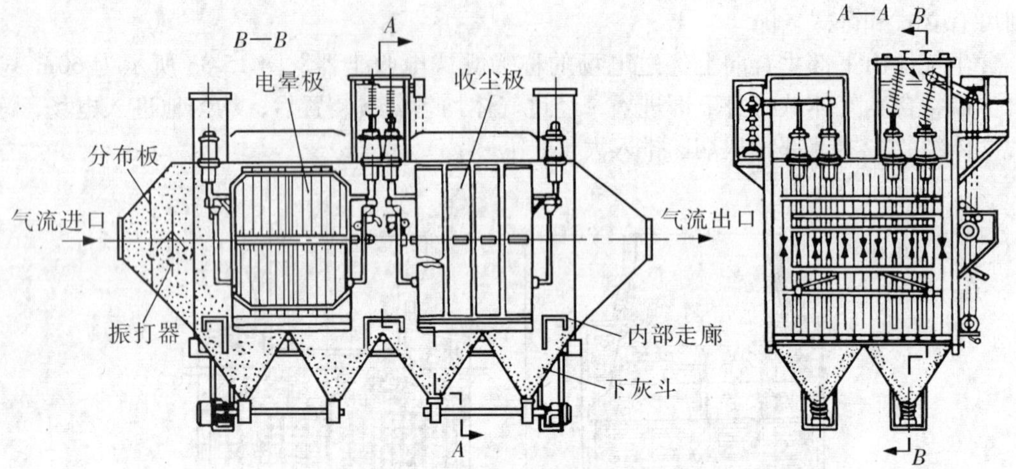

图15-35　WB20型电收尘器

卧式电收尘器的特点是可根据粉尘性质和净化要求增加电场数量，同时可根据处理气体量增加收尘室数量，每个电场供给不同的电压，这样既可以获得很高的收尘效率，又可适应不同流量要求。卧式电收尘器一般用负压操作，风机寿命较长。且由于设备高度较立式电收尘器低，基建投资费用较少，安装检修较方便。但占地面积较大，设备较重，投资较多。

电收尘器主要工作部件为阳极板与阴极丝。各种电极板形式的设计主要是要求极板在振打时粉尘的二次飞扬量少，保证在振打时极板各点所产生的震动和加速度有利于电极间电力线均匀分布，此外还要考虑极板的加工、刚度和重量等。卧式电收尘器常用的几种集尘极板如图15-36所示。集尘极板通常由几块长条极板安装在一个悬挂架上组合成一排。一个电收尘器由多排集尘极板组合而成，相邻两排中心距为250～350 mm。极板一般由厚1.2～2 mm普通碳素钢制成。

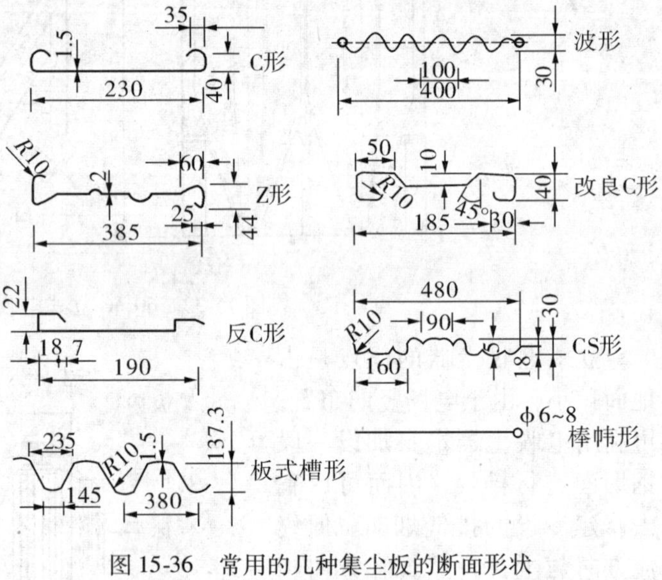

图15-36　常用的几种集尘板的断面形状

电晕极为电收尘器中的放电极，主要由电晕线配以框架、悬吊机构、支撑机构、绝缘套管等组成。为了使放电效果良好而又耐用，常将电晕极线制成多种形状，常用的有圆形、螺旋形、星形、芒刺形等，见图15-37。电晕线一般由2～4 mm耐热合金钢(镍铬钢丝)制成，当气体温度<250 ℃时也可用碳钢制成。

电晕极带高压电，需要良好绝缘，最好用石英套管，其高温绝缘性能好，热膨胀系数小。

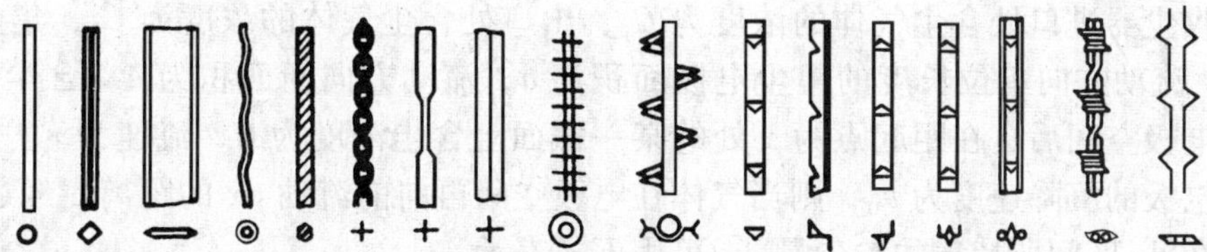

图 15-37　多种不同的电晕线

为了及时清除正负电极上的积灰，电收尘器装有定时振打清灰装置。常用的振打装置有锤击振打装置、弹簧凸轮振打装置和电磁振打装置。

三　电收尘器的主要参数计算

(一)气体在电场中的流动速度

含尘气体在电场中的流动速度 v 的大小，应保证使气体在电场空间经过时有充分时间，使带电的尘粒沉积到集尘电极上。为此，应使位于集尘电极最远处 R(即两极间距离)的尘粒移动到集尘电极所需的时间 R/u_0，必须小于或等于含尘气体通过电收尘器的时间 L/v，即

$$\frac{R}{u_0} \leqslant \frac{L}{v} \tag{15-36}$$

式中　R——电极间距离(m)；

u_0——尘粒的沉降速度，又称驱进速度，是指带电粉尘在电场力作用下向集尘电极移动的速度(m/s)；

L——气体流动方向长度，即电场长度(m)；

v——电收尘器的截面风速(m/s)。

因为影响沉降速度的因素很多，还不能通过理论计算求出 u_0，主要是靠实践经验积累。在选用电收尘器时，可按表 15-10 推荐的数值计算。表中所列数据是以标准状况下被净化气体的含尘浓度 150 mg/Hm^3 为基准的。

表 15-10　电收尘器的气流速度和沉降速度

设　备　类　型	气流风速 v(m/s)	沉降速度 u_0(m/s)
悬浮预热窑(不增湿)	0.4 ～ 0.7	4 ～ 6
悬浮预热窑(废气利用或增湿)	0.7 ～ 1.1	6 ～ 9
立波尔窑、立窑	0.8 ～ 1.2	8 ～ 12
湿法窑	0.9 ～ 1.3	9 ～ 13
粉磨、烘干设备	0.7 ～ 1.1	6 ～ 9
篦式冷却机	0.7 ～ 1.3	6 ～ 14

在一定的处理风量条件下，气流速度低固然可使尘粒得于充分沉降，但收尘器截面积增大，设备增大，气流分布也不均匀，亦会使效率降低，若气流速度过大，则不仅需增大电场强度，电场长度过分增长使设备加大，同时对干式来说还会引起严重的粉尘二次飞扬，对湿式来说会把水滴溅起破坏电场，同样会使效率降低。因此，气流速度应有其合理范围。干式电收尘器的截面风速一般在 0.5 ～ 2 m/s，湿式电收尘器的截面风速一般在 1.5 ～ 5 m/s。

(二)收尘效率及集尘电极面积

收尘效率是衡量电收尘器性能的主要指标，也是设计收尘器的主要依据。如图 15-38

所示，设收尘器进口处含尘气体的浓度为 C_1，出口处含尘气体的浓度为 C_2，集尘电极的长度为 L，流动方向单位长度的集尘电极面积为 a，流动方向断面积为 A，含尘气体沿 X 方向进入电极空间后，在距起点为 x 处的某一截面上含尘浓度为 C，流速为 v，带电尘粒走向集尘电极的沉降速度为 u_0，则当气体在电极空间再向前流动 $\mathrm{d}x$ 的距离，经过 $\mathrm{d}t$ 的时间之后，在 $\mathrm{d}x$ 区间所捕集的粉尘量 $\mathrm{d}w$ 可用下式表示：

$$\mathrm{d}u = a\mathrm{d}x \cdot u_0 \cdot C\mathrm{d}t = -A\mathrm{d}x\mathrm{d}C$$

而 $v\mathrm{d}t = \mathrm{d}x$，由上式得

$$\frac{au_0}{Av}\mathrm{d}x = -\frac{\mathrm{d}C}{C}$$

将上式由入口至出口进行积分，即

$$\frac{au_0}{Av}\int_0^L \mathrm{d}x = -\int_{C_1}^{C_2}\frac{\mathrm{d}C}{C}$$

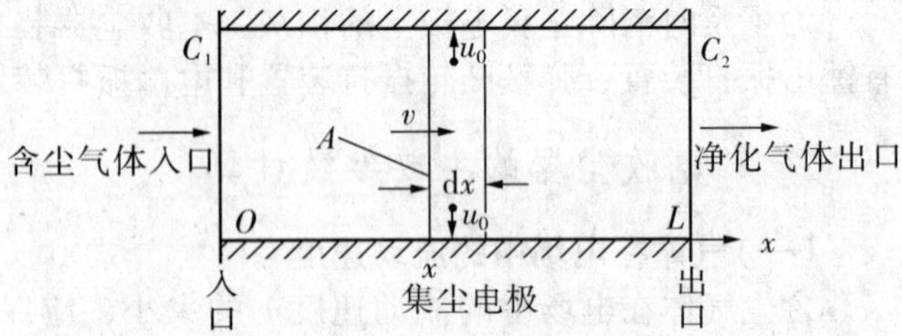

图 15-38　电收尘器尘粒捕集机理的模型

而 $Av = Q$，$aL = S$，于是

$$\frac{Su_0}{Q} = -\ln\frac{C_2}{C_1}$$

或

$$\mathrm{e}^{-Su_0/Q} = \frac{C_2}{C_1}$$

所以收尘效率

$$\eta = 1 - \frac{C_2}{C_1} = 1 - \mathrm{e}^{-Su_0/Q} \tag{15-37}$$

或

$$\eta = 1 - \mathrm{e}^{-u_0 f} = 1 - \mathrm{e}^{-K} \tag{15-38}$$

式中　S——集尘电极表面积(m^2)；

Q——操作状态下的含尘气体流量(m^3/s)；

f——比沉降面积(s/m)，

$$f = \frac{S}{Q} = \frac{\Pi L}{Av}\quad\left(\frac{\mathrm{m}^2}{\mathrm{m}^3/\mathrm{s}}\right)$$

Π——集尘电极垂直于气流方向的有效周边长度(m)；

A——电极空间总截面积(m^2)；

K——指数，无因次，

$$K = u_0 f = \frac{S}{Q}u_0 = \frac{\Pi L}{Av}u_0$$

对于管式集尘电极：

$$K = \frac{4Lu_0}{Dv} \tag{15-39}$$

式中　D——管式集尘电极直径(m)；

对于板式集尘电极：

$$K = \frac{Lu_0}{Rv} \tag{15-40}$$

式中　R——板式集尘电极与电晕电极间距离(m)。

其余符号意义同前。

显然，电极的几何形状、粉尘的凝并和二次飞扬等因素也对收尘效率有影响。考虑到

这些因素的影响，式(15-37)及式(15-38)改写为

$$\eta = 1 - e^{-Su_0K_1/Q} \tag{15-41}$$

或

$$\eta = 1 - e^{-u_0fK_1} = 1 - e^{-KK_1} \tag{15-42}$$

式中，K_1 为修正系数，由电极的几何形状、粉尘的凝并和二次飞扬等决定。

其余符号意义同前。

从收尘效率公式可看出，采用的电场强度 E_p 愈大，集尘电极表面积愈大以及气体流速愈小，收尘效率就愈高。集尘电极面积的大小对收尘器的使用效果影响很大，若要求获得较高的收尘效率，应当用较大的集尘电极表面积 S。当沉降速度 u_0 一定时，常以比沉降面积 f 作为判断电收尘器效率的指标，f 值愈高，表示收尘效率愈高。所以，集尘电极表面积是收尘器主要规格指标之一。

如果收尘效率 η 值确定，则可按上述公式求出需要的集尘电极面积 S 值。应该指出，由于板式电收尘器的极板两侧面均起集尘作用，所以两侧面均为计算面。

(三)电收尘器截面尺寸的确定

电收尘器的规格是以收尘器内与气流方向垂直的有效截面积来表示的。电收尘器所需有效通风截面积可根据处理风量及选定风速按下式求得

$$A_0 = \frac{Q}{3600v} \quad (m^2) \tag{15-43}$$

式中 Q——操作状态下处理的含尘气体量(m^3/h)；

v——气体在电场内的流速(m/s)。

(四)电收尘器的选型计算

首先根据入口气体性状(包括气体量与其变动值、温度、压强、含湿量、气体组成等)、入口粉尘性状(包括粒度分布、含尘浓度、粉尘成分、电阻率值等)、收尘效率或出口含尘浓度等选择电收尘器类型。根据计算出的截面积从选型系列表中选择截面积相近的型号。但是，只有有效截面积表示电收尘器的规格是不够完善的，因为截面积相同的电收尘器电场数可以不同，所以还要计算集尘极总的收尘面积，它对电收尘器的使用效果有很大的影响，是收尘器的另一主要规格指标。根据沉降速度 u_0 值，可按电收尘器有效通风截面积选定的型号查得或算出该电收尘器总的集尘电极表面积 S；再核算所选电收尘器的收尘效率，若效率过低，可适当降低电场风速，或取较大型号的电收尘器。

四 电收尘器的使用性能

影响电收尘器使用性能的因素较多，粉尘性质、气体参数、结构型式以及操作条件都直接影响收尘效果。其中，粉尘性质和气体参数是设计和使用电收尘器的主要因素，在设计和选择收尘设备时必须掌握这方面的特性。

电阻率是指每单位体积粉尘的表观电阻。它对电收尘器的性能影响很大，可以看作能否采用电收尘器来收尘的条件。图 15-39 示出电阻率和收尘效率 η 的关系。图 15-40 表示荷负电的不同电阻率尘粒在集尘电极上的电性中和情况。对于电阻率在 $10^4 \sim 10^{10}\ \Omega \cdot cm$ 的粉尘(图 15-39 中 B 区域)用电收尘器最容易处理，带电稳定，收尘性能良好。电阻率在 $10^4\ \Omega \cdot cm$以下的低电阻粉尘(图 15-39 中 A 区域)，导电性特别好，当荷电粉尘与集尘极接触时，立即释放出负电荷，同时获得与集尘电极相同的正电荷，受到同性电荷的排斥，重新返回气流中，产生尘粒二次飞扬现象，使电收尘器的收尘效率大为降低。为了防止这

种现象，需要用湿式或半湿式的电收尘器，或者改用过滤式等收尘设备。电阻率在 10^{11} Ω·cm 以上的高电阻粉尘(图 15-39 中 C ～ D 区域)，导电性太差，荷电尘粒沉积到集尘电极时，电荷不能顺利地释放，粉尘被牢牢地粘附在集尘电极上，不易振落。随着粉尘愈积愈厚，粉尘表面上电荷就愈积愈多，则在集尘电极上的粉尘层两界面间的电位差逐渐升高，以致在这个靠近集尘电极的很窄的区域里，在充满气体的松散覆盖层孔隙中发生电击穿。随后气体在一些地方开始产生电离，形成电晕放电，电晕放电所产生的电子和负离子被吸向集尘电极，正离子被集尘电极排斥跑向空间，中和了附近的阴离子。这种在集尘电极上发生正电晕放电现象，称为“反电晕”。出现“反电晕”，即消耗了高压电流，使净化操作恶化。同时，这种反电晕容易发展而频繁地发生火花，以致电压下降，导致收尘效率降低。

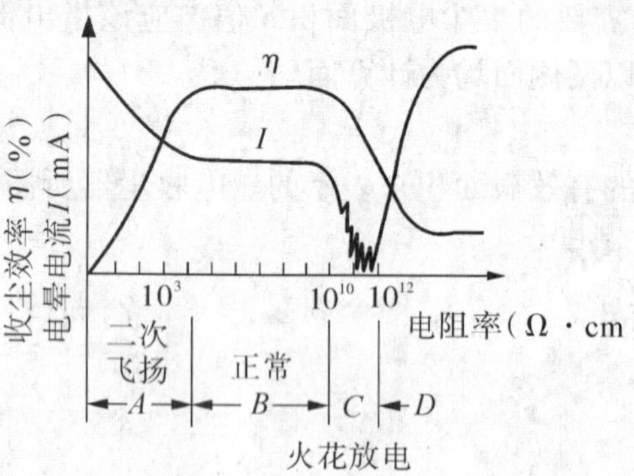

图 15-39　电收尘器中粉尘的电阻率和收尘效率的关系

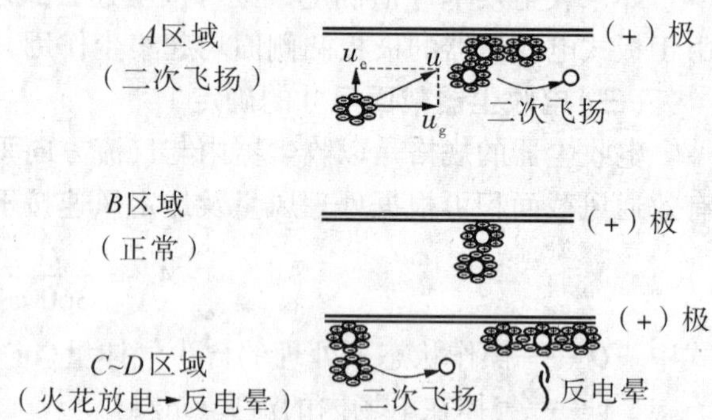

图 15-40　荷电尘粒的电性中和情况

粉尘的电阻率还与含尘气体的化学组成、温度及湿度有关。对于高电阻率粉尘，当含尘气体的 SO_3 含量高、温度低、湿度高时，粉尘的电阻率就会降低；而对于电阻率过小的粉尘，增加温度又能使粉尘电阻率增大，从而改善电收尘器的运行状况。干法生产水泥的回转窑(如各种型式的悬浮预热器窑)，由于其废气的温度高、湿度低，粉尘电阻率往往超过 10^{11} Ω·cm，使用电收尘器效率不高。为了降低含尘气体温度和粉尘的电阻率值，常采用对出窑废气喷雾增湿或同时添加吸湿性导电物质的方法。增湿地点有的在窑尾预热器系统或在排气通道中的某段管道中，有的则在单独设置的增湿塔中进行。在含尘气体进入电收尘器之前，装置一个增湿塔，将雾状水(或蒸汽)喷于含尘气体，既增湿又降温，均收到降低电阻率的效果，从而取得良好的收尘效率。

进入电收尘器的气体含尘浓度不宜过大。若含尘浓度过高，将严重抵制着电晕电流的产生，使尘粒不能获得足够的电荷，尤其是粒径在 1 μm 左右的粉尘越多，影响就越大。当气体的含尘浓度大至某一值时，电晕电流几乎减小到零。此时，收尘效率显著下降，这种现象称为电晕封闭。因此，应当限制进入电收尘器气体的含尘浓度，限制值随操作条件和粉尘性质而异。对于水泥厂使用的电收尘器，允许的含尘浓度一般小于 60 g/Hm³。

空气的击穿电压随着含湿量的加大而提高。水汽分子是一种极性分子，介电常数比空气大得多，在电场中水汽分子能大量吸附电子，使水汽分子带负电并转变为行动缓慢的负离子，因而使空间自由电子的数目大大减少，电离强度减弱。同时，水汽分子与自由电子碰撞的机会多，使自由电子在电场中加速的平均自由行径缩短，而且互相碰撞时将使电子的动能消耗而转化为热能，使得碰击电离难以发展。另外，吸附电子而形成的行动缓慢的水汽负离子，由于在电晕区里与正离子结合的机会比快速逸出的电子更多，因而使正负电荷的复合加剧，使得气体的电离减弱，电晕电流减小，空气间隙的耐压强度增加，击穿电压升高。含湿量一般应控制在7%～10%之间。

从式(15-42)可知，对于一定规格的电收尘器，气体在电场内的流速将直接影响收尘效率。对1 μm左右的粉尘，风速由1 m/s增大至1.5 m/s，其部分收尘效率约降低10%。同时，流速过高还会吹起已沉积于电极的粉尘，加剧涡流等不规则流动，降低效率。为了使气流在电场内均匀分布，防止和减少短路情况，在电收尘器结构设计上往往考虑了气流导向极及分布节流孔板等特殊装置。

从式(15-41)可知，收尘器的结构形式对收尘效率有影响。当处理的含尘气体量及尘粒沉降速度一定时，宜选用集尘电极总表面积大、电场长度大或正负极间距小的电收尘器，可获得较高效率。对某一粒径尘粒，要使效率从90%提高到99%，电极系统的外形尺寸或电场内气流接触时间应当加倍。实际上，由于经济原因，一般只按总效率为99%考虑，这时对0.01 μm尘粒仍有90%的收尘效率。另外，集尘电极的形状及振打方式也影响收尘效率。

在操作上应经常保持电压充足和正负电极上清洁，还应注意密封。收尘器漏风会造成已收下的粉尘再次飞扬，并额外增加了风速，使收尘效率下降。

五 新型电收尘器

电收尘器是高效、耐高温、低阻力的收尘器，近年来在设计和应用方面都有很大发展。但是仍存在着缺点：主要是对粉尘电阻率要有一定要求；电极间距小，检修极其不便；而且随着工艺设备的大型化，电收尘的体积和耗钢量大到惊人地步。因此，国内外针对上述问题进行了许多研究和试验，成功研制出几种新型电收尘器，已应用在无机非金属材料工业及其他工业部门。

(一)宽极距高电压型电收尘器

宽极距高电压型电收尘器简称宽极距电收尘器，它的特点是极距比较宽，一般电收尘器极距为250～350 mm，它则为400～1500 mm；外加电压高，一般电收尘器电压为50～70 kV，而它则为60～300 kV；其电晕导线直径仅为一般电收尘器的1/10，在电晕导线附近的电位梯度为一般电收尘器的1.5倍。

当极距加大时，施加的电压可以增加，而且电压增加的幅度比间距增大的幅度大。在宽极距的情况下施加的电压越高，收尘器内的电场强度就越大，因而电场作用力也就越大，使粉尘的沉降速度增加，则收尘效率提高或可以减少集尘电极面积。

但是，并非极距越宽越好。如果处理气体量一定时，电离空间过大会使电晕电流密度降低，从而使收尘效率也降低。所以，极距不能无限增加，极距的选择要和粉尘特性(如含尘浓度等)及经济效果统一来考虑。

宽极距高电压电收尘器在结构上与一般电收尘器没有多大不同，只是对高压电源装置和绝缘装置要多加注意。例如WS宽极距高电压电收尘器，采用高压硅整流装置，用可控硅控制，全部电源装置均放在收尘器顶上。使用电压为80～200 kV，由于电源装置和保温箱之间用钢板制的密闭屏蔽导管相连接，所以对外部没有任何危险。

宽极距电收尘器具有如下特点：①由于极距加宽，反电晕影响较小，可以收集的粉尘电阻率范围可扩大到 $10^3 \sim 10^{13}\ \Omega \cdot cm$；②极距加宽，电压提高后，电晕区域扩大，中心处电风速度增加，带正电荷的粉尘在趋向电晕导线途中被中和而被电风吹向集尘电极的机会增多，使电晕导线粘灰肥大的现象减小；③极距加宽后，电收尘器的制造和安装精度都可提高，反电晕的情况减小，火花放电频率大为降低，运行比较稳定可靠；④从式(15-41)可看出，在被处理的含尘气体量 Q 相同的情况下，虽然集尘电极面积 S 由于极距加宽而成倍地减少，而粉尘的沉降速度 u_0 也成倍地增加，故其收尘效率仍然很高；⑤在集尘电极高度相同、振打后粉尘振落时的扩散区域相同的条件下，宽极距电收尘器由于极板数少，飞扬区域小，故二次飞扬率显著降低；⑥极距加宽后，极板、极线减少，整体梁柱构件重量减轻，降低了钢材消耗量，使电收尘器价格降低；⑦一般电收尘器效率不高，往往是因为极距小，维修不便，使收尘器内部极板、极线积灰过多所致。而大的宽极距电收尘器，甚至人可以自由进出，维修方便；同时振打部件相对减少，维修工作量也就减少了。

宽极距电收尘器的特点：①高压整流装置、绝缘子、电缆等电气部件的价格高，高压电源有时不易取得；②保温箱、框架等穿通部分漏风大；③含尘气体浓度过高时容易受空间荷电的影响而阻碍电晕放电，所以含尘气体浓度大时，不宜用宽间距。一般第一电场间距都不宽，以后几个电场才加宽，不同间距电场的高压电源的配置不同电压。

宽极距电收尘器已用于石灰窑、水泥生料磨、窑尾废气及熟料冷却机的收尘。其最大处理风量达 17 200 m^3/min，收尘效率达 99.9%。

(二)电场屏蔽式电收尘器

电场屏蔽式电收尘器属于双区式电收尘器。它由荷电部分(Electrostatic Precipitation)和静电屏蔽的收尘部分(Electrostatics Screen)所组成，故又称为 EP-ES 型电收尘器(图 15-41)。荷电部分是采用普通电收尘器的电晕电极和集尘电极，而静电屏蔽的收尘部分具有独特的形状，两者结合为一个整体。尘粒在荷电部分荷电后靠电极间产生的电力流体力学效应把粉尘吸引到集尘电极的口袋内，而后被振打脱落。荷电部分和收尘部分可以制成与图 15-41 所示不同的其他形状，可根据所处理的粉尘种类选择最佳的电极结构。

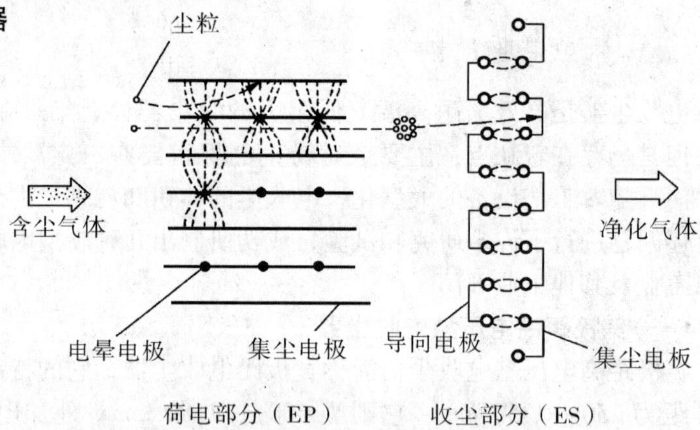

图 15-41　EP-ES 型电收尘器工作原理示意图

EP-ES 型电收尘器工作原理如图 15-41 所示。荷电部分由带有芒刺线的电晕电极和集尘电极所组成，电晕电极外加负高压进行电晕放电。悬浮在气体中的粉尘通过荷电空间时，由于与荷电空间电场中的负离子相碰撞，在 0.01 ~ 0.1 s 的短时间内带负电，尘粒荷电并凝聚到一定大小后与气流同时被送到后一段的收尘部分。收尘部分是由与气流垂直交错排列的一对槽型正负电极群组成，在两个电极间施加高压电，在收尘部分前端的导向电极施加与粉尘荷电相同的负电压，后端的槽型电极作为相反的极性而接地，因而在两个电极的中间区域内，可形成使从荷电部分来的带电尘粒导入集尘电极槽内的直流电场，并且这种直流电场重复排列，在流体力的作用下使带电粒子迫入上述区域，一边使荷电粉尘保持在电场的有效范围内，一边使荷电粉尘迫入槽型电极内而形成流体力场。

由于这种流体力场和电场所合成的电力流体力场的屏蔽作用(图 15-42)，使收尘效果显著增加，堆积在槽内的粉尘振打时不产生二次飞扬，沉降在不直接受气流影响的地方。

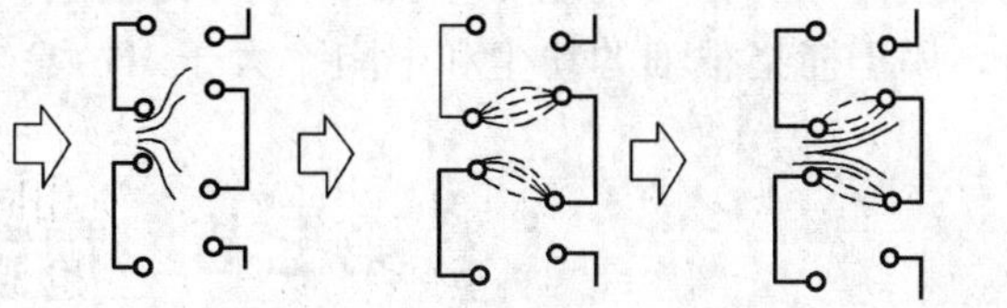

图 15-42　电力流体力场的合成

根据被处理气体的性质及工艺要求的不同，EP-ES 型电收尘器还可制成两单元或三单元的组合形式，按气流方向依次排列。

EP-ES 型电收尘器具有如下特点：①荷电部分相当小，收尘部分在气流方向上也显著缩短，它的电场相当于普通电收尘器的一个电场空间时，仍可以起一般电收尘器两个电场的作用，所以体积只有普通电收尘器的 1/2，而收尘性能却显著提高；②与普通电收尘器的收尘机理不同，由于是利用电力流体力场的作用，运行非常稳定，在烟气性质(如含尘浓度、烟气量、温度等)波动的情况下，收尘性能也非常好。例如用于水泥熟料冷却机废气的收尘，当进口气体条件发生相当大的变化时，也不需使用旋风收尘器等一级收尘设备；③由于能防止粉尘的二次飞扬，一般电收尘器出口气体含尘量平均在 100 mg/Hm^3 左右，而 EP-ES 型电收尘器出口含尘量在 30 mg/Hm^3 以下，能捕集 0.1 μm 的粉尘，可处理温度高于 500 ℃的烟气；④EP-ES 型电收尘器的 EP 和 ES 两部分一般都由 60 ~ 72 kV 高压整流装置供电，电晕放电只发生在荷电区的电晕部分，而收尘部分耗电量极低，所以电能消耗低，耗电量约为一般电收尘器的 1/2；⑤结构简单坚固、维护方便，管理费少。由于具有以上特点，用于带窑外分解的水泥回转窑及熟料冷却机等设备的收尘上，效果很好。

(三)水冷电极型电收尘器

水冷电极型电收尘器(Cold Electrode Electrostatic Precipitator)又称 CEEP 型电收尘器。它的结构特点是采用中空的矩形集尘极板，并在其中通入循环冷却水以降低粉尘的附着温度(图 15-43)，从而降低了粉尘的电阻率值(可降至 $1 \times 10^{11}\ \Omega \cdot cm$ 以下)，同时电晕放电与火花特性也得到改善，所以荷电状态比较稳定，其电压可以比普通电收尘器增大约两倍。

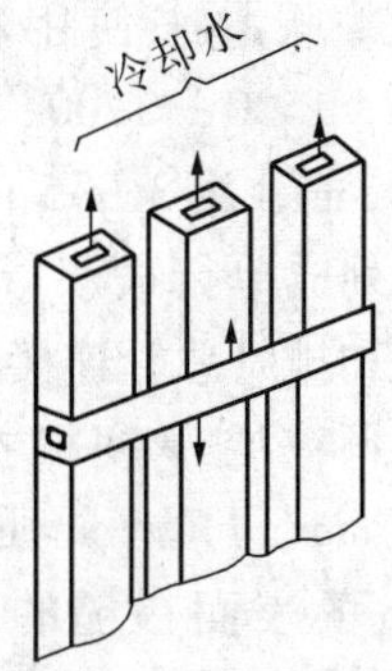

图 15-43　矩形管水冷电极

集尘电极的清灰可采用上下滑动的刮灰装置，故清灰时可减少二次飞扬，集尘极的积灰可以很均匀地除去，遇有附着性强或湿润的粉尘沉积时，集尘电极也不会肥大。

CEEP 型电收尘器与湿式电收尘器相比，在湿式电收尘器中，由于水滴扩散，会引起火花频发现象，烟气中的雾滴会引起电晕现象停止；而 CEEP 型电收尘器仍是干式收尘，不会因烟气中的水滴或雾滴对放电现象造成不利影响，同时没有沉淀物处理等麻烦，也不必担心腐蚀问题。

CEEP 型电收尘器根据使用条件可以任意改变集尘电极的温度，因而也就能控制粉尘的电阻率值，提高收尘效率。粉尘电阻率在 $10^3 \sim 10^{15}\ \Omega \cdot cm$ 范围内能有效地被捕集，用电量比一般电收尘器小。集尘极板冷却水可以循环使用，需补充的水很少，变热的水(有 70 ~ 80 ℃)也可供工厂采暖或作别用。

除了上述几种电收尘器外，还有许多种新型电收尘器，如干湿混合型电收尘器及交流电收尘器等。在交流电收尘器中采用交流电，粉尘的沉降速度比直流电收尘器大 5 ～ 6 倍，用于捕集很细的粉尘和电阻率大于 $10^{11}\ \Omega \cdot cm$ 的粉尘效果良好。

第七节　颗粒层收尘器

颗粒层收尘器与袋式收尘器同属于过滤收尘器，两者的主要区别是过滤介质不同。袋式收尘器的过滤介质为多孔纤维织物，而颗粒层收尘器则用破碎的固体颗粒组成多孔过滤层，因而也可叫做填料式收尘器。其收尘机理同袋式收尘器相似，主要靠器内的颗粒层的过滤作用，将含尘气体中尘粒分离出来，大颗粒粉尘主要借助于惯性力，而小于 0.5 μm 的细小尘粒则主要依靠各颗粒及尘粒表面的吸附作用。

颗粒层由能形成松散层的 1.5 ～ 20 mm 固体颗粒组成。通常采用的过滤介质有砾石、砂子、焦炭、石灰石、水泥熟料、玻璃球、矿渣等，在大多数工艺过程中可以采用该过程中的原料、半成品或成品。净化效果随着颗粒层厚度的增加而提高。由于采用上述破碎物料作为过滤介质，因而能用于捕集高温、有腐蚀及磨蚀性很大的粉尘。

颗粒层收尘器的结构型式很多。按颗粒层结构可分为固定式和活动式两种；按清灰方式可分为机械振动式、反吹风鼓进式、负压吸入式和脉冲空气式等；按操作方法可分为负压操作和正压操作，最好采用负压操作。

旋风式颗粒层收尘器是目前工业中常用的颗粒层收尘器，结构如图 15-44 所示。收尘器一般由 3 ～ 20 个单筒并联起来使用。单筒的直径为 1300、1500、1700、2000、2500 和 2800 mm，用 3 ～ 5 mm 钢板制作。单筒排列成单行或双行，用共同的进风总管和排风总管连接在一起。

颗粒层厚度根据需要为 100 ～ 200 mm，过滤介质为粒径 1.5 ～ 6 mm 的表面粗糙的圆形石英，密集地平铺，它的耐磨性和耐蚀性都很强。颗粒层的底板是一种筛，和振动筛上的一样。

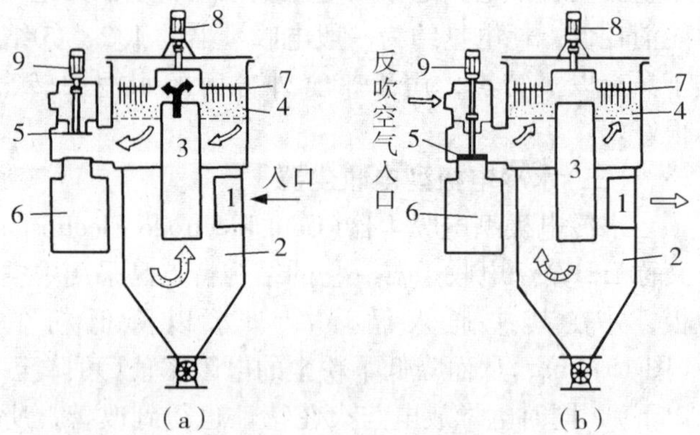

图 15-44　旋风式颗粒层收尘器

1—进口；2—预分离器；3—中心插管；4—颗粒层；5—截流阀；6—排风管；7—梳耙；8—电动机；9—油缸

如图 15-44a 所示，含尘气体以低速切向从进口 1 进入预分离器 2。预分离器是个旋风筒，使 60 μm 以上的粗尘粒能在进入颗粒层之前被分离除去。经预分离后的含尘气体通过中心插管 3 从旋风筒上升到颗粒层分离座，由上向下通过水平的颗粒层。此时微细尘粒就粘附在过滤颗粒上或滞留在颗粒层 4 的空隙中。净化气体通过净气室和打开的截流阀 5，进入排风管 6 排出。

在操作过程中，颗粒层的流体阻力逐渐增大，因此必须对粘附有尘粒和其他污物的颗粒层进行清理。像清理袋式收尘器的滤袋那样，为了使颗粒层保持通畅，经适当的间歇时间(十几分钟至几十分钟)进行清理一次，使粘附在颗粒层的尘粒抖落到灰仓后排出。收尘器每个单筒的清理按一定程序或根据收尘器的流体阻力进行控制。清灰时(图 15-44b)，通过油缸 9 关闭截流阀 5，使单筒与排风管 6 截断，然后按相反方向用风机鼓进或负压吸入吹洗空气到过滤室内。在吹洗空气使颗粒层松散的同时，由电动机 8 驱动梳耙 7 搅动颗粒层，使粘附在颗粒上的粉尘脱落，并梳平颗粒层。尘粒被吹洗空气带走，通过中心插管 3 被送进预分离室 2，并在这里降低速度，急骤转向而使其绝大部分沉降下来。含有剩余粉尘的吹洗空气在进风总管中和含尘气体混合在一起，经其他单筒内被净化。每个单筒下部的锥形灰仓中尘粒用分格轮排出。

旋风式颗粒层收尘器大型化发展的趋向，是将两层颗粒层上下排列起来通过插管的气流均匀地分布到这两层颗粒层上(图 15-45)。过滤室的直径和预分离室的直径一样，每个单筒整个地为一圆筒形状。

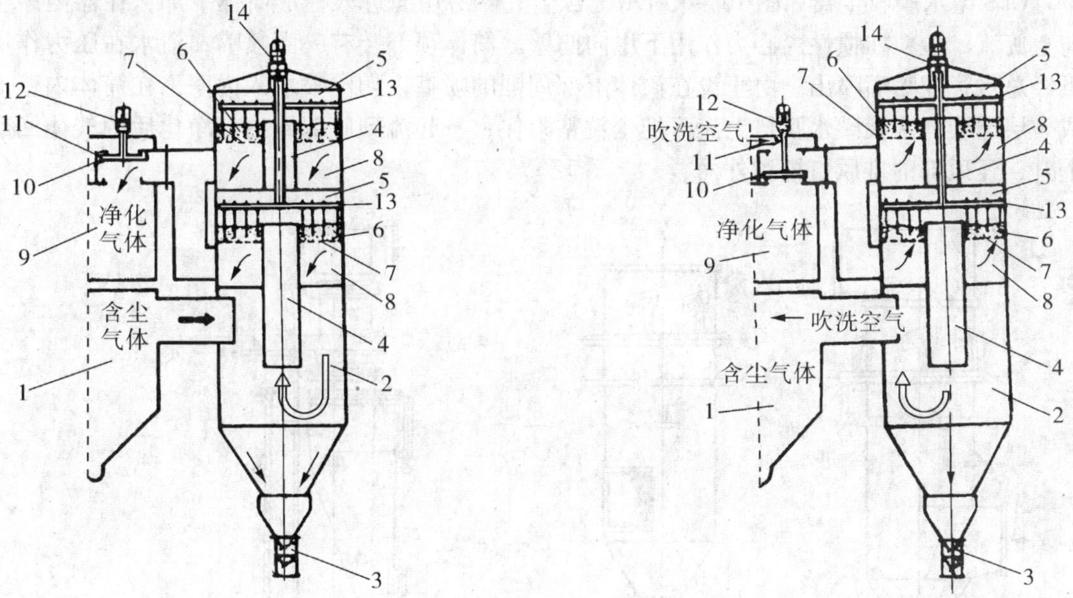

(a) 收尘过程情况　　(b) 清灰过程情况

图 15-45　双层旋风式颗粒层收尘器

1—含尘气体进口；2—预分离器；3—两道闪动闸门；4—中心插管；5—过滤室；6—颗粒层；7—筛板；8—净化气体汇集室；9—净化气体管道；10—截流阀；11—吹洗空气进口；12—油缸；13—梳耙；14—梳耙传动电动机

旋风式颗粒层收尘器采用预分离器和颗粒层结合成一个整体(这时预分离器也用来净化吹洗空气)的结构，在继续停车的情况下，旋风分离器要接受大小不等的各种风量，在气体量降低时，旋风分离器的工作效果不佳，使得净化气体的含尘量升高。不过这个缺陷只对难分离的粉尘有影响，同时在 60% ~ 130% 额定风量之间仍能获得比较均衡的净化气体含尘量。

颗粒层收尘器与其他收尘器比较具有以下优点：结构简单，维护方便，效率高，能用来回收高温、有腐蚀性、磨蚀性很大以及电阻率过大或过小的粉尘。处理含尘气体温度可达 350 ℃，用耐热钢板制造的可达 550 ℃。波动不定的工作负荷，对于收尘效率几乎没有影响。收尘效率比旋风收尘器高，结构比电收尘器简单，比袋式收尘器耐用，同时，无论在基建投资或操作费用方面都比较便宜。其主要缺点是不能适应潮湿物料的收尘，含尘气体湿度大时会使颗粒层堵塞。

各种颗粒层收尘器已广泛应用于无机非金属材料工业的烘干机、冷却机、破碎机、粉磨机、运输机、包装机、水泥窑及石灰窑等设备上。

第八节　水膜收尘器

水膜收尘器又称水膜旋风收尘器。它是利用离心旋风加上水膜来捕集粉尘的收尘器。无机非金属材料工业中通常采用的有 CLS 型、CLS/A 型及旋风水膜双级收尘器等数种。这类收尘器的水膜是用喷嘴形成。和其他旋风收尘器一样，按安装方式不同也可分为 XN、XS、YN 及 YS 四种。

CLS 型水膜收尘器如图 15-46 所示，含尘气体沿切向进入柱形筒体下部，在器内产生向上旋流，尘粒在惯性离心力作用下甩向筒壁。筒体顶部装有一圈喷嘴，清水在压力作用下经总水管上喷嘴喷出。由于设在筒体上部周围的喷嘴以切向喷水入内壁，在筒体内壁形成一层连续的水膜。水膜自上流下把尘粒粘附住，一起流到底部卸出。净化后的气体回旋上升，经顶部的排风口排到外面。

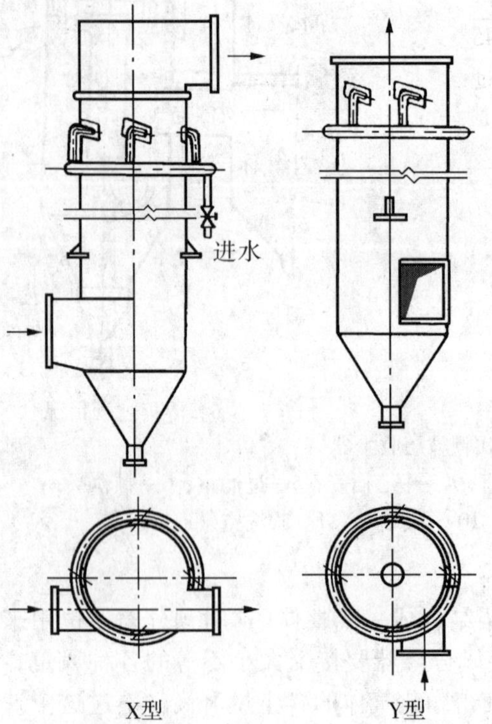

图 15-46　CLS 型水膜收尘器

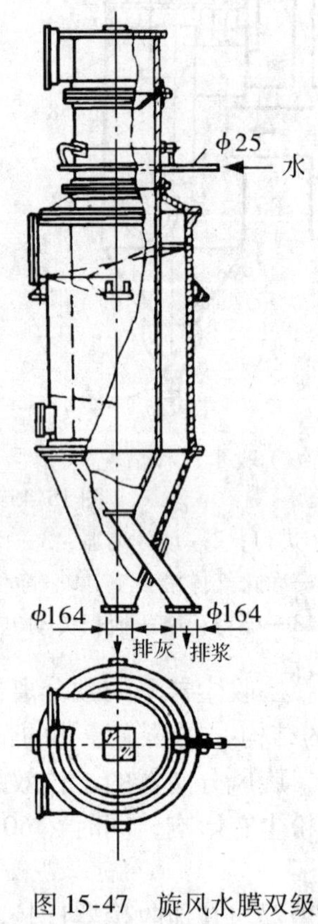

图 15-47　旋风水膜双级收尘器

由上述可见，收尘器的收尘主要依靠惯性离心力的作用，因此它的收尘效率与旋风收尘器一样，随气体进口速度的增加和收尘器筒径的减小而提高。进口速度的选取原则也和旋风收尘器一样，一般取 15 ～ 22 m/s。速度过高，阻力损失激增，而且还可能破坏水膜层，出现严重带水现象。收尘器的筒体高度对收尘效率影响较大，这对小于 2 μm 的细颗粒粉尘有着显著的意义，因此收尘器的高度一般不小于5倍筒体直径。

CLS型和CLS/A型收尘器的结构形式相似，仅各部分尺寸比例不同。CLS型和CLS/A型收尘器工作时，为了保证筒体内壁形成连续不断的水膜，除选定适宜风速外，喷嘴必须以切向喷水入内壁，水压应稳定在0.03～0.04 MPa(表压)之间，其收尘效率一般可达95%。

旋风水膜双级收尘器如图15-47所示。它将旋风收尘器内筒作为水膜收尘器筒体，将旋风收尘器与水膜收尘器有效地结合成一体。内筒的内壁有水膜流动。含尘气体从入口进入器内，先经旋风收尘器，然后进入内筒作为二级收尘，净化气体从上部排出，收下的干粉和湿粉尘分别接管排出。实践表明，这种收尘器的收尘效率很高，一般在95%以上，阻力也不大，以进口风速计算的阻力系数ζ值平均为3.29，耗水量为0.07～0.3 L(水)/m^3(气体)。

水膜收尘器的优点是：由于粉尘沿筒壁收下后不会再度飞起，所以收尘效率比旋风收尘器高(可达95%～97%)；设备简单，投资少，无运动部件，同时有水膜保护筒体，筒壁磨损很小；收尘的同时兼有冷却、增湿及吸收等作用，对某些有害物质的除去有特殊意义；工作稳定，操作条件及气体量变化时对净化后气体残余含尘量变化不大。其主要缺点是：粉尘成为浆体排出后回收困难；气体中含有腐蚀性成分(如SO_3等)时，筒体腐蚀较快；气温较低时应考虑防冻；不能处理胶凝性的尘粒(如石灰、水泥、高炉矿渣等)。

水膜收尘器在无机非金属材料工业中用于煤磨废气或其他无水硬性粉尘的收尘。

第16章　气力输送设备

第一节　概　　述

颗粒状物料的输送，除了采用各种机械输送设备外，还可以采用气力输送设备。

利用气体的流动来输送颗粒状物料的设备，称为气力输送设备。与机械输送设备比较，它具有如下优点：

(ⅰ)直接输送散装物料，易于装卸，输送能力大(可达800 t/h)，效率高，费用低；

(ⅱ)无回程装置，设备简单，占地小，维修费少；

(ⅲ)输送管路能够灵活布置，可在复杂线路上运输，不论水平、垂直、倾斜或拐弯运输都行，还用于各种不同的输送距离，便于实现集中、分散、大高度(可达400 m)、长距离(可达2 km)的各种地形输送，不受空间条件的限制，生产设备可以选择合理布置形式；

(ⅳ)运送过程中能同时进行对物料的混合、分级、干燥、加热、冷却和分离等过程；

(ⅴ)在密闭的管道中输送物料，既可保证输送物料的质量(即不受潮、不受污损或混进杂物)，又可减少粉尘飞扬，改善环境卫生；

(ⅵ)输送过程可实现全部自动化和遥控，只需少量操作人员，管理费用少。

其缺点是：

(ⅰ)动力消耗大，尤其对短距离输送更为显著；

(ⅱ)需要配备一套压气系统，设备投资较大；

(ⅲ)不适宜输送粘湿性大和粒径大于30 mm的物料。

由于优点较多，因此气力输送设备在无机非金属材料工业中日益得到广泛应用。

根据输送颗粒密集程度的不同，可将气力输送分为稀相输送和密相输送两大类。

常用单位输送容积的颗粒质量，即颗粒的堆积密度 ρ'_s 来衡量输送颗粒的密集程度。颗粒在静置堆放时的松密度即为颗粒的堆积密度。颗粒的堆积密度与颗粒的密度 ρ_p 的关系为

$$\rho'_s = \rho_p(1-\varepsilon) \quad (\mathrm{kg/m^3}) \tag{16-1}$$

式中　ε——孔隙率。

单位质量气体输送的固体量称为固气比（或称质量浓度）m_a，它是气力输送设备常用的一个经济指标，有

$$m_a = \frac{G}{G_t} \tag{16-2}$$

式中　G——单位输送截面上加入的固体质量流量($\mathrm{kg/(s\cdot m^2)}$)；

G_t——气体质量流量($\mathrm{kg/(s\cdot m^2)}$)。

固气比 m_a 的大小，同样也反映了颗粒在管内的密集程度。

通常区分稀相输送和密相输送的界限大致如下。

稀相输送：　　$\rho' < 100\ \mathrm{kg/m^3}$

$$m_a = 0.1 \sim 25\ \text{kg(料)/kg(气)}\ (\text{一般取}\ m_a = 0.1 \sim 5)$$

密相输送：　$\rho' > 100\ \text{kg/m}^3$

$$m_a = 25\ \text{至数百}$$

常见的气力输送系统形式有管道式气力输送设备和斜槽式气力输送设备(简称空气输送斜槽)两种。

第二节　管道式气力输送设备

一　气力输送系统及工作原理

管道式气力输送设备是利用气流对固体颗粒的作用，在连续流态化的状态下，在管道中输送物料的设备。

因产生气流方法的不同，这类设备大致可以分为抽吸式和压送式，也有将上述两种输送方式组合使用的混合式。在无机非金属材料工业中，混合式较少使用。除了从车船上卸载颗粒状物料采用抽吸式外，其他以采用压送式较为普遍。

压送式又分为高压输送和低压输送两类。高压输送的空气压强一般为 203 ～ 507 kPa(表压)，用空气压缩机供气；低压输送的空气压强一般为 51 kPa(表压)以下，用罗茨鼓风机或透平式鼓风机供气。低压输送适用于输送距离小于 300 m 的场合。

输料管道的压强高于大气压的称为压送式气力输送设备，工作流程如图 16-1 所示。空气压缩机安装在系统的最前面，用它将压缩空气输送进供料装置后，将内部的物料吹起，经管道及换向阀门送到料仓中。在料仓内由于气流速度降低，物料沉下储存在仓内；气流则经过料仓顶部收尘处理之后排放到大气中。系统中，输送物料的起点的压强为最大，终点附近的压强为最小(接近大气压)。由于在输料管道的高压处将颗粒物料输进管道，为了防止空气倒流需加特殊装置。但在空气和物料分离处的压强接近大气压，而且又是向压强较低的管外排出，所以容易排料。

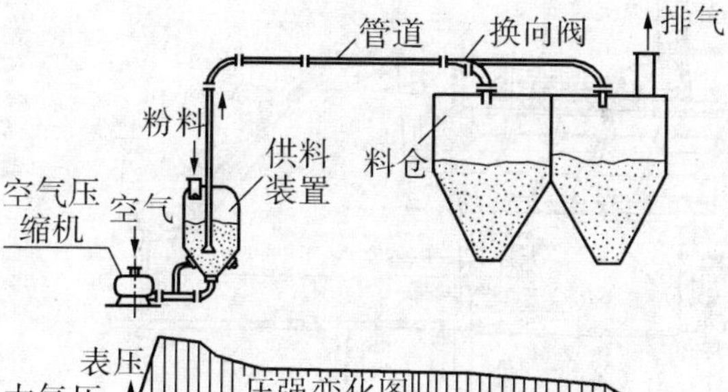

图 16-1　压送式气力输送设备

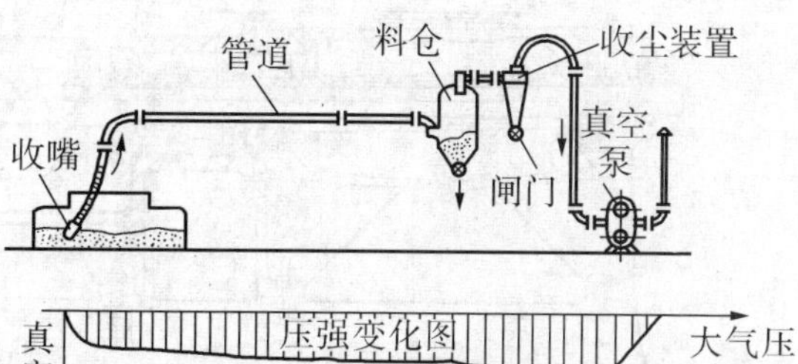

图 16-2　抽吸式气力输送设备

输料管道的压强低于大气压的称为抽吸式气力输送设备，工作流程如图 16-2 所示。真空泵安装于系统的尾部，用以抽吸空气，使输送系统内产生真空。物料经收嘴随同空气一起吸入到管道中。当气流经过料仓及收尘装置时，所挟带的物料沉降下来，经闸门卸出；脱尘后的空气最后经真空泵排放到大气中。系统中，愈接近真空泵处，输送压强愈低，由于输送管道起点附近接近大气压，故容易使颗粒物料吸进管内，供料装置结构简单。输料管道尾部的物料和空气的分离处，在整个输送系统中是压强最低处，当颗粒物料在这里向管外排出时，极易从外部漏进空气，为了防止发生这种现象，也必须采用特殊装置。

抽吸式气力输送设备大多数用来将从各个地点卸下的物料送到一个收集点，但是抽吸式输送压差最大也不超过 101 kPa，所以输送距离不能太长。压送式气力输送设备大多数用来将从某一固定地点卸下的物料送往好几个收集点。由于压送式气力输送使用压缩机，它可以产生较高的压强，管道中的压差可以高达实际所需值，故可用于长距离输送及输送物料到较高处。

二 设备类型及构造

从上述可见，组成气力输送设备的主要装置有：供料装置、输送管道、换向阀门、收尘装置、空气压缩机或真空泵以及自动控制仪表等。供料装置是其中的主要部分，在压送气力输送设备中使用的供料装置，属于高压输送的有螺旋式气力输送泵、仓式气力输送泵等，属于低压输送的有气力提升泵、栓流气力输送泵等；在抽吸式气力输送设备中使用的供料装置是收嘴。

（一）螺旋式气力输送泵

螺旋式气力输送泵如图 16-3 所示，工作机构是带有螺旋 8 的悬臂轴 3。螺旋安装在带有可拆换衬套 10 的筒体 9 内，用电动机通过弹性联轴器带动旋转，转速约为 980 r/min。

喂料接管 5 用来支承料斗，为了调节喂料量装有平闸板 7。粉料从料仓送入喂料接管 5 加入受料箱 6 后，受到旋转螺旋 8 的作用向前推进，顶开闸板 12 进入混合室 4 内。混合室的底部沿全宽配置上下两行喷嘴 2，由管道 1 引入的压缩空气经喷嘴进入混合室，与粉料充分混合，使粉料呈连续流态化状态。流态化的物料由管道口 15 输出，经管道输送至指定的地点。

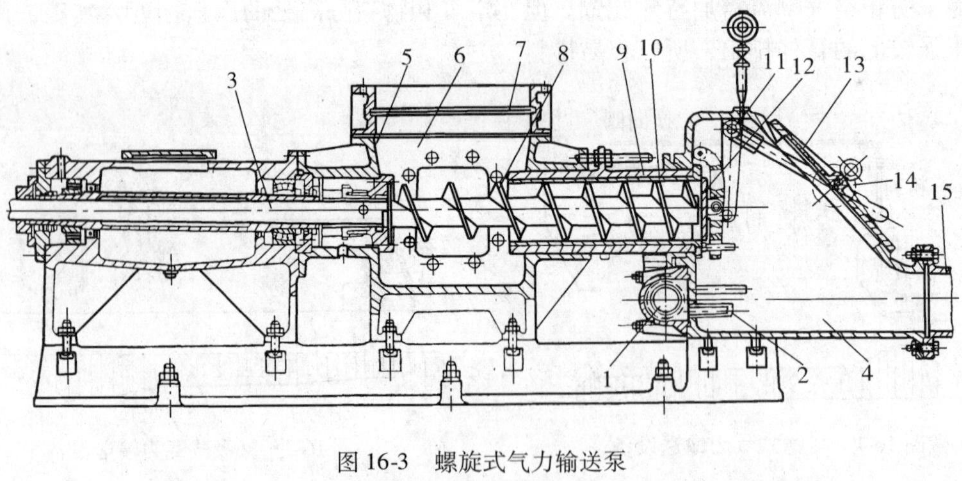

图 16-3　螺旋式气力输送泵

1—管道；2—喷嘴；3—悬臂轴；4—混合室；5—喂料接管；6—受料箱；7—平闸板；8—螺旋；9—筒体；10—衬套；11—杠杆；12—闸板；13—检修门；14—重锤；15—管道口

螺旋制成变螺距的，螺距沿着物料的前进方向逐渐缩小，使物料在推进过程中堆积密实，形成料封，以阻止混合室的压缩空气倒吹入螺旋泵内腔和料仓内。另外，在螺旋出口处设置有自动封闭作用的重锤闸板 12，闸板与带有重锤 14 的杠杆 11 相连，当螺旋送料不够均匀时，闸门能起自动调节作用；当螺旋停止供料时，闸门即将出口封闭，以防止压缩空气倒流。

在压缩空气主管上引出支管，压缩空气可由支管通至轴承的填料箱内，形成“气封”，避免物料渗入轴承里。

在混合室设有检修门 13，以便检查或更换螺旋和衬套等。

螺旋和衬套是极易磨损的零件。衬套多用铸铁制成。螺旋叶片一般用钢板焊接成，再在表面镀一层钨铬钴合金，磨损后可用碳化钨硬质合金焊条进行堆焊，堆焊部位通常为出料端四个螺距的叶片和末端部分。

螺旋式气力输送泵的优点是：可以连续将物料供送到管道，结构紧凑，机身高度小，设备质量较轻，也可装成移动式使用。其缺点是：设备内有运动部件，机械磨损快(尤其是输送矿渣、水泥时)，检修较频繁，动力消耗比较大，并且由于泵内气体密封困难，不宜作高压长距离输送。

在无机非金属材料工业中，螺旋式气力输送泵主要用于输送水泥、生料及煤粉等粒度比较均匀的粉状物料。压缩空气的压强为 0.3 ～ 0.4 MPa，输送距离一般可达 200 m。

(二)仓式气力输送泵

仓式气力输送泵有单仓式和双仓式两种。图 16-4 所示为单仓式气力输送泵。

图 16-4a 为从底部供送物料到管道的单仓式气力输送泵工作示意图。输送泵是一个钢制的圆柱形容器，底部收缩成圆锥形。物料由小仓 6 经容器顶部的加料阀 2 装入仓内。待物料装满后，压缩空气自底部的风管 3 送入，将仓内的物料经仓底的渐缩管吹入管道中。待仓内的物料送完之后，压缩空气即停止送入；加料阀再次打开，容器重新装料，开始进行下一工作循环。

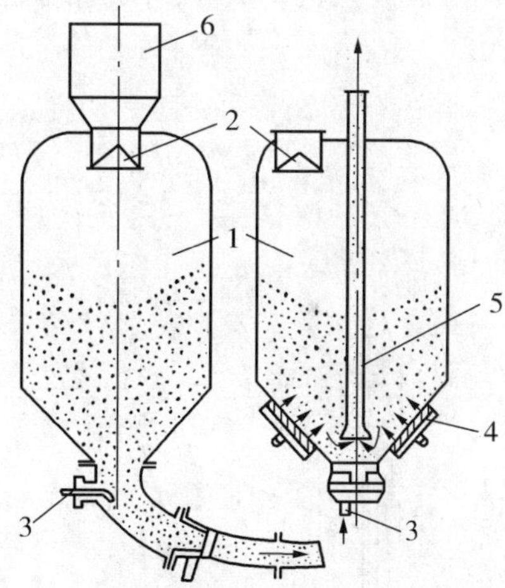

（a）底部送料　　（b）顶部送料

图 16-4　仓式气力输送泵

1—容器；2—加料阀；3—风管；4—多孔板；5—输送管道；6—小仓

图 16-4b 是从顶部供送物料到管道的单仓式气力输送泵。输送管道 5 深入到容器 1 底部。压缩空气自容器的锥底上的风管 3 经喷嘴高速喷入输送管道，由于喷嘴与输送管道之间形成局部负压，喷嘴周围的物料便在泵内料柱压力作用下随气流进入输送管道向上送出。在泵体锥底周壁上装有多孔板 4，送料时，压缩空气通过多孔板送入物料中，使物料充分流态化，以使物料均匀顺畅地进入输送管道。

有的仓式气力输送泵的缸体底部装设有多孔板装置的充气室(图 16-5)，压缩空气由播风管 2 进入充气室 1，经多孔板 4 进入容器内，使物料处于良好的流态化状态，以便以较高固气比进行输送。

单仓式气力输送泵在泵体上部设有存料小仓，在泵体进行送料的同时，输送机向小仓内喂料；在泵体内物料卸完后，小仓内物料自动放入泵体内，然后开始第二个吹送过程。进料和送料过程是交替进行的，因此单仓泵是间歇式的供料设备。为了提高输送能力，并使输送能连续进行，可在每一输送管道上配用两个单仓泵交替加料和送料，使整个输送系统基本上连续送料，这就是双仓式气力输送泵。输送泵的装料、送风及送料等操作，均通过气动阀门、电磁控制阀等装置来自动控制。

仓式气力输送泵的优点是：电耗较螺旋式气力输送泵低，设有机械运动部件，故不易损坏，维修工作量较小，可以输送磨蚀性物料。其缺点是：体形比螺旋式气力输送泵高大得多，这使厂房的建造费用大大增加。通常，仓式气力输送泵都是在输送距离较大(可达 2 km)，需要较高的工作压强的压缩空气的情况下使用。

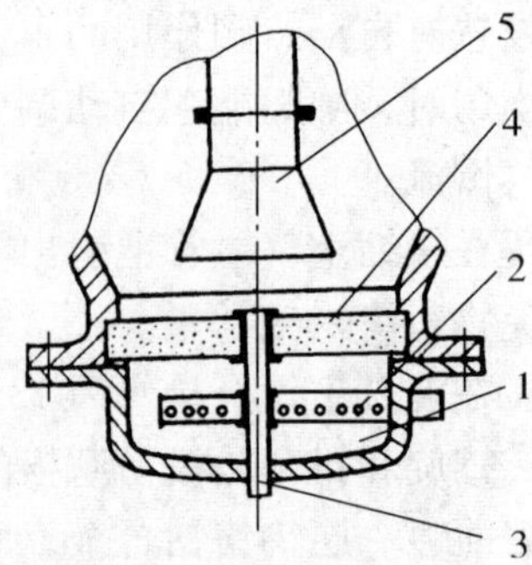

图 16-5　底部充气结构图

1—充气室；2—播风管；3—压缩空气管；4—多孔板；5—输送管

(三)气力提升泵

气力提升泵是一种利用低压空气把粉状物料垂直提升到所需高度的气力输送供料设备。它实际上是连续进料和送料的仓式气力输送泵的另一种形式。

采用气力提升泵的气力输送系统(图 16-6)，主要是由提升泵、输送管、膨胀仓及空气压缩机等组成。粉料连续加入泵体 1 中，并随气流经输送管道 2 进入膨胀仓 3。在膨胀仓中，空气与粉料分离，粉料由下部锥体部分卸出，空气则由顶部排出。气力提升泵一般用罗茨鼓风机 4 供气，风机的风压一般为 35 kPa 左右。

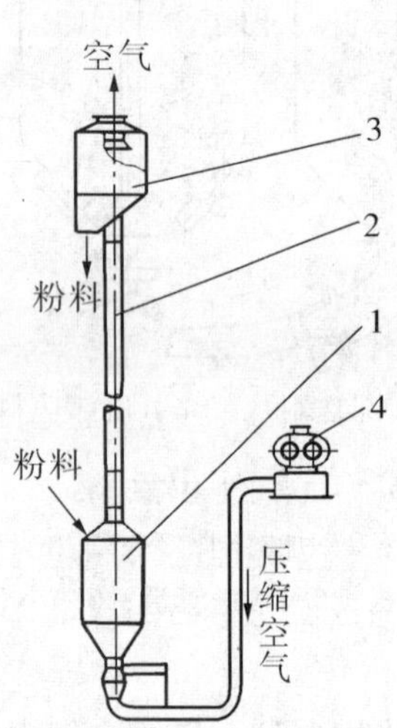

图 16-6　气力提升泵的气力输送系统

1—提升泵；2—管道；3—膨胀仓；4—罗茨鼓风机

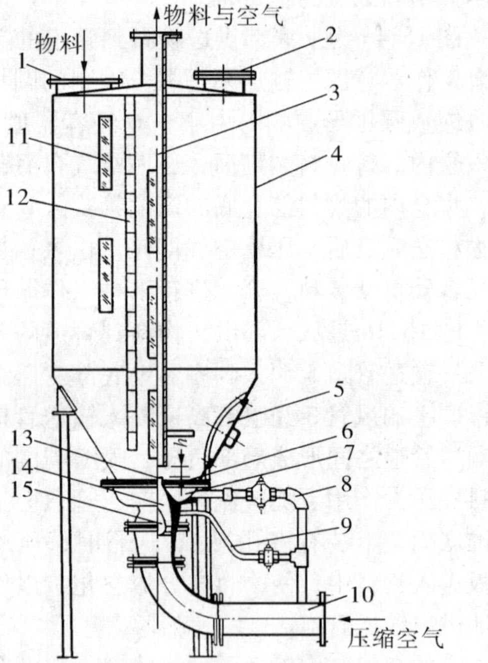

图 16-7　立式气力提升泵

1—进料口；2—安全阀；3—输送管；4—提升泵体；5—人孔；6—充气板；7—充气室；8—充气管；9—清洗风管；10—出风管；11—观察镜；12—料面标尺；13—喷嘴；14—气室；15—止逆阀

气力提升泵按结构可分为立式和卧式两种。两者的主要差别在于喷嘴的布置方向不同。喷嘴垂直布置的为立式，喷嘴水平布置的为卧式。

立式气力提升泵如图16-7所示。物料由泵体顶部进料口1喂入，压缩空气则由泵体下部经主风管10冲开止逆阀15进入气室14，喷嘴13与输送管3间保持一定距离(h)并可调节。当气室的气体由喷嘴13高速喷入输送管3时，在输送管口处便形成了负压，另一部分辅助空气(3%～10%)由充气管8经充气板6充入物料中，使物料流态化。流态化物料在泵内料柱的压力和喷嘴处形成的低压下流向喷射区进入输送管内，并沿输送管被提升到一定高度，送到终点的膨胀仓内分离而落下。

为了防止物料从喷嘴处窜入主风管内，在气室内装有球形止逆阀15，正常情况下，气体首先是冲开止逆阀，再通过气室从喷嘴喷出；当进气停止时，止逆阀由于自重而紧压在阀座上，封闭了气室和风管的通路。为了清洗可能进入气室的物料，在气室的侧面装设有清洗风管9，以防堵塞气室而影响操作。

沿泵筒体的高度方向装有观察镜11和料面标尺12。泵体内的物料必须具有足够的高度，在正常运行中，泵内料柱高度应能自动平衡在足以克服输送管道流体阻力的位置上。输送量主要是由改变喂料量来调节。对于一定的气力提升泵，输送同一种物料时，输送量的大小取决于泵内料柱的高度，料柱越高，输送量越大。当改变喂料量时，经过一段时间，泵内料柱高度便自动稳定在一个新的位置上。

卧式气力提升泵如图16-8所示。其出口管为水平方向，需经过一段水平距离然后通过弯管转向垂直方向。其结构较立式简单，外形高度也较矮。一般装设在地面上。

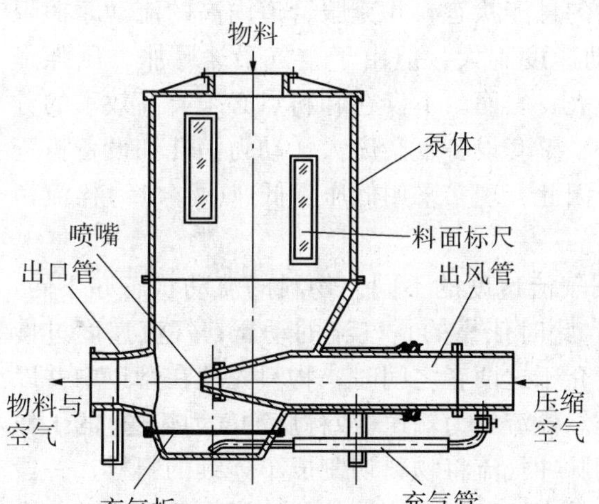

图16-8　卧式气力提升泵

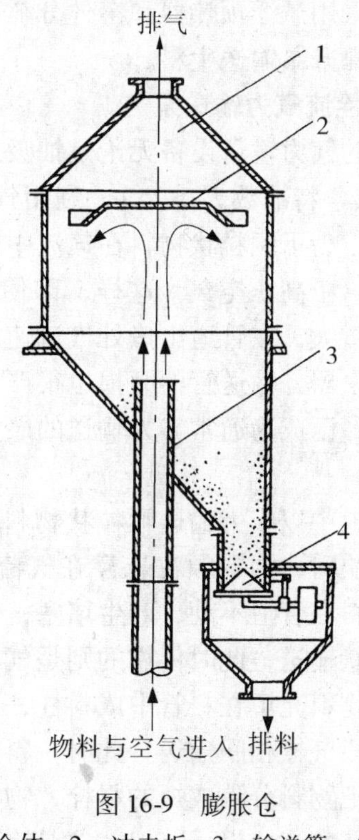

图16-9　膨胀仓

1—膨胀仓体；2—冲击板；3—输送管；4—闪动阀

膨胀仓的构造如图16-9所示。在垂直提升管3的末端连接一个膨胀仓，它的作用是将物料从气流中分离出来。当物料与气体混合流沿输送管3进入膨胀仓体1时，由于体积突然扩大而引起气流速度突然降低，并受到冲击板2的阻挡，物料便在重力和惯性力作用下分离出来，经闪动阀4卸出；分离出物料后的气体经排气管进入收尘系统，进一步将物料收集下来。

气力提升泵的提升高度可达80 m，输送能力可达200 t/h。气力提升泵的输送风速根据物料细度、密度、流动性及输送高度而定。由于采用低风压大风量，实际上输送管中风速一般偏高，达20～25 m/s或更高。

当输送压强为20～50 kPa、输送高度为20～60 m时，输送的质量浓度可达12～20 kg/m^3。目前国内实际使用为3～18 kg/m^3。

输送风压可按选定的质量浓度算出，在水泥厂一般为25～50 kPa。输送的压头损失，其中在喷嘴消耗60%～75%，而在输送管道部分仅占25%～40%。所以，压头损失主要取决于喷嘴的口径和设计形式。

气力提升泵的优点是：结构简单、质量轻、无运动部件，磨损小，密封性好，输送物料比较均匀稳定，操作维修方便可靠，特别是输送高度高(超过30 m)、输送量大时较为经济适宜。其缺点是：调节输送量不灵敏，不能达到喂料量一改变，料柱高度就立即变到应有的高度；电耗大，尤其是提升高度低时电耗高于斗式提升机；体形较高大，与仓式气力输送泵一样在工艺布置及建筑设计上是不利的。

在无机非金属材料工业中，气力提升泵一般用于垂直输送水泥、生料粉及煤粉等。水泥回转窑采用悬浮预热器和窑外分解系统后，送料高度一般都比较高(达40 m以上)，可采用气力提升泵输送生料。

(四)栓流气力输送泵

一般的气力输送设备无论是抽吸式或压送式，颗粒状物料是悬浮于管道内高速流动的气流中(弗鲁特准数$F_r>25$)，利用气流运动的动压(或动能)进行稀相输送，因此耗气量大。同时，为了颗粒状物料在气流中能保持均匀悬浮状态，并克服管道内高的流动摩擦阻力，必须给予高压空气。这样，即使气流启动速度不大，但由于空气沿途膨胀，压强降低，速度增大，在管道出口处气流速度达到最大。因而，不仅在卸料点必须有高效率的分离器和收尘器，输送管的磨损也很严重。此外，整套设备复杂庞大，动力消耗和设备投资费用都高，已成为通常气力输送的严重缺点。因此，现多采用低压、低速($F_r<15$)栓流密相输送。

在管道中以气力输送颗粒状物料时，根据气流速度的不同，物料的流动状态亦不同。气流速度快时，物料颗粒悬浮在气流中输送，此时依靠的是气流的动压；气流速度过慢时，则物料在管道不动，产生堵塞；气流速度介于这两者之间时，物料充填在管道中并以柱状或栓状输送，此时依靠的则是气流的静压。栓流气力输送(或称脉冲气力输送)的工作原理是使物料充填在料管中成料柱，然后采用脉冲气流将物料切割成不连续的料栓，一段料栓和一段气栓相间输送。此时，料栓的流动是直接利用其两端的气流压力差而推动前进的。因为把物料分隔成短的料栓，物料和管壁间的摩擦阻力减小。因此，所需的气流压强低，料、气的流速慢，一般输送空气速度v为2～10 m/s，相应的料栓速度为(0.4～1.0)v，很少超过10 m/s，输送压强为0.2 MPa(表压)，输送的物料的固气比为25～250，输送距离在300 m以下。

栓流气力输送除了具有一般压送式气力输送的优点外，还有以下特点：①固气比高，而输送风压低，空气消耗量少，因而输送管道小，动力消耗少；②由于输送气流压强较低，料栓速度慢，因此管道磨损很小；③由于料、气相间输送，因而终点处物料易于同气流分离，使排入大气中需要过滤的空气量降低到最低限度，无需复杂而昂贵的卸料器和收尘器；④设备简单，操作容易，设备投资和生产费用都低。输送吸湿性物料时，可以采用干燥空气作为输送介质。其缺点是：不宜输送摩擦阻力大、粘性强的物料；管径过大时，物料栓塞不易保持，尤其在启动时易于堵塞，限制了输送量的扩大。

栓流气力输送的成栓方式繁多。栓流气力输送泵按形成栓流的方式分，常见的有气刀式、旁通管式和膜片式三种（图 16-10）。目前使用较多的是气刀式。

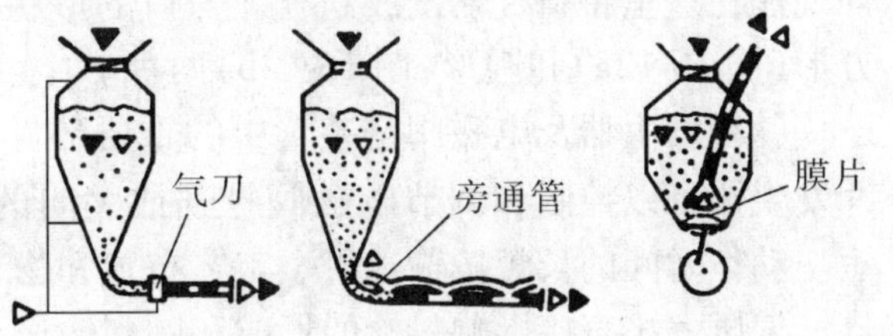

（a）气刀式　（b）旁通式　（c）膜片式

图 16-10　栓流气力输送类型

采用气刀式栓流气力输送泵的输送系统如图 16-11 所示。操作过程如下：首先打开储气罐的闸阀 1，使输气管充气。调整调压阀 4 及 24，使供料装置 12 内和气刀 20 处的压强达到规定值。在供料装置装料完毕后，关上闸板 10，开动脉冲发生器 9，电磁阀 23 即通过气刀间断地向输料管内输入压缩空气。同时打开快开阀 5，使另一路压缩空气进入供料装置锥体部的喷嘴 13。然后打开阀门 14，此时粉料即由供料装置下端压出，以连续柱状经弯管 21 到达气刀部位时，被脉冲气流切割成料栓，在输料管被空气流推向前进，在出料口处间断地向料仓 16 排料。空气经袋式过滤器 15 排出。一次供料完毕，则先关上脉冲发生器，然后依次关闭快开阀 5 和阀门 14，再打开闸板以进行第二次加料。采用连续加料，则闸板进料阀可改为分格轮卸料器，但应附加排气管道。

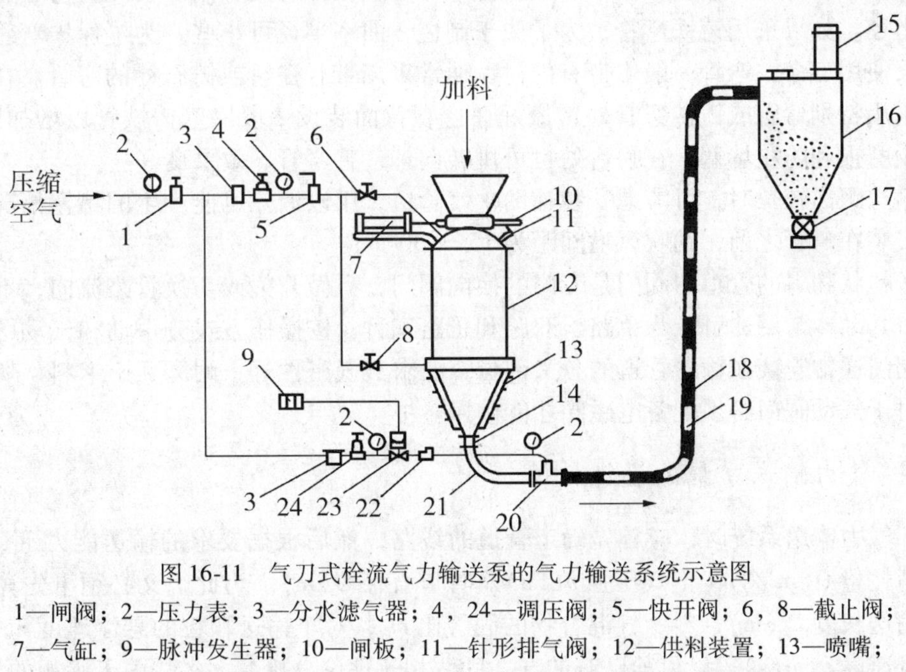

图 16-11　气刀式栓流气力输送泵的气力输送系统示意图

1—闸阀；2—压力表；3—分水滤气器；4，24—调压阀；5—快开阀；6，8—截止阀；7—气缸；9—脉冲发生器；10—闸板；11—针形排气阀；12—供料装置；13—喷嘴；14—阀门；15—袋式过滤器；16—料仓；17—分格轮卸料器；18—料栓；19—气栓；20—气刀；21—输料弯管；22—止逆阀；23—电磁阀供料装置的筒体直径宜小于高度，制成瘦长形。因为若粉料层薄则容易被气流吹穿，粉料排出时含有大量气体而无法均匀致密地形成柱状，从而影响输料管中料栓的形成。在满足所需的输送量下，输料管管径应尽可能小些，料栓形成较好，同时空气消耗量就越小。

气刀(图 16-12)是一个类似三通管的部件，脉冲气流在这里将料柱切割成料栓。刀口的形状有长方形(图 16-12a)和圆形(图 16-12b)两种。

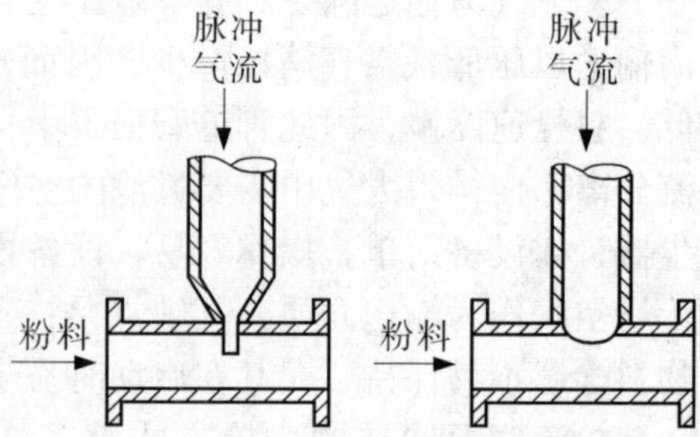

(a) 长方形　　(b) 圆形

图 16-12　气刀的形式

脉冲发生器及电磁阀是装置中的重要部件。脉冲发生器可以控制和调节电磁阀打开或关闭的时间长短，从而控制和调节料、气栓的长短。动作时间的长短按输送量、工艺布置和物料性质通过试验确定。

气压大小直接影响料栓的形成和顺利输送。气刀处的气压太大，容易击穿料栓，往往成为动压输送，同时耗气量增大；气压过低，则推不动料栓，以致堵塞管道。气压一般为 60 ～ 140 kPa。供料装置内的气压采用比气刀处气压小 10 ～ 20 kPa，若两者相差太大，则供料装置出口产生退料；两者相等时，则气刀的气流切不断料栓，不能形成稳定的栓流。

栓流气力输送泵可用于输送水泥等颗粒状物料。

(五)输料管道

输料管道的配置对气力输送系统也有很大影响。气力输送用的管子、弯管及阀件一般都有耐压耐磨等特殊要求。除了管子可采用通用产品外，弯管和阀件都是专用配件。

气力输送管道一般采用水煤气管、热轧无缝钢管或铸石管。采用钢管时，钢管的联接应尽量采用焊接。为了便于安装维修，一般每 20 ～ 30 m 应安装一对联接法兰。

管道的弯管部位，磨损较大，并且粘性细粉容易在弯管处粘附。为此，弯管宜用较大的曲率半径。如果采用铸铁弯管，为了便于制造，曲率半径可小些。为了保护弯管不受磨损，延长使用寿命，弯管一般应带有内衬，通常采用带有瓷衬或铸石衬的弯管。在管道转弯处除采用特别弯管或铸铁弯管外，最好在弯管背面装设一段厚壁铸铁管以增加耐用性。为了减少磨损和防止堵塞，在拐弯处也可用转向球代替弯管，效果良好。

当输送距离较长时，可考虑安装辅助吹气管道，用以消除可能产生的堵塞情况。其位置一般安装在弯管之前，助吹风嘴间距为 15 ～ 30 m。

输送粉状物料的管道的阀门是专门的换向阀门，只做开关或切换管路流向，不能调节流量。按其结构与用途可分为单路、双路和三路三种；按操作方式分手动和气动两种。专用换向阀门通常安装在输送管道的分叉部位，要求其气密性好、耐磨、不卡料、切换方便可靠。对于气动阀门必须配备电磁阀才能使用。

三　气力输送系统的设计计算

设计气力输送系统时，应首先确定管道的线路，然后根据要求的输送能力 W(t/h)计算空气消耗量 Q(m^3/s)，空气压强 p(Pa)及管道直径 D(m)。为此，又必须事先算出管道的当量输送长度 L_Z(m)，料、气混合物的固气比 m_a，对于输送颗粒的悬浮速度 v_0(m/s)，以及气流速度 v(m/s)等。目前已有的气、固两相流理论分析，大多是关于稀相的均匀流，而对复杂的密相的脉动流的研究还不够完全。下面着重介绍稀相气力输送系统的设计计算方法。

（一）当量输送长度

为了简化压强损失计算，可把输送管道的垂直段、倾斜段、管件及阀件折算为水平直管的当量长度。设水平直管的总长度为 $\sum L$，斜管的总长度为 $\sum L_s$，垂直管的总长度为 $\sum L_v$，管件和阀件的总当量长度为 $\sum L_e$，则当量输送长度为：

$$L_Z = \sum L + K_s \sum L_s + K_v \sum L_v + \sum L_e \quad (m) \tag{16-3}$$

式中，K_s 及 K_v 为换算系数，由实际确定，一般取 $K_s = 1.6$，$K_v = 1.3 \sim 2.0$。部分管件和阀件的当量长度值见表 16-1。

表 16-1 管件及阀件的当量长度

管件及阀件种类			当量长度(m)
90°弯管	弯管的曲率半径与管道直径之比，R_0/D	6 8 10 12	7 ~ 10 9 ~ 13 12 ~ 16 14 ~ 17
双路换向阀门	带盘形阀 带旋塞阀 带双路 V 形螺旋		8 ~ 10 3 ~ 4 2 ~ 3
换向接管	双　路 三　路		3 ~ 4 3 ~ 5

（二）气流速度

正确地选取气流速度是很重要的。适宜的气流速度应能保证物料在管道内全部被输送，又尽可能降低其动力消耗。

要使颗粒能被气流带走，在输送管道任何截面上的气流速度 v 均应大于悬浮速度 v_0。悬浮速度可根据式(12-15)简化为下式来计算：

$$v_0 = K\sqrt{d_p \frac{\rho_p}{\rho}} \quad (m/s) \tag{16-4}$$

式中 d_p——固体颗粒的直径(m)；

ρ_p——固体颗粒密度(kg/m^3)；

ρ——空气密度(kg/m^3)；

K——系数，其值与颗粒形状、尺寸大小和表面情况等因素有关。

在输送过程中，由于空气压强沿管道从进料端到出料端逐渐降低，使气体的体积随之增大，气流速度沿管道也相应地增大。为了使颗粒能被气流带走，应使进料端的气流速度(也即整个管道的最低气流速度)等于或大于悬浮速度。

由于空气压缩机的风量是按自由空气状况计算的，因此，需计算相应于大气压下的气流速度。对于压送式气力输送系统，相应于大气压下在出料端管道截面处的气流速度应为

$$v = \alpha\sqrt{\rho_p} + BL_Z^2 \quad (m/s) \tag{16-5}$$

式中 α——考虑颗粒尺寸的系数，见表 16-2；

ρ_p——颗粒密度(t/m^3)；

B——系数，取 $B=(2\sim5)\times10^{-5}$；

L_Z——管道的当量长度(m)。

对于抽吸式气力输送系统，相应于大气压下在进料端管道截面处的气流速度为

$$v=\alpha\sqrt{\rho_p}\quad (m/s)\qquad (16\text{-}6)$$

式中符号意义同前。

表 16-2　考虑颗粒尺寸的系数 α 值

物料种类	颗粒最大尺寸	α 值
粉尘	1 ~ 1000 μm	10 ~ 16
均匀颗粒	1 ~ 10 mm	17 ~ 20
不均匀小颗粒物料	1 ~ 20 mm	17 ~ 22
不均匀大颗粒物料	40 ~ 80 mm	22 ~ 25

（三）固气比

输送管道中料、气混合物的质量浓度为单位时间内通过输送管截面的物料量和空气量的比值。即固气比

$$m_a=\frac{G}{G_t}=\frac{G}{3.6\rho Q}\quad (kg(料)/kg(气))\qquad (16\text{-}7)$$

式中　G——输送设备的输送能力(t/h)；

G_t——空气的质量流量(t/h)；

ρ——空气密度(kg/m^3)；

Q——空气流量(m^3/s)。

固气比 m_a 值的大小对气力输送装置的设备投资、生产费用和料气混合物在管道内的流动状态有很大影响。m_a 值愈大，则输送装置效率越高，空气的耗量愈少，输送管径越小，投资和生产费用可降低。因此，应尽可能提高 m_a 值。但是，m_a 值过大，物料在气流中的分布就趋于不均匀，相当一部分物料会形成集团或在管道底部滑动，这不仅增大了输送阻力，而且在长距离输送时还会出现脉动现象，严重时会造成物料沉积和堵塞。为了操作安全，固气比 m_a 应该有一恰当的数值。

m_a 值的确定取决于物料性质(密度、粒度、湿度和粘结性等)、输送方式及输送条件等。当输送装置选定、输送条件一定时，m_a 值一般也会相应稳定。对于相对密度小的物料或输送距离短，输送压强高时可取较大的 m_a 值；反之，就应取较小的 m_a 值。在计算时，可以参考表 16-3 及图 16-13 中曲线所示的实验数据。

表 16-3　输送方式与固气比的关系

输送方式	抽吸式				压送式		
	低真空 (kPa)			高真空	低压	高压	流态化压送
	≤12	12 ~ 25	25 ~ 50				
固气比 m_a (kg(物料)/kg(空气))	0.35 ~ 1.2	1.2 ~ 1.8	1.8 ~ 8.0	8.0 ~ 20	1 ~ 10	10 ~ 50	40 ~ 80

（四）空气消耗量

当固气比已经确定，空气消耗量便可以用下式算出：

$$Q=\frac{G}{3.6\rho m_a}\quad (m^3/s)\qquad (16\text{-}8)$$

式中，ρ 按当地自由空气的密度计算，符号意义同前。

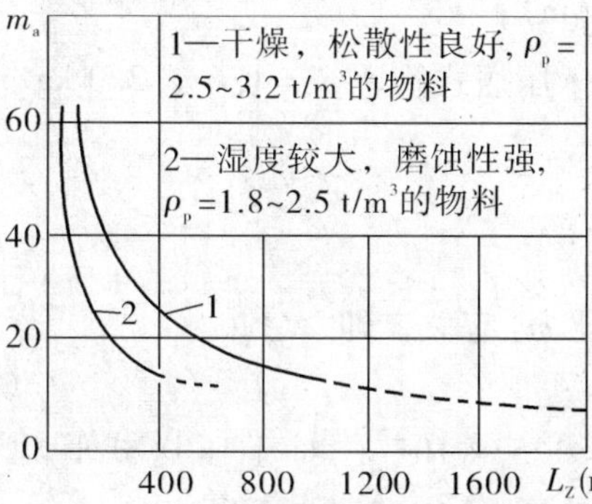

（a）压送式气力输送设备

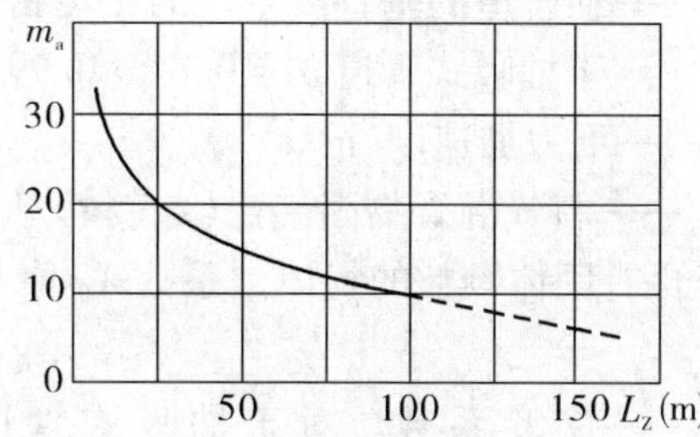

（b）抽吸式气力输送设备

图 16-13 固气比 m_a 与当量输送长度 L_Z 的关系

实际上，考虑到管道的漏风，需附加一定的漏风量。同时，为了在物料性质和输送条件与设计值有出入时也能进行输送，要求空气量留有一定的裕量。因此，实际选用的空气消耗量为

$$Q_0 = KQ \quad (m^3/s) \tag{16-9}$$

式中 K——根据输送方式和设备类型选取的系数。

对于抽吸式气力输送系统，$K=1.25\sim1.35$；对于压送式气力输送系统，$K=1.1\sim1.2$；对于螺旋式气力输送泵，$K=1$；对于带充气式中间仓单仓泵和双仓泵，$K=1.2$。

（五）输送管道的直径

输送管道的内径可根据下式算出：

$$D = \sqrt{\frac{4Q}{\pi v}} \quad (m) \tag{16-10}$$

式中符号意义同前。由计算出的输料管径选取标准管直径。

（六）空气压强

输送管道起点与终点之间的压差可以根据输送压缩气体的管道计算导出。因为压送式气力输送管道终点处的压强 p_2 及抽吸式气力输送管道起点处的压强 p_1 均为 101 kPa，因此，对于压送式管道，起点的压强

$$p_1 = 101 \times \sqrt{1 + \frac{\lambda_0 L_Z v^2}{D}} \pm \Delta p_n \quad (kPa) \tag{16-11}$$

对于抽吸式管道，终点的压强

$$p_2 = 101 \times \sqrt{1 - \frac{\lambda_0 L_Z v^2}{D}} \mp \Delta p_n \quad (kPa) \tag{16-12}$$

式中 L_Z——管道的当量长度(m)；

D——管道直径(m)；

v——气流速度(m/s)；

λ_0——阻力系数；

Δp_n——料气混合物料柱高度造成的压差，Δp_n 前面的符号，在式(16-11)中，当物料向上输送时为正，向下输送时为负，在式(16-12)中反之。

$$\Delta p_n = \frac{\sum H\rho' m_a g}{10^3} \quad (kPa)$$

$\sum H$——输送管道起点与终点之间的高度差(m)；

ρ'——在管道的垂直段空气的平均密度，对于压送式管道 $\rho'=1.6\sim2.0\ \mathrm{kg/m^3}$，对于抽吸式管道 $\rho'=0.8\sim0.99\ \mathrm{kg/m^3}$；

g——重力加速度($\mathrm{m/s^2}$)；

m_a——料气混合物固气比(kg(料)/kg(气))。

对于含有固体颗粒的气体，系数 λ_0 值与固气比 m_a 有关，即

$$\lambda_0=\beta m_a \tag{16-13}$$

式中 β——实验系数。对于抽吸式管道，$\beta=1.5\times10^{-7}$；对于压送式管道，β 是 $S=m_aL_Zv^2/D$ 的函数，其值大小可从图16-14中的曲线查出。

空气压缩机的工作压强或真空泵的真空度按下式计算：

$$p_M=kp+p_p\quad(\mathrm{kPa}) \tag{16-14}$$

式中 p——压送式管道的工作压强或抽吸式管道的真空度，对于前者，p 等于管道起点处的压强 p_1(kPa)，对于后者，$p=1-p_2$(kPa)；

k——供料设备的压强损失系数，可取 $k=1.15\sim1.25$；

p_p——引管的压强损失，对于压送式管道，$p_p=20\sim30.3$ kPa，对于抽吸式管道，$p_p=1\sim2$ kPa。

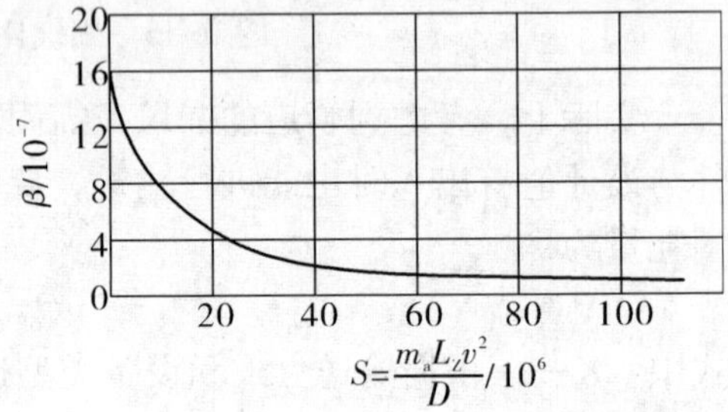

图16-14 系数 β 与量 S 的关系

对于高压气力输送生料及水泥的压强损失计算，亦可采用下式计算，结果与实测值较为接近。

$$\Delta p=\Delta p_1+\Delta p_2+\Delta p_3+\Delta p_4\quad(\mathrm{kPa}) \tag{16-15}$$

式中 Δp——总压强损失(kPa)；

Δp_1——在总输送管道(包括水平管、垂直管、弯管及阀门等)由于阻力引起的压强损失(kPa)；

Δp_2——物料垂直提升的压强损失(kPa)；

Δp_3——管道出口处排气、物料分离的压强损失(kPa)；

Δp_4——供料装置的压强损失(kPa)。

上式的具体计算形式为

$$\Delta p=\left[Km_a\lambda\frac{L_Z}{D}\frac{\rho v^2}{2}+\gamma'm_aH+(1+\varphi m_a)\frac{\zeta v'^2}{2}+(X+m_a)\frac{\rho_1v_1^2}{2}\right]\times10^{-3}\quad(\mathrm{kPa}) \tag{16-16}$$

式中 K——经验系数，$K=\frac{cD}{v^{0.9}}$；

c——系数，对于输送水泥 $c=90\sim100$；

D——输送管内径(m)；

v——输料管末速(m/s)；

λ——空气摩擦系数，一般在0.02～0.04范围，可查有关手册或按下式计算：

$$\lambda=K\left(0.0125+\frac{0.0011}{D}\right)$$

对于内壁光滑管，$K=1.0$；新焊接管，$K=1.3$；旧焊接管，$K=1.6$；

γ'——垂直提升段空气的平均重度(N/m^3)，$\gamma'=\rho' g$，g 为重力加速度(m/s^2)，ρ' 为空气的平均密度，一般为 1.6 ~ 2.0 kg/m^3，可取 1.8 kg/m^3；

H——物料提升高度(m)；

ζ——分离器对空气的阻力系数，对于容积式，$\zeta=1.5 \sim 2.0$；ϕ1400 ~ 1600 mm，旋风式，$\zeta=2.5 \sim 3.0$；

v'——空气进入分离器的速度，一般比输料管末速低，进旋风分离器速度在 15 ~21 m/s 时，分离效果最好；

φ——经验系数，可按下表选取；

v'(m/s)	15	16	17	18	19	20	21
φ	0.45	0.41	0.38	0.36	0.35	0.34	0.33

X——供料装置结构形式系数，对于螺旋式气力输送泵，$X=1$；仓式气力输送泵，$X=2 \sim 3$；

ρ_1 及 v_1——压缩空气进输料管时的密度及速度：

$$\rho_1=\rho\frac{\Delta p_1+\Delta p_2+\Delta p_3+101}{p_0}\quad(kg/m^3);\quad v'=v\frac{p_0}{\Delta p_1+\Delta p_2+\Delta p_3+101}\quad(m/s)$$

p_0 为 101 kPa，ρ 为 101 kPa 下的空气密度。

空气压缩机的工作压强按下式计算：

$$p_M=(1.1\sim1.3)\Delta p+50\quad(kPa)$$

（七）空气压缩机或真空泵的计算功率

气力输送设备的空气压缩机或真空泵的功率为

$$N=\frac{L_0Q_0}{1000\eta_{iso}}\quad(kW)\tag{16-17}$$

式中 L_0——压缩每 1 m^3 气体的理论等温功(J/m^3)；

Q_0——需用风量(m^3/s)；

η_{iso}——等温全效率，$\eta_{iso}=0.55\sim0.75$。

压缩每 1 m^3 气体的理论等温功为

$$L_0=230\ 300\ \lg(p_M\times10^{-2})\quad(J/m^3)$$

式中 p_M——压缩机的工作压强(kPa)。

（八）长距离气力输送计算

对于 550 m 以上长距离气力输送，采用理论计算方法误差较大，此时可根据试验结果采用以下的计算方法。

首先根据输送距离按图 16-15 所示不同风速（管道平均风速 w）下输送距离 L_Z 和固气比 m_a 的关系曲线确定 m_a 值。然后根据要求的输送量 Q 和固气比 m_a 用式(16-8)及式(16-9)算出需用风量。

在气力输送管道中，输送气体压强沿管道自进料端至出料端逐渐降低，而风速则沿管道逐渐增大。对于长距离气力输送，由于进料端和出料端的压差较大，风速的变化较大，为了减少动力消耗和管道磨损，并减少堵塞的机会，可考虑采用变径管道系统。一般可将

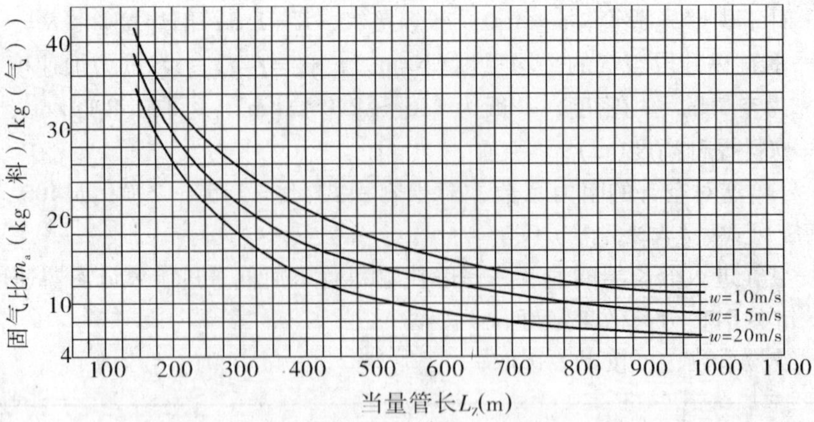

图 16-15　不同风速下输送距离 L_Z 与固气比 m_a 的关系

管道分为两段或三段，管径自进料端至出料端逐渐增大。表 16-4 列出各段管道的推荐风速和各段管长占总长度的百分数。

表 16-4　分段扩大管内各段的推荐风速和管长占总长度百分数

段　别	风　速(m/s)			该段占管道总长的百分数（%）	
	初　速	末　速	平均风速	三段时	两段时
前段(小管径)	10 ～ 12	14 ～ 15	12 ～ 14	10 ～ 20	20 ～ 30
中段	10 ～ 12	14 ～ 18	12 ～ 15	40 ～ 50	—
后段(大管径)	10 ～ 12	20 ～ 30	15 ～ 22	35 ～ 45	70 ～ 80

注：如果气力输送管道不是变径管，则可采用表列后段管的风速值；若采用二段扩大管，则采用表列前段和后段管的风速值。

各段管径可按压缩空气消耗量和所确定的各段风速来选用，变径位置则根据各段管道的风速和气力坡降(即每 100 m 长水平管上的压强降)可以算出。

在长距离管道输送系统中，管件和阀门等局部阻力和物料垂直提升附加阻力，在总管道阻力中所占的比例是很小的，往往可以忽略，或在最后总压降上加一定百分数解决。如果选用空气压缩机时风压已考虑了10%左右的裕量，则这些局部阻力和提升粉料的附加阻力就完全包括进去了。长距离输送水泥的管道的压强损失 i，亦可采用下列经验公式来计算：

$$i = Kw^{1.96}m_a^{1.12} \times 10^{-1} \quad (\text{kPa/100 m(水平管道)}) \tag{16-18}$$

式中　K——决定于管径的常数，$K \propto D^{-1.58}$，见图16－16；

w——管道内平均风速(m/s)；

m_a——固气比(kg(料)/kg(气))。

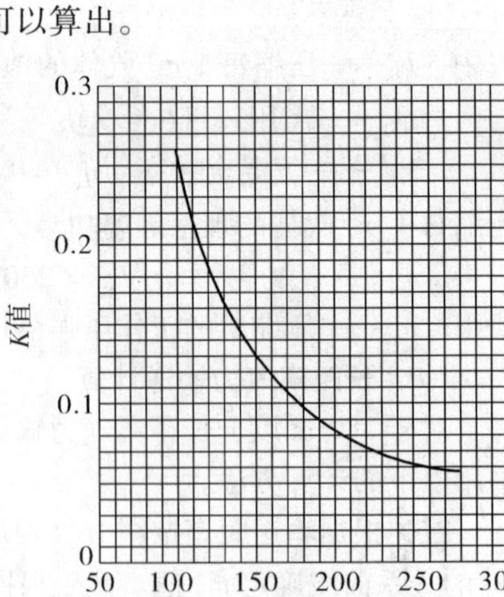

图 16-16　K 值与管径 D 的关系

根据上式计算该段管道的压强损失，并求出该段管道的长度。当算出的长度占总长度的百分数不在表 16－4 中所推荐的范围内时，则应另选管径，重新计算，直至输送管道的初速、末速及各段长度符合要求为止。

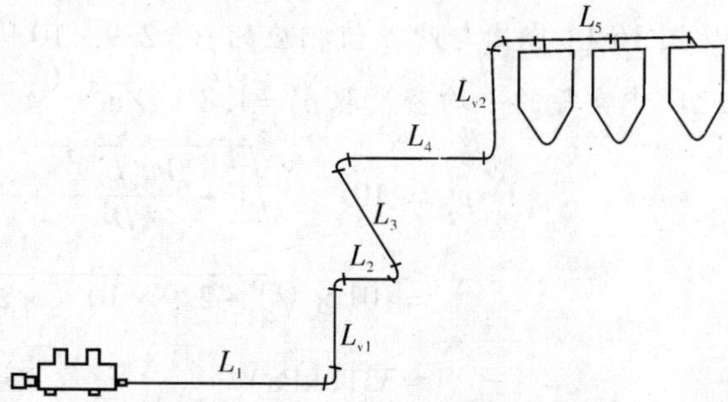

图 16-17　压送式气力输送系统布置图

【例 16-1】　某水泥厂用气力输送设备将水泥从磨机输送到水泥仓，输送线路如图 16-17 所示。管道各段长度如下：水平管：$L_1 = 30$ m，$L_2 = 40$ m，$L_3 = 50$ m，$L_4 = 45$ m，$L_5 = 25$ m；垂直管：$L_{v1} = 10$ m，$L_{v2} = 30$ m；水泥密度 $\rho_p = 3.2\ t/m^3$，空气密度 $\rho = 1.2\ kg/m^3$。输送颗粒的最大直径为 200 μm 。如果要求输送量为 100 t/h，试对气力输送系统进行计算。

【解】　输送水泥到较远距离，应使用压送式气力输送设备。

管路共有 6 个直角弯管和 2 个两路换向阀门。按表 16 - 1 取弯管的曲率半径与管道直径之比值为 10，则 1 个弯管的当量长度为 14 m。当输送水泥到较远的料仓时，旋塞式换向阀门的阻力应取较小的数值，在此取 3 m(当输送物料直通换向阀门时，其阻力等于两向流的接管的阻力)。

于是，输送管道的当量输送长度(不计喂料管道阻力)为

$$L_Z = \sum L + \sum L_v + \sum L_e = (L_1 + L_2 + L_3 + L_4 + L_5) + K_v(L_{v1} + L_{v2}) + \sum L_e$$
$$= (30 + 40 + 50 + 45 + 25) + 1.3 \times (10 + 30) + (6 \times 14 + 2 \times 3) = 332(\mathrm{m})$$

考虑颗粒尺寸的系数 α 值，按表(16-2)，对于最大颗粒尺寸为 200 μm 的粉状物料取 $\alpha = 12$。压送式管道的实验系数 β 值(见图 16-14)一般为 $(2 \sim 5) \times 10^{-5}$，对于干燥的粉状物料宜取下限值，在此取 $\beta = 2.8 \times 10^{-5}$。于是，可算出输送空气的流速

$$v = \alpha \sqrt{\rho_p} + \beta L_Z^2 = 12\sqrt{3.2} + 2.8 \times 10^{-5} \times 332^2 = 24.6(\mathrm{m/s})$$

根据图 16-13a 的实验曲线 1，从输送管道的当量长度 L_Z 查出管道中料、气混合物的固气比 $m_a = 30$。因此，空气密度 $\rho = 1.2\ kg/m^3$ 时的空气流量为①

$$Q' = \frac{G}{3.6\rho m_a} = \frac{100}{3.6 \times 1.2 \times 30} = 0.77(\mathrm{m^3/s})$$

管道的计算直径

$$D' = \sqrt{\frac{4Q'}{\pi v}} = \sqrt{\frac{4 \times 0.77}{\pi \times 24.6}} = 0.209(\mathrm{m})$$

按管子规格选用尺寸接近的热轧无缝钢管，其外径为 219 mm，管壁厚度为 6 mm。

根据选定的管道直径确定空气的实际流量

$$Q = 60\,\frac{\pi D^2}{4} v = 60 \times \frac{\pi \times 0.207^2}{4} \times 24.6 = 48(\mathrm{m^3/min})$$

为了确定空气在输送起点必需的压强，需预先求出量 S 的值：

$$S = \frac{m_a L_Z v^2}{D} = \frac{30 \times 332 \times 24.6^2}{0.207} = 29.1 \times 10^6(\mathrm{m/s^{-4}})$$

---

①　当确定装设仓式气力输送泵的气力输送设备的空气流量和管道直径时，式中之 G 值必须以实际的输送能力代入。因为仓式泵的吹料时间较之其工作周期时间少。因而，实际的输送能力较之例中算出的平均输送能力为大。

从图 16-14 查出与此 S 值相应的 $\beta = 2.9\times10^{-7}$。输送管道的垂直段高度 $\sum L_v = 40\ \mathrm{m}$，在此段中空气的平均密度取 $\rho' = 1.8\ \mathrm{kg/m^3}$，故在管道起点的空气压强

$$p_1 = 101\times\sqrt{1+\frac{\beta m_a L_Z v^2}{D}+\frac{\sum L_v \rho' m_a g}{10^3}}$$

$$=101\times\sqrt{1+2.9\times10^{-7}\times29.1\times10^6+\frac{40\times1.8\times30\times9.8}{10^3}}$$

$$\approx 331(\mathrm{kPa})$$

空气压缩机压出管的压强损失 $p_p = 30.3\ \mathrm{kPa}$。考虑到喂料设备处压强损失的系数 k 一般为 1.15～1.25，取 $k=1.2$。因此，空气压缩机的工作压强为

$$p_M = kp_1 + p_p = 1.2\times331+30.3\approx428(\mathrm{kPa})$$

空气压缩机的工作压强若按式(16-16)计算时，经验系数

$$K=\frac{cD}{v^{0.9}}=\frac{90\times0.207}{24.6^{0.9}}\approx1.04$$

空气摩擦系数：

$$\lambda = K\left(0.0125+\frac{0.0011}{D}\right)=1.3\left(0.0125+\frac{0.0011}{0.207}\right)=0.023$$

于是，输送管道的压强损失为

$$\Delta p_1 = Km_a\lambda\frac{L_Z}{D}\frac{\rho v^2}{2}=1.04\times30\times0.023\times\frac{1.2\times24.6^2}{2}\times\frac{332}{0.203}$$

$$=425\,900(\mathrm{Pa})\approx425.9(\mathrm{kPa})$$

物料垂直提升高度 $H=\sum L_v$ 的压强损失为

$$\Delta p_2 = \gamma' m_a\sum L_v = 1.8\times30\times40\times9.8 = 21\,168(\mathrm{Pa})\approx21.2(\mathrm{kPa})$$

排气及物料分离的压强损失为

$$\Delta p_3 = (1+\varphi m_a)\zeta\frac{\rho v^2}{2}=(1+0.34\times30)\times2\times\frac{1.2\times20^2}{2}$$

$$=5376\ (\mathrm{Pa}) = 5.4(\mathrm{kPa})$$

压缩空气进输料管时的密度为

$$\rho_1 = \rho\frac{\Delta p_1+\Delta p_2+\Delta p_3+101}{p_0}=1.2\times\frac{425.9+21.2+5.4+101}{101}=6.6(\mathrm{kg/m^3})$$

压缩空气进输料管时的速度为

$$v_1 = v\frac{p_0}{\Delta p_1+\Delta p_2+\Delta p_3+101}=24.6\times\frac{101}{425.9+21.2+5.4+101}=4.5(\mathrm{m/s})$$

于是，供料装置的压强损失为

$$\Delta p_4 = (X+m_a)\frac{\rho_1 v_1^2}{2}=(1+30)\times\frac{6.6\times4.5^2}{2}=2.1(\mathrm{kPa})$$

总压强损失为

$$\Delta p = \Delta p_1+\Delta p_2+\Delta p_3+\Delta p_4 = 425.9+21.2+5.4+2.1 = 454.6(\mathrm{kPa})$$

于是空气压缩机的工作压强为

$$p_M = 1.1\Delta p + 0.5 = 1.1\times454.6+50.0 = 550.1(\mathrm{kPa})$$

空气压缩机的风量为

$$Q_0 = KQ = 1.1 \times 48 = 53(\text{m}^3/\text{min})$$

对于压缩每 1 m^3 的吸入空气而言，空气压缩机的理论等温功和功率为

$$L_0 = 230\ 300\lg(p_M \times 10^{-2}) = 230\ 300\lg 5.5 = 17.1 \times 10^4(\text{J/m}^3)$$

$$N = \frac{L_0 Q_0}{60 \times 1000\eta_{iso}} = \frac{17.1 \times 10^4 \times 53}{60 \times 1000 \times 0.55} = 275(\text{kW})$$

若按式(16-16)计算的压强数值，则压缩机所需功率为 273 kW。选取压缩机的电动机时宜取高值。

根据风压和风量选取空气压缩机。根据所示气体压强和输送物料性质等情况，选取气力输送设备。对于输送空气的排除和除尘，需选配由袋式收尘器和通风机组成的吸滤装置。

【例 16-2】 某水泥厂用仓式气力输送泵输送水泥，要求的输送能力为 60 t/h，当量输送长度为 $L_Z = 2500$ m。当地的自由空气密度为 1.2 kg/m^3。计算需要的空气量、管径和空气压强。

【解】 (1) 需要的空气量

图 16-15 中 $L_Z - m_a$ 曲线可延伸至 $L_Z = 3000$ m 处，用以查固气比 m_a 值。根据 $L_Z = 2500$ m 查得 $m_a = 8$(kg(料)/kg(气))。于是，需要的空气量为

$$Q_0 = K\frac{G}{3.6\rho m_a} = 1.1 \times \frac{60}{3.6 \times 1.2 \times 8} = 1.91(\text{m}^3/\text{s})$$

(2) 需要的管径和空气压强

因输送距离较长，故拟采用三段不同管径组成的水平输送管道，下面分段求出各段管道的长度、管径和阻力等数值。

① 后段大直径管道按表 16-4 暂时选取管道出口风速 $v_2 = 30$ m/s。按式(16-10)计算管径：

$$D = \sqrt{\frac{4Q}{\pi v}} = \sqrt{\frac{4 \times 1.91}{\pi \times 30}} = 0.285(\text{m})$$

由管子产品目录上选取外径为 299 mm 的热轧无缝钢管，管壁厚度为 8 mm，则内径为 283 mm。

根据选定的管径验算出口风速：
$$v_2 = \frac{4Q_0}{\pi D_1^2} = \frac{4 \times 1.91}{\pi \times 0.283^2} = 30.4(\text{m/s})$$

v_2 值基本上符合要求。

取管道进口风速 $v_1 = 10$ m/s，则该管段的平均风速为

$$w_1 = \frac{v_1 + v_2}{2} = \frac{10 + 30.4}{2} = 20.2(\text{m/s})$$

从图 16-16 查得当管径 $D_1 = 283$ mm 时，$K = 0.06$。按式(16-18)计算该管段的气力坡降：

$$\begin{aligned} i_1 &= Kw_1^{1.96} m_a^{1.12} \times 10^{-1} = 0.06 \times 20.2^{1.96} \times 8^{1.12} \times 10^{-1} \\ &= 22.3(\text{kPa}/100\ \text{m}) \end{aligned}$$

管道进口处的风量为
$$Q_1 = \frac{1}{4}\pi D_1^2 v_1 = \frac{1}{4}\pi \times 0.283^2 \times 10 = 0.63(\text{m}^3/\text{s})$$

该地区环境温度为 20 ℃，自由空气压强为 104 kPa。该管段进口处的气体温度为 30 ℃，由气体状态方程式可求出该处的压强：

$$p_1 = p_0\frac{T_1 Q_0}{T_0 Q_1} = 104 \times \frac{303}{293} \times \frac{1.91}{0.63} = 107.6 \times \frac{1.91}{0.63} = 326(\text{kPa})$$

则该管段两端的压差为 $\Delta p_1 = p_1 - p_2 = 326 - 104 = 222(\text{kPa})$

由该管段两端的压差及气力坡降求其管长：

$$L_1 = \frac{\Delta p_1}{i_1} = \frac{222}{223} \times 100 = 996(\text{m})$$

求得的该段管长占总长的39.8%，说明管径及风速等的选取值均较适宜。

②中段管道选取管径为245 mm的热轧无缝钢管，管壁厚度为7 mm，内径D_2为231 mm，则该管段出口处的风速为

$$v_2 = \left(\frac{283}{231}\right)^2 \times 10 = 15(\text{m/s})$$

取$v_1 = 12$ m/s，则该管段的平均风速为

$$w_2 = \frac{15 + 12}{2} = 13.5(\text{m/s})$$

从图16-16查得当管径$D_2 = 231$ mm时，$K = 0.069$。该管段的气力坡降

$$i_2 = Kw_2^{1.96} m_a^{1.12} \times 19^{-1} = 0.069 \times 13.5^{1.96} \times 8^{1.12} \times 10^{-3}$$
$$= 11.62 \quad (\text{kPa/100 m})$$

该管段进口处的风量为 $Q_1 = \frac{1}{4}\pi D_2^2 v_1 = \frac{1}{4}\pi \times 0.231^2 \times 12 = 0.50(\text{m}^3/\text{s})$

该管段进口处的压强为 $p_1 = 107.6 \times \frac{1.91}{0.50} = 411(\text{kPa})$

则该管段两端的压差为 $\Delta p_2 = p_1 - p_2 = 411 - 326 = 85(\text{kPa})$

该段管长为 $L_2 = \frac{\Delta p_2}{i_2} = \frac{85}{11.62} \times 100 = 732(\text{m})$

该段管长占总长的29.3%，低于表16-4所推荐的范围，需重新选值进行计算。

重新选取管径为219 mm的热轧无缝钢管，管壁厚度为6 mm，内径为207 mm。

同理，可算出$v_2 = 18.69$ m/s。取$v_1 = 12$ m/s，则该管段的平均风速$w_2 = 15.35$ m/s，计算出气力坡降$i_2 = 16.8$ kPa/100 m；进口处压强$p_1 = 514$ kPa；该管段压差$\Delta p = 188$ kPa，该段管长$L_2 = 1119$ m，占总长44.8%。求得的管长适宜，因此可以选用以上的管径和风速。

③前段小直径管道计算方法与中段管道计算同。计算数值整理于下表：

管径 D_3 (mm)	出口风速 v_2 (m/s)	进口风速 v_1 (m/s)	平均风速 w_3 (m/s)	K值	气力坡降 i_3(101 kPa /100 m)	进口压强 Δp_1 (kPa)	压差 Δp_3 (kPa)	管长 L_3 (m)	占总长百分数 (%)
183	15.35	12	13.68	0.098	17	650	136	801	32.1
191	14.10	12	13.05	0.092	14.5	597	83	572	22.9

前段管道选取管径203 mm的热轧无缝钢管较适宜，管壁厚度为6 mm。

仓式气力输送泵的阻力约为71 kPa；物料由静止状态转入运动状态所需的动能约为30 kPa；管道阻力应有10%的安全系数。于是，整个气力输送管道的阻力为

$$\Delta p = 1.1 \times (597 - 104) + 70 + 30 = 640(\text{kPa})$$

综合以上计算，经适当调整后结果如下：

前段：管径203 mm的无缝钢管，管长500 m；

中段：管径219 mm的无缝钢管，管长1000 m；

后段：管径299 mm的无缝钢管，管长1000 m；

需要空气量：$Q_0 = 1.91\ m^3/s = 115\ m^3/min$；

需要空气压强：640 kPa。

第三节 空气输送斜槽

一 工作原理及构造

空气输送斜槽是利用空气使固体颗粒在流态化的状态下沿着斜槽向下流动的输送设备。由于流态化的固体颗粒的孔隙率并不大，故为密相气力输送设备。其空气的耗量较稀相气力输送设备少，故生产费用较低。

空气输送斜槽(图16-18)用钢板制造。整个斜槽沿输送方向按一定斜度布置，槽的截面用透气层3分隔为顶槽1及底槽2两部分。用通风机4经调节阀6及软管7把空气送到底槽中。空气穿过多孔的透气层，使经加料斗8喂入到顶槽上的物料充气而流态化。流态化的物料在重力的作用下沿斜槽向下滑动，由卸料端9卸出。工作后的空气经过槽盖上面的绒布过滤装置5排到大气中。

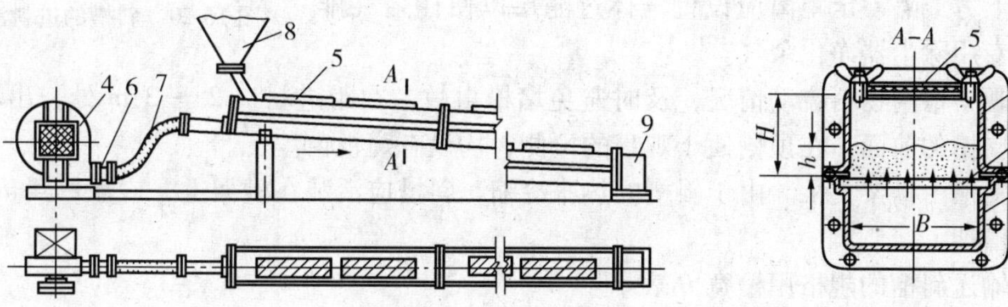

图16-18 空气输送斜槽

1—顶槽；2—底槽；3—透气层；4—通风机；5—过滤装置；6—调节阀；7—软管；8—加料斗；9—卸料端

透气层是用来承托输送物料，并使空气均匀地透过透气层将物料流态化的零件。目前常用的透气层材料有多孔板及纤维织物两种。多孔板有陶瓷多孔板及水泥多孔板两种。多孔板的结构应均匀，孔的大小应符合要求(输送水泥时孔的大小以40～60 μm较佳)；通过空气的阻力要小且透气率要高；要有相当的机械强度；具有抗湿性；机械加工容易，且能容易恢复其过滤性。多孔板表面平整，耐热性好，但是机械强度低，性脆，怕冲击，易碎裂，制造中难以保证透气性一致。多孔板与斜槽的装配如图16-18所示。

纤维织物的透气层一般用21支纱帆布三层缝制，帆布下面用铁丝或冲孔薄钢板衬托。帆布与斜槽的装配如图16-19所示。帆布透气层已广泛应用，它具有结构简单、价廉、不易破损及维修方便等优点。它的主要缺点是耐热性能差。

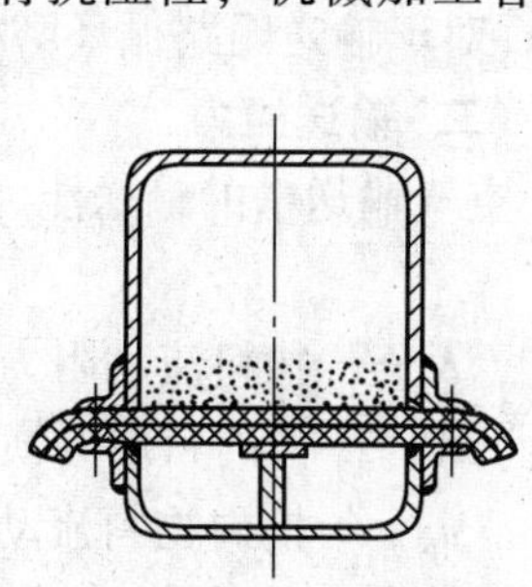

图16-19 帆布透气层的装配

斜槽一般用2～4 mm的钢板制造。壳体由数段标准槽、非标准槽、分支槽及弯槽等组合而成。壳体一般为矩形断面。为了保证物料顺利流动、顶槽顺畅地排风，底槽压降不要太大。斜槽正常操作时，其顶槽压强要保持零压(表压)左右。顶槽高宽比 $H/B=0.6\sim0.8$，顶槽与料层的高度比 $H/h\approx4$，底槽高一般为 75 ～ 100 mm。

标准槽的长度为 2 m，作为整个斜槽的基本段节，各段用法兰互相连接。为了满足工艺布置，尺寸中不足标准槽长度的部分，制有非标准槽，其长度一般按 250 mm 的倍数选取。

在输送线路的拐弯处可装设弯槽。弯槽的弯曲角度有 15°，30°，45°及 90°几种。为了便于制造，弯槽一般制成不带斜度的平槽。为了保证物料流动，平槽部分的长度应尽量减少，因此，弯槽的曲率半径应取小值。90°弯槽的曲率半径为 200 ～ 450 mm。物料通过弯槽时，会出现在外侧聚集现象，使阻力增加，影响输送效率。为了避免出现这种现象，可将弯曲部分做成“堤岸”形式。当输送线路上有分支时，可装设带有改向闸板的三通槽或四通槽。

当斜槽一部分工作、一部分停用时，为了保证物料充气用风量和节约耗气量，在底槽中设有截气阀，用于截断下槽的气流，同时关小风机节流阀以减少耗气量。

为了减少进料口下面透气层的磨损和冲击，在进料口下面常设有进料溜板(图 16-20)。溜板起缓冲作用，物料通过进料溜板送到透气层上。

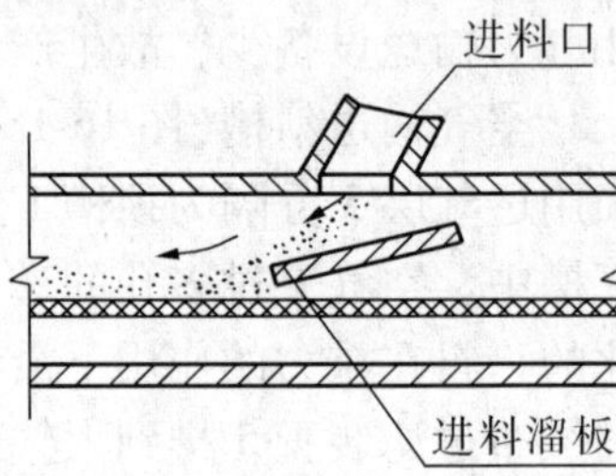

图 16-20　斜槽的进料溜板

槽体上方或隔一定距离应设置气体过滤层以便让余气排出，或用专用除尘器净化余气。

为了观察槽内物料流动情况，及时避免堵槽事故，在距进料口 2 ～ 3 m 处，出料口、弯槽、分支槽的前面，在顶槽便于观察的一侧，均设有窥视窗。

整个斜槽由槽架支承。由于斜槽的热胀冷缩，斜槽应活装在槽架上，一般约 4 m 斜槽设置一个槽架。

空气输送斜槽的规格用槽宽 B 表示。

二　工作参数的确定

(一)输送槽斜度

输送槽的斜度是决定槽内物料流动的基本条件。它取决于物料的性质、工艺布置、建筑设计及设备选型经济性等。斜度小，有利于工艺布置及建筑设计；斜度大则物料流动快，输送量大，可节省动力及设备投资。因此，在工艺布置允许的条件下，采用较大的斜度对输送有利。输送槽的斜度一般取 4% ～ 6%。对于输送水泥及生料粉，斜度可采用 6%；对于输送闭路循环磨机的粗粉时，建议斜度不小于 10%。

(二)输送能力

空气输送槽的输送能力受很多因素影响，往往变化很大。其值可按下式来估算：

$$G = 3600KAv_p\rho'_s \quad (\mathrm{t/h}) \tag{16-19}$$

式中 K——物料流动阻力系数，一般取 $K=0.9$；

A——槽内料层的横截面积($\mathrm{m^2}$)；

v_p——槽内物料流动速度(m/s)；

ρ'_s——流态化物料的堆积密度，$\rho'_s\approx0.75\rho_s$，ρ_s 为物料的堆积密度，对于水泥 $\rho'_s=0.75\sim1.05\ \mathrm{t/m^3}$，对于生料粉 $\rho'_s=0.7\sim1.0\ \mathrm{t/m^3}$。

槽内料层的横截面积按下式计算：

$$A = Bh \quad (m^2) \tag{16-20}$$

式中　B——斜槽宽度(m)；

h——料层高度(m)。

输送时料层高度往往是变化的。料层过高或过低都不利于物料通畅输送。对于纤维织物透气层，料层高度可按表16-5选取。

表16-5　料层高度值

斜槽宽度 B (mm)	250	315	400	500
料层高度 h (mm)	～46	～60	～75	～90

物料在斜槽内的流动与液体在明渠内无压流动原理相近。料流速度主要取决于斜槽的斜度，此外还与斜槽宽度、料层高度、物料性质、透气层表面状况等有关。因此，槽内物料流动速度可按液体在明渠内无压流动情况计算：

$$v_p = C\sqrt{R_H i} \quad (m/s) \tag{16-21}$$

式中　i——斜槽斜度(%)；

R_H——水力半径，

$$R_H = \frac{Bh}{2h + B} \quad (m)$$

B——斜槽有效宽度(m)；

h——料层高度(m)；

C——系数，与槽面粗糙度、斜度及水力半径等有关，

$$C = \frac{R_H^{1/6}}{\varepsilon}$$

ε——槽面的粗糙度，由实验确定，一般可取 $\varepsilon = 0.026$。

将 R_H 及 C 值代入式(16-21)，可得物料流动速度：

$$v_p = 38.5 R_H^{2/3} \sqrt{i} \quad (m/s) \tag{16-22}$$

或

$$v_p = 38.5\left(\frac{Bh}{2h + B}\right)^{2/3} \sqrt{i} \quad (m/s) \tag{16-23}$$

一般可按斜度概略选取：斜度 $i = 4\%$ 时，$v_p = 1.0$ m/s；斜度 $i = 5\%$ 时，$v_p = 1.25$ m/s；斜度 $i = 6\%$ 时，$v_p = 1.50$ m/s。

空气输送斜槽的输送能力见表16-6。

当已知生产需要的输送量 G 时，可按式(16-19)、式(16-20)计算出斜槽宽度 B。槽宽度要根据计算值选取标准宽度。

表16-6　空气输送斜槽的输送能力

帆布斜槽		多孔板斜槽			
斜槽宽度 (mm)	输送能力(m^3/h) (斜度6%)	斜槽宽度 (mm)	不同斜度时的输送能力(m^3/h)		
			4%	5%	6%
250	～30	250	40	50	
315	～60	400	80	100	120
400	～120	500	120	150	
500	～200	600	160	200	

注：表列输送能力是指输送水泥的数值，输送生料粉时应降低15%。

（三）耗气量

耗气量是根据物料开始呈流态化时的风速来确定的。耗气量与物料的性质、透气层、斜槽斜度等因素有关，可按下式来计算：

$$Q = 60qBL \quad (\mathrm{m^3/h}) \tag{16-24}$$

式中 q——每1 $\mathrm{m^2}$ 透气层的耗气量，一般多孔板的耗气量为1.5 $\mathrm{m^3/(m^2 \cdot min)}$；三层帆布的透气层的耗气量为2.0 $\mathrm{m^3/(m^2 \cdot min)}$；

B——斜槽宽度(m)；

L——斜槽长度(m)。

（四）风压

空气输送斜槽所需风机的风压，是用于克服透气层阻力、物料层阻力和送风管网的阻力。斜槽在正常操作时，顶槽的压强应保持在零压（表压）左右。因此，风压可按下式计算：

$$\Delta p = \Delta p_1 + \Delta p_2 + \sum \Delta p_3 \quad (\mathrm{Pa}) \tag{16-25}$$

式中 Δp_1——透气层的阻力，对于多孔板透气层，$\Delta p_1 \approx 2$ kPa；对于纤维织物透气层，$\Delta p_1 \approx 1$ kPa；

Δp_2——物料层阻力，$\Delta p_2 = h\gamma_s'$(Pa)；

h——料层高度(m)；

γ_s'——流态化物料的松重度，$\gamma_s' = \rho_s' g$ ($\mathrm{N/m^3}$)，其中 g 为重力加速度($\mathrm{m/s^2}$)，ρ_s' 为流态化物料的松密度，对于水泥，$\rho_s' = 0.75 \sim 1.05\ \mathrm{t/m^3}$；

$\sum \Delta p_3$——送气管网的阻力之和(Pa)。

根据实践经验，风压一般为3.5～6.0 kPa。透气层选用帆布时可用低值，选用多孔板或大规格、长斜槽时可用高值，一般可选取5 kPa。

（五）功率

根据计算的风量和风压，可以选择风机的型号、规格及计算所需功率。空气输送斜槽所需风机的功率亦可用下述经验公式来计算：

$$N = 0.59 + 0.000\,81LV \quad (\mathrm{kW}) \tag{16-26}$$

式中 V——斜槽的输送能力($\mathrm{m^3/h}$)；

L——斜槽长度(m)。

三 性能及应用

空气输送斜槽与螺旋输送机、带式输送机等输送设备比较，其优点是：设备简单，重量轻，无运动部件，密闭好，无噪音，磨损小，操作管理方便；输送能力大，空气消耗量小（因是密相气力输送），空气压强可小些（因靠重力作用输送粉料），一般可采用通风机送风，动力消耗少；容易改变输送方向，适用于多点喂料及多点卸料。其缺点是：不能输送块状、粘湿或吸湿性强的物料；不能向上输送，只能在一定的斜度下输送；输送距离长了，落差就大，会造成工艺布置及土建设计上的困难，故只适于短距离输送，输送距离一般不超过100 m。

空气输送斜槽适用于尺寸为3～6 mm以下的非粘性颗粒状物料的输送。在无机非金属材料工业中，主要用来输送生料粉及水泥等物料。

第四篇 混合机械设备

第17章 概 述

第一节 混合过程

混合是指两种或两种以上不同组分的物料在外力作用下发生运动速度和方向改变，使各组分颗粒得以均匀分布的操作过程。这种操作过程又称为均化过程。它是两种或两种以上不同物料互相混杂以达到一定均匀度的物质分配过程。经过混合操作后得到的物料称为混合物。

在混合中，一种或几种组分的分配可以成分子状态，也可以成质点状态，各组分也可能是物质的不同集态，即固体、液体或气体。因此，固体可以与固体、液体或气体相混合，液体又可与液体或气体相混合，最后还有气体之间的混合。在粉体工程中，多数是固体与固体、固体与液体、固体与气体的混合。

混合与搅拌的区别并不严格。习惯上把同相之间的移动叫混合；不同相之间的移动叫搅拌；又把高粘度的液体和固体相互混合的操作叫捏合或混炼，这种操作相当于混合及搅拌的中间程度。从广义上讲，一般将这些操作统称为混合。粉体的处理以固－固相为主，但固－液相、固－气相体系在粉体工程中也占有重要的地位。因此，除了定义混合这一概念外，也叙述搅拌和捏合的定义。

混合操作有各种各样的目的，主要有两方面：一是将混合作为最终的目的；另一是作为完成其他目的的间接辅助操作。当物料用混合方法来实现吸附、浸出、溶解、结晶等物理操作时，混合的目的是使物料之间有良好的接触，促进物理过程的进行。同样对于物料用混合方法来实现化学反应操作时，混合是改善物料间接触，促进反应进行的有效方法。此外，在加热或冷却过程中，混合还作为加速传热的辅助操作。例如，水泥、陶瓷原料的混合，是为固相反应创造良好条件；玻璃原料的混合是为窑内熔化反应配制适当的化学成分；在耐火材料和制砖的生产中，混合是为了获得所需的强度，制备有最紧密充填状态的颗粒配合料等。

虽然物料混合的目的多种多样，对混合程度的要求和评价方式也不一样，但是，混合过程的基本原理是相同的。

第二节 混合原理

在混合机中，物料的混合作用方式一般认为有以下三种。

（ⅰ）对流混合（或称移动混合）。由于混合机工作部件表面对物料的相对运动，物料在外力作用下产生类似流体的骚动，所有颗粒在混合机内从一处向另一处作相对流动，位置发生转移，产生整体的流动，称为对流混合。

（ⅱ）扩散混合。把分离的颗粒撒布在不断展现的新生料面上，如同一般扩散作用那样，颗粒在新生成的表面上作微弱的移动，使各组分的颗粒在局部范围扩散，达到均匀分布，称为扩散混合。

（ⅲ）剪切混合。在物料团块内部，由于颗粒间的互相滑移和冲撞作用，如同薄层状流体运动那样，引起局部混合，称为剪切混合。

上述三种混合作用是不能绝对分开的，各种混合机都是以上述三种作用的某一种作用起主导作用。各类混合机的混合作用见表 17-1。

表 17-1 各类混合机的混合作用

混合机类型	对流混合	扩散混合	剪切混合
重力式（容器旋转）	大	中	小
强制式（容器固定）	大	中	中
气力式	大	小	小

要详尽而准确地描述混合状态是较困难的，关于混合状态的模型如图 17-1 所示。设将两组分的物料颗粒看做黑白两种立方体颗粒，图 17-1a 所示为两种颗粒未混合时的状态，称完全离散状态。经过充分混合后，如图 17-1b 所示，理论上应该达到相异颗粒在四周都相间排列的状态。显然这时两种颗粒的接触面积最大，这种状态称为理想完全混合状态。但是，这种绝对均匀化的理想完全混合状态在工业生产中是不可能达到的。实际混合的最佳状态如图 17-1c 所示那样，是无序的不规则排列。这时，无论将混合过程再进行多长时间，从混合料中任一点的随机取样中，同种成分的浓度值应当是接近一致的。这样一种过程称为随机混合，它所能达到的最佳状态称为随机完全混合状态。

混合过程一般如图 17-2 曲线所示，混合初期（Ⅰ）为标准偏差 $\ln S$ 值沿曲线下降部分，

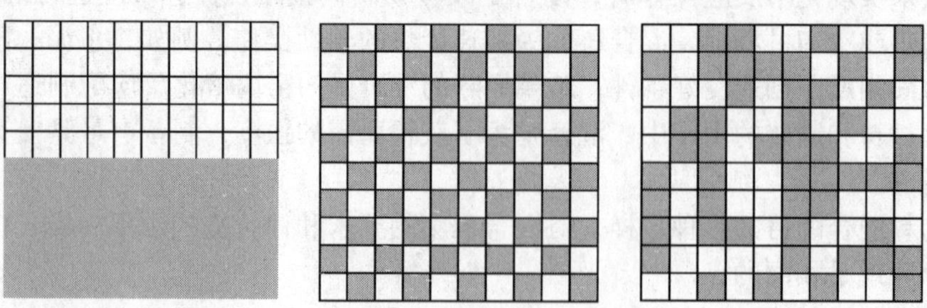

（a）完全离散状态　（b）理想完全混合状态　（c）随机完全混合状态

图 17-1 混合状态模型

然后进入 S 值沿直线减少的阶段（Ⅱ），在某一有效时间 t_s 处 S 值达到最小值。在此之后（Ⅲ），尽管再增加混合时间，S 值也只是以 S_r 为中心作微弱的增加或减少，这时达到动态平衡，也即达到随机完全混合状态。在整个混合过程中，初期是以对流混合为主，显然这一阶段的混合速度较大；在第Ⅱ区域中，则以扩散混合为主；在全部混合过程中剪切混合都起着作用。

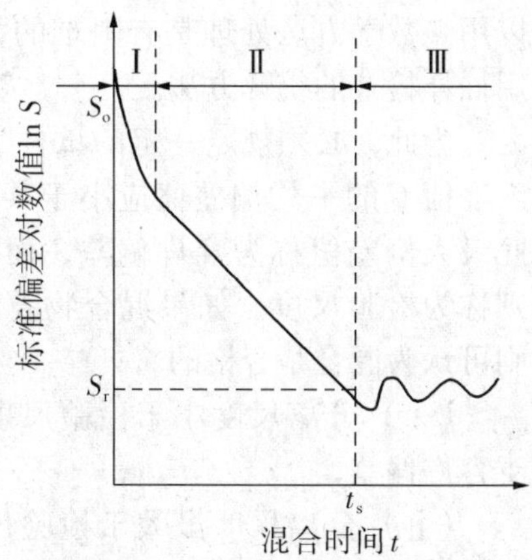

图 17-2 混合过程曲线

物料在混合机中，从最初的整体混合达到局部的混匀状态。在混合的前期，均化的速度较快，颗粒之间迅速地混合，达到最佳混合状态后，不但均化速度变慢，而且要向反方向变化，使混合状态变劣，这种反混过程叫偏析或分料。当混合过程进行到一定程度，混合过程总是进行着两种历程，颗粒被混合着，而同时又偏析着，也就是混合⇌偏析，偏析和混合反复交替进行着，在某个时刻达到动态平衡。此后，混合均匀度不会再提高，一般再也不能达到最初的最佳混合状态。这种反常现象，认为是由混合过程后期出现的反混合所造成的。

实际的情况往往是混合质量先达到一最高值，然后又下降而趋于平衡。平衡的建立乃基于一定的条件，适当地改变这些条件，就可以使平衡向着有利于均化的方向转化，从而改善混合操作。混合过程要经过混合质量优于平衡状态的暂时的过混合过程，这是有利于生产的，可以在较短的混合时间内达到较高的混合程度。

第三节　混合效果的评价方法

一　混合均匀性概念

在混合过程中，根据混合的目的，要求混合物有一定的均匀性。这是指混合物中一种或几种组分的浓度或其他物理性质的均匀性。为了评定混合效果的好坏，提出所谓“分离尺度”和“分离强度”的概念。

在混合过程中，整个物料体积不断地被分割成大量局部小区域，这些局部区域的组分浓度高于或低于物料平均浓度 C_m。在混合过程中，同时进行着高浓度组分区域和低浓度组分区域之间的物质传递分配。在某一特定局部区域内，浓度 C 可视为定值；但对各个不同的局部区域，C 又是一个变数，这样就可以用上述两个特征数来说明混合的完善程度。

首先是上述各个局部小区域体积的平均值，它从一个方面反映了混合物的均匀性，称为分离尺度。混合的分离尺度愈大，表示混合的均匀性愈差。其次是上述各局部区域内的浓度与整个混合物平均浓度之间的偏差，偏差的平均值又反映了混合均匀性的另一个方面，称为分离强度。混合的分离强度愈大，表示混合的均匀性愈差。图 17-3 所示为混合物均匀性概念的表示。

上述局部区域的大小是一个随机变量，要完全描述分离尺度，必须知道这些局部区域体积的概率分布函数。局部区域浓度的偏差也是如此，也是具有一定分布的随机变量。所以用纯数学方法处理是有困难的，实际上，一般采用抽样检查的统计方法。

为此，必须规定一定的试样大小，并要求试样浓度值 C 的平均偏差值应小于某个规定的最大值。此最大偏差值称为容许偏差，而规定的取样大小，则称为检验尺度。如果混合物符合下列条件之一，则可认为混合是合格的。

（ⅰ）分离尺度小于检验尺度，且分离强度小于容许偏差；

（ⅱ）分离尺度虽大于检验尺度，但分离强度充分小于容许偏差，足以补偿前者；

（ⅲ）分离强度虽大于容许偏差，但分离尺度充分小于检验尺度，足以补偿前者。

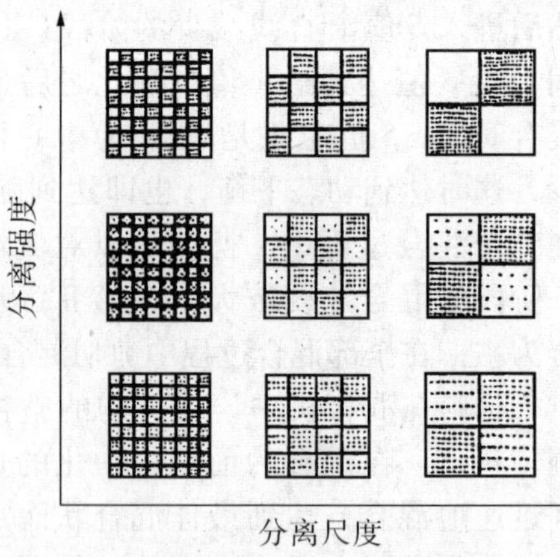

图 17-3　混合物混合均匀性概念的表示

这样，一定尺度的试样的浓度偏差平均值，就可以作为混合物质量状态的鉴别标准。

衡量混合料的混合质量，通常是取若干个试样进行分析测定。在混合机中任意点处的随机取样中，某种成分的浓度值是一个随机变量。这是由于在每次测定之前无法确定它们的数值，每次测定都有其偶然性。经过大量试验统计表明，单个随机事件的出现固然有其偶然性一面，但就现象的总体来说，还遵循一定的统计规律性。混合料的成分既是波动的，又是有规律性的。因此，可以采用数理统计中的几种特征数来描述混合的均匀程度。

二　表征混合效果的指标

通常采用下列几种评价指标来描述物料的混合效果。

(一)合格率

在我国的企业中，有不少企业对原料、半成品和成品的质量控制，用计算合格率的方法来表示样品质量状态及均匀性。合格率的实际含义是：物料中若干个样品在规定质量标准上下限之内的百分率，即在一定范围内的合格率。这种计算方法虽然也在一定的范围内反映了样品的波动情况，但并不能反映出全部样品的波动幅度，更没有提供全部样品中各种波动幅度的分布情况。譬如有两组样品，要求某一成分的含量(质量分数)在 92% ±2% 范围内为合格。现每组取 10 个样品化验，其某一成分的含量结果如下：

表 17-2　样品化验结果　　(单位:%)

样　品	1	2	3	4	5	6	7	8	9	10
第一组	99.5	93.8	94.0	90.2	93.5	86.2	94.0	90.3	98.9	85.4
第二组	94.1	93.9	92.5	93.5	90.2	94.8	90.5	89.5	91.5	89.9

第一组样品平均值为 92.58%，第二组样品平均值为 92.04%，两组样品的某一成分含量在 92% ±2% 时的合格率都是 60%。这两组样品的合格率都一样，平均值也相近，但仔细比较这两组样品，其波动幅度相差很大，第一组中有两个样品的波动幅度都在平均值 ±7% 左右，即使是合格的样品，不是偏近上限，就是接近下限。第二组的样品波动则要小得多，即使是不合格的样品也接近目标值的上下限。这说明两组样品的质量状态相差较大，但用合格率去衡量它们，却得到相同的结果。

这种计算方法的优点是能够快速、概念性地估计物料的质量状态，故常用于日常生产过程中的跟班控制。但使用合格率的方法衡量物料的均匀性有一定局限性，故须用其他更为有效的计算方法。

(二)标准偏差

标准偏差是指一组测量数据偏离平均值的大小。从混合机中取 n 个大小符合检验尺度的试样，测定每个试样中某组分浓度分别为 C_1，C_2，…，C_i，…，C_n，由各测定数值 C_i 算出某组分浓度的算术平均值：

$$\bar{C} = \frac{1}{n}\sum_{i=1}^{n} C_i \tag{17-1}$$

当测试次数趋于无穷大时，$\bar{C}$ 的极限为 C_m，可视为某组分浓度的测定真值：

$$C_m = \lim_{n\to\infty}\left(\frac{1}{n}\sum_{i=1}^{n} C_i\right) \tag{17-2}$$

各次浓度测定值对于真值的偏差$(C_i - C_m)$称为离差。离差可能是正数，也可能是负数，离差相加时，正负会相抵消。将各离差平方，求出方差，并以测定值个数 n 除之，则得各离差平方和的算术平均数，然后开方所得均方根离差称为标准偏差。各次测定值 C_i 对于真值 C_m 的标准偏差为

$$\sigma = \sqrt{\frac{1}{n}\sum_{i=1}^{n}(C_i - C_m)^2} \tag{17-3}$$

对于有限次数的测定，$\bar{C}$ 是最接近真值的，各次测定值 C_i 对 $\bar{C}$ 的标准偏差为

$$S = \sqrt{\frac{1}{n-1}\sum_{i=1}^{n}(C_i - \bar{C})^2} \tag{17-4}$$

表 17-2 中的两组数据，用式(17-1)计算其平均值，分别为 $\bar{C}_1 = 92.58$ 和 $\bar{C}_2 = 92.04$，用式(17-4)计算其标准偏差分别为 $S_1 = 4.68$ 和 $S_2 = 1.97$，用此表示混合物的分离强度。由此可见，两组数据平均值相近，合格率相同，但第一组的标准偏差大得多。标准偏差小，则表明测定数据大多数集中在平均值附近，波动小；如果标准偏差较大，则表明测定数据偏离平均值较大，比较分散。

图 17-4 所示为某混合机(或混合过程)中混合质量的离差曲线，混合过程以机长 L(或混合时间 t)表示。图 17-5 表示测定值 C 的概率密度函数曲线。从图可知，S 值越大曲线就越平坦，这意味着某组分浓度测定值 C_i 的离散程度大，偏离算术平均值 $\bar{C}$ 的距离越大，也即在混合机中各处的混合程度不均匀；S 值越小，测定值数据的集中程度就高，各次测定值也越接近算术平均值 $\bar{C}$，混合的均匀程度就越好。

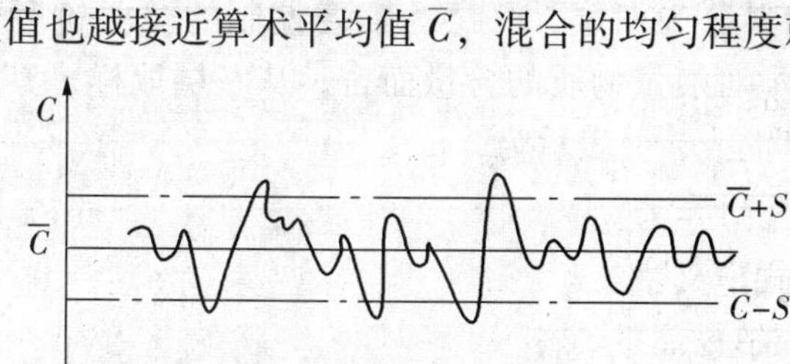

图 17-4　混合质量的离差曲线

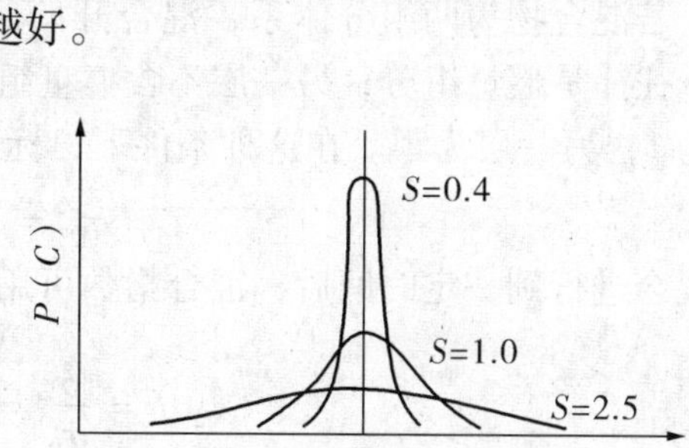

图 17-5　浓度的概率密度函数曲线

有时以混合前后物料的标准偏差之比表示均化效果：

$$H = \frac{S_1}{S_2} \tag{17-5}$$

式中，S_1，S_2 分别表示混合前后的物料的标准偏差。均化效果 H 值越大，表示均化效果越好。

但是，采用标准偏差值只反映出某组分浓度的绝对值的波动情况，还不能充分说明混合的程度如何。因此，用标准偏差来表示混合程度仍有缺点。除了没有把取样的大小的影响包括进去外，当用于组成量相差悬殊的不同混合物时有误差。例如，某组分在混合料中含量为50%，经测定其标准偏差为0.02；而在另一种混合料中的含量仅为5%，若测得某标准偏差也为0.02的话，则不易区别出各组分在混合料中的混合均匀程度。实际上，上述两种场合下的标准偏差虽然相同，但是混合料的混合质量是不同的。前一种组分在混合料中是均匀分布的，而后一种组分则还未混合均匀。由此可知，标准偏差只与各测定值相对 $\bar{C}$ 值的离差有关，而与各测定值本身的大小无关。

（三）离散度和均匀度

单独使用 S 和 $\bar{C}$ 特征数还不足以全面客观地反映混合质量，而需要这两种特征数联合使用来表征。为此，引入离散度作为衡量一组测定值相对离散程度的特征量。离散度即不均匀度（又称变异系数或波动范围），定义为一组测量数据偏离平均值的大小：

$$C_v = \frac{S}{\bar{C}} \times 100\% \tag{17-6}$$

例如，表17-2所示的两种组分中，第一种组分的相对离散值只有4%，而第二种组分的相对离散值则达40%。这样，将组分的算术平均含量百分数也包含进去，就可以比较确切地反映出某种组分在混合料内部的离散程度。与此相对应的均匀度定义为一组测量数据靠近平均值的程度：

$$H_s = 1 - C_v \tag{17-7}$$

根据式(17-7)计算，得到第一种组分的均匀度为96%，而第二种组分的均匀度仅为60%。

（四）混合指数和混合度

上述表征混合质量尺度的量均未涉及试样大小的影响。然而，实际的随机完全混合状态只反映了总的均匀性，而局部并不是均匀的。当取样相当大时，有可能掩盖了局部的不均匀性；而取样较少，又可能用局部的不均匀性抹杀了整体的均匀性。由于标准偏差的测定值随着组成与试样大小的不同而异，为了便于不同场合下的均匀度比较，提出混合指数 I 这一特征量，用来表征混合质量从混合前的完全离散状态到最佳的随机完全混合状态的进程。

若混合物为两组分体系，混合开始前物料分为两层，一层为需要控制的"关键"组分，往往是痕量组分；另一层不含痕量组分。对痕量物质的含量而言，从一层取样，其浓度为1，另一层为零。在这种条件下，标准偏差 σ_0 可表示为

$$\sigma_0 = \sqrt{C_m(1 - C_m)} \tag{17-8}$$

当混合进行到一定时间后，混合指数可用下式定义：

$$I = \frac{\sigma}{\sigma_0} = \sqrt{\frac{\sum (C - C_m)^2}{nC_m(1 - C_m)}} \tag{17-9}$$

计算上述公式时的样品都是同一尺度。若混合物组分浓度的真值未知时，上式中可用 S 代替 σ。因此，混合指数也有定义为 $I = S/S_0$。

为了描述混合过程以及表示混合从 S_0 的起始状态向随机完全混合状态 S_r 推进了多长

的路程，将 S_0、S_r 及 S 三者组合，给出混合度的概念。这就是用某个瞬间的 S 值与混合之前及随机完全混合状态下的标准偏差 S_0 及 S_r 同时进行比较，用于描述混合进行的程度。混合度一般用下式表示：

$$M = \frac{S_0^2 - S^2}{S_0^2 - S_r^2} \tag{17-10}$$

M 值为无因次量，未混合时，$S = S_0$，$M = 0$；达到随机完全混合状态时，$S = S_r$，$M = 1$。实际的随机混合为 $1 > M > 0$。

上式的缺点在于当稍微作些混合时，M 值十分接近于1，无法表示出混合的微量程度，故可将上式改为

$$M = \frac{\ln S_0 - \ln S}{\ln S_0 - \ln S_r} \tag{17-11}$$

（五）混合速度

混合速度是混合过程中物料实际状态与最后其中组分达到随机完全混合状态之间差异消失的速率。因此，混合过程的速率，完全可以用前述几种混合质量指标（σ，S，I，M）中的任一种对时间的变化率来表示。常见的为 $\partial S^2/\partial t$。实际上，其他指标的变化率是相似的，只要乘以常数即可。

从图17-2可知，随着混合过程的进行，标准偏差逐渐减小，标准偏差 S 是时间 t 的函数。要使混合过程能够有效地进行，混合时间 t 时的方差 S^2 值要比混合前的 S_0^2 为小，而且愈小愈好。用某瞬间 t 的方差 S^2 与达到随机完全混合状态的方差 S_r^2 的接近程度来表示混合速度。混合过程的推动力可表示为（$S^2 - S_r^2$），混合速率 $\partial S^2/\partial t$ 正比于此推动力，即

$$\frac{\partial S^2}{\partial t} = -\phi(S^2 - S_r^2) \tag{17-12}$$

将上式从混合开始时的 S_0^2 值积分至 t 时刻的 S^2 值，即得

$$\ln \frac{S^2 - S_r^2}{S_0^2 - S_r^2} = \ln(1 - M) = -\phi t \tag{17-13}$$

或

$$(1 - M) = e^{-\phi t} \tag{17-14}$$

由于 S_0 及 S_r 为已知数，则（$S_0^2 - S_r^2$）$= K$ 为常数，故上式又可写为

$$S^2 - S_r^2 = Ke^{-\phi t} \tag{17-15}$$

式中，ϕ 为混合速度系数（min^{-1}），与混合机大小、形状、物料性质及混合机操作条件等有关。

此式特别适用于粉体的混合，它与试验结果非常一致。

【例17-1】 某种物料拟用混合法外掺添加剂以改善性能。要求混合制品中外加剂分布十分均匀，达到1kg 物料含2 mg 外加剂。混合制品在混合机内停留2 min 后，取出10个试样进行分析，其外加剂浓度如表17-3所示。

表17-3　各试样中外加剂含量

样品号	1	2	3	4	5	6	7	8	9	10
外加剂含量（μg/g）	2.30	1.72	1.63	1.73	2.10	1.82	2.32	2.20	2.10	2.13

混合时间达10 min 后，均方差数值达到0.03。若要均方差降至0.01，试计算混合时间需多长？

【解】 假定随机混合最终的均方差小至可以忽略，则 $S_r^2 = 0$，$K = S_0^2$，式（17-15）可简化为

$$S^2 = S_0^2 e^{-\phi t}$$

如果混合操作开始时物料中也含有外加剂成分，则 S_0^2 不能按式(17-8)计算，因此，算式中有 S_0^2 和 ϕ 两个未知的常数。

先求混合 2 min 后的 S^2 值：已知平均浓度为 $C_m = 2.00\mu g/g$，则

$$S^2 = \frac{1}{n}\sum_{i=1}^{10}(C - C_m)^2 = \frac{1}{10}[(2.30-2.00)^2 + (1.72-2.00)^2 + \cdots + (2.13-2.00)^2]$$
$$= 0.059$$

求解未知数 S_0 和 ϕ：将混合 2 min 的数据代入算式，得

$$0.059 = S_0^2 e^{-2\phi}$$

将混合 10 min 的数据代入算式，又得

$$0.03 = S_0^2 e^{-10\phi}$$

两式联解，得 $\phi = 0.0848$，$S^2 = 0.0699$

计算 $S^2 = 0.01$ 的混合时间：由所得的 ϕ 与 S_0^2 值定出本例情况下的混合速度方程：

$$S^2 = 0.0699e^{-0.0848t}$$

将 $S^2 = 0.01$ 代入，解得 $t = 22.9$ min

（六）混合的动力消耗

物料混合的基本问题是要保证物料在流动状态下进行，一般靠机械设备来实现，因此要消耗能量。混合操作的能耗，除与机械设备和容器的设计有关外，主要取决于物料的物理性质。通常，物料性质变化范围很广，可以从粉体、塑固体、高粘度浆体直至低粘度的液体。

关于混合的动力消耗，由于各种具体混合操作有很大差异，很难做出概括性说明。必须说明，在制取均相混合物时(即分离尺度达到分子间距离的数量级)，混合作用属自发扩散。粉体或颗粒体混合时，被混合的物料必须保持运动状态而达到混合，同时要消耗能量。

混合机的能量消耗只能由实验决定。对于大规模生产，要从小型试验取得数据，然后根据因次分析法的放大法则加以推广。通常大规模生产不完全与小型生产相似，要根据影响混合过程的主要因素来确立什么无因次数群是最主要的。一般在大型混合机内，存在着运动件与重力之间的相互制约，所以弗鲁德准数(Froude number)起着主要的作用。弗鲁德准数可用下式表示：

$$F_r = \frac{n^2L}{g}$$

式中 n——特性频数；
L——特性尺寸；
g——重力加速度。

第四节　影响混合的主要因素

粉体混合的机理，也是对流、扩散和剪切同时发生的过程。粉体混合时，重要的是防止发生离析现象。

在混合操作中，粉体颗粒随机分布，受混合机作用，物料流动，引起性质不同的颗粒产生离析。因此，在任何混合操作中，粉体的混合与离析同时进行，一旦达到某一平衡状态，混合程度也就确定了，如果继续操作，混合效果的改变不明显。

影响混合效果的因素甚为复杂，归纳起来主要是物料的物理性质、混合机的结构形式

和操作条件三个方面。

一 物料的物理性质对混合的影响

物料颗粒所具有的形状、粒度及粒度分布、密度、表面性质、休止角、流动性、含水量、粘结性等都会影响混合过程。物料颗粒的粒度、密度、形状、粗糙度、休止角等物理性质的差异将会引起分料，其中以混合料的粒度和密度差影响较大。分料的作用有三个方面。

（ⅰ）堆积分料。有粒度差（或密度差）的混合料，在倒泻堆积时就会产生分料，细（或密度小）颗粒集中在料堆中心部分，而粒度大（或密度大）的颗粒则在其外围。

（ⅱ）振动分料。具有粒度差和密度差的薄料层在受到振动时，也会产生分料。即使是埋陷在小密度细颗粒料层中的大密度粗颗粒，仍能上升到料层的表面，产生与人们直感不一致的分料。

（ⅲ）搅拌分料。采用液体搅拌的方式来强烈搅拌具有粒度差的混合料，也会出现分料，多数不能得到良好的混合效率。而对液体混合是成功的方法，对固体粉料不一定有效，甚至会导致严重的反混合。

针对不同情况，需选取不同的防止分料措施。从混合作用来看，对流混合最少分料，而扩散混合则最有利于分料。因此，对于具有较大分料倾向的物料，应选用以对流混合为主的混合机。

运输中应尽量减少振动和落差；在工厂设计中，要尽量缩短输送距离；配合料的储存也应力求避免分料。

对于配合料的粒度差和密度差等因素引起的分料，除了控制各组分物料的平均粒度在工艺要求的规定范围内之外，应使密度相近的物料粒度相近；而对密度差较大的物料，则使其颗粒的质量相近，以避免各组分物料的分料。

对于粒度差较大的配合料的混合过程，往往是混合质量先行达到一个最高值，经历过混合状态，然后又下降而趋于平衡。可以利用过混合现象，对混合的时间进行优选，以控制混合的时间来保证混合的质量。

物料含水量对混合速度也有影响。在配合料中加入少量的水分（一般为4%左右），可以防止分料。另外，可以考虑在水中加入某些表面活性剂，使水具有更为良好的湿润性与渗透性。还可以提高配合料的温度到35℃以上，使更多的水处在自由状态，得以充分地发挥其作用。但是，若水量过多或掺水不均，颗粒互相粘结，使颗粒流动迟缓，甚至粘附在混合机内壁和桨叶上，会严重影响混合的进行。

二 混合机结构形式对混合的影响

混合机机身的形状和尺寸，所用搅拌部件的几何形状、尺寸和间隙，结构材料及其表面加工质量，进料和卸料的设置形式等，都会影响到混合过程。设备的几何形状及尺寸影响物料颗粒的流动方向和速度；向混合机加料的落料点位置和机件表面加工情况影响着颗粒在混合机内的运动。

水平圆筒混合机的混合区是局部的，而且依靠重力的径向混合是主要的，轴向混合是次要的。因此，采用长径比（L/D）<1 的鼓式混合机较有利于混合。

三 操作条件对混合的影响

操作条件包括：混合料内各组分的多少及其所占据混合机体积的比率；各组分进入混

合机的方法、顺序和速率；搅拌部件或混合机容器的旋转速度等，对混合过程都有影响。

（一）混合机旋转速度对混合的影响

对于回转容器型混合机来说，物料在容器内受重力、惯性离心力、摩擦力作用产生流动而混合。当重力与惯性离心力平衡时，物料随容器以同样速度旋转，物料间失去相对流动不发生混合，此时的回转速度为临界转速。惯性离心力与重力之比称为重力准数：

$$F_r = \frac{\omega^2 R}{g} \tag{17-16}$$

式中 ω——容器旋转角速度(rad/s)；

R——容器最大回转半径(m)；

g——重力加速度(m/s^2)。

显然，F_r 应小于1。一般对于圆筒形混合机，$F_r = 0.7 \sim 0.9$；对于V形混合机，$F_r = 0.3 \sim 0.4$。由给定的 F_r 值确定转速 ω 值的大小。

实际表明，最佳转速 n(r/min)与容器最大回转半径 R 及混合料平均粒径 d_p 有关，一般有如下关系：

$$n = \sqrt{Cg}\sqrt{\frac{d_p}{R}} \tag{17-17}$$

式中 C——实验常数(m^{-1})；对于水平圆筒混合机，一般取 $C = 1500$ (m^{-1})；对于V型、二重圆锥型和正立方体型的混合机，一般取 $C = 600 \sim 700$(m^{-1})；

d_p——混合料平均粒径(m)；

R——容器最大回转半径(m)；

g——重力加速度(m/s^2)。

对于固定容器型混合机，桨叶式混合机的桨叶直径 d 与回转速度 n 成反比关系：

$$nd = K \tag{17-18}$$

式中 K——常数(m^2/s)。

实践表明，K 值一般取 2.6 ~ 3.2 m/s 时，混合效果较佳。根据已知桨叶的直径，可以确定转速的大小。

（二）装料方式对混合的影响

图17-6所示为在水平圆筒混合机中采用两种不同装料方式对混合速度的影响，图中，M 为混合度，见式(17-11)。在图17-6a中主要依靠局部的扩散混合，而在图17-6b中则是依靠整体的流动进行混合。由于在混合机中各个方向上混合速度不一致，如果要达到同样的混合均匀度的话，显然两种装料方式所用的时间相差很大。

（三）装料比对混合的影响

物料在容器中应尽可能得到较剧烈的流动，物料装满容器是不利于混合的。实验表明，对于水平圆筒混合机来说，装料比(即装料体积与容器容积之比)Q/V 与混合速度系数 ϕ 的曲线有一个极大值，即装料比 Q/V 为30%时，ϕ 值约为2.9(见图17-7)。而对于V式混合机和正立方体式混合机，装料比 Q/V 可以达到50%；一些固定容器式混合机，可以达到60%左右。

（四）最佳混合时间的确定

分析物料在混合机中对流流动的情况，可以推算物料进行循环流动一次的时间，从而

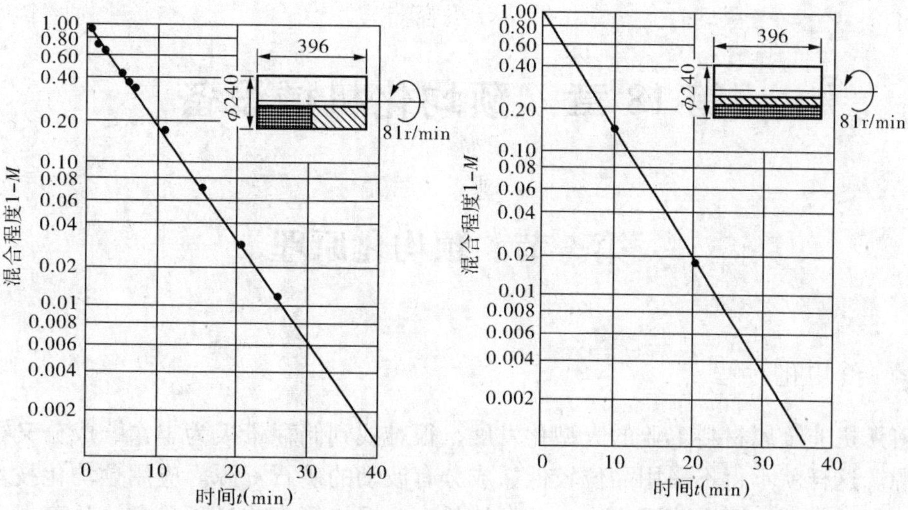

（a）局部的扩散混合　　　　（b）整体的流动混合

图 17-6　装料方式对混合速度的影响

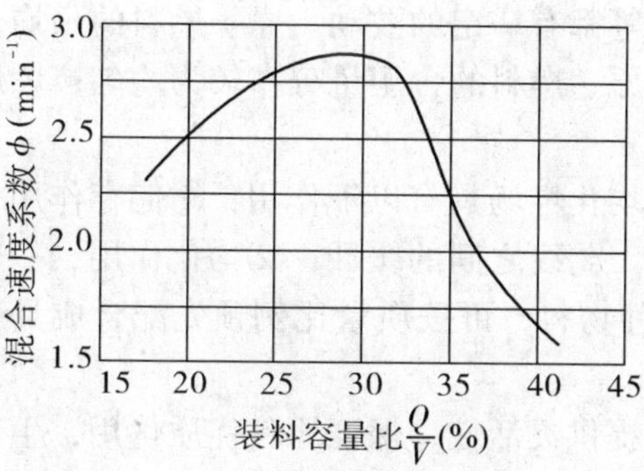

图 17-7　装料比与混合速度系数的关系

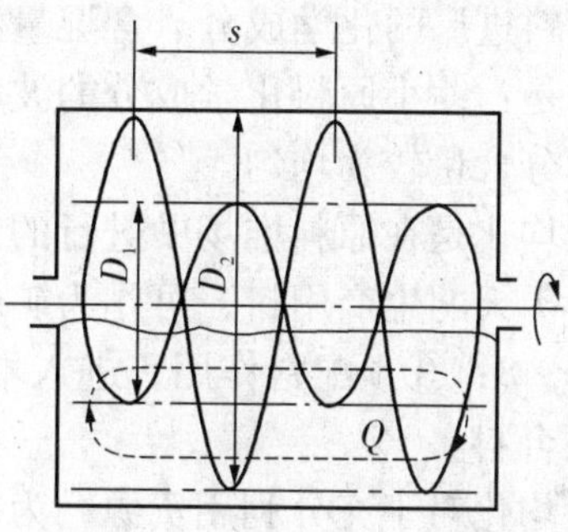

图 17-8　物料在带式螺旋混合机中的循环流动

确定最佳混合时间。图 17-8 所示为物料在带式螺旋混合机中的循环流动简图。物料在内外反向螺旋作用下产生对流混合，其循环对流的流量为

$$q = \varphi \frac{\pi}{4}(D_2^3 - D_1^2)\frac{sn}{60} \quad (\mathrm{m^3/s}) \tag{17-19}$$

式中　s——螺旋的螺距(m)；

D_1，D_2——分别为内外螺旋的直径(m)；

n——螺旋转速(r/min)；

φ——螺旋埋入粉料中的部分占整个螺旋的百分数(%)。

设内外螺旋的 φ 值相同，内外螺旋推动的粉料量应当相同，当装料量为 $Q(\mathrm{m^3})$ 时，物料循环流动一次的周期为

$$T = \frac{Q}{q} \tag{17-20}$$

试验表明，虽然 Q/V 和 n 值有所改变，但在达到较好的混合均匀度时的时间 t 与 T 有一定关系：$t \approx 20T$。对于某一台混合机，T 值算出后，混合时间 t 就可以确定。也就是说，混合机在达到一定混合时间 t 后，对混合均匀度的要求也就能得到满足。

第18章　预均化机械设备

第一节　预均化原理

一　预均化过程

随着无机非金属材料工业的大型化发展，很难找到储存量极为丰富、成分又很均匀的矿山资源。这样就不得不采用品位较低、成分有波动的矿石资源。应用预均化技术可把原来不合格的矿石划入可采范围之内，并可使粉磨、煅烧等工艺过程稳定，从而保证生产成品的质量。由于这种均化作业是在原料的储存过程中和正式配料之前完成的，所以称为原料的预均化。

原、燃料进厂的化学成分、含湿量和发热量等都有一定的波动。原、燃料的预均化要达到的目的是：缩小原料化学成分的波动范围；原、燃料的含湿量分布较为均匀；燃煤的发热量和灰分含量较为均匀。

原料预均化是在原料堆场中进行的。原料预均化堆场具有以下作用：①储存作用，其储量为5～7天的生产用料，可作为矿山和生产工艺线之间的缓冲；②均化作用，一般均化效果为5～8；③预配料作用，进入堆场的两种物料，可按质量比例预先配合成具有一定要求的混合料。

原料预均化对于充分利用资源，为矿山开采提供灵活性，保证原料优质优用，生产长期稳定，提高产品质量和档次水平，采用新工艺，开发新型合成原料，都起着至关重要作用。采用原料预均化技术可以充分利用质量波动很大的劣质原料，扩大原料资源；改进采石场的操作条件，不用考虑矿石的品位、性能的变化而搭配采掘，提高开采效率；原料在进入生料磨之前，使其成分均齐，便于生料的配料控制，能在较长时间内维持生料成分的稳定；预均化堆场能适应大型工厂对原料储运的要求，对于节约基建投资和降低生产成本起一定作用。因此，预均化技术常为现代化大型工厂所采用。

原料预均化是一种宏观控制，它可保证原料在很大程度上达到均匀化。为了制备成分均匀的生料，从原料的矿山开采直至生料入窑前的生料制备的全过程可分为四个均化环节：

(ⅰ)矿山的原料按质量情况计划开采和矿石搭配使用；

(ⅱ)原料预均化堆场及储库内的预均化；

(ⅲ)生料在粉磨中的配料与调节；

(ⅳ)生料入窑前在均化库内的均化。

这四个均化环节组成一条完整的均化链，以保证入窑生料成分的稳定。

对于水泥生料均化链中各单元环节的均化作用如表18-1所示。

表 18-1　生料均化链各环节的主要功能

单元环节名称	平均均化周期（h）	碳酸钙含量标准偏差		均化效果 S_1/S_2	完成均化工作量比例（%）
		进料 S_1（%）	出料 S_2（%）		
矿　山	8 ～ 168		±2 ～ ±10		<10
预均化堆场	2 ～ 8	±10	±1 ～ ±2	7 ～ 10	35 ～ 40
生料粉磨	1 ～ 10	±1 ～ ±2	±1 ～ ±2	1 ～ 2	0 ～ 15
生料均化库	0.5 ～ 4	±1 ～ ±2	±0.1 ～ ±0.2	7 ～ 15	～ 40

原料的均化系统（包括生料的均化）是由矿山开采、运输、破碎、储存、配料、粉磨、生料均化等组成。每一生产过程的均化作用综合起来，即为整个生产过程的均化效果。图 18-1 表示水泥生料的均化过程，最后使入窑生料达到工艺控制的要求。从图可看出，均匀效果比较显著的是预均化堆场和生料均化库。对于小厂来说，一般未设预均化堆场，因此，仍应采用简易的预均化设施来稳定原料的成分。

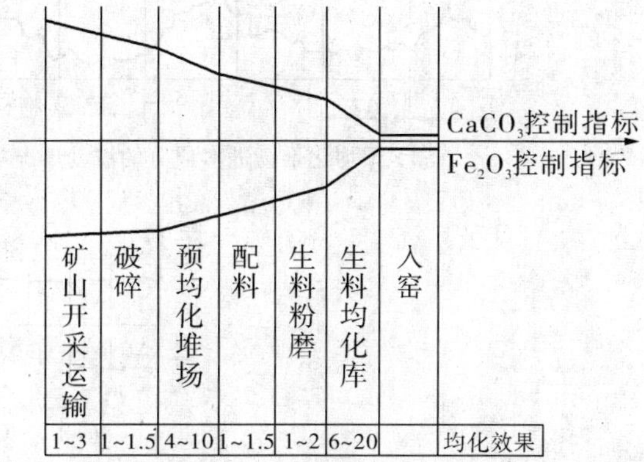

图 18-1　水泥生料的均化过程

判断是否需要采用预均化技术，可根据原料成分波动及生产要求条件确定。一般认为，当成分波动范围即离散度 $C_v < 5\%$ 时，可以认为原料均匀性较好，不需采用预均化；当 $C_v = 5\% \sim 10\%$ 时，表示原料均匀性一般，需结合设备条件和生产工艺要求来确定是否采用预均化；$C_v > 15\%$ 时，表示原料均匀性差，必须考虑采用预均化。波动范围的对象往往不是指原料矿的某一部分，而是全平均的波动情况。

如果原料中某一成分波动时，可对该原料单独预均化，或两种原料分别预均化，然后配料入磨。也可以采用两种原料预先配料，然后进行预均化。要求通过预均化后的成分波动范围控制在 ±1%。原料取样点设在磨头，当超过此范围时，可用校正料来调整。

预均化技术和预均化堆场除用于原料组分的预均化和储存外，也可用于半成品或成品的均质化和储存。

二　预均化原理

预均化技术是在原料存、取过程中，运用科学的堆、取料技术，实现原料的初步均化，使原料堆场同时具备储存和均化的功能。

原料预先混合法或称原料预均化，通常采用“平铺直取”均化方式，即平行铺料垂直取料的均化方式。其工作原理是，连续地把物料按一定的方式堆成相互平行、上下重叠的料层，每一层物料的质量基本相同。料堆堆成后，沿垂直于料层方向的截面，对所有料层连续不断地切取一定厚度的物料，直到整个料堆的物料被取完为止。由于取料中均包含了所有各层的物料，因此，在取料的同时完成了物料的混合均化。取料的同时切取的层数越多，其混合均匀性就越好，出料成分也就越均匀。

原料(包括固体燃料)的预均化是通过在预均化堆场或预均化库的堆料和取料过程中实现的。从矿山来的经破碎后的原料，其成分波动的周期较长、振幅较大(见图 18-2a)，送入预均化堆场时，采用专门的堆料设备沿纵向以薄层平铺叠堆，层数可达 200 ～ 500 层，取料时则用专门的取料设备在横向以垂直料层而切取(见图 18-2b)，即“薄层相叠成堆，垂直切取而混”，使出预均化堆场的原料成分波动的周期缩短、振幅降低，其标准偏差缩小(见图 18-2c)。物料就是在堆、取、运的过程中得到均化。预均化堆场的均化效果原则上与取料时的同时切取的总层数有关，总层数越多，则其均化效果越好。

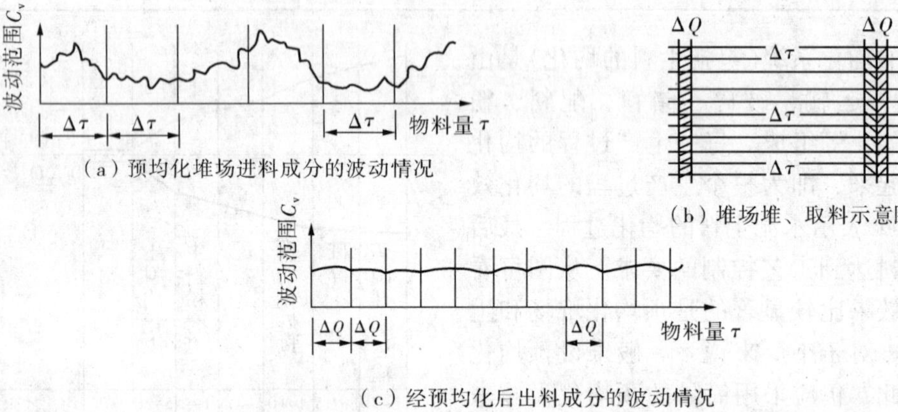

(a) 预均化堆场进料成分的波动情况

(b) 堆场堆、取料示意图

(c) 经预均化后出料成分的波动情况

图 18-2　预均化堆场均化原理示意图

$\Delta\tau$—堆料时每层物料量；ΔQ—每取料截面层物料量

平铺直取法不仅适用于粒状甚至块状物料的均化，也适用于粉状物料的均化，例如连续式生料均化库、各种组合的倒库单元等。而在粒状物料均化方面，使用最为广泛的是各种物料均化堆场，例如各种形式的原料预均化堆场、原煤预均化堆场等。

原料预均化堆场又称混料堆场，由堆料场、堆料机、取料机、运输皮带机等部分组成。图 18-3 所示是典型的一种预均化堆场，主要由进料主胶带机 1、堆料机 2、料堆 3、取料机 4、出料主胶带机 5 和取样检验装置 6 等组成。堆场中有两个料堆，当一个料堆在堆料时，另一个在取料，两者交替进行。

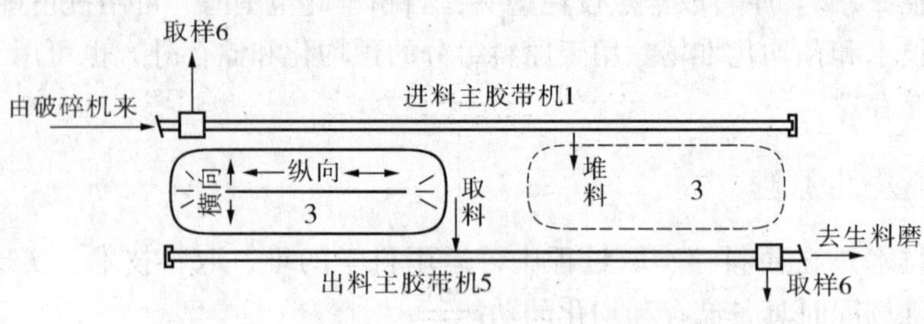

图 18-3　预均化堆场组成示意图

预均化的过程是这样的，堆料机连续地把进料按一定方向堆成许多相互平行、上下重叠的料层，每一层的物料重量是一样的，料堆堆成后，料层数目非常多。这样的堆料过程其作用就是将物料尽可能地均匀铺开。堆料的同时不断地取样分析，可以随时掌握料堆的总平均成分。堆成后，取料机则在一定的截面上尽可能地同时从所有的料层切取一定厚度的物料，一次一次地切取直到把料堆取完。如果料堆的层数多，同时切取到的料层数就多，混合均匀性就好。

预均化库为排库的预均化方式，如图 18-4 所示。库顶设置堆料机往复各库进料，使之在各库内形成人字形堆料，卸料时则几个库一起卸到同一条胶带机上，每一个卸料口可以形成一个“漏斗流”，大致可同时切割 20 层料层，其均化效果较差。

长形料仓式原料预均化库如图 18-5 所示，这种库是根据“平铺直取”的均化原理，库顶设置堆料机往复地向一侧的长库进料，形成人字形堆料，库底设有许多卸料口，由振动喂料机逐点卸到库底的胶带输送机上。这种方式取料灵活，而且始终能切割所有料层，还消除了堆场端锥部分均化效果差和沿长度方向长滞后的影响。具有投资少，均化效果好，密封性好，粉尘少，操作条件好，自动化程度高等特点，适于中小型企业的原料预均化。

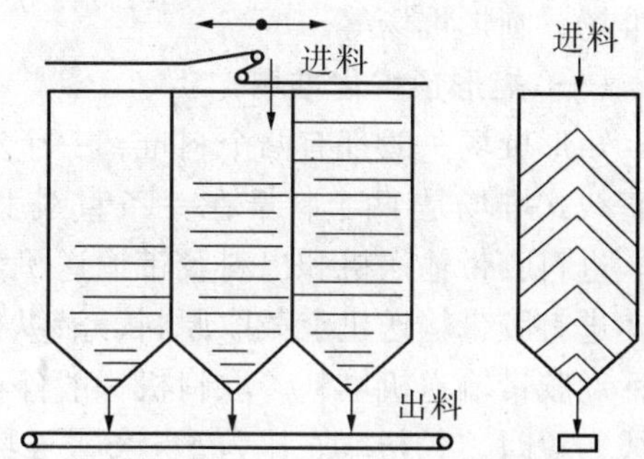

图 18-4　排库（圆库或方库）的预均化方式

预均化堆场（或预均化库）在生料均化链中担负着总均化工作量的 30% ～ 40%，均化效果 H 一般在 3 ～ 10 范围内。大中型工厂采用机械化、自动化程度较高的预均化堆场，小型厂则多采用较简易的预均化库。

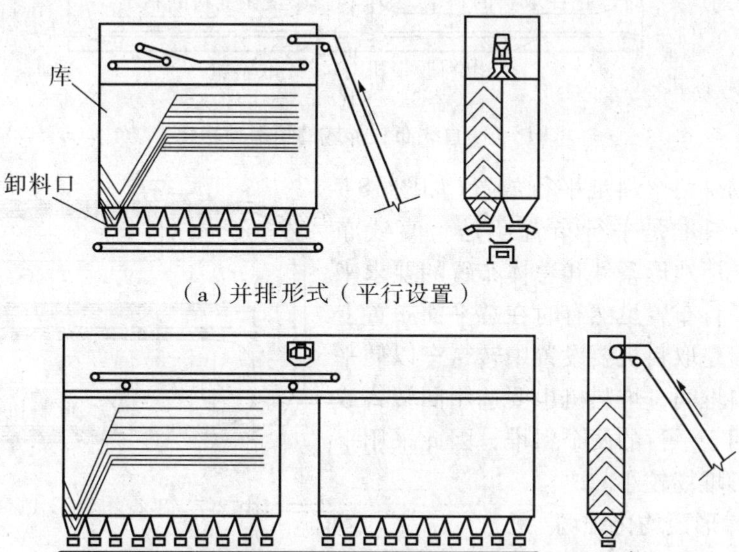

（a）并排形式（平行设置）

（b）连排形式（直线设置）

图 18-5　长形料仓式原料预均化库

第二节 预均化堆场的均化方式

一 预均化堆场形式

预均化堆场的形式有矩形和圆形两种。布置方式一般有直线式堆场、平行堆场、卧库形堆场、圆形堆场等。

（一）矩形预均化堆场

矩形堆场一般都有两个料堆，一个堆料，一个取料，相互交替进行堆、取料作业。矩形直线式堆场是 两个料堆在一条直线上。典型的直线布置的矩形预均化堆场如图18-6所示。进料胶带输送机和出料胶带输送机分别布置在堆场两侧。堆料机通过活动的S形卸料机在进料胶带输送机上截取原料，沿纵长方向向任一个料堆堆料。也有的堆场采用堆场顶部活动胶带输送机堆料。取料机一般停在料堆之间，可向两个方向任意取料。两个料堆呈直线布置时，长与宽之比为5～6，堆场内的堆料机和取料机都比较容易布置，不需要设立转换台车，而且可以选用设备价格较低的顶部活动胶带堆料机，因此只要地形条件允许，大多数工厂采用这种布置。

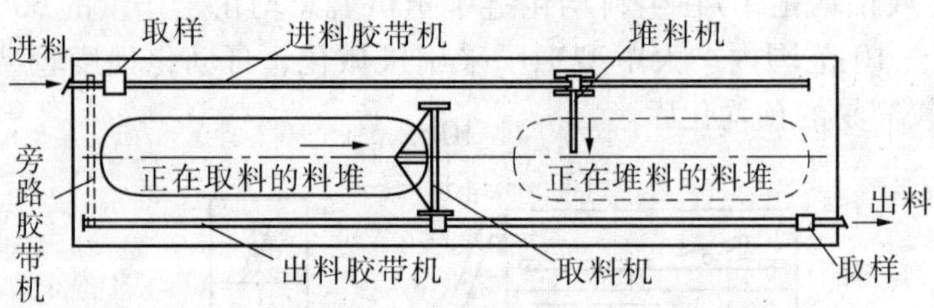

图 18-6 直线布置形式的矩形预均化堆场

平行堆场是两个料堆平行放置（如图 18-7 所示）。两个料堆是平行布置还是呈直线布置，要根据工厂地形条件和总体布置的要求来决定。料堆平行布置虽然有时在总平面布置上比较方便，但是取料机要设置中转台车以便平行移动于两料堆间，堆料机也要选用回转式或双臂式以适用于平行的两个料堆，因此采用平行料堆的矩形堆场较小。

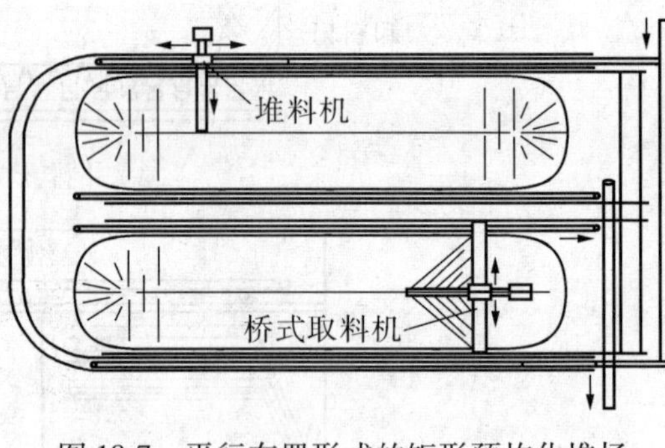

图 18-7 平行布置形式的矩形预均化堆场

（二）卧库形预均化堆场

卧库形堆场是把一部分物料置于地下（如图 18-8 所示）。卧库形堆场有时建成像吊车库的形式，用桥式链斗取料机取出粘性物料。也有的预均化库底部带有缝形仓，用叶轮取料机取料。这两种预均化堆场被采用的不多。

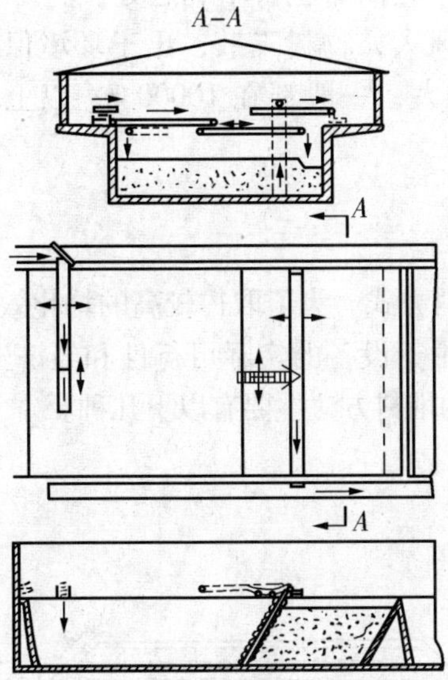

图 18-8　卧库用堆料机和取料机

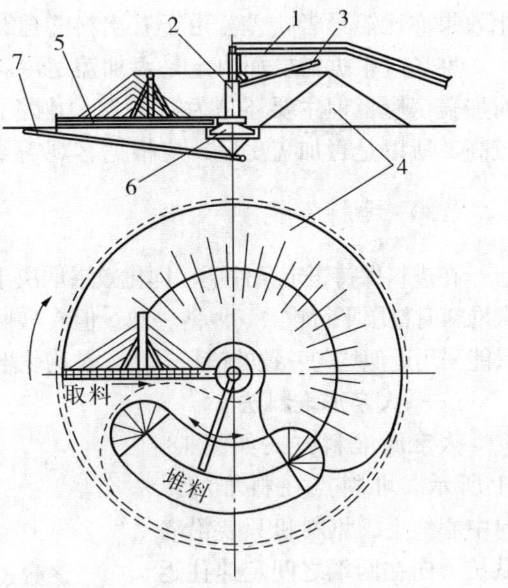

图 18-9　圆形预均化堆场

1—胶带输送机；2—中心柱；3—悬臂式胶带堆料机；4—料堆；5—桥式刮板取料机；6—卸料口；7—出料胶带机

（三）圆形预均化堆场

圆形堆场外观为圆形（见图 18-9 及图 18-10），由一台装在堆场中心可以旋转的胶带输送机进行堆料。原料由天桥的胶带机 1 送到堆场中心，由可以转绕中心柱 2 作 360°回转的悬臂式胶带堆料机 3 堆料，料堆 4 为圆环，其截面则是人字形料层。取料一般用桥式刮板取料机 5，桥架的一端接在堆场的中心立柱上，另一端则架设在料堆外围的圆形轨道上，可以回转 360°。按垂直于料层方向的截面进行取料，取出的原料经刮板送到堆场底部中心卸料口 6，卸在地沟内的出料胶带机 7 上运走。圆形堆场的进出料胶带都可以安设旁路输送机。

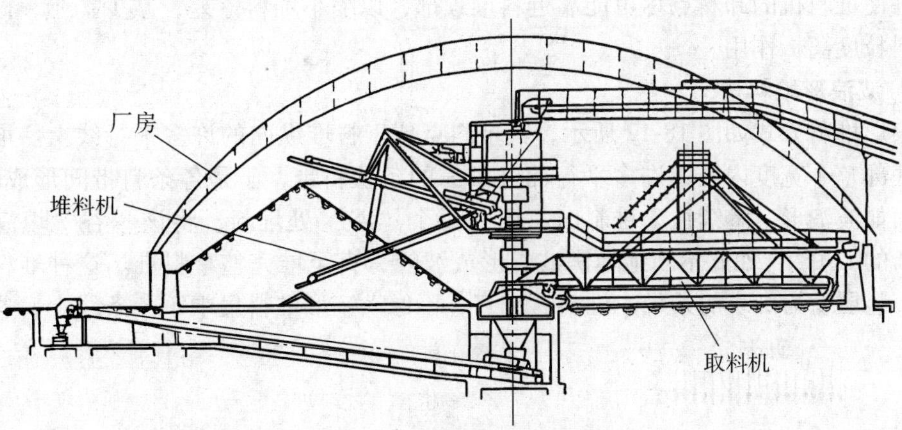

图 18-10　圆形堆场的堆料机和取料机

实践证明，圆形预均化堆场更适用于原料成分波动较大或者几种原料联合预均化的场合。这种堆场具有连续堆料和取料的条件，占地面积比矩形预均化堆场约少 40%，运输设备数量较少而且运输距离也短，设备费用和维护费用均较低。但实际有效的储量较少，均化效果亦比矩形者略差。由于有出料隧道，当地下水位较高时也有不利之处。

堆场应根据需要而决定是否加盖房屋。有时由于风大，物料飞散，出于环境保护目的而加盖房屋，但主要还是为避雨雪。堆场占地面积很大，一般都在 10000 m^2 以上，造价较高，所以是否加盖房屋，应根据客观需要而定。

二 堆料方式

在进料保持恒定条件下，均化效果取决于堆料和取料方式。为了取得较高的均化效果，要求堆料时料层平行重叠、厚薄一致。但在实际操作中，由于设备的实际可行性和经济上原因，只能采用近似均匀一致的铺料方法。预均化堆场所采用的堆料方法主要有以下几种。

（一）人字形堆料法

人字形堆料方式如图 18-11 所示。堆料点在料堆的纵向中心线上，堆料机只要沿着纵长方向在两端之间定速往返卸料，就可完成两层物料的堆料。依次逐层向上堆料，除第一层外，每层物料的横断面都呈人字形，故称人字形堆料。这种料堆的优点是，堆料方法及所需的设备都较简单，均化效果较好。缺点是，如果物料颗粒不均匀时会产生粒度离析现象，即料堆两侧及底部集中大块物料，而料堆中、上部则多为细粒，且有端锥。当采用固定式悬臂胶带堆料机或 S 形卸料小车堆料时，由于物料都是从料堆的最高点往下卸落，所以在开始堆料时扬尘大。为了解决扬尘，目前多采用可升降的悬臂式胶带堆料机，通过感应元件使堆料机的卸料点尽可能靠近料堆顶部，以缩小堆料落差，减少扬尘，同时也可减少物料粒度离析作用。

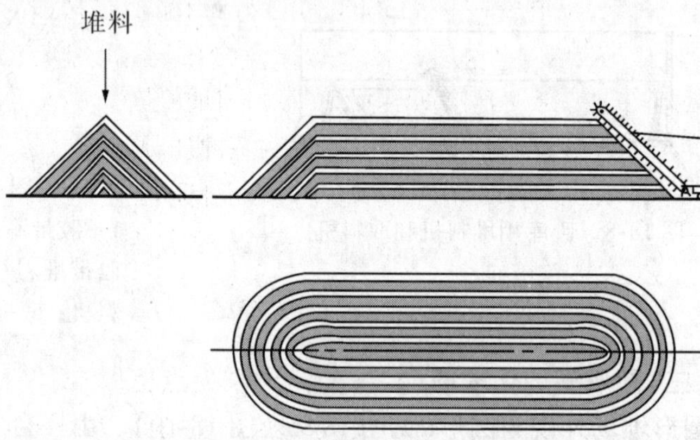

图 18-11 人字形堆料法(端面取料)

（二）波浪形堆料法

波浪形堆料方式如图 18-12 所示，其堆料点位于料堆纵向的许多平行线上。堆料机先在堆场底部整个宽度内堆成许多平行而又紧靠的条状料带，于是各条料带间形成峰和谷，其横断面如波浪形。继续往上堆料时，则在每个“谷”处堆料，将该“谷”填满的同时又形成新的“峰”，如此不断地填满波谷形成波峰，直至堆完整个料堆。这种堆料方式的优点是，料层变为细小的条带，堆料点较多，不像人字形堆料集中于一条线上，这就可以

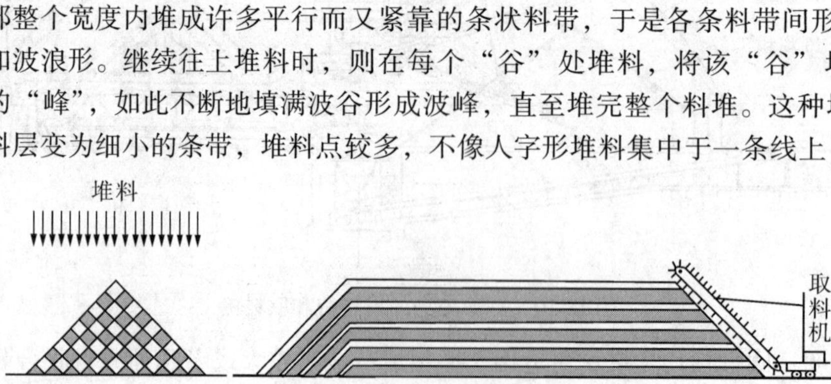

图 18-12 波浪形堆料法(端面取料)

消除或减少堆料时的料粒离析作用。因此，这种堆料方式均化效果好，特别是当物料粒度相差较大(如0～200 mm)或物料成分在粒度大小不同的颗粒中差别较大的情况下，均化效果比较显著。缺点是，堆料点要在整个堆场宽度范围内移动，必须采用能够横向伸缩或回转的堆料机，设备价格较贵，操作较复杂，所以此法一般仅限用于少数物料。

(三)水平层堆料法

水平层堆料方式如图18-13所示。堆料机先在堆场底部以均匀的厚度水平铺撒一层物料，然后依次在上面水平地一层层铺撒，直至完成整个料堆。料堆横截面有呈三角形的，也有呈梯形的。由于物料的自然休止角，使每层物料铺上的宽度要适当缩小。这种堆料法的优点是，可以完全消除料粒离析现象，而且每一层物料各部位无论在料堆的纵向或横向其均匀性也都有较大改善。这种堆料法要在料堆整个平面上都能均匀地堆料，因此要求堆料机除能横向移动外，还能在一定角度范围内回转，有时在胶带堆料机的卸料处还装有一个撒料盘。这种堆料机因其动作较多，结构复杂，故操作控制不便于自动化。这种堆料方式主要用于多种物料的混料作业。当各种物料的粒度组成、休止角、水分等参数相差较悬殊，而对混合均匀性要求又很高时才采用。

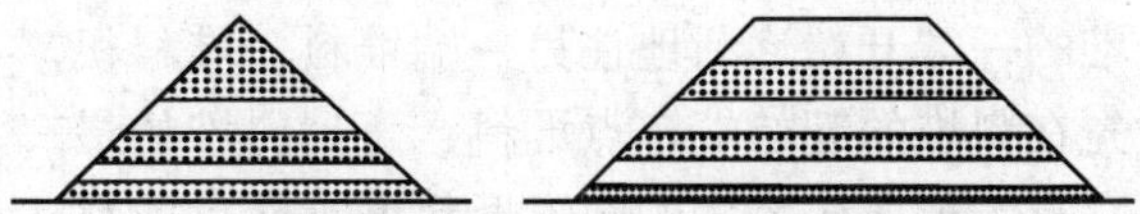

(a)三角形横截面　(b)梯形横截面

图18-13　水平层堆料法

(四)倾斜层堆料法

倾斜层堆料方式如图18-14所示，堆料点也位于料堆纵向的许多平行线上，其活动范围仅限于靠近堆料机一侧，不超越料堆的中心线。堆料机先在料堆一侧堆成一条截面为三角形的条带，然后将堆料点向前伸一定距离，使物料覆盖于第一层物料的一侧形成第二层，这样依次将物料堆成许多按自然休止角倾斜而平行的料层，直到堆料点延伸至料堆的中心线上，完成全部料堆的堆料。它要求堆料在料堆宽度1/2范围内能做横向移动或回转。这种堆料方法无须像波浪形或水平层堆料法那样，必须达到料堆的整个底宽。这种堆料法对堆料设备要求不高，但料层较厚，料粒离析现象较人字形堆料法更为显著。当采用侧面取料方式时，开始取的一部分物料大都是细粒，而取到最后的物料则全是大块，这对均化效果相当不利。因此，这种堆料法多用于物料的成分、性能波动不太大，对均化效果

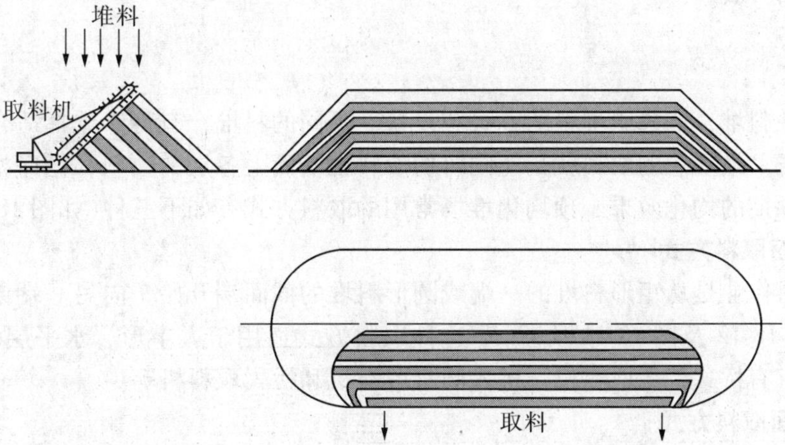

图18-14　倾斜层堆料(侧面取料)

要求不太高的场合。

（五）圆锥形堆料法

圆锥形堆料方式如图 18-15 所示。它与上述四种堆料方式不同，它的堆料程序不是从料堆的底部开始逐层往上堆高，而是由料堆的一端开始逐渐地往另一端堆料。堆料机先在料堆的起始端定点堆料，直到料堆的最高点，形成一个大的圆锥形料堆，然后前移一段距离停下来堆第二层，形成覆盖于第一个圆锥一侧的一个曲面外壳。如此一直达到料堆的另一端完成整个堆料过程。因为是定点堆料，所以它的料层厚度也较厚。这种堆料方式适用于侧面取料的预均化堆场或带缝形仓的底部取料的矩形预均化库。它的应用范围与倾斜层堆料方式相同。

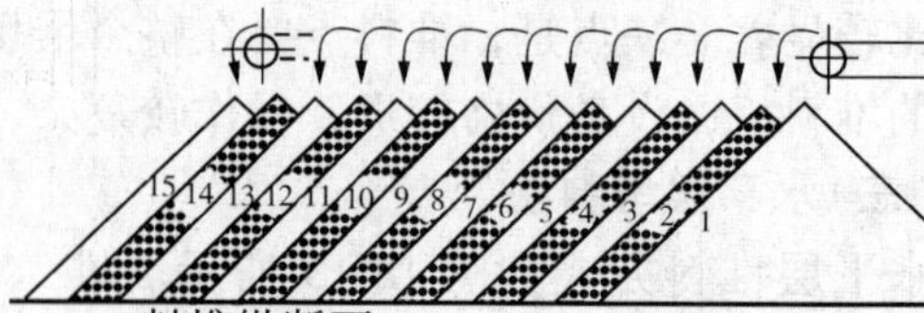

图 18-15　圆锥形堆料法

此外，在上述 5 种基本堆料方式基础上，还可演变出另外一些堆料方式。如Chevcon堆料法是人字形堆料法和圆锥形堆料法的混合堆料法，适用于圆形堆场。堆料过程和人字形堆料法相似，但堆料机下料点的位置不是固定在料堆中心线上，而是随每次循环移动一定的距离。这种堆料法不仅可以克服端锥效应，而且由于料锥中、前、后原料的重叠，长期偏差和原料突然变化产生的影响也可被消除，均化效果较好。此外还有三人字形和双圆锥形堆料法等，如图 18-16 和图 18-17 所示。

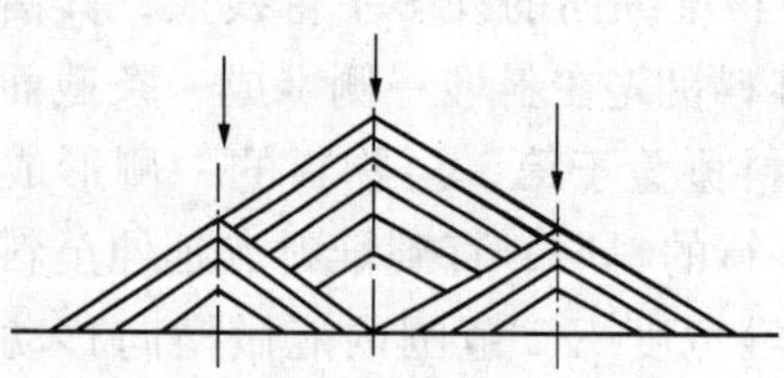
图 18-16　三人字形堆料法

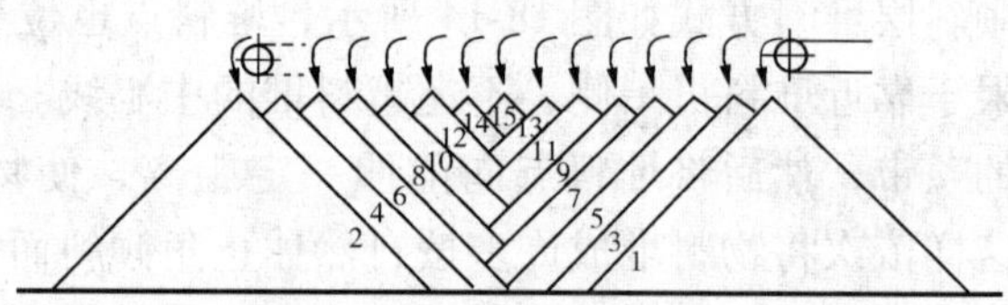

图 18-17　双圆锥形堆料法

堆料方式的选择与工厂的规模、要求的均化效果和预均化堆场的建设投资等有关。上述各种堆料方式中，人字形堆料是最常用的一种堆料方式，国内水泥厂大部分预均化堆场采用这种堆料方式。

三　取料方式

堆成何种料堆，取决于堆料的方式和设备。不同的料堆，有待于选择适合的取料方式和相应的设备。最理想的取料就是能同时切取料堆断面上各层的物料，循序推进。只有这样才能获得预期的均化效果。预均化堆场常用的取料方式有如下三种（如图 18-18 所示）。

（一）端面取料方式

端面取料作业是从矩形料堆的一端或圆形料堆的截面端开始，向另一端或整个环形料堆推进（如图 18-12 及图 18-11 所示）。这种取料方式适用于人字形、水平层堆料的料堆。常用的取料机有桥式刮板取料机、桥式圆盘取料机和桥式取料机等。

（二）侧面取料方式

侧面取料方式如图 18-18b 所示，是从料堆的侧面沿着料堆的纵向往返地进行取料。这种取料方式一般都采用耙式取料机。取料的一侧应是取料机可以在纵向中心线一侧移动

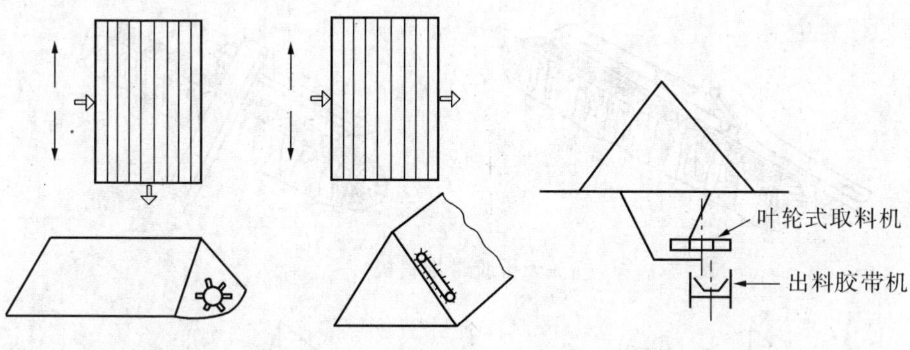

（a）端面取料　（b）侧面取料　（c）底部取料

图 18-18　预均化堆场取料方式示意图

的一侧。侧面取料最适用于倾斜层堆料的料堆（见图 18-14），因为它能切割所有的料层，可获得较好的均化效果。侧面取料方式有时也可和人字形、波浪形或圆锥形的堆料方式相配合，但均化效果较差，不多采用。总的来说，侧面取料的均化效果较端面取料差，仅适用于要求不高的预均化作业。

（三）底部取料方式

底部取料方式如图 18-18c 所示，一般采用叶轮式取料机在料堆的底部切取各层物料。这种取料方式要求堆料方式是圆锥形料堆，因为这种堆料方式的料层接近于垂直，底部取料可以割取到几乎所有料层，实现均化要求。底部取料方式仅适用于带有缝形仓的矩形预均化库。取料在料堆底部的缝形仓处，取料沿着料堆的纵向往返运行。这种取料方式的均化效果不及端面取料，较少应用。

不同的堆料方式应采取不同的取料作业。确定何种取料方式，要根据现场的可能和采取何种取料设备。其中端面取料是最常用的一种取料方式。

第三节　预均化机械

堆料机和取料机是组成预均化堆场装备中的关键设备。近几十年来，由于原料堆场发展的需要，制造了各式各样的堆料机和取料机，它们各有特点和用途。在选择预均化堆场设备时，必须考虑具体的条件，例如物料的堵塞趋势和离析现象。有些工厂的预均化堆场，在物料堆存时分成了粗粒级和细粒级，各有不同成分。如果取料时不能同时取到这些不同的粒级，其实际结果是堆场反而起了使物料离析的作用。因此，必须根据工艺的要求，审慎地选取堆料机和取料机的形式，这是能否达到原料预均化良好效果的先决条件。

一　堆料机

堆料机一般都与进料带式输送机连接，将物料从进料带式输送机上转运下来，并按一定方式堆料。预均化堆场的堆料机如图 18-19 所示。主要分为胶带堆料机和耙式堆料机两类。其中胶带堆料机形式较多，使用较广泛。

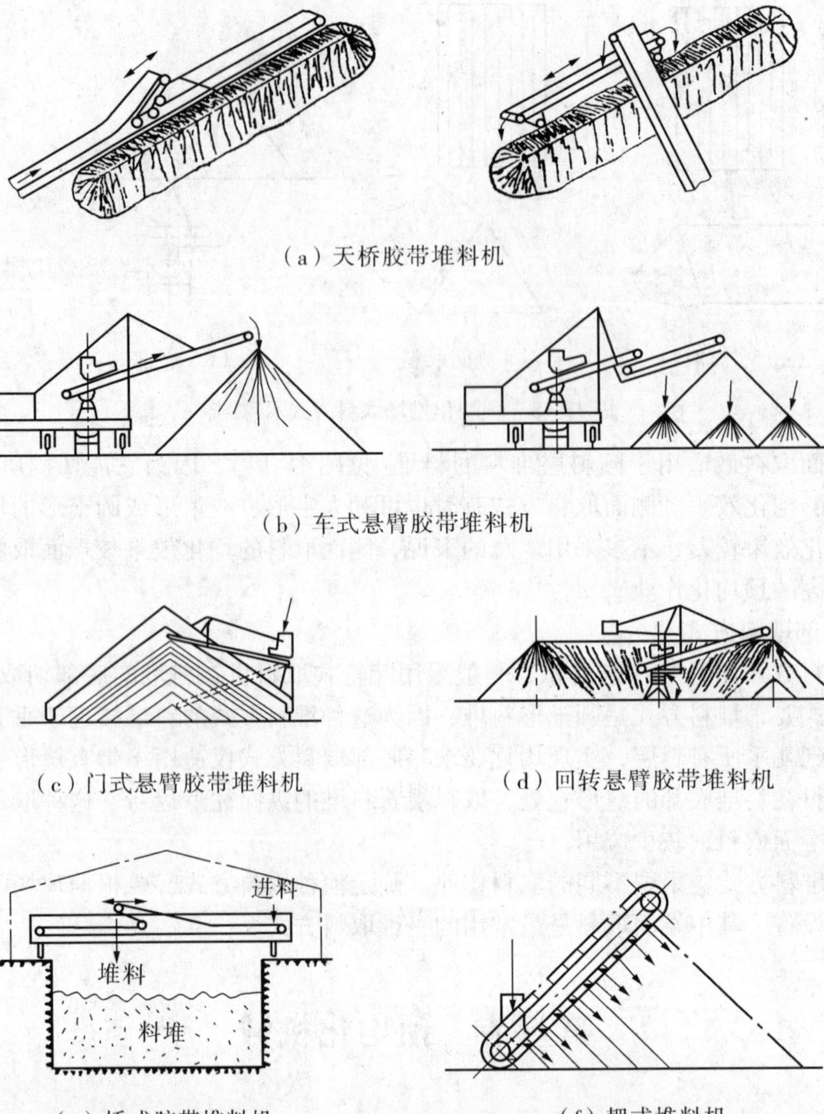

（a）天桥胶带堆料机

（b）车式悬臂胶带堆料机

（c）门式悬臂胶带堆料机　（d）回转悬臂胶带堆料机

（e）桥式胶带堆料机　（f）耙式堆料机

图 18-19　预均化堆场的堆料机械

(一)胶带堆料机

常用的胶带堆料机有天桥堆料机、悬臂式胶带堆料机和桥式胶带堆料机。各种胶带堆料机的型式如图 18-19a ~ e 所示。

1. 天桥胶带堆料机

天桥胶带堆料机的工作如图 18-20 所示。它可以利用堆场的厂房屋架，将天桥胶带输送机沿料堆纵向中心线架设，装上一台 S 形卸料小车(见图 18-19a左图)或移动式胶带输送机(见图 18-19a 右图)往返移动，就可通过天桥胶带输送机直接堆料。这种堆料机只能做人字形或圆锥形堆料。

天桥胶带堆料机结构简单，也比较经济，用于设有屋盖的预均化堆场，是目前使用最多的堆料机之一。其缺点是物料落差大，粒度离析较甚，且易引起扬尘。为了防止落差过大，可接上一条活动伸缩管或接上可升降卸料的活动胶带输送机。

2．悬臂式胶带堆料机

(1) 车式悬臂胶带堆料机

车式悬臂胶带输送机或称轨道式悬臂胶带堆料机，它的工作如图 18-19b 所示。堆料机在矩形料堆一侧的轨道上，可沿堆场长度方向往返移动，物料经悬臂胶带向堆场堆料，可以做人字形、圆锥形堆料。其悬臂胶带的倾角可调节，可降低堆料时物料的落差，以减少扬尘。悬臂胶带可以调节的堆料机，还可做三人字形、波浪形和水平层形等堆料作业。

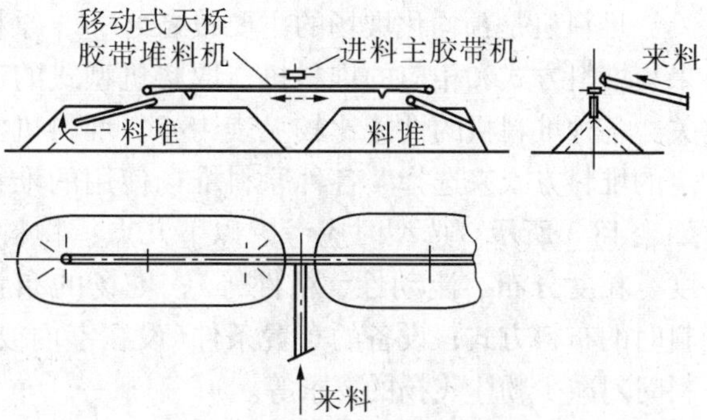

图 18-20　天桥胶带堆料机

车式悬臂胶带堆料机在室内或露天均可使用，带有升降臂架的车式悬臂胶带堆料机物料落点低，扬尘少，是目前比较普遍使用的堆料机。其缺点是，与天桥胶带堆料机相比，设备较重，结构较复杂，维护也较麻烦；用于室内堆料时，所占库房面积较大，需扩大料库面积 30% 以上。

(2) 门式悬臂胶带堆料机

门式悬臂胶带堆料机的工作如图 18-19c 所示。它用于室内，可堆成人字形料堆。其优点是，悬臂胶带可以俯仰升降，因此堆料时物料的落差小，扬尘少；由于它与取料机使用同一轨道，因此库房的占地面积比较经济，投资费用少。其缺点是，需要一些特殊装置，以使堆料机和取料机能互相跨越，而不致影响堆、取料工作的顺利进行；设备较重。

(3) 回转悬臂胶带堆料机

回转悬臂胶带堆料机的工作如图 18-19d 所示。它安装于圆形预均化堆场中心，一端与中心立柱相连，另一端绕堆场中心作往返回转运动，将物料堆成圆环形料堆。这种堆料机的特点是，能满意地用于露天或室内的圆形堆场堆料；可以不间断地堆料和取料，土地面积得到充分利用；可由中央控制室进行遥控操作。其缺点是，设在圆形厂房内工作，厂房造价较高；进料机必须铺设在圆形厂房顶部，设计、布置、制造都较麻烦，料堆成分不如矩形料堆稳定。

3．桥式胶带堆料机

桥式胶带堆料机的工作如图 18-19e 所示。它安装于可以移动的桥架上，横跨料堆或环绕圆形料堆回转，利用 S 型卸料车可在料堆上任何点卸料，所以可做人字形、波浪形、水平层形等多种堆料作业。桥式胶带堆料机一般常用于粘性物料卧库形预均化堆场，可用于厂房内或露天作业。由于不能随料堆高低调整卸料点的高度，因此圆形堆场很少采用，水泥工业亦采用不多。

(二) 耙式堆料机

耙式堆料机又称链式耙或刮板堆料机，它的工作如图 18-19f 及图 18-21 所示。物料通过耙杆中的开孔送到下支耙链，利用耙链进行堆料。这种堆料机适用于从侧面进行倾斜层堆料(见图 18-19f)及人字形堆料(见图 18-21)。进行堆料时，耙杆的斜度要与物料的休止角相适应，堆料的厚度通过改变输送速度来调整。这类堆料机的优点是，一般都能兼任堆料和取料双重作业，可一机两用节省设备投资；设备价格也较低廉；在自动化操作情况下，易于获得较好的均化效果。其缺点是不能同时进行堆料和取料。

堆料机是预均化堆场的主要设备之一。原料预均化效果与堆料方式和相应的堆料机、取料机型式的选取密切相关。各种堆料机的性能比较见表18-2。堆料机械应按所选定的堆料方式来选择，各种原料堆场使用的堆料机的类型如表18-3所示。选型时应考虑以下几点：物料的性质(湿度、粒度分布、流动性、粘性等)；堆场的布置方式；堆料时的布料方式；设备的布置条件(设在室内或露天)；堆料时对减少粉尘飞扬的要求等。

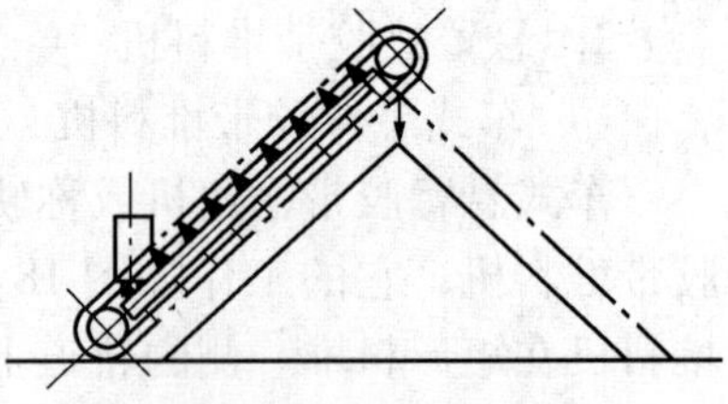

图 18-21 耙式堆料机

表 18-2 各种堆料机的性能比较

性能	天桥胶带堆料机	悬臂式胶带堆料机	桥式胶带堆料机	耙式堆料机
均化效果	△	☆	☆	×
适应于各种布料方式	△	△	☆	×
适合于屋外和屋内堆场	×	△	△	☆
物料落差小、扬尘少、离析少	×	☆	×	△
设备较简单、价格低廉	△	×	×	☆
可以兼用于圆形和矩形堆场	×	☆	△	×
可以兼用于堆料、取料	×	×	×	☆
适用于粘性物料	×	×	△	△

注：☆——表示最佳或最适应；△——表示较好或可以适应；×——表示不好或不能适应。

表 18-3 各种原料堆场使用的堆料机类型

堆场	堆料机类型
直线堆场	具有S型卸料小车的天桥胶带堆料机
	具有移动式胶带输送机的天桥胶带堆料机
	车式堆料机
	门式堆料机
	耙式堆料机
平行堆场	带有交叉活动胶带输送机的S型卸料小车的胶带堆料机
	带有交叉活动胶带输送机的移动式胶带输送机的胶带堆料机
	具有回转臂架的车式堆料机
	双翼臂架的车式堆料机
环形堆场	带有伸缩胶带输送机的回转式堆料机
	带有可转胶带输送机的回转式堆料机
	带有活动胶带输送机的回转式堆料机
	绕中心圆柱回转带有升降臂架的回转式堆料机
卧库堆场	具有横向活动胶带输送机的桥式堆料机

二 取料机

取料机是预均化堆场中的另一种主要设备。取料机的形式多种多样，它与堆场的布置形式及取样方式等有关。原料堆场常用的取料机类型大致有如下几种：

- 取料机
  - 斗轮式取料机
    - 回转臂式斗轮取料机
    - 桥式斗轮取料机
    - 桥式双斗轮取料机
    - 桥式圆筒斗轮取料机
  - 刮板式取料机
    - 桥式刮板取料机
    - 带电动小车的桥式刮板取料机
    - 轨道式刮板取料机
    - 回转式刮板取料机
  - 叶轮式取料机
  - 链斗式取料机
  - 圆盘式取料机

按取料设施可分为斗轮、刮板、叶轮、链斗和圆盘等多种；按结构又可分为桥式和门式等。下面结合堆场布置方式分别介绍各种取料机的型式、特点及其应用。

(一) 斗轮式取料机

斗轮式取料机是应用斗轮切取堆场中的物料，并将物料转送到机上的胶带输送机运走。早在 1905 年美国就使用这种取料机作为铜精矿预均化堆场的取料设备，现在已被冶金、电力、化工、建材等工业系统的原料堆场所广泛采用。不少水泥厂采用它作为预均化堆场的取料设备。斗轮式取料机分悬臂式和桥式两种，用于端面取料。

1. 回转臂式斗轮取料机

回转臂式斗轮取料机如图 18-22 所示，取料用的斗轮 1 设在悬臂的头部，在斗轮的前端还装有斜置的松料耙 2，用它将料堆的料耙松并使料下滚到料堆底部，再被回转的斗轮所切取，然后送到悬臂上的胶带输送机 3。物料被卸落到大车上的接料斗 4，经横向胶带输送机 5、出料胶带输送机 6 运走。装有斗轮的悬臂能绕大车架的支座中心回转，因而能在料堆的整个端面取料。在悬臂的另一端则设有平衡重 7。取料机的大车架的车轮则架设在料堆中部的两条钢轨上。在取料过程中，当斗轮取完料堆端面的一层料后，大车向前行进一段距离。然后，斗轮再从料堆的另一端开始取料，由悬臂绕大车的支座中心缓慢地回转，从而将料堆端面的料取走。往后重复上述取料程序，直至把整个堆场的物料取完为止。

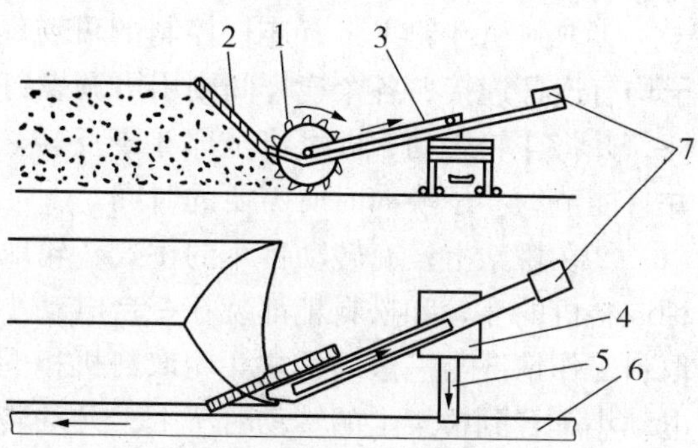

图 18-22 回转臂式斗轮取料机

1—斗轮；2—松料耙；3—胶带输送机；4—接料斗；5—横向胶带输送机；6—出料胶带输送机；7—平衡重

回转臂式斗轮取料机适用于垂直于整个料堆方向，正向从料堆的端面切割取料，能达到良好的均化效果。

2．桥式斗轮取料机

安装在某水泥厂的R-150型桥式斗轮取料机在储库中的布置如图18-23所示，桥架的跨度为21.5～52 m，生产能力为100～1350 m^3/h。桥式斗轮取料机设计成可以同时完成旋转和横移动作。斗轮从料堆底部挖料，因此配有一个耙子，用它把料堆上部的物料耙松，使其向下滚入斗轮。

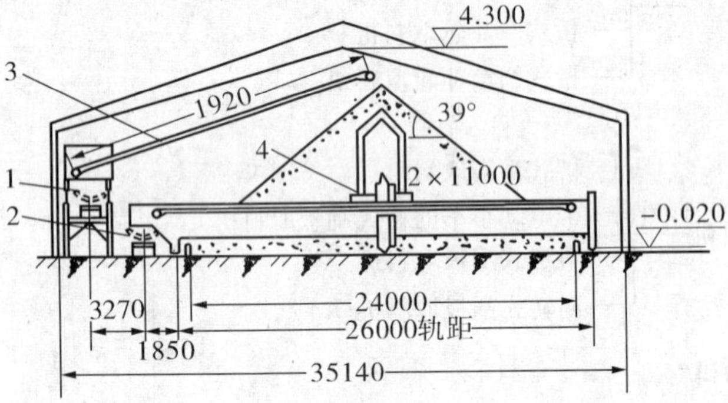

图18-23　桥式斗轮取料机在储库的布置

1—堆料输送胶带(800 mm)；2—取料输送胶带(800 mm)；3—堆料输送胶带(可提升和下降)；4—斗轮式取料机

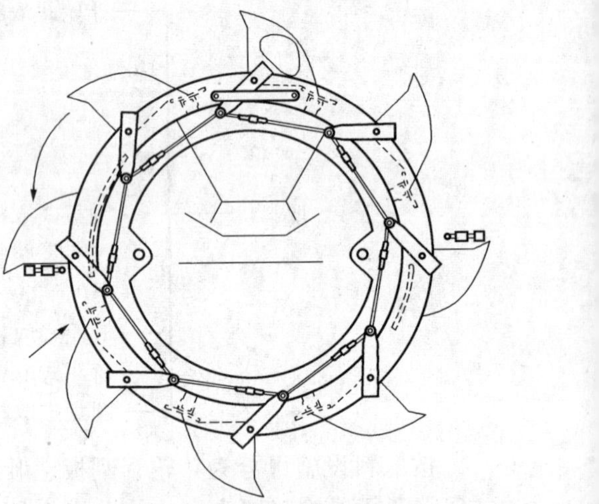

图18-24　带有可逆转斗子的装置

桥式斗轮取料机由于堆场的布置方式不同，当在两个料堆中选用一台取料机时，则对斗轮在取料时有特殊要求。

(ⅰ)当用在直线堆场时，直线堆场在纵向并排有两个料堆。一个料堆在取料时，另一个料堆则正在堆料。在取完一个料堆去取另一料堆时，这时就要求斗轮能反向回转并取料。对于这种要求，可采用下列几种方法解决：

①取料机斗轮上带有连杆控制的可逆转斗子的装置(见图18-24)。由图可见，8个斗子均有连杆连接，各个连杆间则用可调螺钉连接，所以当需要斗子反转时，只需扳动操纵杆，并将斗轮转动，即可将全部斗子反转。这种装置的优点是比单个手动转向斗子方便，并且能节约斗子换向时所需要的时间。

②在桥架上设有转动台车的桥式斗轮取料机，它也能满足直线堆场中料堆的取料。这种取料机的斗轮和松料耙都装在一台电动小车上，小车同样在桥架上作横向往复行走，其取料工作情况与一般的桥式斗轮取料机相同。当取料机需要反向向另一料堆取料时，可将电动小车开到桥架上的转动台车上，开动转动台车，即可将小车回转180°，而后将小车自转动台车开下，即可进行取料。用这种方法不适宜用在室内取料，因为小车在转动台车上回转时所需的空间较大，所以它适用于露天堆场中取料。

(ⅱ)当用在平行堆场时，也必须采取一些措施。

①在料场的端头铺设横轨道，并设置一台过跨车，用以搬运桥式斗轮取料机。当斗轮取料机需向另一平行料堆取料时，可将取料机开至横向轨道的过跨车上，用此车将取料机移到另一料堆去，取料机即可在该料场中取料(见图18-25)。

②采用悬臂式斗轮取料机。当需在另一平行堆场中取料时，将整个桥架升起，并回转180°，然后将桥架下降至轨道上，取料机即可在另一堆场上取料。

对于以人字形、波浪形法所堆成的料堆，采用桥式斗轮取料机在垂直于整个的料堆方向，正向从料堆端面切割取料，能达到良好的均化效果。

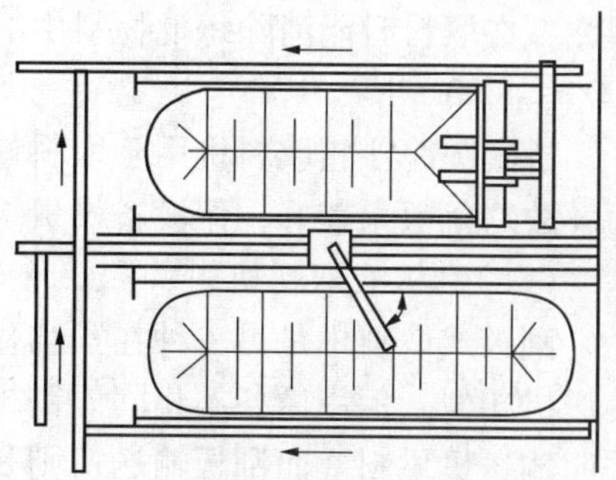

图 18-25　平行堆场的堆料机和桥式斗轮取料机布置图

桥式斗轮取料机的优点是，预均化效果好，但它有一些波动。因为斗轮在取料时往返移动，它并非连续地切取料堆截面的料，所以有些短滞后现象，但这在以后的工序中不难消除；物料由桥架上的横向胶带输送机运走，它能节省动力消耗；可以在料堆底部筑矮墙，以便堆料时料不会溢出，因此占地面积可以减少；在要求大的生产能力时，可在桥架上设两个或更多的斗轮来进行取料。缺点是，当斗轮沿料堆端面横向取料时，所取的物料是不稳定的，虽可用电动小车调速方法来弥补这一缺陷，但控制复杂；改变取料方向时，斗子斗口的方向也要改变，或采取一些别的措施；所需的净工作空间较大。

3. 桥式双斗轮取料机

由于要求增加桥式斗轮取料机的生产能力，故出现了桥式双斗轮取料机。其结构形式基本与前述的桥式斗轮取料机相似，不同之处为在桥架上装设有两个斗轮及桥架是能升降的。两斗轮之间的距离等于料堆宽度的1/2。由于取料机设有两个斗轮，故在规格相同的情况下，其生产能力就比单斗轮的取料机增加一倍。

采用双斗轮取料机还有使取料过程中减少物料波动的好处。由于单斗轮取料是周期性地进行的，在一个周期的时间内斗轮往返移动一次，因此在出料胶带输送机上的物料具有周期性的少量波动。而采用双斗轮取料机则大体上能排除每批料中的波动。

4. 桥式圆筒斗轮取料机

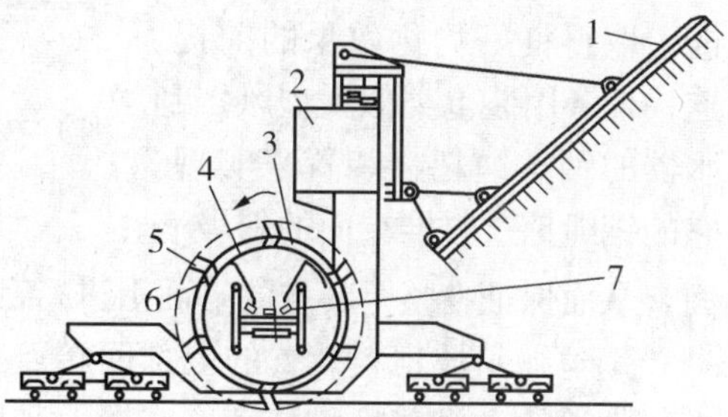

（a）桥式圆筒斗轮取料机

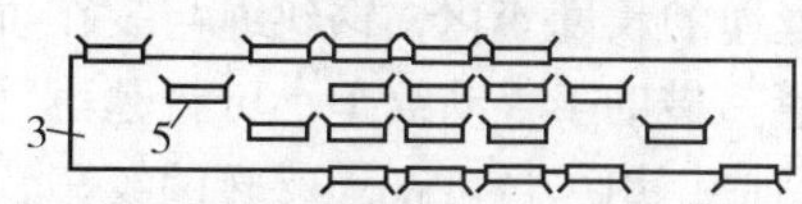

（b）圆筒上斗子的分布

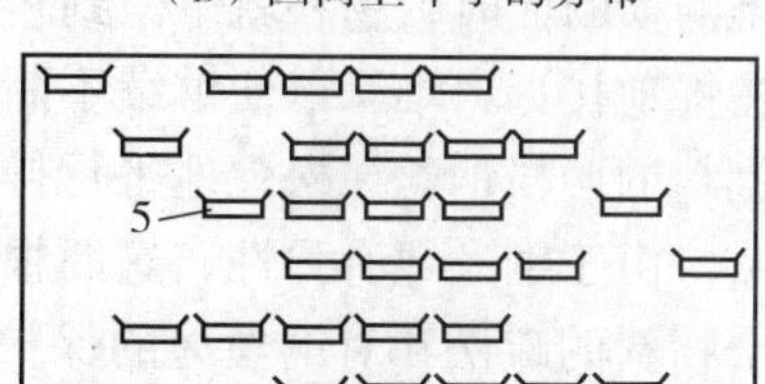

（c）圆筒展开图

图 18-26　桥式圆筒斗轮取料机

1—松料耙子；2—升降机构；3—滚筒外筒；4—滚筒内筒；5—斗子；6—连通管；7—胶带输送机

桥式圆筒斗轮取料机如图 18-26 所示，其圆筒长度与料堆的宽度相等，取料时圆筒斗轮取料机对着料堆的整个横断面取料。摇动的松料耙子1 均匀地将物料喂到转动的圆筒里，在圆筒上有很多的小斗子，其操作与斗轮取料机相同。

这种取料机的滚筒由同心的外筒 3 和内筒 4 所组成。在外筒的筒壁上装有斗子 5，其斗子的分布如图 18-26b 及 c 所示。此斗子在外筒筒壁上的开口与内筒筒壁上的开口相同，并用连通管 6 相连接，当滚筒回转时，斗子从料堆切取物料，将料通过连通管卸入横向的胶带输送机 7 中，然后转送到出料胶带输送机运走。

由于它在取料时不像单斗轮取料机是在料堆的一部分取料，而是在整个料堆的宽度上取料，因此，在取料时能消除每批物料中的波动，均化效果良好。此外，它的生产能力也大，为 800 ～ 4000 t/h。

桥式圆筒斗轮取料机用于取料量较大的堆场，它在取料时能同时切取料堆的整个横截面，故均化效果较好，但设备昂贵，只适用于要求取料能力很大(2000 t/h 以上)的场合。

（二）刮板式取料机

刮板式取料机是另一种在预均化堆场中使用较普遍的取料机。它和老式的连续式刮板输送机相似，但用途各不相同。刮板式取料机的主要作用是从料堆上耙取物料，使其移动并向输送机供料。而刮板输送机则是一种曳行式输送机，它用刮板在滑槽中的运行将物料运输至卸料地点。刮板式取料机种类较多，采用较多的有桥式刮板取料机、带电动小车的桥式刮板取料机、轨道式刮板取料机和回转式刮板取料机等。

1. 桥式刮板取料机

桥式刮板取料机适用于在料场的端面正向切割取料。它与桥式斗轮取料机的取料方法相似，在堆场的布置如图 18-27 所示。

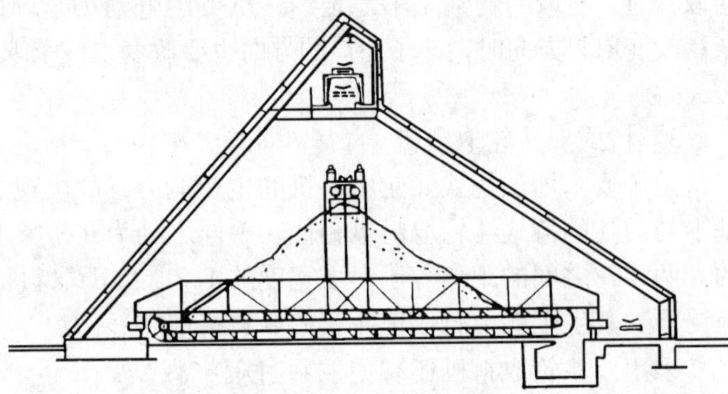

图 18-27　采用位于屋脊处的胶带输送机和用桥式刮板取料机及纵向胶带输送机的同时用于取料和混匀的预均化堆场

桥式刮板取料机在接近料堆端面时开始取料。能否把整个端面的物料均匀地分层取下来，是能否取得良好均化效果的前提。这一任务用装上类似大型风挡刮水器的钢丝绳耙料装置来实现。它的钢绳掠过料堆端面的斜坡表面，从而保证在整个料堆的端面上进行刮料。

钢丝绳斜坡耙料装置的上部回转点直接位于预均化堆场的顶点，下部则紧靠桥架结构下梁的滑轨上沿着堆脚移动。在滑轨与回转点之间用两根平行布置的钢丝绳拉紧。为了适应钢丝绳的长度变化，钢丝绳与装在桥架中部塔架上的一可移动的平衡锤相连接，并由它来张紧。借助于手动绞车，可将起落臂调成合适的倾斜度，使其钢丝绳与物料的自然休止角相适应。用一台可正、反转的绞车，使跑车架在料堆底层处来回移动。当钢丝绳掠过整个料堆的横断面时，物料就下滚到料堆底部，并被刮板耙取、送走，桥架则由行走装置移动，慢慢地接近料堆，以便继续不断地向堆场取料。

刮料的两根钢丝绳松弛地平行排列于料堆的端面上，用弹性的钢丝绳就可刮取整个端面物料。由于钢丝绳有弹性，这两根钢丝绳在刮料时就成为凹向上的弧状。这样就更有助于混合物料的疏松和对钢丝绳的保护。由于钢丝绳有弹性，它的运动能与料堆面相适应，所有物料颗粒(包括粘性物料)通过钢丝绳的提升和切割运动都能截取，且无需增加建筑空间。

用于刮取重质物料时，两根钢丝绳之间要有横轴相联，并在其上装有齿，从而大大加强它的疏松作用，同时还能减轻钢丝绳的磨损。钢丝绳的磨损取决于它的规格、输送物料的种类、正确的倾角和嵌入料堆的深度。对于石灰石、泥灰岩或粘土来说，钢丝绳的使用时间可达一年以上，钢丝绳更换时可由两人在四小时内完成。钢丝绳斜坡表面耙料装置电耗很少，仅用于钢丝绳的移动。由于两侧分别安装斜坡表面耙料装置，因而无需改变方向就能交替地照顾两个混匀料堆。

取料机之跨度大于料堆宽度，其桥式桁架支承在装有行走装置的横梁上，耙链的导轨装在桥架的下弦杆上。链条上每隔一定距离装有耙料刮板，其边缘则装有耐磨板。此特殊装置能连续不断地将下面的物料耙松并运走。

安装在跑车架上的犁形装置将物料导入设在地沟中的出料胶带输送机上将料运走。跑车架是用一个齿轮减速电动机带动使它来回移动。刮板链是用一个三相鼠笼电动机通过液力联轴器驱动的，当刮板链的导轨磨损时能容易地进行更换。链条则由两根轴予以张紧。

取料时，桥架的移动速度是用两个直流电动机在 0.051 ～ 0.0051 m/min 的范围内进行调节。当需要快速地调换取料机的位置时，两个三相滑环转子电动机以11.5 m/min的速度将桥架移动。此时可用电磁联轴器使直流电动机从传动机构中脱开。

桥架上的控制台内设有拉杆开关、按钮和指示灯，供更换料堆及取料机靠近料堆时手工操纵使用。当斜坡表面耙料装置与料堆接触后立即转为自动控制。通过适当的联锁装置，使取料机只能在后面的胶带输送机运转后才能开动。一个自动化的防跑偏装置可以防止取料机跑偏。动力和控制电源是通过电缆卷筒供给的。

桥式刮板取料机的桥架跨度已达 50 m 以上，生产能力达 50 ～ 1000 m^3/h，可经济地使用于粒度 0 ～ 50 mm 的所有散粒状物料。它的优点是：适用于矩形、圆形堆场室内外作业和端面取料；取料时可同时切取整个取料截面，并对物料有一定的混合作用，可部分消除堆料中产生的离析现象的影响，有较好的均化效果；取料能力稳定，便于控制，改变取料方向十分简便；所需空间较小，价格也适宜，由于自动控制和操作人员减少使得运转成本较低；它还适宜于耙取粘性物料。它的缺点是：在刮板卸料端须有一平台，堆料不能太满，这会损失一部分有效堆场宽度，取料能力也受到限制；动力消耗较大；刮板、链板等运动部件磨损较严重，但近年已做了不少改进。

2. 带电动小车的桥式刮板取料机

带电动小车的桥式刮板取料机如图 18-28 所示，是在桥架上装有一台电动小车，能沿料堆端面作横向往复移动，在电动小车前端装有一与料堆倾斜度相同的刮板取料机，刮板运转后即从料堆斜坡上耙取物料。所取得的物料被转送到与取料机相接的输送机，继而转

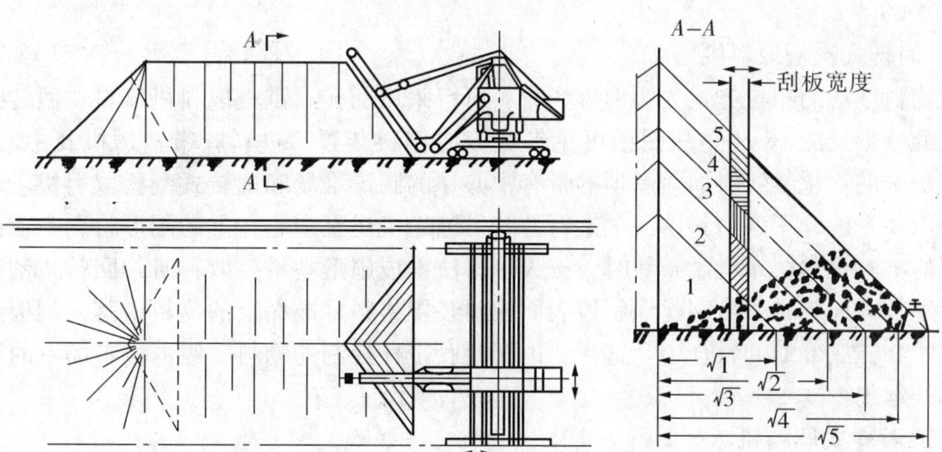

图 18-28　带电动小车的桥式刮板取料机取料示意图

送到沿桥架横向铺设的胶带输送机上，然后经出料胶带输送机运走。

取料机的取料程序与桥式斗轮取料机相同。在取料机刮完料堆端面的一层料后，电动小车使桥架向前推进一段距离，而后使取料机又往回运动，刮取物料。这样反复进行，直至把整个堆场的物料均匀地取出。

3. 轨道式刮板取料机

轨道式刮板取料机如图 18-29 所示。带有耙臂的取料机运行于轨道上，能刮取整个堆场的任何部位。耙料刮板用耐磨钢加固边缘，装有刮板耙链的耙臂可以上升及下降，它不仅能适应料堆的倾斜度，而且也能适应堆场的坡度。车架上有耙臂的回转支点，耙臂的自重由平衡重平衡。

车架支承在堆场侧边的两根轨道上。钢丝绳卷筒、起重机械、平衡重以及控制室均支承在车架上。起重机械的精确行程是由电气控制的。钢丝绳卷筒设在机架顶端，由耙臂导向。耙臂则用几根钢丝绳悬挂着。车架走轮的运行是由直流滑环电动机及电磁制动的传动机构控制的。运行速度以 1:4 的范围无级调速，可达到 0.65～2.6 m/min，动力是经电缆卷筒供给的。

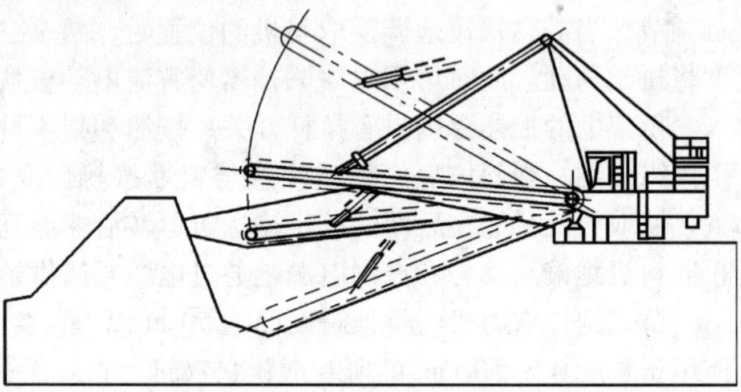

图 18-29　带有耙臂的轨道式刮板取料机

刮板在耙取开始时，首先用手控制使耙臂接近料堆进行取料。当料堆面呈现为一平面时，便立即转入自动操作。取料机的生产能力是由刮板的插入深度和刮板的运行速度而定的，由胶带计量称进行计量。输送能力则由胶带输送机的速度变化来调整。转入自动操作后，运行着的耙臂在限定的范围之间移动。每当取料机改变运行方向时，耙臂则按相应的尺度自行下降。

轨道式刮板取料机除用做上述的情况取料外，当直线堆场采用倾斜层堆料法堆成的料堆，采用轨道式刮板取料机沿堆场纵向取料，可获得较好的混匀效果。取料机的生产能力可达 250 t/h。

4. 回转式刮板取料机

当物料堆场的布置方式为圆形堆场时，可以采用回转式刮板取料机取料。回转式刮板取料机的外形见图 18-30。从图中可见斜坡表面耙料装置、进料胶带输送机及中心圆柱。预均化堆场的均化装置由加盖屋顶的带有中心柱的圆形堆场和回转式刮板取料机、堆料机等组成。预先破碎了的物料由一个上行的胶带输送机运至中心柱上的圆形料仓中，由接在料仓下的堆料机进行布料。布料时，按人字形法堆成扇形料堆。取料时，回转式刮板取料机以一定的方向旋转，由钢丝绳斜坡表面耙料装置将料堆端面上的物料松落，刮板则将物料耙到中心柱底部的卸料仓中。这样，由配料胶带秤控制的物料，经由堆料场下的胶带输送机向外运出。

(三)叶轮式取料机

叶轮式取料机适用于底部缝式出料的堆场。图 18-18c 所示为底部取料的叶轮式取料机布置示意图，图 18-31 所示为叶轮式取料机在库下混凝土隧道中与行走小车、称量胶带及

图 18-30　回转式刮板取料机

带式输送机配合工作图。

叶轮式取料机安装在行走小车上，叶轮直径一般为1.8～3.6 m，一般设有6个弧形曲线的叶子，装在主轴上，由电动机经减速器驱动。叶轮以低于1.8 m/s的圆周速度回转，叶轮的叶子在仓底缝式出料口中拨料，同时小车以缓慢的速度在纵向行走，因此，取料机就能均匀连续地将库内的料取走，并卸到下面的胶带输送机上运走。

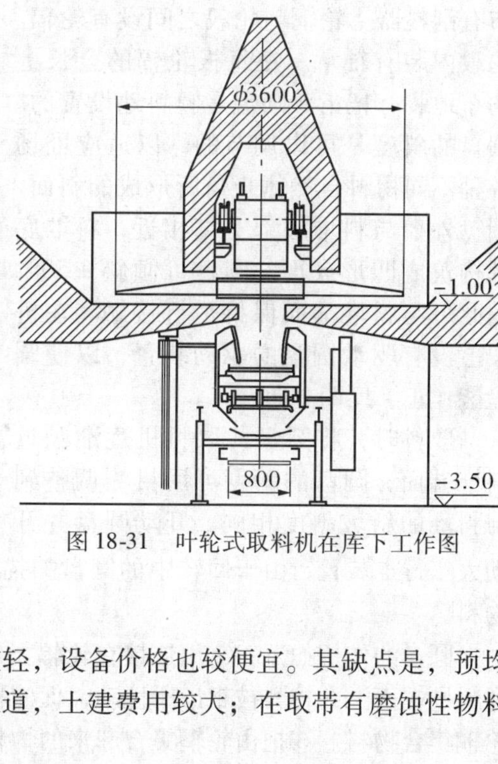

图 18-31　叶轮式取料机在库下工作图

叶轮式取料机的驱动装置可以采用电动的，也可以采用液压传动。如采用液压传动，则取料机的生产能力可在设定的范围内由无级调速来变动。又当取料机由于存仓内仓压升高或阻力增大而遇故障时，叶轮取料机会暂时改变行驶方向，以便对故障进行处理。

叶轮式取料机的优点是，结构简单，设备较轻，设备价格也较便宜。其缺点是，预均化效果较差；采用库底卸料方式，要有混凝土隧道，土建费用较大；在取带有磨蚀性物料时，叶轮叶子较易磨损，维修费用较高。

叶轮式取料机的生产能力可达600 t/h。它最初用于褐煤的给料，以后广泛使用于其他物料，如烧结料、煤、钾盐、磷酸盐(磷肥)、石灰石、铁矿、水泥熟料等。

(四)链斗式取料机

链斗式取料机适用于卧库或类似这种形式的堆场(见图18-8)。在卧库堆场中，物料分层地堆放在一个很深的卧库内，在整个卧库的空间内均能堆放物料。

链斗式取料机桥架上的车轮架在库两边的两条钢轨上，桥架可沿储库作纵向往返移动。链斗取料机则装在桥架上的可移动的电动小车上，以使取料链斗能沿横向去切取料库整个宽度中的物料。

链斗由特制的链条和装在它的上面的斗子所组成，它装在一根悬臂上(如图 18-32 所示)。悬臂可绕支座作俯仰升降，这是借助钢丝绳绞车来完成的，悬臂的倾斜度则与物料的自然休止角相适应。

链斗式取料机可向下取料，常用于堆放粘性物料的卧库形预均化堆场。卧库虽然占地面积小，但投资相当高。

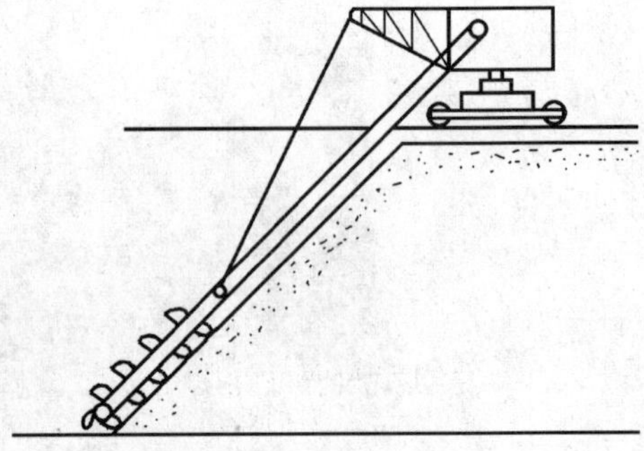

图 18-32　链斗式取料机

(五)圆盘式取料机

圆盘式取料机是近年来发展起来的新型取料机，适用于端面取料。

圆盘式取料机如图 18-33 所示，是由一圆形的大圆盘、桥架、两侧支架及大车行走装置等组成。

圆盘一般由钢管构成，由轮辋、轮辐、轮毂等组成。在圆盘的轮辋周边均布有刮料器。轮辋与轮毂之间设有轮辐。轮毂内装有轴承。在每根轮辐的全长上均布地装有耙齿。圆盘是倾斜地设置的。圆盘的斜度是可以调节的，以适应堆场各种不同物料自然休止角所形成的斜面。圆盘外径与料堆底部宽度相近，料堆底部构筑成凹形底面，圆盘可倾斜 ±50°，因此可与料堆端面保持平行接触。在桥架上设有驱动圆盘的驱动装置，以使圆盘能作正、反两方向旋转。

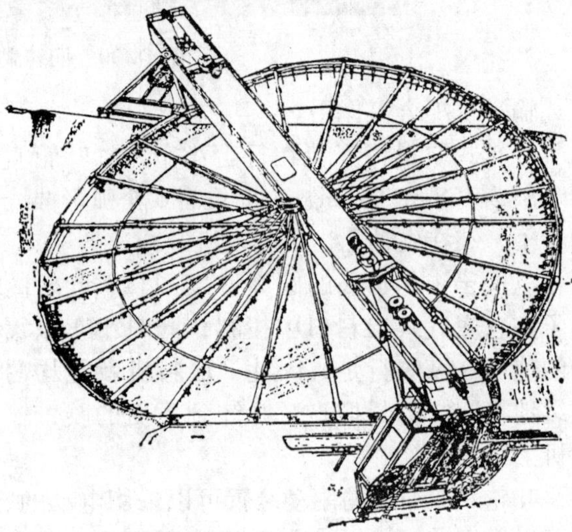

图 18-33　圆盘式取料机

取料时，将圆盘式取料机逐渐驶近料堆端面，圆盘的斜度可用目测调整到与料堆的斜坡斜度相同。开动圆盘并开动大车行走装置，由于回转中的圆盘扫描整个料堆端面上的物料，故用它切取堆场中的物料。

圆盘的作用如下：①用连接在轮辐上的耙齿来搅动料堆面上的物料。当圆盘回转时，在料堆端面上的物料被耙齿所搅动，促使物料以一种有控制的状态向下滚动或下滑。②由轮辋集合物料。③把由轮辋集合起来的物料输送走。这是由轮辋自身和沿轮辋周边上装置的刮料器来完成的。当轮辋经过料堆面各点时，物料受重力作用从轮辋处流出至集料输送机的挡板上，料流像宽广的帷幕似地以缓慢的流速撒出并落到集料输送机上而被它运走。集料输送机是布置在堆场的旁侧的。

在圆盘的取料过程中，大车行走装置以恒速缓慢地向前移动，直至把堆场中的物料取完为止。大车的行走速度是可以调节的，用以改变其生产能力。圆盘的圆周线速度约为 1 m/s，圆周速度与物料的物理特性有关。圆盘转速可以调节，它能在 0.5 ～4 r/min 范围内调速。

圆盘式取料机的主要优点是：取料时能同时切取整个料堆端面的物料，经过在圆盘机内混合输出，因而兼任集料、混合、输送三项作业，一机三用，电耗较小；不需转换溜子，物料由圆盘直接卸入集料输送机送走，取料过程不会产生粉尘飞扬，运转中噪声小；料流稳定，成分均匀，均化效果好；机械设备结构简单，一些主要件如主轴承、圆盘驱动装置、倾斜机构等在干净条件下工作，维修方便，维修费用少；操作容易，对各种矩形和圆形、直线和平行堆场、室内外堆场都可使用(见图 18-34 及图 18-35)，处理能力大；圆盘的倾斜度可以调整，因此可适于各种物料的取料；由于圆盘机倾斜覆盖在料堆端面成为椭圆面，料堆底部地面可以按椭圆曲面构筑成凹形，因此当料堆横截面相等时，采用圆盘取料机厂房的宽度可比其他取料机节约 20% 左右。

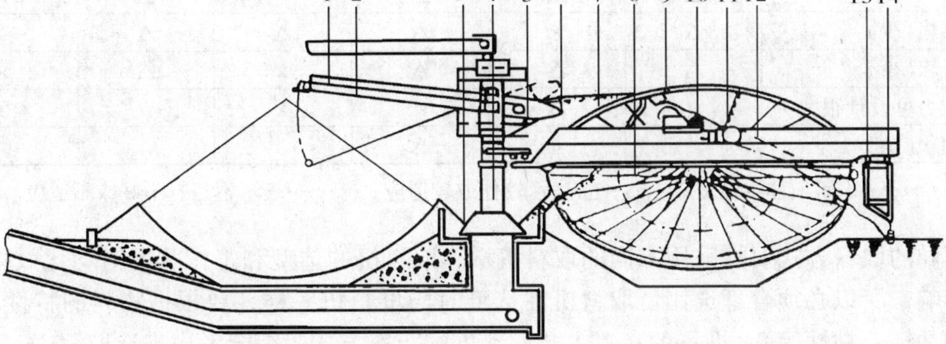

图 18-34　圆盘取料机在连续堆料的圆形堆场中的布置图

1—悬臂杆；2—胶带堆料机；3—出口；4—中心柱；5—液压杆；6—悬臂配重；7—圆盘边缘；8—辐射状轮辐；9—钢绳滑轮；10—电动机；11—耙齿；12—钢绳；13—操作室；14—支承轮

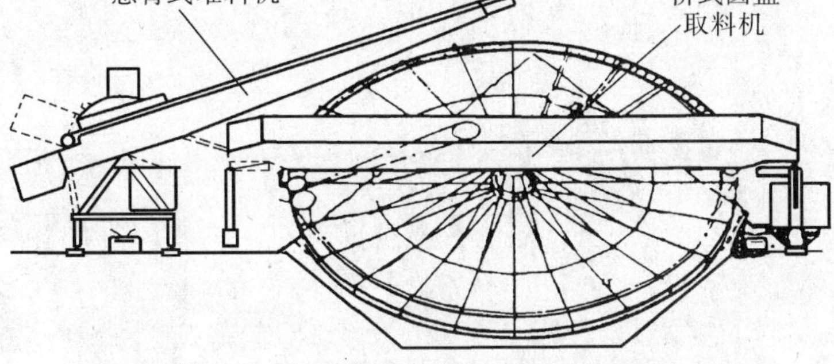

图 18-35　桥式圆盘取料机同悬臂式堆料机在矩形堆场的配合

由于上述这些优点，使圆盘式取料机得到很快发展。不少工厂的圆形堆场中，特别是采用连续堆料法的圆形堆场中，采用圆盘式取料机，使原来就很紧凑的圆形堆场更显得设备紧凑，使用功能和均化效果更得到提高。但是圆盘式取料机使用中存在磨损、传动、圆盘结构的加强等问题，有待进一步改进。

圆盘式取料机的系列范围较广，其圆盘直径为 12 ～ 30 m，直径以 1 m 的间隔递增。生产能力为 50 ～ 1500 m^3/h。

各种取料机的性能比较见表 18-4。其中以刮板式取料机使用较多。近年来，圆盘式取料机技术日益成熟，使用量逐渐增多。

表 18-4　各种取料机的性能比较

性能 \ 比较 \ 取料机型式	桥式					叶轮式
	斗轮式	刮板式	圆筒式	链斗式	圆盘式	
均化效果	△	☆	☆	△	☆	×
设备价格(低廉)		△			△	△
动力消耗(少)	△	×	△	△	△	☆
处理粘性物料	△	△	△	☆	△	×
室内外均可作业	△	△	△	×	△	×
设备磨损(少)	△	×	△	△	△	☆
土建工程(少)	△	△	△	×	△	×
取料能力可设计很大	☆	△	☆	×	☆	×
占地面积(少)			△		☆	

注：☆——表示最佳或最适应；△——表示较佳或较适应；×——表示不是、不好或不适应。

不同的取料方式要求采用不同的取料机械。取料机的选型和工作状况对均化效果也有直接影响，所以必须合理选用。取料机在选型时与堆料机一样，要根据物料的特性(流动性、磨蚀性、粘性等)、堆场的布置方式、料堆的布料方式等综合考虑来选取。

第19章　混合机械及设备

第一节　混合机类型

混合机的类型很多，可按以下几个方面进行分类。

1. 按操作方式来分

混合机按操作方式分为间歇式和连续式两类。现在较常用的是间歇式操作的混合机，连续式操作的则对将来生产的自动化具有深远意义。连续混合时，选取合适的喂料机，它既能给料又能连续称量。出口处物料的均匀度应作连续检测，并及时反馈讯号调节喂入量，以便获得最佳的均匀度。连续式混合机的优点是：可放置在紧靠下一工序的前面，因而大大减少混合料在输送和中间储存中出现的分料现象；设备紧凑，且易于获得较高的均匀度；可使整个生产过程实现连续化、自动化、减少环境污染以及提高处理水平。其缺点是：参与混合的物料组分不宜过多；微量组分物料的加料，不易计量精确；对工艺过程的变化，适应性较差；设备价格较高；维修不便。

2. 按设备运转形式来分

混合机按设备运转形式来分有回转容器式和固定容器式两类。

回转容器式混合机的特点是：几乎全部为间歇操作；装料比固定容器式为小；当粉料流动性较好而且其他物理性质差异不大时，可得到较好的均匀度，其中尤以V式混合机的混合均匀度较高；容器内部容易清扫；可用于磨蚀性强的物料混合，多用于品种多而批量较小的生产中。其缺点是：混合机的加料和卸料，都要求容器停止在固定的位置上，故需加装定位机构；加、卸料时容易产生粉尘，需要采取防尘措施。

固定容器式混合机的特点是：在搅拌桨叶强制作用下使物料循环对流和剪切位移而达到均匀混合，混合速度较高，可得到较满意的混合均匀度；由于混合时可适当加水，因而防止粉尘飞扬和分料。缺点是：容器内部较难清理；搅拌部件磨损较大。

3. 按工作原理来分

混合机按工作原理分为重力式和强制式两类。

重力式混合机是物料在绕水平轴(个别也有倾斜轴)转动的容器内，主要受重力作用产生复杂运动而相互混合。这类混合机按容器外形来分有：圆筒式、鼓式、立方体式、双锥式和V式等。这类混合机易使粒度差或密度差较大的物料趋向分料。为了减少物料结团，有些重力式混合机(如V式)内还设有高速旋转桨叶。

强制式混合机是物料在旋转桨叶的强制推动下，或在气流作用下产生复杂运动而强行混合。这类混合机按其轴的传动形式来分又有水平轴的(即桨叶式、带式等)、垂直轴的(即盘式：定盘式和动盘式)、斜轴的(即螺旋叶片式)等。强制式混合机的混合强度较重力式为大，而且可大大地减少物料特性对混合的影响。

4. 按混合方式来分

混合机按混合方式分为机械混合机和气力混合设备两类。

机械混合机在工作原理上大致又可分为重力式(回转容器式)和强制式(固定容器式)

两类。气力混合设备用脉冲高速气流使物料受到强烈翻动或由于高压气流在容器中形成对流流动而使物料混合，主要有重力式(包括外管式、内管式和旋管式等)、流化式和脉冲旋流式等。

机械混合机多数有机械部件直接与物料接触，尤其是强制式混合机，机械磨损较大。

机械混合机的设备容量一般不超过 20 ～ 60 m^3，而气力混合设备却可高达 100 m^3，这是因为它没有运动部件，限制性较小。此外，气力混合还有以下优点：结构简单，混合速度快，混合均匀度较高，动力消耗低，易密闭防尘，维修方便。但是，对于粘结性物料的混合则不宜使用。

5. 按混合与分料机理来分

混合机按混合与分料机理分，有分料型混合机和非分料型混合机两类。前者以扩散混合为主，属重力式混合机；后者以对流混合为主，属强制式混合机。强制式混合机也存在有一定程度的分料，但远比重力式混合机为小。

物料也可分为分料型物料与非分料型物料两类。前者是指作自由流动(干燥的、自然休止角比较小的)而存在密度差或粒度差的物料；后者则为较难流动的(可能由于水分或极细颗粒等影响)物料。属于非分料型的物料，则任何混合机都能适用。对于分料型物料，则只有采用非分料型混合机才能得到较好的混合。

6. 按混合物料来分

混合机按混合物料分为混合机和搅拌机两类。通常将干粉料混合或增湿混合的机械称为混合机；将软质原料(如粘土、高岭土或白垩等)碎解在水中制成料浆，或使料浆保持均匀悬浮状态防止沉淀的机械设备称为搅拌机。

图 19-1 所示为各类混合机的示意图。图 19-1 中 a ～ d 为回转容器式混合机，e ～ g 为固定容器式混合机，h 和 i 为气力混合设备。

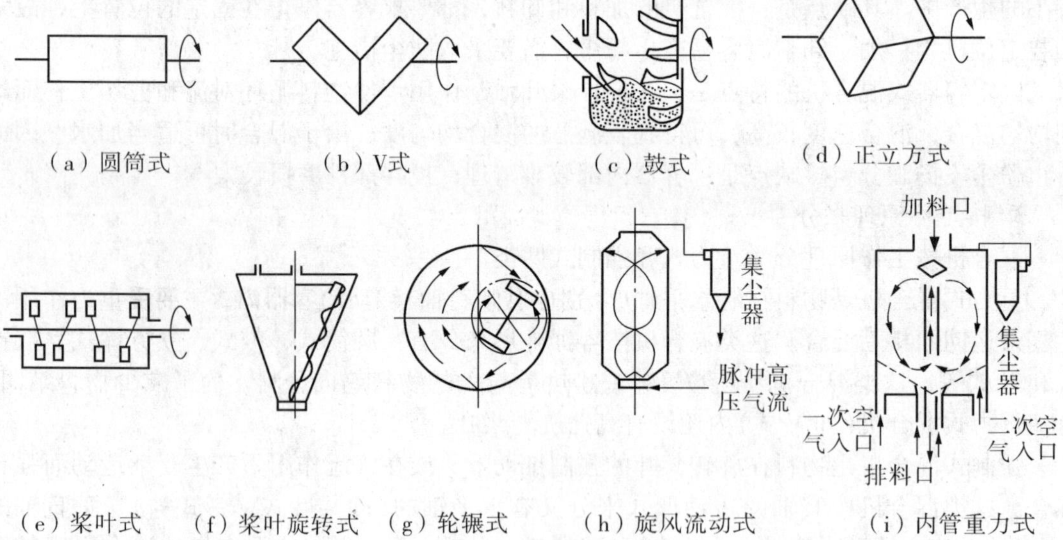

图 19-1　各类混合机示意图

对混合设备的一般要求：①混合物的混合均匀度要高；②物料在容器内的残留量要少；③均质物的颗粒微小，质地细腻；④设备结构简单，坚固耐用，便于操作、检视、取样和清理，维修方便；⑤机械设备要防锈，耐腐蚀，容器表面光滑，工作部件能拆卸清洗；⑥电机设备和电控装置应能防爆、防湿、防尘，符合环境保护和安全运行的要求。

选用混合机时，必须充分比较其混合性能，既要考虑对混合物的质量要求，又要考虑过程要求。例如混合均匀度的好坏，混合时间的长短，粉料物理性质对混合机性能的影响，混合机所需动力及生产能力，加、卸料是否简便，对粉尘的预防，等等，这些问题需要统筹考虑，然后选取适应生产需要的混合机。

在很多工业过程中，产品的纯净度是最重要的，因此在使用间歇操作的混合设备时，为了避免批量操作之间的污染，每次使用后，混合机必需彻底清洗。为了适应这一条件，需要光滑的外形和良好抛光的表面，而且要易于进行清洗操作，同时要避免润滑油污染。转筒混合机可以满足上述要求，它具有简单的外形，通常容器中没有旋转部件，不存在润滑油污染问题。容器固定式对流混合机，清洗困难，并有物料和润滑表面接触而被污染的可能。闭路循环的流化床混合设备，一般不适于产品规格经常变动的场合，而且气流循环系统常有润滑油污染气体的问题。

如不要求混合过程中减少物料颗粒的粉碎，可选用转筒混合机和低转速对流混合机。

当需要有控制地添加组分时，选用转筒混合机比较麻烦。转筒混合机是密闭操作的，要用特殊装置定位停车，或者在旋转容器上装一套机械结构复杂的轴向进料系统(如螺旋送料器等)。

若在混合过程中需要对物料进行加热或冷却，转筒混合机也难于实施。而容器静止的对流式混合机，在混合过程中容易加料，并对加料和混合进行监测；筒体安装夹套，即可在操作过程中容易地对物料加热或冷却。

混合湿粉料，可选用对流混合机。但在转筒混合机中增加湿度，必须加装内部搅拌叶轮，以避免大量物料团聚。

要求连续化操作的混合过程，密闭操作的转筒混合机不易实现连续化操作，而带状混合机和流化床混合设备可实现连续化操作。

第二节　料浆搅拌机械

泥浆、釉浆和料浆的均一性是制备优质产品的必要条件。均匀料浆的配制是在各种搅拌机械设备内实现的。

搅拌机按搅拌动力来分，有机械搅拌的和气力搅拌的两类。前者利用适当形状的桨叶在料浆中的运动来达到搅拌的目的；后者利用压缩空气通入浆池使料浆受到搅拌。按搅拌桨叶的配置，有水平的和立式的两种。水平的多作混合或碎解物料之用；立式的多作搅拌之用。按搅拌桨叶的形状来分，有桨式、框式、螺旋桨式、锚式和涡轮式等(图 19-2)。按桨叶运动特点来分，有定轴转动的和行星运动的等。它们使料浆产生不同特性的运动，应依搅拌工艺要求来选取。

一　机械搅拌机

1. 水平桨式搅拌机

水平桨式搅拌机在陶瓷厂中用来碎解粘土。搅拌机如图 19-3 所示，储浆池 1 用木材、混凝土或钢板制造，内表面衬有瓷板。水平轴 2 从储浆池中间穿过，轴上装有十字形搭板

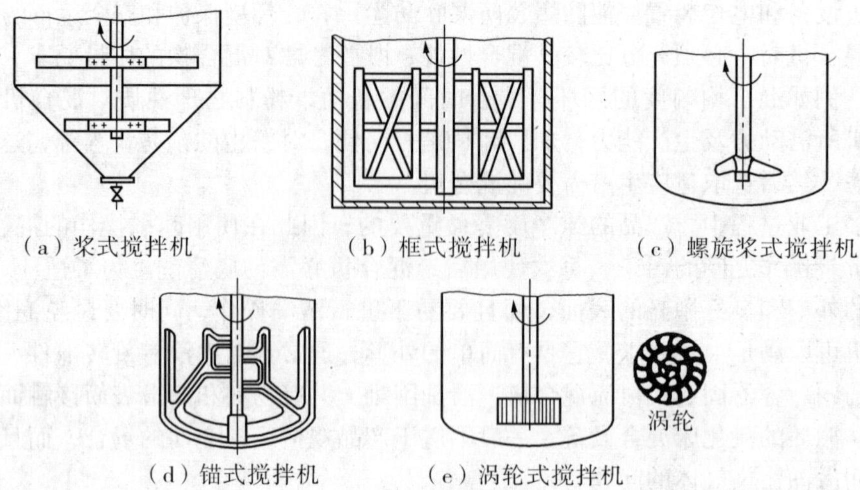

图 19-2　搅拌机的类型

4，用橡木条制造的桨叶 3 固定在搭板上。水平轴的轴承 5 安装在储浆池外面的支架或基础上。在轴穿过储浆池端壁处设有填料函 6，以防料浆漏泄。搅拌桨叶由电动机通过胶带传动装置 7 和齿轮传动装置 8 来带动。密集在搅拌机底部的粘土起始是被桨叶端搅拌，然后被其中部搅拌，最后是被整个桨叶所搅拌。此时，搅拌机的运转是比较平稳的。

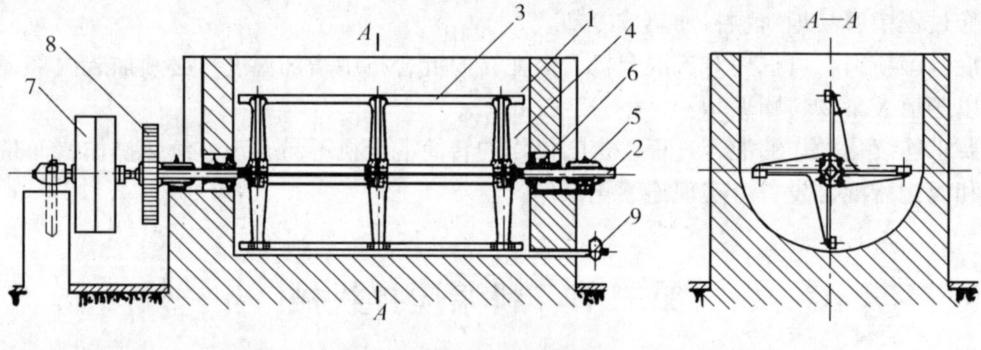

图 19-3　水平桨式搅拌机

1—储浆池；2—水平轴；3—桨叶；4—十字搭板；5—轴承；
6—填料函；7—胶带轮；8—齿轮；9—旋塞

这种搅拌机是间歇工作的，为了使电动机的负载均匀和防止桨叶损坏，每批原料应逐渐加入储浆池中，每次份量不能过多。搅拌好的料浆通过装设在池端底部的旋塞 9 放出。另设有排出孔排去搅拌机聚集的粗粒物料。

2. 行星式搅拌机

行星式搅拌机属立式搅拌机。如图 19-4 所示，搅拌机构为两副装成框架的桨叶 1。桨叶的轴 5 在水平导架(或称行星架)3 的轴承 2 中转动。轴 5 上装有齿轮 4。当导架由传动机构带动旋转时，它就在装在空心支柱 7 上的固定齿轮 6 上滚动。于是桨叶一方面绕支柱 7 公转，同时又绕自身的立轴 5 自转，作出行星运动。这种行星运动能引起料浆激烈的湍流运动，有利于搅拌的进行。在不大的圆形储浆池里装设 1 套行星式搅拌机；在大的椭圆形储浆池里，装设 2 套；而在更大的正方形储浆池里则装 4 套。

行星式搅拌机在陶瓷厂中用来搅拌泥浆及釉料，以防止固体颗粒的沉淀。但不宜用来碎解粘土，因为沉积在池底部的泥团会使桨叶受到很大的弯矩，容易损坏。

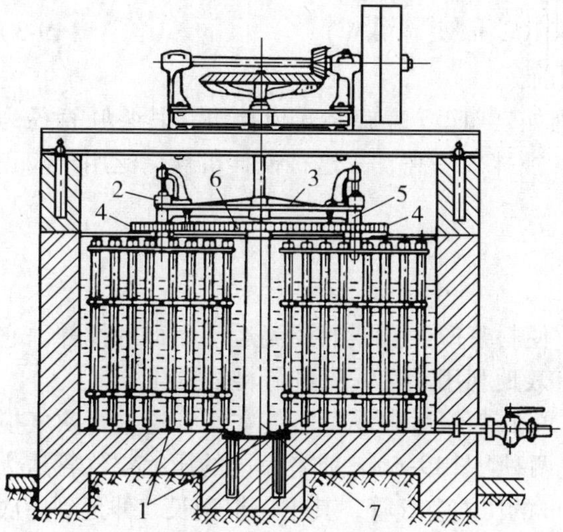

图 19-4　行星式搅拌机

1—桨叶；2—轴承；3—水平导架；4—齿轮；
5—立轴；6—固定齿轮；7—支柱

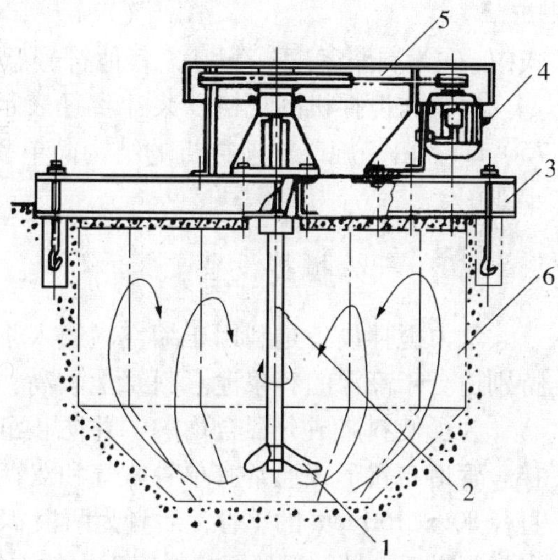

图 19-5　旋桨式搅拌机

1—螺旋桨；2—立轴；3—横梁；4—电动机；
5—三角胶带；6—储浆池

3. 旋桨式搅拌机

旋桨式搅拌机如图 19-5 所示，搅拌机构是用青铜或钢材制造的带有 2 ～ 4 片桨叶的螺旋桨 1，螺旋桨安装在立轴 2 上。整套搅拌机构，包括传动机构在内，都安装在储浆池 6 上面的横梁 3 上。立轴由电动机经三角胶带 5 来传动，靠桨叶的转动产生强烈的湍流运动来搅拌、混合及潮解粘土。储浆池一般为坐地混凝土砌筑，通常制成三角形或八角形，以消除料浆的旋回运动，从而提高搅拌效率。

螺旋桨叶的主轴是悬臂安装的，转动时受很大的扭转作用，应有足够的强度和扭转刚度。浆池直径 D 要与螺旋桨的运动特性及其尺寸 d 相匹配，通常取 $D=(3\sim4)d$，而浆池深度 $H\approx\left(1\sim\frac{2}{3}\right)D$。由于螺旋桨的运动特性，桨的下方流线密集，底部四周流速较小，容易造成死角，故通常池底做成倒棱锥面，半锥角为 45°，池底直径 $D_1=0.5D$。

用来碎解粘土的旋桨式搅拌机，转速可用下列经验公式来确定：

$$n=\frac{125}{d}+80\quad(\mathrm{r/min})\tag{19-1}$$

式中，d 为螺旋桨直径（m）。搅拌机一般有 1 ～ 3 级转速可供选择，500 r/min 以上者为高转速；100 ～ 500 r/min 者为中转速；小于 100 r/min 者为低转速。高转速用于泥料碎解，低转速主要用于搅拌。

搅拌桨所消耗的功率，主要用于克服桨叶在运动过程中所遇到的流体阻力。所需功率 N 与搅拌机的结构尺寸、料浆性能、桨叶转速和安装位置等有关，从理论上可推得

$$N=K\rho n^3d^5\quad(\mathrm{W})\tag{19-2}$$

式中　ρ——料浆密度（kg/m^3）；

n——桨叶转速（r/min）；

d——桨叶直径（m）；

K——功率系数，由试验测出。

对于三叶、单层螺旋桨式搅拌机所需功率，可用下式来估算：

$$N = (1.4 \sim 2.8) \times 10^{-6} \rho n^3 d^5 \quad (\mathrm{kW}) \tag{19-3}$$

式中，ρ 为料浆密度（t/m^3），其他符号意义同前。

旋桨式搅拌机的规格以桨叶直径表示。列如，LJ750 螺旋桨式搅拌机，其桨叶直径为 750 mm。由于旋桨式搅拌机的结构简单紧凑，搅拌效率高，故这种搅拌机被广泛用于陶瓷工业中。

二 气力搅拌设备

气力搅拌设备是利用压缩空气通入浆池，使料浆产生强烈的湍流运动而得到搅拌。它特别适合于高深的料浆池。料浆池较高，可有效地利用上升气流进行料浆搅拌。

为了使料浆成分混合均匀，并防止沉淀，可在料浆库内设置压缩空气管道进行吹气搅拌。管道布置形式通常有单管吹气和双管吹气两种（图 19-6）。前者库内的压缩空气管道为直径 80 ～ 150 mm 的单管；后者为两根 ϕ80 mm 的压缩空气管，其中一根稍长，伸延到库底出料阀附近，另一根稍短。料浆库内的空气搅拌是间歇进行的。利用空气分配器对几个库轮流导入压缩空气进行搅拌。

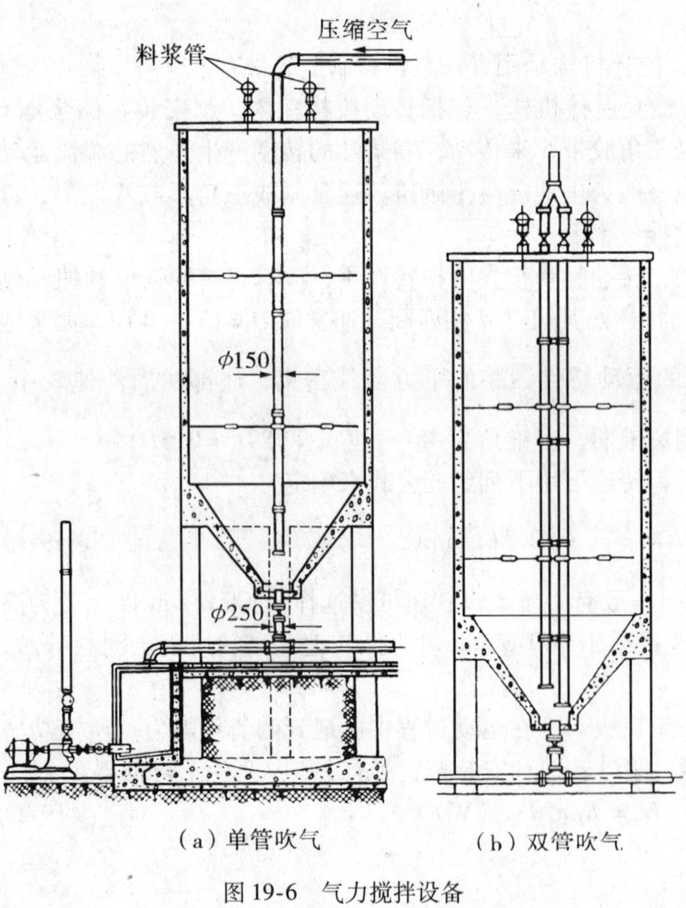

（a）单管吹气　（b）双管吹气

图 19-6　气力搅拌设备

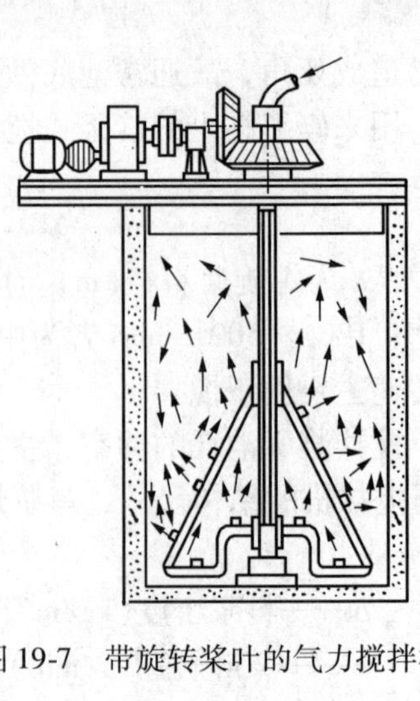
图 19-7　带旋转桨叶的气力搅拌机

三 机械气力搅拌机

为了加强搅拌效应，往往在同一设备中同时进行机械搅拌和气力搅拌（图 19-7）。水泥厂的水平料浆池，由于容积较大，使用可沿料浆池移动的行星式搅拌机。这种搅拌机既有机械搅拌又有气流搅拌，可得到十分均一的料浆。

第三节 粉料混合机械设备

一 粉料混合机

无机非金属材料工业常用的粉料混合机主要有螺旋式混合机、轮碾式混合机、桨叶式混合机和行星式混合机等。

（一）螺旋式混合机

螺旋式混合机用于干粉料的混合、增湿或潮解粘土等，有单轴和双轴两种类型。单轴螺旋式混合机如图 19-8 所示。它由 U 型料槽 1、主轴 2、紧固在主轴的不连续螺旋桨叶 3（或带式螺旋叶）以及带动主轴转动的驱动装置组成。

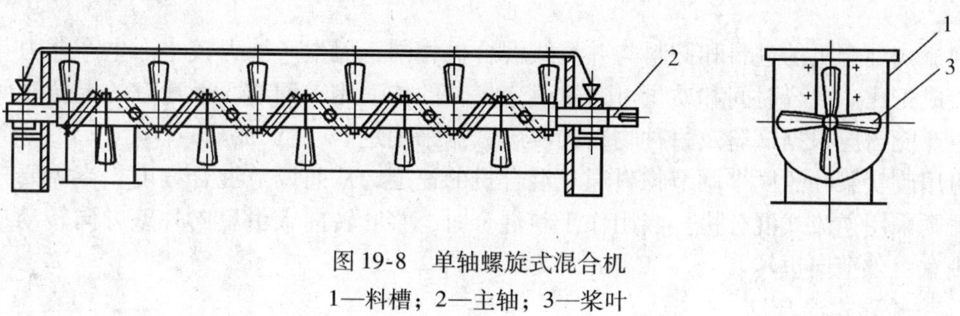

图 19-8 单轴螺旋式混合机

1—料槽；2—主轴；3—桨叶

单轴螺旋式混合机可制成不同的长度，一般安放在料斗或配料机的下面。为了便于调节桨叶的倾角和磨损后更换桨叶，常常借助桨叶末端具有螺纹的销轴 3 使桨叶 1 固定在轴 2 的小孔里，销轴用螺母 4 拧紧，如图 19-9 所示。为了避免桨叶很快磨损，采用合金钢或耐磨铸铁制造的可拆换的桨叶。

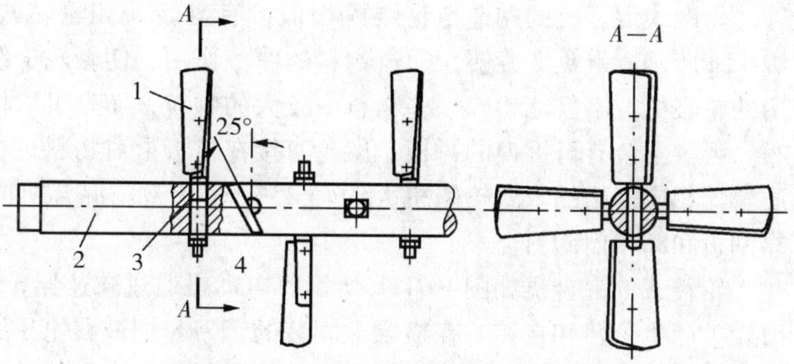

图 19-9 桨叶的安装

1—桨叶；2—转轴；3—销轴；4—螺母

双轴螺旋式混合机如图 19-10 所示。料槽 3 内安装有两根带有螺旋桨叶的轴 1 及 2。主动轴 1 由电动机 4 通过减速器 5 带动，而从动轴 2 通过齿数相同的齿轮副 6 传动。螺旋轴转速一般为 20 ～ 40 r/min。

按料槽内料流方向的不同，双轴螺旋式混合机有并流式和逆流式两类。并流混合时，两轴转向相反，螺旋桨叶的旋向也相反，物料沿同一方向并流推送；逆流混合时，两轴转向相反，螺旋桨叶旋向相同，使物料往返受到较长时间的混合。两轴转速不同，送往卸料口的速度比反向流动的速度快，使物料最终移向卸料口卸出。

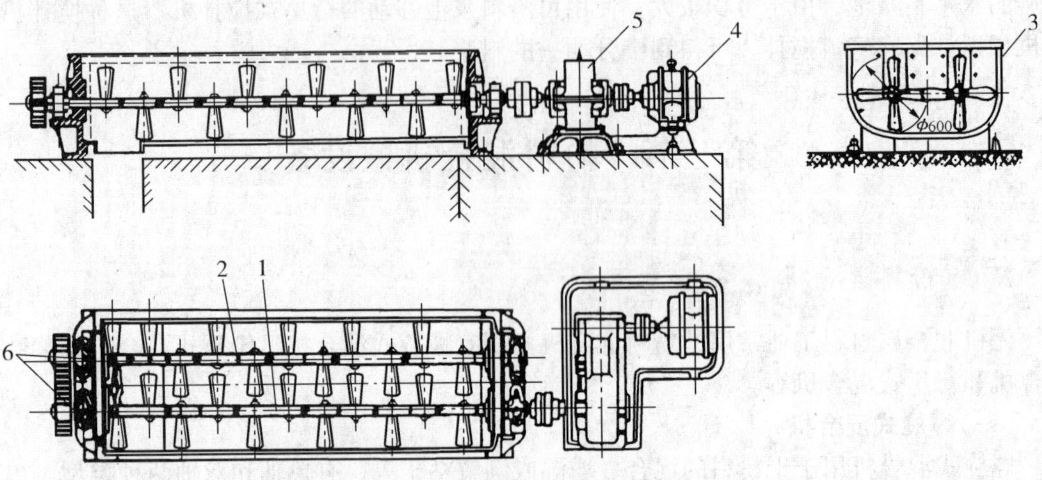

图 19-10　双轴螺旋式混合机

1，2—螺旋桨叶转轴；3—料槽；4—电动机；5—减速器；6—齿轮

逆流式混合机的进料和卸料与并流式混合机相同，但生产能力较小。生产能力与两轴速度差成正比。混合时间和质量可通过改变齿轮的传动比来调节。最适宜的混合时间及相应的生产能力应根据试验及每种物料的实际数据来确定。

可用改变桨叶角度来调节物料通过混合机的速度，从而调节混合程度。当需要充分混合时，则采用逆流式混合机。当用作干料混合时，桨叶转向宜由里向外壁方向转动，增湿混合则宜由外壁向里转。

（二）轮碾式混合机

轮碾式混合机的构造与轮碾机相似，有盘转式和轮转式两种。盘转式的混合机如图 19-11a 所示。碾盘 2 旋转，通过物料的摩擦作用，使碾轮 1 绕着固定横梁自转。作为混合用的轮碾机，不仅能粉碎一些物料中较大的颗粒，而且可以保证物料的水分和粒度均匀分布。碾盘上装有可拆换的衬板，碾轮直接在衬板上对物料进行碾压。轮碾式混合机碾轮的质量比相应规格的干式轮碾机大约轻 25% ~ 30%。混合机间歇操作，碾盘上无筛孔，依靠刮板和卸料门卸料。

轮转式的混合机如图 19-11b 所示，电动机通过减速器 3 带动固装在主轴上的横梁，使碾轮 1 产生公转和自转。在横梁上固装的铲刀 8 把被碾轮压紧在碾盘 2 上的物料铲净。向外导向刮板 7 使物料受到翻搅混合，并使物料集中在碾轮转过的圆环区域内。物料在碾压和搅拌作用下，各组分得到均匀混合，一般混合时间较长（5 ~ 15 min），故电耗较大。

中小型玻璃工厂多数采用这种混合机。它结构简单、检修方便，混合均匀度可达 95% ~98%，可以满足制备一般配合料的要求。

（三）桨叶式混合机

桨叶式混合机如图 19-12 所示。机壳 1 为水平设置的圆筒，其中心装有六角形轴 2；由电动机 6 通过减速器 5 和联轴器带动六角轴转动。轴上均分地装有三对桨叶 3 及 4，相

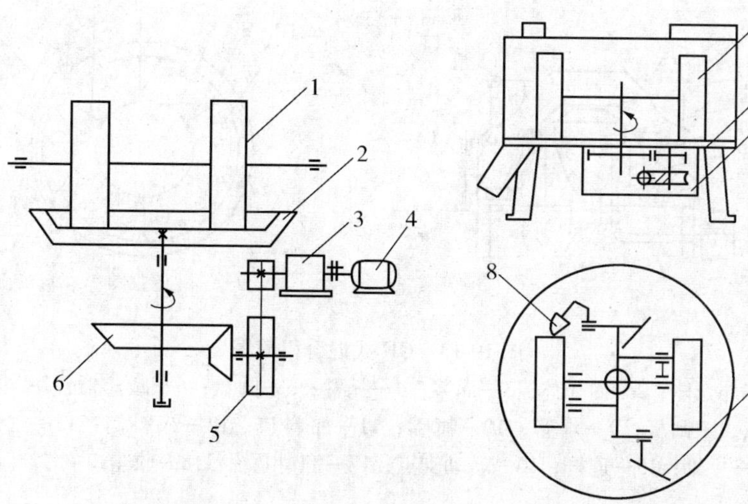

（a）盘转式　　　　（b）轮转式

图 19-11　轮碾式混合机工作简图

1—碾轮；2—碾盘；3—减速器；4—电动机；
5—胶带轮；6—圆锥齿轮；7—刮板；8—铲刀

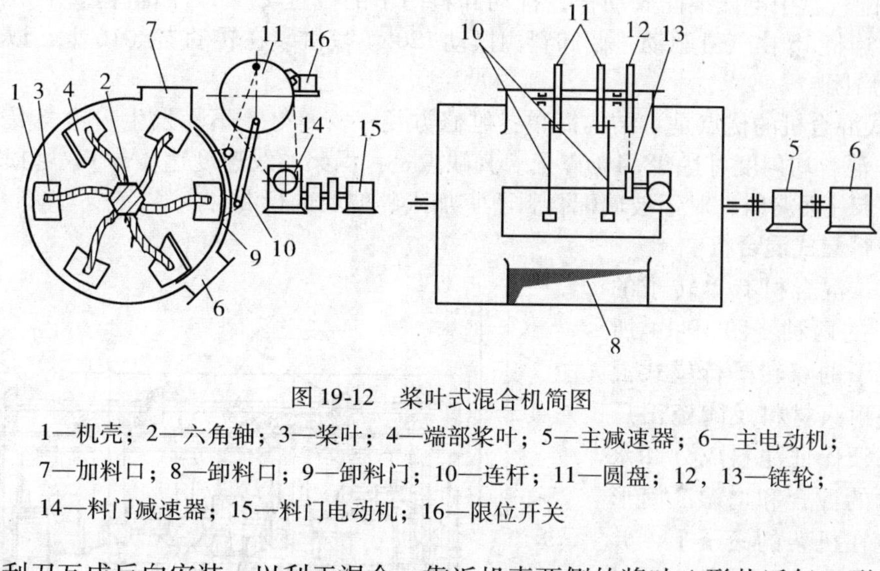

图 19-12　桨叶式混合机简图

1—机壳；2—六角轴；3—桨叶；4—端部桨叶；5—主减速器；6—主电动机；
7—加料口；8—卸料口；9—卸料门；10—连杆；11—圆盘；12，13—链轮；
14—料门减速器；15—料门电动机；16—限位开关

对的桨叶刮刀互成反向安装，以利于混合。靠近机壳两侧的桨叶 4 形状近似 L 形，用于刮铲端壁上的物料。加料口 7 为长方形孔，设于容器上方，卸料口 8 装于侧下方。卸料门 9 由曲柄连杆机构与链轮 12 及 13 操纵其启闭，曲柄连杆机构的往复动作是由限位开关 16 与固定于链轮上的凸块控制电动机 15 的正反转实现的。机壳上有 1/4 的部分可以打开，以便检修、更换桨叶及清理内部。

桨叶式混合机的混合机理与圆筒式混合机相似，在轴向上的混合强度不够，造成混合均匀度不很高。

QH 式混合机用于玻璃工厂，被认为是一种比较好的混合设备。如图 19-13 所示，固定的机身是外壳体 1 及内壳体 2 两层，构成圆环状混合机腔，盘底上沿圆周均等地布设六片涡桨 3。涡桨经托臂 4、圆盘 5 及减速器 6 由电动机 7 驱动。另外，还有两片括板 8，用来刮落

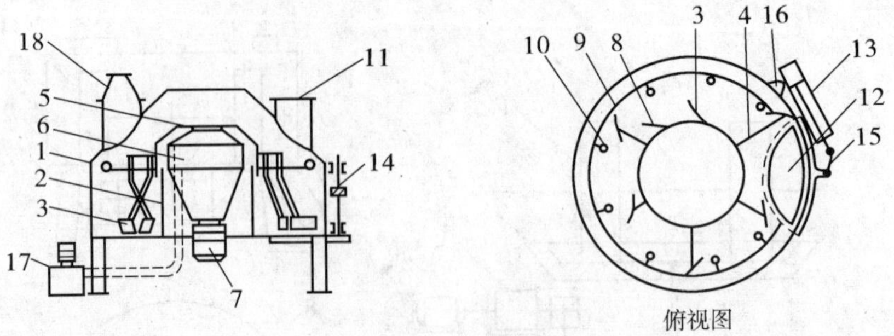

图 19-13　QH 式混合机简图

1—外壳体；2—内壳体；3—涡桨；4—托臂；5—圆盘；6—减速器；7—电动机；8—刮板；9—水管；10—喷嘴；11—加料口；12—卸料门；13—气缸；14—主轴；15—连杆；16—转动支点；17—润滑系统；18—收尘口

粘附在内壁上的物料。机腔还设有环状水管 9，水经喷嘴 10 呈雾状喷洒到配合料上。

在涡桨正常运转后，从加料口 11 投料，同时开启加水装置，向配合料中均匀喷洒定量的雾状水，物料被涡桨强制翻搅而混合均匀。然后开启扇形卸料门 12，混合好的配合料在涡桨和括板作用下排出机外，卸净物料后停机。

利用配气盘中电磁换向阀动作，推动卸料门上的气缸 13 的开门机构。扇形卸料门经主轴 14、连杆 15 由气缸驱动，使卸料门摆动 120°。气缸装在转动支点 16 上，以适应卸料门的倒顺启闭。

QH 式混合机的优点是：结构简单；维修方便；密封好，不易发生粉尘；混合时间约 3. 5 min，混合均匀度可达 98. 4% 以上。其缺点是：涡桨的线速度达 3 m/s，磨损较大；卸料门容易卡住而漏料；对于玻璃配合料不宜加入碎玻璃进行混合。

(四)行星式混合机

行星式混合机有单转子的和双转子的两种。图 19-14 所示为带辊子的双转子行星式混合机，在耐火材料及陶瓷工厂中用于必须保证泥料成分和水分均一时的混合和增湿。筒形圆盘 1 装在机架的滚子上，并绕垂直中心线旋转。圆盘外面固装有齿圈 2 与圆盘两侧的两个齿轮 3 啮合。水平轴 5 是传动轴，由电动机通过胶带轮 7 传动。当轴 5 转动时，经圆锥齿轮 6、立轴 4、齿轮 3 使圆盘 1 转动。水平轴还装有 2 个圆锥齿轮 8，与装在立轴 9 上端的另外 2 个圆锥齿轮啮合。每根轴的下端都固定有 2 个桨叶及 1 个辊子。当水平轴转动时，圆盘、辊子及刮板均转动。为了将物料推到混合用桨叶及辊子下面，在圆盘底附近的支撑

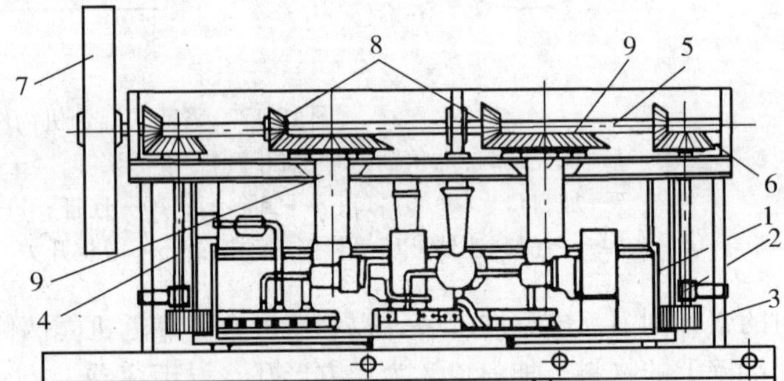

图 19-14　双转子行星式混合机

1—筒形圆盘；2—齿圈；3—齿轮；4，9—立轴；5—水平轴；6，8—圆锥齿轮；7—胶带轮

架上还固定有 6 个不动的桨叶。

双转子行星式混合机是间歇操作的，需要进行混合和增湿的物料分批送入。当圆盘与进行混合用的桨叶和辊子相逆旋转时，物料在固定桨叶的作用下沿着复杂的螺旋线由周边向中心移动而被充分混合(图 19-15a)。混合好的物料由刮板拨入圆盘上的卸料口卸出，由混合机下面的输送机运走。

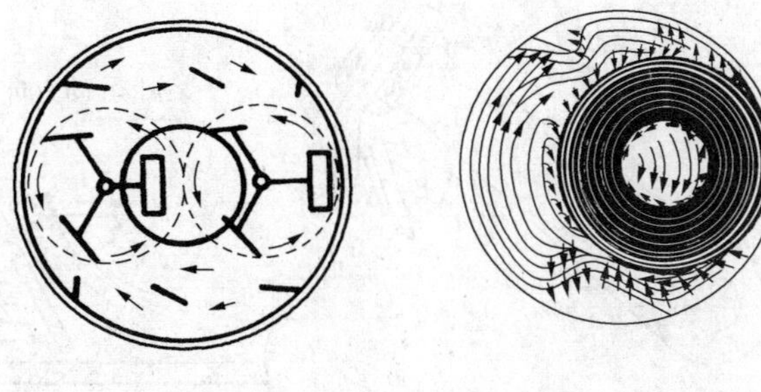

（a）双转子的　　（b）单转子的

图 19-15　物料在行星式混合机中的混合示意图

物料在单转子行星式混合机中的混合情况如图 19-15b 所示。

艾里赫式混合机如图 19-16 所示，是玻璃工厂使用的一种混合效率较高的行星式混合机。混合机的圆盘与两根各装有 3 个桨叶的立轴作相逆旋转，旋转桨叶与圆盘的相对运动为复杂的内摆线。物料随圆盘运动同时受到桨叶搅拌，实现复杂的螺旋涡流运动。混合机内的每一颗粒都自圆盘周围经过螺旋线形的途径移向盘的中心，同时每个颗粒所经历的路径不相重合，促使了强烈的混合。

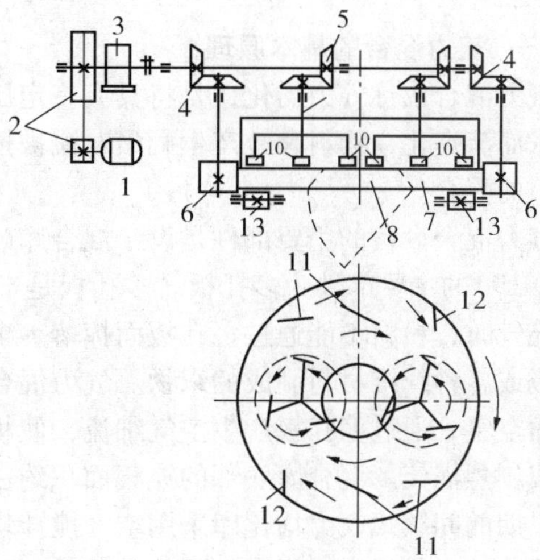

图 19-16　艾里赫式混合机工作简图

1—电动机；2—胶带轮；3—减速器；4—主传动圆锥齿轮；5—搅拌桨叶圆锥齿轮；6—圆柱齿轮；7—带外齿圈的圆盘；8—卸料门；9—搅拌立轴；10—旋转桨叶；11—固定桨叶；12—刮刀；13—支承滚子

混合机装有环状喷雾加水装置。在旋转桨叶或固定桨叶上都装有扭力弹簧(图 19-17)，以防止较大的、硬的物料在混合过程中损坏桨叶。在安装桨叶时预先扭紧弹簧，使桨叶与圆盘的相对运动受到较大阻力时，由扭力弹簧承受此力，以保护桨叶。对固定桨叶应经常调整其安装角度，以使物料受到较为剧烈的翻搅。对于两根立轴上的 6 个旋转桨叶，也应调整其底边与回转中心轴线的夹角，使 3 个旋转桨叶的 β 角度各不相同，可使物料的运动速度及方向得到较剧烈的改变，而且卸料速度加快。桨叶与料盘平面所夹的 α 角(图 19-18)，大于或等于 90°时阻力较大；小于 90°时，除了使阻力减小外，还增加对物料的翻搅作用。

由于物料在圆盘内的运动速度及方向都发生复杂而又迅速的改变，因而在较短的时间内就可以将一批配合料混合好。一般混合时间以 3 ～ 4 min 为宜，装卸料和混合周期约为 5 min，混合均匀度可达 98.7% ～ 99.5% 。

这种混合机的缺点是结构比较复杂；清扫较难，维修也不便；运转过程中振动较大，料门的加工和安装要求精度较高，否则料门关闭不严引起漏料；桨叶磨损大，需要经常修换和调整。

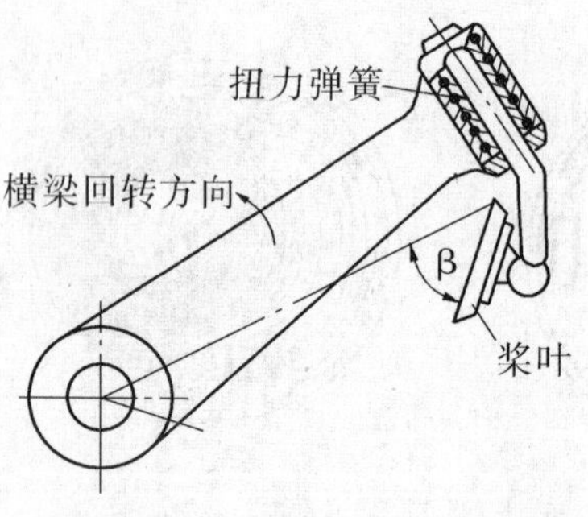

图19-17　旋转桨叶的安装及调整

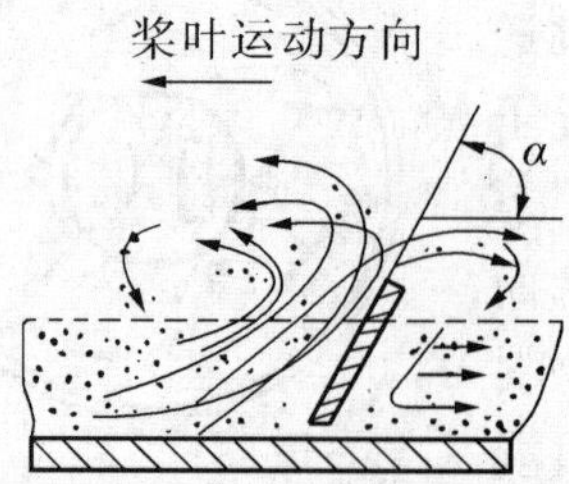

图 19-18　桨叶与料盘夹角的调整

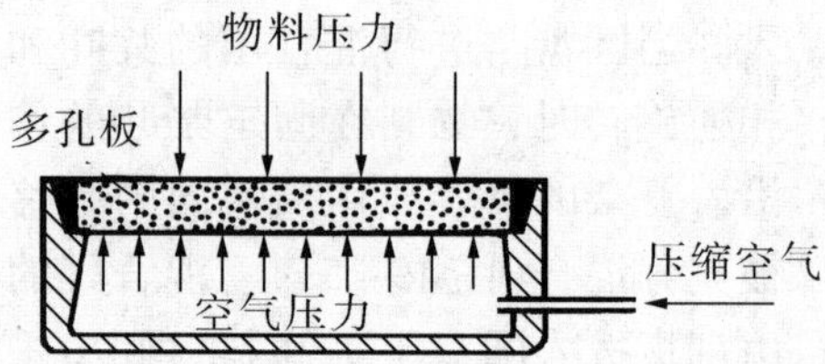

图 19-19　充气箱

二　气力混合设备

（一）气力混合的基本原理

气力混合或称气力均化，是将具有一定压力的空气通入物料储存库内，使库内物料体积膨胀而流态化，物料颗粒产生翻滚对流被搅拌，最终达到成分均匀的目的。它适用于粉状物料的混合。

气力混合设备的主要部件是设于混合库（或称均化库）底的各种形式的充气箱。充气箱（图 19-19）的主要部件为多孔板。多孔板是半透性的，压缩空气穿过多孔板向上流，而当停止充气时，粉料不能通过多孔板而掉落。多孔板采用多孔透气陶瓷板、多微孔铸型金属陶瓷板或各种纤维材料制成的织物。气力混合装置的共同特点是，向装在库底的充气箱送入压缩空气，通过多孔板产生空气细流，使粉料流态化，然后只在库底的一部分加强充气而形成剧烈涡流。混合库底部的充气面积约占整个库底面积的 55% ～ 75% 。

早期的间歇式气力均化库采用空气搅拌均化方式，因而又被称为空气搅拌库。空气搅拌的均化效果与混合时间成如下指数关系（见图 19-20）：

$$S_2 = S_1 e^{-At} \tag{19-4}$$

式中　S_1，S_2——混合前后物料成分的标准偏差；

t——混合时间；

A——表征混合过程中的常数，当混合条件不变时，该值为一定数。

均化效果与混合时间的关系如图 19-20 所示。从图可知，混合时间愈长，均化效果愈好。但达到一定程度的均化效果后，再延长混合时间，效果则不够明显，同时也不经济。

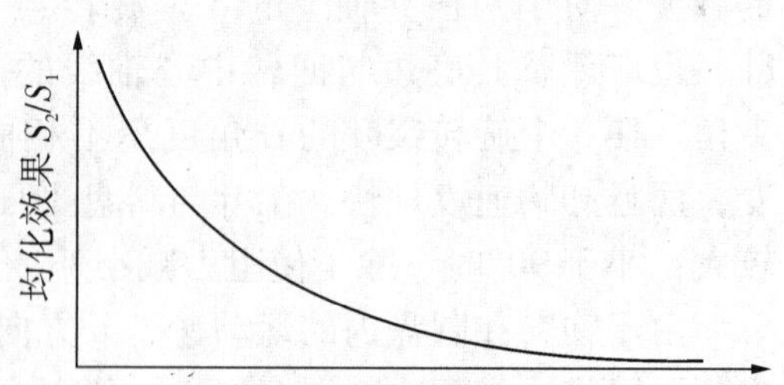

图 19-20　均化效果与混合时间的关系

空气搅拌均化系统的主要优点是均化效果高，生产控制操作比较灵活。理论上可以达到完全均化，但将使工程投资很高，而且生产运营也不经济，一般均化效果控制在 10 ～ 20。与其他均化系统比较，它的缺点是投资高，动力消耗大。因此，这种均化系统已较少采用，通常只在各类套库中设计一个规格很小的空气搅拌库，以充分发挥它均化效果高的优势，同时又尽量减少它的动力消耗。

气力混合均化通常采用空气搅拌与平铺直取法配合的混合的方式，就是同时、或先后、或交替使用上述两种混合方式。采用空气搅拌及重力作用下产生的"漏斗效应"，使粉料向下落降时切割尽量多层料面予以混合。同时，在不同流化空气的作用下，使沿库内平行料面发生大小不同的流化膨胀作用，有的区域卸料，有的区域流化，从而使库内料面产生径向倾斜，进行径向混合均化。

无机非金属材料工业所用的粉料气力均化库，都是利用三种均化作用原理进行匹配设计的。间歇式气力均化库就是采用空气搅拌原理，使粉料按规定要求进行沸腾、翻滚达到搅拌混合均匀的目的。这种搅拌库虽然均化效果高，但存在耗电量大和多库间歇作业等缺点。目前，应用普遍的多料流库的研发，主要在于保证满意的均化效果的同时，力求节约电能消耗。因此，无论哪种形式的多料流均化库都是尽量发挥重力均化的作用，利用多料流使库内粉料产生众多漏斗流，同时产生径向倾斜料面运动，提高均化效果。此外，在力求弱化空气搅拌以节约电力消耗的同时，许多多料流库也设置容积大小不等的卸料小仓，使料库内已经过漏斗流及径向混合流均化的粉料再卸入库内或库下的小仓内，再进行空气搅拌，而后卸出运走。

不同类型的气力均化库的均化效果高低、电力消耗大小等，关键在于三种均化作用匹配和利用技术水平的高低。不同的匹配方式，就要求均化库有不同的结构、设备、控制装置和软件，就有各种不同类型的气力均化库。

过去，多组分物料的混合都愿采用湿法，因为在湿法生产中，物料组分混合较充分，可以产生均质的料浆。气体力学领域的技术进步，使有可能利用气力混合设备获得与湿法混合相同的均质的混合料。这一情况加上干法生产的热耗较低，使干法生产的优越性更加显著。在现化水泥工业生产中，物料的湿法均化方式已不再采用，已为新型干法生产所取代。

由于空气装置、排料方式以及库内结构的不同，产生了各种形式的气力均化库。按操作方式可分为间歇式和连续式两大类。

（二）气力均化库

1. 间歇式气力均化库

间歇式粉料气力均化系统一般由搅拌库和储存库组成，出磨粉料先进入搅拌库，利用库底充气装置送气进行搅拌均化，搅拌后的粉料进入储存库备用。搅拌库基本上不能同时进料、搅拌和出料。为了简化工艺流程，也可不设储库而增加搅拌库的数量，一般为 4 ～ 6 个，其中部分搅拌库时行充气搅拌均化，部分已均化的作储存使用，待卸料后再进料搅拌。间歇式气力均化库的结构形式很多，但均化原理相同，均采用空气搅拌均化的原理。

(1)分区充气均化库

分区充气均化库的库底结构如图 19-21 所示。均化库底铺设一层充气箱，这些充气箱按一定形式排列组成若干充气区，各区都有独自的进气管道。进气混合时，首先向各区同时通入一定压强的净化压缩空气，使库内粉料充分流态化，然后轮流改变各区的进气压力(或进气量)，使流态化粉料在压力差或速度差的作用下不断改变对流方向，使流态化的粉料按同样规律产生上下翻滚和激烈搅拌，以至全库物料都得到充分的混合。图中断面线部分是进行强充气的区域，过一定时间后，充气作业就轮换到另外的区域内进行。

充气的方式有强气充气法和强弱充气法两种。强气充气法是先在全区同时低压充气10 ～ 15 min，使库内粉料膨胀，然后在充气区通入足够的压缩空气，其余区不充气，每隔10 ～ 15

min 轮换一次。如此重复多次，使粉料的均匀性符合要求。强弱充气法是先在全区同时充入强气 15 min 左右使物料流态化，然后改为一区充强气（约占总空气量的 75%），其余区充弱气（约占 25%）。每隔 10 ～ 20 min 依次轮换，循环一周或二周。

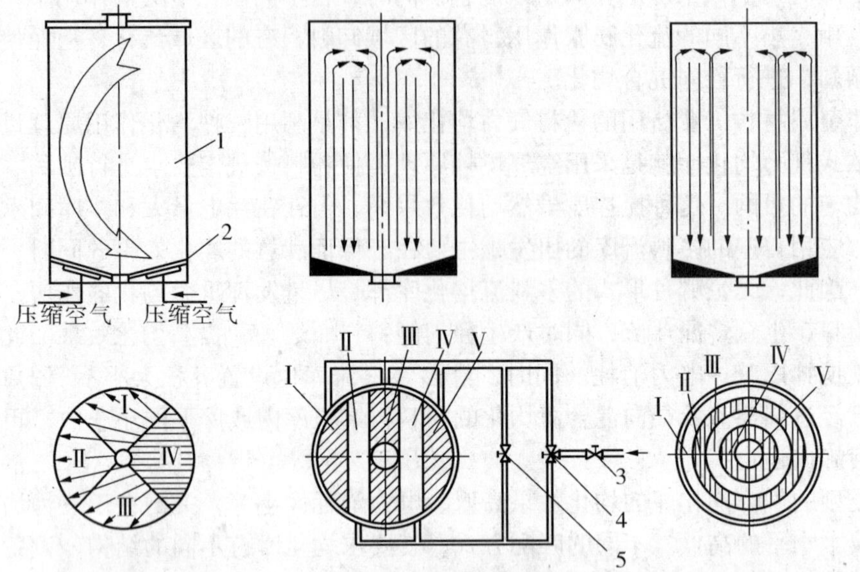

（a）扇形分区充气 （b）条形分区充气 （c）环形分区充气

图 19-21 分区充气均化库

1—均化库；2—充气箱；3—总阀；4—转向阀；5—旁路阀

分区充气均化库常用的分区方法有扇形、条形和环形三种以及由扇形演变而来的切变流均化库。国内使用的空气搅拌库充气装置多用扇形和条形分区。

扇形分区充气均化库如图 19-21a 所示。充气均化系统采用四分混合法。库底的充气装置由四个扇形体组成，在每个扇形体依次作混合时，其他三个扇形体则在进行充气。由空气压缩机供应充气和混合所需的空气。导入混合扇形体用于混合的空气量为空气供应总量的 75%，其余 25% 空气量则导入三个充气的扇形体。因此，在混合的扇形体上面形成一个充气非常透彻的稀薄料柱，在充气的扇形体上面比较密集的粉料不断地与这稀薄的料柱混合并向上移动，这样产生粉料的垂直快速环流。经过一定时间后自动依次转换扇形体充气，可获得近乎完全均化的混合料。

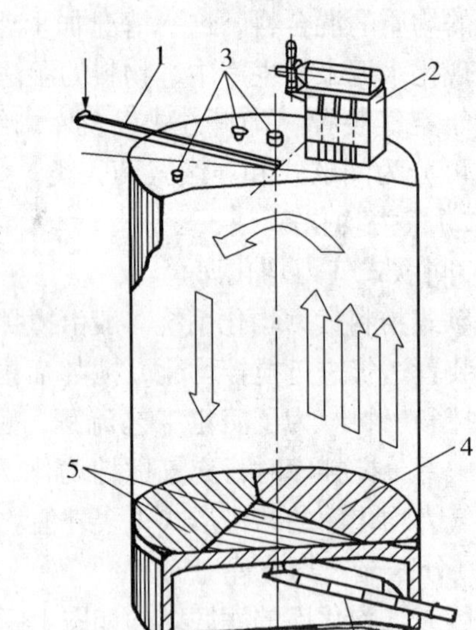

图 19-22 切变流均化库

1—空气输送斜槽；2—收尘器；3—均化库辅助装置（人孔，高、低压安全阀，料位高度极限指示器，库侧入口）；4—搅拌区；5—非搅拌区；6—带有控制和关闭部件的空气输送斜槽

条形分区充气均化库如图 19 － 21b 所示。均化库的库底被分成 5 个混合条带，条带 Ⅰ、Ⅲ和Ⅴ构成一组，而Ⅱ和Ⅳ构成另一组，每组

负担 50% 的充气区域。两组交替自动充气，使库内物料不断地流动而混合均匀。

环形分区充气均化库如图 19-21c 所示。底库分为 5 个充气圈，其混合作用与条形混合法相似，进行混合和充气的顺序亦相同。

切变流均化库如图 19-22 所示。库底分成四个充气区。在一定时间内只有一个区以强气流(搅拌空气)充气；其余三个区则以弱气流充气(非搅拌空气)。这样产生一股上升的空气与粉料的湍流，而在其余三个区同时产生向下的切变流。充气区的粉料沿壁上升，可以减少其他区对搅拌的影响，从而提高均化效果。均化库可设在储存库的顶上，这样可使混合好的物料依靠重力直接卸入储存库内。

分区充气均化库的优点是设备简单，操作可靠，均化效果好，容许入库混合料成分的质量波动大(±5%)，而输出混合料的质量波动小。其缺点是建造费用较高，动力消耗较大。

(2)内管重力式气力均化库

内管重力式气力均化库如图 19-23 所示。通过库底充气箱 3 向库中的内管 2 及其周围同时送风，一次风使库内粉料充分流态化，二次风则以较大的风速在内管中向上喷射。位于内管顶部的反射罩 4 也具有同样的分散物料作用。向四周辐射状分散的物料借重力下落，最后集聚混合至内管底部，随即又从内管中依靠气力上升，库内物料按图中箭头方向进行对流循环运动。循环速度与二次风速成正比，通常二次风速是一次风速的 5 ～ 10 倍。对流动性不好的物料，仅对其周围部分进行周期性的间歇通风，或带有压力差的周期性通风，这样对粘性较大的粉料也能得到某种程序的混合。

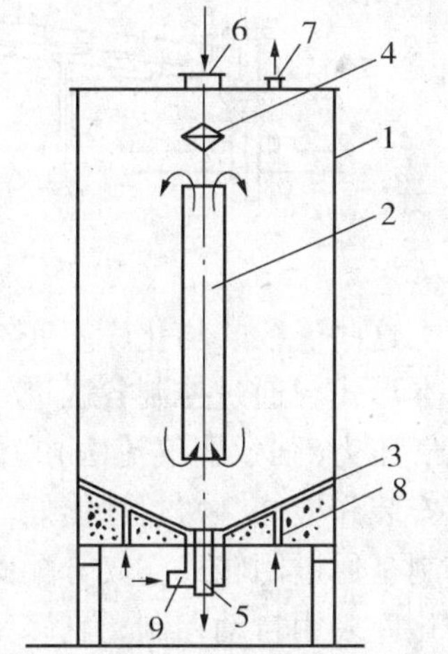

图 19-23　内管重力式气力均化库

1—均化库；2—内管；3—充气箱；4—反射罩；5—卸料口；6—加料口；7—排气口；8——一次空气进口；9—二次空气进口

带内管的气力混合设备可以使对流混合、扩散混合和剪切混合等三种混合形式在库内互相叠加，故混合效率较高，同时可通过内管和反射罩的调节作用，用少量的压缩空气就可获得良好的混合效果。这种混合设备结构简单，无运动部件。事故少，维修易，一次投资和常年维修费用低；由于进行整体对流循环，故粉料粒径和比重对混合效果没有影响，不会产生离析分层现象；单位充气面积处理量大，压缩空气消耗量少。

间歇式气力均化库的主要优点是，均化效果高(可达 10 ～ 30)，调配操作比较灵活，而且均化粉料可预先知道其成分；适用于生料成分波动较大(±5%)，且配料设备不够准确的生料制备系统，只要入均化库的粉料化学成分的平均值符合控制范围时，就可以取得满意的效果。其均化效果与粉料搅拌时间、空气用量、充气形式和装料高度等因素有关；混合时间决定于均化库的大小及搅拌空气的压强和流量，尤其决定于粉料的性质。其缺点是基建投资高、电耗高(约 0.5 kW·h/t)、日常操作管理复杂、维修工作量大。此外，由于每座均化库的平均成分不可能完全相同，所以当均化换库供料时，粉料成分会出现阶梯性波动。中、小型厂一般多采用间歇式均化系统，现代化大型厂较多使用连续式粉料均化系统。

2. 连续式气力均化库

连续式气力均化系统的工艺特点是粉料均化作业连续化。粉料从均化库顶部连续进入库内，入库的粉料在库内下降过程中实现了本身的混合均化作用，同时可以上部连续不断地加料，库底保持连续出料，库顶进料与充气搅拌和库底卸料同时进行，使操作管理简单化，并可实现自动化管理。

连续式均化库的类型较多，库顶结构大致相同。由于库直径大，进料一般采取库顶放射状分料多点进库，库顶粉料分配器如图 19-24 所示。各种连续均化库的主要区别在于库底充气方式、卸料装置和库底混合室形式。系统可以只设一座库或两座库(并联或串联)。连续式均化库系统均化效果与混合室和库底结构形式、库容量、充气方式、充气压力和流量有关，一般来说，库容量越大，均化效果越好。

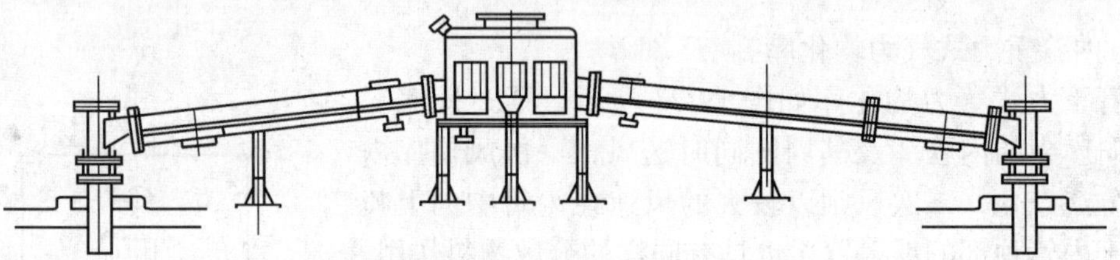

图 19-24　库顶粉料分配器

这些连续式均化库库底充气箱采取分区布置，充气箱的分区有扇形、条形、环形三种基本形式。通过控制各区进气阀门的开闭，可以给各区交替充气(强气流法)或改变各区的充气压力(强、弱气流法)，使气、物料产生不同的翻滚效果。充气箱多为钢板充气箱，便于安装和检修，密封性能好。空气搅拌程序控制有人工控制、机械控制和自动控制。机械控制是通过回转式空气分配阀，简单可靠，被广泛用于中、小型连续均化库。而大型连续均化库多用自动控制，它多采用电动阀或电磁阀加时序继电器控制各区的进气。

连续式气力均化库有多种类型，常见的有混合室均化库、中心锥均化库、多点流均化库和控制流均化库等(见图 19-25)。从图可看出，各类库型的设计构思和库内结构，既有共性又各具特色，总的趋势向重力均化、低耗气量、低电耗、高卸空率方向发展。

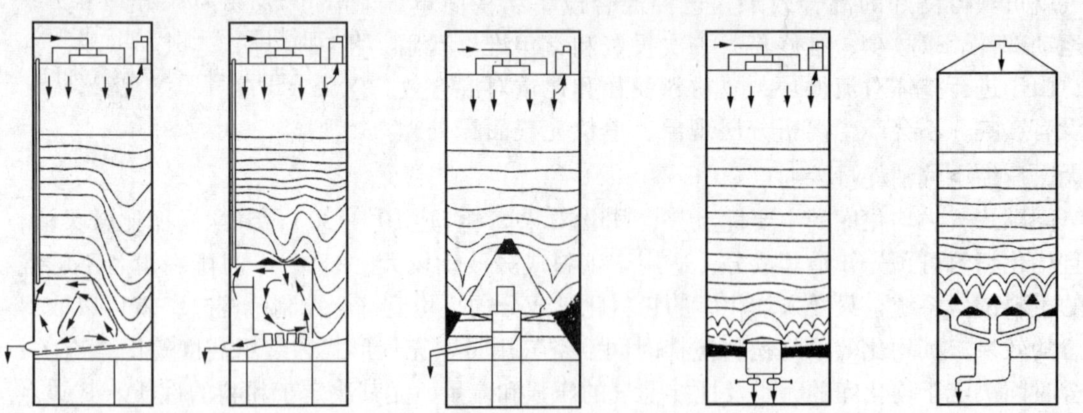

(a)混合室(MC)库　(b)中心锥(IBAU)库　(c)多点流(MF)库　(d)控制流(CF)库

图 19-25　各种类型的连续式气力均化库

(1)混合室均化库

混合室均化库是四分混合库和储存库的气力卸料系统的组合形式(见图 19-25a)。它是在库底中心设置一个较小的气力混合室(体积约为主库的 3% ~ 5%),使粉料得到充分的搅拌混合,库顶连续进料,库底连续出料。混合室均化库的类型较多,库顶结构大致相同。由于库的直径较大,粉料一般先送至库顶粉料分配器,再经放射状布置的空气输送斜槽入库,使粉料基本上形成水平料层。库顶还设有收尘器、仓满指示器等装置。混合室均化库有两种形式:圆锥形混合室库和圆柱形混合室库。

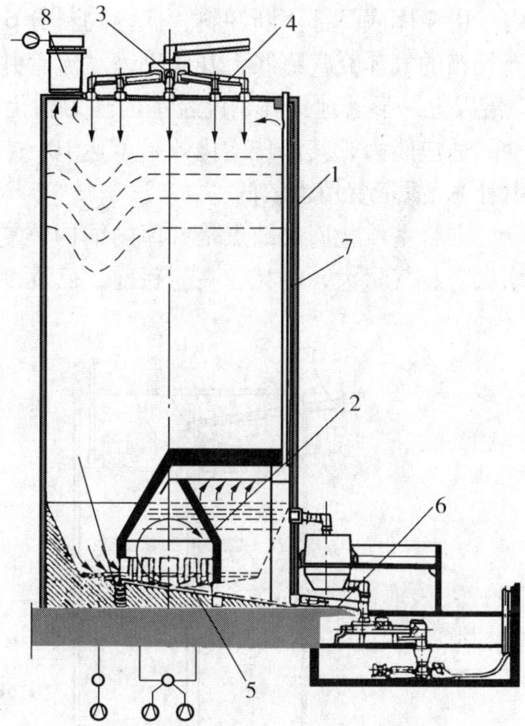

图 19-26　圆锥形混合室均化库

1—主库;2—混合室;3—分配器;4—空气输送斜槽;5—充气箱;6—卸料斜槽;7—排气管;8—收尘器

圆锥形混合室库如图 19-26 所示。在主库 1 的中心下部有一个圆锥形混合室 2,粉料经库顶分配器 3 和放射状布置的小空气输送斜槽 4 分送入库内,使入库粉料基本呈一层层水平分散铺布。主库底侧壁做成 65°的大斜坡,在混合室和斜坡之间的库底部略有斜度(一般斜度 3% 左右),并划分为 8 ~ 12 个区,每个区沿径向装有条形充气箱 5,混合室下部也开有 8 ~ 12 个进料孔。底层充气区的控制阀轮流启动,当轮流向各区送入低压空气时,条形空气箱上的粉料产生循环流态化混合料层,并流入混合室中。主库内粉料呈漏斗状或旋涡状塌落,一个接一个地形成,穿过各料层,在粉料下移过程中发生重力混合。轮流分区地充气引起主库内大量料层的重力预混合。已经预混合的粉料流入混合室后,受到强烈的交替充气而使料层流态化,按扇形四分区进行激烈的空气搅拌,这样得到进一步气力混合,并使进入混合室时略有成分波动的粉料缩小其波动。通过主库区产生的漏斗形重力混合过程和接着在混合室内的气力混合过程,配合料得到充气混合。混合后粉料自库底的隧道从库侧卸料口卸出。在卸料隧道内粉料又可得到进一步气力混合。混合料出口处的输送斜槽 6 上装有能控制料流量的控制阀,库底环形充气区、混合室和卸料隧道都有单独的罗茨鼓风机供气。混合室逸出的空气经隧道顶部和库侧排气管 7 进入库顶收尘器 8,净化后空气排入大气。

这种均化库的结构特点是库底中心有一个大圆锥体混合室,通过它将物料的荷载传递到库壁上,混合室对主库区起降压作用,结构比较合理。库壁和圆锥之间的环形区划分为六个充气扇形区,混合发生在卸料过程,操纵供气阀门及流量控制阀来控制充气扇形区的卸料,在库内形成一个接一个的漏斗形物料流,切割料层,产生重力混合均化作用。生料进入中心室后,又依靠连续空气搅拌得到气力均化,整个均化效果可达 8 ~ 10,动力消耗为 0.54 ~ 1.08 MJ/t。

圆柱形混合室库如图 19-27 所示。把圆锥形混合室改进为圆柱形混合室,其他部分与圆锥形混合室库构造类同。库顶一般有 6 嘴分配器，入库的粉料由分配器分 6 点进入库内。由于库底下部不断卸料，库内物料分 6 个门孔进入混合室。混合室内物料受室内底部充气箱的气体充气膨胀上升而进入溢流管并排出库外。由于混合室容积较圆锥形混合室大 2 倍以上，显著地提高了混合室内气力均化的效果，增加了对粉料较长时间和较大幅度波动的适应能力，其最佳均化效果可达 10 ～ 15，电耗为 1. 8 ～ 2. 2 MJ/t(不包括进、出料的电耗)，投资费用也较低。

混合室均化库的缺点是，库内结构较复杂，充气装置及混合室维修较困难，粉料卸空率低，耗气量大，电耗较高。目前，已逐渐被多料流式均化库所取代。

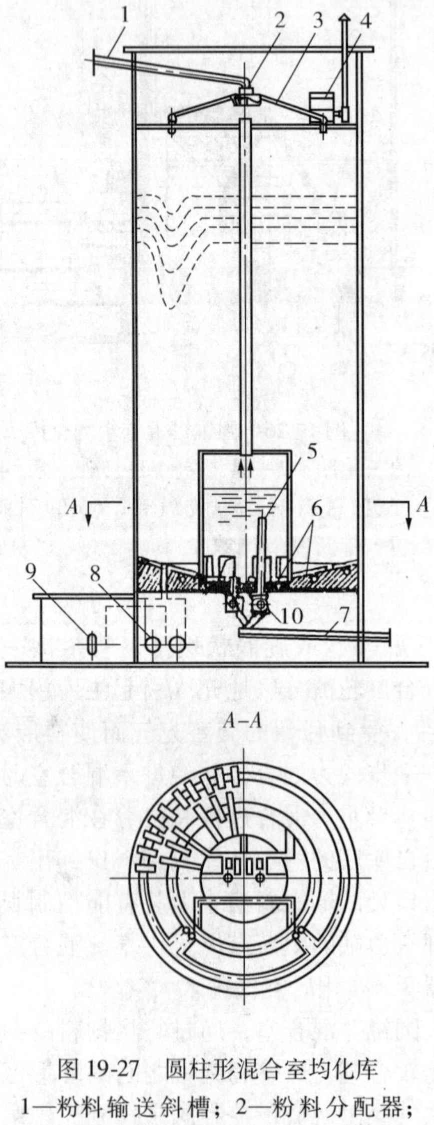

图 19-27　圆柱形混合室均化库

1—粉料输送斜槽；2—粉料分配器；3—入库粉料输送斜槽；4—收尘器；5—溢流管；6—充气箱；7—出库粉料输送斜槽；8—空气分配阀；9—罗茨鼓风机；10—叶轮下料器

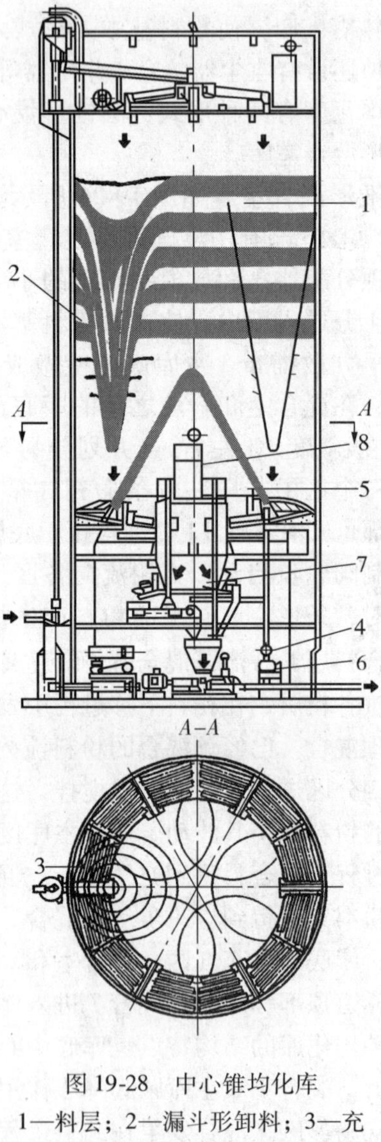

图 19-28　中心锥均化库

1—料层；2—漏斗形卸料；3—充气区；4—阀门；5—流量控制阀门；6—回转式空气压缩机；7—中心集料斗；8—收尘器

(2)多料流式均化库

多料流式均化库是目前使用比较广泛的库型。其原理侧重于库内重力混合作用，基本不用或减小气力均化作用，以简化设备和节省电力。在混合室库内，设有一个轮流充气区，向搅拌仓内混合进料，而多料流式均化库则有多处平行的料流，漏斗料柱以不同流量卸料，在产生纵向重力混合作用的同时，还有径向混合作用，因此一般单库也能使均化效果达到7以上。同时，有许多类型多料流库在库底增加小型搅拌仓(一般100 m^3 左右)，使经过库内重力切割层均化后的物料，在进入小仓后再经搅拌后卸料，以增加均化效果。将粉料在库内的二次搅拌移至库外，减少库内充气面积，避免了库内高料压的影响，搅拌空气的压力一般在60 kPa即可满足要求，降低电耗和节约土建投资，检修方便。中心锥均化库、多点流均化库和控制流均化库均属此类型。

①中心锥均化库。中心锥(IBAU)均化库如图19-28所示。粉料入库装置类似混合室均化库，由分配器和放射状空气斜槽将粉料基本平行地铺布入库。它的结构特点是库底中心有一个大圆锥，通过它将物料的载荷传递到库壁上，结构比较合理。库壁和圆锥之间的环形区划分为6～8个充气扇形区，操纵供气阀门4及6～8个流量控制阀5来控制充气扇形区3的卸料量。

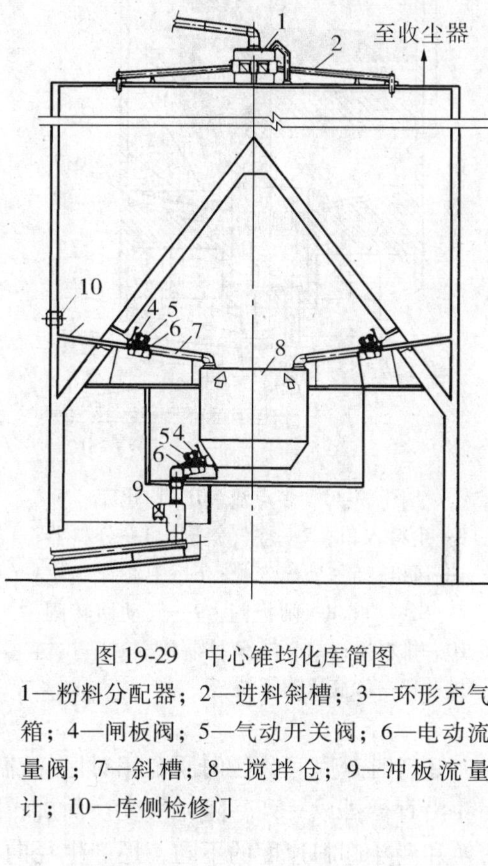

图19-29　中心锥均化库简图

1—粉料分配器；2—进料斜槽；3—环形充气箱；4—闸板阀；5—气动开关阀；6—电动流量阀；7—斜槽；8—搅拌仓；9—冲板流量计；10—库侧检修门

在同一个时间内，至少有两个卸料口以不同流量开放。每个卸料口在卸料过程中都形成漏斗状料流，切割料层，产生重力混合均化作用。该均化库是在库外底部所带的一个搅拌仓(见图19-29)。粉料经斜槽进入库底中心搅拌仓内，依靠连续空气搅拌均化而卸出。由于中心锥较大，下部搅拌仓做得比较大，粉料在搅拌室中可充分均化。搅拌仓上锥顶处设袋式收尘器，可排除搅拌仓均化所用气体。

中心锥均化库既有重力混合又有径向混合，中心室也有少量空气搅拌，故均化效果好，一般单库可达7，双库并联可达10以上。电耗较小，一般为0.36～0.72 MJ/t。同时，库内物料卸空率较高。其缺点是建造时施工复杂，造价较高。

②多点流均化库。多点流(MF)均化库如图19-30所示，主要由库顶分配器、库内充气系统、库底卸料系统及一些配套设备组成。其库顶喂料系统与混合室库相同，经过分配器和空气输送斜槽使粉料水平层层铺布。库底中央有一凹陷的中心充气室。其上部与库底连接的四周开有许多入料小孔。库底为向中央倾斜的环形面，并分为5～13个充气区(见图19-31)，每个区设有2～3条装有充气箱的卸料槽。槽面沿径向铺有若干块带有3～5个卸料孔的减压盖板。20世纪80年代之后，改进型MF库又吸取IBAU库和CF库的经验，库底设置一个大型圆锥，每个卸料口上部也设置减压锥。这样可使土建结构更加合

理，又可减轻卸料口的料压，改善料流状况。

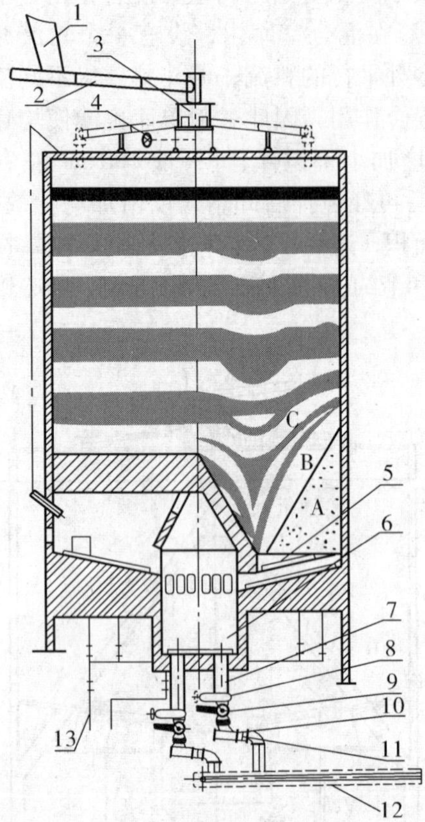

图 19-30 多点流(MF)均化库

1—生料入口；2—空气斜槽；3—分料器；4—风机；5—外充气槽；6—中心充气室；7—出料口；8—闸板阀；9—气动回转阀；10—排料槽；11—流量控制阀；12—拉链机；13—库底管道系统

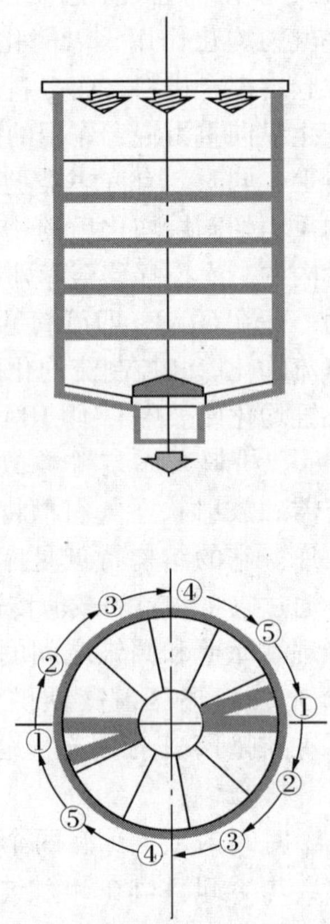

图 19-31 多点流均化库操作示意图

卸料时，库底分区向两个相对区轮流充气，于是在卸料口上方出现多个漏斗形凹陷，漏斗沿直径排成一列，随充气变换而旋转改变。这样不仅产生重力混合，而且随充气区的变换和漏斗卸料速度的不同，还产生径向混合。粉料由库底进入中心室后，中心室是连续充气的，使粉料又获得较好的气力均化，因此均化效果较高。单库使用时均化效果可达7，两库并联操作可达10。由于这种均化库主要是利用卸料时的重力混合均化，中心室小，耗气量少，电耗低(一般为0.43～0.58MJ/t)，粉料卸空率高。由于中心搅拌室于库底下部，维修此室时不必卸空库内粉料，只要将室内粉料放干净，就可进入室内检查修理充气箱。不过若维修库内的充气箱，仍需卸空库内粉料。

多点流均化库使用存在下列问题：当对称的一对充气区充气时，靠近混合室的一组卸料口处因为所受阻力最小，粉料层最先产生流态化进入中心混合室，同时导致该组卸料口上方粉料在重力作用下产生凹陷漏斗。而离中心混合室较远第 2 组卸料口及离中心最远靠库壁的第 3 组卸料口处由于受到库内数十米料压的影响，该处充气槽内充气压力根本不能克服其上部料压，只能折向水平方向至物料阻力较小的第 1 组卸料口处，促使第 2 组卸料口处的大量物料涌入中心混合室。这样在第 1 组卸料口上方漏斗流边界以内，形成易流动区（见图 19-30 中 C 区），约占库有效容积 80%，在第 2 组卸料口外侧至库壁处在锥环形死料区（见图 19-30 中 A 区），约占有效容积的 5%；在易流动区 C 与死料区之间存在着粉料滞料区 B。上述库内分区现象随库内粉料料位的变化而变化。当库内料位升高时，死料区及滞料区向库中心移动，当库内料位降低时，死料区及滞料区向库外壁方向移动。由于存在上述问题，一方面降低了均化库的正常使用储量，另一方面也使约 2/3 的充气槽不能发挥作用。造成上述问题的主要原因是大直径多点流库的卸料槽过长。而混合室库和中心锥库能较好解决边部死区和就近取料问题，控制流（CF）均化库的卸料槽比较短，其边部死料区也较少。

③控制流（CF）均化库

控制流均化库不像间歇式均化库中对全部粉料进行空气搅拌，而是粉料在库底局部区域连续流动达到均化，因此需要满足两种情况：力求所有库中粉料需要保持经常向出口流动，同时粉料通过库需要有不同的停留时间。料层分成几排料流，它们以不同流量连续下降，这过程可以使很少粉料充气流入混合室并在混合室内最终均化。出料装置装有程序控制装置，可按局部需要和情况选择最佳流量分配。

控制流库的直径有 14 ～ 31.5 m 不同规格，但库的结构完全相同（如图 19-32 所示）。这种库的进料方式采用库中心单点进料，生料不断地供到库顶中心，库顶盖装有标准部件，包括入孔门 4，表示库内超压或低压的压力阀 3 以及防止库满的库满指示器 2，还装有料位指示器 1 指示库内料位。

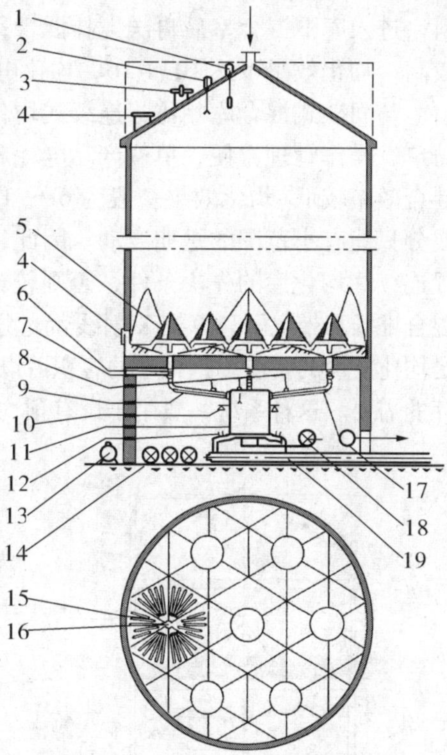

图 19-32　控制流（CF）均化库

1—料位指示器；2—库满指示器；3—压力阀；4—人孔门；5—钢制锥形罩；6—螺旋闸门；7—开关阀；8—流量控制器；9—空气斜槽；10—压力传感器；11—混合室；12—流量控制阀/开关阀；13—空气压缩机；14—罗茨风机；15—充气斜槽；16—排料口；17—鼓风机；18—罗茨鼓风机；19—螺旋输送机

库底由 6 根主立柱顶起，混合室处于库底下部。库底装有 7 个排料孔。在这些孔周围分成扇形面，形成 7 个相同的六角形扇形面区，每个扇形面区又分成 6 个三角形扇形面。这样库底总共有 42 个扇形面，而扇形面覆盖充气箱 15，互相独立的每扇三角扇形面内充气箱同时接受充气，每扇充气箱的充气来自独立的罗茨风机。

每个扇形面区有一个排料口 16，在其上盖着钢制锥形罩 5，钢制锥形罩降低出口压力保证排料。7 个排料孔中每一个都装有开关阀 7，用它控制排料孔排料或停止排料。由排料口出来的粉料通过空气斜槽 9 导向混合室 11。

混合室作均化仓或中继仓。混合室装在压力传感器上。来自压力传感器的信号可以启动和停止总的排料过程，使混合室中料位保持在很窄的波动范围内。

用 3 台罗茨鼓风机给每个扇形面区供气，用 42 个电磁阀控制每一个扇形面区。另外控制流库装有罗茨鼓风机 18 用于混料室，一台空气压缩机 13 用于操纵开关阀和流量控制阀 12，1 台鼓风机 17 用于斜槽。

控制流库安装有程序控制箱，对 42 个独立的小扇形面进行控制，按照确定的程序使粉料从这些单独区域排出。CF 均化库充气系统见图 19-33，充气程序见图 19-34。风机Ⅰ向 A、B 两区供气；风机 2 向 C、G 两区供气；风机 3 向 F、E、D 三区供气。风机 1 向 A、B 供气程序为 $B_1 \to A_1 \to B_2 \to A_2 \to B_3 \to A_3 \to \cdots \to B_6 \to A_6$；风机Ⅱ供气程序为 $G_2 \to C_3 \to G_3 \to C_4 \to \cdots \to G_1 \to C_2$；风机Ⅲ供气程序为 $F_1 \to E_1 \to D_1 \to F_2 \to E_2 \to D_2 \to \cdots \to F_6 \to E_6 \to D_6$。均化程序开始，3 台风机启动，3 组停气时间各有程序。库底三角形充气区由微机控制轮流充气，使 42 个平行的漏斗料柱在不同流量的条件下卸料，使每个漏斗料柱在进行各料层纵向重力混合的同时，实现库内各料柱的最佳径向混合。出库时一般保持三个卸料区同时出料，进入库下混合室后再次搅拌混合，实现气力均化(见图 19-35)。这种均化库设备投资较高，均化效果可达 10 ～ 16，均化电耗为 0.72 ～ 1.08 MJ/t。

与间歇式混合库相比，连续式均化库同时用于连续混合过程和粉料的储存，工艺流程简单，操作管理方便，单位产品电耗和基建投资都较省，便于实现自动控制。但是由于其混合效率较低(均化效果一般为 6 ～ 15)，入库配合料成分无调节余地，故要求喂入粉料成分只能有小范围的短期波动。因此，矿山原料成分稳定或备有原料预均化混合堆场是设置连续式均化库的先决条件，否则较难保证满足工艺要求。在水泥工厂中，在设有预均化混合堆场和带电子计算机 X 射线萤光分析仪自动控制系统的条件下，连续式均化库完全能满足均化质量的要求。这种库的容积可以设计得较大，只需设置 1 ～ 2 个库即可满足均化和储存的需要。这种系统一般用于设有预均化堆场，出磨生料成分波动不大的大、中型水泥厂。

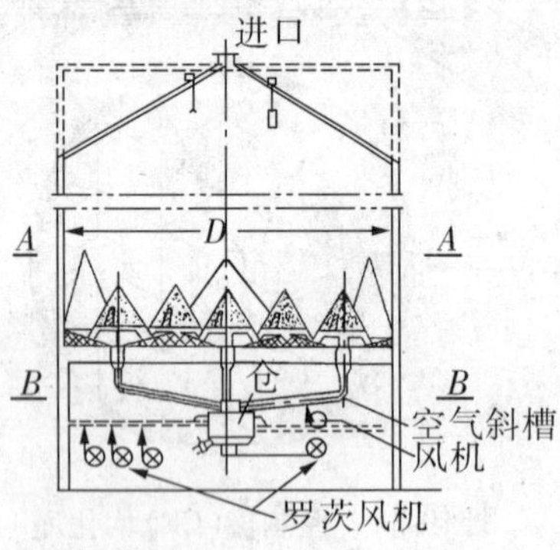

图 19-33　CF 均化库充气系统图

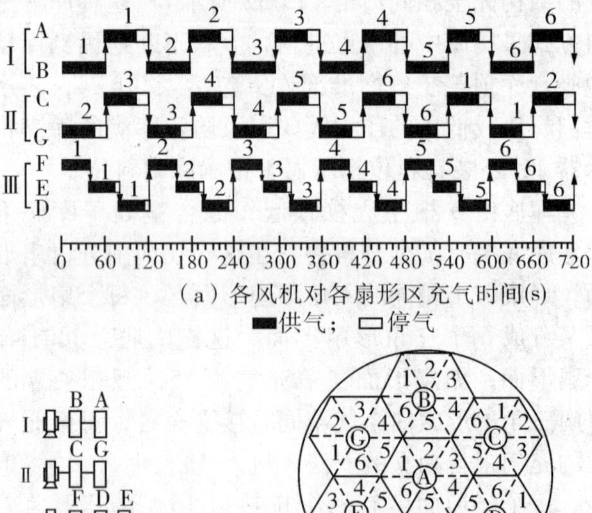

(a) 各风机对各扇形区充气时间(s)

(b) 各风机对不同扇形区充气

(c) 充气位置

图 19-34　CF 均化库充气程序图

Ⅰ,Ⅱ,Ⅲ—风机；A,B, C, D, E, F, G—扇形区；1 ～ 6—程序

由于连续式均化库的进展，有可能取代间歇式均化库。在现代水泥工厂中，已从生料

均化扩展到水泥均化。

（三）均化库工作参数的确定

1. 间歇式均化库工作参数的确定

（1）库容量

合理确定均化库和储存库有效容量，对提高粉料均化效果、稳定出料成分具有重要作用。粉料总有效储量 Q 可按下式计算：

$$Q = Q_1 + Q_2 = KGg \quad (\mathrm{t}) \tag{19-4}$$

式中 Q_1，Q_2——分别为均化库和储存库的有效储量（t）；

G——生产所需粉料量（t/d）；

g——料耗（t/t）；

K——粉料储备天数（d），对于大中型水泥厂生料储备量为3d。

库的个数不仅要满足总储量和储存天数的要求，同时也要满足均化工艺的要求，因此还要校核能满足所需合格粉料量：

$$G_s = \frac{Q}{tn} \quad (\mathrm{t/h}) \tag{19-5}$$

式中 t——均化库的均化周期，$t = t_1 + t_2 + t_3 + t_4$；

t_1——粉料进库时间（h）；

t_2——一次均化时间（h），水泥生料取1～2 h；

t_3——取样化验时间，取0.5～1.0 h；

t_4——卸料时间（h）；

n——均化库个数：

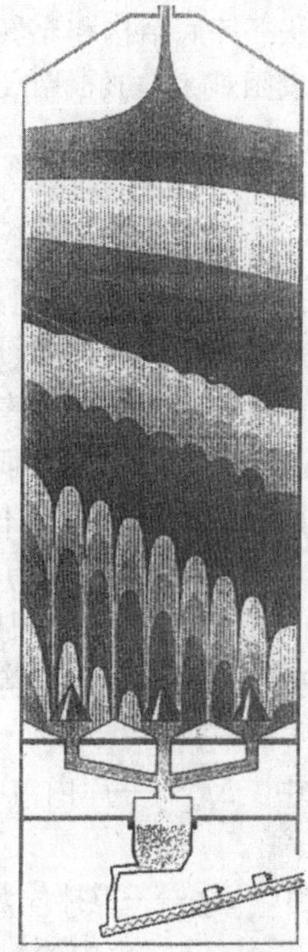

图 19-35 CF 均化库操作示意图

$$n = \frac{G_s t}{Q} \tag{19-6}$$

考虑生产上的备用，加1个库，则 $N = n + 1$。取整数，库数 N 应≥2。

间歇式均化库的数量一般为2～6个，至少需2个。即当一个库在加料时，另一个库正在进行搅拌、取样分析和卸料。在一个库装满前，另一个库已经卸空，两个库交替作业。

（2）均化库高径比

均化库高径比是影响其建设投资、均化效果和动力消耗的重要参数之一。根据理论计算和实验数据，均化库的净高与内径的比值（H_M/D_i）一般在0.8～1.6。确定了库的高径比，即可求得库的高度和直径。

当库内粉料正常流态化时，粉料高度与静止时相比，要增加15%～30%，如再考虑装料误差等因素，应再留10%富余量，以防粉料从库顶溢出。因此，库的净空高度为

$$H = 1.1 \times 1.3H = 1.43H_M \quad (\mathrm{m}) \tag{19-7}$$

式中 H_M 为库内装料高度（m）。

间歇式均化库最小的直径为3 m，最大直径为8 m，不宜过大，否则均化用的空气压缩机的选型就比较困难。

（3）均化空气消耗量

均化所需压缩空气与库底充气面积成正比。另外，粉料性质、透气层材料性能、操作

方法、库底结构和充气箱安装质量等都是影响耗气量的因素。因此，欲从理论上推导计算比较困难，一般根据经验公式来进行估算。搅拌库均化所需的空气量可按下式计算：

$$Q_A = q_A S \quad (\mathrm{Hm^3/min}) \tag{19-8}$$

式中　S——均化库库底有效充气面积(m^2)；

q_A——库的单位截面积在标准状态下的空气需要量($\mathrm{Hm^3/(m^2 \cdot min)}$)。

式(19-8)中的 q_A 值主要取决于充气方法、库直径、搅拌前料面形状、生料的性质、库底结构、充气面积、充气箱安装质量、透气材料性能及操作方法等诸多因素，通常根据经验选取。对于一般库底采用扇形四分区时，对角充分搅拌的 $\phi5 \sim \phi6$ m 库可取 $q_A = 1.0\ \mathrm{Hm^3/(m^2 \cdot min)}$；强弱气充气搅拌的 $\phi8 \sim \phi14$m 库，可取 $q_A = 0.8\ \mathrm{Hm^3/(m^2 \cdot min)}$。通常取 $q_A = 1.2 \sim 1.5\ \mathrm{Hm^3/(m^2 \cdot min)}$。每 1t 水泥生料均化所需压缩空气量为 10 ～ 20 m^3。

(4)均化空气压力

均化库正常工作时所需的最低空气压力应能克服系统管道阻力、透气层阻力和气体通过流态化料层的阻力等。搅拌库系统的空气阻力损失可按下式计算：

$$\Delta p = \Delta p_1 + \Delta p_2 + \Delta p_3 + \Delta p_4 + \Delta p_5 \quad (\mathrm{kPa}) \tag{19-9}$$

式中　Δp_1——库内流态化床的阻力损失，可按下式计算：

$$\Delta p_1 = 9.8 H_M \rho_s \quad (\mathrm{kPa}) \tag{19-10}$$

式中　H_M——搅拌库装料高度(m)；

ρ_s——库内粉料的平均堆积密度(t/m^3)；

Δp_2——透气层的阻力损失(kPa)；

Δp_3——管路系统的阻力损失(kPa)；

Δp_4——库内粉料由固定床转变为流态化床时，附加的瞬时爆破阻力损失(kPa)，当装料高度为 6 ～ 12 m 时，可取 $\Delta p_4 = 9.8$ kPa；

Δp_5——储备的阻力损失(kPa)，如考虑到透气材料孔隙堵塞、装料超过规定高度等因素，可取 $\Delta p_5 = 9.8 \sim 14.7$ kPa。

也可根据经验公式来估算：

$$\Delta p = \Delta p_m H_m \quad (\mathrm{kPa}) \tag{19-11}$$

式中　Δp_m——库内每 1 m 流态化料柱处于动平衡状态时所需克服的总阻力(kPa/m)；

H_m——库内流态化料柱高(m)。

选择空气压缩机的供气压力要特别注意，间歇式均化库开始均化操作时，粉料已经储存了 24 h 以上，粉料周围包着的空气层已经消失，已经压实了。压缩空气进入后有一个气化层形成过程，粉料开始膨胀。膨胀到一定程序，局部先被压缩空气穿透，空气压力开始下降，其最大压力称为穿透压力。穿透压力是选择空气压缩机的排气压力的主要依据。影响穿透压力的主要因素是粉料的含湿量及粉料在库内放置时间。间歇式均化库搅拌空气压力一般为 200 ～ 250 kPa。

(5)均化时间

根据有关资料和一些厂的实践经验，间歇式均化库搅拌时间一般控制在 2 h 以内。在正常情况下，对水泥生料进行 1 ～ 2 h 的空气均化，生料 $CaCO_3$ 最大波动值可控制在 $< \pm 0.5\%$ (甚至 $\pm 0.25\%$)的水平。如遇特殊情况(如充气箱损坏、生料水分大、生料成分波动大等)，可适当延长均化时间。

2. 连续式均化库工作参数的确定

(1)均化效果

影响均化效果的，不仅是在设计时所赋予均化库所固有的均化能力，而且与库内物料储量、物料进出库流量和进库物料化学成波动的周期等因素有关。连续式均化库的均化效果可用下式估算：

$$H = \frac{S_1}{S_2} = \frac{2\pi KQ}{qt_c} \tag{19-12}$$

式中 S_1，S_2——进出均化库前后粉料某成分的标准偏差；

Q——库容量(t)；

q——通过库内的粉料流量(t/h)；

t_c——循环时间(h)；

K——效率系数，理想均化库为1；CF均化库是各种均化库中效率最高的一种，K为0.30；其他均化库为0.03～0.15。

从式(19-12)可知，其均化效果与库内粉料量成正比，与流量和循环时间成反比。为了提高均化效果，一方面要尽量保持库内有较多的粉料储存量；另一方面要减少入库粉料达到控制目标值的波动周期；此外，还需十分重视库底充气装置对粉料的均化条件，使之形成旋转的“漏斗流”，进行轴向及径向重力均化，提高均化效果。因此，现代干法水泥厂一条生产线往往只建一个容量大的连续式均化库。

(2)库容量

连续式均化库的库容量较大，粉料均化层要足够多，同时要注意粉料喂料量要保持在正常波动范围。另外，库要同步喂料和卸料，需要充填到接近库容量的60%，保证粉料在下降过程有必需的均化时间，才能达到足够的均化效率。均化需要的时间由库容量和生产所需的粉料量所决定。均化库的有效容量为

$$Q = \frac{qt}{0.6\rho_s} \quad (m^3) \tag{19-13}$$

式中 q——需供生产的粉料量(t/h)；

t——粉料贮满最小容量(60%有效容量)的时间(h)，对于水泥生料的储存期要求需满足2d量，操作不熟练则取3～5d量；

ρ_s——粉料的堆积密度(t/m^3)，混合室搅拌库水泥生料堆积密度取1.1 t/m^3。

连续式均化库均兼做储存库之用，因此其库容量应能满足储存期的要求。一般一条工艺生产线宜只配一个连续式均化库。由于库规格或工程地质等不良原因，也可选用两个连续式均化库。

(3)均化库高径比

根据建库土壤耐压力以及库本身结构和工艺布置要求，决定库的高径比。因此，已知库容量就可确定库高度。当要求粉料的储存期和库个数确定之后，库的直径可取8，9，10，12等规格。库的直筒部分高度一般取$H \geqslant 2D$。

混合室均化库的混合室有效内径一般为

$$d = D/(2.5 \sim 3.7) \quad (m) \tag{19-14}$$

式中，D为均化库的内径(m)。混合室的有效高度$h = (1.5 \sim 2.0)d$。

(4)均化空气的消耗量和压力

混合室均化库的混合室耗气量可按下式计算：

$$Q_1 = S_1 q_1 \quad (\mathrm{m^3/min}) \tag{19-15}$$

式中　S_1——混合室充气面积(m^2)；

q_1——混合室单位充气面积的耗气量（$m^3/(m^2 \cdot min)$），一般为0.8 $m^3/(m^2 \cdot min)$。

混合室分为四个扇形区轮流充气，但耗气量仍按总面积计算。

环形区的耗气量可按下式计算：

$$Q_2 = \frac{1}{8} S_2 q_2 \quad (\mathrm{m^3/min}) \tag{19-16}$$

式中　S_2——环形区的充气面积(m^2)；

q_2——环形区单位充气面积的耗气量（$m^3/(m^2 \cdot min)$），一般为1.0 $m^3/(m^2 \cdot min)$。

环形区分为8个扇形区轮流充气，故按1/8总充气面积计算。

混合室均化库的总耗气量为

$$Q = (Q_1 + Q_2) K_1 K_2 \quad (\mathrm{m^3/min}) \tag{19-17}$$

式中　K_1——管道系统漏风系数，$K_1 = 1.05 \sim 1.10$；

K_2——储备系数，$K_2 = 1.10 \sim 1.30$。

一般一个库选用一台容积式鼓风机，鼓风压力一般为490～686 kPa。

几种均化库的技术性能比较见表19-1。

表19-1　几种均化库的技术性能比较

均化库种类 \ 均化库名称	间歇式均化库		混合室均化库		多料流均化库		
	双层间歇式均化库	串联操作连续均化库	圆锥形混合室库	圆柱形混合室库	中心锥库	多点流均化库	控制流均化库
均化用空气压力(kPa)	200～250	200～250	60～80	60～80	60～80	60～80	50～80
均化用空气量（m^3/t(水泥生料)）	9～15	16～29	10～15	18～25	7～10	7～10	7～12
均化用电量（MJ/t(水泥生料)）	1.44～2.34	2.52～4.32	0.54～1.08	1.80～2.16	0.36～0.72	0.43～0.58	0.72～1.08
均化效果 *H* 值	10～15	8～10	5～9	11～15	7～10	7～10	10～16
操作要求	复杂	简单	很简单	很简单	很简单	很简单	简单
基建投资	很高	最高	低	低	较高	较低	较高

第五篇 起重运输机械

用于固体物料的提升、降落以及搬运的机械设备统称为起重运输机械。无机非金属材料工业生产过程中，需要处理大量的固体物料，包括原材料、燃料、半成品及成品等。这些物料从矿山、码头运到工厂，在厂内车间之间和车间内部转移，以及产品发运出厂，都要进行大量的起重运输作业。例如，一间日产1000吨熟料的水泥工厂，每日的起重运输量就达1万多吨，要用人力来解决，显然是不可能的。起重运输机械可以代替或减轻繁重的体力劳动，提高劳动生产率，以适应大规模生产的要求，是实现生产过程机械化和自动化不可缺少的机械设备。某些起重运输机械又是机械安装检修时不可缺少的工具。

起重运输机械属于通用机械，它在无机非金属材料工业中也得到广泛应用。起重运输机械有多种多样的形式和构造，为了研究和选用上的方便，按其结构和用途的特点，大致可分为起重、输送和装卸三大类，如下页图表所示。

由于起重运输机械的形式和种类繁多，处理一项运输任务，往往可以选用各种不同形式的起重运输机械。但是，根据它们所具有的各种特性，选择最适合于某一具体情况的机械类型，有时是比较困难的。对起重运输机械的选型要求是，使物料能够按照一定准确的时间制度并按规定的数量运送到指定的地点。同时，在运输过程中，要尽量最大限度地机械化，操作人员少，设备和被运物料都不损坏，并且投资和维护费用少等。

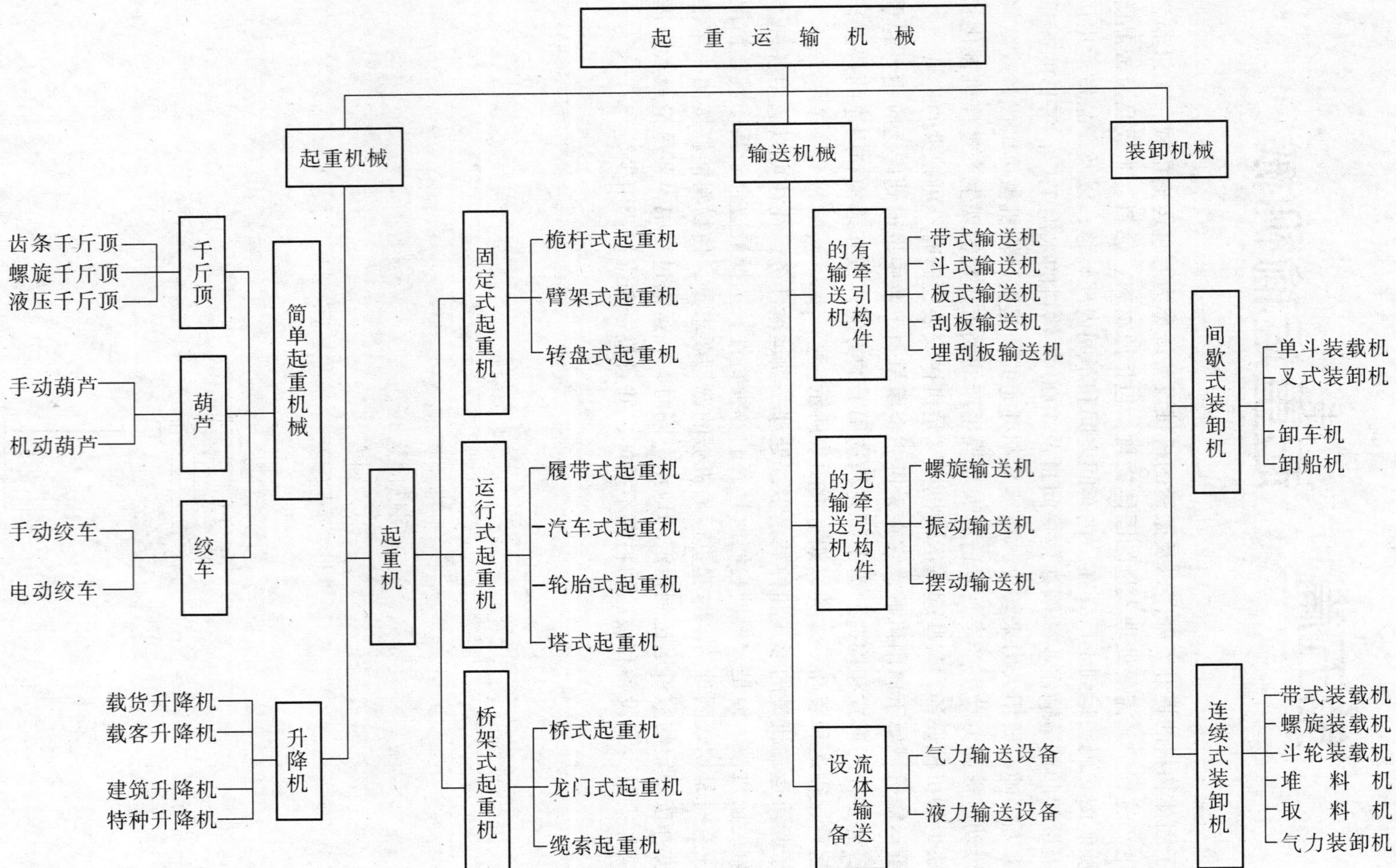
起重运输机械
起重机械
输送机械
装卸机械
简单起重机械
千斤顶
齿条千斤顶
螺旋千斤顶
液压千斤顶
葫芦
手动葫芦
机动葫芦
绞车
手动绞车
电动绞车
升降机
载货升降机
载客升降机
建筑升降机
特种升降机
起重机
固定式起重机
桅杆式起重机
臂架式起重机
转盘式起重机
运行式起重机
履带式起重机
汽车式起重机
轮胎式起重机
塔式起重机
桥架式起重机
桥式起重机
龙门式起重机
缆索起重机
有牵引构件的输送机
带式输送机
斗式输送机
板式输送机
刮板输送机
埋刮板输送机
无牵引构件的输送机
螺旋输送机
振动输送机
摆动输送机
流体输送设备
气力输送设备
液力输送设备
间歇式装卸机
单斗装载机
叉式装卸机
卸车机
卸船机
连续式装卸机
带式装载机
螺旋装载机
斗轮装载机
堆 料 机
取 料 机
气力装卸机

第 20 章　起重机械

起重机械是以重复的、短时间的工作循环来起升和移动物料(或物件)的机械。它主要是用来整批地提升物料，也可兼作运输之用。起重机械的工作有一定顺序：将物料提起、升举、向指定方向移动，将物料放落在指定地点，然后起重设备又再回到原先的位置。所以，起重机械的基本特征是工作的周期性和要将物料提升。起重机械的主要参数有起重量、起升高度、工作速度、跨度、机械质量及外形尺寸等。

在无机非金属材料工业中，使用的起重机械种类很多，按结构特征来分有简单起重机械、升降机和起重机三种。简单起重机械的特点是动作简单，多数只有一种上下方向的运动，结构简单，携带方便，因此起重量及工作范围都不大。它可以独立地作为起重设备，也可作为较复杂的起重机械的一个组成部分。升降机是一种只有上下一个方向运动的提升机械，在构造上它比简单起重机械复杂些。起重机的构造较为复杂，一般具有两种以上的机构，可用于一定空间的起重。

在无机非金属材料工业中，常用的起重机械有桥式起重机和电动葫芦。

第一节　桥式起重机

一　工作原理及构造

桥式起重机又称桥式吊车，如图 20-1 所示。它主要由桥架及运行机构(或称大车)1、卷扬小车 2、攫物机构 3 以及安装在桥架下面的驾驶室 4 组成。卷扬小车沿着铺设于桥架上的轨道运行；桥架则沿着架设于构筑物墙壁或支架上的轨道运行；小车上有提升机构及运行机构，以使物料垂直提升及沿车间横向运行；桥架上则装有使起重机沿车间纵向运行的机构。这三种运动的配合，即可实现物料在移动空间的任意点之间的转移。起重机本身则几乎不占据地面的有效使用面积，使仓库获得充分利用。

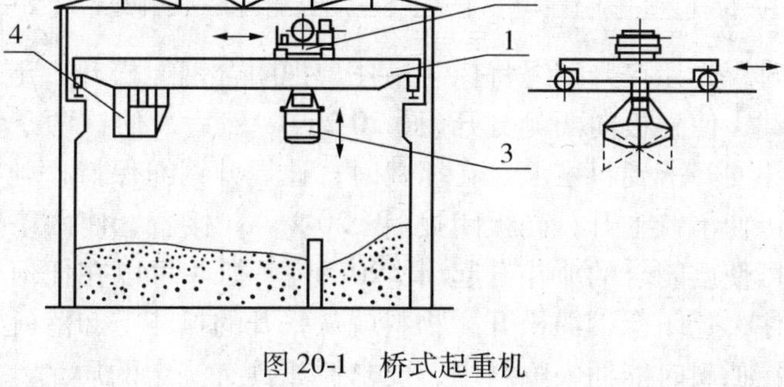

图 20-1　桥式起重机

1—桥架及运行机构；2—卷扬小车；3—攫物机构；4—驾驶室

桥架是起重机的承载机构，起吊载荷及运行小车的质量由桥架通过装在横梁两端的车轮支承在厂房轨道梁上。大车运行机构设置在桥架上，由电动机通过传动机构和装在横梁上的车轮来驱动运行。

运行小车由提升机构、运行机构及小车车架组成。运行机构广泛采用单独传动形式，并采用电动机、制动器与减速器装成一体的结构，装拆方便。

制动装置是桥式起重机的一种重要机构。在运行机构上采用制动装置，能保证它在指定位置平稳而准确地停住；在提升机构上采用制动装置，能保证物料静止地悬于空中。桥式起重机各机构上采用的制动装置，其动作都是常闭式的，即电动机不通电（机构不工作）时，借助于弹簧并通过制动杠杆的作用，使闸瓦抱住转动轴（通常是电动机轴）上的制动轮；机构工作时则松开闸瓦。松开闸瓦的方法，目前采用电磁铁和液压推杆两种。通电时推杆向上，通过杠杆系统的作用克服弹簧力，即可将制动器打开。

攫物装置形式很多，按所取物料类型主要可分为两类：用于成件物品的攫物装置，如吊钩和电磁铁盘等；用于散料的攫物装置，如料斗和抓斗等。根据攫物装置的构造，桥式起重机有吊钩桥式起重机、抓斗桥式起重机和电磁盘桥式起重机等。它们的结构大致相同，只是根据需要安设不同的攫物装置。

抓斗桥式起重机广泛用于联合储库内物料的搬运工作。比较通用的抓斗是双绳双壳抓斗（图 20-2），水泥厂常用于抓取石灰石、熟料、煤、矿渣等散粒物料。这种抓斗由两块壳板 1、拉杆 2、上铰 3，下铰 4、闭合钢绳 5 及同上铰连接的提升钢绳 6 等组成。闭合绳及提升绳分别绕入驱动卷筒 7 及 8 上。

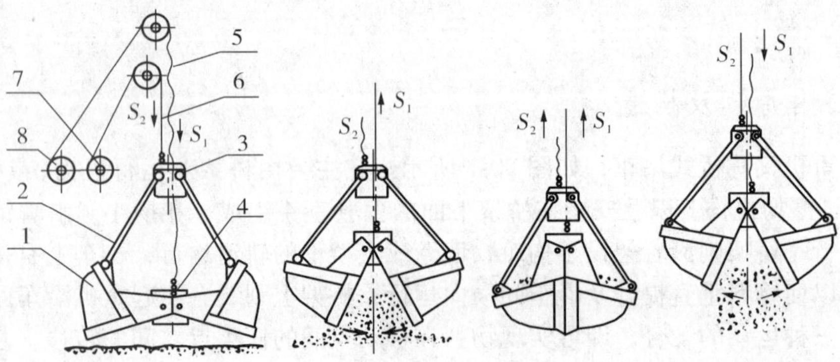

图 20-2　双绳抓斗的工作过程

1—壳板；2—拉杆；3—上铰；4—下铰；5—闭合绳；6—提升绳；7，8—驱动卷筒

要使抓斗张开时，先让提升钢绳将抓斗吊住，把闭合钢绳松开，于是下铰就在本身重力的作用下向下移动，使壳板向两侧分开（图 20-2a）。然后，使这两条钢绳同时从卷筒上松开，则张开的抓斗便降落到料堆上。在抓料时，让提升钢绳保持松弛状态，使闭合钢绳卷绕到卷筒上，就可使下铰上升，壳板闭拢（图 20-2b）。接着，使两条钢绳以同样的速度卷绕到卷筒上，就可使已闭合的抓斗升起（图 20-2c）。抓斗可以在任何位置上卸料。卸料时，将提升钢绳刹住，让闭合钢绳松开，物料就从张开的抓斗上卸落（图 20-2d）。

为了保证抓斗在抓料时能插入物料中，要求抓斗具有一定的质量。根据经验，抓斗自身与所能抓起的物料的质量比，对于硬质块状物料为 2.0 ～ 2.5；对于粘土为 1.25 ～ 1.5；对于砂粒为 1.0 ～ 1.25。在抓斗横梁上装有许多可拆的半环，当物料堆积密度改变时，可通过调整半环的数目以改变抓斗的质量。

抓斗壳板的几何形状对抓斗的装载率有直接影响。一般在抓取重而大块物料时，抓斗以平底为宜；而抓取易于流动的砂石之类物料，则以弧形为合适。抓斗的钳口，依抓取物料的种类而异，有平口和齿口两种。在一般工作时，抓斗钳口为平口；用于掘土及抓取含石块、砂土等物料时，则钳口应为尖锐的齿口，以利于壳板插入土中。

二 工作参数及选型计算

抓斗桥式起重机的工作参数包括起重能力、跨度、提升高度、抓斗规格及工作制度等。

（ⅰ）起重能力。是指起重机提升机构上的攫物装置所升举的物料的质量。起重量包括抓斗或钢桶之类吊具的质量，但不包括吊钩、吊环之类的吊具的质量。抓斗桥式起重机的起重量有5 t、10 t、15 t及20 t四种。

（ⅱ）跨度。是指起重机运行轨道轴线之间的水平距离。起重机的跨度应与厂房相适应。厂房建筑已标准化，每种跨距按3 m递增，即9，12，15，…，33 m等。桥式起重机的跨度比厂房跨度小1.5 m，即7.5，10.5，13.5，…，31.5 m等。

（ⅲ）提升高度。是指起重机攫物装置上下极限位置之间的距离。下限位置常取工作场地的地面或运行轨道顶面，吊钩以钩口中心为准，抓斗以最低点为准。

（ⅳ）抓斗规格。抓斗的容积有1，1.5，2，3，4，4.5，6，9，12 m^3等数种。根据抓取物料堆积密度的不同，抓斗可分为三种类型：①轻型——物料堆积密度为0.5～1.0 t/m^3；②中型——物料堆积密度为1.1～2.0 t/m^3；③重型——物料堆积密度为2.1～3.0 t/m^3。

（ⅴ）工作类型。起重机的工作类型是表征起重机工作繁忙程度和载荷状态的参数。桥式起重机是间歇工作的机械，在不同的操作条件下，起重机的工作紧张程度各不相同。根据工作情况的不同可分为轻、中、重三级。工作制度的划分主要是根据每小时开动次数及相对工作时间来确定。相对工作时间 J_C 为每1小时中起重机纯工作时间总和与工作及停歇时间总和之比值，即

$$J_C = \frac{\sum t}{\sum t + \sum t_0} \times 100 = \frac{\sum t}{60} \times 100\% \qquad (20\text{-}1)$$

式中 $\sum t$——每小时内纯工作时间之和(min)；

$\sum t_0$——每小时内停歇时间(min)；

$\sum t + \sum t_0$——起重机每一工作循环所经历时间(min)。

桥式起重机工作制度的划分见表20-1。

表20-1 桥式起重机的工作制度级别

工作制度	相对工作时间 J_C(%)	每小时开动次数
轻　级	15	～30
中　级	25	30～60
重　级	40以上	60以上

在设计和制造起重机时，零件强度的安全系数、制动方式、金属结构动力系数的计算以及电动机的工作参数等，均参照工作制度的等级来决定。因此，应按照起重机工作制度的级别来选用起重机。

选型计算时，首先根据起重机规格，选定一适当容量的抓斗，确定其每抓取一次的实际起重量：

$$G_1 = V\rho_s\varphi \quad (\mathrm{t}) \tag{20-2}$$

式中 V——抓斗容量($\mathrm{m^3}$)；

ρ_s——物料的堆积密度($\mathrm{t/m^3}$)；

φ——抓斗的填充系数，一般取0.8～0.9。

根据生产上的需要，确定抓斗每昼夜对每一种物料所需抓取的次数：

$$n_i = \frac{G}{G_1} \tag{20-3}$$

式中 G——每一种物料每昼夜生产的需要量(t/d)。

起重机每一次操作所需的时间，即是将储料库内的物料抓取，然后吊送至料仓内所需的时间，包括张开的抓斗下降时间 t_1、抓斗合拢抓料时间 t_2、已合拢的抓斗上升时间 t_3($t_3 \approx t_1$)、小车横行的时间 t_4、大车纵行的时间 t_5、抓斗张开卸料时间 t_6($t_6 \approx t_2 = 0.15$ min)、大车纵行返回时间 t_7、小车横行返回时间 t_8($t_8 = t_4$)以及抓斗每抓一次更换电动机开关所需的总时间 t_9。以上9项动作中共需换开关7次(其中2、3动作之间不需换开)，每换一次电动机开关约需3 s，故共需 $t_9 = 21$ s $= 0.35$ min。因此，抓斗每抓一次起重机操作所需时间为

$$\sum t = t_1 + t_2 + t_3 + \cdots + t_9 = 2(t_1 + t_4 + t_5) + 0.65 \quad (\mathrm{min}) \tag{20-4}$$

如果驾驶员操作熟练，往往可将若干动作适当同时进行，这样可节省时间1/3，则

$$\sum t = \frac{4}{3}(t_1 + t_4 + t_5) + 0.65 \quad (\mathrm{min}) \tag{20-4a}$$

根据各种物料每昼夜所需抓取的次数，计算起重机每天操作的总时间：

$$\sum T = n_1 \sum t_1 + n_2 \sum t_2 + n_3 \sum t_3 + \cdots + n_i \sum t_i \tag{20-5}$$

式中 $n_1, n_2, n_3, \cdots, n_i$——各种物料每昼夜所需抓取的次数；

$\sum t_1, \sum t_2, \sum t_3, \cdots, \sum t_i$——抓斗对各种物料每抓一次起重机操作所需的时间。

由于抓斗往往还要作移堆倒库工作，或者改变抓料地点作不同物料的搬运工作，这就要多消耗时间。一般按多加40%估计，则起重机每天操作的总时间为

$$T_0 = 1.4 \sum T \quad (\mathrm{min/d}) \tag{20-6}$$

起重机的台数为

$$n = \frac{T_0}{24 \times 60 \times \eta} \tag{20-7}$$

式中 T_0——起重机每天操作的总时间(min/d)；

η——设备的利用率，可取0.7～0.8。

根据以上计算结果，若一台起重机不够用时，可以考虑采用数台起重机，但台数不宜过多，一般以2～3台为宜。若台数太多，将会造成投资及管理费用增加，而且工作上往

往不易安排，给生产造成困难。但若只选用一台，则在高负荷下工作也不太好，有可能因起重机的临时故障而影响正常生产。如果算出的起重机台数太多或太少，说明原来所选用的抓斗容量不适合，需要重新选择一抓斗，再重复进行逐项计算。选型的结果应保证所选用的起重机有适当的设备利用率，一般在70%左右为宜。

三 性能及应用

桥式起重机的特点是：提升物料高度一般不受机械本身的限制，而取决于建筑物的高度；可以在移动空间任意点上装卸物料，具有很大的灵活性；起重机本身不占地面，使车间或仓库能得到充分利用。桥式起重机是无机非金属材料工厂的堆场和车间内广泛使用的起重运输设备。一般用途的起重机在起重绳缆上配有吊钩攫物装置，可以直接将成件物品或使用载物容器将松散物料及液体悬挂在吊钩上，进行起重运输作业。特种用途的起重机在起重绳缆上配有抓斗等攫物装置，可以直接载运松散物料。

第二节 电动葫芦

电动葫芦是一种由电力驱动的轻型起重机械，通常安装在直线或曲线工字形轨道上运行或悬挂在梁式起重机上。它具有外形尺寸小、质量轻、结构紧凑、操作方便等优点，所以得到广泛应用。

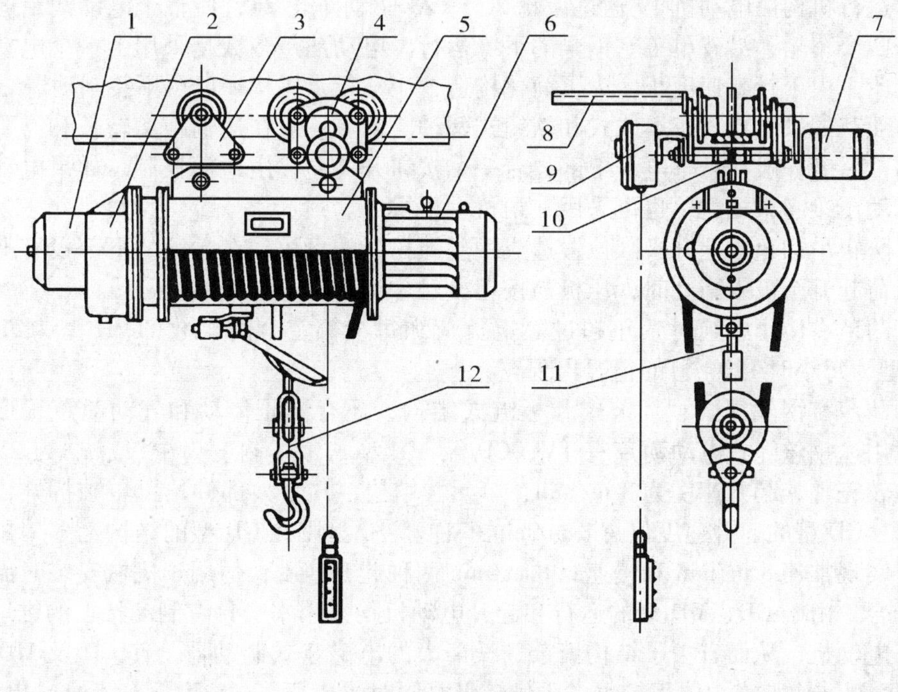

图 20-3 电动葫芦

1—盘式制动器；2—齿轮减速器；3—双轮小车；4—运行机构；5—卷扬装置；6—起升电动机；7—运行电动机；8—软缆引入器；9—操纵装置；10—连接架装置；11—上升限位装置；12—吊钩装置

电动葫芦结构如图 20-3 所示。它主要由起升机构和小车运行机构两部分组成。其传动原理如图 20-4 所示，起升机构由电动机 10 通过联轴器 12 带动齿轮减速器的传入轴 11 转动，经由齿轮 1 ～ 8 的四级减速。齿轮 8 与花键套 13 固接，花键套空套在减速器传入轴 11 上，由壳体支承，它的左端与卷筒 9 固接，卷筒在左端用滚珠轴承支承在套筒上。这样，当齿轮 8 转动时，卷筒 9 也跟着转动。传入轴 11 的右端用花键套装上圆盘式电磁制动器的内盘 14，制动器的外盘 15 固定在减速器的外壳上。制动器的上闸(即刹车)是依靠弹簧 16 的压力把内外盘压紧；制动器的松闸则依靠三个电磁铁 17 吸住在外盘 15 上的铁块 18，使内外盘松开。电磁铁 17 的电路是与电动机 10 的电路并联，因此电磁铁 17 随着电动机 10 工作而起作用。

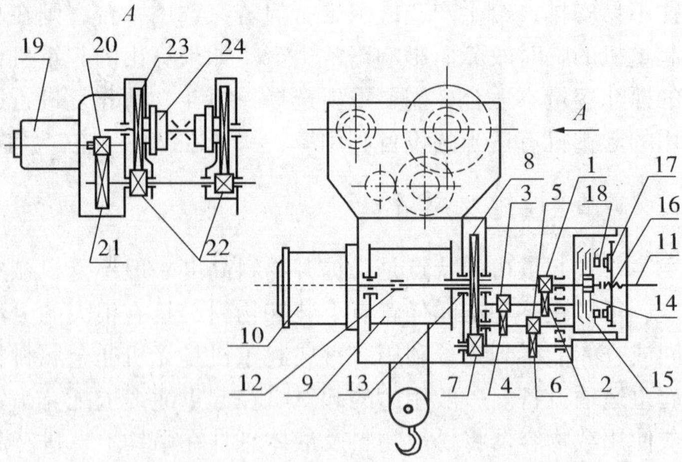

图 20-4 电动葫芦的传动简图

1 ～ 8—齿轮；9—卷筒；10—电动机；11—传入轴：12—联轴器；13—花键套；14—内盘；15—外盘；16—弹簧；17—电磁铁；18—铁块；19—电动机；20 ～ 23—齿轮；24—车轮

小车运行机构由电动机 19 通过齿轮 20 ～ 23 驱动车轮 24，使整个电动葫芦运行。小车一般有四个车轮，沿着单工字钢梁的下缘运行。电动葫芦多数是采用由一个电动机驱动两边的车轮。由于行走速度小，为了简化构造，小车行走机构一般可不装制动器。

电动葫芦的供电方式有滑线式和软缆式两种。前者一般在运输距离较长和需要环行运行时采用；后者一般在悬垂电缆下部挂着一个按钮开关盒，由地面控制。如果电动葫芦轨道用在电动单梁起重机上，也可采用在司机室里操纵。

为了防止吊钩超出上升极限位置造成钢丝绳拉断的事故，在卷筒的下部设有上升限位器。当载荷起升至极限高度时，压板与按钮接触，切断主电源线路。

电动葫芦在使用中绝对禁止超过额定负荷和每组额定合闸次数(TVH 型为每小时 60 次，CD 型为每小时 120 次)的情况出现。

电动葫芦有钢丝绳式、环链式和板链式结构，还有液压传动和气动葫芦等形式。目前，一般用途钢丝绳式电动葫芦有 TV、CD 及 MD 型，工作制度为中级，J_C 为 25%。TV 型系列比较完整，起升速度为 8 m/min，单元性结构，几个大部件均可单独拆开，便于调整和维修。CD 型的起升速度仅有 8 m/min 一种。MD 型则在 CD 型的结构上多一副起升电动机，可实现常速 8 m/min 和慢速 0. 8 m/min 两种起升速度，适用于机械安装时需要精细调整的场合。由于 CD、MD 型的运行和起升电动机均采用本身具有制动特点的锥形电动机或傍磁路电动机，从而省去了结构繁杂、噪声大的电磁盘式制动器，使 CD 及 MD 型电动葫芦比 TV 型结构紧凑、体积较小、质量较轻，同时也克服了 TV 型停车不准、启动过猛、电磁铁易损坏等缺点。

电动葫芦的起重量是 0. 1，0. 25，0. 5，1，2，3，5，10 t。近年来，大起重量的电动葫芦得到迅速的发展，而且已经有以电动葫芦代替操作不很频繁的桥式和门式起重机的运行小车，从而简化大型起重机的结构。

第21章　输送机械

输送机械是用于搬运物料或物品的机械。它不一定有起升物料的机构，但有时也可作起升物料之用。输送机械的主要参数是：生产能力、输送速度、输送高度或输送机倾斜角度、机械质量及外形尺寸等。

输送机械按输送物料方向来分，有水平(或略为倾斜)输送的、垂直(或倾斜度大)输送的以及多向(或立体)输送的输送机械。按输送方式来分有间歇输送机械和连续输送机械，前者供分批输送物料之用，后者供连续输送物料之用。

连续输送机械的工作特点是一端进料，另一端卸料，物料沿一定方向输送，它的载运能力与运输距离无关。连续输送机械是车间内部以及车间之间常用的输送机械。连续输送机械按被运物料种类分为只用于输送粉粒状物料的输送机、只用于输送成件物品的输送机和两者兼可的输送机。按其结构形式的不同可分为具有挠性牵引构件的和无挠性牵引构件的连续输送机两类。

具有挠性牵引构件的输送机的特点是：在这些输送机中，都具有挠性牵引构件、支承装置、驱动装置和拉紧装置等。物料放在牵引构件或与牵引构件固接的承载构件上，利用牵引构件的连续运动来运送物料。无挠性牵引构件的输送机的特点是：利用工作构件的旋转运动或往复运动，使物料向前运送。这些输送机的工作原理往往极不相同，且具有共性的零部件较少；有时常被用作供料器、存仓闭锁器或筛分装置等。

无机非金属材料工业常用的输送机械有：带式输送机、板式输送机、刮板输送机、螺旋输送机(以上为水平或倾斜输送)、埋刮板输送机(水平、倾斜、垂直输送)、斗式提升机(垂直或倾斜提升)及振动输送机(水平或倾斜输送)等。

第一节　带式输送机

一　工作原理、类型及性能

带式输送机又称胶带输送机，俗称皮带输送机，是连续输送机械中应用最为广泛的一种。如图21-1所示，它主要由两个端点滚筒2及3和紧套其上的闭合输送带4组成。带动输送带转动的滚筒称为驱动滚筒；另一个仅在于改变输送带运动方向的滚筒称为改向滚筒。驱动滚筒2由电动机7通过减速器8驱动，输送带依靠驱动滚筒与输送带之间的摩擦力拖动。条件允许的话，驱动滚筒一般都装置在卸料端，以增大牵引力，有利于拖动。为了避免输送带在驱动滚筒上打滑，用拉紧装置12将输送带拉紧。物料由喂料端喂入，落在输送带上，依靠输送带摩擦带动运送到卸料端卸出。

为了防止输送带负重下垂，输送带支在托辊5及6上。输送带分为上下两支，上支为载重边，托辊要装置密些；下支为回程边，托辊可装置少些。

带式输送机可分为通用带式输送机、钢绳芯带式输送机、双向带式输送机和垂直带式

输送机等。通用带式输送机又分为固定式(图21-1)和移动式(图21-2)两种。按输送带形

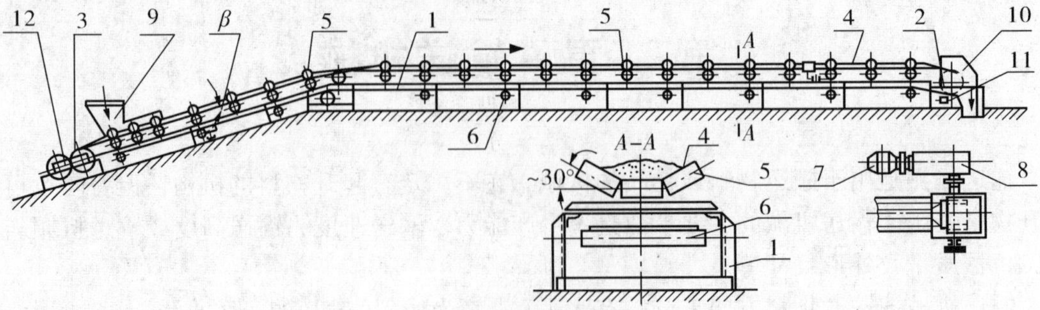

图21-1　带式输送机

1—机架；2—驱动滚筒；3—改向滚筒；4—输送带；5—上托辊；6—下托辊；7—电动机；8—减速器；9—装料装置；10—卸料装置；11—清扫器；12—拉紧装置

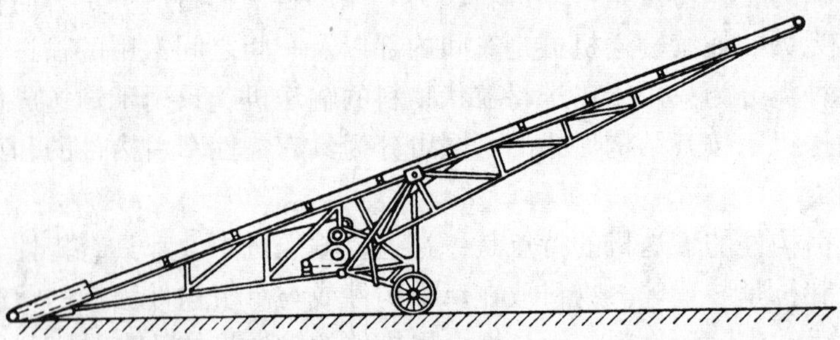

图21-2　移动式带式输送机

状分槽形带式输送机和平形带式输送机两种。前者输送带的上支由于支承托辊5的形状而弯曲成槽形。槽形带的载运能力较大，但支承滚筒的结构却较复杂。输送带的下支则一律采用平直的托辊6做支承。带式输送机可用于水平或倾斜输送。布置的基本形式如图21-3所示。在倾斜向上输送时，不同物料的允许最大倾角β值见表21-1。若超过β值，则由于物料与输送带间的摩擦力不够，物料将在输送带上产生滑动，从而影响输送能力。在倾斜向下输送时，允许最大倾角取表中所列值的80%。

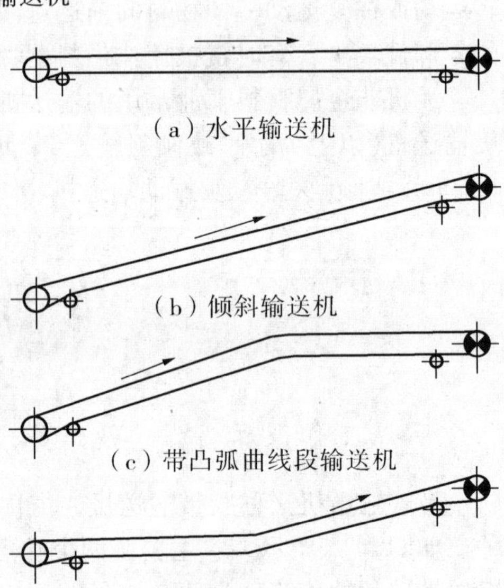

(a)水平输送机

(b)倾斜输送机

(c)带凸弧曲线段输送机

(d)带凹弧曲线段输送机

图21-3　带式输送机的基本布置形式

带式输送机的主要特点是：输送带既是载物构件又是牵引构件，结构简单，安装维修方便；连续输送操作，运转平稳可靠，噪声较小；各部件摩擦阻力小，动力消耗低(为链板式输送机的1/3～1/5)；输送量大且输送距离长，单机长度可达8～10 km，可在机体全长的任何地方装卸料。其缺点是：投资费用较高，故短距离输送或运输量较少时，不宜采用；一般作水平输送，倾斜输送时，坡度仅达17°～18°。如需兼作提升运输，需将输送机延长或改用垂直带式输送机；只能作直线输送，如需改变方向必须用数台相连布置。

表 21-1　带式输送机的最大倾角β值

物料名称	β(°)	物料名称	β(°)
块煤	18	未筛分的石块	18
原煤	20	筛分后的石灰石	12
0 ～ 3 mm 焦炭	20	湿砂	23
0 ～ 25 mm 焦炭	18	干砂	15
0 ～ 60 mm 矿石	20	湿土	20 ～ 23
0 ～ 120 mm 矿石	18	干松粘土	20
0 ～ 350 mm 矿石	16	块状干粘土	15 ～ 18
20 ～ 40 mm 油页岩	20	粉状干粘土	22
40 ～ 80 mm 油页岩	18	水泥	20

带式输送机在无机非金属材料工业中广泛应用，主要用于运送粉粒状物料或成件物品（如袋装水泥等）。

二　主要工作部件

带式输送机主要由输送带、托辊、驱动装置、改向装置、拉紧装置、装料装置、卸料装置、清扫装置、制动装置等组成。

（一）输送带

输送带与一般传动胶带不同，它不但起牵引作用，而且还起承载作用，要求具有较高的强度，相对伸长要小而弹性高，对于多次重复弯折产生的变化负载的抵抗力良好，吸水性小且有足够的耐磨性。

1．输送带的类型

输送带主要有织物芯胶带和钢绳芯胶带两大类。织物芯胶带中的衬垫材料通常用棉织物衬垫，近年来也常用化纤织物衬垫，如人造棉、人造丝、尼龙、聚胺物和聚酯物等。织物芯胶带有橡胶输送带和聚氯乙烯塑料输送带两种。塑料带除了具有橡胶带的耐磨、弹性等特点外，尚具有优良的化学稳定性、耐酸性、耐碱性及一定的耐油性。

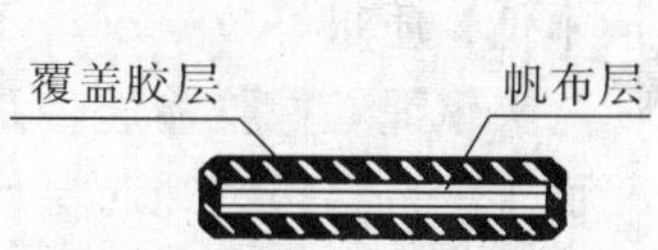

图 21-4　橡胶输送带断面图

橡胶输送带如图 21-4 所示。它是由若干层帆布组成，帆布层之间用硫化方法浇上一层薄的橡胶，带的上下以及左右两侧都覆以橡胶保护层。橡胶层的作用是保护帆布不致受潮腐蚀、防止物料对帆布的磨损。橡胶层的厚度对于工作面（与物料接触的面）和非工作面（不与物料接触的面）是不同的。工作面橡胶层的厚度为 1.0，1.5，3.0，4.5，6.0 mm 共五种；非工作面的橡胶层厚度为 1.0，1.5 和 3.0 mm 三种。橡胶层厚度要根据带速、输送机长度、物料粒度等情况选择。一般带速愈高、机身愈短、物料粒度大则胶面厚度应愈厚些。橡胶输送带覆盖胶的推荐厚度见表 21-2。

表 21-2　输送带覆盖胶的推荐厚度

物料性质	物料名称	覆盖胶厚度(mm)	
		上胶层	下胶层
$\rho_s < 2$ t/m^3，中小粒度或磨蚀性小的物料	焦炭、煤、石灰石、白云石、烧结混合料、砂等	3.0	1.5
$\rho_s > 2$ t/m^3，块度≤200 mm、磨蚀性较大的物料	破碎后的矿石、各种岩石、油页岩等	4.5	1.5
$\rho_s > 2$ t/m^3，磨蚀性大、大块的物料	大块铁矿石、油页岩等	6.0	1.5

注：表中 ρ_s 为物料堆积密度。

帆布层是承受拉力的主要部分，胶带越宽，则帆布层也愈宽，承受的总拉力也愈大。帆布的层数愈多，可承受的总拉力亦愈大；但帆布层越多，胶带的横向柔韧性愈小，胶带就不能与支撑它的托辊平服地接触，容易造成胶带跑偏。常用橡胶输送带的帆布层数如表 21-3 所示。

表 21-3　常用橡胶输送带的帆布层数

带宽(mm)	300	400	500	650	800	1000	1200	1400	1500
层数(i)	3 ~ 4	3 ~ 5	3 ~ 6	3 ~ 7	4 ~ 8	5 ~ 10	6 ~ 12	7 ~ 12	8 ~ 13

橡胶输送带按用途分为普通型、强力型及耐热型三种。普通型橡胶带其帆布径向扯断强度为 56 kN/(m ·层)。强力型橡胶带其帆布径向扯断强度为 96 kN/(m·层)。耐热型橡胶带适用于输送 120 ℃以下的物料或物品，这种带在工作面上敷有石棉保护层。普通橡胶输送带的最大倾斜角可达 16°左右；为了增大输送带的倾斜角，又出现了各种形式的花纹橡胶覆面输送带，其输送倾斜角可达 40°。花纹橡胶带的缺点是容易被磨损。

塑料输送带有多层芯和整芯两种。多层芯塑料带和普通橡胶相似，其径向扯断张力为 56 kN/(m·层)。整芯塑料带整芯厚度有 4，5，6 mm 三种。整芯塑料带生产工艺简单，成本低，质量好。

夹钢绳芯橡胶输送带是以平行排列在同一平面上的许多条钢绳芯层代替多层织物芯层的输送带(图 21-5)。钢绳以很细的钢丝捻成，直径在 2.0 ~ 10.3 mm。钢丝经淬火处理后表面镀铜，以提高橡胶与钢绳的粘着力。经处理后的钢丝再冷拉至直径为 0.25 mm 的细丝。夹钢绳芯橡胶输送带的主要优点是：抗拉强度高(达 5 MN/m)，适用于长距离和陡坡输送；伸长率小(约为普通胶带的 1/5 ~ 1/10)，因而可缩短拉紧行程；带芯较薄，纵向挠曲性能好，易于成槽(槽角可达 35°)，这不仅可增大输送量，也可防止胶带跑偏。横向挠曲性能好，故滚筒直径可以较小；动态性能好，耐冲击、耐弯曲疲劳，破损后修补易，因而可提高作业速度；接头强度高，安全性较高，使用寿命长(可达 6 ~ 10 年，比普通胶带寿命长 2 ~ 3 倍)。其缺点是：当覆盖胶损坏后，钢丝易腐蚀，使用时要防止物料卡入滚筒与

图 21-5　夹钢绳芯橡胶带断面图

胶带之间，因其延伸率小而容易使钢绳芯拉断。带式输送机已向长距离、大输送量、高速度方向发展。目前各国使用的长距离、大容量输送机上多数采用夹钢绳芯橡胶输送带。

2．输送带的连接

输送机上的输送带要连接成无端的闭合件。对于长距离的输送机，输送带太长不便运输，一般做成 100 ～ 200 m 一段，运到目的地后再连接起来。

胶带连接方法可分为机械连接和硫化胶接两种。机械连接的方法很多，常用的有钢卡连接、合页连接、板卡连接和塔头铆钉连接等形式。机械连接的接头强度只有胶带本身强度的35%～40%，使用寿命短，接头通过滚筒时对滚筒有损害，故只适用于织物芯胶带，用于短距离的或移动式的输送机以及要求检修时间短的场合。采用硫化胶接法可以显著延长橡胶输送带的使用寿命，硫化接头的强度可达胶带本身强度的85%～90%，因此在条件许可的情况下，应尽可能采用硫化胶接法。

硫化胶接法如图 21-6 所示，将胶带两端切开成阶梯形斜头，然后胶合起来，结合处的厚度不应超过胶带厚。两端胶合前，应先将接触面清理干净，再涂一层胶水，然后将两端搭合，并在一定温度下将其压合，经过硫化反应，使生橡胶变成硫化橡胶，使接合部位获得较高的粘着强度。硫化反应温度一般为 140 ℃左右，硫化时间(系指硫化温度从 100 ℃升高到 143 ℃所需时间)约为 45 min。

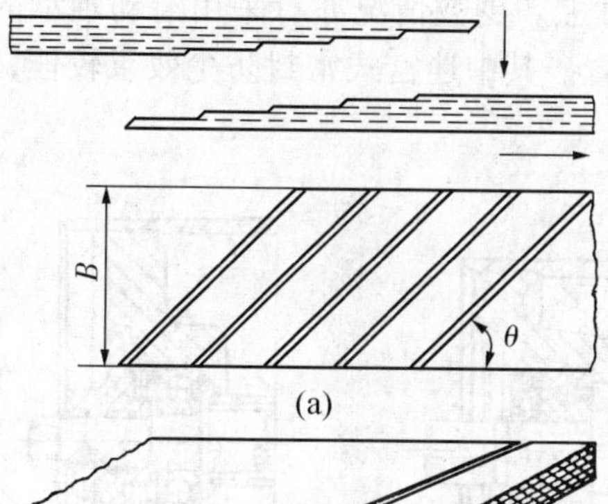

图 21-6　织物芯胶带端头的硫化胶接法

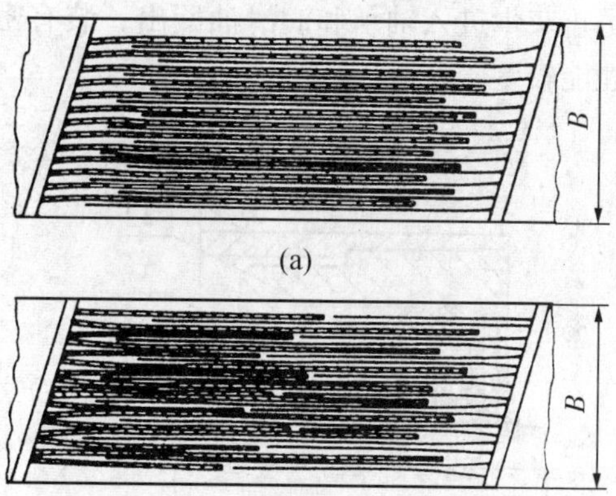

图 21-7　钢绳芯胶带的端头连接

塑料输送带的端头连接方法也有机械连接和塑化胶接两种。机械接头的安全系数与橡胶带相似，取 $n=18$；塑化接头的强度能达到塑料本身强度的75%～80%，安全系数 $n=9$。因此，整芯塑料带采用塑化接头很有必要。

对于钢绳芯胶带，钢丝绳之间有一定的间距，可以容纳另一端的钢绳端头排列其间，且相互间留有不少于2 mm 的间隙，以便中间有足够的橡胶来传递剪力。接头的长度应能保证张力从一端的钢绳通过周围的芯胶传递给另一端的钢绳。接头钢绳的排列如图 21-7 所示。钢绳芯胶带接头的动载强度为胶带强度的40%～60%。

（二）托辊

托辊用于支承输送带和带上物料的重力，减少输送带的下垂度，以保证稳定运行。对托辊的基本要求是：表面要光滑，径向跳动小，轴承能很好地润滑和防尘，转动阻力小，尺寸紧凑，自重轻且耐用等。

托辊分平形和槽形两种。平形托辊如图 21-8a 所示，一般用于输送成件物品和无载区，以及固定犁式卸料器处。在输送散状物料时，为增加输送能力，一般都采用槽形托辊（如图 21-8b 所示），输送能力可提高 20% 以上。槽角一般采用 30°，国外有的已达 60°。槽形托辊安装时，要保证中间托辊水平。

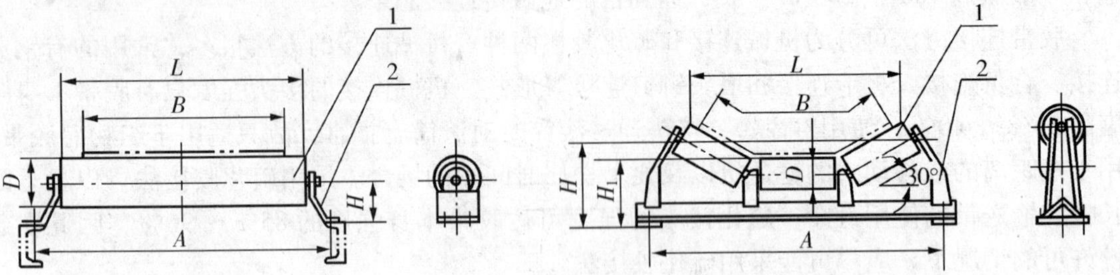

（a）平形托辊　　（b）槽形托辊

图 21-8　平形托辊和槽形托辊

1—滚柱；2—支架

托辊由滚柱和支架两部分组成。滚柱是一个组合件，如图 21-9 所示，它由滚柱体、轴、轴承、密封装置等组成。滚柱体用钢管截成或铸铁制造，两端具有钢板冲压或铸铁制成的壳体作为轴 承座，通过滚动轴承支承在心轴上。少数情况亦有采用滑动轴承的。为了防止灰尘进入轴承和润滑油漏出，装有密封装置。其中迷宫式密封防尘效果较佳，但防水性能较差。

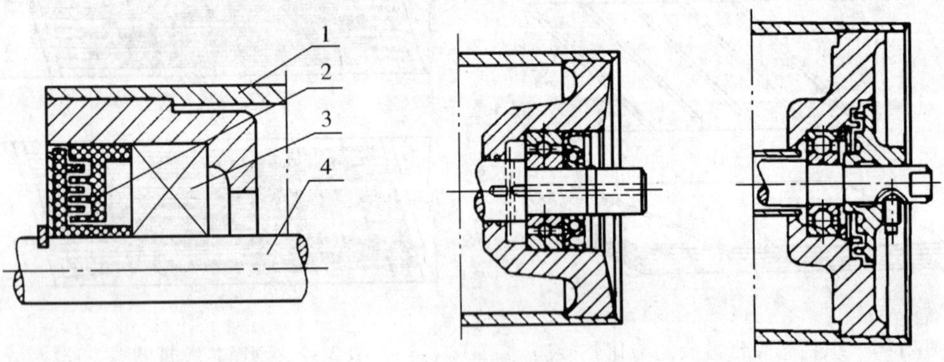

（a）迷宫式密封的托辊　　（b）填料密封的托辊　　（c）迷宫–毛毡式密封的托辊

图 21-9　托辊结构

1—滚柱体；2—密封装置；3—轴承；4—轴

托辊的支架由铸造、焊接或冲压而成，并刚性地固定在输送机机架上。

由于输送带的不均质性，致使带的延伸率不同，以及托辊安装不准确和载荷在带的宽度上分布不均等原因，都会使运动着的输送带产生跑偏现象。为了避免这种趋向，承载边每隔 10 组托辊设置一组槽形调心托辊（或平形调心托辊）；回程边每隔 6 ～ 10 组设置一组平形调心托辊。

槽形调心托辊的结构如图 21-10 所示。托辊支架 2 装在一有滚动止推轴承的主轴 3 上，使整个托辊能绕垂直轴旋转。当输送带跑偏而碰到导向滚柱体 7 时，由于阻力增加而产生的力矩使整个托辊支架旋转。这样，托辊的几何中心线便与带的运动中心线不相垂直(图 21-11)，带和托辊之间产生一滑动摩擦力，此力可使输送带和托辊恢复正常运行位置。

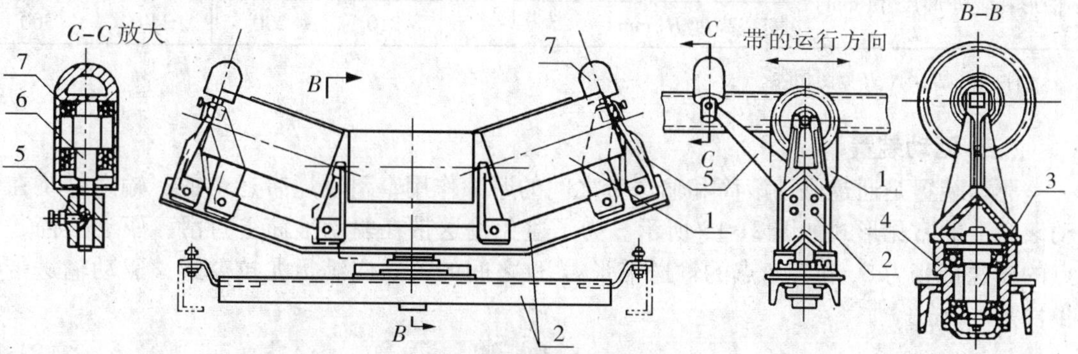

图 21-10　槽形调心托辊

1—托辊；2—托辊支架；3—主轴；4—轴承座；5—杠杆；6—立辊轴；7—导向滚柱体

在受料处，为了减少物料对输送带的冲击，可以设置缓冲托辊。如图 21-12 所示，有橡胶圈式和弹簧板式两类。

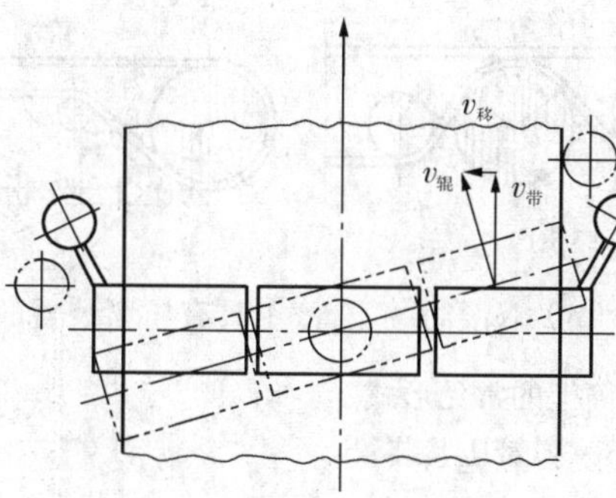

图 21-11　调心托辊的作用

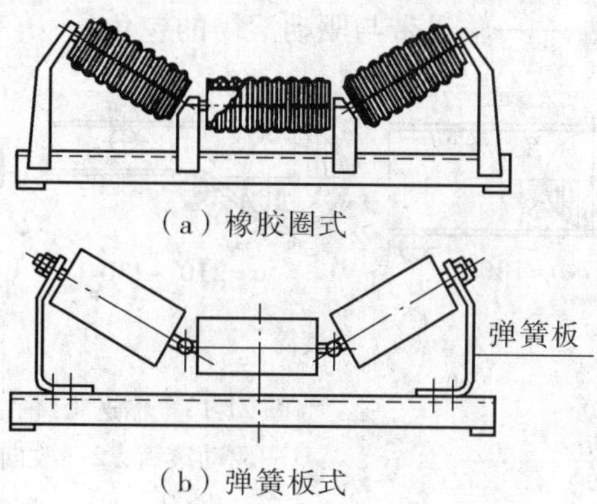

（a）橡胶圈式

（b）弹簧板式

图 21-12　缓冲托辊

托辊的有关尺寸和规格已经标准化(表 21-4)。其直径根据带宽决定。上托辊间距的布置应保证输送带在托辊间所产生的下垂度尽可能地小，一般取下垂度不超过 2.5%，可根据带宽和物料的物理特性来选定。受料处托辊间距视物料堆积密度及块度而定，一般取上托辊间距 1/2 ～ 1/3，下托辊间距一般可取为 3 m。头部滚筒轴线到第一组槽形托辊的间距可取为上托辊间距的 1.3 倍。尾部滚筒到第一组托辊间距不小于上托辊间距。输送质量大于 20 kg 的成件物品时，托辊间距不应大于物品在输送方向上长度的 1/2。对输送 20 kg 以下的成件物品，托辊间距可取为 1 m。

表 21-4　托辊的有关尺寸

输送带的宽度 B(mm)		500	650	800	1000
托辊直径 D(mm)		89	89	89	108
上托辊间距(mm)	物料堆积密度 $\rho_s \leq 1.6\ t/m^3$	1200	1200	1200	1200
	物料堆积密度 $\rho_s > 1.6\ t/m^3$	1200	1200	1100	1100

槽形托辊外形尺寸(mm)	安装宽度 A(mm)	720	870	1070	1300
	安装高度 H(mm)	210	230	240	300

注：B、D、A、H 见图 21-8。

(三)驱动装置

驱动装置是通过驱动滚筒和输送带之间的摩擦作用牵引输送带运动的。输送带绕在驱动滚筒上的常见形式如图 21-13 所示。为了避免输送带在驱动滚筒上打滑，驱动滚筒趋入点的输送带张力 S_n 和奔离点的输送带张力 S_1 之间的关系应满足尤拉公式，驱动输送带的条件是

$$S_n \leqslant S_1 e^{f\alpha} \tag{21-1}$$

式中 S_n——驱动滚筒趋入点的输送带张力；

S_1——驱动滚筒奔离点的输送带张力；

e——自然对数的底数；

f——驱动滚筒与输送带间的摩擦因数；

α——输送带与驱动滚筒的包角。

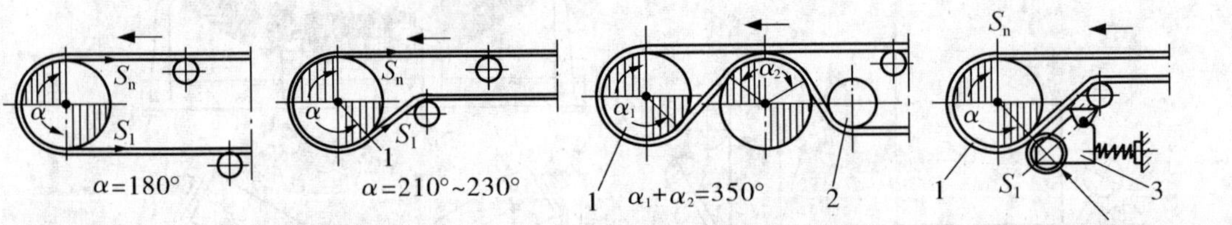

(a)单滚筒 (b)双滚筒 (c)具有压紧装置的滚筒

图 21-13 输送带绕在驱动滚筒上的常见形式

1—驱动滚筒；2—改向滚筒；3—弹簧压紧装置

为了便于计算，将橡胶输送带的 $e^{f\alpha}$ 值列于表 21-5。

驱动滚筒上的牵引力(即圆周力)P_y 为

$$P_y = S_n - S_1 \tag{21-2}$$

式(21-1)代入上式可得

$$P_y = S_1(e^{f\alpha} - 1) \tag{21-3}$$

或

$$P_y \leqslant \frac{e^{f\alpha} - 1}{e^{f\alpha}} \cdot S_n \tag{21-4}$$

表 21-5 $e^{f\alpha}$ 值

驱动滚筒情况及 f 值		包用 α(°) 180	200	220	240	360	400
		$e^{f\alpha}$					
光面滚筒	潮湿环境 f=0.20	1.87	2.01	2.15	2.31	3.51	4.04
	干燥环境 f=0.25	2.19	2.39	2.61	2.85	4.81	5.74
胶面滚筒	潮湿环境 f=0.35	3.01	3.39	3.84	4.34	9.10	11.47
	干燥环境 f=0.40	3.51	4.04	4.64	5.35	12.30	16.40

由上式可以看出，输送带的牵引力随着包角、摩擦因数及输送带初张力的增加而增加。但是输送带张力的增加受带的强度的限制；摩擦因数的增加受滚筒表面材料及工作条件的影响；包角的增加将影响结构方案。为了在包角、摩擦因数和初张力一定的情况下增加带的牵引力，则宜采用装设压紧滚筒(图 21-13c)或其他压带装置产生附加压力的办法。

胶带输送机的驱动装置如图 21-14 所示。它由电动机、减速器、驱动滚筒和联轴器等组成。电动机与减速器的连接通常采用弹性联轴器，减速器与滚筒的连接采用十字滑块联轴器。驱动滚筒由电动机经减速器驱动。对于倾斜布置的输送机，驱动装置中还设有制动装置，以防止突然停机时由于物料质量的作用而产生输送带下滑运动。

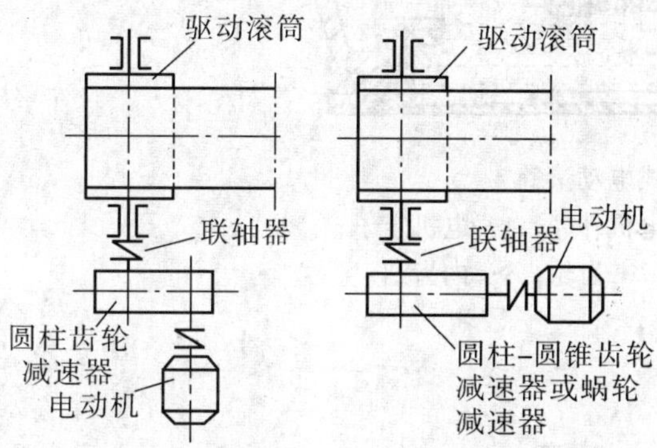

(a) 圆柱齿轮减速器驱动装置　(b) 圆柱–圆锥齿轮减速器或蜗轮减速器驱动装置

图 21-14　驱动装置

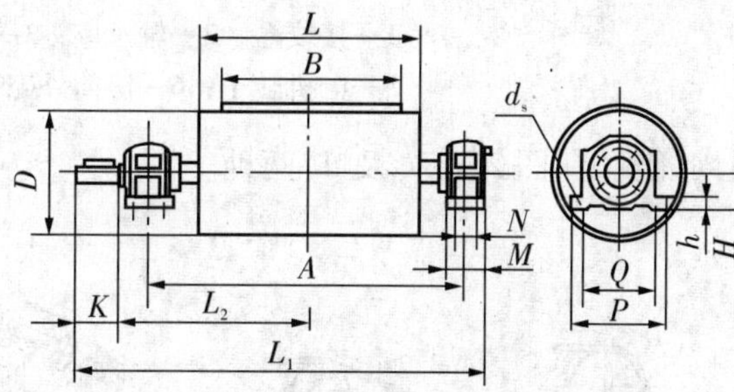

图 21-15　驱动滚筒

驱动滚筒如图 21-15 所示，它由铸铁铸成或钢板焊接制成。滚筒的形状分圆柱形和鼓形两种。鼓形滚筒中部突起的目的是为了使运行的输送带能够自动定心，突起部分的高度通常取为直径的 0.5%，但不小于 4 mm。滚筒的宽度应比带宽大 100 ～ 200 mm。滚筒的直径 D 由输送带内织物层数 i 决定。对于普通输送带，当采用硫化接头时，驱动滚筒直径 D(mm) 与输送带层数 i 之比 $\frac{D}{i} \geqslant 125$；当采用机械接头时，取 $\frac{D}{i} \geqslant 100$；对于强力型输送带，取 $\frac{D}{i} \geqslant 200$。

驱动滚筒有光面和胶面滚筒两种。光面滚筒与输送带的摩擦因数一般为 0.20 ～ 0.25，适用于功率不大、环境湿度小的场合。在环境潮湿、功率大容易打滑的情况下，应采用胶面滚筒，其中铸胶滚筒质量较好，胶层厚且耐磨；包胶滚筒也可达到同样的使用性能，但使用寿命较短。

图 21-16 所示为电动滚筒的构造，它把电动机和减速装置都装在驱动滚筒内。它的优点是：结构紧凑，占用空间位置小，操作安全，整机装拆方便，减少停机时间，质量轻，节约金属材料。与同规格的外部驱动装置比较，质量减轻 60% ～ 70%，节约金属材料 58%。它的缺点是：结构较复杂，制造精度要求高；在连续工作情况下，由于冷却不良会使电动机的工作比较沉重，因此不宜用于环境温度大于 40 ℃和物料温度高于 50 ℃的场合。

(四)改向装置

为了改变输送带运动的方向，设置改向装置。改向装置有改向滚筒(图 21-17a 及 b)和

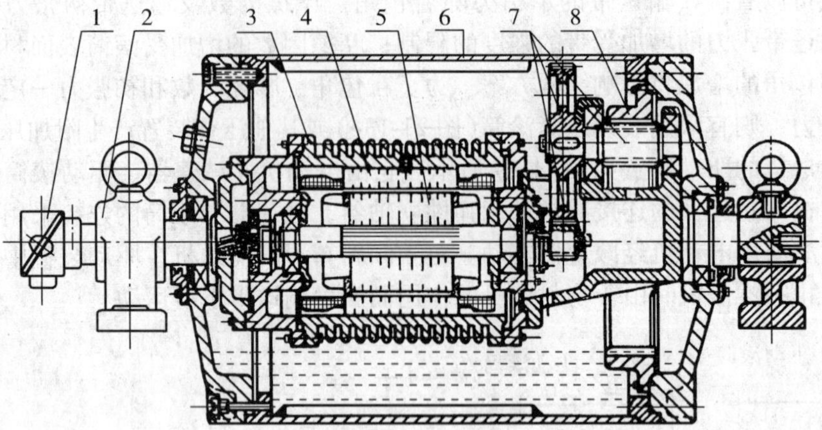

图 21-16　油冷式电动滚筒

1—接线盒；2—轴承座；3—电机外壳；4—电机定子；5—电机转子；6—滚筒外壳；7—齿轮；8—内齿圈

改向托辊组(图 21-17c 及 d)两种。

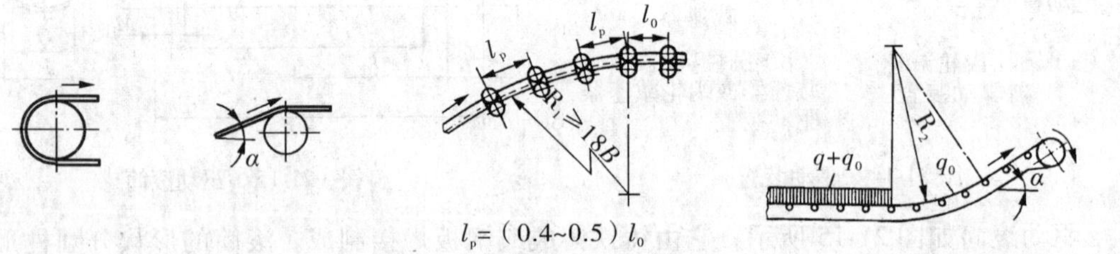

(a) 180° 改向滚筒　(b) 减小倾斜度改向滚筒　(c) 用槽形滚柱组实现改向　(d) 由水平改向倾斜的自由悬垂

图 21-17　改向装置简图

胶带输送机在垂直平面内的改向一般采用改向滚筒。改向滚筒的结构与驱动滚筒基本相同，但其直径比驱动滚筒略小一些。改向滚筒直径 D(mm)与胶带帆布层数 i 之比一般取$\frac{D}{i} \geqslant 80 \sim 100$。用于 180°改向者一般用做尾部滚筒或垂直拉紧滚筒；用于 90°改向者一般用做垂直拉紧装置上方的改向轮；用在小于 45°改向者一般用做增面轮。

输送带由倾斜方向转为水平(或减小倾斜角)，可用一系列的托辊改向，其支承间距取上托辊间距的一半。此时输送机的曲线部分是向上凸起的，其凸弧段的曲率半径按下式计算：

$$R_1 \geqslant 18B \quad (\mathrm{m}) \tag{21-5}$$

式中　B——带宽(m)。

有时可不用任何改向装置，而让输送带自由悬垂成一曲线来改向。如输送带由水平方向转为向上倾斜方向时(或增加倾斜角)，即可采用这种方法，不过输送带仍需设置一系列托辊。此时带的凹弧段的曲率半径按下式计算：

$$R_2 \geqslant \frac{S}{10q_0} \quad (\mathrm{m}) \tag{21-6}$$

式中　S——凹弧段输送带的最大张力(N)；

q_0——每米输送带的质量(kg/m)。

曲率半径 R_2 的推荐值见表 21-6。

表 21-6　曲率半径 R_2 的推荐值

带宽 B（mm）	曲率半径 R_2（m）	
	物料的堆积密度 $\rho_s \leq 1.6\ t/m^3$ 时	物料的堆积密度 $\rho_s > 1.6\ t/m^3$ 时
500，650	80	100
800，1000	100	120
1200，1400	120	140

（五）拉紧装置

拉紧装置的作用是张紧带式输送机的输送带，限制带在各支承托辊间的垂度和保证带中有必要的张力，使带与驱动滚筒之间产生足够的摩擦牵引力，以保证正常工作。拉紧装置有螺杆式、小车坠重式和垂直坠重式三种(图 21-18)。其位置最好安装在包角等于 180°、张力较小的改向滚筒处。

螺杆式拉紧装置如图 21-18a 所示，由调节螺杆和导架等组成。旋转螺杆即可移动轴承座沿导向架滑动，以调节带的张力。螺杆应能自锁，以防松动。这种装置的行程一般按输送机长度的 1% 选取，有 500 mm 和 800 mm 两种。这种装置紧凑轻巧，但不能自动调节，须经常由人工调节。它适用于长度较短(<80 m)、功率较小的输送机上。

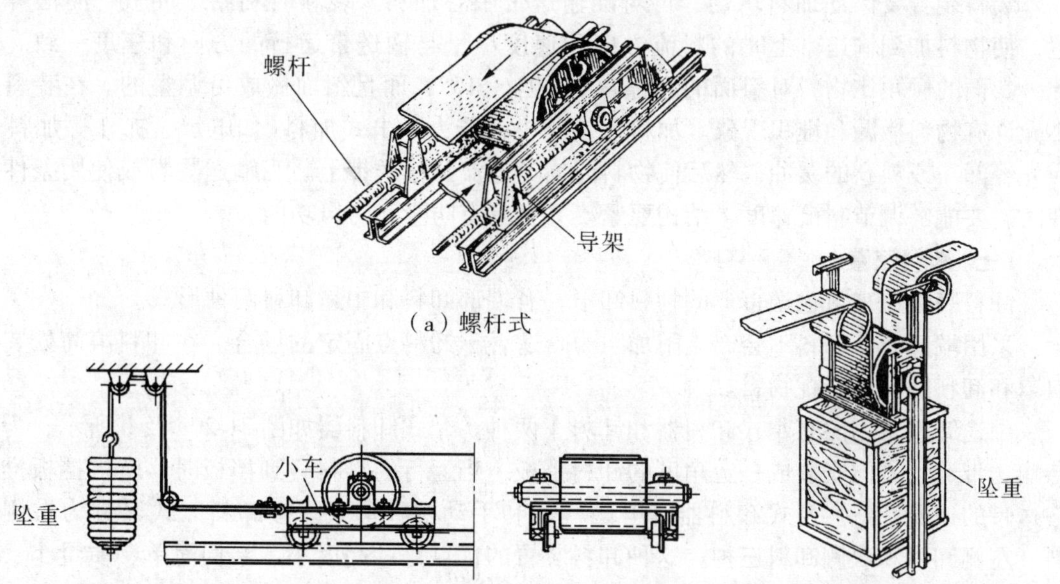

（a）螺杆式

（b）小车坠重式　　（c）垂直坠重式

图 21-18　带式输送机的拉紧装置

小车坠重式拉紧装置如图 21-18b 所示，一般装在输送机的尾部，通过坠重曳引拖动滚筒来达到拉紧目的。这种拉紧装置适用于输送机较长(50 ~ 100 m)、功率较大的情况。其缺点是工作不够平稳。

垂直坠重式拉紧装置如图 21-18c 所示，通常装在靠近驱动滚筒绕出边处，其拉紧的原理与小车坠重式相同。它适用于采用小车坠重式有困难的场合。这种拉紧装置的优点是利用了输送机走廊的空间位置，便于布置。其缺点是改向滚筒多，而且物料容易掉入输送带与拉紧滚筒之间而损坏输送带，特别是输送潮湿或粘性较大的物料时，由于清扫不净，这种现象更为严重。当需要张紧行程很长时，可与小车坠重式拉紧装置联合使用。

（六）装料装置

装料装置的作用是将物料装到输送带上。它的形式取决于运输物料的性质和装载的方式。成件物品通常用斜槽、滑板（图 21-19a）或直接装在输送带上；散粒物料则用装料漏斗（图 21-19b）；如果装料位置需要沿输送机纵向移动时，则应采用装料小车（图 21-19c），它可沿输送机机架上的轨道移动。

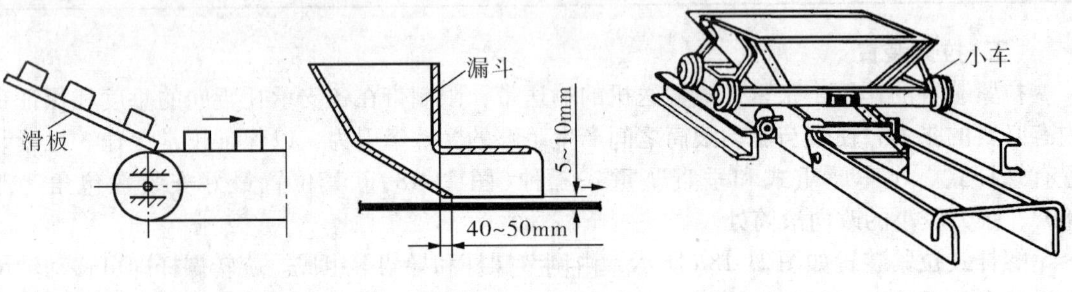

（a）倾斜滑板　（b）装料漏斗　（c）装料小车

图 21-19　装料装置

装料装置要保证加料均匀，可对准输送带中心加料。装料时利用缓冲板、溜槽等装置，使物料加到输送带上时的料流方向和速度尽量与输送带运行的方向和速度一致。因此，斜面的倾角比物料对斜面的摩擦角大 10° ~ 15°，而且斜面做成可调整的。在装料点不允许有物料撒漏和堆积现象。加料落差要小，若为冲击式加料（如电铲、抓斗等加料），应先经漏斗或料仓的缓冲，然后使物料能均匀地流到输送带上。当输送物料或使用条件改变时，要能够调节料流速度，结构要紧凑并且具有防尘和防风功能。

（七）卸料装置

卸料装置用来将输送带上的物料卸下，有端部卸料和中途卸料两种形式。

采用端部滚筒卸料不会产生附加阻力，适合于卸料点固定的场合。在卸料滚筒处装卸料罩和卸料漏斗来收拢物料。

中途卸料常用的有犁式卸料器和卸料车两种。犁式卸料器如图 21-20a 及 b 所示，为一与输送带运动方向安装成一定角度的卸料挡板。当运行的物料碰到挡板时，就被挡板推向输送带的边侧卸下。犁式卸料器有电磁气动和手动两种形式。按卸料方式又分为右侧卸料、左侧卸料和双侧卸料三种。这种卸料装置的优点是：高度小、结构简单、质量小、成本低。缺点是对输送带摩擦较严重。因此，对于较长的输送机，输送块度大、磨蚀性大的物料不宜采用。电磁气动犁式卸料器适用于卸料点多和有压缩空气供应的地方。选用犁式卸料器时，输送带应采用硫化接头，带速不宜超过 2 m/s。犁式卸料器仅适用于平形输送带处卸料。若为槽形输送带，在卸料处应装设平形托辊或卸料板。犁式卸料器可用来卸成件物品和散粒物料。

卸料车如图 21-20c 所示，为一装在四轮框架上的双滚筒卸料器。输送带以 S 形绕在两滚筒上，当物料经上部滚筒时，在惯性作用下抛离滚筒，经护罩和引送槽卸出。电动卸料

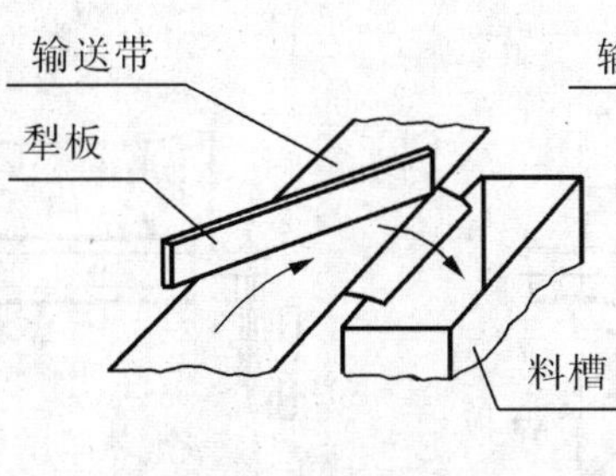

（a）单侧犁式卸料器

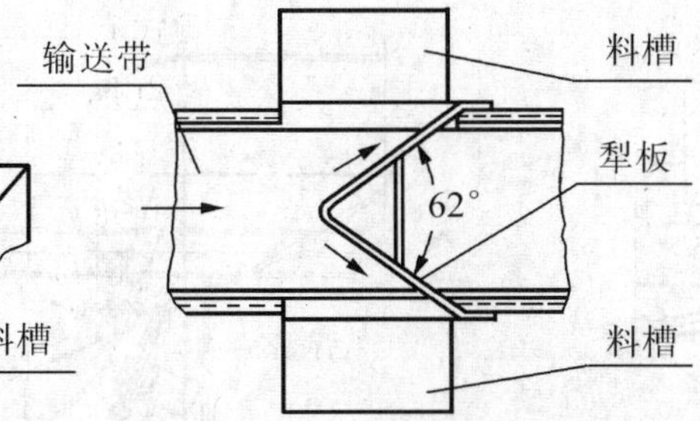

（b）双侧犁式卸料器

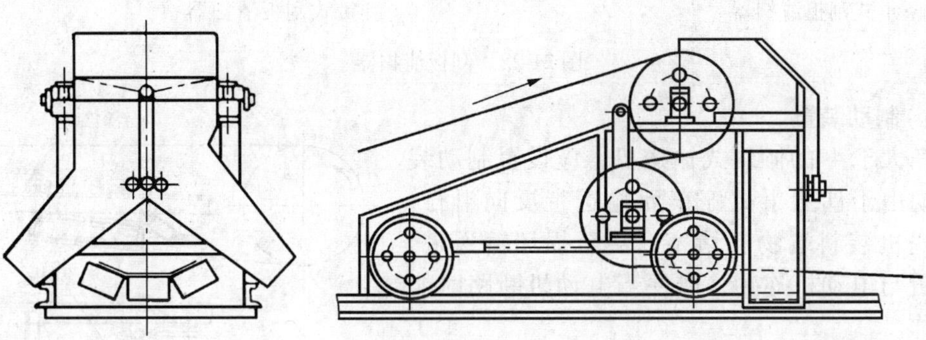

（c）卸料车

图 21-20　卸料装置

车能带负荷往返行走，以适应沿输送机长度的任意地点卸出物料。其带速一般不宜超过 2.5 m/s；输送细碎后的细粒或小块状物料时，允许带速达 3.15 m/s。

（八）清扫装置

清扫装置的作用是清除输送机在卸载后仍粘附在带面上的物料以及掉在非工作面上的物料。若物料附在带面上，当带面通过改向滚筒和无载区段的托辊时将受到剧烈的磨损，同时也增加输送机的运送阻力，降低输送能力。

清扫装置的形式很多。在头部滚筒处装的转刷清扫器或刮板清扫器，用以清扫卸料后粘附在输送带工作面上的物料；尾部滚筒装的空段清扫器，用以清扫输送带非工作面的物料。

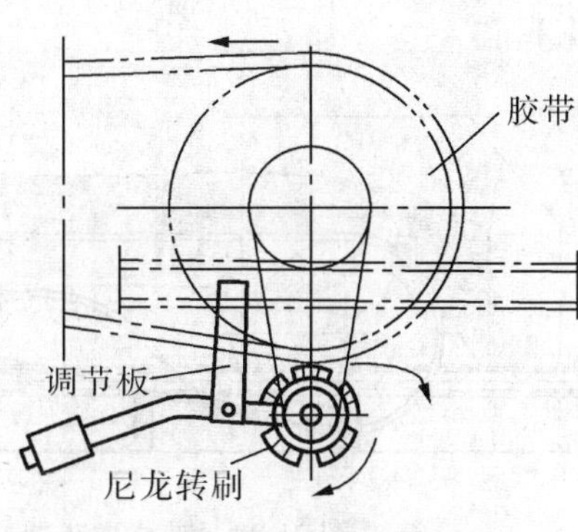

图 21-21　转刷清扫器

转刷清扫器如图 21-21 所示，由胶带轮和尼龙转刷组成。尼龙丝沿圆周方向栽成 6 排，其间隙用以排除清扫下来的物料。转刷清扫器装在卸料滚筒下部，转刷中心与卸料滚筒中心以及输送带下分支与卸料滚筒切点应在同一直线上。转刷尼龙丝与输送带表面应压紧，压紧程度通过调节板调节，转刷旋转方向与输送带下分支运行方向相反。在高倾角花纹带式输送机上常采用这种清扫器。

刮板清扫器如图 21-22 所示，利用坠重或弹簧的力将刮板紧贴在输送带表面上，把粘结在上面的物料刮下来。在回程边上为了不让残留在输送带内表面的物料卷入改向滚筒上，常在它的下端装设空段清扫器（图 21-23），它由固定式双向刮板构成，装在靠近改向滚筒处。

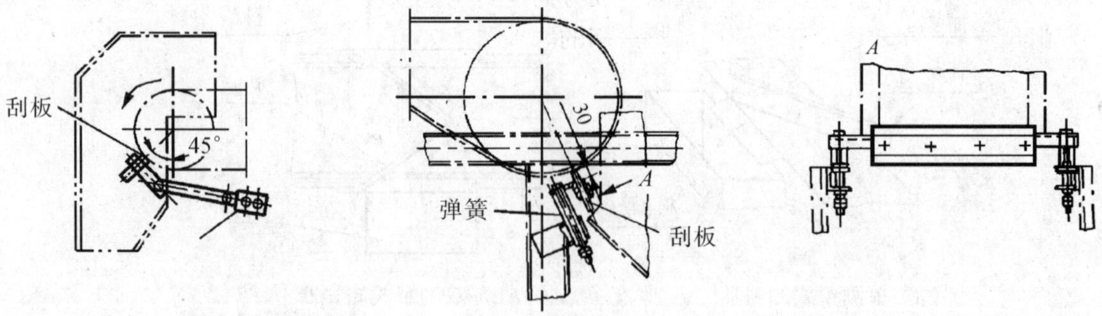

（a）坠重式刮板清扫器　　（b）弹簧式刮板清扫器

图 21-22　刮板清扫器

（九）制动装置

倾角大于 4°的倾斜式输送机，应设置制动装置，以防由于偶然事故停车而输送带反向滑行，引起输送机装料端物料堵塞，甚至损坏输送带。制动装置与电动机连锁，以便当电动机断路时能自动操作。

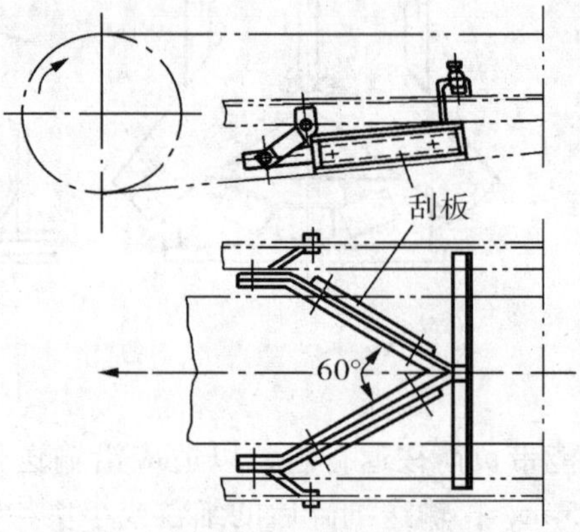

图 21-23　空段清扫器

制动装置有带式逆止器、滚柱逆止器和电磁闸瓦式制动器三种。带式逆止器如图 21-24 所示，它有一条制动带 1，一端固定在机架上，另一端自由地放在靠近驱动滚筒的回程边里面。输送带做正向运行时，制动带 1 被卷缩，不起作用。如果输送带逆行时，则制动带的自由端被卷夹在驱动滚筒与输送带之间，即起阻止输送带反向运动的作用。这种装置的缺点是，当它起制动作用时，制动带由松到紧，输送带必须先倒行一段才能被制住，这会引起尾部装料处的堵塞和溢料。

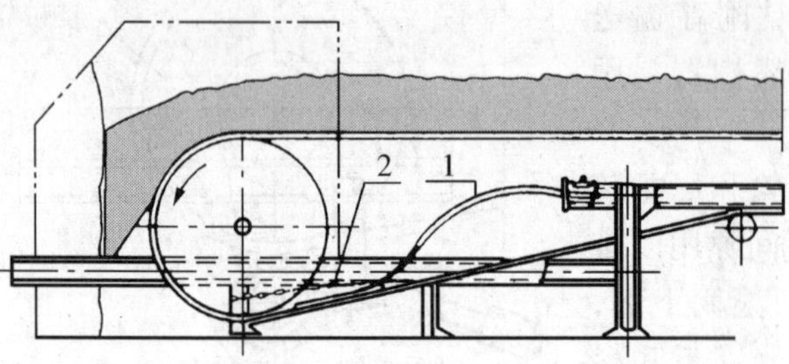

图 21-24　带式逆止器

1—制动带；2—系住制动带的小链条

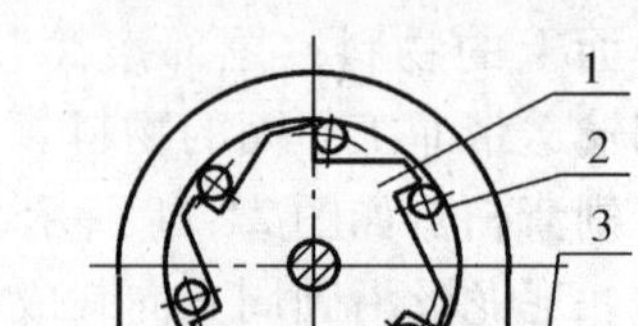

图 21-25　滚柱逆止器

1—星轮；2—滚柱；3—底座

目前，带式输送机很多采用滚柱逆止器。如图 21-25 所示，它由星轮 1、滚柱 2 和底座 3 组成。星轮装在减速器输出轴与驱动滚筒相反的一端，底座固定在机架上。当星轮顺时针转动时，滚柱处于较大的间隙内不起制动作用。当星轮逆时针旋转（即输送带反向运动）时，滚柱被楔入星轮与底座的狭小间隙内，阻止星轮反转。这种制动装置工作平稳，灵敏度高，具有较大的制动力矩。

以上两种逆止器不能用于需要做正反方向运转的输送机中。在这种场合，应选用电磁式制动器，它安装在减速器和电动机之间的联轴器上。

三 选型计算

(一)输送能力

带式输送机的输送能力取决于输送带单位长度的物料载荷量和带的速度，即

$$Q=\frac{3600}{1000}qv=3.6qv \quad (t/h) \tag{21-7}$$

式中 q——物料线载荷(kg/m)；

v——带速(m/s)。

1. 线载荷的计算

(1)输送成件物品

$$q=\frac{G}{s} \quad (kg/m) \tag{21-8}$$

式中 G——单件物品质量(kg)；

s——物料在输送机上的间距(m)。

(2)输送散粒物料

$$q=1000A\rho_s \quad (kg/m) \tag{21-9}$$

式中 A——物料在输送带上的横截面积(m^2)；

ρ_s——物料的堆积密度(t/m^3)，见表21-7。

表21-7 物料的堆积密度与休止角

物料名称	堆积密度 $\rho_s(t/m^3)$	休止角 $\rho(°)$	物料名称	堆积密度 $\rho_s(t/m^3)$	休止角 $\rho(°)$
煤	0.8～1.0	30	砂	1.6	30
矿渣	0.6～0.9	35	碎石和砾石	1.8	20
焦炭	0.5～0.7	35	干松泥土	1.2	20
石灰石	1.6～2.0	25	湿松泥土	1.7	30
小块石灰石	1.2～1.5	25	粘土	1.8～2.0	35

注：1. 物料堆积密度和休止角随物料水分、粒度等不同而异，一般以实测为宜，表中数据仅供参考。

2. 表中休止角ρ数值为动休止角，一般为静休止角的70%。

物料在带上的横截面积A，静止时可认为是三角形的，但在运行时，由于带的振动或偶然冲击，实际上呈弓形的横截面(图21-26)，则物料在槽形带上的横截面积可看成为弓形面积A_1和梯形面积A_2之和。

设带宽为B，槽形托辊的中间滚柱长度为$0.4B$，物料横截面的宽度为$0.8B$，物料在带上的休止角为ρ，槽角为30°，则

$$A_1=\frac{1}{2}r^2(2\rho-\sin 2\rho)=\frac{1}{2}\left(\frac{0.4B}{\sin\rho}\right)^2(2\rho-\sin 2\rho)$$

$$=\frac{0.08B^2}{\sin^2\rho}(2\rho-\sin 2\rho) \tag{21-10}$$

如果取 $\rho=20°$，则

$$A_1=0.0376B^2$$

而 $$A_2=\frac{(0.4B+0.8B)0.2B\tan 30°}{2}=0.0693B^2 \quad (21\text{-}11)$$

则物料在槽形带上的横截面积为

$$A=A_1+A_2=0.1069B^2$$

根据式(21-9)

$$q=1000A\rho_s=106.9B^2\rho_s$$

代入式(21-7)得

$$Q=385B^2v\rho_s$$

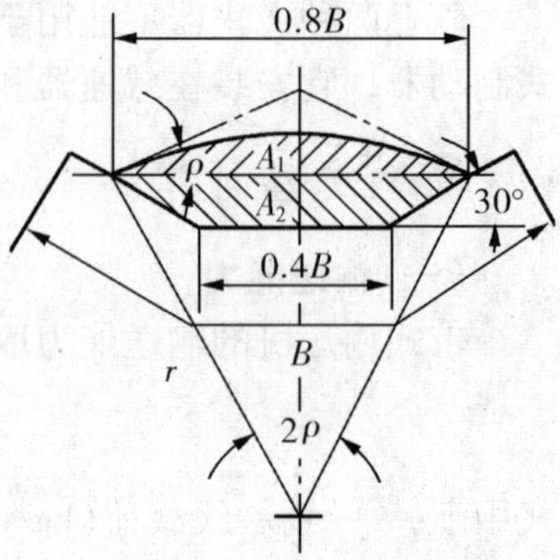

图 21-26 物料在带上的横截面积

对于平形托辊，物料的横截面积 $A=A_1$。对于不同物料，根据其休止角可同理推导出相应的输送能力计算公式。这些公式仅系数不同，为了计算简便可写成以下通式：

$$Q=KB^2v\rho_sC_1C_2 \quad (\text{t/h}) \tag{21-12}$$

式中 B——带宽(m)；

K——断面系数，与物料休止角 ρ 有关，见表 21-8；

C_1——倾角系数，见表 21-9；

C_2——速度系数，见表 21-10。

其余符号意义同前。

表 21-8 断面系数 K 值

B (mm) \ K \ ρ	15°		20°		25°		30°		35°	
	槽形	平形	槽形	平形	槽形	平形	槽形	平形	槽形	平形
500 650	300	105	320	130	355	170	390	210	420	250
800 1000	335	115	360	145	400	190	435	230	470	270
1200 1400	355	125	380	150	420	200	455	240	500	285

表 21-9 倾角系数 C_1 值

倾角 β	≤6°	8°	10°	12°	14°	16°	18°	20°	22°	24°	25°
C_1 值	1.0	0.96	0.94	0.92	0.90	0.88	0.85	0.81	0.76	0.74	0.72

表 21-10 速度系数 C_2 值

v(m/s)	≤1.6	≤2.5	≤3.15	≤4.0
C_2	1.0	0.98 ~ 0.95	0.94 ~ 0.90	0.84 ~ 0.80

2. 带速的选择

输送带的速度不宜过小，因带速低，输送能力就小。带速亦不宜过大，因带速快，输送带运行不平稳，会引起较大的振动，物料易从带上抖落，且带易损坏。带速应根据物料性质、生产能力、带宽、输送机倾角和装卸方式等来选取。通常较长的水平输送机，应选较高带速。输送机倾角愈大，输送距离愈短，则带速应选较低。输送同一物料时，由于宽带运行平稳易于对中，容许采用较大的速度，而窄带须取较小的带速。对于密度大、磨琢性强的大块物料，不宜选取高速。因为当大块物料运动时，会撞击托辊而且抛出时常发生很大的冲击负荷。当输送成件物品时，为了装卸的需要，往往采用较小的带速。

带式输送机的带速范围可按表 21-11 选取，同时还考虑输送机的工作条件来选取适合的带速。用于给料机或输送易扬尘的物料时，带速选用 0.8 ～ 1.0 m/s；采用犁式卸料器时，带速不宜超过 2.0 m/s；采用电动卸料车时，带速不宜超过 3.15 m/s；输送成件物品时，带速一般取 1.25 m/s 以下。水泥厂袋装水泥输送带的带速一般取 0.8 m/s。

表 21-11　输送带速度推荐值

物料性质	带速 v(m/s)		
	带宽 B = 500 ～ 650 mm	带宽 B = 800 ～ 1000 mm	带宽 B = 1200 ～ 1600 mm
无磨琢性或磨琢性小的物料(如煤等)	0.8 ～ 2.5	1.0 ～ 3.15	1.25 ～ 4.0
有磨琢性的中、小块物料(如碎石、矿渣等)	0.8 ～ 2.0	1.0 ～ 2.5	1.25 ～ 3.15
有磨琢性的大块物料(如块石)	0.8 ～ 1.6	1.0 ～ 2.0	1.25 ～ 2.5

(二)张力和功率计算

1. 张力计算

要确定带式输送机各构件的强度、尺寸和它的驱动功率，需先确定输送带在运行时各点的张力。

输送带的张力一般是利用逐点计算法来确定。计算时先将输送机的轮廓线路划分成几个连续的直线区段和曲线区段，各区段连接点标以一定序号(图 21-27)，依次绕线路一周。在一般情况下，输送带在驱动滚筒上的奔离点的张力常为最小值。从奔离点开始，沿输送带运行方向进行计算，任一点的张力等于前一点的张力和该两点间阻力之和，即

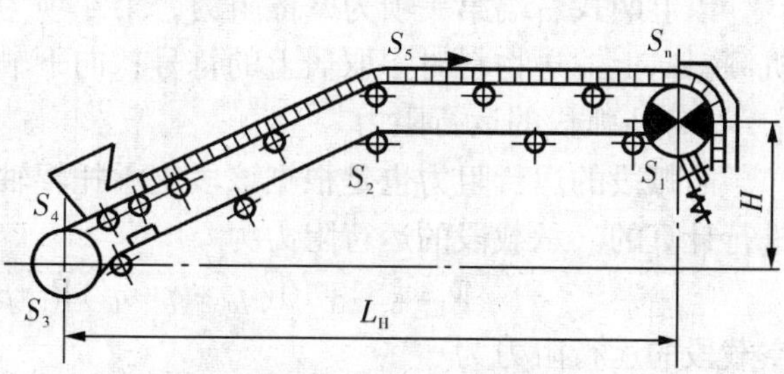

图 21-27　带式输送机张力计算图

$$S_i = S_{i-1} + W_{(i-1),i} \tag{21-13}$$

式中　S_{i-1}，S_i——分别为点($i-1$)和点 i 的张力；

$W_{(i-1),i}$——点($i-1$)至点 i 间区段的阻力。

带式输送机的阻力主要包括：上、下分支的运行阻力，改向滚筒的阻力以及装料器、

卸料器、清扫器、导料槽阻力和物料加速时的惯性阻力等。

(1)直线段或凹弧段的运行阻力

直线段或凹弧段的阻力，根据支承托辊轴承的阻力以及带在托辊上的滚动阻力进行估算。在承载区段上的运行阻力为

$$W=10(q_0+q+q')L_H\zeta' \pm 10(q_0+q)H \quad (N) \tag{21-14}$$

空载区段的运行阻力为

$$W'=10(q_0+q'')L_H\zeta'' \mp 10q_0H \quad (N) \tag{21-15}$$

式中 q_0——输送带的线载荷(kg/m)；

q——物料的线载荷，$q=\dfrac{Q}{3.6v}$(kg/m)，Q 为输送能力(kg/h)，v 为带速(kg/s)；

q'，q''——每 1 m 长度上、下托辊转动部分的质量，$q'=\dfrac{m'}{l_0}$(kg/m)，而 $q''=\dfrac{m''}{l'_0}$(kg/m)，m'、m''分别为上、下托辊转动部分的质量(kg)；l_0、l'_0 分别为上、下托辊间距(m)；

L_H——直线区段或凹弧段的水平投影长度(m)；

H——直线段或水平段的提升高度(m)；

ζ'，ζ''——分别为槽形托辊及平形托辊的阻力系数，其值取决于托辊的类型、结构及工作条件等，见表 21-12。

表 21-12　托辊的阻力系数

工作条件	槽形托辊阻力系数 ζ'		平形托辊阻力系数 ζ''	
	滚动轴承	含油轴承	滚动轴承	含油轴承
清洁干燥	0.020	0.040	0.018	0.034
少量尘埃、正常湿度	0.030	0.050	0.025	0.040
大量尘埃、湿度大	0.040	0.060	0.035	0.050

以上两式右端第一项为摩擦阻力，第二项为重力阻力。式中正负号(±，∓)，当输送机倾斜向上输送物料时，取居上的符号；向下输送时取居下的符号。

(2)凸弧段的运行阻力

凸弧段的运行阻力也是根据该段支承托辊轴承的摩擦阻力和带经过凸弧段受到的阻力进行计算的。承载段的运行阻力为

$$W=[S_i+10(q_0+q+q')R_1]\alpha\zeta' \pm 10(q_0+q)H \quad (N) \tag{21-16}$$

空载段的运行阻力为

$$W'=[S_i+10(q_0+q'')R_1]\alpha\zeta'' \mp 10q_0H \quad (N) \tag{21-17}$$

式中 S_i——凸弧段奔离点张力(N)；

R_1——凸弧段曲率半径(m)；

α——凸弧段圆心角(rad)。

其余符号意义同前。式中正负号(±，∓)表示，当向上输送时取居上的符号；向下输送时取居下的符号。

(3)改向滚筒阻力

改向滚筒上的阻力主要由输送带绕入时的折曲僵性阻力和绕出时的伸直僵性阻力以及滚筒轴承中的摩擦阻力引起的。因此，带在改向滚筒上奔离点的张力为

$$S_i = K'S_{i-1} \quad (\text{N}) \tag{21-18}$$

式中 S_{i-1}——改向滚筒趋入点的张力(N)；

K'——改向滚筒阻力系数，见表21-13。

表21-13 改向滚筒阻力系数

输送带在改向滚筒上的包角 α	～45°	～90°	～180°
改向滚筒阻力系数 K'	1.02	1.03	1.04

(4)进料口物料加速阻力

$$W = \frac{4.9qv^2}{g} \quad (\text{N}) \tag{21-19}$$

式中 q——每1 m输送带上的物料质量(kg/m)；

v——带速(m/s)；

g——重力加速度(m/s²)。

(5)导料槽阻力

$$W_d = (16B^2\rho_s + 70)l \quad (\text{N}) \tag{21-20}$$

式中 B——带宽(m)；

ρ_s——物料的堆积密度(t/m³)；

l——导料槽长度(m)。

(6)卸料装置阻力

电动卸料车的阻力按图21-28计算。卸料车前轮输送带的张力为

$$S_1 = 1.1S_2 + 10qH' \quad (\text{N}) \tag{21-21}$$

式中 S_2——卸料车后轮输送带的张力(N)；

q——每1 m输送带上的物料质量(kg/m)；

H'——卸料车提升高度(m)，见表21-14。

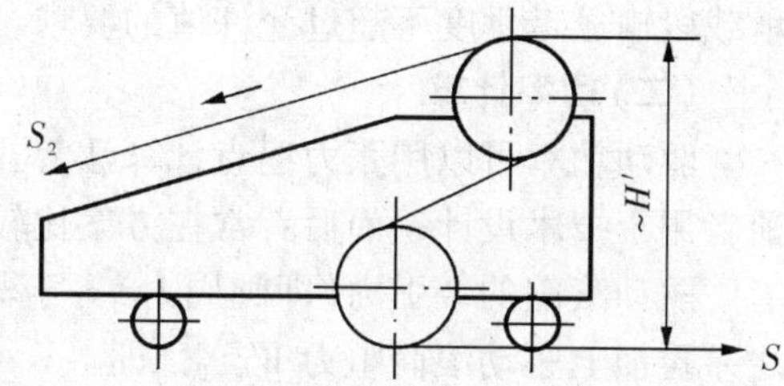

图21-28 卸料车示意图

犁形卸料器阻力：

$$W_l = 1.25Bq + C \quad (\text{N}) \tag{21-22}$$

式中系数 C 见表21-14，其余符号意义同前。

表21-14 H'及C值

带宽 B(mm)	500	650	800	1000	1200	1400
H'(m)	1.7	1.8	1.96	2.12	2.37	2.62
C(N)	250	300	350	600	700	—

(7)清扫装置阻力

弹簧清扫器的阻力为

$$W_q = (700 \sim 1000)B \quad (\text{N}) \tag{21-23}$$

空段清扫器的阻力为

$$W_q = 200B \quad (\text{N}) \tag{21-24}$$

式中　B——带宽(m)。

通过以上各项阻力计算，并利用公式(21-13)逐点计算，最后可得到驱动滚筒趋入点输送带张力 S_n 与奔离点张力 S_i 之间的函数关系式：

$$S_n = f(S_1) \tag{21-25}$$

如前所述，为了避免输送带在驱动滚筒上打滑，带的趋入点张力和奔离点张力还必须满足尤拉公式。通过式(21-1)和式(21-25)联立求解，就可求得张力 S_1 和 S_n 值。

计算求得的驱动滚筒输送带奔离点张力 S_1 值，应保证带在托辊间的垂度不超过允许的数值。一般按承载段输送带允许垂度进行验算，即承载段的最小张力应符合下式要求：

$$S_1 \geqslant 50(q_0 + q)l_0\cos\beta \quad (\text{N}) \tag{21-26}$$

式中　l_0——上托辊间距(m)；

q_0——每 1 m 输送带的质量(kg/m)；

q——每 1 m 输送带上的物料质量(kg/m)；

β——输送机倾角(°)。

若计算所得的 S_1 值不能满足承载段最小张力的要求时，则必须加大 S_1 值，使它满足承载段输送带垂度不超过允许值的要求。

(二)功率计算

驱动功率可以用张力逐点计算法算出各点张力后再来确定，也可以用概算法来计算。前者用于技术设计，而后者常在方案比较时作初步设计用，方法简捷但较粗略。

驱动滚筒的牵引力(即圆周力)等于驱动滚筒上输送带趋入点张力 S_n 与奔离点张力 S_1 之差再加上驱动滚筒阻力 W_{n-1}，即

$$P = S_n - S_1 + W_{n-1} \quad (\text{N}) \tag{21-27}$$

由张力逐点计算法求出的驱动滚筒圆周力以及所选定的带速就可得出驱动滚筒的轴功率：

$$N_0 = \frac{Pv}{1000} = \frac{[(S_n - S_1) + W_{n-1}]v}{1000} \quad (\text{kW}) \tag{21-28}$$

若采用概算法时，驱动滚筒轴功率可按下式计算：

$$N_0 = (K_1 L_H v + K_2 Q L_H \pm 0.002\,73 QH)K_3 \quad (\text{kW}) \tag{21-29}$$

式中　L_H——输送机的水平投影长度(m)；

v——输送机带速(m/s)；

Q——输送机输送能力(t/h)；

H——输送机垂直提升高度(m)，当采用电动卸料车时，应加电动卸料车提升高度 H'(表 21-14)；

K_1——空载运行功率系数，见表 21-15；

K_2——物料水平运行功率系数，见表 21-15；

K_3——考虑清扫器、导料槽和物料加速阻力等因素的附加功率系数，见表 21-16。

表 21-15　K_1 及 K_2 系数

工作条件			清洁、干燥		少量尘埃、正常湿度		大量尘埃、湿度大	
			平形	槽形	平形	槽形	平形	槽形
K_1	带宽 B (mm)	500	0.0061	0.0067	0.0084	0.0100	0.0117	0.0134
		650	0.0074	0.0082	0.0103	0.0124	0.0144	0.0165
		800	0.0100	0.0110	0.0137	0.0165	0.0192	0.0220
		1000	0.0138	0.0153	0.0191	0.0229	0.0268	0.0306
K_2			4.91×10^{-5}	5.45×10^{-5}	6.82×10^{-5}	8.17×10^{-5}	9.55×10^{-5}	10.89×10^{-5}

表 21-16　附加功率系数 K_3 值

带　长 L_H(m)		15	30	45	60	100	150	200	300	>300
倾　角 β(°)	0°	2.80	2.10	1.80	1.60	1.55	1.50	1.40	1.30	1.20
	6°	1.70	1.40	1.30	1.25	1.25	1.20	1.20	1.15	1.15
	12°	1.45	1.25	1.25	1.20	1.20	1.15	1.15	1.14	1.14
	20°	1.30	1.20	1.15	1.15	1.15	1.13	1.13	1.10	1.10

式中第一项表示克服输送带和托辊运动阻力所消耗的功率；第二项表示完成物料水平运输所消耗的功率；第三项表示物料垂直提升所需的功率。式中正负号，若向上输送取正号，向下输送取负号。

电动机的功率为

$$N = K\frac{N_0}{\eta}\quad (\text{kW}) \tag{21-30}$$

式中　N_0——驱动滚筒轴功率(kW)；

K——功率备用和启动系数，一般取 $K=1.1\sim1.2$；

η——传动效率，光面驱动滚筒取 $\eta=0.88$，胶面驱动滚筒取 $\eta=0.90$。

(三)输送带计算

1. 输送带宽度

输送机输送散状物料时，其带宽可由式(21-12)求出

$$B=\sqrt{\frac{Q}{Kv\rho_s C_1 C_2}}\quad (\text{m}) \tag{21-31}$$

按上式求得带宽后，还需按物料块度校核带宽值。

对于未筛分的物料：

$$B\geqslant 2d_{max}+200\quad (\text{mm}) \tag{21-32a}$$

对于已筛分的物料：

$$B\geqslant 3.3d+200\quad (\text{mm}) \tag{21-32b}$$

式中　B——带宽(mm)；

d_{max}——物料的最大块度(mm)；

d——物料的平均块度(mm)。

不同带宽推荐输送的物料最大块度见表 21-17。

表 21-17　不同带宽的最大输送块度

带　宽 B(mm)		300	400	500	650	800	1000	1200	1400	1600
块　度 (mm)	已筛分	30	70	100	130	180	250	300	350	400
	未筛分	50	100	150	200	300	400	500	600	700

输送成件物品时，带宽应比物料的横向尺寸大 50 ～ 100 mm，物件在输送带上的压强应小于 5 kPa。

2. 输送带层数

织物芯胶带所需织物层数，可根据最大张力计算

$$i=\frac{S_{max}n}{B[\sigma]} \tag{21-33}$$

式中 S_{max}——输送带的最大张力(N)；

n——安全系数，硫化接头取 8 ～ 10，机械接头取 10 ～ 12；

B——带宽(cm)；

$[\sigma]$——输送带径向拉断强度，普通型胶带 $[\sigma]=560$ N/(cm·层)；强力型胶带 $[\sigma]=960$ N/(cm·层)。

常用橡胶带的帆布层数见表 21-18。

表 21-18　常用橡胶带的帆布层数

带宽(mm)	300	400	500	650	800	1000	1200	1400	1500
层数 i	3 ～ 4	3 ～ 5	3 ～ 6	3 ～ 7	4 ～ 8	5 ～ 10	6 ～ 12	7 ～ 12	8 ～ 13

3. 输送带长度

输送带需要长度可按下式计算：

$$L_0=2L+\frac{\pi}{2}(D_1+D_2)+An \quad (\text{m}) \tag{21-34}$$

式中 L——输送机头、尾滚筒中心间的展开长度(m)；

D_1，D_2——头、尾滚筒直径(m)；

n——输送带接缝数；

A——每个接头的长度，机械接头，$A=0$；硫化接头(图 21-29)，$A=(i-1)b+B\tan30°$m；

i——输送带衬垫层数；

b——硫化接头阶梯长度，一般取 $b=0.15$ m；

B——带宽(m)。

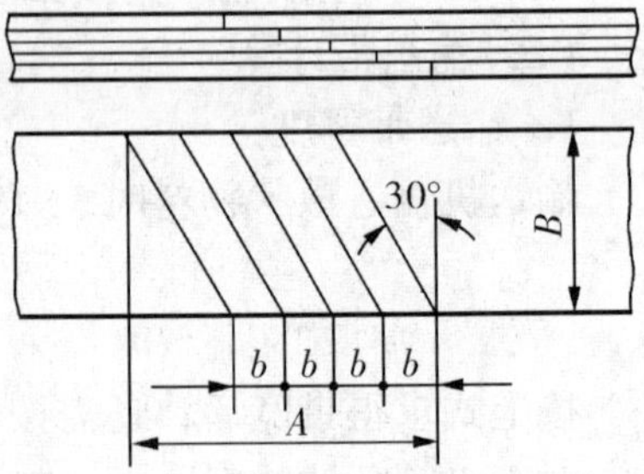

图 21-29　输送带接头示意图

若使用卸料车、双滚筒传动或垂直拉紧装置时，需要增加的输送带长度应根据具体结构来决定。

4. 输送带允许垂度

在输送带的自重和物料的作用下，输送带在支承托辊之间将出现下垂现象。输送带的张力愈小和托辊间距愈大时，输送带在支承托辊间的垂度就愈大。当垂度过大时，将使输送带通过托辊时产生较大的弯曲变形和冲击力，导致输送物料不平稳，减少带的使用年

限。对向上倾斜的输送机，还会因输送带垂度过大而造成物料下滑。要使输送带正常工作，应保证输送带在托辊间的垂度不超过所允许的值。规定输送带在承载段的最大垂度不能超过托辊间距 l_0 的2.5%。

输送成件物品时，当物品处在托辊跨度中间时输送带的垂度为

$$f=\frac{10q_0l_0^2}{8S}+\frac{10Gl_0}{4S}=\frac{1.25}{S}(q_0l_0^2+2Gl_0)\quad(\mathrm{m})\tag{21-35}$$

式中 q_0——输送带每1 m长的质量(kg/m)；

G——单件物品的质量(kg/m)；

l_0——托辊间距(m)；

S——校核点上的输送带张力(N)。

输送散粒状物料时，假设物料在带上均匀分布，两托辊间的输送带垂度为

$$f=1.25\frac{(q+q_0)l_0^2}{S}\cos\beta\quad(\mathrm{m})\tag{21-36}$$

式中 q——每1 m输送带上的物料质量(kg/m)；

β——输送机倾角(°)。

其余符号意义同前。在托辊间距相同条件下，通常最大的垂度 $f_{\max}$ 总是发生在承载区段最小张力 $S_{\min}$ 处。计算出的最大垂度必须小于允许垂度，即

$$f_{\max}=1.25\frac{(q+q_0)l_0^2}{S_{\min}}\cos\beta\leqslant 0.025l_0\quad(\mathrm{m})\tag{21-37}$$

计算出的最小张力如不能满足上式的垂度条件，则应加大张紧力，并以所必需的最小张力值作为该点张力，重新计算输送带的最大张力值并验算强度确定输送带衬垫层数。

(四)拉紧装置计算

拉紧装置的拉紧力为

$$P_0=S_i+S_{i-1}\quad(\mathrm{N})\tag{21-38}$$

式中 S_i——输送带在拉紧滚筒上奔离点的张力(N)；

S_{i-1}——输送带在拉紧滚筒上趋入点的张力(N)。

若选用车式拉紧装置时，其重锤质量可按下式来确定：

$$W_{\mathrm{h}}=\frac{0.1P_0+0.04W_{\mathrm{L}}\cos\beta-W_{\mathrm{L}}\sin\beta}{\eta^n}\quad(\mathrm{kg})\tag{21-39}$$

式中 W_{L}——车式拉紧装置(包括改向滚筒)的质量(kg)；

β——输送机的倾角(°)；

η——拉紧绳轮效率，一般取 $\eta=0.9$；

n——绳轮数目。

对于垂直拉紧装置的重锤质量可按下式计算：

$$W_{\mathrm{v}}=0.1P_0-W_{\mathrm{L}}\quad(\mathrm{kg})\tag{21-40}$$

式中 W_{L}——垂直拉紧装置(包括改向滚筒)的质量(kg)，其余符号意义同前。

张紧行程是根据所选用输送带的弹性伸长率来确定。普通型橡胶带张紧行程取输送机长度的1%，维尼龙芯输送带取1%～1.5%，钢绳芯输送带取0.2%～0.3%。

(五)制动力矩计算

为了选择逆止器或制动器，应计算制动力矩。驱动滚筒轴上的制动力矩可按下列公式

计算：

向上输送时：
$$M_0=\frac{660D}{v}(0.00546GH-N_0)\quad (\text{N}\cdot\text{m}) \tag{21-41}$$

向下输送时：
$$M_0=\frac{1000D}{v}N_0\quad (\text{N}\cdot\text{m}) \tag{21-42}$$

式中 D——驱动滚筒的直径(m)；

v——带速(m/s)；

G——输送能力(t/h)；

H——输送机的提升高度(m)；

N_0——驱动滚筒的轴功率(kW)。

电动机轴上的制动力矩则为

$$M=\frac{M_0\eta}{i_0}\quad (\text{N}\cdot\text{m}) \tag{21-43}$$

式中 M_0——驱动滚筒轴上的制动力矩(N·m)；

η——电动机到驱动滚筒轴的传动效率，可取 $\eta=0.95$；

i_0——电动机到驱动滚筒的减速比。

【例 21-1】 某厂采用带式输送机输送物料，已知原始数据及工作条件如下：

(1) 带式输送机布置形式及尺寸如图 21-30 所示；

(2) 物料性能：石灰石，粒度为 0 ～ 60 mm，堆积密度 $\rho_s=1.6\ \text{t/m}^3$，物料在带面上的休止角 $\rho=25°$；

(3) 输送量：$Q=550$ t/h；

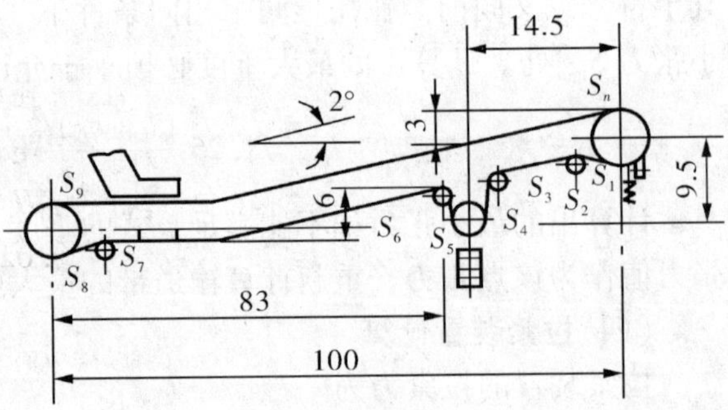

图 21-30 带式输送机布置简图

(4) 工作环境：干燥有尘的通廊内；

(5) 尾部喂料，头部卸料，导料槽长 3 m，设有弹簧清扫器和空段清扫器。

计算输送机的参数。

【解】 1. 输送带宽度计算

有载分支采用槽形托辊，无载分支采用平形托辊。按表 21-11 选带速 $v=1.6$ m/s；查表 21-8 ～表 21-10，得 $K=400$(槽角为 30°，初选带宽为 800 mm)，$C_1=0.92$，$C_2=1.0$。代入式(21-31)，得

$$B=\sqrt{\frac{Q}{Kv\rho_s C_1 C_2}}=\sqrt{\frac{550}{400\times1.6\times1.6\times0.92\times1.0}}=0.76(\text{m})$$

选用 $B=800$ mm 的橡胶带。根据式(21-32a)，

$$B\geqslant 2d_{\max}+200=2\times60+200=320<800(\text{mm})$$

可满足要求。

2. 张力计算

设各点张力如图 21-30 所示，则线路上各点张力之间有如下关系：

$$S_2=S_1+W_q \tag{1}$$
$$S_3=K'S_2 \tag{2}$$
$$S_4=K'S_3 \tag{3}$$

$$S_5 = K'S_4 \tag{4}$$

$$S_6 = K'S_5 \tag{5}$$

$$S_7 = S_6 + W' + W'_q \tag{6}$$

$$S_8 = K'S_7 \tag{7}$$

$$S_9 = K'S_8 \tag{8}$$

$$S_n = S_9 + W_d + W_m + W \tag{9}$$

分别求各区段阻力并代入以上各式。根据式(21-23)，取弹簧清扫器阻力

$$W_q = 800B = 800 \times 0.8 = 640(\text{N})$$

因此，

$$S_2 = S_1 + 640$$

从表21-13查得改向滚筒阻力系数K'，则式(2)～式(5)可写成

$$S_3 = 1.02(S_1 + 640) = 1.02S_1 + 653$$

$$S_4 = 1.03(1.02S_1 + 653) = 1.05S_1 + 673$$

$$S_5 = 1.04(1.05S_1 + 673) = 1.09S_1 + 700$$

$$S_6 = 1.04(1.09S_1 + 700) = 1.13S_1 + 728$$

根据表21-18查得橡胶带帆布层数$i = 6$，并取上、下胶层厚度分别为3.0和1.5 mm，依此可查得每1 m胶带的质量$q_0 = 11.8$ kg/m；带宽800 mm铸铁座平形下托辊转动部分的质量为12 kg；取下托辊间距$l'_0 = 3$ m，则每1 m托辊转动部分的质量$q'' = 12/3 = 4$(kg/m)；查表21-12，取平形托辊阻力系数$\zeta'' = 0.025$。于是，根据式(21-15)，空载段运行阻力为

$$\begin{aligned} W' &= 10(q_0 + q'')L_H\zeta'' - 10q_0H \\ &= 10(11.8 + 4) \times 83 \times 0.025 - 10 \times 11.8 \times 6 = -380(\text{N}) \end{aligned}$$

根据式(21-24)，空段清扫器的阻力为

$$W'_q = 200B = 200 \times 0.8 = 160(\text{N})$$

因此，式(6)可写成

$$S_7 = 1.13S_1 + 728 - 380 + 160 = 1.13S_1 + 508$$

根据表21-13，式(7)及式(8)可写成

$$S_8 = 1.02(1.13S_1 + 508) = 1.15S_1 + 518$$

$$S_9 = 1.04(1.15S_1 + 518) = 1.2S_1 + 539$$

根据式(21-20)，导料槽的阻力为

$$W_d = (16B^2\rho_s + 70)l = (16 \times 0.8^2 \times 1.6 + 70) \times 3 = 259(\text{N})$$

根据式(21-7)，每1 m输送带上物料的质量为

$$q = \frac{Q}{3.6v} = \frac{550}{3.6 \times 1.6} = 95.5(\text{kg/m})$$

根据式(21-19)，进料口物料加速阻力为

$$W_m = \frac{4.9qv^2}{g} = \frac{4.9 \times 95.5 \times 1.6^2}{9.8} = 122(\text{N})$$

带宽800 mm铸铁座槽形上托辊的转动部分的质量为14 kg；查表21-4，上托辊间距$l_0 = 1.2$ m，输送机每1 m长度上托辊转动部分的质量$q' = 14/1.2 = 11.7$(kg/m)；查表22-12，槽形托辊阻力系数$\zeta' = 0.030$。于是，根据式(21-14)，承载区段运行阻力为

$$\begin{aligned} W &= 10(q_0 + q + q')L_H\zeta' + 10(q_0 + q)H \\ &= 10 \times (11.8 + 95.5 + 11.7) \times 100 \times 0.030 + 10 \times (11.8 + 95.5) \times 9.5 \end{aligned}$$

$$=3570+10\ 194=13\ 764(\mathrm{N})$$

式(9)可写成

$$S_n=1.2S_1+539+259+122+13\ 764=1.2S_1+14\ 684$$

按照不打滑条件，S_n 和 S_1 应满足式(21-1)的要求。查表21-5，采用光面驱动滚筒，当 $\alpha=200°$，$f=0.25$ 时，取 $e^{f\alpha}=2.39$，并将下列两式联立求解：

$$S_n=2.39S_1$$

$$S_n=1.2S_1+14\ 684$$

求得 $S_1=12\ 339\mathrm{N}$，$S_n=29\ 491\mathrm{N}$。

根据式(21-37)核算承载段输送带允许垂度，承载段最小张力 S_1 应满足式(21-26)要求，即

$$S_1=50(q_0+q)l_0\cos\beta$$

代入有关数值，得

$$\begin{aligned}S_1&=50\times(11.8+95.5)\times1.2\times\cos12°\\&=50\times107.3\times1.2\times0.978=6296(\mathrm{N})<12\ 339(\mathrm{N})\end{aligned}$$

可以满足垂度要求，而选用 $B=800$ mm、$i=6$ 的橡胶带，其最大许用张力 $[S_{\max}]=29\ 900$ N，故可满足设计要求。

3．功率计算

根据式(21-28)计算驱动滚筒的轴功率。驱动滚筒阻力与带在滚筒上的绕出端张力及绕入端张力有关，当不计滚筒轴承的摩擦阻力时，

$$W_{n-1}=(0.01\sim0.02)(S_1+S_n)=0.01\times(12\ 339+29\ 491)=418.3(\mathrm{N})$$

于是，

$$N_0=\frac{[(S_n-S_1)+W_{n-1}]v}{1000}=\frac{[(29\ 491-12\ 339)+418.3]\times1.6}{1000}=28(\mathrm{kW})$$

根据式(21-30)，电动机功率为

$$N=K\frac{N_0}{\eta}=1.1\times\frac{28}{0.88}=35(\mathrm{kW})$$

若采用概算法计算：查表21-15，$K_1=0.0165$，$K_2=8.17\times10^{-5}$；查表21-16，$K_3=1.20$。将以上各值代入式(21-29)：

$$\begin{aligned}N_0&=(K_1L_{\mathrm{H}}v+K_2QL_{\mathrm{H}}\pm0.002\ 73QH)K_3\\&=(0.0165\times100\times1.6+8.17\times10^{-5}\times550\times100+0.002\ 73\times550\times9.5)\times1.20\\&=26(\mathrm{kW})\end{aligned}$$

电动机功率为

$$N=K\frac{N_0}{\eta}=1.1\times\frac{26}{0.88}=33(\mathrm{kW})$$

可选用Y225S－4电动机，额定功率为37 kW。

4．拉紧装置重锤质量计算

根据式(21-38)，拉紧装置的拉紧力为

$$\begin{aligned}P_0&=S_5+S_4=1.09S_1+700+1.05S_1+673=2.14S_1+1373\\&=2.14\times12\ 339+1373=27\ 778(\mathrm{N})\end{aligned}$$

查有关带式输送机设计手册，可得拉紧装置的质量 $W_{\mathrm{L}}=68$ kg。根据式(21-40)，垂直

拉紧装置所需重锤质量为

$$W_v=0.1P_0-W_L=2778-68=2710(\mathrm{kg})$$

5. 驱动滚筒轴的制动力矩计算

驱动滚筒直径 $D\geqslant125i=125\times6=750(\mathrm{mm})$，选取 $D=800$ mm。根据式(21-41)，

$$\begin{aligned}M_0&=\frac{660D}{v}(0.00546GH-N_0)\\&=\frac{660\times0.8}{1.6}(0.00546\times550\times9.5-26)=834(\mathrm{N\cdot m})\end{aligned}$$

四 其他类型带式输送机

(一)双向带式输送机

在物料堆场和料仓配料系统中，常采用可以双向输送的双向带式输送机。这种输送机的结构和设计方法与单方向输送的带式输送机基本相同。但由于双向输送会使张力重新分配，将影响输送带强度和拉紧力的变化。因此，必须研究输送带张力的这种变化规律，以确定最大张力值和张力不变及变化较小点的位置，依此合理选择输送带强度和拉紧装置的位置。

在单滚筒传动的双向输送机中，常采用的拉紧形式有定张力单滚筒拉紧系统和变张力双滚筒拉紧系统两种。定张力单滚筒拉紧系统如图21-31a所示，系统结构较简单。采用坠重式拉紧装置，拉紧力不变，因此在拉紧滚筒附近的输送带张力(如不计有害阻力)亦不变。但是，为了保证双向输送时都能平稳可靠，拉紧装置的坠重应以反向运转时的较大张力为依据来选择，这样使输送带的最大张力比单向运转时有较大的增长，功率消耗也增加。这种系统常用于机身较短、输送带强度有富裕的场合。

变张力双滚筒拉紧系统如图21-31b所示。由于采用了两个拉紧滚筒，输送带张力可以基本保持不变。因此，适用于机身较长、输送带强度较大的情况。

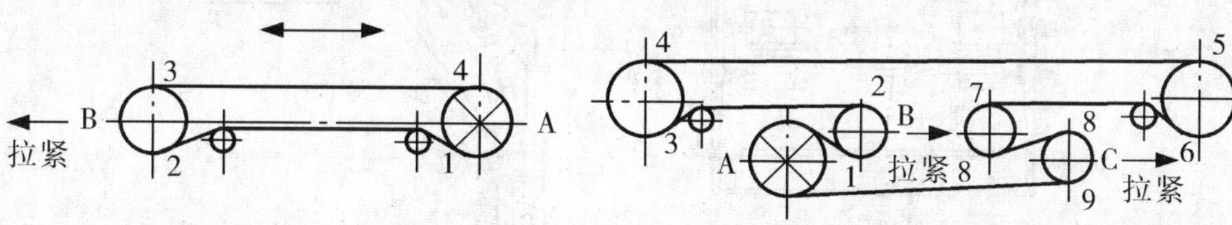

(a) 定张力单滚筒拉紧系统　　(b) 变张力双滚筒拉紧系统

图21-31　双向带式输送机

A—驱动滚筒；B，C—拉紧滚筒；1，2，…，9—滚筒趋入点或奔离点

除了单滚筒传动外，在双向输送机中还广泛采用头尾传动的滚筒系统。其中以圆周力均匀分配的传动形式最为普遍。从理论分析来看，拉紧装置最好设在无载分支的中间位置，因为该点在双向运转时张力大小不变，但这样布置常会受到工艺条件的限制。因此，实际上常选取端部滚筒附近为其拉紧点。通常在工作条件相同的情况下，头尾滚筒传动比单滚筒传动的最大张力小得多。所以，在较长的双向输送的输送机中，应优先采用圆周力均匀分配的头尾部滚筒传动的系统。

在设计双向输送机时，对调心托辊、清扫装置和卸料装置等结构需要特殊考虑。

(二)双带式输送机

如图21-32所示，双带式输送机是利用两条同步同向运行的胶带把散状物料或成件物品夹持在中间进行大倾角或垂直输送的，具有连续提升机的功能。图中虚线轮廓为能拉伸

或收缩的弹性带，实线轮廓为工作的胶带。根据被输送物料进出方向的不同，可分为C型和Z型两种基本结构型式，C型机的物料进出方向在机械的同一侧，而Z型机的物料进出方向在机械的两侧。

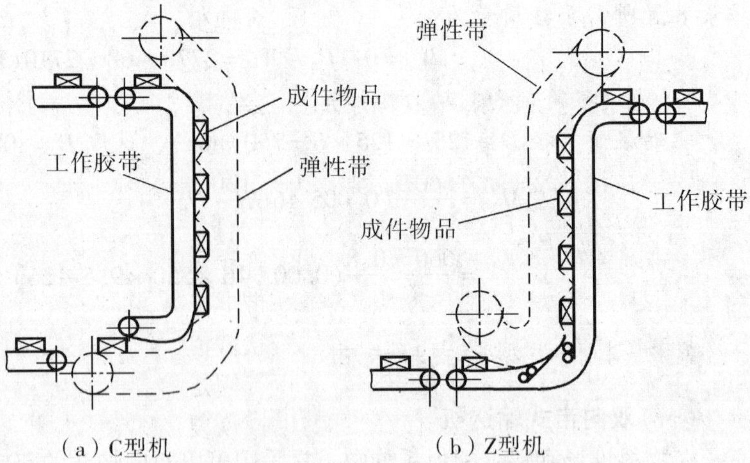

图 21-32　双带式输送机的型式

图21-33所示为用于散状物料的Z型机。它由一条运载胶带（主胶带）1和一条压紧胶带（随动胶带）2组成。运载胶带由驱动滚筒3驱动，而压紧胶带没有独立的驱动装置，它随运载胶带一起运行。整个系统的运载胶带由下水平段、弯曲段、垂直段和上水平段组成。运载胶带在下水平段由喂料装置7喂料后，进入弯曲段与压紧胶带汇合，压紧胶带覆盖在料面上，通过辊子组夹紧两条胶带的边缘把物料包容在两者中间（图21-33截面图）。物料被提升到上水平段经过上部改向区段后，压紧胶带与运载胶带分开，绕过改向滚筒5进入回程分支。而物料继续随运载胶带输送到卸料端卸出，运载胶带接着进入回程分支。为了保证两条胶带有足够的拉紧力，各自都设有拉紧装置4和6。

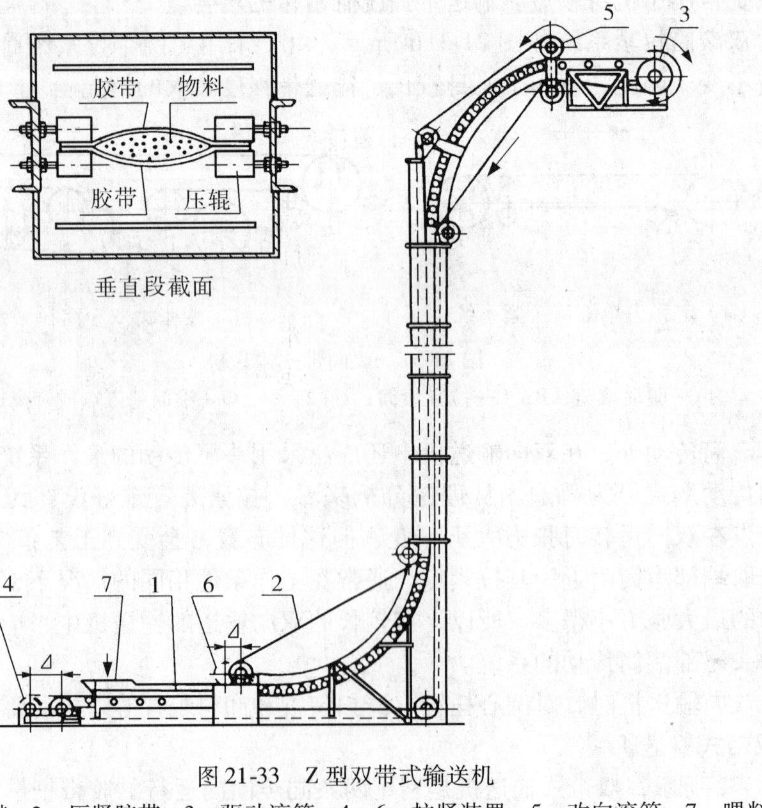

图 21-33　Z型双带式输送机

1—运载胶带；2—压紧胶带；3—驱动滚筒；4，6—拉紧装置；5—改向滚筒；7—喂料装置双带式输送机的特点是，自重轻，占地少；工作平稳可靠，即使在中断给料的情况下也不会使物料从垂直区段的断面中散落下来；对物件的形状及质量具有很大的适应性，如电灯泡之类的玻璃器皿，既挤不破也不会变形，对体积小且质量大的，如直径为 210 mm、厚为 35 mm 的圆钢(质量约 10 kg)也能安全输送；能耗低，输送能力大(可达 6000 ~ 7000 t/h)，输送散状物料的最大粒度达 75 ~ 100 mm。

(三)管形胶带输送机

管形胶管输送机是将胶带卷曲成圆管状(图 21-34)。在喂料端的胶带与普通带式输送机一样，呈水平的平坦状，物料喂到胶带上面之后，随着胶带向前运动，胶带两侧被固定的导向辊逐渐向上卷起，形成封闭的管状截面，物料就包裹在胶带内，沿轨道规定的方向和标高输送。物料运送到卸料端时，也有固定的导向辊将管状胶带逐渐展开成平坦状，进行卸料。卸料后的回程胶带可以是平形或恢复成圆管状，作反向运动，回到喂料端。

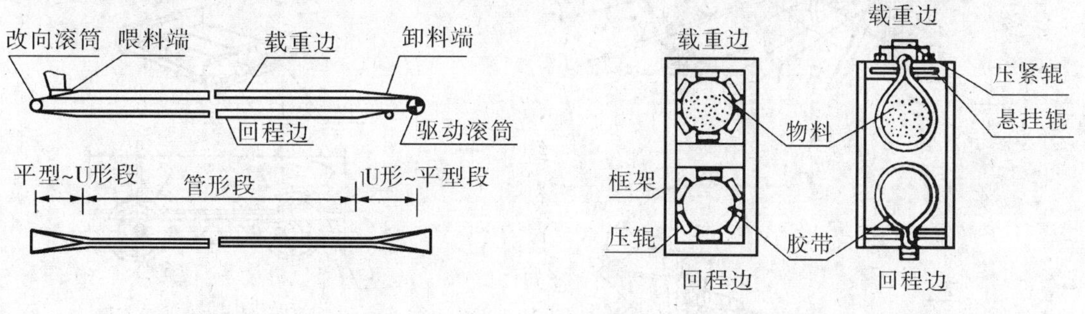

(a) 压辊式断面图　　(b) 悬挂式断面图

图 21-34　管形胶带输送机工作示意图

管形胶带输送机有压辊式和悬挂式两种。压辊式的胶带与普通胶带相似，但胶带两侧边的芯体做成方向相反的台阶，这样可减少胶带最终弯曲部位的刚度，使两侧边密封搭接。悬挂式的胶带的两侧边则做成突缘，用导辊夹住胶带啮合处的突缘，由两个悬挂辊和一个压紧辊组成悬挂架，将胶带悬吊在空间。

管形胶带输送机与一般的槽形胶带输送机或气力输送设备比较，它具有许多优点：结构简单，电耗少，安装维修容易；由于是在封闭状态下输送物料，输送速度大(可达 150 m/s)，输送的物料不损失、不溢散，潮湿、粘性物料也可输送，可以露天架空输送，不污染环境；可大容量、长距离及定量输送物料；可在弯曲及倾角大(30° ~ 50°)的情况下输送物料，如配上适当的附件，还可垂直输送或双向输送；不需要转运点，可在任意点上装卸料；可做成固定式和移动式的，操作方便，可有效利用场地，工艺布置紧凑。

第二节　链板输送机

链板输送机也是广泛应用的连续输送机。这类输送机的主要特点是以链条作为牵引构件，另以板片作为承载构件，板片安装在链条上，借助链条的牵引，达到输送物料的目的。

根据输送物料种类大小和承载构件形状的不同，链板输送机主要有板式输送机、刮板输送机和埋刮板输送机等。

一　板式输送机

板式输送机的构造如图 21-35 所示，它用两条平行的闭合链条 1 作牵引机构，链条上连接有横向的板片 2 或 3，板片组成鳞片状的连续输送带，以便装载物料或物件。牵引链紧套在驱动链轮 4 和改向链轮 5 上，用电动机经减速器、驱动链轮带动。在另一端，链条绕过改向链轮。改向链轮装有拉紧装置。因为链轮传动速度不均匀，坠重式的拉紧装置容易引起摆动，故拉紧装置都采用螺旋式的。

对于重型板式输送机，牵引链大多数用板片关节链(图 21-35c)。在关节销轴上装有滚轮 6，输送的物料以及输送机的运动构件等的质量都由滚轮支承，沿着机架 7 上的导向轨道滚动运行。

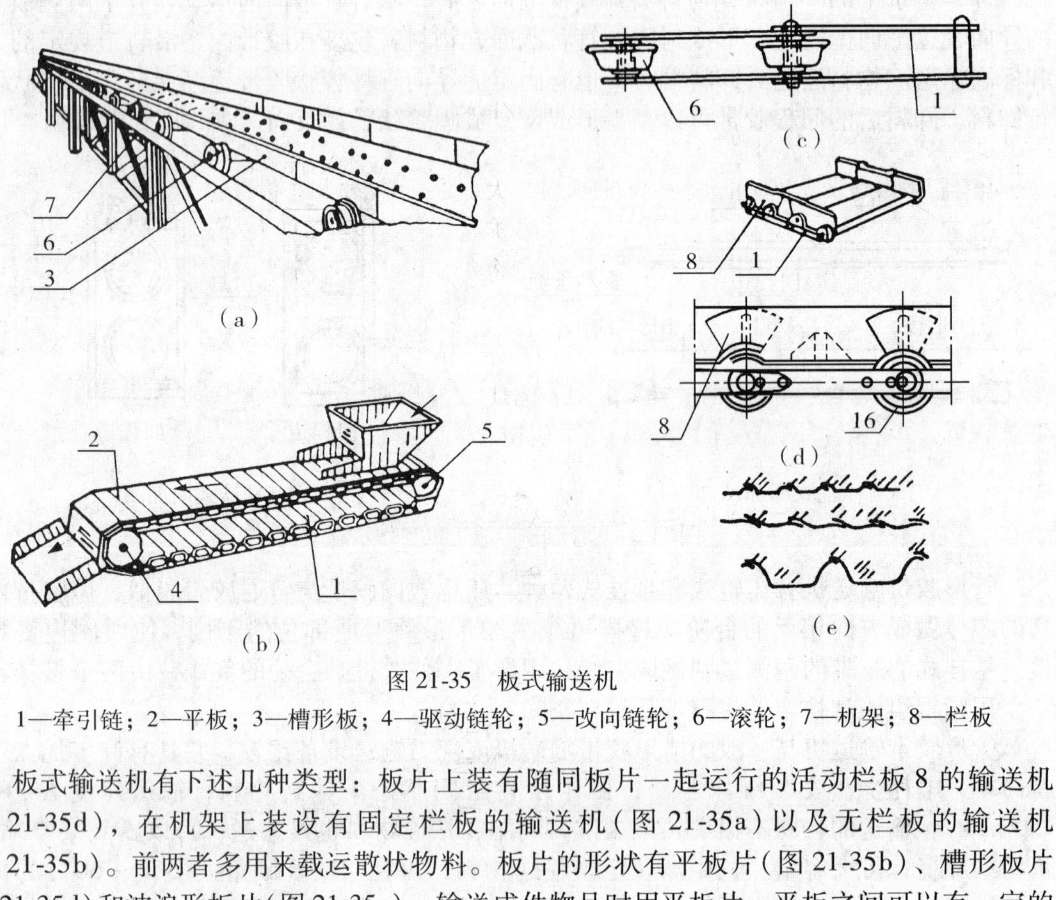

图 21-35　板式输送机

1—牵引链；2—平板；3—槽形板；4—驱动链轮；5—改向链轮；6—滚轮；7—机架；8—栏板

板式输送机有下述几种类型：板片上装有随同板片一起运行的活动栏板 8 的输送机(图 21-35d)，在机架上装设有固定栏板的输送机(图 21-35a)以及无栏板的输送机(图 21-35b)。前两者多用来载运散状物料。板片的形状有平板片(图 21-35b)、槽形板片(图21-35d)和波浪形板片(图 21-35e)。输送成件物品时用平板片，平板之间可以有一定的间隙。输送散粒物料时用槽形或波浪形板片。为了提高输送机的生产能力，特别是在较大倾角的情况下输送物料时，波浪形板片具有明显的优越性。

载运散粒物料时，板式输送机的输送能力：

$$Q = 3600Av\varphi\rho_s \quad (t/h) \tag{21-44}$$

式中　A——承载板上堆积物料的横截面积(m^2)；

v——板带的速度，取 $v = 0.2 \sim 0.6$ m/s；

φ——填充系数；

ρ_s——物料堆积密度(t/m^3)。

对于有栏板的输送机，承载板上物料的横截面积 F 取等于承载板料槽的截面积。考虑到物料有填充不够之处，在计算式中引入填充系数 $\varphi = 0.7 \sim 0.8$ 修正之。

在计算承载板的宽度时，不仅要考虑输送能力，同时还应考虑料块的大小。料块的尺寸不应超过板宽的1/3。栏板的高度一般取120～180 mm。

板式输送机驱动链轮的轴功率用下式计算：

$$N = 0.0024 q_0 v L' + 0.003 Q(0.11L' \pm H) \quad (\mathrm{kW}) \tag{21-45}$$

式中 v——板带运动速度(m/s)；

q_0——承载板、链条等运动部件每1 m长度上的质量，$q_0 = 60B + k$(kg/m)；

B——板宽(m)；

k——系数，对轻型、中型和重型的承载板分别取65，80及100；

L'——水平输送距离(m)；

H——提升高度(m)；

Q——输送机的输送能力(t/h)。

板式输送机的输送能力大，可达1000 t/h；能水平输送物料，也能倾斜输送物料，如采用波浪形板片承载物料，运输斜度可达35°或更大；由于它的牵引件和承载件强度高，输送距离可以较长，特别适宜输送沉重的、大块的、易磨损的和炽热的物料。这种输送机的缺点是结构笨重，制造复杂，成本高，维护工作繁重，通常只在载运灼热的物料、沉重的物料或物件时使用；也时也用作喂料机，将石块喂入破碎机中。

二 刮板输送机

刮板输送机是借助链条牵引刮板在料槽内运动来输送散粒物料的连续输送机。如图21-36所示，料槽1固定在机座2中，牵引链3上安装刮板4，绕过两端的驱动链轮5和改

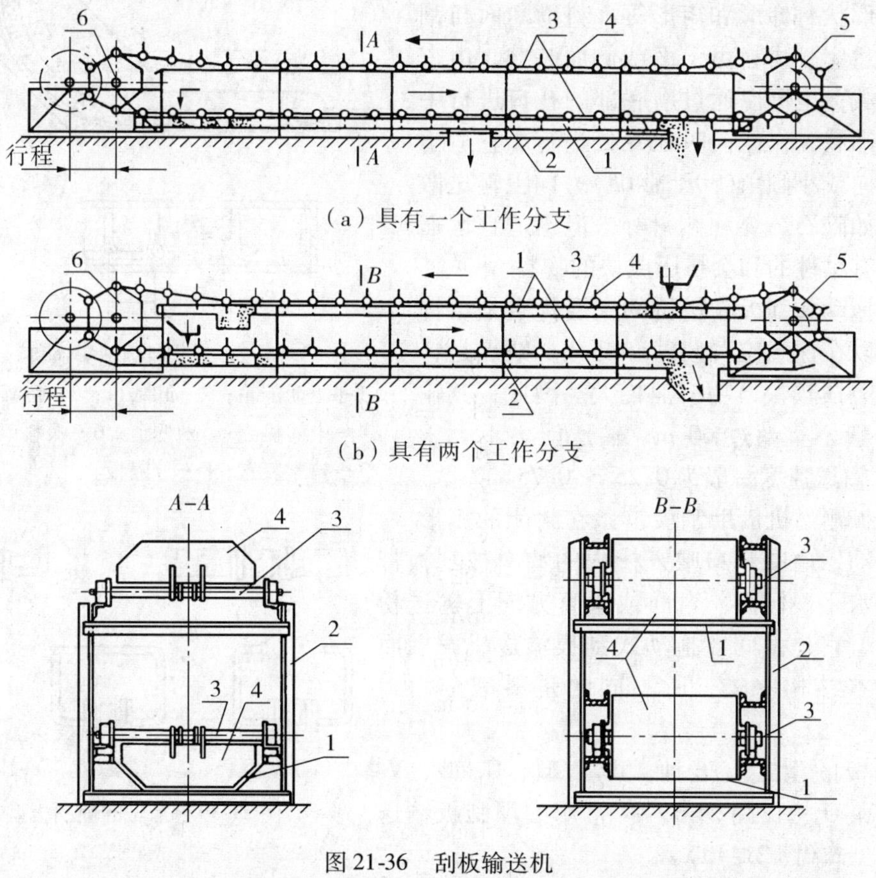

图21-36 刮板输送机

1—料槽；2—机座；3—牵引链；4—刮板；5—驱动链轮；6—改向链轮

向链轮 6，由驱动链轮驱动沿着料槽运动，把槽中的物料往前刮运。改向链轮由拉紧装置进行张紧。

链条带上的刮板可以高出物料也可沉埋在物料之中。前一种刮板输送机的料槽中，物料不连续地堆积在刮板的前面，物料的截面呈梯形(图 21-37)，这种输送机为间歇拖动式刮板输送机。如果刮板沉埋在物料当中，当刮板运动时，就有从下面将物料剪切的趋势。但由于松散物料抵抗刮板剪切的阻力大于物料沿料槽运动的阻力，故物料能成为一条连续料带向前运动(图 21-38)。这种输送机为连续拖动式刮板输送机。因为在输送过程中，刮板链条埋于被输送的物料之中，故称为埋刮板输送机。

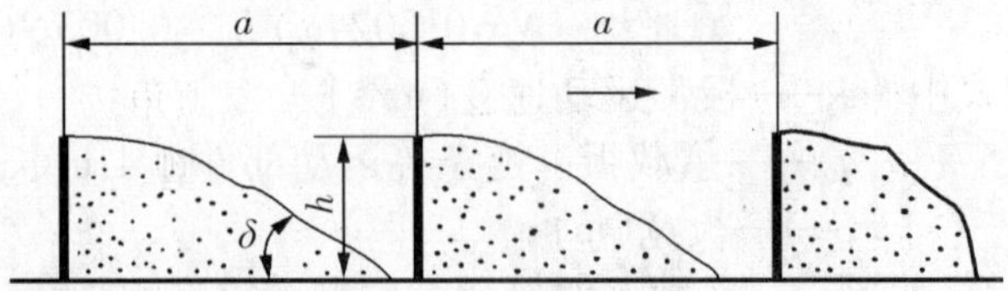

图 21-37　刮板前的物料堆积

间歇拖动式刮板输送机利用相隔一定间距固装在牵引链条上的刮板，沿着敞开的料槽刮运物料。闭合的链条刮板带分为上下两支，可在上分支或下分支输送物料(图 21-36a)，也可在上、下两分支同时输送物料(图 21-36b)。牵引链条最常用圆环链，可以采用一根链条与刮板中部连接，也可用两根链条与刮板两端相连。刮板形状有梯形和矩形等，料槽断面与刮板轮廓相适应。物料由上面或侧面装载，由末端自由卸载；也可以通过槽底部的孔口进行中途卸载，卸载工作能同时在几处进行。它适于在水平方向或小倾角(30°～40°)方向上输送散粒物料，如碎石、煤和熟料等，但不适宜运送易碎的、有粘性的和会挤压成块的物料。

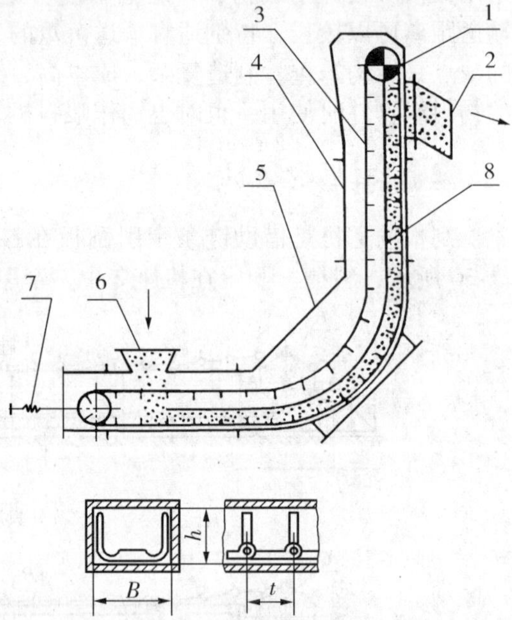

图 21-38　埋刮板输送机

1—驱动链轮；2—卸料口；3—刮板链条；4—中间机壳；5—弯道；6—喂料口；7—拉紧装置；8—分隔板

间歇拖动式刮板输送机的主要优点是结构简单，可以在任意位置装载和卸载；缺点是料槽和刮板磨损较快，功率消耗大。因此，其输送长度一般不宜超过 60 m，输送能力不大于 200 t/h，输送速度一般为 0.25 ～ 0.75 m/s。

埋刮板输送机借助刮板链条在封闭的矩形料槽内运动，由喂料口喂入槽内的物料被刮板带动，可在水平、倾斜、弯曲或垂直方向上输送粉粒状物料。它是由间歇拖动式刮板输送机发展而来的，基本结构一样，所不同的是料槽全为封闭的。

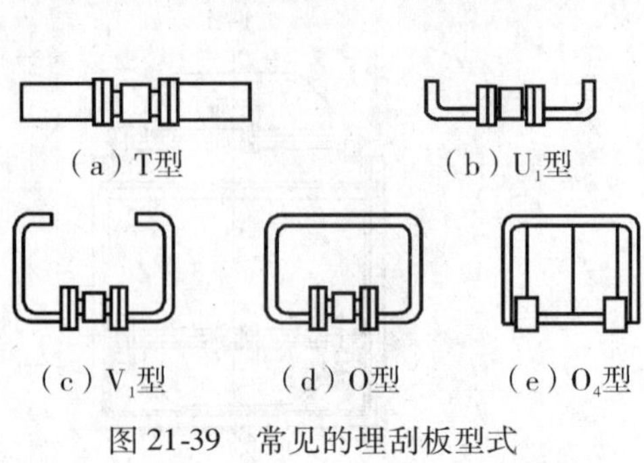

图 21-39　常见的埋刮板型式

埋刮板的型式有五种，即 T 型、U_1 型、V_1 型、O 型和 O_4 型(图 21-39)。常用的埋刮板输送机有三种型式(图 21-40)。

(1)水平型(SMS 型)

如图 21-40a 所示，用做水平或小倾角输送。倾角一般为 0°～15°，单机长度不超过 80 m。这种输送机料槽内配用的刮板有 T 型和 U_1 型两种。

(2)垂直型(CMS 型)

如图 21-40b 所示，用做垂直或大倾角提升输送。倾角一般为 60°～90°，单机提升高度不超过 30 m。它所配用的刮板有 V_1 型、O 型和 O_4 型。

(3)Z 型(ZMS 型)

如图 21-40c 所示，用做垂直－水平输送。单机垂直部分高度不超过 20 m，上水平部分长度不超过 30 m。它所配用的刮板有 U_1 型和 O_4 型。

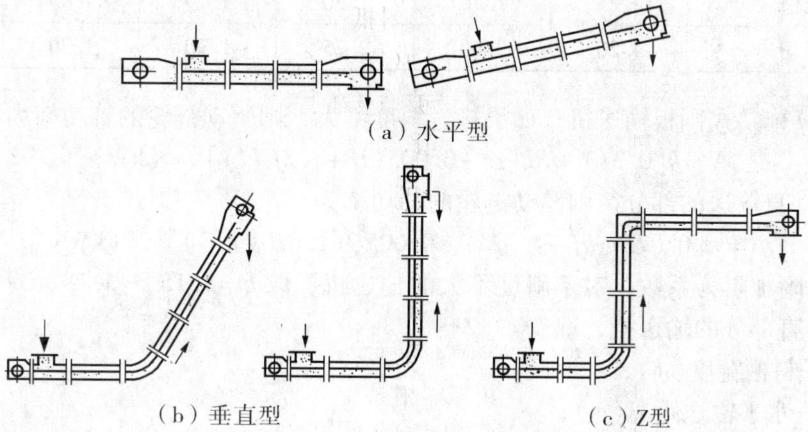

图 21－40　埋刮板输送机的型式

当输送高度或长度超出上述单机的范围时，可用相同型号或不同型号的埋刮板输送机串接起来使用。

埋刮板输送机的优点是：结构简单，质量小，占地少；能作水平、倾斜或垂直输送，可多点喂料和卸料，工艺布置比较灵活，安装维修比较方便；物料在封闭料槽内进行缓慢输送，扬尘少，有利于输送易飞扬的、有毒的、易爆的、高温的物料。它的主要缺点是：链条和料槽容易磨损；输送速度低，所以输送能力低，功率消耗也较大；不适用于输送磨蚀性大、粘结性大以及流动性特强的物料。它主要用于粉粒状物料的输送，要求最大粒度不大于 50 mm，对于硬质物料要求不大于 15 mm。

刮板输送机的输送能力可用下式估算：

$$Q = 3600 A v \varphi \rho_s \quad (t/h) \tag{21-46}$$

式中 A——料槽截面积(m^2)；

v——刮板运动速度，通常 $v = 0.25 \sim 0.75$ m/s；

φ——输送能力修正系数，间歇拖动式输送机取 $\varphi = 0.5 \sim 0.6$，连续拖动式水平输送的输送机取 $\varphi = 0.7 \sim 0.9$，连续拖动式垂直输送的输送机，对于块粒状物料取 $\varphi = 0.6 \sim 0.8$，对于粉状物料取 $\varphi = 0.45$；

ρ_s——物料堆积密度(t/m^3)。

对于间歇拖动式刮板输送机，驱动链轮的轴功率为

$$N = \frac{\zeta Q L'}{367} \pm \frac{QH}{367} \quad (kW) \tag{21-47}$$

式中 Q——输送机的输送能力(t/h)；

L'——水平输送距离(m)；

ζ——阻力系数，其值见表21-19；

H——垂直输送距离(m)。

表21－19 阻力系数ζ值

牵引机构种类	输送机的输送能力(t/h)					
	4.5	9	18	27	36	45
带滚轮的牵引链	2.25	1.70	1.30	1.10	1.05	0.70
不带滚轮的牵引链	4.20	3.00	2.25	1.90	1.70	1.60

对于连续拖动式刮板输送机，如果输送斜度不大，则驱动链轮的轴功率为

$$N = k[0.3(1+BL')v + 0.003(H+1.8f_1L')] \quad (\text{kW}) \tag{21-48}$$

如果包含有垂直输送的部分，则驱动链轮的轴功率为

$$N = k[0.07Bv(H+4.3L') + 0.005Q(1.6H+L'f_1)] \quad (\text{kW}) \tag{21-49}$$

式中 k——附加阻力系数，对于斜度不大的输送机，取$k=1.15\sim1.25$，对于包含有垂直部分的输送机，取$k=1.2\sim1.3$；

B——料槽宽度(m)；

L'——水平输送距离(m)；

f_1——物料与料槽的摩擦因数；

v——刮板运动速度(m/s)；

H——垂直输送距离(m)。

第三节 斗式提升机

一 工作原理及类型

斗式提升机是在垂直或接近垂直(大于70°)方向上连续提升物料的输送机械。如图21-41所示，在挠性牵引构件(链条或胶带等)3上，每隔一定间距安装若干个钢质料斗4，闭合的牵引构件卷绕过上部和下部的滚轮(链轮或滚筒)，由底座5上的拉紧装置6通过改向轮2进行拉紧，由上部驱动轮1驱动。物料从下部供入，由料斗把物料提升到上部，当料斗绕过上部滚轮时，物料就在重力和离心力的作用下向外抛出，经过卸料斜槽送到料仓或其他设备中。提升机形成具有上升的有载分支和下降的无载回程分支的无端闭合环路。

斗式提升机在下部装料，在上部的另一侧卸料。装料的方式有掏取式和流入式两种。掏取式如图21-42a及b所示，物料由加料口喂入，使其积集在底座中，由料斗舀起。掏取式主要用于高速输送磨蚀性小、容易掏取的粉粒状的物料。料斗的运动速度可达0.8～2 m/s。流入式如图21-42c所示，物料迎着上升的料斗直接注入。采用流入式时，加料口要高于下滚轮(改向轮)轴线，料斗应密接布置，而且运动速度较低(小于1 m/s)，以使料斗充分装填。流入式主要用于磨蚀性大和大块的物料装载。实际装载中往往是两种方式同时兼有，而以其中一种方式为主罢了。

无论哪种装料方式，底部的物料高度最好都不高于下滚轮轴线。保持较低的物料高度，不但可使提升机工作稳定，而且还可防止供料不均时造成提升机堵塞。此外，料斗过分地充满，在提升过程中物料容易撒回机座中。因此，料斗的填充率 φ 应小于1。

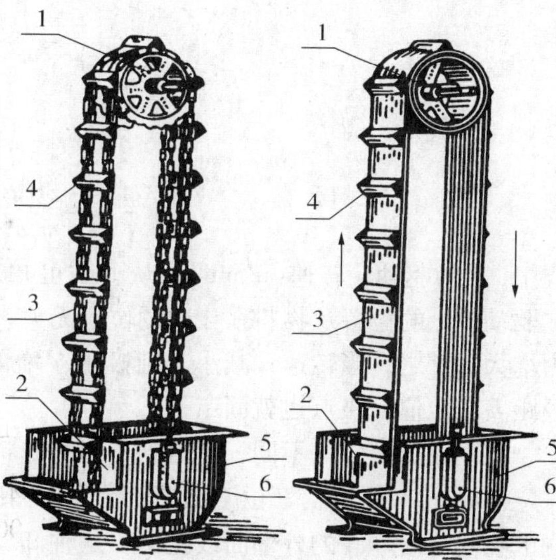

（a）链条斗式提升机　　（b）胶带斗式提升机

图 21-41　斗式提升机工作原理简图

1—驱动轮；2—改向轮；3—挠性牵引构件；4—料斗；5—底座；6—拉紧装置

物料从料斗中卸出的方式有三种：离心式（图 21-42a）、重力式（图 21-42c）和混合式（图 21-42b）。物料的卸料情况分析如图 21-43 所示，当料斗在直线区段作等速上升时，物料只受到重力 G 的作用。当料斗绕上滚轮（驱动轮）一起旋转时，料斗内物料除了受到重力作用外，还受到惯性离心力 F_c 的作用。

$$G = mg \quad (\text{N})$$

$$F_c = m\omega^2 r \quad (\text{N})$$

式中　m——料斗内物料的质量（kg）；

ω——料斗内物料重心的角速度（rad/s）；

r——回转半径，即料斗内物料的重心 M 到驱动轮中心 O 的距离；

g——重力加速度（m/s^2）。

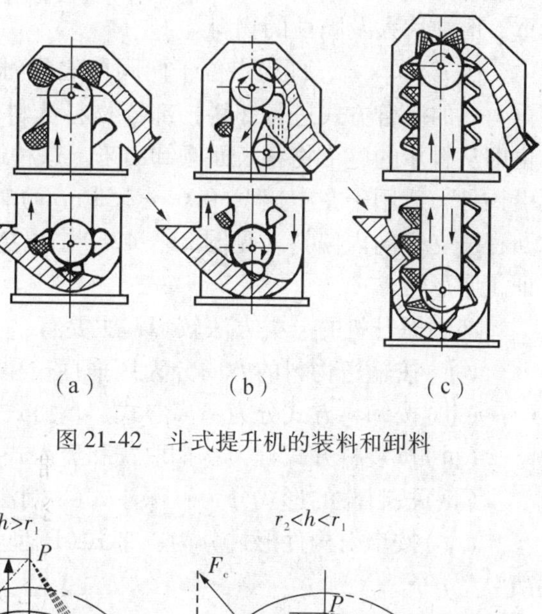

（a）　　（b）　　（c）

图 21-42　斗式提升机的装料和卸料

重力和惯性离心力的合力 N 的大小和方向随着料斗的位置改变，但其作用线与驱动轮中心垂直线始终交于同一点 P。点 P 称为极点，极点到回转中心的距离 $OP = h$ 称为极距。连接点 M 及 O 得相似三角形 $\triangle MPO$ 和 $\triangle MF_cN$。从相似关系得

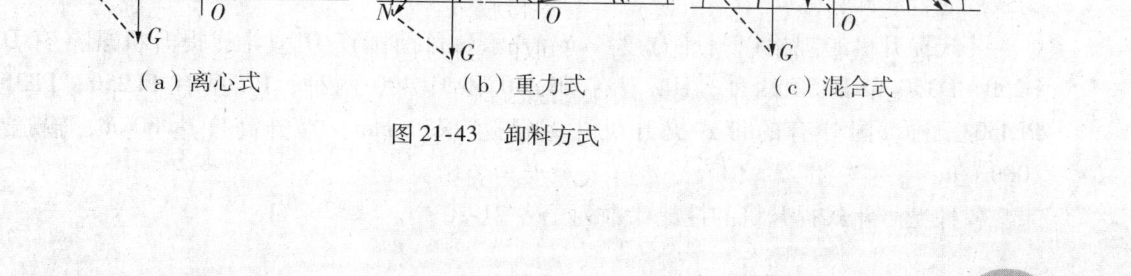

（a）离心式　　（b）重力式　　（c）混合式

图 21-43　卸料方式

$$\frac{h}{r}=\frac{G}{F_c}=\frac{mg}{m\omega^2 r} \tag{21-50}$$

以 $\omega=\frac{\pi n}{30}$ 代入，得

$$h=\frac{g}{\omega}=\frac{30^2 g}{\pi^2 n^2}=\frac{895}{n^2} \quad (\mathrm{m}) \tag{21-51}$$

式中，n 为驱动轮转速(r/min)。从上式可知，极距 h 只与驱动轮的转速有关，而与料斗在驱动轮上的位置及物料在斗内的位置无关。随着转速 n 的增大，极距 h 减小，惯性离心力增大；反之，当转速 n 减小，则极距 h 增大，惯性离心力减小。当驱动轮转速一定时，极距 h 为定值，极点也就固定了。

根据极点位置的不同，可得到不同的卸料方式。设驱动轮半径为 r_2，料斗外缘半径为 r_1。当 $h<r_2$，即极点 P 位于驱动轮的圆周内时(图 21-43a)，惯性离心力大于重力，料斗内的物料将沿着斗的外壁曲线抛出。这种卸料方式称为离心式卸料，常采用胶带作为牵引构件，料斗运动速度较高(1 ~ 5 m/s)，适用于干燥和流动性好的粉粒状物料的卸料。为了使各个料斗抛出的物料不致互相干扰，各个料斗应保持一定的距离。

当 $h>r_1$，即极点 P 位于料斗外边缘的圆周之外时(图 21-43b)，重力将大于惯性离心力，物料将沿料斗的内壁向下卸出。这种卸料方式称为重力式卸料，常采用链条作为牵引构件，适用于作连续密集布置的带导向槽的料斗，在低速下(0.4 ~ 0.8 m/s)输送比较沉重、磨蚀性大及脆性的物料。

当 $r_2<h<r_1$，即极点位于两圆周之间时(图 21-43c)，料斗内的物料同时按离心式和重力式的混合方式进行卸料，部分物料从料斗的外缘卸出，部分物料从料斗的内缘卸出，也即从料斗的整个物料表面倾卸出来。这种卸料方式称为混合式卸料，常采用链条作为牵引构件，适用于在中速下(0.6 ~ 1.5 m/s)输送潮湿的、流动性较差的粉粒状物料。上部回程分支须向内偏斜（见图 21 -42b)，以免自由卸落的物料打在前一料斗的底部，以保证正常运转。

斗式提升机的分类方法较多，主要有：

(ⅰ)按输送物料的方向分为：垂直式和倾斜式。

(ⅱ)按卸料方式分为：离心式、重力式和混合式。

(ⅲ)按装料方式分为：掏取式和流入式。

(ⅳ)按料斗的形式分为：深斗式(S 制法)、浅斗式(Q 制法)和尖斗式。

(ⅴ)按牵引构件形式分为：带式(D 型)和链式。链式又有环链式(HL 型)、板链式(PL 型)等。

(ⅵ)按工作特性分为：重型、中型和轻型。

(ⅶ)按料斗运动速度分为：快速提升机和慢速提升机。前者以离心式卸料，后者以重力式或混合式卸料。

斗式提升机的规格以料斗宽度(mm)表示。目前国产 D 型斗式提升机规格有 D160，D250，D350 和 D450 四种；HL 型有 HL300 和 HL400 两种；PL 型有 PL250，PL350 和 PL450 三种。国外有的带式提升机斗宽已达 1250 mm，提升高度达 80 m，输送量达 1000 t/h。

各种型号斗式提升机的性能参数列于表 21-20 中。

表 21-20　斗式提升机的性能参数

类型	牵引构件	卸载特征	型　号	料斗制法	输送能力 Q (m^3/h)	容积 i (L)	料斗间距 a (m)	线容积 i/a (L/m)	斗速 v (m/s)	填充系数 φ	牵引件和斗线载荷 q_0(kg/m)
D 型	胶带	间隔布置、料斗快速、离心卸料	D160	S Q	8.0 3.1	1.1 0.65	0.3	3.67 2.16	1.0	0.6 0.4	4.72 3.8
			D250	S Q	21.6 11.8	3.2 2.6	0.4	8.00 6.67	1.25	0.6 0.4	10.2 9.4
			D350	S Q	42 25	7.8 7.0	0.5	15.60 14.00	1.25	0.6 0.4	13.9 12.1
			D450	S Q	69.5 48	14.5 15	0.64	22.65 23.44	1.25	0.6 0.4	21.3
HL 型	环链	间隔布置、料斗快速、离心卸料	HL300	S Q	28 16	5.2 4.4	0.5	10.40 8.80	1.25	0.6 0.4	24.8 24
			HL400	S Q	47.2 30	10.5 10	0.6	17.50 16.67	12.5	0.6 0.4	29.2 28.3
PL 型	板链	连续布置、料斗慢速、重力卸料	PL250	尖斗	22.3	3.3	0.2	16.50	0.5	0.75	36
			PL350	尖斗	50	10.2	0.25	40.80	0.4	0.85	64
			PL450	尖斗	85	22.4	0.32	70.00	0.4	0.85	92.5

二　构造

斗式提升机的构造如图 21-44 所示。它主要由牵引构件 1、固装在牵引构件上的料斗 2、驱动轮 3、改向轮链 4、机壳 5、驱动装置 6、拉紧装置 7、中部导向装置 8、加料口 9 和卸料口 10 等组成。

（一）牵引构件

斗式提升机常用的牵引件有带式和链式两种。带式提升机以胶带为牵引件，与带式输送机的胶带相同，选择的带宽应比料斗宽度大 30 ～ 40 mm。胶带中织物的层数可按照带式输送机的计算方法来确定，但考虑到带上连接料斗时所穿孔会降低胶带的强度，因此应将按带式输送机验算胶带强度的安全系数增大 10% 左右。带式提升机构造简单，自重轻、成本低，工作平稳无噪声，可采用较高的运行速度，因此具有较大的输送能力。其主要缺点是料斗在带上的固定强度较弱。因为是用摩擦传递牵引力，需要有较大的初张力，因此它主要用于中小输送量（60 ～ 80 m^3/h 以内）和中等提升高度（在 25 ～ 40 m 以内）、输送密度较小或中等的粉粒状物料，这些物料用掏取法装载时阻力较小。普通胶带输送物料温度不能超过 60 ℃，采用耐热胶带允许达 150 ℃。

链式提升机以链条为牵引件。链条通常是锻造环链和板链。锻造环链如图 21-45 所

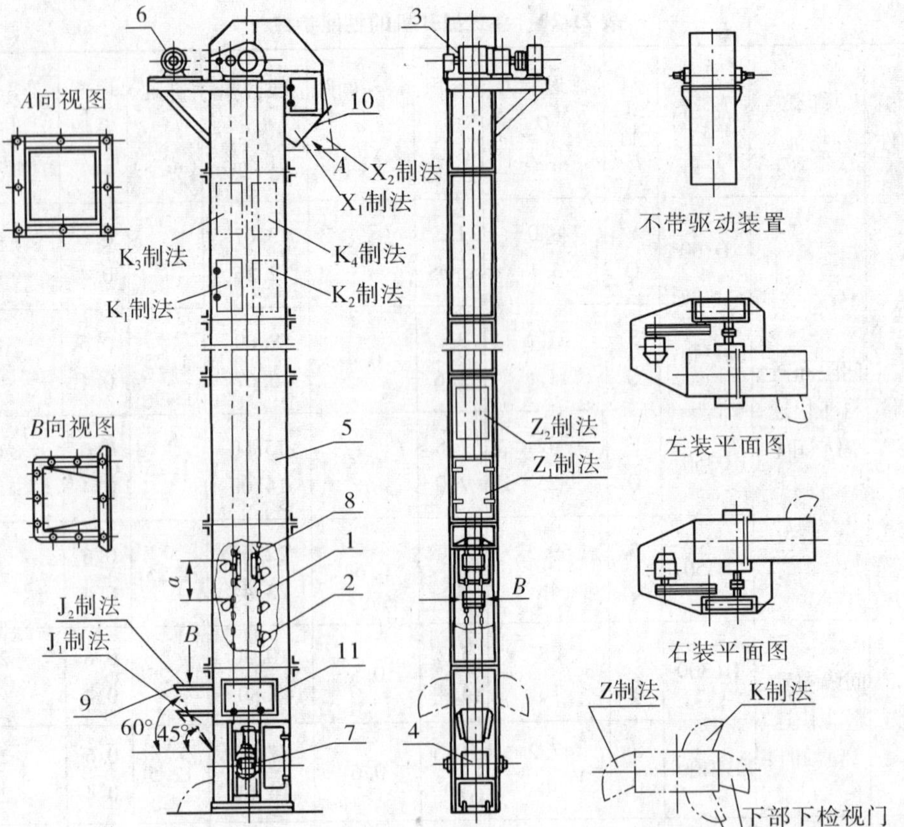

图 21-44　HL 型斗式提升机

1—牵引构件；2—料斗；3—驱动轮；4—改向链轮；5—机壳；6—驱动装置；
7—拉紧装置；8—中部导向装置；9—加料口；10—卸料口；11—检视门

示，由 A3 圆钢锻造而成，并经渗碳淬火处理，我国目前定型的环链节距为 50 mm。环链与料斗的连接采用链环钩，由钢 45 锻制并经渗碳淬火处理。板链如图 21-46 所示，由内外链板、套筒、滚筒及销轴等组成。板链有注油式及非注油式两种结构，图示为注油式。内外链板由钢 A5 制成，销轴为铬钢 15，套筒为钢 15，后两者经渗碳淬火处理。常用的节距 t 为 200，250，320 mm。环链制造简单，但运行不够平稳。板链结构坚固，但结构复杂。料斗宽度为 160 ～ 250 mm 时，采用单链牵引；当料斗宽度为 320 ～ 630 mm 时，则用双链牵引。

链式提升机由于链的强度较高，主要用于高生率和大提升高度输送物料(高达40 ～45 m)，而且不受被输送物料种类的限制，可用来输送密度大、磨蚀性强和大粒块的物料，也可用来提升潮湿物料或较热物料，物料温度可达 250 ℃。其缺点是链节之间由于进入灰尘而磨损甚剧，影响使用寿命，增加检修次数。

（二）料斗

料斗(图 21-44 件号 2)是提升机的承载构件，按其形状分为圆斗和尖斗两种。尖斗又称三角斗或鳞斗，圆斗有深斗和浅斗两种，如图 21-47 所示。

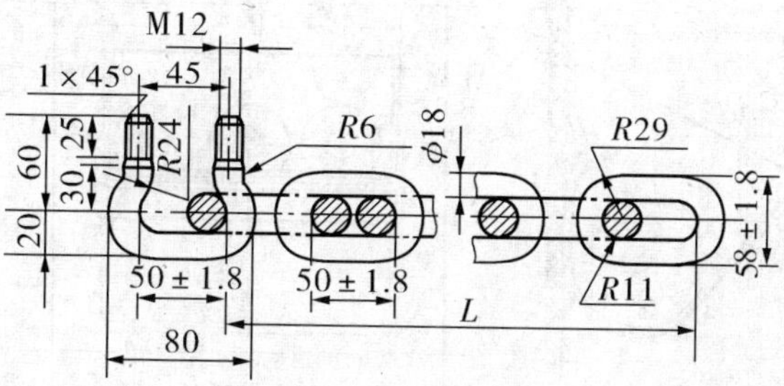

图 21-45　锻造环链

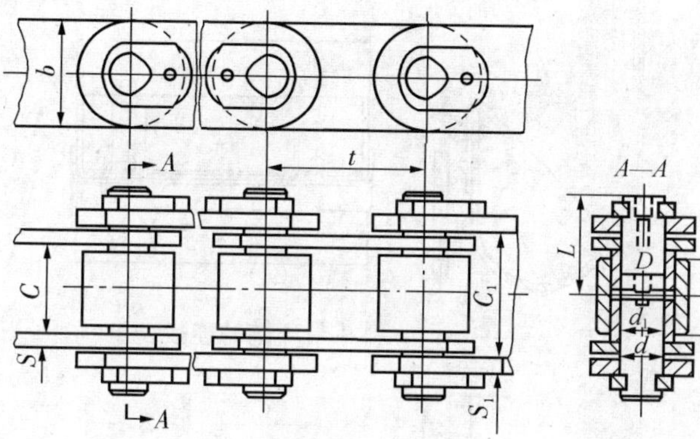

图 21-46　板链

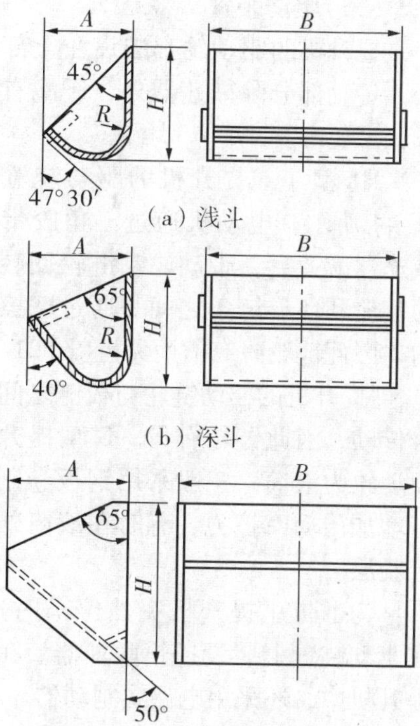

(a) 浅斗

(b) 深斗

(c) 尖斗

图 21-47　料斗的几何形状

1. 浅斗

称 Q 制法，几何形状如图 21-47a 所示。它的前壁斜度大而深度小，因此适用于输送潮湿的、易结块和流散性差的物料，如湿砂、型砂、石膏粉和粘土等。

2. 深斗

称 S 制法，几何形状如图 21-47b 所示。它的前壁斜度小而深度大，因此适用于输送干燥的、流散性好的散粒的物料，如水泥、碎煤块、干砂、石灰和碎石等。

3. 尖斗

几何形状如图 21-47c 所示。它的前壁外面带有两侧边，料斗在牵引构件上连续布置，以便卸料时后面料斗的物料在重力作用下倾倒于前面料斗的导槽中，沿斗背溜下卸出。这种料斗适用于低速运行的提升机，用于输送较重的、磨蚀性较大的块状物料。

料斗通常用厚度 2 ～ 6 mm 的钢板焊接或冲压而成。为了减小料斗边唇的磨损，常在边唇外焊上一块钢板。浅斗和深斗的底部都制成圆角，便于物料卸尽。为了不阻碍抛卸，料斗在牵引构件上按一定间隔布置。圆斗的安装间距(见图 21-44 和图 21-47)为

$$a = (2 \sim 3.5)H \quad (\text{mm}) \tag{21-52}$$

尖斗的安装间距为

$$a = H + (5 \sim 10) \quad (\text{mm}) \tag{21-53}$$

式中　H——料斗的高度(mm)。

D 型和 HL 型提升机多数采用圆斗，而 PL 型提升机则采用尖斗。由于牵引构件不一样，料斗的连接部分构造有所区别，如图 21-48 所示。

（三）驱动装置

提升机的驱动轮都装设在上部卸料处，传动部分除减速器外，还配有齿轮或胶带轮等。

HL 型斗式提升机的驱动装置如图 21-44 所示，电动机通过三角胶带轮和减速器减速后，带动驱动链轮回转。驱动链轮和环形链条之间是通过摩擦传动的，因此链轮只有槽而无齿(图 21-49)。PL 型提升机的驱动链轮与板链之间为啮合传动，因此链轮有齿。D 型提升机的驱动轮为滚筒，一般采用钢板卷制，为了增加传动摩擦力，有时在滚筒外面覆上胶层。

为了防止提升机突然停车时逆转，在驱动装置上装设逆止联轴器。在重型提升机中，还采用电磁式制动器。

（四）拉紧装置

拉紧装置(图 21-44 序号 7)装设在机罩下部，结构与带式输送机相同，有螺旋式、弹簧式和重锤式三种，其中以螺旋式最常采用。

改向链轮(图 21-44 序号 4)与驱动链轮基本相同，改向滚筒则通常制成围栅形周边，以防夹粘物料。拉紧装置安装在改向轮轴的轴承上，并连接在罩壳下部两侧壁的导槽内，可以上下移动。拉紧装置的行程一般在 200 ～ 500 mm 范围。

（五）机壳

提升机的运行部分和滚轮封闭在机壳内。机壳(图 21-44 序号 5)由上部、中间段节和下部构成。中间段节可以是两个分支共用的或是每个分支各设一个罩壳制成分道机壳。

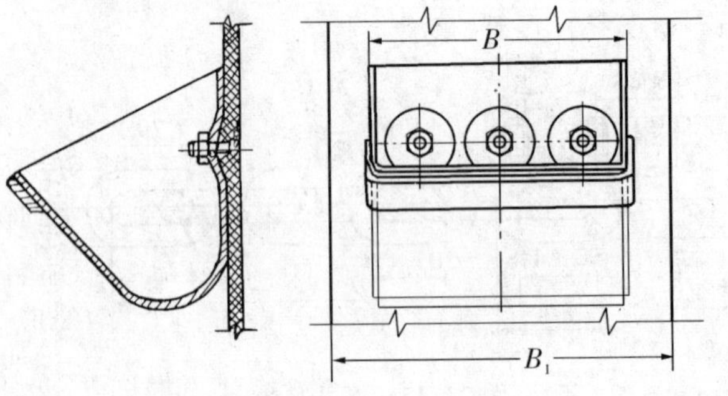

(a) 料斗与胶带的连接

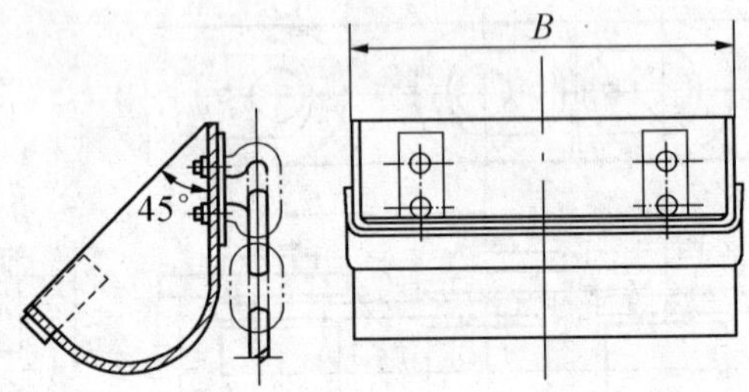

(b) 料斗与环链的连接

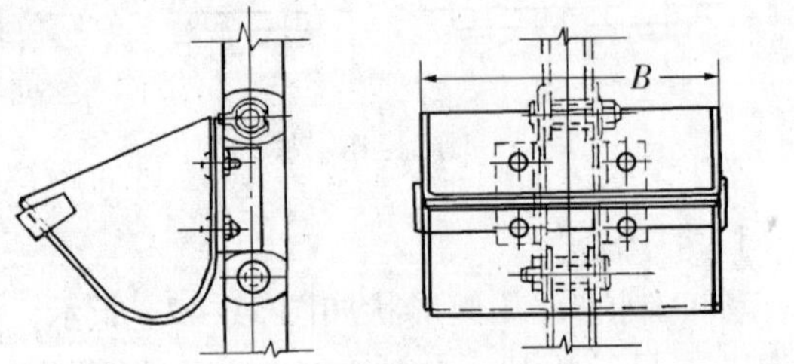

(c) 料斗与单链的连接

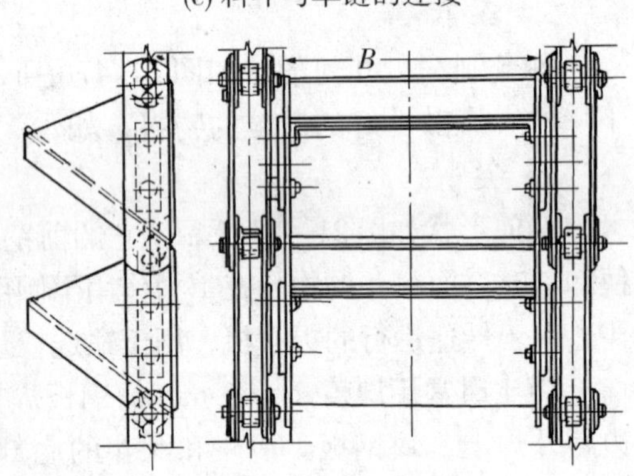

(d) 料斗与双链的连接

图 21-48　料斗与牵引构件的连接

机壳一般用厚 2 ～ 4 mm 的钢板焊成，并以角钢为骨架制成一定高度的标准段节，选型时必须符合标准段节的公称长度。底座罩壳形式应与底部物料装载情况相适应。上部罩壳的形状应与卸载曲线相适应，以使物料能完全卸入导出槽中。机壳的适当位置上设有检视门(图 21-44 序号 11)，机壳内设有中部导向装置(图 21-44 序号 8)，以防牵引料斗时产生过大的横向摆动。机壳必须密封，以防操作时扬尘。

三 工作参数的确定

(一)驱动轮的直径

驱动轮的直径一般是根据有关资料初步选择，然后再按料斗的装卸要求加以校验。带式提升机驱动滚筒的直径需与选定的胶带织物层数相适合，以免胶带绕过滚筒时产生过大的内应力，一般取

$$D \geqslant (125 \sim 150)i \quad (\text{mm}) \qquad (21\text{-}54)$$

式中，i 为胶带织物层数。为了防止跑偏，滚筒一般制成鼓形轮，鼓形度为

$$\frac{D'-D}{L}=\frac{1}{50}\sim\frac{1}{30} \qquad (21\text{-}55)$$

式中 D'——滚筒中部直径(m)；

D——滚筒两端直径(m)；

L——滚筒长度(m)。

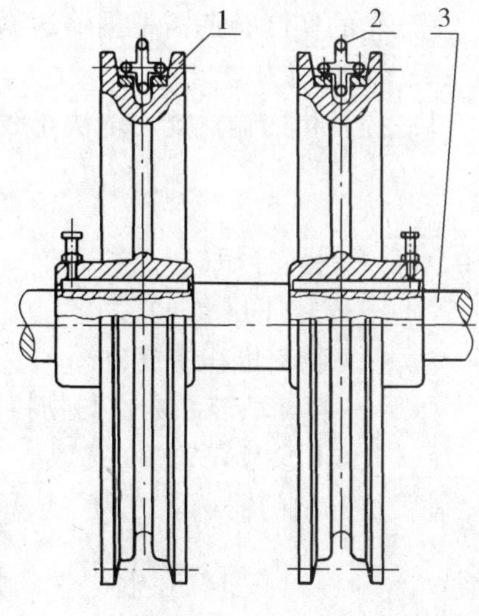

图 21-49 HL 型斗式提升机驱动链轮装置

1—驱动链轮；2—环链；3—轴

环链式提升机的链轮直径可按下式求出：

$$D=2\left(r-c-l-\frac{d}{2}\right) \quad (\text{mm}) \qquad (21\text{-}56)$$

式中 r——回转半径，即料斗内物料重心到驱动轮中心的距离(mm)；

c——料斗内物料重心与斗背间的距离，约为斗幅 A(见图 21-47)的$\frac{1}{3}$，即 $c \approx \frac{1}{3}A$ (mm)；

l——链钩的长度，对于链节距 $t=50$ mm 的链钩，一般为 30 mm；

d——链环圆钢的直径(mm)。

板链提升机链轮直径可用下式计算：

$$D=\frac{t}{\sin\frac{\pi}{Z}} \quad (\text{mm}) \qquad (21\text{-}57)$$

式中 l——链条的节距(mm)；

Z——链轮的齿数，一般 $Z=16 \sim 20$，以取偶数为宜。

(二)驱动轮转速

驱动轮的转速对物料的卸出方式影响很大，可根据式(21-51)进行估算：

$$n=\frac{30}{\sqrt{h}} \quad (\text{r/min}) \qquad (21\text{-}58)$$

式中 h 为极距(m)。根据不同的极距值可得到不同的卸料方式(见图 21-43)。D 型提升机常取极距小于驱动轮半径，即 $h<r_2$，料斗运动速度较高，物料作离心式卸料。驱动轮运动速度可达 5 m/s，通常取 1 ~ 2 m/s。

PL 型提升机常取极距大于料斗外接圆半径，即 $h>r_1$，料斗运动速度低，物料作重力式卸料。驱动轮运动速度为 0.4 ~ 0.8 m/s。

HL 型提升机常取 $r_2<h<r_1$，物料作混合式卸料。驱动轮速度在 0.6 ~ 1.25 m/s 范围。

驱动轮的实际转速需根据输送物料的性质、粒度大小和装卸料方式来确定。

（三）输送能力

斗式提升机的输送能力取决于线载荷和提升速度。线载荷 q 可按下式计算：

$$q=\frac{i}{a}\rho_s\varphi \quad (\mathrm{kg/m}) \tag{21-59}$$

式中 i——料斗容积（L）；

a——料斗间距（m）；

ρ_s——物料堆积密度（t/m^3）；

φ——料斗填充系数，与物料性质、粒度、装载方式、料斗和提升机的类型等有关，可参考表 21-20 选取。

斗式提升机的输送能力为

$$Q=3.6qv=3.6\frac{i}{a}\rho_s\varphi v \quad (\mathrm{t/h}) \tag{21-60}$$

式中，v 为料斗运行速度（m/s），其余符号意义同前。

（四）料斗形式及尺寸

料斗的形式根据被输送物料的性质和装卸料方式来选择，而料斗的规格则由料斗形式及料斗线容积确定。由式（21-60）可得料斗线容积为

$$\frac{i}{a}=\frac{Q}{3.6v\rho_s\varphi} \quad (\mathrm{L/m}) \tag{21-61}$$

根据计算所得的$\frac{i}{a}$值，由表 21-20 可查得料斗的容积 i 值和间距 a 值，然后确定料斗的规格尺寸。

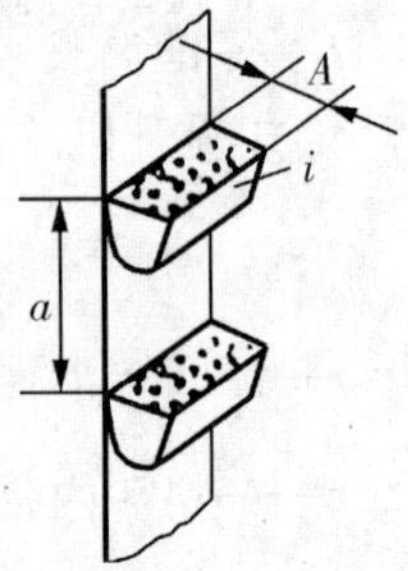

图 21-50 料斗尺寸

当输送块状物料时，尚须根据被输送物料的最大块度 d_{max} 对料斗口的尺寸 A（图 21-50）进行验算：

$$A\geqslant md_{max} \tag{21-62}$$

式中，m 为系数，根据物料中最大料块的质量分数由表 21-21 选定。

表 21-21 m 值

最大料块的质量分数（%）	≤10	>10 ～ 25	>26 ～ 50	>51 ～ 80	>80 ～ 100
m 值	2.00	2.50	3.25	4.50	4.75

如果不能满足上述条件，则须将料斗口的尺寸适当增大或更换型号。

（五）驱动功率

斗式提升机所需功率取决于料斗运动时所克服的各种阻力，主要是掏取和提升物料阻力以及运行部分的阻力。

与带式输送机计算功率的原理相同，先用逐点计算法确定牵引构件的张力。如图 21-51 所示，各点张力分别用 S_1、S_2、S_3 和 S_4 表示。对于垂直提升机，空载分支的运行阻力为负值，故下部改向轮绕入点的张力 S_1 为最小，驱动轮绕入点的张力 S_3 为最大。为了保证提升机正常工作，最小张力 S_1 取 1000 ～ 2000 N，对于提升高度大、输送能力大及物料线载荷大的提升机，S_1 应提高到 3000 ～ 4000 N。

根据逐点计算法，可得

$$S_2 = S_1 + W_{1-2} + W_0 \quad (\mathrm{N}) \tag{21-63}$$

式中 S_1——最小张力(N)；

W_{1-2}——改向轮阻力，$W_{1-2} = (0.05 \sim 0.07)S_1$(N)；

W_0——掏取物料阻力，

$$W_0 = 10kq \quad (\mathrm{N})$$

其中 k——阻力系数，$k = \frac{v^2}{2g}$；

v——提升速度(m/s)；

g——重力加速度(m/s²)；

q——物料的线载荷(kg/m)。

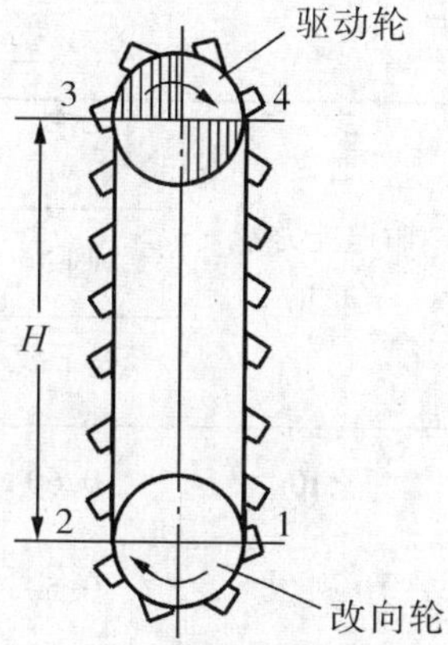

图 21-51　斗式提升机张力计算简图

$$S_3 = S_2 + W_{2-3} \quad (\mathrm{N}) \tag{21-64}$$

式中 W_{2-3}——提升段阻力，$W_{2-3} = 10(q + q_0)H$ (N)；

q_0——每 1 m 长度内牵引构件和料斗的质量(kg/m)；

H——提升高度(m)。

$$S_4 = S_1 - W_{4-1} \quad (\mathrm{N}) \tag{21-65}$$

式中 W_{4-1}——下降段阻力，$W_{4-1} = 10q_0H$ (N)。

对于带式牵引构件，尚应满足尤拉公式：

$$S_3 = S_4 e^{f\alpha} \tag{21-66}$$

式中 e——自然对数底数，取 e = 2.718；

f——摩擦因数；

α——牵引构件在滚筒的包角。

$e^{f\alpha}$值见表 21-22。

表 21-22　$e^{f\alpha}$值

α	f	$e^{f\alpha}$
180°	0.20	1.875
180°	0.25	2.193
180°	0.30	2.570
180°	0.40	3.520

对于链式提升机，稳定运动状态下的牵引构件的最大静张力 S_{max} 可用下式计算：

$$S_{max} = 11.5H(q + K_1q_0) \quad (\mathrm{N}) \tag{21-67}$$

式中 K_1——考虑到装有料斗的牵引构件的运动阻力、下部和上部滚轮上的弯折阻力以及掏取物料的阻力的系数，各种型式提升机的 K_1 近似值见表 21-23；

q_0——每 1 m 长度牵引构件质量，

$$q_0 = K_2Q \quad (\mathrm{kg/m})$$

其中 K_2——系数，可从表 21-23 查得；

Q——输送能力(t/h)；

q——每 1 m 长度的物料质量，

$$q = \frac{Q}{3.6v} \quad (\mathrm{kg/m})$$

其中 v——提升速度(m/s)；

H——提升高度(m)。

表 21-23　系数 K_1、K_2 及 K_3 值

输送能力 Q (t/h)	带式		单链式		双链式	
	圆斗	尖斗	圆斗	尖斗	圆斗	尖斗
	K_2 值					
<10	0.60	—	1.1	—	—	—
10 ~ 25	0.50	—	0.8	1.10	1.2	—
25 ~ 50	0.45	0.60	0.6	0.83	1.0	—
50 ~ 100	0.40	0.55	0.5	0.70	0.8	1.10
>100	0.35	0.50	—	—	0.6	0.90
K_1 值	2.50	2.00	1.5	1.25	1.5	1.25
K_3 值	1.60	1.10	1.3	0.80	1.3	0.80

驱动轴上的牵引力：

$$P_0 = S_3 - S_4 + W_{3-4} \quad (\text{N}) \tag{21-68}$$

式中　W_{3-4}——绕过驱动轮的阻力，$W_{3-4} = (0.03 \sim 0.05)(S_3 + S_4)$　(N)。

驱动轮轴所需功率：

$$N_0 = \frac{P_0 v}{1000} \quad (\text{kW}) \tag{21-69}$$

式中　v——提升速度(m/s)。

对于垂直提升机驱动轴所需功率，当忽略驱动机构中的损耗时，亦可用下式近似求出：

$$N_0 = \frac{1.15QH}{367} + \frac{K_3 q_0 H v}{367} = \frac{QH}{367}(1.15 + K_2 K_3 v) \quad (\text{kW}) \tag{21-70}$$

式中，第一项为提升物料所消耗的能量并计及安全系数 1.15，第二项为运行部分的运动阻力。系数 K_2 及 K_3 可从表 21-23 查出。

电动机功率为

$$N = K\frac{N_0}{\eta} \quad (\text{kW}) \tag{21-71}$$

式中　K——功率储备系数，当 $H < 10$ m 时，$K = 1.45$；10 m $< H <$ 20 m 时，$K = 1.25$；$H > 20$ m时，$K = 1.15$。

N_0——驱动轮轴功率(kW)。

η——总传动效率，对于减速器及三角胶带传动的，取 $\eta = 0.90$。

【例 21-2】　某水泥厂粉磨车间，要求采用斗式提升机垂直输送矿渣水泥，输送量为 36 t/h，输送高度为 15 m，矿渣水泥的堆积密度为 0.9 t/m^3。试选择斗式提升机的型式和规格。

【解】 根据已知条件，选用环链式斗式提升机。从表21-20查得提升机运行速度为1.25 m/s，料斗填充系数$\varphi=0.6$。按式(21-61)得

$$\frac{i}{a}=\frac{Q}{3.6v\rho_s\varphi}=\frac{36}{3.6\times1.25\times0.9\times0.6}=14.8\quad(\text{L/m})$$

查表21-20，选取HL400型斗式提升机，料斗为S制法，$\frac{i}{a}=17.5$ L/m，可满足要求。斗宽$B=400$ mm，斗间距$a=600$ mm，选用标准段节的提升机高度应为15.32 m。

核算斗式提升机的输送能力为

$$Q=3.6\frac{i}{a}\rho_s\varphi v=3.6\times17.5\times0.9\times0.6\times1.25=42.5(\text{t/h})$$

故能满足生产需要。

参照图21-51，计算牵引构件的张力

先计得
$$q=\frac{Q}{3.6v}=\frac{42.5}{3.6\times1.25}=9.4(\text{kg/m})$$

又从表21-20查得$q_0=29.2$ kg/m，从表21-23查得$K_1=1.5$，按式(21-67)：

$$S_3=S_{\max}=11.5H(q+K_1q_0)$$
$$=11.5\times15.32\times(9.4+1.5\times29.2)=9370(\text{N})$$
$$S_2=S_3-W_{2-3}=S_3-10(q+q_0)H$$
$$=9370-10\times(9.4+29.2)\times15.32=3460(\text{N})$$
$$S_1=S_2-W_{1-2}-W_0=3460-0.6S_1-10\times\frac{v^2}{2g}q$$
$$1.06S_1=3460-10\times\frac{1.25^2}{2\times9.8}\times9.4$$
$$S_1=3260(\text{N})$$
$$S_4=S_1-W_{4-1}=3260+10q_0H=3260+10\times29.2\times15.32=7730(\text{N})$$

按式(21-68)计算驱动轴上的牵引力：

$$P_0=S_3-S_4+W_{3-4}=9370-7730+(9370+7730)\times0.04=2320(\text{N})$$

按式(21-69)计算驱动轮轴所需功率：

$$N_0=\frac{P_0v}{1000}=\frac{2320\times1.25}{1000}=2.9(\text{kW})$$

若按式(21-70)计算：

$$N_0=\frac{QH}{367}(1.15+K_2K_3v)=\frac{42.5\times15.32}{367}(1.15+1\times1.3\times1.25)=4.9(\text{kW})$$

按式(21-71)计算电动机功率，取$K=1.25$，$\eta=0.9$，则

$$N=1.25\times\frac{4.9}{0.9}=6.8(\text{kW})$$

可选用Y132M-4型电动机，功率为7.5 kW。

第四节　螺旋输送机

一　工作原理及构造

螺旋输送机是一种无挠性牵引构件的连续输送设备。它的总体构造如图 21-52 所示。其内部结构如图 21-53 所示，主要由螺旋轴、料槽和驱动装置所组成。螺旋叶片固装在轴上，螺旋轴纵向装在料槽内。每节轴有一定长度，节与节之间连接处装有悬挂轴承。一般头节的螺旋轴与驱动装置连接，出料口设在头节的槽底，进料口设在尾节的盖上。物料由进料口装入，当电动机驱动螺旋轴转动时，物料由于自重及与槽壁间摩擦力的作用，不随同螺旋一起旋转，这样由螺旋轴旋转产生的轴向推动力就直接作用到物料上，使物料沿轴向滑动。输送物料情况恰似被持住而不能旋转的螺母沿着螺杆作平移一样，朝着一个方向推进到卸料口处卸出。

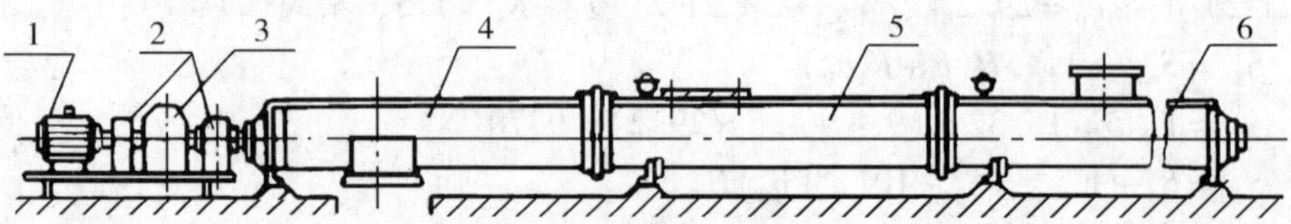

图 21-52　螺旋输送机

1—电动机；2—联轴器；3—减速器；4—头节；5—中间节；6—尾节

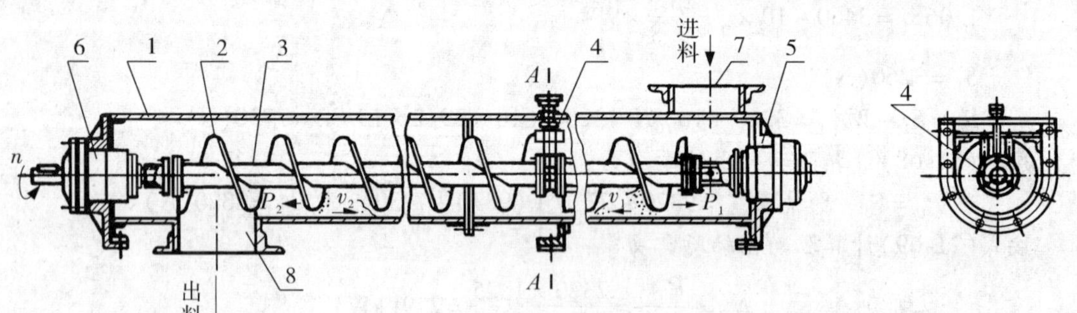

图 21-53　螺旋输送机的构造

1—料槽；2—叶片；3—转轴；4—悬挂轴承；5，6—端部轴承；7—进料口；8—出料口

螺旋叶片有左旋和右旋之分，确定旋向的方法如图 21-54 所示。物料被推送方向由叶片的方向和螺旋的转向所决定。图 21-53 所示为右向螺旋，当螺旋按 n 转向旋转时，物料沿 v_1 的方向被推送到卸料口处；当螺旋按反方向旋转时，物料则沿 v_2 的方向被推送。若采用左向螺旋，物料被推送的方向则相反。

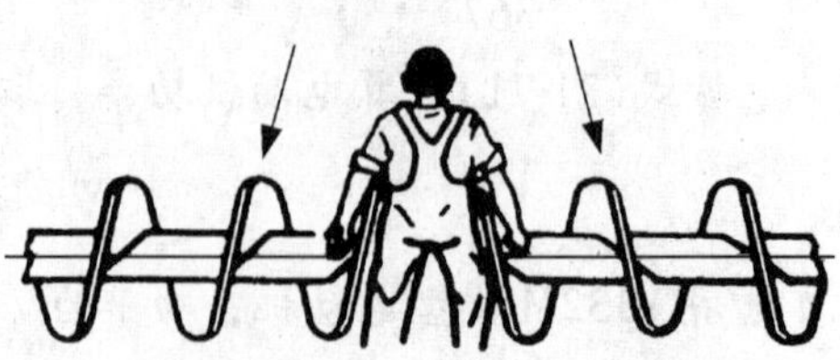

图 21-54　确定螺旋旋向的方法

螺旋输送机主要有四种输送物料方向，可以布置成四种不同进出料部位的形式

（图21-55）。

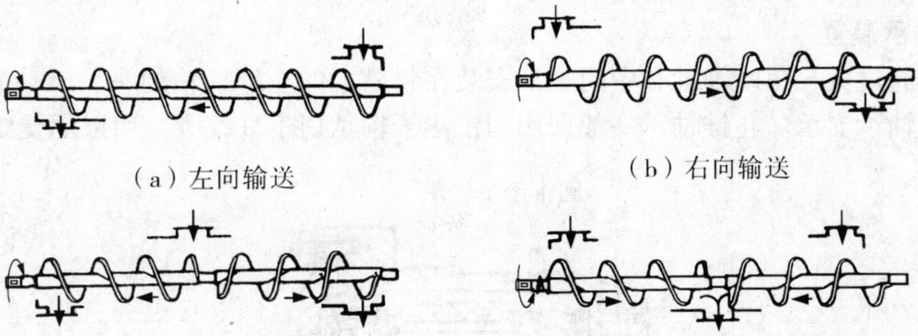

（a）左向输送　（b）右向输送　（c）左右分离输送　（d）左右集中输送

图 21-55　螺旋输送机的布置形式

二　主要零部件

（一）螺旋

螺旋由转轴和装在其上的叶片组成。转轴有实心轴和空心管轴两种。在强度相同情况下，管轴较实心轴质量轻，连接方便，故普遍采用。管轴用厚无缝钢管制造，轴径一般在 50 ～ 100 mm 之间，每根轴的长度一般在 3 m 以下，以便逐段安装。

根据被输送物料性质的不同，螺旋有各种形状（图 21-56）。当输送无随动性的干燥小颗粒物料或粉状物料时，宜采用全叶式螺旋（图 21-56a）；当输送块状或粘滞物料时，宜采用带式螺旋（图 21-56b）；当输送随动性和可压缩的物料时，宜采用桨式（图 21-56c）或型叶式（图 21-56d）螺旋。采用桨式或型叶式螺旋除了输送物料外，还兼有搅拌、混炼及松散物料等作用。

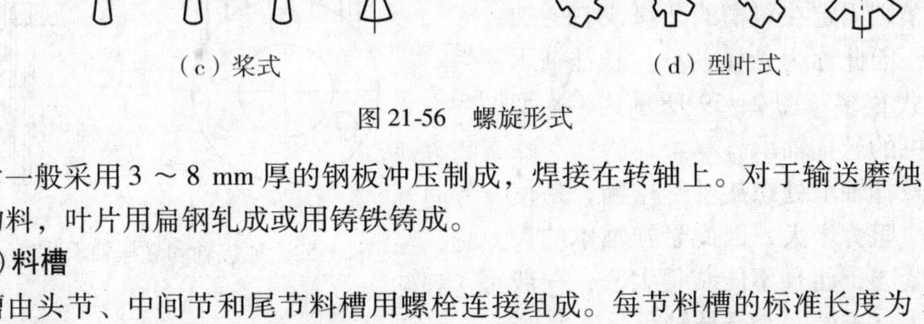

（a）全叶式　（b）带式　（c）桨式　（d）型叶式

图 21-56　螺旋形式

叶片一般采用 3 ～ 8 mm 厚的钢板冲压制成，焊接在转轴上。对于输送磨蚀性大和粘性大的物料，叶片用扁钢轧成或用铸铁铸成。

（二）料槽

料槽由头节、中间节和尾节料槽用螺栓连接组成。每节料槽的标准长度为 1 ～ 3 m，常用 3 ～ 6 mm 的钢板制成。料槽上部用可拆盖板封闭，进料口开设在盖板上，出料口则开设在料槽的底部，有时沿长度方向开数个孔，以便在中间卸料。在进出料口处均配有闸门。料槽的上盖还设有观察孔，以观察物料输送情况。料槽安装在用铸铁制成或用钢板焊接成的支架上，然后紧固在地面上。

螺旋与料槽之间的间隙一般为 5 ～ 15 mm。间隙太大会降低输送效率，太小则增加运行阻力，甚至会使螺旋叶片及轴等机件扭坏或折断。

（三）轴承装置

螺旋是通过头、尾端轴承和中间轴承安装在料槽上的。螺旋轴的头、尾端分别由止推轴承和径向轴承支承。止推轴承一般采用圆锥滚子轴承（图 21-57），用以承受螺旋轴输送物料时的轴向力；设于头节端可使螺旋轴仅受拉力，这种受力状态比较有利。头节装置如图 21-53 右边部分所示，螺旋轴通过联轴器与止推轴承连接，止推轴承安装在槽端板上，它又是螺旋轴的支承架。尾节装置如图 21-25 右边部分所示，它与头节装置的主要区别在于尾节槽端板上安装双列向心球面轴承（图 21-58）或滑动轴承。轴承应有良好的防尘密封装置。

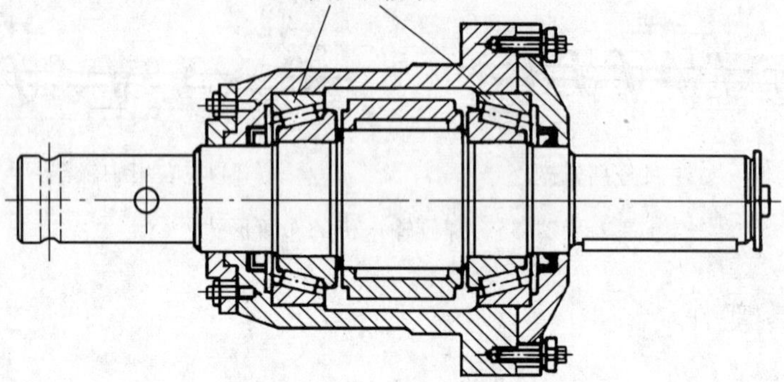

图 21-57　止推轴承装置

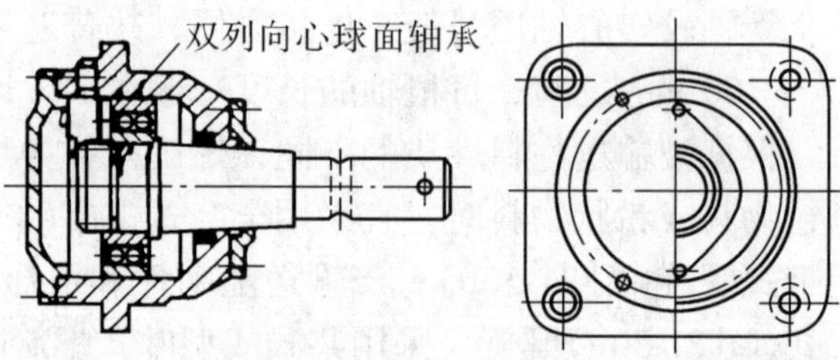

图 21-58　平轴承装置

当螺旋输送机的长度超过 3 ～ 4 m 时，除在槽端设轴承外，还要安装中间轴承，以承受螺旋轴的一部分质量和运转时所产生的力。中间轴承悬置在上部横向板条上，板条则固定在料槽的凸缘或它的加固角钢上，因此称为悬挂轴承。悬挂轴承的结构形式很多，图 21-59 所示为 GX 型螺旋输送机的悬挂轴承。

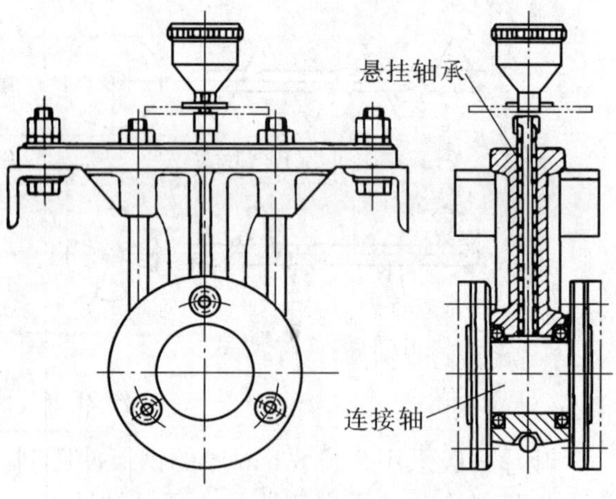

图 21-59　连接轴和悬挂轴承装置

由于悬挂轴承处螺旋叶片中断，易使物料堆积，阻力增大，因此悬挂轴承的尺寸应尽量紧凑，而且不能装得太密，一般每隔 2 ～ 3 m 安装一个悬挂轴承。

一段螺旋的标准长度一般为 1 ～ 3 m，因此需要将数段标准螺旋连接成一定长度。各段螺旋是用如图 21-59 所示的连接轴连接起来的。连接轴装在悬挂轴承上，以保证螺旋具有一定的同心度，并承受螺旋运转时产生的力。

连接轴和轴瓦是易磨损的零件，设计时应尽量使其结构简单，装卸方便。轴瓦多用耐磨铸铁制造，并应装设密封和润滑装置。

（四）驱动装置

驱动装置包括电动机及减速器，两者之间用弹性联轴器连接，而减速器与螺旋轴之间常用浮动联轴器连接（图 21-52）。在布置螺旋输送机时，最好将驱动装置及出料口同时装在头节，这样较为合理。

三 选型计算

（一）输送能力

螺旋输送机的输送能力取决于螺旋的直径、螺距、转速和物料的填充系数。对于全叶式螺旋输送机，输送能力为

$$Q = 60\,\frac{\pi D^2}{4} S n \varphi \rho_s C \quad (\mathrm{t/h}) \tag{21-72}$$

式中 D——螺旋直径（m）；

S——螺距（m），全叶式螺旋 $S = 0.8D$，带式螺旋 $S = D$；

n——螺旋转速（r/min）；

φ——物料填充系数，见表 21-24；

ρ_s——物料堆积密度（t/m^3）；

C——输送机倾斜修正系数，见表 21-25。

表 21-24　螺旋输送机的物料参数

物料粒度	物料的磨琢性	物料的典型例子	推荐的填充系数 φ	推荐的螺旋叶片形式	K	K_L
粉　状	无磨琢性 半磨琢性	石墨 石灰粉、纯碱	0.35 ～ 0.40	全叶式	0.0415	75
	磨琢性	水泥、矿渣、石膏粉	0.25 ～ 0.30	全叶式	0.0565	35
粒状	无磨琢性 半磨琢性	锯木屑 泥煤、粒状食盐	0.25 ～ 0.35	全叶式	0.0490	50
	磨琢性	粒状炉渣、砂、型砂	0.25 ～ 0.30	全叶式	0.0600	30
小块料 $d < 60$ mm	无磨琢性 半磨琢性	煤 石灰石	0.25 ～ 0.30	全叶式	0.0537	40
	磨琢性	卵石、砂岩、炉渣	0.20 ～ 0.25	全叶式 或带式	0.0645	25
中、大块料 $d > 60$ mm	无磨琢性 半磨琢性	块煤 块状石灰	0.20 ～ 0.25	全叶式 或带式	0.0600	30
	磨琢性	干粘土、焦炭、矿石	0.125 ～ 0.20	全叶式 或带式	0.0795	15

表 21-25　螺旋输送机倾斜修正系数 C 值

输送倾角	0°	≤5°	≤10°	≤15°	≤20°
倾斜度系数 C	1.00	0.90	0.80	0.70	0.65

（二）螺旋转速

螺旋转速太低，则输送量不大；若转速过高，物料受过大的切向力而被抛起，输送能力降低，而且磨损增加。因此，螺旋轴转速不能超过某一极限。螺旋轴的极限转速可按如下经验公式计算：

$$n_j = \frac{K_L}{\sqrt{D}} \quad (\text{r/min}) \tag{21-73}$$

式中，K_L 为物料综合特性系数，见表 21-24；其余符号意义同前。

按式(21-73)计算的转速，应圆整为下列标准转速：20，30，35，45，60，75，90，120，150，190 r/min。

（三）螺旋直径

已知输送量及物料特性，则螺旋直径可由式(21-72)和式(21-73)求得：

$$D = K\sqrt[2.5]{\frac{Q}{\varphi\rho_s C}} \quad (\text{m}) \tag{21-74}$$

式中，K 为物料综合特性经验系数，见表 21-24；其余符号意义同前。

如果输送物料的块度较大，螺旋直径还应根据下式进行校核：

对于筛分过的物料　$D \geqslant (4 \sim 6)d_{max}$；

对于未筛分的物料　$D \geqslant (8 \sim 12)d_{max}$。

式中，d_{max} 为被输送物料的最大直径。

如果根据输送物料的块度需选择较大的螺旋直径，则在维持输送量不变的情况下，选取较低的螺旋转数，以延长使用寿命。

按上述求得的螺旋直径应圆整为下列标准螺旋直径：150，200，250，300，400，500，600 mm。

无论是螺旋直径还是螺旋转数，经圆整后，其填充系数 φ 值可能不同于原来从表 22-24 中所选取的值，故还应按下式进行验算：

$$\varphi = \frac{Q}{47D^2 n\rho_s SC} \tag{21-75}$$

式中符号意义同前。如验算出的 φ 值仍在表列所推荐的范围内，则表示圆整得合适。若 φ 值高于表列数值上限，则应加大螺旋直径；若 φ 值低于表列数值下限，则应降低螺旋转速。

（四）功率

螺旋输送机所需功率用于克服以下阻力：物料对料槽以及螺旋的摩擦阻力；倾斜输送时，提升物料的阻力；物料的搅拌及部分被破碎的阻力；传动阻力等。上述各项阻力中，除了输送和提升物料的阻力可以精确计算外，其他阻力要逐项精确计算是困难的。一般认为，螺旋输送机的功率消耗与输送量及机长成正比，而把所有损失归入一个总系数内，即阻力系数 ζ。因此，如图 21-60 所示，螺旋轴所需功率可按下式计算：

$$N_0=\frac{QL(\zeta\cos\beta\pm\sin\beta)}{367}=\frac{Q}{367}(\zeta L_h\pm H)\quad(\mathrm{kW})\tag{21-76}$$

式中　Q——输送机的输送能力(t/h)；

ζ——物料阻力系数，见表21-26；

L——输送机长度(m)；

L_h——输送机的水平投影长度(m)；

H——输送机的垂直投影高度(m)；

β——输送机倾斜角(°)。

式中当向上输送时取“+”号，向下输送时取“-”号。

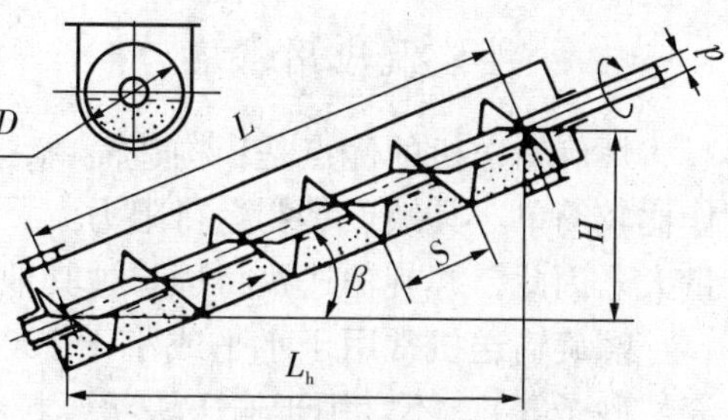

图21-60　螺旋输送机计算简图

表21-26　输送物料的阻力系数ζ值

物料特性	物料举例	ζ
无磨琢性干料	煤粉、面粉	1.2
无磨琢性湿料	生料	1.5
磨琢性较小物料	碎石膏、块煤、苏打	2.5
磨琢性较大物料	水泥、砂、卵石	3.2
强烈磨琢性或粘性物料	石灰、焦炭、硫磺、矿砂、炉灰、造型土、矿渣	4.0

电动机所需功率则为：

$$N=K\frac{N_0}{\eta}\quad(\mathrm{kW})\tag{21-77}$$

式中　K——功率储备系数，一般为1.2～1.4；

η——总传动功率，一般取0.9～0.94。

螺旋输送机端轴所承受的扭矩是有一定范围的。端轴的许用扭矩通常以许用千瓦转速比$\left[\frac{N}{n}\right]$表示，n为螺旋转速。当输送机采用减速器和联轴器做传动装置时，端轴要受扭矩作用，为了保证螺旋的扭矩小于许用扭矩，需进行验算，应使$\frac{N_0}{n}\leqslant\left[\frac{N}{n}\right]$。如$\frac{N_0}{n}$值超过表21-27中所列数值，需选用大一级直径的螺旋输送机。

表21-27　不同螺旋直径的$\left[\frac{N}{n}\right]$值

螺旋直径（mm）	150	200	250	300	400	500	600
$\left[\frac{N}{n}\right]$（kW/(r/min)）	0.013	0.030	0.060	0.100	0.250	0.480	0.850

四 性能及应用

螺旋输送机的优点是：构造简单，结构紧凑，占地面积少，设备容易密闭，管理和操作比较简单。其缺点是：运行阻力大，动力消耗大，零件磨损快，易产生堵塞，维修工作量大。因此，螺旋输送机将逐步被其他输送机械设备代替。

螺旋输送机常用于水平或小于20°倾斜方向输送粉粒状物料(如水泥生料、煤粉、灰渣、砂子等)，不宜用于输送块状、粒状、磨蚀性大和易结块的物料。物料的温度要低于200 ℃。由于功率消耗大，因此多用于中、小输送量(一般小于100 m^3/h)及输送距离小(不大于70 m)的场合。可以多点装料及多点卸料，也可用做加料机械，或在输送的同时完成搅拌、混合和冷却作用。

【例21-3】 某水泥厂拟采用螺旋输送机水平输送生料，生料的温度不超过100 ℃，堆积密度$\rho_s = 1.1\ t/m^3$，要求输送量$Q = 45\ t/h$，输送距离为20 m。计算螺旋输送机的规格及电动机功率。

【解】 (1)计算螺旋直径

查表21-24，得$\varphi = 0.25$，$K = 0.0565$，$K_L = 35$；采用全叶式螺旋$S = 0.8D$；查表21-25，得$C = 1.0$。按式(21-74)：

$$D = K\sqrt[2.5]{\frac{Q}{\varphi\rho_s C}} = 0.0565\sqrt[2.5]{\frac{45}{0.25\times1.1\times1.0}} = 0.482(\mathrm{m})$$

圆整为标准直径，$D = 0.5\mathrm{m}$。

(2)计算螺旋轴的极限转数

按式(21-73)：

$$n_j = \frac{K_L}{\sqrt{D}} = \frac{35}{\sqrt{0.5}} = 49.5(\mathrm{r/min})$$

圆整为标准转数，取$n = 45\ r/min$。

(3)核算填充系数

根据式(21-75)校验其填充系数：

$$\varphi = \frac{Q}{47D^2 n\rho_s SC} = \frac{45}{47\times0.5^3\times45\times1.1\times0.8\times1} = 0.193$$

由于φ值低于推荐值，可减小螺旋直径，取$D = 0.4\ m$，则$n_j = \frac{35}{\sqrt{0.4}} = 55.3\ (\mathrm{r/min})$，超出极限转数。取$n = 60\ r/min$，重新校验$\varphi$值：

$$\varphi = \frac{45}{47\times0.4^3\times60\times1.1\times0.8\times1} = 0.283$$

φ值在推荐范围内。因此，可选ϕ400螺旋输送机，$D = 400\ mm$，$n = 60\ r/min$。

(4)计算电动机功率

由表21-26，查得$\zeta = 1.5$，并取$K = 1.2$，根据式(21-76)和式(21-77)计算螺旋输送机所需功率为

$$N_0 = 1.2\times\frac{45}{367}\times(1.5\times20) = 4.4(\mathrm{kW})$$

$$N = \frac{N_0}{\eta} = \frac{4.4}{0.94} = 4.7(\mathrm{kW})$$

根据上述计算结果，可选用JJ-4240型或JZ-4240型的驱动装置，电动机的额定功率为5.5 kW。如果选用JTC-752型减速电动机，额定功率则取6.6 kW。

(5)验算端轴强度

选用的螺旋输送机采用浮动联轴器作为传动装置，故进行$\left[\frac{N}{n}\right]$验算：

$$\frac{N_0}{n}=\frac{4.4}{60}=0.073\ [\mathrm{kW/(r/min)}]$$

由表21-27，查得当$D=400$ mm时，$\left[\frac{N}{n}\right]=0.250$ kW/(r/min)，$\frac{N_0}{n}<\left[\frac{N}{n}\right]$，端轴强度能满足要求。

第五节　振动输送机

一　工作原理及类型

振动输送机是一种无牵引构件的连续输送机械。它主要用于散粒物料的输送。

振动输送机是利用物料自身的惯性进行输送的，通过激振器强迫承载构件(槽体或管道)按一定方向做周期性的简谐振动或近似于简谐运动。承载体的运动轨迹可以呈圆形、椭圆形或往复直线形，但大多数输送机作定向的直线往复运动。在向前运动时，物料由足够的摩擦力带动而伴随料槽一起运动；当变为向后运动时，由于摩擦力变小，物料在惯性力作用下，在料槽中做微小的滑动或跳动(图21-61)，以一定的节奏断续地向前运送。

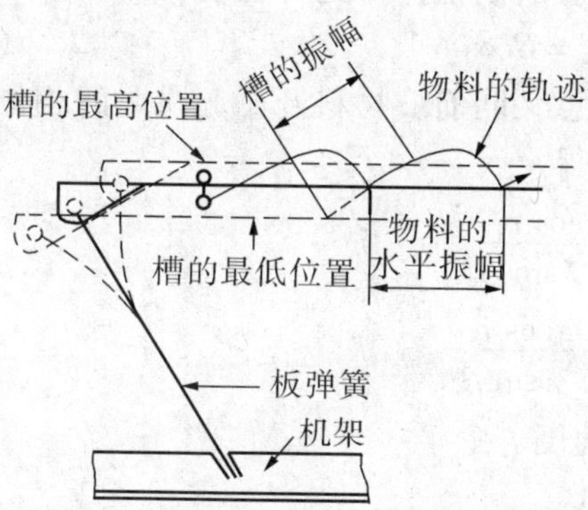

图21-61　振动输送机的物料运动轨迹图

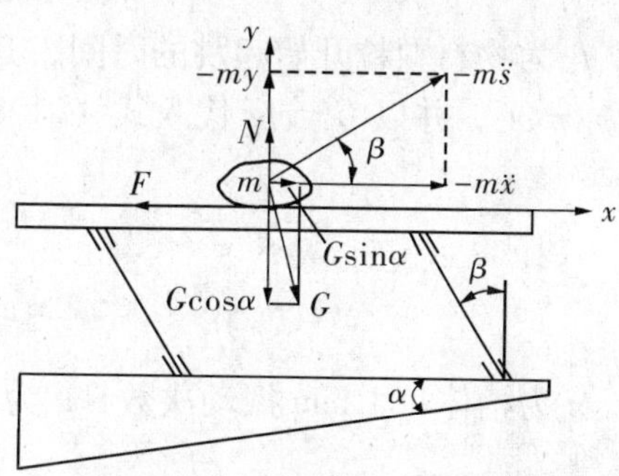

图21-62　振动输送机运动原理图

为了便于研究，首先对单颗物料在槽体上的运动进行分析。如图21-62所示，设物料的重量和质量分别为G和m，槽底与水平面的夹角为α，槽底沿s方向做简谐振动，振动方向线与槽底之间夹角称为振动角β。根据机械振动原理，其运动方程为

$$S_R=\lambda\sin\omega t \tag{21-78}$$

式中　S_R——槽体的位移(mm)；

λ——槽体振幅(mm)；

ω——振动角频率，$\omega=2\pi f$；

f——振动频率(Hz)；

t——时间(s)。

槽体的速度和加速度分别可由上式求出：

$$\left.\begin{aligned} v &= \dot{s}_R = \omega\lambda\cos\,\omega t \\ a &= \ddot{s}_R = -\omega^2\lambda\sin\,\omega t \end{aligned}\right\} \tag{21-79}$$

槽体的位移、速度和加速度在垂直和水平方向的分量分别为

$$\left.\begin{aligned} y_R &= s\sin\,\beta = \lambda\sin\,\beta\sin\,\omega t \\ x_R &= s\cos\,\beta = \lambda\cos\,\beta\sin\,\omega t \\ \dot{y}_R &= \dot{s}\sin\,\beta = \omega\lambda\sin\,\beta\cos\,\omega t \\ \dot{x}_R &= \dot{s}\cos\,\beta = \omega\lambda\cos\,\beta\cos\,\omega t \\ \ddot{y}_R &= \ddot{s}\sin\,\beta = -\omega^2\lambda\sin\,\beta\sin\,\omega t \\ \ddot{x}_R &= \ddot{s}\cos\,\beta = -\omega^2\lambda\cos\,\beta\sin\,\omega t \end{aligned}\right\} \tag{21-80}$$

当振动输送机工作时，物料颗粒一方面受到重力和槽底摩擦力作用，妨碍物料颗粒运动；另一方面受到惯性力作用，使物料脱离槽体产生运动。作用于物料上的力的平衡方程式为

$$\left.\begin{aligned} -m\omega^2\lambda\sin\,\beta\sin\,\omega t + G\cos\,\alpha &= N \\ m\omega^2\lambda\cos\,\beta\sin\,\omega t + G\sin\,\alpha &= F \end{aligned}\right\} \tag{21-81}$$

式中　N——槽底对物料的法向反力；

F——槽底对物料的摩擦力；

f_μ——物料对槽体的摩擦因数。

物料产生抛掷运动的条件为 $N=0$，即当物料惯性力的法向分力等于重力对槽底的法向分力时，物料颗粒出现飘浮状态，它开始跳起，脱离槽体作抛掷运动，即

$$m\omega^2\lambda\sin\,\beta\sin\,\omega t_s = G\cos\,\alpha \tag{21-82}$$

式中，t_s 为物料颗粒开始起跳的时间，其余符号意义同前。物料开始起跳时的相位角为跳始角 $\varphi_s=\omega t_s$，并以 $G=mg$ 代入式（21-82），可得

$$\varphi_s = \arcsin\frac{g\cos\,\alpha}{\omega^2\lambda\sin\,\beta}$$

或

$$\varphi_s = \arcsin\frac{900g\cos\,\alpha}{\pi^2 n^2\lambda\sin\,\beta} \tag{21-83}$$

式中，n 为槽体每 1 min 振动次数，g 为重力加速度。令

$$K = \frac{\omega^2\lambda}{g} \tag{21-84}$$

式中 K 称为机械指数，为槽体振动的最大加速度与重力加速度之比值，它表征机械振动的强度，表示输送机的负载能力。K 值越大，输送物料能力越大，但是机械所受的动力载荷也越大。因此，机械指数受机械强度和刚度的限制，一般不宜过大，常取 $K=3\sim8$。令

$$\Gamma = \frac{\omega^2\lambda\sin\,\beta}{g\cos\,\alpha} = K\frac{\sin\,\beta}{\cos\,\alpha} \tag{21-85}$$

式中 Γ 称为抛掷指数(或抛料指数)，为槽体振动的最大垂直加速度与重力分加速度之比值，它表征抛掷的特性。

将 Γ 代入式(21-83)中，可得

$$\varphi_s = \arcsin\left(\frac{1}{\Gamma}\right) \tag{21-86}$$

物料产生抛掷运动的时间则为

$$t_s = \frac{1}{\omega}\arcsin\left(\frac{1}{\Gamma}\right) \tag{21-87}$$

当 $\Gamma<1$ 时，物料在垂直方向的最大加速度小于重力加速度，物料在整个振动周期不会被抛起，而始终附于槽底，只有相对静止或滑动，这种状态为摆动运动，这为摇摆式输送机的工作状态。

当 $\Gamma=1$ 时，$t_s=\frac{1}{2f}$，这时物料的起跳点与落下点重合，物料处于将要跳起而未跳起的临界状况，此为振动输送机与摇摆输送机的分界线。

当 $\Gamma>1$ 时，物料被连续抛掷作抛物线运动，这种工作状态为振动输送，这为振动输送机的工作状态。如图 21-63 所示，y_m 为物料的垂直位移，t_s 为物料开始抛起的时间，t_a 为物料重新落到槽上的时间。开始时，物料与槽体一起运动，或者对槽体相对滑动一定时间后，当相位角 $\varphi=\varphi_s$ 时，即槽体加速度的垂直分量 $\ddot{y}_R$ 等于重力加速度 g 的瞬时 t_s，物料开始被抛起，脱离槽体沿抛物线 y_m 向前运动，直至 $\varphi=\varphi_z$（跳止角）时，在 t_a 瞬时重新落到槽体上，又与槽体一起运动或相对滑动。在整个带料时间里物料与槽体接触，处在滑移摩擦状态。经过一个周期以后，即当相位角 $\varphi=\varphi_s+2\pi$，直至 $t_s+\frac{1}{f}$ 的瞬时，槽体的加速度的垂直分量重新达到重力加速度值，物料颗粒又被抛起，并沿抛物线向前运动。如此，通过物料的连续跳跃而实现了物料的连续向前输送。此即为振动输送机的工作原理。

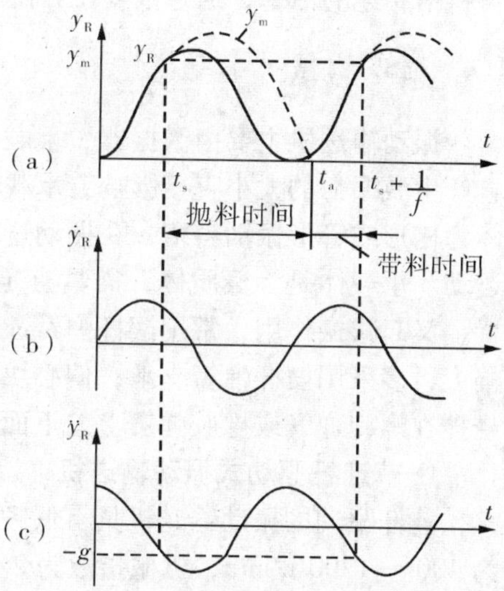

图 21-63 槽体与物料的垂直位移、槽体的垂直速度及加速度曲线

(a)槽体与物料的垂直位移曲线；(b)槽体的垂直速度曲线；

(c)槽体的垂直加速度曲线

可见，只有当抛掷指数 $\Gamma>1$ 时，物料才能按照抛掷运动连续地向前输送。当 $\Gamma=3.3$ 时，$t_a-t_s=\frac{1}{f}$，即抛料持续时间等于槽体一个振动周期，物料恰好越过一个槽体振动周期。如令抛料时间与槽体振动周期的比值为跳跃系数 n_p，显然，当 $n_p=1$ 时，物料跳动一次的时间等于一个振动周期，物料落到槽体当即被抛起，物料与槽体之间没有相对稳定时刻。如果进一步提高 Γ 值，则 $n_p>1$，物料的抛掷时间将超过槽体的运动周期，会引起物料运动的不正常现象，反而会使输送速度降低。因此，大多数的振动输送机在 $n_p\leqslant1$，即 $1<\Gamma\leqslant3.3$ 的条件下运行。

振动输送机按物料在槽体上的运动轨迹，可分为两类：

（i）物料作滑行运动的振动输送机，通常称为摆动式输送机。这种输送机振动频率低、振幅大，在远低于共振条件下运行，机械噪声小，物料在输送过程中不易破碎，同时对输送粉状物料也有一定适应性。但槽体磨损较为严重。

（ii）物料作抛掷运动的振动输送机。这种输送机在每一个运动周期内，大部分时间物料作抛掷运动，只有少部分时间与槽体接触。因此，具有较高的输送速度，槽体的磨损也大大减轻。但由于机械处在近共振或超共振的条件下运行，承受较大的动力载荷，易引起机件疲劳损坏。物料在输送过程中的破碎情况也较为严重。这种输送机不适用于输送粉状物料。

近年来，摆动式输送机已逐渐被抛掷式振动输送机所替代，只有在输送过程中不希望被破碎的物料才使用摆动式输送机。

振动输送机的型式很多，结构差别也很大，但主要的区别是驱动方式不同，主要可分为机械振动输送机和电磁振动输送机两种类型。机械振动输送机又分为连杆驱动的振动输送机和偏心块驱动的振动输送机。另外，还有液压和气力驱动方式，在液缸或气缸中安有与料槽相连的活塞，通过改变工作缸中的供液或供气量，使料槽振动。

二 构造

振动输送机主要由激振器、承载体及减振支承三部分组成。激振器是输送机的振源，它产生激振力的大小直接影响着承载体的振幅，其交变频率即为输送机的工作频率。承载体为槽形或管形振动料槽，在振动过程中，将能量传给物料，使之沿输送方向作连续抛掷运动。承载体是参振质体，需具有足够的刚度和强度。减振支承装置既是整机的支承装置，又起减振作用，常用摆杆弹簧、螺旋弹簧或橡胶弹簧。由于连杆驱动的振动输送机振幅大，多采用摆杆弹簧支承；偏心块驱动的振动输送机及电磁振动输送机则多采用支撑或悬挂在螺旋弹簧或橡胶弹簧上。下面介绍无机非金属材料工业常见的振动输送机。

（一）连杆驱动式振动输送机

连杆驱动的振动输送机具有低频率、大振幅的特点。常用单振幅为 3 ～ 15 mm，频率为 400 ～ 1200 r/min，机械指数为 2.5 ～ 6。大输送量和长距离输送的振动输送机，应优先考虑采用这种驱动形式。

连杆驱动式振动输送机的驱动机构主要有弹性连杆式和刚性连杆式两种。刚性连杆式振动输送机如图 21-64 所示，这种输送机在我国中小型水泥厂使用较多。它由料槽 1、弹性导向支杆 2、曲柄 3、连杆 4 等组成。料槽由倾斜设置的导向支杆 2 支承，导向支杆的作用是限制槽体的运动方向。料槽（或管）一般由钢板焊接制成。弹性导向支杆用弹簧扁钢制成，当输送量不大时，也有用竹板制成。

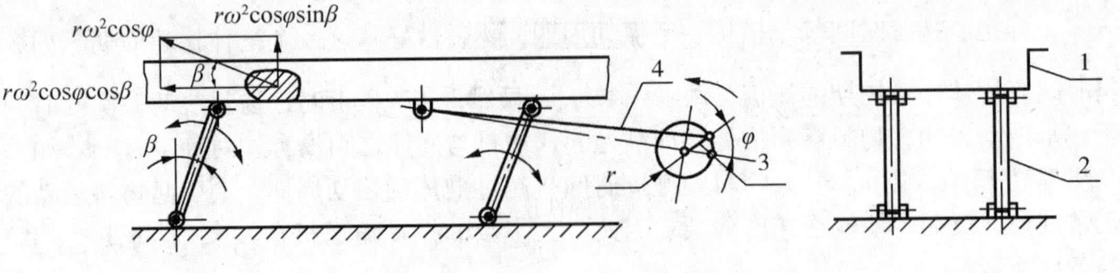

图 21-64　连杆驱动式振动输送机

1—料槽；2—弹性导向支杆；3—曲柄；4—连杆

曲柄连杆驱动装置如图 21-65 所示，它利用曲柄连杆机构将运动传给料槽。固定在底座上的电动机带动三角胶带轮 1 而使偏心轴 2 转动，通过套在偏心轴上的连杆 3 和固定于振动槽底的轴 4 使槽体振动。为了平衡偏心轴旋转时产生的惯性力，在偏心轴上装有偏心对重轮 5。

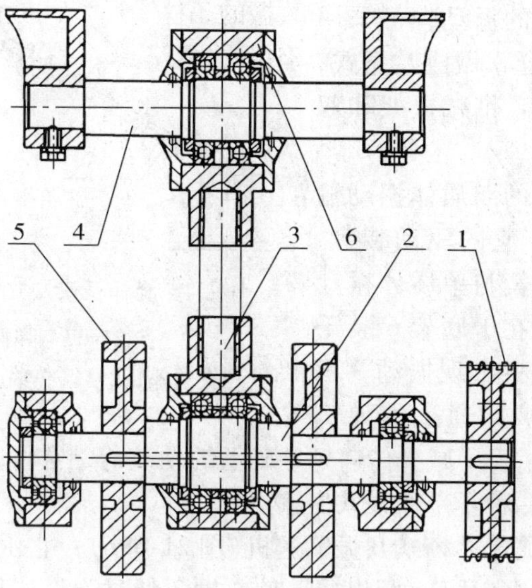

图 21-65　曲柄连杆驱动装置

1—三角胶带轮；2—偏心轴；3—连杆；
4—轴；5—偏心对重轮；6—轴承体

输送机振幅一般在 40 mm 左右，其导向支杆长度可为振幅的 10 ~ 50 倍。由于曲柄半径(振幅)远小于连杆和支杆的长度，因此，可以将料槽的运动近似看做简单的往复直线谐振运动，运动方向为沿着与料槽夹角 β 的直线方向。振动的加速度达到某一定值而使物料在槽内沿着输送方向实现连续的微小抛掷。由于物料抛起高度只有0.1 ~1 mm，因此槽内物料似作连续不断地流动。

由于弹性连杆传动机构受力小，所需启动力矩远较刚性连杆小得多，所以，弹性连杆驱动的振动输送机获得广泛应用。图 21-66 所示为单质体弹性连杆驱动式振动输送机。它由驱动装置、槽体、导向支杆、主振弹簧、底架等组成。槽体 2 用导向支杆 3 和主振弹簧 4 支承在基础上。主振弹簧常用螺旋弹簧或橡胶弹簧制成，装在槽体下方，其作用是使振动系统处在共振状态下工作。装于固定底架 5 上的电动机通过三角胶带与偏心轴连接。

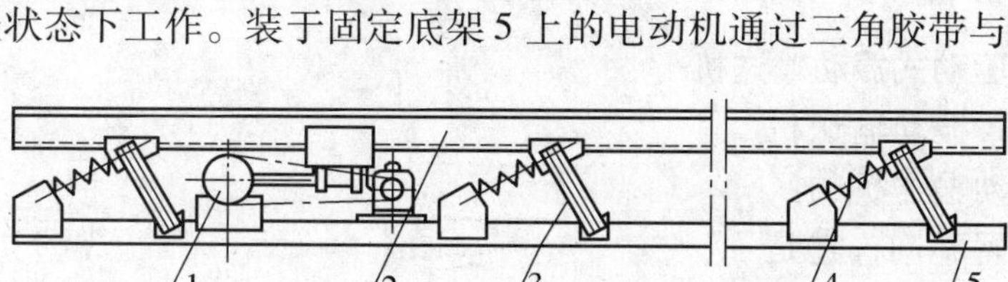

图 21-66　单质体弹性连杆驱动式振动输送机

1—驱动装置；2—槽体；3—导向支杆；4—主振弹簧；5—底架

连杆 3 一端装于偏心轴上 2，另一端通过动力弹簧与槽体相联(图 21-67)。连杆上的动力弹簧可采用螺旋弹簧或橡胶弹簧，它的作用是使输送机在接近共振状态时，振幅的大小不仅取决于偏心距，还有共振扩大的效应，使槽体的实际振幅可大于或小于偏心距。

单质体振动输送机结构比较简单，但是槽体产生的惯性力不能被平衡，工作时有很大的动载荷传递到基础上，会引起地基或建筑物振动，要求输送机设有很大的基础和良好的隔振条件。这种输送机只适用于中、小输送量场合。

为了减少传给地基的振动，可采用双质体振动输送机。它通常做成共振式，这类输送机有两种型式：带减振架和双槽式。

带减振架(重质体)的双质体振动输送机如图 21-68a 所示。它的驱动装置、槽体、导向杆和主振弹簧与单质体振动输送机基本相同，区别在于底架 6 装于减振弹簧 7 上，底架也将出现振动。承载槽 m_1 和减振架 m_2 彼此通过主弹簧(蓄能弹簧)2 互相耦连。为了减少传递到基础上的动载荷，常将减振架的质量增加到槽体质量的 3 ~ 5 倍，它是一种不平衡式共振输送机。

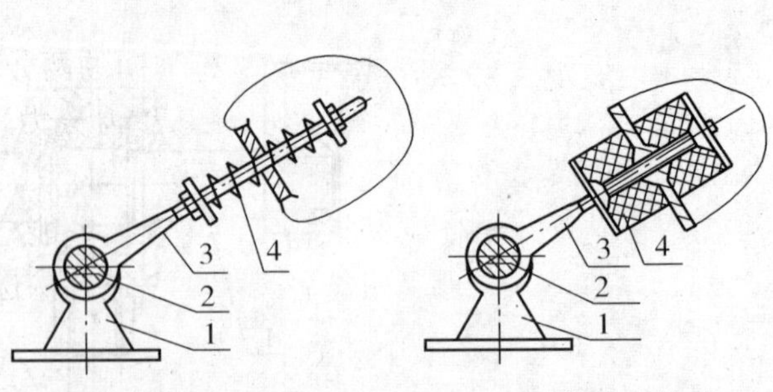

（a）螺旋弹簧式　　（b）橡胶弹簧式

图 21-67　弹性连杆结构简图

1—支承座；2—偏心轴；3—连杆；4—动力弹簧

双槽式振动输送机属于平衡式共振输送机(图 21-68b)。它由两个质量相等的槽体(或一个为承载，另一个为平衡质体)所组成。偏心轴 3 通过弹性连杆 4 驱动，整个输送机借助平衡杆(导向杆)5 通过支架 8 支承在基础上。由于平衡杆对双质体来说臂长相等，双质体即以相同的振幅作相对运动，工作时产生的惯性力即能平衡，不致有动力载荷传递到基础上，因此不用另设减振弹簧，只是在平衡杆的支承中装有橡胶铰链装置。这类振动输送机的双振幅可达 30 mm 以上，输送速度达 0.7 m/s，适用于大输送量、长距离的输送场合。

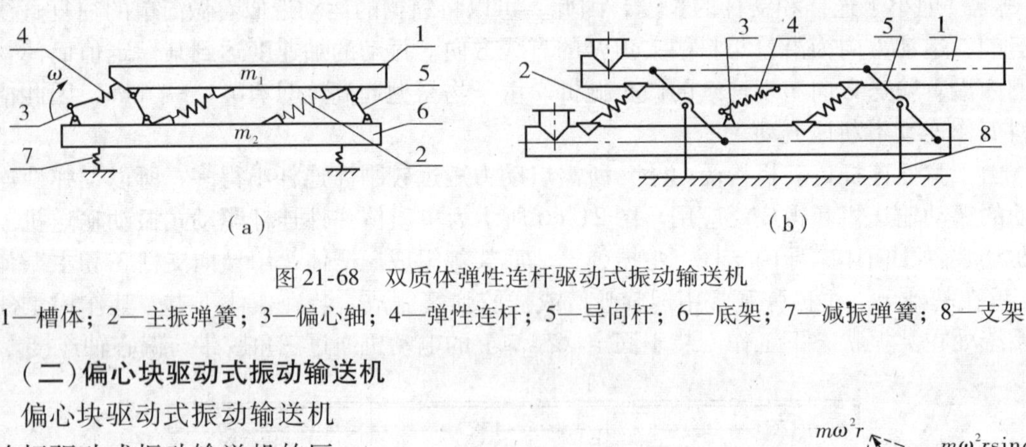

（a）　　（b）

图 21-68　双质体弹性连杆驱动式振动输送机

1—槽体；2—主振弹簧；3—偏心轴；4—弹性连杆；5—导向杆；6—底架；7—减振弹簧；8—支架

(二)偏心块驱动式振动输送机

偏心块驱动式振动输送机与连杆驱动式振动输送机的区别仅在于驱动装置不同，它是由惯性激振器或振动电机驱动的，惯性激振器利用偏心块旋转时产生的惯性力作为激振源。其工作原理如图 21-69 所示，电动机驱动轴旋转，互相平行的两根轴 1 及 3 分别固装有相同的一个或两个质量不均衡的飞轮 2 及 4，两轴用一对相同的圆柱齿轮连接，作等速反向回转。两轴的中心连线与支杆 5 平行，这样可使不均衡

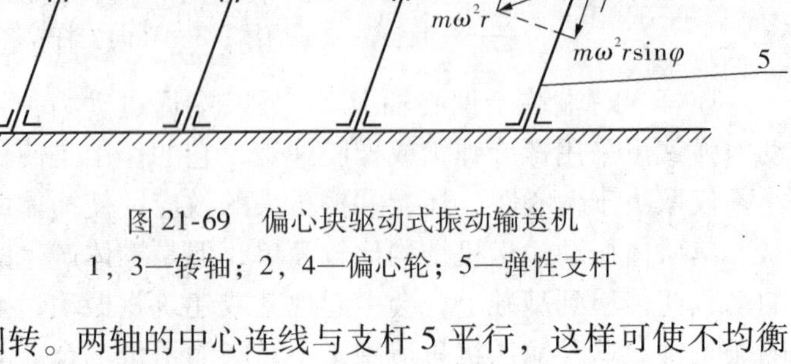

图 21-69　偏心块驱动式振动输送机

1，3—转轴；2，4—偏心轮；5—弹性支杆

质量引起的惯性离心力 $m\omega^2 r$ 沿支杆方向的两分力 $m\omega^2 r\sin\varphi$ 相互抵消，使支杆不受纵向载荷；而与支杆成法线方向的两惯性离心力分力 $m\omega^2 r\cos\varphi$ 叠加成为激振力，激振力的大小和正负是随飞轮的角位移 φ 变化的，从而产生沿直线方向变化的力，使料槽产生间歇振动。这种输送机的驱动装置结构简单紧凑，能产生较大的激振力，但是偏心块转轴和轴承受到较大的动力载荷，机件容易损坏。这种输送机一般采用中幅中频，输送距离和输送量都不大。

（三）电磁驱动式振动输送机

电磁驱动式振动输送机是由电磁激振器产生激振力的。如图 21-70 所示，它由槽体、支承弹簧和电磁激振器组成。电磁激振器如图 21-71 所示，它由铁芯 7、线圈 5、主振板弹簧 3 及衔铁 4 所组成。电磁线圈通常以半波整流后的电流，从而在铁芯（固定于质体 m_2 上）与衔铁（固定于槽体 m_1 上）之间产生周期变化的电磁吸力，形成一个双质体定向振动的弹性系统。

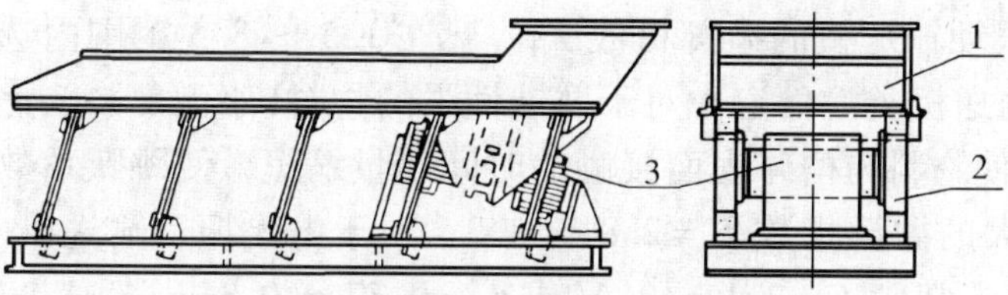

图 21-70　电磁振动输送机

1—槽体；2—支承弹簧；3—电磁激振器

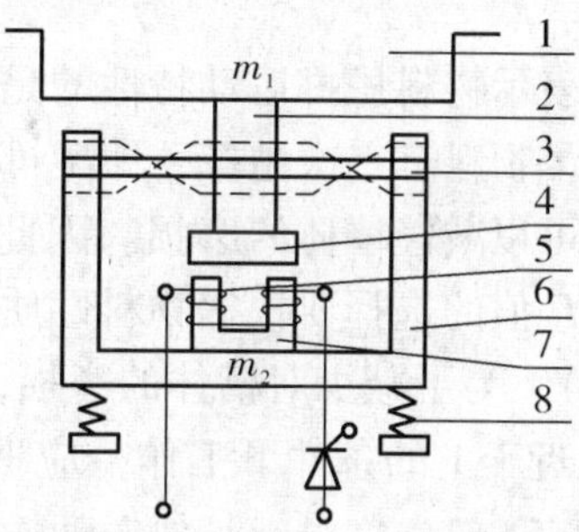

图 21-71　电磁振动输送机工作原理图

1—槽体；2—连接叉；3—板弹簧；4—衔铁；5—线圈；6—壳体；7—铁芯；8—减振器

目前，采用的振动输送机多为共振式的，激磁力的频率略低于或略高于系统的自振频率，前者称为亚共振式，后者称为超共振式。我国主要采用亚共振式，激振频率为自振频率的 0.85 ～ 0.90 倍。质体 m_1 和 m_2 之间通常装有主振弹簧（板弹簧或螺旋弹簧），以使振动系统处在接近共振的情况下工作。

电磁振动输送机的优点是：没有传动件（电动机、减速器、轴承等），结构简单，维修简便；驱动功率小，省电；可以无级调整槽体的振幅和输送量，便于实现自动化，由于振幅小，物料破碎和扬尘较小。其缺点是：由于频率高、振幅小，因此输送速度慢，不宜输送粘性物料；对槽体刚度要求高；受供电电压影响较大；动载荷容易松动基础。电磁振动输送机一般输送距离短，为了加长输送距离可采用多驱动，但调整同步较难，故常作给料装置使用。

三　工作参数的确定

合理选择工作参数是保证输送机正常运转的重要条件，它不仅要满足输送量的需要，而且要考虑到设备所能承受动力载荷的能力和功率消耗的大小。此外，输送效率还常常与物料在槽体上的运动特性密切相关。因此，在选择工作参数时，还必须考虑物料的物理性质和在输送过程中的动态特性等。

（一）机械指数与抛掷指数

如果机械指数 K 值过低，则物料抛不起来，振幅也不稳定；若 K 值过高，则在槽体刚度和强度不足情况下，将影响正常工作，并引起槽体过早损坏。大多数振动输送机在近共振条件下工作，物料处于连续抛掷运动状态，一般具有较高的机械指数。为了使物料能实现较为良好的抛掷运动和获得较大的输送速度，以及在不过分地加强振动输送机零件的强度和刚度的情况下，能使机械较耐久地工作，对于偏心块驱动式振动输送机，机械指数通常控制在 $K=2\sim5$ 范围；连杆驱动式则取 $K=2\sim6$，对于弹性连杆振动输送机，$K=2.5\sim6$，一般取 $4\sim6$；对于电磁振动输送机，$K=5\sim10$，一般取 $6\sim7.5$。

对于小型或输送距离短的输送机，K 应取大值；反之，取小值。为了提高输送速度，K 取较大值，或在一定的机械指数下选用较大的振幅和较低的频率。对于输送粉状、湿的或磨琢性物料，K 应取大值；对于输送脆性物料，为了防止物料破碎，K 宜取较小值，或在一定抛掷指数下选取较高的频率和较小的振幅，以降低物料下落时与槽体的相对冲击速度。

表示物料抛掷运动特性的是抛掷指数 Γ。对于绝大多数振动输送机，希望在每一振动周期，物料有一次抛掷，即抛掷指数应小于 3.3，同时要求每次跳动有较大的跳始角 φ_s，这样可以减轻槽体的磨损。因此，振动输送机的抛掷指数 Γ 一般在 $1.5\sim3.3$ 范围内选取。Γ 值的选择要根据物料性质和输送机类型而定。对于磨蚀性强的物料（水泥熟料、焦炭等），为了减少对槽体的磨损，应使物料与槽体表面接触的时间尽量缩短，使跳跃系数 n_p 接近于 1 的条件下工作，应取较大的抛掷指数 $\Gamma=2.8\sim3.3$；对于电磁振动输送机，$\Gamma=2.5\sim2.8$；对于其他振动输送机，常取 $\Gamma=2.1\sim2.4$（或 $n_p=0.77\sim0.84$）。

（二）激振角及安装角

激振角 β 为激振力方向与槽体平面的夹角。β 角的大小对输送情况有较大影响。β 角大时，料抛得陡而高，输送能力降低；β 角小时，料抛得平，而且相对于抛料时间，物料在料槽里停留时间较长，输送能力亦降低。因此，最佳激振角应有一定范围，一般取 20°～45°为宜。通常根据振动强度（机械指数）的大小来选择，当 $K=3$ 时，β 取 35°～40°；当 $K=4$ 时，$\beta=28°\sim33°$；当 $K=5$ 时，$\beta=24°\sim29°$；当 $K=6$ 时，$\beta=22°\sim27°$；当 $K=7$时，$\beta=20°\sim25°$。电磁振动输送机常取 $\beta=20°\sim30°$；连杆驱动式振动输送机取 $\beta=25°\sim35°$（常取 30°）。输送磨琢性强、水分大或有粘性的物料时，β 角宜取较大值；输送易碎和细粉的物料时，β 角应取较小值；有冷却散热要求或料层较厚时，β 角宜取大值；为了减小噪声，β 角宜取小值。

安装角 α 是指料槽底面与水平面的夹角，其值影响物料的输送速度。槽体向下倾斜安装时，输送速度提高。向下倾角 α 在 5°以内，输送能力提高不显著；当 $\alpha=-10°$时，输送能力较水平输送提高 40% 左右；$\alpha=-15°$时，可提高 50%～75%。但是，向下倾角过大，物料对槽体磨损加剧，机械安装高度增大，同时也受物料自然休止角的限制，向下倾角一般不超过 15°。当槽体向上倾斜时，物料有向后滑动趋势，使输送速度大为降低，倾角每升高 1°将使输送能力降低约 2%，一般最大升角不超过 15°。对于长距离振动输送机，槽体通常成水平安装；短距离振动输送机的槽体成水平或采用 5°～10°的向下倾角安装。

（三）振动频率与振幅

各类振动输送机的振动频率和振幅都有一定的范围。当机械指数 K 根据工艺要求选定后，若频率取高，则振幅小。一般当机械指数相同时，大振幅低频率较小振幅高频率具有更高的输送速度，而且可降低对料槽动力刚度要求。因此，降低频率、提高振幅对输送是有利的。但是，振幅过大，物料易碎，噪声大，对弹性元件要求也高。

振动输送机的振动频率和振幅，根据生产工艺要求及激振器的形式来选取。电磁振动输送机一般采用高频率和小振幅。因为振幅太大，增大激振器的气隙，会引起电流过大，降低工作稳定性。当振动频率 $f=3\,000$ r/min 时，单振幅为 0.5 ～ 0.9 mm；当 $f=1\,500$ r/min时，单振幅为 1 ～ 2.5 mm。偏心块驱动式振动输送机一般采用中频中幅，因为过大的振幅会增大偏心块质量及增大启动转矩，过高的频率又会增大轴承的压力和机件的动应力与动力变形。振动频率通常为 700 ～ 1 800 r/min(常取 700 ～ 1 200 r/min)，相应单振幅为 6 ～ 0.5 mm。弹性连杆振动输送机一般采用低频率大振幅(少数采用中频中幅)，这样可以降低对槽体刚度要求，加大输送距离，使用的振动频率通常为 400 ～ 1 000 r/min，振幅为 20 ～ 4 mm。

(四)输送能力

振动输送机的输送能力可按下式计算：

$$Q=3.6qv \quad (\mathrm{t/h}) \tag{21-88}$$

式中 q——线载荷(kg/m)，$q=1000A\rho_s$(kg/m)；

A——物料在料槽上的横截面积(m^2)；

ρ_s——物料堆积密度(kg/m^3)；

v——物料平均输送速度(m/s)，电磁振动输送机 $v=0.05$ ～ 0.25 m/s；偏心块驱动式振动输送机 $v=0.1$ ～ 0.4 m/s；弹性连杆振动输送机 $v=0.15$ ～ 0.5 m/s；或按下式估算：

$$v=\frac{fS}{60} \quad (\mathrm{m/s})$$

其中 S——物料在料槽每振动一次所走的路程(m)，其值为料槽行程 S_0 的 0.6 ～ 0.7，即 $S=(0.6\sim0.7)S_0$；

f——振动频率(r/min)。

物料横截面积可按下式确定：

$$A=ZA_0\varphi \quad (\mathrm{m}) \tag{21-89}$$

式中 Z——料槽数目，对双槽输送机 $Z=2$；

A_0——料槽截面积(m^2)，对于方形或矩形料槽，$A_0=BH$；对于圆形料槽，$A_0=\frac{\pi D^2}{4}$；

B——料槽宽度(m)；

H——料槽高度(m)；

D——圆形料槽直径(m)；

φ——物料充满系数，对于正方形的矩形断面，$\varphi=0.5$ ～ 0.7；对于圆形断面，$\varphi=0.4$ ～ 0.6；对于长距离输送，较细或要求冷却、干燥的物料料层宜薄，应取低值；对于粗粒物料料层可稍厚，可取高值。

(五)槽体的断面尺寸

在给定输送量情况下，料槽截面积可由式(21-88)和式(21-89)算出：

$$A_0 = \frac{Q}{3.6Zv\rho_s\varphi} \quad (m^2) \tag{21-90}$$

符号意义同前。在确定料槽宽度或直径时，须满足下列条件：

$$B(或 D) \geqslant K_1 d_{max} \quad (m) \tag{21-91}$$

式中 d_{max}——物料的最大粒度(m)；

K_1——系数，对于未筛分物料，一般取 $K_1 = 2 \sim 3$；对于筛分后物料，一般取 $K_1 = 3 \sim 5$。

考虑到输送槽的刚度，建议槽高按下列比值选取：

对输送量小和振动强度较弱的，取 $H = 0.5B$；

对输送量中等和振动强度适中的，取 $H = 0.8B$；

对输送量大和振动强度较强的，取 $H = 0.8B$。

（六）功率

振动输送机所需的功率除与规格有关外，还与其驱动方式、振动系统特点和振动参数等有关，计算要涉及振动理论。用于水平输送的振动输送机，功率主要消耗于下述几个方面：克服物料对料槽的摩擦阻力；克服物料颗粒间的内摩擦阻力；克服传动装置中的阻力；克服刚性和关节中的阻力。克服前两项阻力所需功率为

$$N_1 = \frac{Cf_\mu QL}{367} \quad (kW) \tag{21-92}$$

式中 Q——输送量(t/h)；

L——输送机长度(m)；

f_μ——摩擦因数；

C——考虑反向滑动和物料对侧壁摩擦的因数，$C = 1.1 \sim 1.5$。

克服传动装置中的阻力，可用传动效率 η 表示。在一个周期中，为了克服其余阻力所做的功与最大功能成正比：

$$E = \frac{m}{2}w^2 \quad (J) \tag{21-93}$$

式中 m——作振动的全部质量(kg)；

w——料槽运动速度(m/s)。

对于连杆驱动的振动输送机，料槽运动速度 w 与曲柄半径 r 及转速 n 成正比，所以在一个周期内为了克服上述阻力所需功为

$$A = K\frac{m}{2}n^2r^2 \quad (J) \tag{21-94}$$

式中 K 为比例系数，其余符号意义同前。每 1 s 所做的功 $A_1 = A\frac{n}{60}$，因此，功率为

$$N_2 = \frac{A_1}{1000} = \frac{An}{1000 \times 60} = \frac{Kmn^3r^2}{1000 \times 60 \times 2} \quad (kW) \tag{21-95}$$

参加振动的全部质量以 t 计算，即 $m_o = \frac{m}{1000}$ (t)，并令 $K_o = \frac{K \times 1000}{1000 \times 60 \times 2}$，则上式简化为

$$N_2 = K_o m_o n^3 r^2 \tag{21-96}$$

因此，电动机所需功率为

$$N=\frac{N_1+N_2}{\eta}\approx\frac{1}{\eta}\left(K_o m_o n^3 r^2+\frac{Cf_\mu LQ}{367}\right)\quad (\mathrm{kW}) \tag{21-97}$$

式中符号意义同前。估算时可取 $K_o=\frac{1}{5000}$，$\eta=0.7$。长度较短的输送机往往作喂料机使用，由于进入料槽的物料会产生附加压力，因此按上式计算的功率尚须增大25%～50%。

四 性能及应用

振动输送机与其他机械输送设备比较，具有以下优点：结构简单，质量小，钢材用量少，造价较低；输送机润滑点少，便于安装和维护保养；由于物料作连续抛掷输送，料槽磨损小，适于输送磨蚀性物料；动力消耗小，设备运行费用低，作水平输送时，其金属消耗量及能耗均比螺旋输送机及刮板输送机少；由于承载物件大多用金属材料制成及润滑点远离物料，因此适于输送灼热物料；密封性能好，可以制成封闭的槽体，用以输送易扬尘、有毒、有腐蚀性或易爆等物料，防止环境污染，改善劳动条件；用途广，可用做输送、喂料或卸料作业，可实现多点喂料多点卸料，在输送物料的同时可以完成诸如筛分、脱水、加热、干燥、冷却(例如水泥厂使用的槽式振动冷却机)、混合等工艺过程。振动输送机的缺点是：安装调试有一定的要求，某些机型对基础有一定的动载荷，因此对机体的刚性及基础均需考虑相应加强措施；制造不良时有噪声；向上输送效率低，对于小于0.06 mm的细粉物料输送效果不佳，不能输送含水量较大的粘性物料；输送物料速度较小，输送能力受到一定限制，不宜作长距离输送。

振动输送机广泛用于输送各种无粘性的散粒状或小块物料，特别适用于输送粉尘大、磨琢性大及灼热物料。在无机非金属材料工业中，广泛用于输送碎石、煤、焦炭、炉渣、砂及熟料等。

第六节 滚柱输送机

滚柱输送机如图21-72所示，它主要由滚柱组、固定滚柱轴的支架和机架所组成。滚柱按等距离安装在机架上，利用滚柱组作为承载件，水平或倾斜输送成件物品。运送的物品须有刚性的支承面。对于软的或粒状物料，则需盛装在托盘或箱子内运送。

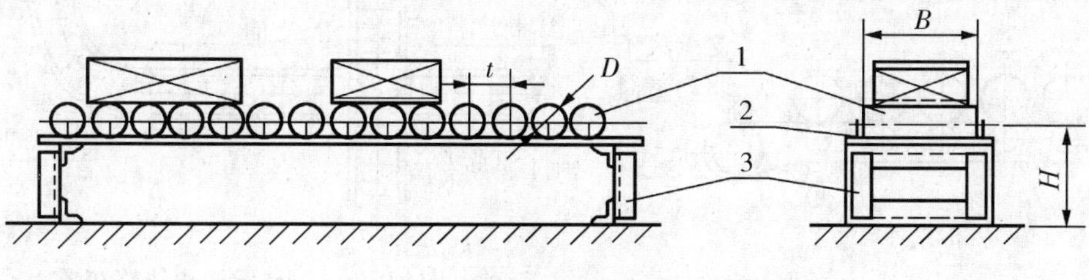

图21-72 滚柱输送机

1—滚柱组；2—滚柱轴支架；3—机架

滚柱是主要工作构件，由钢管制成，有时也采用塑料制造。滚柱形状有多种(图21-73)。最常采用的是圆柱形结构，在被运物品的支承表面许可条件下，有时也采用圆盘形和双圆锥形结构。圆盘形滚柱质量小，便于构成岔道、转辙器及曲线区段。

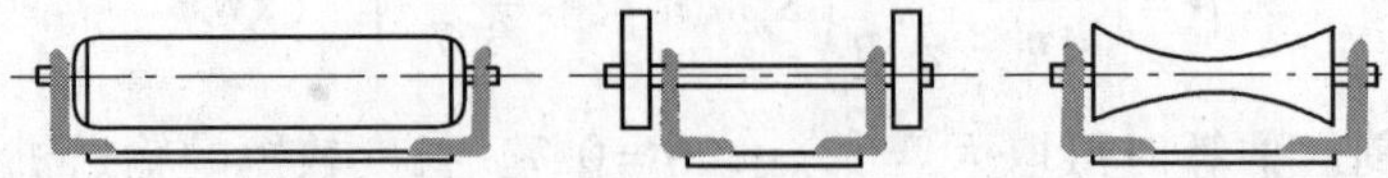

（a）圆柱形　　（b）圆盘形　　（c）双圆锥形

图 21-73　滚柱形状

按滚柱输送机的工作方式，可分为无驱动的和有驱动的滚柱输送机两种。无驱动的滚柱输送机为了实现水平或微斜向上输送，对于较轻的物品可用人力推移，而对于重的物品可用机械或气力推杆推移；为了实现微斜向下输送，输送机在 1.5% ~ 3% 倾斜度条件下，物品可直接借助于自身的重力沿斜坡自行移动。物品在输送过程中，并以摩擦力带动滚柱旋转，因此，物品都是沿滚柱滚动的。

有驱动的滚柱输送机的滚柱由电动机直接驱动或通过中间齿轮、链轮或胶带传动，依靠转动滚柱作用在物品上的摩擦力推动物品移动。所以，它不仅可以实现物品的水平输送，而且在一定条件下还可实现物品的微斜向上输送。驱动装置可以是牵引式的或是机械传动式的。牵引式驱动装置一般适用于轻型的工作条件。对于繁重的工作类型，可采用刚性的机械传动式驱动装置。

牵引式驱动装置如图 21-74 所示，其牵引构件可采用链条、胶带或绳索。机械传动式驱动装置有单独驱动和分组驱动两种(图 21-75)。单独驱动装置可使输送机的机械部分造价降低，易启动，工作可靠且便于装拆和维修。

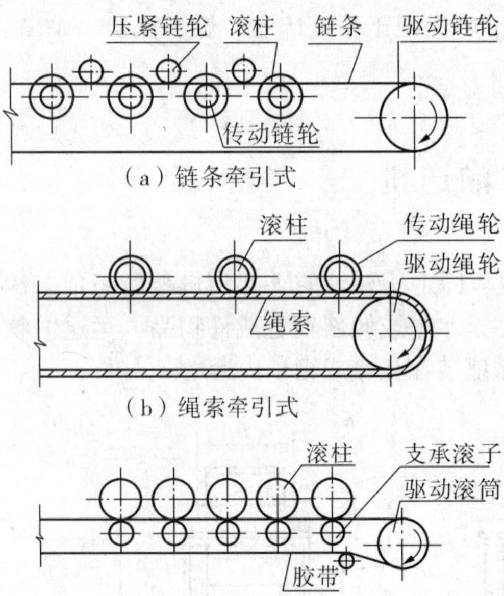

（a）链条牵引式

（b）绳索牵引式

（c）胶带牵引式

图 21-74　牵引式驱动装置

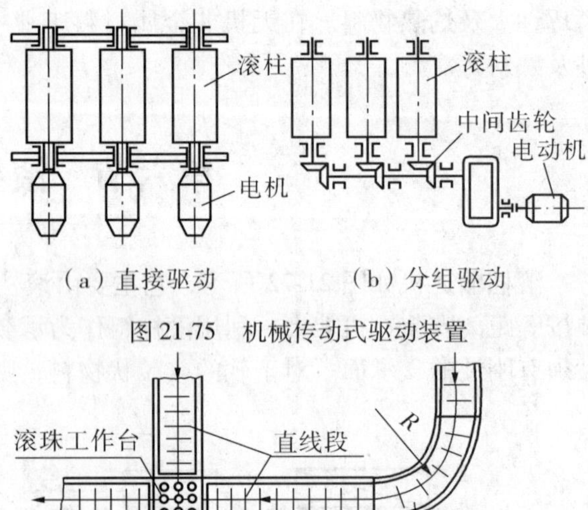

（a）直接驱动　　（b）分组驱动

图 21-75　机械传动式驱动装置

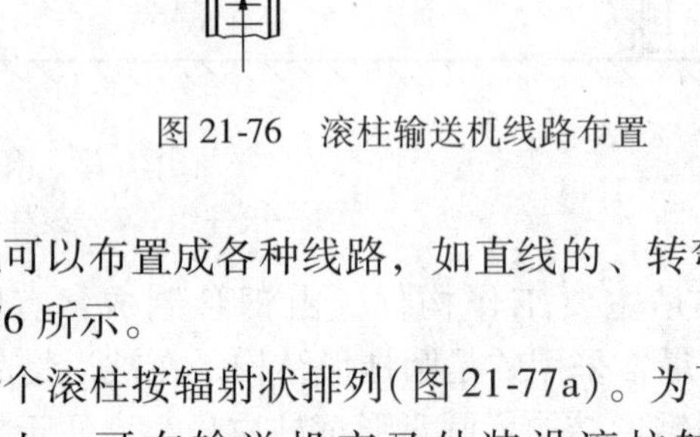

图 21-76　滚柱输送机线路布置

按照输送方向及生产工艺要求，输送机可以布置成各种线路，如直线的、转弯的和具有各种过渡装置的交叉线路等等，如图 21-76 所示。

为了组成输送机的曲线区段，可把若干个滚柱按辐射状排列(图 21-77a)。为了把物品从一个输送线路转移到另一方向的线路上，可在输送机交叉处装设滚柱转盘结构

（图21-77b）。

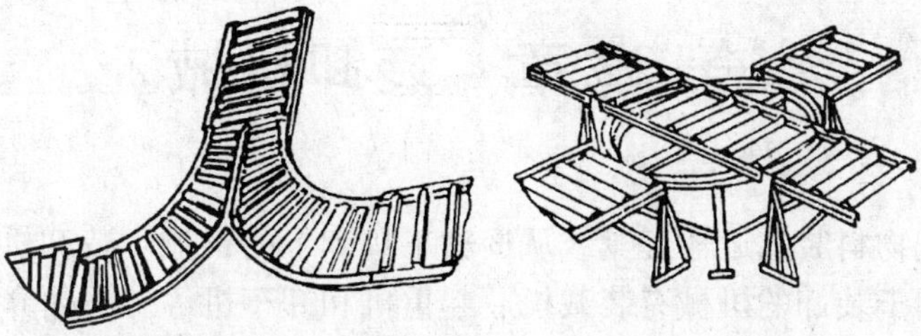

（a）滚柱输送机的曲线区段　　（b）滚柱托盘结构

图 21-77　滚柱输送机的曲线区段和滚柱托盘结构

表征滚柱输送机的基本参数有滚柱平台的宽度 B 和高度 h、滚柱直径 D、滚柱间的距离(滚柱的节距) t 及输送机的转弯半径 R。滚柱的直径及其节距的选择取决于被运物品的质量及宽度尺寸。输送机的高度通常根据被运物品的高度，并考虑移动物品的方便条件来决定，其总高度一般不超过1 ～ 1.2 m。

滚柱输送机结构简单，外形尺寸小，安装及使用方便，工作可靠且无噪声。它用于无机非金属材料工厂的流水作业线上，以及仓储与装卸运输场所，成为装卸运输机械化与自动化系统的一个重要组成部分。

第 22 章　装卸机械

装卸机械是把物料装上运输工具或从运输工具卸下的机械。装卸机械种类繁多，无机非金属材料工厂用于装卸的机械有装载机、起重机和卸车机等。下面介绍无机非金属材料工厂一般采用的装卸机械。

第一节　斗式装载机

斗式装载机或称斗式铲车，有履带式和轮胎式两种类型。轮胎式装载机行走速度快，机动灵活，应用较广；履带式装载机主要用于粘土质矿床或剥离的覆盖土的装车。

斗式装载机如图 22-1 所示，它的工作过程由铲装、转运、卸料和返回四个过程构成一个工作循环。首先将铲斗的斗口朝前，平放到地面，装载机前进，铲斗就插入料堆，斗内装满物料，然后将铲斗收起，使斗口朝上，完成铲装过程。转运过程：用动臂将斗升起，装载机倒退，转驶至卸料处，使铲斗对准运料车厢的上空，将斗向前倾翻，物料卸于车厢内，完成卸料过程。返回过程：将铲斗翻转成水平位置，装载机驶向装料处，放下铲斗准备下次铲装。斗式装载机的铲斗和动臂还可以水平回转 90°或 360°，在半圆或全圆范围内卸料。

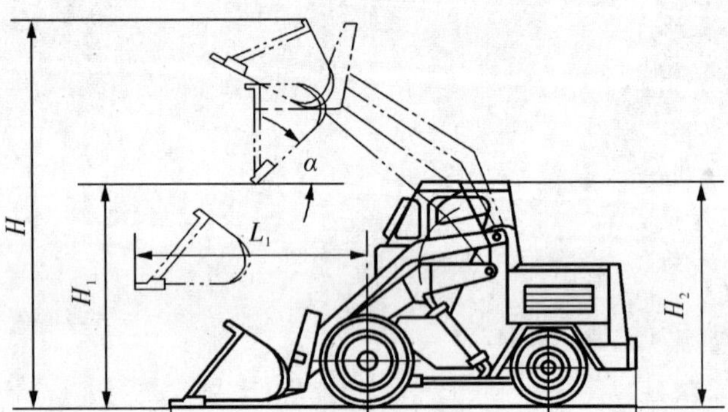

图 22-1　斗式装载机

斗式装载机不需严格对车，便于在狭窄场地作业，备有货叉，可兼作叉车使用。它适用于露天堆场内短距离搬运散状物料，或用于向汽车装料。

第二节　叉式装卸车

叉式装卸车简称叉车，有电瓶叉车和内燃叉车两种。如图 22-2 所示，其构造特点是在机动（内燃机或蓄电池电力）行车上装有一套可以升举的叉形取物器。此机构的前方伸出两根平叉，被运移的物件被它叉举起来后由行车带走，到卸载地点再放下叉架。叉架的升举是用油压机构实现的。

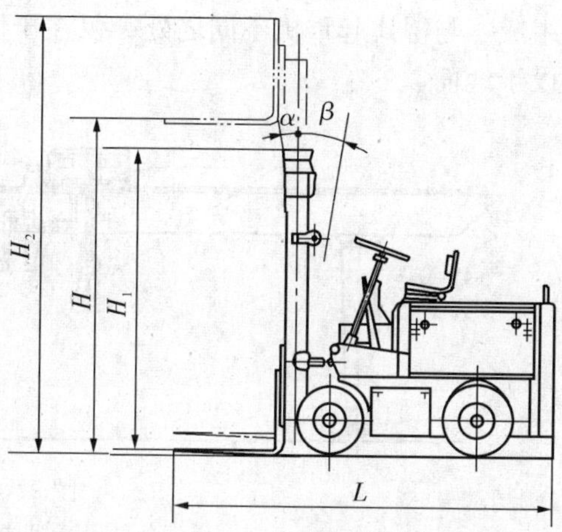

图 22-2　叉式装卸机

叉车结构简单，机动性好，维护方便，它适宜在平坦路面上行驶，可作为成件货物的搬运、装卸工具，并能作起重、堆垛及短途运输之用。叉车也可配以各种专用附属工具用于散状、盘状和条状等货物的装卸。如图 22-3 所示，由于用途的改变，叉车的专用附属工具可有铲斗（用于散粒状及小颗粒物料的装卸，如煤、矿渣等），加长叉（叉长 1252 mm，用于基型叉所不能胜任的长大货物，如装箱玻璃板等装卸和堆垛），横移叉（用于狭窄场所的准确装卸作业），倾翻叉（用于长条状的各种圆木、石棉水泥管、大陶瓷套管、圆钢等货物的装堆），悬臂吊（用于各种吊装货物的装卸和运输，如使用时再附加吊装索具，则可扩大吊装货物范围），串杆（用于钢丝卷、板卷、轮胎等盘状货物的运输和装卸），吊钩（用于吊装货物），推出器（用于整装货物的自卸与堆垛）等。

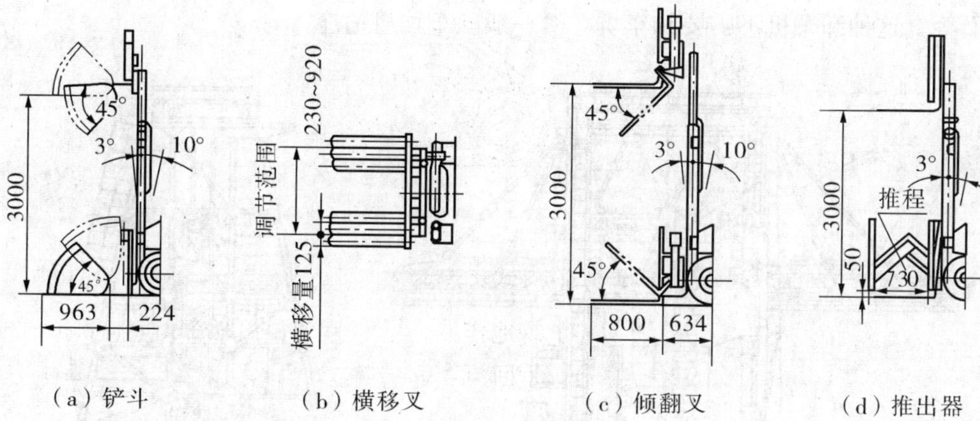

图 22-3　叉车专用附属工具

第三节　抓斗门式起重机

抓斗门式起重机如图 22-4 所示，它由龙门架及其运行机构 1、卷扬小车 2 及抓斗 3 等组成。与桥式起重机不同之处，仅在于用龙门架代替桥架，因而它的运行轨道一般均可敷设于地面。

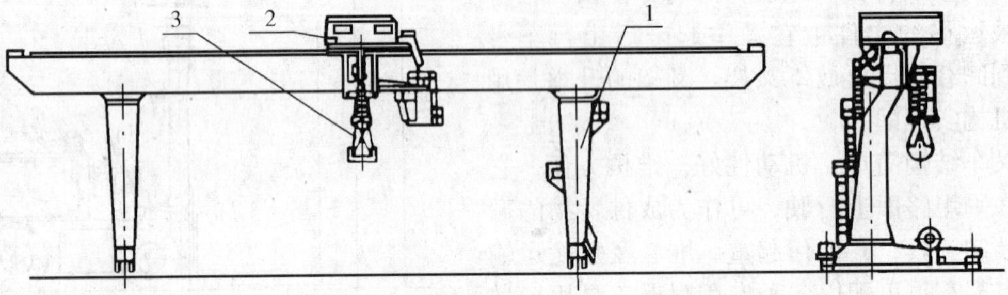

图 22-4　抓斗门式起重机
1—运行机构；2—卷扬小车；3—抓斗

第四节　卸　车　机

常用的卸车机有链斗式和螺旋式两种。图 22-5 所示为链斗卸车机，链斗 1 是一台斗式提升机，它可伸进敞车车厢内勺取并提升物料，然后转至胶带输送机 2 卸出车外。链斗 1 和胶带输送机可一起沿着机架 3 上下升降，以适应卸货高度的变化。胶带输送机不但可以正反方向运行，以便两侧堆料，而且水平位置还能左右移动，以扩大堆料范围。整个卸车机则可沿卸车线的轨道运行，因此具有很大的灵活性，广泛用于露天堆场卸煤、矿渣、铁粉及碎石等。这种卸车机不需要卸车坑，对一般敞车均可适应。

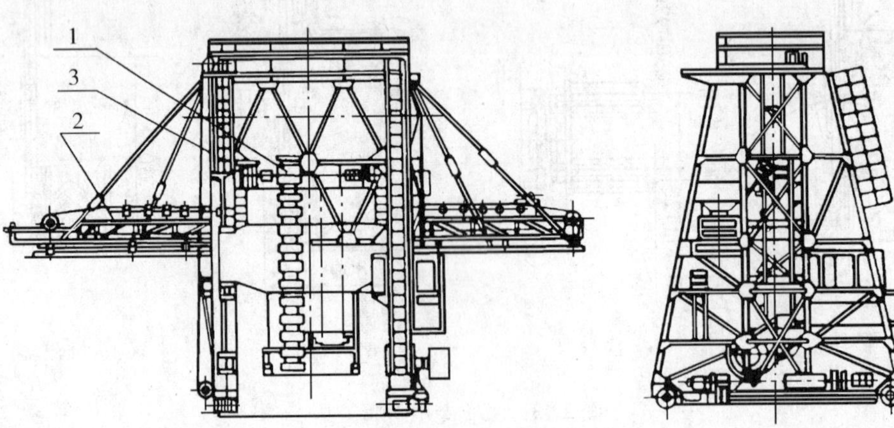

图 22-5　链斗卸车机
1—链斗；2—胶带输送机；3—机架

图 22-6 所示为门式螺旋卸车机，工作机构是一台螺旋输送机，它具有升降机构，整个门架可沿轨道运行。螺旋叶片是由两段左、右螺旋叶片连接而成，当螺旋放入车厢料堆中，螺旋轴正向回转时，就可向两侧推料卸出车外；反之，则将向中部集料。

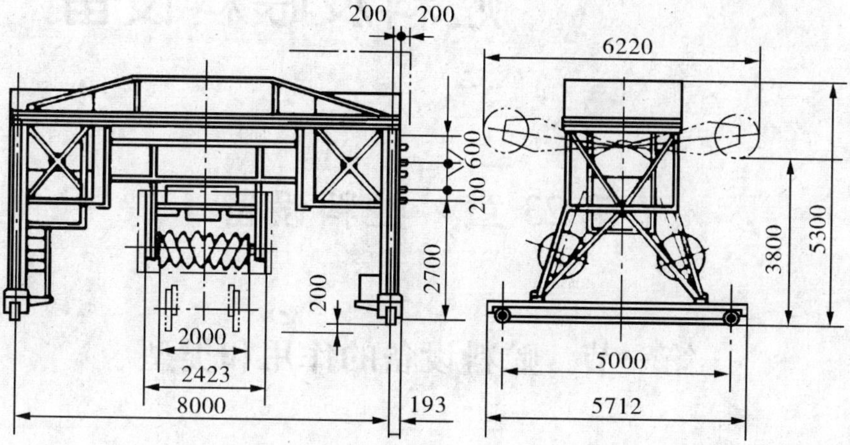

图 22-6　门式螺旋卸车机

螺旋卸车机只适用于一般多门敞车，且需要有专用的卸车坑或卸车栈桥。因此，它不及链斗卸车机使用普遍，但链斗卸车机卸车时扬尘较大。两种卸车机卸车后均需人工清理车厢内的剩料。

第六篇 贮料及喂料设备

第23章 贮料设备

第一节 贮料设备的作用和类型

贮料设备或称存仓，是接受、储存和供给散粒物料的大型容器装置。在粉体处理过程中，为了使生产连续进行，广泛设置贮料设备。它是均衡生产的重要设施，不仅起着储存作用，而且在改变物料的输送方向、调整物料的输送速度、物料均化等整个生产过程中，都起着重要作用。贮料设备种类繁杂，分类方法较多。

(ⅰ)按贮料设备在厂房零点标高位置，可分为地上和地下两种。无机非金属材料工厂很少采用地下贮料设备。

(ⅱ)按建造材质的不同，贮料设备有金属的、钢筋混凝土的和木质的。

(ⅲ)贮料设备的几何形状有圆形和矩形等(图23-1)。按照尺寸比例不同，又可分为浅存仓(高度 $h \leqslant$ 宽度 B 或直径 D)和深存仓($h > B$ 或 D)。

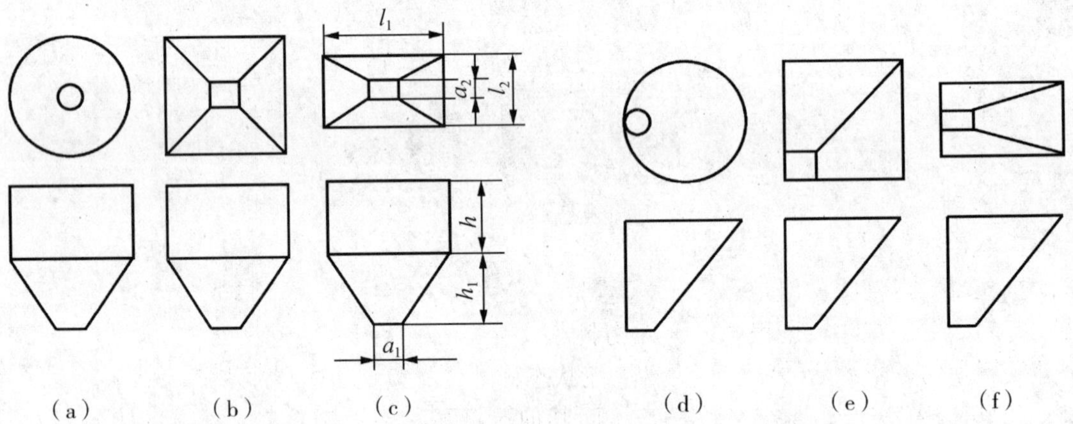

图23-1 存仓的形状

(ⅳ)按用途和容量大小不同，贮料设备分为料库、料仓和料斗三类。料库的容量是最大的，可达周或月以上的使用周期，物料的进出多为间歇进行；料仓的容量居中，使用周期以天或小时计，其结构多为组合式的(图23-1a ～ c)，主要用来调节前后工序物料平衡；料斗容量较小，是下料斗(图23-1d ～ f)，用来传送物料和改变料流方向或速度，使物料能顺利地进入下工序设备内。

第二节　粉粒体在存仓内的流动

长期以来，存仓的设计一直偏向于容量和结构强度两个方面，而不着眼于所处理物料的流动，致使存仓使用中经常发生流动困难(诸如不稳定流动、分料、穿孔、结拱、堵塞等)，严重影响生产。存仓的设计应该使其具有储存与卸出物料的优良功能，若要从根本上解决问题，必须重视存仓粉粒体流动过程的分析研究。

一　粉粒体的流动性质和状态

粉粒状或称散体，是由彼此接触、呈松散堆积的固体颗粒组成的集合体。组成粉粒体的颗粒可以是粉状、粒状或小块状，按其材料、大小及形状可以是同样的或不同样的。粉粒体的物理性质介乎固体和液体之间。粉粒体与固体不同之处，在于它具有流动性，仅在一定范围内能保持其形状，对挡护面能产生压力，不能或不大能抵抗拉力，抵抗剪切力的能力取决于作用的压力；粉粒体虽具有流体性质，但又以其能在颗粒之间传递有限度的剪切而与流体不同。因此，这类堆积物料在静止状态下，顶部表面不可能为水平，而是成一定倾角的锥形堆。这性质对于存仓物料的动态有着重要影响。在存仓中散粒物料的压力分布也和流体不同，从而引起存仓卸料不畅、起拱和偏析等现象。存仓中物料不能自由流出，主要是由于料层内由内部摩擦力、粘结力和静电力等构成的内力大于重力之故。这种内力导致松散物料的结管和结拱，影响物料卸出。

粉粒体颗粒间的相互滑移，必须克服内摩擦才能出现。松散物料由于自身重力克服料层内力所具有的流动性质，称为重力流动性。物料从存仓中卸出就是依靠这种流动性。实验表明，存仓内物料受重力作用的流动基本状态，有整体流和漏斗流两种(图 23-2)。当存仓内任何一部分的物料运动时，整个仓内的物料同时也在运动，在物料与仓壁之间也存在着相对运动，虽然在料斗收缩区的颗粒要比其他部位的颗粒流动得快些，但是，它们毕竟都处在运动之中，在卸料过程中，仓内物料全部处于均匀下降的运动状态，这种仓流状态称为全流式流动或整体流。

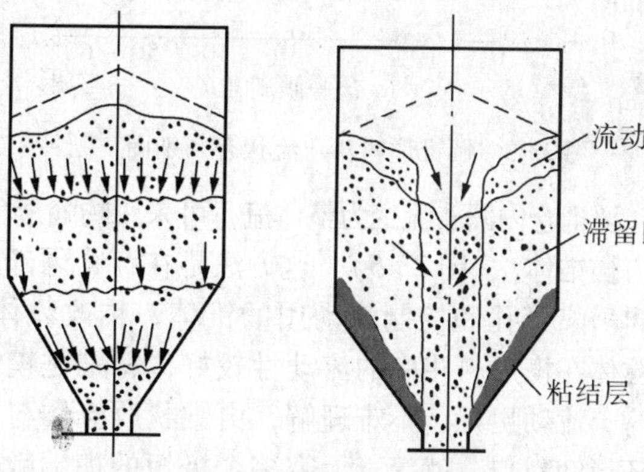

(a) 整体流　　(b) 漏斗流

图 23-2　仓流的基本状态

若只有存仓的中心部分产生料流，而其他区域的物料停滞不动，流动的区域呈漏斗状，流动沟道呈圆形截面，其底部截面大致相当于卸料口面积，这种仓流状态称为穿流式流动或漏斗流。如果料仓顶部的物料不能落入中心孔而作漏斗流卸出，则整个流动就会中止，这种情况称为形成管状的穿孔，如果管状井筒顶部有大块物料卡塞，就出现老鼠洞样的“盲孔”，使仓内出现料拱堵塞。

两种流动状态造成两种不同结果。整体流仓内没有死角，也不会发生穿孔，流动均匀而平稳，导致物料先进先出，而且能把机装料时发生粒度分离的物料重新混合。但是整体流需要陡峭的仓壁而增加了料仓高度，同时物料沿着仓壁滑动而增加了仓壁磨损。漏斗流虽然对仓壁磨损较小，但是它不会产生先进先出的流动，使粉粒体分离。漏斗流是局部性的流动，大量的死角减少了存仓的有效容积，有些物料在仓内甚至会一停就是几年，这对储存期间会发生变质的物料是不允许的。毫无疑问，漏斗流是一种有碍生产的仓流状态，而整体流才是存仓正确设计的合理结果。

粉粒体的流动性，可根据测定物料的休止角、压缩率、平板角(刮铲角)、粘结率和均匀性系数进行估量。仓流状态可采用詹尼克(Q. W. Jenike)的流动判别图加以判定。图 23-3 和图 23-4 表明整体流条件适用范围的临界线位置，以及为了获得整体流在不同有效摩擦角 δ 下，所需壁摩擦角 ϕ' 与仓壁倾斜角 θ' 之间的关系。只要从图查得壁摩擦角与仓壁倾斜角的关系，即可判定是否整体流料斗。从图可知，如果减小粉粒体的壁摩擦角及存仓锥形部分的倾斜角，则可使存仓内粉粒体呈整体流；若加大上述两个角度，就会变为漏斗流。为了获得整体流，存仓壁必须陡峭而光滑。

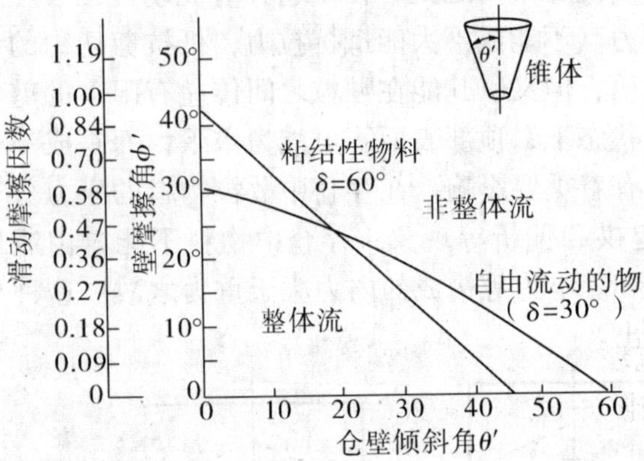

图 23-3　圆锥形料斗仓流状态判别图

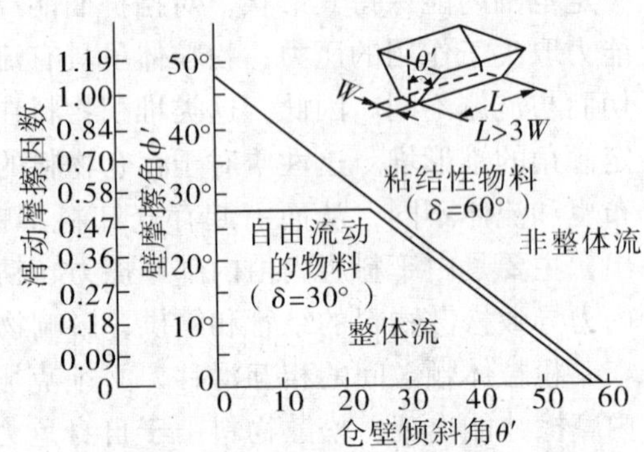

图 23-4　楔形料斗仓流状态判别图

要把仓内漏斗流变为整体流，可采用约翰逊(J. R. Johanson)的内插锥体法(图 23-5)。这方法是在存仓内部插入用来防止中间坍陷穿孔和控制流动用的锥体，称改流体。实验证明，粉粒体在楔形料斗中的流动性较好，特别是楔端敞开而无壁板时，流动更好。不难理解，由锥状改流体与原仓壁所形成的环形卸料口，就等于无穷多个极短的楔端敞开楔形料斗的组合体。由于改流体的作用，存仓中物料沿壁面流动，料流形态由漏斗流改变为沿壁面的整体流。但是改流体的作用是有一定范围的，这种料流形态的变化，只可能发生在改流体壁面作用范围 *ABCD* 区域内。

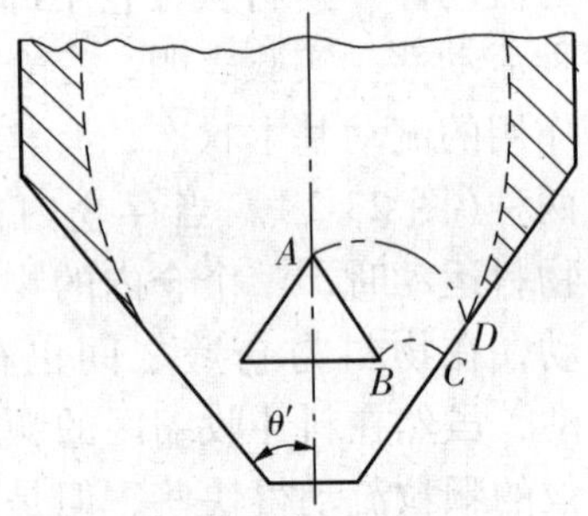

图 23-5　设置改流体的存仓

二　粉粒体的重力流动

对于仓流现象，在理论上有着不同的分析，其中主要有布朗 - 霍克斯雷 - 克瓦毕尔(Brown-Hawksley-Kvapil)的椭圆体流动理论和詹尼克的塑性体流动理论。布朗和霍克斯雷认为，存仓内物料是按以下顺序从卸料口流出的(图 23-6)：表面颗粒层 *A* 在 *B* 层上滑动，*A* 层颗粒迅速滚落，向中心集中；而下层 *B* 则在 *E* 层上比较缓慢地滑动，也向中央集中；*B* 层下面的 *E* 层颗粒则静止不动；*C* 层颗粒迅速向下方运动，从 *A*、*B* 层大于休止角处补充颗粒；C 层颗粒供给 D 层流出。因此，除了 E 层外，凡是处在大于休止角的颗粒均流向中央区集中，迅速下落至 D 处。D 处颗粒毫无阻挡地最先迅速流出。于是，存仓卸料口附近物料可分为五个带：D 为自由降落带；C 为颗粒垂直运动带；B 为擦过 E 带向存仓中心方向缓慢滑动带；A 为擦过 B 带向存仓中心方向迅速滑动带；E 为固定不流动的滞留带。仓流形成两个流动椭圆体：B、E 交界面构成的椭圆体，长轴是垂直的，该体内的料流是块团性的；C 本身是个较小的椭圆体，体内料流是各自颗粒的运动。在椭圆体内产生垂直的和滚动的两种运动。而在边界椭圆体之外，没有物料运动。以上描述是粉粒体流出存仓的理想状态，但与粉粒体从卸料口流出的现象大致相符。

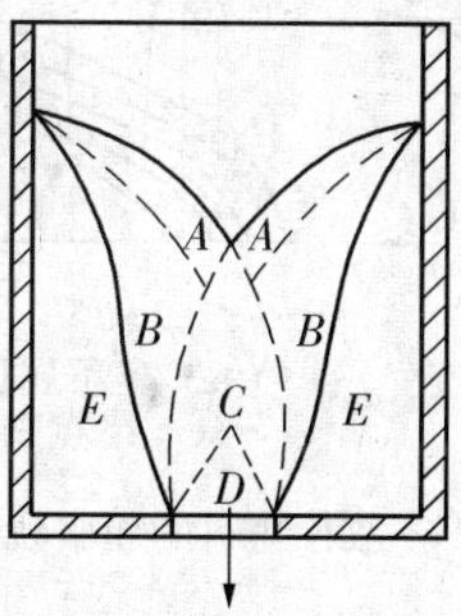

图 23-6　存仓内粉粒体流出顺序

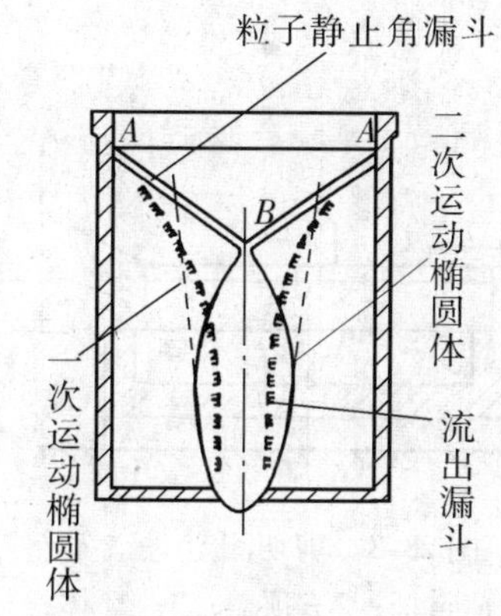

图 23-7　存仓内粉粒体流动椭圆体

克瓦毕尔认为，卸料时首先是生成一次流动椭圆体，在椭圆体内的颗粒群成团运动，当它的高度到达粉粒体上面时，则二次流动椭圆体迅速发展到点 B，而流出漏斗则达到比二次流动椭圆体更高的点 A(图 23-7)。在这两个椭圆体及流出漏斗范围内的颗粒产生运动，其他部分则处于静止。以上描述，对于流动性好的粉粒体从卸料口流出时，基本上是可靠的。根据 Г. М. 马拉霍夫进一步实验表明，一次流动椭圆体为二次流动椭圆体的 15 倍，而且这两个带的物料几乎以恒定的比例(1:15)发展，直到一次流动椭圆体达到点 B 为止。在一次流动椭圆体边界以内的物料，产生的是整体流动。要设计一个整体流存仓，宜使其形状是这种椭圆体形。水泥在存仓内的流动过程，一般较为符合克瓦毕尔理论。

以上分析研究对存仓的设计有一定指导意义，但尚未达到定量的描述和计算。在解决实际工程问题时，要根据物料的性质，参照文献上的资料和实际经验数据，进行比较和估量来进行设计。詹尼克把粉粒体近似地当做塑性物料，以粉体力学为基础，建立起粉粒体在存仓中流动的基本理论，提出了可以定量设计的方法，计算结果在试验中得到很大程度证实。

存仓内的粉粒体处在一定压力作用下，粉粒体由于压力和颗粒间附着力的作用，在存仓内结拱，阻止了粉粒体的重力流动。詹尼克提出以流动函数表征散粒物料的流动性，并定义流动函数 FF 为最大压实应力 σ_1 与开放屈服强度 f_c 之比，即

$$\mathrm{FF} = \frac{\sigma_1}{f_c} \tag{23-1}$$

FF 值可根据施以不同压力散体层的剪断试验来确定。剪切测定仪由一个作为测试元件的剪切匣和一套应力应变自动记录仪组成。如图 23-8 所示，为了模拟仓内粉粒体受到上层自重而压实的状态，试样先经压实处理，以一定大小的荷重恒定垂直施加于试样上，经一

定时间后，将压实荷重解除，此时试样已具有一定的密实强度；然后以较压实荷重为小的垂直荷重 N 的作用下进行剪切试样，并测得其剪切力 S。在不同的荷重 N 下(每次荷重均小于压实荷重)对其他试样进行重复测定；最后对求得的 N 和 S 除以剪切环体的内截面积 A，就得到垂直应力 σ_N 和剪切应力 τ，于是可作出屈服轨迹 YL(图 23-9a)。屈服轨迹通常是一条接近直线的曲线，并以 τ 轴上的截距 c(表示物料的凝聚力)和它的斜率角 ϕ 来表示。屈服轨迹的虚线部分表示张力 T，系由粉粒体的张力测定仪测得。用不同的压实荷重可得到许多条屈服轨迹 YL(图 23-9b)，将这些屈服轨迹的终点连接起来为一直线，其斜率角 δ' 表示在不同预压实状态下的破坏条件。

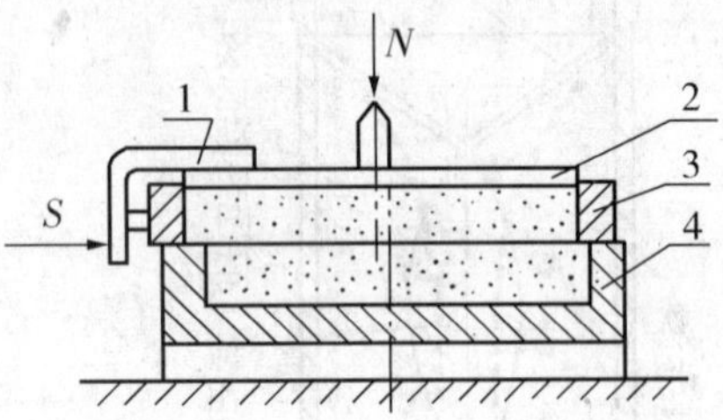

图 23-8　剪切测定

1—悬臂荷重杆；2—顶盖；3—环体；4—底座

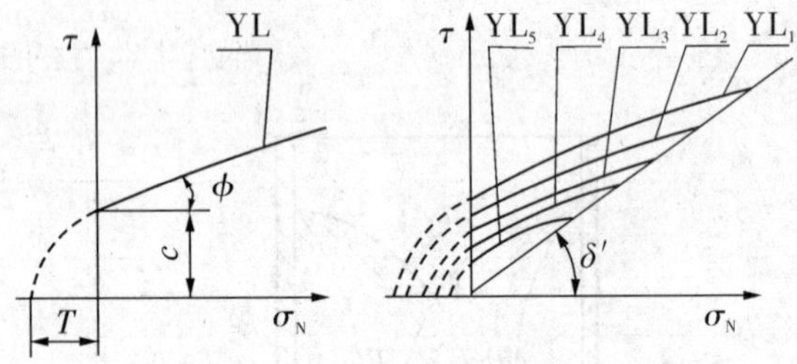

（a）屈服轨迹　（b）多条屈服轨迹的终点斜率角 δ'

图 23-9　散粒物料的屈服轨迹

散粒物料的强度，很大程度上取决于预压实状态。为了确定在卸料口可能形成稳定料拱的条件，必须算出这个料拱的固结强度，即物料在自由表面上的强度，称为开放屈服强度。如图 23-10a 所示，在一个筒壁无摩擦的理想圆柱形筒体内，使散粒物料在一定的预加压应力(称为固结主应力)σ_1 作用下压实，然后取去圆筒，在不加任何侧向支承的情况下，如果被预压实的试件不倒塌(图 23-10b)，则说明其具有一定的密实强度，这密度强度就是开放屈服强度 f_c。倘若试件倒塌(图 23-10c)，则说明这种散粒物料的开放屈服强度 $f_c=0$。显然，开放屈服强度 f_c 值小的散粒物料流动性好，不易结拱。

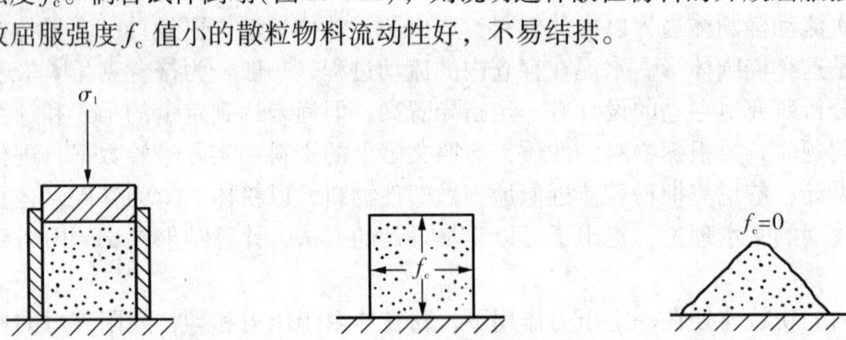

（a）散粒物料压实　（b）开放屈服强度 f_c　（c）试件倒塌

图 23-10　散粒物料的密实强度

开放屈服强度 f_c 及其相应的压实应力 σ_1，可以按图 23-11a 所示的屈服轨迹加以确定。当剪切破坏时，散粒物料中的应力条件可由与屈服轨迹相切的两个摩尔(Mohr)圆(屈服应力圆)来表示。由于在自由表面上，垂直于这个表面的应力和这个表面上的剪切应力均为零，这就相当于摩尔圆上的最小主应力 $\sigma_3=0$，剪应力 $\tau=0$，而最大主应力 $\sigma_1=f_c$ 的应力状态。因此，通过坐标原点，并与屈服轨迹 YL 相切的摩尔圆中的 σ_1 即为 f_c。相应的压实应力(即固结主应力)σ_1 值可通过与屈服轨迹 YL 终点相切的摩尔圆来确定。压实应力 σ_1 与开放屈服强度 f_c 之间存在一定函数关系，图 23-11b 所示为 FF 的图解形式。流动函数 FF 与散粒物料的流动性的关系见表 23－1，FF 值越大，流动性越好。

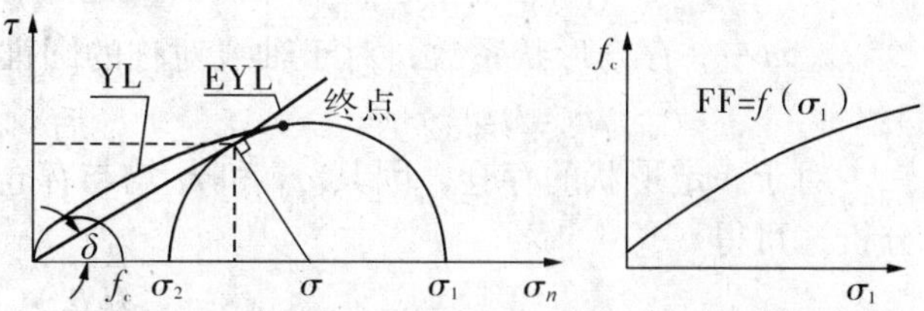

(a)由摩尔圆确定 f_c 及 δ_1　　(b)FF的图解

图 23-11　开放屈服轨迹和流动函数

表 23－1　流动函数 FF 与散粒物料流动性关系

FF 值	流 动 性	FF 值	流 动 性
FF＜2	强附着性，流不出	4＜FF＜10	易流出
2＜FF＜4	有附着性	FF＞10	自由流出

詹尼克试验表明，散粒物料作稳定流动时，任何一点的应力状态都必须处于屈服轨迹的终点。因此，通过不同屈服轨迹终点的一簇摩尔圆的包络(近似切线)为其实际的屈服轨迹，称为散粒物料的有效屈服轨迹(EYL)。如图 23-11a 所示，EYL 的斜率角 δ 称为有效内摩擦角，它与屈服轨迹终点的斜率角 δ' 相差仅约 5°。也就是说，EYL 是比较接近于图 23-9b 所示的在不同预压实状态下的破坏条件，利用它便于导出仓内散粒物料的应力情况。根据图 23-11a 的几何关系，可得出

$$\sin\delta=\frac{\dfrac{\sigma_1-\sigma_2}{2}}{\sigma_2+\dfrac{\sigma_1-\sigma_2}{2}}$$

化简为

$$\frac{\sigma_1}{\sigma_2}=\frac{1+\sin\delta}{1-\sin\delta}\tag{23-2}$$

同时，可得出预压应力 σ 和压实应力 σ_1 之间的关系式：

$$\sigma_1=\sigma(1+\sin\sigma)\tag{23-3}$$

存仓形状、仓壁摩擦因数等因素决定着存仓的流动性质，詹尼克以流动因数 ff 来表示，并定义为存仓内散粒物料最大压实应力 σ_1 与作用于堵塞料的料拱最大应力 $\overline{\sigma}_1$ 之比，即

$$\mathrm{ff}=\frac{\sigma_1}{\overline{\sigma}_1}\tag{23-4}$$

作用于料拱脚的最大主应力 $\overline{\sigma}$ 可由下式确定：

$$\overline{\sigma}_1=\frac{\rho_s gB}{f'(\theta')}\tag{23-5}$$

式中 ρ_s——物料的堆积密度；

B——卸料口宽度；

g——重力加速度；

$f'(\theta')$——存仓半顶角 θ' 的函数，可用下式近似计算：

$$f'(\theta')=(1+m)+0.01(0.5+m)\theta'$$

m——存仓形状系数，对于轴线对称的圆锥形存仓，$m=1$；对于平面对称的楔形存仓，$m=0$。

对于一定形状的存仓，因其 σ_1 和$\overline{\sigma}_1$ 均与存仓直径呈线性关系，根据应力分布的理论分析，可得

$$\text{ff}=(1+m)\frac{f(\theta')(1+\sin\delta)}{2\sin\theta} \tag{23-6}$$

式中 m——存仓形状系数；

$f(\theta')$——存仓应力函数，为存仓半顶角 θ'的函数；

δ——有效内摩擦角。

由上式可知，ff 值越小，存仓的流动条件越好。存仓设计时应尽量获得 ff 值小的存仓。对于一定的存仓，ff 值为常数。存仓中起拱的原因是存仓中散粒物料的压实应力 σ_1 较高，相应的密实强度 f_c 亦高，而作用于堵塞料上的应力$\overline{\sigma}_1$ 较低，这意味着存仓的流动性差，此时，散粒物料已被压实至具备了足以支撑住被堵塞料重力的强度而引起结拱。只有作用于物料上的应力大于其密实强度时，才不起拱而通畅地流动。可见，不起拱而流动的条件是$\overline{\sigma}_1>f_c$ 或 FF > ff。图 23-12 所示为某一存仓的流动因数 ff，三种物料各有其不同的流动函数 FF，它们在该存仓内流动情况各不相同。粉体 a 在点 A 以下就会起拱，粉体 b 无论何处都不会起拱，粉体 c 在这种存仓中丝毫不会流动。如果改变存仓的设计，得到较小的 ff′值，那么，粉体 a 及 c 也能通畅流动。

图 23-13 为简化的存仓中物料的应力曲线。在临界高度 h_{KT} 处，物料的$\overline{\sigma}_1$ 接近 f_c 值，此处就可能起拱。而在这以上(即 $h>h_{KT}$处)，则不可能起拱。因为 $f_c<\overline{\sigma}_1$，而且物料不能传递，故此构成“桥墩”所需的应力。为了避免物料起拱，存仓的卸料口直径 d 应大于 d_{KT}。

根据詹尼克理论，整体流的最小卸料口径取决于散粒物料的流动函数 FF 和存仓的流动因数 ff 的比值，即整体流的条件为 FF > ff 或 $f_c<\overline{\sigma}_1$，而结拱的临界条件为 EF = ff。以 f'_c 表示结拱时开放屈服强度，则可写成$\overline{\sigma}_1=f'_c$。由此可求出存仓最小卸料口直径(或宽度)，也可以推测出某一已有仓形和物料的仓流状态。

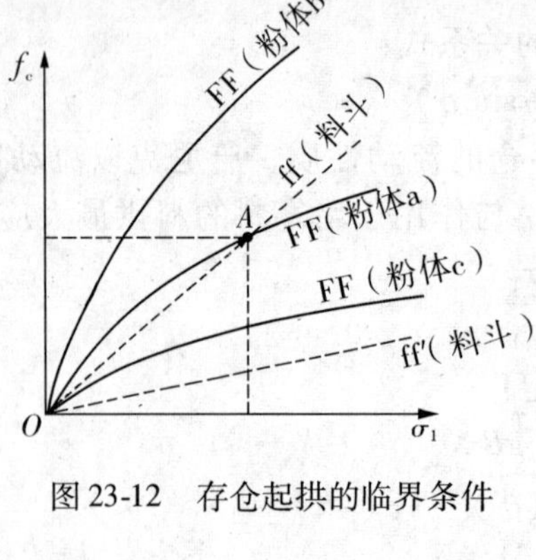

图 23-12 存仓起拱的临界条件

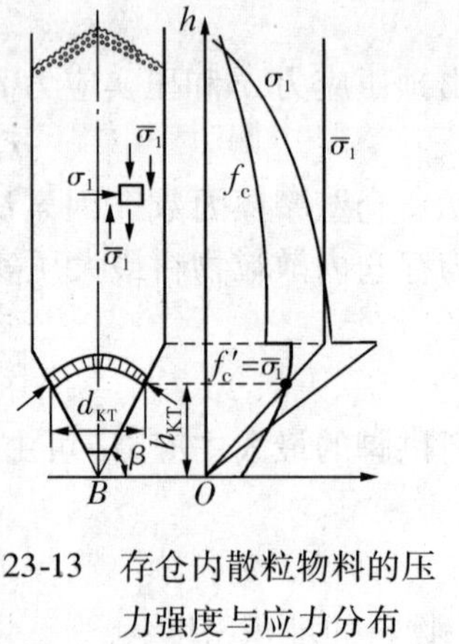

图 23-13 存仓内散粒物料的压力强度与应力分布

三 不正常仓流现象及其防治

存仓使用过程中，往往会出现堵塞现象。另外，存仓加料时，物料中较大颗粒集聚在

仓壁附近，细颗粒则集中于存仓中心，这种堆积分料现象对物料成分的均化影响很大。这些弊病可采取措施加以防止和克服。

堆积分料可采取向存仓多点加料或缩小存仓内径、增加高度的所谓“细高法”等措施来克服。如果存仓不能太高，则可在存仓内添设垂直隔板，同样能够产生直径效应。这些方法不仅能防止堆积分料，也能减少结拱现象。

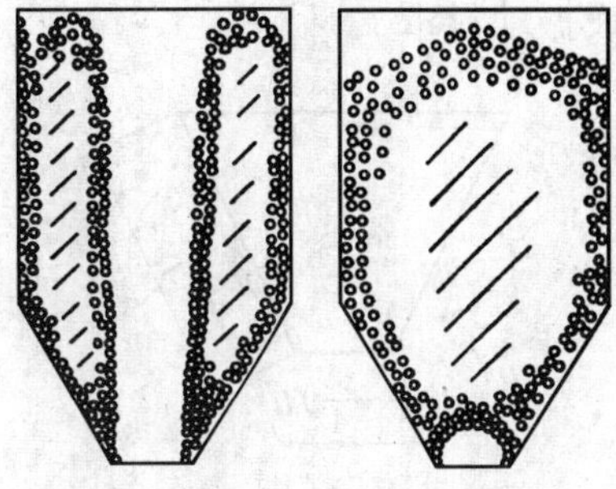

（a）穿孔现象　　（b）料拱现象

图 23-14　穿孔和料拱现象

堵塞现象主要有形成喇叭形穿孔和料拱两种现象(图 23-14)。前者是一种典型的漏斗流，向料仓加入的物料即通过喇叭形穿孔卸出，比较细而轻的物料聚集在卸料机中间部分，出现“先细后粗”卸料的偏析；后者则由于粉粒体之间的附着性架起料拱，而将存仓的卸料口堵塞。

存仓的堵塞现象是由粉粒体的物性及存仓的结构所引起的。因此，可从改善物料的流动性，恰当地设计存仓的形状、尺寸，以及安装能破坏料拱的助流装置等方面来克服。

1. 改善物料的流动性

散粒物料的流动性取决于物料颗粒间内摩擦力和粘聚力的大小。这两种力随着物料所含水分的减少、颗粒级配的均一程度的提高而减小，因而物料的流动性可提高。

温度也是影响物料流动性的因素之一。若入仓物料的温度过高，反映在微观上是分子的运动加剧，使颗粒间的粘聚作用增强，与仓壁的吸着作用也增大，物料的流动性下降。刚从热工设备出来的矿渣、粘土和熟料，刚出磨的水泥和生料等，在工艺流程中应设计有一个冷却过程，使热料得到自然或强制冷却，避免热料直接入仓。在存仓的结构上应在其上部仓壁和顶部开设数个排气孔，便于物料的进一步散热。

2. 改进存仓结构

可根据詹尼克判定法，找出把存仓内流动变为整体流动的方法，减小存仓顶角和增大卸料口尺寸，都有利于防止料拱的形成。但是，加大卸料口有一定限度，它必须与卸料闸门及卸料机等相适应。壁面的倾斜角必须大于物料的自然休止角，倾角愈大则物料卸落愈容易。但是，在改变倾角以前，必须考虑成拱原因，同时，改变倾角后存仓的容量将缩小。多设卸料口或采用偏向卸料口，使具有垂直壁面或非对称形壁面，这样可以减少该处的垂直压力，起着拆除拱脚的作用。

仓内壁应尽可能做到光滑，例如减小壁面的不平度，防止焊缝或接缝突出，对壁面进行除锈、喷砂处理。如果仓壁材料与物料之间不能产生最佳滑移条件，可采用内加衬板或仓壁涂层等来改善物料的流动性。在存仓内安装隔板，亦可减少内部摩擦，改善散粒物料的流动性。

3. 装置改流体

改流体有圆锥形、角锥形、圆板形和圆柱形等，可根据存仓的结构选用。在原有存仓内添设改流体是一种改变漏斗流为整体流的有效措施。

4. 安装振打装置

对存仓进行振动可消除结拱和助流。试验表明，散粒物料在振动情况下的壁摩擦因数仅为静态下的 1/10，其内部摩擦阻力也可减少，有利于整体流的形成。消除存仓结拱的振动器有电动的、气动的和电磁驱动的。振动装置的振打方式有仓壁振动和料斗振动两种。前者为在金属仓壁上装设振动器，使仓壁产生局部振动（图 23-15）；后者是在存仓锥部装设振动料斗。

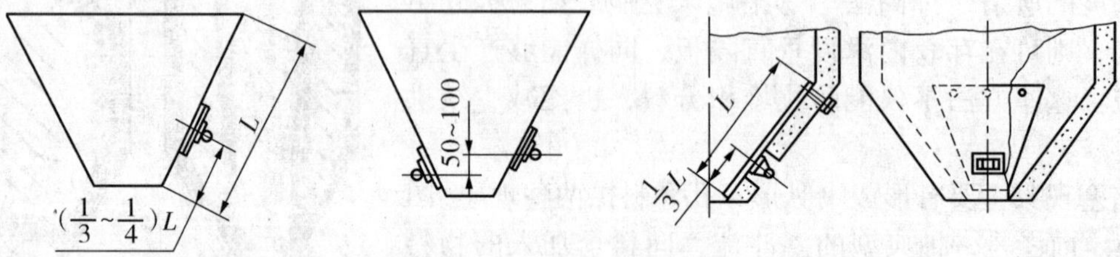

（a）金属仓壁的振动器　　（b）混凝土仓壁的振动器

图 23-15　仓壁上装设振动器

振动料斗如图 23-16 所示。它的作用与在仓内置入改流体一样，能使物料流动活化。但是存仓外壁上还安装有激振器，使料斗及圆锥产生强烈回旋振动，使物料内外摩擦因素及内聚力大大减小，而使仓内物料整体流像流水一样连续不断地从卸料口顺利排出，从而消除存仓内物料的起拱、穿孔、离析等现象。振动料斗适用于具有附着性的细粉的存仓，而且存仓高度远比一般顶角较小的整体流存仓为低，增加了存仓容量。

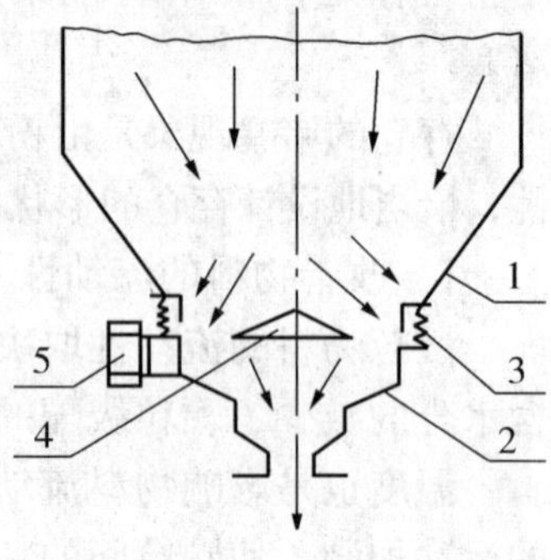

图 23-16　振动料斗

1—存仓；2—活动斗体；3—软连接（隔振吊挂和密封装置）；4—活化锥；5—激振器

5. 安装气动助流装置

用压缩空气吹松散粒物料，使之流态化助流，方法有三种：①用气枪穿过仓壁，安装在经常结拱和结管的区间，以突然射出的射流使物料塌落（例如空气炮）；②以缓和均匀的气流使物料流态化助流；③使存仓助卸气垫装置充气产生鼓胀助流，大型料库多采用在仓底敷设多孔板，使物料流态化卸出，或者用空气管道直接吹松卸料。

6. 搅拌的方法

这种方法最适于虽经振动而不卸落的附着性强的粘性粉粒体，存仓锥部安装旋转螺旋，在搅拌物料的同时将其排出。

应该指出，虽然有各种助流装置和方法可供采用，但是设计整体流存仓还是最为经济合算的，助流装置只是配合使用。

第三节　存仓的计算及布置

一　存仓计算

（一）存仓的形状及容积

1. 存仓的形状

存仓是用来存放散粒物料的一种刚性容器，它的形状，除了制造要求外，应当满足有效的装填和不形成停滞区的卸料条件。存仓的形状、尺寸设计，必须满足以下要求：

（ⅰ）在满足足够的刚度和强度条件下，要求自重轻便；

（ⅱ）能最充分地利用其有效容积；

（ⅲ）使物料能够在自重的作用下，通过存仓卸料口，以整体流动方式可靠而完全地卸出；

（ⅳ）能适应机械化系统的生产要求。

存仓的几何形状有各式各样，有锥形、角锥形和圆柱形等。但是，通常采用带锥底的圆筒形的组合式存仓，这种形状有利于物料的整体流动，材料最省，仓壁受力均匀。因此，只有在受客观条件限制，不得不采用正方形、长方形外，存仓以采用圆截面的为宜。

组合式存仓的高径比（或高宽比）关系着基建费用大小。由于仓内物料压力的增量并不与深度的增量成正比，深度增加而压力增大不多，因此，选取较大的高径比是经济的，通常以存仓直筒部分的高度为直径的 2 ～ 3 倍较合适。组合式存仓的直壁部分是其主要贮料部位，其尺寸视储存定额而定。此外，存仓底部角、卸料口等也是存仓的重要组成部分。

2. 存仓的直径

对于圆筒式存仓的直径可用下式估算：

$$D=\sqrt[3]{\frac{V}{K}}\quad (\mathrm{m}) \tag{23-7}$$

式中　V——存仓的几何容积（m^3）；

K——系数，一般为 1.6 ～ 2.4，小型料仓取 2.4，料库取 1.6。

3. 存仓的卸料口

存仓卸料口的形状、大小及其位置，直接影响到存仓的操作。卸料口有圆形的、矩形的和正方形的截面，其所在位置有如图 23-17 所示的三种情况。第三种情况由于有两个壁是垂直的，而垂直壁不会产生滞留现象，所以不易结拱。但是，对同等容量的存仓来说，第三种存仓高度相对较大，因此，通常还是采用第一、二种卸料口位置的居多。

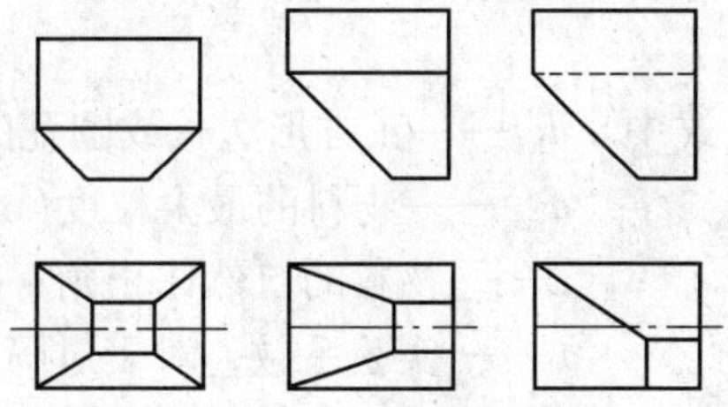

图 23-17　存仓卸料口位置

卸料口尺寸的正确选择是防止存仓中成拱现象产生的基本方法，设计存仓时应仔细考虑。影响卸料口尺寸的主要因素有物料的流动性、粒度和均匀性以及要求的卸料速度等。

尽管存仓卸料口尺寸大大地大于物料颗粒的大小，但往往流不出或流出常常中断，出现桥架和成拱等堵塞现象。根据詹尼克理论，结拱的临界条件为 FF = ff，此时$\overline{\sigma}_1=f'_c$，代入式（23-5），即可得出存仓最小卸料口尺寸为

$$B=\frac{f'_c f'(\theta')}{\rho_s g} \tag{23-8}$$

詹尼克方法原则上适用于粒径小于 0.84 mm 的细粒物料。因为粗粒物料不存在屈服强度，对于粗颗粒可以采用以下一些公式来计算卸料口极限出口径。

兰迈德（Langmaid）等提出计算长方形和圆形卸料口结拱的极限流出口径公式。设 S 为长方形的极限流出口径，d_{KT}为圆形的极限流出口径，d_{e_s}为等比表面积当量径，ϕ_s 及 ϕ_V 分别为表面积形状系数和体积形状系数，则

$$S/d_{e_s}=1.8+0.038(\phi_s/\phi_V)^{1.8} \tag{23-9}$$

$$d_{KT}/d_{e_s}=2.3+0.071(\phi_s/\phi_V)^{1.8} \tag{23-10}$$

对于球形颗粒，因 $\phi_s/\phi_V=6$，因此，$S/d_{e_s}=2.8$，$d_{KT}/d_{e_s}=4.1$；对于被粉碎的形状不规则颗粒，多数为 $\phi_s/\phi_V=10$ 左右，故 $S/d_{e_s}=4.2$，$d_{KT}/d_{e_s}=6.8$。

菲阿尔科夫(Фиалков)根据成拱理论提出如下计算式：

$$\frac{d_{KT}}{d_{e_s}}=\frac{2f_\mu^2}{1-f_\mu^2}\left(0.5+\frac{1-f_\mu}{\sqrt{1+f_\mu^2}}\right) \tag{23-11}$$

式中，f_μ 为物料的内摩擦因数。克瓦毕尔提出，对于形状不规则的颗粒，圆形孔口 $d_{KT}/d_{e_s}=6.15$，边长为 b 的正方形孔口 $b/d_{e_s}=7$。

根据成拱的受力分析，还可推导出用来决定成拱口宽度的一般表达式：

$$d_{KT}=\frac{2\tau_0(1+\sin\delta)}{\lambda\gamma_s}\quad(\mathrm{m}) \tag{23-12}$$

式中 τ_0——物料的初抗剪强度($\mathrm{N/m^2}$)；

δ——物料的内摩擦角；

γ_s——物料的堆积重度($\mathrm{N/m^3}$)；

λ——卸料口的形状系数，对于圆形、方形和三角形孔，$\lambda=0.5$，对于边长为 a 及 b 的长条形和矩形孔，$\lambda=\frac{\xi}{1+\xi}$，而 $\xi=\frac{b}{a}$。

对于储存自然休止角为30°～50°的物料，阿尔费劳夫(K. B. Алферов)提出如下计算卸料口的极限尺寸公式：

$$d_{KT}=K(d_{max}+80)\tan\varphi \tag{23-13}$$

式中 d_{KT}——正方形边长或圆孔的直径(mm)；

d_{max}——物料的最大粒度(mm)；

φ——物料的自然休止角；

K——实验系数，对于过筛的物料为2.4，未过筛的物料为2.6。

要使稳定拱不可能形成，物料能自由卸出，存仓的实际卸料口尺寸必须较成拱口尺寸大。

4. 存仓的底部角

存仓下部的锥面倾角对物料在仓内的流动有重大影响。它至少要等于物料的休止角，必须大于物料与仓壁的摩擦角，否则，物料就不能全部从仓内卸出。一般锥面倾角要较摩擦角大5°～10°，较储存物料的自然休止角大10°～15°。对于整体流动的存仓，锥面倾角一般取55°～75°。考虑到较大的倾角会使建筑高度增加，对于直径大于6 m的圆库，宜采用2～4个卸料口，这样，较大的倾角也不致造成过高的建筑高度。

当存仓底部为角锥状斗仓时，两相邻倾斜壁交界处的棱角 ϕ 同样也影响物料的流动。两壁倾斜度看起来可能很陡，然而存仓棱角却可能妨碍物料流动，因为两仓壁夹角的沟谷中很容易滞留物料。矩形存仓棱角的计算式如下：

$$\phi=\arctan\frac{2h}{\sqrt{a^2+b^2}} \tag{23-14}$$

对于方形存仓，$a=b$，则

$$\phi=\arctan\frac{\sqrt{2}h}{a}$$

式中　h——角锥垂直高度（包括卸料口下面的切去部分）（mm）；

a——短边长度（mm）；

b——长边长度（mm）；

ϕ——存仓棱角（存仓两壁交线与水平面的夹角）。

需要说明的是，利用压缩空气搅拌的均化库或在库底设置气力卸料充气板等卸料系统的料库，其倾角不受此限。

5．存仓容积计算

矩形组合存仓的容积可以看成是一个平行六面体和一个截头角锥体的容积之和（见图23-1c）。如果卸料口为正方形的，则存仓的总容积为

$$V_j = h_1 l_1 l_2 + \frac{h_2}{2}[l_1 l_2 + (l_1 + a)(l_2 + a) + a^2] \quad (m^3) \tag{23-15}$$

式中　h_1——存仓平行六面体高度（m）；

h_2——存仓锥形部分的高度（m）；

l_1——存仓的长度（m）；

l_2——存仓的宽度（m）；

a——卸料口的边长（m）。

圆形组合存仓的容积可用下式计算（见图23-1a）：

$$V_y = \frac{\pi}{4}D^2 h_1 + \frac{\pi}{12}D^2 h_2 = \frac{\pi}{4}D^2\left(h_1 + \frac{D}{6}\tan\beta\right) \quad (m^3) \tag{23-16}$$

式中　D——存仓圆筒的内径（m）；

h_1——存仓圆筒的高度（m）；

h_2——存仓圆锥部分的高度（m）；

β——存仓圆锥部分的外侧角。

存仓的容积由生产要求的贮料量、存仓的卸料能力、物料的堆积密度及现场条件来决定。如果贮料所需存仓的容积过大，可将其均匀地分为两个或多个存仓，以便存仓的整齐排列。

存仓的有效容积与物料的自然休止角和加料点多少有关。考虑到安装料位计、设置安全阀、排气口和人孔等，计算所得的存仓容积总比实际需要的小。因此，一般需将计算所得数据加大1.05～1.18倍。

（二）存仓的卸料能力

存仓的卸料能力应与机械运输系统的各组成部分所具有的生产能力相适应。对于连续操作的存仓可按下式计算：

$$Q = 3600Av \quad (m^3/h) \tag{23-17}$$

式中　A——卸料口的面积（m^2）；

v——存仓卸料口的物料卸出速度（m/s）。

物料的卸出速度与物料的粒度、均一性、水分、颗粒强度、存仓的装料高度及仓流状态等有关。对于易流动物料（如干砂等）作漏斗流时：

$$v = K\sqrt{3.2gR_H} \quad (m/s) \tag{23-18}$$

式中　K——卸料系数，取决于物料流动性及粒度组成，对于粉尘及湿的粉状物料，取

$K\approx0.2$；对于易流动的粒状物料，取 $K\approx0.6$；对于块状物料，取 $K\approx0.4$；

g——重力加速度（m/s^2）；

R_H——存仓卸料口处的水力半径，$R_H=\dfrac{A}{L}$（m）；A 为考虑了散粒物料颗粒尺寸影响的卸料口面积（m^2），如图 23-18 所示；

L——相应于卸料口面积的周长（m）。

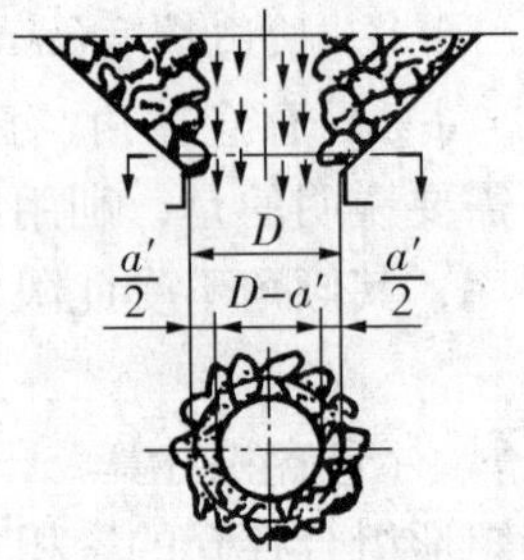

图 23-18　水力半径计算简图

对于整体流的物料，可按下式计算：

$$v=K\sqrt{2gh}\quad(\text{m/s})\tag{23-19}$$

式中，h 为存仓中料层高度（m），其余符号意义同前。

从式(23-18)和式(23-19)可看出，对于漏斗流，物料由卸料口卸出的速度随卸料口尺寸的增大而提高；而在整体流时，卸出速度的大小则与卸料口尺寸无直接关系。在实际计算时，若存仓中陷落的物料容积界限接近于仓壁，则按整体流形式计算；若其比存仓的容积为小，则按漏斗流形式计算；若流动形式难以确定，则按漏斗流形式作初步计算。作概略计算时，卸料速度可取 0.5 ～ 2.0 m/s。

（三）物料作用于仓壁上的压力

存仓内物料的压力作用于侧壁及底部，压力大小取决于存仓的操作方式、几何尺寸比例和物料的物性等。

1. 对水平及垂直仓壁的压力

当存仓中装满物料时，由于物料与仓壁之间的摩擦力作用，仓壁上所承受的压力和物料层高度的关系并不服从流体压力分布规律。

如图 23-19 所示，在距物料表面 y 处取一厚度为 dy 的无限小物料层，进行受力分析，其上作用力的平衡式可写为

$$(p_y+dp_y)A+f_\mu p_x L dy-p_y A-\gamma_s A dy=0\tag{23-20}$$

式中　p_y——在 y 轴方向上物料的压力（N/m^2）；

p_x——在 x 轴方向上物料的压力（N/m^2）；

A——存仓横截面积（m^2）；

L——存仓横截面的周长（m）；

f_μ——物料与仓壁之间的摩擦因数；

γ_s——物料的堆积重度（N/m^3）。

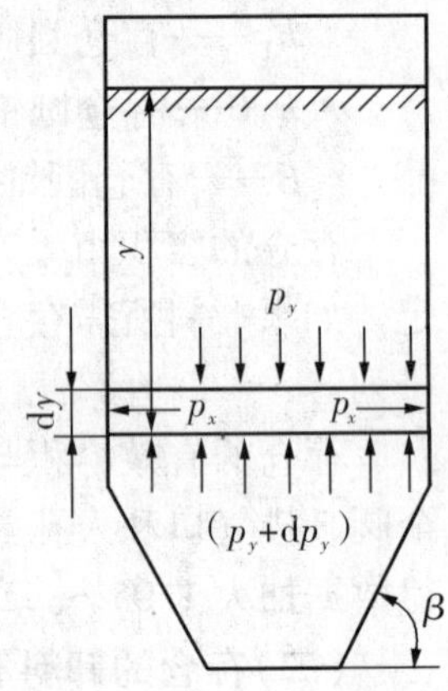

图 23-19　存仓中物料层的作用力

存仓的水力半径 $R_H=\dfrac{A}{L}$。整理上式可得

$$dy=\frac{R_H dp_y}{R_H\gamma_s-f_\mu p_x}\tag{23-21}$$

令 $\lambda=\dfrac{p_x}{p_y}=\dfrac{dp_x}{dp_y}=$ 常数，λ 称为侧压系数。且应用起始条件，当 $y=0$ 时，$p_x=0$，对上式积分后可得

$$p_x=\frac{R_H\gamma_s}{f_\mu}\left(1-e^{-\frac{f_\mu\lambda y}{R_H}}\right)\tag{23-22}$$

$$p_y = \frac{p_x}{\lambda} = \frac{R_H \gamma_s}{f_\mu \lambda}(1 - e^{-\frac{f_\mu \lambda y}{R_H}}) \tag{23-23}$$

若不计摩擦力的影响，即相当于浅存仓的情况，则上式成为

$$p_x = \lambda \gamma_s y \tag{23-24}$$

$$p_y = \gamma_s y \tag{23-25}$$

考虑到供卸料时的冲击及存仓受振等因素所造成的动载荷，式(23-22)～式(23-25)中应乘以动力系数 k。实验表明，对于浅存仓，动力系数很小，可取 $k \approx 1$；而对于深存仓，其动力系数分别按以下公式计算：

圆形钢筋混凝土存仓和矩形钢深存仓

$$k = 0.7 + 0.3\frac{h}{B_{\min}} \tag{23-26}$$

圆形钢深存仓

$$k = 0.6 + 0.4\frac{h}{B_{\min}} \tag{23-27}$$

矩形钢筋混凝土存仓

$$k = 0.85 + 0.15\frac{h}{B_{\min}} \tag{23-28}$$

式中 h——存仓垂直壁的高度(m)；

$B_{\min}$——存仓卸料口的最小尺寸(m)。

对于装易流动物料的浅存仓，侧压系数可按下式计算：

$$\lambda = \frac{1 - \sin\varphi}{1 + \sin\varphi} \tag{23-29}$$

式中 φ——物料的内摩擦角。

亦可用下式近似计算：

$$\lambda = \frac{0.18}{f_\mu} \tag{23-30}$$

式中 f_μ——物料与仓壁之间的摩擦因数。

对于深存仓，侧压系数 λ 可按图 23-20 选取。

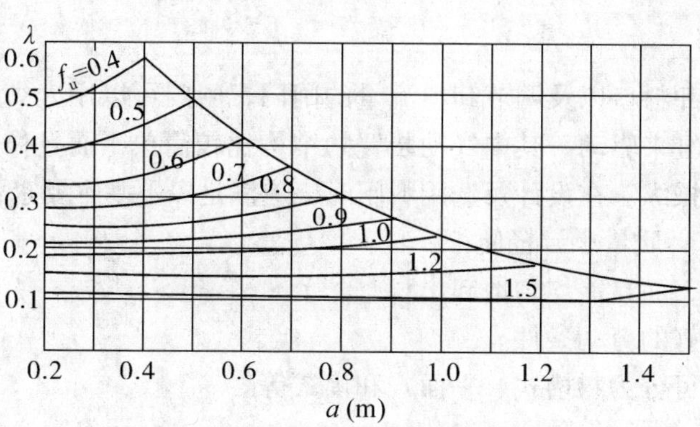

图 23-20 计算深存仓侧压系数的曲线

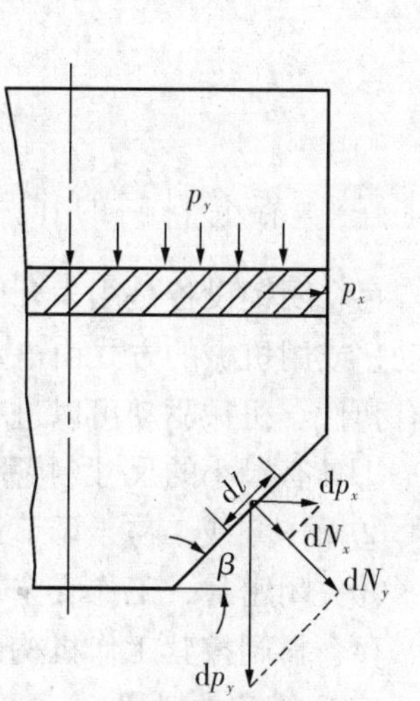

图 23-21 倾斜仓壁上的压力

2. 对倾斜仓壁的压力

如果在容器内充满流体，流体柱自重所引起的侧壁压力与侧壁的倾斜度无关。但是，如果容器装的是散粒物料，则情况就不同了，由于物料的内摩擦力将使侧壁压力显著降低，如图 23-21 所示，为了确定物料作用于与水平成 β 倾斜角(外侧角)的仓壁上的正压力，在其上取一长度为 dl 的单位宽度面积，并表示出其上的作用力，则正压力为

$$p_n = \frac{\mathrm{d}N_x + \mathrm{d}N_y}{\mathrm{d}l} \quad (\mathrm{N/m^2}) \tag{23-31}$$

单位长度上的作用力可按下式计算：

$$\mathrm{d}N_x = \mathrm{d}p_x \sin\beta = (p_x \mathrm{d}l \sin\beta)\sin\beta$$

$$\mathrm{d}N_y = \mathrm{d}p_y \cos\beta = (p_y \mathrm{d}l \cos\beta)\cos\beta$$

代入上式可得

$$p_n = p_x \sin^2\beta + p_y \cos^2\beta = p_y(\lambda \sin^2\beta + \cos^2\beta) \quad (\mathrm{N/m^2}) \tag{23-32}$$

二 存仓的布置

现代无机非金属材料工厂都有成组配置的存仓群，用来储存各种物料，存仓群的排列方式要根据生产要求、厂房条件、加料和卸料方法等因素来确定。料仓群的排列可分为排仓和群仓两大类。

图 23-22 所示为排仓。排仓的流程路线较长，占地面积较大，建造费用较高，但运输方便，操作容易。图 23-23 所示为群仓。群仓流程路线较短，占地面积少，适用于气力输送，但机械加料和卸料都比较困难。

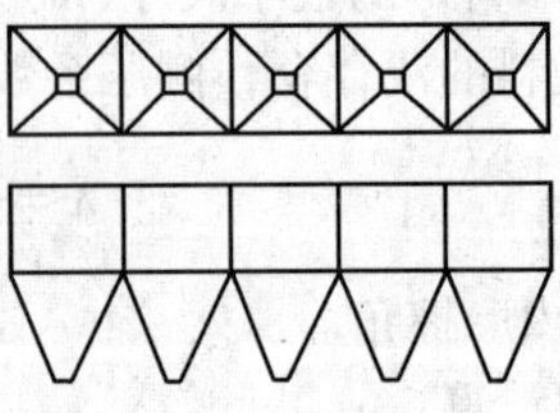

图 23-22 排 仓

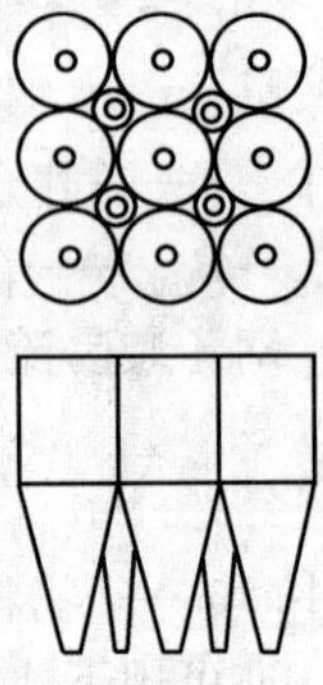

图 23-23 群 仓

第四节 存仓闭锁设备

一 存仓料闸的作用及类型

存仓闭锁设备是用来开闭存仓的卸料口以及调节卸料流量的闸门，闸门可以用人力来驱动，或用机械的方式由电动机或气缸来驱动。其中气动装置的结构比较简单，而且作用时有弹性。机械驱动可以进行远距离操纵。在设计及选用料闸时，应满足以下基本要求：

①具有最小的尺寸(特别是高度)，质量小，轻便；

②操作方便，易于调节卸料流量，而且能均匀地卸出；

③关闭密封，工作安全，具有良好的劳动条件。

存仓料闸按其工作机构的种类，可分为料槽式、平面式和扇式等。

(一)料槽式料闸

料槽式料闸如图 23-24 所示，它是一种铰接于卸料口下方的可动料槽。通过平衡重使

料槽处于水平关闭状态，这时从存仓卸料口出来的物料便以自然休止角堆积于其上。

由于物料的卸出速度取决于料槽倾斜角度的大小，故这种料槽具有一定的调节物料流量的性能，且不会卡住物料。其主要缺点是：为了使料槽充分地倾斜，需占用较大的高度。

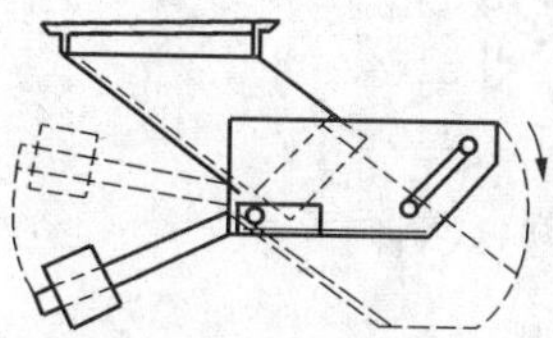

图 23-24　料槽式料闸

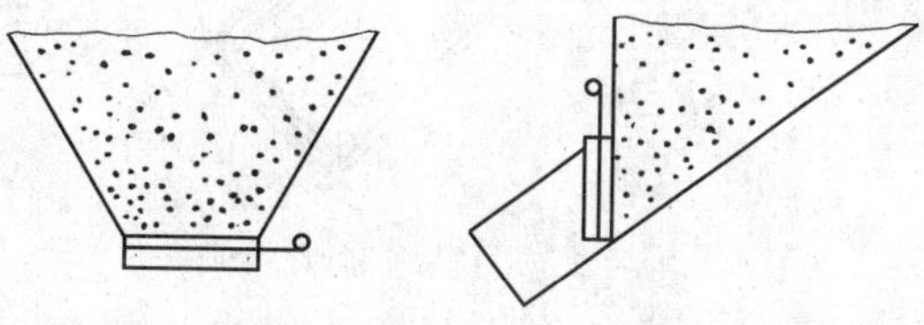

（a）水平料闸　（b）垂直料闸

图 23-25　平面式料闸

（二）平面式料闸

最简单的平面式料闸为一平板（图 23-25），其优点是高度小，结构简单紧凑。但因平板上承受的压力较大，造成导槽阻力大，调节难且易于卡住物料。因此，这种料闸用于小颗粒易流动的物料和开闭次数不多的情况。

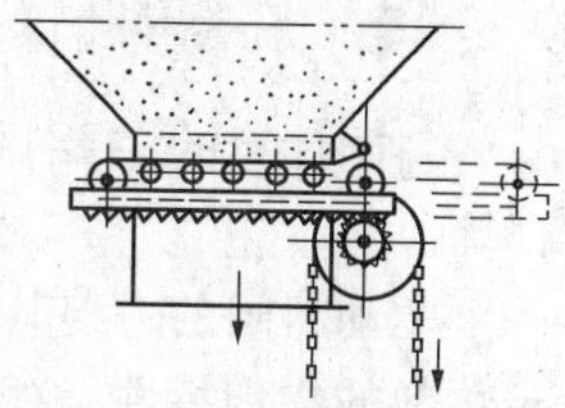

图 23-26　带式料闸

为了克服上述缺点，出现带式和链式料闸。带式料闸如图 23-26 所示，是一装在活动框架上的无端胶带，通过带条的上分支来启闭存仓的卸料口。链式料闸则仅是以链板带代替胶带，它适用于沉重的物料。

（三）扇形料闸

扇形料闸如图 23-27 所示，它具有圆柱形闸板，绕水平轴转动时以启闭卸料口。与平面式料闸比较，它不存在由于导槽内的摩擦而引起的阻力，而且本身转动轴颈的摩擦阻力很小，故调节卸料流量既省力又方便，可适用于关闭有载荷的卸料口。

按圆柱形闸板的数目，扇形料闸可分为单扇式及双扇式（图 23-27a 及 b）。后者的优点在于打开闸板所用的力要比前者约省一半。扇形料闸按打开闸板的运动方向又可分为上开式、下开式和复式三种（图 23-27c、d 及 e）。上开式扇形料闸可随闸板开度的大小而起一定的调节物料流的作用，但在其关时易产生卡料和关不紧现象。下开式的结构则恰与前者相反。复式的结构适用于大块物料，同时具有上述两种结构的优点。

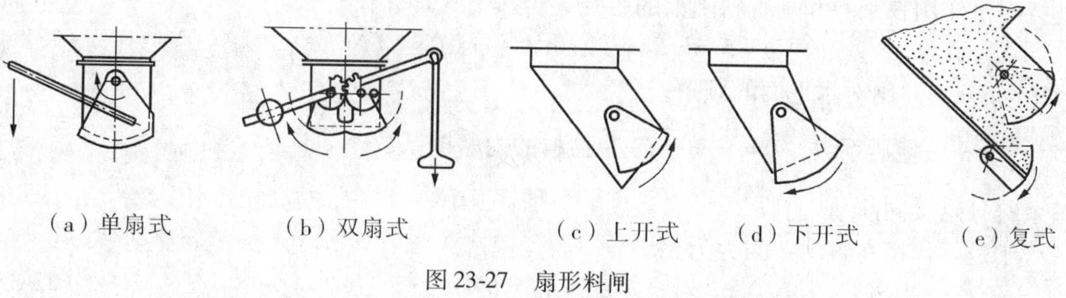

（a）单扇式　（b）双扇式　（c）上开式　（d）下开式　（e）复式

图 23-27　扇形料闸

为了使装大块重物料的存仓在负荷下能关闭卸料口，采用扇形料闸的一种变体——梳形料闸（图 23-28a）。每一梳形件悬挂在自己的链条上，它易于插入物料深处，从而截断料流，起闭锁卸料口作用。链式料闸如图 23-28b 所示，它的工作原理类似梳形料闸，不过它仅适用于块度均匀的大块物料。

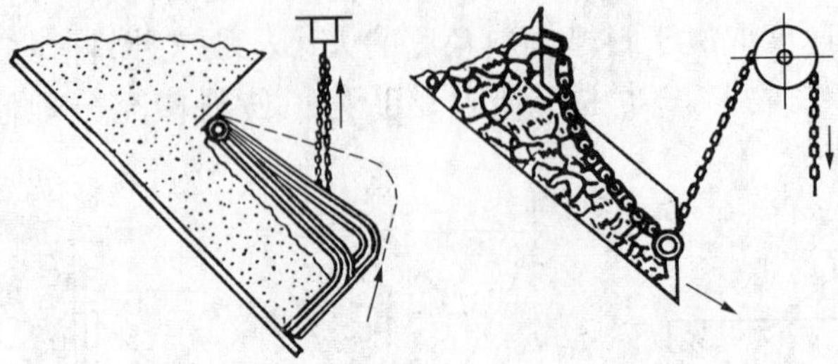

（a）梳形料闸　　　　　（b）链式料闸

图 23-28　梳形料闸和链式料闸

二　存仓料闸的计算

料闸计算的主要目的在于确定启闭料闸时所需动力的大小，从而对其构件作强度计算。

驱动料闸的力与其本身结构和作用于其上的压力等有关。后者属于局部压力，并取决于物料的物理特性、存仓的形状尺寸、刚度以及存仓的操作方式等因素。

对于水平的料闸(图 23－29)，考虑到由于物料颗粒内部的摩擦力和粘着力产生的剪切应力 τ，将抵消料闸上面的部分物料重力，使其上的压力要比流体静压力小得多，尤其是对非全部卸空的存仓。作用于水平料闸上的平均压强可用下式近似计算：

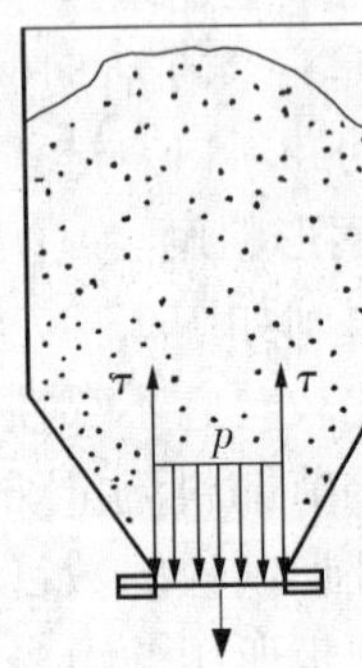

图 23-29　作用于水平料闸上的力

$$p = 5.6 k_0 R_H \gamma_s \quad (N/m^2) \tag{23-33}$$

式中　R_H——卸料口的水力半径(m)；

γ_s——物料的堆积重度(N/m^3)；

k_0——考虑到存仓操作特点的系数，对于在整个工作过程中皆非全部卸空的取 $k_0=1$，对于每启开一次并非都是全部卸空的取 $k_0>1.5$，对于每启开一次便全部卸空的取 $k_0=2$。

对于作用在倾斜和垂直料闸上的压强，可按下式计算：

$$p = 5.6 k_0 R_H \gamma_s (\lambda \sin^2\beta + \cos^2\beta) \quad (N/m^2) \tag{23-34}$$

式中　β——料闸对水平面的倾角；

λ——侧压系数，$\lambda = \dfrac{0.18}{f_\mu}$，$f_\mu$ 为物料的内摩擦系数。

其余符号意义同前。

于是，作用在料闸上的力为

$$P = Ap \quad (N) \tag{23-35}$$

式中，A 为存仓卸料口的面积(m^2)。计算出物料作用于存仓料闸上的压力后，便可按所采用的料闸结构形式，列出其上所有作用力的平衡方程式，从而求解出所需驱动力的大小。

第 24 章　喂料设备

第一节　概　述

喂料设备是存仓系统中不可分割的组成部分，是在短距离内输送物料的机械。由于使用目的的不同，又称为加料机、给料机或卸料机。它装设于存仓卸料口，依靠物料的重力作用及喂料设备的工作机构的强制作用，将存仓内的物料卸出并连续均匀地喂入到下一设备中去。喂料设备具有的重要性能，就是它能够控制料流，起到定量喂料的作用。另外，当喂料机停止工作时，还可起存仓闭锁作用。因此，它是连续生产工艺过程中不可缺少的设备之一。

喂料设备控制料流的方法，是利用闸板以调节存仓卸料口的料流断面，或是采用变速装置、调速电动机以改变喂料机的工作参数(如转速、速度、振动频率或振幅等)，来达到调节物料流量的目的。所以，喂料设备调节料流的能力要比存仓料闸精确得多。

应当指出，只有当物料在重力作用下能均匀连续地流到喂料机上时，控制料流的功能才能达到。因此，喂料设备必须看成是存仓和喂料机整个系统不可分割的组成部分。存仓和喂料设备两部分不论哪一部分设计不当，都将影响整个系统功能的完成。对喂料设备的基本要求：

（ⅰ）具有确定而均匀的流量；

（ⅱ）喂料量便于在一定幅度内进行调节，最好能采用自动化控制系统；

（ⅲ）结构合理，能适应物料性质和工艺要求，能满足整个装置相互间尺寸的要求(运输距离、喂料方向、落差高度和密封情况等)；

（ⅳ）喂料机磨损小，不易沾料，不漏料，扬尘少，工作安全可靠，噪声小。

喂料设备的选择主要取决于被运物料性质、所需的通过能力和存仓的形状等。喂料设备的形式很多，按对物料的衡量方法，可分为质量式和容量式两类；按结构和工作原理，可分为有挠性牵引构件的、转动的和振动的喂料设备。其中不少喂料设备(如带式、板式、螺旋式和摆动式)是其同名输送机的变体。与同名输送机比较，在结构上和受力上所表现的不同点为：长度尺寸较小而结构强度较高；承受物料离开存仓卸料口时的冲击和卸料到喂料机上的压力所产生的附加作用力。因此，只要掌握了喂料机的结构和受力特点，便可近似地按同名输送机进行设计计算。

第二节　有挠性牵引构件的喂料设备

具有挠性牵引构件的喂料设备有带式、板式及链式喂料机等。

一　带式喂料机

带式喂料机实际上是一种短小的带式输送机，它可以水平或倾斜安装(图 24-1)。与普通的带式输送机比较，其特点是：承载段的支承托辊布置得较密(间距为0.25 ～ 0.3 m)；空载段通常不设托辊；带的两边具有静止的栏板；带速小(为0.05 ～ 0.45 m/s)，这主要是由于物料从存仓卸料口排出而带上的料层较厚。

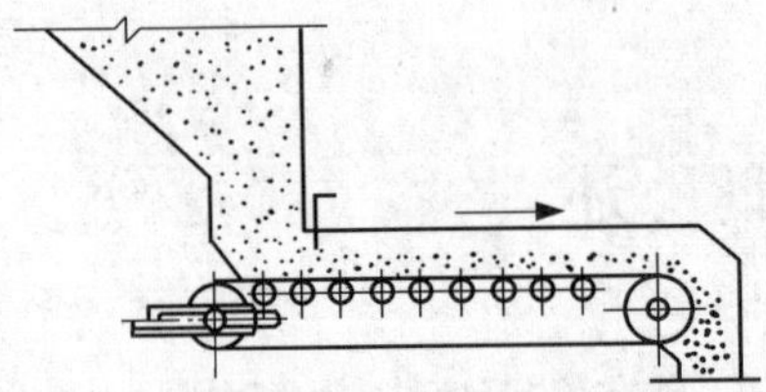

（a）水平安装

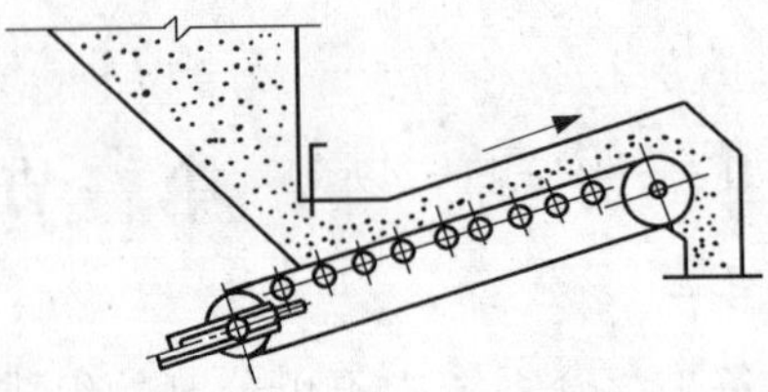

（b）倾斜安装

图 24-1　带式喂料机

带式喂料机一般长度为0.9 ～ 5 m，生产能力可达300 m^3/h或更大，主要用于粒状和小块状的物料，很少用于中等块度的物料。其优点是：结构比较简单，投资少，运行可靠；在稳定运行时所需功率较低；喂料量调整性能良好，可实现自动控制和计量。它的缺点是：需要占据较大空间；胶带易磨损，因此不适宜于磨蚀性的、温度高的物料。

二　板式喂料机

对于块状物料(块度达400 ～ 1200 mm)或物料温度超过70 ℃时，需用板式喂料机(图24-2)。它和带式喂料机一样，可以水平或倾斜安装，倾角可大于带式喂料机(达 +35°)。与普通刮板输送机比较，其特点是：承载板不是垂直于链条运行方向，而是平行于链条运行方向安装。对于轻型和中型板式喂料机，通常采用滚子链，沿固定的轨道运行，而重型板式喂料机，则采用固定的支承托辊，链板沿托辊运行。

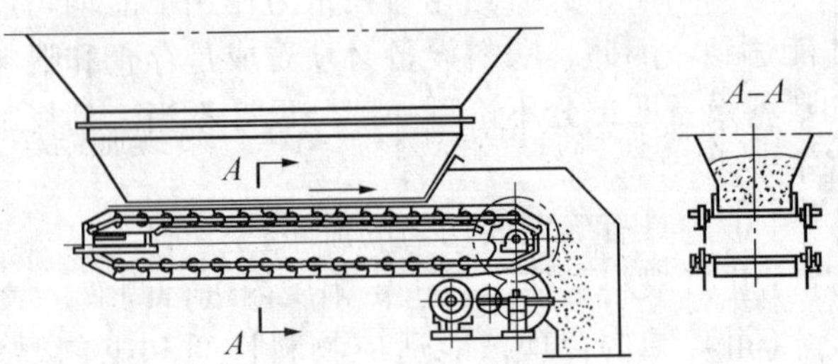

图 24-2　板式喂料机

承载板用厚度5 ～ 15 mm的钢板制作，有平形和波浪形两种。波形板表面刚性较大，关节处的连接较好，而且能在较大的倾斜度运行。承载板两边往往带有固定的或活动的栏板，前者栏板安装在机架上，后者固定在钢板上。栏板高度随生产能力和料块大小的需要而定。整个机械安装在机架上，尾部设有拉紧装置，类似于带式输送机的螺旋拉紧装置，用于调整钢板的松紧。

板式喂料机链板的运行速度一般为0.02 ～ 0.4 m/s，生产能力可达1000 m^3/h。由于其结构坚固，可以承受很大的压力和冲击力，能处理大块的和热的物料，可靠性高并能保证较均匀地喂料。其缺点是结构比较复杂，质量较大，制造成本较高，不适宜运送粉状物料。板式喂料机适用于大块的、磨蚀性大、沉重及热的物料的喂料输送，例如用于破碎机的喂料。

三　链式喂料机

对于块度大(达100 ～ 1000 mm)的物料，也可采用链式喂料机。如图24-3所示，它系由许多节相邻布置并形成一串的锚链组成，利用链条的足够质量来阻拦物料流出。当链条转动时，由于链条和物料间的摩擦力作用，物料便以近似链条的速度沿料槽向下运动。

这种喂料机的安装位置多与水平成 -35°～+40°的夹角，链条的运动速度为 0.3～0.5 m/s，生产能力一般可达 400 m^3/h。它的特点在于结构简单而且能量消耗小，但不适用于块度不均匀的物料。

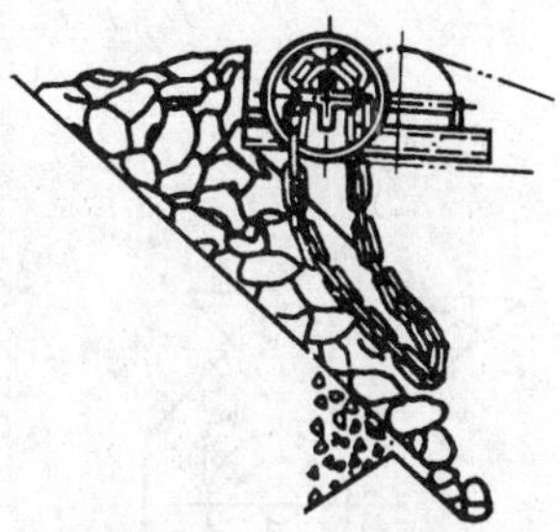
图 24-3　链式喂料机

第三节　转动式喂料设备

转动类型的喂料机主要用于粉粒状物料，其特点是工作构件绕着固定轴转动，属于这类喂料机的有螺旋式、滚筒式、叶轮式和盘式等。

一　螺旋喂料机

螺旋喂料机如图 24-4 所示，与一般螺旋输送机比较，其特点是螺距和长度较小，可不设置中间轴承，螺旋轴支承在管外的两端轴承内，故物料填充系数较大(可达 0.8～0.9)。

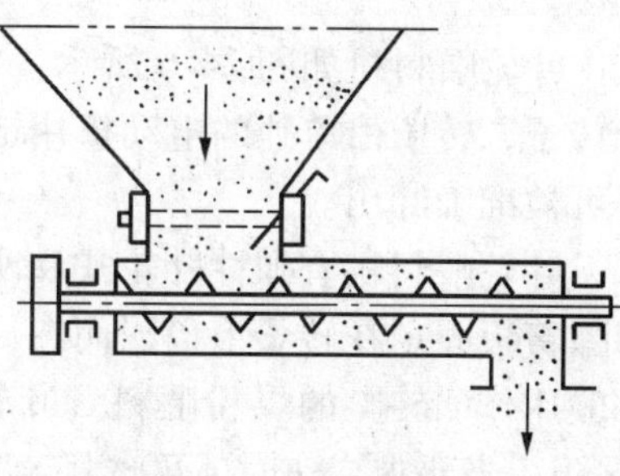
图 24-4　螺旋喂料机

螺旋喂料机有单管和双管两种。按螺旋结构还有以下三种：

(ⅰ)双头螺旋的喂料机。它比单头螺旋能提供更均匀的喂料。

(ⅱ)变螺距的喂料机。逐渐增大螺距的喂料机可以防止较长的喂料机在喂料处被物料“淹没”时产生的过负荷，还可防止汽化后的物料从存仓中向外涌料；逐渐缩小螺距的喂料机使物料输送过程中压实和致密化，兼起锁风作用。

(ⅲ)直径渐大螺旋喂料机。其输送能力沿物料前进方向逐渐增大，使物料可以在螺旋全长上卸出，从而消除存仓内的死角。

上述三种喂料机的生产能力和功率等参数的确定，分别与同名输送机相同，但应考虑各喂料机的相应特点。螺旋喂料机具有密封性，但工作部件磨损大，所以只适用于不怕碎、磨蚀性小、易流动的粉粒状物料。它多安装成水平或不大于 30°的倾斜角，一般长度为 1～2 m，生产能力一般为 2.5～3 m^3/h。改变螺旋转速，可以调节喂料量。

二　滚筒喂料机

滚筒喂料机如图 24-5 所示，当滚筒转动时，在存仓卸料口下面的部分物料受摩擦力带动随着滚筒下落，由存仓卸料口均匀地卸出。滚筒喂料机适用于各种类型的物料。对于流动性好的粒状物料采用光面的滚筒(图 24-5a)，而对大块状物料则采用带棱角表面的滚筒(图 24-5b)。一般滚筒的圆周速度为 0.025～1 m/s，生产能力可达 150 m^3/h。生产能力可用改变转速或调节挡板的开度来调节。

滚筒喂料机适用于玻璃池窑上配合料和碎玻璃的投料，它具有投料连续均匀的优点。

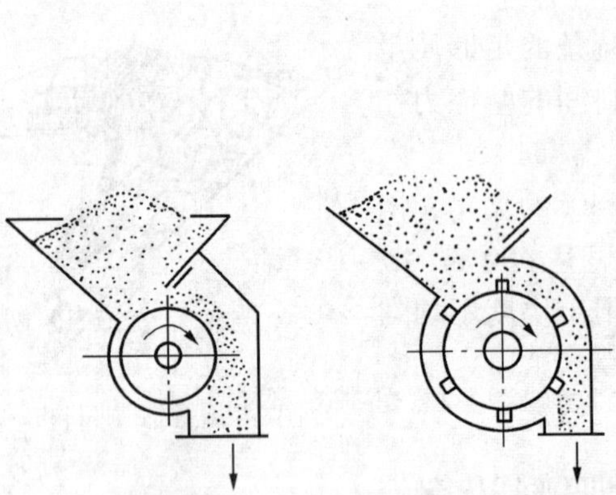

（a）光面的滚筒　　（b）带棱角表面的滚筒

图 24-5　滚筒喂料机

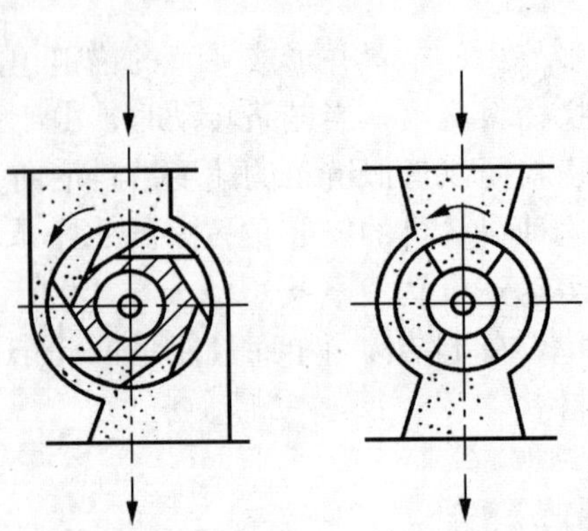

（a）弹性叶轮式　　（b）刚性叶轮式

图 24-6　叶轮喂料机

三　叶轮喂料机

叶轮喂料机如图 24-6 所示，它具有一个能与存仓及受料设备衔接的外壳，中间为叶轮转子，转子由单独的电动机用链轮传动。当转子不动时物料不能流出，转子转动时物料便可被准确卸出。

叶轮喂料机有弹性叶轮式和刚性叶轮式两种。弹性叶轮喂料机如图 24-6a 所示，它是用弹簧板固定在转子上，因而在回转腔内密闭性能较好，对均匀喂料较有保证，在水泥厂一般用作回转窑的煤粉喂料。叶轮的转向只能朝一个方向，不得反转，转速不应高于 20 r/min。当要求变速时，可选用直流电动机。当喂料机上部存仓的物料压力较大或物料易起拱影响均匀喂料时，可选用带有搅拌针的弹性叶轮喂料机。

刚性叶轮喂料机的叶片与转子铸成整体（图 24-6b），一般用于密闭及均匀喂料要求不高的地方。

叶轮喂料机的生产能力为 4 ～ 100 m^3/h 或更大。生产能力可用改变转速的办法来调节。叶轮喂料机结构简单，造价便宜，容易维修，封闭性好并兼有锁风作用。它只适用于干燥粉状或小颗粒状的物料，适用于气力输送系统的喂料和卸料。在旋风收尘器和袋式收尘器等设备上，它是其中组成部分。

四　圆盘喂料机

圆盘喂料机如图 24-7 所示。它具有旋转的圆盘 1，圆盘上方有着套在存仓 2 的卸料口上面的活动套筒 3。活动套筒距圆盘的高度可以通过螺杆 4 调节。物料从存仓落到圆盘上，堆积成一截锥形的料堆。传动装置经立轴带动水平圆盘回转时，物料被固定的刮板 5 刮下，泻落到卸料管 6 中。圆盘下面装有盘壳 7，盘壳有一圈高出盘面的盘边围在圆盘外周，以防物料由盘上撒落下来。当有物料颗粒掉落盘壳内时，随盘一起回转的刮灰板 8 就能将这些物料刮入下料口，以防积料产生阻塞。

圆盘喂料机的形式很多，按支承方式可分为吊式和座式两大类。按机壳的形式每类又可分为敞开式和封闭式两种。吊式圆盘喂料机的整个设备通过槽钢柱悬吊在存仓下面。开式圆盘喂料机适用于密闭程度要求不高的场合；闭式圆盘喂料机主要用于要求减少漏风或扬尘的密闭系统。在无机非金属材料工业中，风扫式煤磨系统通常采用闭式圆盘喂料机，而磨机和烘干机的喂料一般都采用开式圆盘喂料机。

圆盘喂料机的圆盘转速一般为1.25 ～ 10 r/min，生产能力为0.2 ～ 130 m^3/h。生产能力可通过改变下料套筒的高度和变更刮板的开度来调节。当采用调速电动机或直流电动机传动时，还可通过改变电动机的转速来调节。

圆盘喂料机是一种容积式计量的喂料设备。它的优点是结构简单，使用可靠，调节方便，生产能力的调节幅度大，喂入的物料分量可以比较准确控制。它的缺点是由于容积计量，一般有5%左右的误差；另外，圆盘喂料机对物料几乎没有输送距离，因此有时会因实际布置困难而不宜采用。圆盘喂料机适用于喂送各种非粘性的物料，粒度一般不大于80 mm；对于流动性特别良好的粉状物料，因易窜料，故不适用。

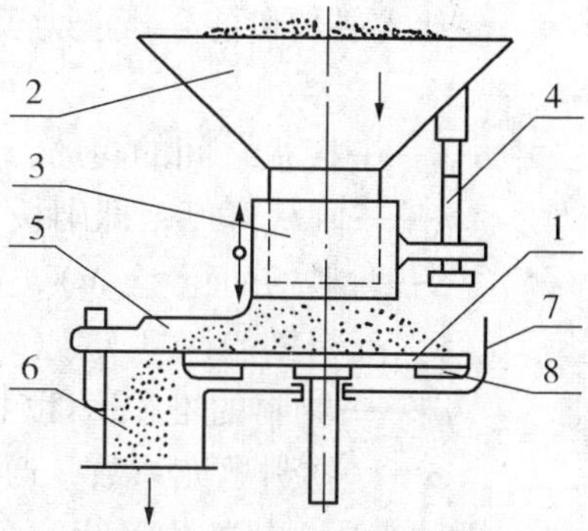

图24-7　圆盘喂料机

1—圆盘；2—存仓；3—活动套筒；4—螺杆；5—刮板；6—卸料管；7—盘壳；8—刮灰板

第四节　振动式喂料设备

振动喂料机根据槽和物料的运动状态，可分为惯性式和振动式两类。在惯性式振动喂料机上，物料在惯性力(槽加速度的垂直分量小于自由落体加速度)作用下，在任何时间都与槽底保持接触，且沿槽底作滑落运动；在振动式喂料机上，物料在惯性力(槽加速度的垂直分量大于自由落体加速度)作用下，由槽底脱离，向上作抛掷运动，物料在槽中作“跳跃”式前进。

一　惯性式摆动喂料机

摆动式喂料机是惯性式振动喂料机的一种，是敞开式往复运动的喂料机(图24-8)。它由惯性激振器(有单轴式和双轴式两种)驱动，驱动装置将交变的往复运动传给料槽，靠料槽与物料间的摩擦力带动物料前进。料槽有水平的(图24-8a)和稍为向下倾斜的(图24-8b)，并装有固定的栏板，料槽通常支承在固定托辊上或悬置在拉杆上。电动机经减速器通过曲柄连杆或偏心机构带动料槽作往复的平移运动。当料槽向喂料口方向运动时，物料在摩擦力作用下使与料槽一起向前运动，与此同时存仓中的物料落入卸料口下方所形成的自由空间而将其充满。当料槽反向运动时，由于存仓后壁的阻挡，物料不能随料槽一起返回，一部分物料便由料槽前缘落入喂料口中去。这种喂料机只有当料槽作反向运动时，物料才被卸出。每当料槽往复一次，物料就沿着料槽向前运动一个区段，连续运动的结果就形成了物料沿料槽的总的工作运动。

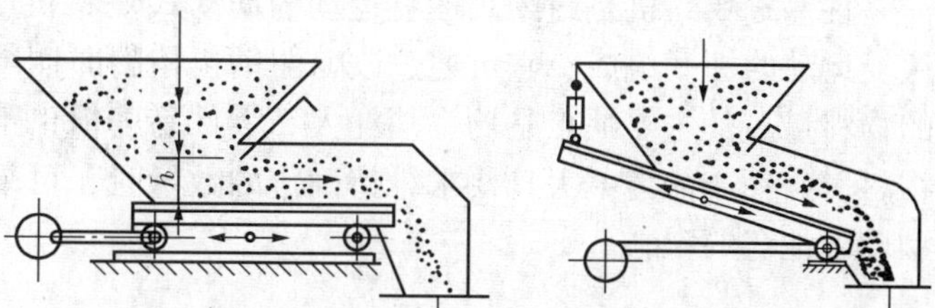

（a）料槽水平　　（b）料槽向下倾斜

图24-8　摆动式喂料机

摆动式喂料机的生产能力可按下式计算：

$$Q = 60BhSn\rho_s\varphi \quad (t/h) \tag{24-1}$$

式中 B——栏板之间的距离，即料槽的工作宽度(m)；

h——闸板开度，即闸板下缘至料槽面的法向距离(m)，见图24-8a；

S——料槽的行程(m)，通常 $S = 0.05 \sim 0.175$ m；

n——料槽的往复次数(r/min)，通常 $n = 20 \sim 60$ r/min；

ρ_s——物料的堆积密度(t/m^3)；

φ——物料填充系数，通常 $\varphi = 0.65 \sim 0.70$。

摆动式喂料机的生产能力一般可达200 m^3/h。生产能力的调节可通过以下方法进行：改变偏心机构的偏心距以改变料槽的行程；调节存仓闸板的开度来调节料层的厚薄。

摆动式喂料机的优点是结构简单，成本低。其缺点是料槽的磨损比较厉害。它用于中、小块物料的喂料，玻璃工厂广泛用于池窑的薄层加料。

扇形摆动式喂料机是摆动式喂料机的另一种形式(图24-9)。它由曲柄机构驱动的扇形闸门所组成。摆动式喂料机的工作构件都是周期性作用的，且工作准确性不大，故适用于不经常且不紧张的工作条件。

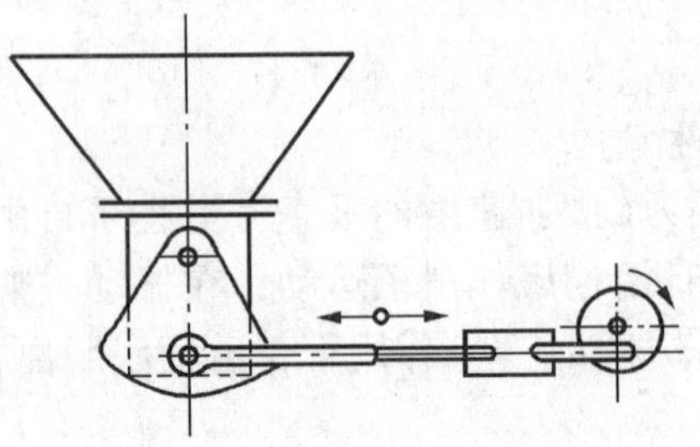

图24-9　扇形摆动式喂料机

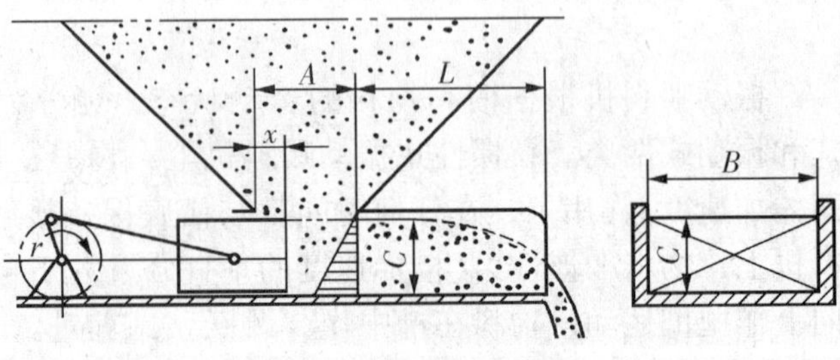

图24-10　柱塞式喂料机

柱塞式喂料机是封闭式往复运动的摆动式喂料机(图24-10)。它由矩形槽和在其中作往复运动的柱塞组成。它可通过改变驱动机构的曲柄半径或转数的办法来准确地调节卸出的物料量。其主要缺点是功率消耗大，零件易磨损，不宜供送磨蚀性的物料。供送粉粒状物料，当生产能力不大且要求维持确定的数量时，可采用柱塞式喂料机。玻璃工厂用于小型玻璃池窑的喂料。

二　振动式喂料机

振动式喂料机的特点是振幅小、频率高，物料在槽中可能做一定的跳跃运动，所以具有较高的生产能力，且减少了槽的磨损。振动式喂料机按激振形式分为电磁振动式和惯性振动式两类。电磁振动喂料机是无机非金属材料工厂中广泛使用的一种振动式喂料机。

(一)构造及工作原理

电磁振动喂料机如图24-11所示，它由料槽、电磁激振器、减振器及电气控制箱四个部分组成。

料槽1是承载构件，用来承受存仓下来的物料，经电磁振动将物料输送给下一个受料设备。料槽根据实际需要由2～8 mm的碳素钢板、低合金结构钢板、耐热钢板和铝合金板等压制焊接而成。料槽形式根据使用要求可设计成槽式和管式两种，槽式的又可做成敞开的或封闭的。电磁激振器2是使料槽产生往复振动的能源部件。

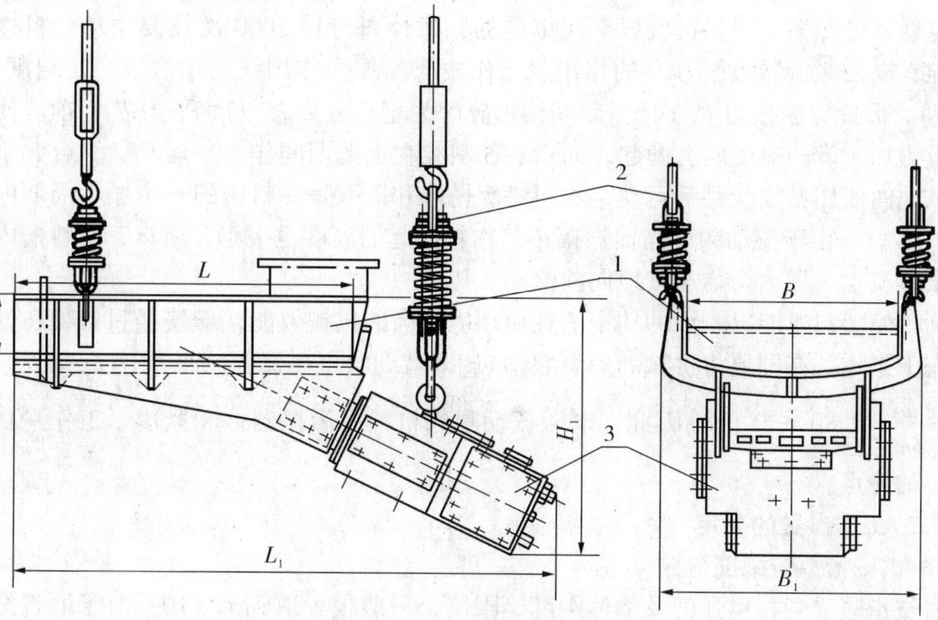

图 24-11　电磁振动喂料机

1—料槽；2—电磁激振器；3—减振器

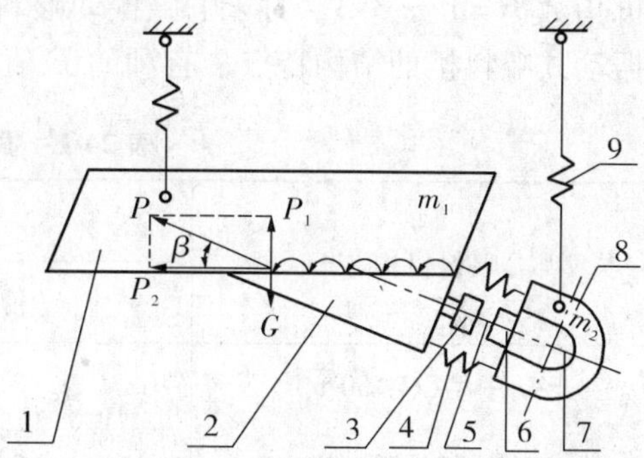

图 24-12　电磁振动喂料机工作原理示意图

1—料槽；2—连接叉；3—衔铁；4—弹簧组；5—气隙；6—铁芯；7—线圈；8—激振器壳体；9—减振器

如图 24-12 所示，电磁激振器主要由连接叉 2、衔铁 3、弹簧组 4、铁芯 6 和激振器壳体 8 组成。连接叉和料槽固定在一起，通过它将激振力传给料槽。衔铁用螺栓固定在连接叉上，和铁芯保持一定间隙而形成气隙 5（一般为 2 mm）。弹簧组为储能机构，用于连接前质量和后质量，形成双质点振动系统。铁芯用螺栓固定在振动壳体上，铁芯上固定有线圈 7，当电流通过时就产生磁场。激振器壳体固定弹簧组和铁芯，亦作为平衡质量用，所以其质量应满足设计要求。

减振器的作用为减少传递给基础或框架上的振动力。喂料机通过减振器 9 悬挂在存仓或建筑构件上。减振器由四个螺旋弹簧（或橡胶弹簧）组成，其中两个挂在料槽上，另两个吊在激振器上。

电磁振动喂料机是属于双质点定向强迫振动的机械。其工作原理如图 24-12 所示，由槽体、连接叉、衔铁、工作弹簧的一部分以及占料槽容积 10% ～ 20% 的物料等组成工作质量 m_1；由激振器壳体、铁芯、线圈及工作弹簧的另一部分等组成平衡质量 m_2。质量 m_1 和 m_2 之间用激振器主弹簧（弹簧组）连接起来，形成一个双质点定向强迫振动的弹性系统。激振器电磁线圈的电流一般是经过单相半波整流的。电磁振动喂料机的供电，目前广泛使用可控硅调节的半波整流激磁方式。当半波整流后，在后半周内有电压加在电磁线圈上，因而电磁线圈就有电流通过，在衔铁和铁芯之间便产生互相吸引的脉冲电磁力，遂使槽体向后运动，激振器的主弹簧发生变形而储存了一定的势能。在负半周内线圈中无电流通过，电磁力消失，借助弹簧储存的势能使衔铁和铁芯朝相反方向离开，料槽就向前运动。这样，电磁振动喂料机就以交流电源的频率作每分钟 3000 次往复振动。料槽上的物料颗粒在电磁激振器激振力 P 的作用之下，由于激振力作用线与槽底成一定角度 β(一般为 20°)，因此，激振力 P 在任一瞬间均可分解为垂直分力 P_1 与水平力 P_2，前者使料粒以大于重力加速度的速度向上抛起，而后者使料粒在上抛期间作水平运动，综合起来，物料是间歇地向前作抛物线跳跃运动，物料每次抛起和落下是在料槽的一个振动周期内完成的(1/50 s 内)。由于振动频率高而振幅小，物料抛起的高度也很小，所以，在料槽内的物料看起来像流水一样，均匀连续地向前流动。

为了使喂料机能以较小的功率消耗而产生较高的机械效能，应使喂料机处在低临近共振状态下工作，亦即要将机械的固有频率 ω_0 调谐到与电磁激振力的频率 ω 相近，使频率比 $Z=\frac{\omega}{\omega_0}=0.80\sim0.95$。因此，电磁振动喂料机具有激振器体积紧凑、工作平稳、消耗功率小的特点。

(二)工作参数的确定

1. 机械指数与抛掷指数

机械指数受到材料强度及槽体刚度等限制，一般很少取到 $K=10$；对于电磁振动喂料机，一般取 $K=4\sim6$。

振动式喂料机的工作，一般考虑物料被抛起的时间不超过槽体振动的周期，故常取抛掷指数 $\Gamma=1\sim3.3$；对于电磁振动喂料机，$\Gamma=2.5\sim2.8$。考虑到供送物料种类很多及振动式喂料机的结构特点，有利的 Γ 值推荐于表 24-1。

表 24-1　振动式喂料机的抛掷指数

喂料机构造	供送物料的 Γ 值	
	粉粒状物料	块状物料
轻、中型($Q<50$ t/h)	3.0 ～ 3.3	2.8 ～ 3.0
重型($Q>50$ t/h)	2.0 ～ 2.5	1.8 ～ 2.3

2. 振动频率、振幅及振动角

在振动方向角一定时，喂料能力取决于振动频率与振幅的乘积。因此，其中一项降低后，另一项则应增高。电磁振动式喂料机一般采用小振幅、高频率，因为增大激振器的气隙，会带来许多不良后果(如电流增大等)。对于惯性振动式喂料机，一般采用中等大小的频率和振幅。因为过大的振幅会增大偏心块质量及增大启动转矩，过高的频率又会增大支承的压力及构件的动应力与变形。目前，电磁振动喂料机的频率 ω 一般选用 3000 r/min(电源频率为 50 Hz，个别也有采用 25 Hz 的)。

喂料机的喂料能力与振幅成正比，提高振幅可以提高喂料能力，但这样会增加物料颗粒破坏的可能性，因此，振幅一般为 0.5 ～ 1.5 mm(即双振幅为 1 ～ 3 mm)。振动式喂料机的振幅和频率可根据激振形式和供运物料的性质按表 24-2 选取。

表 24-2　振动式喂料机的振动频率角 ω 和振幅 λ 值

<table>
<tr><th colspan="2" rowspan="2">激 振 形 式</th><th rowspan="2">ω(r/min)</th><th colspan="2">λ(mm)</th></tr>
<tr><th>尘状和粉状物料</th><th>块状物料</th></tr>
<tr><td colspan="2">电磁振动式</td><td>3000</td><td>1.2 ～ 2</td><td>0.75 ～ 1</td></tr>
<tr><td rowspan="3">惯性振动式</td><td>单轴离心式</td><td>2800 ～ 1500</td><td>1.2 ～ 3</td><td>0.8 ～ 2.5</td></tr>
<tr><td>双轴离心式</td><td>1500 ～ 1000</td><td>2 ～ 4</td><td>2 ～ 3</td></tr>
<tr><td>偏心式</td><td>800 ～ 450</td><td>5 ～ 15</td><td>4 ～ 8</td></tr>
</table>

振动角 β 为激振力方向与槽体平面的夹角。电磁振动喂料机的振动角通常取 $\beta=20°\sim25°$；惯性振动式喂料机的振动角取 $\beta=30°\sim35°$，通常取30°。输送磨蚀性强、湿度大或有粘性的物料时，β 角宜取较大值；供送易碎、堆积密度大和细粉料时，则应选取较小值。有冷却散热要求或料层较厚时，β 角应取大值；有减小噪声要求时，β 角应取小值。

3. 喂料速度

振动式喂料机工作时，物料在每个运动周期中的位移包括两部分，即抛料阶段的位移和与槽体一起运动阶段的位移。喂料速度主要取决于供运物料的性质和喂料机的倾角，可按下式来估算：

$$w=(K_1\mp K_2\sin\alpha)\lambda\omega\cos\beta\sqrt{1-\frac{1}{\Gamma^2}} \qquad (24\text{-}2)$$

式中　K_1，K_2——与物料性质有关的经验系数，见表24-3；

α——喂料机倾角；

λ——喂料机的振幅；

ω——喂料机的振动角频率；

β——振动角；

Γ——抛掷指数。

式中正负号的选取：当喂料机向上倾斜输送时取负值，向下输送时取正值。对于细小的物料，K_1 取较小值而 K_2 取较大值，因为颗粒较小时，它的喂料速度较小。

表 24-3　经验系数 K_1 和 K_2 的平均值

供 运 物 料	物料特征尺寸(mm)	湿度(%)	K_1	K_2
块　状	5 ～ 200	—	0.9 ～ 1.1	1.5 ～ 2.0
粒　状	0.5 ～ 5	0.5 ～ 10	0.8 ～ 1.0	1.6 ～ 2.5
粉末状	0.1 ～ 0.5	0.5 ～ 5	0.4 ～ 0.5	1.8 ～ 3.0
细粉状	<0.1	0.5 ～ 5	0.2 ～ 0.5	2.0 ～ 5.0

对于水平安装的喂料机，$\alpha=0$，喂料速度按下式计算：

$$w=K_1\lambda\omega\cos\beta\sqrt{1-\frac{1}{\Gamma^2}} \qquad (24\text{-}3)$$

调节喂料速度的方法有两种：一是改变激振力，主要是改变与之成正比的振幅；另一是改变激振频率。但是，变频线路复杂，很少采用。改变料槽振幅常用的方法是采用可控硅整流器移相调压，以改变激振器的输入电压来调节振幅。

4．生产能力

电磁振动喂料机的生产能力主要取决于料槽宽度、料槽倾角、物料性质（密度、粒度、水分、粘性）及喂料速度等，可按下式来计算：

$$Q=3600Aw\varphi\rho_s C_1 C_2 C_3 \quad (t/h) \tag{24-4}$$

式中　w——喂料速度（m/s）；

φ——物料填充系数，对于敞开式槽，$\varphi=0.6\sim0.9$；对于矩形管，$\varphi=0.6\sim0.8$；对于圆形管，$\varphi=0.5\sim0.6$；对较小颗粒取小值；

A——料槽的横截面积（m^2），对于槽形或矩形管截面，$A=BH$（见图24-11）；对于圆形管截面，$A=\frac{\pi D^2}{4}$；

B——槽形或矩形管的宽度（m）；

H——槽的深度或矩形管的高度（m）；

D——圆形管的直径（m）；

ρ_S——物料堆积密度（t/m^3）；

C_1——料槽倾斜系数，见图24-13；

C_2——物料水分系数，见图24-13；

C_3——物料粒度系数，见图24-13。

在确定槽或矩形管的宽度 B 及圆形管的直径 D 时，必须保证以下条件：

$$\begin{cases} D\geqslant kd_{max} \\ B\geqslant kd_{max} \end{cases} \tag{24-5}$$

式中　d_{max}——物料的最大粒度值；

k——系数，对于筛分后的物料，$k=3\sim5$；对于粒度不均匀的物料，$k=2\sim3$。

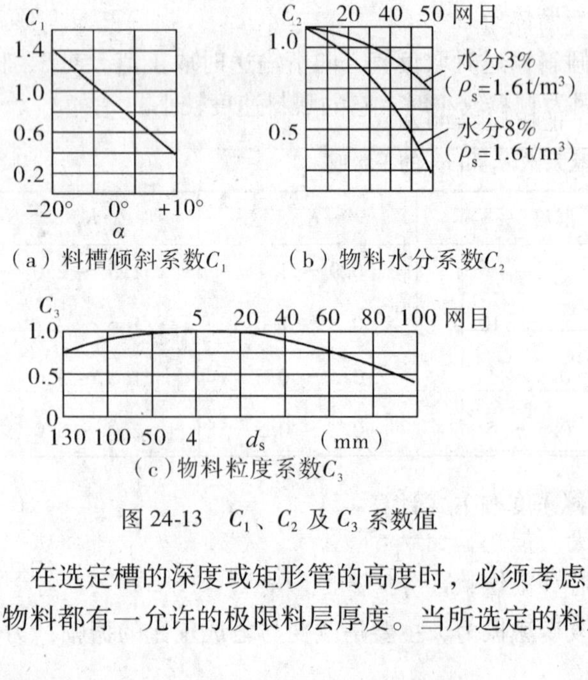

（a）料槽倾斜系数C_1　（b）物料水分系数C_2

（c）物料粒度系数C_3

图24-13　C_1、C_2及C_3系数值

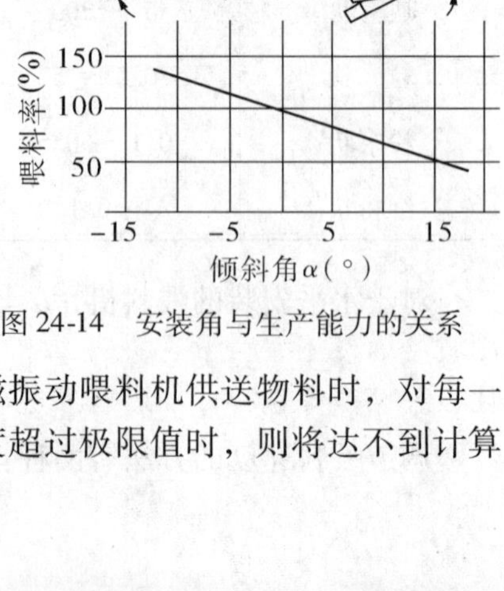

图24-14　安装角与生产能力的关系

在选定槽的深度或矩形管的高度时，必须考虑到电磁振动喂料机供送物料时，对每一种物料都有一允许的极限料层厚度。当所选定的料层厚度超过极限值时，则将达不到计算

的生产能力或甚至不能正常喂料。这一极限的料层厚度，对于粒状和块状物料较大，对于大块物料可能更大些，但对于很细的粉状物料则很小的，在设计料层厚度时必须予以考虑，在没有资料的情况下最好预先进行试验测定。

电磁振动喂料机的槽体可以水平或倾斜安装。对于流动性好的物料，推荐向下倾斜10°，对于流动性不好的可向下倾斜12°，以利供送。生产能力与下倾角度成正比(图24-14)。倾斜角在-12°至+12°之间时，每变化1°，将使生产能力变化3%。但倾角过大时会增加槽体的磨损。

5. 功率

喂料机($L \leqslant 10$ m)的功率可按以下经验公式来估算：

$$N = \frac{CQ}{10^3 \eta}\left(KL + \frac{H}{0.36}\right) \quad (\text{kW}) \tag{24-6}$$

式中 C——物料便于输送的系数，对于输送性能好的物料(如砂、炉渣等)$C=1$，对于尘状和粉末状物料(水泥、灰渣、磷灰石等)$C=1.5 \sim 2$；

Q——计算的生产能力(t/h)；

K——单位能耗系数，见表24-4；

L——喂料机水平投影长度(m)；

H——喂料机倾斜供料时的提升高度(m)；

η——驱动机构的效率。

(三)电磁振动喂料机的调试

电磁振动喂料机运转的可靠性，除与设计和制造的正确性有关外，还与设备的安装、调整及弹性系统的调谐有重要关系。

1. 设备的安装调整

首先检查所有紧固螺栓，不允许有松动现象存在；然后检查激振器的激振力作用线(激振器的中心线)是否通过槽体的重心，以及与槽体中心线是否在同一垂直面内。如果激振力作用线与槽体重心有偏移，则电磁振动喂料机除产生定向振动外，还将出现附加的扭转振动，损坏机体；如果激振器中心线与槽体中心线不在同一垂直面内，则物料的输送方向将发生偏斜，喂料机工作时会发生偏斜。

表24-4 能耗系数的平均值

振动式喂料机形式	计算生产能力(t/h)	K值
离心驱动单质体悬挂	5 ~ 50	6 ~ 7
	>50	5 ~ 5.5
离心驱动单质体支承	5 ~ 50	7 ~ 10
	>50	5 ~ 6

另外，必须将铁芯和衔铁之间的气隙调至标定值。气隙一般在1.8 ~ 2.0 mm，在使用时可以根据喂料量大小适当缩小或扩大。但是，如果气隙过大，就会增大电流和功率消耗，并使振幅减小；如果气隙过小，铁芯和衔铁就会发生碰撞，从而造成衔铁、铁芯等部件的损坏。在确定了合适的气隙后，还要使铁芯与衔铁的工作面调至互相平行。

2. 弹性系统的调谐

电磁振动喂料机弹性系统的调谐十分重要，调谐的好坏将直接影响设备能否正常和稳定的工作。所谓弹性系统的调谐，就是调整电磁振动喂料机的固有频率 ω_0 和激振频率 ω 的比值，使调谐值 $Z=\frac{\omega}{\omega_0}$ 达到低临界近共振状态。目前，选用的范围是 $Z=0.80\sim0.95$。由于激振频率 ω 一般是不变的，因此要调整调谐值 Z，只能是改变固有频率 ω_0。根据振动系统的计算可知，$\omega_0=\sqrt{\frac{k}{m}}$，其中 k 为弹性系统刚度，m 为折算质量。所以，弹性系统的调谐就是改变弹性系统刚度 k 及折算质量 m。

主弹簧为板弹簧的电磁振动喂料机的调谐，可以用改变板弹簧片数的方法使喂料机的固有频率改变，以达到给定的调谐值。主弹簧为螺旋弹簧的电磁振动喂料机的调谐，由于螺旋弹簧的刚度是不可调的，只能采取增减电磁激振器的配重(即改变振动质量)的方法来改变固有频率，以达到调谐的目的。

在使用电磁振动喂料机时，可在有负载的情况下停车和开车。在安装后开始使用时，要注意喂料机的螺栓有否松动，板弹簧有否断裂和喂料机是否与周围设施有碰撞。在更换料槽衬板时要注意质量复原。

(四)性能及应用

电磁振动喂料机具有许多优点：它体积小且易于制造，便于安装，操作、维修方便；无相对运动的零部件，几乎没有机械摩擦，无润滑点，密封性好，功率消耗低，设备运转费用和管理费用低；物料距电器部分较远，可在湿、热环境下工作，适于供送高温的、有磨蚀性的物料；喂料均匀且可无级调整，可以用电器进行连续、平衡地调节喂料速度，便于实现密闭供送和喂料量的遥控和自动控制。其缺点是安装调试要求较高，调整不好就不能正常工作，产生噪声甚至不振动；电压变化会影响喂料的准确性；不宜用于供送粒度极细(400 目以上)的粉料以及带粘性的、潮湿的粉状或块状物料。

电磁振动喂料机既可供送松散的粉粒状物料，也适于供送 50 ~ 100 mm 的块状物料，是一种较为新型的定量喂料设备，在采矿、冶金、煤炭、化工、建材、机械制造、粮食和轻工业等工矿企业中获得广泛采用。它用于从存仓卸料，向带式输送机、斗式提升机等给料，向破碎机和粉磨机喂料，向玻璃池窑投料，以及用于定量配料和包装等。此外，还用于自动控制的生产流程中，以实现生产自动化。

参考文献

[1] 张庆今．硅酸盐工业机械及设备［M］．广州：华南理工大学出版社，1992.

[2] 张庆今．破碎机械［M］//武汉建筑材料工业学院，同济大学，南京化工学院，华南工学院．水泥生产机械设备．北京：中国建筑工业出版社，1981：1－67.

[3] 张庆今．颗粒流体力学及设备［M］//武汉建筑材料工业学院，华南工学院，辽宁建筑工业学院．建筑材料机械及设备．北京：中国建筑工业出版社，1980：453－604.

[4] 张庆今．粉体机械力化学，混合［M］//卢寿慈．粉体技术手册．北京：化学工业出版社，2004：283－309，590－603.

[5] 张庆今．混合［M］//卢寿慈．粉体加工技术．北京：中国轻工业出版社，1999：294－311.

[6] 张庆今．粉碎过程的机械力化学效应［J］．佛山陶瓷，1999(36)：52－59.

[7] 张庆今．陶瓷原料细磨过程的机械力化学效应［J］．中国陶瓷，1990，112(5)：11－17.

[8] 张庆今．制备超细粉体的转筒振动磨机研究［C］．//杨伦．第二届全国颗粒制备与处理学术会议论文集．上海：中国颗粒学会颗粒制备与处理专业委员会、上海市颗粒学会，1990：160－164.

[9] 魏诗榴，张庆今，同继锋．制备超细粉体的行星振动磨机：中国，87216245.1［P］．1987－12－7.

[10] 张庆今．制备超细粉体的转筒振动磨机：中国，90203461.8［P］．1990－3－22.

[11] Jifeng Tong，Qingjin Zhang，Shiliu Wei．Study of a planet-vibrating mill producing ultrafine powder［C］//Geniji Jimbo(Japan)，John Keith Beddow(USA)，Mooson Kwauk(China)．PARTICUOLOGY'88 Proceedings Trilateral Symposium on Particuology．Beijing：Science Press，1988：171－177.

[12] 邱晓辉，张庆今．高岭土干细磨过程机械力化学变化的检测［J］．华南理工大学学报，1992，4(20)：145－152.

[13] 张庆今．粉粒体在料仓内的流动分析［J］．水泥技术，1988，17(1)：3－10.

[14] 魏诗榴．粉体科学与工程［M］．广州：华南理工大学出版社，2006.

[15] 卢寿慈．粉体加工技术［M］．北京：中国轻工业出版社，1999.

[16] 卢寿慈．粉体技术手册［M］．北京：化学工业出版社，2004.

[17] 吴宏富，余绍火．中国粉体工业通鉴：3卷［M］．北京：中国建材工业出版社，2007.

[18] 戴克思(S. Deckers)．水泥制造工艺技术［M］．崔源声，汪澜，译．北京：中国建材工业出版社，2007.

[19] 国外水泥机械进展编写组．国外水泥机械进展［M］．北京：中国建筑工业出版社，1982.

[20] 沃尔特·H·杜达(Walter H Duda)．国际先进水泥工艺与装备手册［M］．石必孝，译．武汉：武汉工业大学出版社，1989.

[21] 王仲春，曾荣．水泥粉磨工艺技术及进展［M］．北京：中国建材工业出版社，2008.

[22] 陈绍龙，张朝发，李福州．水泥生产破碎与粉磨工艺技术及设备［M］．北京：化学工业出版社，2007.

[23] 刘建寿，赵红霞．水泥生产粉碎过程设备［M］．武汉：武汉理工大学出版社，2005.

[24] 张继民，唐锋．卧式辊磨机的应用［J］．中国粉体工业，2009(2)：34－38.

[25] 铁生年，李星，李昀珺．超细粉体材料的制备技术及应用［J］．中国粉体技术，2009，15(3)：68－72.

[26] 郑水林．超细粉碎原理、工艺设备及应用［M］．北京：中国建材工业出版社，1993.

[27] 刘晓存．无机非金属材料工厂工艺设计概论［M］．北京：中国建材工业出版社，2008.

[28] 陈全德．新型干法水泥技术原理与应用［M］．北京：中国建材工业出版社，2004.

[29] 于润如，严生．水泥厂工艺设计［M］．北京：中国建材工业出版社，1995.

[30] 严生，常捷，程麟. 新型干法水泥厂工艺设计手册 [M]. 北京：中国建材工业出版社，2007.
[31] 白礼懋. 水泥厂工艺设计实用手册 [M]. 北京：中国建筑工业出版社，1997.
[32] 李海涛. 新型干法水泥生产技术与设备 [M]. 北京：化学工业出版社，2006.
[33] 熊会思，熊然. 新型干法水泥厂设备选型使用手册 [M]. 北京：中国建材工业出版社，2007.
[34] 刘景洲. 水泥机械设备安装、修理及典型实例分析 [M]. 武汉：武汉理工大学出版社，2002.
[35] 裴秀娟，石振江，金宝元. 日用陶瓷工厂技术员手册 [M]. 北京：化学工业出版社，2007.
[36] 徐平坤，魏国钊. 耐火材料新工艺技术 [M]. 北京：冶金工业出版社，2005.